C. (Carl) Gegenbaur

Festschrift zum siebzigsten Geburtstage von Carl Gegenbaur

Zweiter Band.

C. (Carl) Gegenbaur

Festschrift zum siebzigsten Geburtstage von Carl Gegenbaur
Zweiter Band.

ISBN/EAN: 9783743402225

Hergestellt in Europa, USA, Kanada, Australien, Japan

Cover: Foto ©Raphael Reischuk / pixelio.de

FESTSCHRIFT

ZUM

SIEBENZIGSTEN GEBURTSTAGE

VON

CARL GEGENBAUR

AM 21. AUGUST 1896

ZWEITER BAND

MIT 18 TAFELN UND 85 ABBILDUNGEN IM TEXT

LEIPZIG

VERLAG VON WILHELM ENGELMANN

1896.

CARL GEGENBAUR

IN DANKBARKEIT, LIEBE UND VEREHRUNG

GEWIDMET

VON SEINEN SCHÜLERN

INHALT.

UEBER

NEOTENIE

VON

DR. J. E. V. BOAS

LECTOR DER ZOOLOGIE AN DER KÖNIGL. VETERINÄR-, LAND- UND FORSTWIRTHSCHAFTLICHEN HOCHSCHULE IN KOPENHAGEN.

In 1881 habe ich ausführlich nachzuweisen versucht[1], dass die Kiemenlurche (*Perennibranchiata*) nicht, wie damals wohl gewöhnlich angenommen, als primitive Formen betrachtet werden können, sondern vielmehr retardirte Salamandriden-Larven sind, welche in der Larvengestalt geschlechtsreif werden[2]) und die Fähigkeit sich zu metamorphosiren verloren haben; dass die Kiemenlurche also von lungenathmenden Urodelen abzuleiten sind, nicht umgekehrt. Bekanntlich kann auch gelegentlich oder häufig die Verwandlung bei verschiedenen sonst sich metamorphosirenden Urodelen (Triton, Axolotl) unterbleiben; das bei den Kiemenlurchen stattfindende Verhältniss ist somit nur in fixirter Form dieselbe Erscheinung, welche wir bei den letzteren finden. Das Phänomen ist später von KOLLMANN u. a. mit dem passenden Namen Neotenie belegt worden[3]).

Die Urodelen sind aber nicht die einzigen Thiere, welche derartige Erscheinungen darbieten. Schon in der genannten Arbeit habe ich auf eine „deutliche, wenn auch verhältnissmässig arme Analogie" hingewiesen. Die in den grossen schwedischen und norwegischen Seen lebende *Mysis*-Form, *M. relicta*, welche offenbar von der arktischen *Mysis oculata* ableitbar ist, unterscheidet sich eben von letzterer durch „un développement un peu arrêté"[4]), welcher sich besonders im Baue des letzten Schwanzgliedes ausspricht.

---

1) Conus art. og Arteriebuerne hos Amphibierne. Disp. Köbenhavn 1881, p. 85 u. flg. — Ueber d. Conus art. u. d. Arterienbogen d. Amphib. in: Morph. Jahrb., 7. Bd., p. 559 u. flg.

2) Nach einer Aeusserung in Isis 1821 (1. Bd., Litter. Anzeiger p. 262), auf welche mich der verstorbene Prof. REINHARDT aufmerksam gemacht hat, war schon SIGISM. LEUCKART zu dieser Auffassung der Perennibranchiaten gelangt; er schreibt: „Der Proteus ...., der wohl ursprünglich nur die Larve einer höhern Thierbildung sein sollte, wurde durch irgend ein Motiv, wahrscheinlich durch Zurückhalten im Wasser, gehemmt, sich als vollkommeneres Thier zu gestalten. Er wurde eine constante Hemmungsbildung, und mit der Zeit fähig, sich als solche fortzupflanzen." Das klingt ja sehr klar und bestimmt. Die darauf folgenden Bemerkungen (p. 263–64) machen aber wieder seinen Standpunkt einigermaassen zweifelhaft; er spricht darin unter Anderem (p. 264) aus, dass möglicherweise Proteus und seine Verwandten, „wenn auch vielleicht nach Jahrtausenden", sich höher entwickeln und vollkommene Salamander werden können, und protestirt bestimmt dagegen, „dass die Natur in ihren ewigen Schöpfungen eine retrograde Bewegung .... machen, und ein Säugthier z. B. zum Vogel, Amphibium oder Fische u. f., oder auch nur zu einem niedriger stehenden Thiere derselben Classe, Ordnung, Familie oder Sippe umbilden könnte."

3) Der Name „Neotenie" ist zuerst in einem mir nicht zugänglichen Artikel von KOLLMANN in den Verhand. d. Naturforsch. Ges. Basel. 7. Th., p. 387 gebraucht worden. Vergl. auch K. in: Zool. Anz. 1884, p. 266.

4) SARS, Crust. d'eau douce de Norvège, p. 40.

Seitdem habe ich die Sache nicht aus den Augen gelassen und bin allmählich zu der Ueberzeugung gelangt, dass die Neotenie in der That eine im Thierreich weit verbreitete Erscheinung ist. In der ausgeprägten Form wie bei den Kiemenlurchen dürfte sie allerdings selten sein; meistens ist es so, dass nur von einem Stehenbleiben eines einzelnen Organs oder einzelner Charaktere auf einem jugendlichen oder embryonalen Entwickelungsstadium die Rede ist. In letzterer Form scheint sie aber eine weite Verbreitung zu besitzen.

Es versteht sich, dass die Erkenntniss der neotenischen Charaktere als solcher von einiger Wichtigkeit ist, besonders um sie von primitiven Charakteren zu unterscheiden, denen sie oftmals täuschend ähnlich sind. Mit letzteren dürfen sie in keiner Weise verwechselt werden: Die Neotenie ist ein sekundäres Phänomen; es handelt sich dabei um eine Persistenz einzelner oder mehrerer Charaktere, welche bei Formen, von denen die betreffenden Thiere abstammen, im jugendlichen oder embryonalen Zustande, nicht aber beim erwachsenen, geschlechtsreifen Thiere vorhanden waren. Bei allen phylogenetischen — resp. systematisirenden — Bestrebungen dürfte es von grosser Bedeutung sein, zu erinnern, dass Manches, was beim ersten Anblick den Eindruck des Primitiven macht, diesen Namen vielleicht gar nicht verdient. Manche Charaktere, welche bisher in scheinbarer Disharmonie zu der durch anderweitige Verhältnisse gegebenen verwandtschaftlichen Stellung dieser oder jener Form dastanden, werden dieses Gepräge verlieren, wenn man sie als neotenische erkennt.

Die neotenischen Erscheinungen sind natürlich nicht unbeachtet geblieben; nicht ganz selten begegnet man bezüglichen Bemerkungen in Specialarbeiten (vergl. unten). Allgemeinere Bemerkungen über die Verbreitung derselben im Thierreich habe ich nur bei wenigen Verfassern gefunden. Camerano[1]) sagt sehr richtig, dass „la neotenia è un fenomeno abbastanza frequente non solo nel gruppo degli Anfibi, ma anche in altri gruppi del regno animale“ und illustrirt dies durch einige Beispiele[2]) (ob diese alle zutreffend sind, scheint mir allerdings nicht sicher). Auch

1) Intorno alla Neotenia ed allo sviluppo degli Anfibi. in: Atti d. Accad. di Torino, Vol. 19, 1883—84, p. 88.

2) „Io ho già avuto occasione, in un mio precedente lavoro (Monografia degli Anfibi anuri italiani. Memorie della R. Accademia delle Scienze di Torino, Ser. II, Vol. XXXV, 1883) di menzionare qualche fatto di questa natura rispetto alla *Rana esculenta*. Io facevo osservare cioè che diverse varietà ben stabilite di *Rana esculenta* si possono ritenere prodotte dal perdurare nello stato adulto di alcuni caratteri proprii in generale dei giovani. Questi caratteri riguardano la colorazione, la mole, e certi tubercoli delle estremità.

Anche il Lataste (Étude sur le discoglosse. Act. de la Soc. Linn. de Bordeaux, Vol. XXXIII, 1879) accenna rispetto al *Discoglossus pictus* a qualche cosa di analogo.

Altri fatti della stessa natura è facile di verificare in altri animali, Ofidi, Sauri, ecc.

Il fatto stesso del perdurare frequentissimamente nelle femmine dei caratteri dei giovani, mentre i maschi si differenziano talvolta moltissimo, può considerarsi anch' esso come un caso di *neotenia*.

Questi fatti sono anche frequenti negli invertebrati e sopratutto fra gli insetti.

Sono noti fra questi ultimi i relativamente numerosi casi di femmine le quali non raggiungono la forma alata e mantengono per tutta vita la forma larvale. Negli insetti si verifica pure questo fatto degno di essere tenuto in conto per la spiegazione del fenomeno, vale a dire che le femmine che presentano la *neotenia* appartengono a specie vicinissime di altre, che presentano uno sviluppo normale, ad esempio il gruppo delle Luciole e delle Lampiridi, fra i Coleotteri, quello delle *Eterogenis*, fra i Lepidotteri ecc.“ L. c. p. 88.

Kollmann[1] spricht aus, dass die Neotenie vielleicht weiter im Thierreich verbreitet ist, allerdings ohne wirkliche Beispiele anzuführen (er meint, man könnte solche bei Coecilien und Lampreten erwarten). Weiter ist hervorzuheben, dass die von Giard mit dem Namen *progénèse*[2]) bezeichneten Erscheinungen im grossen Ganzen mit der Neotenie zusammenfallen. Allerdings versuchten Giard & Bonnier in einer kurz nachher erschienenen Arbeit[3]) den Begriff *progénèse* von der Neotenie zu trennen[4]), geben aber zu, dass »pratiquement .... il est parfois assez difficile de distinguer la néoténie de la progénèse«.

Im Folgenden werde ich es versuchen, die Frage durch Beispiele aus verschiedenen Thiergruppen zu erläutern. Zweck meiner Darstellung ist, das Interesse der Forscher auf diese Verhältnisse etwas mehr als bisher zu lenken[5]).

1. Säugethiere. Ein *Descensus testiculorum* findet sich derartig allgemein unter den viviparen Säugethieren, sowohl Beutelthieren als Placentaliern, verbreitet, dass wir gewiss annehmen müssen, dass derselbe schon bei den gemeinsamen Vorfahren aller viviparen Säugethiere vorhanden gewesen ist; für die Annahme, dass diese wunderliche Erscheinung unter den Säugethieren zu wiederholten Malen unabhängig entstanden sein sollte, scheint Nichts zu sprechen. Bei verschiedenen Säugethieren fehlt aber ein Descensus: dies ist z. B. bei sämmtlichen Cetaceen, beim Elephanten, bei vielen Edentaten der Fall. Wir haben es hier offenbar mit einer sekundären embryonalen Hemmungsbildung, also mit einer neotenischen Erscheinung zu thun: die genannten Thiere stammen von Formen ab, welche den Descensus besassen. Bekanntlich kommt das Fehlen des Descensus eines oder beider Hoden bei manchen Thieren als individuelle Abnormität recht häufig vor (z. B. beim Pferd); bei den genannten Formen ist es die Norm geworden, theilweise offenbar durch äussere Verhältnisse veranlasst (ein Hodensack würde z. B. mit dem übrigen Körperbau und den Lebensverhältnissen der Cetaceen wohl wenig harmoniren).

Als neotenisch ist wahrscheinlich auch die doppelte Vagina zu beurtheilen, welche sich bei einigen placentalen Säugethieren findet. Typisch ist ja eine

---

1) Hivernage d. larves de Grenouilles et de Tritons d'Europe. in: Recueil Zool. Suisse, 1. sér., tome 1, 1884, p. 88.

2) La Castration parasitaire. Extrait du Bull. Scient. du Dép. du Nord, 2. sér., 10. année, 1887, p. 23. Giard nennt als Beispiele von *progénèse*: Axolotl, weibliche Blattläuse, Stylops-Weibchen, Männchen von Bonellia, complementäre Männchen der Cirripedien, vivipare Cecidomyia-Larven u. s. w.

3) Contrib. à l'étude d. Bopyriens. in: Travaux de l'Inst. Zool. Lille etc., tome 5, 1887, p. 195.

4) „La *néoténie* ne doit pas être confondue avec ce que nous appelons la progénèse: il y a néoténie quand un animal, en devenant adulte, retient certains caractères infantiles. Un homme adulte qui a gardé ses dents de lait (nous en connaissons un exemple), est un cas de *néoténie* partielle. Chez les néoténiques la croissance continue, mais avec des arrêts de développement plus ou moins nombreux. Il y a *progénèse* au contraire quand, dans un développement normal et avec une croissance normale, les organes génitaux évoluent prématurément et permettent à l'animal de se reproduire avant qu'il ait pris les caractères de l'adulte. L'apparition des signes de la puberté et le fonctionnement des organes génitaux chez les enfants de l'un ou l'autre sexe constituent des cas bien connus de progénèse dans l'espèce humaine."

5) Die hier erwähnten Beispiele sind so viele und so verschiedenen Abtheilungen des Thierreichs entlehnt, dass ich sie natürlich nicht habe erschöpfend behandeln können. Manchmal sind mir desshalb vielleicht auch Publikationen entgangen, welche für die Fragen von Werth sein könnten. Dies möchte ich vorweg ausdrücklich hervorheben.

einfache Vagina sowohl bei niederen wie bei höheren Placentaliern vorhanden: d. h. die Vaginalportionen der Müller'schen Gänge verschmelzen vollständig. Bei einigen Formen bleibt aber eine mehr oder weniger vollständige mediane Scheidewand bestehen[1]: die Verschmelzung ist unvollständig. Dies könnte natürlich ein primitiver Charakter sein. Wenn wir aber die systematische Stellung der betreffenden Formen betrachten, so wird eine solche Deutung unwahrscheinlich. Das genannte Verhalten findet sich bei gewissen Edentaten, nämlich bei den Bradypodiden und Myrmecophagiden (wie es scheint, durchweg); die vaginale Scheidewand ist hier in dem hinteren Theil der Vagina vorhanden, der vordere Theil ist einfach. Ferner findet man die Scheidewand (im vorderen Theil der Vagina) bei dem Nager *Lagostomus*, welcher nicht eben zu den primitivsten Nagern gehört, sonst aber meines Wissens nicht bei dieser Ordnung. Namentlich für letztere Form scheint es mir offenbar, dass das Auftreten der genannten Scheidewand ein sekundäres, also neotenisches, sein muss. Aber auch für jene Edentaten dürfte es weitaus wahrscheinlicher sein, dass sie von placentalen Säugethieren abstammen, welche bereits eine einfache Vagina besassen. — Als individuelle Abweichung kommt eine solche Duplicität der Vagina bisweilen bei anderen Säugethieren vor; Watson[2]) hat die Geschlechtsorgane eines indischen Elephanten beschrieben, bei dem die Vagina durch eine vollständige Scheidewand getheilt war, welche sich auch durch das Corpus uteri fortsetzte, während nach anderen Beschreibern die Elephanten eine einfache Vagina und einen gewöhnlichen bicornen Uterus besitzen. Auch beim Menschen wird zuweilen eine mehr oder weniger vollständig getheilte Vagina bei einfachem Uterus gefunden — ganz ähnlich wie das normale Bild bei den oben erwähnten Edentaten[3]).

Man könnte versucht sein, auch die beim Schwein und bei den Wiederkäuern im weiblichen Geschlecht vorkommenden Gartner'schen Gänge als neotenische Erwerbungen aufzufassen: sind ja dieselben persistirende Urnierengänge. Die Sache ist aber doch hier nicht so einfach. Die Gartner'schen Gänge entsprechen bekanntlich den Samenleitern des Männchens, sind wohl auch ähnlich gebaut wie letztere, sind also nicht einfach embryonale Ueberbleibsel, sondern sind weiter ausgebildet, in derselben Richtung wie beim Männchen, und gehören demnach in die Kategorie derjenigen rudimentären Organe, welche sich von dem einen Geschlecht, bei welchem sie in entwickeltem und brauchbarem Zustande vorhanden sind, auf das andere vererbt haben[4].

Die Cetaceen bieten nicht allein in Bezug auf die Lage der Hoden sondern auch im Skelett neotenische Verhältnisse dar. Bekanntlich sind manche Knochen

1) Forbes, On some Points in the Anatomy of the Great Anteater (Myrmecophaga jubata). in: Proc. Zool. Soc. 1882, p. 296 u. flg. (hier wird auch [p. 298] Lagostomus erwähnt). — Flower, On the Mutual Affinities of the Animals composing the Order Edentata. ib. 1882. p. 363. — Klinckowström, Z. Anat. d. Edentaten. in: Zoolog. Jahrb., Anat. Abth., 8. Bd., p. 506 u. flg.

2) Trans. Zool. Soc., Vol. 11, p. 116 u. flg.

3) Forbes l. c., p. 299, Anm. — Vergl. auch Förster, Missbild. d. Menschen. 1861, Taf. XX.

4) Vergl. mein Lehrb. d. Zool., 2. Aufl., p. 45.

des Handskeletts stets zeitlebens theilweise knorpelig, einige bleiben sogar ganz knorpelig. Ferner bleiben zwischen den Knochen des Skeletts der vorderen Extremität z. Th. zusammenhängende Bindegewebsmassen bestehen, in denen sich nicht wie sonst Gelenkhöhlen ausbilden — Verhältnisse, welche völlig embryonalen Bildern anderer Säugethiere entsprechen. Auch das Fehlen von Markhöhlen in den langen Knochen ist eine ähnliche Hemmungsbildung. Die Rückbildung der Vordergliedmaassen der Cetaceen ist somit zum grossen Theile als ein Stehenbleiben auf embryonaler oder jugendlicher Entwickelungsstufe zu beurtheilen.

Aehnliche neotenische Erscheinungen kommen vielfach bei anderen Säugethieren, wenn auch nicht in dem Maasse wie bei den Cetaceen vor. Das Fehlen einer Markhöhle (anstatt deren eine spongiöse Knochenmasse vorhanden ist) bei den Seehunden und manchen Edentaten ist offenbar in dieser Weise aufzufassen. Ebenso ist die ausgedehnte Persistenz des oberen hinteren Endes des Schulterblattes in knorpeligem Zustande bei den Wiederkäuern, beim Pferde u. a. wohl entschieden in diesem Sinne zu deuten; dass wir hier mit ursprünglichen Verhältnissen zu thun haben sollten, dürfte bei der verwandtschaftlichen Stellung dieser Formen ausgeschlossen sein: sie stammen zweifellos von Säugethieren mit vollständig (oder fast vollständig) verknöchertem Schulterblatt ab. Ein weiteres Beispiel bietet das zum grossen Theil in knorpeligem Zustande persistirende merkwürdige Brustbein des Pferdes dar. Das typische Brustbein der Säugethiere ist das bekannte gegliederte Gebilde, dessen einzelne Stücke durch Knorpelscheiben zusammengehalten werden, und welches hinten mit einer knorpeligen Platte endigt; manchmal sind noch die genannten Knorpeltheile mehr oder weniger rückgebildet. Beim Pferde aber bleibt die vordere und die ventrale Partie des Brustbeins zeitlebens zum grossen Theile knorpelig. Die verwandtschaftliche Stellung des Pferdes lässt keine andere Deutung zu, als dass dieser Charakter ein neotenischer ist.

An dieser Stelle möchte ich auch auf die Traguliden hinweisen, deren eigenthümliche Fussform ich schon früher als neotenisch modificirt gedeutet habe[1]. Bekanntlich sind bei diesen Thieren, in Gegensatz zu allen übrigen jetztlebenden Wiederkäuern, die Metacarpalia, resp. Metatarsalia, Nr. 2 und 5 vollständig ausgebildet, während Nr. 3 und 4 spät oder gar nicht mit einander verwachsen. Dieses Verhalten war bisher wohl immer als ein primitives aufgefasst worden und macht in der That ganz den Eindruck eines solchen. In der citirten Abhandlung habe ich aber ausführlich begründet, dass es nicht in dieser Weise gedeutet werden darf; die Traguliden sind keine primitiven Wiederkäuer, sondern vielmehr von typischen Wiederkäuern abzuleiten, und die Eigenthümlichkeiten ihrer Füsse sind neotenischer Art.

Verschiedene Charaktere des Schädels mancher Säugethiere sind wahrscheinlich in derselben Weise zu beurtheilen.

1 Z. Morph. d. Magens d. Cameliden u. d. Traguliden u. ü. d. syst. Stell. letzt. Abth. in: Morph. Jahrb., 16. Bd., p. 514.

2. Reptilien. Ich glaube nicht fehl zu gehen, wenn ich annehme, dass unter den Schildkröten die Emyden (im weitesten Sinne, incl. der Chelyden) und die denselben nahe verwandten Landschildkröten die relativ ursprünglichsten sind[1]), während die Trionychiden und Seeschildkröten abgeleitete, zu ausschliesslicherem Wasserleben ausgebildete Formen sind; diese Auffassung wird wohl auch die allgemein angenommene sein. Bekanntlich zeichnen sich beide letztgenannten Schildkröten-Gruppen durch die unvollständige Entwickelung der Hautskelettplatten aus, welche, wie auch von Anderen hervorgehoben, genau Zuständen entsprechen, die wir bei jugendlichen Exemplaren anderer Schildkröten finden: bei der Untersuchung junger Exemplare verschiedener Entwickelungsstufe z. B. von Emyden erhält man Bilder, welche sich eng an die Befunde bei ausgebildeten Trionychiden und Testudiniden anschliessen. Ist die oben ausgesprochene Auffassung von den Verwandtschafts-Beziehungen der Schildkröten richtig, so wird das Verhalten des Hautskeletts der genannten Gruppen entschieden als ein neotenisches aufzufassen sein.

Zu den übrigen Reptilien stehen die Ichthyosaurier wohl anerkanntermaassen in einem ähnlichen Verhältniss wie die Cetaceen zu den übrigen Säugethieren, und sie bieten in der That ebenso wie die Cetaceen neotenische Charaktere dar. Als ein solcher ist in erster Linie die Ausbildung der Wirbelkörper hervorzuheben: die Chorda blieb offenbar in ausgedehntem Maasse das ganze Leben hindurch erhalten, die Wirbelkörper sind tief bikonkav, ganz „fischähnlich“. Die Ichthyosaurier sind aber zu deutlich modificirte echte Reptilien, als dass man hierin mehr als eine oberflächliche Aehnlichkeit mit den Fischen sehen könnte. Offenbar ist die ausgedehnte Persistenz der Chorda eine erworbene und zwar eine neotenische Erscheinung: die Ichthyosaurier stammen von Reptilien ab, welche normale Reptilienwirbel besassen.

In ähnlicher Weise wie die Wirbel der Ichthyosaurier sind diejenigen der Geckonen zu beurtheilen. Bei dieser echten Saurier-Abtheilung persistirt bekanntlich die Chorda in ausgedehntem Maasse durch die Wirbelsäule hindurch, was kaum anders denn als eine neotenische Erscheinung aufgefasst werden kann. Die Annahme, dass wir es hierin mit einem ursprünglichen Verhalten zu thun haben sollten, scheint bei der verwandtschaftlichen Stellung der Geckonen ganz unmöglich.

Ich vermuthe auch, dass eine Eigenthümlichkeit der Arterienbogen der Saurier hierher gehört. Bei manchen Formen dieser Abtheilung[2]) bleibt zeitlebens die embryonale Verbindung zwischen dem ersten Arterienbogen (Carotiden) und dem zweiten (dem Aortenbogen) bestehen; bei anderen Sauriern verschwindet sie völlig oder wird wesentlich rückgebildet. Die betreffende Kommunikation verschwindet sowohl bei allen übrigen Reptilien wie bei den Anuren, ja sogar bei gewissen Urodelen. Für diesen Fall besteht wohl kaum in den natürlichen Verwandtschafts-

1) Nach ZITTEL (Handb. d. Paläont., 1. Abth., 3. Bd., p. 543) ist die älteste bis jetzt bekannte fossile Schildkröte (*Proganochelys*) wahrscheinlich eine Chelyde.

2) RATHKE, Unters. ü. d. Aortenwurzeln etc. d. Saurier. in: Denkschr. d. K. Akad. d. Wiss. Wien. Math.-naturw. Cl., 13. Bd., 2. Abth., p. 74—75.

verhältnissen eine entschiedene Nothwendigkeit den betreffenden Befund als sekundär erworben, neotenisch, aufzufassen, diese Auffassung dürfte aber weitaus einfacher sein als diejenige, welche darin Reste ursprünglicher Charaktere erblickt.

3. Fische. Auch innerhalb dieser Abtheilung sind charakteristische hierhergehörige Fälle zu verzeichnen.

Solche findet man z. B. in der Wirbelsäule der Chimären, Dipnoër und Knorpelganoiden. Bekanntlich ist bei diesen Abtheilungen anstatt discreter Wirbelkörper ein cylindrisches Rohr vorhanden, welches die ebenfalls cylindrisch bleibende Chorda umschliesst. Bei den Haien sind aber schon die für die Fische im Allgemeinen so charakteristischen bikonkaven Wirbelkörpel vorhanden; dieselben werden auch bei Knochenganoiden und bei den Knochenfischen wiedergefunden. Unter diesen Umständen scheint es durchaus nicht wahrscheinlich, dass die Charaktere der Wirbelsäule jener Formen wirklich primitiv sind, vielmehr dürfte es wahrscheinlich sein, dass Chimären, Dipnoër und Knorpelganoiden von Formen abstammen (vergl. den nebenstehenden „Stammbaum"), welche bereits diskrete, bikonkave Wirbelkörper besassen. Unter dieser Voraussetzung ist aber der eigenthümliche Charakter der Wirbelsäule der Chimären, Dipnoër und Knorpelganoiden als durch Stehenbleiben auf einer embryonalen Entwickelungsstufe entstanden, also neotenisch, aufzufassen.

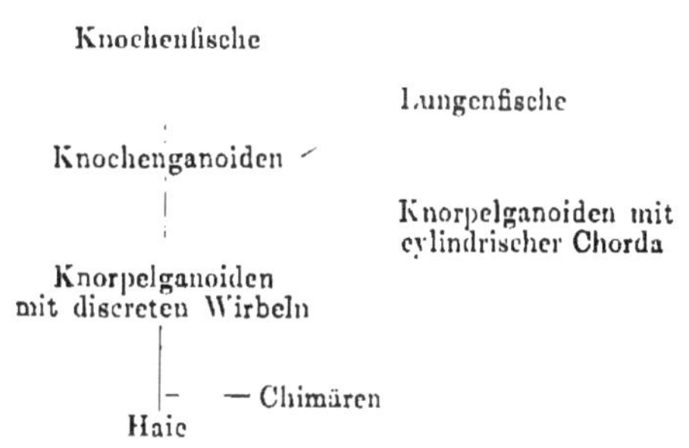

Bei einzelnen Knochenfischen persistirt bekanntlich der Pronephros lebenslänglich als harnabsondernder Apparat. Es ist dies bei *Fierasfer* nach den sehr bestimmten Angaben Emery's[1]) der Fall; kürzlich hat Calderwood[2]) dasselbe auch für *Dactylopterus* nachgewiesen. Bei dem Umstande, dass der Pronephros schon bei den Selachiern früh rückgebildet wird, dass dasselbe bei den Ganoiden der Fall ist, ebenso wie er auch bei den Teleosteern im Allgemeinen, wenigstens als harnabsonderndes Organ, im Laufe der Entwickelung degenerirt, kann das Persistiren desselben bei jenen Fischen als Exkretionsorgan offenbar nur als ein erworbener, neotenischer Charakter beurtheilt werden. Von Interesse ist die Mittheilung Calderwood's (l. c.), dass der Pronephros bei *Cyclopterus* lange Zeit persistirt: „not till Cyclopterus has become sexually mature does its head kidney commence to degenerate". Cyclopterus bildet somit in dieser Beziehung ein interessantes Bindeglied zwischen dem gewöhnlichen Verhalten der Knochenfische und demjenigen von Fierasfer und Dactylopterus dar.

1) Fierasfer, 2. Monographie d. Fauna u. Flora d. Golfes v. Neapel. p. 63.

2) The Head Kidney of Teleostean Fishes. in: Journ. Mar. Biol. Assoc. Vol. 2 N. S. p. 43.

Die bei den Fischen fast allgemein vorhandene Seitenlinie[1]) ist bekanntlich meistens eine in oder unterhalb der Haut liegende Röhre, welche mit der Oberfläche durch kleine Oeffnungen in Verbindung steht; in der Röhre befindet sich eine Reihe Sinneshügel. Die ontogenetische Entwickelung dieses Systems vollzieht sich (wenigstens bei den Knochenfischen[2]) derart, dass die Sinneshügel-Reihe zunächst frei an der Oberfläche liegt; nachher werden die sie tragenden Hautpartien rinnenförmig vertieft, dann verwachsen allmählich die Ränder der Rinne (bis auf die Stellen, wo später die Oeffnungen vorhanden sind). Schon bei den Haien ist die Röhre meistens vollständig entwickelt, ebenso bei den Rochen, Ganoiden und den meisten Knochenfischen. Bei verschiedenen Knochenfischen verhält sich aber das Seitenliniensystem anders: die Sinneshügel-Reihen bleiben entweder sämmtlich frei an der Hautoberfläche (Lophius), oder es bilden sich lediglich einige, oft nur kleine Partien des Kanalsystems aus[3]), während die Sinneshügel sonst frei oder in einer Furche sitzen (Cyclopterus, Liparis, Esox, Fierasfer, Gobius). Nun ist es zwar durchaus wahrscheinlich, dass die phylogenetischen Vorläufer des geschlossenen Seitenkanalsystems ähnliche Verhältnisse dargeboten haben wie diejenigen, welche wir bei diesen Formen finden und welche sich während der ontogenetischen Entwickelung darbieten. Die Stellung der genannten Formen innerhalb der Fischklasse verbietet es aber offenbar, jene Befunde als primitive aufzufassen: die genannten Formen stammen zweifellos ab von Fischen, welche geschlossene Seitenkanäle besassen. Demnach sind diese Formen des Seitenkanalsystems erworbene, und zwar sind sie offenbar als neotenische zu beurtheilen.

Besonders instruktiv scheinen mir in dieser Richtung die Verhältnisse bei den Stichlingen, wie sie von Merkel (l. c. p. 28) beschrieben sind. Bei *Gasterosteus pungitius* und *aculeatus* „wird die Seitenlinie über den grössten Theil des Körpers von je zwei neben einander stehenden Hügeln gebildet. . . . In dem hinteren Viertel des Leibes erhebt sich dann in der Gegend der Seitenlinie eine scharfe wallartige Kante, welche an den Fischen, ob lebend oder conservirt, leicht zu sehen ist. Dieselbe ist von einem Gang durchbohrt, in welchem wie in einem Tunnel die vorher freiliegenden Nervenhügel zu stehen kommen. . . . . . Bei *Gasterosteus spinachia* . . . . reicht die Seitenkante und damit der Seitenkanal über die ganze Länge des Körpers und auch der Kopf hat statt der freistehenden Nervenhügel solche, die in Kanäle eingeschlossen sind". Es hat hier *Gaster. spinachia* die ursprünglicheren Verhältnisse bewahrt, während die anderen Arten neotenisch verändert sind.

---

1) Wegen der Seitenlinie vergl. folgende Arbeiten:
Merkel, Ueb. d. Endigungen d. sensiblen Nerven in der Haut d. Wirbelthiere. Rostock 1880.
Garman, On the Lateral Canal System of the Selachia and Holocephala. in: Bull. Mus. Comp. Zool., Vol. 17, p. 57.
F. E. Schultze, Ueb. d. Sinnesorgane d. Seitenlinie bei Fischen u. Amphib. in: Arch. f. mikrosk. Anat., 6. Bd., p. 62.
Guitel, Rech. s. l. ligne latér. de la Baudroie. in: Arch. de Zool. expér., 2. sér., tome 9, p. 126.

2) Bei den Selachiern gestalten sich die Verhältnisse etwas, wenn auch nicht principiell, anders.

3) Guitel l. c., p. 175 u. flg.

Auch die »Fettflosse« der Salmoniden und anderer Physostomen dürfte ein neotenisch erworbenes Stück sein — nicht, wie v. la Valette St. George[1]) will, „ein Erbstück aus alten vergangenen Zeiten". Die Fettflosse bewahrt bekanntlich wesentlich die embryonale Beschaffenheit: knöcherne Strahlen entwickeln sich nicht; die Hornstrahlen gehen bis an die Basis der Flosse[2]). Aehnlich sind bekanntlich auch die Selachier-Flossen gebaut. Wenn wir aber abgeneigt sind, einfach die Fettflosse als ein „Erbstück" aufzufassen, so geschieht es deswegen, weil weder bei Ganoiden noch bei den primitivsten Knochenfischen (*Butirinus*) eine Fettflosse vorhanden ist. Die Umwandlung sämmtlicher Flossen vom Selachier-Typus zum Teleosteer-Typus scheint weit zurück zu liegen, und kein Befund spricht dafür, dass die Fettflosse der genannten Fische sich durch die Zeiten erhalten haben sollte, während die übrigen Flossen sich umgebildet haben. Weit einfacher scheint es, ihren eigenthümlichen Charakter als neotenisch aufzufassen.

Bekanntlich ist es manchen Fischen eigenthümlich, dass sie sich lange vor Erreichung der definitiven Ausbildung und Körpergrösse fortpflanzen. Dies ist z. B. bei den *Salmo*-Arten der Fall. Lilljeborg[3]) unterscheidet bei *S. trutta* eine Reihe von Stadien, welche das Thier durchläuft: 1. „Yngelstadium", 2. „Stirrstadium", 3. „Forellstadium", 4. „Örringstadium", 5. „Laxstadium"; letzteres repräsentirt die völlig ausgebildete Form. Schon im Stirrstadium wird aber das Männchen, im Forellenstadium das Weibchen geschlechtsreif. Bekanntlich ist *S. trutta* (ebenso wie *S. salar*) ein Wanderfisch, welcher vom Meer in die Flüsse, resp. Bäche geht und in letzteren sich fortpflanzt; die Wanderungen sind aber weniger regelmässig als bei *S. salar*, und manche Exemplare bleiben zeitlebens im Süsswasser, ja sogar in sehr kleinen Bächen. Ist letzteres aber der Fall, so bleiben sie auch zeitlebens auf dem Forellenstadium stehen[4]): es bildet sich ein neotenisches Verhalten in Anschluss an die ungünstigeren Lebensverhältnisse aus.

Ein ähnliches Verhalten zeigen verschiedene Fische, welche, ohne Wanderfische zu sein, trotzdem sowohl in Süss-, resp. Brack-, wie in Salzwasser vorkommen: die Süss- oder Brackwasserform ist ein geschlechtsreif gewordenes Jugendstadium der Salzwasserform. Heincke hat dies besonders für *Gobius minutus* und für *Gasterosteus aculeatus* hervorgehoben. Nach H. ist der in der Ostsee lebende *Gobius microps* eine Brackwasser-Abart von *G. minutus* und wird demgemäss von ihm als *G. minutus*, var. *minor* bezeichnet. „Alle vorhandenen Unterschiede sind solche, wie sie allgemein zwischen jüngeren und älteren Individuen der *Gobius*-Arten vorkommen . . . . . . Soweit muss *Gob. microps* als eine im jugendlichen Alter geschlechtsreif gewordene Abart von *G. minutus* aufgefasst werden. Als Ursache

1) Ueb. d. Bau d. „Fettflosse". in: Arch. f. Mikrosk. Anat., 17. Bd., p. 192.

2) Auch in anderen Teleosteer-Flossen bestehen die Hornstrahlen meistens lebenslänglich, finden sich aber nur am Rande. Harrison, Ueb. d. Entwickl. d. nicht knorp. vorgebild. Skelettheile in d. Flossen d. Teleost. in: Arch. f. Mikr. Anat., 42. Bd., p. 248.

3) Sveriges och Norges Fauna. Fiskarne. 2. Delen (Upsala 1891), p. 514 u. flg.

4) Lilljeborg l. c., p. 590, 594—95.

dieser Abänderung ist der allmähliche Eintritt in veränderte Lebensbedingungen anzusehen, der Uebergang von einem rein marinen Aufenthalt in das brackische und fast süsse Wasser"[1]). Aehnliches gilt für *Gasterosteus aculeatus* mit der Meerform *trachurus* und der Süsswasserform *leiurus* (Heincke l. c. p 347). Nach Duncker[2]) stellt auch der „Elbbutt", die Süsswasserform des Flunders, „eine geschlechtsreif gewordene Jugendform der Stammart dar, die sich von letzterer hauptsächlich durch geringe Grösse und geringere Entwickelung der Hautrauhigkeit unterscheidet".

Tunicaten. Für die Appendicularien ist mit aller Bestimmtheit von Heider[3]) die Auffassung geltend gemacht worden, dass sie „geschlechtsreife Larvenformen" seien, welche von einer festsitzenden Ascidienform abstammen. „Das Auftreten des Cellulosemantels, der Hermaphroditismus und das Undeutlichwerden der Körpersegmentirung müssen als Erwerbungen bezeichnet werden, welche wahrscheinlich erst in Folge der festsitzenden Lebensweise aufgetreten sind. Da diese Charaktere sich bei den Appendicularien finden, so werden wir mit einer gewissen Berechtigung die Appendicularien als geschlechtsreife Larven einer bereits festsitzenden Tunicatenform betrachten dürfen." Diese Auffassung hat gewiss Vieles für sich. Die Appendicularien scheinen in der That nicht gerade dasjenige Gepräge zu besitzen, welches bei primitiven Tunicaten zu erwarten wäre: wenn man sie als solche betrachten will, ist jedenfalls zuzugeben, dass sie sehr modificirt sind. Andererseits ist allerdings auch ihre Uebereinstimmung mit der Ascidienlarve keine absolute. Für die Auffassung der Appendicularien als eines neotenischen Typus scheint uns entschieden die von Moss[4]) — leider nicht eingehend genug — geschilderte Appendicularie mit Doliolum-ähnlicher Kieme zu sprechen[5]): dieselbe entspricht offenbar einer weiter ausgebildeten Ascidien-Larve, während die gewöhnlichen Appendicularien mit den zwei einfachen Athemröhren eine jüngere Entwickelungsstufe repräsentiren. Mit der Auffassung der Appendicularien als primitiver Formen harmonirt die Moss'sche Appendicularie in keiner Weise: der Stammbaum würde nach dieser Auffassung etwa aussehen wie nebenan angegeben: von einer Form X, welche natürlich mit einfachen Athemöffnungen ausgestattet war, würden sowohl die Ascidien wie die Appendicularien abzuleiten sein; für die Ascidien-ähnliche Kieme der Moss'schen Appendicularie wäre dann aber keine Erklärung. Betrachtet man aber die Appendicularien als persistente Larvenformen, so ist es sehr begreiflich, dass einige sich etwas weiter als andere entwickeln.

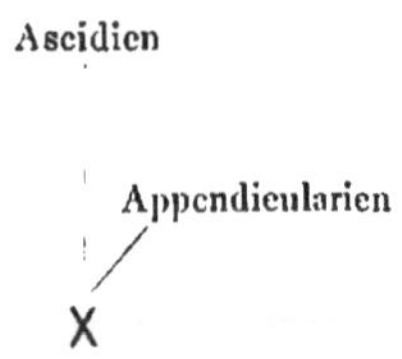

Ascidien

Appendicularien

X

1) Heincke, in: Arch. f. Naturgesch., 46. Jhrg., 1. Bd., p. 318.

2) Der Elbbutt, eine Varietät der Flunder. in: Schriften d. Naturwiss. Vereins f. Schleswig-Holstein. Bd. 9, p. 289.

3) Korschelt u. Heider, Lehrb. d. vergl. Entwickelungsgesch. d. wirbellos. Thiere. Spec. Theil, p. 1419.

4) On the Anat. of the Genus Appendicularia, with the Description of a new Form. in: Trans. Linn. Soc. London, Vol. 27, 1871, p. 300—301.

5) Auch Heider hat, l. c. p. 1293, auf diese Larve hingewiesen.

Auch Willey[1] hat dieselbe Anschauung (kurze Zeit vor Heider) ausgesprochen. Er begründet sie unter Anderem durch einen Hinweis auf den U-förmigen Darmkanal, welcher aus der festsitzenden Lebensweise hergeleitet wird, worauf dann folgt „that Appendicularia came into existence after the acquisition of this curved intestine; in other words, that Appendicularia is at any rate less primitive than the most primitive sessile Ascidians“. Weiter weist er auf verschiedene andere Verhältnisse hin, welche vermeintlich mit der Auffassung der Appendicularien als primitive Formen nicht harmoniren. Die Anschauung, dass Appendicularia eine stationäre Larvenform sei, ist übrigens noch weit älter; schon in 1866 wurde sie von Metschnikoff[2]) ausgesprochen.

Mollusken. Von Carrière[3]) ist die Ansicht ausgesprochen worden, dass die offenen Augen, welche gewisse Schnecken, *Patella*, *Haliotis*, *Trochus* etc., besitzen, nicht als primitive aufzufassen sind, sondern als Organe, welche nicht mehr zur vollen Entwickelung gelangen — also in neotenischem Sinne. Dieser Auffassung ist Pelseneer[4]) entgegengetreten, welcher an der älteren Auffassung festhält. Carrière motivirt seine Ansicht durch einen Hinweis auf die lichtscheue Lebensweise von Patella und Haliotis, welche es mit sich geführt haben sollte, dass die Augen auf der embryonalen Stufe stehen geblieben sind. Das trifft aber, wie Pelseneer hervorhebt, für Trochus und andere offenäugige nicht zu. P. hebt ferner hervor, dass die mit offenen Augen ausgestatteten Schnecken „des animaux parfaitement archaïques“ sind, was jedenfalls für einige von ihnen richtig ist. Unter diesen Umständen hat es allerdings etwas für sich, die Augenform von Trochus, Haliotis und anderen, welche eine kleine Oeffnung und eine grosse mit einem Glaskörper gefüllte Höhlung besitzt, als eine wirklich primitive zu betrachten[5]). Dagegen glaube ich für das *Patella*-Auge mich an Carrière's Auffassung anschliessen zu müssen. Dasselbe ist bekanntlich eine weit offene Grube ohne Glaskörper, also noch weit primitiver, resp. embryonaler, als bei den anderen genannten Formen. Patella darf aber gewiss in Verhältniss zu ihren nächsten Verwandten (Trochus etc.) nicht als eine primitive Form aufgefasst werden, dieselbe ist zweifellos von mit Spiralschale versehenen Schnecken abzuleiten.[6]) Unter diesen Umständen scheint es mir sehr wahrscheinlich zu sein, dass das Patella-Auge als neotenisch verändert aufzufassen ist.

---

1) Studies on the Protochordata. in: Quart. Journ. Micr. Science. New Ser., Vol. 34 (1893), p. 349—50.

2) „Aus dem Gesagten ziehe ich den Schluss, dass Dinophilus als eine stationäre Annelidenlarve zu betrachten ist, und mithin zu den Anneliden ebenso, wie Appendicularia zu den Ascidien sich verhält.“ in: Zeitschr. f. wiss. Zool., 16. Bd., p. 355.

3) Ueber Molluskenaugen. in: Arch. f. mikr. Anat., 33. Bd., p. 389—90.

4) S. l'oeil d. quelq. Mollusques Gastropodes. in: Annal. de la Soc. belge de microscopie (Mémoires), t. 16 (1891), p. 70—71.

5) Ueberraschend ist es dann allerdings, dass man schon bei Borstenwürmern denjenigen der Schnecken ganz ähnliche, geschlossene Augen findet.

6) Patten (Embryology of Patella. in: Arbeit. d. Zool. Inst. Wien, Tom. 6) beschreibt (p. 21) die Schale der Patella-Larve als „nautiloid“.

Insekten. Unter den Insekten ist das als Pädogenesis bezeichnete Phänomen gewisser Gallmücken ein prägnantes Beispiel von Neotenie. Bekanntlich ist der Vorgang bei diesen Thieren folgender: einige Individuen werden schon in der Larvengestalt geschlechtsreif und produciren Eier, welche sich parthenogenetisch im Mutterleibe entwickeln; die Mutter-Individuen sterben in der Larvengestalt ab. Diese Erscheinung ist offenbar der bei den Urodelen stattfindenden Neotenie sehr ähnlich; ein Unterschied besteht wohl wesentlich nur darin, dass die Geschlechtsorgane der neotenischen Individuen sich unvollkommen ausbilden; dass die Eier sich parthenogenetisch entwickeln, ist für die Frage an und für sich gleichgültig.

Auch ein interessanter von Grimm[1]) beschriebener Fall gehört hierher: bei einer *Chironomus*-Art fand er, dass im Frühling die Eier schon von der Puppe abgelegt wurden, welche dann gewöhnlich starb; „es waren aber Fälle, wo sie sich, nach dem Legen einer kleinen Zahl Eier, noch in das Imago entwickelte“ (l. c. p. 5). Im Herbst legen die Puppen dagegen nicht Eier, sondern metamorphosiren sich in gewöhnlicher Weise. Bei dieser Form findet also bei einigen Exemplaren eine wirkliche Neotenie, bei anderen nur eine verfrühte Ablage von Eiern, nachher aber eine vollständige Entwickelung statt, während wieder andere eine reguläre Entwickelung durchlaufen.

Von Fr. Müller[2]) und Grassi[3]) ist nachgewiesen worden, dass bei gewissen Termiten-Arten ausser den regulären geflügelten Männchen und Weibchen (Königen und Königinnen) sogenannte Ersatz-Könige und -Königinnen vorkommen, welche in Funktion treten, wenn jene in dem Nest fehlen. Diese Ersatz-Individuen sind Larven, mit oder ohne Flügelanlagen, deren Geschlechtsorgane gereift sind; nach den Angaben der genannten Beobachter ist nicht daran zu zweifeln, dass wir es hier wirklich mit einem echt neotenischen Verhalten zu thun haben.

Die genannten „Ersatz-Königinnen“ etc. sind manchmal „Nymphen“, also mit Flügelanlagen versehen. Ich möchte jedoch davor warnen, die rudimentären Flügel, welche man bei manchen Insekten findet, ohne Weiteres mit jenen Flügelanlagen zu vergleichen und sie in neotenischem Sinne aufzufassen. Die kleinen Flügel z. B. mancher erwachsener Heuschrecken sind, so weit ich sie kenne, keine „Nymphen“-Flügel, sondern eben Imago-Flügel von geringer Grösse; das geht sowohl aus ihrer Beschaffenheit wie aus der gegenseitigen Lage der Vorder- und Hinterflügel hervor: bei den Heuschrecken-Imagines — sowohl bei denjenigen mit grossen wie bei denjenigen mit kleinen Flügeln — liegen die Vorderflügel über den Hinterflügeln, bei den Nymphen bedecken die Hinterflügel dagegen die Vorderflügel. Aehnliches dürfte für andere mit rudimentären Flügeln ausgestatteten Insekten gelten: sie besitzen kleine Imago-Flügel. Hier ist also von Neotenie nicht die Rede.

1) Die ungeschlechtliche Fortpfl. einer Chironomus-Art. in: Mém. de l'Acad. d. Scienc. de St.-Pétersbourg, 7. sér., tome 15, no. 8.

2) Beitr. z. Kenntn. d. Termiten. in: Jen. Zeitschr. f. Med. u. Naturwiss., 7. Bd., p. 451.

3) Weitere Mittheilungen ü. die Ersatz-Könige u. -Königinnen im Reiche d. Termiten. in: Zoolog. Anzeiger, 11. Jhrg. (1888), p. 615. — Ein weiterer Beitr. z. Kenntn. d. Termitenreiches. ib. 12. Jhrg. (1889), p. 355.

CAMERANO[1]) fasst die komplete Flügellosigkeit mancher Insekten-Weibchen als neotenisch auf. Ich kann mich diesem Gedanken nicht anschliessen; vielmehr glaube ich, dass solche Formen von mit rudimentären Flügeln (vergl. oben) ausgestatteten abzuleiten sind: die Flügel sind immer kleiner geworden, schliesslich 0. Das ist aber keine Neotenie. Ueberhaupt möchte ich davor warnen, rein negative Charaktere ohne Weiteres als neotenische aufzufassen; mit negativen Charakteren ist überhaupt nur wenig anzufangen.

Ich erinnere an dieser Stelle noch daran, dass v. KENNEL[2]) für die Anschauung eingetreten ist, dass die Tardigraden umgebildete, geschlechtsreif gewordene Insektenlarven sind. Er verweist dabei ausdrücklich auf die oben erwähnten viviparen Cecidomyienlarven, wenn er auch nicht „gerade Dipterenmaden als die Stammeltern der Tardigraden hinzustellen" beabsichtigt. Ich kann aber die von K. angeführten Aehnlichkeiten der Tardigraden mit gewissen Dipteren-Larven keineswegs als genügende Anknüpfungspunkte für eine solche Auffassung gelten lassen, welche auch mehrere Punkte in der Organisation der Tardigraden, wenn auch nicht gerade unmöglich, so doch sehr unwahrscheinlich machen (glatte Muskulatur, Verhalten der Geschlechtsorgane).

Arachniden. Ob innerhalb dieser Abtheilung Beispiele von Neotenie vorkommen, ist mir unbekannt. Allerdings ist kürzlich von BERNARD[3]) ein Versuch gemacht worden, die Milben als neotenisch veränderte Arachniden in Anspruch zu nehmen; er meint, die Milben besässen eine geringere Anzahl von Gliedern als andere Arachniden und dies beruhe auf einer Sistirung der Entwickelung des Hinterleibes. Ohne auf die Einzelnheiten seiner Motivirung einzugehen, möchte ich bemerken, dass es bei der Frage nach der Neotenie darauf ankommt, den Nachweis zu erbringen, dass ein Organismus, resp. ein einzelnes Organ, einem realen jugendlichen Zustande eines anderen entspricht und natürlich von demselben ableitbar ist. Das hat aber BERNARD nicht gethan; wir kennen keine Entwickelungsstufe der Araneen (welche speciell von B. in Vergleich gezogen werden), welcher die erwachsene Milbe entsprechen könnte.

Crustaceen. Einen, wie es mir scheint, zweifellosen Fall von Neotenie bieten die Pranizidenn dar. Bekanntlich fehlt den jungen Isopoden, wenn sie die Bruthöhle der Mutter verlassen, noch das letzte Paar Rumpffüsse, welches sich erst später entwickelt. Bei den Pranizen kommt dieses Gliedmaassenpaar überhaupt nicht zur Entwickelung, diese Thierchen werden auf der jugendlichen Entwickelungsstufe geschlechtsreif.[4])

1) Vergl. oben p. 4, Anm. 2.

2) Die Verwandtschaftsbezieh. u. d. Abstamm. d. Tardigraden. in: Sitzungsber. d. Dorp. Naturforsch.-Gesellsch., 9. Bd., p. 504.

3) Some Observat. on the Relation of the Acaridae to the Arachnidae. in: Journal of the Linn. Soc., Zool., Vol. 24, p. 279.

4) DOHRN in: Zeitschr. f. wiss. Zool., 20. Bd. p. 58.

In derselben Weise scheint sich auch ein von CHILTON[1]) beschriebener neuseeländischer unterirdischer Süsswasser-Isopod, *Cruregens fontanus*, aus der Familie der Anthuriden, zu verhalten; bei allen untersuchten Individuen, von welchen das grösste eine Länge von 12 mm besass, war das letzte Rumpfsegment klein und gliedmaassenlos. Allerdings hat der genannte Verf. keine Exemplare untersucht, welche nach seiner Meinung sicher geschlechtsreif waren, er hat aber sehr zahlreiche Exemplare gesehen, welche von verschiedenen Lokalitäten stammten und im Laufe von zehn Jahren eingesammelt waren, so dass es nicht sehr wahrscheinlich ist, dass er keine völlig entwickelten Individuen vor sich gehabt haben sollte.[2])

Für die Copepoden ist von BERNARD[3]) die Auffassung ausgesprochen worden, dass sie von „a larval stage of Apus" abzuleiten seien. Die Auffassung der Copepoden als modificirte Larven — wenn auch nicht gerade Apus-Larven — hat gewiss etwas für sich; die bei manchen Copepoden vorkommende Persistenz des Mandibel-Exopodites und die (auch von BERNARD hervorgehobene) Nicht-Ausbildung der Seitenaugen sprechen dafür; wenigstens sind die beiden genannten Charaktere mit einiger Wahrscheinlichkeit als neotenisch aufzufassen. Damit sind aber die Schwierigkeiten bei der Ableitung der Copepoden nicht überwunden; sie stehen immerhin sehr isolirt da, und eine engere Anknüpfung an primitivere Crustaceen ist nicht nachweisbar.[4])

Die Ostracoden leitet BERNARD[5]) ebenfalls von „the larva of any of the primitive Crustacea" ab. Von der sehr phantasievollen Behandlung, welcher B. diese Frage unterwirft, muss ich wie von so vielen anderen Punkten seines Buches Abstand nehmen. Immerhin möchte ich aber den von B. ausgesprochenen Gedanken nicht ohne Weiteres verwerfen, dass die Ostracoden von Larven primitiver Crustaceen, deren hintere Körperpartie, wie bei vielen Crustaceenlarven, noch nicht ausgebildet war, abzuleiten seien. Auch bei den Ostracoden kann ein Exopodit an der Mandibel vorhanden sein, was ausser bei Copepoden sonst bei keinen erwachsenen Crustaceen vorkommt.

Anneliden. Bei dem merkwürdigen Chätopod *Ctenodrilus* ist nach KENNEL[6]) nur ein einziges Paar Exkretionsorgane vorhanden, welche nach der Ansicht dieses Beobachters[7]) in der „Kopfniere" der Polygordius-Larve sein Homologon hat, „oder mit anderen Worten, bei Ctenodrilus hat sich das Exkretionsorgan der Anneliden-

1) The Subterranean Crustacea of New Zealand. in: Trans. Linn. Soc. London, 2. Ser., Zool., Vol. 6, p. 209—18.

2) In seiner Abhandlung erwähnt CHILTON (p. 265), dass es auch verschiedene subterrane Myriopoden giebt, welche sich von ihren nächsten Verwandten durch eine kleinere Anzahl Glieder und Gliedmaassen auszeichnen, was ebenfalls, und wohl mit Recht, als eine Hemmung der Entwickelung aufgefasst worden ist.

3) The Apodidae, London 1892, p. 263 u. flg.

4) Mit BERNARD bin ich von der Unrichtigkeit der „general opinion", dass die Copepoden unter den Crustaceen eine ursprüngliche Abtheilung wäre, überzeugt, und schliesse mich auch insofern seinen Anschauungen an, als ich sie von phyllopodenähnlichen Ahnen ableite.

5) l. c. p. 262.

6) Ueb. Ctenodrilus pardalis. in: Arbeit. a. d. Zool.-Zoot. Inst. Würzburg, 5. Bd., p. 388.

7) l. c. p. 392.

Larve als bleibendes und einziges Exkretionsorgan erhalten.“ In der folgenden Erörterung über die verwandtschaftlichen Beziehungen von Ctenodrilus schreibt der Verfasser: „Die ganze bisher dargelegte Anatomie von Ctenodrilus berechtigt uns zu dem Schluss, dass wir es mit einer sehr alten Form[1]) zu thun haben, was neben der Einfachheit der Organisation auch der Umstand schliessen lässt, dass in Ctenodrilus sowohl Eigenthümlichkeiten der Oligochäten (Naïden . . .) als auch nur bei Polychäten zu beobachtende Organisationsverhältnisse vereinigt sind: In Ctenodrilus ist ein Kollektivtypus gegeben, der nahe an dem Vereinigungspunkt beider Gruppen steht . . . Nervensystem, Muskulatur, die übrigen mesodermalen Bildungen, besonders auch Gefässsystem, sind von äusserster Einfachheit . . .; dabei weisen Charaktere wie Schlundkopf, Darmkanal, Borsten nach den Naïden, andere Eigenthümlichkeiten, wie das räthselhafte Organ im dorsalen Blutgefässe, nach den Polychäten hin. Und selbst, wenn man den Versuch machen wollte, den ganzen Ctenodrilus durch Degeneration und Reduktion von Oligo- oder Polychäten entstanden sein zu lassen, so wäre das mit Rücksicht auf seine Exkretionsorgane nicht möglich.“[2])

Dem gegenüber wage ich die Vermuthung auszusprechen, dass Ctenodrilus keine primitive, sondern eine rückgebildete Form ist, und dass seine Exkretionsorgane neotenisch erworben sind. Diese Auffassung scheint mir derartig nahe zu liegen, dass es mich einigermaassen überrascht, dass Kennel nicht darauf gekommen ist. In der sonstigen Organisation von Ctenodrilus scheint gar nichts zu liegen — das geht auch schon aus den citirten Worten v. Kennel's hervor —, was zu einer anderen Annahme führen könnte als die, derselbe stelle ein degenerirtes Geschöpf dar; und die Existenz embryonaler Exkretionsorgane kann fürwahr hieran nichts ändern.

Eine sehr deutliche Neotenie weist auch die zu den Euniciden gehörende *Ophryotrocha puerilis* auf.[3]) Bekanntlich zeichnet sich dieser Wurm besonders durch lebenslänglichen Besitz der sonst nur den Polychäten-Larven eigenthümlichen Wimperkränze aus, welche aber hier aus den Larvenstadien[4]) mit in das Stadium des Erwachsenen herübergenommen werden. Das Verhältniss ist natürlich längst von verschiedener Seite beachtet worden und hat schon in dem Species-Namen einen charakteristischen Ausdruck erhalten. Dass wir es hier mit einem neotenischen, sekundären Charakter zu thun haben, dürfte wohl keinem Zweifel unterliegen.

Einen neotenischen Zustand bietet ferner das Männchen von *Bonellia* nach den Untersuchungen Spengel's dar. Derselbe schreibt:[5]) „Als Ergebniss dieser Vergleichung können wir den Nachweis betrachten, dass das Männchen der Bonellia eine Gephyree mit allen bekannten Organisationsverhältnissen einer solchen ist und sich vom Weibchen wesentlich in solchen Beziehungen unterscheidet, welche als ein Zurückbleiben auf der Stufe einer Larve mit einseitiger Entwickelung

1) Hervorgehoben von mir.

2) Hervorgehoben von mir.

3) Vergl. u. A. Korschelt, Ueb. *Ophryotrocha puerilis* etc. in: Zeitschr. f. wiss. Zool., 57. Bd., p. 224.

4) Korschelt l. c., Tab. 13, Fig. 12—15.

5) Spengel, Beitr. z. Kenntn. d. Gephyreen I. in: Mitth. Zool. Stat. Neapel, 1. Bd., p. 415.

der Geschlechtsstoffe[1]) zu kennzeichnen sind. Die Entstehung des zur Geschlechtsthätigkeit in Beziehung stehenden Samenschlauches erscheint als der einzige Fortschritt über das Larvenstadium hinaus, während die Rückbildung der Wimperschnüre sowie der Augenflecke der Larve im Zusammenhang mit der parasitischen Lebensweise genügend erklärt ist."

Auch die Gattung *Dinophilus* dürfte in neotenischem Sinne aufzufassen sein. Diese interessante Form, welche in früherer Zeit bald den Turbellarien, bald den Nemertinen zugerechnet wurde, wird wohl jetzt allgemein als Annelid aufgefasst. Schon längst ist man auf die auffallende Aehnlichkeit desselben mit polytrochen Annelidenlarven aufmerksam geworden, und schon 1866 schreibt Metschnikoff:[2]) „Aus dem Gesagten ziehe ich den Schluss, dass Dinophilus als eine stationäre Anneliden-Larve[3]) zu betrachten ist." Die Aehnlichkeit mit den Anneliden-Larven macht sich nicht allein im Aeusseren des Thieres geltend, sondern auch im Inneren; namentlich die Exkretionsorgane verhalten sich ganz ähnlich wie die larvalen Nephridien gewisser Polychäten-Larven.[4]) Die Auffassung von Dinophilus als einer neotenischen Anneliden-Larve scheint Alles für sich zu haben; in der sonstigen Organisation des Thieres ist meines Wissens Nichts, was dem widerspräche. Die Form ist insofern von besonderem Interesse für uns, als sie — die Richtigkeit der hier vertretenen Auffassung vorausgesetzt — eine besonders schlagende Analogie zu den Kiemenlurchen darbieten würde; ist doch hier wie dort nicht wie bei den meisten von uns angeführten Beispielen von der Persistenz einzelner jugendlicher Charaktere, sondern von einem totalen Stehenbleiben[5]) auf larvaler Stufe die Rede.[6])

Bekanntlich liegt bei manchen Chätopoden das Centralnervensystem eng der Epidermis an und verschmilzt stellenweise mit derselben, oder es liegt sogar ganz in der Epidermis, ist somit auf der embryonalen Stufe stehen geblieben. Semper[7]) hat dieses Verhalten für eine Anzahl verschiedener Chätopoden erwähnt: „Bald sind es nur die Kommissuren des Rumpfes (Capitella), bald nur der Schlundring (Terebella zostericola) oder Schlundring und dorsales Ganglion (Hyalinoecia tubicola), welche zwischen Ringmuskel und Epidermis liegen und mit ihren zelligen Elementen direkt in die der letzteren überzugehen scheinen; bald gehört das Nervensystem ganz der Epidermis an (Maldane sp.)«. Das letztere Verhalten bietet auch der vorhin erwähnte Ctenodrilus[8]) dar. Für die Capitelliden erwähnt Eisig[9]), dass bei einigen Formen der Bauchstrang in der Leibeshöhle, bei anderen — Heteromastus und

1) Hervorgehoben von mir.

2) Zeitschr. f. wiss. Zoologie, 16. Bd., p. 355.

3) Hervorgehoben von mir.

4) E. Meyer in: Mittheil. Zool. Stat. Neapel, 7. Bd., Taf. 27. Fig. 10 (Nephridium von Dinophilus), Fig. 2 (Nephridium einer Nereis-Larve).

5) Natürlich von der Entwickelung der Geschlechtsprodukte abgesehen.

6) Ueber Dinophilus vergl. noch: Korschelt, Ueb. Bau u. Entwick. d. Dinoph. apatris. in: Zeitschr. f. wiss. Zool., 37. Bd., p. 315. Lang, Vergl. Anat. d. wirbellos. Thiere. p. 247.

7) Verwandtschaftsbezieh. d. geglied. Thiere. in: Arbeit. d. zool.-zoot. Inst. Würzburg, 3. Bd., p. 115 u. flg.

8) Kennel. Ctenodrilus. in: Arbeit. d. zool. zoot. Inst. Würzburg, 5. Bd., p. 379.

9) Capitelliden. in: Fauna u. Flora des Golfes v. Neapel, 16. Monogr., p. 454.

Capitella — dagegen ganz oder theilweise zwischen Muskulatur und Haut, resp. in der Haut selbst liegt. Und Eisig fährt fort: „Da das Gesammtbild aller Organsysteme dazu zwingt, Heteromastus und Capitella als die am stärksten modificirten, resp. jüngsten Capitelliden-Formen zu betrachten, so folgt daraus, wie wenig berechtigt es ist, die acölomatische Lage des Bauchstranges als Merkmal ursprünglichen Verhaltens zu deuten." Offenbar haben wir es hier mit neotenischen Erscheinungen zu thun, welche unabhängig von einander innerhalb verschiedener Chätopoden-Abtheilungen erworben sind.[1])

Rotatorien. Von verschiedener Seite ist auf die Aehnlichkeit der Trochophora mit den Rotatorien hingewiesen worden, und von dem Standpunkt aus, die Trochophora repräsentire eine Stammform, hat man daraus geschlossen, die Rotatorien seien im Ganzen primitive Formen, „welche noch die nächsten Beziehungen zu der Trochophora-ähnlichen Stammform erkennen lassen und welche deren Bewegungsweise und Organisationscharakter mit einigen sekundären Veränderungen beibehalten haben."[2]) Von dieser Auffassung kann natürlich für diejenigen, welche die Trochophora lediglich als eine Larvenform betrachten und die Anneliden von nemertinenähnlichen Ahnen ableiten, nicht die Rede sein. Für diese — zu welchen ich gehöre[3]) — werden wohl bezüglich der Stellung der Rotatorien nur zwei Möglichkeiten in Betracht kommen können: entweder diejenige, die Rotatorien als aberrante Plattwürmer aufzufassen, oder die, dieselben als auf der Larvenstufe stehen gebliebene Anneliden, also als neotenische Formen zu betrachten. Nach Zelinka[4]) hat denn auch schon Lang die Ansicht ausgesprochen, „die Räderthiere seien geschlechtsreif gewordene Anneliden-Larven"; Zelinka führt nicht an, wo Lang diese Ansicht ausgesprochen hat, es bezieht sich wohl das Citat auf eine Aeusserung in dessen „Vergleichender Anatomie" p. 186: „wir sind geneigt, die Räderthiere für vereinfachte Thiere zu halten, die auf immer früheren Entwickelungsstadien geschlechtsreif werden; so dass sie sich jetzt nicht mehr über die Organisationshöhe einer jungen Anneliden-arve erheben." Welche dieser beiden Anschauungen das Richtige trifft, ob also die Rotatorien als aberrante Plattwürmer oder als — modificirte — stationäre Annelidenlarven aufzufassen sind, wage ich vor der Hand nicht zu entscheiden. Immerhin möchte ich aber bemerken, dass man für den Fall, dass die Rotatorien in neotenischem Sinne aufgefasst werden, sich schwerlich den Typus derartig allmählich entstanden denken darf, wie Lang es will („auf immer früheren Entwickelungsstadien geschlechtsreif"); vielmehr sind solche neotenische Typen wohl überall derartig entstanden, dass plötzlich eine Larve geschlechtsreif wurde, wie wir es noch bei Triton sehen; allmählich wurde dann dies Verhalten innerhalb der Art allgemein (Axolotl), zuletzt ausschliesslich (Proteus u. a.). Vorläufig möchten wir aber die Frage offen lassen, ob die Rotatorien als neotenischer Typus aufzufassen sind oder

1) Vergl. Lang, Vergleich. Anat. p. 221.

2) Korschelt in: Korschelt u. Heider, Lehrb. d. vergleich. Entwickelungsgesch. d. wirbellos. Thiere, p. 228.

3) Vergl. mein Lehrb. d. Zool., 2. Aufl., p. 181.

4) Zeitschr. f. wiss. Zool., 53. Bd., p. 150.

nicht, möchten aber zugleich die Aufmerksamkeit der Rotatorien-Forscher auf diese Frage speciell hinlenken; es scheint uns eben hier von besonders grossem Interesse zu sein.

Sämmtliche hier angeführten Fälle von Neotenie haben das Gemeinsame, dass das Thier auf einer Entwickelungs-Stufe geschlechtsreif wird, auf welcher seine übrigen Organe — alle oder einige — nicht die volle Ausbildung erreicht haben und dann überhaupt diese Ausbildung nicht erreichen.

Manchmal findet aber eine vorzeitige Reife der Geschlechtsorgane, resp. eine verspätete Ausbildung gewisser anderer Organe statt, ohne dass Neotenie daraus resultirt. Manche Fische werden geschlechtsreif, lange bevor sie die volle Grösse erreicht haben, wachsen dann aber weiter heran: hier ist also von Neotenie, von Stehenbleiben auf der jugendlichen Ausbildungsstufe nicht die Rede. Hierher gehört auch das von Chun[1]) unter dem besonderen Namen „Dissogonie" beschriebene eigenthümliche Verhalten gewisser Ctenophoren-Larven, welches bekanntlich darin besteht, dass die Larven kurz nach dem Verlassen der Eihülle geschlechtsreif werden und befruchtete Eier ablegen, gleichzeitig aber heranwachsen. „Die Eiablage dauert einige Tage, während deren die Larven an Volum beträchtlich zunehmen . . . . Allmählich sistirt die Produktion von Samen und Ei"[2]), die Larve durchläuft die Metamorphose, und das Thier wird nachher nochmals geschlechtsreif. Eine vorzeitige geschlechtliche Thätigkeit ohne Neotenie findet man auch bei *Gyrodactylus*, bei welchem bekanntlich[3]) bis vier Generationen in einander eingeschachtelt liegen: im Uterus eines Individuums liegt ein vollständig ausgebildeter Abkömmling, in diesem wieder ein weniger ausgebildetes Embryo, in letzterem wieder eines. — Als Beispiel einer verspäteten Ausbildung eines Organs, ohne dass das Resultat Neotenie wird, führe ich an die Verspätung des Durchbruches zwischen Chylus- und Enddarm bei gewissen Insekten (Ameisenlöwe, Hymenopteren etc.); Chylus- und Enddarm sind bei diesen noch während des Larvenstadiums getrennt, während sie sich bei anderen Insekten schon im Embryonalleben mit einander verbinden. Vergl. auch die oben gemachten Angaben über den Pronephros bei *Cyclopterus*.

In den genannten Beispielen würde ein weiterer Schritt uns zur Neotenie führen. Sie schliessen sich somit eng dieser Erscheinung an, gehören aber selbst wieder in eine grössere Kategorie von Erscheinungen, welche eine ansehnliche Verbreitung im Thierreiche haben dürfte, diejenige der Verschiebung der Reihenfolge der Organentwickelung, welche auch in anderen nicht zur Neotenie führenden Formen auftreten kann. So erscheint die Neotenie in engem Zusammenhang mit weit verbreiteten Erscheinungen.

1) Dissogonie d. gelappt. Ctenophoren. in: Biblioth. Zoolog., herausg. v. Leuckart u. Chun, 1. Bd., 1. Heft. p. 62.
2) Chun l. c., p. 63.
3) G. R. Wagener, Ueb. Gyrodact. elegans. in: Archiv f. Anat., Physiol. etc., Jhg. 1860, p. 768.

UEBER DIE ENTWICKELUNG DES UNBEFRUCHTETEN SEEIGELEIES

EIN BEITRAG

ZUR

LEHRE VON DER KERNTHEILUNG

UND DER

GESCHLECHTLICHEN DIFFERENZIRUNG

VON

DR. RICHARD HERTWIG

O. Ö. PROFESSOR DER ZOOLOGIE UND DER VERGLEICHENDEN ANATOMIE
AN DER UNIVERSITÄT MÜNCHEN.

MIT TAFEL I—III.

Die Beobachtungen, welche ich im Folgenden über die Theilungsfähigkeit der Kerne unbefruchteter Eier mitzutheilen gedenke, sind das Resultat von Untersuchungen, welche von anderen Gesichtspunkten aus unternommen worden sind. Als ich im Frühjahr 1887 gemeinsam mit meinem Bruder Experimente über die Befruchtung der Seeigeleier anstellte, hatten wir uns die Frage vorgelegt, welchen Einfluss die Koncentration des Samens auf die polysperme Befruchtung geschädigter, speciell durch Reagentienbehandlung in ihren Lebensfunktionen gestörter Eier ausübt. Desshalb wurden Eier von *Echinus microtuberculatus* 30 Minuten lang mit 0,1% Strychninlösung behandelt und mit verschieden stark verdünntem Sperma derselben Species versetzt In einem Fall wurde das Sperma so sehr mit Meerwasser verdünnt, dass nach Ausweis der Beobachtung im lebenden Zustand und nach Ausweis einer sehr genauen Untersuchung des konservirten Materials mehr als 90% in Folge ungenügenden Samenzusatzes unbefruchtet geblieben waren. Fünfzig Minuten nach der Besamung war Kontrolmaterial eingelegt worden. Von demselben waren 89% nach wie vor unbefruchtet. An diesen 89% fand ich die Anfänge zu den interessanten Veränderungen des Eikerns, über welche ich hier berichten will.

Eine zweite Reihe von Experimenten war in Triest unternommen worden, um festzustellen, ob die Bastardirungsfähigkeit der Eizellen durch Vorbehandlung mit Strychninlösungen eine Veränderung erfährt. Die Experimente wurden von mir allein ein Jahr später bei einem Aufenthalt in Spezia auf's Neue aufgenommen und vervollständigt. In allen Fällen wurden Eier von *Strongylocentrotus lividus* und Samen von *Echinus microtuberculatus* verwandt, weil bei dieser Kombination die Befruchtung unter normalen Verhältnissen so gut wie ganz ausgeschlossen ist, während die Bastardirung im umgekehrten Sinne sehr leicht gelingt. Sowohl Eier wie Spermatozoen wurden in eine 0,1% Strychninlösung übertragen und 5 Minuten später die Befruchtung vorgenommen. Die Zeitdauer der Strychninbehandlung variirte bei den einzelnen Versuchen zwischen 1—3 Stunden; dann wurde jedesmal sorgfältig mit Meerwasser ausgewaschen und die Kultur noch einen Tag fortgesetzt. In kleinen Zwischenräumen wurden Portionen der Eier sowohl während der Strychninbehandlung als auch nachher zum Zweck genauerer mikroskopischer Untersuchung abgetödtet. Auch an diesem Material konnte ich mich überzeugen, dass eine

Befruchtung unterblieben war, dass der Eikern gleichwohl Veränderungen erlitten hatte, die zur Theilung führten oder dieselbe wenigstens vorbereiteten.

Für mich, der ich die Entwickelung der Kulturen Schritt für Schritt hatte verfolgen können, war das Ergebniss, dass der Eikern unabhängig vom Samenzutritt ein gewisses Maass von Theilfähigkeit besitzt, vollkommen beweiskräftig. Immerhin war bei allen Experimenten Samen verwandt worden. Ich musste daher mit der Möglichkeit rechnen, dass dieser Umstand bei der Veröffentlichung meiner Resultate Veranlassung zu Einwänden werden könne. Seitdem wir durch Boveri erfahren haben, dass bei der Befruchtung sich das Centrosoma vom Spermakern ablösen kann und dass der Eikern sich dann ohne Spermakern theilt, muss man ja mit der Möglichkeit rechnen, dass Theile des Spermatozoon, die schwierig nachweisbar sind, in das Ei hineingelangen und die Befruchtung bewirken können. Ich bat daher Herrn Kollegen Boveri, der damals noch in München war, mir von einer seiner Reisen nach Neapel vollkommen einwurfsfreies Material mitzubringen. Seeigeleier, welche nie mit Samen in Berührung gekommen waren, wurden 1, 2 und 3 Stunden lang mit 0,1 % Strychnin behandelt und eine Zeit lang in reinem Seewasser weiter kultivirt. Grössere Partien wurden in verabredeten Zwischenräumen konservirt; sie zeigten dieselben Veränderungen, welche ich bei den Experimenten über Polyspermie und Bastardirung schon hatte beobachten können.

Schliesslich fand ich die Umbildung des Eikerns auch bei Eiern, welche nicht einmal einer Strychninbehandlung unterworfen worden waren. Aus Rovigno war ein vollkommen isolirter, lebender *Sphaerechinus granularis* an das hiesige zoologische Institut gesandt worden. Er hatte auf dem Transport abgelaicht; von den Eiern war ein Theil in Umwandlung begriffen.

Sämmtliches Untersuchungsmaterial war in der Pikrin-Essigsäure, welche mein Bruder und ich schon bei früheren Untersuchungen (52) angewandt hatten, abgetödtet worden. Zur Färbung der Präparate wurde im Allgemeinen Boraxcarmin benutzt, welches für die chromatischen Theile der Kerne meist ausreichende Bilder lieferte. In einigen Fällen zog ich Hämatoxylinfärbung zur Ergänzung heran. Ich benutzte ½% Hämatoxylinlösung, liess dieselbe mehrere Stunden lang wirken und zog dann mit absolutem Alkohol, der 0,1 % Salzsäure enthielt, aus. Um auch die schwieriger zu erkennenden achromatischen Strukturen deutlicher zu erhalten, habe ich verschiedene Verfahren angewandt: Färbung mit Säurefuchsin, wie sie meinem Bruder bei der Untersuchung der Spermatogenese von *Ascaris* gute Dienste geleistet hat, die Flemming'sche Färbung mit Saffranin, Gentianaviolet, Orange, endlich auch die Benda'sche Methode und das Heidenhain'sche Eisenhämatoxylinverfahren. Ich hatte die genannten Doppelfärbungen hauptsächlich benutzt, um etwaige Centrosomen aufzufinden. Wenn nun auch dieser Zweck nicht erreicht wurde, so wurden meine Bemühungen doch dadurch belohnt, dass die Spindelfasern und auch die Chromosomen ausserordentlich viel klarer wurden, als bei einfachen Boraxcarminpräparaten.

Die Färbeverfahren für die achromatischen Figuren lassen sich auf ganze Eier nicht anwenden. Ich sah mich daher genöthigt Schnittpräparate anzufertigen, wobei ich

Einbettung der Eier in Paraffin benutzte und die Schnitte theils mit Eiweiss theils mit Nelkenöl-Collodium aufklebte. Die Einbettung der Eier in Paraffin erfolgte in kleinen dünnwandigen Röhrchen. Nachdem die Eier sich in der Wärme am Grund des Röhrchens abgesetzt hatten, wurde das Paraffin zum Erkalten gebracht und schliesslich der Paraffinblock durch Zerschlagen der Wandungen des Röhrchens aus seiner Glasumhüllung befreit. Dieses Verfahren, welches in der Neuzeit auch von anderer Seite für kleinere Objekte vielfach in Anwendung gezogen wurde, genügte allen Ansprüchen.

Ueber die Resultate meiner Untersuchungen habe ich schon dreimal kurz berichtet, zweimal in Sitzungen der Gesellschaft für Morphologie und Physiologie in München (47), das dritte Mal gelegentlich eines Referates, welches ich auf der Versammlung der deutschen zoologischen Gesellschaft in Berlin über Konjugation und Befruchtung zu erstatten hatte (51). Eine ausführlichere Darstellung der Einzelbefunde hatte ich schon vor sieben Jahren abgefasst, war aber durch anderweitige Arbeiten an einer abschliessenden Redaktion verhindert worden. Ich hatte damals eine genaue Darstellung jeder einzelnen Versuchsreihe (8 an der Zahl) gegeben. Mit Rücksicht auf das enorme Anwachsen der Litteratur über Kerntheilung und Befruchtung bin ich von einer derartigen umständlichen Behandlungsweise des Gegenstandes zurückgekommen. Ich ziehe es vor, eine zusammenhängende, zugleich auch die Litteratur berücksichtigende Darstellung der Veränderungen des Eies und seines Kernes, wie sie sich aus dem Studium sämmtlicher Serien ergiebt, zu liefern. Im Anschluss an diese Darstellung werde ich Gelegenheit nehmen, einige allgemeine Zellfragen, die zur Zeit in dem Vordergrund der Diskussion stehen, zu erörtern, die Frage nach den Unterschieden im Bau der Geschlechtszellen, sowie die Frage nach der morphologischen Bedeutung des Centrosoma und des Verhältnisses, in welchem dieser wichtige Körper zu Kern und Protoplasma sowie zu den bei der Zelltheilung auftretenden Strukturen steht.

I. Die Metamorphose des Eikerns im unbefruchteten Seeigelei.

1. Bau des ruhenden Eikerns. Der Kern des Seeigeleies ist ein excentrisch gelagertes, mit Kernsaft gefülltes Bläschen, welches durch eine deutliche Kontur, die sogenannte Kernmembran, gegen das umgebende Protoplasma abgesetzt ist. Im Inneren findet sich ein feines Netzwerk von Fäden und in den Maschen desselben 1—3 Nucleoli. Bei der Färbung mit Boraxcarmin nimmt das Protoplasma des Eies, besonders deutlich nach der Befruchtung und während der Theilung, einen matt röthlichen Ton an, während der Eikern als eine völlig farblose, lichte Partie erscheint. Weder die Nucleoli noch das Kernreticulum färben sich und müssen somit den sogenannten achromatischen Kernbestandtheilen zugerechnet werden. Die Fäden des Reticulum sind feingekörnelt, was noch mehr hervortritt, wenn man das Ei zertrümmert und den dadurch isolirten Eikern in Glycerin oder Wasser untersucht.

Ein ganz anderes Bild erhält man bei Anwendung des Eisenhämatoxylin-Verfahrens oder bei Färbung mit Safranin, Gentianaviolett, Orange. Wenn man die mit Hämatoxylin überfärbten Schnitte stark mit der Eisenalaunlösung auswäscht, gelingt es das Protoplasma vollkommen zu entfärben, während der Eikern seine schwarzblaue Farbe beibehält und daher ausserordentlich deutlich hervortritt. Die Färbung hat ihren Sitz in den Nucleoli, dem Reticulum und der Kernmembran (Fig. 1 und 2). Die Nucleoli sind bald durchaus gleichförmig gefärbt, bald lassen sie eine dunklere Rindenschicht von einem hellen Inhalt (Vacuole?) unterscheiden und sehen dann bläschenförmig aus. Es kommt auch vor, dass die dunklere Rinde sich in's Innere netzartig fortsetzt. Das Kernreticulum und die Kernmembran zeigen ganz den gleichen Bau, so dass letztere nur als der nach aussen eine Abgrenzung bewirkende Theil des ersteren angesehen werden kann. Die Fäden des Kernnetzes stossen nicht überall zusammen. Vielmehr ergeben sich Stellen, an denen das Netz unterbrochen ist und die Fäden geweihartige in den Kernsaft hineinragende Strukturen bilden. Was nun die feinere Struktur der Fäden anlangt, so bekommt man den Eindruck, als seien sie aus Körnchen zusammengefügt, die dicht an einander liegen oder nur durch wenig Zwischenmasse vereinigt werden. Untersucht man in Glycerin, so schwindet der Unterschied zwischen Körnchen und verbindender Gerüstsubstanz (Fig. 4). Erstere sehen dann nur wie verdichtete Stellen in letzterer aus, ein Aussehen, das mir den thatsächlichen Verhältnissen am meisten zu entsprechen scheint.

Bei der Färbung mit Safranin-Orange-Gentianaviolett bekommt man häufig nur bräunlich gefärbte Körnchen zu Gesicht, die in gewundenen, den Kernraum durchsetzenden Bahnen angeordnet sind (Fig. 3). Die verbindende, die Grundlage des Gerüsts darstellende Zwischensubstanz ist nur ganz schwach oder gar nicht gefärbt. Die Nucleoli erscheinen als braunviolette, intensiv gefärbte Körperchen.

2. Chromatische Metamorphose des Eikerns. — Die Veränderungen, welche durch die Strychninbehandlung der Seeigeleier in relativ kurzer Zeit hervorgerufen werden, aber auch ohne dieselbe bei langem Liegen der Eier in Seewasser auftreten, scheinen sich zunächst auf Quellungs- und Schrumpfungsvorgänge zu beschränken. Im Protoplasma treten helle, körnchenfreie Partien auf, besonders im Umkreis des Kernes. Dieser ist kleiner geworden und hat eine faltige, nicht selten in Ecken ausgezogene Oberfläche bekommen, als ob er geschrumpft oder durch Druck von aussen umgeformt worden wäre (Fig. 1). Ich habe diese Veränderungen nicht genauer untersucht, weil ich nicht sicher bin, ob sie durch Lebensprocesse im Ei oder durch schlechte Konservirung des Materials bedingt sind, wenn ich auch das Erstere für wahrscheinlich halte. Sie fanden sich nicht in allen Serien und gleichen sich jedenfalls auf späteren Stadien wieder aus; sie deuten auf einen lebhaften Stoffaustausch zwischen Protoplasma und Kern, als dessen Folgen die übrigen und wichtigeren Umgestaltungen des Eikerns anzusehen sind. Diese äussern sich in dreifacher Weise: 1) im Schwund der Nucleoli, 2) im Auftreten von Chromosomen, 3) in der Auflösung der Kernmembran. Da das zweite Merkmal am meisten in die Augen fällt, will ich die Veränderungen in ihrer Gesammtheit als chromatische Metamorphose des Eikerns bezeichnen.

Der Schwund der Nucleoli macht sich zuerst bemerkbar; er scheint unter allmählicher Auflösung der oberflächlichen Schichten vor sich zu gehen. Denn die Nucleoli werden in demselben Maasse kleiner als die Chromosomen deutlicher werden. Keinenfalls werden die Nucleoli aus dem Kerninneren ausgestossen. Zwar findet man hie und da im Umkreis des Kerns im Protoplasma kleine Körperchen, die etwa die Grösse von Nucleoli haben und an Eisenhämatoxylin-Präparaten die gleiche Färbung wie diese besitzen. Dieselben finden sich aber auch sonst in grösserer Menge im Protoplasma zerstreut, auch zu einer Zeit, wo die Nucleoli noch vorhanden sind. An Carminpräparaten sind sie vollends mit Nucleoli nicht zu verwechseln, da sie die Farbe fast so intensiv wie Chromosomen annehmen und beim Auswaschen längere Zeit zurückbehalten.

Die Chromosomen sind auf dem Höhepunkt der chromatischen Metamorphose des Kerns ausserordentlich scharf konturirte Elemente (Fig. 8 und 10), die sich besonders durch Boraxcarmin, Hämatoxylin oder Gentianaviolett deutlich machen lassen. Sie sind entweder S-förmige gewundene, lange und dünne Fäden, oder sie sind kurze gedrungene, in gleichem Maasse dickere, gerade gestreckte oder U-förmig gekrümmte Stäbe. Da sie im Kernbläschen zerstreut liegen, ist ihre Zählung einigermaassen erleichtert. Das Resultat schwankte zwischen 16 und 18. Da neuerdings Wilson (96) zu demselben wechselnden Ergebniss gelangt ist und für den Eikern von *Toxopneustes variegatus* ebenfalls 16—18 Chromosomen angiebt, bin ich fast versucht anzunehmen, dass in der Zahl der Chromosomen eine gewisse Variabilität herrscht. Die Chromosomen liegen in den Verlauf des Kernnetzes eingebettet. Letzteres hat um diese Zeit an Masse zugenommen, insofern die Maschen enger und demgemäss die Bälkchen des Gerüsts reichlicher geworden sind. Auch ist der Eikern im Allgemeinen nicht unbeträchtlich vergrössert.

Die Ausbildung der Chromosomen ist offenbar ein äusserst langsam ablaufender Process, so dass man in dem abgetödteten Material zahlreiche verschiedene Stadien neben einander findet, welche erläutern, in welcher Weise die Ausbildung vor sich geht. Es hat nun ein gewisses Interesse, diese Ausbildungsweise mit Rücksicht auf eine in der Neuzeit aufgeworfene Streitfrage zu verfolgen, nämlich die Frage nach der Individualität der Chromosomen. Rabl (70) und Boveri (11, 12) und im Anschluss an sie Rückert (77, 82) haben zu beweisen versucht, dass die Chromosomen Individualitäten sind, welche die Zeit der Zellruhe von einer Kerntheilung zur nächsten überdauern. Die einzelnen Theilchen eines Chromosoms sollen zwar nach beendeter Theilung sich im Kernraume ausbreiten; sie sollen dabei aber ihr gegenseitiges Lageverhältniss beibehalten und zur Zeit der nächsten Kerntheilung wieder in der alten Anordnung erscheinen, so dass eine Vermischung der Theilchen zweier benachbarter Chromosomen gänzlich ausgeschlossen wäre. O. Hertwig (42) nimmt dagegen an, dass die Chromosomen sich in ihre Theilchen auflösen, dass diese bei ihrer Ausbreitung im Kern ein nicht mehr nach Chromosomen gesondertes Material bilden, aus dem bei der nächsten Theilung die Chromosomen durch Neugruppirung entständen. Dabei würde natürlich nicht ausgeschlossen sein, dass ein Chromosom sich aus Material entwickeln würde, welches früher verschiedenen Chromosomen angehört hatte. Dass gleichwohl die Chromosomen bei jeder Theilung immer wieder in gleicher Form und in gleicher Zahl auftreten, erklärt O. Hertwig aus einer besonderen Struktur der kleinsten Theilchen, welche immer nur eine bestimmte Anordnung gestatte.

Ich habe nun viel Mühe auf das Studium der Bildungsweise der Chromosomen im Seeigelei verwandt, bin aber zu keinem entscheidenden Resultat gelangt. Die Chromosomen des Seeigeleies sind für eine genaue Untersuchung zu klein; die Färbungen mit Carmin und Hämatoxylin fallen nicht energisch genug aus, um diesen Uebelstand auszugleichen. Das Flemming'sche Färbeverfahren giebt zwar sehr intensive Chromatinfärbungen, hat aber den Nachtheil, dass anderweitige Körnchen im Kern gefärbt werden, so dass die Deutlichkeit der ersten im Kern auftauchenden chromatischen Körnchen beeinträchtigt wird. Die besten Resultate erhielt ich auf folgendem Weg. Ich färbte Eisenhämatoxylin-Präparate noch einmal mit Delafield-schem Hämatoxylin. Nach Auswaschen mit destillirtem Wasser und Fixiren in Brunnenwasser differenzirte ich weiter mit sehr dünnem Salzsäurealkohol. War bis dahin das Reticulum der Eikerne gleichmässig blauschwarz gefärbt, so behielten beim Differenziren mit Salzsäurealkohol nur die chromatischen Schleifen oder deren Anlagen, die Farbe; die übrigen Theile des Gerüsts hellten sich auf.

Was ich habe nachweisen können, ist Folgendes. Bei den Färbungen mit Boraxcarmin und Hämatoxylin fiel mir öfters die chromatische Beschaffenheit der Kernmembran auf (Fig. 5), welche daher rührte, dass feinste staubartige Chromatinkörnchen in ihr diffus vertheilt waren. Auch die ersten Anlagen der Chromosomen findet man sehr häufig in oder dicht unter der Kernmembran. Sie bestehen aus Körnchen, welche perlschnurartig an einander gereiht sind (Fig. 6, 7 u. 9). Die Körnchen sind vielfach sehr fein und zahlreich und in langen, gewundenen, schlangenartigen Fäden angeordnet; oder sie sind derber, entsprechend weniger zahlreich und bilden gedrungene Figuren. In einem Fall zählte ich nur fünf Körner in jedem Chromosom.

Bei den mit Salzsäure differenzirten Hämatoxylin-Präparaten habe ich niemals die diffuse Färbung der Kernmembran beobachten können. Gleich von Anfang an fand ich die Chromatinkörnchen zu Reihen angeordnet, gewöhnlich in der Kernmembran, seltener im Inneren des Kernnetzes. Ich konnte die Chromosomen-Anlagen schon auf Stadien nachweisen, auf denen die Carminfärbung keine Resultate lieferte.

Ziehe ich aus meinen Beobachtungen einen Schluss, so komme ich zu dem Ergebniss, dass das Chromatin, sowie es in die Erscheinung tritt, die Anordnung in Chromosomen besitzt, ein Ergebniss, welches für die Lehre von der Individualität der Chromosomen sprechen würde. Allerdings ist das Gefüge der Chromosomen zunächst ein lockeres. Zunächst bestehen sie aus zahlreichen feinsten Körnchen. Diese treten zu grösseren Körnern zusammen, welche sich dann zur Bildung der Chromosomen enger an einander legen. Die Verschiebung der chromatischen Elemente erfolgt auf den Bahnen, welche durch das achromatische Reticulum gegeben sind.

Wie kommt es nun, dass bei Eikernen, welche noch keine Veränderung erfahren haben, auch mit den besten Färbungen keine Spuren von Chromatin gefunden werden können? Ist um diese Zeit kein Chromatin vorhanden, und entsteht es erst vom Protoplasma aus, wofür das Auftreten im Bereich der Kernmembran sprechen würde? oder ist das im Kern vorhandene Chromatin nur nicht nachweisbar? Ich halte die letztere Ansicht für die richtige und stimme in dieser Hinsicht Born (6) und Rückert (77) bei, welche, der eine für das Keimbläschen von Tritoneiern, der andere für die Selachiereier, nachgewiesen haben, dass die Chromosomen jeder Zeit vorhanden sind, vorübergehend sich aber so gut wie gar nicht färben und dann sehr schwer zu erkennen sind. So glaube auch ich aus der Art, wie die Chromosomen ganz allmählich im Eikern der Seeigel deutlicher werden, schliessen zu dürfen, dass sie allezeit vorhanden sind. Die Unmöglichkeit, sie nachzuweisen, erkläre ich daraus, dass das Chromatin so sehr in feinste Körnchen zerstäubt ist, dass die Färbbarkeit der letzteren nicht mehr hervortritt.

Eine weitere Frage, die sich uns bei der Betrachtung der mitgetheilten Befunde ergiebt, ist die Frage: Was ist im Verlauf der chromatischen Metamorphose aus den Nucleoli geworden? Dieselbe ist in den Arbeiten über Kerntheilung viel erörtert worden. Denn auch im Laufe der Kerntheilung schwinden die Nucleoli, was von den einzelnen Autoren eine sehr verschiedene Deutung erfahren hat. Die Auffassungen, dass die Nucleolen für die Lebensvorgänge des Kerns keinerlei grössere Bedeutung besitzen, sondern nur die Depots für Stoffe seien, die eine Reservenahrung für Kern oder Protoplasma darstellen oder gar Exkrete derselben sind, können wir kurz übergehen. Sie werden durch die Thatsache widerlegt, dass die Nucleolen im Eikern vorkommen, einem Kern, der erst kurz vorher alles zur Entwickelung Ueberflüssige abgestossen hat. Es mögen ja in manchen Kernen geformte Körperchen von nebensächlicher Bedeutung enthalten sein. Diese sollte man dann nicht Nucleolen nennen und sollte sie von den Nucleolen des Eikerns und den Nucleolen, wie sie in den gewöhnlichen Gewebszellen von Pflanzen und Thieren vorkommen, scharf unterscheiden.

Diese echten Nucleoli spielen sicher eine wichtige Rolle. Drei Ansichten sind hierüber aufgestellt worden. Toyama (90), Wilcox (94), Sala (83) u. A. glauben, dass die Nucleolen zu Centrosomen werden. Wassiljewski und Karsten glaubten sogar, wie ich aus Flemming's Referaten über die Zelle ersehe, diese Umwandlung durch direkte Beobachtung festgestellt zu haben; ihre Angaben sind jedoch durch die späteren Untersuchungen Humphrey's widerlegt worden. Ich selbst habe früher an die Ableitung der Centrosomen von Nucleoli gedacht (44), bin aber von dieser Auffassung vollkommen zurückgekommen.

Mein Bruder (42—43) schreibt den Nucleolen eine doppelte Aufgabe zu. Ein Theil der Nucleolarsubstanz wird zur Bildung der Centrosomen verwandt, ein anderer Theil dagegen wird in den Aufbau der Chromosomen einbezogen. Auch diese Ansicht hat ihre Anhänger gefunden.

Flemming (30) endlich ist der Ansicht, dass die Nucleolen nur mit den Chromosomen in engerem Zusammenhang stehen; ich schliesse mich seiner Ansicht vollkommen an. Meine eigenen Untersuchungen lassen es mir ausgeschlossen erscheinen, dass im Ei der Seeigel Nucleolen und Centrosomen irgend etwas mit einander zu thun haben. Zur Zeit, in der die Nucleolen schon geschwunden sind, ist im Seeigelei weder ein Centrosoma nachweisbar, noch findet sich am Eikern Strahlung, welche auf die Existenz eines Centrosoma hinweisen könnte. Wir werden überhaupt sehen, dass ein Centrosoma im gewöhnlichen Sinne des Wortes auch in der Folgezeit nicht auftritt. Dagegen ergeben sich unzweifelhafte Beziehungen der Nucleoli zur Entwickelung der Chromosomen. In demselben Maasse, als diese deutlicher werden, schwinden die Nucleoli. Wenn die Chromosomen fertiggestellt sind, existiren keine Nucleoli mehr (Fig. 8—11). Dieses Wechselverhältniss ist nun nicht so zu verstehen, als wäre das gesammte Material der Chromosomen in den Nucleoli enthalten. Dagegen spricht die geringe Masse der Nucleolar-Substanz und ihr verschiedenes Verhalten den üblichen Chromatin-Färbungsmitteln gegenüber. Auch ergiebt sich aus meinen Beobachtungen, ferner den Beobachtungen Rückert's, Born's, Boveri's u. A., dass die Anlagen der Chromosomen schon zu einer Zeit existiren, wo die Nucleoli noch nicht aufgelöst sind. Die Nucleolen können somit den Chromosomen nur ein zur endgültigen Fertigstellung nothwendiges Ergänzungsmaterial liefern.

Die Ansicht einer innigen Beziehung der Nucleoli zur Entwickelung der Chromosomen ist geeignet, das Verhalten der Kerne mit „Chromatin-Nucleoli“ verständlich zu machen. Ich verstehe unter Chromatin-Nucleoli Kernkörperchen, welche die gesammte Chromatinsubstanz des Kernes enthalten. Sie finden sich bei vielen Protozoen, z. B. bei *Actinosphaerium Eichhorni*[1]), unter den Pflanzen bei

---

1) Bau und Theilung der Actinosphaerium-Kerne ist neuerdings von Brauer (15) untersucht worden. Derselbe hat im Wesentlichen meine vor zwölf Jahren gemachten Angaben (50) bestätigt; in einigen Punkten aber ist er zu abweichenden Resultaten gekommen. An dieser Stelle interessiren uns dieselben nur, soweit sie sich auf den ruhenden Kern beziehen. Nach Brauer besteht der Kern aus 1) Kernsaft, 2) Kernmembran, 3) einem Liningerüst, 4) darin eingestreuten Chromatinkörnchen, 5) mehreren Nucleolen. Ich meinerseits habe am Kern unterschieden 1) Kernsaft, 2) Kernmembran, 3) ein achromatisches Gerüst, 4) Chromatin, welches eine sehr wechselnde Anordnung besitzt, indem es entweder einen einzigen grossen Nucleolus oder mehrere kleine Nucleoli bildet. Mir ist es unverständlich, wie Brauer dazu kommt, zu behaupten, dass ich die Existenz eines Gerüstes in Abrede stelle, um so unverständlicher, als ich die Beschaffenheit desselben durch den Vergleich mit den leichter zu verstehenden Verhältnissen mancher Insektenkerne ausführlich erläutert habe. Somit reducirt sich der Unterschied zwischen unseren Darstellungen darauf, dass Brauer Nucleolen und Chromatin als verschiedene Theile unterscheidet, eine Unterscheidung, die dadurch an Bedeutung gewinnt, dass er eine Betheiligung der Nucleolen an der Bildung der Chromosomen als unwahrscheinlich hinstellt. Ferner giebt Brauer an, dass er stets mehrere, nie 1—2 Nucleolen gefunden habe.

Dem gegenüber muss ich, gestützt auf neuere Untersuchungen, die allerdings sich nicht auf encystirte Thiere beziehen, meine früher geäusserte Angabe, dass alles Chromatin in den Nucleoli abgelagert ist, aufrecht erhalten. Dies ist am Klarsten, wenn nur ein einziger kompakter Nucleolus vorhanden ist, welcher dann inmitten

Spirogyra. Auch in den Gewebszellen von Thieren können sie vorkommen. Ich habe sie für die Speicheldrüsen von *Culex pipiens* beschrieben und abgebildet. Solche Kerne zeigen dann ein achromatisches Gerüst und in demselben einen grossen chromatischen Körper, im übrigen Nichts, was man den Nucleoli oder den Chromosomen der Gewebszellen vergleichen könnte. Wenn es bei *Actinosphaerium* und *Spirogyra* zur Kerntheilung kommt, bilden sich die Chromosomen direkt aus dem Material des Nucleolus hervor. An den ruhenden Speicheldrüsenkernen von *Culex* habe ich ferner verfolgen können, dass sich vom Nucleolus Chromatinkörnchen ablösen und im achromatischen Reticulum ausbreiten. Dabei bleibt ein Rest übrig, der sich nur noch schwach färbt, ein echter achromatischer Nucleolus.

Derartige Nucleoli wären dann nicht, wie mein Bruder annimmt, und auch ich früher geglaubt habe, von den ächten Nucleoli als etwas wesentlich Verschiedenes zu unterscheiden; sie würden Nucleoli sein, die ausser der specifischen Nucleolarsubstanz noch das Chromatin des Kernes enthalten. Mit dieser Auffassung steht in vollem Einklang, dass in den Keimflecken mancher Eier zweierlei räumlich gesonderte Substanzen von Flemming, Leydig und O. Hertwig beschrieben worden sind. Aehnliches berichtet Hermann von Follikelzellen des Hodens und Lönnberg von Leberzellen der Mollusken und der Flusskrebse. Die eine dieser Substanzen zeigt dann chromatische Beschaffenheit. Schliesslich möchte ich hier noch auf die neuerdings erschienene Arbeit Sobotta's (89) hinweisen. Dieser beschreibt den Eikern und Spermakern des befruchteten Mäuseeies als Bläschen mit achromatischem Reticulum und einem grossen chromatischen Nucleolus in demselben. Bei der Umwandlung zur Spindel lösen sich Chromatinkörnchen vom Nucleolus ab und treten auf das Kernnetz über, ein Substrat hinterlassend, das man wohl den echten Nucleoli vergleichen muss. Später wird auch dieses aufgelöst. Beim Lesen dieser Angaben war ich überrascht, wie gross die Uebereinstimmung mit den Kernen der Speicheldrüsen der Insekten ist. Leider habe ich an letzteren keine Theilungen beobachten können.

Die Schilderung, welche ich von Kerngerüst und Kernmembran gegeben habe, stimmt im Allgemeinen mit der üblichen Darstellung dieser Strukturen überein,

eines völlig achromatischen Gerüstes liegt. Uninucleoläre Kerne und Kerne mit zwei Nucleoli sind allerdings, wie ich schon früher angab, nicht sehr häufig, immerhin häufig genug, um bei reichlichem Actinosphärium-Material leicht nachgewiesen zu werden. Ebenso ist es, vermöge der Verbesserungen, die in den letzten zehn Jahren die Technik der Untersuchung erfahren hat, ein Leichtes nachzuweisen, dass die gesammte Masse des Nucleolus zu den Chromosomen der Aequatorialplatte verwandt wird. Ich glaube nicht, dass encystirte Actinosphärien sich in diesen fundamentalen Vorgängen anders verhalten als freilebende. Wenigstens geben die von Brauer gelieferten Abbildungen keine Anhaltspunkte für eine solche Annahme. Mir macht es den Eindruck, als ob Brauer in der Deutung seiner Bilder sich viel zu sehr von dem Bestreben hat leiten lassen, Alles möglichst so wiederzufinden, wie es von den Kerntheilungsvorgängen vielzelliger Thiere geschildert wird. Wo meine frühere Darstellung der Ergänzung bedarf, das sind die in ihr geschilderten plurinucleolären Zustände. Wie die vor zwölf Jahren gegebenen Abbildungen schon andeuten, hängen die vielen Nucleoli unter einander zusammen. Es ist auch hier streng genommen nur ein Nucleolus vorhanden, der von einem Centrum aus wenige derbere oder zahlreichere, feinere, dendritische, manchmal auch anastomosirende Verästelungen nach der Kernperipherie aussendet. Auch bei den Vorbereitungen zur Theilung ist zu einer Zeit, in der ich früher schon eine Auflösung in Körnchen annahm, ein zusammenhängender verästelter Chromatinfaden vorhanden.

besonders mit der Darstellung, welche neuerdings Heidenhain (38) gegeben hat. Wie ich es hier gethan habe, so unterscheidet auch Heidenhain ein Gerüst aus Linin und in demselben kleine, vom Chromatin differente Körnchen, die er Lanthanin- und später Oxychromatinkörner genannt hat. Dieselbe Struktur kommt der Grenzschicht des Eikerns zu. Will man dieselbe eine Membran nennen, so hätten wir hier einen Fall gegeben, in dem Kernnetz und Kernmembran ihrer Bedeutung und ihrem feinen Bau nach unter einander übereinstimmen und nur durch die Art der Anordnung sich unterscheiden. Zahlreiche Autoren gehen noch einen Schritt weiter und halten auch eine Uebereinstimmung des Kerngerüsts und seiner Membran mit dem Gerüst des Protoplasma für erwiesen. Speciell für den Eikern der Echinodermen hat neuerdings Wilson wieder diese Ansicht behauptet. Manche Forscher, wie z. B. Rawitz (73[a]), Reinke (74) wollen einen allmählichen Uebergang des einen Gerüstes in das andere mit aller Deutlichkeit gesehen haben. Ich kann dieser Auffassungsweise nicht das Wort reden mit Rücksicht auf die grossen mikrochemischen Unterschiede zwischen Kern- und Plasmagerüst. Beim Eisenhämatoxylin-Verfahren wird letzteres durch starkes Auswaschen farblos, während ersteres tief dunkelblau erscheint. Im hellen Protoplasma erscheint der Eikern als ein intensiv gefärbter Körper. Bei Carminfärbungen tritt das Gegentheil ein. Der Kern liegt als helles, farbloses Bläschen inmitten einer stark gefärbten Protoplasma-Umgebung. Und wie sich das Kerngerüst in seinem mikrochemischen Verhalten vollkommen anders verhält, so ist es auch anatomisch gegen dasselbe scharf abgesetzt. Am meisten fällt die Abgrenzung auf, wenn sich eine lichte Zone um den Kern gebildet hat. Unverständlich ist es mir, wie Reinke mit der Annahme eines allmählichen Uebergangs des Kerngerüsts in das Protoplasma seine eigene Beobachtung in Einklang bringt, dass der Eikern im Protoplasma amöboide Bewegungen ausführt (75).

Ueber das Verhältniss des achromatischen Kerngerüstes zum Chromatin hat Wilson (96) neuerdings eine merkwürdige Ansicht aufgestellt. Er meint, dass die achromatische Kernsubstanz vom Chromatin aus gebildet werde. Ich wüsste keine einzige Erscheinung, welche man hierfür geltend machen könnte, wohl aber manche, die dagegen sprechen, 1. dass das achromatische Gerüst schon zu einer Zeit vorhanden ist, wo die Chromosomen noch nicht nachgewiesen werden können, 2. dass die Chromosomen und das achromatische Gerüst gleichzeitig zunehmen. Diese Zunahme kann nach meiner Ansicht nur so erklärt werden, dass der Kern in allen seinen Theilen durch Aufnahme von Stoffen aus dem Protoplasma wächst.

Ich habe bisher nur die qualitative Beschaffenheit des Kerngerüsts berücksichtigt; ich gehe jetzt noch auf seine morphologische Anordnung ein. Bütschli (21) hat seine Lehre von der Wabenstruktur des Protoplasma, auf die ich im Laufe dieser Arbeit noch zurückkommen werde, auch auf den Kern ausgedehnt. Im Anschluss an ihn haben mehrere jüngere Forscher, so erst neuerdings wieder Schaudinn (84) bei Amöben, zum Theil auch Reinke, eine schaumige Struktur des Kerns behauptet. Ich muss gestehen, dass ich mich um so mehr von der

Anschauungsweise Bütschli's entfernt habe, je mehr ich mich in der Neuzeit mit den einschlägigen Verhältnissen befasst habe. Die einzelnen Stücke des Kerngerüstes sind, sei es auf dem optischen oder dem natürlichen Querschnitt, stets als Stränge, nie in der Art, wie es die Wabentheorie voraussetzt, als Lamellen zu erweisen. Am besten sieht man das an den schon oben besprochenen Stellen, wo das Kerngerüst unterbrochen ist, und die Fäden mit freien Enden in den Kernsaft hineinragen. Ich vermag solche freien Enden nicht, wie Heidenhain es thut, für Kunstprodukte zu erklären, da ich sie, wenn auch verschieden deutlich, bei fast allen untersuchten Eikernen finde. Wer sich von dem fadigen Charakter der Liningerüste leicht überzeugen will, dem empfehle ich die grossen Kerne der Speicheldrüsen der Insekten. Durch Balbiani's (1) Untersuchungen ist der breite Lininfaden von *Chironomus*, in den das Chromatin in Form von Querscheiben eingelagert ist, schon vor längerer Zeit bekannt geworden. Auch bei den Larven von Stechmücken finde ich solche gewundene, freilich etwas dünnere Fäden. Dieselben erzeugen nicht selten durch Verästelungen und netzförmige Verbindung der Verästelungen typische Gerüststruktur.

Die chromatische Metamorphose des Eikerns findet ihren Abschluss mit der Rückbildung der Kernmembran. Das Liningerüst zieht sich dabei unter Ausstossung des Kernsafts auf einen engeren Raum zusammen und sieht nun vollends wie eine dichtgedrängte körnige Masse aus, in der die Chromosomen liegen (Fig. 11). An Carminpräparaten ist es dann noch durch lichtere Färbung vom umgebenden Protoplasma zu unterscheiden. Anders bei Eisenhämatoxylin-Präparaten und Präparaten, die nach der Flemming'schen Methode gefärbt waren. An denselben konnte ich nur selten einen Unterschied zwischen der Masse des Kerngerüstes und der protoplasmatischen Umgebung erkennen. Gewöhnlich hat es den Anschein, als sei ersteres in letzterem vollkommen aufgegangen, und als lägen nunmehr die Chromosomen frei im Protoplasma.

Indessen erhält man bei allen Präparationsmethoden Bilder, welche auch auf dem Stadium des membranlosen Kernes mit Sicherheit ergeben, dass ausser den Chromosomen ein specifischer Kernbestandtheil existirt, der mit dem Liningerüst identisch ist. Sehr häufig findet man unter den Eiern mit chromatischer Metamorphose und aufgelöster Kernmembran Exemplare, bei denen die Chromosomen einzeln oder in einen zusammenhängenden Klumpen zusammengeballt oder zu einem einzigen Faden vereint in einem homogenen, glasartig aussehenden Körper liegen. Ich deute denselben als das umgewandelte Liningerüst des Kernes (Fig. 12, 19). Der betreffende Körper zeigt keine Spur weder von einer Gerüstanordnung noch von Körnelung. Manchmal ist er der Chromatinmasse des Kernes von einer Seite angefügt. Dann entsteht ein Bild, welches ich schon früher dem Bilde eines frisch in das Ei eingedrungenen Samenfadens verglichen habe: wir erblicken einen spitzkugelförmigen Körper, dessen eines breiteres Ende von einer nahezu homogenen chromatischen Masse gebildet wird, während die Spitze aus achromatischer Substanz besteht.

Manchem mag es befremdlich erscheinen, dass sich körnige Lininfäden in eine Substanz verwandeln sollen, die weder körnig noch in Fäden angeordnet ist.

Indessen ist es nicht schwer, für beide Umwandlungen analoge Beispiele aufzufinden. Eine Umwandlung gekörnelter Strukturen in homogene Fäden wird von Jedem, der sich mit den Theilungsvorgängen der Zelle beschäftigt hat, angenommen. Besonders haben v. Beneden (3) und Boveri (7, 11) beschrieben, wie die ursprünglich gekörnelten Archoplasmamassen da zu homogenen Fäden werden, wo sie die Zugfasern der Halbspindel liefern. Diese Umwandlung muss Jeder annehmen, der die Bildung der Spindelfasern erklären will, mag er dieselben aus dem Kern oder dem Protoplasma ableiten. Dass aber Spindelfasern wiederum unter einander zu einem homogenen Körper verkleben können, hat Boveri (7) für die Richtungsspindel von *Ascaris* beschrieben. Es ist durch ein Experiment leicht zu erweisen. Wenn man Furchungszellen auf dem Spindelstadium stark schüttelt und dann untersucht, findet man an Stelle ihrer Faserkörper vollkommen homogene, die Chromosomen umschliessende Massen. Auch werden wir im weiteren Verlauf dieser Untersuchung noch Gelegenheit haben, zu zeigen, dass die Lininsubstanzen des Kernes in homogene Körper, und diese wieder in körnige Gerüste zurückverwandelt werden können.

2. Bildung der Fächerkerne oder Halbspindeln. Ich gebe zunächst eine Schilderung der Fächerkerne oder Halbspindeln, bei denen noch die Protoplasmastrahlung fehlt. Dieselben stimmen im Wesentlichen mit den von meinem Bruder und mir beschriebenen Figuren überein, welche entstehen, wenn der Eikern durch Chloraleinfluss an der Vereinigung mit dem Spermakern verhindert wird und sich unabhängig von ihm zur Theilung vorbereitet. Man sieht ein Bündel Spindelfasern, welche von einem gemeinsamen Punkt ausstrahlen und in ihrer Gesammtheit einen kegelförmigen Körper zusammensetzen. Der Winkel, den die Randfasern mit einander bilden, ist unbedeutend und beträgt nie mehr als etwa 90°, meistentheils wesentlich weniger (Fig. 14, 15). An Eiern, welche im Ganzen in Nelkenöl untersucht wurden und in Folge dessen unter dem Deckgläschen hin und her gerollt werden konnten, liess sich feststellen, dass die Kegelform in einer Richtung abgeplattet war, da der Winkel der äussersten Fasern bei der Flächenansicht doppelt so gross war als bei der Kantenansicht, welche man erhielt, wenn man das Ei um 90° drehte (Fig. 13a. u. b.). Die Chromosomen liegen im Umkreis des Spindelkörpers, mit Vorliebe in der Nachbarschaft der peripheren Enden der Spindelfasern, worunter ich die vom Ausstrahlungscentrum abgewandten Enden verstehe. Eine innigere Beziehung zu den peripheren Enden, wie wir sie sogleich noch kennen lernen werden, war meist noch nicht gegeben. Am besten ist das aus Präparaten zu ersehen, wie sie in den Figuren 14 und 16 abgebildet sind. Denn hier liegen Chromosomen am centralen Ende des Faserkegels, ja sogar ganz abseits von demselben im Protoplasma.

An manchen Halbspindeln war deutlich zu erkennen, dass die Fasern am centralen Ende verschmolzen waren (Fig. 16); in anderen Fällen war das nicht der Fall (Fig. 15). Ich glaube, dass die Verschmelzung der centralen Enden mit Rückbildungsvorgängen zu thun hat, die ich erst später besprechen werde, da sie auch auf anderen Stadien der Kernmetamorphose bemerkbar werden.

Ich leite die Spindelfasern aus der achromatischen Substanz des Kernes ab. Diese Auffassung ergiebt sich als die naturgemässeste, wenn man bedenkt, dass der Kern am Ende seiner chromatischen Metamorphose ausser Chromosomen noch das körnige Netzwerk enthält, dessen Anwesenheit und weiterer Verbleib sich am besten durch die Annahme erklären, dass es zu den Spindelfasern umgewandelt wurde. Auch habe ich, obgleich selten, Bilder gesehen, welche direkt für eine solche Umwandlung sprechen (Fig. 17 und 18). Zwischen den Chromosomen lag achromatische Substanz, wie bei den oben geschilderten Kernen mit aufgelöster Kernmembran; man konnte an derselben aber schon Andeutungen von Faserung erkennen. Ein Theil der Fasern schien sich sogar schon nach einem Pol zu orientiren. Immerhin waren die Bilder — was bei den Schwierigkeiten, die das Objekt der Untersuchung bietet, leicht verständlich ist — ziemlich undeutlich.

Eine weitere Stütze für die Ableitung der Spindelfasern aus dem Kern und nicht aus dem Protoplasma erblicke ich in dem Verhalten des letzteren. Die Halbspindel liegt wie der Eikern excentrisch im Ei, mitten im körnigen Protoplasma, welches um diese Zeit meist gar keine Veränderungen zeigt, also noch vollkommen unthätig ist. Zwar können in der Nähe der Spindelspitze körnchenfreie Stellen vorhanden sein. Protoplasmastrahlung aber fehlt noch; sie tritt erst sekundär zur Halbspindel hinzu, wodurch dann die sogleich zu besprechenden Fächerkerne mit Strahlung entstehen. Wäre die Spindelfaserung aus dem Protoplasma hervorgegangen, so wäre sie nur ein Theil der allgemeinen Protoplasmastrahlung, nämlich der Theil, welcher durch seine besonderen Beziehungen zu den Chromosomen ausgezeichnet ist. Wir hätten dann zu erwarten, dass zunächst um ein Centrum herum sich eine allseitige Strahlung entwickelt, aus welcher sich sekundär der Körper der Halbspindel herausdifferenzirt. Statt dessen entsteht zunächst die Halbspindel; erst wenn sie fertiggestellt ist, übt sie auf die Anordnung des Protoplasma und der Chromosomen einen bestimmenden Einfluss aus.

Auch im weiteren Verlauf ergeben sich Unterschiede zwischen den Fasern der Halbspindel und dem Protoplasma. Aus Rückbildung der ersteren entsteht vielfach ein Körper, der scharf gegen das Protoplasma abgesetzt ist. Alle Beobachtungen sprechen somit für die Ableitung der Spindelfasern aus dem Kern, keine gegen dieselbe und für eine protoplasmatische Entstehung.

Als ich vor acht Jahren auf Grund der mitgetheilten Beobachtungen die Entwickelung der Halbspindel aus dem achromatischen Kerngerüst behauptete, war im Allgemeinen die Auffassung vorherrschend, dass die Spindelfasern aus dem Protoplasma stammen. Man suchte die intranucleäre Genese der Spindelfasern als die Ausnahme hinzustellen und durch die Hypothese zu erklären, dass das Kerngerüst nichts Anderes sei, als ein in den Kern eingedrungener Theil des Protoplasma. Zu den Wenigen, die dieser herrschenden Auffassung nicht beipflichteten, gehörten Flemming, mein Bruder und ich. Für mich waren die ganz unzweideutigen Verhältnisse der Protozoenkerne maassgebend; ferner der Grundgedanke, dass die Zustände der Gewebskerne aus den Zuständen der Protozoenkerne abgeleitet werden müssen. Ich kann wohl sagen, dass dieser Gedanke in der Neuzeit immer mehr an Boden gewinnt, dass sich in gleichem Maasse die Stimmen mehren, welche die Genese der Spindel aus dem Kern für die Regel, die Genese aus dem Protoplasma für die Ausnahme erklären. Fast mit jeder neuen einschlägigen Arbeit wächst die Zahl der Fälle, in denen das Kerngerüst zur Zeit der Karyokinese zur Spindel wird. Ganz allgemein scheint dieser Modus für die Richtungskörperbildung und die letzten Theilungen bei der Spermatogenese zu gelten.

Am meisten wurde ich an die von mir beobachteten Vorgänge durch die ausserordentlich genaue Schilderung erinnert, welche Boveri (7) von der Umbildung der Liningerüste des Keimbläschens in die Fasern der Richtungsspindel bei *Ascaris megalocephala* gegeben hat. Zu gleichen Resultaten gelangten Brauer (17) für das Ei von *Artemia*, Fick (28) für die Richtungskörper des Axolotl, Rückert (80) für die Richtungskörper der Copepoden, Sobotta (89) für die Richtungskörper der Maus, Korschelt (60) für die Richtungskörper von *Ophryotrocha puerilis*, mein Bruder (42) und Brauer (16) für die Spermatogenese von *Ascaris*, Henking (39) für die Spermatogenese der Insekten u. s. w. Auch für die Furchungsspindel gilt keineswegs allgemein das von Boveri (11) und v. Beneden (3) entworfene Schema, demzufolge hier die Spindelfasern mit dem Kern Nichts zu thun haben, sondern aus dem „Archoplasma" hervorgehen sollen. Speciell für die Furchungsspindel des Seeigeleies hat Wilson (96), dem ich auf Grund eigener Untersuchungen vollkommen Recht gebe, die Umbildung der Liningerüste in Spindelfasern dargethan. Als sicherer Beweis für den extranucleären Ursprung der Spindel wird vielfach in der Neuzeit die Entwickelungsweise der Centralspindel angeführt, welche vom Centrosoma aus gebildet werden soll; indessen vollkommen mit Unrecht. Denn die Beobachtungen der betreffenden Forscher, Hermann (40), Flemming (30), Heidenhain (38), liefern vielmehr, wie Heidenhain schon hervorgehoben hat, den Beweis, dass das Centrosoma ein Korntheil ist; eine Ansicht, zu deren genauerer Begründung ich im Folgenden noch Vielerlei werde vorzubringen haben.

In der Schilderung meiner Befunde fortfahrend, wende ich mich zur Besprechung der mit Strahlung versehenen Fächerkerne.

Eier auf dem zu beschreibenden Stadium fallen dadurch in die Augen, dass in geringer Entfernung vom Eicentrum eine undeutlich abgegrenzte Partie von nahezu kugeliger Gestalt liegt, welche auch an stark ausgezogenen Carminpräparaten eine diffuse mattrosa Färbung bewahrt und sich hierdurch sowie durch ihre feinere Struktur von der Umgebung unterscheidet (Fig. 20, 21). Die Struktur äussert sich in einer ungemein zarten radialen Faserung, welche im Centrum der kugeligen Partie beginnt, über den Bereich der mattröthlichen Färbung eine Strecke weit hinausreicht und allmählich sich in das Protoplasma hinein verliert. Bringt man das zur Untersuchung benutzte Ei durch Drehung in verschiedene Lagen, so kann man eine Stellung erzielen, bei welcher die Strahlung eine Strecke weit unterbrochen ist, weil ein sehr körnchenarmes Protoplasma vom Centrum des Eies aus nach dem Mittelpunkt der Strahlung vorragt und in der Faserung einen Kreisausschnitt erzeugt, dessen Winkel von weniger als einem Rechten bis zu zwei Rechten und mehr betragen kann. Die Faserung sieht dann aus wie ein weit geöffneter Fächer (Fig. 22). Die Stellung, auf welcher man das sehr charakteristische Bild erhält, wird erzielt, wenn der Mittelpunkt des Eies und das Ausstrahlungscentrum in eine dem Objektträger parallele Ebene fallen. Die Chromosomen liegen bei dem geschilderten Fächerkern zerstreut auf der Oberfläche der rosa gefärbten Partie und bilden somit einen auf der Seite des Eicentrums unterbrochenen Kugelmantel; sie sind vermöge ihrer lockeren Anordnung auf diesem Stadium leichter als sonst zu zählen.

Innerhalb der Strahlung muss man zweierlei Fasern unterscheiden, Fasern, welche schon im Fächerkern ohne Strahlung vorhanden waren und von mir aus dem achromatischen Kernnetz abgeleitet werden, und Protoplasmafasern, welche erst sekundär hinzugetreten sind. Beiderlei Fasern kann man auch optisch auseinanderhalten, wenn man feine Schnitte durch die Eier anfertigt und mit Säurefuchsin, Eisenhämatoxylin, Gentianaviolett-Orange oder nach der Benda'schen Methode färbt. Die Fasern des Fächerkernes sind dann etwas dunkler und breiter; sie haben öfters einen schwach gebogenen Verlauf und kreuzen dabei die Protoplasmastrahlen; vor Allem treten sie an die Chromosomen heran, welche ihnen aufsitzen wie Stecknadelköpfe den Stecknadeln (Fig. 23).

Beim Fächerkern mit Strahlung fand ich sehr häufig die centralen Faserenden ebenfalls unter einander vereinigt (Fig. 24—27). Damit wird ein materielles Ausstrahlungscentrum geliefert, welches manchmal eine sehr bedeutende Grösse besitzt. Ich werde es Centralkörper nennen, die genaue Begründung des Namens mir vorbehaltend. Je grösser der Centralkörper ist, um so kürzer sind im Allgemeinen die von ihm ausstrahlenden Spindelfasern. Durch vollkommenen Schwund der letzteren erklären sich Bilder, auf denen man nur noch den Centralkörper findet. Derselbe ist vollkommen homogen, rundlich oder oval oder schwacheckig; er ist Ausgangspunkt einer intensiven Protoplasmastrahlung. In einiger Entfernung von ihm lagern die Chromosomen; aber es fehlen die verbindenden Spindelfasern (Fig. 28—30). Wie Fig. 30 lehrt, kann man unter Umständen den oben besprochenen Ausschnitt in der Protoplasmastrahlung noch erkennen. — Ich schliesse gleich die Beschreibung eines zweiten, sehr ähnlichen Befundes an, dem man ebenfalls häufig begegnet (Fig. 31, 32). Die Stelle des Centralkörpers wird von einem Bläschen eingenommen, das aus einem sehr feinkörnigen Netzwerk besteht und in dieser Hinsicht eine grosse Aehnlichkeit mit dem Eikern besitzt. Je weiter die Maschen des Netzwerks sind, oder, was dasselbe heisst, je reichlicher das Netzwerk von Flüssigkeit durchsetzt ist, um so grösser ist das Bläschen. Ein Nucleolus ist nicht vorhanden, auch keine deutliche Kernmembran. Die Abgrenzung des Bläschens gegen das Protoplasma wird durch seine verschiedene Struktur bedingt. Das Protoplasma zeigt dieselbe strahlige Anordnung, welche sich im Umkreis des Centralkörpers findet. Die Strahlen sind gleichförmig zur gesammten Oberfläche des Bläschens angeordnet. Dieses Verhalten ist insofern von Wichtigkeit, als aus ihm hervorgeht, dass das Bläschen als solches Ausgangspunkt der Strahlung ist, nicht etwa irgend ein besonderer Körper, der in ihm gelagert sein könnte, durch die angewandten Methoden aber nicht zur Darstellung gekommen wäre. Im Umkreis des Bläschens liegen die Chromosomen; sie sind nach wie vor im Protoplasma enthalten; diejenigen von ihnen, welche auf den Figuren im Innern des Bläschens zu liegen scheinen, waren im Präparat oberhalb gelegen.

Ich glaube, die oben geschilderten Befunde lassen nur folgende Deutung zu: Nachdem im Kern sich die Nucleoli aufgelöst und die Chromosomen differenzirt haben, wandelt sich das achromatische Reticulum zu Fasern um, welche von einem Punkt ausstrahlend die Halbspindel erzeugen. Diese, anfänglich von gedrungener Form, entfaltet sich durch grössere Divergenz der Fasern; sie gewinnt ferner Einfluss auf die Anordnung der Chromosomen und des Protoplasma. Die Chromosomen treten an die peripheren Enden der Spindelfasern, das Protoplasma erhält eine strahlige Anordnung zum Centralpunkt der Halbspindel. Protoplasmastrahlen und Spindelfasern müssen sich in Folge der lockeren Anordnung der letzteren durch einander mischen.

Das Alles sind Processe einer vorwärts schreitenden, die Spindelbildung vorbereitenden Entwickelung. Unter Umständen kann diese Entwickelung ihr Endziel auch erreichen. In anderen Fällen dagegen tritt eine regressive Metamorphose ein. Die centralen Enden der Spindelfasern verschmelzen dann zu einem Centralkörper. Dieser vergrössert sich, indem die Spindelfasern in ihn einbezogen werden, bis nur noch der Centralkörper vorhanden ist. Indem der Centralkörper sich mit Flüssigkeit imbibirt, gewinnt er eine bläschenförmige retikulirte Struktur; er wird damit kernähnlich nur mit dem Unterschied, dass er keinen Nucleolus und keine chromatische Substanz enthält.

Dieselben Rückbildungserscheinungen, die ich für den Fächerkern mit Strahlung geschildert habe, habe ich auch für Kerne ohne Protoplasmastrahlung feststellen können (Fig. 33, 34). Da die Bilder — abgesehen vom Mangel der Strahlung — vollkommen den oben beschriebenen gleichen, bedürfen sie keiner Erläuterung.

Ob die Chromosomen immer von dem Centralbläschen ausgeschlossen bleiben, oder nicht vielmehr öfters auch in dasselbe hinein gerathen, lasse ich unentschieden. Man findet Körper, die vollkommen das Ansehen der Centralbläschen haben, gleichwohl aber die Chromosomen umschliessen. Ich halte es für wahrscheinlich, dass sie aus Halbspindeln unter gleichzeitiger Aufnahme der Chromosomen entstanden sind, doch könnten sie auch direkt aus der Metamorphose des Eikerns sich entwickelt haben.

Zum Schluss erwähne ich noch einige Besonderheiten. In Figur 33 fällt auf, dass an jedes Chromosom zwei einander parallele Spindelfasern herantreten. Vielleicht ist dieser Doppelcharakter der Spindelfasern eine allgemeine, nur für gewöhnlich schwer erkennbare Eigenthümlichkeit, und erklärt sich so die Deutlichkeit der

Fasern in den Halbspindeln mit Protoplasmastrahlung. Vielleicht liegt aber auch eine Längsspaltung der Spindelfasern vor, welche die Umbildung der Halbspindel in die Vollspindel vorbereitet. Ich komme später noch einmal auf diesen Punkt zurück. — An den Figuren 35 u. 36 ist bemerkenswerth, dass die Halbspindel zweigetheilt ist. Man findet zwei getrennte Haufen von Chromosomen und demgemäss auch zwei Faserkegel, welche von einem gemeinsamen Punkt aus nach verschiedenen Richtungen hin divergiren. Ich erwähne die Befunde, weil in der Neuzeit Rückert (82) und Haecker (36) bei den Eiern der Copepoden Aehnliches beobachtet haben. Im Kernbläschen und in der Richtungsspindel fanden sie häufig zwei Gruppen von Chromosomen. Rückert sucht diese Anordnung durch die Annahme zu erklären, dass die bei der Befruchtung und während der Eifurchung gesonderten männlichen und weiblichen Chromosomen die Sonderung in den Gewebszellen, ja sogar in den reifenden Eizellen beibehalten hätten. Freilich harmonirt diese Annahme wenig mit der Thatsache, dass meist die Zahlen der Chromosomen in den beiden Gruppen ungleich sind, was auch für die von mir beobachteten Fälle gilt.

Ich habe im Vorhergehenden die Halbspindel mit Strahlung aus der Halbspindel ohne Strahlung durch weitere Entwickelung abgeleitet. Ich glaube, dass über die Richtigkeit dieser Reihenfolge kein Zweifel bestehen kann. Die Halbspindel ohne Strahlung ist in meinen Präparaten ausserordentlich viel seltener und offenbar ein rasch vorübergehendes Durchgangsstadium, zu dem sich sehr bald die Protoplasmastrahlung hinzu gesellt; sie ist offenbar auch die niedere Entwickelungsform, insofern die Chromosomen noch nicht in regelmässige Lagebeziehung zu den Enden der Spindelfasern getreten sind und die Spindelfasern durch ihre geringe Divergenz an die gedrungenere Anordnung des achromatischen Kernreticulums erinnern.

Aehnliche Figuren, wie ich sie hier beschrieben habe, sind bisher nur selten beobachtet worden. Zum ersten Mal wurden sie von meinem Bruder und mir (52) bei befruchteten Seeigeleiern gefunden, als wir durch Chloralisiren die Verschmelzung von Ei- und Spermakern verhinderten. Beide Geschlechtskerne verwandelten sich unter diesen Verhältnissen, ein jeder für sich, zu Theilungsfiguren. Der Eikern wird dabei zur Halbspindel. Eine normale Zweitheilung bleibt aus, wohl aber entwickelt sich die Halbspindel zu einem Tetraster, welcher durch Theilung vier Tochterkerne liefern kann.

Neuerdings haben Meves (64) und Sala (83) ähnliche Beobachtungen gemacht. Meves fand in den Ovarien ausgewachsener Salamanderlarven unter den in normaler Theilung begriffenen Ovocyten manchmal in grosser Menge Ovocyten mit merkwürdigen mitotischen Processen, die nicht zur Theilung, sondern zur Degeneration der Zellen führten. Hervorzuheben ist der monocentrische Charakter der Strahlung. Von einem Centralkörper oder einem Centralbläschen gehen zahlreiche Protoplasmastrahlen aus. Zwischen denselben verlaufen Strahlen, die auf den gegebenen Abbildungen durch grössere Deutlichkeit und einen schwach gebogenen Verlauf, sowie dadurch, dass ihre Enden mit Chromosomen in Verbindung stehen, auffallen. Ausnahmsweise kommt es zur Bildung von Spindeln, über deren Oberfläche die

Chromosomen unregelmässig zerstreut sind. Bildung von Tochterkernen wurde niemals beobachtet. Meves fasst die Vorgänge als Abortivtheilungen auf und sucht sie als verfrühte und desshalb fruchtlose Versuche zur Richtungskörperbildung zu deuten, weil die Chromosomen die Gestalt der Vierer kugeln annehmen.

Sala hat durch Kältewirkung bei Eiern der *Ascaris megalocephala* künstlich die Bildung von Halbspindeln hervorgerufen. Dieselben stimmen in vielen Punkten mit den Halbspindeln der Seeigeleier überein: dass die Spindelfasern sich erheblich von den Fäden der Protoplasmastrahlung unterscheiden, dass sie einen von einem Punkt aus entspringenden Kegel bilden, dass die Chromosomen an den Enden der Fasern liegen, dass im Ausstrahlungscentrum ein Centralkörperchen liegt. Unterschiede ergeben sich dagegen darin, dass das Centralkörperchen gegen die Spindelfasern scharf abgesetzt ist und ein ganz anderes Verhalten Farbstoffen gegenüber zeigt als diese. Es gleicht in dieser Hinsicht den typischen Centrosomen, wie sie bei so vielen Kerntheilungsvorgängen beobachtet worden sind. Dies ist um so auffälliger, als normaler Weise die Centrosomen an den Richtungsspindeln von *Ascaris* fehlen.

Eine überraschende Aehnlichkeit besitzen meine Abbildungen der Halbspindeln mit den merkwürdigen Archoplasmastrukturen, welche durch Platner (69) und Hermann (40) von Spermatocyten und Spermatogonien der Frösche, Olme und Schnecken beschrieben wurden. Ich habe auf diese Aehnlichkeit schon auf der Zoologen-Versammlung in Berlin hingewiesen und sie an einer Kopie der Hermann'schen Fig. 14 Taf. XXXI erläutert. Man sieht auf derselben neben dem Kern eine Halbspindel, welche aus feinen von einem Centrum entspringenden Strahlen und schwach gefärbten in ihrer Gestalt an Chromosomen erinnernden Schleifen besteht, welche von Hermann „Archoplasmaschleifen“ genannt werden. Wenn es erlaubt ist, aus der Aehnlichkeit des Baues auf einen ähnlichen Ursprung einen Rückschluss zu machen, so müssten wir das „Archoplasma“ Hermann's für einen eigenthümlich modificirten Kern erklären, der neben dem Zellkern der Spermatogonie existirt und dessen Chromosomen eine rudimentäre Beschaffenheit haben, so dass sie sich nicht mehr gut färben. Das „Archoplasma“ würde dann mit Recht den ihm von La Valette gegebenen Namen „Nebenkern“ verdienen; es würde sich damit eine weitere Stütze für die Ansicht Platner's ergeben, dass der „Nebenkern“ vom Kern der Spermatogonie aus gebildet wird.

3. Bildung der Kernspindel. Kernspindeln mit doppelten Polen habe ich in den meisten der von mir untersuchten Serien sehr selten vorgefunden. Der Grund hierzu könnte darin zu suchen sein, dass bei den Abtödtungen des Materials, welche in Zwischenräumen von ½—2 Stunden erfolgte, zufällig das betreffende Stadium nicht getroffen worden sei. Diese Annahme ist jedoch nicht wahrscheinlich. Denn wie es meist bei anomalen Vorgängen zu sein pflegt, fehlt auch bei den in Rede stehenden Entwickelungsprocessen die Regelmässigkeit des Verlaufs. Bei einem vollkommen gleichmässig behandelten und zu gleicher Zeit abgetödteten Material sind einige Eier in der Entwickelung weit voran, andere weit zurück, und so hätte man bei allen später erfolgten Abtödtungen eine grössere Anzahl Spindeln erwarten sollen. Ihr Mangel oder ihre grosse Seltenheit können daher nur daraus erklärt werden, dass der durch die Strychninbehandlung gesetzte Reiz bei den betreffenden Serien nicht genügt hatte, um die Entwickelung, soweit als es nöthig war, zu fördern, dass in Folge dessen meist schon vorher die oben erläuterten Rückbildungsprocesse eingetreten waren und die Spindelbildung verhindert hatten. Nur in einer Serie waren Spindelbildungen sehr häufig. Ich vermuthe, dass in diesem Fall eine sehr viel stärkere Strychninlösung zur Verwendung gekommen war. Vorübergehend hatte ich nämlich beim Abwiegen des Strychnins eine Wage benutzt, die sich bei näherer Prüfung als unbrauchbar erwies. Vielleicht war beim Abwiegen die Quantität des Strychnins zu gross ausgefallen und die Lösung stärker als 0,1% geworden. Um die Seeigeleier zu selbständiger Entwickelung anzuregen, würde es sich daher in Zukunft empfehlen, stärkere Lösungen als 0,1% anzuwenden und diese kürzer wirken zu lassen. — In den folgenden Beschreibungen der Eikernspindeln werde ich mich vornehmlich an die genannte besonders günstige Serie halten.

Bei oberflächlicher Untersuchung und bei einer gewissen Lagerung sind Eier mit Spindeln von Eiern mit Fächerkernen nicht zu unterscheiden. Man gewahrt excentrisch im Protoplasma einen verwaschenen rothen Fleck, an den nach dem Eicentrum zu eine lichte Protoplasmapartie angrenzt. Letztere, durch den Mangel der Körnchen von der Umgebung unterschieden, ist bei der Polansicht der Spindel unregelmässig begrenzt und ungefähr rundlich, bei der Seitenansicht erstreckt sie sich wie ein querer Strich durch die Eimitte hindurch. Um die Kernspindeln gut zu untersuchen und ihren Bau vollkommen zu verstehen, muss man die Eier unter dem Deckgläschen hin und her rollen und die Spindeln von verschiedenen Seiten aus untersuchen.

Wenn man die Kernspindel von oben betrachtet, d. h. in einer Lagerung, bei welcher die homogene Protoplasmaschicht sich unterhalb der Spindel befindet, so bietet ihr Aussehen nicht viel Auffälliges. Der Spindelkörper ist kurz und gedrungen, tonnenförmig; die Polenden sind mehr oder minder deutlich quer abgestutzt. An ihnen können Polplatten, die durch Verschmelzung der Spindelfasern gebildet sind, bemerkbar sein. Die Chromosomen liegen ausserhalb des Spindelkörpers entweder im Protoplasma zerstreut (Fig. 37) oder derart zu den Polen angeordnet, dass sie ungefähr gleich weit von beiden entfernt sind und eine unregelmässige Aequatorialplatte erzeugen (Fig. 38, 41).

Bringt man durch Drehen des Eies die Spindel in seitliche Lagerung, in eine Lagerung, bei welcher sowohl die Spindel wie die angrenzende homogene Protoplasmamasse gleichzeitig in ihrer grössten Ausdehnung zu übersehen sind, so erhält man ein sehr eigenthümliches Bild (Fig. 41; man vergleiche ausserdem die ein wesentlich späteres Stadium darstellende Fig. 53). Auf ihrer dem Eicentrum benachbarten Seite ist die Spindel geradlinig begrenzt, als ob sie hier quer abgeschnitten wäre; auf der gegenüberliegenden Seite ist sie hoch buckelförmig gewölbt. Die Spindelfasern müssen daher ganz verschieden lang sein, am kürzesten die dem

Eicentrum benachbarten Fasern, welche geraden Wegs von Pol zu Pol laufen, am längsten die Fasern der konvexen Spindelseite, welche, um ihr Ziel zu erreichen, einen grossen Bogen beschreiben müssen. An den Polen der Spindel sind auch bei dieser Lagerung meist Anhäufungen von Substanz zu bemerken, welche nur aus Verschmelzung der Faserenden entstanden sind. Die Chromosomen, sofern sie überhaupt zu einer Aequatorialplatte angeordnet sind, liegen der konvexen Seite des Spindelkörpers auf in einer von beiden Polen gleich weit entfernten, henkelartig gekrümmten Reihe. Die Protoplasmastrahlung bildet Strahlenbüschel, welche vorwiegend nach der konvexen Seite der Spindel zu entwickelt sind. Zum Unterschied zu den hier stark gekrümmten Spindelfasern sind die Protoplasmafasern nahezu gerade gestreckt. Diese Anordnung bringt es mit sich, dass sich auf der konvexen Seite der Spindel eine Stelle finden muss, wo jegliche Faserung fehlt, und wo zwischen die Faserung der Spindel und die Protoplasmastrahlung eine Masse eingeschoben ist, welche ihr gewöhnliches körniges Aussehen bewahrt hat.

Ich schildere endlich noch die Spindel in der Ansicht von einem ihrer Pole. Sie gleicht dann sehr einem Fächerkern (Fig. 42). Scheinbar von einem Punkt strahlen achromatische Fäden aus, welche den Flächenraum eines Halbkreises bedecken, dessen Peripherie von den chromatischen Schlingen eingenommen wird. Unter dem Strahlencentrum liegt die helle körnchenfreie Protoplasmaanhäufung. Von der Protoplasmastrahlung ist wenig zu sehen; sie ragt unbedeutend über den Halbkreis hinaus und kommt sonst nur noch links und rechts zwischen dem Kern und dem homogenen Protoplasma mit einigen Strahlen zum Vorschein.

Es wäre sehr wichtig gewesen zu verfolgen, in welcher Weise sich die Spindel aus dem Fächerkern entwickelt; leider habe ich darüber keine Sicherheit erzielen können. Einmal ist für solche Untersuchungen das Seeigelei wegen der ausserordentlichen Kleinheit der Kernfiguren ungeeignet. Zweitens fehlte es mir an dem nöthigen Material. Um gutes Material zu bekommen, müsste man die Methode, die Eientwickelung einzuleiten, noch vervollkommnen, so dass wenigstens der grössere Theil der Eier den gleichen Rhythmus der Entwickelung einhielte, und müsste in kleineren Zwischenräumen die Konservirung vornehmen. Was ich bis jetzt ermitteln konnte, deutet darauf hin, dass die beiden Spindelpole durch Theilung des einfachen Centrums des Fächerkerns entstehen. Dann würde nur die Anordnung der Spindelfasern der Erklärung bedürfen. Dieselben verlaufen, wie man auf vorgerückten Stadien der Kerntheilung noch sicherer erkennen kann, in der Spindel ununterbrochen von einem Pol zum anderen. Diese Anordnung würde unverständlich sein, wenn man annehmen wollte, dass bei der Theilung des Centrums eine Vertheilung der Spindelfasern auf die beiden neu entstehenden Centren erfolgte, so dass die eine Hälfte dem einen, die andere Hälfte dem anderen Pol zuertheilt würde. Man wäre dann gezwungen, eine Verschmelzung getrennt angelegter Spindelfasern der Halbspindel zu den durchgehenden Spindelfasern der Vollspindel anzunehmen. Viel natürlicher scheint mir die Ansicht zu sein, dass bei der Theilung des Fächercentrums auch die Spindelfasern der Länge nach gespalten werden und zwar bis an die peripheren, die Chromosomen tragenden Enden, an denen der Zusammenhang der Spaltprodukte gewahrt bleiben würde. Die peripheren Enden der Halbspindelfasern würden dieser Auffassung zufolge dem Aequator in der Vollspindel entsprechen, womit dann auch die Lage der Chromosomen ihre Erklärung finden würde. Zur Stütze meiner Vermuthung verweise ich auf die merkwürdige Verdoppelung der Spindelfasern, welche ich mehrfach beobachtet und in Fig. 33 dargestellt habe.

Wenn schon die Bildung einer ächten dicentrischen Spindel bei den meisten Untersuchungsserien zu den Seltenheiten gehört, so gilt das noch in erhöhtem Maasse von weiter vorgeschrittenen Stadien. Immerhin habe ich feststellen können, besonders an der für das Studium der Spindelbildung geeigneten Serie, dass eine Theilung der Aequatorialplatte eintreten kann. Die drei Figuren, welche ich gebe, um dies zu beweisen (Fig. 40, 43, 50) lassen erkennen, dass die Seitenplatten nicht sehr regelmässig angeordnet sind. In Fig. 40 liegen zwar sämmtliche Chromosomen auf den Spindelfasern, in Fig. 43 und 50 dagegen sind mehrere der Chromosomen von der Spindel ganz ausgeschlossen und liegen weit entfernt im Bereich der Protoplasmastrahlung. Weiter ist auffallend, dass die Protoplasmastrahlung zwar eine viel intensivere geworden ist, die Spindelpole dagegen nur wenig aus einander gewichen sind. An der gesammten Gestalt der Spindel ist fast Nichts geändert; nach wie vor ist die eine Seite hoch gewölbt, die gegenüberliegende, welche nach dem Eicentrum gewandt ist, ist dagegen abgeflacht. Doch ist diese asymmetrische Gestalt nicht mehr so auffallend wie früher. Fig. 44 giebt zum Beispiel die Polansicht der Spindel Fig. 43. Die sonst bogenförmige Anordnung der Chromosomen hat sich fast zu einem Kreis geschlossen. An dem betreffenden Ei waren auch Einkerbungen der Oberfläche erkennbar, welche auf Anstrengungen des Protoplasmas eine Eitheilung zu veranlassen hinweisen. Der pathologische Charakter des Entwickelungsgangs hatte es aber mit sich gebracht, dass die Eifurche nicht senkrecht zur Spindelaxe stand, sondern mit ihr in gleicher Richtung verlief.

Eine aussergewöhnlich langgestreckte Spindel ist in Fig. 39 abgebildet; sie ist ausserdem durch das Verhalten der Chromosomen interessant. Dieselben vertheilen sich in ganz unregelmässiger Weise auf die Oberfläche der Spindel und liegen zum Theil abseits von ihr im Protoplasma, selbst in unmittelbarer Nähe eines der Pole. Einige von ihnen sind langgestreckte oder U-förmig gekrümmte Schleifen, andere dagegen bilden die charakteristischen Vierergruppen, welche durch Boveri, Henking, v. Rath, Brauer, Hertwig, Haecker u. A. von den Chromosomen vieler Richtungsspindeln und Spindeln der Spermatocyten abgebildet worden sind. Man könnte vermuthen, dass hier in der That eine Richtungsspindel vorläge, da beim Auspressen der Seeigelovarien einige unreife und in Reifung begriffene Eier immer mit entleert werden. Lage und Form der Spindel, welche den gewöhnlichen Eikernspindeln gleicht, spricht dagegen. Auch habe ich die gleichen Vierergruppen in anderen Fällen wieder gefunden, in denen zweifellos weiter vorgerückte Stadien der Eikernmetamorphose gegeben waren. Das betreffende Ei war übrigens ebenfalls schon seit 24 Stunden aus dem Ovar entleert worden.

Der durch Spaltung der Aequatorialplatte eingeleitete Theilungsprocess des Kerns lässt sich noch weiter durch eine Reihe von Stadien hindurch verfolgen. Es giebt Eier, bei denen die Spindelform des Kerns und die polaren Strahlungen noch deutlich erhalten sind, die Spindelfaserung dagegen ganz verwischt ist (Fig. 45, 46). Die Elemente der Aequatorial- resp. Seitenplatten sind durch Aufnahme von Flüssigkeit zu Bläschen geworden und haben ihre Färbbarkeit verloren. Weiter giebt es Eier, bei deren Kernen die Spindelform kaum noch zu sehen, die Strahlung ganz verwaschen ist und an Stelle der Chromosomen Haufen von Kernbläschen liegen (Fig. 47). In der Anordnung der letzteren kommen zwei Extreme vor, die durch allerlei Uebergänge vermittelt werden. Im einen Extreme bilden die Bläschen zwei durch einen Zwischenraum von einander getrennte Haufen, im anderen sind sie zu einem einzigen, doppelt so grossen Haufen zusammengedrängt. Je nachdem ist die radiale Anordnung des Protoplasma nach zwei oder nur nach einem Centrum hin gerichtet (Fig. 48). Der Grund zu diesem verschiedenen Verhalten ist schon in der Spindel gegeben. Hat dieselbe eine stark verkürzte Längsaxe und demgemäss eine gedrungene Form gehabt, so können die Seitenplatten nicht genügend aus einander weichen. Bei der Umwandlung der Chromosomen in Kernbläschen rücken diese wieder zusammen und verschmelzen schliesslich wieder zu einem einzigen Kern. Sollen zwei Kerne entstehen, so muss die Spindel eine ansehnlichere Streckung erfahren.

Schon früher habe ich gelegentlich erwähnt, dass die Veränderungen des Kerns auch auf das gesammte Ei Einfluss gewinnen, und dass es zu Furchenbildungen der Oberfläche kommt. Solche Einfurchungen sind am ausgesprochensten zur Zeit, wo die Spaltung der Aequatorialplatte eingetreten ist und die Bildung der Tochterkerne eingeleitet wird. Es kann sogar zu einer Theilung des Eies in zwei Furchungskugeln, von denen jede mit ihrem Kern versehen ist, kommen. Diese am meisten einem normalen Furchungsprocess nahe kommenden Fälle sind selten und auch sie unterscheiden sich vom Normalen noch dadurch, dass entsprechend der excentrischen Lage der Spindel die Furchungsebene, ähnlich der inäqualen Furchung, zunächst nur von einem Pol aus einschneidet, was zur Folge hat, dass am entgegengesetzten Pol die Furchungskugeln noch durch eine dünne Brücke zusammenhängen, oder, wenn diese durchschnürt ist, in dünne Protoplasmazipfel auslaufen.

Gewöhnlich begegnet man aber grossen Unregelmässigkeiten: dass die Theilprodukte ungleich gross sind, dass die Theilfurchen nicht vollkommen durchschneiden, dass sich mehrere unregelmässige Theilfurchen bilden, dass es überhaupt nicht zu Einschnürungen der Oberfläche kommt. Zwischen den Kernveränderungen und den Veränderungen der Eioberfläche herrscht dabei nur ein lockerer Zusammenhang. Ein Ei kann tief eingeschnürt sein, obwohl die Tochterkernbläschen zu einem Haufen oder einem einzigen Kern zusammengeflossen sind. Andererseits kann das Ei vollkommen einheitlich erscheinen, obwohl die Kerntheilung zur Bildung völlig getrennter Tochterkerne geführt hat. Auch können kernlose Stücke von einer grösseren kernhaltigen Masse abgeschnürt werden.

Die Struktur des Kerns während der verschiedenen Entwickelungszustände der Spindel habe ich mit Hilfe von feinen Querschnitten und der Eisenhämatoxylin-Färbung genauer untersucht. Die Spindelfasern färben sich ein wenig und sind dann mit ausserordentlicher Deutlichkeit zu erkennen (Fig. 49, 50). Sie erstrecken sich ununterbrochen von Pol zu Pol; manche von ihnen besitzen einen etwas geschlängelten Verlauf, womit es zusammenhängt, dass sie den Verlauf anderer Fasern kreuzen. An den Polen fliessen ihre Enden zusammen und bilden die Polsubstanz, die ein sehr wechselndes Aussehen haben kann. Entweder ist sie ein rundliches Körperchen, oder eine breite Platte, oder sie ist mit Flüssigkeit imbibirt und hat ein bläschenförmiges oder reticulirtes Gefüge. Die Beziehung der Chromosomen zu den Spindelfasern ist eine sehr lockere. Nur selten kann man erkennen, dass ein Chromosom auf einer Spindelfaser liegt, oder dass nach Spaltung der Aequatorialplatte in die Seitenplatten zwei Tochterchromosomen derselben Spindelfaser angehören. Viele Spindelfasern stehen mit keinem Chromosom in Verbindung, was schon desshalb der Fall sein muss, weil die Zahl der Fasern grösser ist, als die der Chromosomen. In Figur 49 sind die Chromosomen, wie ich es früher schon für manche Halbspindeln beschrieben habe, auf zwei Gruppen vertheilt. Dem entsprechend war auch der Faserkörper zweigetheilt, deutlicher als es in der Figur zum Ausdruck kommt. Denn da der eine Theil der Spindelfasern tiefer lag als der andere und daher von ihm überdeckt wurde, so ist der in der Natur vorhandene Zwischenraum zwischen beiden in der Abbildung nicht sichtbar.

Die Untersuchung mit Eisenhämatoxylin zeigte ferner, dass sich auch bei den Spindeln eine regressive Metamorphose einstellen kann, wie ich sie schon für die Halbspindeln beschrieben habe (Fig. 51—56). Es können von ihr Spindeln mit getheilter und mit ungetheilter Aequatorialplatte, endlich Spindeln, deren Chromosomen in bläschenförmiger Umwandlung begriffen sind, betroffen werden. Die faserige Struktur wird undeutlich, weil die Fasern sich unter einander durch Querbrücken verbinden, und wird so mehr und mehr in eine netzförmige Anordnung übergeführt. Hie und da in den Knotenpunkten des Netzes bilden sich schwimmhautartige Anhäufungen achromatischer Substanz. Liegen solche Anhäufungen am Rand der Spindel, so gewinnen sie Einfluss auf die Anordnung des Protoplasma; sie werden zu sekundären Strahlungscentren neben den Polen der Spindel, nach denen die Hauptmasse der Protoplasmastrahlen gerichtet ist (Fig. 52). Als ein weiteres Glied der Umbildungsreihe betrachte ich den in Fig. 54 dargestellten Kern. Derselbe ist im Vergleich zu den bisher betrachteten Formen geschrumpft; seine netzförmige Struktur ist so gut wie ganz geschwunden und hat einem fast homogenen Aussehen Platz gemacht; in welcher Weise dies geschehen ist, kann man noch ungefähr errathen. Offenbar ist das Netzwerk immer feiner und durch Verlust der Kernflüssigkeit dichter geworden. Da die dichtere Beschaffenheit sich auf den gesammten Kern ausgebreitet hat, sind die zwei Kernpole kaum noch angedeutet, und demgemäss hat sich auch die Protoplasmastrahlung gleichförmig über den ganzen

Kern ausgebreitet. Die rückläufige Metamorphose würde sicherlich ihr Ende damit erreichen, dass ein kugeliger, völlig homogener Centralkörper entsteht, der durch erneute Flüssigkeitsaufnahme zu einem Centralbläschen werden kann. Man würde dann an den Figuren nicht mehr erkennen können, ob sie aus einer Halbspindel oder einer Vollspindel entstanden sind; denn auch die Chromosomen liegen ausserhalb des Centralkörpers im Bereich der Protoplasmastrahlung.

Im Vorhergehenden bin ich wiederholt auf die Protoplasmastrahlung zu sprechen gekommen, ohne die feinere Struktur derselben zu erörtern. Ich hole jetzt das Versäumte nach und beschreibe die ausserordentlich klaren Bilder, welche ich mit Hilfe der Eisenhämatoxylin-Methode erhalten habe. Zuvor einige Bemerkungen über den Bau des ruhenden Protoplasma.

Am ruhenden Protoplasma unterscheidet man ein Netzwerk und eine die Maschen desselben ausfüllende Substanz. Nach Eisenhämatoxylinfärbung ist das Netzwerk mattblaugrau und undeutlich körnig. Hie und da liegen grössere intensiv blau gefärbte Körnchen in den Gerüstfäden eingelagert. Die Zwischensubstanz dagegen hält das Hämatoxylin wenig zurück und nimmt eine mattgelbliche Färbung an, zumal wenn man das Ausziehen des Präparates mittelst des Eisenalauns lange fortsetzt.

Tritt nun Strahlung ein, so verstärken sich gewisse Bahnen des Netzwerks, verlieren das körnige Aussehen und werden homogen; es sind diejenigen Fäden des Netzwerks, welche radial zum Centrum der Strahlung angeordnet sind. Sie sind am deutlichsten in der Umgebung des Strahlencentrums; nach der Peripherie werden sie undeutlicher und gehen allmählich in die gewöhnliche Netzstruktur über. Die Strahlen verästeln sich nach der Peripherie, eine nothwendige Konsequenz der anfänglich netzförmigen Anordnung. Auch finden sich hie und da zwischen benachbarten Strahlen Querbrücken, welche aber viel schwächer sind. Sie sind um so undeutlicher, je mehr die radialen Bahnen verstärkt sind, und scheinen in der Nähe des Centrums ganz zu fehlen. Man gewinnt den Eindruck, als würde die Substanz der Querbrücken zum Aufbau der radialen Strahlen verwandt. Sind für gewöhnlich die Maschen nach allen Richtungen des Raumes gleichmässig entwickelt, so sind sie im Bereich der Strahlung lang gestreckt und zwar in radiärer Richtung zum Ausstrahlungscentrum.

Noch schöner als bei den unbefruchteten Eiern mit beginnender Metamorphose des Eikerns sieht man die geschilderten Verhältnisse an Querschnitten durch befruchtete Eier. Ich gebe daher in Figur 64 das Bild eines Querschnittes durch ein befruchtetes Seeigelei, bei welchem der Spermakern mit seiner Strahlung gerade getroffen worden ist. An demselben war offenbar die Theilung des Strahlencentrums in zwei für die Spindelpole bestimmte Strahlencentren schon eingetreten; doch war nur eines der Centren ganz getroffen, das andere nur angeschnitten. Das Bild ist auch insofern von Interesse, als es zeigt, dass sich die Strahlungen zweier Centren kreuzen und durchflechten können, indem aus demselben Stück des Netzwerkes ein Theil der Bahnen dem einen, ein Theil dem anderen Centrum zuertheilt wird.

Aehnliche Bilder sind in der Neuzeit von RÜCKERT (79) für *Copepodeneier*. von REINKE (74), BRAUS (22) und DRÜNER (24) für Zellen von Amphibien, vor Allem aber von WILSON (96) für Eier von Echinodermen geliefert worden. Maschenstrukturen, wie ich und die genannten Autoren sie abgebildet haben, lassen eine verschiedene Deutung zu. Entweder sind sie, wie FLEMMING annimmt, durch Fäden veranlasst, so dass wir in der That Maschen im strengsten Sinne des Wortes vor uns hätten, oder die einzelnen Linien sind nach BÜTSCHLI's Hypothese der Ausdruck von Scheidewänden, welche wabenartige Räume von einander trennen. Die Entscheidung für die eine oder andere Ansicht ist bei der ausserordentlichen Feinheit der Strukturen durch Beobachtung schwierig herbeizuführen. Im Bereich der gewöhnlichen Netzstruktur sind die Bilder so unbestimmt, dass ich nicht einmal wagen würde, eine Vermuthung auszusprechen, in welcher Weise sie gedeutet werden müssen.

Anders steht es bei den Strahlungen. Von diesen bekommt man leidlich gute Bilder, wenn man die in der Axe des Mikroskops aufsteigenden Strahlensysteme auf dem optischen Querschnitt untersucht. BÜTSCHLI's Auffassung zu Folge müsste man dann bei jeder Einstellung das Bild eines Netzes erhalten. dessen Maschen die optischen Querschnitte der Wabenwände sein würden. Thatsächlich bekommt man aber ein anderes Bild. Man sieht in Abständen vertheilte feinste Körner, die Querschnitte der Radialfasern, nur hier und da Querbrücken zwischen den Radialfasern, die beim Heben und Senken des Tubus wieder verschwinden. Ich komme daher für die Struktur des Protoplasma zu demselben Resultat wie für die Kernstruktur: die Bilder, welche man erhält, sind durch Fäden. nicht durch Wabenwände hervorgerufen.

Wie ich in der Darstellung der Befunde mit WILSON übereinstimme, so stimme ich mit ihm auch in ihrer Deutung überein. Diese Deutung trifft im Wesentlichen mit den Ansichten zusammen, welche mein Bruder und ich schon früher geäussert haben, als wir die Strahlenfiguren für den Ausdruck von Kontraktionserscheinungen im Innern des Protoplasma erklärten (52). Die Strahlen sind dabei nicht, wie BOVERI (13) es wahrscheinlich zu machen sucht, „neue Organisationen, welche aus dem Substanzgemenge des Protoplasma gleichsam herauskrystallisiren“, sondern sind das „Resultat einer besonderen Anordnung und Umgruppirung eines vorhandenen Netzwerkes“ (Wilson). Demgemäss halte ich auch die Astrosphaere keineswegs für eine in ihrem inneren Gefüge feststehende Struktur, welche mit dem Spermakern sich durch den Eidotter hindurchbewegt, sondern für eine Bildung, welche beim Vorrücken des Spermakerns sich aus dem präexistirenden Kernnetz immer neu entwickelt, während auf der anderen Seite sich die Strahlen in das Kernnetz zurückverwandeln. In diesem Punkt stimme ich den Auffassungen bei, welche von BÜTSCHLI, REINKE und ZIEGLER geäussert worden sind. Man kann sich von dem, wie ich die Verhältnisse deute, am besten eine Vorstellung machen, wenn man an die Wellenbewegung eines im ruhenden Wasser gleichmässig vorwärts schwimmenden Fisches denkt. Auch hier hat man zu verschiedenen Zeiten ein und dasselbe Bild; dasselbe wird aber beständig durch neue, in die Bewegung hineingezogene Theilchen verursacht, während nach rückwärts die Theilchen wieder in ihre Ruhelage gelangen.

Dem Gesagten zu Folge kann ich mich weder mit HEIDENHAIN's Theorie „der centrirten organischen Radien", noch mit BOVERI's Archoplasmabegriff einverstanden erklären. Ich glaube, dass auch das „Archoplasma" des Ascaris-Eies nichts anderes ist als ein fester gefügter und daher körniger erscheinender Theil des allgemeinen Protoplasmanetzes des Eies. Sollte diese Vermuthung zutreffen, so liegt kein Grund vor, den Archoplasmabegriff beizubehalten. Für die Verhältnisse des Seeigeleies ist er keinesfalls anwendbar[1]).

Nachdem wir die Spindelbildung im unbefruchteten Seeigelei kennen gelernt haben, ist es von Interesse, dieselbe mit den entsprechenden Zuständen des befruchteten Eies zu vergleichen.

Die Unterschiede zwischen beiden Bildungen sind so bedeutend, dass sie allein schon ausreichen würden, den Beweis zu führen, dass in den von mir untersuchten Versuchsreihen die Umbildung des Eikerns nicht durch Befruchtung herbeigeführt worden ist. Sie äussern sich in Lage, Bau und Entwickelungsweise der Spindel.

Bei einem befruchteten Seeigelei finden wir die Furchungsspindel in der Nachbarschaft des Eicentrums, wenn auch ein wenig excentrisch, wie MORGAN (66[a]) und WILSON (95) gezeigt haben. Um diese Lage zu ermöglichen, müssen Eikern und Spermakern aus den peripheren Theilen des Eies nach dem Mittelpunkt überwandern. Ihre Wanderungen sind in der Neuzeit von WILSON (95) genau untersucht worden. Der amerikanische Forscher hat festgestellt, dass der Weg des Spermakerns im Grossen und Ganzen radial gerichtet ist, dass er jedoch ein wenig von der Richtung des Radius abweicht. Wenn ich WILSON's Figuren darauf hin prüfe, so lassen sich zwei Abweichungen feststellen. Die erste fällt in die Zeit vor der Kernkopulation. Sie ist zum Theil wohl dadurch bedingt, dass der Spermakern, während er die Rindenschichten des Eies passirt, eine Drehung um 180° erfährt, so dass das anfänglich hintere Ende später vorausgeht und die Führung übernimmt. Wichtiger jedoch ist ein zweites Moment, dass die Bahnen beider Geschlechtskerne konvergiren, dass der Eikern bei seinem Wandern in die Tiefe sich dem Spermakern, der Spermakern sich dem Eikern zu nähern sucht. Nach der Vereinigung weichen die beiden Kerne vom Eiradius in einer nach WILSON's Angaben nicht genauer bestimmbaren Richtung ab. — Bei der Umwandelung des unbefruchteten Eikerns in die Spindel dagegen tritt keine Verlagerung ein. Sie erfolgt an einer excentrisch gelegenen Stelle, offenbar an der Stelle, welche der Eikern nach Abschluss der Richtungskörperbildung eingenommen hat.

1) In einer inzwischen erschienenen Arbeit weist v. ERLANGER nach, dass die „Archoplasmakugel" des Ascaris-Eies mit dem übrigen Protoplasma des Eies zusammenhängt und mit ihm wesensgleich ist. Das verschiedene Aussehen werde dadurch bedingt, dass die Dotterschollen im Bereich des Archoplasma fehlen.

Wie kommt es nun zu diesen merkwürdigen Unterschieden, dass der unbefruchtete Eikern trotz Spindelbildung seinen Ort nicht verlässt, Eikern und Spermakern dagegen bei der Befruchtung eine Wanderung nach dem Eicentrum durchmachen müssen, welche die oben genauer besprochenen Eigenthümlichkeiten besitzt?

Bei der Beantwortung dieser Frage gehe ich davon aus, dass die Vereinigung der beiden Geschlechtskerne nicht durch irgend welche Anziehung, welche sie auf einander ausüben (Reinke, Ziegler) herbeigeführt wird, sondern durch Kontraktionen des protoplasmatischen Eikörpers. Mein Bruder und ich haben diese Erscheinung festgestellt, indem wir durch Chloralisiren der Eier verhinderten, dass die Geschlechtskerne die beschriebenen Wanderungen ausführten und zur Vereinigung gelangten. Da sie sich gleichwohl, ein jeder für sich, zu Spindeln umwandelten, war der Beweis geführt, dass sie selbst durch die Chloralwirkung nicht gelähmt worden sind. Gelähmt war, wie sich nach der Wirkungsweise des Chlorals von vornherein erwarten liess, das Protoplasma. Da beim Chloralisiren und Chloroformiren auch die Strahlungen schwinden, so brachten wir Beides mit der Kontraktilität des Protoplasma in Zusammenhang und deuteten sie als den optischen Ausdruck von Kontraktionsvorgängen. Selbstverständlich sind dieser Ansicht zu Folge bei den zur Kernverschmelzung führenden Bewegungen die Geschlechtskerne nicht gänzlich unbetheiligt; sie sind es ja, welche die Bewegungsvorgänge auslösen und demnach reizend auf das Protoplasma wirken. Am klarsten liegen die Verhältnisse rücksichtlich des Spermakerns, dessen mit dem Centrosoma ausgerüstetes Ende ja stets der Ausgangspunkt einer sehr intensiven Strahlung ist. Ein geringes Maass von Reizwirkung müssen wir aber auch dem Eikern zuschreiben, wenn wir die von Wilson beschriebenen Bewegungsvorgänge erklären wollen, dass nämlich der Eikern nicht nur centralwärts wandert, sondern von dieser Bahn etwas nach der Richtung des Samenkerns abweicht. In gewissen Fällen scheint sogar diese Reizwirkung eine sehr beträchtliche zu sein, so dass dann auch der Eikern Ausgangspunkt einer Strahlungsfigur wird, wie dies Blanc (4) bei der Forelle, Vialleton (91[a]) bei Tintenfischen beobachtet haben.

Ich möchte die hier im Allgemeinen geäusserten Anschauungen etwas bestimmter fassen und mit den oben dargestellten Beobachtungen über Protoplasmastruktur in engere Beziehung bringen. Den Sitz der Kontraktilität hätten wir dann in das Netzwerk zu verlegen. Dringt in dasselbe ein Kontraktionen auslösender Körper wie der Spermakern hinein, so werden die radial zu ihm gestellten Maschen des Netzes sich zusammenziehen und so die Strahlungsfigur veranlassen. Der Körper wird aber erst dann zur Ruhe kommen, wenn er in den Mittelpunkt der kontraktilen Kräfte hineingelangt. Das ist bei einem alecithalen Ei ungefähr der Mittelpunkt des Eies selbst. Hiermit würde aber nicht erklärt sein, warum der Eikern sich in Bewegung setzt, warum ferner beide Kerne zugleich auf einander zuwandern. Wäre der Eikern ein indifferenter Körper, so sollte man umgekehrt erwarten, dass er aus dem Netzwerk herausgedrängt würde und dass der Spermakern vom Eikern sich entfernen müsse. Denn die den Eikern enthaltende Hälfte des Eies besitzt weniger kontraktile Substanz als die andere Hälfte, um so viel weniger, als die Masse des Eikerns beträgt Die keinen Eikern enthaltende Hälfte, sollte man meinen, müsste daher bei den Kontraktionen das Uebergewicht bekommen. Da das nicht der Fall ist, muss man wohl annehmen, dass die zwischen beiden Kernen eingeschobene Strecke sich in einem stärkeren Kontraktionszustande befindet, was nur durch die Annahme verständlich wird, dass auch der Eikern das Protoplasmanetz beeinflusst, eine Annahme, die durch die Beobachtungen dieser Arbeit ohnedies mit Sicherheit bewiesen worden ist.

Wir haben jetzt von gleichen Gesichtspunkten aus die Momente, welche die Lage des umgewandelten Eikerns bestimmen, für das unbefruchtete Ei zu besprechen. Sehr wichtig ist, dass Strahlungen, d. h. Bewegungserscheinungen, welche auf ein bestimmtes Centrum hin orientirt sind, hier erst sehr spät auftreten. Während bei den Befruchtungsvorgängen die Strahlung im Protoplasma zuerst auftritt und sich sogar in zwei Strahlungen theilt, ehe es zur Spindelbildung kommt, wandelt sich der Eikern erst zur Halbspindel um; dann erst entwickelt sich die Protoplasmastrahlung. Diese entsteht zu einer Zeit, zu welcher die Halbspindel des Eikerns mit ihren Strahlen in das umgebende Protoplasma fest eingreift und keinesfalls mehr die freie Beweglichkeit des kugeligen Eikerns oder Spermakerns besitzt. Ferner ergiebt sich, dass das kontraktile Protoplasmanetz eine Unterbrechung auf der dem Eicentrum benachbarten Seite der Halb- oder Vollspindel zeigt. Beide Momente zusammengenommen scheinen mir genügend, zu erklären, warum die Spindel im unbefruchteten Ei ihre Lage gar nicht oder sicherlich nur wenig verändert.

Zu den Unterschieden, welche die Eikernspindel im Vergleich zur Furchungsspindel des befruchteten Eies nach Lage und Entwickelung erkennen lässt, gesellen sich die grossen Unterschiede im Bau.

Im Gegensatz zur Furchungsspindel ist die Eikernspindel auffallend asymmetrisch; auf der einen Seite geradlinig begrenzt, auf der anderen Seite gewölbt, sieht sie aus, als ob sie die Hälfte einer der Länge nach halbirten normalen Spindel wäre. Da sie nun thatsächlich nur die Hälfte einer Furchungsspindel ist, könnte man hierin den Grund der auffälligen Gestalt erblicken, wenn dem nicht widerspräche, dass die Spermakerne symmetrische Spindeln erzeugen, wenn sie sich getrennt für sich entwickeln. So müssen wir die Ursache in anderen Verhältnissen suchen, darin, dass die Spindelpole eine geringe Tendenz zeigen aus einander zu weichen. Dies erklärt auch die auffällige Kürze der Spindelaxe und die gedrungene Gestalt des gesammten Körpers, womit wieder zusammenhängt. dass es nur selten zur normalen Beendigung der Theilung kommt, und dass die Theilung, wenn sie zu Stande kommt, meist wieder rückgängig gemacht wird.

Auffällig ist Zahl und Lage der Chromosomen. An den Aequatorialplatten mehrerer Furchungsspindeln befruchteter Eier habe ich durch Zählen feststellen können, dass die Zahl der Chromosomen über 30 beträgt. Bei dem dieser Untersuchung zu Grunde liegenden Material waren etwa 16—18 Chromosomen vorhanden, also nur halb so viel wie in einer normalen Furchungsspindel. Sie lagen ausschliesslich auf der konvexen Spindelseite, meist ausserhalb im Protoplasma.

Was nun den Spindelkörper selbst anlangt, so ist an ihm auffällig der Mangel der Centrosomen. Die Centrosomen der Seeigel sind in der Neuzeit von Boveri, Matthews und Wilson zur Zeit der Spindelbildung beschrieben worden als grosse, fein retikulirte Körper, die den schon seit längerer Zeit bekannten hellen Raum inmitten der Polstrahlung vollkommen ausfüllen und gegen die an sie herantretenden Spindelfasern scharf abgegrenzt sind. Derartige Centrosomen fehlen sicher, an ihrer Stelle finden sich mehr oder minder deutliche Substanzanhäufungen, welche aus Verschmelzung der Enden der Spindelfasern hervorgegangen sind. Ein weiteres auffälliges Merkmal der Spindel ist darin gegeben, dass ihre Fasern von Pol zu Pol durchgehen und dabei gern einen geschlängelten Verlauf einhalten. Wie sich in dieser Hinsicht das befruchtete Seeigelei verhält, ist noch nicht zur Genüge bekannt. Nach Wilson's Angaben sollte man eine gleiche Anordnung erwarten. Bei den meisten Thieren scheinen jedoch die Furchungsspindeln einen anderen Bau zu besitzen. Wie Boveri und van Beneden zuerst für Ascaris beschrieben haben, erstrecken sich die Spindelfasern hier nur bis an die Chromosomen, so dass die Spindel aus zwei im Aequator getrennten Halbspindeln besteht.

Sehen wir uns nach ähnlichen Bildungen um, wie ich sie hier beschrieben habe, so kommen zunächst die Spindeln gewisser Protozoen in Betracht. Die Kerne von Actinosphärien und die Micronuclei der Infusorien liefern Spindeln, deren Fasern von einem Pol zum andern durchlaufen und an ihren Enden sich zur Bildung von Polplatten vereinigen. Bei den Spindeln der Infusorien ist dann ferner der eigenthümlich gewellte, zu gegenseitiger Kreuzung führende Verlauf der Spindelfasern zu sehen. — Weitere Vergleichspunkte ergeben die Richtungsspindeln thierischer Eier, von denen schon Boveri und neuerdings wieder Korschelt mit Recht hervorgehoben haben, dass sie den Spindeln der Protozoen ausserordentlich gleichen. Bei ihnen scheint ebenfalls ganz allgemein die Regel zu gelten, dass die Spindelfasern von Pol zu Pol reichen. Zwar macht Boveri in seiner Darstellung und in seinen Abbildungen einen Unterschied zwischen den Spindelfasern, welche mit den Chromosomen in Beziehung stehen und solchen, bei denen es nicht der Fall ist. Nur letztere zeichnet er als kontinuirliche von Pol zu Pol reichende Fäden, erstere lässt er an den Chromosomen der Aequatorialplatte enden. Die zwischen den Tochterchromosomen ausgespannten Fäden, welche deutlich werden, wenn die Seitenplatten auseinander weichen, erklärt er für Neubildungen, welche mit den Spindelfasern Nichts zu thun haben (sog. „Verbindungsfäden"). Ich halte Boveri's Abbildungen nicht für genügend beweiskräftig, um eine von vornherein so ausserordentlich unwahrscheinliche Ansicht zu stützen, dass aus demselben Material, dem Kernreticulum, sich zwei so wesentlich verschiedene Arten von Spindelfasern entwickeln sollten. Dass vorübergehend die Verbindungen der Tochterchromosomen ein anderes Aussehen liefern als der Rest des achromatischen Spindelkörpers, erkläre ich daraus, dass Theilchen der chromatischen Substanz auf den betreffenden Abschnitten der

Spindelfasern zurückbleiben, ehe sie in die Bildung der Tochterchromosomen eingehen. Für meine Ansicht sprechen auch die Befunde BOVERI's bei *Ascaris lumbricoides.* BOVERI zeichnet hier zur Zeit, wo die Chromosomen sich noch nicht zur Aequatorialplatte eingestellt haben, durchgehende Spindelfasern. Mit meiner Ansicht stimmen ferner fast alle neuern Untersuchungen über den Bau des Spindelkörpers während der Richtungskörperbildung überein. Ich nenne hier nur die Arbeiten von FICK, KORSCHELT, SOBOTTA, HAECKER, BORN, JORDAN, BLANC über die Eireife beim Axolotl, der Ophryotrocha puerilis, der Maus, den Cyclopiden, Tritonen etc.

Für die Richtungsspindeln ist ferner sehr häufig der geschlängelte Verlauf der Spindelfasern beschrieben worden. Ich finde ihn von FICK, SOBOTTA, BORN, besonders deutlich aber von BLANC und BOVERI abgebildet.

An den Richtungsspindeln werden endlich sehr häufig die Centrosomen vermisst. Doch kommt es hier ab und zu — genauere Untersuchung wird vielleicht zeigen: stets — zu einer Art Ersatz, wie er auch bei den Eikern- und Protozoenspindeln sich findet. Auch hier verweise ich wieder auf die sehr genauen Untersuchungen BOVERI's. Derselbe fand, dass an den breiten Enden der tonnenförmigen Spindel von Ascaris die Spindelfasern mit Körnchen aufhören und dass öfters diese Körnchen zu einer Platte zusammenfliessen. Aehnliches giebt HAECKER für Cyclopiden an. Der Mangel der Centrosomen geht gewöhnlich mit dem Mangel der Protoplasmastrahlung einher, jedoch nicht immer, wie z. B. BORN an den Richtungsspindeln von *Triton* Polstrahlung, aber keine Centrosomen beobachtet hat. Solche Spindeln mit Polstrahlung, aber ohne Centrosomen würden am meisten den von mir beschriebenen Eikernspindeln entsprechen.

Eine dritte Spindelform, die zum Vergleich mit der Eikernspindel herangezogen werden muss, ist die von HERMANN (40) bei den Spermatocyten des Wassersalamanders entdeckte Centralspindel. Das Gebilde ist von FLEMMING, HEIDENHAIN und anderen Forschern wiedergefunden, am genauesten aber neuerdings von DRÜNER (24) und BRAUS (22) beschrieben worden. Wer meine Abbildungen von der Eikernspindel und die Abbildungen der Centralspindel durch HERMANN und DRÜNER vergleicht, wird von der Aehnlichkeit beider überrascht sein. Ich stelle die Vergleichspunkte zusammen.

1. Eikernspindeln und Centralspindeln haben dieselbe Gestalt; sie sind auf der einen Seite buckelförmig gewölbt, auf der anderen Seite gerade abgestutzt oder sogar etwas konkav eingebogen.

2. Die Protoplasmastrahlen entspringen von beiden Polen in Form von zwei Büscheln, welche — bei den Centralspindeln wenigstens auf frühen Theilungsstadien — ausschliesslich nach der konvexen Seite gewandt sind und sich so an den Spindelkörper anlegen, dass auf der Konvexität der Spindel zwischen ihr und den Protoplasmastrahlen ein Raum übrig bleibt, im Bereich dessen das Protoplasma an der Strahlung keinen Antheil nimmt (besonders deutlich auf HERMANN's Figuren 7 und 9 zu sehen).

3. Die Chromosomen liegen anfangs auf der konvexen Seite der Spindel; sie breiten sich von hier über den Aequator der Spindel aus, bis sie schliesslich zu

einem Ring zusammenschliessen. Am genauesten haben Braus und Drüner diese Verhältnisse beschrieben.

4. Die Spindelfasern zeigen denselben geschlängelten Verlauf wie die Fasern der Eikernspindel und der Nebenkernspindeln der Infusorien. Die Schlängelung ist nicht von Anfang an vorhanden; sie entwickelt sich, wie Drüner gezeigt hat, erst in der Zeit, wo die Spindel sich verlängert und das Auseinanderweichen der Tochterchromosomen beginnt oder wenigstens vorbereitet wird. Ungefähr in dieselbe Periode fällt auch beim Eikern, bei den Infusorienspindeln und offenbar auch bei den Richtungsspindeln die Schlängelung der Fasern. In allen diesen Fällen handelt es sich offenbar auch um ein und dieselbe Wirkungsweise. Der Gedanke an eine Zugwirkung nach Art von Muskelfibrillen, wie sie nach dem Vorgang von v. Beneden und Boveri gewöhnlich für die Spindelfasern angenommen wird, ist — ich stimme hier den die Centralspindel behandelnden Erörterungen Drüner's bei — gänzlich ausgeschlossen. Denn die Fasern verkürzen sich nicht, wie es Muskelfibrillen im Zustand der Kontraktion thun, vielmehr wachsen sie in die Länge; sie finden dabei einen Widerstand an den Polen der Spindel, welche erst ganz allmählich dem Drucke nachgeben und aus einander weichen. Warum unter diesen Umständen die Tochterchromosomen den Spindelfasern entlang nach den Polen gleiten, ist für die Fälle, in denen nur derartige durchgehende Fasern vorhanden sind, zunächst noch nicht aufgeklärt.

Die auffällige Uebereinstimmung, welche zwischen der Eikernspindel, den Kernspindeln der Protozoen, den Richtungsspindeln thierischer Eier und den sogenannten Centralspindeln besteht, habe ich ausführlicher besprochen, weil ich später bei der Erörterung der Centrosomenfrage auf sie werde zurückkommen müssen. Aus dieser Uebereinstimmung folgere ich, dass alle diese Spindelformen aus derselben Substanz bestehen und dieselbe Entstehungsweise haben, d. h. dass sie vom Kern abstammen. Demgemäss würde auch die Centralspindel und, sofern sich dieselbe aus dem Centrosoma entwickelt, auch dieses letztere nucleärer Herkunft sein, wie es schon Heidenhain ausgesprochen hat.[1])

4. Weitere Veränderungen der strychnisirten Eier. Wir haben gesehen, dass die Umbildung des Eikerns bei meinem Versuchsmaterial selten zu einer Zweitheilung der Eier geführt hat, dass gewöhnlich die Umbildungsprocesse früher zum

1) Zu den übereinstimmenden Merkmalen der genannten Spindelbildungen wird wahrscheinlich auch das räthselhafte Zwischenkörperchen gehören. Nach Flemming, Heidenhain und Kostanecki ist das Zwischenkörperchen eine verdichtete Partie in den Fasern der Centralspindel, wenn diese sich in die Länge strecken und sich zwischen den aus einander weichenden Tochterkernen ausspannen. In die Tochterkerne wird das Zwischenkörperchen nicht einbezogen, vielmehr bleibt es an der Grenze der Tochterzellen liegen. Auch bei manchen Richtungsspindeln kommt ein Zwischenkörperchen vor; es wurde von Sobotta für die Maus und von Henking für Arthropoden beschrieben. Ein Aequivalent des Zwischenkörperchens scheint mir bei den Infusorienspindeln vorzukommen. Wenn die Nebenkerne von Paramäcien sich theilen wollen, so bestehen sie kurz vor Ablauf der Theilung aus drei Stücken: zwei die Tochterkerne liefernden endständigen Anschwellungen und einem Verbindungsstück. Letzteres zeigt merkwürdigerweise in seiner Mitte eine spindelförmige Anschwellung. In ihr erblicke ich das Aequivalent des Zwischenkörperchens; ihre Substanz wird aufgelöst, ohne in die Nebenkerne aufgenommen zu werden.

Stillstand kommen, sei es dass der Fächerkern oder die Spindel sich rückverwandelt oder die Kernbläschen, die aus den Seitenplatten hervorgehen, sich zu einem Kern auf's Neue vereinigen. Die Kerne solcher Eier entwickeln sich nun noch weiter, ehe das Ganze zerfällt. Dabei entsteht ein ganz merkwürdiges Gemisch von Kernfiguren, auf deren Beschreibung ich nicht eingehen möchte, da ihre Entstehungsweise zumeist unklar ist. Auch haben Abnormitäten nur so lange Interesse, als sie geeignet sind, auf die normalen Vorgänge Licht zu werfen. Ich mache nur mit einigen wenigen Kernformen eine Ausnahme.

Bei vielen Eiern, welche 5 Stunden nach einer dreistündigen Strychninbehandlung abgetödtet worden waren, fand ich weder einen einheitlichen Kern noch eine Kernfigur. Nur durch die allersorgfältigste Untersuchung liess sich nachweisen, dass das Ei nicht vollkommen kernlos war. Im Protoplasma zerstreut lagen zahlreiche homogene achromatische Kugeln von verschiedener Grösse, denen Chromosomen angeklebt waren, den kleineren nur ein Chromosom, den grösseren deren mehrere (Fig. 57, 58). Manche der Chromosomen zeigten die Struktur der „Vierer-Kugeln", andere nicht. Eine genaue Zählung liess sich bei den der Beobachtung entgegenstehenden Schwierigkeiten nicht bewerkstelligen. Eine ungefähre Schätzung machte es aber mehr als wahrscheinlich, dass nicht mehr als 18 Chromosomen gegeben waren, wenn wir eine Vierergruppe als ein Chromosom rechnen. Die betreffenden Elemente mussten daher entweder aus einem chromatisch metamorphosirten Kern entstanden sein, oder aus Halb- oder Vollspindeln, bei denen es noch nicht zur Spaltung der Aequatorialplatte gekommen war.

Die homogenen Kugeln mit ihren Chromosomen können zu einer oder zwei Gruppen zusammengedrängt sein (Fig. 58). Nimmt man an, dass sie unter einander verschmelzen, dann bekommt man Bilder, wie sie in allen Serien öfters beobachtet wurden: 1, 2 oder wenige grössere achromatische Kugeln, in denen Chromosomen eingebettet sind (Fig. 59, 60). Das Protoplasma konnte noch Reste von Strahlung aufweisen, was dafür sprechen würde, dass die Bilder auf Umformungen von Spindeln zu beziehen sind.

Ich schildere schliesslich noch einige Kerne, welche aus sehr vorgerückten Entwickelungsstadien stammen. In einem Ei, welches durch eine Furche unvollkommen zweigetheilt war und aus der Zeit cca. 18 Stunden nach Beginn der Strychninbehandlung stammte, war der Kern etwa doppelt so gross wie ein gewöhnlicher Eikern und enthielt in einem sehr feinkörnigen Gerüst über 30 langgestreckte Chromosomen. Nucleoli waren nicht vorhanden. Noch zahlreicher sind die Chromosomen in zwei Kernen, welche in Fig. 61 und 62 abgebildet sind. Die zugehörigen Eier gehörten einem Material an, welches 24 Stunden nach Beginn der Strychninbehandlung abgetödtet worden war. Sie zeigten keine Andeutung von Theilung, während die meisten übrigen Eier der Abtödtung eingefurcht, getheilt oder in Zerfall begriffen waren. Die Chromosomen sind sehr klein und so dicht gehäuft, dass es unmöglich war, ihre Zahl auch nur zu schätzen; sie liegen in einer sehr reichlichen achromatischen Grundsubstanz, welche in einem Falle noch deutlich eine netzförmige Anordnung erkennen lässt, im anderen Falle fast homogen erscheint. Nucleoli fehlen auch hier; denn die helle Stelle in Fig. 62 ist durch eine Unterbrechung im Gerüst bedingt und nicht auf einen Nucleolus zu beziehen.

Ich führe die besprochenen Beispiele an, um zu zeigen, dass eine lebhafte Vermehrung der Chromosomen unabhängig von der Kernvermehrung eintreten kann. Bis zu einem gewissen Grade trifft dieser Satz auch für die normalen Mitosen zu. Denn auch bei ihnen können die Chromosomen schon gespalten sein, ehe es zur Spindelbildung kommt; letzterer fällt nur die Bedeutung zu, die Spaltprodukte auf zwei Tochterkerne zu vertheilen. Spindelbildung und Chromosomenvermehrung sind zwei Processe, die sich zu einander verhalten wie Zelltheilung und Kerntheilung; sie greifen gewöhnlich harmonisch in einander, ohne dass jedoch ein unlösbarer kausaler Zusammenhang bestände. Wie es Kerntheilungen ohne darauf folgende Zelltheilungen giebt, so können auch die Chromosomen sich vermehren, obwohl der Kern als Ganzes noch im Ruhezustand verharrt. Dass hierbei Vierergkugeln entstehen, hat nichts Befremdliches, wenn man erwägt, dass auch sonst die Ebenen zweier auf einander folgender Theilungen senkrecht auf einander stehen.

Ich mache von diesen Betrachtungen Nutzanwendung auf die analogen Vorgänge, welche bei der Reifung der Geschlechtszellen auftreten und hier eine Berücksichtigung gefunden haben, die nach meiner Ansicht weit über ihre Bedeutung hinausgeht. Bei der Richtungskörperbildung und der Theilung der Samenmutterzellen bilden sich, wie in den von mir besprochenen Fällen, Vierergkugeln; es vollzieht sich eine Vermehrung der Chromosomen in einer Zeit lang dauernder Ruhe des Gesammtkerns. Es liegt daher gar kein Grund vor, hierin etwas Besonderes zu erblicken. Auch die künstliche Unterscheidung einer „Aequationstheilung“ (Spaltung der Chromosomen der Länge nach) und einer „Reduktionstheilung“ (Spaltung der Chromosomen der Quere nach) schwebt in der Luft, so lange wir nicht wissen, ob in der That die Chromosomen in ihrer Breite gleichartig, der Länge nach ungleichartig gebaut sind. Vielleicht ist es gleichgültig, ob zwei auf einander senkrechte Längsspaltungen, wie Brauer und Boveri angeben, oder eine Längs- und eine Querspaltung, wie Rückert, v. Rath und Haecker es darstellen, die Vierergkugeln erzeugen. In beiden Fällen wäre das Eine gewahrt, dass die zwei successiven Theilungsebenen auf einander senkrecht stehen. Dem Gesagten zufolge stimme ich mit Boveri überein, wenn er den Vierergkugeln bei der Richtungskörperbildung keine grössere Bedeutung beimisst und die Reduktion der Chromosomenzahl in die der Reife der Geschlechtszelle vorausgehende Periode der Ruhe verlegt.

5. Ueber die Ursachen der besprochenen Veränderungen. Nachdem ich die Veränderungen, welche unbefruchtete Eier erleiden, genauer beschrieben habe, bespreche ich noch kurz die Bedingungen, unter denen sie zu Stande kommen.

In allen genauer untersuchten Serien wurde die Entwickelung durch einen äusseren Reiz hervorgerufen, durch Behandlung mit einer 0,1 proc. Strychninlösung, welche je nach den einzelnen Serien ½—3 Stunden auf die Eier eingewirkt hatte. Man kann mit Bestimmtheit behaupten, dass diese Strychninbehandlung für die Anregung der Entwickelung von Wichtigkeit gewesen ist. Eier, welche cca. 24 Stunden vorher aus dem Ovarium eines Seeigels entleert und in reinem Seewasser aufbewahrt worden sind, zeigen, wie ich aus zahlreichen zu anderen Zwecken unternommenen Untersuchungen weiss, keine morphologischen Veränderungen; sie besitzen noch den Eikern mit Nucleolen und ohne Chromosomen. Bei dem Strychninmaterial waren dagegen vielfach schon nach 1½ Stunden Veränderungen eingetreten. In einem Eimaterial, welches 30 Minuten lang mit Strychnin behandelt und dann nach weiteren 50 Minuten abgetödtet worden war, war bei 20% der Eier die chromatische Metamorphose des Eikerns eingetreten, vielfach war sogar das Stadium des Fächerkernes erreicht. In einem anderen Fall war nach drei Stunden der Strychninbehandlung kein einziges Ei unverändert; 90% besassen entweder den Fächerkern oder die Vollspindel auf verschiedenen Stadien der Ausbildung.

Wenn es somit feststeht, dass die Strychninbehandlung auf das Zustandekommen der beschriebenen Erscheinungen einen grossen Einfluss ausübt, würde es falsch sein, zu behaupten, dass die Seeigeleier durch die Strychnisirung eine Entwickelungsmöglichkeit gewännen, die ihnen ohnedem vollkommen verschlossen wäre. Denn die gleichen Umwandlungen treten auch an Eiern ein, welche lange Zeit im Wasser gelegen haben. Das geht daraus hervor, dass sie bei einem Theil der Eier vorhanden waren, welche ein *Sphaerechinus granularis* auf der Fahrt von Rovigno nach München abgelegt hatte. Wie lange die Eier schon im Wasser lagen, liess sich im vorliegenden Fall nicht feststellen, da der Transport der Thiere, mit denen der betreffende *Sphaerechinus* eintraf, drei Tage unterwegs gewesen war. Die Erfahrung, dass laichreife Seeigel ihre Eier sehr bald ablegen, wenn sie in engen Behältern gehalten werden, spricht dafür, dass die Eier mindestens 48 Stunden alt waren. In seiner Beschaffenheit glich das Material etwa demjenigen, welches 30 Minuten mit Strychnin behandelt und nach weiteren 50 Minuten abgetödtet worden war. Man kann daher sagen, dass Veränderungen, welche durch die Strychnineinwirkung schon nach 1½ Stunden hervorgerufen werden, beim Liegen im Wasser ebenfalls, aber nur etwa zwei Tage später zur Ausbildung gelangen würden[1]). Die Strychninwirkung beschleunigt die normale Umbildung unbefruchteter Eier.

Es wäre von Interesse, Genaueres über die Wirkungsweise des Strychnins zu erfahren, ob eine kurze Anwendung stärkerer Lösungen — was ich glaube — oder die prolongirte Wirkung dünnerer Lösungen günstigere Resultate liefert; ferner wäre zu ermitteln, ob andere Chemikalien oder physikalische Agentien ähnliche, vielleicht

1 Ob das Liegen im Wasser im vorliegenden Fall der einzig wirksame Faktor gewesen ist, lässt sich natürlich nicht mit Sicherheit behaupten. Man könnte z. B. auch an eine Beeinflussung durch die mechanischen Erschütterungen des Transports denken. Doch hat eine solche Annahme wenig Wahrscheinlichkeit für sich.

noch günstigere Versuchsbedingungen liefern. Versuche nach dieser Richtung würden wahrscheinlich auch vom technischen Gesichtspunkt aus von Nutzen sein. Voraussichtlich wird es dabei möglich werden, eine grössere Gleichförmigkeit des Materials zu erzielen, der Art, dass die Eier eines zur selben Zeit abgetödteten Materials im Wesentlichen das gleiche Entwickelungsstadium einnehmen. Bei den von mir benutzten Serien war das nicht der Fall. In einer Serie z. B. war nach dreistündiger Strychninbehandlung über die Hälfte der Eier in chromatischer Umwandlung des Eikerns begriffen, manche besassen schon den Fächerkern. In einem Material, das fünf Stunden länger in Wasser kultivirt und dann abgetödtet worden war, fanden sich dagegen immer noch Eier, bei denen die chromatische Metamorphose eben erst begonnen hatte, und andere, welche erst das Fächerkernstadium erreicht hatten. Zum Theil erklärt sich wohl dieses verschiedene Verhalten daraus, dass das Eimaterial, welches ein Seeigel entleert, nicht gleichen Alters ist. Manche der Eier werden schon wesentlich früher die Richtungskörper gebildet und damit die Eireife passirt haben als andere, die mit ihnen gleichzeitig entleert wurden. Ich glaube aber, dass diese Erklärung nicht ausreicht, und dass auch individuelle Verschiedenheiten der einzelnen Eier mitspielen werden. Solche kommen wohl allein in Betracht bei den mannigfachen Variationen, die der Entwickelungsprocess in demselben Material zeigt. Wir haben gesehen, dass die auf Theilung hinzielenden Entwickelungsprocesse nur selten eine Zweitheilung des Eies erreichen, dass sie auf sehr verschiedenen Stufen zur Ruhe kommen können. Bei manchen Eiern hat es mit der chromatischen Metamorphose des Kerns sein Bewenden; andere erreichen das Stadium des Fächerkerns mit oder ohne Protoplasmastrahlung, ehe eine rückgängige Entwickelung beginnt. Bei Eiern mit zweipoliger Spindel kann ebenfalls eine Rückverwandlung eintreten, ohne dass es zur Spaltung der Aequatorialplatte kommt. Hat sich dagegen die Aequatorialplatte in die Seitenplatten gespalten, und haben sich die Tochter-Chromosomen in Kernbläschen verwandelt, so hängt es wiederum von der Streckung der Spindel ab, ob die Kernbläschen auch zwei Tochterkerne liefern, oder ob sie nicht vielmehr wieder zu einem einzigen Kern zusammenfliessen. Wir begegnen hier derselben Verschiedenartigkeit des Eimaterials, die stets bemerkbar wird, wenn die Bahnen der normalen Entwickelung verlassen werden, wie mein Bruder und ich namentlich bei unseren Experimenten über Bastardirung haben nachweisen können.

II. Allgemeine Betrachtungen.

In den oben dargestellten Untersuchungen habe ich den Beweis geführt, dass das Seeigelei ein geringes Maass von Theilfähigkeit besitzt, auch wenn die Befruchtung unterbleibt. Die Untersuchungen erscheinen mir für die Erörterung einiger allgemeiner Fragen von Bedeutung zu sein, auf die ich daher hier noch eingehe. Es kommt hierbei zunächst die Thatsache der Entwickelungsfähigkeit als solche in Betracht, weiterhin aber auch die Art, in welcher sich die Entwickelung vollzieht, d. h. die feineren Vorgänge, welche zur Spindelbildung und Kerntheilung führen. Die Entwickelungsfähigkeit der Eizelle ist wichtig für die richtige Beurtheilung des Wesens der Geschlechtszellen und des sexuellen Dimorphismus; das genauere Studium der Entwickelungsprocesse führt uns zur Diskussion einiger Probleme, welche auf dem Gebiet der Kern- und Zelltheilung noch immer der Entscheidung harren.

1. Ueber den Bau der Geschlechtszellen und die Ursachen des geschlechtlichen Dimorphismus. Fast überall im Thier- und Pflanzenreich finden wir einen ausgesprochenen Unterschied zwischen den bei der geschlechtlichen Fortpflanzung wirksamen Zellen und dementsprechend auch häufig einen Unterschied zwischen den Trägern dieser Zellen, den männlichen und weiblichen Individuen. Ueber die Ursachen dieses sexuellen Dimorphismus herrschen verschiedene Meinungen. Der einen Ansicht zu Folge, welche vornehmlich von Boveri vertreten wird, sind Eier und Spermatozoen, abgesehen von nebensächlichen Unterschieden, wie sie durch verschiedene Grösse, Gestalt, verschiedene Beweglichkeit gegeben sind, auch principiell verschieden. Beides sind Zellen von unvollständigem Bau, welche sich bei der Befruchtung zu vollwerthigen und daher theilungsfähigen Zellen ergänzen. Damit eine Zelle sich theilen kann, muss sie nach Boveri's Auffassung dreierlei Gebilde enthalten, einen Kern, ein Centrosoma und theilfähiges Protoplasma oder „Archoplasma". Den Eiern soll die Theilungsfähigkeit abhanden gekommen sein, weil sie das für die Einleitung der Theilung unerlässliche Zellorgan, das Centrosoma, nicht besitzen; oder es soll wenigstens, wie Boveri seine ursprüngliche Auffassung eingeschränkt hat, das Centrosoma nur ausnahmsweise und dann gewöhnlich nur als rudimentäres, der allmählichen Rückbildung verfallenes Organ vorhanden sein. Umgekehrt sollen die Spermatozoen das Centrosoma besitzen, dessen Einführung bei der Befruchtung die Theilungen des Eies veranlasst. Dass nun die reifen Spermatozoen sich gleichwohl nicht theilen, soll durch ihre Kleinheit veranlasst sein, dass sie nicht genug Protoplasma besitzen, um dem Centrosoma günstige Entwickelungsbedingungen zu liefern. Im Protoplasma soll namentlich das „Archoplasma" fehlen. Die Theilfähigkeit des befruchteten Eies würde somit darauf beruhen, dass zwei bisher getrennte Bestandtheile, das Archoplasma des Eies und das Centrosoma des Spermatozoons, zur Vereinigung gelangen. Dieser Ansicht steht eine zweite gegenüber, welche unter Anderen auch von meinem Bruder und mir vertreten wird. Nach derselben sind die Sexualzellen einander principiell gleichwerthig; sie sind Zellen, welche mit allen Strukturtheilen der Zelle ausgerüstet sind. Reife Eier und Spermatozoen sind theilungsunfähig geworden, weil zur Theilung nothwendig ist, dass die einzelnen Zellentheile in geeigneter Weise zusammenwirken, und weil dieses Zusammenwirken ihnen fehlt. Sie befinden sich in demselben Zustand wie viele Gewebszellen während des grössten Theils ihres Lebens. Denn unzweifelhaft befinden sich die Gewebszellen eines ausgewachsenen Thieres während der grössten Zeit ihres Daseins in einem Stadium der Ruhe, während dessen sie sich nicht theilen, obwohl sie mit den zur Theilung nothwendigen Einrichtungen vollkommen ausgerüstet sind. Die Unterschiede der Sexualzellen beziehen sich somit nicht auf fundamentale Merkmale, sondern auf Merkmale von sekundärer Bedeutung. Die Spermatozoen sind klein und beweglich geworden, damit ihr Zusammentreffen mit der Eizelle ermöglicht werde, die Eier dagegen gross, weil sie das zur Entwickelung nöthige Material stellen müssen, sowohl das Protoplasma als auch das ernährende Deutoplasma.

Mit Rücksicht auf das grosse Interesse, welches die Frage nach den Ursachen des sexuellen Dimorphismus besitzt, erörtere ich dieselbe in extenso, indem ich nicht nur durchführe, inwieweit die hier mitgetheilten Beobachtungen auf sie Licht werfen, sondern auch anderweitiges, zum Theil schon früher besprochenes Beweismaterial heranziehe.

Sehr lehrreich ist die Entwickelung des sexuellen Dimorphismus bei den Infusorien. Maupas (63) und ich (46, 48) haben gezeigt, dass die Konjugation der Infusorien ein ächter Geschlechtsakt ist. Im Verlauf der Konjugation wird ein Austausch von Kernen herbeigeführt, welche man „männliche Kerne" nennen kann, da sie sich mit zweiten, im Thier verbliebenen Kernen, wenn man will, den „weiblichen Kernen", verbinden und somit dieselben befruchten. Bei allen Infusorien mit Ausnahme der Peritrichen sind die in den Konjugationsakt eintretenden Thiere einander gleich, so dass man die Bezeichnungen „männlich" und „weiblich" auf sie gar nicht anwenden kann. Streng genommen gilt dies auch von den Kernen, welche sich vereinigen. Zur Zeit der Vereinigung haben sie denselben Bau; beide sind Spindeln aus achromatischen Spindelfasern, die mit Chromatinkörnchen bedeckt sind. Man könnte hier ebenso gut sagen, der weibliche Kern befruchtet den männlichen, wie das Umgekehrte. Das Charakteristische des männlichen Kernes beschränkt sich darauf, dass er aus einem anderen Thier stammt.

Bei den auf Stielen festsitzenden Peritrichen kommt es zu einem sexuellen Dimorphismus, einem Unterschied grosser Thiere, der „Makrosporen", und kleiner Thiere, deren geringe Körpergrösse durch rasch aufeinanderfolgende Theilungen veranlasst worden ist, der „Mikrosporen". Letztere verlassen die Stiele, suchen erstere auf und verschmelzen mit ihnen vollkommen. Die bei dieser „Befruchtung" kopulirenden Kerne sind abermals in ihrem Bau vollkommen gleich. Es kommt sogar bei ihnen ein Merkmal in Wegfall, welches uns bei den gewöhnlichen Konjugationen veranlassen könnte, den einen Kern den männlichen zu nennen: das Merkmal, dass der Kern das Protoplasma, in dem er entstanden ist, verlässt und in ein fremdes Protoplasma eindringt. Denn die Mikrosporen verschmelzen vollkommen mit den Makrosporen. Das hieraus resultirende Thier erhält Protoplasma von beiden Thieren. Will man hier die Ausdrücke „männlicher" und „weiblicher" Kern beibehalten, was ja zweckmässig ist, so kann das nur mit Rücksicht darauf geschehen, dass der eine Kern aus einem „männlichen" Thier stammt, d. h. aus einem Thier, welches in nebensächlichen Merkmalen, wie Grösse und lebhafterer Beweglichkeit, sich vom weiblichen unterscheidet. Hier liegen die letzten Ursachen des sexuellen Dimorphismus uns gleichsam offen vor Augen; sie sind darin gegeben, dass die Befruchtung behufs

Kernverschmelzung die Vereinigung zweier Zellindividuen verlangt, eine Vereinigung zweier festsitzender Individuen aber nur ermöglicht werden kann, wenn das eine seinen Platz verlässt und das andere aufsucht. Der sexuelle Dimorphismus beschränkt sich auf diese äusserlichen Merkmale, lässt dagegen die für das Wesen der Zelle wichtigen Strukturtheile unberührt.

Bei den Metazoen herrscht zwischen den Sexualzellen derselbe Gegensatz, welchen wir soeben für die als Sexualzellen funktionirenden Geschlechtsindividuen der Peritrichen haben nachweisen können. Die Spermatozoen sind freibeweglich, klein, leicht übertragbar; die Eier sind gross, reich an Bildungsmaterial, unbeweglich. Unzweifelhaft sind hierin die primären Unterschiede zwischen männlichem und weiblichem Geschlecht gegeben. Es kann daher nur zweifelhaft sein, ob zu diesen primären Unterschieden, welche die Beschaffenheit der Zellen in keiner fundamentalen Weise berühren, sekundäre für das Zellenleben folgenschwere Veränderungen hinzugetreten sind. Ich werde im Folgenden zeigen, dass das nicht der Fall ist; ich werde dabei die Frage für Spermatozoen und Eier getrennt erörtern.

Reife Spermatozoen theilen sich nicht mehr. Bei den meisten Thieren könnte man als Ursache dafür angeben, dass sie zu klein sind, um noch ein weitere Theilung zu vertragen. Bei den Nematoden und Crustaceen ist diese Erklärungsweise nicht so ohne Weiteres anwendbar. Hier sind die Spermatozoen enorm gross, sie können bei Ostracoden sechsmal so lang werden, wie das ganze Thier. Ihrer Grösse nach könnten diese Zellen sich noch ausserordentlich oft theilen. Die Annahme, dass ihnen trotzdem ein zur Theilung nöthiger Bestandtheil, das „Archoplasma" fehlt, ist zunächst eine Hypothese, für welche sich zur Zeit keine Stützen beibringen lassen.

Sind denn aber die Spermatozoen oder ihre Kerne unter allen Umständen theilbar, wenn sie einem theilungsfähigen Protoplasma einverleibt werden? oder muss nicht vielmehr dieses Protoplasma eine besondere für das Spermatozoon gleichsam abgestimmte Beschaffenheit haben?

Spermakerne theilen sich auch ohne Eikerne, wenn sie in das Protoplasma eines reifen, derselben Art angehörenden Eies gelangen, wie daraus hervorgeht, dass durch Schütteln abgesprengte kernlose Eistücke durch Spermatozoen befruchtet und zu einer manchmal sogar normalen Entwickelung angeregt werden können. Die Theilung unterbleibt, wenn das Ei noch nicht reif ist. Ich habe bei den Experimenten, welche ich zum Theil allein, zum Theil gemeinsam mit meinem Bruder angestellt habe, sehr häufig Eier beobachtet, bei denen noch das Keimbläschen fortbestand, in welche aber Spermatozoen eingedrungen waren. Niemals war in ihnen die Spermastrahlung zu sehen, geschweige, dass es zur Bildung von Spermaspindeln gekommen wäre. Für die uns beschäftigende Frage sind ferner die zahlreichen Thierarten von Wichtigkeit, bei denen normaler Weise die Eier vor oder während der Bildung des ersten Richtungskörpers befruchtet werden. Die Strahlung am Samenkern ist dann schwach oder fehlt vollkommen, sie erreicht ihre volle Intensität erst nach Bildung des zweiten Richtungskörpers. Dann beginnt auch erst die Theilung des mit dem Samenkern eingeführten Centrosomas. Wie die Richtungskörperbildung lehrt, ist das Protoplasma an und für sich um diese Zeit theilungsfähig; es besitzt nur dem Spermakern gegenüber nicht die nöthige Erregbarkeit. Man kann auch nicht sagen, dass alles aktive Protoplasma durch die Richtungskörperbildung in Anspruch genommen sei. Denn aktives Protoplasma ist in holoblastischen Eiern überall vorhanden; in den alecithalen Eiern ist es durch das Ei vollkommen gleichmässig vertheilt. Während es am einen Ende mit der Richtungskörperbildung beschäftigt ist, könnte es ganz gut am anderen Ende vom Samenkern zu Theilungsvorgängen angeregt werden. Wie wäre es sonst möglich, dass bei Polyspermie zahlreiche Spermakerne gleichzeitig an den verschiedensten Punkten in Spindelbildung eintreten!

Aus den angeführten Thatsachen ziehe ich den Schluss, dass Theilungsunfähigkeit der Spermakerne keineswegs den Mangel wichtiger Theilorgane voraussetzt, sondern wie die Theilungsunfähigkeit von Gewebszellen und einzelligen Organismen anderweitig bedingt sein kann, dass man daher keine Ursache hat, dem Spermatozoon gewisse Zelltheile abzusprechen, so lange der Mangel nicht durch direkte Beobachtung festgestellt ist.

Der gleichen Betrachtung wie die Spermatozoen hätten wir nunmehr die Eier zu unterwerfen.

Die Ansicht, dass das Ei mit Allem, was zu einer normal funktionirenden Zelle gehört, ausgerüstet sei, hatten mein Bruder und ich zu einer Zeit vertreten, in der die Centrosomenlehre noch nicht existirte. Wir erkannten nur zwei fundamental wichtige Zellbestandtheile an, den Kern und das Protoplasma, und schrieben dem Kern, speciell dessen achromatischer Substanz, die wichtigen Eigenschaften zu, welche viele Forscher jetzt dem Centrosoma zuertheilen. Wir sprachen von einer principiellen Gleichwerthigkeit der Geschlechtskerne, um damit auszudrücken, dass dem Eikern bei der Befruchtung keine zum Wesen eines Zellkerns nöthigen Bestandtheile zugeführt werden. Wir stützten uns auf Experimente an Seeigeleiern. Wenn man Eier kurz nach dem Eindringen der Spermatozoen durch Chloralisiren lähmt, kommen die beiden Geschlechtskerne nicht zur Vereinigung; trotzdem fangen sie an, sich unabhängig von einander zu theilen. Ihre Theilungsfiguren sind von einem bestimmten Moment ab so vollkommen gleich, dass man Ei- und Samenkern nicht mehr unterscheiden kann. Den Grund, dass der Eikern sich im unbefruchteten Ei nicht theilt, fanden wir in dem Wechselverhältniss von Eikern und Eiprotoplasma, welches ein der Theilung ungünstiges sei; dasselbe werde durch die Befruchtung verändert.

Zu der entgegengesetzten Auffassungsweise, dass das Ei das zum Wesen der Zelle nöthige Centrosoma nicht besitzt und sich daher auch nicht theilt, wurde Boveri durch das Studium der Ascaris-Befruchtung geführt. Die Theilung des Eies wird hier durch das Centrosoma herbeigeführt, dessen Abstammung vom Spermatozoon, wenn auch nicht direkt bewiesen, so doch im höchsten Grad wahrscheinlich gemacht wurde. Seinen Standpunkt suchte Boveri (14) weiterhin zu festigen, indem er nachwies, dass auch in vielen anderen Fällen das Centrosoma vom Spermatozoon geliefert werde. Er machte dabei einen Rückschluss von der Anwesenheit der Protoplasmastrahlung auf die Existenz eines Centrosoma. Fast ausnahmslos gilt ja der Satz, dass bei der Befruchtung die Strahlungserscheinungen am Eikern fehlen und nur dem Samenkern zukommen. Da nun BOVERI (13) die oben mitgetheilten Untersuchungen über die Theilungsversuche unbefruchteter Seeigeleier kannte, fügte er neuerdings seiner Ansicht die Hypothese hinzu, dass im reifen Seeigelei sich ein rudimentäres Centrosoma finde, welches durch Einwirkung von Strychnin zu Theilungen angeregt werde. Unter normalen Verhältnissen soll dasselbe sich ganz zurückbilden. Würde man Eier, welche einige Zeit im Meerwasser gelegen hätten, mit Strychnin behandeln, so würde sich voraussichtlich kein Rest von Theilungsfähigkeit mehr nachweisen lassen.

Ich halte es für zweckmässig, die Frage, welche uns hier beschäftigt, in zwei Fragen aufzulösen und dieselben getrennt zu behandeln. Die Fragen würden lauten: 1. Besitzt das Ei eine Substanz, welche ihm unabhängig von der Befruchtung ein gewisses Maass von Theilbarkeit verleiht? 2. Ist diese Substanz in einem weiblichen Centrosoma, einem Ovocentrum, enthalten?

Theilungen unbefruchteter Eier sind — ganz abgesehen von den Vorgängen der Parthenogenesis — schon öfters beobachtet worden. Es würde mich zu weit führen, wollte ich alles hierüber in der Litteratur Bekannte zusammenstellen. Meine Untersuchungen haben diesen Beobachtungen als neu das Ergebniss hinzugefügt, dass diese Theilungen ächte Zelltheilungen sind, welche durch typische Karyokinesen des Kerns eingeleitet werden. Die gewonnenen Resultate sind so klar und bestimmt, dass die erste der beiden oben formulirten Fragen ohne Weiteres bejaht werden muss. Der Erörterung bedarf nur die Vermuthung BOVERI's, es möge sich hier um die letzten Lebensäusserungen einer in Rückbildung begriffenen Substanz handeln, deren Lebensenergie durch die Strychninbehandlung gleichsam zu einem letzten Aufflackern veranlasst werde. Auch diese Vermuthung lässt sich nicht aufrecht erhalten.

In einer meiner Versuchsreihen waren fast alle Eier, bei anderen weitaus der grösste Theil der Eier in Entwickelung getreten. Die Eier eines und desselben Versuches waren sicherlich sehr verschiedenen Alters; bei einigen waren Stunden, vielleicht sogar Tage, bei anderen vielleicht nur Minuten seit der Richtungskörperbildung verflossen. Bei der Ungleichheit des Alters hätte man viel grössere Unterschiede in der Entwickelung erwarten sollen. — Eine direkte Widerlegung der von BOVERI aufgestellten Vermuthung ist darin gegeben, dass die Umbildungen des Eikerns bei langem Liegen im Meerwasser auch ohne Strychninbehandlung eintreten. Die spontane Theilfähigkeit des Eies erfährt somit im alternden Ei eine Steigerung, keine Abschwächung.

Man könnte nun die Hypothese aufstellen, dass der Eikern das geringe Maass der ihm innewohnenden Theilungsenergie in Folge der Befruchtung verlöre. Die Hypothese würde sich aber ebenfalls nicht aufrecht erhalten lassen; denn auch im befruchteten Ei theilt sich der Eikern unabhängig vom Spermakern, wenn durch Chloralbehandlung die Vereinigung beider verhindert wird.

Wir kommen daher zum Resultat, dass das reife Ei alle Einrichtungen, welche zur Theilung nöthig sind, besitzt und auch in Folge der Befruchtung keine Schädigung derselben erleidet, dass aber die Einrichtungen in einem Zustand der Lähmung verharren. Wir hätten damit die erste der beiden oben aufgeworfenen Fragen erledigt und könnten nun zur Erörterung der zweiten Frage übergehen. „Wie steht es mit dem Ovocentrum, dem weiblichen Centrosoma?" Ich werde dieselbe in einem besonderen Abschnitt besprechen, um zugleich das Verhältniss des Centrosoma zum Kern und zur Spindelbildung an der Hand der von mir gemachten Beobachtungen zu erörtern.

2. Bemerkungen zur Lehre von den Centrosomen und ihrer Bedeutung für die Kerntheilung. Indem ich mich zur Erörterung der Ovocentrenfrage wende, habe ich zunächst hervorzuheben, dass es mir nicht geglückt ist, im ruhenden Seeigelei ein Centrosoma oder irgend ein centrosomaähnliches Gebilde aufzufinden. Lange Zeit habe ich mit der Möglichkeit gerechnet, es möchten meine Methoden für den Nachweis nicht genügen. Die Vorsicht war aus zwei Gründen geboten. Erstens ist es schon bei kleinen Zellen ausserordentlich schwer, die Centrosomen sichtbar zu machen; um wie viel mehr muss es bei ziemlich grossen Körpern wie Eizellen der Fall sein. Zweitens lagen in der Litteratur die positiven Angaben Fol's (33) vor, welcher im Seeigelei Centrosomen glaubte entdeckt zu haben.

Beide Gründe fallen nach meiner Ansicht nicht mehr in die Wagschale. Ich habe zahlreiche befruchtete und unbefruchtete Eier, darunter auch solche, welche in Umbildung begriffen waren, in feine Querschnitte zerlegt und die wichtigsten Methoden zum Nachweis von Centrosomen angewandt, ohne Erfolge zu erzielen. Die Angaben Fol's aber haben durch neuere Untersuchungen sehr an Glaubwürdigkeit eingebüsst.

In seiner vielbesprochenen Arbeit „über die Quadrille der Centrosomen" hatte Fol behauptet, dass im befruchteten Seeigelei sowohl der Samenkern als auch der Eikern mit einem Centrosoma ausgerüstet sei, dass die beiden Centrosomen während der Kopulation der Kerne sich unabhängig von einander theilen, dass erst die Theilprodukte paarweis mit einander verschmelzen und die beiden Centrosomen für die Pole des Furchungskerns und der Furchungsspindel liefern. Fol's Angaben fanden rasch Anklang, weil sie bald darauf von Conklin für das Ei von *Crepidula* bestätigt wurden, und weil fast gleichzeitig Guignard (35) Aehnliches von pflanzlichen Objekten berichtete. Auch lagen schon in der älteren Literatur Angaben über Strahlungserscheinungen am Eikern vor, die durch die Untersuchungen von Blanc (4) und Vialleton (91a) über die Befruchtung bei Forellen und Tintenfischen vermehrt wurden.

In der Neuzeit hat sich aber die Sachlage wesentlich geändert. Für Fol haben sich nur noch Kostanecki (59) und Reinke (75), welche ebenfalls Seeigeleier untersucht haben, ausgesprochen, beide jedoch in wenig überzeugender Weise. Kostanecki fand „in einigen allerdings ganz vereinzelten Fällen zwei bei einander liegende kleine Körperchen, die er als Centrosomen glaubte deuten zu können." „Ob Eicentrosomen und Spermacentrosomen die von FOL beschriebene ‚Quadrille des centres' durchmachen", konnte er nicht entscheiden. „Dafür spreche der Umstand, dass im zweipoligen Stadium öfters an den Polen je zwei Polkörperchen zu finden sind"; doch soll hierin kein zwingender Grund zur Annahme einer Centrenquadrille gegeben sein. Im diametralen Gegensatz zu BOVERI führt KOSTANECKI die Theilungsunfähigkeit des Eies auf den ungenügenden Vorrath an Archoplasma zurück, welcher erst durch das Archoplasma des eindringenden Spermatozoon ergänzt werde.

REINKE (75) hat auf den kritischen Stadien vor der Spindelbildung überhaupt keine Centrosomen gefunden; er vermuthet nur, dass FOL eine bessere Methode zum Nachweis der schwierig zu erkennenden Körperchen besessen habe, und schenkt daher seinen Angaben Glauben. Als Centrosomen der Furchungsspindel schildert REINKE Haufen kleiner, mit Eisenhämatoxylin sich intensiv schwärzender Körnchen.

Mit Ausnahme der wenigen genannten Forscher haben sich alle Autoren, welche über die Befruchtungsvorgänge neue Untersuchungen veröffentlicht haben, mit grösserer oder geringerer Bestimmtheit gegen die Centrenquadrille FOL's ausgesprochen. Im befruchteten Ei wurde nur ein Centrosoma aufgefunden. Dasselbe schreibt WHEELER (93) merkwürdiger Weise bei *Myzostoma glabrum* dem Eikern zu, sonst wurde der Zusammenhang mit dem eindringenden Spermatozoon dargethan: von VEJDOVSKÝ (91) für *Rhynchelmis limosella*, von FICK (28) für den *Axolotl*, von HENKING (39) für viele Insekten, von JULIN (55) für *Styelopsis grossularia*, von RÜCKERT (79) für Copepoden, von FOOT (34) für *Allobophora foetida*, von KORSCHELT (60) für *Ophryotrocha puerilis*, von SOBOTTA (89) für die Mäuse u. s. w., vor Allem aber von WILSON und MATTHEWS (95), BOVERI (13) und HILL (53) für Echinodermen. Die an letzter Stelle genannten Arbeiten sind für uns von besonderer Bedeutung, einmal weil sie sich auf gleiche oder wenigstens naheverwandte Objekte, wie die Arbeit FOL's, beziehen, zweitens weil sie nachweisen, dass die Darstellung FOL's in einigen Punkten von principieller Bedeutung irrthümlich ist. Ich halte durch die in allen wichtigen Punkten harmonirenden Darstellungen BOVERI's, WILSON's, MATTHEWS's und HILL's FOL's Quadrillenlehre für widerlegt und trage kein Bedenken zu behaupten, dass das reife befruchtungsfähige Seeigelei kein Centrosoma hat.

Eine andere Frage ist es, ob nicht das Seeigelei die Fähigkeit besitzt, unter besonderen Bedingungen ein Centrosoma zu entwickeln. Um diese Frage zu entscheiden, hätten wir zunächst uns klar zu machen, was man zur Zeit unter einem Centrosoma versteht.

In der Auffassung des Centrosoma ist nur insofern einigermaassen Uebereinstimmung erzielt worden, als man darunter ein rundliches Gebilde versteht, welches neben dem Kern innerhalb des Protoplasma liegt und von beiden Zelltheilen mehr oder minder deutlich abgegrenzt ist, welches ferner eine wichtige Rolle bei der Zelltheilung spielt. Es löst Bewegungserscheinungen aus, die als Strahlungen im Protoplasma sich bemerkbar machen, theilt sich und veranlasst dadurch Kern- und Zelltheilungen. Strittig ist dagegen, ob das Centrosoma ein specifisches, etwa dem Kern ebenbürtiges Gebilde ist und wie dieses ein Dauerorgan der Zelle darstellt (Boveri), oder ob es eine Struktur ist, die sich von den seit langer Zeit angenommenen Hauptbestandtheilen der Zelle, dem Kern und dem Protoplasma ableitet und daher keineswegs überall vorhanden sein muss. Letztere Auffassungsweise gestattet zwei Möglichkeiten. Mein Bruder und ich, Heidenhain (38), Bütschli (20) halten das Centrosoma für ein Kernderivat, Watasé (92), Eismond (25), Mitrophanow (66) dagegen für eine Neubildung im Protoplasma, die dadurch entsteht, dass sich Protoplasmakörnchen anhäufen und zu einem grösseren Körper zusammenschiessen, etwa wie Theilchen eines Krystalles aus einer Mutterlauge.

Strittig ist ferner die Struktur des Centrosoma. Ich habe den Eindruck gewonnen, als ob bei den meisten Forschern die Neigung besteht, das Centrosoma als ein homogenes Kügelchen aufzufassen, in dem man keine weitere Struktur erkennen kann, und dass diese Vorstellung viel dazu beigetragen hat, der Ansicht, als sei das Centrosoma ein Zellorgan eigener Art, weite Kreise zu gewinnen. Die Auffassung, dass die Centrosomen homogene Körperchen seien, wird besonders von Heidenhain festgehalten; sie führte ihn zu seiner Lehre vom „Mikrocentrum". Als der genannte Forscher bei Leukocyten ein rundliches Gebilde fand, in dem mehrere bei der Eisenhämotoxylin-Färbung sich schwärzende Körperchen lagen, deutete er letztere als Centrosomen; die Vereinigung derselben zu einer weiteren Einheit nannte er Mikrocentrum.

Im ausgesprochenen Gegensatz zu Heidenhain steht Boveri (13), der den Namen und auch den Begriff des Centrosoma in die Litteratur eingeführt hat. Das Centrosoma soll in vielen Fällen oder zu gewissen Zeiten homogen sein; es soll aber durch Flüssigkeitsaufnahme sich vergrössern und dann eine Gerüststruktur entwickeln können. Im Gerüst sollen öfters ein oder mehrere dichtere Körnchen, die „Centriolen" auftreten, wodurch das Centrosoma einen ziemlich komplicirten Bau gewinnen kann. Was Heidenhain ein Mikrocentrum mit eingeschlossenen Centrosomen nennt, ist für Boveri das Centrosoma mit seinen Centriolen.

Die Unsicherheit auf dem Gebiet der Centrosomenlehre wird durch einen weiteren Umstand noch erheblich vergrössert. Im Umkreise des Centrosoma unterschied Boveri beim Ascaris-Ei eine Hülle von Protoplasma, die gegen den umgebenden Dotter scharf abgegrenzt ist. Er nannte die Masse „Archoplasma". Auch dieser Name hat sich in der Literatur rasch eingebürgert. Man spricht von Archoplasmakugeln und versteht darunter rundliche Körper, welche neben dem Kern liegen. Manche Autoren lassen die Archoplasmamassen gegen ihre Umgebung scharf abgegrenzt sein, andere schreiben ihnen einen allmählichen Uebergang in die angrenzenden Theile des Zellenleibes zu.

Wenn man nun weiter bedenkt, dass sowohl dem Archoplasma als auch den Centrosomen Antheil am Aufbau der Spindelfasern eingeräumt wird, so wird es begreiflich, dass sich in der Unterscheidung von Centrosomen und Archoplasma eine unerfreuliche Unsicherheit entwickelt hat, dass dieselben Theile der Zelle von manchen Autoren Centrosomen, von anderen Archoplasmakugeln genannt werden.

Man wird nicht von mir erwarten, dass ich an dieser Stelle versuche, für die verschiedenen, bisher benutzten Untersuchungsobjekte kritisch zu sichten, in wie weit die Ausdrücke „Centrosoma“ und „Archoplasma“ in richtiger Weise gebraucht worden sind. Dazu würden ausgedehnte Nachuntersuchungen der einschlägigen Arbeiten nöthig sein. Wohl aber bedarf es dieser Auseinandersetzung für das Seeigelei. Denn gerade bei diesem Untersuchungsobjekt herrscht eine grosse Unsicherheit in der Benennung. Es ist aber nicht möglich, die Ovocentrenfrage zu erörtern, ohne dass vorher klar gestellt ist, was man bei dem befruchteten Ei Spermacentrum zu nennen hat.

Wenn das Spermatozoon in das Ei gedrungen ist, bildet sich bekanntlich der Spermakern und im Anschluss an denselben eine homogene körnchenfreie Stelle, welche Ausgangspunkt der Strahlung ist und bei dem Vordringen des Spermakerns nach dem Centrum des Eies vorauswandert. Fol (33) leitete das Centrum der Strahlung, welches wir im Folgenden zunächst mit dem indifferenten Namen „Sphäre“ bezeichnen wollen, von der Spitze des Samenkopfes ab. Ihm haben sich auf Grund von Untersuchungen über die Spermatogenese Field (29) und Pictet (67) angeschlossen. Die neueren Untersuchungen haben aber gezeigt, dass die Strahlung, wie mein Bruder und ich es schon früher vermuthet haben, sich um das Mittelstück des Spermatozoon herum entwickelt. Zu dem Zweck erfährt das Spermatozoon eine Drehung um 180°. Was durch Boveri (13), Hill (53), Wilson (95. 96), Matthews (95), Reinke (75) für Echinodermen bewiesen worden ist, ist von Fick (28) für den Axolotl, von K. Foot (34) für *Allobophora*, von Henking (39) für zahlreiche Insekten festgestellt worden, so dass es sich hier offenbar um eine ganz allgemeingültige Erscheinung handelt: Die Protoplasmastrahlung entsteht im Anschluss an das Mittelstück. Kurz vor der Kernvereinigung theilt sich das homogene Ausstrahlungscentrum, die Sphäre, in zwei Centren, die an die Pole des Furchungskerns rücken und hier während des Spindelstadiums zu ansehnlichen Kugeln anwachsen.

In Folge geeigneter Reagentienbehandlung nehmen die Sphären eine netzförmige Struktur an; ferner erscheinen in ihnen ab und zu kleine Körperchen, bezüglich deren aber sowohl die Deutungen als auch die Beobachtungen sehr aus einander gehen, was dann wieder Einfluss auf die Deutung der Sphären ausgeübt hat. Fol hat solche Körperchen für die Ovocentren und Spermacentren erklärt; er nimmt daher an, dass sie jeder Zeit vorhanden sind. Boveri hat ein solches Körperchen in der aus dem Mittelstück des Samenfadens hervorgegangenen Sphäre beobachtet; es sei das Spermacentrum. Seine Beobachtungen über dasselbe auf vorgerückteren Befruchtungsstadien sind lückenhaft. Er hat die Spermacentren nur noch in einzelnen Fällen zur Zeit der vollzogenen Theilung, später überhaupt nicht mehr nachweisen können bis zur Zeit, in welcher die Spindel vorbereitet wird. Dann findet Boveri die anfänglich kleinen Körper zu grossen kernartigen Bläschen angeschwollen, welche das Centrum der Strahlungen vollkommen füllen. Was ich oben „Sphäre“ genannt habe, wäre somit nach Boveri's Ansichten je nach den einzelnen Stadien etwas ganz

Verschiedenes, anfangs eine homogene Ansammlung von Protoplasma im Umkreis des Centrosoma, später das herangewachsene Centrosoma selbst.

Reinke und Hill deuten zu allen Zeiten die Sphären als Archoplasmen; ihnen ist es genau umgekehrt gegangen als Boveri. In den ersten Stadien haben sie keine Körperchen, keine Centrosomen aufgefunden; gleichwohl zweifeln sie nicht an ihrer Existenz. Deutliche „Centrosomen", in der Form kleiner solider Körner seien auf dem Spindelstadium vorhanden, also zu einer Zeit, in welcher nach Boveri die Centrosomen schon zu Bläschen angeschwollen sind. Wilson und Matthews endlich haben die fraglichen Körnchen anfänglich ganz ignorirt; sie erwähnen nur die Sphären, die sie sammt den angrenzenden Protoplasmaradien „Archoplasma" nennen. In seiner zweiten Arbeit ist Wilson auf die Körperchen näher eingegangen; er hält sie für unwichtige, weil inkonstante Elemente und schlägt für sie die Boveri'sche Bezeichnung „Centriolen" vor; die „Archoplasmakugeln" nennt er dagegen jetzt nach Abzug der von ihnen ausgehenden Protoplasmastrahlen „Centrosphären". Mit einem derartigen neuen Namen scheint mir wenig geholfen. Was Noth thut, ist die genaue Zurückführung der Bilder, welche das befruchtete Seeigelei liefert, auf die Verhältnisse von Ascaris. Aus der gesammten Darstellung Wilson's glaube ich übrigens entnehmen zu dürfen, dass seine „Centrosphären" nichts anderes sein sollen, als stark vergrösserte Centrosomen.

Wir sehen, dass Wilson und Boveri nur in der Beurtheilung des Spindelstadiums und der dasselbe vorbereitenden Zustände vollkommen übereinstimmen, indem sie beide um diese Zeit die ganze Sphäre als Centrosoma (Centrosphaera) deuten. In der Beurtheilung der Bilder, welche der eigentliche Befruchtungsprocess liefert, gehen ihre Anschauungen aus einander. Wilson führt seine Centrosphäre auf das gesammte Mittelstück des Spermatozoon zurück, Boveri nur auf einen Theil desselben, auf ein kleines Korn im Mittelstück. Kostanecki (59), Hill und Reinke theilen bezüglich der Befruchtungsvorgänge die Auffassung Boveri's, unterscheiden sich aber von ihm, indem sie auch auf dem Spindelstadium distinkte Centrosomen innerhalb der Sphäre annehmen.

Es bleibt mir noch übrig, das Verhältniss der Sphären zu den Protoplasmastrahlen zu besprechen. Reinke und Wilson betonen das verschiedene Verhalten beider Substanzen Farbstoffen gegenüber, wodurch es möglich ist, die Sphären als roth gefärbte Körper von den blau gefärbten Strahlen zu unterscheiden. Reinke fand ausserdem stets eine Abgrenzung zwischen Beiden. Wilson dagegen zeichnet nur auf dem Spindelstadium eine deutliche Kontur der Sphären und giebt ferner an, dass das Mittelstück des frisch eingedrungenen Spermatozoon gut begrenzt sei. Auf den dazwischen liegenden Stadien lässt er „die Strahlen sich an ihrer Basis direkt in die centrale Masse (Centrosphären) fortsetzen und sich in sie hinein verlieren". Seine Abbildungen, welche letzteres Verhältniss erläutern sollen, stimmen genau mit den Bildern überein, welche Rückert von der Befruchtung der Copepoden gegeben hat.

Ich habe die Befruchtung des Seeigeleies nicht methodisch studirt, immerhin aber an feinen, nach Heidenhain's Methode gefärbten Schnitten eine ganze Reihe von Beobachtungen über die Vorgänge, welche sich vom Eindringen des Spermatozoon bis zur Kernkopulation abspielen, gesammelt. Ich bin im Wesentlichen zu denselben Resultaten gelangt wie WILSON. An unreifen Eiern, in welche Spermatozoen schon seit längerer Zeit eingedrungen sind und an frisch befruchteten reifen Eiern, bei denen die charakteristische Drehung des Spermatozoon noch nicht eingetreten ist, sehen Spermakern und Mittelstück noch ganz so aus, wie an den von aussen den Eiern anklebenden Spermatozoen (Fig. 66). Protoplasmastrahlung fehlt gänzlich. Das Mittelstück, auf welches es hier allein ankommt, ist ein gleichförmig gefärbter kissen- oder pelottenförmiger Körper, welcher der Basis des Spermakopfes breit angefügt ist. In einem besonders interessanten Präparat war der Spermakopf schon gedreht, das spitze Ende auffallend lang ausgezogen, als ob es beim Vordringen durch das Protoplasma durch den Druck desselben in seiner Gestalt verändert worden wäre. Eine undeutliche Strahlung war vorhanden (Fig. 65). Das Mittelstück war ebenfalls in die Länge gestreckt und war nur schwach gefärbt bis auf das vom Spermakopf abgewandte Ende, welches fast so intensiv gefärbt war, wie der Spermakopf selbst. Eine derartige stärker gefärbte Partie des Mittelstücks ist offenbar auch von BOVERI gesehen und als Centrosoma gedeutet worden. Ihre Gestalt und Beziehung zum lichteren Abschnitt des Mittelstücks macht mir eine andere Auffassung des von mir studirten Präparats wahrscheinlicher. Ich glaube, dass das Mittelstück eine Aufquellung erfahren hat, und dass das „Centrosoma" BOVERI's die noch nicht von der Aufquellung betroffene dichtere Masse ist. Auf vorgerückteren Stadien ist denn auch das Mittelstück zu einem grösseren gleichförmigen, entweder homogenen oder schwach gekörnelten Körper von wechselnder Gestalt geworden, in dem niemals Elemente, die man Centrosomen oder Centriolen hätte nennen können, nachweisbar waren. Eine scharfe Abgrenzung dieser Sphäre gegen die Strahlen des Protoplasma habe ich nicht erkennen können (Fig. 63, 64).

Auf Grund der eigenen Untersuchungen und einer Vergleichung der vorliegenden Literaturangaben bin ich zur Ansicht gekommen, dass man den schwarzen Körnchen, welche bei der Eisenhämatoxylin-Behandlung so häufig an den verschiedensten Stellen und so auch in den Sphären ab und zu sichtbar werden, viel zu viel Ehre angethan hat, indem man ihnen eine besondere morphologische Bedeutung beimass und sie als Centrosomen deutete. Ich halte das gesammte Mittelstück des Spermatozoon und demgemäss auch die gesammte Sphäre für das Centrosoma.

Auffällig bleibt bei dieser Auffassung, dass es bisher den meisten Beobachtern nicht geglückt ist, eine Abgrenzung des Centrosoma gegen seine Umgebung während der Befruchtungsstadien nachzuweisen. Ich glaube, dass man diesen Mangel durch die Unzulänglichkeit der Methode erklären muss. Die Unterschiede zwischen der Substanz des protoplasmatischen Reticulums einerseits und andererseits der Substanz des Centrosoma, und wie ich, dem Folgenden vorausgreifend, gleich hier hervorheben will, den achromatischen Kernsubstanzen, sind offenbar nicht sehr bedeutend. Ferner ist zu beachten, dass das Centrosoma während der Befruchtung wächst, indem es aus der Umgebung Substanztheilchen aufnimmt. Beides zusammengenommen, wird es mit sich bringen, dass die, wie ich nicht zweifle, vorhandene Grenze sehr schwierig zur Anschauung zu bringen ist. Erst wenn das Wachsthum des Centrosoma aufhört, scheint der Nachweis leichter zu gelingen, wie ich aus den Angaben von Wilson und Boveri entnehme, welche deutlich begrenzte Centrosomen auf dem Spindelstadium gefunden haben.

Ich komme nun auf die Ovocentrenfrage zurück. Im Seeigelei habe ich nachweisen können, dass im Verlauf einer Reihe von merkwürdigen Metamorphosen Körper auftreten, welche den durch das Spermatozoon eingeführten Centrosomen ausserordentlich gleichen. Es sind kugelige, achromatische Körper, die im Protoplasma Strahlung verursachen. Die Strahlen sind nicht auf einen Punkt der Kugeloberfläche orientirt, wie das bei einem Kern, dem ein Centrosoma angefügt ist, zutrifft, sondern nach dem Centrum der Kugel gerichtet; sie endigen auf der Oberfläche des Körpers, wie die Strahlen des Amphiasters auf den bläschenförmigen Centrosomen endigen, welche aus der Theilung des Spermacentrums hervorgegangen sind. Wie Centrosomen treten die betreffenden Körper in zwei Zuständen auf; sie können klein und homogen sein, oder sie sind durch Flüssigkeitsaufnahme geschwellt und haben dann eine netzförmige Struktur. In beiden Fällen war die Abgrenzung gegen das Protoplasma schwierig festzustellen, aber sie war beim Ei vorhanden, was mich bestärkt, ein Gleiches für die Centrosomen des Spermakerns anzunehmen.

Aus der unbestreitbaren grossen Aehnlichkeit mit Centrosomen leite ich das Recht ab, die in Rede stehenden Bildungen Ovocentren zu nennen.

Für das „Ovocentrum“ habe ich die Entstehung aus Spindelfasern und, da diese Abkömmlinge des achromatischen Kerngerüsts sind, die Entstehung aus letzterem beweisen können. Ich folgere hieraus weiter, dass auch das Centrosoma des Samenfadens nucleärer Herkunft ist und die achromatische Substanz des Samenkerns repräsentirt, ein Satz, der selbstverständlich nicht auf die Spermatozoen der Seeigeleier eingeschränkt werden kann, sondern bei der in den Befruchtungserscheinungen herrschenden Gesetzmässigkeit generalisirt werden muss. Dabei würde die Frage, ob das gesammte Achromatin oder nur ein Theil desselben im Centrosoma enthalten ist, zunächst noch als eine offene zu behandeln sein.

Ich komme hiermit auf eine Ansicht zurück, die mein Bruder und ich schon wiederholt ausgesprochen haben. Schon zu einer Zeit, in welcher die Centrosomenlehre noch nicht entwickelt war, vertraten wir den Satz, dass ein jeder Kern ausser der zur Vererbung dienenden Chromatinmasse achromatisches Material besitze, welches die Theilungs- und Bewegungserscheinungen des Kerns, sowie die Protoplasmastrahlungen veranlasse. Das achromatische Material des Samenkerns vermutheten wir im Mittelstück, welches bei der Befruchtung als eine sich nicht färbende und daher schwer nachweisbare, das Centrum der Strahlung einnehmende

Masse dem leicht erkennbaren, chromatischen Spermakern vorausgehe. Bei der Unvollkommenheit der Technik gelang es uns aber nicht, die klaren Bilder zu erhalten, welche wir den neueren Befruchtungsarbeiten danken. Durch diese ist die Rückführung des bei der Befruchtung thätigen Centrosoma auf das Mittelstück des Spermatozoon trotz der abweichenden Angaben Fol's, Field's und Pictet's wohl ausser Zweifel gestellt. Damit hat die Frage nach der Herkunft des Spermacentrums die neue Formulirung gewonnen: Woher stammt das Mittelstück des Samenfadens?

Leider herrscht über diesen, der Beobachtung viele Schwierigkeiten bereitenden Punkt der Spermatogenese noch immer grosse Unklarheit. Doch gewinnt es immer mehr an Wahrscheinlichkeit, dass das Mittelstück von dem „Nebenkern" stammt, einem Gebilde, welches im Protoplasma der Spermatide lagert, dass der Nebenkern seinerseits wieder aus den Spindelfasern der vorausgegangenen Theilung entsteht. Das Centrosoma der betreffenden Spindel scheint dagegen in das Spermatozoon nicht überzugehen, woraus sich dann ergeben würde, dass das Spermocentrum eine Neubildung ist. Zum Beweis für die hier vorgetragene Ansicht verweise ich auf die Arbeiten Bütschli's (19), von La Valette's (62[a]), Platner's (69), v. Erlanger's (27), besonders aber Henking's (39). Letzterer hat die Reifung der Eier und der Samenzellen der Insekten vergleichend untersucht. Bei diesen Thieren soll sich während der Richtungskörperbildung und während der letzten Theilung der Spermatiden ein Theil des Materials der Spindelfasern zusammenballen und einen Körper erzeugen, den Henking beim Ei Thelyid, beim Spermatozoon Arhenoid nennt. Das Thelyid soll gewöhnlich schwinden, wesshalb das Ei kein Centrosoma besitze, das Arhenoid soll dagegen erhalten bleiben und bei der Befruchtung als Centrosoma Ausgangspunkt der Strahlung bilden. Da nun gerade für die Reifetheilungen der Geschlechtszellen die Herkunft der Spindelfasern vom Kern in vielen Fällen sicher erwiesen ist, scheint sich immer mehr die Kette der Beweise zu schliessen, dass das Centrosoma dem Mittelstück des Spermatozoon, dieses dem Nebenkern, dieser wiederum dem die Spindelfasern liefernden Kernmaterial entspricht. Damit würde direkt bewiesen sein, was ich aus der Aehnlichkeit des Spermocentrums mit dem Ovocentrum erschlossen habe.

An dieser Stelle verdienen auch die Untersuchungen Brauer's (17) über das parthenogenetische Ei von *Artemia salina* Berücksichtigung, da ihnen auch ein Fall von nucleärer Herkunft eines Centrosoma zu Grunde zu liegen scheint. Brauer hat während der Eireife kein Centrosoma finden können. Wäre es vorhanden, so müsste es sich, so sollte man meinen, an der Bildung der Richtungsspindel betheiligen. Hier ist es aber durch direkte Beobachtung nicht nachweisbar gewesen. Auch sprechen die Tonnenform der Spindel und der Mangel der Strahlung gegen seine Existenz. Nach Abschnürung des ersten Richtungskörpers tritt ein typisches Centrosoma auf, theilt sich und liefert die Centrosomen für die Enden des Furchungskerns. Ueber seine Herkunft weiss Brauer nur zu berichten, dass es in der Gegend, wo früher die Richtungsspindel gelegen war, zuerst erscheint. Es ist nun im höchsten Grade auffallend, dass Henking bei den Insekten, also bei Thieren, die eine grosse Neigung zu parthenogenetischer Entwickelung besitzen, in dieser Gegend ein weibliches Centrosoma, das aus den Spindelfasern hervorgehende Thelyid, aufgefunden hat. Sollte damit ein Stück Entwickelung, welches Brauer verborgen geblieben ist, beobachtet worden sein? Jedenfalls stützt die Beobachtung Henking's den ohnedem naheliegenden Schluss, es möge das Artemia-Centrosoma aus Richtungsspindelfasern, d. h. aus achromatischem Kernmaterial hervorgegangen sein.

Der Vergleich des Centrosoma mit einem neben dem Zellkern bestehenden chromatinfreien Kern ist nicht neu. Nachdem schon Bütschli (20) eine Parallele mit dem Nebenkern der Infusorien gezogen hatte, suchte ich (48), ganz unabhängig von ihm, in einem Referat über Befruchtung und Konjugation es wahrscheinlich zu machen, dass das Centrosoma ein nur aus achromatischem Material aufgebauter Kern sei. Die von Hermann (40) und Platner (69) entdeckten, noch immer räthselhaften Archoplasmaschleifen, deutete ich als die rudimentären Chromosomen dieses achromatischen Kerns.

Bei der Entwickelung meiner Ansichten ging ich von einem Vergleich der Karyokinesen der Protozoen mit denen der Metazoen aus. Bei den Spindelbildungen der Protozoen, speziell der Infusorien und des von mir genauer untersuchten *Actinosphaerium Eichhorni* sind alle thätigen, die Kerntheilung bewirkenden Bestandtheile im Kern enthalten. Bei den Metazoen dagegen ist die Substanz, von welcher der Anstoss zur Theilung ausgeht, als Centrosoma ausserhalb des Kerns gelagert. Da nun die grosse Uebereinstimmung, welche in den karyokinetischen Vorgängen bei den Metazoen und vielen Protozoen herrscht, die Rückführung der Vorgänge auf ein gemeinsames Schema erheischt, suchte ich dieselbe durch die Annahme zu ermöglichen, dass die bei den Protozoen im Kern enthaltenen aktiven Substanzen bei den Metazoen selbständig geworden und zur Bildung des Centrosoma aus dem Kern herausgetreten seien.

Neuerdings hat Heidenhain (38) den von mir und Bütschli angeregten Gedanken wieder aufgegriffen und ihn bestimmter zu fassen gesucht, indem er die Kernverhältnisse der Metazoenzelle speciell auf die Kernverhältnisse der ciliaten Infusorien zurückführte. Bei den Infusorien findet sich ein chromatinreicher Hauptkern oder Makronucleus und ein chromatinarmer Nebenkern oder Mikronucleus. Diese Differenzirung habe sich bei den Metazoen zugeschärft, so dass schliesslich Kern und Centrosoma entstanden seien, jener ein rein chromatisches, dieses ein rein achromatisches Gebilde. Bei den Infusorien vermögen sich noch beide Kerne zu theilen, wenn auch nur der an achromatischem Material reiche Nebenkern durch Spindelbildung. Bei den Metazoen hat der Zellkern mit dem gänzlichen Verlust des Achromatins seine Theilfähigkeit eingebüsst. Damit sein Chromatin getheilt werde, bedarf er des chromatinlosen, zweiten Kerns, des Centrosoma. Dieses erzeugt bei seiner Theilung die Centralspindel; dieselbe würde aber auf den zur Seite liegenden Zellkern keinen Einfluss gewinnen können, wenn nicht das umgebende Protoplasma Fäden lieferte, welche von den Polen der Centralspindel an die Chromosomen des Kerns herantreten und so die Mantelspindel bilden. Die von Pol zu Pol durch verlaufenden Fasern der Centralspindel würden somit den Spindelfasern der Protozoen zu vergleichen sein. Die Fasern dagegen, welche von den Polen nur bis an die Chromosomen reichen, hier endigen und durch ihren Zug die Tochterchromosomen nach den Polen bewegen, seien Neubildungen.

Boveri (13) hat die Darlegungen Heidenhain's einer scharfen Kritik unterworfen. Seine Ausführungen richten sich in erster Linie gegen das — wenn ich sagen darf — phylogenetische Gewand, in welches Heidenhain seine Theorie eingekleidet hat. Mit Recht hebt er hervor, dass es unzulässig sei, die Metazoen von so hoch entwickelten, einseitig specialisirten Formen wie den Infusorien abzuleiten, dass der Dualismus der Infusorienkerne eine ganz andere Bedeutung besitze als das Vorkommen von Centrosoma und Zellkern bei den Metazoen. Der Hauptkern der Infusorien entstehe aus einem Theilprodukt des Nebenkerns, während Zellkern und Centrosoma durch alle Zellgenerationen unabhängig neben einander hergehen; er gehe bei der Konjugation zu Grunde, während der Zellkern bei der Befruchtung eine wichtige Rolle spiele. Weiterhin sei das Centrosoma für den Zellkern ein Theilorgan, während eine ähnliche Beziehung des Nebenkerns zum Hauptkern nicht nachgewiesen sei.

Allen diesen Ausführungen Boveri's stimme ich vollkommen bei, um so mehr, als ich der Ansicht bin, dass man gut thut, in cellularen Fragen von phylogenetischen Spekulationen möglichst wenig Gebrauch zu machen. Je mehr wir uns den Anfängen thierischer und pflanzlicher Organisation nähern, um so weniger finden wir den Bau der Organismen historisch begründet. Um so klarer tritt uns entgegen, was C. E. v. Baer Zielstrebigkeit, Naegeli das Prinzip der Progression genannt hat. Die Vervollkommnung der Zelle bewegt sich in bestimmten Bahnen, welche ihr durch ihre Organisation mit innerer Nothwendigkeit vorgeschrieben sind.

Ein anderer Theil der Kritik Boveri's dagegen wendet sich gegen den Kern der Heidenhain'schen Lehre und, da diese viele Berührungspunkte mit meinen eigenen Anschauungen hat, auch gegen diese. Da Boveri im Centrosoma ein besonderes, dem Kern koordinirtes Organ sieht, sucht er nachzuweisen, dass auch bei den Kerntheilungen der Protozoen Centrosomen auftreten, welche hier eine ähnliche Rolle spielen, wie die Centrosomen bei den Metazoen. Er führt zum Beweis zwei Arbeiten an, 1) die Arbeit Rompel's (76) über die Kerntheilung von *Kentrochona Nebaliae*, 2) die Untersuchungen Ishikawa's (56, 57) über *Noctiluca miliaris*.

Nach Rompel soll *Kentrochona Nebaliae* ausser einem Haupt- und Nebenkern noch ein Centrosoma besitzen. Dasselbe soll sich theilen, die Tochtercentrosomen sollen aus einander weichen und an die Enden des sich theilenden Kerns rücken.

Kentrochona Nebaliae ist der *Spirochona gemmipara* sehr nahe verwandt; sie scheint auch im Kernapparat mit ihr sehr übereinzustimmen, namentlich in der Struktur des Hauptkerns. Ich habe vor 20 Jahren die Kerntheilung von *Spirochona* sehr genau untersucht (49), sowohl am lebenden Thier, wie nach Anwendung von Reagentien. Neuerdings hat Balbiani (2) über den gleichen Gegenstand eine

Monographie veröffentlicht, welche — mit allen Methoden der Neuzeit ausgearbeitet — im Wesentlichen gleiche Resultate gefördert hat. Ich glaube, man wird unserm beiderseitigen übereinstimmenden Urtheil über die Arbeit ROMPEL's daher einiges Vertrauen schenken. Wir beide sind zur Ansicht gekommen, dass der Verfasser überhaupt keine Kerntheilungen gesehen hat. Was ROMPEL über Kerntheilung mittheilt, hat er nur durch das Studium von abgetödtetem Material kombinirt, ohne durch Beobachtung am lebenden Thier eine Kontrole auszuüben, ob die Zustände, welche er abbildet, überhaupt nur eine zusammengehörige Reihe darstellen. Er findet die „Kerntheilung schon vorgeschritten, während von einer Knospenanlage im Cytoplasma kaum etwas wahrzunehmen ist.“ Jeder, welcher sich mit Infusorien beschäftigt hat, weiss aber, dass die Theilungen des Hauptkerns in sehr späte Stadien des Theilungsprocesses fallen. Bei *Spirochona* ist die Knospenanlage zu einer Zeit zu erkennen, in welcher am Hauptkern nicht einmal die Pole ausgebildet sind. ROMPEL spricht in seiner Darstellung von einer „Spindel“, aber weder beschreibt er Spindelfasern, noch bildet er sie ab. Dieses wichtige Kriterium eines karyokinetischen Vorgangs fehlte offenbar den abgebildeten Kernformen, was um so auffälliger ist, als im Gegensatz zu anderen Infusorien die nahe verwandte *Spirochona* eine besonders deutliche Spindelstruktur des Hauptkerns zeigt. Nicht einmal wird ein Kern abgebildet, an dem eine auf beginnende Theilung deutende Einschnürung zu sehen wäre. Die Abbildungen ROMPEL's erinnern dagegen an die Formzustände, welche der Kern der *Spirochona* durchläuft, ehe die Knospung beginnt. BALBIANI hat diese von mir seiner Zeit nur kurz behandelten Umgestaltungen, während welcher der Kern dreitheilig wird, sehr genau studirt und Figuren gegeben, welche zum Theil den Figuren ROMPEL's entsprechen.

Ich komme nun auf die „Centrosomen“ der Kentrochona zu sprechen. Von der Zelltheilung der Metazoen wissen wir, dass die Centrosomen, sowie sie in Thätigkeit treten, Strahlungen im Protoplasma hervorrufen, dass sie, an den Kern herantretend, die Pole bestimmen zu einer Zeit, wo dieser selbst polar noch nicht differenzirt ist, dass die Spindelfasern an den Centrosomen ihr Ende finden. Von alledem sieht man auf den Abbildungen ROMPEL's Nichts. Er zeichnet neben dem Kern 1, 2 oder 3 runde, von hellen Höfen umgebene Körperchen ohne Strahlung. Nur bei drei Zeichnungen, die sich auf einmalige Befunde beziehen, liegen die „Centrosomen“ genau an den Polen, an jedem Pol ein Centrosoma; sonst liegen sie mehr oder minder abseits von denselben, in einigen Fällen so sehr, dass, obwohl schon beide „Spindelpole“ vorhanden sind, die zwei Centrosomen sich gleichwohl noch an einem und demselben Ende des Kerns befinden. Ueber das Verhalten der Spindelfasern zu den Centrosomen kann man Nichts sagen, da sie nicht beobachtet wurden Wollten wir aber auch ihre Existenz annehmen, so wäre jede innigere Beziehung zu den Centrosomen von vornherein ausgeschlossen. Bei *Spirochona* enden die Spindelfasern an zwei die Enden einnehmenden vollkommen homogenen Polplatten. Solche Polplatten sind zweifellos auch an den Kernspindeln der *Kentrochona* vorhanden. Denn ROMPEL zeichnet sie an dem Kern der Knospe, die in dieser Hinsicht ganz mit der Knospe von Spirochona übereinstimmt; sie werden sich zwischen Spindelfasern und „Centrosomen“ einschieben, was wohl eine Beeinflussung der einen durch die anderen ausschliessen möchte.

Das Gesagte genügt wohl, um zu zeigen, welche Bewandtniss es mit dem Nachweis von Centrosomen bei Infusorien hat. Was Rompel als Centrosomen gedeutet hat, sind sicherlich, wie auch Balbiani annimmt, die Nebenkerne. Bei *Spirochona* findet man in der Nachbarschaft des Kerns, seltener in grösserer Entfernung von ihm, 1, 2 oder 3 derselben. Ich deutete früher die Verschiedenheiten in der Zahl, welche mir die Beobachtung ergab, durch die Annahme, dass in der Natur drei vorhanden sind, dass es mir in manchen Fällen nicht geglückt sei, alle drei aufzufinden. Plate (68) und Balbiani, denen die neueren verbesserten Methoden des Kernnachweises zu Gebote standen, nehmen mit Bestimmtheit an, dass die Zahl variire. Was für *Spirochona* gilt, gilt offenbar auch für die *Kentrochona Nebaliae*, woraus sich die wechselnde Zahl der Centrosomen bei diesem Thier erklärt, welche vollkommen willkürlich mit Theilungen in Zusammenhang gebracht wurde.

Indessen Rompel beschreibt bei seiner Kentrochona ausser Centrosomen noch einen Nebenkern, welcher dazu noch ganz besonders deutlich sei. Derselbe soll stets Spindelgestalt haben und eine bestimmte Stellung im Thier in grösserer Entfernung vom Hauptkern einnehmen. Balbiani hat schon auseinandergesetzt, wesshalb diese Schilderung auf einen Infusorien-Nebenkern gar nicht passt. Ich möchte den Ausführungen des französischen Gelehrten noch Eines hinzufügen. Bei einem Gebilde von so grosser Deutlichkeit müsste es ein Leichtes sein, die Theilung zu verfolgen. Wären die von Rompel in seiner Fig. 4 dargestellten Zustände des Kernes frühe Stadien der Theilung, so hätte die Theilung des sogenannten „Nebenkerns“ beobachtet werden müssen. Denn die Theilung des Nebenkerns fällt bei den Infusorien in die Zeit, in welcher die Anfänge der Theilung am Hauptkern sich abspielen. Speciell für *Spirochona* habe ich diesen Nachweis durch alle Stadien hindurch geführt.

Die Untersuchungen Ishikawa's, des zweiten Autors, auf den sich Boveri bezieht, verdienen grössere Beachtung; sie haben unsere Kenntniss vom Theilungsvorgang des Noctilucakerns bedeutend erweitert; ein klares Bild desselben geben sie jedoch keineswegs. Ishikawa beschreibt am Kern der *Noctiluca* eine „Archoplasmakugel“, welche aus Koncentration des Protoplasma entstehen, sich theilen und dabei eine Centralspindel erzeugen soll. Die Theilung des Archoplasma veranlasse die Theilung des Kerns, der seine Membran jedoch nicht verliere. Im Innern des Archoplasma hat Ishikawa öfters Körnchen gefunden, bald nur eines, bald einen Körnchenhaufen, Einschlüsse, die er als Centrosomen deutet. Bei den Noctilucen scheinen somit ähnliche Verhältnisse wie bei den Metazoen vorzuliegen. Um so mehr wäre eine erneute Untersuchung der immerhin von der typischen Kerntheilung noch erheblich abweichenden Vorgänge dringend erwünscht.

Ausser Rompel und Ishikawa haben noch einige andere Forscher, welche

Boveri in seiner Polemik gegen Heidenhain nicht erwähnt hat, von Centrosomen bei Protozoen gesprochen. Brauer (18) deutet als Centrosomen Körnchen, die er in einigen wenigen Fällen bei der Kerntheilung von *Actinosphaerium* ausserhalb des Kerns beobachtet hat. Dem muss ich auf Grund neuerer Untersuchungen auf das Bestimmteste widersprechen, wenigstens sofern es sich um die Kerntheilung nicht encystirter Thiere handelt. Wie ich an Eisenhämatoxylin-Präparaten nachweisen konnte, ist in der That meine schon früher ausgesprochene Ansicht richtig, dass die Centrosomen hier von breiten Polplatten vertreten werden, welche von dem Kern aus gebildet und am Schluss der Theilung ihm wieder einverleibt werden. Nicht nur die Spindelfasern sind nach den Polplatten orientirt, sondern auch eine feine Streifung, die in den Protoplasma-Ansammlungen an den Spindelpolen durch die Eisenhämatoxylin-Färbung deutlich gemacht wird. Im mikrochemischen Verhalten gleichen die Polplatten ebenfalls den Centrosomen.

Von meinen an Actinosphaerienkernen gemachten Erfahrungen aus beurtheile ich die Kerntheilung von *Euglypha*, wie sie durch Schewiakoff (88) beschrieben worden ist. An den Polen der Spindel liegen hier kleine Körperchen, an welchen die Spindelfasern enden. Ohne ausreichenden Grund vermuthet Schewiakoff, dass diese Centrosomen von dem Protoplasma geliefert werden, womit aber die Angabe, dass sie nach vollzogener Theilung in die Tochterkerne aufgenommen werden und mit ihnen verschmelzen, schwierig in Einklang zu bringen ist. Wären sie ächte Centrosomen, so müssten sie als Dauerorgane erhalten bleiben.

Da der Umfang dieser Arbeit ohnehin schon mehr, als es in meiner Absicht lag, angewachsen ist, habe ich mich im Allgemeinen bei meinen Erörterungen auf das Thierreich beschränkt. Ich mache mit der Arbeit Lauterborn's über Diatomeen (61) eine Ausnahme, weil die Nichtberücksichtigung derselben mir gelegentlich meiner vorläufigen Mittheilung schon zum Vorwurf gemacht worden ist. Auch verdienen die Diatomeen als einzellige Organismen gerade an dieser Stelle Beachtung.

Bei der Diatomee *Surirella calcarata* liegt in der Zeit der Ruhe neben dem Kern ein auffallend grosses Centrosoma. In den Prophasen der Theilung entsteht zwischen Kern und Centrosoma die Centralspindel, deren Abstammung noch der weiteren Aufklärung bedarf. Die Centralspindel streckt sich und kommt in das Innere des Kerns zu liegen, indem dieser sich um sie herum legt. Anfänglich war die Protoplasmastrahlung nach dem Centrosoma gerichtet. Da dieses inzwischen geschwunden ist, bilden die Enden der Centralspindel die Mittelpunkte neuer Strahlungen. Am Schluss der Theilung liefern diese Enden die Centrosomen der Tochterorganismen. Die Theilung des Kerns erfolgt unter Einfluss der Centralspindel und unter Bildung schleifenförmiger Chromosomen.

Die geschilderten Thatsachen sind sicher von grossem Interesse. Um aber auf andere Verhältnisse Licht zu werfen, sind sie selbst nicht genügend aufgeklärt. Vor Allem ist das Punctum saliens, die Bildung der Centralspindel, noch dunkel. Wenn sie vom Centrosoma aus gebildet wird, dann hätten wir im Wesentlichen dasselbe Problem vor uns, welches uns die Metazoenzelle bietet. Entsteht sie dagegen vom Kern, dann wäre mit einem Schlag die von mir vermuthete Genese des Centrosoma aus dem Kern erwiesen. Dann hätten wir das Eigenthümliche, dass die bei einer Theilung entstandenen Centrosomen bis zur nächsten Theilung Bestand hätten, dann aber aufgelöst würden, weil mit einer neuen Centralspindel die Möglichkeit zur Bildung neuer Centrosomen gegeben wäre.

Der Gedanke an eine Ableitung des Centrosoma vom Kern wird uns noch näher gelegt, wenn wir die Arbeiten Schaudinn's (84) über *Amoeba crystalligera* und Keuten's (58) über *Euglena viridis* zum Vergleich heranziehen. In beiden Fällen besteht der Kern aus einem achromatischen, nucleolusartigen Körper und einem denselben umhüllenden Chromatingerüst. Die Theilung geht — besonders deutlich ist es für *Euglena* festzustellen — von dem achromatischen Körper aus, welcher sich streckt, bisquitförmig einschnürt und schliesslich theilt, welchen Vorgängen das Chromatin folgt. Keuten hat, und zwar nach meiner Ansicht mit Recht, den centralen Körper der *Euglena* sowohl mit dem Centrosoma, als auch mit der „Centralspindel“ der Diatomeen und der echten Centralspindel thierischer Zellen in Vergleich gebracht, wenn auch eine faserige Struktur an ihm zu keiner Zeit wahrgenommen werden kann. Hier scheint somit ein Fall vorzuliegen, in welchem in der That ein wie das Centrosoma wirkender Körper dauernd inmitten des Kerns gelagert ist.

Ich schliesse hier gleich die ausserordentlich interessante Arbeit Schaudinn's (85) über die Theilung von *Paramoeba Eilhardi* an. Neben dem Kern dieser *Amoebe* liegt ein auffallend grosser Nebenkörper, der seine Bedeutung als Centralorgan der Theilung in zweierlei Weise bekundet. Während der Encystirung theilt er sich rasch hinter einander in viele Stücke. Erst später folgt der Kern, dessen Theilprodukte sich an die Theilstücke des Nebenkörpers anschmiegen, denen sie in Zahl entsprechen. Bei den Vermehrungen der Schwärmerzustände greifen die Theilungen des Nebenkörpers und des Kerns harmonisch in einander. Es entstehen Figuren, welche sowohl an *Surirella* als auch an *Noctiluca* erinnern und die Vermuthung nahe legen, es möge das „Archoplasma“ der *Noctiluca* ein dem Nebenkörper vergleichbares Element sein oder ein solches wenigstens enthalten. Der Nebenkörper schmiegt sich an den Kern an und theilt sich in zwei Stücke, welche zu den Polen einer typischen Spindel werden, die aus dem Material des Kerns erzeugt wird. Wir sehen hier, wie ein zu gewissen Zeiten für sich theilbarer Kern zu anderen Zeiten bei seiner Vermehrung unter die Führung eines „Nebenkörpers“ geräth. Ich glaube, wir haben hier Verhältnisse vor uns, die in ihrer histologischen Bedeutung zwischen Infusorien und Metazoenzellen die Mitte einhalten.

Während der Konjugation der Infusorien beobachten wir Theilungen der Nebenkerne, die sich abspielen, ohne dass sich der Hauptkern vermehrt. Bei der gewöhnlichen Vermehrung der Infusorien gehen die Theilungen beider Kerne Hand in Hand. Da der Nebenkern dabei dem Hauptkern voraneilt, habe ich es früher schon für wahrscheinlich erklärt, dass der erstere auf letzteren einen bestimmenden Einfluss ausübt. Die bei dem Nebenkern der Infusorien noch lockere Beziehung zum Hauptkern scheint beim Nebenkörper der *Paramoeba* inniger geworden zu sein, ohne aber die für das Centrosoma charakteristische Intimität erlangt zu haben. Auch im Bau scheint der Nebenkörper der *Paramoeba* die Mitte zwischen dem Nebenkern der Infusorien und einem Centrosoma einzuhalten. Schaudinn selbst hebt hervor, dass vielleicht „der Nebenkörper Beziehungen zu Centrosomen, Nebenkernen und Pyrenoiden besitze.“

Ich habe gezeigt, wie die Beobachtungen, Lauterborn's, Keuten's, Schaudinn's zu Gunsten der von mir vertretenen Auffassung des Centrosoma sich verwerthen lassen. Ich füge noch hinzu, dass für sich betrachtet sie ganz gut mit der Centrosomenlehre Boveri's in Uebereinstimmung zu bringen sind. Boveri (13) nennt vergleichsweise den Kern ein Haus, welches zum Einschluss der chromatischen Substanz gebildet sei, und hält es für sehr wohl möglich, dass bei der Bildung dieses Hauses auch andere Bestandtheile, so unter Umständen auch einmal die Centrosomen hineingelangen könnten. Für ihn ist es nur von Wichtigkeit, dass das aktive, die Karyokinese veranlassende Material zu einem specifischen Zellorgan, einem „Centrosoma“, organisirt ist; dagegen ist es ihm gleichgültig, ob dieses Organ im Kern oder im Protoplasma liegt.

Die Sachlage ändert sich aber sofort, sowie wir die referirten, nur hie und da bei Protozoen auftretenden Einrichtungen mit den gewöhnlichen Vorkommnissen der Protozoen in Einklang zu setzen suchen. Denn dann finden wir die aktiven achromatischen Substanzen im Innern des Kerns mit dem Chromatin in so inniger Durchdringung wie bei den Zellkernen, die zu ihrer Theilung des Centrosoma benöthigen. Darum habe ich so grossen Werth darauf gelegt, im Gegensatz zu Brauer für das *Actinosphaerium*, im Gegensatz zu Maupas (63) und Rompel für die Spindeln der Infusorien den Beweis zu führen, dass die Substanz, welche den Theilungsapparat des Kerns, Spindelfasern und Polplatten liefert, im Kern enthalten ist und zwar nicht als Centrosoma, sondern als achromatisches Kernnetz. In den Untersuchungen Schaudinn's, welche meine Darstellung von der Kerntheilung des *Actinosphaerium* für *Actinophrys sol* (86) und *Amoeba binucleata* (87) erweitert haben, in der Darstellung Lauterborn's (62) von der Kerntheilung der *Dinoflagellate Ceratium hirundinella* sehe ich weitere Bestätigungen meiner Anschauungsweise.

Bei den Protozoen finden wir alle Uebergänge von der gewöhnlichen Durchschnürung des Kerns bis zu komplicirten Karyokinesen. In vielen Fällen — z. B. den Hauptkernen der Infusorien — ist unzweifelhaft während der Theilung ein achromatisches, dicht mit Chromatinkörnchen beladenes Netzwerk allein der Sitz der treibenden Kräfte; es bilden sich weder Spindelfasern noch Polplatten. Bei *Ceratium hirundinella* ordnet sich das achromatische Kernnetz schon zu Spindelfasern an, auf denen die Chromatinkörnchen gleiten, um auf die Tochterkerne vertheilt zu werden. Einen weiteren Fortschritt macht *Spirochona* durch die Entwickelung von Polplatten. Unzweifelhafte Karyokinesen endlich treffen wir bei *Actinosphaerium*, *Actinophrys*, *Amoeba binucleata*, den Nebenkernen der Infusorien. Bei *Paramoeba Eilhardi* und *Noctiluca* scheint sogar der letzte Schritt der Vervollkommnung, die Ausbildung von Centrosomen, gemacht zu werden. Wir würden daher drei verschiedene Ausbildungsstufen in der Entwickelung der Centrosomen aufstellen können. 1) Die achromatische Substanz ist im ruhenden Kern zwar noch gleichmässig vertheilt, liefert aber während der Theilung Polplatten als Aequivalente von Centrosomen. 2) Die achromatische Substanz ist dauernd zu einem intranucleären Centrosoma umgebildet. 3) Sie ist zur Bildung eines extranucleären Centrosoma aus dem Kern herausgetreten.

Beachtenswerth ist auch die Vervollkommnung, welche in der Anordnung des Chromatins erzielt wird. Die meisten Protozoen haben noch keine Chromosomen, d. h. nach Zahl und Gestalt bestimmte Chromatineinheiten, die durch einen von der Spindelbildung unabhängigen Spaltungsprocess, eine Art Fortpflanzung, auf die Tochterkerne vertheilt werden. Vielfach liegen noch die in enormer Menge vorhandenen Chromatinkörnchen völlig regellos in dem Gerüst des sich theilenden Kerns (Hauptkerne der Infusorien). Bei *Actinosphaerium* und den Nebenkernen der *Paramaecien* finde ich in so fern schon eine grössere Regelmässigkeit, als die an Masse spärlicheren Körnchen sich im Aequator auf den Spindelfasern sammeln und dann erst nach links und rechts nach den Polen aus einander weichen, so dass das Bild einer in die Seitenplatten sich spaltenden Aequatorialplatte entsteht. Aechte Chromosomen, die sich proprio motu theilen, werden für *Euglypha* und *Noctiluca* (fälschlich auch von Brauer für *Actinosphaerium*) beschrieben, womit die für den Metazoenkern charakteristische Ausbildungsstufe erreicht sein würde.

Also auch hier haben wir bei den Kernen der Protozoen einen Fortschritt von niederen zu höheren Zuständen, wie er bei Metazoenkernen nicht nachweisbar ist, eine Bestätigung für die von mir jeder Zeit vertretene Ansicht, dass die Kerntheilungen der Protozoen geeignet sind, über strittige Fragen Licht zu verbreiten. Um so mehr fällt es bei der Erörterung der Abstammung der Centrosomen in die Wagschale, dass alle Beobachtungen an Protozoenkernen auf eine nucleäre Herkunft derselben hinweisen und es wahrscheinlich machen, dass Karyokinesen mit Centrosomen nur Vervollkommnungen der Karyokinesen ohne Centrosomen sind.

Letzterer Satz lässt sich, wie ich glaube, auch beweisen durch eine vergleichende Betrachtung der Zelltheilungen bei Metazoen.

Auf Seite 30 u. f. dieser Arbeit habe ich ausführlich begründet, dass in Bau, Entwickelung und Wirkungsweise ihrer achromatischen Grundlage die Spindeln der Protozoen vollkommen übereinstimmen mit den Spindeln der unbefruchteten Eikerne und den meisten Richtungsspindeln: 1) die Spindelfasern entstehen aus dem Kernnetz, 2) sie sind an ihren Enden unter einander zu Polplatten verbunden, 3) sie erstrecken sich von Pol zu Pol durch die ganze Länge des Kerns, 4) sie wirken nicht durch Zug, sondern durch Streckung, durch die sie gezwungen werden, einen mehr oder minder gewundenen Verlauf anzunehmen. Wir kennen also auch bei Metazoen Karyokinesen, welche den Karyokinesen der Protozoen ähnlich sind, weil sie ohne Centrosomen verlaufen, und weil alle treibenden Kräfte vollkommen im Kern enthalten sind. Diese Karyokinesen haben dieselbe morphologische Bedeutung wie die Karyokinesen mit Centrosomen. Denn während der Richtungskörperbildung kommt je nach den zur Untersuchung verwandten Thierarten bald die eine, bald die andere Form der Theilung vor. Sala (83) hat sogar gezeigt, dass man durch experimentelle Eingriffe die eine Form in die andere umwandeln kann. Allgemein ist anerkannt, dass die Richtungsspindeln von *Ascaris* keine Centrosomen, sondern nur Polplatten besitzen. Als nun Sala die Eier von *Ascaris* der Kältewirkung unterwarf, traten ächte Centrosomen auf, welche er auf die umgebildeten Polplatten zurückführt. Aehnliches berichtet Henking (39, III) von den Eiern der *Agelastica alni*. Während unter gewöhnlichen Verhältnissen hier keine Centrosomen nachweisbar sind, werden sie deutlich, wenn die Eier unter herabgesetztem Druck kultivirt werden.

Man kann nun den Mangel der Centrosomen an der Richtungsspindel durch Rückbildung erklären, wie Boveri es thut, wenn auch zunächst dafür keine zwingenden Gründe vorliegen. Das ändert Nichts an der Thatsache, dass die Spindelbildung ohne Centrosomen gemäss ihrer Uebereinstimmung mit der Kerntheilung der Protozoen ein primitiverer Vorgang ist, als die Spindelbildung mit Centrosoma. Durch Rückbildung werden ja häufig nicht neue Zustände hervorgerufen, sondern primitivere wieder hergestellt. Wir müssen daher die Karyokinese mit Centrosoma auch hier auf die ohne Centrosoma zurückführen.

Ich glaube, dass diese Zurückführung Heidenhain in so weit geglückt ist, als er die Centrosomen sammt der sie verbindenden Centralspindel mit dem achromatischen Körper der Protozoenspindel verglichen hat. Ich habe auf Seite 32 u. 33 die geradezu überraschende Aehnlichkeit in Bau und Funktion zwischen der Centralspindel sammt ihren Centrosomen einerseits, den genannten centrosomenlosen Spindelformen andererseits im Einzelnen durchgeführt. Die Aehnlichkeit würde noch grösser sein, wenn sich die von Hermann (40), Flemming (30) und Heidenhain (38) vertretene Ansicht bewahrheiten sollte, dass sich Centrosoma und Centralspindel gemeinsam aus dem Material des Muttercentrosoms entwickeln (Centrodesmose). Letzteres würde sich dann vollkommen wie ein achromatischer Kern verhalten. Indessen ist die Entwickelung der Centralspindel noch strittig. Braus (22) und Drüner (24) geben an, dass, wenn das Muttercentrosom sich in die Tochtercentrosomen spaltet, letztere nicht mit einander in Verbindung bleiben, dass die Fasern der Centralspindel nicht auf eine solche Verbindung (Centrodesmose Heidenhain's) zurückzuführen sind, sondern aus dem Archoplasma vollkommen neu entstehen. Wie in dieser strittigen Frage der Entscheid ausfällt, muss von weiteren Untersuchungen abgewartet werden. Indessen, wenn auch Braus und Drüner Recht behalten sollten, so würde doch Alles bestehen bleiben, was ich sonst noch für die Ansicht beigebracht habe, dass das Centrosoma achromatische Kernsubstanz ist und von einem Kern daher abgeleitet werden muss.

Wie die morphologischen Thatsachen, so spricht auch das physiologische Experiment für die Zugehörigkeit des Centrosoma zum Kern.

Demoor (23) hat den Einfluss von chemischen, die Lebensprocesse schädigenden oder lähmenden Agentien auf die sich theilende Zelle untersucht und ist dabei zu dem Resultat gekommen, dass das Protoplasma seine Aktivität verliert, wenn man

Zellen im Vacuum oder in einer Atmosphäre, die nur Kohlensäure oder Wasserstoff enthält, kultivirt, während die Kerntheilung ruhig fortschreitet. Bei der Einwirkung von Kälte und Chloroform wird das Protoplasma sehr bald gelähmt, während es längerer Einwirkung bedarf, ehe die Kerne ihre Theilfähigkeit verlieren. Aus seinen Experimenten zieht Demoor den Schluss, dass die Thätigkeit des Kerns und des Centrosoma fortbesteht, wenn auch das Protoplasma gelähmt ist, dass eine grosse Unabhängigkeit zwischen dem Leben des Protoplasma und des Kerns (hier ist das Centrosoma im Kern inbegriffen) besteht.

Wie könnte man sich nun vorstellen, dass dadurch, dass Theile der achromatischen Kernsubstanz in das Protoplasma gerathen und ein Centrosoma erzeugen, eine Vervollkommnung des Theilungsmechanismus der Zelle erzielt wird?

Bei den Kerntheilungen ohne Centrosoma finden wir allgemein einen sehr lockeren Zusammenhang zwischen den Veränderungen des Kerns und des Protoplasma. Die Strahlungserscheinungen im Protoplasma fehlen gänzlich (die meisten Protozoen, viele Fälle von Richtungskörperbildung), oder sind schwach entwickelt (*Actinosphaerium*, Richtungskörperbildung von *Asteracanthion*). Häufig tritt Kernvermehrung unabhängig von Protoplasmatheilung auf. Bei der Konjugation der Infusorien theilen sich die Nebenkerne unter Spindelbildung, ohne dass der Körper des Infusors irgend welche auf Theilung hinweisende Veränderungen zeigt. Ausserordentlich häufig sind vielkernige Protozoen (Radiolarien, Heliozoen, Thalamophoren), die erst spät zur Zeit der Fortpflanzung in viele einkernige Stücke zerfallen. Selbst in den Fällen, in denen Kerntheilung und Theilung des gesammten Thierkörpers Hand in Hand gehen, gewinnt man nicht den Eindruck, als bestimme der Kern das Protoplasma; vielmehr sieht es aus, als wären beide von einem gemeinsamen dritten Moment abhängig, einem Allgemeinzustand der Zelle, der sich gleichmässig in Kern und Protoplasma äussert.

Zellen mit Centrosoma verhalten sich ganz anders. Strahlungserscheinungen treten im Protoplasma auf. Die Veränderungen von Kern und Protoplasma greifen in ganz gesetzmässiger Weise in einander, so dass Kerntheilung und Zelltheilung annähernd gleichzeitig zum Abschluss gelangen, sofern nicht die Bewegungen des Protoplasma durch besondere Verhältnisse, wie z. B. übermässige Dotteranhäufung bei meroblastischen Eiern behindert werden. Ich möchte daher das Centrosoma als einen Körper achromatischer Kernsubstanz auffassen, welcher sich vom Kern abgelöst hat und in das Protoplasma übergetreten ist, um einen innigeren Zusammenhang zwischen den Veränderungen von Kern und Protoplasma bei der Theilung zu erzielen.

Wie ich schon früher hervorgehoben habe, liegt kein Grund vor zur Annahme, dass Vervollkommnungen in der Organisation der Zelle überall in derselben Weise entstanden sein müssen. So ist es denn sehr gut denkbar, dass die Centrosomenbildung sich auf verschiedenem Wege vollzogen hat. Die Centrosomenbildung von *Paramoeba* könnte aus einem Dualismus karyokinetisch sich theilender Kerne, wie er bei *Amoeba binucleata* vorliegt, hervorgegangen sein, indem der eine Kern unter Verlust des Chromatins und Steigerung seiner Theilungsenergie zum Centrosoma geworden wäre. Die Beobachtungen an *Euglena* und *Surirella* dagegen möchten dafür sprechen, dass zunächst das Achromatin zu einem intranucleären Centrosoma geworden ist (*Euglena*), welches später aus dem Kern heraustrat (*Surirella*). Wie unter abnormen Verhältnissen sich Centrosomen bilden können, das eine Mal durch Sonderung des gesammten Achromatins vom Chromatin, das andere Mal durch Umbildung der Polplatten der Spindel, ist von mir und Sala gezeigt worden. Aus alledem kann man jedoch keinen Rückschluss auf die normale Bildungsweise des Centrosoma bei den Metazoen machen.

Im Körper der Metazoen finden wir zum ersten Mal zur Zeit der Befruchtung ein Centrosoma. Die Wahrscheinlichkeit spricht dafür, dass die Centrosomen der Körperzellen Abkömmlinge desselben sind. Wir kennen nur einen Fall aus dem Thierreich, für den angegeben wird, dass das Centrosoma dem Eikern angehört, das Ei von *Myzostoma glabrum*. Da alle übrigen Untersuchungen nur ein Centrosoma des Spermakerns haben auffinden können, möchte ich an die Möglichkeit denken, dass bei Myzostoma Ei- und Spermakern mit einander verwechselt worden sind, und dass auch Myzostoma der allgemeinen Regel folgt.

Wir haben daher Veranlassung, in den besonderen Entwickelungs- und Organisations-Bedingungen der Spermatozoen den Anstoss zur Individualisirung des Centrosoma zu suchen. Charakteristisch ist für das Spermatozoon in erster Linie seine kompakte Beschaffenheit. Im Interesse derselben hat sich während der Entwickelung das Chromatin des Kerns zu einem kleinen Körperchen, dem Kopf, zusammengedrängt, desgleichen die achromatischen Bestandtheile zum Mittelstück des Samenfadens. Im Lauf der Befruchtung sehen wir das Mittelstück sich gesondert erhalten und zum Centrosoma werden. Ich möchte vermuthen, dass in diesem Thatbestand zugleich die Ursache zum Auftreten der Centrosomen gegeben ist. Die durch die Entwickelungsweise der Samenfäden bedingte Koncentration des Achromatins hat die Natur benutzt, um ein Organ zur einheitlichen Regelung der Theilungsvorgänge von Furchungskern und Protoplasma zu schaffen. Von diesem Gesichtspunkt aus würde es von grossem Interesse sein zu verfolgen, in welcher Weise sich die Spermaspindeln entwickeln, die Spindeln, welche, sei es bei Polyspermie, sei es bei Befruchtung kernloser Eifragmente, ausschliesslich aus dem Kern des Samenfadens hervorgehen. Ich glaube, dass der Spindelkörper sich in diesen Fällen nach Art der Centralspindel aus dem Material der Centrosomen aufbaut. Voraussichtlich werden daher die Spermakernspindeln in ihrer Organisation den Eikernspindeln gleichen, insofern als die Tochtercentrosomen nicht gesonderte Körperchen sind, sondern polare Vereinigungen der Enden der Spindelfasern.

In seinen Darlegungen ist Heidenhain über den von mir angestellten Vergleich des Centrosoma mit dem achromatischen Theil des Protozoenkerns hinausgegangen und hat den Zellkern der Metazoen für völlig bar jeder die Theilung ermöglichenden Kernsubstanz erklärt. Er wurde dadurch zur Hypothese geführt, dass die „Mantelspindel“ stets etwas Anderes sei als die Centralspindel, dass sie nur aus dem Protoplasma stammen könne. Seine Auffassung schliesst es geradezu aus, dass die Spindelfasern, welche die Vertheilung der Tochterchromosomen auf die Seitenplatten bewirken, aus dem Kern entstehen.

Hier trennen sich unsere beiderseitigen Gedankengänge. Wie ich am Beispiel des Eikerns nachgewiesen habe, dass der Kern der Metazoen Spindelfasern liefern kann, so halte ich die Möglichkeit, ja sogar die Wahrscheinlichkeit auch für andere Zellen gegeben. Ob daneben noch Fälle existiren, in denen die achromatische Kernsubstanz zur Spindelbildung nicht ausreicht, in denen daher das Protoplasma zur Aushilfe herangezogen wird, lasse ich dahin gestellt. Wunderbar würde es nicht sein, wenn man an die nahe Verwandtschaft der Kernsubstanzen mit der Substanz des Protoplasma denkt.

Litteratur-Verzeichniss.

1. Balbiani, E., Sur la structure du noyau des cellules salivaires chez les larves de Chironomus. Zool. Anzeig. Bd. IV, p. 637.
2. —— Sur la structure et la division du noyau chez le Spirochona gemmipara. Annales de micrographie 1895, Juillet-Août.
3. van Beneden et Adolphe Neyt, Nouvelles recherches sur la fécondation et la division mitosique chez l'Ascaris megalocephala. Leipzig 1887.
4. Blanc, Henry, Études sur la fécondation de l'oeuf de la Truite. Berichte der Naturforsch. Gesellsch. zu Freiburg i. B. Festschrift für Weismann.
5. Blochmann, Ueber die Kerntheilung bei Euglena. Biolog. Centralblatt. Bd. XIV.
6. Born, G., Die Struktur des Keimbläschens im Ovarialei von Triton taeniatus. Arch. f. mikroskop. Anat. Bd. 43, p. 1.
7. Boveri, Th., Die Bildung der Richtungskörper bei Ascaris megalocephala. Jenaische Zeitschr. Bd. 21, p. 423.
8. — Ueber die Befruchtung der Eier von Ascaris megalocephala. Sitzungsber. d. Gesellsch. f. Morph. u. Physiol. in München. Bd. III.
9. —— Ueber den Antheil des Spermatozoons an der Theilung des Eies. Ebenda. Bd. III, p. 151.
10. —— Ueber partielle Befruchtung. Ebenda. Bd. IV, p. 64.
11. —— Die Befruchtung und Theilung des Eies von Ascaris megalocephala. Jenaische Zeitschr. Bd. 22, p. 685.
12. —— Ueber das Verhalten der chromatischen Kernsubstanz bei der Bildung der Richtungskörper und bei der Befruchtung. Ebenda. Bd. 24, p. 314.
13. —— Ueber das Verhalten der Centrosomen bei der Befruchtung des Seeigeleies. Verhandl. der physikal. medic. Gesellsch. zu Würzburg. N. F. Bd. 29.
14. —— Artikel: Befruchtung. Merkel und Bonnet, Ergebnisse der Anatomie und Entwickelungsgeschichte. Bd. I.
15. Brauer, A., Zur Kenntniss der Herkunft des Centrosoma. Biolog. Centralbl. Bd. XIII, p. 284.
16. —— Zur Kenntniss der Spermatogenese von Ascaris megalocephala. Archiv f. mikroskop. Anat. Bd. 42, p. 153.
17. —— Zur Kenntniss des parthenogenetisch sich entwickelnden Eies von Artemia salina. Arch. f. mikr. Anat. Bd. 43.
18. —— Ueber die Encystirung von Actinosphaerium Eichhorni. Zeitschr. f. wissensch. Zoologie. Bd. 58, p. 189.
19. Braus, H., Ueber Zelltheilung und Wachsthum des Tritoneies. Jenaische Zeitschr. Bd. 29, p. 443.
20. Bütschli, O., Vorläufige Mittheilung über Bau und Entwickelung der Samenfäden der Insekten und Crustaceen. Zeitschr. f. wissensch. Zool. Bd. 21, p. 402. Ebenda. p. 526 die ausführliche Mittheilung.
21. —— Ueber die sogenannten Centralkörper der Zelle und ihre Bedeutung. Verhandl. des naturhist. med. Vereins in Heidelberg. N. F. Bd. IV.
22. —— Untersuchungen über mikroskopische Schäume und das Protoplasma. Leipzig 1892.
23. Demoor, Jean, Contributions à l'étude de la physiologie de la cellule (indépendance fonctionelle du noyau et du protoplasma). Archives de Biologie. Bd. XIII.
24. Drüner, L., Studien über den Mechanismus der Zelltheilung. Jenaische Zeitschr. Bd. 29, p. 271.
25. Eismond, J., Einige Beiträge zur Kenntniss der Attraktionssphären und der Centrosomen. Anat. Anz. Bd. 10, p. 229.

26. v. Erlanger, R., Zur Morphologie und Embryologie eines Tardigraden (Macrobiotus macronyx). Biolog. Centralblatt. Bd. 15, p. 772.
27. —— Ueber den sogenannten Nebenkern in den männlichen Geschlechtszellen der Insekten. Zool. Anz. Bd. 19, p. 65.
28. Fick, A., Ueber die Reifung und Befruchtung des Axolotleies. Zeitschr. f. wissensch. Zool. Bd. 56, p. 1.
29. Field, G. W., On the Morphology and Physiology of the Echinoderm Spermatozoon. Journal of Morphol. Vol. XI, p. 235.
30. Flemming, W., Neue Beiträge zur Kenntniss der Zelle. Archiv f. mikroskop. Anat. Bd. 37, p. 685.
31. —— Ueber Theilung und Kernformen bei Leukocyten und über deren Attraktionssphären. Ebend. Bd. 37.
32. —— Referate über die Zelle. Merkel und Bonnet, Ergebnisse der Anatomie und Entwickelungsgeschichte. Bd. I—IV.
33. Fol, H., Le quadrille des centres. Archives des sciences phys. et nat. III. Pér. T. 25.
34. Foot, Kath., Preliminary Note on the Maturation and Fertilization of the egg of Allobophora foetida. Journ. of Morphol. Vol. IX, p. 475.
35. Guignard. Nouvelles Études sur la fécondation. Annales des Sciences Natur. Botanique Ser. V. T. 14.
36. Haecker, V., Ueber die Selbständigkeit der väterlichen und mütterlichen Kernbestandtheile während der Embryonalentwickelung von Cyclops strenuus. Arch. f. mikroskop. Anat. Bd. 46, p. 579.
37. —— Ueber den heutigen Stand der Centrosomenfrage. Verhandl. der deutsch. zool. Gesellsch. 1894. p. 11.
38. Heidenhain, M., Neue Untersuchungen über die Centralkörper und ihre Beziehungen zum Kern und Zellprotoplasma. Archiv f. mikroskop. Anatom. Bd. 43.
39. Henking, H., Untersuchungen über die ersten Entwickelungsvorgänge in den Eiern der Insekten. I. Zeitschr. f. wiss. Zool. Bd. 49, p. 503. II. Ebenda. Bd. 51, p. 685. III. Ebenda. Bd. 54, p. 1.
40. Hermann, F., Beitrag zur Lehre von der karyokinetischen Spindel. Archiv f. mikroskop. Anat. Bd. 37, p. 569.
41. — Artikel ‚Urogenitalsystem'. in: Merkel und Bonnet, Ergebnisse der Anatomie und Entwickelungsgeschichte. Bd. II, p. 201.
42. Hertwig, O., Vergleich der Ei- und Samenbildung bei Nematoden. Archiv f. mikroskop. Anatom. Bd. 36.
43. —— Die Zelle und die Gewebe. Jena 1891.
44. Hertwig, R., Ueber Kernstruktur und ihre Bedeutung für Zelltheilung und Befruchtung. Sitzungsber. d. Gesellsch. f. Morphol. u. Physiol. in München. Bd. IV, p. 83.
45. —— Ueber die Gleichwerthigkeit der Geschlechtskerne bei den Seeigeln. Ebenda. Bd. IV, p. 99.
46. —— Ueber die Konjugation der Infusorien. Ebenda. Bd. V, p. 35.
47. —— Ueber Centrosoma und Centralspindel. Ebenda. Bd. XI, p. 41.
48. —— Ueber die Konjugation der Infusorien. Denkschr. der Akad. der Wissensch. in München. Mathem.-physik. Kl. Bd. XVII.
49. —— Ueber den Bau und die Entwickelung von Spirochona gemmipara. Jenaische Zeitschr. Bd. 11, p. 149.
50. —— Ueber die Kerntheilung von Actinosphaerium Eichhorni. Ebenda. Bd. 17, p. 490.
51. —— Ueber Befruchtung und Konjugation. Verhandl. der Deutsch. Zool. Gesellsch. Jahrg. 1892.
52. Hertwig, O. und R., Ueber den Befruchtungs- und Theilungsvorgang des thierischen Eies unter dem Einfluss äusserer Agentien. Jenaische Zeitschr. Bd. 20, p. 120.
53. Hill, M. D., Notes on the fecundation of the egg of Sphaerechinus granularis and on the maturation and fertilisation of the egg of Phallusia mammillata. Quarterly Journ. of microscop. Science. N. S. Vol. 38, p. 315.
54. Ishikawa, C., Noctiluca miliaris, its division and spore-formation. Journal of the College of Science of the Imperial University, Japan. Vol. VI, p. 297.
55. —— Ueber die Kerntheilung bei Noctiluca miliaris. Berichte der naturforschenden Gesellschaft in Freiburg. Bd. VIII. Festschrift für A. Weismann.
56. Jordan, E. O., The development of the Newt. Journal of Morphology. Bd. VII, p. 269.
57. Julin, C., Structure et développement des glandes sexuelles: ovogénèse, spermatogénèse et fécondation chez Styelopsis grossularia. Bullet. scientifique de la France et de la Belgique. T. 35.
58. Keuten, J., Die Kerntheilung von Euglena viridis. Zeitschr. f. wissensch. Zoologie. Bd. 60, p. 215.
59. Korschelt, E., Ueber Kerntheilung, Eireifung und Befruchtung bei Ophryotrocha puerilis. Zeitschr. f. wissensch. Zool. Bd. 60, p. 543.
60. Kostanecki, K., Untersuchungen an befruchteten Echinodermeneiern. Anzeiger d. Akad. d. Wissensch. zu Krakau. Juni 1895. (Auch in polnischer Sprache mit Abbildungen erschienen.)
61. Lauterborn, Ueber Bau und Kerntheilung der Diatomeen. Verhandl. des naturhist. med. Vereins z. Heidelberg. N. F. Bd. V, Heft II.
62. —— Kern- und Zelltheilung von Ceratium hirundinella. Zeitschr. f. wissensch. Zoologie. Bd. 59, p. 167.
62a. von La Valette St. George, Zelltheilung und Samenbildung bei Forficula auricularia. Festschrift für A. v. Kölliker. Leipzig 1887.
63. Maupas, E., Le rajeunissement karyogamique chez les Ciliés. Archives de Zoologie expér. et générale. Ser. II. Vol. VII.

64. Meves, Fr., Ueber eigenthümliche mitotische Processe in jungen Ovocyten von Salamandra maculosa. Anatom. Anzeig. Bd. X, p. 635.
65. —— Ueber eine Metamorphose der Attraktionssphäre in den Spermatogonien von Salamandra maculosa. Archiv f. mikroskop. Anatom. Bd. 44, p. 119.
66. Mitrophanow, P., Contributions à la division cellulaire indirecte chez les Sélaciens. Journ. international d'Anatomie et de Physiologie. Bd. XI.
67. Pictet, C., Recherches sur las permatogénèse chez quelques Invertébrés de la Méditerrannée. Mittheil. a. d. zool. Station in Neapel. Bd. VI.
68. Plate, Untersuchungen einiger an den Kiemenblättchen des Gammarus pulex lebenden Ektoparasiten. Zeitschr. f. wissensch. Zool. Bd. 43.
69. Platner, G., Ueber die Entstehung des Nebenkerns und seine Beziehung zur Kerntheilung. Arch. für mikroskop Anat. Bd. 26, p. 343.
70. Rabl, C., Ueber Zelltheilung. Morphol. Jahrbuch. Bd. X.
71. vom Rath, O., Beiträge zur Kenntniss der Spermatogenese von Salamandra maculosa. Zeitschr. für wissensch. Zool. Bd. 57, p. 97.
72. —— Neue Beiträge zur Chromatinreduktion in der Samen- und Eireife. Arch. f. mikroskop. Anat. Bd. 46, p. 168.
73. —— Beiträge zur Spermatogenese von Gryllotalpa. Arch. f. mikrosk. Anatomie. Bd. 40, p. 102.
73a. Rawitz, B., Centrosoma und Attraktionssphäre in der ruhenden Zelle des Salamanderhodens. Arch. f. mikroskop. Anat. Bd. 44, p. 555.
74. Reinke, F., Zellstudien. Archiv f. mikroskop. Anatomie. Bd. 43, p. 377 und Bd. 44, p. 259.
75. —— Befruchtung und Furchung des Eies der Echinodermen. Sitzungsber. d. Akademie der Wissensch. z. Berlin 1895. Bd. XXX, p. 625.
76. Rompel, J., Kentrochona Nebaliae, ein neues Infusor aus der Familie der Spirochoninen, zugleich ein Beitrag zur Lehre von der Kerntheilung und dem Centrosoma. Zeitschr. f. wissensch. Zool. Bd. 58, p. 618.
77. Rückert, J., Zur Entwickelung des Selachiereies. Anat. Anzeig. Bd. VII, p. 107.
78. —— Ueber die Verdoppelung der Chromosomen im Keimbläschen des Selachiereies. Anat. Anzeig. Bd. VIII, p. 44.
79. —— Zur Befruchtung von Cyclops strenuus. Anat. Anzeig. Bd. X, p. 708.
80. —— Zur Eireifung bei Copepoden. Anatomische Hefte 1894.
81. —— Zur Kenntniss des Befruchtungsvorganges. Sitzungsber. der math. physik. Cl. der bayr. Akadem. d. Wiss. Bd. 25.
82. —— Ueber das Selbständigbleiben der väterlichen und mütterlichen Kernsubstanz während der ersten Entwickelung des befruchteten Cyclopseies. Archiv f. mikroskop. Anat. Bd. 45, p. 339.
83. Sala, L., Experimentelle Untersuchungen über die Reifung und Befruchtung der Eier bei Ascaris megalocephala. Sitzungsber. d. Akademie d. Wissensch. in Berlin. Bd. 33, p. 657. Ausführlicher im Archiv f. mikroskop. Anat. Bd. 45.
84. Schaudinn, Ueber Kerntheilung mit nachfolgender Körpertheilung bei Amoeba crystalligera. Sitzungsber. d. Akademie der Wissensch. z. Berlin. Math. physik. Cl. Bd. 38, p. 1029.
85. —— Ueber den Zeugungskreis von Paramoeba Eilhardi. Sitzungsber. d. Akad. d. Wiss. z. Berlin. Jahrg. 1896, p. 31.
86. —— Ueber die Kopulation von Actinophrys sol. Ebenda. p. 83.
87. —— Ueber die Theilung von Amoeba binucleata. Sitzungsber. der Gesellsch. naturforsch. Freunde z. Berlin. Jahrg. 1895, p. 130.
88. Schewiakoff, W., Ueber die karyokinetische Kerntheilung der Euglypha alveolata. Morphol. Jahrb. Bd. XIII.
89. Sobotta, J., Die Befruchtung und Furchung des Eies der Maus. Arch. f. mikrosk. Anat. Bd. 45, p. 15.
90. Toyama. On the spermatogenesis of the Silk Worm. Bulletin of the Imperial University of Tokio. Vol. II, No. 3.
91. Vejdowský, F., Entwickelungsgeschichtliche Untersuchungen. Prag 1888.
91a. Vialleton, Recherches sur les premières phases du développement de la Seiche. Annales des Sciences natur. Zool. Sér. VII. T. 6.
92. Watasé, S., Homology of the Centrosoms. Journal of Morphol. Vol. VIII, p. 445.
93. Wheeler, W. M., The Behaviour of the Centrosome in the fertilized egg of Myzostoma glabrum. Journ. of Morphol. Bd. X.
94. Wilcox, G. V., Spermatogenesis of Caloptenus femur rubrum and Cicada tibicen. Bulletin of the Museum of Compar. Zool. at Harvard College. Vol. 27. 1.
95. Wilson, E. B., and Mathews, A., Maturation, Fertilisation and Polarity in the Echinoderman Egg. Journ. of Morph. Vol. X, p. 319.
96. — Archoplasma, Centrosoma and Chromatin in the Sea-Urchin Egg. Journ. of Morph. Vol. XI, p. 443.
97. Ziegler, H. E., Untersuchungen über die Zelltheilung. Verhandl. der deutsch. zoolog. Gesellschaft 1895, p. 62.
98. —— Untersuchungen über die ersten Entwickelungsvorgänge der Nematoden. Zeitschr. f. wiss. Zool. Bd. 60, p. 351.

Tafel-Erklärung.

Tafel I.

Fig. 1—12 und 23—27 sind mit Zeiss Apochr. 1,5 mm Comp. Oc. 8, die übrigen Figuren mit Zeiss homog. Imm. 1/18 Oc. 2 gezeichnet. Die Präparate, welche aus Serien stammen, bei denen kein Sperma verwandt wurde, sind mit einem * bezeichnet.

Fig. 1—4*. Eikerne kurz nach der Beendigung der Strychninbehandlung.
Fig. 1, 2. Eisenhämatoxylin-Präp. Fig. 3. Gentianaviolett-Orange-Präp. Fig. 4. Eisenhämatoxylin-Präp. in Glycerin.
Fig. 5*. Kern mit chromatischer Kernmembran. Boraxcarmin.
Fig. 6, 7*. Bildung der Chromosomen eingeleitet. Delafield's Hämatoxylin.
Fig. 8—10. Die Nucleoli sind aufgelöst, die Chromosomen fertiggestellt.
Fig. 8 u. 9*. Gentianaviolett-Orange. Fig. 10. Boraxcarmin. In Figur 8 findet sich an einem Ende des Kerns eine Anhäufung homogenen Protoplasmas.
Fig. 11*. Kernmembran aufgelöst, Kernnetz geschrumpft. Eisenhämatoxylin.
Fig. 12*. Kernnetz zu einem homogenen Körper umgewandelt. Präparate zum Theil mit Gentianaviolett-Orange, zum Theil mit Säurefuchsin gefärbt.
Fig. 13. Halbspindel ohne Strahlung, bei *a* von der Fläche, bei *b* von der Kante gesehen. Boraxcarmin.
Fig. 14. Halbspindel ohne Strahlung. Boraxcarmin.
Fig. 15, 16*. Halbspindeln ohne Strahlung, die centralen Enden der Spindelfasern das eine Mal unter einander verschmolzen, das andere Mal frei. Gentianaviolett-Orange.
Fig. 17, 18. Kernnetz in Umbildung zu Spindelfasern. Boraxcarmin.
Fig. 19. Eikern durch Sonderung der chromatischen und achromatischen Theile in einen dem Spermakern ähnlichen Körper verwandelt. Boraxcarmin.
Fig. 20, 21. Fächerkern mit Strahlung von oben gesehen.
Fig. 22. Fächerkern mit Strahlung von der Seite aus betrachtet.
Fig. 23*. Fächerkern mit Strahlung. Gentianaviolett-Orange.
Fig. 24—27*. Verschiedene Grade der Verschmelzung der centralen Enden der Spindelfasern. Gentianaviolett-Orange.

Tafel II.

Gezeichnet wurden mit: Zeiss Apochr. 1,5 mm Comp. Oc. 4 Fig. 28—32, 34, 39; mit Comp. Oc. 8 Fig. 33, 37; mit 1/18 Oc. 2 Fig. 35, 36, 38, 40—46; mit 1/18 Oc. 1 Fig. 47, 48.

Fig. 28—30*. Halbspindel in einen Centralkörper verwandelt, in Fig. 30 ist noch der Ausschnitt in der Protoplasmastrahlung zu sehen. Färbung theils mit Säurefuchsin, theils mit Gentianaviolett-Orange.
Fig. 31, 32*. Centralkörper in ein Centralbläschen verwandelt. Boraxcarmin.
Fig. 33*. Fächerkern, in welchem je zwei Strahlen an ein Chromosom herantreten. Eisenhämatoxylin.
Fig. 34*. Centralbläschen ohne Strahlung. Eisenhämatoxylin.
Fig. 35, 36. Chromosomen in zwei Gruppen getheilt, ebenso die Faserung der Fächerkerne zweigetheilt. Boraxcarmin.
Fig. 37*. Spindel mit Chromosomen, welche ausserhalb im Protoplasma liegen. Boraxcarmin.
Fig. 38. Spindel mit Chromosomen, die zu einer unregelmässigen Aequatorialplatte angeordnet sind. Boraxcarmin.
Fig. 39*. Auffallend langgestreckte, excentrisch gelegene Spindel. Chromosomen zum Theil in Viererkugeln umgebildet. Boraxcarmin.
Fig. 40. Spindel mit starker Strahlung, bei welcher sich die Aequatorialplatte in die Seitenplatten gespalten hat. Boraxcarmin.
Fig. 41, 42. Spindel, das eine Mal von der Seite, das andere Mal vom Pol gesehen. Boraxcarmin.
Fig. 43, 44. Spindel, bei welcher die Aequatorialplatte in die Seitenplatte gespalten ist, das eine Mal von oben, das andere Mal vom Pol aus gesehen. Boraxcarmin.
Fig. 45, 46. Spindeln, deren Chromosomen sich in Bläschen verwandeln.
Fig. 46. Aequatorialplatte in die Seitenplatten gespalten. Boraxcarmin.
Fig. 47, 48. Theilungsversuche der Eier.

Tafel III.

Figuren 49—56, 63—65 wurden mit ZEISS Apochr. 1,5 mm Comp. Oc. 8, Fig. 57—62 mit ZEISS $^1/_{18}$ Oc. 2 (Fig. 57 Oc. 1) gezeichnet.

Fig. 49—56. Eisenhämatoxylin-Präparate.

Fig. 49. Spindel mit Aequatorialplatte. Chromosomen derselben in zwei Gruppen getheilt, demgemäss auch die Spindel in zwei in der Figur sich deckende Theile zerlegt.

Fig. 50. Aequatorialplatte in die Seitenplatten gespalten.

Fig. 51—56. Verschiedene Stufen der Rückverwandlung der Spindelfasern in ein achromatisches Reticulum. In Figur 54 ist ein fast homogener Körper entstanden, von dem die Chromosomen ausgeschlossen sind.

Fig. 57—62. Boraxcarmin-Präparate.

Fig. 57*. Ei, dessen Kern in viele durch das Ei verbreitete homogene Kugeln verwandelt ist. In den homogenen Kugeln liegen die Chromosomen, welche zum Theil das Stadium der Viererkugeln erreicht haben. In der Figur sind ausserdem noch die kleinen Kügelchen dargestellt, welche sich schwach in Carmin färben und im Protoplasma des Seeigeleies weit verbreitet sind.

Fig. 58*. Die Kernkugeln eines ähnlichen Eies.

Fig. 59, 60. Die homogenen Kernkugeln in Verschmelzung begriffen.

Fig. 61*, 62*. Kerne von Eiern, welche 24 Stunden nach der Strychninbehandlung abgetödtet wurden.

Fig. 63—66. Eisenhämatoxylin-Präparate.

Fig. 63. Spermakerne befruchteter Eier. Centrosoma bei *a* in Theilung begriffen, bei *b* getheilt.

Fig. 64. Spermakern eines befruchteten Eies. Protoplasmastrahlung genau gezeichnet.

Fig. 65. Frisch eingedrungenes Spermatozoon aus einem normal befruchteten Ei. Mittelstück des Spermatozoon in Umwandlung begriffen.

Fig. 66. Spermatozoen, welche in ein unreifes Ei eingedrungen waren.

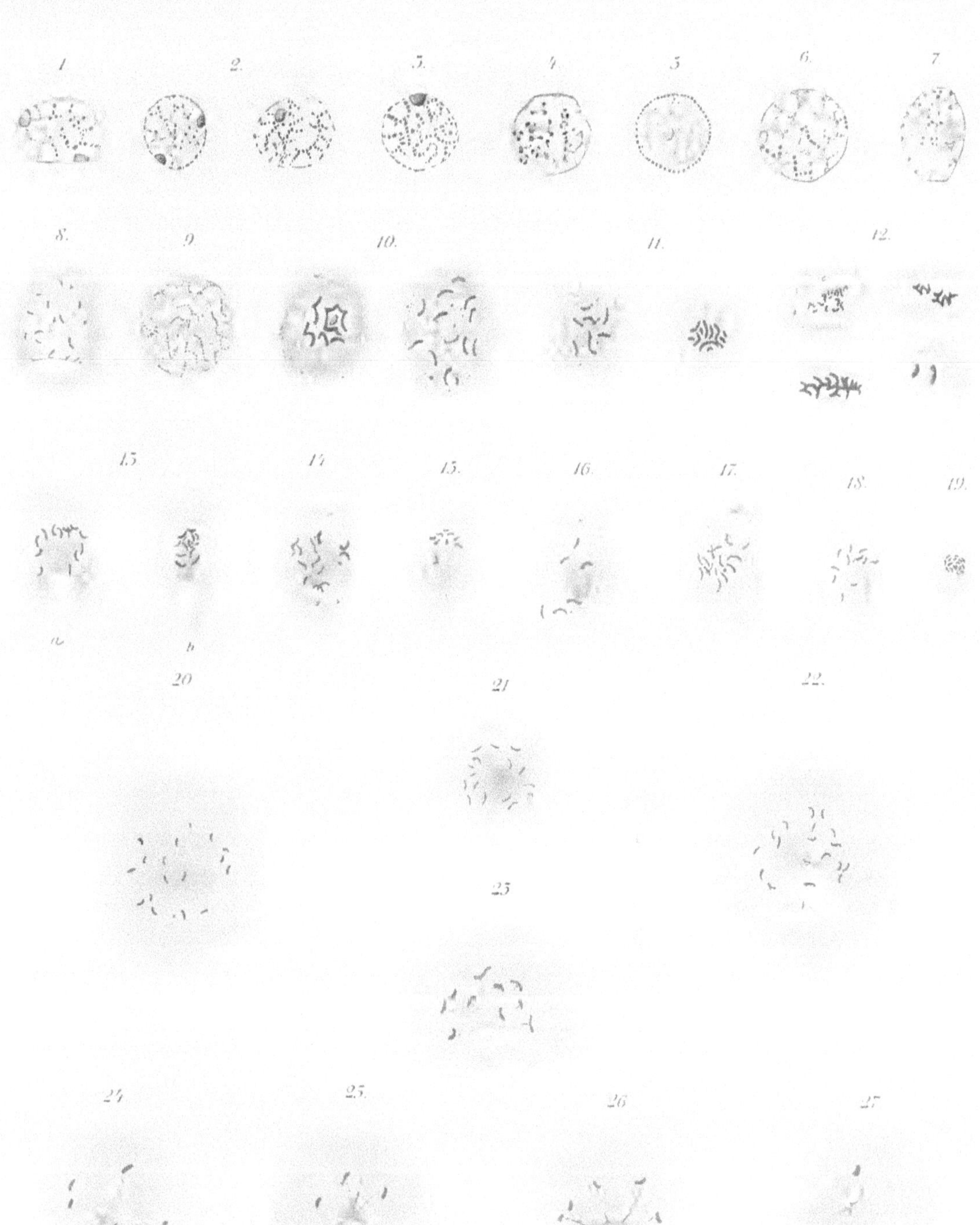

Wilhelm Engelmann in Leipzig

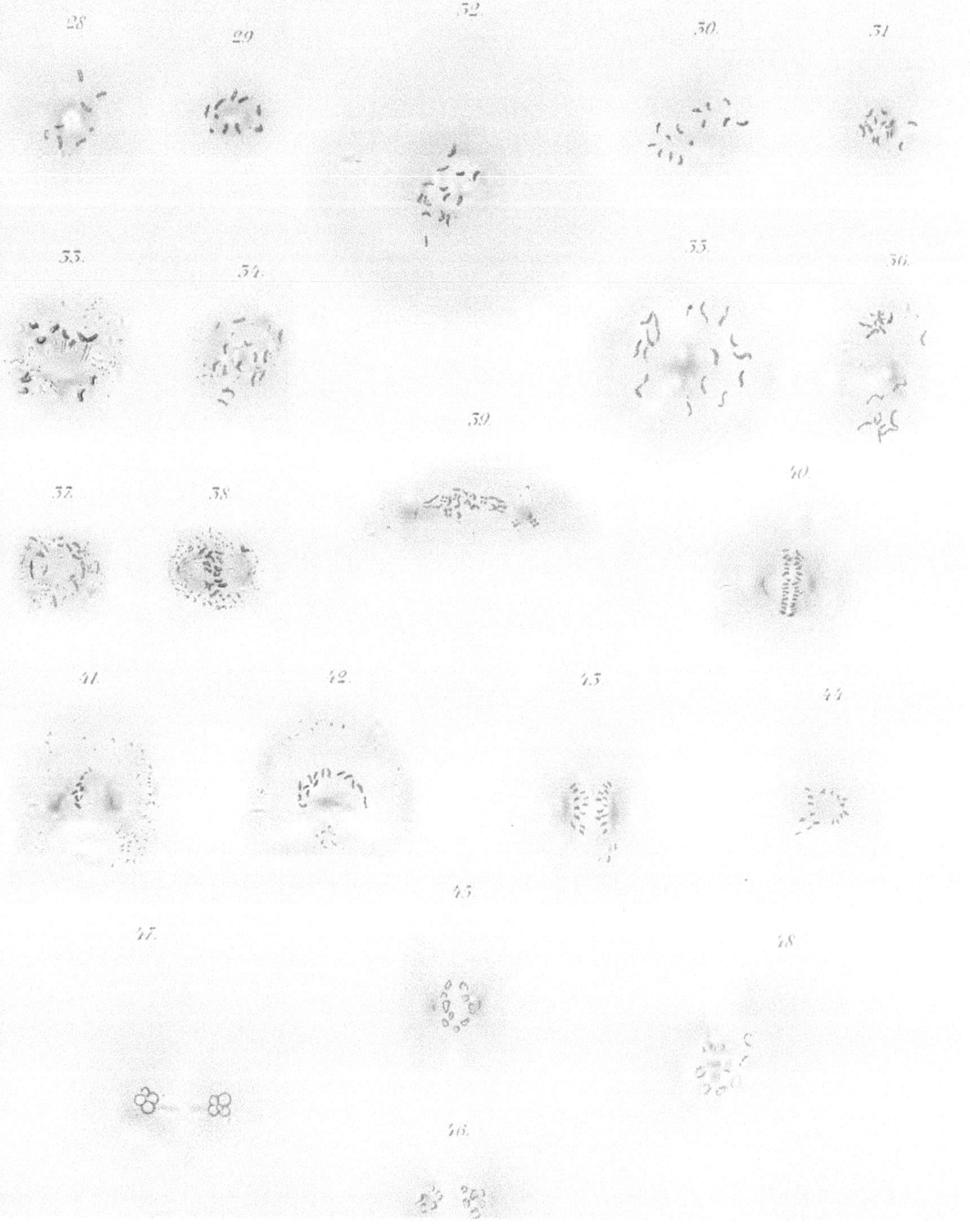

28. 29. 32. 30. 31.

33. 34. 35. 36.

39.

37. 38. 40.

41. 42. 43. 44.

45.

47. 48.

46.

49.
50.
53.
54.
51.
52.
55.
56.
59.
58.
57.
61.
60.
62.
64.
63.
65.
66.
b
a

EXPERIMENTELLE ERZEUGUNG

THIERISCHER MISSBILDUNGEN

VON

DR. OSCAR HERTWIG

O. Ö. PROFESSOR DER ANATOMIE UND DIREKTOR DES ZWEITEN ANATOMISCHEN INSTITUTES
AN DER UNIVERSITÄT BERLIN.

MIT TAFEL I UND 7 FIGUREN IM TEXT.

Schon von mehreren Forschern sind Versuche gemacht worden, durch verschiedenartige experimentelle Eingriffe den Entwickelungsprocess dieses oder jenes thierischen Eies in bestimmter Weise zu beeinflussen, ihn in abnorme Bahnen abzulenken und dadurch Missbildungen hervorzurufen, wie sie als Ausnahmen zuweilen in der Natur beobachtet werden. Ich erinnere nur an das auf eine reiche experimentelle Erfahrung aufgebaute Werk von DARESTE[1]) „Sur la production artificielle des monstruosités"; an die Versuche von GERLACH[2]), Mehrfachbildungen an Hühnerkeimscheiben künstlich zu erzeugen, an die jüngsten Experimente von DRIESCH[3]), WILSON[4]), LOEB[5]) und OSCAR SCHULTZE[6]), von HERBST[7]), MORGAN[8]), WETZEL[9]) und manchen Anderen.

In richtiger Weise angestellt, können experimentelle Eingriffe in den Entwickelungsprocess eines thierischen Eies nach drei Richtungen hin werthvolle Aufschlüsse geben. Erstens belehren sie uns über die Entstehungsweise einer Missbildung, die uns bis da unverständlich geblieben war, ja selbst über die Ursachen ihrer Entstehung. So konnte zum Beispiel in hohem Grade wahrscheinlich gemacht werden, dass die bei Säugethieren beobachtete *Spina bifida* in die Kategorie der Hemmungsmissbildungen gehört, und dass sie auf einem sehr frühen Stadium der Entwickelung in Folge eines theilweise verhinderten Verschlusses der Urmundspalte entsteht[10]). Eine solche Erklärung wird uns nahe gelegt durch eigenthümliche Befunde

---

1) DARESTE, Recherches sur la production artificielle des monstruosités. Paris 1877.

2) LEO GERLACH, Die Entstehungsweise der Doppelmissbildungen bei den höheren Wirbelthieren. 1882.

3) DRIESCH, Entwickelungsmechanische Studien. Zeitschrift f. wissenschaftl. Zoologie. Bd. LIII.

4) WILSON, Amphioxus and the Mosaik-Theorie. Journ. of Morph. 1893.

5) LOEB, Beiträge zur Entwickelungsmechanik der aus einem Ei entstehenden Doppelbildungen. Arch. f. Entwickelungsmech. 1895. Bd. I.

6) OSCAR SCHULTZE, Die künstliche Erzeugung von Doppelbildungen bei Froschlarven mit Hilfe abnormer Gravitationswirkung. Arch. f. Entwickelungsmech. 1895. Bd. I.

7) HERBST, Experimentelle Untersuchungen über den Einfluss der veränderten chemischen Zusammensetzung des umgebenden Mediums auf die Entwickelung der Thiere. Mittheil. aus der zoolog. Station zu Neapel. Bd. XI.

8) MORGAN, The orientation of the frog's egg. Quarterly Journal of. microsc. science. Vol. 35, No. 5.

9) WETZEL, Ueber die Bedeutung der cirkulären Furche in der Entwickelung der SCHULTZE'schen Doppelmissbildungen von *Rana fusca*. Archiv f. mikrosk. Anatomie. Bd. 46. 1895.

10) OSCAR HERTWIG, Urmund u. Spina bifida. Arch. f. mikrosk. Anat. Bd. 39. 1892.

an Froscheiern, bei welchen auf den Anfangsstadien ihrer Entwickelung die Rückenorgane in eine linke und rechte Chordahälfte, in eine linke und rechte halbe Medullarplatte theilweise gespalten sind[1]). Die gespaltenen Organe umgeben hier eine Oeffnung, durch welche die Dottermasse nach aussen hervorsieht und welche nichts Anderes als der nicht zum Verschluss gelangte Blastoporus oder Urmund ist. Schädlichkeiten verschiedener Art, welche auf das Ei vor und nach der Befruchtung einwirken, sind die Ursachen der beim Froschei leicht zu erzeugenden Hemmungsmissbildung.

Zweitens sind manche Formen von Missbildungen in hohem Maasse geeignet, auf die Vorgänge beim normalen Entwickelungsprocess Licht zu werfen. Namentlich gilt dies von den Hemmungsbildungen; das Wesen derselben besteht ja, wie der Name recht gut ausdrückt, darin, dass ein früher embryonaler Zustand in seinem Fortschreiten gehemmt wird, und während er bei normaler Entwickelung nur als ein vorübergehendes Durchgangsstadium auftreten sollte, als solches in späteren Entwickelungsperioden, eventuell sogar im ausgebildeten Thiere, noch erhalten bleibt. Ich nenne nur die *Fissura sterni*, die Lippen-, Kiefer- und Gaumenspalte, das *Coloboma iridis et chorioideae*. Solche Hemmungen sind natürlich für die Beurtheilung früher Entwickelungsstadien sehr lehrreich. In diesem Sinne bildet zum Beispiel die oben erwähnte *Spina bifida* des Froscheies ein nicht unwichtiges Beweismaterial für die Richtigkeit der Urmund- und Konkrescenztheorie, für die Lehre, dass die Rückengegend der Wirbelthiere sich durch den Verschluss ihres Urmunds anlegt, der einen langen Spalt darstellt. Denn wie sich beim Froschei hat verfolgen lassen, kann selbst eine sehr hochgradig vorhandene *Spina bifida* nachträglich noch in einen nahezu normalen Zustand übergeführt werden. Die zur Seite des nach aussen hervortretenden Dotterpfropfes gelegene linke und rechte Chordahälfte, linke und rechte Medullarplatte wachsen noch nachträglich einander entgegen über den Dotter herüber und verschmelzen allmählich von vorn nach hinten, so dass schliesslich doch noch aus den beiden Chordahälften eine einzige, meist nur viel dickere Chorda, und aus der linken und rechten halben Medullarplatte ein einziges Nervenrohr hervorgeht und gleichzeitig der Rest der Urmundspalte geschlossen wird. So vollzieht sich hier in deutlich erkennbarer Weise die Verwachsung der Urmundränder, die bei normalem Verlauf schon während der Entwickelung der Gastrula, aber in einer viel schwieriger festzustellenden Weise erfolgt.

In einer dritten Richtung endlich lassen sich durch planmässig und in verschiedener Weise ausgeführte Experimente Einblicke in die äusseren Bedingungen gewinnen, auf welche das sich entwickelnde Ei durch das Auftreten typischer Störungen reagirt. Herbst[2]) konnte durch Zusatz von geringen Mengen von Lithionchlorid zum Meerwasser aus Seeigeleiern charakteristische Lithionlarven züchten.

---

1) Roux, Ueber die Lagerung des Materials des Medullarrohrs im gefurchten Froschei. Verhandl. der anatom. Gesellsch. 1888.

2) Herbst, Experiment. Untersuch. etc. Mitth. d. zool. Station z. Neapel. Bd. XI.

MORGAN[1]) und ich[2]) haben gezeigt, dass bei Froscheiern, die in einer 0,6% Kochsalzlösung gezüchtet werden, die Gastrulation in einer sehr abgeänderten Weise verläuft. Bei denselben Versuchen wies ich noch ausserdem nach, wie durch die Einwirkung des Kochsalzes von 0,6% die Anlage des Centralnervensystems in eigenthümlicher Weise afficirt wird. Nach Ablauf der Gastrulation legt sich zwar die Medullarplatte an und ihre Ränder erheben sich auch zu den Medullarwülsten. Auf späteren Stadien aber unterbleibt der Verschluss zum Rohr in der Gegend der dritten, vierten und fünften Hirnblase. In Folge dessen entwickeln sich Embryonen mit theilweiser Anencephalie und Hemikranie, wobei die nicht zum Verschluss gelangten Partien der Nervenplatte Zerfallserscheinungen zeigen.

Als ein weiterer Beitrag schliessen sich an diese Untersuchungen die Experimente an, über welche ich jetzt im Folgenden berichten will. Sie wurden an Eiern von *Siredon pisciformis* angestellt, welche einige Zeit nach ihrer Ablage (am 26. November) der Einwirkung von Kochsalzlösungen von 0,5%, 0,6%, 0,7%, 0,8% unterworfen wurden.

Die Einwirkung ergiebt eine kleine Abweichung von den bei *Rana esculenta* und *Rana fusca* beobachteten Verhältnissen. Bei diesen zeigt sich bei Verwendung von 0,6 und 0,7% Kochsalzlösungen eine erhebliche Störung im Gastrulationsprocess. Es erhält sich noch ein grosser Dotterpfropf zu einer Zeit, wo schon die Anlage des Centralnervensystems weit entwickelt ist; hierin spricht sich eine behinderte Dotterumwachsung und ein gehemmter Urmundschluss aus. Eine derartige Einwirkung auf den Gastrulationsprocess tritt bei Axolotleiern erst bei Koncentrationen, die über 0,7 liegen, ein und wurde von mir nicht näher verfolgt. Ausserdem aber kann der Unterschied vielleicht auch noch dadurch bedingt sein, dass die Axolotleier nicht so bald nach der Befruchtung wie die Froscheier in die Kochsalzlösung gebracht wurden. Dagegen zeigen sich ähnliche Einwirkungen auf das Centralnervensystem, wie sie für Froscheier beschrieben wurden; nur sind beim Axolotl die Eier sonst normal entwickelt, während bei den Froscheiern ausser der Störung am Nervensystem noch die zweite Störung besteht, dass am hinteren Körperende bei älteren Embryonen unter der Schwanzwurzel das ganze Dotterfeld frei zu Tage liegt. Die monströsen Axolotlembryonen lassen sich daher auch viel weiter züchten, bis zur Zeit, wo sie schon mit ihrer Rumpfmuskulatur Bewegungen ausführen und bald aus den Gallerthüllen ausschlüpfen.

Nach ihrem Alter zerfallen die untersuchten Missbildungen in drei Gruppen:

I. Gruppe.

Die am 26. November in eine 0,6 und 0,7% Kochsalzlösung gebrachten Eier wurden am 4. und 5. December abgetödtet. Sie haben sich schon bedeutend in die

1) MORGAN, The orientation of the frog's egg. Quarterly Journ. of microsc. science. Vol. 35, No. 5.

2) OSCAR HERTWIG, Beiträge zur experimentellen Morphologie u. Entwickelungsgeschichte. Die Entwickelung des Froscheies unter dem Einfluss schwächerer u. stärkerer Kochsalzlösungen. Arch. f. mikrosk. Anat. Bd. 44.

Länge gestreckt. Am vorderen Ende von Embryo *A* und *B* setzt sich der Kopf durch eine leichte Einschnürung ab, am hinteren Ende macht sich der Schwanz als ein kleiner Höcker (*sch*) bemerkbar. Auf diesem Stadium müsste schon ein vom Anfang bis zum Ende geschlossenes Nervenrohr vorhanden sein. Dagegen liegt hier, wie bei

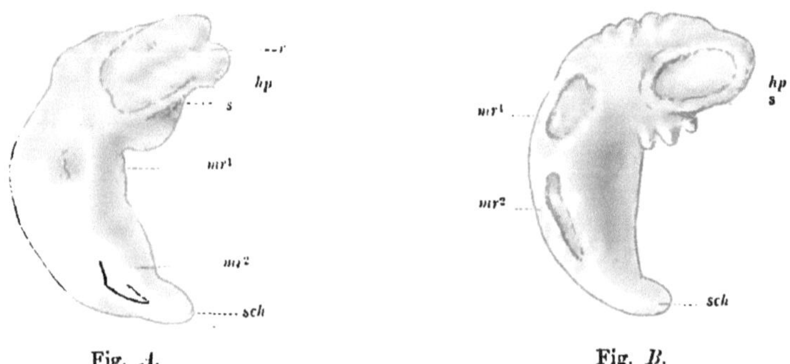

Fig. *A*. Fig. *B*.

allen anderen, ebenso behandelten Embryonen der mittlere und der hintere Theil der Hirnplatte (*hp*) noch flach ausgebreitet und offen zu Tage, ringsum von einer kleinen Falte (*s*) des Hornblattes eingesäumt und dadurch von der übrigen Körperoberfläche schärfer abgesetzt. Durch eine gut ausgeprägte Längsfurche (*r*) ist die Hirnplatte in eine linke und rechte Hälfte abgetheilt; ausserdem sind auch noch quere, weniger markirte Einziehungen zu sehen, durch welche mehrere wulstige Felder, wohl entsprechend den für die Hirnblasen bestimmten Abschnitten, von einander getrennt werden.

Bei vielen Kochsalzembryonen unseres Versuches ist die Medullarrinne von der Nackengegend bis zum Schwanzende in normaler Weise zum Rohre geschlossen, bei einigen indessen ist der Verschluss nicht gleichmässig und überall erfolgt. So zeigen *A* und *B* je eine Oeffnung in der Mitte des Rumpfes (mr^1) und eine vor der Schwanzwurzel (mr^2).

Vom Embryo *A* sind zwei Querschnitte durch den vordersten und hintersten Theil des Kopfes in den Figuren 3 und 4 der Tafel abgebildet. In Fig. 3 ist das Gehirn zweimal auf dem Querschnitt getroffen worden, da Vorder- und Zwischenhirn so stark nach abwärts gekrümmt sind, dass sie mit den folgenden Hirnabschnitten einen spitzen Winkel bilden. Nach abwärts erblickt man das Zwischenhirn (*z*), das sich wie überhaupt der ganze noch weiter nach vorn gelegene Abschnitt der Hirnplatte geschlossen hat. Aus den Seitenwandungen haben sich die primären Augenblasen (*ab*) ausgestülpt und beginnen jetzt schon sich zu den Augenbechern umzuwandeln. Der andere Hirnabschnitt (*hp*), der dorsal über dem Zwischenhirn und den Augenblasen in einiger Entfernung gelegen ist, wird wohl der Gegend des Mittelhirns entsprechen. Die breite Platte zeigt nicht die geringste Neigung, sich zum Rohr zusammmen zu legen; sie ist durch eine tiefe, ziemlich breite Furche (*r*) in eine linke und eine rechte Hälfte getrennt, und von diesen ist eine jede in gerade entgegengesetzter Richtung, als es sein sollte, mit der Konvexität nach aussen gekrümmt

Der Rand der Hirnplatte setzt sich scharf gegen die Epidermis ab, die aus zwei Lagen viel kleinerer, platt gedrückter Zellen besteht und sich zu einem kleinen, nach aussen vorspringenden Saum (*s*) eingefaltet hat.

Der zweite Querschnitt (Fig. 4) ist durch die Nachhirngegend hindurch geführt. Auch hier zeigt die Hirnplatte (*hp*) ähnliche Verhältnisse wie die eben geschilderten. Unter ihrer Mitte ist der Querschnitt der normal entwickelten Chorda (*ch*), links und rechts davon sind die beiden Gehörbläschen (*hb*) zu sehen, gerade unter der Stelle, wo die Hirnplatte von den Falten des Hornblattes (*s*) eingesäumt wird. Auf der rechten Seite hängt das Hörbläschen noch mit der tiefsten Lage der Epidermis dicht unterhalb des Saumes des Hornblattes zusammen. Beide Bläschen sind ganz normal entwickelt.

Bei einigen Embryonen, die sich in 0,7% Kochsalzlösung entwickelt hatten, war die histologische Struktur der Hirnplatte, soweit ihr Verschluss unterblieben war, in Folge eingetretener Schädigung stark verändert (Fig. 11). Anstatt aus spindeligen, zu einem Epithel fest zusammengefügten Zellen setzte sie sich aus mehr locker und unregelmässig verbundenen Rundzellen zusammen, auch zeigte ihr Kern die eigenthümliche Beschaffenheit absterbender Elemente. Er war etwas geschrumpft und durch Boraxkarmin gleichmässig dunkelroth gefärbt, so dass er sich durch sein Aussehen von allen übrigen Zellkernen in auffallender Weise unterschied. An allen übrigen Stellen, wo der Verschluss eingetreten war, zeigte das Medullarrohr eine wesentlich normale Struktur.

2. Gruppe.

Ein anderer Theil der Eier wurde fünf und sechs Tage später (am 10. December) aus der Kochsalzlösung (0,6 und 0,7%) genommen und abgetödtet. Sie waren in der Zwischenzeit bedeutend mehr in die Länge gewachsen und in ihrer ganzen

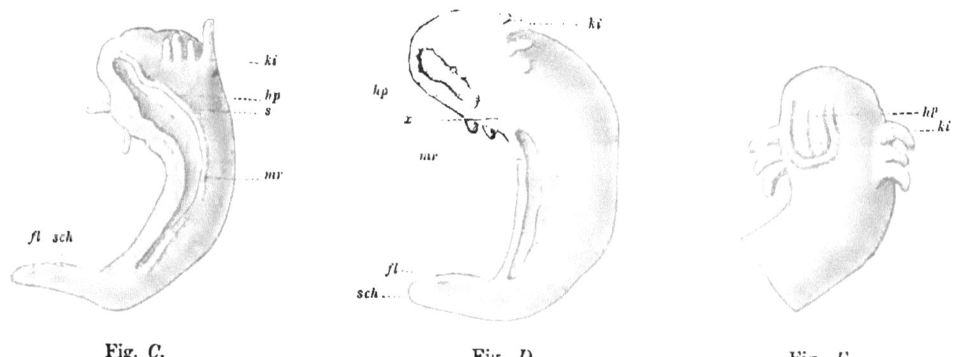

Fig. *C*. Fig. *D*. Fig. *E*.

Organisation weiter fortgeschritten. Schon bei äusserlicher Besichtigung trat dies an folgenden zwei Punkten hervor (siehe Embryo *C*, *D*, *E*). In der Halsregion hatten sich beiderseits Reihen von cylindrischen Kiemenfäden (*ki*) gebildet. Nach hinten setzte sich der Rumpf in ein ziemlich langes, dünnes Schwanzende (*sch*) fort, das meist etwas dorsalwärts umgekrümmt war. Auch konnte man schon an ihm einen dorsalen und einen ventralen dünnen Flossensaum (*fl*) wahrnehmen.

Bei einigen Embryonen, bei denen sich der Einfluss der Kochsalzlösung am meisten geltend machte, hatte sich die Anlage des Nervensystems von der Kopfbeuge bis zur Schwanzwurzel in ganzer Ausdehnung nicht geschlossen. So sieht man an dem Embryo *C* am Kopf die Hirnplatte, von einem Epidermissaum (*s*) eingefasst, frei liegen, und am Rücken des Rumpfes sich in eine schmale Rinne (*mr*) fortsetzen. Bei Embryo *D* hatte sich in der Nackengegend (*x*) eine kleine Stelle zum Rohr umgewandelt, während davor (*hp*) und dahinter (*mr*) die Nervenplatte frei lag. In anderen Fällen wieder (Embryo *E*) war am Rumpf das Rückenmark zum Rohr geschlossen, der hintere Theil (3—5 Bläschen) der Hirnanlage (*hp*) aber offen geblieben, oder es zeigte sich, was allerdings das seltenste Vorkommniss war, eine kleine offene Stelle vor der Schwanzgegend, während sonst der Verschluss überall vor sich gegangen war; oder es war schliesslich am Kopf und vor der Schwanzgegend eine kleine Stelle offen geblieben.

Die nähere Erklärung der eingetretenen Veränderungen geben die in den Figuren 6, 7, und 8, 9 und 10, 1 und 2 und 19 der Tafel abgebildeten Querschnitte. Die Figuren 9 und 10 zeigen die Verhältnisse, wie sie für Embryonen, deren Anlage des Nervensystems bis zur Schwanzwurzel offen geblieben ist (Embryo *C*), als typisch bezeichnet werden kann. In der Rumpfgegend ist die Medullarplatte (*mr*) fast vollständig rückgebildet, an ihrer Stelle findet sich nur eine dünne Lage rundlicher Zellen, die locker zusammenschliessen und nicht die auf diesem Entwickelungsstadium schon charakteristische Struktur der Nervenbildungszellen erkennen lassen. Sie füllt den Grund der oben beschriebenen Rinne aus und wird am Rand der Rinne von den fester zusammenschliessenden, einen Saum (*s*) bildenden Zellen des Hornblattes begrenzt. Hie und da haben sich einzelne Zellen oder Gruppen von solchen aus dem Zusammenhang mit der ursprünglichen Anlage des Zentralnervensystems losgelöst und liegen ihr locker auf.

Unter dem Grund der Rinne findet sich die normal gebildete, von einer feinen Membran eingehüllte Chorda (*ch*), nach aussen ist sie nur durch das dünne Zellenhäutchen (*mr*) bedeckt. Zu ihren beiden Seiten liegen die schon mächtig entwickelten Ursegmente (*ms*), deren Zellen sich zu quergestreiften Muskelfasern umgewandelt haben. Unter ihnen folgt beiderseits der deutlich sichtbare Querschnitt des Urnierenganges (Fig. 9 *ug*).

Dem Embryo *E*, bei welchem nur am Kopf der Verschluss unterblieben war, gehören die Querschnitte (Fig. 6—8) an. Der erste zeigt den Zustand in der Gegend des Rautenhirns (Fig. 6), und gleicht im Ganzen dem in Figur 4 abgebildeten Querschnitt durch die entsprechende Gegend des jüngeren Embryo *A*. Auch hier ist die Hirnplatte (*hp*) von Epidermisfalten (*s*) umsäumt und in ihrer Mitte oberhalb der Chorda mit einer tiefen Rinne (*r*) versehen.

An den wie stets normal beschaffenen Hörbläschen (*hb*) ist diese bestimmte

Stelle der Hirnanlage in den Querschnittserien stets mit Sicherheit leicht herauszufinden.

In geringer Entfernung hinter den Hörbläschen hat sich bei Embryo *E* die Anlage des Rückenmarks in ganz normaler Weise zum Rohr geschlossen (Fig. 7 *rm*), wie bei einem in reinem Wasser gezüchteten Embryo. Das Rohr ist schon ringsum von etwas Gallertgewebe eingehüllt. Beiderseits von Nervenrohr und Chorda (*ch*) liegen die Muskelplatten (*ms*). Nach aussen von ihnen sind die cylindrischen Kiemenfäden (*ki*) vom Schnitt getroffen; ventralwärts liegt die Herzbeutelhöhle mit dem Herz (*h*).

Etwas weiter nach rückwärts erhebt sich über dem Nervenrohr (Embryo *E*) ein kleiner, von Gallerte gestützter Flossensaum, der sich auf das Schwanzende fortsetzt und es rings umgreift. Ein Querschnitt durch letzteres (Fig. 8) zeigt bei allen, in Kochsalz gezüchteten Embryonen den normalen Bau, da in dieser Gegend das Rückenmark ausnahmslos als Rohr (*rm*) über der Chorda (*ch*) angelegt wird.

Dem Embryo, welcher am Kopf und am Ende des Rumpfes eine offene Stelle besitzt, gehören die Querschnittbilder 1, 2 und 19 an. Der Schnitt (Fig. 1) ist durch die Mitte des Rumpfes etwas vor der offenen Stelle hindurchgeführt. Er zeigt über der Chorda (*ch*) das normal gestaltete Rückenmark (*rm*), zu seinen beiden Seiten die Muskelmassen (*ms*), welche sich bis nahe zur Medianebene hinaufschieben und hier durch etwas Gallertmasse (*g*) von einander getrennt sind, welche sich dorsalwärts zwischen Nervenrohr und Epidermis entwickelt hat. Bei Verfolgung der Schnittserie nach hinten schwindet das eben erwähnte Gallertgewebe; Epidermis und Nervenrohr kommen dicht an einander zu liegen, letzteres öffnet sich (Fig. 2) zu einer tiefen Rinne (*mr*), die von vorspringenden Epidermissäumen (*s*) beiderseits begrenzt wird. Am unteren Ende der Muskelmassen (*ms*) sind dicht unter der Epidermis die Querschnitte der Urnierengänge (*ug*) zu sehen. Weiter nach hinten schliesst sich die Nervenrinne wieder zum Rohr und wird von Gallertgewebe bedeckt. In einiger Entfernung von der offen gebliebenen Stelle (Fig. 19) hat sich dann auch ein dorsaler Flossensaum (*fl*) entwickelt, welcher sich auf das normal gebildete Schwanzende fortsetzt und es auch an seiner ventralen Kante umsäumt.

3. Gruppe.

Eine Anzahl von Embryonen wurde noch drei Tage länger, bis zum 13. December, in der Kochsalzlösung gezüchtet (Embryo *F* und *G*). Mit ihrer jetzt schon wohl entwickelten Rumpfmuskulatur führen sie ab und zu schnickende Bewegungen innerhalb der Gallerthülle aus. Sie besitzen jetzt schon einen gut ausgebildeten Flossensaum (*fl*), ein langes Schwanzende und liegen zu einem Ring zusammengekrümmt in der Gallerte. Ihre Kiemenfäden (*ki*) sind etwas weiter nach aussen hervorgetreten. Einige Embryonen, bei denen die Kochsalzwirkung wohl von Anfang an auf die Entwickelung des Nervensystems eine weniger störende war, lassen von aussen keine aussergewöhnlichen Merkmale erkennen. Ueberall hat ein Verschluss des Nervenrohrs, am Kopftheil wahrscheinlich nur verspätet, stattgefunden. Bei anderen Embryonen dagegen (*F* und *G*) sind am Kopftheil noch eine oder zwei Stellen vorhanden, an welchen ein Stück der Hirnplatte offen zu Tage liegt. Aber auch diese Stellen haben eine geringere Ausdehnung als bei den jüngeren Embryonen, so dass eine nachträgliche Beseitigung der Störung in dieser oder jener Weise statt-

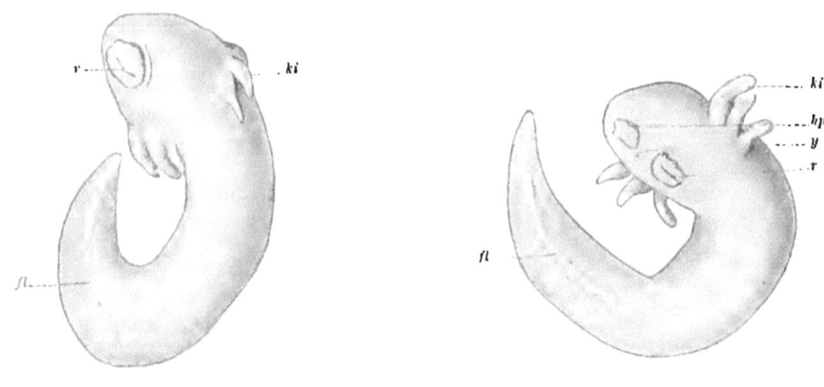

Fig. *F*. Fig. *G*.

gefunden haben muss. Ein Embryo dieser Gruppe zeigt am Kopf keine Störung, dagegen eine solche in der Mitte des Rumpfes. Hier ist der sonst wohl entwickelte, dorsale Flossensaum plötzlich durch eine Lücke unterbrochen, so dass hieraus auf einen Defekt am Rückenmark zu schliessen ist.

Schnittserien geben hierüber wieder die weitere Auskunft:

Die Figuren 15—18 gehören dem Embryo *F* an, welcher eine einfache, offene Stelle in der Mitte des Kopfes darbietet. Ein Schnitt durch die Orbitalregion (Fig. 15) zeigt uns einen Hirntheil (*hr*), welcher nach seiner Lage zwischen den beiden Augenbechern (*ab*) als Zwischenhirn anzusprechen ist. Die Augenbecher (*ab*), in deren äusserem Blatt Pigment entwickelt ist, umschliessen mit ihrer Oeffnung die Linsenanlage (*l*), welche schon durch eine Schicht von Gallertgewebe von ihrem Mutterboden abgetrennt ist. Das Zwischenhirn besitzt in der vom Schnitt getroffenen Strecke dorsalwärts eine nach aussen geöffnete enge Spalte und geht hier mit seinen Seitenwandungen, die sich verdünnen, in eine pilzhutartige Wucherung (hp^1) über, welche der Kopfoberfläche aufsitzt und einen nicht zum Verschluss gelangten Hirntheil darstellt. Nach seiner Lage hinter dem Zwischenhirn muss es dem Mesencephalon entsprechen. Die offene Stelle in der Hirnanlage reicht in der Schnittserie bis zum Anfang der Labyrinthregion; so ist sie noch in der Fig. 16 zu sehen, auf welcher der vorderste Theil des linken Hörbläschens angeschnitten ist. Auf ein paar Schnitten weiter (Fig. 17) ist der Verschluss und die Abtrennung des Nachhirns (*hr*) vom Hornblatt eingetreten. Daher liegen in diesem Fall die beiden Hörbläschen (*hb*), die stark gewachsen sind und eine Sonderung ihres Epithels in einen verdünnten und einen verdickten Theil schon erkennen lassen, in normaler Umgebung, während sie bei den meisten Embryonen (Fig. 4, 6, 14) sich immer unter einem offen gebliebenen

Theil der Medullarplatte befinden. Am ventralen Theil des Schnittes bemerkt man schon die histologische Differenzirung des Embryo so weit fortgeschritten, dass sich im Gallertgewebe zur Seite und unterhalb der Rachenhöhle ein Visceralbogen (*k*) im Stadium der vorknorpeligen Anlage mit Deutlichkeit unterscheiden lässt.

Auf Schnitten durch den Rumpf (Fig. 18) liegt das gut entwickelte Rückenmark (*rm*) über der ansehnlichen Chorda (*ch*) allseits tief in Körpergewebe eingeschlossen, zu beiden Seiten von Muskelmassen (*ms*) begrenzt, dorsal von Gallertgewebe bedeckt, das sich in eine ansehnliche Rückenflosse (*fl*) nach aussen erhebt. So weit ein Abschnitt der Hirnanlage als pilzhutförmige Wucherung der Schädeloberfläche aufliegt (Fig. 15 und 16), ist er etwas desorganisirt; es ist daher zu erwarten, dass im weiteren Verlaufe der Entwickelung sein Zusammenhang, welcher an der auch von aussen sichtbaren Rinne (siehe Embryo *Fr*) mit den in die Tiefe gerückten Hirntheilen besteht, sich bald lösen und seine Abstossung herbeiführen wird.

Bei dem Embryo *G*, an dessen Kopf zwei offene Stellen bei äusserer Besichtigung bemerkt werden, bietet der Schnitt durch die Orbitalregion (Fig. 12) ähnliche Verhältnisse wie bei dem vorhergehenden Embryo dar. Der zwischen den Augenbechern (*ab*) gelegene Hirntheil (*hr*) hängt noch durch einen Strang mit einer Zellenmasse (hp^1) zusammen, die als eine kleine Platte dem Vorderkopf aufliegt und schon bei äusserer Betrachtung auffällt. Sie ist beiderseits von einem vorspringenden Epidermissaum (*s*) umgeben. Es ist ein in Rückbildung begriffener Theil der Hirnanlage, bei welchem die Umwandlung zu einem Rohr unterblieben war. Wenn man die Schnittserie bis zum Ende der verkümmerten Hirnpartie nach rückwärts weiter verfolgt, kommt man zu der mit *y* bezeichneten Kopfgegend des Embryo *G*, in deren Bereich von einer Hirnanlage überhaupt Nichts mehr nachzuweisen ist. Auf dem Durchschnitt, der zur Erläuterung dieser Verhältnisse dienen soll (Fig. 13) liegt über der Chorda eine dickere Schicht Gallertgewebe. Ueber dieses zieht dann unmittelbar eine dünne Zellenlage herüber, die sich von der Epidermis der übrigen Oberfläche nur durch ihre höckerige Beschaffenheit unterscheidet. Nach meiner Ansicht rührt sie von der dieser Gegend zugehörigen Hirnplatte her, deren nervöse Zellen zu Grunde gegangen und abgestossen sind, während die Stützelemente sich erhalten haben und zur Ausfüllung der Lücke in der Oberhaut dienen. Die so überhäutete Strecke, an welcher das Gehirn ganz fehlt, reicht mit ihrem hinteren Rand bis zur Gegend der Ohrbläschen, von denen das linke schon auf dem Schnitt (Fig. 13) eben getroffen ist. Nach dieser kurzen Unterbrechung beginnt das Centralnervensystem wieder mit einer offenen Strecke in der Gegend des Nachhirns. Ein Schnitt hierdurch (Fig. 14) sieht den schon früher besprochenen, von etwas jüngeren Embryonen herrührenden Figuren 4 und 6 ähnlich. Die Einstülpung (*r*) längs der Mitte der Nachhirnplatte (*hp*) hat sich noch mehr vertieft, während die Randtheile noch flach ausgebreitet sind und mehr die Beschaffenheit der Oberhaut angenommen haben. Die Hörbläschen (*hb*) sind grösser geworden und von Gallerte ringsum eingeschlossen. Hinter den Hörbläschen geht die Rinne der Fig. 14 allmählich in das geschlossene und normal entwickelte

Rückenmark über. Die Durchschnitte durch diese Gegend sehen dann im Wesentlichen ebenso aus wie die von anderen Embryonen erhaltenen Bilder (Fig. 18 und 19).

Die Anfertigung einer Schnittserie endlich von einem Embryo, dessen dorsaler Flossensaum in der Mitte des Rückens durch eine kleine Lücke unterbrochen ist, bestätigt vollkommen die Vermuthung, dass an der betreffenden Stelle ein Defekt am Centralnervensystem vorhanden sein müsse. Soweit ein Flossensaum entwickelt ist, sieht man über der Chorda dorsalis ein zum Rohr geschlossenes Rückenmark. Ungleiche Verdickungen seiner Wandungen, die hier und da vorhanden sind, deuten allerdings darauf hin, dass es aus keiner normalen Anlage entstanden ist. An der oben erwähnten Stelle kommt das Rohr allmählich dicht unter die Epidermis zu liegen und geht dann in eine nach aussen offene, in den Epidermisüberzug des Körpers eingeschaltete Rinne über (Fig. 5 *mr*). Die Wandung ist hier viel dünner und zellenärmer, als an dem zum Rohr geschlossenen Abschnitt. Da die Muskelsegmente (*ms*) stärker geworden sind und sich auch nach oben vergrössert haben, ragen sie am Rücken zu beiden Seiten der Nervenrinne nach aussen als breite Wülste hervor. Weiter nach hinten schliesst sich die Rinne wieder zum Rohr, das bald in Gallerte eingehüllt wird; der Flossensaum wird wieder entwickelt. Man erhält dann das typische Bild, welches ein Querschnitt durch den Schwanz eines auf dem betreffenden Stadium stehenden Axolotlembryos darbietet. Im Bereich der am Rücken freiliegenden Rinne zeigt das Epithel nicht mehr den Charakter der Medullarplatte. Seine Elemente sind niedrig, zum Theil locker zusammengefügt und sind von der angrenzenden Epidermis nur wenig unterschieden.

Zusammenfassung und allgemeine Ergebnisse.

Die durch die Einwirkung von Kochsalzlösungen auf das sich entwickelnde Axolotlei erhaltenen Ergebnisse stimmen in vielen Punkten mit den Befunden überein, welche ich in einer früheren Versuchsreihe vom Froschei gewonnen hatte; in manchen Punkten herrschen aber auch bemerkenswerthe Verschiedenheiten. Als solche erwähne ich: Beim Froschei ist der Gastrulationsprocess in erheblicher Weise gestört. Das Dotterfeld wird nicht durch Einstülpung und Ueberwachsung in die Gastrulahöhle mit aufgenommen, sondern bleibt frei an der Oberfläche auch noch zu einer Zeit liegen, wo die Organentwickelung schon sehr weit vorgeschritten ist. Daher ist beim Froschei der behinderte Verschluss des Nervenrohrs noch mit einer zweiten, nicht minder auffälligen und eingreifenden Störung, einer veränderten Art des Gastrulationsprocesses kombinirt.

Bei Axolotleiern dagegen, die sich in Kochsalzlösungen von 0,6—0,7% entwickeln, hat die Gastrulation ihren ganz normalen Verlauf genommen. Die Störung ist auf das Nervensystem allein beschränkt. Die so bestehende Verschiedenheit könnte durch zwei Momente hervorgerufen worden sein, entweder dadurch, dass die Axolotleier nicht bloss nach der Befruchtung, wie die Froscheier, sondern erst auf einem späteren Stadium des Furchungsprocesses in die Kochsalzlösungen gebracht wurden, oder dadurch, dass die Axolotleier etwas weniger empfindlich gegen Kochsalz sind. Die Frage muss ich offen lassen, da zu ihrer Entscheidung keine Experimente vorgenommen wurden. Denn als die Frage sich aufdrängte, fehlte es an dem erforderlichen Versuchsmaterial.

Eine andere Verschiedenheit besteht in der Art, wie sich beim Axolotl die Hemmung im Verschluss des Nervenrohrs äussert. Sie bleibt hier nicht in dem Maasse, wie beim Froschei, auf den Hirnabschnitt beschränkt, obwohl sie sich auch hier in der am meisten charakteristischen und auffälligen Weise abspielt; häufig dehnt sie sich auch noch auf einen grossen Abschnitt des Rückenmarks aus. Der einzige Abschnitt, der niemals eine Störung zeigt, ist beim Axolotl nur der im Schwanz gelegene Theil des Rückenmarks. Es begreift sich dieser Umstand leicht aus den normalen Entwickelungsverhältnissen; denn der Schwanzabschnitt des Körpers legt sich erst auf einem verhältnissmässig späten Stadium aus einem kleinzelligen Gewebe, der Schwanzknospe, an. Dabei bildet sich an diesem Theil niemals eine frei gelegene Medullarplatte, die sich, wie am Rumpf, erst zum Rohr abfaltet; das Rückenmark geht direkt durch Sonderung aus der kleinzelligen Masse der Schwanzknospe hervor. Die Bedingungen für die Einwirkung des Kochsalzes sind hier daher ganz andere als im Bereich der frei gelegenen, von der Lösung direkt getroffenen Medullarplatte.

Als ein dritter Differenzpunkt sei noch erwähnt, dass beim Axolotl der ganze Verlauf der Entwickelung (das Nervensystem ausgenommen) ein nahezu normaler ist, während dies beim Froschei in Folge der Störung der Gastrulation in viel geringerem Grade der Fall ist. Die Axolotleier wurden daher auch viel weiter gezüchtet.

Nach diesen Vorbemerkungen und dem Hinweis auf die am Froschei angestellten Experimente lässt sich vom Störungsprocess, der durch 0,6 und 0,7% Kochsalzlösung in der Entwickelung des Axolotleies hervorgerufen wird, kurz folgendes zusammenfassendes Gesammtbild entwerfen:

Die störende Einwirkung bleibt auf die Anlage des Centralnervensystems im Bereich von Kopf und Rumpf beschränkt. Hier äussert sie sich, wie auch beim Frosch, am auffälligsten und meisten an den drei letzten Hirnabschnitten, während es auf den zwei vorderen Hirnabschnitten, die in Folge der Kopfbeuge nach abwärts gekrümmt sind, bald zu einem vollkommenen, bald zu einem nahezu vollständigen Verschluss kommt. Daher werden auch bei allen untersuchten Missbildungen die Augenblasen angelegt, die stets eine normale Weiterentwickelung einschlagen. Denn sie wandeln sich bei älteren Embryonen zum Augenbecher um, und es bildet sich an ihnen ein Linsensäckchen aus.

Obwohl die Gegend des Rautenhirns stets mit am meisten in ihrer Entwickelung gehemmt ist, legen sich doch stets die Gehörbläschen in normaler Weise an.

Sie werden von der Störung nicht mit betroffen, da sie sich zur Seite der Hirnplatte aus der Oberhaut entwickeln.

An der frei gelegenen Hirnplatte ist die Krümmung in entgegengesetzter Richtung erfolgt. Anstatt dass durch die Erhebung der Ränder zu den Medullarwülsten die Platte eine Konkavität nach aussen erhalten hat, ist vielmehr ihre linke und rechte Hälfte nach aussen konvex hervorgewölbt, so dass zwischen beiden eine schmale tiefe Rinne entstanden ist. Die Krümmung, welche dem normalen Verhalten geradezu entgegengesetzt ist, erinnert in mancher Beziehung an die Störung, welche durch Lithionchlorid in der Gastrulation des Echinuscies hervorgerufen wird. Denn auch hier stülpt sich die Strecke der Keimblasenwand, welche zum Darm wird, anstatt in den Gallertkern der Blastula, vielmehr als fingerartiger Fortsatz nach aussen hervor.

Bei den höchsten Graden der Hemmungsmissbildung ist auch das Rückenmark vom Kopf bis zum Beginn der Schwanzwurzel offen geblieben; eine tiefe Rinne verläuft dann dem Rücken entlang. In andern Fällen hat nur ein theilweiser Verschluss stattgefunden, der Art, dass das Rohr an einer, zwei oder drei Stellen grössere und kleinere Oeffnungen aufweist.

Bei grösserer Schädigung erfährt die Nervenplatte Veränderungen in ihrer histologischen Struktur; anstatt aus spindeligen, fest zusammengefügten Elementen setzt sie sich aus rundlichen, locker zusammenliegenden Zellen zusammen, deren Kerne in Degeneration begriffen sind. Diese Theile zerfallen dann im weiteren Verlauf der Entwickelung und werden abgestossen. So können bald kleinere, bald grössere Abschnitte der Gesammtanlage des Centralnervensystems vollkommen verloren gehen und Substanzunterbrechungen im Gehirn- und Rückenmark zu Stande kommen. Leichtere Grade der Missbildung dagegen können durch die weitere Entwickelung, zumal wenn man die Embryonen rechtzeitig in eine Lösung von geringerem Salzgehalt (aus 0,7 in 0,5) überträgt, noch beseitigt werden, indem nachträglich ein Verschluss stattfindet und an Stelle zerstörten Zellmaterials Narbenbildung einen Ausgleich schafft.

Beachtenswerth ist bei den Versuchen die Erscheinung, dass eine geringe Veränderung im Procentgehalt der Salzlösung die Störung hervorruft. Denn während noch bei 0,5% Kochsalz sich die Eier allem Anschein nach normal entwickeln, werden sie in einer 0,6%igen Lösung in überwiegender Zahl, in 0,7% Lösung insgesammt zu monströser Entwickelung veranlasst.

Von weiterem Interesse ist die Thatsache, dass ein einziges Organsystem ausschliesslich durch einen chemischen Eingriff geschädigt wird, in unserem Fall das Centralnervensystem. Der Eintritt der Schädigung wird hier offenbar dadurch mit begünstigt, dass die Nervenplatte am Anfang ihrer Entwickelung frei liegt und so der Kochsalzwirkung direkter ausgesetzt ist. Doch müssen ausserdem noch andere Ursachen mitwirken. Denn trotz ihrer oberflächlichen Lage wird die Epidermis wenigstens durch Koncentrationen von 0,6 und 0,7% nicht verändert. Die Lokalisation der schädigenden Wirkung des Kochsalzes auf die Nervenplatte muss daher noch mit Veränderungen zusammenhängen, welche die Elemente des äusseren Keimblattes durch ihre verschiedenartige Differenzirung in Epidermis- und in Nervenzellen erfahren. Die in Umwandlung zu Ganglienzellen begriffenen Theile des äusseren Keimblattes werden durch den chemischen Eingriff geschädigt.

Schon in einer früheren Abhandlung habe ich darauf hingewiesen, dass die bei Amphibien künstlich erzeugten Missbildungen zu den in der menschlichen Teratologie bekannten Formen der Anencephalie und Hemikranie Beziehungen darbieten. Daher ist auch bei der Erklärung der Letzteren daran zu denken, ob nicht die normale Entwickelung des menschlichen Eies eine Störung durch die vorübergehende Einwirkung schädigender chemischer Substanzen erfahren hat. Solche könnten im Blutstrom der Mutter cirkulirt haben oder von den Wandungen der Gebärmutter abnormer Weise gebildet worden sein. Uebermässiger Genuss von Alkohol während der Schwangerschaft, besonders in den ersten Wochen, Toxine, die bei fieberhaften Krankheiten gebildet werden, oder stärkere Dosen in den Kreislauf eingeführter Medikamente können recht wohl die Ursache zu Schädigungen des sich entwickelnden Eies werden; auch könnten sie, je nach dem Entwickelungsstadium, in welchem die Schädigung besonders stattgefunden hat, und je nachdem die Einwirkung sich auf ein besonderes Organsystem lokalisirt, diese oder jene Form von Missbildung hervorrufen.

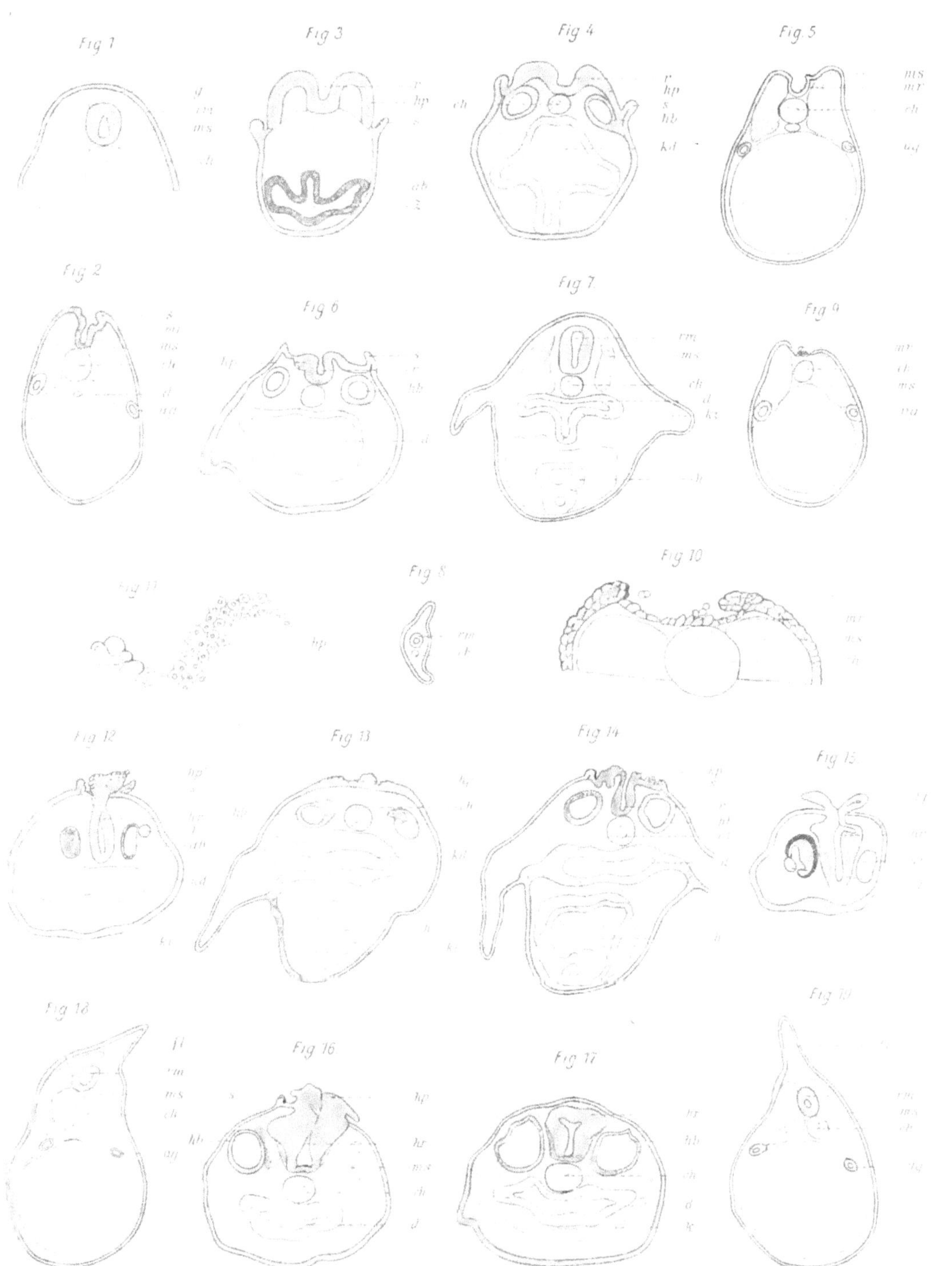

Verlag v. Wilhelm Engelmann in Leipzig

MEROCYTEN UND UMWACHSUNGSRAND

BEI

TELEOSTIERN

VON

DR. H. K. CORNING

PROSECTOR AN DEM ANATOMISCHEN INSTITUT DER UNIVERSITÄT BASEL.

MIT TAFEL I UND II.

Im Folgenden beschreibe ich Zustände am Umwachsungsrande des Teleostiereies, welche mir in mehr als einer Hinsicht Interesse zu verdienen scheinen. Es beziehen sich dieselben zunächst auf die Stellung und auf die Entwickelung jener eigenthümlichen Gebilde, die unter den Namen „Merocyten", „Dotterkerne", freie „Kerne im Dotter", „Parablast", Dottersyncytium" eine umfangreiche Literatur hervorgerufen haben. Den Werth meiner Beobachtungen erblicke ich in dem Lichte, welches sie auf die sogenannte „Konkrescenztheorie" werfen, einer Theorie, die von His begründet, von Rauber und von Hertwig in allerdings modificirter Form weiter ausgeführt worden ist. Ich habe nicht die Absicht, die Konkrescenztheorie als solche anzugreifen, sondern ich werde mich bemühen, auf dem Boden des Beobachteten stehend, die specielle Anwendung der Theorie auf Teleostier einer kritischen Besprechung zu unterziehen. Man kann von einer Theorie nicht verlangen, dass sie durch Thatsachen bewiesen sei, sie hört dann eben auf eine Theorie zu sein, allein sie stützt sich auf Thatsachen und trägt denselben Rechnung, und in diesem Sinne kann es nur von Vortheil sein, wenn sich eine Kritik auch auf Vorgänge beruft, die der direkten Beobachtung zugängig sind. Ein weiteres Interesse gewinnen die zu schildernden Verhältnisse dadurch, dass man aus ihnen erkennen kann, wie Zellverschiebungen vorkommen, bei denen in so fern „mechanische Momente" zur Geltung gelangen, als von dem Wachsthum einer Zellmasse, in diesem Falle des Randwulstes, ein Einfluss auf die Lagerung, respektive auf die Lageveränderung einer anderen Zellmasse ausgeübt wird. Ich werde mich damit begnügen, diese Beziehungen festzustellen, ohne aber weitergehende theoretische Auseinandersetzungen daran anzuknüpfen.

Die Literatur über die Gebilde, welche ich im Folgenden kurzweg als Merocyten bezeichnen werde, ist wie gesagt eine ausserordentlich umfangreiche; sie bezieht sich nicht bloss auf Teleostier, sondern auch auf Selachier und auf Reptilien, auf meroblastische Eier überhaupt. Es liegt nicht in meiner Absicht, diese Literatur im Einzelnen genauer durchzugehen, es sind nur einzelne Punkte, die ich hervorheben möchte. Für die Historik der Literatur bis 1881 vergleiche man die Abhandlung von C. K. Hoffmann „Zur Ontogenie der Knochenfische" (11) p. 113 ff. Das

Interesse an den Merocyten hat verschiedene Perioden durchgemacht, je nachdem ihre Beziehungen zum Keim oder zum Dotter in den Vordergrund traten. Die Vorstellung, dass die Merocyten sich nach vollendeter Furchung am Aufbau des Keimes betheiligen, ist wohl von der His'schen Parablasttheorie ausgegangen und findet sich in der einen oder in der anderen Form bis in die neueste Zeit in der Literatur vertreten. Bald soll das Blut bei Knochenfischen von den Merocyten herstammen (Gensch (2) und Kupffer (17)), bald sollen die Merocyten sich am Aufbau der „parablastischen" Gewebe betheiligen, bald einen Theil des Ektoderms bilden (van Bambeke nach Hoffmann (13 p. 117) citirt). Henneguy giebt an, dass Zerfallsprodukte der Merocyten bei Teleostiern in das Innere des Keimes eindringen, und in den verschiedensten Organen, sogar in den Hirnhöhlen vorgefunden werden. Auf der anderen Seite werden von einer Anzahl von Forschern, unter denen ich besonders Hans Virchow nennen möchte, die Beziehungen der Merocyten zum Dotter in den Vordergrund gerückt, obgleich gerade H. Virchow die Frage unentschieden lässt, ob aus dem „Dottersyncytium" Zellen in den Keim übergehen. Noch andere Forscher leugnen die Beziehungen der Merocyten zur Embryonalanlage und betrachten sie als Gebilde, welche mit zu der Resorption des Dotters in Beziehung stehen und mit der Aufnahme des Dotters in den Embryo zu Grunde gehen.

Wie stellen sich zunächst die Merocyten dar? Die ersten Beobachter sprechen von „grossen, sehr blassen" Zellkernen, von „Bläschen", die unter der Keimscheibe eine kontinuirliche Schicht bilden (Lereboullet 18). Von späteren hat besonders Wenckebach in einem sehr bemerkenswerthen Aufsatze die Merocyten am lebenden Objekt und auf Schnitten untersucht. Er sagt über ihre Beziehungen zum Keim: „Gänzlich schliesse ich mich Hoffmann und anderen Forschern an, wenn sie den Periblastkernen jede weitere Beziehung zum Embryo absprechen. Niemals bekam ich an lebendigen oder gut konservirten Embryonen ein Bild, das mir ein Austreten von Kernen aus dem Periblast in den Embryo oder Aehnliches auch nur einigermaassen wahrscheinlich machen konnte. Bei der Beschreibung der Entwickelung von Blutgefässen und Blutkörperchen wird so sich zeigen, dass auch in dieser Hinsicht Nichts von den freien Kernen zu hoffen ist." Ich citire diesen Passus deshalb, weil er vollständig auch meine eigene Meinung über die Beziehung zwischen Dotterkernen (Merocyten) im Embryo wiedergiebt. Die Merocyten stammen nach Wenckebach immer aus dem Blastoderm „und zwar entweder treten sie aus den Randzellen ins Periblast, wie Agassiz und Whitman zuerst behaupteten, oder sie stammen aus Zellen, welche von der unteren Fläche des Blastoderms auf den Boden der Furchungshöhle fallen, um dort mit dem Periblast zu verschmelzen" (p. 229). In ähnlicher Weise sprechen sich über die Herkunft der Merocyten aus: Oellacher, Agassiz, Whitman und Miecz von Kowalewski (16). Letzterer fasst seine Resultate in folgende vier Sätze zusammen, die ich der Uebersichtlichkeit halber wiedergebe. Kowalewski glaubt nachgewiesen zu haben:

1. „Dass die Kerne der intermediären Schicht von denjenigen Kernen der Entoblastzellen abstammen, welche unmittelbar vorher an dieser Stelle lagen.

2. Dass die in Rede stehenden Kerne anfangs denen der Blastodermzellen ähnlich sind.

3. Dass das Heranwachsen allmählich vor sich geht. Anfangs sind sie sehr klein, dann überwiegt die Zahl der kleinen, erst später die der grossen, dem Zerfall unterliegenden Kerne.

4. Dass der genannte Zerfall sich erst einige Zeit nach der Ausbildung der intermediären Schicht bemerken lässt."

Die Entwickelung der Merocyten bei Salmoniden hat Hans Virchow in einem auf der Anatomen-Versammlung in Strassburg gehaltenen Vortrag (36) ausführlich behandelt. Er fasst die verschiedenartig bezeichnete Schicht der Merocyten zusammen als Dottersyncytium, darunter versteht er „die Formation von Protoplasma und eigenthümlichen Kernen, welche ohne zellige Gliederung die Oberfläche des Dotters ebenso weit überdeckt, als die Keimhaut reicht, und welche demgemäss nach dem Schluss des Dotterlochs den ganzen Dotter bedeckt." Hans Virchow fasst diese Formation als den „Dottersackentoblasten" auf. Er bespricht nicht die Herkunft der Meroblasten, die übrigens auch für meine Beobachtungen nicht von Belang ist, sondern beginnt mit der Besprechung eines Stadiums, welches er als dasjenige des primären oder primitiven Syncytiums bezeichnet. In diesem „haben die Kerne die gleiche Grösse und das gleiche Ansehen, wie die Kerne des zelligen Keimes; sie theilen sich gleich ihnen mitotisch, ihre Abstände sind gleich und ebenso gross, wie die Abstände der Kerne im gefurchten Keime sein würden, die Protoplasmastrahlungen um die Kerne gleichen denen der Zellen des gefurchten Keimes, und es lassen sich in Folge dessen die Zellenterritorien abgrenzen, obwohl die Zellgrenzen fehlen." Dieses „primäre Syncytium" zerfällt beim Wachsthum des Keimes in das „Randsyncytium", in das „centrale Syncytium" und das embryonale Syncytium. Diese einzelnen Abschnitte des Syncytium werden unterschieden je nach den Partien des Keimes, zu denen sie in Beziehung stehen, und in diesem Zusammenhange füge ich noch die Bemerkung von H. Virchow an, die für die folgenden Erwägungen von grösster Bedeutung ist: „die lokalen und zeitlichen Differenzen im Syncytium entsprechen lokalen und zeitlichen Differenzen der umliegenden Theile des zelligen Keims." Mit dem Wachsthum der Keimscheibe flacht sich das ursprünglich kugelig gegen den Dotter vorspringende tiefe centrale Syncytium ab, es rückt die unter dem Rande der Kernscheibe liegende Masse von Syncytium peripherisch und zwischen diesem Randsyncytium und dem centralen Syncytium kommt es zur Ausbildung des sogenannten intermediären Syncytiums, „welches sich weiterhin zu dem flachen Syncytium der Umwachsungsperiode ausbreitet (p. 69). Unter dem Embryo bildet sich mit dem Randsyncytium hinten in Verbindung stehend das embryonale oder subembryonale Syncytium."

Wir hätten also zu einer Zeit, wo die Keimscheibe sich abzuflachen beginnt, wo also die Umwachsung des Dotters auch ihren Anfang nimmt, eine Zellformation in dem Umfang des ganzen Keimes, welcher in drei Partien zu sondern ist, in eine centrale Schichte, Centralsyncytium, in eine periphere, Randsyncytium, und in eine zwischen

Rand- und Centralsyncytium eingelagerte, die beiden verbindende Schicht, das intermediäre Syncytium. Die Mächtigkeit dieser drei Abschnitte des Syncytiums ist, das will ich gleich bemerken, sehr verschieden, je nach der Entwickelungsstufe des untersuchten Embryos.

So viel über die Gestaltung des Syncytiums und über die Herkunft der in demselben eingelagerten Zellkerne. Was die Beschaffenheit und die Form der letzteren angeht, so stimmen alle Untersucher darin überein, dass die Form der Merocyten ganz ausserordentlich verschieden ist. Im Allgemeinen besitzen sie eine beträchtlichere Grösse als die Kerne der Keimscheibe, wenigstens zu der Zeit der Differenzirung eines Randsyncytium von einem Centralsyncytium. Hans Virchow giebt an, dass sie nach ihrer Ablösung von der zur Embryonalanlage weiter sich entwickelnden Keimscheibe genau ebenso aussehen, wie die Zellkerne der letzteren, und dass er an ihnen noch mitotische Kerntheilungen beobachtet hat. Die Beobachtung ist ganz richtig: ich habe auf Schnittserien durch ganze Keimscheiben mit anhaftendem Dotter Zellen gesehen, die in dem unsegmentirten Protoplasma unter der Keimscheibe gelegen waren und die Kerntheilungsfiguren enthielten. Allein diese Erscheinung beschränkt sich auf eine ganz kurze Periode, unmittelbar nach dem Ausscheiden der Merocyten aus dem Zellverbande, denn von wirklichen Merocyten habe ich niemals Mitosen gesehen, obgleich ich meine ziemlich grosse Sammlung von Flächenpräparaten sehr genau auf diesen Punkt hin durchgesehen habe. Die Beobachtung, dass die Merocyten nach voller Ausbildung ihrer eigenthümlichen Struktur niemals Mitosen aufweisen, ist schon von verschiedenen Autoren gemacht worden, so von Wenckebach (35 p. 231), von H. Virchow (36), von H. E. Ziegler (40) und von C. K. Hoffmann (12). Letzterer sagt sogar (p. 52): „Die Anfuhr der Merocyten wird eine so stürmische, dass es mir fast den Eindruck macht, als ob die Mitose zu viel Zeit kostete und die direkte Theilung für die indirekte Platz macht.“ Die Grösse der Merocyten nimmt zum Theil im Laufe der Entwickelung zu, es giebt Ziegler (40) an, dass Lachsembryonen, bei denen der Dotter bis zur Hälfte verwachsen war, Merocyten von der Grösse von 0,02—0,04 mm zeigten, bei Lachsembryonen, bei denen die Verwachsung des Dotters seit einigen Tagen vollendet war, gab es Merocyten von über 0,05 mm, während die Kerne des Blastoderms 0,004—0,006 mm maassen. Es beziehen sich diese Maasse wohl nur auf die runden oder ovalen Merocyten, denn in späteren Stadien werden die Dotterkerne ganz ausserordentlich lang und dünn, nehmen zum Theil auch ganz bizarre Formen an (man vergleiche die Abbildungen 16—19 auf Taf. II). Ich komme später noch auf diese beiden Punkte, die Form der Merocyten und ihre amitotische Theilung zurück; von letzterer hat H. E. Ziegler (40) eine ausführliche Darstellung gegeben.

Die eigenthümlichen Formen der Merocyten sind von manchen Forschern benutzt worden, um sie in Beziehung zur Embryonalanlage zu bringen. So hat Gensch (1) aus den Zerfallsprodukten der ausserordentlich in die Länge gezogenen Merocyten des Hechtes Blutkörperchen hervorgehen lassen, obgleich er den Uebertritt dieser so bezeichneten Gebilde in die Embryonalanlage nicht verfolgen konnte.

Auf die Frage der Blutbildung habe ich hier nicht einzugehen, doch möchte ich an dieser Stelle meine Ueberzeugung aussprechen, dass bei Teleostiern niemals Blutelemente aus den Merocyten entstehen. Soviel ich weiss, ist dies von Teleostiern in neuerer Zeit nicht behauptet worden, doch spricht sich C. K. Hoffmann (12) sehr bestimmt für eine „Neubildung von Zellen aus den sich fragmentirenden Riesenkernen des Dotters“ aus; die so gebildeten Zellen sollen theils zur Vergrösserung des Dotterepithels dienen, theils direkt zu Blutzellen werden. Ich stehe derartigen Beobachtungen sehr skeptisch gegenüber. Rückert, der früher eine ähnliche Ansicht vertrat, hat dieselbe in seinen letzten Publikationen aufgegeben und steht jetzt gleichfalls auf dem Standpunkte, dass die Betheiligung der Merocyten, oder der Megalosphären, wie sie von Ziegler (39) und von Rückert (29) bei Selachiern genannt werden, an der Keimanlage ausgeschlossen sei. Ziegler spricht bei Selachiern von Fortsätzen der Merocyten, die zwischen den Zellen des Dotterepithels hindurchreichen und vergleicht diese Fortsätze mit den allmählich sich verdünnenden Ausführungsgängen von Drüsenzellen, „manchmal besitzt ein langgestreckter Megannucleus an jedem Ende einen derartigen Fortsatz.“ Solche Fortsätze, die allerdings mehr in die Fläche ausgebreitet sind, findet man sehr häufig bei Teleostiern.

Was nun das Schicksal dieser Merocyten angeht, so wird von einer Anzahl von Forschern im Gegensatze zu anderen, welche annehmen, dass das Blut und die Blutgefässe davon abzuleiten seien, behauptet, dass die Merocyten von vornherein dem Untergange geweiht seien. Man vergleiche in dieser Beziehung die Angaben von Ziegler (40 p. 8), der die Angaben von Henneguy (9) theilweise bestätigt. Henneguy glaubt, dass die Merocyten sich im Laufe der Umwachsung des Dotters fragmentiren, und dass von diesen Fragmenten einzelne in die Embryonalanlage eindringen und an verschiedenen Stellen, noch in ziemlich späten Stadien vorgefunden werden, z. B. in den Hirnbläschen (vergl. Fig. 103 bei Henneguy). Ich besitze über diesen Punkt keine eigenen Erfahrungen. — Ziegler (41) bestreitet zwar nicht das Vorhandensein dieser Elemente innerhalb der Embryonalanlage, stellt auch ihre Abkunft vom Dotter nicht in Abrede, allein er hält es für wahrscheinlich, dass sie Fragmente der Merocyten darstellen. Einen Zerfall der Merocyten nimmt auch H. Virchow (36) an. Er sagt: „Ueber die Endschicksale des Syncytiums kann ich leider keine erschöpfende Auskunft geben; indessen nehmen die Kerne schon geraume Zeit vor dem völligen Schwinden des Dottersackes um dieselbe Zeit, wo auch die Gefässe zu veröden beginnen, eigenthümlich langgestreckte und gewundene, schlangenartige Formen an, welche wohl die beginnende Rückbildung zeigen.“ Ein eigenthümliches Licht wird auf das Endschicksal der Merocyten geworfen, durch die Beobachtungen von Wilson (12). Wilson, dessen Arbeit mir leider im Original nicht zugänglich war, hat in der Leber von weit entwickelten Embryonen von *Serranus atrarius* Merocyten gefunden, die vollständig denen gleichen, welche man in den im Darm enthaltenen Dottermassen findet. Ich bin in der Lage, diese Beobachtung, auf welche ich zum Schluss noch kurz zurückkommen werde, für den Lachs vollkommen zu bestätigen, und ich bin geneigt anzunehmen, dass die Merocyten nicht bloss im

Dotter zerfallen, sondern, dass sie aktiv verdaut werden, ja in der Leber auch Processen unterliegen, deren Kenntniss uns noch verschlossen ist.

In dieser Besprechung der Litteratur habe ich nur eine Anzahl von den zahllosen Angaben über Merocyten gemacht, die seit Lereboullet in der Litteratur zerstreut sind. Es kann mir nicht einfallen, einen Anspruch darauf erheben zu wollen, sämmtliche Anschauungen wiederzugeben, die sich von einem Jahre zum anderen ablösten. Es interessiren mich die Merocyten in einer ganz speciellen Hinsicht, auf die mit Ausnahme vielleicht von Hans Virchow Niemand aufmerksam gemacht hat, ich meine in Bezug auf ihre Verlagerung bei der Umwachsung des Dotters durch die Keimscheibe. Hans Virchow sagt (36 p. 70): „Ich nehme einen sehr skeptischen Standpunkt ein gegenüber der Frage des Wanderns der Kerne im Syncytium. Ich räume ein, dass diese Kerne Zeichen der Gestaltsveränderung haben, aber ich halte eine Ortsveränderung, soweit es sich nicht um Wachsthumsverschiebung handelt, für ausgeschlossen." Ich möchte behaupten, dass die Ortsverschiebung der Merocyten beim Lachs und bei der Forelle ganz ausserordentlich stark ist. Die Bildung von Merocyten durch Abtrennung von den Blastomeren ist schon ziemlich früh abgeschlossen, jedenfalls vor der Zeit, wo die Abflachung der Keimscheibe beginnt. Dennoch finden sich unter dem ganzen Keime, in allen Stadien der Umwachsung Merocyten, für deren Vorkommen ich nicht etwa das Wandern in Anspruch nehmen möchte, sondern Momente, die von dem Wachsthum der Keimscheibe abhängig sind. Die Merocyten besitzen für mich das Interesse, dass ich aus ihrer Lage, ihrer Ortsveränderung, Schlüsse ziehe auf Wachsthumsvorgänge innerhalb der Keimscheibe, ja innerhalb und in nächster Nähe der Embryonalanlage.

Die Methode, die ich bei meiner Untersuchung benutzt habe, ist eine sehr einfache, sie besteht in dem Studium von Flächenpräparaten, bei denen die oberflächliche Dotterschicht in Zusammenhang mit dem Keime erhalten war, so dass ein klares Bild von der Verbreitung der Merocyten unter dem Keime gewonnen wurde. Gute Oberflächenpräparate von Teleostiern zu erhalten, ist nicht ganz leicht. Besonders schwer ist es, die Embryonen in Zusammenhang mit dem Umwachsungsrande zu präpariren. Sehr schöne Präparate erhält man von jüngeren Stadien durch Behandlung mit der von Blanc (Berichte der naturf. Gesellschaft in Freiburg i. Br. Band VIII) angegebenen Flüssigkeit, acid. picr. sol. sat. 50,0 aq. dest. 300, acid. acet. 4,0, acid. suff. 1,0, man entfernt nach ½—1 Stunde die Eischale und sucht in 1% Essigsäure die Embryonen durch Staarnadeln vom Dotter abzuheben. Sehr schön werden Furchungsstadien, auch Keimscheiben bis zu Stadien mit 1—2 Wirbeln. Oft erhält man den Keim ganz dotterfrei, was natürlich für meine Zwecke unrichtig war, an solchen Keimen kann man sehr schön die frühe Entwickelung des Mesoderms verfolgen. Für spätere Stadien nahm ich eine Mischung von koncentrirter Sublimatlösung 1, aq. 1 und 1% Lösung von Platinchlorid 1 (nach C. Rabl), liess die Eier ganz kurz, höchstens 15 Minuten in der Lösung, brachte sie dann in physiologische Kochsalzlösung, wo die Eihaut eröffnet wurde. Die Embryonen, resp. die Keimscheiben, wurden dann mit einer feinen Pipette möglichst dotterfrei gemacht und in allmählich steigendem Alkohol weiter behandelt. Zur Färbung verwandte ich in der Regel Alauncochenille und zog den Farbstoff ziemlich lange mit salzsäurehaltigem Alkohol, auch mit Alkohol, dem eine Spur Pikrinsäure zugesetzt worden war, aus. Die Präparate wurden in Canadabalsam aufgehoben. Nicht selten kam es vor, dass der Dotter nachträglich im Canadabalsam stark nachdunkelte, ja stellenweise ganz undurchsichtig wurde; ich bin nicht im Stande, diesen Vorgang, der mich eine nicht unerhebliche Anzahl von schönen Präparaten gekostet hat, zu erklären.

Die ersten Stadien der Syncytiumbildung muss man, wie es Hans Virchow that, auf Schnittserien untersuchen. Ich habe hier nichts Wesentliches zu seiner Beschreibung zuzufügen — ich habe die erste Entstehung der Merocyten durch Ablösung von Zellen des Keimes ungefähr so gesehen, wie sie schon von M. von Kowalewski geschildert wurde. Auf einen Punkt mache ich im Vorübergehen aufmerksam. An einigen Keimscheiben, die eine Stunde nach der Befruchtung konservirt wurden, fand ich eine Anordnuug des Protoplasma, die mit den Verhältnissen nach vollendeter Furchung insofern zu vergleichen war, als ein centraler grösserer Abschnitt von einem peripherischen ziemlich scharf getrennt ist. Die beiden hängen durch eine dünne Schicht im Protoplasma unter einander zusammen. Ob diese Anordnung in Beziehung zu bringen ist mit dem späteren Auftreten des Randwulstes, wage ich nicht zu entscheiden; ich nehme der Bequemlichkeit halber die Ausdrücke Randsyncytium, embryonales Syncytium und centrales Syncytium an und beginne meine Beschreibung mit einem Stadium, in welchem die Abflachung der Keimscheibe schon bedeutende Fortschritte gemacht hat, und in welchem die erste Embryonalanlage zu erkennen ist.

An einer solchen Keimscheibe von *Salmo iridens* vor der Bildung des ersten Urwirbels sehe ich die Merocyten im ganzen Bereiche der Keimscheibe zerstreut; ihre Form zeigt noch nicht die Mannigfaltigkeit, die in späteren Stadien so charakteristisch ist. Von einer Regelmässigkeit der Form ist aber auch jetzt schon keine Rede, man findet ovale Kerne, auch runde, ferner solche, die schon bedeutend in die Länge gezogen sind. Die Anordnung der Kerne ist keine gleichförmige, sie weichen darin von den Merocyten oder Megalosphären der Selachier ab, die noch bis in ziemlich späte Stadien eine grosse Regelmässigkeit in ihrer Anordnung zeigen. Ich sehe dies an Keimscheiben von Selachier *(Raja alba)* mit acht Urwirbeln, die von der Masse des Dotters abpräparirt, eine sehr klare Uebersicht über die Merocyten gewähren. Letztere sind hier in ziemlich gleichen Abständen angeordnet, die Verschiedenheit der Form ist allerdings recht gross, aber der Abstand der Zellen von einander ist so ziemlich der gleiche.

Wir hätten also in dem frühesten Stadium keinerlei besondere Merkmale, welche das Randsyncytium von dem centralen oder von dem embryonalen Syncytium unterscheiden liessen. Anders steht es mit den Stadien von *Salmo salar*, die ich auf Fig. 13 und 14 Taf. II dargestellt habe. Die Bilder sind bei durchfallendem Lichte und bei 40facher Vergrösserung gezeichnet. In beiden fehlt noch die Anlage der Urwirbel, doch entspricht Fig. 14 einem Stadium, in welchem in der Regel

1—3 Urwirbel vorhanden sind. Bekanntlich kommen in Bezug auf das erste Auftreten der Urwirbel Differenzen vor, die ziemlich beträchtliche sein können und die eine genaue Vergleichung der frühen Stadien, auf die Zahl der Urwirbel bezogen, erschweren Jedenfalls steht der Embryo, nach welchem die Fig. 14 gezeichnet wurde, unmittelbar vor der Bildung des ersten Urwirbels. Der Umwachsungsrand setzt sich in beiden Figuren ziemlich scharf von der übrigen Keimscheibe ab; es ist schon in dem Stadium der Fig. 13 am ganzen Rande eine Mesodermwucherung vorhanden, wie man sich leicht an Keimscheiben überzeugen kann, die durch Behandlung mit Blanc'scher Flüssigkeit und mit 1% Essigsäure vollkommen dotterfrei gemacht werden. Die Anlage des Mesoderms am ganzen Rande ist sogar in bedeutend früherer Zeit vorhanden, wo die Embryonalanlage sich erst als kleiner Knopf bemerkbar macht. Der Rand geht am Präparat der Fig. 13 breiter in die Embryonalanlage über als am Präparat der Fig. 14. An beiden sieht man den von Oellacher als Schwanzknopf bezeichneten Vorsprung, der in späteren Stadien noch vor Schluss des Dotterlochs verschwindet (vergl. die Figuren der Tafel 1). Auf beiden Figuren ist die Chorda (*ch*) zu sehen, ihr vorderes Ende ist nicht ganz scharf, hinten geht sie in die Zellmasse des „Schwanzknopfes" über. Die Merocyten stehen auf beiden Präparaten am Umwachsungsrande dichter als gegen das Centrum der Keimscheibe hin, auch unter der Embryonalanlage ist ihre Dichtigkeit eine grössere. Die Stellung der Merocyten zeigt bemerkenswerthe Unterschiede, je nachdem man sie im Randsyncytium, im Centralsyncytium oder im Embryonalsyncytium untersucht. Fassen wir zunächst die Fig. 14 in's Auge, so erkennt man, dass die Merocyten unter dem Rand und unter der Embryonalanlage auf den Umwachsungsrand sich einstellen. Ich verstehe darunter die Thatsache, dass die ovalen Merocyten, die immerhin noch die Mehrzahl bilden, ihre Längsachse senkrecht auf den Umwachsungsrand stellen. Bei vielen Merocyten, die stark in die Länge gezogen, auch etwas gebogen erscheinen, kann man nicht von einer Längsachse sprechen, doch stellen sie sich auch im Allgemeinen so, dass im Sinne eines von dem Centrum der Keimscheibe auf den Umwachsungsrand gezogenen Radius sich einstellen. Einzelne Ausnahmen kommen freilich vor, allein sie sind so selten, dass sie das bei schwacher (40facher) Vergrösserung gewonnene Bild nicht stören. Je weiter man sich am Rande entlang von der Embryonalanlage entfernt, desto schwächer ist die Einstellung der Merocyten auf den Rand, doch sind hier Schwankungen zu verzeichnen, die sich innerhalb ziemlich weiter Grenzen halten. Nicht bloss dass die Verhältnisse an verschiedenen, gleich weit entwickelten Keimscheiben verschieden sein können, sondern man findet auch an ein und derselben Keimscheibe Unterschiede an dem Umwachsungsrand rechts und links von der Embryonalanlage. Im Bereiche des caudalen Theiles des Embryonalanlage stehen die Merocyten am dichtesten und hier ist auch ihre Einstellung auf den Rand am deutlichsten nachzuweisen. In dem kranialen Theil der Embryonalanlage ist von einer derartigen Einstellung Nichts zu bemerken. Das Präparat der Fig. 13, ein früheres Entwickelungsstadium darstellend, verhält sich in Bezug auf die Einstellung der Merocyten etwas anders. Hier ist dieselbe am Umwachsungsrande, ausserhalb der Embryonalanlage kaum bemerkbar, um so deutlicher dagegen unter der ganzen Embryonalanlage, im ganzen Embryonalsyncytium. Es beginnt offenbar die Einstellung der Merocyten an demjenigen Theil des Umwachsungsrandes, der der Embryonalanlage unmittelbar anliegt, sowie in der Embryonalanlage selbst und schreitet nach rechts und nach links hin fort.

Suchen wir die Bedeutung dieser Vorgänge zu würdigen, so werden wir zunächst die Eintheilung, die H. VIRCHOW vom Syncytium gemacht hat, in ihrem wahren Lichte erkennen. Das Syncytium, oder die Merocyten, die wesentliche Bestandtheile desselben bilden, „stehen in einem Abhängigkeitsverhältniss zum darüber liegenden Keime". Diesem Verhältniss hat H. VIRCHOW durch seine Eintheilung entsprochen; es besitzt dieselbe aber eine tiefere Bedeutung. Wie ich im Folgenden zu zeigen bestrebt sein werde, ist die Lage der Merocyten nach ihrer Abtrennung vom Keime gegeben durch die Wachsthumsverhältnisse des letzteren. In den beiden Fällen, die durch die Figuren 13 und 14 veranschaulicht werden, ist die Einstellung der Merocyten auf den Rand im Bereiche der Embryonalanlage ausgeprägt, bei Fig. 13 in der ganzen Embryonalanlage, bei Fig. 14 bloss im caudalen Theil derselben. Die Einstellung auf den Rand prägt sich erst im Laufe der weiteren Entwickelung aus, je weiter von der Embryonalanlage entfernt, desto später. Im Bereiche der kranialen Partie der Embryonalanlage der Fig. 14 ist von einer bestimmten Einstellung der Merocyten keine Rede mehr, das Syncytium besitzt hier keine grössere Dichtigkeit und die Merocyten keine andere Anordnung als im übrigen Theile der Keimscheibe mit Ausnahme vom Rande. Offenbar sind an dieser Stelle die Merocyten wieder den gleichen Einflüssen unterworfen, die ihre Form auch im Centralsyncytium bedingen. Ich habe die Möglichkeiten, welche für die Entstehung der oft recht bizarren Formen Veranlassung geben könnten (cf. 16—19), sehr sorgfältig erwogen und mir auch die Frage vorgelegt, ob für die verschiedenen Entwickelungsstadien auch verschiedene Formen der Merocyten charakteristisch seien. Ich muss die letztere Frage verneinen, obgleich es mir scheinen will, als ob die langgestreckten und namentlich auch die kleinen Formen der Merocyten in den späteren Entwickelungsstadien häufiger anzutreffen seien, als in den früheren. Die kleineren Formen (cf. Fig. 18) sind wohl als Zufallsprodukte zu betrachten, die einer frühzeitigen Resorption anheimfallen. Aber auch in ganz späten Stadien findet man noch grosse Merocyten, die eine ovale Form besitzen, vollkommen übereinstimmend mit dem Verhalten, welches in den Stadien vor dem Beginn der Umwachsung anzutreffen ist. Ich habe an eine Eigenthümlichkeit des Dotters gedacht, die vielleicht für die verschiedene Form der Merocyten, wenigstens im Centralsyncytium, verantwortlich gemacht werden könnte, nämlich an die zahllosen feinen Fetttropfen, die in der oberflächlichen Dotterschicht vorhanden sind und die durch Druck auf die Merocyten ihre Gestaltsverschiedenheit bedingen könnten. Es ist dies eine Erwägung, die eine mechanische Ursache in sich fasst; ich führe sie an, ohne dass ich im Stande wäre, den Beweis für ihre Richtigkeit anzutreten. Oft will es mir aber scheinen, als ob die Merocyten um derartige Fetttropfen herum angeordnet wären, jedenfalls liegen sie in den Protoplasmamassen, die zwischen den Fetttropfen eingelagert sind.

Wir haben also zu einer Zeit, wo die Keimscheibe bedeutend abgeplattet ist, und wo die Embryonalanlage deutlich hervortritt, eine Beziehung zwischen den Merocyten und dem Umwachsungsrande, die darin zum Ausdrucke kommt, dass die Merocyten sich zunächst am embryonalen Theil des Umwachsungsrandes auf letzteren einstellen, und dass die Einstellung nach rechts und nach links am Umwachsungsrand weiter schreitet. Die Merocyten bleiben aber nicht innerhalb der ganzen Embryonalanlage auf den Rand eingestellt, sondern sie ordnen sich in dem kranialen Theile derselben weiter um, so dass sie in Bezug auf ihre Lagerung Nichts darbieten, was vom Verhalten des Centralsyncytiums abweicht.

Wir hätten nun die Aufgabe, diese Thatsachen auf späteren Entwickelungsstadien zu verfolgen und uns die Frage vorzulegen, ob die Beziehungen der Merocyten zum Umwachsungsrande während des Schlusses des letzteren sich gleich bleiben, ferner, ob diese Beziehungen darauf zurückzuführen seien, dass die Merocyten vom Umwachsungsrande aus mitgenommen werden, d. h. ob sie passiv, oder wie Manche sagen würden, mechanisch, beeinflusst werden, oder ob sie ihre Lage einem aktiven Wachsthum verdanken. Später bliebe noch die Verwerthung dieser Thatsache für das Wachsthum der Embryonalanlage festzustellen.

Auf Taf. I habe ich 9 Figuren gezeichnet, welche bei 40facher Vergrösserung den Schluss des Dotterlochs veranschaulichen sollen. In Bezug auf sämmtliche Figuren möchte ich die Bemerkung vorausschicken, dass der Schluss des Dotterlochs ganz bedeutende Unterschiede aufweist, wenn man denselben auf die Zahl der Urwirbel des betreffenden Embryos bezieht. In Fig. 8 haben wir einen vollständigen Schluss des Dotterlochs bei einem Embryo mit 36—38 Urwirbeln. In Fig. 1 und 2 haben wir zwei Embryonen von annähernd gleicher Zahl der Urwirbel (18—20), die starke Unterschiede in der Ausdehnung des Umwachsungsrandes zeigen. Auch die Form des Dotterloches ist bei den einzelnen Embryonen sehr verschieden, ich möchte als Belege dazu die Figuren 3—6 anführen, die lange nicht alle Möglichkeiten erschöpfen. Es sind dies dann individuelle Verschiedenheiten, vielleicht auch dadurch gesteigert, dass die Präparate verschiedenen Sendungen von Eiern entstammen, bei denen möglicherweise auch manche äussere Umstände einen Unterschied in der Entwickelung bedingen. Wir haben also von vornherein bei unseren Betrachtungen mit individuellen Variationen zu rechnen, deren Ursache und deren Grenzen unbestimmbar sind.

Der Embryo der Fig. 1 (Lachs mit 18 Urwirbeln) zeigt eine recht auffällige Stellung der Merocyten. Während sich bei der zuletzt besprochenen Fig. 14 die Merocyten im Bereich des caudalen Theils der Embryonalanlage auf den Rand eingestellt hatten und nach rechts und links vom Embryo nur Andeutungen solcher Einstellung zu erkennen waren, so sind hier die Merocyten im ganzen Umfange des Umwachsungsrandes typisch angeordnet. Besonders auffällig ist dies unmittelbar nach aussen von dem caudalen Theil der Embryonalanlage. Unter der Embryonalanlage stehen die Merocyten ebenso, ich habe aber, um die Einzelheiten am hinteren Ende der Anlage darzustellen, die hier befindlichen Merocyten nicht abgezeichnet.

In dem Winkel, der durch den Umwachsungsrand und die Embryonalanlage gebildet wird, stehen die Merocyten ausserordentlich dicht, es hat den Anschein, als ob sie gegen den besagten Winkel hin zusammenströmten. Ich dachte auch sofort, als ich dieser Erscheinung zuerst gewahr wurde, an einen Vorgang, der mit dem von Korsch (19) bei Amphibien geschilderten vergleichbar wäre. Hier verändern die vegetativen Zellen bei der Gastrulation ihre Lage in der Weise, dass sie dem offenen Munde der Gastrula zuströmen; die Versuchung, bei Teleostiern eine ähnliche Erklärung zu geben, war gross. Die Merocyten liegen in Strängen, allerdings sind letztere oft unterbrochen, auch liegen dazwischen einzelne Zellkerne, deren Längsachse jedoch immer auf das Centrum des Dotterlochs gerichtet ist. Schon in diesem Stadium sieht man einzelne Merocyten, die stark in die Länge gezogen sind, auch solche, die sich hantelförmig darstellen, wieder andere, die stark in die Länge gezogen und an dem einen oder anderen Ende in eine feine Spitze ausgezogen sind. Es ist schwer, sich des Eindrucks zu erwehren, dass wir es hier mit Theilungsvorgängen der Merocyten zu thun haben — mit direkter Theilung, denn die Karyokinese ist bloss in den allerersten Anfängen der Merocytenbildung zu konstatiren. Manchmal sieht man auch spindelförmige Zellkerne, von denen ich auf Fig. 16 Taf. II einen dargestellt habe. Diese Mannigfaltigkeit in den Kernformen kommt bei diesem Stadium des Dotterlochschlusses bloss in der unmittelbaren Nähe oder unter der Embryonalanlage vor, im Umwachsungsrand sind die Merocyten weder so dicht gesteckt, noch weichen sie so stark von der ursprünglichen ovalen oder runden Form ab. Aber im ganzen Umwachsungsrand, wie ich nochmals betonen möchte, findet sich eine derartige Einstellung der Merocyten; es ist auch auf Fig. 1 noch der ganze Umwachsungsrand vorhanden, wenngleich er an einer Stelle bei der Präparation eingerissen ist.

Auf den folgenden Figuren 2 und 3 haben wir eine bedeutende Verengerung des Dotterlochs zu konstatiren und zugleich eine noch stärkere Ausprägung der Einstellung der Merocyten auf den Umwachsungsrand. Der Winkel zwischen Umwachsungsrand und Embryonalanlage zieht auch hier zunächst unsere Aufmerksamkeit auf sich. Auch hier stehen die Merocyten in Strängen, man glaubt fast, dass sie gegen den Umwachsungsrand an dieser Stelle hingezogen werden. Das Gleiche ist unterhalb der Embryonalanlage der Fall, wenigstens in seiner caudalen Partie. Für die caudale Partie trifft die Bemerkung zu, die ich bei Anlass der Fig. 14 gemacht habe, nämlich dass die Merocyten sich in Anordnung der Form durchaus nicht von denen des Centralsyncytiums unterscheiden. Am Umwachsungsrande ist das Verhalten der Merocyten annähernd das gleiche, wie bei dem Stadium der Fig. 1, doch sieht man auf Fig. 3, dass die Merocyten am Umwachsungsrande etwas dichter beisammen stehen; längsgestreckte Formen sind jedoch noch selten, und es überwiegen die runden, resp. ovalen Dotterkerne. Eine feine Linie, die parallel mit der neueren Abgrenzung des Dotterlochs verläuft, bezeichnet die Stelle, an welcher das Mesoderm von dem Umwachsungsrand entspringt.

Die Figuren 4 und 5 können ebenfalls zusammen besprochen werden. Auffällig ist zunächst die Verschiedenheit in der Form des Dotterloches. Bei Fig. 4 (Lachsembryo von 24 Urwirbeln) ist das Dotterloch länglich oval, der Randwulst ist hier mächtiger als bei dem Embryo der Fig. 3, der 26—27 Urwirbel zählt. Dieser Unterschied in der Form des Dotterloches ist offenbar von der verschiedenen Wachsthumsenergie des Randes abhängig. Diese Wachsthumsenergie ist individuell ausserordentlich verschieden, wie auch die Masse des Umwachsungsrandes stark variirt. Ich kann in dieser Beziehung H. Virchow Recht geben, welcher in seiner Abhandlung über den Keimhautrand der Salmoniden (p. 203) erwähnt, „dass in einer Reihe von Fällen sich der Rand gegen Schluss des Dotterlochs stark verdickt, indem sich das Material in demselben zusammendrängt, während in einer anderen Reihe von Fällen der Rand dauernd dünn bleibt. Keiner dieser beiden Fälle kann als typisch bezeichnet werden; es scheint, dass bei rascher Entwickelung dünner, bei langsamer Entwickelung dicker Rand vorwiegt.“ In der Mehrzahl der von mir beobachteten Embryonen verdickt sich jedoch der Rand gegen das Ende der Umwachsungsperiode, und ich bin geneigt, diesen Vorgang als den normalen anzusehen, ohne ein anderes Verhalten als störend für die Embryonalentwickelung bezeichnen zu wollen. Es sind eben im Schluss des Dotterlochs Varietäten vorhanden, die innerhalb gewisser Grenzen keine Störung hervorrufen. So sind mir einige Embryonen vorgekommen (vgl. Taf. II Fig. 12, Lachs von 35 Urwirbeln), bei denen der Umwachsungsrand gar nicht oder bloss zum Theil in die Anlage des Schwanzes übergeht. Die Fig. 12 auf Taf. II zeigt sehr deutlich die verschiedene Wachsthumsintensität einzelner Theile des Randes. Der letztere ist noch bei ziemlich weitem Dotterloch deutlich zu erkennen, allein ihr Zusammenhang mit dem caudalen Theile der Embryonalanlage scheint verloren zu sein, und dickere Zellhaufen finden sich nur am hinteren Ende des Dotterlochs und in zwei oder drei kleineren Resten am vorderen Ende. Es sind also in diesem Falle zwei Möglichkeiten vorhanden, entweder kann die Embryonalanlage in ihrem Wachsthum vorauseilen und die Schwanzanlage kann vollendet sein zu einer Zeit, wo das Dotterloch noch nicht im Schluss begriffen ist. Oder in letzterem sind Wachsthumsverschiedenheiten einzelner Abschnitte eingetreten, die dazu führen, dass einzelne Partien des Randes sich zusammenlegen, während das Dotterloch an anderen Stellen offen bleibt. Da ich bei dieser Gelegenheit auf die Fig. 12 eingehe, so möchte ich noch einen wichtigen Punkt, nämlich das Verhalten der Merocyten gegen die aus dem Umwachsungsrande hervorgegangene Zellmasse kennzeichnen. Sie stellen sich radiär auf dieselben ein, man gewinnt im ersten Augenblick den Eindruck, als ob die Zellmasse eine Anziehungskraft auf die Merocyten ausübe. Es waren auch solche Präparate, die zuerst den Gedanken in mir aufkommen liessen, dass die Stellung der Merocyten zum Keimrande auf mechanische Bedingungen zurückzuführen seien, indem der Umwachsungsrand auf das unterliegende Randsyncytium einen Zug ausübt, dem entsprechend die Kerne des Syncytiums sich auf den Rand einstellen. Dieser Gedanke wird auch bestärkt, wenn man die ganze Umrandung des Dotterlochs auf Fig. 12 prüft. Merocyten sind bloss in der Nähe der grösseren Zellanhäufungen in grösserer Zahl vorhanden, am übrigen Rand sind sie äusserst spärlich. Dass derartige Anomalien im Umwachsungsrande zu Störungen in der späteren Embryonalanlage führen, glaube ich nicht; der zurückgebliebene Dotterrand wird sich genau so verhalten wie die Zellen, welche bei der Umwachsung des Dotters auf letzterem zurückbleiben. Der Umwachsungsrand geht in der Regel in die Embryonalanlage auf, doch scheint mir dies kein wesentlicher Vorgang zu sein, sonst hätte ich in Anbetracht der nicht unerheblichen Zahl der Fälle, wo dies nicht stattfindet, eine Menge von Missbildungen bei späteren Stadien gefunden, was jedoch durchaus nicht der Fall war.

Ueber die Stellung der Merocyten bei den Embryonen der Fig. 3 u. 4 brauche ich wohl nicht viel zu sagen. Die Einstellung auf den Rand ist noch stärker ausgeprägt als bei Fig. 2, die Merocyten stehen auch dichter und die Einstellung auf den Rand ist in grösserer Entfernung von dem letzteren, wie in der Fig. 2 zu erkennen ist. Es macht alles den Eindruck, als ob nunmehr nicht bloss das Material des Randes, sondern auch das ganze Randsyncytium zusammengeschoben würde. In dem Randsyncytium der Fig. 4 treffen wir auch schon langgestreckte Formen von Merocyten an, die wir bisher nur im Embryonalsyncytium und in dem unmittelbar angrenzenden Theile des Randes nachweisen konnten. Bei starkem Umwachsungsrand sind die Formen der Merocyten im ganzen Rand- und Embryonalsyncytium so ziemlich die gleichen, bei schwach ausgebildetem Rande zeigen im Ganzen die Merocyten unter der Embryonalanlage und in den an die Embryonalanlage angrenzenden Theilen des Randes mehr längliche Formen, als im übrigen Theile des Randes.

Die Figuren 5 (Lachsembryo von 26 Urwirbeln) und 6 (Lachsembryo von 25 Urwirbeln) zeigen in Bezug auf die Masse des Umwachsungsrandes und die Lage der Merocyten kaum einen Fortschritt gegenüber den Embryonen der Figuren 3 und 4. Der Umwachsungsrand und das Randsyncytium hängen in diesen und in den folgenden Stadien sehr innig zusammen, es gelingt n i e, das Randsyncytium durch Abblasen mittels einer Pipette zu entfernen, während man ohne grosse Schwierigkeit das Centralsyncytium ablösen kann. Dieses Haften des Syncytiums am ganzen Umwachsungsrande findet sich erst auf den Stadien der Umwachsung, die durch Fig. 4—6 veranschaulicht werden, doch ist schon weit früher, sogar v o r der Bildung der Urwirbel, eine derartige Beziehung zwischen dem Syncytium und dem c a u d a l e n Theil der Embryonalanlage zu erkennen. Bis zu einem gewissen Stadium, in welchem die Mesodermbildung schon ziemlich weit fortgeschritten ist, gelingt es nach Behandlung des Eies mit Blanc'scher Flüssigkeit, den Keim vermittelst einer Staarnadel vom Dotter abzuheben und Präparate darzustellen, an denen man keinen einzigen Merocyten erblickt. Sobald jedoch eine innigere Verbindung zwischen dem caudalen Theil der Embryonalanlage und der darunterliegenden Partie des Randsyncytiums eingetreten ist, gelingt es gar nicht, oder nur sehr selten, ganz dotterfreie Keime auf diese Weise zu erhalten. Durch Abblasen ist der Dotter nie so weit zu entfernen, dass nicht etwa einzelne Merocyten dem Keime anhaften. Die Beziehung zwischen Umwachsungsrand und Merocyten, die zuerst innerhalb der Embryonalanlage auftreten, gehen nach rechts und nach links auf den Umwachsungsrand weiter, bis zu einem Stadium, wo der ganze Rand wenig mit dem Randsyncytium zusammenhängt. Beim Schluss des Dotterloches haben wir hier eine Dottermasse, die sich gleichzeitig mit dem

Umwachsungsrand zusammengeschoben hat, die zahlreiche Merocyten enthält und bis in eine relativ späte Zeit (erst lange nach dem Schlusse des Dotterloches) bestehen bleibt. Die in dieser Dottermasse angehäuften Merocyten gehen theilweise zu Grunde, indem sie in feine Körnchen zerfallen, die offenbar einer Resorption unterliegen.

Auf der Fig. 7 ist ein Embryo dargestellt (Lachs von 29—30 Urwirbeln), bei welchem der Schluss des Dotterlochs schon sehr weit gediehen ist. Der Umwachsungsrand ist mächtig entwickelt und tritt auf dem Flächenpräparat sehr deutlich hervor. Die Stellung der Merocyten ist kaum anders als auf den vorher besprochenen Präparaten, höchstens dass letztere in dem Randsyncytium häufiger eine längliche Form aufweisen. An Flächenpräparaten kann man sehr gut die gänzliche Aufnahme des Umwachsungsrandes in den caudalen Abschnitt der Embryonalanlage verfolgen; im Stadium der Fig. 7 ist dies zum Theil schon geschehen, wenigstens springt der caudale Abschnitt des Embryos etwas über den Rand des Dotterloches hervor. Auf der Fig. 8 ist nun das Dotterloch vollständig verschwunden, man erkennt allerdings noch einen Theil des Umwachsungsrandes, der sich durch seine geringere Mächtigkeit in dem caudalen Ende der Embryonalanlage unterscheidet, aber bald verschwindet auch dieser, und die Embryonalanlage wächst, am Dotter sich abhebend, frei aus. Im Stadium der Fig. 8 (Lachsembryo mit 36—38 Urwirbeln) ist die Stellung der Merocyten noch ausserordentlich charakteristisch. Letztere konvergiren gegen einen Punkt, welcher der Schliessungsstelle des Dotterlochs entspricht und sind zum Theil stark in die Länge gezogen.

Wenn ich hier eine Figur (9) von der Forelle (Forellenembryo mit 18 Urwirbeln) anschliesse, so geschieht es nicht etwa, weil ich bei Forellen Zustände angetroffen hätte, die von den beim Lachs geschilderten principiell verschieden wären, sondern weil ich gerade von der Forelle aus der Zeit unmittelbar vor dem Schluss des Dotterlochs mehrere sehr instruktive Präparate gewonnen habe. Ganz besonders auffällig ist in der Fig. 9 die Konvergenz der Merocyten gegen das sich schliessende Dotterloch. Ob man hier von einem Wandern oder von einer mechanischen Fortbewegung der Merocyten sprechen will, das bleibt sich für die Anschaulichkeit ziemlich gleich. Es will mir scheinen, als ob in dem vorliegenden Präparat eine gewisse Anomalie vorliege, indem die hintere Partie des Umwachsungsrandes sehr mächtig ist, während der ganze Umwachsungsrand bloss durch eine dünne Substanzbrücke mit dem caudalen Theil der Embryonalanlage in Zusammenhang steht. Sollte sich nicht vielleicht hier ein ähnlicher Zustand vorbereiten, wie er auf Fig. 12 (Taf. II) zur Anschauung gebracht wird, wo ein Theil des Umwachsungsrandes, vielleicht der ganze Umwachsungsrand, nicht in die Embryonalanlage aufgeht? Ich habe es schon mehrmals betont, dass sich normaler Weise der Rand beim Schluss des Dotterloches mit dem Embryo vereinigt, doch erblicke ich im vorliegenden Präparat wieder einen Beleg für die Annahme, dass der Vorgang ohne Benachtheiligung der weiteren Entwickelung ausbleiben kann. Es schliesst sich dann ganz einfach das Dotterloch, und der Rand geht in die Bildung der den Dotter überziehenden Schichten über. Unter den zahlreichen Varianten, die wir in der Form des Dotterlochschlusses antreffen, scheint es mir, dass der erwähnte Vorgang (Mangel von Uebergang eines Theiles des Randes in die Embryonalanlage) am häufigsten vorkommt, wenn das Dotterloch in späteren Stadien ein längliches Oval darstellt. Eine principielle Bedeutung möchte ich der Sache durchaus nicht beilegen.

Auf Fig. 10 Taf. II bilde ich ein Stadium ab (Lachsembryo mit 17 Urwirbeln), welches den Unterschied in der Vertheilung der Merocyten am Umwachsungsrande und an dem angrenzenden Theil der Keimscheibe veranschaulichen soll (28fache Vergrösserung). Die Figur ist wohl ohne weitere Erklärung verständlich.

Fig. 11 Taf. II giebt bei 100facher Vergrösserung einen Theil des caudalen Endes eines Lachsembryos von 20 Urwirbeln wieder. Die Merocyten sind hier mit grösster Genauigkeit eingezeichnet und auch ihre Form auf's Genaueste wiedergegeben. Man sieht, dass sie in einiger Entfernung vom Umwachsungsrande in grösseren Mengen angeordnet sind und dass unter ovalen Formen auch solche vorkommen, die langgestreckt sind, andere wieder, die hinter beiden an Grösse stark zurücktreten. In dem Winkel, der durch den Umwachsungsrand und die Embryonalanlage gebildet wird, sind die Merocyten schon in beträchtlicher Entfernung vom Rande auf letzterer eingestellt, je weiter man sich vom Embryo entfernt, am Rande entlang, desto mehr tritt diese Eigenthümlichkeit zurück.

Das Schicksal der Merocyten ist insofern von Interesse, als es über die Natur der fraglichen Gebilde ein gewisses Licht verbreitet. Ich gehe nicht auf die zahlreichen Angaben über eine Betheiligung der Merocyten am Aufbau des Keimes ein, weil ich durch meine Untersuchungen nicht den geringsten Anhaltspunkt dafür gewinnen konnte. Von dem Zeitpunkt an, wo die Merocyten sich vom Keime abtrennen und wo ihre Verwachsung durch indirekte Theilung aufhört, geht ihnen jede formative Bedeutung für den Embryo ab. Weder Blut, noch Gefässe, noch Bindegewebe gehen aus ihnen hervor. Von einer Anzahl von Forschern werden die Merocyten als degenerirende Kerne aufgefasst und ich möchte dieser Auffassung bis zu einem gewissen Grade beistimmen. Nur ist es unmöglich, zu sagen, wann die Degeneration der Merocyten beginnt. Ich finde in den spätesten Stadien der Umwachsung, ja nach vollendeter Umwachsung des Dotters noch Kerne, die vollkommen denen entsprachen, die im Syncytium unter der erst abgeplatteten Keimscheibe liegen. Eine andere Frage ist die nach dem Zerfall der Merocyten. Letztere ist von Ziegler (41), von Henneguy (9) und von H. Virchow (36) berührt worden. Es theilt sich ein Merocyt in mehrere kleine unregelmässige Fragmente, die wieder in noch kleinere zerfallen, deren Chromatinsubstanz im Flächenpräparat als feine runde Körnchen hervortritt. Einen derartigen Zerfall habe ich besonders in den späteren Stadien der Umwachsung unter dem Rande, ja nach vollendeter Umwachsung in der an der Stelle des Dotterlochschlusses zurückgebliebenen Dottermasse bemerkt. Da diese Dottermasse allmählich verschwindet, indem auch die Merocyten ihre Einstellung verlieren und später an diesem Orte nicht dichter stehen als sonst im Dotter, so möchte ich wenigstens für einen Theil des Randsyncytiums einen derartigen Zerfall annehmen. Henneguy glaubt, dass dieser Zerfall der Merocyten ein weitergehender Process sei, dass die Zerfallsprodukte in die Embryonalanlage eindringen und dort in den verschiedensten Organen, ja im Innern des Gehirnrohres angetroffen werden (cf. seine Fig. 103). Ich habe derartige Bilder nie gesehen, allerdings gebe ich gerne zu, dass meine Sammlung von Schnittserien derjenigen von Henneguy an Vollständigkeit nachstehen wird. Allein auch zugegeben, dass sich derartige Zustände vorfinden, so ist durchaus nicht nachgewiesen, dass die fraglichen, in der Embryonalanlage zerstreuten Gebilde aus Merocyten hervorgehen; sie können ja ebensowohl aus Zerfall von Zellen innerhalb der Embryonalanlage ihren Ursprung nehmen. Jedenfalls glaube ich nicht, dass sie für das Schicksal einer grösseren Zahl von Merocyten verantwortlich zu machen seien.

Auf Fig. 15 Taf. II habe ich einen Theil des Umwachsungsrandes bei einem Lachsembryo von 25 Urwirbeln dargestellt. Man sieht hier sehr deutlich die feinen Körnchen, die den Merocyten entstammen und die besonders häufig am Umwachsungsrand anzutreffen sind, obgleich sie in anderen Theilen des Syncytiums durchaus nicht fehlen.

So lange Dotter vorhanden ist, bleibt eine grosse Anzahl von Merocyten bestehen und man trifft sie zu einer Zeit noch an, wo die Embryonen äusserlich keine Vermuthung erzeugen, dass überhaupt noch Dotter vorhanden sei. Ich war überrascht, zu dieser Zeit in der Leber eine grosse Zahl von Merocyten anzutreffen, die meistens ovale Form besitzen. Zerfallsprodukte konnte ich nicht nachweisen. Die Merocyten innerhalb der Leber unterscheiden sich in Nichts von denen, die in Dotterresten eingelagert sind. Ueber das nähere Schicksal dieser in die Leber aufgenommenen Kerne könnte ich Nichts feststellen. Ich bin später darauf aufmerksam geworden, dass H. V. Wilson (42) in seiner Arbeit über *Serranus atrarius* ähnliche Vorgänge beschrieben hat. Leider war mir die Arbeit im Original nicht zugängig und ich entnehme nur aus dem Bericht in Bonnet und Merkel's Ergebnissen (Band 1891) dass Wilson die Resorption des Dotters verfolgt hat.

Wenden wir uns der Deutung der beschriebenen Verhältnisse zu, so haben wir zunächst die Frage zu beantworten: Wie kommt die innige Beziehung zwischen dem Umwachsungsrand und dem darunterliegenden Dottersyncytium zu Stande, oder mit anderen Worten: wie kommt es, dass die Bildung des Randsyncytiums mit dem Verwachsen des Randes gleichen Schritt hält? Hier sind zwei Möglichkeiten vorhanden. Entweder ist die Beziehung zwischen Rand und Syncytium keine tiefergehende, und man hätte anzunehmen, dass mit dem Auswachsen des Randes auch ein Auswachsen des Syncytiums einhergehe, ohne dass letzteres etwa von ersterem abhängig sei. In diesem Falle würde man den Zellen des Syncytiums ein aktives Wachsthum zuschreiben, und in der Thatsache ihres Zerfalles einen Ausdruck dieses Wachsthums erblicken. Oder aber man hätte die Beziehung zwischen Rand und Syncytium als ein wirkliches Abhängigkeitsverhältniss des letzteren von dem ersteren anzusehen. Diese Annahme schliesst die weitere in sich, dass das Wachsthum des Randes die Verlagerung der Merocyten, vielleicht auch ihre Theilung und ihre eigenthümliche Form bedinge. Die beiden Möglichkeiten lassen sich kurz präcisiren:

wandern die Merocyten gegen den Randwulst hin, oder werden sie passiv durch den Randwulst mitgenommen? Beide Möglichkeiten würden die Stellung der Merocyten am Umwachsungsrande erklären, die zweite ausserdem gestatten, von der Stellung der Merocyten einen Schluss auf die Wachsthumsvorgänge innerhalb des Keimrandes zu thun. Was das aktive Wachsthum der Merocyten angeht, so spricht meiner Ansicht nach von vornherein der Mangel an Kerntheilungsfiguren dagegen. Ich betone nochmals, dass kein Beobachter in späteren Stadien Zeichen einer indirekten Kerntheilung gesehen hat. Die Abflachung des Centralsyncytiums geht Hand in Hand mit der Abflachung der Keimscheibe, aber vom ersten Augenblick der Abflachung an ist keine karyokinetische Figur in einem Merocyten zu erblicken. Ich muss gestehen, dass ich die zweite Möglichkeit, welche mechanische Momente in sich schliesst, nur ungern in's Auge gefasst hatte; aber es blieb mir nichts Anderes übrig. Allerdings könnte man einen Ausweg dadurch finden, dass man annähme, die grössere Zellmasse des Randes wirke anziehend auf die Merocyten und veranlasse so ihre Einstellung auf den Rand. Aber abgesehen von der Thatsache, dass in diesem Falle die Merocyten sich auch auf die Embryonalanlage einstellen müssten, so würde man bloss die Schwierigkeit umschreiben. Ich nehme also an, dass das Wachsthum des Randes wirklich die Lageveränderung der ihm anhaftenden Dottermasse bedinge. Ich habe schon hervorgehoben, dass die innige Verbindung von Rand und Dotter zuerst am hinteren Ende der Embryonalanlage auftrete und allmählich erst auf den Rand nach rechts und links übergehe. Dieser Zusammenhang ist im Bereich des kranialen Theils der Embryonalanlage weit lockerer als am Rande, das Gleiche gilt von dem Centralsyncytium, und ich möchte damit die Thatsache in Zusammenhang bringen, dass die Merocyten in ganz frühen Stadien, besonders am caudalen Ende des Embryos, dicht zusammengedrängt erscheinen und sich hier zuerst auf den Rand einstellen. Wo die mächtigste Zellmasse liegt, da ist auch der Zug, der auf die Merocyten ausgeübt wird, am stärksten. Es wird mir von verschiedenen Seiten vorgeworfen werden, dass ich eine grobmechanische Auffassung vertrete; ich kann bloss darauf erwidern, dass ich die Thatsachen auf keine andere Weise erklären kann. Ich betrachte die Merocyten als Gebilde, die in einer weichen Grundmasse eingebettet sind und durch Zellverschiebungen, die über ihnen in der Keimschicht stattfinden, in ihrer Lage beeinflusst werden. Ich nehme daher auch keinen Anstand, aus der Anordnung der Merocyten Schlüsse zu ziehen auf die Wachsthumsvorgänge innerhalb des Keimes. In dieser Auffassung wurde ich bestärkt durch die Verhältnisse, welche sich bei unvollständigem Uebergang des Umwachsungsrandes in die Embryonalanlage zeigen. Ich habe einen derartigen Fall auf Taf. II Fig. 12 abgezeichnet; es lagern sich die Merocyten hier koncentrisch gegen den grossen Zellhaufen, der den hintersten Theil des in der Entwickelung zurückgebliebenen Umwachsungsrandes darstellt. Einen partiellen Schluss des Umwachsungsrandes bildet schon eine Beeinflussung der entsprechenden Partie des Randsyncytiums.

Ich beabsichtige die geschilderten Thatsachen zu verwerthen zur Beurtheilung der sogenannten Konkrescenztheorie. Ich meine darunter zunächst die Theorie von

His, Rauber und Minot, dann auch die bedeutend modificirte, auf einer ganz anderen Basis stehende Theorie von O. Hertwig. Beginnen wir mit der Betrachtung der His'schen Theorie und der von Rauber und von Minot derselben angefügten Ausführungen. In dem Aufsatze von Minot (1) finden wir eine vollständige Uebersicht der Literatur bis zum Jahre 1890.

Die His'sche Theorie ist in einer Reihe von Publikationen verfochten worden, von denen die letzte (Vortrag auf dem Anatomenkongress in München) 1891 (7), die erste im Jahre 1874 (3) erschienen ist. Die His'sche Anschauung hat im Laufe von sieben Jahren keine oder nur unwesentliche Modifikationen erfahren, es genügt wohl, wenn ich die Gründe anführe, die bei der Abfassung der letzteren Arbeit zu Gunsten der Theorie geltend gemacht wurden. Auf eine ausführliche Darlegung der wohl allgemein bekannten His'schen Anschauungen kann ich wohl verzichten, ich citire nur zwei Sätze, die den Kern der Theorie enthalten (2 p. 70): „Bei Keimen von circa 3 mm Durchmesser bildet der Embryo eine kleeblattförmige Platte mit breiter, dorsaler Furche, er geht vom hinteren Rande der Scheibe aus und endigt nach rückwärts in einem abgerundeten Vorsprung, der Randknospe. Beiderseits hängt der Embryo mit dem verdickten Randwulst zusammen, welcher seinerseits die im Uebrigen sehr dünne Scheibe ringsherum umgreift. In der Zeit ist die randständige Embryonalplatte, meiner Ueberzeugung zu Folge, nur die Anlage des Kopfes, wogegen die Anlage des Rumpfes im verdickten Randwulst zu suchen ist. Die Bildung des Rumpfes geht derart vor sich, dass während der Zeit der Dotterumwachsung am hinteren Ende des Embryos stets neue Strecken des Randwulstes zusammengeschoben werden, bis dann schliesslich bei fast vollendeter Umwachsung nur noch eine kleine Oeffnung übrig bleibt, die sich auch ihrerseits in der Folge schliesst. Die Rumpfbildung erfolgt somit von vorn nach rückwärts, das zuletzt sich schliessende Stück ist aber das aus dem Gegenpol der ursprünglichen Scheibe hervorgehende Schwanzende.“ Für diese Theorie führt His zwei Gründe an, erstens die Thatsache, dass das Längenwachsthum des Embryos am caudalen Ende, oder, wie ich sagen möchte, caudalwärts von dem zuletzt gebildeten Urwirbel erfolgt. Eine andere Quelle für dieses Wachsthum am hinteren Ende der Embryonalanlage gebe es nicht als der Rand, da His seinerzeit bewiesen habe, dass „das Volumen des Gesammtkeimes während der ganzen Formungsperiode des Embryos keine merkliche Zunahme erfährt; die Bildung des Embryos erfolgt somit nicht auf Kosten von neu entstehendem Material, sondern durch Umlagerung eines zuvor vorhandenen“. Der zweite von His angeführte Grund beruht auf mechanischen Erwägungen. Ich gebe seine Worte wieder, da sie am leichtesten einen Einblick in seine Anschauungsweise ermöglichen. „Da die Keimscheibe während der Dotterumwachsung an Ausdehnung stetig zunimmt, so müssen Kräfte wirksam sein, welche den Rand des Keimes in radiärer Richtung vorzuschieben streben. Andererseits lehrt die Beobachtung, dass die zuerst vorhandene Anlage des Embryos mit fortschreitender Entwickelung erheblich schwächer wird, indem z. B. beim Lachs deren Breite von 1,2 mm auf 0,55 mm oder von 100 auf 40 heruntergeht. Dies setzt Kräfte voraus, welche den Embryo in transversaler Richtung zusammenschieben. In der einspringenden Ecke zwischen Embryo und Randwulst werden die Resultanten aus den radiär und den transversal wirksamen Kräften schräg gegen die Randknospe konvergiren, es wird somit eine Verlängerung der Knospe unter Betheiligung der seitlich davon liegenden Randwulststrecken erfolgen müssen. Mit fortschreitender Ausdehnung der Theile werden immer neue Randwulststrecken zur Vereinigung gebracht, bis dann schliesslich nur noch der letzte Rest eines Blastoporus übrig bleibt."

Prüfen wir die beiden Gründe, die His für das Vorhandensein einer Konkrescenz bei Teleostiern anführt, so haben wir uns zunächst mit den Thatsachen auseinanderzusetzen. Als Thatsache sehe ich die Wachsthumsvorgänge am hinteren Ende der Embryonalanlage an, als Thatsache auch das Zusammenschieben, resp. das Höhenwachsthum des Embryos, als eine Annahme den Schluss, dass seitliche Kräfte bei diesem Vorgange thätig sein müssen. Die His'schen Abhandlungen sind so sehr von der Idee mechanischer Vorgänge durchdrungen, dass es oft schwer hält, die ganz richtigen Beobachtungen aus ihrer „mechanischen" Hülle herauszuschälen. Ich muss es beanstanden, wenn man Beobachtung und mechanische Vorstellung als Eins zusammenfasst, oder von Beobachtung spricht, wenn die Ausführung von mechanischen Vorstellungen gewagt werden soll. In diesen Fehler verfällt Minot, der die Vorgänge bei Teleostiern genau nach der His'schen Theorie schildert und den Eindruck erweckt, als ob die geschilderten Verhältnisse der direkten Beobachtung zugängig wären und nicht bloss einer Theorie entstammen. Minot beruft sich auf Figuren von His und Kupffer zum Beweise, dass die von ihm gegebene Schilderung richtig sei. In einem Lehrbuch oder Handbuch soll, wie es mir scheint, die Theorie von den Thatsachen getrennt, oder wenigstens dem Leser eine solche Trennung ermöglicht werden.

Beschäftigen wir uns zunächst mit der Thatsache, dass das Längenwachsthum des Embryos von dem caudalen Ende desselben ausgehe. Henneguy (9) hat in seiner Studie über Teleostier-Entwickelung diesen Punkt ausführlicher behandelt und aus seinen Beobachtungen Schlüsse gezogen, die ihn zu einer Stellungnahme gegen die Konkrescenztheorie veranlassten. His hat die Henneguy'schen Einwände überhaupt nicht berücksichtigt, auch Hertwig ist auf dieselben nicht näher eingegangen.

Henneguy hat an Forellenembryonen Messungen angestellt, um sich über das Wachsthum innerhalb einzelner Abschnitte des Embryos Rechenschaft zu geben. Er stellt fest: 1) Dass das vordere Ende der Chorda die gleiche Entfernung von dem kranialen Ende der Embryoanlage beibehält, in Stadien, die sich über den ganzen Zeitraum des Dotterlochschlusses erstrecken; 2) dass der erste Urwirbel die gleiche Beziehung zum vordersten Ende der Embryonalanlage besitzt; 3) dass der hintere Rand der Kupffer'schen Blase die nämliche Entfernung von dem Umwachsungsrande beibehält, so lange das Dotterloch noch nicht verschwunden ist. 4) Dass das Längenwachsthum des Embryos in der Zellmasse vor sich geht, die zwischen dem letzten Urwirbel und dem vorderen Rande der Kupffer'schen Blase liegt, und dass in diesem Theile der Embryonalanlage auch die Bildung neuer Urwirbel erfolgt. Henneguy verwirft die His'sche Konkrescenztheorie, indem er sagt: „Wenn der Embryo durch Konkrescenz des Randes entsteht, so muss dies entweder vor oder hinter der Kupffer-schen Blase geschehen. Geschieht die Konkrescenz hinter der Kupffer'schen Blase, so müsste letztere vom Umwachsungsrande abrücken, was natürlich nicht der Fall ist, da die Kupffer'sche Blase, oder deren hinterer Rand immer im gleichen Abstande vom Umwachsungsrande bleibt. Nimmt man einen Uebergang von Randmasse in die Embryonalanlage vor der Kupffer'schen Blase an, so hat man mit der Thatsache zu rechnen, dass hier die Gewebe bereits vollständig differenzirt sind und wir Anlage des Centralnervensystems, Mesoderm und Chorda vorfinden. Oder hätte man sich etwa vorzustellen, sagt Henneguy, dass sich die Zellen des Randes bei ihrem Uebergang in die Embryonalanlage augenblicklich differenziren in Zellen des Nervensystems, Chorda und Mesodermzellen? Henneguy verwirft also die His-Rauber'sche Konkrescenztheorie.

Ich lege den Ausführungen von Henneguy einen grossen Werth bei — sind sie doch unter Anderen auch ein Beweis für die Bildung der einzelnen Organe des Embryos in der Richtung von vorn nach hinten. Fol hat zuerst experimental den Nachweis zu bringen versucht, dass der zuerst auftretende Urwirbel auch seiner Lage nach der erste bleibt; aber das Verdienst, diese Thatsache auch durch Messungen festgestellt zu haben, gebührt Henneguy, seine Angaben sind meines Wissens bis jetzt vereinzelt geblieben, wenigstens ist es mir nicht bekannt, dass Jemand nach ihm sich mit dieser Fragestellung befasst hätte.

Ich möchte die Betrachtung der Merocyten als ein weiteres gewichtiges Argument gegen die His'sche Konkrescenztheorie anführen. Die Stellung der Merocyten zum Rande giebt auch über das Vorwachsen des letzteren Auskunft, und es geht daraus hervor, dass der Umwachsungsrand sich durchaus gleichmässig verengert. Für ein Zusammenschieben des Randes im Sinne der His'schen Konkrescenz geben die Merocyten nicht nur nicht die geringste Stütze, sondern sie liefern geradezu den Gegenbeweis. Sie stellen sich innerhalb des Randtheiles, der an die Embryonalanlage grenzt, zuerst senkrecht, weil sich hier der Dotter zuerst eng mit dem Randwulst verbindet, und hier zuerst ein Zug auf die Merocytenschicht ausgeübt wird, die ihre Verlagerung mit Fortschreiten des Umwachsungsrandes zur Folge hat. Das selbstständige Weiterwachsen der Merocyten habe ich in meiner Betrachtung dieser Vorgänge ausgeschlossen. Wenn die His'sche Theorie richtig wäre, so müsste die Einstellung der Merocyten eine ganz andere sein, in späteren Stadien der Umwachsung müssten wir Stränge von Merocyten finden, die parallel mit dem Umwachsungsrande gegen die Embryonalanlage hin konvergiren, ein Verhalten, welches niemals anzutreffen ist. Ich möchte also den gleichmässigen Schluss des Dotterlochs gegenüber den His-schen Behauptungen aufrecht erhalten und die Annahme einer Konkrescenz aus diesem Grunde schon ausschliessen. Ich komme nochmals bei Besprechung der Modifikationen der His'schen Theorie auf diese Verhältnisse zurück.

Den zweiten Grund, welchen His für seine Theorie anführt, will ich nicht ausführlich behandeln. Gewiss ist die Thatsache richtig, dass sich die Embryonalanlage im Laufe der Entwickelung zusammenschiebt, allein ich sehe die Nothwendigkeit nicht ein, eine von der Seite wirkende Kraft als Ursache dieser Zusammenschiebung vorauszusetzen. His schliesst von der Veränderung der Form der Embryonalanlage auf die „Kraft", welche die letztere hervorruft — von der „Kraft" auf die Verwachsung des Embryos aus Partien des Randwulstes. Es scheint mir, dass hier das zu Beweisende von vornherein als bewiesen angesehen wird.

Von den Nachfolgern von His in der Vertheidigung der Konkrescenztheorie möchte ich zunächst Ryder, Rauber und Minot nennen. Der letztere hat in einer längeren Abhandlung die Konkrescenztheorie auf sämmtliche bekannte Modi der Entwickelung bei Wirbelthieren angewandt. Ich beschränke mich in meiner Betrachtung auf Teleostier, und hier muss ich sagen, dass Minot die His'schen Betrachtungen, wie sie in den früheren Abhandlungen dargelegt waren, sehr genau wiedergiebt. Nur beschreibt er den Schluss des Dotterlochs, als ob die Konkrescenz wirklich beobachtet worden wäre, was durchaus nicht der Fall ist. Die Figuren von His, Kupffer etc., auf die sich Minot beruft, sind wohl richtig, insofern sie nicht als Schemata bezeichnet sind, allein sie geben nicht die Konkrescenz als etwas Beobachtetes wieder.

Ryder hat einige Beobachtungen über *Elacate canada* gemacht, die von Vertretern der Konkrescenztheorie als beweisend für ihre Ansichten betrachtet werden. In diesem Sinne werden sie auch von Minot angeführt. Ryder giebt leider bloss eine Figur von den, von ihm beobachteten Embryonen, die er lebend, bei durchfallendem Lichte gezeichnet hat. Es ist mir aus der Darstellung von Ryder nicht recht klar geworden, ob er bei allen untersuchten Eiern die von ihm beschriebenen eigenthümlichen Zustände am Umwachsungsrande gefunden hat, oder ob auch Embryonen vorkommen, die einen normalen Entwickelungsmodus zeigten, mit anderen Worten, ob wir es hier mit einem normalen Vorgang oder mit einer Missbildung zu thun haben. In dem einen, wie in dem anderen Falle halte ich jedoch die Ryder'schen Beobachtungen für werthvoll, nur muss ich bedauern, dass er nicht durch die Anfertigung von Schnittserien die Sache noch weiter klargestellt hat.

Ryder fand auf gewissen Stadien von *Elacate canada* das ganze Dotterloch ausgefüllt durch einen grossen Fetttropfen und im Umwachsungsrande eine Segmentirung, die er als in Bildung begriffene Urwirbel auslegte. Die Chorda dorsalis ragt caudalwärts über den Umwachsungsrand hervor, es liegt dieselbe in einer durch die kranialwärts sich vereinigenden Schenkel des Umwachsungsrandes eingeschlossenen, rautenförmigen Zellmasse, in welcher auch die Kupffer'sche Blase, nach links von der Chorda verlagert, eingezeichnet ist. Die zu beiden Seiten dieser Zellmasse liegende Partie, die Ryder als in Vereinigung begriffenen Umwachsungsrand bezeichnet, ist segmentirt und diese Segmente gehen caudalwärts etwa bis zur Höhe des vorderen Randes des erwähnten Fetttropfens. Die Figur ist höchst auffällig und das Verhalten der Chorda, wie auch Ryder zugiebt, geradezu unerklärlich. Ich bin geneigt zu glauben, dass Ryder das Beobachtete genau wiedergegeben hat; denn auch Lereboullet hat Aehnliches beim Hecht gesehen und abgezeichnet (siehe Fig. 17 bei Rauber's Gastrula und Neurula 1877) und in neuester Zeit hat Locy (Metameric

Segmentation in the Medullary Folds and embryonic rim. Anat. Anzeiger IX 1894, p. 393) eine Segmentirung im Rande bei ganz jungen Stadien von *Acanthias vulgaris* beschrieben. Die von Lereboullet beschriebene Segmentirung ist insofern eigenartig, als sie sich nicht unmittelbar an der Umrandung des Dotterlochs, sondern in einiger Entfernung von der letzteren vorfindet. Die Segmente sind auch nicht so regelmässig, wie die kranialwärts sich vorfindende Urwirbelsegmentirung. Weder Lereboullet, noch Ryder und Locy haben Bilder von Schnitten gegeben, was besonders zur Erläuterung des von dem letztgenannten Autor hervorgehobenen, eigenthümlichen Verhaltens nöthig wäre. Da etwas Derartiges (eine Segmentirung des Medullarrohrs durch Einschnürungen, die sich auf den Rand fortsetzen) sonst bei keinem Selachier gesehen worden ist, und ausserdem eine genaue Feststellung des Befundes durch Schnittserien fehlt, so möchte ich der Ansicht von Locy, dass hier eine glänzende Bestätigung der Konkrescenztheorie vorliege, nicht beipflichten. Was dagegen die Beobachtungen von Ryder und von Lereboullet angeht, so ist der Embryo, den Lereboullet abbildet, sicher eine Missbildung, und ich bin geneigt, das Gleiche von den Ryder'schen Embryonen von *Elacate canada* anzunehmen. Diese Annahme beseitigt aber durchaus nicht die Wichtigkeit der Thatsachen oder ihrer Auslegung für die Konkrescenztheorie. Welche Erklärung können wir dafür geben, dass die Urwirbelsegmentirung auf den Rand übergreift?

Die Erklärung, die ich bieten möchte, geht von der Thatsache aus, dass bei normaler Entwickelung des Teleostierembryos der ganze Umwachsungsrand in die Embryonalanlage aufgenommen wird. Selbstverständlich gehen nicht alle Produkte des Randes in die Embryonalanlage, sondern es schliessen sich beim Weiterwachsen des Embryos die Elemente des Randes immer dichter zusammen, und das Endprodukt dieses Schlusses geht in die Embryonalanlage, resp. in die Schwanzanlage über zu einer Zeit, wo letztere sich bereits vom Dotter abgehoben hat. Der Umwachsungsrand wächst gleichmässig aus, ebenso gut derjenige Theil, welcher an die Embryonalanlage angrenzt, wie derjenige, welcher nach rechts und links von der Embryonalanlage gelegen ist. Beim Auswachsen des Embryos caudalwärts, welches auch zum gleichmässigen Schluss des Dotterlochs beiträgt, hätte man sich zu denken, dass die Theile des Umwachsungsrandes, die der Embryonalanlage angehören, ganz genau ebenso zusammengedrängt werden, wie die Theile des übrigen Umwachsungsrandes. Thatsächlich entspricht nun dem embryonalen Umwachsungsrand in späteren Stadien ein grösserer Theil des ganzen Umwachsungsrandes, als in früheren Stadien — es geht also schon vor Schluss des Dotterlochs ein Theil des Umwachsungsrandes in die Embryonalanlage ein — je später die Entwickelung, desto grösser ist dieser Theil. Ich nehme also einen Uebergang von Zellen in die Embryonalanlage an, die ursprünglich, in frühen Zeiten der Umwachsung, lateral von dem Schwanzknopf gelegen waren. Diesen Vorgang als Verwachsung zu bezeichnen, ist man bloss dann berechtigt, wenn man den Uebergang des Umwachsungsrandes in das Caudalende des Embryos überhaupt als Verwachsung bezeichnen will. Ich glaube, dass ich mit dieser Auffassung ungefähr das Gleiche meine, wie T. H. Morgan (16 p. 704). Morgan glaubt auch für Teleostier eine Konkrescenz annehmen zu müssen — er sagt: „It seems to me that a mass of tissue grows immediately backward in the median line as the fish embryo elongates. At the same time the material from the sides presses in towards the axial line to help in the elongation. In addition material from the germring continually passes into the embryo, but not in sufficient quantity to form the sides of the embryo. I find myself therefore in the anomalous position of denying a strict process of concrescence (in His sense) in the classical fish egg and advocating something like concrescence for the frog. When as pointed out above we recognize the different position of the egg occupied by the fish and the frog it may not seem remarkable to find the embryonic material laid down in different portions of the egg and the formation of the embryo correspondingly different.“ Ich kann mir den Vorgang des Uebertritts von Randelementen in die Embryonalanlage nicht anders erklären, als in der Art und Weise, wie ich das oben ausgeführt habe. Das ist aber keine Konkrescenz im His-Rauber'schen oder im Hertwig'schen Sinne. So lange die, von der Seite an die Embryonalanlage herantretenden Zellen nicht zur Bildung der Axialgebilde des Embryos, zunächst wohl der Chorda, verwandt werden, kann von einer Konkrescenz keine Rede sein. Die Konkrescenztheorie ist von Morgan für Teleostier so abgeschwächt, dass sie aufhört Konkrescenz zu sein — es scheint mir, dass Morgan erst durch das Studium von Froscheiern dazu gelangt ist, seine recht positiven Angaben in einer früheren Arbeit (Morgan, Experimental studies on the Teleost eggs. Anat. Anz. VIII, 1893, p. 803), theilweise zurückzunehmen. Hier sagt Morgan: „The embryo, cut off from all connection with the germring out one side elongates backwards producing an embryo having both right and let sides alike and equal. The conclusion follows: In the elongation of the embryonic knob backwards the head remains a fixed point and the elongation is due to an extention backwards of the mass; the germring takes to important part in the formation of the body of the fish embryo . . . . I hold that the mass of material to form the embryo appears very early and subsequently receives no additions laterally, as the embryo elongates and that the elongation takes place by the drawing out of the mass longitudinally.“ Ich bin mit diesen Schlüssen Morgan's ganz einverstanden — der Rand nimmt keinen w e s e n t l i c h e n Antheil aus der Bildung der Embryonalanlage.

Wie hätten wir uns nun, nach diesen Ausführungen, zu verhalten gegenüber den Angaben von Ryder und von Lereboullet über die Bildung von Urwirbeln im Rande? Es ist hier zunächst zu bemerken, dass Keiner von Beiden eine Spaltung der Chorda annimmt. Beim Ryder'chen Embryo ist sogar die Chorda in normaler Lagerung sehr weit entwickelt, ja sie ragt mit der Zellmasse, die zwischen den beiden, als Umwachsungsrand bezeichneten Streifen gelegen ist, caudalwärts sehr weit vor. Wir hätten es also hier nicht mit einer Verwachsung von mediären Gliedern zu thun, sondern mit einer Gliederung der seitlichen Abschnitte, die sich nicht in der Medianebene vereinigen — eine ächte Konkrescenz ist hier ausgeschlossen. Es unterscheiden sich in dieser Beziehung die fraglichen Embryonen sehr wesentlich von den Embryonen, die der Hertwig'schen Arbeit über *Spina bifida* zu Grunde gelegt sind, bei letzteren ist auch die Chorda gespalten (siehe verschiedene Figuren von Taf. XVIII und XIX, die Querschnittserien durch solche Embryonen entnommen sind).

Ich möchte nun annehmen, dass beim Ryder'schen Embryo ein Hinderniss in dem Verschluss des Dotterlochs vorhanden ist. Es mag sein, dass hier die grosse Fettkugel, die in der Zeichnung besonders hervortritt, als Ursache für die abnorme Weite des Dotterlochs anzusehen ist. Man mag die Ausbildung der letzten Urwirbel als normalen Vorgang ansehen, oder als Ausdruck einer Missbildung. Wenn sie einen normalen Vorgang darstellt, so fehlt uns zur genaueren Beurtheilung desselben die Erkenntniss, wie die Chorda sich entwickelt hat, und wie die um das hintere Ende der Chorda gelegene Zellmasse aufzufassen ist. Stellt sie eine Hemmungsbildung vor, was ich offen gesagt für wahrscheinlich halte, so hätten wir anzunehmen, dass von der Stelle an, wo die caudalen Urwirbel sich der Mittellinie nähern, ein Auseinanderwachsen von der, der Segmentirung anheimfallenden Mesodermmasse nach rechts und nach links stattgefunden hat. Bei der kurzen Beschreibung und der einzigen Figur, die Ryder giebt, ist es schwer, genauer auf die die Sache einzugehen, ich möchte aber die Erwägung aufstellen, ob bei Hemmung des Wachsthums, die auf das caudale Ende der Embryonalanlage einwirkt, ein Uebergang der Segmentirung auf den, der Embryonalanlage benachbarten Theil des Randes stattfinden kann, ohne dass man genöthigt wäre, aus einem derartigen anormalen Entwickelungsmodus auf eine Konkrescenz des Embryos aus Partien des Randes zu schliessen. Ich gebe damit auch meiner Ueberzeugung Ausdruck, dass die viel citirte Ryder'sche Beobachtung für die Beurtheilung der Konkrescenztheorie ohne Belang bleibt.

Die Rauber'schen Arbeiten haben für die His'sche Konkrescenztheorie eine Reihe von Beobachtungen geltend gemacht, die gewiss von Bedeutung sind. Am wichtigsten ist der Abschnitt „über den Radiärtypus der Mehrfachbildungen“ in dem Aufsatz: „Die Theorien der excessiven Monstra“, zweiter Beitrag, Virchow's Archiv Bd. 74, 1878, zur Bezeichnung des Rauber'schen Standpunktes. Rauber nimmt eine Verwachsung des Embryos aus den zwei Hälften des Umwachsungsrandes an und ein vollständiges Aufgehen des Umwachsungsrandes in die Embryonalanlage. Die Entstehung von Doppelmonstren wird durch die Annahme der Konkrescenz erklärt, und in der That sind sowohl die Rauber'schen als auch die Hertwig'schen Ausführungen in diesem Sinne sehr bestechend. Rauber bespricht den Fall, der nicht allzuselten ist, in welchem zwei Embryonalanlagen an einer Keimscheibe sich anlegen. Die Strecke zwischen den Anlagen bezeichnet Rauber als innere Zwischenstrecke — der übrige Theil des Umwachsungsrandes wird als äussere Zwischenstrecke bezeichnet. Die innere Zwischenstrecke wurde nun zur Bildung des Embryos ganz aufgebraucht — mit anderen Worten, sie wird im Laufe des Umwachsungsvorganges auf 0 reducirt, und folglich müssen die Embryonen mit den einander zugewandten Seiten zur Verwachsung gelangen, es entsteht so ein Y-förmiger Embryo, mit zwei Köpfen und einem Schwanze. Zu einem ähnlichen Resultate in Bezug auf Doppelmonstren gelangt auch Hertwig (Urmund und Spina bifida p. 468) mit dem Unterschied, dass er nicht den ganzen Keimring als Embryonalrand auffasst, wie dies His und Rauber thun (p. 469). Das Wesentliche der Hertwig'schen Anschauung liegt in folgenden Sätzen (p. 468): „Da bei Teleostiern die Gastrulation sich auf einen längeren Zeitraum ausdehnt, und dabei ein ziemlich beträchtlicher Theil des Umwachsungsrandes in den Urmundrand umgewandelt wird, muss die innere Zwischenstrecke, je geringer die Entfernung zwischen den zwei in Ausbildung begriffenen Embryonalanlagen ist, um so früher zur Vergrösserung der von rechts und links sich ausdehnenden Urmundränder aufgebraucht werden. In Folge dessen müssen die ursprünglich getrennt entstandenen doppelten Gastralhöhlen nach hinten in einen gemeinsamen Hohlraum zusammenfliessen. Aus den drei Schemata 11, 12 und 13 auf Taf. XX wird wohl die Hertwig'sche Ansicht am klarsten hervorgehen.

Ich muss mich in Bezug auf den Uebergang des Umwachsungsrandes an die Embryonalanlage der älteren Ansicht von His und Rauber anschliessen. Ich bin in der Lage nachzuweisen, dass der Umwachsungsrand normaler Weise erstens gleichförmig vorwächst, zweitens, dass er normaler Weise vollständig in die Anlage des Embryos übergeht. Ich sage normaler Weise; denn ich habe oben schon angeführt, dass das Dotterloch sich verschiedenartig schliessen kann und dass sich nicht selten bloss ein Theil des Umwachsungsrandes an der Bildung des Schwanzes betheiligt. Ich glaube nicht, dass aus einem derartigen Verhalten auf eine Missbildung zu schliessen sei, auch lege ich der Thatsache, dass der Theil des Umwachsungsrandes beim Schluss des Dotterlochs auf dem Dotter zurückbleiben kann, keine principielle Bedeutung bei, nur möchte ich der Hertwig'schen Annahme, dass immer nur ein Theil des Randes in den Embryo aufgenommen wird, entgegentreten.

Ich gebe zu, dass die Bildung von Doppelmonstren sich bei Annahme der gleichförmigen Umwachsung durch den Rand meist so glatt erklären lässt, wie nach der Hertwig'schen Theorie. Es ist klar, dass bei gleichmässigem Verwachsen des Randes die Embryonalanlagen sich erst sehr spät oder gar nicht an ihren caudalen Enden vereinigen werden, dass jedenfalls eine Vereinigung nicht auftreten wird, bevor der Umwachsungsrand den Aequator des Eies überschritten hat. Man muss jedenfalls, um eine Vereinigung in früher Zeit zu erhalten, annehmen, dass das Wachsthum des Randes an dem Caudalende und an der Zwischenstrecke zwischen den zwei Embryonen nach dem Ueberschreiten des Aequators des Eies rascher vor sich geht, als im übrigen Theile des Randes. Auf diese Weise würde eine frühere Vereinigung herbeigeführt werden. Man hätte dann nicht bloss eine Störung in der Keimscheibe durch das Auftreten von zwei Embryonalanlagen, sondern auch noch eine Störung in dem Wachsthum des Randes. Bei dem Mangel an Material von Doppelmonstren der Teleostier aus früher Zeit der Entwickelung, ist es natürlich unmöglich, diese Annahme an der Hand der Thatsachen zu erhärten; ich kann bloss anführen, dass auch bei sonst normaler Entwickelung Verschiedenheiten in der Art und Weise des Verschlusses des Dotterlochs vorhanden sind. Eine andere Hypothese, die ebenfalls die Entstehung von Doppelmissbildungen erklären würde, ist die, dass die Anlagen nicht wie normaler Weise radial auf den Rand angesetzt sind, sondern schief. Auf diese Weise käme es ebenfalls zu einer Verwachsung der Embryonen und zwar, wenn beide Embryonen schief gegen einander gestellt sind, schon bevor der Umwachsungsrand den Aequator des Eies überschritten hat.

Ich gebe diese Erklärungen, ohne bestimmt für die eine oder für die andere einzutreten. Eine Entscheidung in dieser Frage wird wohl bloss durch Untersuchung eines grösseren Materiales von Doppelbildungen der Teleostier möglich sein. Die Hertwig'sche Erklärung ist einfach, ihr widerspricht aber die Thatsache, erstens, dass der Umwachsungsrand ganz in die Embryonalanlage eingeht, zweitens, dass er sich normaler Weise gleichmässig schliesst. Zu der Hertwig'schen Erklärung sowie zu der ersten, von mir erwähnten Möglichkeit müsste man annehmen, dass am Rande ein ungleichmässiges Wachsthum an den Embryonalanlagen und an der Zwischenstrecke stattfände, gegenüber den anderen Theilen des Randes. Eine Hülfshypothese ist in dem einen, wie in dem anderen Falle nöthig.

Ich glaube, dass ich im Obigen genug gesagt habe, um die Anwendung meiner Beobachtungen über den Schluss des Dotterlochs — auf die Konkrescenztheorien zu ermöglichen. Kurz gesagt, geht meine Ueberzeugung dahin, dass der Rand gleichmässig verwächst und dass eine Aufnahme von Randmaterial in die Embryonalanlage nur insofern stattfindet, als der Umwachsungsrand sich nach Ueberschreitung des Aequators des Eies zusammenzieht und dadurch einzelne Theile des Randes in die Embryonalanlage gelangen. Für das Längenwachsthum des Embryos halte ich jedoch diese Thatsache für ganz belanglos, das Längenwachsthum findet statt zwischen der vorderen Wand der Kupffer'schen Blase und dem letzten Urwirbel, wie schon Henneguy angegeben hat.

Basel, 15. Februar 1896.

Litteratur-Verzeichniss.

1. Van Bambeke. Recherches sur l'embryologie des poissons osseux. Mém. cour. et mém. étrangers de Belgique. t. 40. 1876.
2. Gensch, Das sekundäre Entoderm u. die Blutbildung beim Ei der Knochenfische. t. 8. Königsberg 1852.
3. His, Briefe über unsere Körperform. 1874.
4. —— Ueber die Bildung der Haifischembryonen. Zeitschr. f. Anat. u. Entwickelungsgesch. Band. II. 1877.
5. —— Untersuchungen über die Entwickelung des Knochenfischembryos. Arch. f. Anat. u. Phys. 1878.
6. —— Untersuchungen über die Entwickelung der Knochenfische, besonders der Salmen. Zeitschr. f. Anat. u. Physiol. 1876.
7. —— Zur Frage von der Längsverwachsung der Wirbelthierembryonen. Arch. der anat. Gesellschaft. München 1891.
8. —— Ueber mechanische Grundvorstellungen thierischer Formbildung. Arch. f. Anat. u. Physiol. 1894.

9. Henneguy, Recherches sur le développement des poissons osseux. Embryogénie de la Truite. Thèse de la faculté des Sciences de Paris 1888.
10. Hertwig, O., Urmund u. Spina bifida. Arch. f. mikr. Anatomie. Bd. 39. 1892.
11. Hoffmann, C. K., Untersuchungen über den Ursprung des Blutes u. d. blutbereitenden Organe. Verhand. d. kön. Akad. zu Amsterdam. II. Sektion, III. Theil. 1893.
12. —— Ueber den Ursprung u. die Bedeutung der sogen. freien Kerne in dem Nahrungsdotter der Knochenfische. Zeitschr. für wiss. Zool. Bd. 46. 1888.
13. —— Zur Ontogenie der Knochenfische. Verh. d. kön. Akademie von Amsterdam. Bd. 21. 1881.
14. Kastschenko, Zur Entwickelungsgeschichte des Selachierembryos. Anat. Anzeiger III. 1888. p. 445.
15. Keibel, Studien zur Entwickelungsgeschichte des Schweines. Morph. Arbeiten von Schwalbe. III. p. 117.
16. Kowalewski, (M. von), Ueber die ersten Entwickelungsprocesse der Knochenfische. Zeitschr. für wiss. Zool. Bd. 43. 1886.
17. Kupffer, Die Gastrulation an den meroblastischen Eiern der Wirbelthiere und die Bedeutung des Primitivstreifs. Fortsetzung. Arch. f. Anat. u. Entwickelungsgesch. 1884.
18. Kopsch, Oberflächenbilder des sich entwickelnden Forellenkeims. Verh. d. anat. Gesellschaft in Strassburg. 1894.
19. —— Zellenbewegungen während des Gastrulationsprocesses an dem Steiss von Axolotl und vom braunen Grasfrosche. Sitz.-Ber. d. Ges. naturf. Freunde zu Berlin. 1895.
20. Lereboullet, Recherches sur les monstruosités du Brochet. Annales des Sciences nat. IV. Série Zoologie. 1863.
21. Locy, (W. A.), Metameric segmentation in the medullary folds and embryonic rim. Anat. Anz. IX. 1894. p. 393.
22. Morgan, (P. H.), Experimental studies on the Teleost eggs. Anat. Anzeiger VIII. 1893. p. 803.
23. —— The Formation of the Embryo of the Frog. Anat. Anzeiger IX. 1894. p. 697.
24. Minot, The Concrescence Theory of the Vertebrate Embryo. American naturalist. 1889 u. 1890.
25. Oellacher, Beiträge zur Entwickelungsgeschichte der Knochenfische. Zeitschr. für wiss. Zool. Bd. 22. u. 23. 1872.
26. Rauber, Primitivstreifen und Neurala der Wirbeltbiere. Leipzig 1877.
27. —— Die Theorien der excessiven Monstra. Virchow's Archiv. Bd. 71. 1877. Bd. 73 u. 74. 1878.
28. Rabl, Theorie des Mesoderms. 1. Theil. Morph. Jahrbuch. Bd. 15. 1889.
29. Rückert, Ueber die Anlage des mittleren Keimblattes u. die erste Hautbildung bei Torpedo. Anat. Anz. II. 1887.
30. Ryder, On the formation of the embryonic axis of the teleostean embryo by the concrescence of the rim of the blastoderm. Amer. naturalist. June 1885.
31. —— On the development of the osseous fishes. Annual report of the Commissioner of fish and fisheries for 1885. p. 19.
32. Schwarz, Untersuchungen des Schwanzendes bei Embryonen der Wirbelthiere. Zeitschr.fürwiss. Zool. Bd. 48. 1889.
33. Virchow, Hans. Ueber die Schwanzbildung bei Selachiern. Sitzungsber. d. Gesellschaft naturforschender Freunde zu Berlin. Nr. 6. 1895.
34. —— Das Dotterorgan der Wirbelthiere. Zeitschr. für wiss. Zool. Bd. 53. Suppl.
35. —— Das Dotterorgan der Wirbelthiere (Fortsetzung). Arch. f. mikr. Anatomie. Bd. 40.
36. —— Ueber das Dottersyncytium und den Keimhautrand der Salmoniden. Verh. der anat. Gesellschaft in Strassburg 1894.
37. —— Ueber den Keimhautrand der Salmoniden. Verh. der anat. Ges. zu Basel. 1895.
38. Wenckebach, Beiträge zur Entwickelungsgeschichte der Knochenfische. Arch. f. mikr. Anatomie. Bd. 28. 1886.
39. Wilson, H. V., The embryology of the sea bass (Serranus atrarius). Bulletin of the U. States Fish Commission for 1889. Washington 1891. Referirt in Merkel u. Bonnet's „Ergebnissen“. 1891. 1. Bd. p. 503. ff.
40. Ziegler, (H. E.), u. Ziegler, (F.), Beiträge zur Entwickelungsgeschichte von Torpedo. Arch. f. mikr. Anat. 39. Bd.
41. Ziegler, (H. E.), Die Entwickelung des Blutes bei Knochenfischembryonen. Arch. f. mikr. Anat. Bd. 30. 1887.
42. —— Ueber das Verhalten der Kerne im Dotter. Berichte der naturforschenden Gesellschaft in Freiburg. 1894. VIII. Bd.

Tafel-Erklärung.

Bezeichnung.

m = Anlage der Medulla.
ur = Umwachsungsrand.
d.l. = Dotterloch.
c = caudales Ende der Embryonalanlage.
mer = Merocyten.

Tafel I.

Alle Figuren bei 40facher Vergrösserung gezeichnet.

Fig. 1. Lachs 18 Urwirbel.
Fig. 2. » 19—20 »
Fig. 3. » 26—27 »
Fig. 4. » 24 »
Fig. 5. » 26 »
Fig. 6. » 24 »
Fig. 7. » 29—30 »
Fig. 8. » 36—38 »
Fig. 9. Forelle 18 »

Tafel II.

Fig. 10. Lachs 17 Urwirbel. 28fache Vergrösserung.
Fig. 11. Lachs 20 Urwirbel. 100fache Vergrösserung. Der Winkel zwischen Umwachsungsrand und Embryonalanlage mit Merocyten.
Fig. 12. Lachs 35 Urwirbel. 40fache Vergrösserung. Anormaler Verschluss des Dotterlochs. Zellmassen vom Umwachsungsrande, die nicht in die Embryonalanlage eingehen.
Fig. 13 u. 14. Lachs, vor der Bildung der Urwirbel. 40fache Vergrösserung.
Fig. 15. Lachs 25 Urwirbel. Theil des Umwachsungsrandes mit Merocyten und Zerfallsprodukten der Merocyten. 250fache Vergrösserung.
Fig. 16. Merocyten von einer Lachskeimscheibe von 3 mm im Durchmesser. Alle Figuren aus dem Centralsyncytium
Fig. 17. Lachs 18 Urwirbel. Lateralwärts von dem Embryo ungefähr in der Höhe des ersten Urwirbels.
Fig. 18. Merocyten aus dem Randsyncytium von verschiedenen Keimen.
Fig. 16—19 bei 250facher Vergrösserung.

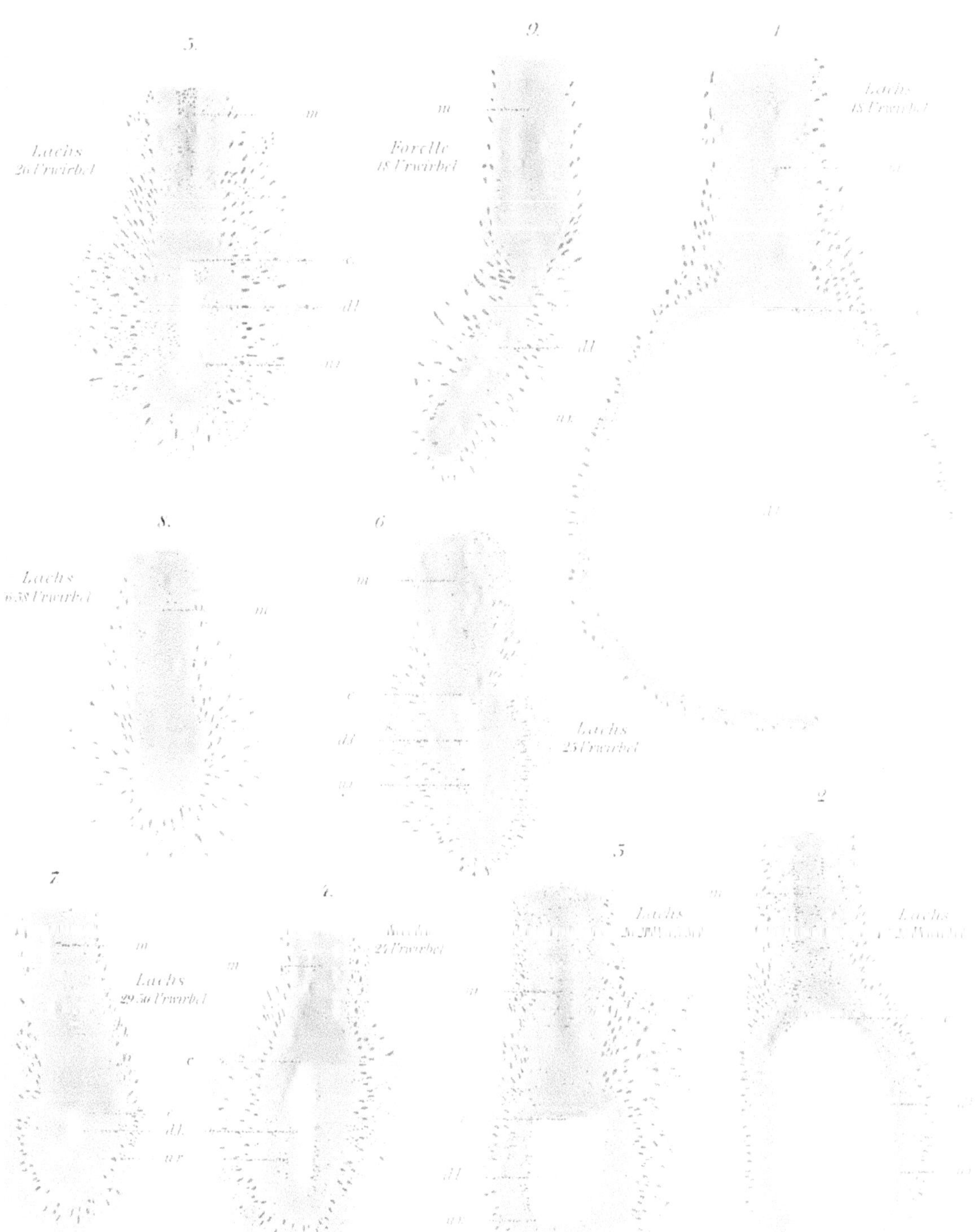

10 Lachs 17 Urwirbel

13. Lachs

19.

14. 17. Lachs

11 Lachs

18.

16

15.

12. Lachs

Werner & Winter, Frankfurt a/M. · Lith.Anst.v. ... Engelmann ... Leipzig

UEBER DIE ENTSTEHUNG DES ENDOKARDEPITHELS BEI DEN REPTILIEN

VON

DR. M. v. DAVIDOFF
IN VILLEFRANCHE-SUR-MER.

MIT TAFEL I.

Die Kenntniss der Abstammung eines Organes aus diesem oder jenem Keimblatte hat für theoretische Folgerungen eine grosse Bedeutung. Dieser Umstand hat es zu Stande gebracht, dass gerade diese Seite der Embryologie sich eines mächtigen Fortschrittes erfreut. Durch Bemühungen zahlreicher Forscher ist über die Herkunft, man kann wohl sagen der meisten Organe des Wirbelthierleibes Uebereinstimmung der Ansichten erzielt worden, und wenn auch jetzt noch Kontroversen bestehen, so haben sie doch wenigstens den Vorzug erlangt, dass sie sich meistens auf untergeordnete Punkte beziehen.

Eine Ausnahme hiervon bilden alle Gewebe und Organe, welche mit Blut- und Lymphgefässen, mit Blut und blutbildenden Organen in Zusammenhang stehen. Selbst in Bezug auf die Herkunft der körperlichen Elemente des Blutes, ein Gegenstand, der so viele Autoren beschäftigt hat, sind die Ansichten noch immer getheilt. Dasselbe gilt auch für die Entstehung der inneren Gefässhaut und des Endokardepithels.

Bei der Entwickelung der erwähnten Gewebe kommen ausschliesslich die beiden unteren Keimblätter in Betracht, und zwar die Splanchnopleura des Mesoblastes und der Entoblast. Dementsprechend zerfallen die Ansichten der Autoren in zwei Gruppen: die einen leiten alle diese Gebilde vom Mesoblast, die anderen vom Entoblast ab, und nur Wenige nehmen für sie eine gemischte Entstehung, aus den beiden erwähnten Keimblättern, an.

Was nun speciell die Herkunft des Endokards angeht, so wurde bis vor Kurzem allgemein angenommen, dass sein Epithel, ebenso wie das Myokard, aus dem Darmfaserblatt hervorgehe. Erst durch die Untersuchung von Rabl (86) wurde die Aufmerksamkeit der Fachgenossen auf den Entoblast des Kopfdarmes gelenkt. Bei Embryonen von *Salamandra* zeigt, wie Rabl mittheilt, die unmittelbar hinter den Mandibularbogen gelegene Region des Vorderdarmes eine in der ventralen Mittellinie gelegene Rinne. Es ist nun sehr wahrscheinlich, dass die Wände dieser Rinne in späteren Stadien sich in eine dreieckige Platte verwandeln, welche ihren Mutterboden verlässt und zwischen die beiden Hyoidbogen und die ventrale Darmwand zu liegen kommt. Bei noch weiter entwickelten Embryonen wird die Berührung mit dem Darm aufgegeben, und die erwähnte Platte befindet sich dann zwischen jenen Theilen der Splanchnopleura eingebettet, aus welchen später die Herzmuskulatur und das viscerale Pericardium hervorgehen.

Die Untersuchung Rabl's hat ausserdem gezeigt, dass die Anlage des Endocardiums bei den Amphibien eine unpaare ist, und daher alle Zustände, bei welchen das Organ sich paarig anlegt, wie es z. B. bei höheren Wirbelthieren erwiesener Maassen der Fall ist, von der unpaaren Anlage der Amphibien abgeleitet werden müssen.

Ueber den gleichen Gegenstand und ebenfalls bei den Amphibien arbeitete ein paar Jahre später Schwink (**90, 91**). Dieser konnte aber keine einzige Thatsache beobachten, welche auf eine Abstammung des Endokardepithels vom Vorderdarm und von der den letzteren umgebenden Splanchnopleura schliessen liess. Nach ihm entsteht das Endocardium nicht an Ort und Stelle, sondern erst im Anschlusse an die nach vorn wachsenden Dottervenen, deren innere Gefässhaut aus indifferent gebliebenen Elementen des Dotterentoblastes hervorgeht. Die Anlage des Endokards ist auch nach ihm von vornherein eine unpaare.

Kurz nach der oben angeführten Untersuchung von Rabl erschien die Arbeit von P. Mayer (**87**) über die Entwickelung des Herzens und der grossen Gefässstämme bei den Selachiern. Obwohl P. Mayer die paarige Anlage des Endocardiums nicht gesehen, so hat er doch eine solche mit Erfolg wahrscheinlich zu machen gesucht. Nach ihm steht das Endocardium in kontinuirlichem Zusammenhang mit der V. subintestinalis, welche letztere aus den beiden mit einander verschmelzenden Hauptvenen hervorgeht. Für die Entscheidung der Frage, ob das Endocardium sich paarig oder unpaar anlegt, kommt also nur der Zeitpunkt in Betracht, an welchen sein erstes Erscheinen geknüpft ist. Das Epithel des Endokards, sowie auch das der Intima der Gefässe ist nach P. Mayer jedenfalls ein Produkt des mittleren Keimblattes, der Splanchnopleura.

Etwas anders gestalten sich die Resultate, zu welchen Rückert (**87, 88**) bei seinen Untersuchungen an Selachierembryonen geführt wurde. Das Epithel des Endocardiums und der inneren Gefässhaut entsteht nach ihm theils aus dem Mesoblast, theils aus der ventralen Wand des Kopfdarmes. Zur Zeit, als der letztere noch mit dem Dotter in Verbindung steht, erscheinen zwischen ihm und der Splanchnopleura Zellen, welche später, nachdem der Darm sich vom Dotter abgeschnürt hat, ventral vom Darm zu liegen kommen und in die Bildung des Endokardepithels eingehen. Weiter kopfwärts gesellen sich zu diesen „Gefässzellen“ Elemente anderen Ursprungs. Hier sieht man an der ventralen Darmwand einen median gelegenen Längswulst, in welchem ein lebhafter Wucherungsprocess, verbunden mit zahlreichen Mitosen, vor sich geht. Die Zellen des Wulstes beginnen sich zu lockern, treiben Fortsätze und lösen sich von ihrem Mutterboden ab, wobei die ventrale Darmwandung merklich dünner wird. Die zuerst unregelmässigen, zwischen den Zellen gelegenen Hohlräume konfluiren mit einander und führen auf diese Weise zur Entstehung eines sich nach und nach, von hinten nach vorn entwickelnden einheitlichen Hohlraumes, der Herzhöhle. Von einer paarigen Anlage des Endokardiums hat

Rückert ebenso wenig gesehen wie P. Mayer. Aber Rückert vertritt den Standpunkt Rabl's und meint, dass, wenn man auch eine derartige Entstehung des Endocardiums fände, darin noch kein Hinweis auf ein primäres Verhalten läge.

Rabl (**89**), der nach P. Mayer und Rückert die Herkunft des Endokardepithels bei den Selachiern zu ermitteln suchte, kam zu keinem bestimmten Resultate.

Im Gegensatz hierzu lieferte C. K. Hofemann (**92, 93**) sehr bestimmte Angaben über unseren Gegenstand. Das Epithel der inneren Gefässhaut und des Endokards gehen aus der ventralen Wand des Darmes hervor, deren Zellen sich zuerst in „Hämenchymzellen" umwandeln. Die Herzanlage ist eine ausgesprochene, bilaterale, aber asymmetrische Ausstülpung der Urdarmwand. In einem gewissen Stadium stehen Herz- und Urdarmhöhle in freier Kommunikation; die grössere linke Herzhöhle verbindet sich durch eine grosse, die kleinere rechte durch eine kleine Oeffnung mit dem Urdarme.

So präcise Hoffmann's Angaben auch lauteten, so erweckten sie dennoch kein Vertrauen bei denjenigen Forschern, welche sich mit dem gleichen Gegenstand bei den Selachiern beschäftigten. So hat P. Mayer (**93**), auf Grund erneuerter Untersuchungen nachzuweisen versucht, dass Hoffmann schlecht konservirte Objekte vorgelegen haben, dass der Zusammenhang des Darmlumens mit der Herzhöhle sich auf Zerrungen und Risse der Darmwand zurückführen lässt. Im Anschluss an einen von Sobotta (**94**) gehaltenen Vortrag, in dem dieser Forscher Herz und Gefässe aus dem Mesoblast ableitet, äussert sich Rabl (**94, 1**) dahin, dass das „Endothelsäckchen" des Herzens in keiner Beziehung zu der auch bei den Selachiern vorhandenen Rinne an der ventralen Darmwand steht. Dasselbe entwickelt sich höchst wahrscheinlich aus der Splanchnopleura. Mit P. Mayer (**93**) stimmt Rabl darin überein, dass die den Untersuchungen von Hoffmann zu Grunde gelegten Präparate ganz unvollkommen waren. Den Ausführungen von Sobotta (**94**) schloss sich auch Ziegler (**94**) an, der schon früher die Entstehung des Blutes und der Gefässe aus dem Mesoblast bei den Wirbelthieren zum Gegenstand einer theoretischen Erörterung machte.

Schon diese kurze, nur die Arbeiten neueren Datums berücksichtigende Litteraturübersicht zeigt, wie weit unsere Kenntnisse der Entstehung des Endokardepithels davon entfernt sind, befriedigende zu sein. Nicht allein schwanken die Ansichten der Forscher darin, aus welchem Keimblatte das Endocardium hergeleitet werden soll, sondern auch die Anschauung, dass beide Keimblätter an seiner Bildung sich betheiligen, ist durch Rückert vertreten. Daher ist die Arbeit des letzteren Forschers sowohl von der einen als auch von der anderen Gruppe der Autoren als Beleg für ihre Ansichten ins Feld geführt worden. Für die Entscheidung der uns beschäftigenden Frage sind Angaben nöthig, welche die Herkunft des Endokardepithels aus diesem oder jenem Keimblatte vollkommen sicher stellen, und es ist zunächst gleichgültig, von welcher Gruppe der Vertrebraten sie herrühren. Denn ist einmal die Ursprungsstätte des Endokards erwiesen, so darf man, wie ich glaube, mit Generalisirungen nicht zu furchtsam vorgehen, da es nicht anzunehmen ist, dass dasselbe

Organ das eine Mal aus dem Mesoblast, das andere Mal aus der ventralen Wand des Vorderdarms entstehen wird.

Im Sommer 1895 hatte ich Gelegenheit, mir einiges embryologische Material von Reptilien zu sammeln. Hierzu ist Villefranche-sur-mer (bei Nizza) ein sehr geeigneter Ort. *Lacerta muralis* Laur. kommt hier in grossen Massen vor, ebenso *Ascalabotes fascicularis* Daud. (Gecko), häufig auch *Hemidactylus verruculatus* Cuv. Für embryologische Untersuchungen kann ich *Ascalabotes* warm empfehlen, ein Objekt, welches schon Will (**92**) zu umfangreichen Arbeiten über die Gastrulation gedient hat. In der zoologischen Station zu Villefranche fand ich alles Nöthige, um an Ort und Stelle zu konserviren und zu schneiden, wofür ich dem Direktor dieser Anstalt, Professor A. Korotneff in Kiew, meinen Dank abstatte.

Für die Fixirung meiner Objekte bediente ich mich zweier Flüssigkeiten: 1) einer gesättigten Sublimatlösung in destill. Wasser, der ich 5% Eisessig zufügte, ein Reagens, welches Oppel (**92**) bei seinen Studien über die Befruchtung des Reptilieneies benutzt hat, und 2) der Sublimat-Pikrinsäurelösung nach Rabl (**94**, **2**). Nach beiden Reagentien wurde von einer Auswaschung in Wasser Abstand genommen. Die Objekte kamen direkt in schwachen Alkohol, der sehr behutsam verstärkt wurde. Beide Flüssigkeiten lieferten ungefähr dasselbe, und wenn man nach Sublimat-Eisessig vorsichtig in stärkeren Spiritus überträgt, so schrumpfen die Objekte ebenso wenig wie nach der Rabl'schen Flüssigkeit, färben sich aber in Borax-Karmin noch besser, wobei die Präparate auch durchsichtiger bleiben, ein Vorzug, der bei einer Untersuchung von mehreren über einander liegenden Zellenlagen nicht zu unterschätzen ist.

Die Herkunft des Endokardepithels der Sauropsiden ist noch nicht völlig sicher gestellt. Die wenigen diesbezüglichen Arbeiten werde ich im Laufe meiner Darstellung berücksichtigen.

Ich will zunächst eine Querschnittserie von einem *Ascalabotes*-Embryo von 1,6 mm Länge, mit 6—7 Urwirbeln vorführen. Bei der Betrachtung der Herzregion wollen wir an einer Stelle beginnen, welche unmittelbar hinter derselben liegt und dadurch gekennzeichnet ist, dass der Kopfdarm noch frei an der Oberfläche des Dotters ausmündet. In den weiter vorn gelegenen Schnitten beginnt der Darm durch Zusammenrücken seiner seitlichen Wände sich vom Dotter abzuschliessen. Wir befinden uns also in der Region der sogenannten vorderen Darmpforte.

Der Schnitt, welchem Fig. 1 entnommen ist, trifft den Embryo an der Stelle, an welcher das Darmlumen mit dem Dotter noch in Verbindung steht. Schon am nächst vorderen Schnitte ist die Darmhöhle gegen den Dotter abgeschlossen. In Fig. 1, sowie in allen folgenden Figuren ist nur der mittlere ventrale Theil der Querschnitte abgebildet. Denkt man sich das Darmlumen der Fig. 1 (*Kd*) nach oben (dorsal) vervollständigt, so würde dasselbe sich als ein umgekehrt flaschenförmiges ergeben. Es verschmälert sich nach unten (ventral) und gestaltet sich schliesslich (auf dem Querschnitte) zu einem engen Kanal, der, sich etwas erweiternd, in die mit Eiweiss gefüllte Dotterhöhle ausmündet. Die dicken Wände des Darmes bestehen aus langen und schmalen Zellen, deren Kerne in verschiedenen Höhen der Schicht liegen und vielfach in Mitosen getroffen werden, wobei die Längsachse der letzteren stets senkrecht zur Oberfläche des Epithels gestellt ist. Bis zur ventralen Ausmündung des Darmes bleiben seine Seitenwände annähernd gleich stark und erst an der Stelle, an welcher sie in das einschichtige, aus platten Zellen bestehende Entoblast der *Area pellucida* (Fig. 1 *Ebl*) übergehen, verschmälern sie sich allmählich, so dass der Uebergang sich zu einem kontinuirlichen gestaltet. Die Splanchnopleura (Fig. 1 und ff. *Sp*) liegt den Seitenwänden des Darmes nicht direkt an: zwischen beiden bleibt fast überall ein mehr oder weniger breiter Zwischenraum erhalten, durch welchen oft lange, sich manchmal theilende Fortsätze der Mesoblastzellen hindurchziehen. Einzelne derselben erstrecken sich bis zur Darmwandung und scheinen sich an dieselbe anzulegen, wobei die seitliche Grenze der Darmwand immer eine durchaus scharfe bleibt. Dem geschilderten Verhalten gemäss, ist der innere, dem Darme zugewendete Rand der Splanchnopleura ausgezackt, ein Zustand, der nach unten zu sich allmählich ändert, so dass an Stellen, an welchen sie sich zur Seite wendet und über dem Entoblast des hellen Fruchthofes liegt, ihr innerer bez. unterer (ventraler) Rand völlig glatt erscheint und sich als solcher in das Blastoderm fortsetzt.

Vier Schnitte weiter vorn, Fig. 2, haben sich die Verhältnisse etwas geändert. An Stelle des das Darmlumen mit dem Dotter verbindenden Kanales befindet sich ein solider Zellenstrang, den wir als „Verbindungsstrang“ bezeichnen wollen (*Vs*). Die Zellen des letzteren liegen dicht an einander, und nirgends sind zwischen ihnen Lücken wahrzunehmen. Wir befinden uns hier an einer Stelle, an welcher die Abschnürung des Vorderdarmes vom ausserembryonalen Entoblast eben im Begriff ist, sich zu vollziehen.

Zur Seite des Verbindungsstranges, zwischen ihm und der Splanchnopleura sieht man rechts und links Zellen eingelagert, welche alle Charaktere frei gewordener Mesoblastzellen angenommen, d. h. solcher Zellen, die sich aus ihrem epithelialen Verbande losgelöst haben und zu Mesenchymzellen geworden sind. Im Hinblick auf die spätere Aufgabe dieser Elemente können wir sie mit Rückert (**88**) als Gefässzellen bezeichnen (vergl. Fig. 2 und ff., *Ee* und *Gz*). Sie sind gruppenweise gelagert (bei *Ee*), bilden lange Züge (bei *Gz*), und manche von ihnen zeigen Fortsätze.

Die Schnitte dieser Serie sind nicht völlig symmetrisch ausgefallen. Diesem Umstande ist es wohl zuzuschreiben, dass auf der rechten Seite der Fig. 2 die Gefässzellen (*Ee* und *Gz*) zahlreicher vertreten sind und am Verbindungsstrang (*Vs*) weiter dorsalwärts reichen als auf der linken Seite. Ein fernerer Unterschied besteht noch darin, dass auf der rechten Seite der Figur die Gruppe der Gefässzellen sich auf eine zwischen Entoblast und Splanchnopleura gelegene Zellenreihe (Fig. 2 *Gz*) fortsetzt, welche lateral sich ziemlich weit verfolgen lässt, dann aber spurlos verschwindet. Die Zellen sind hier sehr flach und nur da, wo der Kern gelegen ist, erlangen sie eine gewisse Dicke. Hierbei liegen sie derart, dass ihre Längsachse zu der der Zellen der Splanchnopleura senkrecht steht. Zwischen Entoblast und Splanchnopleura bilden sie eine besondere selbstständige Zellenschicht, welche wir als intermediäre Gefässzellenlage bezeichnen wollen (vergl. *Gz* in den Figuren). Auf der linken Seite der Fig. 2 ist eine solche Zellenschicht nicht vorhanden. Hier hängt die Gruppe der Gefässzellen (*Ee*) direkt mit der Splanchnopleura zusammen, senkt sich in dieselbe ein. Auch findet sich auf der linken Seite der Fig. 2 nicht wie auf der rechten, ein von Gefässzellen umgrenztes Lumen (bei *Ee*).

Die Schnitte, welche zwischen den in Fig. 1 und 2 abgebildeten liegen (3 an Zahl), bieten insofern Interesse, als in ihnen zwischen Entoblast und Splanchnopleura vereinzelt Zellen auftreten, welche ihrer Lage und Beschaffenheit nach zu den Gefässzellen zu rechnen sind. Zu grösseren Anhäufungen, wie es in Fig. 2 der Fall ist, kommt es jedoch noch nicht, obwohl ihre Zahl von hinten nach vorn mit jedem Schnitte zunimmt. Man sieht hier Bilder, welche jenen ähnlich sind, die Gasser (**77**) von einem Hühnerembryo mit ca. 6 Urwirbeln darstellt. Zwischen Darmrinne und Splanchnopleura zeichnet dieser Autor vereinzelte, lang ausgezogene Zellen, welche unseren intermediären Gefässzellen in allen Beziehungen gleichen (man betrachte die Figuren auf Taf. XXVI von Gasser). Ebensolche Zellen bildet auch Rückert (**88**) in seiner Fig. 1 *ab*.

Wenden wir uns zur Betrachtung der Schnitte, welche weiter vorn als Fig. 2 gelegen sind, so gewährt schon der nächstfolgende Schnitt (Fig. 3) einiges Interesse. Der Zusammenhang zwischen den Elementen des Darmes und dem Entoblast ist gelöst. Beide Bildungen senden aber einander kielförmige, zellige Fortsätze entgegen, an deren Spitzen eine scheinbare Auflockerung im Gefüge der Zellen vorhanden ist. Betrachtet man solche Stellen, so könnte man versucht sein, an eine Auflösung der ventralen Darmwand in ihre Elemente zu denken, namentlich wenn man Schnitte vor sich hat, welche den Embryo nicht völlig senkrecht zu seiner Längsachse treffen und eine solche Auflösung noch in viel höherem Maasse vortäuschen, als es in Fig. 3 der Fall ist. Giebt man sich dieser Täuschung hin, so liegt Nichts näher, als eine Vermischung der Elemente des Darmentoblastes mit Gefässzellen anzunehmen. Dies ist aber sicher nicht der Fall. Bei der Loslösung des Vorderdarmes vom Entoblast geht der Process langsam von hinten nach vorn von Statten und erstreckt sich demgemäss auf eine Reihenfolge von Schnitten. Nachdem der gewebliche Zusammenhang beider Organe gelöst ist, bleiben an jedem von ihnen Spuren erhalten, welche auf eine ursprüngliche Zusammengehörigkeit Beider hinweisen: es erscheinen eine Zeit lang beide Bildungen gegen einander gekielt, wie in Fig 3; man kann zwischen den beiden Kielen einzeln oder gruppenweise gelegene Zellen treffen, deren Zusammenhang mit dem Darm oder mit dem Entoblast des hellen Fruchthofes oft erst an einem weiten, vorn oder hinten gelegenen Schnitte deutlich zu Tage tritt. Jedenfalls haben die Charaktere solcher Zellen oder Zellgruppen nichts Gemeinsames mit Gefässzellen: sie sind starr und eckig und werden schliesslich, beim Abschluss des ganzen Vorganges, entweder in den Darm oder in den Entoblast einbezogen. So lange man sich in der Region der Ablösung des Darmes vom Entoblast befindet, erscheint der ventrale Theil des ersteren gekielt, enthält eine Rinne und seine ventrale Grenzlinie ist, an Schnitten unregelmässig, ausgezackt. Dass die uns beschäftigende Region bei verschiedenen Thieren über längere oder kürzere Strecken sich zu gleicher Zeit ausdehnen kann, ist wohl anzunehmen.

Jedenfalls ist bei *Ascalabotes* 3 Schnitte weiter vorn als Fig. 3 jede Spur des Ablösungsvorganges des Darmes verschwunden (Fig. 4). Darm und Entoblast zeigen völlig glatte Umrisse. Zwischen Beiden liegt ein ansehnlicher Raum, in welchem die beiderseitigen, aus Gefässzellen bestehenden Anlagen zusammengetroffen sind und einen von mehreren Lücken durchsetzten Zellenhaufen, die Anlage des Endokardepithels, darstellen (Fig. 4 *Ee*).

Es ist nicht zu entscheiden, ob in diesem Zellenkomplex (*Ee*) eine bilaterale Anordnung der Elemente vorhanden ist oder nicht. Die nicht völlig symmetrische Richtung der Schnitte mag dazu beigetragen haben, dass gerade diese Eigenschaft der Anlage nicht deutlich zu Tage tritt. Ich habe aber auch an anderen, in dieser Beziehung besser gelungenen Querschnittserien Nichts von einer Paarigkeit dieses Theiles der Herzanlage gesehen. Die strenge Symmetrie, welche von vielen Forschern bei der Herzanlage des gleichen Stadiums beim Hühnchen beobachtet und abgebildet wurde, existirt also bei *Ascalabotes* nicht. Nur im ventralen Theile kann man ihre paarige Entstehung noch dadurch erkennen, dass sie durch zwei divergirende Zellenstränge mit den rechts- und linksseitigen intermediären Gefässzellen in kontinuirlichem Zusammenhange steht.

Wie Fig. 4 zeigt, stehen die beiderseitigen Splanchnopleuren in ihrem ventralen Theile noch weit aus einander. Dies ändert sich jedoch sehr bald. Schon am zweiten Schnitte weiter vorn (Fig. 5) sieht man sie näher zusammenrücken und die Anlage des Endokardepithels an dieser Stelle beengen. Sie ist hier nur vermittelst eines soliden zelligen Stieles mit den intermediären Gefässzellen verbunden. Dass aber von Seiten der letzteren auch hier noch eine lebhafte Abgabe von Material an die Endokardanlage erfolgt, beweisen die häufigen Mitosen, welche man in diesen Zellen findet. Je weiter wir nach vorn schreiten, um so näher rücken die Splanchnopleuren unter der Herzanlage zusammen, bis sie schliesslich, 4 Schnitte weiter vorn, in der ventralen Mittellinie zusammentreffen (Fig. 6) und ein Mesocardium anterius darstellen. Hierdurch wird die Anlage des Endokardepithels von den intermediären Gefässzellen völlig gesondert und sich selbst überlassen. Ihr weiteres Wachsthum kann von nun an ausschliesslich durch Vermehrung ihrer Zellen vor sich gehen.

Die weiter vorn als der Schnitt Fig. 6 gelegenen Schnitte der Serie haben für die uns beschäftigende Frage keine Bedeutung mehr, wesshalb ich von einer Schilderung derselben Abstand nehmen kann. Ich will nur noch erwähnen, dass das Mesocardium anterius sehr kurz ist; die beiderseitigen Pleuroperitonealhöhlen (Perikardialhöhlen) treten bald zusammen und verschmelzen zu einer einheitlichen Bildung.

Versuchen wir an der Hand der vorliegenden Thatsachen ein Bild der Entstehung des Endokardepithels zu entwerfen, so wäre zunächst zu betonen, dass dasselbe nicht gleichzeitig in seiner ganzen Ausdehnung entsteht, sondern sich nach und nach, im Anschlusse an die Abschnürung des Kopfdarmes vom Dotter, von hinten nach vorn bildet. Seine Entwickelung kann also, ebenso wie die mancher anderen Organe, fast vollständig an einem und demselben Embryo eines passenden Stadiums verfolgt werden.

Das Erste, was wir in der hinteren Region der Anlage treffen, sind vereinzelte, zwischen Entoblast und Splanchnopleura symmetrisch gelegene spindelförmige Gefässzellen; die auf der rechten und linken Seite befindlichen Zellen sind anfangs durch die ganze Breite des noch nicht geschlossenen Kopfdarmes von einander getrennt. Weiter vorn, da wo die Seitenwände des Darmes zusammentreten und einen „Verbindungsstrang" herstellen, sieht man die Gefässzellen von beiden Seiten her sich lebhaft theilen, der ventralen Medianlinie zustreben und jederseits am Verbindungsstrang dorsalwärts gleiten, um, auf diese Weise, einer zuerst paarigen Anlage des Endokardepithels den Ursprung geben. In dem Maasse, als die zwischen den beiden Anlagen gelegene entodermale Scheidewand (Verbindungsstrang) schwindet, vereinigen sie sich zu einem einheitlichen Gebilde, an dem seine ursprüngliche Duplicität nicht mehr zu erkennen ist. Der Zusammenhang mit den beiderseits gelegenen intermediären Gefässzellen erhält sich auch, nachdem der Vorderdarm völlig selbstständig geworden ist. Erst noch weiter vorn wird derselbe gelöst, und zwar dadurch, dass die beiden Splanchnopleuren ventral zusammenstossen und ein kurzes Mesocardium anterius herstellen. Die Herkunft der Gefässzellen, sowie des aus ihnen entstehenden Endokardepithels lässt sich an unserer Serie ebenfalls demonstriren. Es kann keinem Zweifel unterliegen, dass der Mutterboden dieser Zellen die Splanchnopleura ist; an vielen Stellen sieht man nicht allein einen Zusammenhang zwischen Beiden, sondern sieht geradezu, wie die Zellen der Splanchnopleura, sich theilend, Gefässzellen aus sich hervorgehen lassen. Ich verweise hierfür auf die linke Seite der Figg. 2, 3 und 5. Dafür, dass in der vorderen Region der Anlage des Endokardepithels sich zu ihr noch Elemente der ventralen Wand des Kopfdarmes hinzugesellen, fand ich an meinen Präparaten gar keine Belege.

Wenn wir über die Herkunft der Gefässzellen und über die Art und Weise der Einstellung des Endokardepithels schon aus der angeführten Serie genügend sichere Schlüsse ziehen können, so bleibt doch noch manche Frage ungelöst. Zwei derselben beanspruchen ein besonderes Interesse: 1) ist die Entstehung der Gefässzellen an eine bestimmte Stelle der Splanchnopleura gebunden oder nicht; 2) ist die erste Anlage des Endokardepithels eine solide, aus epithelial angeordneten Zellen bestehende, oder tritt sie von vornherein als ein Komplex von locker verbundenen Gefässzellen auf.

Die Antwort auf beide Fragen kann nur eine Untersuchung jüngerer Embryonen geben. Wir wollen desshalb zwei Querschnitte aus der Herzregion eines Embryos von *Ascalabotes* von 1,4 mm Länge mit 4—5 Urwirbeln in's Auge fassen.

Der Schnitt Fig. 7 trifft den Embryo an der Stelle, an welcher das Lumen des Kopfdarmes vom Dotter bereits getrennt ist, aber Darm und Entoblast hängen noch durch einen Verbindungsstrang zusammen. Das Bild ist im Ganzen dem der Fig. 2 sehr ähnlich, nur sind die Elemente etwas grösser, und die noch paarige Anlage des Endokardepithels ist wesentlich anders beschaffen als dort. Die die Seitenwände des eigentlichen Darmes umgebende Splanchnopleura ist ziemlich dünn, hat ungefähr den gleichen Durchmesser wie in den vorigen Figuren. Ventralwärts aber verdickt sie sich sehr bedeutend und bildet einen dicken Wulst, den wir als Gefässwulst (*Gw*) bezeichnen wollen. Derselbe buchtet sich in die Leibeshöhle vor und geht unvermittelt in die dünne, den Entoblast des hellen Fruchthofes überziehende Splanchnopleura über. Vom ventralen und medialen Theile jedes der Gefässwülste (wir fassen hauptsächlich die rechte Seite der Fig. 7 in's Auge) geht eine Zellenproliferation aus, welche zur Bildung völlig solider, aus epithelial angeordneten Zellen bestehenden Anlagen des Endokards führt (*Ee*).

Die hinter dem Schnitt Fig. 7 gelegenen Schnitte zeigen, wie diese Anlagen nach hinten zu allmählich verstreichen. Die Zahl der sie zusammensetzenden Elemente nimmt ab, bis schliesslich am vierten hinteren Schnitte, an welchem das Darmlumen bereits mit dem Dotter kommunicirt, gar keine Zellen zwischen Entoblast und Splanchnopleura zu finden sind. Auch die Gefässwülste nehmen an Umfang ab, erstrecken sich jedoch weiter nach hinten als die Herzanlage dieses Embryos. Es ist demnach anzunehmen, dass der Schnitt Fig. 7 die Herzregion noch weit vorn trifft, dass ferner in dem Maasse, als diese Region sich weiter nach hinten ausdehnt, die in Fig. 7 abgebildeten Zustände ebenfalls nach hinten rücken, bis sie die hinterste Grenze der Herzanlage erreichen. Obwohl also die Schnitte der Figg. 7 und 2 einander sehr ähnlich aussehen, müssen sie doch von verschiedenen Regionen der Herzanlage herstammen; der Schnitt Fig. 7 liegt weiter vorn, der der Fig. 2 weiter hinten.

Am nächst folgenden, vor dem der Fig. 7 entsprechenden Schnitte (Fig. 8) sind Kopfdarm und Entoblast von einander geschieden, und der Raum zwischen Beiden ist, wie in der vorigen Serie, von der Anlage des Endokardepithels eingenommen. Oben (dorsal) und unten theilt sich diese Anlage gabelförmig, und nur in der Mitte scheinen ihre beiden Theile ihre Selbstständigkeit verloren zu haben. Die beiden oberen Schenkel umfassen den ventralen Rand des Darmes, die unteren verbinden sich jeder mit der Splanchnopleura seiner Seite an derselben Stelle wie in der Fig. 7. An den entsprechend gelegenen Mitosen sieht man, dass von Seiten der Splanchnopleuren immerwährend Material an die Anlage des Endokards abgegeben wird.

Weiter vorn als der Schnitt Fig. 8 wiederholen sich die Zustände annähernd in derselben Weise wie in der zuerst betrachteten Serie, nur mit dem wesentlichen Unterschiede, dass die Herzregion hier nur noch an einigen wenigen Schnitten getroffen wird, ein Verhältniss, welches mit der oben ausgesprochenen Vermuthung, dass der Schnitt Fig. 7 die Herzregion weit vorn trifft, in völligem Einklang steht. Nachdem die beiden Splanchnopleuren zusammengetreten sind, wird die Anlage des Endokardepithels bei diesem Embryo nur durch eine sehr geringe Anzahl von dicht gedrängten und fortsatzlosen Zellen (auf dem Querschnitt nur 5—6 Zellen) repräsentirt. Um eine Anlage von der Beschaffenheit der Fig. 6 (*Ec*) hervorgehen zu lassen, müssen diese Zellen sich bedeutend vermehren und verändern.

Die Untersuchung des jüngeren Embryos hat also auf die beiden vorhin aufgeworfenen Fragen eine positive Antwort gegeben: die erste Anlage des Endokardepithels ist eine solide, aus epithelial angeordneten Zellen bestehende. Ihre Ursprungsstätte ist eine durchaus lokalisirte — es ist eine ventrale, im Winkel zwischen Vorderdarm und Entoblast des hellen Fruchthofes gelegene Verdickung der Splanchnopleura, welche wir als Gefässwulst bezeichneten. Von hier aus entwickeln sich auch die als intermediäre Gefässzellen bezeichneten Elemente.

Die Ausbildung des Herzlumens hat man sich mit Balfour (**88**, Bd. 2, p. 569) derart vorzustellen, dass innerhalb der zunächst soliden Anlage Spalträume auftreten, welche zur Auseinanderweichung der Zellen und zur Fortsatzbildung von Seiten derselben führen (vergl. Fig. 2—6). Aus einzelnen Spalträumen entsteht schliesslich die einheitliche Herzhöhle.

In Bezug auf die Frage nach der ursprünglich paarigen oder unpaaren Anlage des Endokards bei den Vertebraten, geben die geschilderten Präparate selbstverständlich noch keine entscheidende Antwort. Man kann sich aber sehr wohl denken, und dieses würde mit unseren Befunden völlig harmoniren, dass auch da, wo das Endokardepithel als solches von vornherein unpaar auftritt, dasselbe dennoch aus den Elementen der beiden Antimeren zusammengesetzt wird. Ich glaube mich nicht zu irren, wenn ich annehme, dass schon in frühen Stadien jede Embryonalhälfte die Elemente aller in der Mittellinie gelegener Organe enthält, und dass nur dadurch, dass diese Hälften gerade längs dieser Linie verwachsen, manche dieser Bildungen später unpaar werden. Wenn nun solche Organe erst in vorgerückten Stadien auftreten, so legen sie sich von vornherein unpaar an, bestehen aber immer aus den Elementen der beiden Antimeren.

Ausser *Ascalabotes fascicularis* habe ich die Entstehung des Herzens auch bei *Lacerta muralis* und *Hemidactylus verruculosus* untersucht. Auf meine diesbezüglichen Präparate gehe ich hier nicht weiter ein, kann aber auf Grund derselben angeben, dass die Entstehung des Endokardepithels bei den beiden letztgenannten Thieren sich im Wesentlichen ebenso verhält wie *Ascalabotes*. Demgemäss stimme ich Junglöw (**89, 92**) vollkommen bei, wenn er Hoffmann (**84**) gegenüber die symmetrische Anlage des Herzens bei *Lacerta agilis* betont.

Villefranche-sur-mer (Alpes maritimes) im December 1895.

Litteratur-Verzeichniss.

BALFOUR, FRANCIS M., **80**, Handbuch der vergleichenden Embryologie. Deutsch von B. VETTER. Jena.
GASSER, E., **77**, Ueber die Entstehung des Herzens bei Vogelembryonen. in: Arch. Mikr. Anat., 14. Bd., p. 459—470, T. 16 und 17.
HOFFMANN, C. K., **84**, Beiträge zur Entwickelungsgeschichte der Reptilien. in: Zeit. Wiss. Zool., 40. Bd., p. 214—246, T. 13 und 14.
—— **92**, Ueber die Entstehung der endothelialen Anlage des Herzens und der Gefässe bei Hai-Embryonen (*Acanthias vulgaris*). in: Anat. Anzeiger, 7. Jahrg., p. 270—273, 3 Figg.
—— **93**, Zur Entwickelungsgeschichte des Herzens und der Blutgefässe bei den Selachiern. Ein Beitrag zur Kenntniss des unteren Keimblattes. in: Morph. Jahrb., 19. Bd., p. 592—648, 6 Fig., T. 22—25.
JUNGLÖW, H., **89**, Ueber die Anlage des Herzens bei *Lacerta agilis*. in: Anat. Anzeiger, 4. Jahrg., p. 288.
—— **92**, Ueber einige Entwickelungsvorgänge bei Reptilien-Embryonen. in: Anat. Hefte, 1. Abth., 1. Bd., p. 187—204, T. 21.
MAYER, PAUL, **87**, Ueber die Entwickelung des Herzens und der grossen Gefässstämme bei den Selachiern. in: Mitth. Zool. Stat. Neapel, 7. Bd., p. 338—370, T. 11 und 12.
—— **93**, Ueber die ersten Stadien der Gefässe bei den Selachiern. in: Anat. Anzeiger, 9. Bd., p. 185—192.
OPPEL, Alb., **92**, Die Befruchtung des Reptilieneies. in: Arch. Mikr. Anat., 39. Bd., p. 215—290, T. 9—12.
RABL, CARL, **87**, Ueber die Bildung des Herzens der Amphibien. in: Morph. Jahrb., 12. Bd., p. 252—273, 2 Figg. T. 15 und 16.
—— **89**, Theorie des Mesoderms. ibid. 15. Bd., p. 113—252, 9 Figg., T. 7—10.
—— **94**, 1, [Diskussion zu KOPSCH etc.]. in: Verh. D. Anat. Gesell. 8. Vers., p. 91.
—— **94**, 2, Einiges über Methoden. in: Zeit. Wiss. Mikroskopie, 11. Bd., p. 164—172.
RÜCKERT, J., **87**, Ueber den Ursprung des Herzendothels. in: Anat. Anzeiger, 2. Jahrg., p. 386—397.
—— **88**, Ueber die Entstehung der endothelialen Anlagen des Herzens und der ersten Gefässstamme bei Selachier-Embryonen. in: Biol. Centralbl., 8. Bd., p. 385—399, 417—430, 18 Figg.
SCHWINK, F., **90**, Ueber die Entwickelung des Herzendothels der Amphibien. in: Anat. Anzeiger, 5. Jahrg., p. 207—213.
—— **91**, Untersuchungen über die Entwickelung des Endothels und der Blutkörperchen der Amphibien. in: Morph. Jahrb., 17. Bd., p. 288—333, T. 17—19.
SOBOTTA, J., **94**, Ueber Mesoderm-, Herz-, Gefäss- und Blutbildung bei Salmoniden. in: Verh. D. Anat. Ges., 8. Vers., p. 77—84, 91.
WILL, L., **92**, Beiträge zur Entwickelungsgeschichte der Reptilien. 1. Die Anlage der Keimblätter beim Gecko (*Platydactylus facetanus* Schreib.). in: Zool. Jahrb. Abth. Morph., 6. Bd., p. 1—160, 14 Figg., T. 1—11.
ZIEGLER, H. E., **92**, Ueber die embryonale Anlage des Blutes bei den Wirbelthieren. in: Verh. D. Zool. Ges., 2. Vers., p. 18—30, 3 Figg.
—— **94**, [Diskussion zu KOPSCH etc.]. in: Verh. D. Anat. Ges., 8. Vers., p. 90.

Figuren-Erklärung.

Sämmtliche Figuren sind Querschnitten von *Ascalabotes*-Embryonen entnommen. Es ist nur der mittlere ventrale Theil der Schnitte abgebildet und die Figuren so gestellt, dass die dorsale, nicht mitgezeichnete Region, also dorsaler Theil des Kopfdarmes, Chorda dorsalis, Medullarrohr etc. sich von jeder Figur nach oben befindet, der Dotter nach unten. Die Vergrösserung aller Figuren beträgt ca. 480. Konturen und Kerne sind vermittelst einer Camera entworfen.

In allen Figuren bedeutet:

d = dorsal.
Ebl = Entoblast.
Ee = Anlage des Endokardepithels.
Gw = Gefässwulst der Splanchnopleura (in Fig. 7 und 8).
Gz = intermediäre Gefässzellen.
Kd = Kopfdarm.
Lh = Leibeshöhle (Perikardialhöhle).
Som = Somatopleura (in Fig. 1).
Sp = Splanchnopleura.
v = ventral.

Fig. 1—6 sind einer Querschnittserie entnommen, welche von einem Embryo von 1,6 mm Länge mit 6—7 Urwirbel herstammt. Die Schnittdicke beträgt $7^1/_2$ μ. Der Schnitt Fig. 6 befindet sich am meisten vorn, der der Fig. 1 am meisten hinten. Vom Kopfende gerechnet ist Fig. 1 dem 71., Fig. 2 dem 67., Fig. 3 dem 66., Fig. 4 dem 63., Fig. 5 dem 61. und Fig. 6 dem 57. Schnitt der Serie entnommen.

Fig. 7 und 8 stammen von einer Querschnittserie eines Embryos von 1,4 mm Länge mit 4—5 Urwirbel. Der Schnitt dem Fig. 7 entnommen, ist vom Kopfende gezählt der 55., der der Fig. 8 der 54. der Serie.

DIE
KEIMBLASE VON TARSIUS

EIN HILFSMITTEL
ZUR
SCHÄRFEREN DEFINITION
GEWISSER SÄUGETHIERORDNUNGEN

VON

DR. A. A. W. HUBRECHT
O. Ö. PROFESSOR DER ZOOLOGIE UND VERGLEICHENDEN ANATOMIE UND DIREKTOR DES ZOOLOGISCHEN INSTITUTES DER UNIVERSITÄT IN UTRECHT.

MIT TAFEL I UND 15 FIGUREN IM TEXT.

Die vergleichende Anatomie hat seit LINNÉ's Zeiten in immer steigendem Maasse für die Begründung des zoologischen Systems Bedeutung erlangt. Seitdem das Evolutionsprincip durch DARWIN siegreich im Gebiete der biologischen Wissenschaften die Herrschaft gewonnen hat, ist jene Bedeutung noch in ganz anderem Lichte zur Geltung gekommen. Es steht seitdem fest, dass nur jenes System das richtige sein kann, welches zu gleicher Zeit der phylogenetischen Entwickelung völlig entspricht.

Um zu der Feststellung der zusammengehörenden Zweige und Aeste des Stammbaumes des Thierreiches zu gelangen, sind drei Disciplinen maassgebend: die vergleichend-anatomische, die embryologische und die paläontologische. Da es in der Jetztzeit in immer ausgedehnterem Maassstabe möglich wird, diese drei zu der intensiveren Beleuchtung bestimmter phylogenetischer Fragen zusammenwirken zu lassen, wird auch die Begründung des natürlichen zoologischen Systems eine um so gesichertere.

Es kann nicht Wunder nehmen, dass diese günstigen Verhältnisse zunächst dem Studium und der richtigen Erkenntniss des Wirbelthier-Stammbaumes zu Gute gekommen sind. Sind doch die vergleichend-anatomischen, embryologischen und paläontologischen Errungenschaften der letzten Jahrzehnte in erster Linie gerade auf diesem Gebiete zu verzeichnen. Und unter diesen sind die Säugethiere wohl wieder die am günstigsten situirten, erstens durch das, dieser auch den Menschen in sich schliessenden Ordnung anheimfallende höhere Interesse, zweitens durch die bedeutungsvollen und vielumfassenden Funde, durch welche die Sammlungen fossiler Säugethiere sowohl in Europa als auch in Amerika in den letzten Jahrzehnten bereichert worden sind.

Die herrschende Eintheilung der Säugethierklasse in drei Gruppen, wobei die dem Zoolog-Systematiker sonst in erster Linie erwünschten äusseren Merkmale ganz ausser Acht gelassen werden, beweist, dass die vergleichende Anatomie hier eine Führerrolle übernommen hat. Die Eintheilung der Säugethiere in Ornithodelphia, Didelphia und Monodelphia, welche auf einem embryologischen Kennzeichen basirt, diejenige in Prototheria, Metatheria und Eutheria, welche auf vergleichend-anatomischen Daten beruht, und endlich die Eintheilung in Multituberculata, Triconodonta und Trituberculata, welche auf den durch die Paläontologie verschafften Merkmalen fusst, lassen das Zusammenwirken der obenerwähnten drei

Disciplinen erwünscht erscheinen. Die für die Säugethiere in Vorschlag gebrachten weiteren Unterabtheilungen, in Deciduata und Adeciduata, in Archencephala, Lissencephala und Gyrencephala, in Zonoplacentalia, Discoplacentalia u. s. w. — sie mögen sich als haltbar erwiesen haben oder nicht — sind Anatomen wie Huxley, Owen und Turner zu verdanken; sie sind nicht vor den Museumsschränken, sondern in den anatomischen Arbeitsräumen erdacht worden.

Wenn ich es wage, in diesem Aufsatze der Stellung einzelner Abtheilungen der Säugethiere im Systeme näher zu treten, so geschieht dies auf Grund der Ueberzeugung, dass die drei zusammengehörenden Disciplinen die Antwort auf die von mir zu berührenden Fragen nicht versagen werden, durch welche wir einer definitiven Lösung voraussichtlich näher gebracht werden.

1. Die Säugethierordnung der Primates.

Die Säugethierordnung der Primates wurde bekanntlich von Linné in der ersten Hälfte des 18. Jahrhunderts begründet und in der maassgebenden Auflage seines Systema Naturae (Ed. 12a. Holmiae 1766), als erste der sieben Säugethierordnungen aufgeführt. Sie umfasste die vier Gattungen: *Homo*, *Simia*, *Lemur* und *Vespertilio*. Neben den dreiunddreissig Arten der Gattung *Simia* finden wir hier fünf der Gattung *Lemur* verzeichnet und zwar *Lemur tardigradus*, *L. mongoz*, *L. macaco*, *L. catta* und *L. volans* (später in *Galeopithecus* umgetauft). Sechs *Vespertiliones* werden aufgeführt.

Auch in der Jetztzeit ist die Ordnung der Primates noch in den meisten Handbüchern aufrecht erhalten; jedoch hat man die Fledermäuse ausrangirt, welche in die selbstständige Ordnung der Chiroptera gebracht worden sind. Solches findet sich in Flower und Lydekker's „Mammals, living and extinct“ (London 1891), in den Schriften der amerikanischen Paläontologen (Cope, Osborn, Marsh, Scott u. s. w.) und endlich in Haeckel's „Systematische Phylogenie der Wirbelthiere“ (Berlin 1895). Haeckel erhebt die Primates zu dem Range einer Legion, eine zwischen Klasse und Ordnung eingeschobene Unterabtheilung, welche indessen als eine die Uebersicht wirklich erleichternde Neuerung kaum zu betrachten ist. Haeckel's Legion der Primates zerfällt in die Ordnungen der Prosimiae und Simiae, erstere in die Unterordnungen Lemuravida und Lemurogona, letztere in die Unterordnungen Platyrrhinae und Catarrhinae.

Mein Vorschlag geht dahin, dass wir, unter Beibehaltung des Linné'schen Namens **Primates**, die mit diesem Namen zu bezeichnende Säugethierordnung noch etwas enger begrenzen, als es bis jetzt geschah. Wie man bereits seit längerer Zeit die Linné'sche Gattung *Vespertilio* aus der Ordnung der Primates entfernt hat, so möchte ich dasselbe Verfahren bezüglich der Gattung *Lemur* in Anwendung gebracht wissen. Die hierher gehörigen Säugethiere wären fortan ebenfalls als selbstständige Ordnung, welche am besten mit dem Namen Lemures zu belegen wäre[1]), anzuerkennen. Andererseits möchte ich für die Ordnung der **Primates** eine Erweiterung insofern in Vorschlag bringen, als ich die recente Gattung *Tarsius* und die fossile Gattung *Anaptomorphus* in sie einzureihen wünsche, zwei Gattungen, welche wir bei Linnaeus nicht aufgeführt finden, und welche erst in späteren Zeiten — wohl mit Unrecht — mit den sonstigen Halbaffen enger zusammengebracht worden sind.

Tarsius ist seit seiner Entdeckung in recht wechselnder Weise in das zoologische System untergebracht worden. Buffon verleiht ihm einen Platz (1769) in der Nähe gewisser Beutelthiere, Pennant (1771) unter den Springmäusen, Blumenbach stellt ihn (1777) zuerst zu den Lemuren, bei denen er seitdem bleibend sich eingereiht findet. Jedoch hat dies nicht geschehen können, ohne dass von späteren Untersuchern immer wieder darauf hingewiesen wurde, dass *Tarsius* eine Sonderstellung inmitten der anderen Lemuren zugewiesen werden müsse. Flower und Lydekker, welche eine selbstständige Familie der Tarsiidae unterscheiden, bemerken ausdrücklich (l. c. p. 683), dass *Tarsius* eine sehr aberrante Form darstelle. Burmeister, der 1846 eine monographische Bearbeitung der Gattung lieferte, giebt in seiner Vorrede folgende treffende, allgemeine Betrachtung über die Stellung des *Tarsius*. Er schreibt:

„Die Uebergangsformen haben unter den organischen Geschöpfen mit Recht die grösste Aufmerksamkeit der Naturforscher erregt . . . . *Tarsius* ist ein solches Uebergangsglied, wenn auch gerade nicht eins der auffallendsten und merkwürdigsten; indessen doch als der letzte Ausläufer des Affentypus um so einladender, als ja der Affe in nächster organischer Beziehung zum Menschen steht und gleichsam die erste Modifikation einer Formenreihe darstellt, welche im Menschen ihr Schlussglied, in *Tarsius* ihr anderes Ende besitzt . . . .; überall findet sich neben einer kompletten Analogie des Baues mit dem der Affen eine ebenso vollständige Wiederholung menschlicher Organisationsformen . . . . . *Tarsius* steht bei der beabsichtigten Umwandlung zweier heterogener Gestalten in einander an der äussersten Grenze der ersten Abtheilung und hat neben seiner grossen äusseren Affenähnlichkeit das vollständigste Insektivorengebiss, welches die Quadrumanen annehmen konnten; denn selbst seine Schneidezähne sind zu den Typen der Eckzähne umgestaltet und dadurch dem ächten Insektivorengebiss aufs Höchste ähnlich geworden. Darin unterscheidet er sich von allen übrigen Halbaffen und steht eben desshalb so isolirt unter ihnen da."

In den citirten Zeilen, welche dreizehn Jahre vor Darwin's Origin of Species niedergeschrieben wurden, legte also Burmeister höheres Gewicht auf die Verwandtschaftsbeziehungen von *Tarsius* mit Affen und Menschen einerseits, mit Insektivoren andererseits, als auf diejenigen mit den Lemuren.

Ich selbst habe vor Kurzem neue Thatsachen feststellen können (**94**), welche diese Verwandtschaftsbeziehungen von *Tarsius* zu den Lemuren noch fraglicher zu machen bestimmt waren, indem ich darlegte, dass *Tarsius* nicht eine lockere,

1 Die Bezeichnung: „Prosimiae" ist aus Gründen, welche weiter unten des Näheren ausgeführt werden sollen, zu verwerfen. Sie sind eben keine Vorläufer der Affen, keine Prosimiae.

grosszottige, diffuse Placentation wie *Lemur* und *Nycticebus*, sondern eine hochkomplicirte und diskoide Placenta besitzt. Heute bin ich ausserdem im Stande, dem Bau der *Tarsius*-Keimblase Argumente zu entlehnen, welche die definitive Trennung zwischen *Tarsius* und den Lemures zu besiegeln im Stande sind.

2. Die Keimblase von Tarsius.

Zunächst werde ich die Beschreibung der *Tarsius*-Keimblase geben und dabei nur einige Hauptpunkte herausgreifen, indem ich mir vorbehalte, die Furchung. Keimblasen- und Keimblätterbildung von *Tarsius spectrum* in einer demnächst erscheinenden Veröffentlichung ausführlicher zu erörtern. Schon jetzt verfüge ich über achtzig, in Schnittserien zerlegte *Tarsius*-Embryonen, bei welchen der Amnionverschluss noch nicht stattgefunden hat, und welche von der Furchung an bis zu diesem Amnionverschluss eine lückenlose Reihe bilden. Von den späteren Stadien habe ich ein nicht weniger vollständiges Material zur Verfügung. Desshalb mag es mir gestattet sein, diejenigen Glieder aus dieser Reihe herauszugreifen, welche für den Vergleich mit höheren Primaten maassgebend sind.

Ich übergehe die Furchungserscheinungen, sowie die frühesten ein- und zweiblätterigen Stadien der Keimblase, welche in Fig. 1 und 2 der Tafel I schematisirt dargestellt sind, und will bezüglich dessen nur hervorheben, dass bei *Tarsius* (in ähnlicher Weise, wie ich es bei *Tupaja* beschrieben (**95**) und wie es beim Maulwurf von Heape (**83**), bei *Chiroptera* von Duval **95**) gesehen worden ist) der Trophoblast oberhalb des formativen Epiblastes in diesen frühen Stadien verschwindet, während er bekanntlich beim Igel (cf. Tafel I, Fig. 11) und bei anderen Säugern an der Amnionbildung direkt betheiligt ist. Ein zweites, hochwichtiges Charakteristikum liegt darin, dass die Hypoblastblase, sobald sie die Form eines geschlossenen Säckchens angenommen hat, die Höhlung der Keimblase keineswegs ausfüllt, sondern als ein in eine Ecke zurückgezogenes Bläschen innerhalb der geräumigen Keimblase sofort von untergeordneter Bedeutung erscheint. Aehnliches habe ich bereits vor sieben Jahren für die ganz frühe Hypoblastblase des Igels (**89**) festgestellt (vergl. Tafel I, Fig. 2 und 10); nur besteht ein beachtenswerther Unterschied darin, dass beim Igel die Hypoblastblase sich rasch vergrössert und gleich nachher die ganze Innenwand der Keimblase austapezirt (Tafel I, Fig. 11), während beim *Tarsius* diese bedeutende Grössendifferenz auch weiterhin fortbesteht und die abweichenden Gestaltungs- und Entwickelungsverhältnisse mitbestimmen hilft.

Bei einer frühen *Tarsius*-Keimblase, wie sie bei hundertmaliger Vergrösserung in nebenstehender Fig. *a* im Durchschnitt abgebildet ist, hebt sich der embryonale Epiblastbezirk (*E*) recht scharf von dem Trophoblast[1]) ab, welches die sonstige

---

1) Für die nähere Definition des Trophoblastes der Säugethiere und sonstigen Amnioten siehe meinen Aufsatz: Die Phylogenese des Amnions und die Bedeutung des Trophoblastes in den: Verhandelingen van de Konink. Akademie van Wetensch. te Amsterdam, Bd. IV, 2. Sekt., 1895.

Aussenwand (*tr*) der Keimblase aufbaut. An einer dem epiblastischen Keimschild nicht diametral gegenüberliegenden Stelle ist der Trophoblast in eine bedeutende (hier nicht näher zu beschreibende) Proliferation (*P*) als Vorbereitung zur placentaren Festheftung übergegangen. Zwischen dieser proliferirten Stelle und dem embryonalen Epiblast dehnt sich ein mesoblastischer, etwas verdickter Gewebsstreifen (*h*) aus. Seinerseits nimmt dieser Gewebsstreifen Theil an einer geschlossenen Mesoblastblase, welche zu dieser Zeit dem ganzen Trophoblast eine innere Bekleidung liefert, mit Ausnahme nur von derjenigen Stelle, an welcher die Hypoblastblase gegen den Trophoblast noch angepresst liegt.

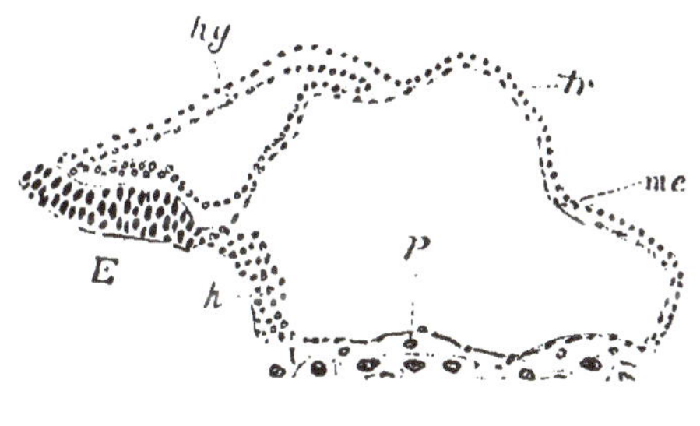

Fig. *a*.

Frühes Keimblasenstadium von *Tarsius*. 100/1 (Längsschnitt). *E*. Embryonales Epiblast. *hy*. Hypoblast. *me*. Mesoblast. *tr*. Trophoblast. *P*. Placentare Trophoblast-Wucherung (zum Theil dargestellt). *h*. Erste Anlage des Haftstieles.

Es hat sich also eine mesoblastische, innere Bekleidung der Keimblasenwand bei *Tarsius* bereits in einem Moment gebildet, in welchem bei andern in dieser Hinsicht bis jetzt untersuchten Amnioten (Affen und Mensch ausgenommen) sich nichts Derartiges konstatiren lässt. Die Mesoblastbildung ist hier ganz ausserordentlich beschleunigt. Das Detail betreffs der Entstehung dieses vorzeitigen Mesoblasts werde ich an anderer Stelle ausführlich beschreiben und möchte hier nur noch hinzufügen, dass die Region des Embryonalschildes in diesem frühen Stadium noch zweiblätterig ist. Die gewöhnliche Bildungsweise des Mesoblastes (über welche allerdings auch für die Säugethiere noch keine einheitlichen Ansichten sich der allgemeinen Anerkennung erfreuen) ist hier in sehr wesentlichen Punkten erheblich modificirt.

In dem eben beschriebenen Stadium, sowie auch in dem spätern, ist die Keimblase nur mittels des gewucherten Trophoblastbezirkes an die Uteruswand angeheftet, für's Uebrige ragt sie frei in das Uteruslumen und ist nicht wie die Keimblase vom Igel oder vom Menschen in einer Decidua reflexa eingeschlossen.

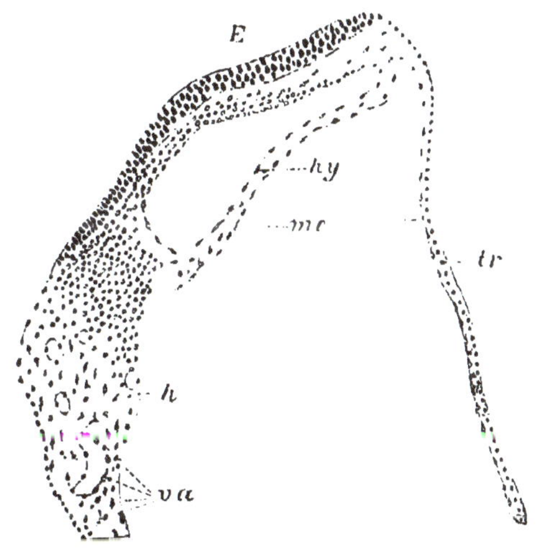

Fig. *b*.

Späteres Stadium von *Tarsius*. 100/1. Längsschnitt mit fortschreitender Ausbildung des Mesoblastes im Bereiche der Keimscheibe und Vaskularisation des Haftstieles. *va*. Gefässanlagen im Haftstiel. Sonst Bezeichnungen wie in Fig. *a*.

Ein späteres Entwickelungsstadium der Keimblase, bezw. der Keimscheibe ist in Fig. *b* und *c* dargestellt. Der Umfang der Keimblase hat relativ viel stärker zugenommen als derjenige der Nabelblase oder der placentaren Trophoblastwucherung. Dennoch sind auch im Gebiete der Keimscheibe wichtige Veränderungen vor sich gegangen. Zwischen dem Trophoblast und dem Hypoblast der Nabelblase hat sich jetzt allerwegen Mesoblast eingeschoben. Die Nabelblase liegt unter dem embryonalen Epiblast als ein kleines, geschlossenes Säckchen, in dessen oberer Wand Wucherungen zu konstatiren sind, welche mit der Bildung von Chorda und Mesoblast in Beziehung stehen. Die ventrale Wand dieses Säckchens ruft eine schwache Ausbiegung nach der inneren Höhle der Keimblase zu hervor (Fig. c). Wollte man *more majorum* die innere Mesoblastbekleidung der Keimblasenwand als somatisches Mesoblast bezeichnen, so würde die diese Ausbuchtung bekleidende einfache Mesoblastzellenschicht als splanchnisches Mesoblast aufzufassen sein. Inwieweit diese Bezeichnung zutrifft, wird anderweitig von mir diskutirt werden; es möge für jetzt genügen, mit einem Hinweise auf die Figg. *d* und *i* hervorzuheben, dass bei der weiteren Keimblasenentwickelung auch die Nabelblase noch eine nicht unbeträchtliche Vergrösserung erfährt, dennoch aber im Vergleich zur Keimblase immer bedeutend kleiner bleibt. Auf der Wand der Nabelblase entwickelt sich dabei eine sehr vollständige Area vasculosa. Blutinseln bilden sich *in situ*, und ein reichverzweigtes, mit Blutkörperchen strotzend gefülltes Netz stellt, schon lange bevor die Herzanlage zu pulsiren hat anfangen können, die Skizze des späteren Dotterkreislaufes dar.

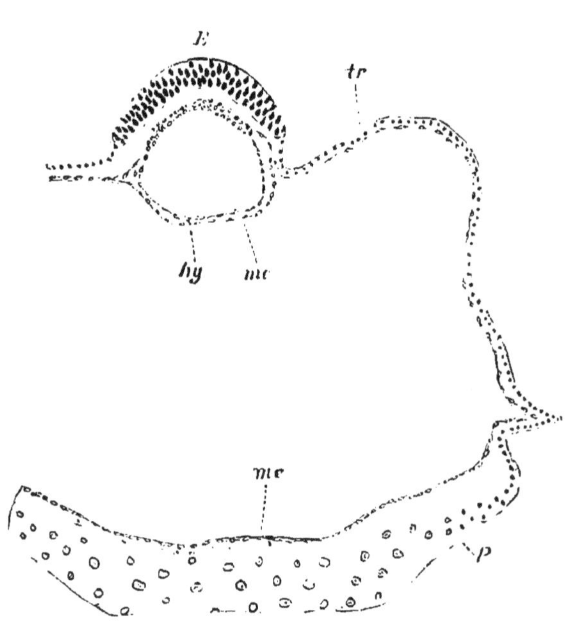

Fig. c.

Tarsius. $^{100}/_1$. Querschnitt eines etwa gleichalterigen Stadiums wie auf Fig. *b*. Bezeichnungen wie in Fig. *a*.

Von hervorragender Wichtigkeit ist die Thatsache, dass, bevor es zur Bildung dieser Nabelblasengefässe und Blutinseln kommt, in einem anderen Theile der Keimblasenwand und zwar in dem Mesoblast, welcher sich zwischen der anfangs Fig. *b*) excentrisch gelagerten Keimscheibe und der placentaren Trophoblastwucherung als der obenerwähnte Gewebsstreifen ausbreitet, ebenfalls Gefässanlagen (*va*) sich erkennbar machen. Bereits in den frühesten Stadien ist an dieser Strecke die nicht unbedeutende, vorhererwähnte Mesoblastverdickung (*h*, Fig. *a*) bemerkbar. Dieser Streifen, welchen ich als das Mesoblast des Haftstieles bezeichnen werde, liegt anfangs unmittelbar dem Trophoblast an. Später, wenn die Amniondifferenzirung anfängt, wird er allmählich von dem Trophoblast abgehoben. Nach Vollendung des Amnionverschlusses ist die Trennung eine definitive geworden, und es entwickelt sich der mesoblastische Haftstiel (Fig. *i*) zum Nabelstrang. Es sind sodann diese Haftstielgefässe mit den inzwischen innerhalb des Embryos sich ausbildenden Gefässbahnen in Verbindung getreten, und, indem nun auch die Embryonalcirkulation im Gebiete der Placenta zur vollen Entwickelung gekommen ist, finden wir den wachsenden Embryo (an dessen Bauchseite die vaskularisirte, nur noch einen engen Darmnabel aufweisende Nabelblase hervortritt) vermittelst eines gefässführenden Nabelstranges mit der diskoiden Placenta in Verbindung. Die sonstige Wand der Keimblase ist gefässfrei.

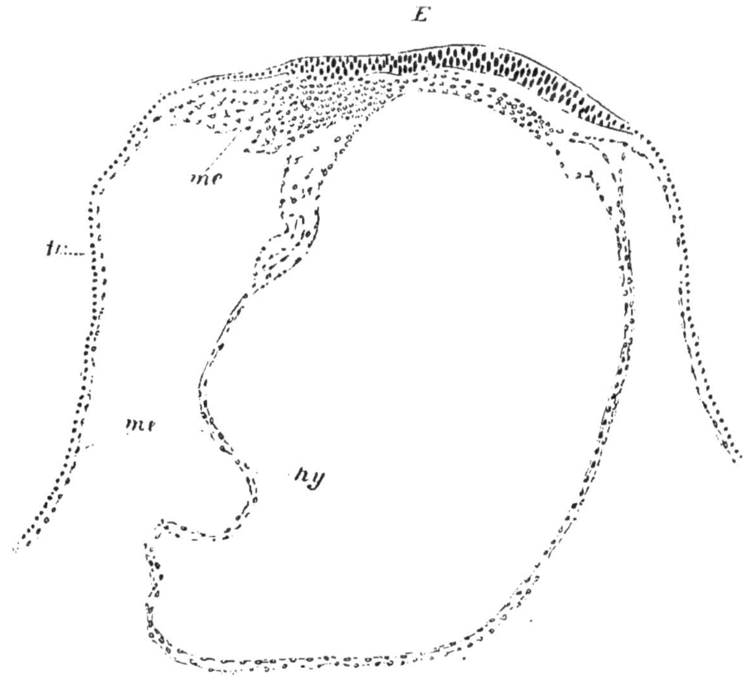

Fig. *d*.

Etwas älteres Stadium von *Tarsius* wie in Fig. *c*. zur Verdeutlichung der Ausdehnung der Nabelblase. Schrägschnitt. Bezeichnungen wie in Fig. *a*. Vergrösserung $^{100}/_{1}$.

Nachdem das in den Figg. *b*, *c* und *d* abgebildete Stadium durchlaufen, und der Haftstiel nicht nur angelegt, sondern auch bereits lange vaskularisirt und weiter gebildet ist, wird von Seiten des Hypoblastes der Nabelblase eine röhrenförmige, hinterwärts gerichtete Verlängerung gebildet, welche in das Haftstielbindegewebe zu liegen kommt (Fig. *e*). Dieses sich allmählich verlängernde Rohr (*A*) ist unzweifelhaft der Allantois anderer Amnioten homolog und in der hier beschriebenen Form nur mit dem Allantoisrest von der menschlichen und der Affenkeimblase zu vergleichen. Bei weiter entwickelten Embryonen, bei denen auch die Anlage der Extremitäten bereits vorgeschritten ist, finden wir in dem Haftstiel einen verhältnissmässig langen Restbestand dieses Allantoisrohres, welches aber, wie bereits auseinandergesetzt wurde, an der Vaskularisation des Haftstieles keinerlei Antheil hat.

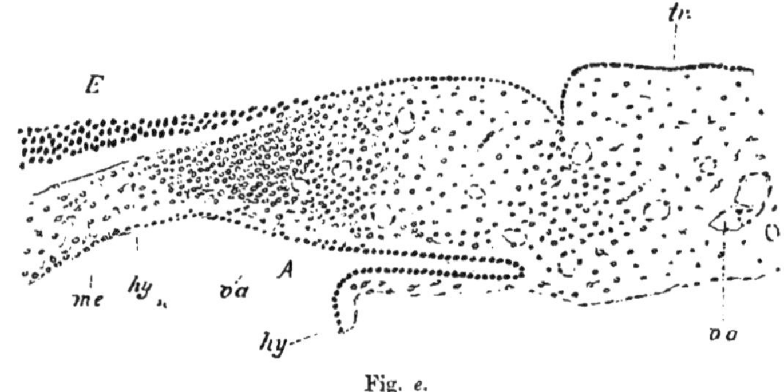

Fig. *e*.

Tarsius. Längsdurchschnitt durch ein noch älteres Stadium mit vaskularisirtem Haftstiel. Der röhrenförmige hintere Abschnitt (*A*) der Nabelblase (Allantois) ist in diesem Schnitt getroffen. Sonst Bezeichnungen wie in Fig. *b*. $^{100}/_{1}$.

Neben dem Allantoisrohr finden wir in dem Haftstiel, während der von hinten nach vorn fortschreitende Amnionverschliessungsprocess sich abspielt, einen eigenthümlichen, ebenfalls röhrenförmigen, hinteren Amnionzipfel. Der erste Beginn der Amnionbildung ist in den Figg. *f* und *g* wiedergegeben. In der Dorso-Medianlinie des

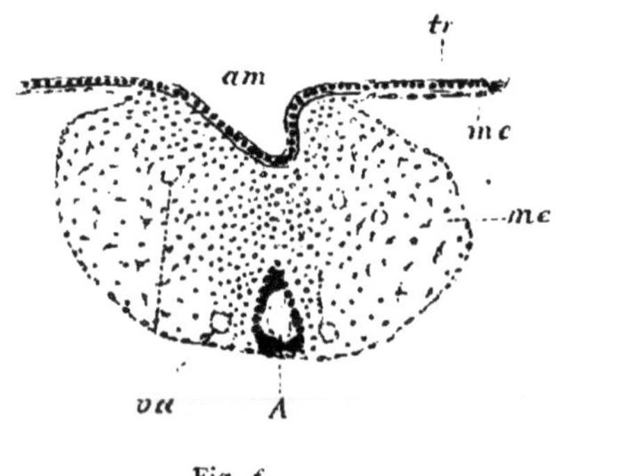

Fig. *f*.

Tarsius. Querschnitt durch den proximalen Theil des Haftstieles eines etwa gleichalterigen Stadiums wie auf Fig. *e*. Amnion (*am*) in frühester rinnenförmiger Anlage.

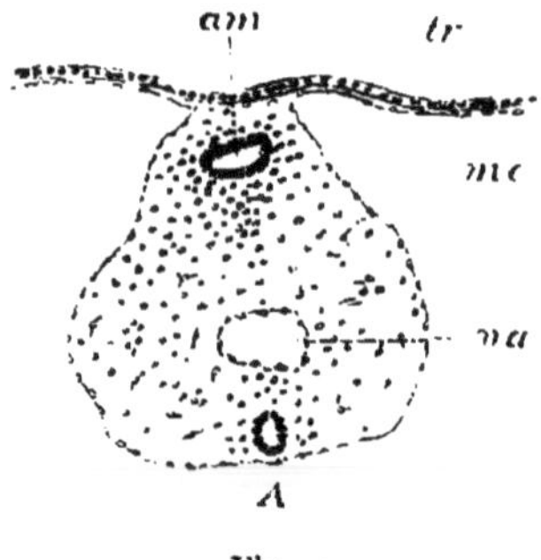

Fig. *g*.

Tarsius. Ein weiter nach hinten liegender Querschnitt der Serie, welcher Fig. *f*. entnommen ist.

nicht vom Trophoblast losgelösten, vaskulären Haftstieles (Fig. *h*) bildet sich eine seichte Rinne (Fig. *f*), welche sich von hinten nach vorne schliesst (Fig. *g*), und deren obere Ränder nach vorne zu in die zwei seicht ansteigenden, seitlichen Amnionfalten übergehen, welche sich links und rechts vom Keimschilde — zu Anfang als ganz schwache Erhebungen — erkennbar machen. Somit wird der erstgebildete, zipfelförmige, hintere Abschnitt des Amnions in das Mesoblast des Haftstieles eingebettet[1]) (Fig. *g*). Nachher nähern sich auch gegenseitig die hinter dem Haftstiele bereits vordringenden Mesoblastlamellen (Fig. *h*), die sich nach vorne in das Mesoblast der seitlichen Amnionfalten fortsetzen. Während nun vorne der Amnionverschluss zu Stande kommt, wird auch hinter dem Haftstiel die trennende Membran (obere *me*, Fig. *h*) resorbirt, so dass jener Stiel innerhalb der Keimblase zu liegen kommt (Fig. 6 und 7 Tafel I und Fig. *i*).

Dehnt sich das fertige Amnion beim weiteren Wachsthum des Embryos ferner aus, so findet auch ein allmähliches Umwachsen des Nabelstranges statt: die nach einem gewissen Moment nicht weiter wachsende Nabelblase wird sodann zwischen Amnion, Nabelstrang, Placenta und Keimblasenwand zusammengedrückt (Taf. I Fig. 8), etwa

Fig. *h*.

Tarsius. 100/1. Der Haftstiel schräg durchschnitten u. zw. in der Richtung des Pfeiles auf der Fig. 6 der Tafel I.

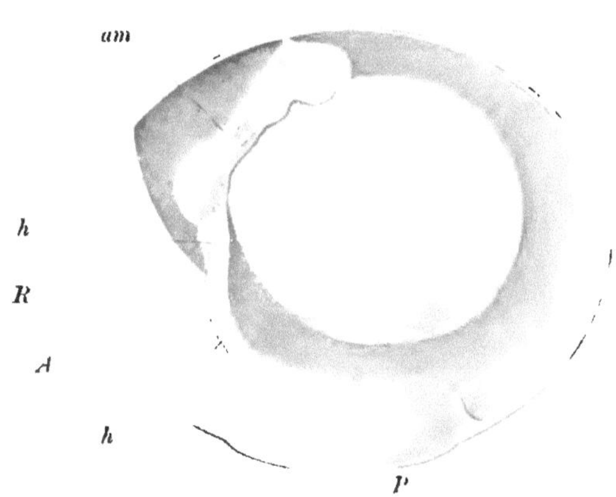

Fig. *i*.

Die *Tarsius*-Keimblase nach vollendetem Amnionverschluss. Amnionnabel (oberhalb des Kopfes), Haftstiel (*h*) sowie Nabelblase und Placenta (*P*) sind nach dem Objekte direkt wiedergegeben, während der hintere Amnionrecessus sowie das Allantoisrohr (*A*) nach der Schnittserie eingefügt sind. Zwischen unterem Ende des Haftstieles und Keimblasenwand ist ein Raum (*R*), über den das Nähere in der Tafelerklärung (Fig. 7) zu finden ist. Vergrösserung 6/1.

in ähnlicher Weise, wie das beim menschlichen Fötus schon seit lange her bekannt ist. In den Endstadien der Schwangerschaft, wenn Fötus, Placenta und Nabelstrang ihren maximalen Entwickelungsgrad erreicht haben, sind Amnion, Chorion und Uteruswand zu äusserst dünnen Membranen ausgedehnt. Nach der Geburt des Fötus wird die

1) Zum Vergleich verdienen hier Abbildungen Spee's vom querdurchschnittenen Haftstiel der menschlichen Keimblase besondere Beachtung (**89**, Taf. XI, Fig. 19 u. 20; **96**, Taf. I, Fig. 7).

Placenta als Nachgeburt abgestossen. Ueber deren feineren Bau und successive Bildungsphasen werde ich an anderem Orte Bericht erstatten.

Es lässt sich aus der oben gegebenen Auseinandersetzung mit vollem Rechte der Schluss ziehen, dass die Keimblase von *Tarsius* in ihren Strukturverhältnissen die allergrösste Aehnlichkeit mit der bis jetzt eine Sonderstellung einnehmenden Keimblase des Menschen und der Affen besitze. Letztere ist uns erst vor Kurzem durch Selenka (**92**) zum Theil bekannt geworden (Fig. 17 und 18 der Tafel I). Dabei hat sich herausgestellt, dass eine Decidua reflexa, welche auch bei Tarsius fehlt, nur den anthropoiden Affen und dem Menschen zukommt. Der Hauptunterschied zwischen *Tarsius* und den Simiae, der sich bei oberflächlicher Betrachtung in erster Linie bemerkbar macht, ist die Lagerung des Haftstieles, welcher bei letztgenannten wie beim Menschen hinter der Nabelblase dorsalwärts, beim *Tarsius* hingegen ventralwärts umbiegt. Der früheste Placentarverband liegt also bei den Affen hinter dem Rücken, beim *Tarsius* vor dem Bauche des jungen Thieres. Ueber die Vorgeschichte des Haftstieles, welche ich bei *Tarsius* vom frühesten Moment an bestimmen kann, sind wir bei den Affen durch die bis jetzt veröffentlichten Selenka'schen Untersuchungen noch nicht genügend [1]) unterrichtet.

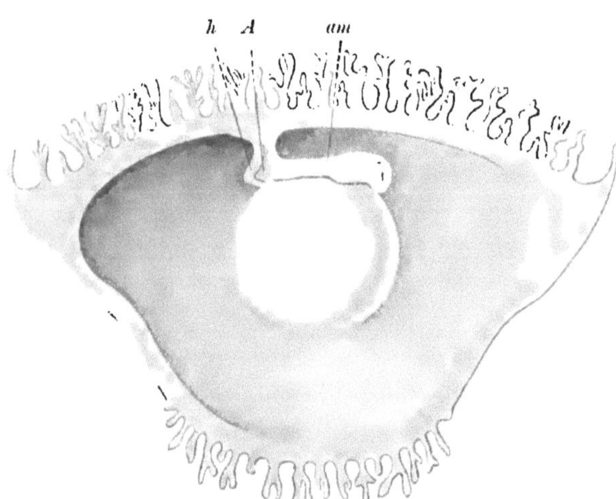

Fig. *k*.
Keimblase von *Cercocebus cynomolgus* (nach Selenka).
Bezeichnungen wie in Fig. *i*.

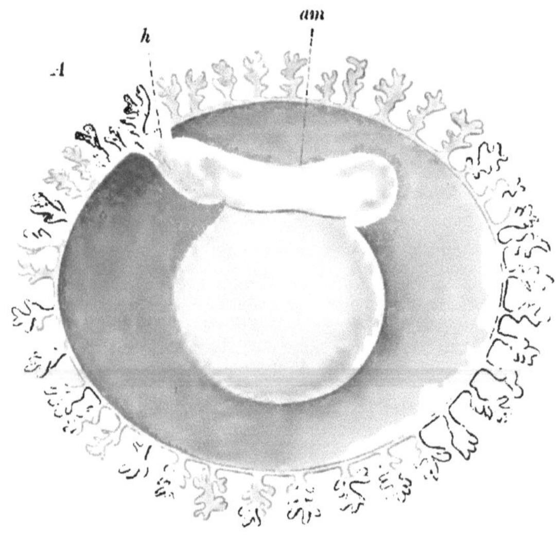

Fig. *l*.
Keimblase vom Menschen (nach Coste und His kombinirt).
Bezeichnungen wie in Fig. *i*.

---

1) Namentlich scheinen mir sowohl die Angabe Selenka's (l. c. S. 201), dass seine jüngste, $1\frac{1}{2}$ mm grosse Affenkeimblase durchweg dreischichtig und aus Ektoderm, Mesoblast und Entoderm aufgebaut war, als auch dessen Schilderung von der Entstehung des Haftstieles durch eine an dem eben verschlossenen Amnion emporwachsende

Dennoch brauchen wir nur die bis jetzt bekannten, jüngsten Keimblasenstadien vom Mensch und Affen mit den hier gegebenen Zeichnungen von *Tarsius* zu vergleichen, um einzusehen, dass *Tarsius* uns alles Abweichende in den letzterwähnten Keimblasen auf einen Schlag verständlich macht. seitdem ihre Ontogenese vollständig vorliegt, wie ich es weiter unten noch näher ausführen werde. Während also einerseits der Vergleich zwischen der Keimblase von *Tarsius* und derjenigen der Affen und des Menschen so zwingende und unerwartete Uebereinstimmungen zeigt, so bietet andererseits der Vergleich mit derjenigen der Lemuren unübersteigliche Schwierigkeiten der Verknüpfung[1], und zwar in erster Linie darin, dass nach den Abbildungen von Milne Edwards eine grosse und gelappte Allantois für die Madagascar-Lemures besteht (**75**, Taf. 115 u. 120), dass ich fernerhin selbst eine beträchtliche Allantois bei *Nycticebus* konstatiren konnte. Oben wurde bereits daran er-

---

Allantoiswucherung (l. c. S. 200) unrichtig zu sein und auf einem hierfür nicht ausreichendem Materiale zu beruhen. Es drängt sich ein direkter Vergleich zwischen Mensch und *Tarsius* zu sehr in den Vordergrund, welcher zugleich auch bei den Affen einen ähnlichen Entwickelungsmodus wahrscheinlich macht. Dieser Modus weicht von dem durch Selenka angenommenen, mit Zeichnungen jedoch nicht näher beleuchteten Bildungsprocess ab. Selenka gesteht selbst zu, dass der Process aus einigen wenigen, z. Th. „zur Unkenntlichkeit verzerrten“ (l. c. S. 201), z. Th. „mangelhaft erhaltenen“ Keimblasen (l. c. S. 203) abgeleitet wurde.

Dass Selenka (l. c. S. 199) auch noch immer von einer „Lostrennung“ des Dottersackes vom Chorion spricht und in seinem allerfrühesten Stadium nach einer Verdoppelung der Mesoblastschicht der Keimblasenwand fahndet (l. c. S. 202), beweist ebenfalls, dass er noch an der althergebrachten Vorstelluugsweise festhält. Selenka's Auffassung von der Entstehung des Haftstieles bei den Affen ist wohl mit den Angaben Hertwig's Lehrbuch der Entwickelungsgeschichte), aber nicht mit den Thatsachen, welchen wir bei *Tarsius* begegnen, in Einklang zu bringen. Bereits 1889 (l. c. S. 372—386) habe ich (auf Grund meiner Befunde beim Igel) die Erklärung, welche Hertwig von der Genese des Haftstieles giebt, bestreiten müssen. Die Befunde bei *Tarsius* entziehen der Hertwig'schen Vorstellungsweise ganz und gar den festen Boden; sie stehen vielmehr mit der von His (**80—85**, S. 171) angedeuteten und von mir näher begründeten Auffassung (**88**, **89**) auf's Schönste im Einklang.

Auch Spee, der recht junge, gut erhaltene menschliche Keimblasen untersuchte (**89**, **96**), konnte von der Vorstellung sich noch nicht losmachen, dass die Wände des Dottersackes und des Chorions „doch ursprünglich an einander gelegen haben müssen“ (l. c. S. 169), „da doch niemals aneinanderliegende Flächen der Grenzblätter aus einander weichen, ehe Mesoderm, resp. die Mesodermspalte zwischen sie hineingedrungen ist.“ *Tarsius* belehrt uns eines Anderen, und lässt den von Spee (**96**, S. 16) als „ungezwungen und naheliegend“ bezeichneten Rückschluss als ungerechtfertigt erscheinen. Ebensowenig hat uns Keibel den richtigen Weg gewiesen, wenn er in seiner Arbeit (**90**, S. 265) auch wieder Amnionbildung und Haftstielbildung in zu engem Zusammenhang betrachtet und schreibt: „Ueberall pflegt sich die Bildung der Allantois durch Mesodermwucherung einzuleiten, ehe die entodermale Ausstülpung beginnt. Bei Säugern, auch solchen ohne Blätterumkehr, pflegt sich diese Mesodermwucherung auf das Amnion zu erstrecken und sich erst nachträglich von demselben abzugrenzen. Eine solche initiale Mesodermwucherung nehme ich nun auch für den Menschen an, und diese musste den menschlichen Embryo, der so dicht am Chorion lag, an dieses festlöthen, und das gleiche Schicksal erlitt der caudale Theil des Amnion, auf den diese Mesodermwucherung übergegriffen hatte. So konnte es ganz leicht zur Bildung einer Allantois kommen.“ Die Schemata Fig. 14—18, welche Keibel l. c. auf Taf. XIV giebt, vergleiche man mit denjenigen von *Tarsius*. Dann ist leicht zu bestimmen, welche von diesen beiden für die allerdings noch nicht bekannte, menschliche Keimblase als annehmbar zu betrachten ist. Auch ist die Einwendung, welche Keibel gegen den His'schen Ausspruch, dass die Primaten-Allantois ganz gut durch Zusammentreffen zweier Nahtfalten, anstatt durch Einwachsen vom Entodermrohr her entstehen könne, macht, nicht genügend begründet, und es liesse sich aus dem Befund bei *Tarsius* gewiss ein Argument für die His'sche Anschauung gewinnen.

1) Es mag hier noch erwähnt werden, dass eine augenfällige anatomische Differenz zwischen Lemuriden und *Tarsius*, und zwar eine solche, wodurch die Lemures ebenfalls vom Affen und vom Menschen sich unterscheiden, darin besteht, dass bei den Lemures der mittlere oder quere Kolonabschnitt eine nicht unbedeutende Doppelschlinge formt (Flower und Lydekker, **91**, S. 683), während dieser Abschnitt bei den Primaten gerade verläuft und für *Tarsius* auch bereits von Burmeister (**46**, Taf. 6, Fig. 17) so abgebildet worden ist.

innert, dass ausser diesem Unterschiede auch die Placentation eine nicht zu überbrückende Kluft zwischen *Tarsius* und den Lemures bildet, indem jener eine kompakte, diskoide Placenta besitzt, welche als Nachgeburt abgestossen wird, diese hingegen eine typische, ganz lose mit der faltigen Mucosa zusammenhängende, äussere Fruchthülle aufweisen.

Dennoch hat man sich bisher immer der Vorstellung hingegeben, dass die einfacheren Placentationsverhältnisse der Lemures einen natürlichen Ausgangspunkt bilden, an welchen die bei den Affen eingetretenen Abänderungen ohne allzu grosse Schwierigkeiten sich würden anknüpfen lassen. Dies wird auch in dem oben angeführten Haeckel'schen Werke noch vorgetragen (**95**, S. 457). Mir scheint diese Anschauung mit den Thatsachen jedoch unvereinbar zu sein. Zu ihrer Begründung wurde von früheren Autoren auch noch darauf hingewiesen, dass in den älteren tertiären Schichten die fossilen Lemuriden in viel bedeutenderer Anzahl, als man es früher anzunehmen berechtigt war, sowohl in Europa als auch in Amerika aufgefunden wurden, und diese sich somit auch aus paläontologischen Gründen als eine natürliche Stammgruppe dokumentirten.

Durch die Befunde bei *Tarsius* — eine mit Bezug auf ihre Dentition den Insektivoren noch so nahe stehende, aberrante Form — wird dieser wohl bequemen Auffassungsweise jedoch der Boden entzogen. Es muss die Phylogenese der interessanten, abweichenden, jedenfalls recht specialisirten Keimblasencharaktere der durch uns näher beschriebenen Ordnung der Primates eine andere gewesen sein. Und zwar dürfen wir bei dem Versuch, diese Phylogenese zu erforschen, andere, ebenfalls von der Paläontologie herbeizuschaffende Thatsachen nicht ausser Acht lassen. Es ist nämlich die an und für sich schon seltene Gattung *Tarsius* als solche bis jetzt nicht in fossilem Zustande vorgefunden. Jedoch kennen wir seit wenigen Jahren durch die Arbeiten Cope's (**72**, **85**), Osborn's (**91**) und Wortman's eocäne Säugethierreste (*Anaptomorphus homunculus* Cope, *A. aemulis* Cope), welche in nächster Nähe von *Tarsius* gestanden haben mögen und sich von den Lemures durch ähnliche Verschiedenheiten, wie sie *Tarsius* darbietet, entfernt zeigen. Ja diese fossile Formen haben sogar durch mehrere gleich zu erwähnende Eigenthümlichkeiten eine noch grössere Aehnlichkeit mit den Anthropoiden und dem Menschen, als wie wir sie bei *Tarsius* antreffen, und welche bereits Burmeister 1846 hervorgehoben hat. Diese fossilen Formen, welche ihre natürliche Stellung im System eher zwischen *Tarsius* und den Anthropoiden als zwischen *Tarsius* und Insektivoren- oder Lemuriden-Stammformen einnehmen, werden mithin die Eigenthümlichkeiten, welche *Tarsius* mit Affe und Mensch gemein hat, (und welche in der Keimblase und der Placentation sich kundthun), wohl ebenfalls besessen haben.

Diese Betrachtungen, welche mit einer gewissen Berechtigung über so zarte und vergängliche Gewebe fossiler Thiergattungen eine Vorstellung zu entwerfen ermöglichen, zwingen uns zugleich zu der Annahme, dass bereits im eocänen Zeitalter Primaten gelebt haben, welche mit Bezug auf Keimblase und Placenta einer weit höher differenzirten und vorgeschrittenen Entwickelungsstufe entsprochen haben, als es für die Lemures von damals und von der Jetztzeit zutrifft.

Diese Auffassung erfährt eine starke Stütze durch wichtige Funde, die von AMEGHINO in Süd-Amerika gemacht wurden. Er beschreibt (**91**, S. 385) einige, von ihm in eocänen Ablagerungen (neben zahlreichen primitiven Säugern) gefundene Kieferreste mit Zähnen, welche ohne Zweifel nur von Affen herrühren können (*Homunculus patagonicus* Amegh.) und auch durch ZITTEL unter den Cebidae eingereiht werden. Ja die Art der Bezahnung, die geringe Grösse der C., die Anzahl der Prämolaren u. s. w., geben sogar Anlass zur Vermuthung, dass diese fossilen Affen den Anthropoiden und dem Menschen näher gestanden haben als die meisten jetzt lebenden Affen. Schwerlich wird Jemand zu der Annahme hinneigen, dass diese einer so hohen Entwickelungsstufe entsprechenden, eocänen Affen in Bezug auf ihre Placentation sich noch auf der Stufe der jetzigen Lemures werden befunden haben. Vielmehr dürfen wir folgern, dass auch für diese Affen Keimblase und Placenta im grossen Ganzen den Gebilden der jetzigen Simiae werden entsprochen haben. Diese Schlussfolgerung findet sich gestützt durch den Befund bei *Tarsius*, einer den primitiven Insektivoren jedenfalls viel näher stehenden Form, sowie durch die Thatsache, dass die Gattung *Tarsius* bereits im Eocän einen nordamerikanischen Vertreter in *Anaptomorphus* besessen hat.

Der Ursprung der so eigenthümlich abweichenden Einrichtung der Primatenkeimblase wird somit in der mesozoischen Entwickelungsperiode der Erdgeschichte zu suchen sein. Aus welchen Stammformen die Primatenkeimblase eventuell habe hervorgehen können, werden wir weiter unten erörtern.

Die zwei Säugethierordnungen der **Primates** und der **Lemures** werden wir fortan scharf gegen einander abgrenzen können, und es wird sich empfehlen, die erstgenannte Ordnung bis zum Anfang der tertiären Periode ununterbrochen durchzuführen[1], wobei ihre Wurzeln in das mesozoische Zeitalter zu verlegen sind.

---

1) Bei der Weiterentwickelung der paläontologischen Wissenschaft, welche in engster Verknüpfung mit der Zoologie vor sich geht, wird die Nothwendigkeit immer mehr sich fühlbar machen, die Ordnungen nicht wie früher in die Breite auszudehnen und darin eine möglichst grosse Anzahl recenter Gattungen zu vereinigen; sondern es wird ihrer Ausdehnung in die Tiefe, d. h. in die Vergangenheit, zugestrebt werden müssen. Dass dabei gewisse Ordnungen, namentlich diejenige der Insektivora in erster Linie aus einander gerissen werden, und mehrere der hier zusammengebrachten Familien Erinacei, Sorices, Tupajae u. s. w. zu Ordnungen werden umgestaltet werden müssen, habe ich bereits früher betont. Wenn recente Insektivoren-Gattungen, wie z. B. *Erinaceus* und *Sorex*, in ihrer Placentation und ihrer Keimblase so wesentlich von einander sich entfernen, so dürfen wir, nur um Formen zusammen zu lassen, welche doch so verschiedene (wenn auch kleine und abortive) Zweige des phylogenetischen Stammbaumes vergegenwärtigen, unsere Zuflucht nicht dahinter suchen, dass die genannten Differenzen für die ausgestorbenen Gattungen niemals werden festgestellt werden können. Allerdings werden wir stets mit um so grösserer Genauigkeit die sonstigen Differenzen des Skeletts und der Bezahnung zu prüfen haben. Dass die Charaktere der Keimblase und der Placenta von ebenso konservativer Art sind wie diejenige der Dentition und des Skelettes, leite ich aus den oben vorgeführten Thatsachen ab, und wenn wir die hochspecialisirte Keimblasenform des Menschen und der Affen bereits bei *Tarsius* antreffen und a fortiori bei gewissen eocänen Primatengattungen vermuthen dürfen, so muss hiermit bei der systematischen Verwerthung der Insektivorengattungen unbedingt Rechnung getragen werden. Es sind deren so ungemein verschiedene Placentationstypen ebenso wenig von einander herzuleiten, wie diejenige der Primates von den Placentations-Verhältnissen der Lemures, Ungulata oder Carnivora.

3. Fossile Verwandte.

Die angedeuteten spekulativen Betrachtungen werden wir unter näherer Bezugnahme auf das vorhandene Thatsachenmaterial nunmehr genauer zu prüfen haben. Zunächst mag die hier in Betracht kommende fossile Primatengattung, womöglich nach dem Wortlaut ihres ursprünglichen Entdeckers, näher vorgeführt werden. Es ist die bereits obengenannte Gattung *Anaptomorphus* Cope.

Die Form *Anaptomorphus* wurde im Jahre 1872 von Cope aufgestellt, und zwar auf der Grundlage eines linken Unterkiefers, in welchem drei Zähne (*Pm.* 4, *M.* 1 und *M.* 2) erhalten waren. Im Jahre 1884 erschien der dritte Band (Tertiary Vertebrata) des „Report of the United States geological Survey of the Territories“, und hierin wurde von Cope nicht nur dieser Unterkiefer abgebildet (Pl. XXV, Fig. 10, *a—c*); sondern es wurde auch über einen bereits 1882 kurz beschriebenen (**81, 82**), neuen Fund ausführlicher berichtet. Letzterer Fund wurde von J. L. Wortman in der Wasatch Formation des Big Horn Basin, Wyoming Territory gemacht; er bestand aus einem Schädel ohne zugehörigen Unterkiefer. Cope hat in dem eben erwähnten grossen Werke dem Thiere, zu welchem dieser Schädel gehört, den Namen *Anaptomorphus homunculus*, dem Träger des Unterkiefers aber den Namen *Anaptomorphus aemulis* gegeben. Cope schreibt bezüglich des Thieres, welchem diese Skelettreste zugehört haben, noch Folgendes:

„An dem Kranium lässt sich die Bezahnung des Oberkiefers — ausschliesslich der Incisivi — bestimmen auf *C.* 1, *Pm.* 2, *M.* 3. Die Prämaxillaria sind grösstentheils abgebrochen, jedoch ist noch ein Theil des Alveolus des äusseren *I.* an einer Seite erhalten.

Verschiedenes deutet darauf hin, dass der äussere *I.* ein kleiner Zahn war, nicht grösser als der *C.*; er schliesst sich in seiner Lage dem letzteren nahe an. Der *C.* ist ebenfalls klein, und seine einfache Krone ragt nicht mehr hervor wie jene der Prämolaren. Letztere sind von ihm durch ein sehr kurzes Diastema getrennt. Der Längendurchmesser ihrer Kronen steht quer zu der Längsachse des Kiefers, jede besteht aus einem grösseren, äusseren und einem kleineren, inneren Höcker. Die wahren Molaren sind ebenfalls breiter als lang und tragen zwei äussere und nur einen inneren Höcker. . . . . . . Bezahnung des *Ramus mandibuli: I.* 2, *C.* 1, *Pm.* 2,[1]) *M.* 3, Total 16. Die Reihe war in der Nähe des *C.* nicht unterbrochen, und die Symphyse ist, obwohl massiv, nicht verknöchert. Der dritte (erste) Prämolar ist zweiwurzelig . . . . der letzte Molar dreihöckerig und hinten verlängert. Die Zusammensetzung der Kronen der vorhergehenden Molaren weist vier einander entgegengesetzte Höcker auf, welche sehr mächtig sind, hinten durch eine dünne Leiste quer verbunden und vorn in nächster Berührung sind. Der am besten bewahrte Prämolar ist ein vortrefflicher zweiter, welcher, während er zwei Wurzeln besitzt,

1 Siehe Anmerkung auf S. 164.

dennoch eine Krone zeigt, die fast ganz auf den vorhergehenden ruht und eine gebogene Schneidefläche nach vorne und oben aufweist.

Die Augenhöhlen sind gross und nach hinten ganz umrahmt. Das Stirnbein sendet keine dem Alisphenoid zustrebende Lamina nach innen zur Abschliessung der Orbita von der Fossa temporalis, wie wir das bei *Tarsius* finden. Ein Sagittalkamm fehlt, die Temporalleisten sind aber deutlich. Die Occipitalregion reicht hinter das Foramen magnum zurück .... Die Bulla des Gehörorgans ist gross und reicht nach vorn bis zur Fossa glenoidalis. Die Fossa pterygoidea ist gross, mit wohl entwickelter äusserer Ala pterygoidea, welche sich eine Strecke weit auf die äussere

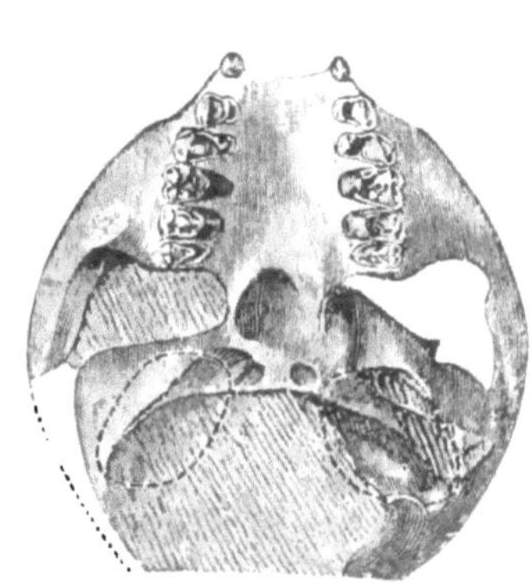

Fig. *m.*
Untere Ansicht des Schädels von *Anaptomorphus homunculus.* Nach Cope. American Naturalist. XIX. 1885. Vergrösserung 5/3.

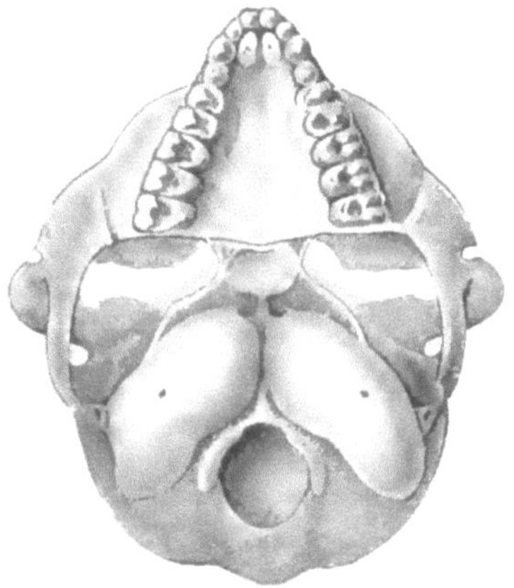

Fig. *n.*
Untere Ansicht des Schädels von *Tarsius.* Vergrösserung 5/3.

Vorderfläche der Bulla fortsetzt, wie bei *Tarsius*[1]. Sowie bei letzterer Gattung ist das Foramen ovale auf der äusseren Seite der Bulla gelegen, genau oberhalb der Basis der äusseren Ala pterygoidea .... Das Foramen lacrymale liegt vor und ausserhalb der Orbita."

Das hier Citirte enthält die Beschreibung der wichtigen Skelettreste, deren von Cope gegebene Abbildung zusammen mit einer von Osborn (**95**) gegebenen Figur der unteren Molaren (Fig. *m* und *o*) hier ebenfalls reproducirt wird. Orginalabbildungen von dem Tarsius-Schädel und Gebiss in übereinstimmender Ansicht füge ich zum Vergleich hinzu (Fig. *n* und *p*); es zeigen diese, dass der hintere Molar des Tarsiusunterkiefers noch primitivere Charaktere behalten hat, wie derselbe Molar bei *Anaptomorphus*, welcher bereits das Paraconid eingebüsst hat. Fernere allgemeine Bemerkungen über *Anaptomorphus* sind in derselben Arbeit enthalten und ausserdem von Cope

1 Auch in Zittel's Handbuch der Paläontologie heisst es (Bd. IV, S. 696): „Im Einzelnen lässt sich *Anaptomorphus* am besten mit *Tarsius* vergleichen."

im 19. Band des American Naturalist (1885) wiederholt. Auch diese mögen hier noch dem Wortlaute nach wiedergegeben werden.

„Die bis jetzt bekannten Charaktere der Gattung *Anaptomorphus* veranlassen uns, sie als eins der interessantesten eocänen Säugethiere zu betrachten. Zwei Eigenthümlichkeiten bekräftigen die Beziehung zu den Lemuren, auf welche die Physionomie hindeutet. Es sind das die Lagerung des Foramen lacrymale ausserhalb der Orbita und die unverknöcherte Symphysis mandibulae . . . . Keine bekannten Lemuriden besitzen innere Höcker und Zacken an all den Prämolaren[1]), so dass in dieser Hinsicht, sowie in der Anzahl der Zähne diese Gattung den höheren Affen, den Simiidae und Hominidae ähnlicher ist wie irgend ein anderes existirendes Mitglied der Familie. Bei diesen zwei Gruppen liegt die Aehnlichkeit mit den Hominidae in den kleinen Dimensionen der Eckzähne. Dennoch hat *Anaptomorphus* eine Anzahl

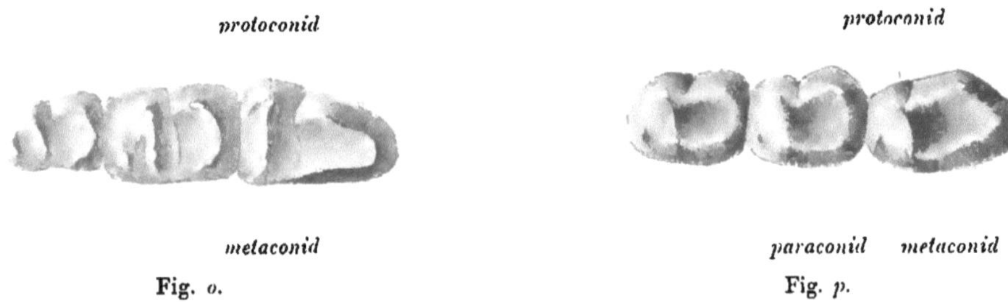

Fig. *o*. Fig. *p*.

Die Kauflächen der hinteren Backzähne des Unterkiefers von *Anaptomorphus* (*o*) und *Tarsius* (*p*). Das *paraconid* des hinteren Backzahns ist wohl bei dieser, nicht aber bei jener Gattung erhalten. Fig. *o* nach Osborn (**95**). Vergrösserung $^7/_1$.

Aehnlichkeiten mit der Gattung *Tarsius*, welche vielleicht ihre nächste Verwandte unter den Lemuriden ist, obgleich letztere Gattung drei Prämolaren besitzt[2]). Eine dieser Aehnlichkeiten ist die vordere Ausdehnung der Bulla otica, welche von der äusseren Ala pterygoidea in bedeutendem Maasse überlagert wird. Eine Folge dieser Einrichtung ist die äussere Lage des Foramen ovale, genau so wie bei *Tarsius*. Noch ein anderer Vergleichungspunkt ist die wahrscheinlich untere Lage des Foramen ovale. Obschon dieser Theil bei *Anaptomorphus homunculus* weggebrochen ist, so ist doch der Processus paroccipitalis bewahrt und hat die Lagerung wie bei *Tarsius*, welche verschieden ist von den Indrisinae, Lemuridae, Galaginae u. s. w. Auch hierin ähnelt *Anaptomorphus* den wahren Quadrumana.

Wenn wir bedenken, dass die niederen Quadrumanen: die Hapalidae und Cebidae, drei Prämolaren besitzen, so ist die Vergleichbarkeit von *Anaptomorphus* mit dem höheren Mitgliedern jener Ordnung noch auffallender. Das Gehirn und seine Hemisphären sind keineswegs kleiner wie bei *Tarsius* . . . Dies ist wichtig, wenn

1) Es werden hier von Cope diejenigen im Oberkiefer gemeint.

2) Seitdem hat Osborn gefunden (Bulletin of the American Museum of Natural History, Vol. IV, 1892, S. 81), dass im Unterkiefer von *Anaptomorphus homunculus* ebenfalls drei Prämolare vorhanden sind!

wir bedenken, wie äusserst klein die Gehirne der fleischfressenden und ungulaten Säugethiere des Eocäns, soweit sie bis jetzt bekannt geworden, gewesen sind. Es ist folglich nicht zu bezweifeln, dass die Gattung *Anaptomorphus* den am meisten affenähnlichen Lemuriden darstellt, welcher bis jetzt bekannt wurde und wahrscheinlich die Familie vergegenwärtigt, aus welcher die anthropoiden Affen und der Mensch abzuleiten sind. Ihre Entdeckung ist eine wichtige Bereicherung unserer Kenntnisse bezüglich der Phylogenie des Menschen."

Als Cope diese Zeilen niederschrieb, konnte man nicht ahnen, wie seine Folgerungen an Bedeutung durch den Nachweis gewinnen würden, dass *Tarsius*, zu welchem die Beziehungen verhältnissmässig innige sind, durch Keimblase und Placentation so scharf von den **Lemures** zu trennen und mit den Affen eng zu verbinden wäre. Nachdem dieser Nachweis durch mich geliefert worden ist, können wir auch nicht umhin, das Band, welches diese Gattungen mit den Affen zusammenhält, noch fester zu knüpfen und die oben angedeutete Umgrenzung der Ordnung der Primates als eine scharfe, womöglich als eine definitive zu betrachten. Jedoch mit einer Reserve. Es wird sich nämlich im ferneren Verlaufe des paläontologischen Forschens höchstwahrscheinlich herausstellen, dass noch mehrere tertiäre Säugethiere in diese Ordnung hinein gehören. Hier möchte ich aber zu der grössten Vorsicht mahnen, wenn ich bedenke, dass auch bereits für die recente Gattung *Tarsius* (obgleich uns das vollständige Skelett für die Vergleichung und das ganze Thier für die Zergliederung zur Verfügung stehen), die Bestimmung der Verwandtschaft dennoch so viele Schwierigkeiten bereitet hat.

Eben desshalb kann ich mich nicht dazu entschliessen, gewisse Gattungen, die von Cope, Osborn (**95a**), Schlosser (**87, 88**), Zittel u. A. in nächste Nähe von *Anaptomorphus* gestellt werden, gleich jetzt schon zusammen mit dieser Gattung in die von mir enger gefasste Ordnung der Primates aufzunehmen. Das gilt namentlich von der Gattung *Necrolemur* Filhol (Cope **83**, p. 248, Schlosser **87, 88**, p. 48). Es ist sehr möglich, ja sogar wahrscheinlich, dass sie in dieselbe phylogenetische Reihenfolge hineingehört[1]), allein ich möchte noch das Auffinden von anderen Skelettresten abwarten, bevor wir die Entscheidung treffen. Gerade hier sind wir zu doppelt grosser Vorsicht gezwungen, da einige und zwar so bedeutungsvolle Ordnungscharaktere, welche der Form der Keimblase zu entlehnen sind, uns für die fossilen Formen niemals zur Verfügung stehen werden. Es ist aber wohl kaum zu bezweifeln, dass bei einer späteren Vervollständigung der fossilen Thierreihen andere Charaktere in unsere Kenntniss sich einreihen werden, um dennoch mit genügender Schärfe über die Zugehörigkeit bestimmter Säugethierreste zu der Ordnung der Primates ein Urtheil zu fällen.

1) Falls diese Vermuthung sich bestätigen würde, so wäre die Gattung *Necrolemur*, welche nach Flower und Lydekker (**91**, S. 696) synonym ist mit *Microchoerus*, besser mit letzterem oder mit irgend einem anderen Namen zu verzeichnen, damit in der Ordnung der Primates der Gattungsname *Lemur* nicht wieder in modificirter Form auftauche. Beiläufig sei hier daran erinnert (siehe auch nächstes Kapitel), dass Schlosser (**87**, S. 44) durch das Unterkiefergebiss von *Necrolemur* sehr lebhaft an dasjenige von *Erinaceus* erinnert wird.

4. Vorstufen der Primatenkeimblase.

Wir müssen aus dem oben Angeführten schliessen, dass die Stammformen der Primaten bereits im mesozoischen Zeitalter von denjenigen der anderen placentalen Säugethiere sich abgezweigt haben [1]). Vorläufig fehlen uns zuverlässige Daten, welche es erlauben, die Vorfahren der Primaten unter den noch so dürftig bekannten und wenig zahlreichen, mesozoischen Formen anzugeben. Wir wissen jedoch, dass die Vorläufer der placentalen Säuger in Osborn's Insectivora primitiva (Trituberculata) zu suchen sind (**88**), und dass *Erinaceus* und *Gymnura* unter den von einander so vielseitig abweichenden Insektenfressern zu einer ursprünglichen, centralen, archaischen Gruppe noch die engsten Verwandtschaftsbeziehungen besitzen. Diese finden u. A. in der Abwesenheit bestimmter Specialisirungscharaktere ihren Ausdruck (Huxley **80**).

So muss denn auch hier wieder, beim Fehlen einer ununterbrochenen, phylogenetischen Stammreihe, der vergleichenden Anatomie und Embryologie das Wort geredet werden; und wir hätten zu untersuchen, ob nicht gerade bei den genannten Insektivorengattungen irgend ein für die Phylogenese der Primatenkeimblase verwendbares Faktum nachgewiesen wäre.

Wichtige Unterschiede zwischen der Igel- und Primatenkeimblase (welche aus den auf Taf. I gegebenen Umrissen leicht abgelesen werden können) sind u. A. die folgenden:

1. Es ist eine bedeutende Dottersackplacentation beim Igel in der ersten Schwangerschaftsperiode zu konstatiren (Fig. 14, 15).

2. Es besteht beim Igel eine freie, hohle Allantois, welche mit dem Diplotrophoblast verschmilzt und eine histologisch hochdifferenzirte Allantoisplacenta liefert (Fig. 15, 16).

3. Es kommt beim Igel zeitweilig ein ungemein umfangreiches Proamnion vor (Fig. 14, 15).

Die Vergleichungspunkte zwischen den Keimblasen von *Erinaceus* und Primaten sind von subtilerer Art. Jedoch sind sie bedeutungsvoll, da sie uns unzweifelhafte Andeutungen darüber verschaffen, wie die Primateneigenthümlichkeiten im Laufe der Zeit sich ausgebildet haben mögen.

Von diesen Vergleichungspunkten hebe ich folgende hervor:

1. Der Hypoblast ist bei der Igelkeimblase in frühen Stadien, wo noch kein Mesoblast vorhanden ist, ein geschlossenes Säckchen, welches auffallend kleiner ist wie die Trophoblastblase (Fig. 10). Erst später vergrössert sich das Hypoblastsäckchen

1) Da es in letzter Zeit gelungen ist (J. P. Hill, Proceed. Linnean Society of New South Wales, November 1895), sogar bei recenten Beutlern (Perameles) eine wahre, allantoide Placentation zu konstatiren, so besteht ein weiterer Grund, um den ersten Ursprung der Placentationsprozesse in ein viel früheres, geologisches Zeitalter zurückzuverlegen, als wie man es bis jetzt für angemessen erachtet hat.

und füllt den Trophoblastraum aus, um sodann an der omphaloiden Placentation aktiven Antheil zu nehmen (Fig. 11—15).

2. Der Trophoblast bietet in sehr frühen Stadien dem mütterlichen Blute die Gelegenheit für eine lakunäre Cirkulation zwischen den ihn zusammensetzenden Zellen (Fig. 11). In der reifen Placenta geschieht die Cirkulation des mütterlichen Blutes innerhalb dieser vermehrten und ausserordentlich verdünnten Trophoblastlakunen derart, dass Allantoiszotten dem Anschein nach inmitten des mütterlichen Blutes flottiren (Fig. 16).

3. Bereits im frühesten Keimblasenstadium ist eine Decidua reflexa vorhanden, welche eine detaillirte Vergleichung mit derjenigen der menschlichen Keimblase zulässt. Innerhalb dieser Decidua reflexa entwickelt der Trophoblast rings herum Zotten (Fig. 11). Nach der Seite des Uteruslumens wird die Reflexa beim weiteren Wachsthum der Keimblase allmählich dünner, und die Aussenfläche des Trophoblastes wird ausgeglättet (Chorion laeve der menschlichen Keimblase). Die scheibenförmige Stelle, an der die Zotten sich erhalten (Fig. 15, 16) und die definitive Placenta sich ausbildet, liegt beim Igel in frühesten Embryonalstadien oberhalb des Rückens; sie befindet sich der sich verdünnenden Reflexa diametral gegenüber (Fig. 16).

Aus dem Angeführten ersehen wir, dass der Vergleichungspunkt 1) für alle Primaten gilt, die Punkte 2) und 3) jedoch nur für die anthropoiden Affen und für den Menschen Geltung besitzen.

Wie sich nun viele von diesen beim Igel vorhandenen Details benutzen lassen, um das so früh vaskularisirte Chorion der menschlichen Keimblase, sowie den His'schen Bauch- oder Haftstiel verständlich zu machen, habe ich bereits vor sieben Jahren (**89**, S. 372) auseinandergesetzt. Ich kann mich damit begnügen, hier auf jene ausführliche Darstellung hinzuweisen, welche durch die Befunde bei *Tarsius* eine sehr willkommene Bestätigung erfährt. Einige der Hauptpunkte werde ich hier noch einmal hervorheben. Auch wiederhole ich aufs Neue meinen dort gemachten Vorschlag, den Namen Chorion nur für die Keimblase der Primaten aufrecht zu erhalten. Diesem Vorschlage möchte ich hier einen noch grösseren Nachdruck verleihen.

Die Fig. 9—16 auf Taf. I geben eine genaue, wenn auch schematisirte Uebersicht von den frühen Entwickelungsphasen der Igelkeimblase. Es ist aus ihnen ersichtlich, dass die Mesoblastbildung erst in dem Stadium der Fig. 12 anfängt, dass der Mesoblast allmählich zwischen Hypoblast und Trophoblast sich einschiebt, dass sodann die Spaltung des Mesoblastes stattfindet, und dass in der Region der *Area vasculosa* die Spaltung erst eintritt, nachdem die allantoide Placentation an die Stelle der omphaloiden getreten ist. Es ist sehr begreiflich, dass die vitale Bedeutung der omphaloiden Placentation den Spaltungsprozess des Mesoblastes verzögert, ebenso wie das hohe Gewicht eines womöglich langen Andauerns dieser frühen Verbindung zwischen Mutter und Embryo die enorme Ausdehnung des Proamnion (in welches der Embryo in Fig. 15 noch mit ⅘ seiner Oberfläche eintaucht, um erst in Fig. 16 sich daraus gänzlich zurückzuziehen) mit veranlasst haben mag.

Stellen wir uns den Fall vor, dass der rings um den Embryo herum sich spaltende Mesoblast (welcher nur in der Achse des Embryos als ungespalten zu denken ist) an einer Stelle sich nicht gespaltet habe, und denken wir uns, dass dieser sich nicht spaltende Abschnitt in die hintere Verlängerung der Embryonalachse falle, so würde der Igelembryo die in Fig. 13 speciell sichtbar gemachte Mesoblastspaltung hinter dem Embryo, welche sich auch zugleich an der Amnionbildung betheiligt, entbehren. Wenn wir uns aber die seitliche und vordere Spaltung nicht als aufgehoben denken, so würde die Amnionbildung dennoch zu Stande kommen können. Nur würde der in seinem Amnion geschlossene Embryo mittels eines in seinem Schwanzmesoblast sich fortsetzenden Mesoblaststieles an der Keimblasenwand festhaften bleiben; es würde sodann ein Haftstiel zu Stande kommen müssen, innerhalb welches somatisches und splanchnisches Mesoblast sich nicht unterscheiden liessen. Wir könnten uns weiter diesen Stiel kurz oder lang, und in Folge dessen dorsal gelagert oder ventral sich längs der Keimblasenwand ausdehnend denken, ohne dass an der principiellen Entstehungsweise etwas geändert wäre Nur würde, soweit sich dieser Gewebsstreifen ausdehnte, eben wegen der darin fehlenden Mesoblastspaltung, auch von einem Abheben des Dottersackes von der Keimblasenwand keine Rede sein können. Dennoch würden nach dem, was wir jetzt von *Tarsius* wissen, der Annahme der Entstehung eines Stadiums, welches mit Fig. 7 übereinstimmt, aus einem Zustande, wie Fig. 12 ihn verzeichnet, keine Schwierigkeiten a priori im Wege stehen.

Eine bleibende Verbindung zwischen Embryo und Keimblasenwand wäre in dieser Weise erzielt, ohne dass eine auswachsende Allantois, wie die Figg. 14—16 sie darstellen, für das Zustandekommen dieser Verbindung irgendwie nothwendig wäre. Im Gegentheil würde die Allantois bei einer nicht vorliegenden Spaltung des Mesoblastes bis in die hintere Verlängerung der Embryonalachse weder in der gewohnten Weise auswachsen noch seine splanchnische Mesoblastbekleidung bekommen können. In dem von uns gesetzten hypothetischen Falle fehlt der dazu nöthige Raum gleich an seiner Ursprungsstelle, und somit wird seine Bildung, wenn sie nicht ganz aufgehoben ist, so doch bedeutend behindert sein. Von einer Uebertragung von Blutgefässen zur Keimblasenwand durch die Allantois könnte *in casu* somit keine Frage sein.

Stellen wir uns nun weiter noch vor, dass in dem hypothetischen Mesoblaststiele, von welchem hier die Rede ist, in sehr frühen Stadien Gefässe sich anlegen, so wäre dadurch eine Verbindungsbrücke geliefert zwischen den Gefässbahnen innerhalb des sich eben bildenden Embryos und zwischen einer zur Gefässvertheilung einzurichtenden Strecke von grösserer oder geringerer Ausdehnung aussen auf der Keimblasenwand. An dieser Gefässvertheilung würde die Allantois sich dann bestimmt nicht betheiligen.

Der hier nur angenommene Fall ist bei den Primaten (*Tarsius*, Affen, Mensch) verwirklicht, und diese Eigenthümlichkeiten der Primatenkeimblase lassen sich also aus den beim Igel gegebenen Thatsachen ohne allzu grosse Schwierigkeit herleiten. Nun kommt aber bei den Primaten noch jene Vereinfachung hinzu, dass die Hypoblastblase von Anfang an bedeutend kleiner bleibt wie die ihn umschliessende Keimblase. Wir müssen uns diese Erscheinung so erklären, dass die Area vasculosa der Nabelblase, wenn einmal eine direkte und frühe Vaskularisation der äusseren Keimblasenwand in der oben angedeuteten Weise hat hervorgerufen werden können, nur einen weniger aktiven Antheil an der Ernährung des Embryos nehmen könne, als dies bei den Igel-ähnlichen, niederen Stammformen der Fall ist. Somit wäre diese Blase in gewissem Sinne auf den Aussterbe-Etat gesetzt. Sie entwickelt sich fortan nicht mehr zu einer an die Keimblasenwand anschliessenden Blase, sondern bleibt auf dem frühen Durchgangsstadium der Fig. 10 stehen. Damit wären zugleich jene principiell verschiedenen Wachsthumsverhältnisse des Mesoblastes eingeleitet, welche oben besprochen und in den Abbildungen angedeutet wurden, und welche darauf hinzielen, dass die Spaltung des Mesoblastes peripherisch nicht mehr als solche auftritt, da die Entstehung eines somatischen und eines splanchnischen Blattes mit der Auskleidung von Trophoplast und Hypoblast durch den Mesoblast (cf. Fig. 3 und Fig. $a-c$) zusammenfällt.

Ich hoffe, durch diese kurze Andeutung die Möglichkeit der Herleitung von der Primatenkeimblase aus derjenigen bei den primitivst bekannten, placentalen Säugern klargestellt zu haben. Nun liegt es mir noch ob, auf die Amnionbildung mit einigen Worten näher einzugehen. Diese ist nämlich beim Igel und beim *Tarsius* verschieden; sie bietet bei diesen beiden wieder Besonderheiten, welche für die Auffassung der Amnionbildung beim Menschen und bei den Affen von Bedeutung werden können.

Beim Igel, dessen Amnionbildung ich vor Kurzem in einer Specialarbeit (**95**) ausführlich geschildert habe, besteht die Amnionhöhlung von Anfang an als geschlossene Blase. Deren obere Wand (Fig. 11—14) wird sozusagen aus dem Trophoblast herausgeschält (l. c. Taf. IV Fig. 73), und zwar simultan mit der Ausdehnung der Mesoblastfalten nach oben. Eben desswegen lässt sich die oben geschilderte hypothetische Haftstielbildung beim Igel so leicht denken. Anstatt der Faltenbildung haben wir es hier nur mit der Ausschälung eines Theiles der nie unterbrochenen und nie ein Amnionloch aufweisenden Keimblasenwand zu thun. Das Keimschild, welches anfänglich in kreisförmiger Cirkumferenz mit dem ihn überwölbenden Trophoblast zusammenhing, würde nach der Amnionbildung diesen Verband nur an einer Stelle (eben der Haftstiel!) beibehalten haben. Bereits in meiner früheren Arbeit (**89**. S. 375) habe ich die Vermuthung ausgesprochen, dass möglicher Weise die Amnionbildung bei Affen und beim Menschen nach demselben Typus wie beim Igel geschehe. His stellt sich das Amnion beim Menschen nach einem anderen Plane zu Stande gekommen vor, welchen er mit Holzschnitten erläutert (**80—85**. S. 170). Er fand sich veranlasst, von der Bildung des menschlichen Haftstieles (Bauchstiel, His) eine Erklärung zu geben, wie sie bisher nicht vorlag. Nach dem His'schen Erklärungsversuche kommt die letzte Verschlussstelle des Amnions nothwendig unmittelbar gegen die nach vorn schauende Fläche des Haftstieles zu liegen. Nach der von mir gegebenen Erklärung

(**89**), welche die Verhältnisse beim Igel berücksichtigt, wäre Aehnliches zu erwarten; denn obgleich hier von einer Verschlussstelle des Amnions nicht die Rede sein kann, so kann man sich doch den Ausschälungsprocess am leichtesten so vorstellen, dass er centripetal gegen den Haftstiel zu fortschreitet und dort abschliesst.

Die Befunde bei *Tarsius* lehren uns nun, dass die Amnionbildung bei Embryonen, die vermittelst eines Haftstieles in ununterbrochenem Zusammenhange mit der Keimblasenwand bleiben, auch in anderer Weise, als sie His sich gedacht hat, zu Stande kommen kann. Wie die Fig. *i* es wiedergiebt, kann sogar ein weit nach vorn liegender Amnion-Nabel bei den mit einem Haftstiel versehenen Keimblasen vorkommen, was in den verschiedenen Auffassungen von His, Hertwig u. A. keine Berücksichtigung findet.

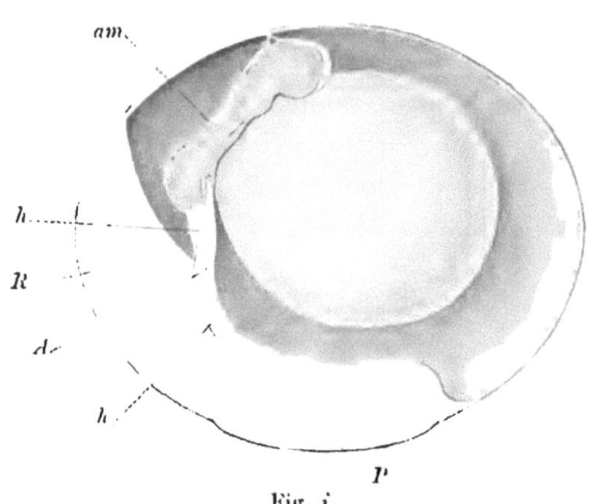

Fig. *i*.
Keimblase von *Tarsius*. 6/1.
Erklärung siehe S. 157.

Diese eine, bei *Tarsius* gefundene Thatsache stellt es ausser Zweifel, dass die Möglichkeit der Amnionbildung nach diesem dritten Typus auch für die menschliche Keimblase nicht ohne Weiteres ausgeschlossen werden darf. Wir müssen also für den Menschen weitere genaue Beobachtungen abwarten, um diese Frage definitiv erledigen zu können. Da alle Wahrnehmungen (Spee [**89, 96**], Keibel [**90**] u. A.) es ausser Zweifel setzen, dass die Amnionbildung beim Menschen so äusserst früh abschliesst, so neige ich selbst der Ansicht zu, dass meine frühere Annahme (**89**, S. 375), nach welcher die menschliche[1]) Amnionbildung nach dem Typus der Amnionentwickelung des Igels stattfinden soll, das Richtige treffe.

Bezüglich der Amnionbildung würde sich demgemäss in der Ordnung der Primates das Nämliche ereignen, was wir in anderen Säugethierordnungen ebenfalls konstatiren, nämlich die Bildung des Amnions bei einigen Gattungen nach dem primitiven, bei anderen nach dem sekundär daraus abgeleiteten Typus (Hubrecht **95**).

1) Selenka spricht l. c. S. 202) von einer 0,02 mm hohen Amnionfalte bei *Semnopithecus maurus*, bildet aber nichts Diesbezügliches ab, da die betreffende Keimblase so wie so stark gezerrt wurde. Bei allen anderen Keimblasen fand Selenka das Amnion bereits geschlossen. Aus den hierzu von ihm gegebenen Abbildungen (**92**, Taf. 35, Fig. 8—9, 12; Taf. 38, Fig. 2, No. 103—124 möchte ich folgern, dass das Amnion auch bei diesen Affen in Igel-ähnlicher Weise sich entwickelt. Auch Spee (**89**, hat bei der von ihm untersuchten, jungen, menschlichen Keimblase bereits daran gedacht l. c. S. 170), dass die äusserst frühe Vollendung der Amnionbildung auf eine Vergleichbarkeit mit *Cavia* und Maus, wo die Amnionbildung wieder nach einem primitiven Typus abläuft, hinweise.

Und in seiner allerletzten Arbeit **96**, S. 15) wiederholt er diese Vermuthung, jedoch ohne die mehr auf der Hand liegende und principiell so viel wichtigere Vergleichbarkeit mit dem Igel zu berücksichtigen. Das in Spee's Taf. I, Fig. 3 abgebildete Schema seiner jüngsten menschlichen Keimblase, welches ich erst während der Korrektur dieses Aufsatzes zu Gesicht bekomme, macht meine obenerwähnte Hypothese von 1889 fast zur Gewissheit.

Wie unter den Primaten *Tarsius* diesem sekundär abgeleiteten Bildungstypus folgt, so sehen wir unter den Insektivoren bei *Sorex*, *Tupaja*, *Talpa* ähnliche Verhältnisse, während, soweit bekannt, hier nur der Igel den ursprünglichen Typus innehält. Andere Gattungen müssten auf diesen Punkt hin erst noch untersucht werden. Bei den Rodentia repräsentiren Maus und *Cavia* (Selenka l. c.) den primitiven, *Lepus* den abgeleiteten Typus; bei Chiroptera wiederholen *Pteropus* den ersteren (Selenka l. c.), *Vespertilio* den letzterwähnten (Duval **95**b).

Eben die Thatsache, dass bezüglich der Amnionbildung so wechselnde Verhältnisse in diesen primitiveren, entweder älteren oder noch nicht specialisirten Säugethiergruppen vorliegen, hat mich mit dazu veranlasst, die oben erwähnte Hypothese von der Phylogenese des Amnions aufzustellen, bezüglich deren Detail ich auf die betreffende Arbeit verweise.

Ein letzter Punkt, welchen ich bezüglich der Amnionbildung bei *Tarsius* hervorheben möchte, ist der, dass dieselbe die Genese desjenigen Amnionraumes, welcher sich längs des Haftstieles befindet, in einem anderen Lichte erscheinen lässt. Gerade bei den Affen und dem Menschen wird ganz besonders auf diesen Punkt Acht gegeben werden müssen, ebenso auf die damit eng zusammenhängende Frage, ob nicht auch bei diesen letzteren die Amnionschliessung oberhalb des Kopfes oder Rumpfes unabhängig vom Haftstiele zu Stande komme (cf. Fig. *i*).

Zum Schluss bleibt uns noch übrig, die Placentation der Primaten zu diskutiren, da wir auch diese mit dem Befunde bei central-situirten Insektivoren-Gattungen, wie er z. B. beim Igel vorliegt, in einen näheren Vergleich zu bringen versuchen möchten. Wohl habe ich mich auch hierüber bereits früher geäussert; ich erachte es jedoch für wünschenswerth, diese Frage an der Hand der Schemata auf der Tafel I hier noch einmal ausführlich zu besprechen.

Zunächst muss ich hervorheben, dass die diskoide Placenta von *Tarsius* in dem Sinne von der diskoiden menschlichen Placenta verschieden ist, dass letztere als ein scheibenförmiger, höher differenzirter Rest eines anfangs die ganze Keimblase vollständig bekleidenden Zottenbelags auftritt, während erstere an Ort und Stelle sich in Scheibenform anlegt, und die sonstige Keimblasenoberfläche von Anfang an glatt und zottenlos ist und dies auch bis zum Ende bleibt.

Ich halte den Zustand, welcher beim Menschen und Anthropoiden sich erhalten hat, für sehr primitiv; und zwar desshalb, weil wir Verhältnisse, die in den Hauptzügen den menschlichen genau entsprechen, bereits bei so archaischen Säugethieren, zu denen der Igel gehört, antreffen (Hubrecht, **89**). Die vortrefflichen Gelegenheiten zur Ausbildung eines ausserordentlich ausgiebigen Austausches zwischen embryonalem und mütterlichem Blute, wie wir sie beim Igel finden, sind bei den Anthropoiden und beim Menschen zu noch höherer Vollkommenheit gelangt[1]), wodurch das ungemein rasche Voraneilen des schon im Eocän so

1 Der von Spee abgebildete Durchschnitt durch Fruchtkapsel und Chorion einer ganz jungen menschlichen Keimblase **96**, Taf. I. Fig. 11 lässt dies deutlich hervortreten. Es ist mir nicht verständlich, wie Spee die

scharf markirten Primatenstammes dem Verständniss wohl noch näher gebracht wird. Es ist eben die oben beschriebene Modifikation der Keimblase, jene rasche und frühe Vaskularisation der äusseren Keimblasenwand, unabhängig sowohl von der Nabelblase als auch von der Allantois, welche diese Vervollkommnung darstellt. Der durch den Haftstiel nicht nur sehr früh, sondern auch bleibend mit dieser blutreichen und vom mütterlichen Blute umspülten Keimblasenwand zusammenhängende Embryo steht aus den angegebenen Gründen nicht mehr in einem während der Schwangerschaft sich völlig umändernden Verhältniss mit der mütterlichen Nahrungsquelle, wie es noch beim Igel der Fall ist, bei welchem die omphaloide Placentation nach kurzem Bestehen und in Folge des weiteren Wachsthums des Embryos aufhören[1]) und von der allantoiden Placentation ersetzt werden muss. Weder das eine noch das andere braucht bei den mit permanentem Haftstiel versehenen Primaten einzutreten: hier kann die ganze Keimblasenwand (Chorion) nutritorische Bedeutung so lange besitzen, bis die Decidua reflexa durch Dehnung der wachsenden Gewebe blutärmer und membranös wird, das Chorion frondosum in ein Chorion laeve übergeht, und fortan nur die scheibenförmige Stelle als funktionirende Placenta übrig bleibt.

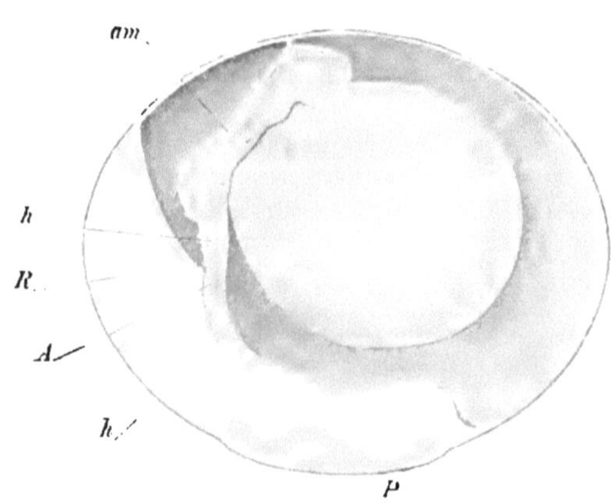

Fig. *i*.
Keimblase von *Tarsius*. [6]/1.
Erklärung siehe S. 157.

Die auf Fig. 11—14 der Tafel gegebenen Schemata vom Igel mögen die Vergleichbarkeit dieser zottigen Keimblasenwand mit denjenigen von den Anthropoïden und dem Menschen noch näher zur Geltung bringen. Ein Blick auf Fig. 18 und der Vergleich mit Fig. 15 und 16 lassen deutlich hervortreten, dass die Zotten bei den Affen relativ bedeutend länger sind, dass somit auch die zum Austausche bestimmte Oberfläche bedeutend grösser ist wie beim Igel.

Die Fig. *l*, welche für den Menschen oder einen anthropoiden Affen gilt, bringt die Vergleichbarkeit des Zottenbelags der menschlichen mit demjenigen der jungen Igelkeimblase (Fig. 11) noch deutlicher zur Geltung. Somit neige ich zu der Ansicht hin, dass in diesem ununterbrochenen Zottenpelz ein primitiver Charakter erhalten, und dass die partielle Zottenbildung von niederen Affen, wie die Fig *k* angiebt, eher als ein abgeleiteter Zustand zu betrachten sei. Es mag ausserdem die grosse Variabilität in der Ausdehnung sowohl der dorsalen als auch der ventralen

Blutmassen, welche die Zotten dieses frühen Stadiums umspülen, als dort „abnormer Weise" vorhanden bezeichnete. Ein Vergleich mit Fig. 39 und 41 meiner Igelarbeit liegt viel eher auf der Hand.

1) Oben wurde bereits angedeutet, dass das Ausbleiben eines Proamnions bei den Primaten seine Erklärung gerade darin finden kann.

Placenta bei den Cercocebi und Semnopitheci, wie sie Selenka beschrieben und abgebildet hat (92), als Argument für jene Annahme herangezogen werden.

Ob nun der Zustand bei *Tarsius* als noch weiter abgeleitet angesehen und auch von einer anfangs ringsherum vaskularisirten Keimblasenwand hergeleitet werden müsse, ist möglich, scheint mir aber nicht sehr wahrscheinlich zu sein. Eher möchte ich der Ansicht beipflichten, dass sich bei den mesozoischen Primatenvorfahren verschiedene Anpassungen der durch den Haftstiel auf verkürzte Weise vaskularisirten Keimblasenwand an den kongestionirten Nährboden, welchen die mütterliche Mucosa darbietet, werden ausgebildet haben, und dass *Tarsius* eine solcher Anpassungen darstellt. Die Bildung einer Decidua reflexa ist eben diejenige Anpassung, durch welche die Keimblase des Menschen mit derjenigen des Igels übereinstimmt, und von einer solchen ist bei *Tarsius* auch in den frühesten Stadien keine Spur vorhanden.

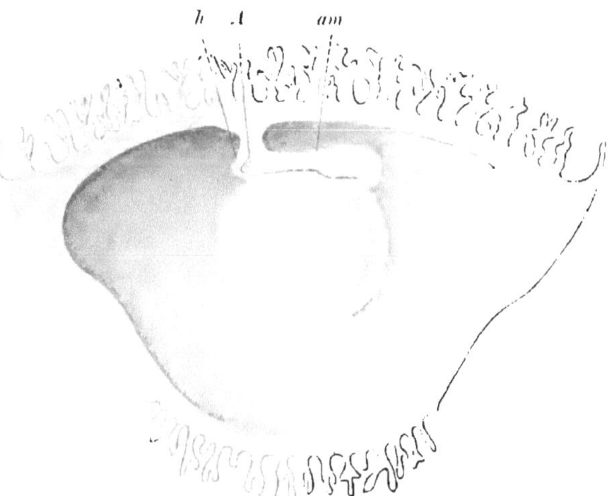

Fig. *k*.
Keimblase von *Cercocebus cynomolgus* (nach Selenka).
Bezeichnung wie Fig. *i*, S. 158.

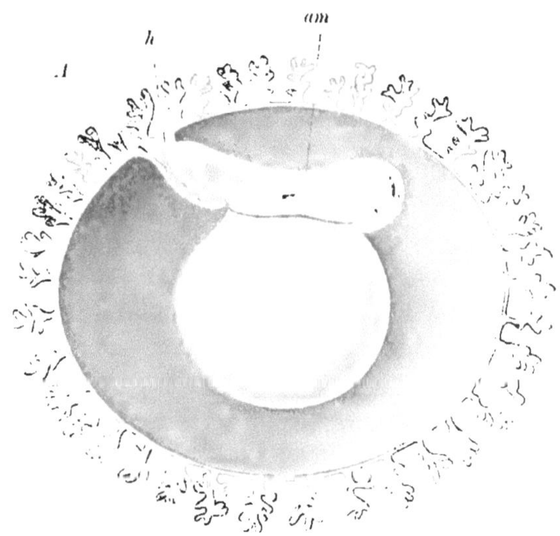

Fig. *l*.
Keimblase vom Menschen (nach Coste und His kombinirt).
Bezeichnung wie Fig. *i*, S. 158.

Aus dem Vorhergehenden leuchtet ein, dass wir gut thun werden, die eigenthümlich modificirte Keimblasenwand der Primaten, deren Entstehung aus niederen Zuständen in das mesozoische Zeitalter zurückzuverlegen ist, und deren frühe, sowohl von Dotterblase als auch von Allantois unabhängige Vaskularisation ganz andere Entwickelungsmöglichkeiten als bei den sonstigen placentalen Säugethieren darbietet, auch durch besondere Benennung scharf von der Keimblase der letzteren zu unterscheiden. Mein diesbetreffender Vorschlag geht dahin, (89, S. 382), den Namen Chorion fortan ausschliesslich für Primatenkeimblasen anzuwenden.

Für die anderen Säugethiere werde die äussere Keimblasenwand vor der Ausbildung des Mesoblastes und zwar mit Ausschluss des embryonalen Epiblastes Trophoblast geheissen (Hubrecht **88**a, **95**). Nachdem der Mesoblast eine innere Bekleidung geliefert hat, werde die äussere Keimblasenwand als Diplotrophoblast bezeichnet. Die Anwendung der Namen „Chorion" für Primaten und „Diplotrophoblast" für die anderen Säugethiere trete damit an die Stelle von Bezeichnungen als subzonale Membran, seröse Hülle, Serosa, amniogenes Chorion, Serolemma u. s. w. Es ist damit, wie ich hoffe, und was ich bei dem Versuch zur Begründung dieses Vorschlags früher ausführlicher zum Ausdruck zu bringen wünschte (**89**, S. 385), ein Schritt vorwärts gethan in der Richtung grösserer Klarheit der Ausdrucksweise für didaktische Zwecke, wovon Lehrer und Lernende Vortheil haben werden.

Dass wir auch bei den Primaten, ebenso wie beim Igel, an jener Stelle, wo die Keimblase mit der Uteruswand verlöthet, das Uterusepithel völlig zu Grunde gehen sehen, und der Trophoblast, kräftig wuchernd, ein Lakunensystem hervorruft, in welches mütterliches, extravasirtes Blut übertritt, kann ich aus eigener Erfahrung für *Tarsius* vollends bestätigen. Demnächst werde ich darüber ausführlicher berichten. Ich möchte nur jetzt darauf aufmerksam machen, dass Selenka für die Persistenz von Uterus- und Drüsenepithel am Haftfleck der Affen eintritt. Ich hege die Erwartung, dass, wenn einmal eine vollständige Keimblasenreihe vorliegen wird, auch für die Affen und den Menschen eine principielle Uebereinstimmung mit *Tarsius* und *Erinaceus* sich ergeben wird. Mir scheint es, dass Selenka bei den Affen, Strahl bei *Talpa* und Frommel bei *Vespertilio* embryonale Zelllager mit mütterlichem Gewebe verwechselt haben.

Zusammenfassung.

1. *Tarsius spectrum* ist durch zahlreiche Eigenthümlichkeiten in der Bildung seiner Keimblase enger mit den Affen und dem Menschen verwandt, als mit irgend einer anderen Säugethiergattung.

2. Der Haftstiel der Keimblase vom Menschen und Affen, dessen Ontogenese bis jetzt noch ungenügend bekannt ist, wird durch die Verhältnisse bei *Tarsius* sowohl ontogenetisch als auch phylogenetisch verständlich.

3. *Tarsius* nimmt durch sein Gebiss eine Mittelstellung ein zwischen den Affen und den mesozoischen Insektivoren; die oberen Molaren sind rein trituberkulär, die unteren tuberkulär-sektorial mit ausgebildeter pr^d, me^d, pa^d, hy^d und en^d.

4. Unter den fossilen Säugethieren nimmt die Gattung *Anaptomorphus* Cope bezüglich seines Gebisses eine Mittelstellung zwischen *Tarsius* und dem Menschen ein. Cope fand sich dadurch sogar veranlasst, den Speciesnamen *homunculus* zu wählen.

5. Es empfiehlt sich, die Säugethierordnung der Primates von derjenigen, welche am besten als die Ordnung der Lemures sich bezeichnen lässt, scharf zu

trennen: erstere reicht von der Jetztzeit zurück bis in das mesozoische Zeitalter und hat während der ganzen Tertiärzeit den anderen Säugethierordnungen selbstständig gegenübergestanden.

6. Zu der Ordnung der Primates gehören 1) der Mensch, 2) die Affen und 3) die beiden bis jetzt noch zu den Lemuriden gezählten Gattungen *Tarsius* (recent) und *Anaptomorphus* (fossil, unteres Eocän).

7. Es werden zweifellos mehrere fossile Gattungen hierher zu rechnen sein: dabei ist aber die grösste Vorsicht geboten. Das Auffinden vollständiger Skelette ist eventuell noch abzuwarten, bevor auch auf dem Gebiete der Paläontologie die Trennung zwischen Primates und Lemures scharf durchgeführt werden kann.

8. Die Lemures einschliesslich der fossilen Formen, welche Cope in der Unterordnung der Mesodonta vereinigt, haben ihrerseits enge Beziehungen zu zahlreichen primitiven, tertiären Säugethiertypen, welche die noch nicht specialisirten Ungulata, Creodonta u. s. w. vergegenwärtigen. Ihre Placentation und ihre Keimblasenbildung, welche so grundverschieden von derjenigen von *Tarsius* ist, werden dagegen durch die letzterwähnten Verwandtschaftsbeziehungen viel besser in einen phylogenetischen Verband gebracht.

9. Die Placentation und die Keimblasenbildung der Primates lassen sich aus denjenigen der Lemures nicht herleiten; sie sind aber unschwer mit denjenigen von centralen Insektivorengattungen, wie *Erinaceus*, in engere genetische Uebereinstimmung zu bringen.

Litteratur-Verzeichniss.

91. Ameghino, F., Los monos fósiles del eoceno de la República Argentina. Revista argentina de Historia Natural. T. 1. Dic. 1891.

46. Burmeister, H., Beiträge zur näheren Kenntniss der Gattung *Tarsius*. Berlin 1846.

72a. Cope, E. D., Proceedings of the American Philosophical Society 1872. p. 554.

72b. — Palaeontological Bulletin. No. 8, p. 1. Oct. 1872.

81. — Proceedings of the American Philosophical Society 1881 (1882).

82. — — Palaeontological Bulletin No. 34, 1882.

83. — The Vertebrata of the Tertiary Formation of the Western Territories. United States Geological Survey. Washington 1883.

85. — The Lemuroidea and the Insektivora of the Eocene Period of North America. The American Naturalist. Vol. XIX. Philadelphia 1885.

95. Duval, Mathias, Etudes sur l'embryologie des Chiroptères. Journal de l'Anatomie et de la Physiologie. XXXI. ann. 1895.

91. Flower, W. H. und R. Lydekker, An Introduction to the Study of Mammals, living and extinct. London 1891.

83. Heape, W., The Development of the Mole (Talpa europaea). Quarterly Journal of Micr. Science. Bd. 23, 1883.

86. — — Id. id. Bd. 26, 1886.

80—85. His, W., Anatomie menschlicher Embryonen. Heft I—III. Leipzig 1880—1885.

88a. Hubrecht, A. A. W., Keimblätterbildung und Placentation des Igels. Anatomischer Anzeiger. III. 1888, S. 510.

88b. — Die erste Anlage des Hypoblastes bei den Säugethieren. Anatomischer Anzeiger. III. 1888, S. 906.

89. — Studies in Mammalian Embryology. I. The Placentation of Erinaceus europaeus with Remarks on the Phylogeny of the Placenta. Quarterly Journal of Microscopical Science. Vol. XXX. 1889.

94. — Spolia Nemoris. Quarterly Journal of Microscopical Science. Vol. XXXVI. 1894.

95. — Die Phylogenese des Amnions und die Bedeutung des Trophoblastes. Verhandelingen der Koninklijke Akademie van Wetenschappen te Amsterdam. 2. Sect. Dl. IV. No. 5. 1895.

80. Huxley, T. H., An Application of the Laws of Evolution to the Arrangement of the Vertebrata and more particulary of the Mammalia. Proceedings Zoological Society. London 1880.

90. Keibel, F., Ein sehr junges menschliches Ei. Archiv für Anatomie und Entwickelungsgeschichte. Jahrg. 1890.

75. Milne-Edwards, A. et A. Grandidier, Histoire naturelle des Mammifères de Madagascar. Paris 1875.

88. Osborn, H. F., On the Structure and Classification of the Mesozoic Mammalia. Journal of the Academy of Natural Sciences of Philadelphia. 2. Ser. Vol. IX. P. 2. Philadelphia 1888.

91. — and Wortman, J. L., Fossil Mammals of the Wasatch and Wind River Bed. Collection of 1881. Bulletin of the American Museum of Natural History. Vol. IV. New York 1892.

93. — The rise of the Mammalia in North America. Studies from the Biological Laboratories of Columbia College. Zoology Vol. I, No. 2. Boston 1893.

95. — and Earle, C., Fossil Mammals of the Puerco beds. Collection of 1892. Bulletin of the American Museum of Natural History. Vol. VII. 1895.

95. — The History of the Cusps of the human molar teeth. International Dental Journal New York. July 1895.

87, 88. Schlosser, M., Die Affen, Lemuren, Chiropteren, Insectivoren, Marsupialier, Creodonten und Carnivoren des Europäischen Tertiärs und deren Beziehungen zu ihren lebenden und fossilen aussereuropäischen Verwandten. I. und II. Theil. Wien 1887, 1888.

83—92. Selenka, E., Studien über Entwickelungsgeschichte der Thiere. Heft I—V. Wiesbaden 1883—1892.

89. v. Spee, F., Graf. Beobachtungen an einer menschlichen Keimscheibe mit offener Medullarrinne und Canalis neurentericus. Archiv für Anatomie und Physiologie (Anat. Abtheilung). Jahrg. 1889.

96. — Neue Beobachtungen über sehr frühe Entwickelungsstufen des menschlichen Eies. Archiv f. Anatomie u. Physiologie (Anat. Abtheilung). Jahrg. 1896. Heft I und II.

Tafel-Erklärung.

Schematische Darstellung[1] der Keimblasen von *Tarsius spectrum* (Fig. 1—8), *Erinaceus europaeus* (Fig. 9—16) und *Cercocebus cynomolgus* (Fig. 17—18). Epiblast: roth, Mesoblast: gelb, Hypoblast: blau, dreischichtige Embryonalanlage: grau. Die späteren Entwickelungsstadien sind bei geringerer Vergrösserung dargestellt wie die jüngeren.

Fig. 1—18. *Tarsius spectrum.*

Fig. 1. Frühes Stadium, wobei unter dem Embryonalknoten der Hypoblast aber sichtbar wird.

Fig. 2. Oberhalb des formativen Epiblastes ist ein kleiner Trophoblastbezirk rückgebildet; die Hypoblastblase ist deutlicher.

Fig. 3. Mesoblast, obschon in der Region der Keimscheibe nicht als separates Blatt vorhanden, kleidet bereits den Trophoblast und die untere Fläche der Hypoblastblase aus.

Fig. 4. Keimscheibe dreischichtig, Hypoblastblase allenthalben vom Mesoblast überkleidet. In diesem, sowie in dem vorigen Stadium hat die placentäre Trophoblastwucherung einen Anfang genommen; eine strangförmige Mesoblastverdickung (Haftstielanlage) mit Blutgefässanlagen verläuft von dieser Gegend bis zum Hinterende der Keimscheibe.

Fig. 5. Keimscheibe noch flach ausgebreitet, Nabelblase vergrössert, mit einem röhrenförmigen Zipfel versehen, der in dem Haftstiel gelagert ist. Hinter der Keimscheibe ist in der longitudinalen Achse die erste Anlage des Amnions als ein zunächst nur aus Epiblast bestehendes enges Rohr entstanden. Placenta weiter vorgeschritten: mütterliches Blut dringt in die Trophoblastlakunen.

Fig. 6. Ein etwas späteres Stadium, bei welchem die Amnionbildung weiter vorgeschritten ist, indem nach oben gerichtete seitliche Cölomausbuchtungen den Haftstrang in einen Haftstiel verwandelt haben. Der Pfeil deutet die Schnittrichtung an für Textfigur *h*.

Fig. 7. Der Amnionverschluss ist vollendet: ein Amnionnabel findet sich in diesem Stadium oberhalb des Kopfes des Embryos (cf. Fig. *i*, S. 157), ist aber in diesem Schema weggelassen. Der Haftstiel führt neben dem Allantoisrohr einen röhrenförmigen hinteren Abschnitt des Amnions[2]; er verläuft eine Strecke frei, haftet sodann an der Keimblasenwand fest, von welcher eine Mesoblastschicht sich abhebt. Zwischen dieser und der Aussenwand ist ein weitmaschiges Mesoblastgewebe als Ausfüllungsmasse erkennbar. Der Haftstiel löst sich in der Placentarregion in zahlreichen Gefässen auf.

Fig. 8. Späterer Embryo mit den Fruchthüllen in ihren weiter vorgeschrittenen Verhältnissen. Der Rest der Nabelblase erscheint zwischen Amnion und Chorion zusammengepresst. Das Chorion ist durch Weiterentwickelung des in der vorigen Figur erwähnten mesoblastischen Füllgewebes über eine nicht unbedeutende Strecke verdickt. Vaskularisirt ist nur die Placentarregion. Die Nabelblase ist zu einem gefalteten zusammengepressten Rest umgewandelt, an welchem peripherisch die Höhlung noch gut erhalten ist. In dieser Figur ist das Verbindungsrohr der Nabelblase im Nabelstrang selber sowie der Allantoisrest stärker hervortretend dargestellt, als es in der Wirklichkeit der Fall ist. Es finden sich diese Reste eigentlich nur auf früheren Stadien, während auf späteren auch die Nabelblasenhöhlung sowie die Nabelblasen umsonst gesucht werden. Die Placenta ist mächtig im Verhältniss zu der Grösse des Embryos.

Fig. 9—16. *Erinaceus europaeus.* Alle diese Igelkeimblasen sind durch eine Decidua reflexa vom Uteruslumen abgeschlossen; durch diese Einrichtung wird Cirkulation mütterlichen Blutes rings um die Keimblase herum bereits in den frühesten Stadien ermöglicht.

Fig. 9. Trophoblast und Embryonalknoten als geschlossene Blase: der Hypoblast ist noch eine kompakte Zellmasse.

Fig. 10. Der Hypoblast hat sich zu einer geschlossenen Blase entwickelt, welche jedoch die Trophoblastblase nicht ausfüllt.

1 Für freundliche Hilfe bei der Anfertigung dieser farbigen Schemata möchte ich an dieser Stelle Herrn Dr. VOSMAER meinen besonderen Dank aussprechen. Es liegen allen diesen Schemata (mit Ausnahme der Fig. 17 und 18) zahlreiche, in meinem Besitze sich befindende Schnittserien zu Grunde. So sind z. B. von *Tarsius* für die zwischen Fig. 1 und Fig. 6 liegenden Entwickelungsstadien nicht weniger als neunzig in Serienschnitten zerlegte Embryonen vorhanden. Detaillirte Abbildungen nach diesen Schnitten beabsichtige ich an anderem Orte zu veröffentlichen.

2) Siehe Anmerkung auf S. 157.

Fig. 11. Durch eine Spaltung zwischen formativem Epiblast und Trophoblast ist die primäre Amnionhöhlung zu Stande gekommen. Die Hypoblastblase hat sich jetzt dem formativen Epiblast, sowie dem Trophoblaste eng angeschlossen. In letzterem haben sich Lakunen entwickelt, in welchen mütterliches Blut frei cirkulirt.

Fig. 12. Unter Vergrösserung der Keimblase sind die Trophoblastlakunen relativ abgeflacht, der Trophoblast ist nichtsdestoweniger rings herum zottenreich. Die Region der Keimscheibe ist dreiblätterig geworden.

Fig. 13. Der Mesoblast schiebt sich zwischen Hypoblast und Trophoblast. Dorsal vom Embryo breitet sich die somatische Mesoblastlamelle ebenfalls aus und spaltet dabei die innere, epiblastische Amnionschicht von dem Trophoblaste ab, wodurch einerseits die definitive Amnionwand, andererseits der Diplotrophoblast hervorgerufen wird. Der Kopf des Embryos ist angelegt und bereitet sich vor, in eine Proamnion-Nische sich einzusenken. Der Trophoblast wird rings herum von mütterlichem Blute umspült.

Fig. 14. Amnion durch Weiterschreiten der bei Fig. 13 erwähnten Vorgänge vollständig abgelöst; Kopf in ein Proamnion eingesenkt; Allantois im Hinterende eben in erster Anlage begriffen. Periode der omphaloiden Placentation.

Fig. 15. Die Weiterentwickelung von Kopf und Rumpf des Embryos ist weit vorgeschritten; der Embryo ist bis hinter den Vorderextremitäten in ein Proamnion eingeschlossen. Die Allantois fängt eben an, sich gegen den Diplotrophoblast auszubreiten. Es besteht noch eine sehr ausgiebige emphaloide Placentation.

Fig. 16. Durch weitere Ausdehnung der Keimblase erscheint hier auch die gefässführende (jedoch nicht in dieser Figur dargestellte) Decidua reflexa verdünnt. Die Zotten bilden sich auf der omphaloiden Fläche der Keimblase allmählich zurück, wie das auch bereits in den Fig. 13—16 sich bemerkbar machte. Der Embryo hat sich ganz aus der Proamnion-Nische zurückgezogen: die Oberfläche des Dottersacks ist in immer grösserer Ausdehnung von dem Diplotrophoblast abgehoben und zusammengefaltet. Hingegen gewinnt die allantoide Placentation an Ausdehnung und Mächtigkeit, und es bildet sich hier die definitive scheibenförmige Placenta aus, in welcher die embryonalen Zotten in ausgiebigster Weise vom mütterlichen Blute umspült werden.

Fig. 17 und 18. (*Cercocebus cynomolgus.* Frei nach Selenka, 1883—92, Heft V, Taf. XXXV, Fig. 5 und 11 und Taf. XXXVII, Fig. 5.)

Fig. 17. Die Keimblase ist vermittelst dorsaler Chorionzotten, sowie durch oben sich ausbildende, ventrale Zotten an die zwei gegenüber liegenden Flächen der Uterushöhlung festgeheftet. Keimscheibe sammt Amnion und Nabelbass innerhalb einer mächtigen Mesoblastschichte eingeeschlossen (vergl. mit dieser Figur die Fig. 2—4 von *Tarsius* und Fig. 10—11 von *Erinaceus.*

Fig. 18. Dorsale und ventrale Placenta ausgebildet. Embryo vermittelst eines Haftstieles, in welchem ein Allantoisrohr verläuft, am Chorion festgeheftet. Die Nabelblase füllt den vorhandenen Raum nicht aus (vergl. Fig. 7 von *Tarsius*).

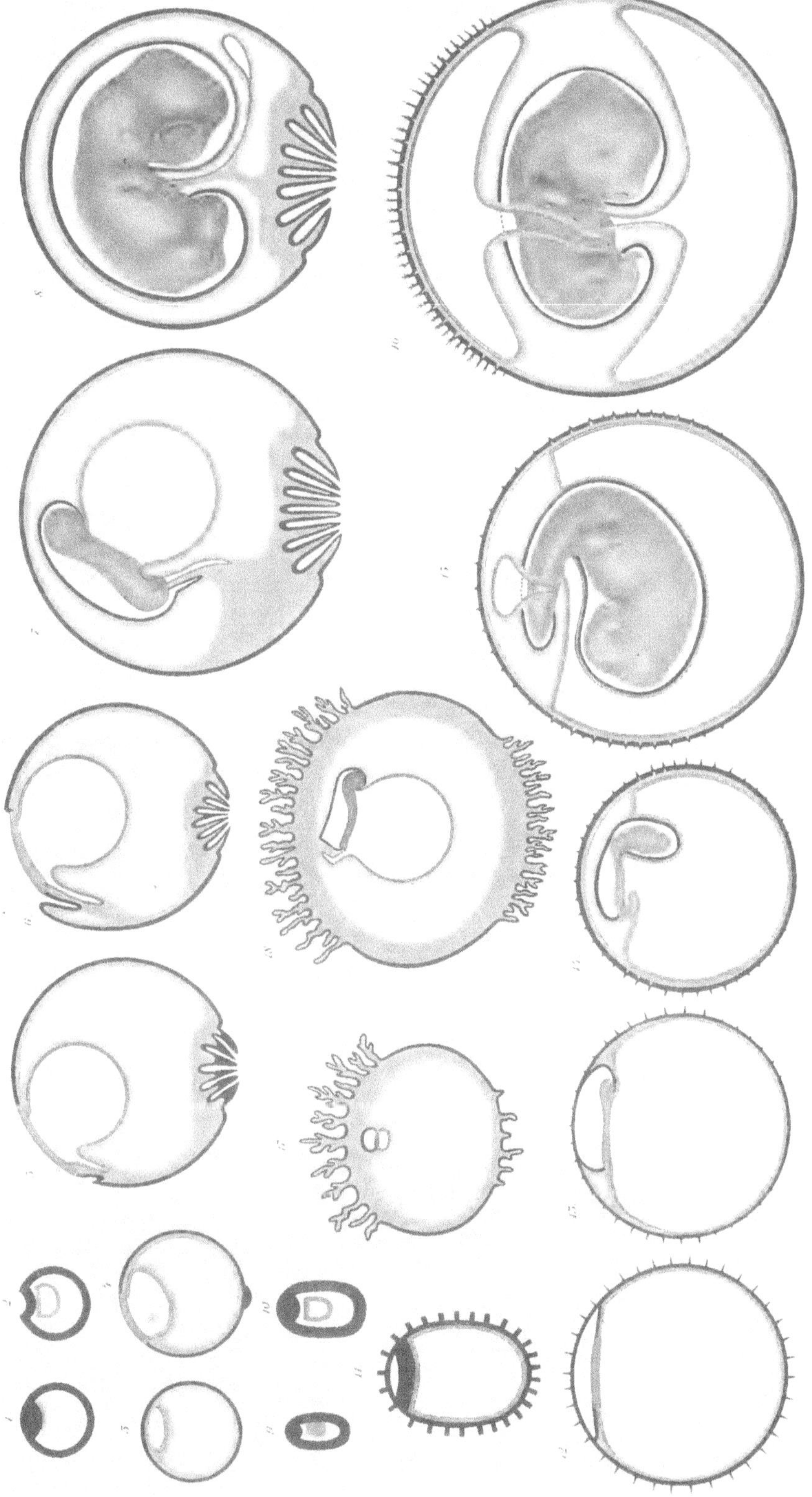

UEBER DEN FEINEREN BAU

DER

GLANDULA SUBMAXILLARIS

DES MENSCHEN

MIT BESONDERER BERÜCKSICHTIGUNG

DER

DRÜSENGRANULA

VON

DR. B. SOLGER

PROFESSOR EO. DER ANATOMIE AN DER UNIVERSITÄT IN GREIFSWALD.

MIT TAFEL I UND II.

Die Geschichte des feineren Baues der Drüsen beginnt mit MALPIGHI. Er lehrte, dass man bei der Betrachtung aller Drüsenformen, der einfachsten sowohl, wie der zusammengesetzten Gebilde dieser Art, von den überall wiederkehrenden Acinis oder Endbläschen auszugehen habe, weil sie die Verbindung mit den Blutgefässen vermitteln. Diese Acini empfangen nach seiner Anschauung von kleinsten Arterien, mit denen sie in offener Kommunikation stehen, das Drüsensekret, um es den Ausführungsgängen zu übergeben. Dass sich in seinen Angaben Wahres und Falsches in bunter Folge mischten, ist begreiflich und verzeihlich; denn er hatte auf einem bisher unbetretenen Gebiete die ersten Schritte zu thun. Wenn er die „runden Körperchen“ der Niere für secernirende Follikel erklärte, so sei ihm nicht vergessen, dass er überhaupt diese Gebilde zuerst gesehen hat, und darum möge man mit dem hochverdienten Forscher auch nicht zu streng in's Gericht gehen, dass er die Milz mit den Organen ähnlichen Baues von den mit Ausführungsgängen versehenen Drüsen zu trennen sich nicht entschliessen konnte, und dass er soweit ging, selbst dem Gehirn und anderen „parenchymatösen Organen“ einen drüsigen Bau zuzuschreiben.

MALPIGHI hatte die Genugthuung, dass seine Lehre fast von der gesammten medicinischen Welt jener Zeit als wohlbegründeter, gesicherter Erwerb der Wissenschaft angesehen wurde, bis ihm in RUYSCH ein gefährlicher Gegner erstand. Freilich hielt auch der holländische Anatom, ebenso wie MALPIGHI, in gewissen iatro-mechanischen Theorien befangen, daran fest, dass das Wesen des Sekretionsprocesses ohne die Annahme offener Arterienenden unverständlich sei, sie erschien als unabweisliches Postulat; allein im Einzelnen konnten die Beziehungen der Arterien zu den drüsigen Organen verschiedene sein. Er fragte sich, ob wirklich die arteriellen Enden durch Vermittelung eines dazwischengeschalteten Follikels mit den Drüsenausführungsgängen zusammenhingen, oder ob jenes Zwischenglied fehlte. Mit einer neuen Methode, der Einspritzung farbiger, flüssiger Massen ausgerüstet, ging er an's Werk. Stellten wirklich, wie MALPIGHI voraussetzte, rundliche Acini oder Follikel die Enden drüsiger Organe dar, argumentirte RUYSCH, so mussten an injicirten Präparaten knotige Verdickungen auftreten. Solche Anschwellungen konnte er nun niemals finden, wohl aber glaubte er sich überzeugt zu haben, dass die Drüsen nur aus kleinsten Arterien bestehen, deren feinste Zweige theils in entsprechende Venen, theils in die Anfänge der Ausführungsgänge kontinuirlich übergehen. Bei seiner Bekämpfung der Lehre MALPIGHI's kam ihm besonders zu Statten, dass er die „runden Körperchen" der Niere, die jener im Sinne seiner Anschauung gedeutet hatte, in ein arterielles Wundernetz aufzulösen im Stande war. Was von anderen Geweben zwischen den Gefässen lag, wurde — quid denique rudius esse potest? kann JOHANNES MÜLLER, der seiner Kunstfertigkeit als Injektor volle Gerechtigkeit widerfahren lässt, sich nicht enthalten auszurufen — entweder durch Maceration entfernt, oder durch Trocknen durchsichtig gemacht, um die Gefässe um so besser hervortreten zu lassen, -- ein wahrhaft klassisches Beispiel der Tyrannei und der Intoleranz einer einseitigen Methodik. Mit dem Mikroskop scheint RUYSCH nicht vertraut gewesen zu sein, und selbst wenn er dieses Hilfsmittel benutzt hätte, bei dem damaligen Stande der allgemeinen Anatomie wäre auch von einem vollendeten Techniker eine Klärung der strittigen Frage kaum zu erwarten gewesen. Die neue Kunst der Injektion, die MALPIGHI nicht ausgeübt hatte, verhalf RUYSCH zu einem fast vollständigen wissenschaftlichen Sieg über seinen Vorgänger, Jahrzehnte lang blieb seine Autorität in Geltung, und noch ALBRECHT VON HALLER stellte sich auf seine Seite. Aber daneben wurden doch hie und da vorurtheilsfreie Stimmen laut, welche, wie FERREIN und SCHUMLANSKY, an der Niere, der zwischen den Gefässen gelegenen Substanz wieder mehr Aufmerksamkeit zuwandten. Mühsam wird stückweise der Verlauf und der Zusammenhang der Harnkanälchen in Mark- und Rindensubstanz im Grossen und Ganzen richtig erkannt, aber an der verwickelten Beziehung der Glomeruli zu den Tubuli contorti scheitern die neuen reformatorischen Vorstellungen. Derselbe Forscher, der die Mündung der BELLINI'schen Röhren auf den Papillen richtig erkannte, SCHUMLANSKY (1751), lässt die gewundenen Harnkanälchen in die MALPIGHI'schen Körperchen (oder RUYSCH'schen Glomeruli) übergehen.[1])

In eine neue Phase trat die Lehre von den Beziehungen der Arterien zu dem Drüsengrunde durch die Arbeiten von MASCAGNI. Er beseitigte, gestützt auf die Ergebnisse von Quecksilberinjektionen, durch die er die Drüsenlumina füllte, die falsche Vorstellung, dass die Arterien in diesen Organen mit freien und offenen Enden aufhörten, führte aber eine neue hypothetische Grösse ein, nämlich die secernirenden Poren der Gefässwand, aus welchen die blinden Ausläufer der Drüsengänge das abgesonderte Material empfangen sollten. Noch mehr erschüttert wurde die RUYSCH'sche Lehre durch Untersuchungen, die den von MASCAGNI beschrittenen Weg weiter verfolgten. HUSCHKE und WEBER lieferten, jener durch Injektion der Harnkanälchen vom Ureter aus, dieser durch Füllung des Gangsystems der Speicheldrüsen, den Nachweis, dass die letzten Enden der Drüsenräume blind geschlossen seien und nirgends

1 JOHANNES MÜLLER sprach seine Verwunderung darüber aus, wie der um die Nierenanatomie hochverdiente Forscher in diesen Irrthum verfallen konnte; denn kurze Zeit, bevor er dies schrieb, hatte HUSCHKE (1828) durch Injektionen unter gleichzeitiger Verwendung der Luftpumpe nachgewiesen, dass die Harnkanälchen mit den Blutgefässen Nichts zu thun hätten, und JOH. MÜLLER musste, nachdem er gefunden hatte, dass die MALPIGHI'schen Knäuel „in einer Kapsel enthalten" (in vesiculis contineri), in seiner Beurtheilung SCHUMLANSKY's nur bestärkt werden. Bekanntlich war es erst BOWMAN vorbehalten, das wirkliche Verhältniss des Harnkanälchens zu der MÜLLER'schen Kapsel zu erkennen.

mit den Blutgefässen zusammenhingen, so innig auch die Verzweigungen der beiden Röhrensysteme mit einander verflochten sein mochten.

Mit Johannes Müller (vergl. in dem den Schluss dieser Abhandlung bildenden Litteratur-Verzeichniss Nr. 1) tritt eine entscheidende Wendung in der Lehre von den Drüsen ein. Hatten bisher die Hohlräume der Drüsen und die Beziehungen derselben zu den Lichtungen der Blutgefässe im Vordergrunde des Interesses gestanden, so wurde zuerst durch ihn der Kern des Problems in Angriff genommen, nämlich die Erforschung der Struktur der Drüsenwandung. Er betont die nahe Verwandtschaft zwischen den eine freie Oberfläche zeigenden Schleimhäuten und den Drüsen. Wie dort der Schleim von der Schleimhaut abgesondert wird und nicht von den Blutgefässen, so ist es auch die Auskleidung der Drüsenräume selbst, deren mannigfache Verzweigungen nur auf eine Oberflächen-Vergrösserung abzielen, welche secernirt (l. c., p. 121). Mit E. H. Weber könne man sagen, dass die Schleimhaut nicht desshalb ihren Namen führe, weil sie Schleimkrypten (also Drüsen) enthalte, die Drüsen sonderten vielmehr Schleim ab, weil sie genetisch von der Schleimhaut abzuleiten seien. Die Verschiedenheit des Sekrets hängt nicht von mechanischen Ursachen ab, sondern lediglich von den verschiedenen Eigenschaften der organischen Substanz, aus welcher die Drüsenbläschen oder Kanälchen sich aufbauen. Sie kann dieselbe bleiben bei wechselnder Gestaltung und Anordnung der Kanälchen, sie kann aber auch auf das Mannigfaltigste variiren bei drüsigen Organen, die in ihrem gröberen Bau nur geringe Abweichungen darbieten.

Wir Späteren mögen uns wohl darüber verwundern, dass sich an diesen durch Johannes Müller inaugurirten Fortschritt nicht sofort eine weitere Förderung des Wissens anschloss, als Schwann mit seiner Zellenlehre hervorgetreten war. Fast scheint es, als hätte seine Irrlehre von der Zellenbildung in Cytoblastemen verwirrend auf die Geister eingewirkt; auf seine Autorität hin liess man die Zellen im Sekret entstehen, und wenn man ihnen auch eine gewisse Mitwirkung an der Absonderung zugestand, so zeigt doch die zeitweise hervortretende Auffassung des Drüsenepithels als „einer Art Feierkleid“, welches die Drüse anziehe, wenn sie unbeschäftigt sei, deutlich, wie weit man sich in dem ersten Jahrzehnt von der früheren Müller'schen Anschauung, die zwar von Zellen und Zellenbildung Nichts wusste und doch das Wesen der Sache erkannt hatte, mittlerweile entfernt hatte. Erst durch A. v. Kölliker (Nr. 2) wurde jener Belag von lebender Substanz, den man fortan Drüsenepithel nannte, wieder in das ihm gebührende Recht eingesetzt. Während die Mehrzahl der Autoren damals die „Bläschen“ der Schleim- und Speicheldrüsen von Schleim- resp. Speichelkörperchen ausgekleidet oder erfüllt sein liess (wie das z. B. noch in der im Jahre 1860 erschienenen Gewebelehre von Gerlach geschieht), wandte A. v. Kölliker sich gegen die Ableitung dieser Gebilde aus den betreffenden Drüsen; die „Bläschen“ dieser Drüsen seien vielmehr von einem Epithel ausgekleidet, dessen Zellen von Fett- und öfters auch Pigmentkörnchen durchsetzt seien.

Die ächten Drüsen (nur mit diesen haben wir es hier zu thun) entstehen, wie man längst weiss, als Epithel-Einsenkungen, die vom Oberflächenepithel aus in das darunter gelegene embryonale Bindegewebe vorwachsen und früher oder später eine Lichtung bekommen. Man kann im Allgemeinen sagen, dass die Struktur der epithelialen Auskleidung der sekretorischen Endkammern von der des Oberflächen-Epithels, von dem sie genetisch herzuleiten ist, und auf dessen freie Fläche ihr Sekret ergossen wird, um so mehr abweicht, je weiter sie sich im Laufe der phylogenetischen und ontogenetischen Entwickelung von ihrem ehemaligen Mutterboden entfernt hat. Durchweg trifft dies freilich nicht zu, die Talgdrüsen, die Meibom'schen Drüsen und andere machen hiervon eine bemerkenswerthe Ausnahme, allein diesen Drüsen steht eine grössere Reihe anderer gegenüber, für die der Satz Gültigkeit hat.

Die Glandulae utriculares des Uterus sind mit einem Epithel ausgekleidet, das durch keine wahrnehmbaren Verschiedenheiten vor dem flimmernden Deckepithel der Uterushöhle sich auszeichnet, und ganz ähnlich ist das Verhältniss des Epithels der Intestinaldrüsen, vor Allem denen des Dickdarms, zu dem Oberflächen-Epithel des Darmkanals. Mit dieser geringen Differenzirung des Drüsenepithels steht es im Einklange, dass Defekte des Oberflächen-Epithels (Bizzozero und Vassale) von ihm wieder ausgeglichen werden. Darauf weisen die zahlreichen Mitosen hin, die man im Epithel der Lieberkühn'schen Drüsen unter normalen Verhältnissen findet. Es liegen ausserdem direkte, experimentelle Erfahrungen vor, welche es bestätigen, dass das Drüsenepithel mit seiner ehemaligen Matrix später gleichsam die Rolle ausgetauscht hat, und für die physiologische Regeneration des während der Menses abgestossenen Uterus-Epithels stehen andere Epithelbezirke, als die der Schlauchdrüsen, überhaupt nicht zur Verfügung.

Diese epithelbildende, regenerative Thätigkeit tritt bei den verästelten tubulösen oder alveolären Drüsen, denen sich in diesem Punkte auch die längeren, einfachen, tubulösen Drüsen (wie die verschiedenen Knaueldrüsen) anschliessen, ganz zurück. Da nun innerhalb der verschiedenen Abschnitte des Gangsystems einer zusammengesetzten Drüse selbst eine Arbeitstheilung Platz zu greifen pflegt, kann die Epithelfolge von der Oberfläche durch Ausführungsgänge bis zur Endkammer eine ziemlich mannigfaltige sein, wie u. A. das Beispiel der in Laktation begriffenen Milchdrüse oder der grösseren Speicheldrüsen (Gl. submaxillaris u. A.) lehrt. Beziehungen zur Regeneration des Oberflächenepithels fehlen oder treten hier ganz in den Hintergrund, die physiologische Bedeutung des Drüsenepithels dominirt. Dennoch, oder — richtiger ausgedrückt — gerade desshalb ergeben sich eine Fülle von Aufgaben für die anatomische Forschung.

Bekanntlich hat R. Heidenhain (Nr. 4) den Nachweis geliefert, dass in der Gl. submaxillaris des Hundes, Kaninchens und Schafes „den Unterschieden der Sekrete ganz konstante Unterschiede der secernirenden Zellen entsprechen". Aehnliche feste Beziehungen zwischen den Phasen der Funktion einerseits und der Struktur des Drüsenepithels andererseits wurden dann von A. Heidenhain (Nr. 5) an den „acinösen" Drüsen der Schleimhäute und besonders der Nasenschleimhaut nachgewiesen. Diese Untersuchungen Heidenhain's und seiner Schüler haben ungemein anregend gewirkt, nicht nur durch die neuen Thatsachen, zu denen sie geführt hatten, sondern auch wegen der Erweiterung und Vertiefung der Fragestellung, mit der man seitdem an die Untersuchung der Drüsen überhaupt herantrat: der jeweilige Zustand der Thätigkeit oder Ruhe derselben verlangte Berücksichtigung. Es wird weiter unten der Nachweis geliefert werden, dass eine viel diskutirte Frage dieser Art, nämlich die Frage nach der Bedeutung der Gianuzzi'schen Halbmonde, nunmehr als endgiltig erledigt angesehen werden kann.

Freilich wäre man, wie mir scheint, diesem Problem gegenüber rascher zum Ziele gelangt, wenn man auf den Nachweis gewisser Sekrete und ihrer Vorstufen (Prosekrete könnte man sie nennen, um den schleppenden Ausdruck „Vorstufen der Sekrete" zu vermeiden) innerhalb der frischen oder fixirten Zelle etwas mehr Gewicht gelegt hätte. Mit Hilfe der modernen Objektiv-Systeme (Apochromaten) ihre optischen Eigenschaften im frischen Zustand festzustellen, sie fixiren zu lernen und ihr Verhalten gegen Farbstoffe zu prüfen, das sind Aufgaben, die an menschlichen Speicheldrüsen bis vor Kurzem nur wenig studirt waren. Und bei den mehr oder weniger fertigen Sekretablagerungen wird die Forschung nicht stehen bleiben, sie muss vielmehr zum Paraplasma aufsteigen, aus dem jene Substanzen hervorgegangen sind. Die Anatomie mag immerhin die Inangriffnahme dieser schwierigen Fragen vertagen, ihrer Bearbeitung sich ganz zu entziehen wird sie nicht vermögen, es sei denn, dass sie überhaupt auf eine vollkommen durchgearbeitete Zellenlehre verzichten wollte.

Manche werthvolle Vorarbeiten zu einer künftigen, sicheren Diagnose der Sekrete und ihrer Vorstufen am frischen und namentlich auch am konservirten und gefärbten Materiale, manche Versuche, ihre Vorgeschichte zu schreiben, liegen ja schon vor, einen weiteren Beitrag zu diesem für den Anatomen, wie für den Physiologen gleich interessanten Kapitel erlaube ich mir, in den folgenden Blättern zu liefern. Ich habe in der letzten Zeit die Prosekrete und Sekrete der Speicheldrüsen vielfach auf frischen Gefrierschnitten (Solger, Nr. 52 und 53) untersucht. Es sollte mich freuen, wenn diese Darlegungen dazu beitragen würden, dieser Untersuchungsmethode das ihr zukommende Recht einzuräumen. Freilich ist man bei solchen Präparaten nur auf die oft geringfügigen Unterschiede des Lichtbrechungsvermögens angewiesen, allein dafür hat das Material auch noch nicht die verändernden Wirkungen der fixirenden Flüssigkeiten erfahren. Denn bei der Wahl der Bezeichnung: „Fixiren" zum Ausdruck der Leistung solcher Fluida war doch wohl die Ueberlegung maassgebend: A potiori fit denominatio. Es ist unzweifelhaft, dass durch die verschiedenen Mittel, wie das Flemming'sche Chrom-Osmium-Essigsäure-Gemisch, Sublimat, Alkohol und manche andere bald diese, bald jene präformirte Struktur lebenstreu zum Erstarren gebracht und somit festgelegt wird, allein wir dürfen nicht vergessen, dass dabei auch Mancherlei in der Zelle aus dem gelösten Zustand niedergeschlagen wird (z. B. durch Sublimat), Anderes wieder gelöst wird (z. B. durch Alkohol). Die Wirkung der fixirenden Flüssigkeiten ist also doch stets ein zusammengesetzter Process, an dem sich Haupt- und Nebenkomponenten unterscheiden lassen. Hoffentlich wird aus dieser Erörterung Niemand eine Verunglimpfung der fixirenden Flüssigkeiten herauslesen. Was ich vor einigen Jahren in einer kurzen Darstellung der Lehre von der Zelle und dem Zellkern über die Bedeutung der Fixirungs- und Färbemittel für diesen hochbedeutsamen Gegenstand sagte, halte ich auch heute noch in seinem vollen Umfange aufrecht.

Ein Blick auf die beigegebene Tafel wird schon genügen, um darüber zu beruhigen, dass hier nicht etwa der Versuch gemacht werden soll, die primitive Technik vergangener Epochen gegen das fortgeschrittene Können der Jetztzeit auszuspielen. Immerhin werden Angesichts der schon erwähnten Frage nach der Bedeutung der Gianuzzi'schen Halbmonde manche der an ihrer Lösung arbeitenden Histologen sich des Gefühls einer leichten Ueberraschung nicht ganz erwehren können, dass sie in der vollberechtigten Freude über die modernen technischen Errungenschaften die am nächsten liegende Frage, die jeder Mikroskopiker alten Stils sofort sich gestellt und die er mit seinen Hilfsmitteln in erster Linie zu beantworten gesucht hätte, sich gar nicht vorgelegt haben. Ich meine die Frage, ob nicht in den frischen Halbmonden, die vielfach als sekretleere Zellen angesehen wurden, Sekret nachgewiesen werden kann. Erst auf langen Umwegen, erst nachdem der Nachweis von Speichelkapillaren an oder vielleicht auch in den Halbmonden vermittelst der Golgi'schen Methode gelungen war, gelangte man dahin, etwas zu erschliessen, was man an frischen Gefrierschnitten mit Leichtigkeit und innerhalb der kürzesten Zeit hätte demonstriren können, nämlich das Vorhandensein von Sekret in den Halbmonden (s. Taf. I, Fig. 6).

I.

Der erste, in der Litteratur auftretende Hinweis auf das verschiedene Aussehen der Speicheldrüsen, wie sie dem unbewaffneten Auge erscheinen, führte zunächst nicht weiter. Es war A. v. Kölliker, der zuerst (Nr. 2, S. 39 und 40 darauf aufmerksam machte, dass ein Theil der Zungendrüsen (nämlich die unter den Schleimbälgen der Wurzel gelegenen, ferner die Drüsen der Zungenspitze) röthlich gelb, die Drüsen in der Gegend der Papillae circumvallatae dagegen oft ganz weiss aussehen. Der Autor leitete diese Verschiedenheit der Farbe der Drüsen zum Theil wenigstens von verschiedenen Einlagerungen der Drüsenzellen ab, in dem ersten Falle von gelblich oder bräunlich gefärbten Körnern, in dem letzteren Falle von Fettkörnchen. Er selbst legte übrigens, wie es scheint, auf diese Beobachtung später keinen besonderen Werth, eine Anregung, den betretenen Weg weiterzugehen und nach Struktur-Verschiedenheiten des Drüsenepithels zu suchen, ging von ihr zunächst nicht aus. Erst Henle (Nr. 4, S. 67 und 69) trat, gestützt auf neue selbstständige, jetzt freilich überholte Untersuchungen für eine Scheidung der Speicheldrüsen in zwei Gruppen ein, und zwar schlug er vor, die Gl. submaxillaris und sublingualis von der Parotis zu sondern. Nach ihm kommen in den Bläschen der

„traubigen Drüsen“ die Zellen in dreierlei Form vor. Einmal als schlanke, konische Zellen (in der Thränendrüse), zweitens als kugelige, kubische oder polygonale Elemente, die körnig oder hell sind (in der Mehrzahl der traubenförmigen Drüsen) und drittens als feinkörnige Substanz mit eingestreuten Kernen, welche sich mitunter in membranlose Klümpchen mit je einem Zellkern sondert (in der Parotis). Da die Parotis beim Maceriren keinen Schleim giebt, so stellt Henle sie der Gl. submaxillaris und sublingualis, die er als Schleimdrüsen bezeichnet, gegenüber; denn die aus den zuletzt genannten Drüsen stammende Substanz macht Wasser fadenziehend und gerinnt mit Essigsäure zu Häutchen (Mucin). Dies schliesst jedoch keineswegs aus, dass ihre Zellen verschiedene Entwickelungsstufen einer Grundform darstellen, die in der Parotis meist persistirt, nämlich des undeutlich gesonderten Drüseninhalts, von dem die deutlich gesonderten Zellen abzuleiten sind. Aus der Metamorphose dieser letzteren Elemente gehen wieder die hellen, mit Essigsäure gerinnenden Zellen hervor.

Bald darauf wählte R. Heidenhain sich die Speicheldrüsen zum Gegenstand kombinirter histologischer und physiologischer Forschung. Das sehr bedeutsame Ergebniss, zu dem ihn seine Fragestellung geführt hatte, wurde schon oben aufgeführt. Diesem ersten Bericht[1]) liess Heidenhain (Nr. 6) zwölf Jahre später (1880) eine zusammenfassende Darstellung des Baues der ruhenden und thätigen Speicheldrüsen folgen, bei der auch die Resultate weiterer Untersuchungen, die von ihm selbst, seinen Schülern und aus anderen Laboratorien stammten, verwerthet wurden. Ich entnehme dieser Schilderung die im Folgenden aufgeführten Thatsachen, indem ich mir vorbehalte, auf die Arbeiten von Schwalbe, v. Ebner und Langley, deren Erscheinen in die Zeit zwischen Heidenhain's erste (1868) und zweite Darstellung (1880) fällt, später zurückzukommen.

Als Grundlage für seine Schilderung dienten Heidenhain neben den Erfahrungen, die er am frischen Materiale machen konnte, besonders die nach Fixirung der Drüsen in Alkohol erhaltenen Bilder. Von diesem Reagens rühmt Heidenhain (Nr. 5, S. 18), dass es „deutlichere“ Bilder gewähre, als die Untersuchung frischen Materials. Dieser Satz kann nach dem Stande unserer heutigen Kenntnisse freilich nur für die Demonstration der Filarmasse des Zellkörpers und für den Zellkern Geltung beanspruchen. Denn die an die Interfilarmasse gebundenen Granula oder Körner verschwinden in Alkohol ganz oder fast ganz, oder werden durch das Reagens wenigstens sehr undeutlich. Erschwerend für das Verständniss dessen, was Heidenhain an den betreffenden Objekten mit den damaligen optischen Hilfsmitteln feststellen konnte, wirkt, wie wir gleich sehen werden, die Verwendung der Bezeichnung „körnig“ für

1 Nach einer im Journal de l'anatomie et de la physiol., Bd. I, 1864, p. 513, veröffentlichten Notiz hat Robin schon früher auf Strukturveränderungen im Epithel der Parotis und Submaxillaris, die sich von dem Zustande der Thätigkeit, bezw. der Ruhe der Organe abhängig erwiesen, aufmerksam gemacht. An dieser Stelle wird auf eine unter seiner Leitung verfasste Inaugural-Dissertation von Moyse Étude historique et critique sur les fonctions et les maladies du pancréas verwiesen und als Zeit des Erscheinens derselben das Jahr 1852 angegeben. Allein aus dem Zusammenhange geht hervor, dass hier wohl ein Druckfehler vorliegt; doch ist die Arbeit, die mir leider nicht zugänglich ist, jedenfalls nicht nach dem Jahre 1864 veröffentlicht worden.

ganz heterogene Dinge, ein Verfahren, das seitdem von manchen Lehrbüchern, auch solchen neuesten Datums, gleichfalls beliebt wurde.

Die Hauptzüge des von Heidenhain gezeichneten Bildes der secernirenden Zellen der Eiweissdrüsen[1]) (das heisst der Ohrspeicheldrüse des Menschen und aller Säugethiere, ferner der Unterkieferdrüse des Kaninchens, eines Theils der Drüsen der Nasen- und Zungenschleimhaut, endlich der Thränendrüse) sind folgende: Im frischen Zustande ohne allen Zusatz oder in Humor aqueus untersucht erscheinen ihre Zellen so sehr von dunklen Körnchen und bläschenartigen Bildungen durchsetzt, dass ihre Grenzen nicht mit Sicherheit wahrgenommen werden können. Der grösste Theil der Körnchen löst sich in Wasser, sehr verdünnter Chromsäure oder Essigsäure, verdünnter Lösung von doppelt chromsaurem Kali, und nun erscheint in der heller gewordenen Zelle der Kern. Nach Einwirkung von Alkohol und Färbung mit Pikrokarmin lässt sich in heller ungefärbter Grundsubstanz noch „eine mässige Menge dunkler Körnchen“ nachweisen, und bei Anwendung starker Vergrösserungen gewinnt man an mit Hämatoxylin gefärbten Präparaten den Eindruck, als lägen die Körnchen in einem die helle Grundsubstanz durchsetzenden feinen Fadennetze, wie es Klein neuerdings für zahlreiche Drüsenzellen allerdings sehr schematisch abgebildet hat.“

Eine präcisere Deutung des Alkoholbildes seröser Drüsenzellen gab Flemming (Nr. 14). Er schlug folgendes Verfahren ein: Einlegen der noch warmen, rasch zerschnittenen Drüse in Alkohol absolutus, Färbung mit Hämatoxylin (leidlich genüge auch Pikrokarmin), Aufhellung in Lack und Anwendung des Beleuchtungsapparats bei weiter Blendung. Dann trete die Filarmasse deutlich hervor (cfr. l. c., Taf. I, Fig. 12). Die bei schwächeren Vergrösserungen im Alkoholpräparat sichtbaren scheinbaren Körnchen stellen also in Wahrheit die Querschnitte von Bälkchen der Filarmasse dar. Wenn nun aber Flemming die sogenannten „Körner“ der Sekretionszellen seröser Drüsen und des Pankreas nur als den Ausdruck von optischen Schnitten und Reflexen eines dichten Fadenwerks deutete, so ging er, wie er ja selbst unterdessen konstatirte[2]), zu weit. Er hat sich seitdem längst überzeugt, dass die genannten Drüsenzellen im frischen Zustande körnige oder tropfenartige Einlagerungen[3]) enthalten; ich erlaube mir mit Zustimmung des um die Zellenlehre hochverdienten Forschers an dieser Stelle nochmals darauf hinzuweisen, dass er längst jene Deutung als verfehlt aufgegeben und von dem wahren Sachverhalte sich überzeugt hat. Wenn nun Heidenhain die helle Substanz in den Zellen einer in Alkohol fixirten Eiweissdrüse, der Parotis, als das Absonderungsmaterial und zwar als eine Vorstufe des im

---

1) Früher wurden diese Drüsen von Anton Heidenhain (Nr. 6) als „seröse“ Drüsen bezeichnet, bis dann später R. Heidenhain (Arch. f. d. ges. Physiol., Bd. XVII, S. 37, 1878) die Bezeichnung „Eiweissdrüsen“ für diese Organe vorschlug.

2) Ergebnisse der Anatomie und Entwickelungsgeschichte, herausgegeben von Merkel und Bonnet. Bd. III, p. 59. — Bei dieser Gelegenheit sei auch ein Druckfehler in Flemming's Buch ausdrücklich richtig gestellt, der freilich kundige Leser kaum irritirt haben wird. Statt „Innenschicht“ muss es auf S. 43, Zeile 9 unten natürlich heissen „Aussenschicht“.

3) In demselben Sinne deutet auch Loewenthal No. 38b, p. 225 und 228 das verschiedene Aussehen des Epithels der serösen Tubuli in der Harder'schen Drüse der weissen Ratte und des Igels im frischen und fixirten Zustande.

Sekret selbst gelösten Albuminates bezeichnet, so stimmt diese Auffassung ganz zu der von Flemming vertretenen Anschauung von der physiologischen Bedeutung der Filar- und Interfilarmasse. Die helle Substanz gehört der Interfilarmasse an, sie stellt am Alkoholpräparat freilich nur einen Theil derselben dar, die späteren Vorstufen des Sekrets, die Zwischenstufen zwischen ihr und den im Sekret selbst gelösten Albuminaten sind durch das Reagens nicht erhalten worden.

Wenn nun auch der Alkohol, wie wohl alle fixirenden Mittel, nicht alle Strukturen und Einlagerungen der Drüsenzellen und der Zellen überhaupt erhält, so reicht seine Wirkung doch vollkommen aus, um die prägnanten Unterschiede zwischen den sekretorischen Zellen ruhender und gereizter Speicheldrüsen, wie Heidenhain zeigte, überzeugend zum Ausdruck zu bringen. Denn es kann keinem Zweifel unterliegen, dass, wenn in ihren Wirkungen gleiche Faktoren wie z. B. Alcohol absolutus „zu zwei verschiedenen Zeiten konstant verschiedene Leichenbilder hervorrufen“, auch „die lebende Zelle zu den betreffenden Zeiten verschieden gewesen“ sein muss (Heidenhain, Nr. 5, p. 58).

Morphologische Veränderungen der Drüsenzellen während ihrer Thätigkeit treten nun sowohl an den Elementen der serösen oder Eiweissdrüsen als auch der Schleimdrüsen in die Erscheinung. Betrachten wir daraufhin zunächst eine Vertreterin der serösen Drüsen, die Parotis des Kaninchens, genauer, indem wir die Bilder des Ruhezustandes und die nach Reizung vom Sympathicus aus auftretenden Veränderungen, wie sie Heidenhain nach Alkohol-Karminpräparaten schilderte, mit einander vergleichen! — Die Drüsenzellen zeigen an solchen Präparaten „in einer hellen, ungefärbten Grundlage spärliche feinkörnige Substanz (nach Klein ein engmaschiges Netzwerk) und einen kleinen unregelmässigen zackigen, rothgefärbten Kern ohne deutliche Kernkörperchen“. An der vom Sympathicus aus gereizten Drüse dagegen lassen alle Theile der Zellen Veränderungen erkennen: „ihre Grösse hat mehr oder weniger abgenommen, 2) der Kern ist nicht mehr zackig, sondern rund und zeigt scharf hervortretende Kernkörperchen, 3) die Menge der hellen Grundsubstanz hat ab-, dagegen die der körnigen (oder netzförmigen) Substanz (Protoplasma) mehr oder weniger zugenommen, am meisten in der Umgebung des Kerns. Desshalb ist die Zelle im Ganzen trübe und mehr oder weniger färbbar in Karmin geworden“ (l. c., p. 58 und 59)

Was die schleimbereitenden Drüsen und speciell die mit Halbmonden ausgestatteten Organe dieser Kategorie anlangt, so giebt nach Heidenhain die Untersuchung frischer Drüsen im Ruhezustand, des „dunkelkörnigen Inhalts“ der Zellen wegen, nur wenig Aufschluss. An Schleimzellen, die durch verschiedene chemische Mittel isolirt waren, findet Heidenhain in Uebereinstimmung mit Lavdowsky innerhalb eines „äusserst feinen spinnenwebartigen Fadennetzes“ eine helle Masse, in welcher matte Körnchen zerstreut liegen. Die helle Masse giebt die Reaktion von Mucin. Diese Sonderung der in das Fadennetz niedergelagerten Masse in zweierlei Substanzen, in helles Material und darin eingelagerte Körnchen oder Tropfen ist, wie hier eingeschaltet sein mag, von Langley auch am frischen Präparat gesehen worden.

Die Frage, ob diese „matten Körner“ der mit Reagentien behandelten Zellen den im frischen Zustande nachweisbaren „feinen Körnern" (V. v. Ebner) oder „groben Körnern" (Lavdowsky) der Schleimzellen vollkommen gleichwerthig sind, ist meines Wissens nicht ausdrücklich aufgeworfen worden, obwohl sie vollkommen berechtigt ist.

Die „Halbmonde" solcher Drüsen im Ruhezustand nennt Heidenhain „starkkörnig". Am frischen Materiale scheint er sie nicht beobachtet zu haben. Diese Randzellenkomplexe sollen bekanntlich nach seiner Auffassung zum Ersatz der durch anhaltende Thätigkeit zu Grunde gegangenen Schleimzellen bestimmt sein, was natürlich nur unter gleichzeitiger Wucherung derselben geschehen kann. Ich werde weiter unten nochmals eingehender auf die Frage nach der Bedeutung der Randzellen zurückkommen.

Für die Charakteristik des Standpunktes, den Heidenhain den körnigen Einlagerungen der serösen, resp. der Schleimdrüsenzellen einnimmt, ist es wichtig, zu sehen, wie er die Uebereinstimmung und den Unterschied zwischen ihnen und den Drüsenzellen des Pankreas abschätzt. Die Uebereinstimmung ist dadurch gegeben, dass wie in den Speicheldrüsen (und ebenso den Magendrüsen), so auch im Pankreas zu gewissen Zeiten Sekretionsmaterial zum Zwecke des Verbrauchs während der Thätigkeit angehäuft wird, und zwar sind im Pankreas „die Körnchen der Innenzone unzweifelhaft das Material für die Bildung der Drüsenfermente". Unter den beiden unterscheidenden Momenten, die Heidenhain namhaft macht, gehört eines unzweifelhaft vor das Forum der Histologie. Die Bildungsstätte des Sekretionsmateriales sei bei jenen an erster Stelle genannten Drüsen und beim Pankreas eine verschiedene. Im ersten Falle bilde sich das Sekretionsmaterial aus dem feinkörnigen Protoplasma der Zelle, in dem Pankreas aber aus der Substanz ihrer homogenen Aussenzone, „wobei die in derselben vorkommenden fadenartigen Bildungen vielleicht die Rolle des Protoplasma übernehmen". Nun hat aber gerade Flemming auf das identische Aussehen einer mit Alkohol behandelten, serösen Speicheldrüsenzelle und dem centralen Abschnitt einer Pankreaszelle aufmerksam gemacht. Die Aussenzone kommt allerdings in der Ausdehnung, die sie in der sekretgefüllten Pankreaszelle gewinnt, in den im gleichen Zustande befindlichen Zellen der Speicheldrüsen nicht vor. Aber Heidenhain giebt selbst an, dass „bei ganz frischen und noch warmen Zellen des Kaninchen-Pankreas nicht selten die Körnchen sich über die ganze Zelle bis an ihren Aussenrand ausbreiten". Das Alkoholbild einer solchen Pankreaszelle müsste voraussichtlich noch mehr dem einer serösen Drüsenzelle sich nähern. Freilich ist die Pankreaszelle ausgestattet mit einer Differenzirung, die früher als etwas Besonderes gelten konnte, nämlich mit „fadenartigen Bildungen", von denen Heidenhain vermuthet, dass es „sich dabei um sehr feine Röhrchen handele, welche die Grundsubstanz der Zelle durchsetzen und in denen die reihenförmig geordneten Körnchen liegen". Ich werde weiter unten von dem basalen Theil der serösen Speicheldrüsenzellen ganz ähnliche Differenzirungen beschreiben, die es uns erlauben, diese Form der Drüsenzellen noch mehr den Zellen des Pankreas zu nähern, als es bisher gestattet war. Da es sich in beiden Fällen wohl nur um eine besonders ausgesprochene Ausbildung der Filarmasse handelt, verlieren die damit ausgestatteten Zellen auch ihre Sonderstellung und fügen sich der von FLEMMING vertretenen Anschauung von dem Baue der Zelle zwanglos ein.

In die Zeit zwischen HEIDENHAIN's erster Mittheilung und dem Erscheinen des von HERMANN herausgegebenen Handbuches (Band V) fallen mehrere Arbeiten, die mir besonders wegen ihrer Angaben über Sekrete und ihre Vorstufen wichtig erscheinen. Nun beziehen sich zwar SCHWALBE's (Nr. 8) Untersuchungen, zu denen ich mich zunächst wende, nicht auf die Mund-Speicheldrüsen, sondern auf die BRUNNER'schen Drüsen, allein die Arbeit ist wegen der kritischen Beurtheilung der Befunde am frischen und konservirten Material für Untersuchungen über „Drüsenkörner" von bleibendem Werth. Die Zellkörner der genannten Drüsen zeigen, frisch untersucht, in heller Grundsubstanz so zahlreiche, matt glänzende Körnchen, dass es unmöglich wird, die Zellgrenzen zu unterscheiden. Zum kleineren Theil bestehen diese Körnchen aus Fett, die grössere Mehrzahl jedoch stellt Körner dar, „wie sie in ähnlicher Weise auch in den Speichel- und Schleimdrüsen vorkommen". SCHWALBE schlägt für sie die Bezeichnung „Drüsenkörner" vor und bemerkt über ihr Verhalten den gebräuchlichen Reagentien gegenüber Folgendes: „Sie sind löslich in Essigsäure, Kalilauge, scheinen sich aber nur sehr schwer in reinem Wasser zu lösen." Nach Einwirkung von Alkohol absolutus erhält man körnige Ausscheidungen, die durch Jod und Karmin nicht gefärbt werden. Ob diese Körner noch zum Theil mit den Drüsenkörnern übereinstimmen, oder ob alle als Niederschlagskörner aufzufassen sind, vermag SCHWALBE nicht mit Sicherheit zu entscheiden (l. c., p. 114). Die Körner, die man nach Einwirkung von MÜLLER'scher Flüssigkeit oder dünner Chromsäurelösung (1/30 %) in den Drüsenzellen antrifft, stimmen mit denen frischer Zellen nicht überein.

Obige Schilderung ist nach den Drüsenzellen des Schweins entworfen, passt aber in ihren wesentlichen Zügen auch für die entsprechenden Drüsen des Menschen.

Bald darauf beschrieb V. v. EBNER (Nr. 10) in einer Abhandlung, welche von den acinösen Drüsen der Zunge und ihren Beziehungen zu den Geschmacksorganen[1])

[1] Zungendrüsen beim Delphin. Drüsige Organe mannigfacher Art stehen vielfach im Dienste der Sinnesorgane. Am reichsten ist das Sehorgan mit solchen Hilfsorganen ausgestattet, nächstdem folgt das Geruchsorgan, dessen Schleimhaut sowohl in der Regio olfactoria als in der Regio respiratoria eine grosse Zahl von Drüsen verschiedener Kategorien darbietet. Dass die Kombination der serösen Zungendrüsen mit den Papillae circumvallatae oder genauer mit den Geschmacksknospen keine zufällige Erscheinung sei, sondern dass vielmehr erstere als Hilfsorgane im Dienste des Geschmackssinnes ständen, hat zuerst V. v. EBNER l. c., p. 60 betont. Ihr Sekret verflüssigt die schmeckbaren Substanzen, und auf diese Weise vermitteln sie den Kontakt derselben mit den Geschmacksknospen (l. c., p. 61). Vor einiger Zeit bot sich mir nun die Gelegenheit, die Zunge eines Delphins, eines jungen Exemplars von *Phocaena communis* zu untersuchen, das noch ziemlich gut erhalten mir zugegangen war. Bekanntlich werden bei den Cetaceen die grösseren Speicheldrüsen, die mit Hilfe des Messers dargestellt werden können, vermisst, und den kleinen Organen dieser Art hat wohl bisher Niemand eingehender nachgeforscht. Wenn überhaupt, sagte ich mir, von Gebilden dieser Art sich etwas erhalten hat, so müssen sie mit der grössten Wahrscheinlichkeit in der Gegend der Papillae circumvallatae sich finden, und dort liessen sie in der That sich nachweisen. Allerdings war das Epithel der Zunge schon durch Maceration abgehoben, aber die bindegewebige Grundlage der auch hier in Form eines V angeordneten umwallten Papillen und ebenso die Struktur der tiefer gelegenen Theile war gut erhalten. Schon an Gefrierschnitten durch das frische Organ, besser noch an Schnitten

handelte, nach Untersuchung von Zupfpräparaten, zu denen Humor aqueus oder 0,5%ige Kochsalzlösung zugesetzt worden war, die Drüsenzellen der Schleimdrüsen als „feinkörnig“, die der serösen Drüsen als „dunkelkörnig“. Er adoptirt die von Schwalbe vorgeschlagene Bezeichnung „Drüsenkörner“, womit die körnigen oder tropfenähnlichen Einlagerungen scharf und bestimmt als specifische Sekretbestandtheile gekennzeichnet werden. Es liegt also nicht einfach „körniges Protoplasma“ vor, wie es nach den damals weit verbreiteten Anschauungen in jeder beliebigen Zelle vorkommen konnte.

Weiterhin sind Lavdowsky's (Nr. 12) Angaben über die Schleimzellen der Orbitaldrüse gewisser Säugethiere zu erwähnen. Er findet bei Untersuchung frischer Objekte ohne Zusatzflüssigkeit, oder solcher, die in chromsaurem Ammoniak macerirt waren, die Schleimmasse nicht homogen, sondern aus groben Körnern bestehend, welche bei erwachsenen und neugeborenen Thieren eine verschiedene Anordnung zeigen. — Sehr eingehend beschäftigte sich Langley mit dem Vorkommen von Körnern in den verschiedensten drüsigen Organen. Obwohl er wiederholt auf den Gegenstand zurückkam, scheinen seine Angaben in Deutschland namentlich seitens der Anatomen nicht die Würdigung gefunden zu haben, die ihnen gebührt. Die Reihe seiner Angaben über die Drüsengranula eröffnet eine im Jahre 1879 (Langley, Nr. 13) erschienene Abhandlung, deren Ergebnisse, mit denen späterer Untersuchungen vereint, in einem Aufsatz folgenden Inhalts (Langley, Nr. 14) zusammengefasst wurden: In gewissen Drüsenzellen besteht ein protoplasmatisches Balkenwerk, das aus Netzfäden oder platten Bändern sich zusammensetzt. Dieses Balkenwerk umschliesst 1) eine hyaline Substanz und 2) in ihr eingebettete sphärische Granula. Die Drüsen der Wirbelthiere, bei denen Langley die secernirenden Zellen fundamental gleichartig gebaut fand, sind die serösen und Schleimspeicheldrüsen und die ähnlichen Drüsen der Mundschleimhaut, ferner gewisse Magendrüsen des Pankreas und die Leber. In den Pylorus-Drüsenzellen und den Belegzellen der Magendrüsen von Säugethieren sind die Granula sehr klein und durch kein Reagens zu erhalten. — Die grossen und feinen Granula der Pepsindrüsen der Wirbelthiere, namentlich des Frosches, sowie die grossen und feinen Granula der Haupt-, resp. Belegzellen des Säugethiermagens wurden sodann von Nussbaum namentlich bezüglich ihres Verhaltens gegen Osmiumsäure studirt.

---

durch das in Formalin (10%ige Lösung), resp. in Alkohol erhärtete Material waren verzweigte tubulöse Drüsen sammt ihren in den Wallgraben mündenden Ausführungsgängen aufs Klarste zu erkennen. Näheres über die Struktur des Epithels der sekretorischen Endkammern in Erfahrung zu bringen, liess freilich der Erhaltungszustand des Materials nicht zu (aus nahe liegenden Gründen war gerade das Epithel der Zungenschleimhaut und seiner Derivate am wenigstens gut erhalten), ich kann daher zwar mit Sicherheit das Vorkommen verzweigter tubulöser Drüsen an der bezeichneten Stelle für den Delphin behaupten, vermag aber nur als wahrscheinlich hinzuzufügen, dass es seröse Speicheldrüsen seien.

Der Aufenthalt im Wasser und damit im Zusammenhang die Art der Ernährung haben also die sonst allen Säugern zukommenden grösseren Speicheldrüsen, soweit sie im Dienste der Verdauung standen, bei den Cetaceen zum Schwunde gebracht, und nur die mit dem Geschmacksorgan verknüpften, kleineren Organe dieser Art erhielten sich.

Diejenigen Angaben Langley's, welche die Speicheldrüsen betreffen, müssen wir genauer betrachten. — An der lebenden, direkt beobachteten Parotis des jungen Kaninchens liess sich feststellen, dass die Sekretgranula, die auch hier nebst einer gewissen Masse hyaliner Substanz in den Maschen eines Netzwerks sich befinden, durch Reizung des Sympathicus oder Einspritzen von Pilokarpin zum Verschwinden gebracht werden (Langley, Nr. 13). Das ganze Gewebe hellt sich auf. Das lebende Organ zeigt somit ein wesentlich anderes Bild als bei Alkoholbehandlung, denn an demselben Objekt hatte R. Heidenhain (Pflüger's Archiv Bd. 17) nach Reizung des Sympathicus die in Alkohol fixirten und mit Karmin gefärbten Zellen mehr oder weniger verkleinert und von stark getrübtem Inhalt gefunden, während bei Reizung vom cerebralen Nerven aus die Zellen eine helle, nur mässig von „dunklen Körnchen" durchsetzte Grundsubstanz enthielten. — Auch in der Gl. infraorbitalis und lacrymalis konnte durch Anregung der Drüsenthätigkeit eine Aufhellung des Inhalts herbeigeführt werden.

In einer im Jahre 1886 veröffentlichten Arbeit betont sodann Langley (Nr. 24) die Gültigkeit seines Hauptsatzes von der Struktur der Drüsenzellen ausdrücklich nochmals für die Elemente der Schleimspeicheldrüsen. In der ruhenden Drüse stehen die Granula durch die ganze Höhe der Zelle nahe bei einander. Er glaubt sich von einer regelmässigen Anordnung in der Zelle insofern überzeugt zu haben, als er von der Basalmembran zum Lumen 8—12 solcher Körner linear neben einander aufgereiht findet. Nach einiger Zeit werden die Umrisse der Granula unbestimmt, und zwar tritt dies früher auf in alkalischen Salzlösungen, als in neutralen. Beide Substanzen, die hyaline Substanz und die Granula, sind bei der Entstehung des Mucin betheiligt. „An Schnitten aus Alkohol, die in Balsam oder in Glycerin aufbewahrt werden, sind die Granula in der hyalinen Substanz gewöhnlich nicht zu unterscheiden, beide zusammen[1]) bilden den hellen mucigenen Theil der Zelle." Beide Komponenten des Sekretes lassen sich auch noch im Speichel nachweisen, wenn derselbe einen hohen Procentsatz an festen Bestandtheilen hat. Die Veränderungen, welche mit der Sekretion Hand in Hand gehen, sind genau den Veränderungen vergleichbar, die im Pankreas und in anderen Drüsen sich abspielen. Die Zellen gehen während der Sekretion nicht zu Grunde.

Einen sehr beachtenswerthen Punkt brachte Langley im folgenden Jahre zur Sprache; er machte nämlich auf die Verschiedenheit der Lösbarkeit der Granula aufmerksam, je nachdem sie innerhalb der Schleimzellen und ausserhalb derselben zur Untersuchung gelangen. — Eine im Jahre 1889 erschienene Abhandlung desselben Verfassers (Langley, Nr. 32) stellt eine weitere Ausführung der im Jahre 1886 veröffentlichten Arbeit dar und handelt besonders von den mikrochemischen Eigenschaften der in den Zellen der Schleimspeicheldrüsen befindlichen Granula, die aus Mucin bestehen; auch wird das Verhalten der Schleimzellen gegen Alkalien, Salz-

1 Die Drüsenkörner wurden somit durch Alkohol nicht gelöst, sondern persistirten.

säure, Osmiumsäure. Essigsäure, Alkohol, Chloralhydrat und andere Reagentien eingehend besprochen.[1]) — Einige der Angaben und Abbildungen Langley's gingen in Schäfer's Histologie (übersetzt von W. Krause) über. Hier wird ein Acinus einer serösen Drüse in Ruhe, ferner nach kurzer und nach längerer Sekretionsdauer halbschematisch abgebildet. Die Körnchen, die während der Ruhe den ganzen Zellkörper durchsetzen, sind nach Einleitung der Sekretion auf die centrale Hälfte oder nach längerer Dauer nur auf einen schmalen, dem Lumen zunächst gelegenen Saum beschränkt.

II.

Den Physiologen werden wir die Erforschung des Schicksals der Drüsenkörner, nachdem diese die Zelle verlassen haben, bereitwilligst überlassen; uns aber wahren wir das Recht und die Pflicht, den Entwickelungsstufen der Sekretkörner oder -Tropfen aus den Zellenbestandtheilen nachzugehen. Damit ist das hier erörterte Thema mit einem Problem von höchster Bedeutung verknüpft, nämlich mit der Lehre von der Zellstruktur, die ja freilich noch Gegenstand der Kontroverse ist. Während die Mehrzahl der Autoren in den Granulis nur sekundäre Einlagerungen sieht, bezeichnet sie Altmann geradezu als Bioblasten. Aehnliche Versuche, den körnerartigen Einlagerungen eine fundamentale, primäre Bedeutung beizulegen, wurden übrigens schon vor Altmann mehrfach unternommen.

Nachdem die Herrschaft der Faser, die durch das Gewicht der Autorität A. v. Haller's vielfach als das primäre Element des Körpers vorangestellt wurde, durch die Schwann'sche Zellenlehre gebrochen war, wurden nicht minder lebhaft die Elementarkörnchen (Granula oder Moleküle) von Autoren, die auf dem Boden der Zellentheorie standen (Schwann selbst, Henle) oder sie bekämpften (Baumgärtner u. A.), je nach der Anschauung, zu der sie sich bekannten, für die Genese der Zelle oder der belebten Substanz in Anspruch genommen. Auch der Gedanke, die Faser von linear aufgereihten Körnchen abzuleiten, ist nicht neu. Vorstellungen dieser Art sind vielmehr wiederholt ausgesprochen worden. Zuerst machte Milne-Edwards eine solche Anschauung geltend. Hierauf wies Maggi in Italien seit dem Jahre 1868 in Vorlesungen und vom Jahre 1878 ab in einer Reihe von Publikationen dieselbe Rolle, die Altmann seinen Bioblasten zuerkannte, nämlich die sichtbare morphologische Einheit der organisirten Materie zu repräsentiren, seinen Plastidulen zu. Das, was Maggi „Plastiduli" nennt, ist nicht zu verwechseln mit der Plastidule Haeckel's, welche ein nicht sichtbares Element, sondern das hypothetische physikalische Molecül der lebenden Substanz darstellt. Maggi unterscheidet schon das

1) Bei der Darstellung der Angaben Langley's folgte ich, soweit mir die Originale nicht zugänglich waren, den Jahresberichten, deren Referate zum Theil von mir selbst verfasst sind.

frei lebende Plastidul (Moner) von dem in Gesellschaft lebenden Plastidul der Zelle. Von den Plastidulen oder Granulis des Protoplasma lassen sich alle Funktionen des Moner und der Zelle ableiten (vergl. Zoja, L. u. R., Nr. 36). — Später trat R. Arndt in einer Reihe seit 1876 veröffentlichter Abhandlungen für die Bedeutsamkeit der „Elementarkügelchen" oder „Elementarkörperchen" ein, ohne sie jedoch eigentlich zu Bioblasten stempeln zu wollen. Nach ihm enthält jedes Protoplasma solche „Elementarkörperchen". Sie zeichnen sich durch besondere Quellbarkeit aus. Mit der Aufnahme von Flüssigkeit, die sie bei der Quellung dem umgebenden Protoplasma entziehen, hängt die Kontraktilität desselben zusammen. Indem sie die verschiedensten Modifikationen erleiden, können sie als Chlorophyll, Amylum, Farbstoffkörnchen u. s. w. auftreten. Wie in den Ganglienzellen sind auch im Achsencylinder solche Elementarkörnchen enthalten und zwar in seiner weichen centralen Masse. Aus einer Anordnung der Elementarkörnchen in Längsreihen leitet dann Arndt das streifige Aussehen des Achsencylinders ab, welches zur Annahme eines fibrillären Baues desselben geführt habe (Virchow's Archiv Bd. 78, S. 319 ff.).

Viel weiter in der Werthschätzung der Granula gehen Estor und Béchamp. Auch sie finden in allen Gewebselementen und Geweben unseres Organismus eigenthümliche Granulationen von der Bedeutung von Fermenten, die Estor als Mikrophyten oder Mikrozymas bezeichnet. Die Gewebe leben nur durch diese Mykrozymas. Wenn die Physiologen sagen, die wesentlich aktive und lebendige Substanz der organischen Wesen sei das körnige Protoplasma, so behaupten Estor und Béchamp dagegen: Es sind die Granulationen des Protoplasma. Diesen Satz glauben sie auch experimentell bewiesen zu haben. Die Zelle ist nichts Anderes als ein Aggregat einer unendlichen Anzahl kleinster Lebewesen. Solche Mikrozymas thierischer Zellen können sich zu zweien oder in grösserer Anzahl an einander legen und zu Bakterien verlängern. So sehr nun auch namentlich die von den beiden französischen Autoren vertretenen Anschauungen sich der von Altmann entwickelten Lehre näherten, so schenkte ihnen die wissenschaftliche Welt doch nur wenig Aufmerksamkeit, weil die Untersuchungsmethoden seiner Vorgänger zu unvollkommen waren, als dass aus der Masse der Körnchen von verschiedener Zusammensetzung eine oder die andere Gruppe durch sie hätte differenzirt werden können.

Dies gelang erst Ehrlich. Er beschränkte sich auf ein kleineres Gebiet als seine Vorgänger und ging nicht darauf aus, die von ihm an den Leukocyten ermittelten neuen Thatsachen zu einer die Struktur der Zelle überhaupt umfassenden Lehre zu erweitern, aber er schuf für den Nachweis der Granulationen, in den von ihm zum Studium ausersehenen Gewebselementen (gewissen Bindegewebszellen, Leukocyten) bestimmte, sicher wirkende Methoden, die es erlauben, eine ganze Reihe solcher Einlagerungen tinktoriell scharf aus einander zu halten, die man am ungefärbten Präparat nicht zu sondern und vielfach kaum oder gar nicht wahrzunehmen vermochte.

Zu einer unbestreitbaren Erweiterung unserer Kenntnisse von den paraplasmatischen Einlagerungen in den Zellkörper und vielleicht auch von den sog. Karyoblasten führten weiterhin die von Altmann (Nr. 26, 33, 39, 40, 41) angegebenen, zum Theil wohl den Methoden Ehrlich's nachgebildeten, zum Theil von ihm selbstständig erprobten Präparationsweisen. Dieses Verdienst wird jeder unbefangene Kritiker ihm gerne zuerkennen, mag er sich gegen die theoretischen Folgerungen, die Altmann aus den von ihm erhaltenen Befunden zieht, auch noch so kühl verhalten.

Altmann bezeichnet, wie schon oben bemerkt, als Bioblast die morphologische Einheit der organisirten Materie. Die Bioblasten sind geformte sichtbare Gebilde von krystalloidem Charakter. Im Protoplasma sieht er, ähnlich wie Maggi, „eine Kolonie von Bioblasten, deren einzelne Elemente, sei es nach Art der Zooglaea, sei es nach Art der Gliederfäden gruppirt und durch eine indifferente Substanz verbunden" seien. Der Bioblast kann frei für sich leben (Autoblast) oder mit vielen zu einer Einheit (Moneren und Metamoneren [Zellen und Kerne]) verbunden sein. Sowohl die Autoblasten (also die Mikroorganismen), als die durch eine indifferente Zwischensubstanz zur Zelle verbundenen Cytoblasten können die Form des Monoblasten und ebenso auch die des Nematoblasten annehmen; sie können mit anderen Worten entweder als Einzelelemente vorkommen oder zu Fäden an einander gereiht sein. Wie man also früher die Fibrillen (die des Achsencylinders z. B.) auf linear zusammengefügte Granula zurückzuführen suchte, so deutet nun Altmann fast alle Arten von Zellfibrillen (Flemming's Filarmasse) als Produkte kleiner Theilstückchen der Nematoblasten: omne granulum e granulo. Besondere Neigung zur Bildung von Fäden innerhalb der Zellen zeigt die Leber von Rana esculenta. Die Zellfäden der Esculentaleber, die übrigens, wie die Gesammtstruktur der Leberzellen, während der verschiedenen Jahreszeiten einen durchaus verschiedenen Charakter zeigen (Langley), gehen aus Granulis hervor, können aber unter Umständen wieder in den granulären Zustand zurückkehren. Die Granula der fettfreien Hungerleber und die ächten Fila (Kupffer, Flemming) der fetthaltigen Fütterungsleber sind nur verschiedene Formen derselben Elemente und gehen aus einander hervor. Uebrigens besteht nicht nur der Zellenleib, sondern auch der Zellenkern (Altmann, Die Struktur des Zellkerns, Archiv f. Anat. und Physiol., anat. Abth., 1889, S. 409—411) aus einem Multiplum von Granulis (den Karyoblasten). Diese letzteren, zu deren Nachweis er sich besonderer Methoden (Fixiren mit Ueberosmiumsäure, nachträgliche Oxydation mit Goldchlorid, Färbung der Schnitte mit Cyanin, Nachweis der Intergranularsubstanz mittels einer Mischung von 2½%iger Lösung von molybdänsaurem Ammoniak und etwa ¼%iger Chromsäure [Nr. 39]) bedient, kann ich, als von unserem Thema weiter abliegend, hier ausser Acht lassen, ich werde mich vielmehr auf die Betrachtung der Granula des Zellkörpers (Somatoblasten) beschränken.

Ehe wir jedoch Altmann's theoretischen Auseinandersetzungen über diese „Somatoblasten" weiter folgen, müssen wir zunächst die Methoden in's Auge fassen, welcher er sich zum Nachweis derselben bedient. — Die bisher üblichen Fixirungs- und Kernfärbungsmittel gestatten im Allgemeinen eine nachfolgende Granulafärbung nicht. Hierzu bedarf es einer besonderen Art der Fixirung und eines ganz bestimmten Farbstoffes, wenigstens ergeben diese Reagentien ungleich bessere und sicherere Ergebnisse als andere. Altmann unterscheidet feuchte Fixirung ausgetrockneter Objekte und feuchte Fixirung frischer Organstückchen. Das erstgenannte, allerdings etwas schwierige Verfahren entschädigt reichlich durch den grossen Vortheil, dass es erlaubt, die verschiedenen Fixirungen und Färbungen an den Paraffinschnitten desselben Stückchens versuchen zu können. Die Methode besteht darin, frische Organstückchen gefrieren und dieselben in gefrorenem Zustand bei einer Temperatur von unter —20° C. („unterhalb der kritischen Temperatur") über Schwefelsäure im Vacuum vollständig austrocknen zu lassen. Auf diese Weise gelingt es, Präparate zu erhalten, welche sowohl „in Bezug auf die Formen, wie in Bezug auf die Reaktionen der Elemente den frischen Zustand bewahrt haben", und die nun die Behandlung mit beliebigen Fixirungs- und Färbungsmitteln gestatten. Der Vorwurf, den man dem Gefrieren der frischen Gewebe machte, dass diese Procedur durch Krystallbildung Zerreissungen in denselben hervorrufe, findet Altmann für irgend eiweissreiche Organe nicht begründet. Ich selbst habe das hier verwerthete Material theilweise durch Gefrierenlassen schneidbar gemacht, freilich ohne dabei so niedere Temperaturgrade eintreten zu lassen, als es Altmann's Verfahren erheischt. Auch ich habe an den durch frisch gefrorene Speicheldrüsen gemachten Schnitten von Zerreissungen durch Eiskrystalle Nichts wahrgenommen, obwohl die Bedingungen für das Auftreten von Eiskrystallen doch sicherlich durch die Erniedrigung der Temperatur unter 0°, wie sie die Anwendung der Aetherspray's ja schon nach 1—2 Minuten herbeiführt, gegeben war. Aber selbst wenn der Gefriermethode dieser Uebelstand anhaften sollte, namentlich wenn man wieder aufgethautes Material nochmals gefrieren lässt, welche Fixirungsmethode ist ganz einwandsfrei, nach welchem anderen das Gewebe schneidbar machenden Verfahren ist man im Stande, so klare Uebersichtsbilder zu erhalten, wie Fig. 4, oder welche Methode bietet sonst die Gewähr, das verschiedene optische Verhalten der Sekretvorstufen in Schleimzellen und Randzellenkomplexen mit den stärksten Vergrösserungen auf Schnitten mit einander vergleichen zu können, wie man es auf Fig. 7 dargestellt sieht?

Unter den Fixirungsmitteln der in der oben angegebenen Weise vorbereiteten Objekte hat sich Altmann eine Mischung gleicher Volumina einer 5%igen Lösung von Kaliumbichromat und einer 2%igen Lösung von Ueberosmiumsäure besonders bewährt. Des Weiteren giebt er folgende technische Vorschriften, die, um einer Kritik seiner Anschauung die nöthigen Unterlagen zu geben, kurz zusammengefasst hier aufgeführt werden sollen: Will man das frische Gewebe fixiren, so lege man kleine Organstückchen auf 24 Stunden in die Mischung ein. Man wäscht dann mehrere Stunden in fliessendem Wasser aus, überträgt das Stückchen in Alkohol von steigender Koncentration (75%, 90%, 100%) und bettet in Paraffin ein. Dabei empfiehlt es sich, die Objekte nur durch Alkohol und Xylol gehen zu lassen und Nelkenöl und andere Aufhellungsmittel zu vermeiden, da sie die Reaktionsfähigkeit der Elemente schädigen. Die Schnitte müssen sehr dünn sein (1 mm bis höchstens 2 mm), ihre Färbung wird auf dem Objektträger vorgenommen, auf dem sie vorher festgeklebt werden. Man hält zur Aufnahme der Schnitte Objektträger bereit, die mit einer dünnen Kautschukschicht (Traumaticin) überzogen worden waren. Dabei geht man so zu Werke, dass man das käufliche Traumaticin (unter diesem Namen ist eine ziemlich koncentrirte Lösung von Kautschuk in Chloroform zu haben) für den Gebrauch mit dem 25fachen Volum Chloroform verdünnt, die so verdünnte Lösung über den Objektträger giesst und, nachdem man ihn hat abtropfen lassen, den Objektträger nach dem Verdunsten des Chloroforms über der Gasflamme erhitzt. Die Schnitte selbst werden mittels einer Lösung von Schiessbaumwolle in Aceton und Alkohol (2 gr Schiessbaumwolle in 50 ccm Aceton gelöst und hiervon 50 ccm mit 20 ccm Alkohol verdünnt) angepinselt. Nach dem Anpinseln müssen die Schnitte mit Fliesspapier stark an den Objektträger angedrückt und nach dem Trocknen angeschmolzen werden. Sie sind dann genügend fixirt, um verschiedenen Flüssigkeiten ausgesetzt werden zu können, ohne dass man ihre Ablösung befürchten müsste. Nun folgt die Lösung des Paraffins mit Xylol und Waschen mit Alkohol. Ist auch der Ueberschuss des Alkohols entfernt, so wird der Farbstoff direkt auf das Präparat gebracht.

Zur Färbung verwendet Altmann bis jetzt ausschliesslich Säurefuchsin, aber in anderem Vehikel als früher, wo er eine 10%ige Lösung des Farbstoffs in $\frac{1}{3}$ Alkohol benutzte. Für die Präparate aus Osmiummischung — wobei darauf zu achten ist, dass die Osmiumlösung nicht zu lange gestanden hat und das Kaliumbichromat nicht durch freie Chromsäure verunreinigt ist — empfiehlt er folgende Zusammensetzung des Farbstoffs: Man nehme von einer kalt gesättigten und filtrirten Lösung von Anilin in Wasser 100 ccm und löse in derselben 20 gr Säurefuchsin. Der mit einer Quantität dieser Mischung benetzte Objektträger wird über der freien Flamme erwärmt, bis die Farbstofflösung dampft. Wieder abgekühlt, wird der Objektträger mit einer Pikrinsäure-Lösung (1 Vol. conc. Pikrinsäure-Lösung in absolut. Alkohol mit 2 Vol. Wasser vermischt) übergossen, um den Farbstoff abzuspülen. Nachdem die Pikrinsäure-Lösung erneuert ist, wird der Objektträger auf's Neue erwärmt. Dies ist der heikelste Theil des Verfahrens, weil eine zu geringe, wie eine zu starke Erwärmung das Präparat unbrauchbar macht. Um eine möglichst konstante und sichere Erwärmung herbeizuführen, benutzt Altmann den Paraffinofen und lässt die Objektträger, mit Pikrinsäure übergossen, hier 30—60 Sekunden liegen. Hierauf folgt Abspülen mit Alkohol, dann mit Xylol und Einschluss in Xyloldamar. Das Verfahren ist gelungen, wenn diejenigen Granula, welche überhaupt mit dieser Methode erreichbar sind, scharf gefärbt hervortreten, während das Uebrige höchstens nur den graugelblichen Farbenton der Osmium-Pikrinsäure zeigt. — Einigermaassen befriedigend gelingt auch die Fixirung der Granula mit salpetersaurem Quecksilberoxyd, besonders an den Organen des Frosches. Gelegentlich hat man wohl auch Erfolg bei Anwendung von koncentrirter Sublimatlösung, Tannin und anderen Reagentien. Unter diesen ist besonders das Methylenblau (Ehrlich, Nr. 25) zu nennen, welches, lebenden Thieren einverleibt, die Zellgranula tingirt hervortreten lässt. O. Schultze (Nr. 30) brachte Frosch- und Tritonenlarven in sehr verdünnte wässerige Lösungen von Methylenblau (1 : 100 000—1 000 000) und erzielte damit eine Aufspeicherung in den Granulis, am raschesten und ausgiebigsten in den Granulis der Darmepithelien. Er zweifelt nicht an der Identität der durch die vitale Methylenblau-Reaktion hervorgehobenen Granula mit den von Altmann demonstrirten „Bioblasten". Desshalb ist eine von ihm gemachte Beobachtung, die ein Licht auf die Konsistenz dieser Granula wirft, von Interesse. Je mehr nämlich die Granula durch Farbstoffspeicherung an Grösse zunehmen, um so mehr quellen sie und „können dann mit einander verschmelzen". Es scheinen demnach wenigstens im Darmepithel der Amphibienlarven die „Granula" oder „Bioblasten" von halb- oder ganzflüssiger Konsistenz zu sein. Dafür spricht auch die von Schultze gemachte Erfahrung, dass nach der Entfärbung durch Wasser oder verdünnte Essigsäure „ganz blasse Stromata" zurückbleiben, die rasch unsichtbar werden. In weit beschränkterem Umfange als bei der Aufnahme des genannten Farbstoffes durch den Darm und wohl auch durch die Haut kommt es zu einer Färbung der Granula, wie vor Schultze schon Arnstein (Nr. 29) zeigte, wenn man den Farbstoff in die Blutbahn einführt. Arnstein konnte an Fröschen auf diese Weise die Körnchen der Innenzone an den Drüsenzellen der Nickhaut und ebenso die interstitiellen Körnchen quergestreifter Muskelfasern, die er für „Fettpartikelchen" hält, blau tingiren.

Altmann versuchte auch in Pflanzenzellen Granula nachzuweisen, doch haben hier wieder andere Methoden einzutreten. Freilich sind auch mit diesen, wie konstatirt werden muss, die Resultate „wenig befriedigend".

Dagegen haben zwei italienische Forscher, L. und R. Zoja (Nr. 36) mit den von Altmann empfohlenen Methoden die Verbreitung der Granula durch die ganze Thierreihe, von den Protozoen bis zu den Säugethieren nachgewiesen. Nur für die Gastraeaden und die Molluskoiden steht der Nachweis noch aus; auch in der Knochenzelle der Wirbelthiere wurden sie bisher vergeblich gesucht. Man kann also sagen, dass diese Granula oder fuchsinophilen Plastidule, wie im Anschluss an die von Maggi gebrauchte Bezeichnung die Verfasser sie nennen, ein fast allgemeines Attribut aller Zellen seien. Im Allgemeinen hat ein Kern einen Hof von Plastidulen um sich, der um so grösser ist, je reicher an solchen die Zelle ist. — In manchen Zellen haben die Plastidule eine regelmässige, geradezu charakteristische Anordnung, so in der Leber von *Amphioxus*, im Pankreas und in der Niere von Vertebraten. Auch die Nervenzellen sind hier zu nennen, in ihnen ordnen sich die Plastidule im Allgemeinen nach der längeren Achse des Zellkörpers und der Fortsätze an. Auch auf die regelmässige Anordnung der Pigmentschollen in gewissen Pigmentzellen (im Zustande der Ruhe, Solger und Mitose (Flemming u. A.) wird aufmerksam gemacht. Den Satz: „Omne granulum e granulo" halten die Verfasser noch nicht für erwiesen. — Ueber die wahrscheinliche Funktion der Granula sprechen sie sich dahin aus, dass sie eine wichtige Rolle bei der Ernährung spielen; sie können, was ja schon von Altmann hervorgehoben wurde, in Pigmentschollen, in Fett, in Sekrettropfen sich umwandeln. Die fuchsinophilen Plastidulen scheinen eine nutritive Funktion in der Zelle zu erfüllen. Man dürfe endlich auch die Vermuthung aussprechen, dass sie in der plastischen Association, welche die Zelle zusammensetze, der Grundform der Plastidule am nächsten stehen, von welcher die anderen unter Differenzirung sich mehr entfernt haben.

Man hat gemeint, im Laufe der letzten Jahre habe Altmann die frühere schroffe Formulirung der Granulalehre sehr erheblich gemildert und sich der Flemming'schen Auffassung genähert. In der That bezeichnet er in der ersten Auflage seines Buches die zwischen den Granulis gelegene Intergranularsubstanz als indifferent. In seinen späteren Mittheilungen dagegen sieht er in der Intergranularsubstanz (also der Filarmasse) den wichtigsten Bestandtheil des Zellkörpers, die Matrix des Uebrigen. Sie ist ihm aber „nichts Anderes, als ein Kompositum kleinerer und kleinster Elementartheile" (Nr. 39), die Matrix für die grösseren Zellengewebe. Was dann noch nach der minutiösesten Zerlegung in Elementartheile übrig bleibt, ist „todt und mag der Gallerte der Zooglaea vergleichbar sein". Wir stehen somit hier vielmehr vor einer weiteren Ausdehnung seiner Anschauung auf die Intergranularsubstanz. Altmann's Anschauungen über die Intergranularsubstanz haben sich also, wie er selbst sagt, „im Laufe der Zeit nicht verändert, wohl aber entsprechend der Verfeinerung der Beobachtungsweise und der Resultate derselben bestimmter gestaltet" (Nr. 41). Nach seinen früheren Erfahrungen befand sich die Intergranularsubstanz zwischen grösseren Granulis, nach der späteren enthält sie selbst kleinere und kleinste (primäre könnte man sie nennen) Granula eingelagert, sie ist aber trotzdem immer noch als Intergranularsubstanz zu bezeichnen und selbst dann noch, wenn es sich herausstellen sollte, dass „sämmtliche durch die Fuchsinreaktion oder auf andere Weise sichtbar zu machende Granula bereits einem Stadium der funktionellen Umbildung angehören". Die Abstammung der grösseren Granula von den kleineren der Intergranularsubstanz hält Altmann für erwiesen; „durch eigene vitale Assimilation" häufen sie verschiedene Stoffe in sich auf, wachsen und schwächen dabei ihre Vitalität ab (Verhandl. d. anat. Gesellsch., Wien 1892).

Die Lehre von den Zellgranulis führt von selbst zu einer phylogenetischen Frage von der allergrössten Bedeutung. Wenn wirklich die Zellen nicht Elementarorganismen sind, sondern Kolonien von solchen mit eigenartigen Gesetzen der Kolonisation, so fragt es sich, ob jetzt noch solche Zellen durch das Zusammentreten solcher Kügelchen entstehen können. Altmann hält dafür, dass dieser Modus der Zellengenese jetzt nicht mehr vorkomme, und dass ebensowenig gegenwärtig mehr die Elementarkörnchen der Zellen zu selbstständigen Lebewesen werden könnten (Nr. 33, 2. Aufl., p. 8 und 9).

III.

Unter den von Altmann und wie wir oben hörten, auch von L. und R. Zoja behaupteten Umsetzungen der Granula in Substanzen, die meist zu den Protoplasma-Abscheidungen gerechnet wurden, seien hier nur zwei Kategorien betrachtet; 1) die

Umsetzung der Granula in Fett und 2) in Drüsensekret (Sekrettropfen oder -Körner).

Altmann hält in seinen späteren Mittheilungen den Nachweis, dass die Granula den Ort der Fettumsetzung darstellen, für erbracht, obwohl die Worte, mit denen er selbst den Bericht über seine Beobachtungen einführt, etwas weniger zuversichtlich lauten. Auf S. 70 der ersten, S. 80 der zweiten Auflage seines Buches (Nr. 33) heisst es, man könne die Entstehung der durch Osmiumsäure geschwärzten Körner aus farblosen Granulis wahrscheinlich machen. Die Gründe, die er für diese Ableitung vorbringt, sind folgende: Die schwarzen Körner sind nicht reines Neutralfett, denn ihre Färbung lässt sich verhältnissmässig leicht extrahiren. Da sie ferner nicht gleichmässig schwarz sind, sondern — aber nicht immer! — ein dunkelrothes Centrum besitzen[1]), so liegen also ringförmige Osmiumkörner vor. Diese Ringformen stellen ein bei den Fettumsetzungen der Zelle weitverbreitetes Vorkommniss dar (Altmann, Krehl und Metzner). Aus Granulis gehen zunächst Körner mit zarten, in Osmium sich schwärzenden, peripheren Ringen hervor, daraus werden grössere Ringkörner mit breiterem Osmiumring, und schliesslich wird aus dem Ringkorn das Vollkorn. Das Vollkorn ist also aus einem assimilirenden Granulum, aus einem lebenden Element hervorgegangen. — Uebrigens lauten bezüglich der Natur und der Herkunft dieser das Fett assimilirenden Körner seine Angaben etwas widersprechend und unsicher: Möglicher Weise stammen sie von den rothen Granulis der Hungerleber ab, doch dünkt es ihm wahrscheinlicher, dass sie von farblosen Granulis abzuleiten seien. Dabei macht er wieder darauf aufmerksam, dass, sobald an den Granulis „assimilirende Vorgänge“ sichtbar werden, die specifische Fuchsinfärbung oft ausbleibt. An einer anderen Stelle wieder begegnen wir dem Hinweis, dass, wie schon erwähnt, nach Extraktion des Fettes aus den Ringkörnern gerne Residuen zurückbleiben, welche färbbar sind (Leberzellen von *Rana esculenta* [Altmann], Darmepithel der Ratte [Krehl], Leberzellen des Hühnchens [Metzner]).

Der Process der Assimilation scheint, wie Altmann hervorhebt, von der Peripherie nach dem Centrum der Granula fortzuschreiten, während die Lysis des Fettes im Granulum topographisch die umgekehrte Reihenfolge inne hält, als die Synthese. An einer anderen Stelle verweist Altmann auf die — abgesehen vom Farbentone — genaue Uebereinstimmung dieser Fettbilder mit denjenigen, welche O. Schultze bei Versuchen erhielt, in denen er, wie schon erwähnt, Methylenblau vom Darmepithel resorbiren liess. Die beiden heterogenen Versuchsreihen führen zu dem gleichen Ergebniss: Das Fett sowohl, als der Farbstoff werden „nicht für sich, sondern durch Assimilation von den Zellengranulis in den Zellen aufgespeichert“. Das wird von Altmann behauptet, aber nicht bewiesen. mit eben demselben Rechte kann man sagen, beide Substanzen gelangen passiv durch die Lebensthätigkeit des Zellen-

1) In den subglandulären Leukocyten des Hundedarms hatte Heidenhain Nr. 31 Zellkörnchen gefunden, die durch Osmium geschwärzt waren, die er aber zugleich auch roth tingiren konnte. Er schloss aus dieser kombinirten Farbenreaktion, die fraglichen Körner seien sicher kein Fett. Altmann l. c., p. 90 zu Folge dürfte man nur schliessen, dass diese Körnchen nicht aus reinem Fett bestehen.

körpers in dieselbe Lücke, in dem ein bestimmtes Granulum liegt, und umhüllen dasselbe, oder sie werden von der Filarmasse ausgeschieden. Altmann geht aber noch weiter, indem er solche synthetische Fähigkeiten auch den wachsenden Fettkugeln jüngerer Fettzellen zuerkennt und die Möglichkeit, damit begabt zu sein, selbst der ächten Fettzelle nicht ganz absprechen möchte[1]). Neben diesem Modus des Wachsthums lässt er natürlich auch den durch Apposition neu hinzutretender, verfetteter Granula charakterisirten ausdrücklich bestehen.

Bei der Entwickelung seiner Anschauungen über die Sekretionserscheinungen in den Zellen stellt Altmann die Besprechung der Fettdrüsen voraus; denn an ihnen erhalte man die klarsten Vorstellungen von dem Vorgange der Sekretion überhaupt. Er unterscheidet nämlich zwei Kategorien von Drüsenzellen, einmal solche mit offenen Sekretionszellen, welche „zunächst geformte, nicht gelöste Sekretbestandtheile liefern". (Typus dieser Form, die Fettdrüsen) und zweitens solche mit „geschlossenen Sekretionszellen", deren „Sekretionsprodukte schon innerhalb der Zellen gelöst werden" (z. B. die Leber). Diese beiden extremen Formen sind übrigens durch Uebergangsformen — hierher gehören namentlich die Speicheldrüsen — mit einander verknüpft. „In allen Fällen scheint die granuläre Form der Sekretion das Wesen des Processes auszumachen" (l. c., p. 122).

Betrachten wir zunächst die Fettdrüsen (Präputial- und Clitorisdrüsen der Maus, Fettdrüsen der Analgegend des Meerschweinchens, Talgdrüsenkonglomerat in der Inguinalfalte des Kaninchens, Harder'sche Drüse, Bürzeldrüse der Taube und Ente)! Die von Altmann an diesen Drüsen festgestellten Thatsachen sind im Wesentlichen folgende: In der mit Osmium (ohne nachherige Färbung) behandelten Präputial- oder Clitorisdrüse der Maus weist er zwar Ringkörner und Vollkörner von verschiedenster Grösse und von mannigfaltigster Intensität der Schwärzung nach, allein die primären, fettlosen Granula, mögen sie nun fuchsinophil sein oder nicht, vermag er nicht zu demonstriren. Er scheint die Lücke seiner Beweisführung auch zu fühlen; denn er äussert selbst: „Die Sekretion selbst ist hier kaum anders aufzufassen[2]), als dass die Zellgranula, nachdem sie durch ihr Wachsthum sich vergrössert haben und durch ihre assimilatorische Thätigkeit sich mit Fetten und anderen Stoffen beladen haben, selbst das Sekret bilden, indem die Bestandtheile der Zellen kontinuirlich vorgeschoben werden." Das Ergebniss der Untersuchung der ebenso behandelten Fettdrüsenkonglomerate vom Meerschweinchen und Kaninchen ist dasselbe, obwohl die Bilder als „bei weitem eindringlicher" bezeichnet werden. Von den auf diese Weise gewonnenen Präparaten rühmt Altmann, der früher gänzlich willkürlich, wie mir scheint, Fixirung und Färbung für einen einheitlichen Process erklärt hatte, dass „wir bei ihnen ausser einer zweckmässigen Behandlung mit Osmium keiner weiteren künstlichen Färbungen bedürfen." Durch den Fettosmium-Mantel sei der morphologische Charakter der Granula völlig scharf skizzirt. Aber von den

1) Dieser Passus ist in der 2. Auflage gestrichen.

2) Im Original nicht gesperrt hervorgehoben.

primären Granulis, aus denen sich die Ringkörner hervorbilden, erfahren wir Nichts.

In der Harder'schen Drüse des Kaninchens werden durch Osmium die Kügelchen nicht geschwärzt, sondern nur schwach grau gefärbt, an Balsampräparaten sind sie gelöst. Fertigt man daher Säurefuchsin-Präparate an, die das Einlegen in Balsam erheischen, so erhält man wohl massenhafte roth gefärbte Granula, welche das Substanznetz des Zellkörpers durchsetzen, allein an Stelle der Kügelchen nur Lücken. Dennoch dürfen wir aus ihrer Löslichkeit in Alkohol und Xylol und aus ihrer Unlöslichkeit in Wasser und Kochsalzlösung schliessen, dass wir es mit einem Fettsäure-Derivat zu thun haben. Es fehlen ihnen nur das Oleïn und die Oelsäure, denn nicht den Fetten überhaupt, sondern nur den zuerst genannten Substanzen gegenüber entfettet die Osmiumsäure eine specifische Reaktion. Dieser Schluss auf die fettige Natur jener Kügelchen des Kaninchens wird wesentlich unterstützt durch das Gewicht der Thatsache, dass man in der Harder'schen Drüse einzelner Thiergattungen (Maus, Ratte, Igel) auch die Osmiumschwärzung der Fettkörner antrifft, zum Theil mit schönen Ringelbildungen.

Endlich lässt sich in den Inguinaldrüsen jüngerer Kaninchen durch Osmium eine komplete Schwärzung der Körner nachweisen, wenn man die Schnitte in Glycerin untersucht. Ringkörner treten erst auf, wenn die Drüse nach der Osmium-Einwirkung 24 Stunden in Alkohol gelegen hatte. Wahrscheinlich ist das Centrum dieser Körner neben anderen zum Theil fettigen Substanzen von der Oelsäure, die Peripherie dagegen vom Oleïn eingenommen. Aus diesen Befunden schliesst Altmann, dass „der Process der Fettreaktion im Wesentlichen in einer Umbildung der Granula und deren Ausstossung in die Sekreträume besteht“.

Ich kann nicht finden, dass Altmann der strikte Beweis für diesen Satz gelungen sei. Gerade die von ihm zur Demonstration der Granula aufgefundenen Methoden kommen in diesem von den Fettdrüsen handelnden Abschnitt gar nicht zur Geltung. So lange er die primären, fettlosen Granula nicht demonstrirt, lassen die bis jetzt vorliegenden Thatsachen immer noch den Schluss zu, dass die Ausscheidung von Fett, mag es nun durch Osmium geschwärzt werden oder nicht (Altmann), seitens der Filarmasse (Flemming) oder des „Substanznetzes“ direkt erfolgt. Wir sind also in dieser Kardinalfrage nach Altmann genau ebenso weit, als vor ihm.

Es wurde soeben angegeben, dass nach Fixiren der Inguinaldrüse jüngerer Kaninchen im Osmiumgemisch ein Theil der scheinbaren Vollkörner durch Alkohol in Ringkörner umgewandelt werde. Nun habe ich (Solger, Nr. 21 und 44) schon lange vor Altmann darauf hingewiesen, dass osmirte und durch Wasserstoffsuperoxyd wieder entfärbte Fettzellen von dem lebenswarm eingelegten Unterhautbindegewebe von Säugethieren und vom Menschen an dem im frischen Zustand homogenen Fetttropfen eine eigenthümliche Sonderung erkennen lassen. Die Fettmasse ist nicht mehr solide, sondern erscheint nunmehr als stark lichtbrechende Hohlkugel mit einer auf dem optischen Durchschnitt rundlichen oder leicht zackigen Vakuole im Innern, die sehr häufig — ob dies immer der Fall ist, muss ich dahingestellt sein lassen — durch einen Porus an der Oberfläche der Hohlkugel sich öffnet. Ich war durch die Untersuchung derartigen Materials zu der Vermuthung gelangt, es möchte bei Einwirkung von Osmiumsäure auf frisches Fett zu einer Sonderung der Masse des anscheinend homogenen Tropfens in seine festeren und flüssigen Theile kommen, derart, dass erstere zur peripheren Rinde der Hohlkugel sich zusammenballen, während letztere die Vacuole erfüllen.

Dieser von mir geraume Zeit vor Altmann's Untersuchungen festgestellten Thatsache reiht sich nun das eben berichtete Verhalten der osmirten Fettkörner aus der Inguinaldrüse jüngerer Kaninchen ungezwungen an. Nur der Deutung, die Altmann diesem Bilde giebt, kann ich mich nicht anschliessen. Er meint, das Oleïn und Oelsäure in diesen Körnern „different vertheilt“ wären, und zwar schon vor der Fixirung durch Osmium in der Weise, dass „in dem Centrum jener Körner neben anderen Fetten und Substanzen die Oelsäure vertreten ist, in der Peripherie aber das Oleïn“, und sieht hierin einen Fingerzeig auf den Modus, nach welchem „topographisch sich die Assimilation der Neutralfette im Granulum vollzieht“. Ich halte die scharfe Sonderung auch hier, wie am Fetttropfen der gemästeten Bindegewebszelle, wo ich sie erst nach Bleichung entdeckte, für eine Wirkung des Reagens, nämlich der Osmiumsäure.

Fassen wir nun alle Einwände, die bei Besprechung dieses Themas erhoben werden mussten, noch einmal zusammen, so ergiebt sich, dass Altmann der Nachweis, dass der Process der Sekretion im Wesentlichen in einer „Umwandlung der Granula“ bestehe, an den Fettdrüsen, von denen man nach seinem Rathe am besten ausgeht, um das Wesen des Sekretionsprocesses überhaupt zu verstehen, bisher nicht gelungen ist.

Sehen wir nun zu, wie es hiermit bei den Speicheldrüsen, die unser eigentliches Thema bilden, bestellt ist. — Altmann geht bei der Schilderung des Befundes an den Speicheldrüsen von der Augendrüse der Ringelnatter aus. Der Befund an dieser Drüse gebe den Schlüssel zum Verständnisse für jene Organe an die Hand. Die nach Fixirung im Osmiumgemisch und Färbung mit Fuchsin-Pikrin roth gefärbte Substanz, die um den Kern herum und in dem Basaltheil der Zelle eine etwas stärkere Anhäufung zeigt, stellt die Matrix von körnigen Einlagerungen dar, die nach der genannten Behandlung graugelb gefärbt erscheinen und eine dunklere Peripherie und ein helleres Centrum erkennen lassen. Verwendet man statt Fuchsin-Pikrin das Delafield'sche Hämatoxylin (nicht verdünnt, zwölf Stunden lang), so erscheint die Peripherie der Körner dunkel gefärbt und hebt sich nun scharf von dem hell gebliebenen Centrum ab.

Altmann schliesst aus diesen Bildern, dass die Ringformen den Fettkörnern nicht allein zukommen. Da man nun unter Umständen dieselben graugelben Körner auch im Lumen der Ausführungsgänge wahrnimmt, so folgt für ihn daraus, dass sie aus den Acinis stammen und in das Sekret übergehen.

Hierzu ist Folgendes zu bemerken: Die Elemente der roth gefärbten Matrix,

d. h. die Zellgranula, aus denen die Sekretionsgranula hervorgehen, konnte Altmann nicht demonstriren, sie sind „wegen ihrer Kleinheit und ungünstigen Lagerung nicht definirbar“. Auf den Mangel der „specifischen“[1] Fuchsinreaktion der graugelben Körner werden wir kein grosses Gewicht legen, weil wir ja belehrt wurden, dass sie oft ausbleibt, sobald an den Granulis assimilirende Vorgänge sichtbar werden, wenn wir nur wenigstens die Vorstadien ihrer Umbildung gesehen hätten. — Aber auch der Nachweis der Ringkörner, auf welchen Altmann als Zwischenform zwischen[2] dem primären Granulum und dem Vollkorn grosses Gewicht legt, ist nicht erbracht. Der Umstand, dass kugelige oder körnige Zelleneinschlüsse nach 24stündiger Einwirkung des Osmiumgemisches ein etwas dunkleres Aussehen ihrer Randpartie, die ohne scharfe Grenze in den centralen Theil übergeht, aufweisen, scheint mir nicht zu genügen, um daraus auf eine präformirte Sonderung in zwei Substanzen schliessen zu dürfen. Uebrigens wird man auch an ein optisches Phänomen denken dürfen. Aber lassen wir diese Möglichkeit bei Seite! Aus dem Ergebniss der Färbung mit Hämatoxylin geht jedenfalls nicht mit Sicherheit hervor, dass eine präformirte Sonderung in zwei verschiedene Substanzen bestand. Die durch die Vorbehandlung gebeizte Oberfläche kann recht wohl den Farbstoff energischer angezogen haben, als die centralen Partien.

Eine Untersuchung des frischen Präparats hat Altmann hier ebenso wenig vorgenommen, als an der Parotis und Submaxillaris der Katze, zu deren Beschreibung nach Altmann's Schilderung wir uns jetzt wenden, wenigstens berichtet er darüber Nichts. Ich untersuchte, um dies gleich hier einzuschieben, die „Granula“ aus den beiden genannten Drüsen der Katze auf Gefrierschnitten mit den stärksten mir zu Gebote stehenden Objektiv-Systemen (Zeiss'schen Apochromaten 1,30, Aequ.-Brw. 2,0 und 1,40, Aequ.-Brw. 3,0), ohne aber eine Sonderung an ihnen wahrnehmen zu können.

Altmann findet also nach Fixirung im Osmiumgemisch in den Drüsenzellen der Parotis, und zwar hier besonders deutlich, graugelbe Körner in dichter Aneinanderlagerung vor. Bei der Sekretion werden diese Körner zwar ausgestossen (der Sekretionsprocess ist „granulär“), allein wahrscheinlich sofort gelöst. Den Nachweis ihrer Herkunft glaubt Altmann auf experimentellem Wege geliefert zu haben: Sie gehen aus kleineren und kleinsten in Fuchsin-Pikrin roth sich färben-

1) Mit dieser „specifischen“ Fuchsinreaktion auf die Granula ist es freilich eine eigene Sache. Sie bleibt einestheils oft aus, sobald an den Granulis assimilirende Vorgänge sichtbar werden, auf der anderen Seite wird sie aber auch manchmal oft durch den vitalen Process und das Osmium hervorgerufen. Bemerkenswerth und auffallender Weise von Altmann gar nicht weiter diskutirt ist auch die Thatsache, dass die farbigen „Sekretionskörner“ des Pankreas Maus, s. Taf. VII, Fig. 1, die Bernard'schen Körner, sich nach Fixirung in dem Osmiumgemisch mit Säurefuchsin genau ebenso färben, wie die Zellgranula und Zellfäden, obwohl sie nicht nur stark mit Sekretionsmaterial beladen sind, sondern durchaus aus solchem bestehen.

2) In der 2. Auflage (p. 123) giebt A. selbst zu, dass der Beweis für die Abstammung der Sekretkörner aus fuchsinophilen Granulis überzeugender geführt werden müsse, als er es an dieser Drüse vermochte. Nichts destoweniger wird auf einer der folgenden Seiten (p. 135) behauptet, das Grundgesetz des Sekretionsprocesses sei überall dasselbe, überall hätten wir es zunächst mit „primären Granulis“ (vgl. hierzu Anm. 2 auf Seite 207) zu thun, aus denen die Sekretkörner heranwachsen und heranreifen.

den Körnchen hervor, die bei ihrem Wachsthum „wohl in Folge der Aufnahme der Sekretionsstoffe" ihre rothe Reaktion verlieren. Sieht man die Befunde in den Hauptstadien der Pilokarpinwirkung genauer durch, so zeigt sich, dass die Beweisführung doch nicht ohne Lücken ist. Eine Stunde nach der Injektion sind „die graugelben Körner und die netzförmige Substanz völlig verschwunden, an ihrer Stelle finden sich zahlreiche runde Körner und Körnchen von rother Reaktion und von kleinster Grösse bis fast zur Grösse der graugelben Sekretionskörner hin, neben und zwischen denselben verlaufen die rothen Elementarfädchen", die wohl zu der netzförmigen rothen Substanz der ruhenden Drüse in genetischer Beziehung stehen. In den nächsten Stunden werden die rothen Körner spärlicher, die grösseren fehlen ganz, aber von einer Umbildung zu den graugelben Sekretionskörnern ist Nichts zu sehen, und auch nach neun Stunden nicht, wenn mittlerweile die „rothen Randkörner sehr zahlreich und wieder in den verschiedensten Grössen" vorhanden sind; 24—26 Stunden nach der Injektion zeigt sich das normale Hungerbild der Drüse, also Ausstattung mit massenhaften Sekretkörnern. In der Zeit zwischen der 9. und 24, resp. 26. Stunde hat sich also die ursprüngliche Ausstattung der Drüse mit Sekretionskörnern wieder hergestellt, allein die in die Zwischenzeit fallenden Stadien, deren Nachweis eigentlich entscheidend war, blieben leider unerkannt. Auch bei dem Pankreas der Säugethiere (Maus, Katze) scheint Altmann nicht glücklicher gewesen zu sein. „Auch hier sind, wie in der Parotis, kleinste und kleine Granula, welche sich neben den elementaren Fädchen finden, die Vorläufer der Sekretionskörner, auch hier zeigen nach 24—36 Stunden die Durchschnitte das Aussehen des normalen Hungerbildes." Man kann sich daher einstweilen dem Eindruck nicht verschliessen, dass die Rolle, die Altmann den rothen Körnern im Verhältniss zu den Sekretkörnern zuweist, mehr erschlossen, als beobachtet sei, und auch bezüglich der Schleimgranula der Gland. submaxillaris (Katze) steht der Beweis ihrer genetischen Zugehörigkeit zu den rothen Granulis noch aus.

Ueber die Gl. submaxillaris der Katze geht Altmann im Texte rasch hinweg. Er bestätigt die allbekannte Angabe Heidenhain's, nach welcher die hellen Schleimpartien der Drüsenzellen bei ausgiebiger Sekretion verschwinden, nach Applikation von Pilokarpin auch für die genannte Drüse der Katze, und spricht die Hoffnung aus, dass sich, wie für die Parotis die Abstammung der Schleimgranula von den primären rothen Zellgranulis, von denen er einige innerhalb der sekreterfüllten Schleimzellen abbildet, auch für dieses Organ werde erweisen lassen. Diese Schleimgranula denkt er sich wohl identisch mit den von Lavdowsky (Nr. 12) beschriebenen Schleimkörnern, welche in Lücken[1]) einer feinen Netzsubstanz des Zellkörpers liegen. — In Fig. 4 auf Altmann's Taf. XX sieht man in den Schleimzellen rundliche helle Felder, die ebenso gut Lücken sein könnten. Eine Kontrol-Untersuchung frischen oder fixirten Materials vor der Färbung hat Altmann nicht vorgenommen.

---

1) Die Schleimkörner füllen freilich dieses Netzwerk nicht ganz aus, sondern sind zunächst noch in eine blasse homogene Substanz eingebettet.

In den Randzellenkomplexen, welche die Schleimzellen umsäumen, liegt eine mässige Anzahl von roth tingirten Granulis.

Der Beweis, dass die Sekretionskörner aus umgebildeten Granulis hervorgehen, ist somit doch nicht so überzeugend ausgefallen, als der Autor der modernen Granulalehre glaubt[1]).

Zur Vorsicht mahnen auch die Bedenken, die neuerdings gegen die Präexistenz der Granula selbst erhoben wurden, und zwar in erster Linie von dem Botaniker A. Fischer (Nr. 49 und 54).

Der genannte Autor geht in seiner ersten Mittheilung von der schon von Anderen betonten Thatsache aus, dass Eiweiss-Körper der verschiedensten Art aus ihren Lösungen durch die gebräuchlichen Fixirungsmittel ausgefällt werden. So werden Pepton und Propepton, die in den Säften thierischer Zellen gewiss sehr häufig vorkommen, aus ihren wässerigen Lösungen durch Chromsäure (0,5%), Osmiumsäure (1%), Kaliumbichromat (2,5%), Müller'sche Lösung, Platinchlorid (1%) und das Altmann'sche Gemisch (1% Osmiumsäure und 2,5% Kaliumbichromat) in Granulaform niedergeschlagen. Die durch Osmium- und Chromverbindungen ausgefällten und in Wasser ausgewaschenen Granula von genau kugeliger Form färben sich nach Altmann's Methode (Säurefuchsin-Pikrinsäure) ausserordentlich lebhaft. Fischer will durch seine vergleichende Untersuchung die von Altmann beschriebenen Granula nicht ohne Weiteres als Kunstprodukte verwerfen, sondern möchte nur zur Vorsicht mahnen und zwar um so mehr, als die Herstellung der Granula nicht nur im Reagenzröhrchen gelingt, sondern auch innerhalb der Zellmembran eines mit Peptonlösungen injicirten Stückchens Hollundermarkes. Durch die an sich recht interessante Versuchsanordnung sind freilich, wie ich bemerken möchte, auch nicht annähernd Verhältnisse hergestellt, wie sie in einem thierischen Organ oder Gewebe bestehen, doch wird dadurch immerhin die Eindringlichkeit der Mahnung, bei der Beurtheilung von Granulabildungen kritisch zu Werke zu gehen, wesentlich verstärkt. — In seiner zweiten Mittheilung (Nr. 54) macht Fischer auf die Wichtigkeit aufmerksam, welche der Reaktion der mit saueren oder neutralen Fixirungsmitteln behandelten Lösungen für das Zustandekommen der Granula zukommt. Fischer studirte ferner das Verhalten verschiedener mit einander gemischter Eiweisskörper, wobei sich herausstellte, dass die Eiweisskörper nach ihrem Verhalten gegenüber den in der mikroskopischen Technik gebräuchlichen Fixirungsmitteln in zwei Gruppen einzutheilen sind, nämlich in Granula-Bildner und Gerinnsel-Bildner. Die Niederschläge dieser letzteren Gruppe bestehen übrigens auch wieder aus winzig kleinen Körnchen und Kügelchen; ihre minimale Grösse und ihre enggeschlossene Aenderung unterscheiden sie aber hinlänglich von den Niederschlägen der ersten Gruppe.

---

1) In der 2. Auflage seines Buches bezeichnet Altmann übrigens selbst es noch als fraglich, ob es ihm gelungen sei, „irgend wo schon das primäre Granulum in irgend einer Zellengattung durch Fuchsin darzustellen, und ob nicht sämmtliche bisher sichtbar gemachten fuchsinophilen Granula bereits einem weiteren Wachsthums- und Umwandlungsstadium angehören".

Bei Fischer's Untersuchungen stellte sich ferner heraus, dass die Hämoglobingranula bei Alkoholfällung und die Peptongranula, die man durch andere Fixirungen erhält, sich gegen Altmann's Säurefuchsin[1]), gegen Benda-Heidenhain's Hämatoxylinfärbung und andere Tinktionsmittel gleich verhalten. Es ist eine der vielen von Fischer gemachten Erfahrungen, welche „die gegenwärtig herrschende Neigung in jedem stärker gefärbten Körnchen und Kügelchen ein besonderes Organ der Zelle zu wittern und jedem einzelnen Fixirungsmittel die Kraft zuzuschreiben, specifische Stoffe mit neuen Namen heraus differenziren zu können", in der That in eine neue Beleuchtung rückt. Bei aller Werthschätzung der hochbedeutsamen Errungenschaften, welche wir den modernen Fixirungsmethoden verdanken (ich erinnere nur an die Auffindung des Centrosoma) empfiehlt er — und darin kann man ihm nur beistimmen — „bei Studien über den feineren Bau des Protoplasma und der Kerne den lebenden Zellen wieder eine grössere Aufmerksamkeit zuzuwenden". Er betrachtet es schliesslich als sicher, dass schon „reine Stoffausfällungen, die in der Zelle zeitweilig auftreten, wie z. B. in den Becherzellen, Körnerform" annehmen können, und um ein solches Phänomen hervorzurufen, dazu dürfte unter Umständen schon eine Aenderung in der chemischen Reaktion der Zelle genügen.

Es scheint ungemein schwer zu sein, den verschiedenen Untersuchungsmethoden, die doch im Grunde nichts Anderes darstellen, als Versuche, in die Geheimnisse des Zellenlebens einzudringen, den ihnen gebührenden Werth gleichberechtigter Anfragen bei der Zelle zuzugestehen. Es wird, wie mir scheint, zu oft gefragt: Welches der empfohlenen Verfahren zeigt diese oder jene Struktur, von der oft genug erst noch zu erweisen ist, dass sie präformirt ist, am besten? anstatt zu untersuchen: Welche Seite des komplicirten Problems dieser oder jener Zellenform enthüllen uns die einzelnen Methoden, und wie fügt sich das Alkoholbild, das Sublimatbild, das was das lebende Objekt und das, was der Gefrierschnitt mit oder ohne Zusatzflüssigkeit zeigt, zum Gesammtbilde zusammen? Und diese langwierige Arbeit ist an jeder Zellenform besonders vorzunehmen, denn es ist zur Genüge bekannt, dass mit Recht gerühmte Fixirungsmittel keineswegs überall dasselbe leisten. — So erwarben sich Kühne und Lea (Nr. 11) das meiner Meinung nach unbestreitbare Verdienst, das Pankreas des Kaninchens im lebenden Zustand der Beobachtung zugänglich zu machen. Sie konstatiren mit Hilfe einer rein anatomischen Methode, „dass die Drüsenzellen während der Absonderung kleiner werden, dass die Körnchen von der Gegend des Kerns aus nach der Innenzone rücken, kleiner und matter werden und endlich ganz verschwinden."

Ogata (Nr. 23), der diese Untersuchung an demselben Objekte wiederholte, konstatirt nun, er habe wenig mehr gesehen, als seine Vorgänger; von dieser Kritik können die Urheber der Methode vollauf befriedigt sein, der Vorzug derselben liegt

1) Die schon geäusserten Bedenken gegen die „specifische" Reaktion der Säurefuchsinfärbung sind also berechtigt.

eben darin, dass man, wie Ogata selbst zugiebt, den „Ablauf des Vorganges von Anfang zu Ende“ verfolgen kann. Beachtenswerth ist allerdings die von ihm gemachte Erfahrung, dass die Drüse durch die Einflüsse der Beobachtung Veränderungen erleiden kann, wenn auch ihre Zellen noch ein „durchaus frisches und lebendes Aussehen“ darzubieten scheinen. Dass aber wirklich solche Alterationen Platz gegriffen hatten, stellte sich nach dem Fixiren in Sublimat (koncentrirte wässerige Lösung kalt bereitet) oder in einer Mischung von Sublimat mit Osmiumsäure (zu 100—200 g jener Lösung 1 g Osmiumsäure) heraus. Durch einen plötzlichen Eingriff die Drüse in einem bestimmten Lebensmoment zu fixiren, das sei der Weg, der immer noch am weitesten führe.[1]) Allein die Anwendung eines Verfahrens schliesst doch die des anderen nicht aus. Was würde man sagen, wenn Jemand behaupten wollte, für das Studium des Flimmerepithels leiste die plötzliche Abtödtung am meisten? In einem späteren Abschnitt derselben Abhandlung berichtet denn auch Ogata über Erfahrungen, die er selbst zunächst am lebenden und sodann am fixirten Pankreas von Triton und Salamandra machte. Der Kombination dieser beiden Untersuchungsmethoden wird man gewiss freudigst Beifall zollen, weil sich eben Beide vortrefflich ergänzen, nimmermehr aber gegenseitig substituirt werden können. — Kühne und Lea hatten nur behauptet, dass unter dem Einfluss der Reizung Zymogenkörnchen allmählich aus der Gegend der Kerne nach dem Lumen hin rücken. Ich muss dahin gestellt sein lassen, in wie weit die Erweiterung, welche dieser Satz durch Ogata erfährt, dass bei ruhiger Sekretion auch „Körnchen wirklich aus dem Kern heraustreten und in das Innere der Zelle weiter rücken“, um hier zu einfachen Zymogenkörnern zu werden, begründet ist. — Das Verhältniss der einfachen Zymogenkörnerbildung zur Zellenerneuerung (s. die Anmerkung) denkt sich Ogata so, dass jener Vorgang die Hauptrolle spiele und die Zymogenkörnerbildung in neuen Zellen erst auftrete, wenn jener Apparat insufficient werde.

Der Reaktion gegen die einseitige, auf Kosten der Bedeutung des frischen Materials sich erhebende Werthschätzung der irgendwie fixirten Präparate (die Geschichte der Sublimatfixirung ist in dieser Beziehung ungemein lehrreich) schloss sich neuerdings R. Krause (Nr. 55) an. Auch er leitet einen grossen Theil von Granulis, die er bei der Untersuchung der Gl. retrolingualis, Parotis und Submaxillaris des Igels fand, von Fällungen gelöster Eiweisskörper ab, sieht sie demnach als Kunstprodukte an. Zum Ersatz des während der sekretorischen Thätigkeit der Zelle ausgestossenen Schleims gelangt eiweisshaltiges Material aus den umgebenden Lymphräumen in die Maschen des Zellprotoplasma und wird nun hier in Form feiner Granula durch das „Fixationsmittel“ ausgefällt. Von den von ihm beschriebenen „Körnerzellen“ und ihren Granulis war am frischen Material Nichts wahrzunehmen. Die Schleimtropfen, die Krause in den Maschen eines Netzwerks am frischen Objekt

1) Freilich führt dieser Weg unter Umständen auch in die Irre. Als Beweis führe ich die Behauptung Ogata's an, dass innerhalb der grossen Nebenkerne, die aus dem Kern ausgewandert seien, junge Zellen mit Kern und Zymogenkörnern entständen (Zellenerneuerung zum Unterschied von Zellenvermehrung).

bemerkte, würden sonach nicht direkt aus den Granulis sich hervorbilden (wie man etwa nach der Altmann'schen Hypothese erwarten könnte), sondern nur indirekt. Das Wesen der Sekretion wäre also auch hier kein „granulärer Process“; es treten vielmehr in den Maschen zwischen der Filarmasse die Vorstufen des Sekrets in Form von Tropfen auf, die aus gelösten Eiweisskörpern durch Vermittelung der Lebensthätigkeit der Zelle sich gebildet haben.

Ein Punkt scheint mir übrigens doch einer anderen Deutung zugänglich zu sein, als Krause sie giebt. Er findet solche ausgefällte Granula auch in den Lymphräumen und lässt sie von hier zu den Zellen gelangen. Ich sollte meinen, die Strömung in umgekehrter Richtung sei mindestens ebenso wahrscheinlich.

Auch die nach Sublimateinwirkung in den Drüsenzellen der Parotis auftretenden Granula hält Krause für Kunstprodukte, und zwar aus folgenden Gründen: Er vermisst sie einmal am frischen Präparat und er findet weiterhin die peripheren und die centralen Partien eines Schnittes verschieden stark mit diesen Granulis ausgestattet. In den peripheren Theilen der Schnitte sind die Zellen vollgepfropft mit Granulis der verschiedensten Dimensionen, die in dem Biondi-Gemisch roth, bei Anwendung der Eisenalaun-Hämatoxylin-Methode intensiv schwarz sich färben; in den centralen Gebieten aber sind sie nur sparsam vorhanden, oder fehlen ganz. Bei Fixirung in Osmiumgemischen dagegen oder in Salpetersäure erscheinen die Zellen durch die ganze Dicke des Schnittes gleichmässig mit Körnchen erfüllt. Auch dieses Bild hätten wir uns als durch rasche, energische Fällung der in den Maschen des Protoplasmas in gelöster Form enthaltenen Eiweisskörper entstanden zu denken, während in die Mitte der Stücke die Fixationsflüssigkeit nur langsam und in schwächerer Koncentration eindringe, und in dieser Koncentration jene Granula aus der Eiweisslösung nur noch unvollständig oder gar nicht mehr zu fällen vermöge. Auch in den sogenannten serösen Zellen der Submaxillaris des Igels treten nach Sublimatfixirung färbbare Granula auf, die Krause gleichfalls als Kunstprodukte auffassen zu müssen glaubt.

Seit Malpighi's Zeiten hat sich also die Forschung, ermuthigt durch die stetig fortschreitende Technik, an immer subtilere Objekte gewagt. Fragte man zuerst nach den Beziehungen der Blutgefässe zum Drüsengrunde, so gelangte man durch Johannes Müller zur Kenntniss von der Auskleidung der sekretorischen Drüsenabschnitte mit organischer Substanz, und von hier — in dieser Epoche stehen wir gegenwärtig — zu den „Bioblasten“ hierauf zur Zelle — oder zu den ausgefällten Körpern der Interfilarmasse.

IV.

Ich wende mich nun zur Darstellung meiner eigenen Erfahrungen an Speicheldrüsen und an einem verwandten Organ, der Thränendrüse, und gebe zunächst Rechenschaft von dem Materiale, das mir zu Gebote stand, und von der Technik, die ich ihm gegenüber zur Anwendung brachte.

Material-Technik.

Ueber das Material, das meinen Angaben zu Grunde liegt, bemerke ich Folgendes: Es gelangten etwa 14 Exemplare lebenswarmer oder doch wenigstens ganz frischer Unterkiefer-Speicheldrüsen und einmal auch ein Stückchen einer Unterzungendrüse und einer Thränendrüse, durchweg vom Menschen stammend, in meine Hände. Von jedem Exemplar dieser Drüse entnahm ich zunächst Gefrierschnitte, deren bemerkenswertheste Bilder sofort gezeichnet wurden. Von dem Reste des Materials wurden hierauf kleine Stückchen in Alkohol (erst 96 procentig, bald darauf Alcohol absol.), in Formalin (10 procentig auf 3—9 Tage, dann entweder Glycerin oder Alkohol von steigender Koncentration), in Sublimat (0,5 procentige Kochsalzlösung in der Hitze mit Sublimat gesättigt, nach M. Heidenhain), in das Flemming'sche Chromosmium-Essigsäure-Gemisch oder endlich in Müller'sche Flüssigkeit eingelegt. Als Färbemittel bevorzugte ich nach Fixirung in Alkohol das Delafield'sche, nach Fixirung in Formalin und Sublimat das Ehrlich'sche sauere Hämatoxylin, und zwar wurde entweder Stückfärbung vorgenommen oder die meist mit destillirtem Wasser, aber auch mit Nelkenöl-Kollodium (nach Schällibaum) aufgeklebten Paraffinschnitte auf dem Objektträger gefärbt. Zur Stückfärbung oder Färbung in toto wurden nur Objekt-Würfelchen von etwa 2 mm Seite verwendet. In der unverdünnten Färbeflüssigkeit muss man das Material wenigstens drei Tage liegen lassen, in der verdünnten natürlich je nach dem Grade der Verdünnung entsprechend länger, wenn man eine befriedigende Färbung der Filarmasse, speciell der Basalfilamente, erzielen will. Daran schliesst sich 24stündiges Auswaschen unter der Wasserleitung, wobei durch die Einwirkung der Salze der namentlich dem saueren Hämatoxylin eigene, rothe Farbenton in einen dunkelblauen oder dunkelvioletten umgewandelt wird. Dann erst folgt gründliches Auswaschen in destillirtem Wasser, und nachdem das Objekt die bekannte Vorbehandlung durchgemacht hat, Einbettung in Paraffin. Eine Schnittdicke von 3—4 μ erwies sich als vollkommen genügend. — Zur Färbung der Schnitte wurden ausser Hämatoxylin hier und da auch Toluidinblau, Thionin und Nigrosin, ferner Safranin und Biondi's Dreifarbengemisch in Anwendung gebracht.

Zwei leistungsfähige Apochromaten von Zeiss in Jena (nämlich ein Apochromat 3,0, Apert. 1,40 und ein zweiter 2,0, Apert. 1,30) standen mir zur Verfügung. Die jeder Figur entsprechenden Objektiv-Systeme finden sich in der Tafelerklärung namhaft gemacht.

Ich habe, wie schon bemerkt, statt der Zupfpräparate aus frischen Drüsen, die doch wohl stets eine sogenannte indifferente Zusatzflüssigkeit erheischen, von der Gefriermethode, die ich vor Kurzem (Litt.-Verz. Nr. 53) besonders für den Nachweis etwaiger Pigmente (namentlich der in Alkohol löslichen) empfahl, und die bei der Untersuchung der Speicheldrüsen bisher noch wenig verwendet worden zu sein scheint, regelmässig Gebrauch gemacht, so oft mir frisches Material zuging, um zunächst ein Uebersichtsbild zu gewinnen. Es ist dies ja ein Einblick, wie ihn in dieser Ausdehnung keine andere Behandlungsweise des frischen Materials zu gewähren vermag. Dabei wurden bestimmte Kautelen innegehalten. Das Material wurde nur einmal zum Gefrieren gebracht; es wurden ferner die Schnitte, besonders aus der Mitte des durch den Aetherspray zum Gefrieren gebrachten Organstücks, wo dasselbe eben genügend erhärtet war, um gut geschnitten werden zu können, genommen und dann ohne Zuhilfenahme einer Zusatzflüssigkeit untersucht, nachdem vorher durch einen Wachsrand für Fixation des Deckgläschens gesorgt war. Gleichzeitig wurde dadurch der Verdunstung der Gewebsflüssigkeit vorgebeugt.

Das Weglassen einer sogenannten „indifferenten Zusatzflüssigkeit" ist keineswegs neu. Schon vor Jahren verglich A. v. Kölliker an Schnitten durch den gefrorenen Muskel das verschiedene Aussehen der Bilder, je nachdem sie mit oder ohne Zusatzflüssigkeit untersucht wurden. Später empfahl Ranvier dieses Verfahren in seinem technischen Lehrbuch, um die Knorpelzellen an frischen Schnitten durch den Femurkopf des Frosches unverändert zu Gesicht zu bringen. Ich selbst hatte schon vor Jahren an Gefrierschnitten durch die Niere niederer Wirbelthiere Erfahrungen gemacht, die mich bestimmten, auf eine solchen Schnitten hinzuzufügende Zusatzflüssigkeit zu verzichten. Es schien um so mehr angezeigt, einen Versuch mit dieser Methode zu machen, als es sich ja bei der vorliegenden Untersuchung unter Anderem um den Nachweis von Tropfen innerhalb der Zellen handelte und weiterhin um die Feststellung etwa vorhandener, natürlicher Färbungen des Zellenleibes; sie wirkte voraussichtlich weder bleichend noch auflösend noch umfärbend auf die Einlagerungen des Zellenleibes, und ebenso wenig waren Niederschläge bei ihrer Anwendung zu befürchten. Zu ihren Gunsten sprach ferner der Umstand, dass sie in der denkbar kürzesten Zeit vollkommen brauchbare, den stärksten Vergrösserungen zugängliche Schnitte lieferte. Zur Kontrole der mit Hilfe der Fixirungsmittel[1]) erlangten Ergebnisse, die bald nach dieser, bald nach jener Richtung hin mit Vorsicht aufzunehmen sind, war sie jedenfalls herbeizuziehen. Damit soll selbstverständlich keine Geringschätzung der Fixirungsmittel überhaupt ausgesprochen sein; denn Jeder weiss, dass ohne sie die Histologie noch in den Kinderschuhen stäke.

Von einer beim Gefrieren durch Krystalle eintretenden Schädigung der Zellstruktur habe ich ebenso wenig wie Altmann etwas bemerkt. Man könnte allerdings an die Möglichkeit denken, dass etwa ähnlich, wie es Heidenhain am Pankreas sah, auch hier Lageveränderungen der „Körner" eintreten könnten. „Bei ganz frischen und noch warmen Zellen des Kaninchen-Pankreas habe ich", berichtet R. Heidenhain (Lit.-Verz. Nr. 19) „nicht selten die Körnchen sich über die ganze Zelle bis zu ihrem Aussenrand ausbreiten sehen. Beim Erkalten des Präparates aber ziehen sie sich allmählich mehr oder weniger nach der Innenseite zurück." Es ist, wie gesagt, möglich, dass beim Gefrierenlassen eine geringfügige Lageveränderung statt-

1) Denn eine Zelle fixiren heisst für mich bis auf Weiteres (d. h. bis wir nicht idealere Fixirungsmittel kennen gelernt haben), sie abtödten und gleichzeitig in ihrer Struktur und Architektur mehr oder weniger verändern. Aus diesen Veränderungen können wir aber unter Umständen werthvolle Schlüsse ziehen.

findet, leider ist beim Menschen schon wegen des Volumens des Organs die Möglichkeit ausgeschlossen, die Drüse lebenswarm der mikroskopischen Untersuchung unterwerfen zu können. Irgendwie erheblich werden aber solche Alterationen der intra vitam bestehenden Vertheilung der „Körner“ kaum sein.

Ueber „Sekretkörner“ der menschlichen Speicheldrüsen

(hierzu Fig. 5, 6, 7, 8, 9, 10, 1 *C* und 11 *A* und *B*).

Schon zu Uebersichtspräparaten eignet sich die Gefrier-Methode ganz vortrefflich. Ich untersuchte wiederholt Gefrierschnitte von ganz frischen Submaxillardrüsen bei schwachen Vergrösserungen (z. B. mit Leitz' Objektiv-System Nr. 3, Oc. 3 bei gewöhnlicher Beleuchtung oder bei Verwendung des Abbe'schen Beleuchtungsapparats und ganz enger Blende) und war überrascht über die Schärfe, mit welcher im mikroskopischen Bilde die Sekret-Aufspeicherung hervortrat. Es ergab sich immer derselbe Befund: Die Tubuli zeigen (Fig. 5) eine Sonderung in helle, nahezu homogene und dunkelkörnige Gebiete, welche als die central gelegenen von den ersteren umfasst werden. So entsteht ein Bild, das bezüglich der Schärfe, mit der die Sekretvorstufen hervortreten, fast mit dem Aussehen des unter gleichen Bedingungen untersuchten Pankreas und der kleineren, ihm verwandten Drüsen, die manchmal in die Wand des Duodenum[1]) eingelagert sind, konkurriren kann. Ich denke dabei an die Abbildung aus einem solchen Nebenpankreas, die Schwalbe (Nr. 8) veröffentlichte.

Von der sonstigen Struktur und Ausstattung der Drüse treten bei der gewählten schwachen Vergrösserung natürlich nur die gröberen Verhältnisse hervor. Man erkennt im Innern der Acini (ich gebe die Bezeichnung nicht ganz auf, sondern verstehe darunter die makroskopisch sichtbaren Läppchen) die Lichtung und Wandung der Schleimröhren, in den interacinösen, voluminöseren Anhäufungen des interstitiellen Bindegewebes die häufig in Gruppen beisammenstehenden Ausführungsgänge mit ihrem hellen Epithel und hie und da verstreut, namentlich auch im Innern der Acini, einzelne oder in Gruppen vereinigte Fettzellen, oder genauer bezeichnet, den stark lichtbrechenden Fetttropfen derselben. Durch reichliche Fett-Einlagerung pflegen die Drüsen älterer Individuen charakterisirt zu sein. — Vielleicht trägt Fig. 5 dieser Arbeit dazu bei, dem Pankreas die Sonderstellung zu nehmen, die ihm, wie wir Eingangs dieser Arbeit sahen, immer noch in manchen Darstellungen seiner „Körner“ wegen eingeräumt wird. Mit vollem Recht stellt dagegen Altmann den Pankreaskörnern die „Sekretionskörner“ der Eiweissdrüsen (Parotis) an die Seite. Beide sind in Alkohol löslich, und wenn man dieses Verhalten gegen die Körner-

[1]) Fälle von Nebenpankreas sind auch vom Menschen mehrfach beschrieben worden (Klob, Zenker, Gegenbaur, Hyrtl). Ihr Sitz ist nicht immer derselbe; sie wurden in der Wand des Dünndarms (oberste Schlinge des Jejunum), im Mesenterium eines Dünndarmdivertikels, ja selbst in der Magenwand angetroffen.

natur der Einlagerungen in den Eiweisszellen geltend machen wollte, so müsste man dieses Bedenken folgerichtig auch auf die Sekretvorstufen des Pankreas ausdehnen. In der von M. Heidenhain gegebenen Zusammenstellung körniger Bildungen im Paraplasma figuriren neben den Zymogenkörnern des Pankreas wohl die von den Maschen oder Waben der Schleimzellen umschlossenen Einlagerungen, die der Eiweissdrüsenzellen dagegen nicht (citirt nach Waldeyer, Deutsche med. Wochenschrift, 1896).

In seinem 1894 erschienenen „Grundriss der Histologie" erwähnt wiederum Rawitz (Nr. 48, S. 162) Sekret-Tropfen der Schleimdrüsenzellen nicht, sondern spricht nur von „ungleichmässigen Gerinnungen" im Sekret fixirter Schleimdrüsenzellen, die das Reticulum der Autoren vortäuschen sollen. Wohl aber wird das meist „grobkörnige" Aussehen der Zellen der Eiweissdrüsen, das auf die Einlagerung von Sekret zurückzuführen sei, von ihm hervorgehoben. Dasselbe bestehe aus „zahlreichen dicht gedrängt stehenden Tropfen, die sich durch gegenseitigen Druck häufig abgeplattet haben". Ich zweifle nicht an der Richtigkeit dieser Beobachtung, muss aber bekennen, dass mir solche Bilder durch Druck abgeplatteter Tropfen bisher noch nicht vorgelegen haben.

Den Querschnitt eines bei starker Vergrösserung (Zeiss, Apochromat 3,0, Ap. 1,40, Comp. Oc. 8) aufgenommenen Tubulus der menschlichen Submaxillaris von rein serösem Charakter stellt Fig. 6 dar. Die Abbildung ist wohl nicht überflüssig, ich kenne wenigstens, abgesehen von der von mir schon veröffentlichten, bildlichen Darstellung (Nr. 53, Fig. 3) aus der Litteratur keine Abbildung, welche die gleich zu schildernden Verhältnisse in diesem Maassstabe vom Menschen wiedergäbe, und als Ersatz etwa die gleichnamigen Speicheldrüsen bei den Säugethieren gelten zu lassen, ist bekanntlich nicht unbedenklich. — An unserem Präparat, das der lebenswarm zum Gefrieren gebrachten Drüse entnommen und ohne Zusatzflüssigkeit untersucht wurde, ist von einem Lumen Nichts wahrzunehmen, von Zellgrenzen nur an einer Stelle Etwas zu sehen, doch treten die Kerne schon als lichte Flecke hervor. Von der Zellstruktur[1]) ist nichts Bestimmtes zu bemerken, dagegen machen sich die im Bereiche des Paraplasma eingelagerten Sekrettropfen deutlich bemerkbar. Sie sind in diesem Falle durchweg von rundlichem Umriss, aber von verschiedener Grösse, und damit geht auch ein Unterschied im Lichtbrechungsvermögen einher. Man wird mit Bütschli auf die im optischen Durchschnitt überall runde Form der Vakuolen, resp. ihrer Wandung, die also in Wirklichkeit von kugeliger Gestalt sind, bei Beurtheilung des Aggregatzustandes ihrer Einschlüsse Gewicht legen müssen. Flüssigkeiten werden wohl stets in rundlichen Lücken sich finden, festere Massen in komplicirter gestalteten Hohlräumen

1) Man muss unterscheiden zwischen Zellen-Architektur und Zellen-Struktur. Die Fettzelle z. B. erhält durch den Fetttropfen eine bestimmte Anordnung ihres Protoplasmas, eine bestimmte Architektur desselben. Das Gleiche gilt für die Drüsenzellen, an deren Protoplasma durch Sekretkörner eine solche, nur komplicirtere Architektur ausgeprägt wird. Eine Struktur kommt erst den Balken dieser Architektonik zu, indem sich an ihnen ein Aufbau aus Filar- und Interfilarmasse unterscheiden lässt.

(Pusulen, Schütt), wie sie bei Peridineen vorkommen. Im Grossen und Ganzen stehen die Tropfen im centralen Theile dichter beisammen, als im peripheren; doch trifft man auch häufig Abschnitte von Tubulis, in denen die Sekrettropfen etwas gleichmässig vertheilt sind, aber auch dann pflegt der am meisten basal und in der Umgebung des Kerns gelegene Abschnitt der Drüzenzelle von Sekrettropfen frei zu bleiben. Ich werde weiter unten bei Besprechung der von mir als „Basalfilamente" aufgeführten Strukturen wieder auf diesen Punkt zurückkommen. Aus dieser mehr centralen Anhäufung der Sekrettropfen erklärt sich das Aussehen der Tubuli bei schwacher Vergrösserung ganz befriedigend.

Bisher hatte ich nur einmal Gelegenheit, die Glandula sublingualis (Fig. 8) des Menschen mit Hilfe des Gefriermikrotoms zu untersuchen, und fand auch hier die Drüsenzellen von tropfenähnlichen Einlagerungen durchsetzt. Aber diese Schleimtropfen, wie man sie geradezu nannte, unterscheiden sich sofort von den Einlagerungen der Eiweisszellen durch ihr weit geringeres Lichtbrechungsvermögen.

Dieser Unterschied im Aussehen der frischen Präparate von Eiweissdrüsen und Schleimspeicheldrüsen ist schon seit langer Zeit bekannt. Um diese Differenz bildlich zum Ausdruck zu bringen, stellt V. v. Ebner in seiner mehrfach citirten Abhandlung über die Zungendrüsen das Bild eines Alveolus von einer Schleimdrüse und das eines Alveolus von einer serösen Zungendrüse (beide vom Menschen), in ½%iger Kochsalzlösung isolirt, neben einander (Nr. 10, Taf. II, Fig. 20 und 21). Sie geben sicherlich auf das Treueste alle Einzelheiten wieder, die man mit den damaligen Hilfsmitteln zu erkennen vermochte. Man vergleiche nun diese Abbildungen mit den Figuren 6, 7 und 8, und man wird, wie ich glaube, zu der Ueberzeugung kommen, dass es sich nach so langer Zeit doch lohnte, wieder einmal menschliches Material in frischem Zustande mit den neueren Objektiv-Systemen zu betrachten.

Ausser diesen matt glänzenden Schleimtropfen[1]) konstatirte ich noch das Vorkommen grösserer, stark lichtbrechender Tropfen, die manchmal im Innern eine Vakuole zeigten. Sie sind aber nur spärlich zu sehen, in manchen Querschnittbildern von Tubulis fehlten sie ganz, und auch da, wo sie verhältnissmässig häufig sind, finden sie sich nur zu 4 oder 5 in einem solchen Querschnitt vor. Dass sie in einem genetischen Verhältniss zu den matten Schleimtropfen stehen, ist zweifellos, sie sind offenbar aus solchen mattglänzenden Tropfen hervorgegangen. Doch vermag ich nichts Näheres darüber anzugeben, worin diese Aenderung besteht, und ob alle mattglänzenden Tropfen sie durchmachen. — Diese beiden Formen von Sekretanhäufung[2]) findet man,

---

1) Schleimtropfen innerhalb eines die frische Zelle durchziehenden Netzwerkes beschrieb noch ganz kürzlich Krause (Arch. f. mikr. Anat., Bd. 45) von der Gl. retrolingualis des Igels. Nach einer älteren Angabe von Langley umschliesst dieses Reticulum nicht direkt die mattglänzenden Tropfen, sondern dieselben sind in eine homogene Substanz eingebettet.

2) Der mir erst während des Druckes bekannt gewordenen Arbeit von P. Mayer (Nr. 64) entnehme ich folgende Angaben: Wie es verschiedene Arten von Schleim giebt, die sich den Farbstoffen gegenüber verschieden verhalten, so müssen wir auch mehrere Arten von Mucin aus einander halten. Die bei verschiedenen Schleimfärbungen beobachteten Metachromasien ist M. geneigt, auf optische Modifikationen oder auf Verunreinigungen in den Farbstoffen zurückzuführen. — Wie für das Färben der Kerne, so ist auch für das des Schleims stets die Gegenwart

wenn man es vermeidet, eine Zusatzflüssigkeit zu verwenden, auch ausserhalb der Drüsenzellen in Drüsenlumen und selbst ausserhalb der Tubuli und Ausführungsgänge in Form körniger, unbestimmt begrenzter Streifen (*S*), die wahrscheinlich aus einem Ausführungsgang stammen und dem Zuge des Messers ihre Ausbreitung verdanken. Die zähe, fadenziehende Beschaffenheit des Sekretes begünstigt das Zustandekommen solcher Streifen.

Im Bereiche der schleimbereitenden Tubuli der Gl. submaxillaris des Menschen vermisste ich bisher derartige Sekretstreifen. Hier fehlten übrigens auch die stark lichtbrechenden Tropfen, und nur zahlreiche, mattglänzende Kugeln von demselben Aussehen, wie sie soeben von der Gl. sublingualis geschildert wurden, durchsetzten den Zellenleib (Fig. 6). Der in Rede stehende Tubulus zeigt nun an der linken Hälfte einen Randzellenkomplex oder einen sog. Halbmond von so typischer Gestalt, dass man, wenn man ihm an einem mit Alkohol fixirten und mit Hämatoxylin oder Carmin gefärbten Präparate begegnet wäre, wohl hätte versucht sein können, ihn im Sinne einer weit verbreiteten Anschauung als „sekretleere Schleimzelle" zu deuten. Er ist aber durchsetzt von massenhaften Einlagerungen von genau demselben Aussehen, wie in den Eiweisszellen. Die stark lichtbrechenden Tropfen oder Granula heben sich scharf von den matten Kugeln der Schleimzellen ab. Die Ausstattung mit Sekrettropfen von ganz gleichem Aussehen, wie sie in den rein serösen Tubulis vorkommen, ist eines der Merkmale, welches die „Halbmonde" neben den Sekretionsröhrchen und den Basalfilamenten, von welchen gleich die Rede sein wird, mit den Drüsenzellen der rein serösen Tubuli theilen. Ich werde weiter unten noch mehr Belege dafür beibringen, dass die Halbmonde nichts Anderes sind, als seröse Drüsenzellen; die mit Halbmonden ausgestatteten Drüsentubuli gehören demnach, wie die Fundusdrüsen des Magens zu derjenigen Kategorie von Drüsen, die mit Epithelzellen zweifacher Art ausgestattet sind.

Der Vollständigkeit halber sei hier noch daran erinnert (Solger Nr. 52 und 53), dass während des fötalen Lebens beim Menschen Sekrettropfen in der Parotis konstant früher aufzutreten scheinen, als in der Submaxillaris.

Im Anschluss an diese Mittheilungen über Speicheldrüsen möchte ich noch das Bild der frisch gefrorenen menschlichen Thränendrüse schildern. Leider habe ich nur einmal Gelegenheit[1]) gehabt, dieses Organ vom Menschen untersuchen zu können. Das mikroskopische Bild, das bei schwachen und starken Vergrösserungen sich darbot, ähnelte sehr dem Aussehen der unter gleichen Bedingungen untersuchten Gl. submaxillaris des Menschen. Doch waren bezüglich des Verhaltens der Sekret-

---

eines anorganischen Salzes des Eisens, Kupfers, Aluminiums erforderlich; auch tritt nie das unveränderte Hämatoxylin in die Farbe ein, sondern nur seine Oxydationsstufe, das Hämateïn. — Unter dem Namen Muchämateïn empfiehlt M. eine Hämateïn-Lösung, welche die Schleimpfröpfe in den Becherzellen ungemein schnell färbt, während Kern und Plasma selbst nach vielen Stunden noch fast gar keine Färbung angenommen haben. Auch das nach seiner Vorschrift bereitete Mucicarmin färbt nur den Schleim, und nicht die Kerne.

1) Herrn Prof. Dr. O. Schirmer (Greifswald) danke ich an dieser Stelle für die gütige Ueberlassung des Materials bestens.

Granula bei Anwendung starker Vergrösserungen (Fig. 15) auch einige Unterschiede zu konstatiren. Sie schienen mir einmal etwas weniger stark lichtbrechend zu sein, und sodann waren sie unter sich von sehr verschiedener Grösse. In einer und derselben Zelle oder wenigstens in einem und demselben Tubulus-Querschnitt traf man Granula der verschiedensten Grösse neben einander an. Mittheilungen über das Organ in fixirtem Zustande lasse ich weiter unten folgen.

Fixirung der Granula.

Zur Zeit, als V. v. Ebner seine Untersuchungen anstellte (1873), war bei den damaligen Hilfsmitteln die Entscheidung der Frage, ob das durch die Einwirkung von Alkohol auftretende „körnige" Aussehen der Drüsenzellen auf die Drüsenkörner oder auf eine protoplasmatische Struktur zurückzuführen sei, in der That nicht leicht. Nun wissen wir, dass wirklich durch das genannte Reagens die Sekretgranula vieler, vielleicht aller Eiweiss-Drüsen zum Verschwinden gebracht werden; ganz sicher machen die menschlichen Drüsen dieser Kategorie (Parotis, der seröse Theil der Gl. submaxillaris) von dieser Regel keine Ausnahme. Dagegen lassen sie sich in Sublimat, dem Altmann'schen Osmium-Bichromat-Gemisch (gleiche Volumina von 2%iger Osmiumsäure und 2%iger Lösung von Kali bichromicum), ferner in Formalin fixiren.

In einer 10%igen Formalinlösung, die ich meist drei Tage auf die Objekte einwirken liess (doch scheint auch ein Verweilen bis zu neun Tagen Nichts zu schaden) erhalten sich die Sekretgranula auf's Schönste, man kann hierauf die Schnitte unbedenklich in Glycerin einlegen, ohne dass sich jetzt das fast frische Aussehen derselben ändert (Fig. 9). — Auch in den Halbmonden (Fig. 10) lassen sich die Sekretkörner durch Formalin in derselben Weise konserviren, wie die der serösen Drüsenzellen. Diese Uebereinstimmung, die doch jedenfalls für die Identität der beiderseitigen Sekret-Vorstufen spricht, ist um so bemerkenswerther, als die das Licht matt brechenden Einlagerungen der Schleimzellen in Formalin derselben Koncentration sich nicht hielten. Es ist mir bisher auch auf keine andere Weise gelungen, sie zu fixiren. Auch v. Ebner meldet, dass er mit keinem der von ihm versuchten Mittel dieser Substanz gegenüber zum Ziele gekommen sei (Nr. 10, p. 21 ff).

Ebenso wenig wie in den Schleimzellen zeigen sich in den Speichelröhren die sehr kleinen Granula, die man an frischen Schnitten deutlich wahrnehmen kann, durch Formalin[1]) fixirt. Es kann allerdings so scheinen,

1) Vor Kurzem machte Blum (Anat. Anz., Bd. XI, Nr. 23/24) darauf aufmerksam, dass die Eiweisskörper, welche die Gewebe zusammensetzen, durch Formaldehyd wasserunlöslich und gehärtet werden, dass jedoch andererseits bestimmte Eiweissarten existiren, die von Formaldehyd nicht nur nicht gefällt, sondern in gewissem Sinne sogar löslicher gemacht werden, als sie vorher waren.

wenn man nur mit schwächeren Objektiv-Systemen die Schnitte studirt, selbst bei Anwendung der stärksten Zeiss'schen Apochromaten können die Speichelröhren einen körnigen Bau zeigen, so lange man noch die schwächeren Okulare 4 und 8 benutzt. Allein diese scheinbaren Granula lösen sich bei Okular 12 in ein Netzwerk mit feinen, rundlichen, ziemlich gleichmässig neben einander liegenden Maschen auf und nur im Basaltheil, im Bereiche der sog. „Stäbchen" oder „Streifen" liegen mehrere längliche Maschen in der Längsachse der Zelle über einander, die Granula selbst aber sind verschwunden.

Nach Anwendung des Altmann'schen Osmium-Bichromat-Gemisches traf ich die grösseren Drüsengranula in der Submaxillardrüse des Menschen häufig vakuolisirt an, während ich an frischem Material bisher solchen Bildern noch nicht begegnete. Sie sind daher als eine Reagenswirkung aufzufassen, welche der durch Osmiumsäure an Fetttropfen erzeugten Sonderung, durch welche dieselben zu Ringkörnern (Solger, Nr. 44) werden, sich anreiht.

Färbung der Granula.

Es ist hier nicht der Ort, zu untersuchen, ob das Formalin neben seiner vortrefflichen Wirkung als Konservirungsmittel für Objekte makroskopischen Studiums auch als histologisches Reagens eine Zukunft habe. Nach meinen bisherigen Erfahrungen wird es hinsichtlich der naturgetreuen Konservirung der Sekretkörner in den Eiweissdrüsenzellen nur vom Sublimat erreicht. Dass die Körner, die man am frischen und am Formalinpräparat sieht, dieselben Gebilde sind, wird Niemand, der beide Bilder kennt, bezweifeln. Man kann die so fixirten Körner auch färben, und zwar mit Ehrlich'schem oder Delafield'schem Hämatoxylin (Fig 11, *A* und *B*) oder nach Sublimat-Fixirung auch mit M. Heidenhain's Hämatoxylin-Eisenlack. Sie heben sich dann als intensiv dunkelblau gefärbte Körner um so deutlicher von der blass blaugrauen Substanz des Zellenkörpers ab, als sie die Maschenräume, in denen sie liegen, nicht ganz ausfüllen. Sie wird nämlich von einem schmalen, hellen Hof umgeben, der ohne Zweifel eine Lücke darstellt. Ob hier eine andere, gleichfalls paraplasmatische Substanz, vielleicht Langley's homogene Substanz, in welcher die sphärischen Granula eingebettet liegen, gelöst wurde, und ob sie noch vorhanden ist, oder die Erscheinung nur auf eine Schrumpfung der Granula oder der Balken des protoplasmatischen Wabenwerkes zurückzuführen ist, muss ich unentschieden lassen. — Ganz ähnlich ist das Bild, welches die fixirten Drüsenzellen der menschlichen Parotis zeigen, wie aus der Arbeit von Nicolas (Nr 42) hervorgeht.

Derselbe Autor machte auch über den feineren Bau der menschlichen Thränendrüse Angaben, die ich theils bestätigen, theils durch den Hinweis auf das frische Material ergänzen kann. Nicolas hatte ganz frische Thränendrüsen, die von einem Hingerichteten stammten, erhalten, eine Untersuchung des frischen Materials wurde jedoch, wie es scheint, nicht vorgenommen. Als fixirende Flüssigkeiten verwandte er entweder das Flemming'sche Gemisch (2. Vorschrift) oder Sublimat[1]), als Färbemittel Safranin (in Anilinwasser) oder Säurefuchsin-Pikrinsäure (nach Altmann), beziehungsweise (nach Sublimat-Fixirung) das Ehrlich-Biondi'sche Dreifarben-Gemisch. Nicolas unterscheidet drei verschiedene „Kategorien" zelliger Elemente, welche die sekretorischen Endkammern auskleiden. Einmal solche, welche der gefärbten Granula ganz entbehren, ferner solche mit ungemein kleinen Granulis, und endlich solche mit Granulis der verschiedensten Grösse. Den Zellkörper lässt er aus einer vollkommen homogenen Masse bestehen, die ganz sicher weder fibrillär, noch körnig sei, und in welche eben jene wechselnden Mengen von Granulis sich eingelagert fänden. Diese homogene Masse sei hie und da von Vakuolen durchsetzt, welche die Stelle anzeigten, wo Körnchen verschwunden seien. Die Form und Lage des Kerns, bemerkt er weiter, ist abhängig von der Masse der eingelagerten Granula der Art, dass er sphärisch oder ovoid sich darstellt und die Mitte des Zellkörpers einnimmt, wenn die Drüsenkörner selten sind und in der Richtung vom Lumen gegen die Zellenbasis abgeplattet erscheint, wenn das Gegentheil der Fall ist.

Was nun speciell die Granula der zuletzt genannten Zellform, in der man leicht die von mir in der linken Hälfte von Fig. 16 abgebildeten Elemente wieder erkennt, anlangt, so fällt — ich fahre in dem Bericht über Nicolas' Angaben fort — vor Allem die grosse Variabilität auf, welche die durchweg tingirbaren Granula hinsichtlich ihrer Vertheilung, Anordnung und Grösse zeigen. Diese Angaben finden durch das von mir mitgetheilte Bild der frischen Zelle (Fig. 15) ihre volle Bestätigung. Die Mehrzahl der Granula war in Nicolas' Präparaten durch ihre ganze Dicke gleichmässig gefärbt, doch begegnete er auch manchmal partiell gefärbten Granulis (solchen, welche den von M. Heidenhain beschriebenen Halbmondkörperchen glichen und solchen mit einem centralen, ungefärbten Fleck). Auch er findet die Granula von einem hellen Hof umgeben. Wie unstatthaft es ist, den Bau der Thränendrüse mit dem der Parotis kurzweg für identisch zu erklären, weist Nicolas für die menschlichen Organe überzeugend nach, und ich kann mich seinem Votum nur anschliessen.

Meine eigenen Erfahrungen über den feineren Bau der menschlichen Thränendrüse gründen sich auf Präparate, die in Alkohol, Osmiumsäure (2%), Sublimat oder Formalin fixirt waren, und die ich entweder mit Thionin (Alkoholmaterial, Schnittfärbung) oder sauerem Hämatoxylin (Sublimat-Material, Stückfärbung) tingirte. Doch wurde daneben stets auch der ungefärbte Schnitt zum Vergleich herangezogen. An den fixirten Stückchen traten mir sehr viele granulafreie Tubuli entgegen; sie verriethen sich als solche sofort durch das weite centrale Lumen, das bei den mit Granulis erfüllten Drüsenzellen enger ist als bei jenen, aber auch dann immer noch das der Tubuli der Parotis und andrer seröser Drüsen an Geräumigkeit übertrifft. Auch da, wo die Granula durchweg gelöst waren (Alkohol), waren doch die granula-

1) In Sublimat lassen sich auch die Granula des Pankreas fixiren und ebenso in Osmiumsäure; in beiden Fällen nehmen sie dann sehr begierig Anilinfarben (Eosin, Safranin, Orange) an (Laguesse, 1894).

freien Tubuli an der Form und Stellung der Kerne (sphärisch, central) zu erkennen. In Formalin halten sich die Granula durchweg, in Osmium dagegen nur einige wenige, welche dann tief sich bräunen. Dass die Drüsenzellen, wie Boll (Arch. f. mikr. Anat., Bd. V, p. 351) nach einem offenbar sehr unvollkommenen Osmiumpräparat sie beschreibt, von ganz ungewöhnlicher Kleinheit seien, kann ich nicht finden. Auch Sublimat fixirt die Granula und lässt sie nach Färbung mit sauerem Hämatoxylin in einem dunkelblaugrauen Farbenton erscheinen. Nach Färbung mit Thionin (Alkohol) traten neben dem dunkelblau tingirten Kern Längsreihen von bordeaux-rothen Granulis hervor, die vielleicht auf eine den Basalfilamenten der serösen Speicheldrüsenzellen gleichwerthige Anhäufung der Filarmasse hinweisen.

Basal-Filamente (s. Figg. 1 und 11).

An Formalinpräparaten der serösen Drüsenzellen der Submaxillaris des Menschen (Fig. 11 *A* und *B*, Fig. 1 *C*) lässt die blaugraue Masse der Zellsubstanz in dem grössten Theil des Zellkörpers keine feinere Struktur, namentlich keine Sonderung in Filarmasse und Interfilarmasse erkennen. Nur im Basaltheil der Zelle, wo die Granula spärlicher vorkommen, tritt in vielen Zellen neben dem Kerne eine Gruppe unter sich im Allgemeinen meist paralleler Stäbchen auf, die freilich nicht immer scharf von einander gesondert sind.

Weit schärfer differenzirt sah ich diese Basalfilamente oder Basalbündel der Filarmasse, wie ich sie einstweilen nennen will, an Alkohol-Material[1]) hervortreten. An dünnen Schnitten durch die in Alkohol erhärtete, mit Hämatoxylin durchgefärbte und in Paraffin eingebettete Unterkiefer-Speicheldrüse des Menschen wurde ich auch zuerst auf diese Gebilde aufmerksam. Ich habe auch heute der vor einiger Zeit veröffentlichten Beschreibung (Nr. 45) kaum etwas hinzuzufügen und lasse dieselbe daher wörtlich folgen: „Das Aussehen des Epithels in den mir zu Gesicht gekommenen Drüsenschläuchen dieser Art war fast durchweg das mit Sekret beladener Zellen, mit anderen Worten: der Kern lag im basalen Abschnitt und war nicht selten senkrecht zur Längsachse der Zelle etwas abgeplattet. Der ziemlich hohe Zellkörper war in seinem oberhalb des Kerns sich ausdehnenden Abschnitte nur von den zarten, stellenweise netzförmig verbundenen Zügen der Filarmasse durchsetzt. Um so mehr fielen Komplexe derber, faden- oder stäbchenartiger Gebilde auf, die in Hämatoxylin tief dunkelblau sich gefärbt hatten und ausschliesslich dem basalen Theil des Zellkörpers angehörten.[2]) Hier zeigen die Schnitte fast in jeder Zelle eine Gruppe gerader oder geschwungener, scheinbar isolirter Fäden, die entweder annähernd parallel neben einander liegen oder in verschiedenen Winkeln sich durchkreuzen. Zum Kern haben sie nur topographische Beziehungen; ihr oberes Ende

---

1) Die Abbildung einer wohl in Alkohol fixirten Submaxillardrüse des Menschen, die R. Heidenhain (Nr. 19, Fig. 11, p. 24) gab, zeigt nichts Derartiges, die serösen Drüsenzellen sind fast durchweg gleichmässig körnig dargestellt.

2) Vergl. Fig. 1 *A* und *B*.

pflegt den höchsten Punkt des Kerns nicht zu überragen, und mehr noch. sie liegen entweder als eine einheitliche Gruppe neben dem Kern, oder es sind deren zwei, meist an Gliederzahl ungleiche Gruppen vorhanden, welche dann den Kern zwischen sich fassen."[1])

Ich habe ferner an menschlichen Submaxillardrüsen (und zwar wieder in den serösen Drüsenzellen), die mit Sublimat fixirt waren, dieselben Gebilde wieder gefunden. Um die Schnitte möglichst unter dieselben Bedingungen zu bringen, wie die vorigen, verwandte ich auch hier das saure Hämatoxylin zur Färbung. Die Basalfilamente waren deutlicher, als nach Formalinfixirung, allein sie nahmen die Farbe weniger an, als in den vorigen Präparaten. Da also doch verschiedene Fixirungsmittel im Wesentlichen zu demselben Ergebniss führten, so ist nicht zu bezweifeln. dass hier eine präformirte Zellstruktur vorliegt.

Bemerkenswerth und für die Auffassung vieldiskutirter zelliger Elemente bedeutungsvoll ist der Nachweis, dass eben dieselben basalen Filamente auch den „Halbmonden" zukommen. Sie sind hier freilich etwas schwerer aufzufinden, erscheinen oftmals zu einem länglichen Klumpen vereinigt, und häufig wird man auf dünnen Schnitten auch vergebens nach ihnen suchen. Aber man findet auch Bilder, wie das hier mitgetheilte (Fig. 2), die alle Zweifel, dass es sich um andere. nicht gleichwerthige Bildungen handle, ausschliessen.

Vor Kurzem beschrieb Erik Müller (Nr. 59) aus der Gl. submaxillaris des Meerschweinchens, die mit Sublimat fixirt und der Eisen-Hämatoxylinfärbung (M. Heidenhain) unterworfen war, eine ganz ähnliche Zellstruktur, von der er vermuthet, sie möchte mit den von mir angezeigten Basalfilamenten identisch sein. Soweit sich auf Grund der Abbildung ein Urtheil abgeben lässt, liegt allerdings hier eine gleichwerthige Struktur vor. Man sieht (l. c., Fig. 6) durch Hämatoxylin blau gefärbte feine Fäden, welche parallel mit einander den basalen Theil des Zellkörpers durchziehen. Sie sind hie und da etwas länger und schlanker, als die von mir in der menschlichen Submaxillardrüse gesehenen Gebilde; allein darin wird man doch keinen erheblichen Unterschied erblicken dürfen, die Verschiedenheit des Objekts und eventuell die gerade inne gehaltene Schnittrichtung (Schiefschnitt), sowie vielleicht die zufällige Phase der Funktion erklären die Differenz ausreichend.

Ueber das Verhalten dieser Basalfilamente bei verschiedenen Phasen der Funktion weiss ich freilich zur Zeit nichts Bestimmtes anzugeben. Nur so viel sei bemerkt, dass in einem Fall, in dem die Drüsenzellen einer menschlichen Submaxillaris intensiver mit Hämatoxylin sich färbten, als es sonst zu geschehen pflegte, auch die Basalfilamente weniger zahlreich und dabei kleiner und weniger distinkt erschienen. Die stärkere Imbibirbarkeit mit Hämatoxylin würde nach Allem, was wir über das Verhalten der Eiweissdrüsenzellen Farbstoffen, wie Karmin und Häma-

1) Mit Erlaubniss des Herrn Geheimrath Flemming (Kiel) darf ich hier mittheilen, dass ihm gleichfalls Präparate von einer menschlichen Submaxillaris (von einem Hingerichteten stammend. ca. 3 Stunden p. m. in Alkohol fixirt, Färbung mit Pikrokarmin-Hämatoxylin) vorliegen, welche die von mir beschriebenen Stäbchen in aller Schärfe erkennen lassen.

toxylin, gegenüber wissen, dafür sprechen, dass die Zelle ihr Sekret zum grössten Theil abgegeben hatte, die Filamente wären also in die übrige Zellstruktur partiell aufgegangen und würden nach der Aufspeicherung der Sekrettropfen wieder an Masse zunehmen. Doch möchte ich dieser Deutung selbst nur den Werth einer Vermuthung beilegen.

Dagegen wird man mit Sicherheit sich dahin äussern dürfen, dass die Basalfilamente keine Bildungen besonderer Art darstellen, die sich nicht in das zur Zeit von Vielen wenigstens angenommene Zellenschema einfügen liessen. Es handelt sich, wie ich glaube, nur um besonders prägnante Abschnitte der Flemming'schen Filarmasse. — Altmann sah in dem nach Pilokarpin-Einspritzung eintretenden Höhestadium der Erschöpfung der Katzenparotis die von ihm beschriebenen „rothen Elementarfädchen spärlich" vorhanden. Er vermuthet, dass sie zu Vorstufen des Sekrets verbraucht seien (l. c., S. 115). Dass diese Fäden dagegen die Anhäufung der „Zwischensubstanz" (im Wesentlichen gleichbedeutend mit Flemming's Filarmasse), die er im basalen Theil der Drüsenzellen findet, bevorzugen, erwähnt er nicht.

Wenn wir nach verwandten Strukturen, denen die geschilderte an die Seite zu stellen wäre, Umschau halten, so ergiebt sich zunächst ungezwungen ein Anschluss an gewisse Strukturen des Pankreas. Nach R. Heidenhain's Entdeckung ist die Aussenzone der Drüsenzellen des Pankreas der Säugethiere nur scheinbar homogen. Schon an der frischen Zelle, manchmal aber auch an Osmiumpräparaten zeigt sich diese Zone durchsetzt von sehr feinen, geraden Linien, die hie und da mit leichten Varikositäten besetzt sind und sich in den Körnerhaufen der Innenzone verlieren (Nr. 19, S. 174). Diese fadenartigen Bildungen lassen sich auch deutlich demonstriren, wenn man die Zellen einer mehrtägigen Maceration in neutralem, chromsauerem Ammoniak (5 Proc.) unterwirft, weil durch die Einwirkung dieses Reagens die Grundsubstanz der homogenen Zone allmählich sich auflöst. An Alkoholpräparaten ist sie freilich homogen (Flemming), färbt sich aber intensiv in Hämatoxylin. Auch in den Drüsenzellen des Pankreas von *Salamandra maculosa* kommen ähnliche feine Fäden vor, die meist nahezu parallel angeordnet sind („basale Fädchenzone"), aber auch wohl einem Netz- oder Gitterwerk ähneln oder lockig gewunden erscheinen (K. Müller, Nr. 34). Im ersten Falle liegen sie stets in der Aussenzone, mit anderen Worten, zwischen Kern und Zellwand, allein sie verändern mit ihrer Form auch ihre Lage. Diese basale Fädchenzone liefert das Material zu den meist multiplen Nebenkernen, die unter Umständen wieder in jene Zone zurückkehren (K. Müller).

Sekretröhrchen („Sekretkapillaren") und Sekretvakuolen.

In Fig. 1 *A* sind eine Anzahl von „Sekretkapillaren" oder „Speichelkapillaren"[1]) im Querschnitt (*sr*) dargestellt und Fig. 1 *C* zeigt solche blinde Seitenzweige des

---

1) Der Ausdruck „Speichelkapillaren" stammt von Pflüger (s. den Artikel: „Speicheldrüsen" in Stricker's Handbuch der Lehre von den Geweben Bd. I, p. 313). Allein Pflüger versteht an dieser Stelle hierunter wohl etwas Anderes, als die späteren Autoren; er vermuthet nämlich, dass die Kommunikation des Speichelrohres mit

centralen Lumens auf dem Längsschnitt. In diesen und ähnlichen Präparaten, deren Material (seröse Tubuli der Gl. submaxillaris) in Alkohol oder Formalin fixirt war, erschien die von der übrigen peripheren oder Grenz-Schicht des Zellenkörpers, wie es scheint, nicht differente Wandschicht der Röhrchen durch die Färbung in toto hinreichend imprägnirt, um sie auf ihren Weg zwischen die Zellen verfolgen zu können. Die Röhrchen schienen mir blind zu endigen, bevor sie die Membrana propria erreicht hatten. Ihr Verlauf hält sich also an die Zellgrenzen; ein Eindringen in das Innere der Drüsenzellen, das ich von vornherein durchaus nicht für unwahrscheinlich halte, nahm ich bisher nicht wahr.

Zum Nachweis der Speichelkapillaren bieten sich drei verschiedene Methoden dar, nämlich 1) die Injektionsmethode (namentlich von Langerhans, Saviotti, Giannuzzi, Pflüger, A. Ewald, Boll u. A.) angewandt, 2) die Golgi'sche Chrom-Osmium-Silber-Methode (Ramon y Cajal) und 3) die Untersuchung feinster, gefärbter Schnitte.

Der erstgenannten Methode wird man sich wohl bei derartigen Untersuchungen am besten gar nicht mehr bedienen, weil sie zu unsicheren Ergebnissen führt; denn die Füllung des Gangsystems ist entweder eine unvollständige, oder es besteht im Gegentheil der Verdacht auf Extravasate. Und dies war auch der Grund, wesshalb die Existenz der Speichelkapillaren, so lange man kein anderes Mittel, sie nachzuweisen, kannte, von den verschiedensten Seiten bekämpft wurde. Immerhin ist es von Interesse, zu erfahren, wie nahe die Bilder, die man unter günstigen Umständen bei Anwendung der Injektionsmethode erhielt, den mit Hilfe der beiden anderen, weniger eingreifenden Verfahren erzielten Präparaten kommen können. Giannuzzi (Ber. Verh. Sächs. G. W., Leipzig, math.-phys. Kl., Bd. 17, 1865, S. 68 flgd.) injicirte die Ausführungsgänge der Unterkiefer-Speicheldrüse des Hundes mit durch Berliner Blau gefärbtem Glycerin. Er fand (l. c., S. 70), dass die blaue Masse „von der centralen Höhle durch die Spalten zwischen den Speichelzellen regelmässig sowohl zwischen Halbmond und Speichelzelle, als auch zwischen den ersteren und die Bläschen“ eindringt. Der Halbmond besteht aus einer krümlichen Masse, welche mehrere Kerne umschliesst, scheint aber aus einer „leicht spaltbaren Substanz“ sich zusammenzusetzen, denn „es dringt das durch den Speichel niedergeschlagene Berliner Blau gewöhnlich in mehreren Schichten zwischen die Masse des Halbmondes ein“. Gut gelungene Injektionen scheint Boll (5[a]) vor sich gehabt zu haben, denn er bezeichnet den Querschnitt der Sekretions-Röhrchen als „meist regelmässig drehrund“.

Was die beiden anderen Methoden anlangt, so hat vor Allem das Golgi'sche Verfahren auch an den in Rede stehenden Objekten zu sehr überraschenden Ergebnissen geführt. Aber wie auf anderen Gebieten, die den umgestaltenden Einfluss

---

„Alveolen“ durch sehr feine Gänge, die er eben Speichelkapillaren nennt, vermittelt werde. Die von ihm vorausgesetzten Speichelkapillaren sind also gleichwerthig mit den von v. Ebner nachgewiesenen Schaltstücken. Die vom Hauptlumen aus injicirbaren Kanälchen, welche zwischen die Epithelzellen eindringen, nennt Pflüger „Sekretionsröhrchen“, und diese Röhrchen haben die neueren Autoren im Sinne, wenn sie von Speichelkapillaren sprechen. Letztere Bezeichnung wird am besten ganz vermieden und durch den Terminus „Sekretröhrchen“ ersetzt.

dieser Untersuchungsmethode erführen, regte sich auch hier alsbald der Wunsch, sie durch andere, etwas durchsichtigere (im materiellen und im tropischen Sinne) und weniger launenhafte Verfahren, durch Methoden von — wenn ich so sagen darf — etwas mehr histologischem Charakter zu kontroliren. Die Golgi'sche Chrom-Osmium-Silber-Methode zeigt also, wie Ramon y Cajal[1]) schon im Jahre 1889 fand, die Bahnen an, in welchen der Speichel fliesst und zwar dadurch, dass die koagulirte Substanz, welche die Lumina der „Acini" ausfüllt, durch das Chromsilber geschwärzt wird. Nach den Angaben des spanischen Forschers gehen von dem centralen Lumen der „Acini" einzelne Röhrchen (Speichelkapillaren) aus, welche zwischen die Drüsenzellen eintreten und am Grunde der „Säckchen" endigen. „Manche von ihnen verzweigen sich unterwegs, und nicht wenige erreichen die Membrana propria, dabei oft die Giannuzzi'schen Halbmonde durchbohrend".

Retzius bestätigt der Hauptsache nach diese Angaben und berichtigt sie in einigen Einzelheiten. Bei einer Schleimdrüse (Gl. submaxillaris des Hundes) findet er folgende Verhältnisse: Zwischen die Schleimzellen treten im Allgemeinen keine Seitenzweige des centralen Lumens ein, doch sind sie hie und da mit tropfenförmigen Anhängen besetzt, welche in den Schleimzellen selbst liegen und welche er mit den von Kupffer beschriebenen Sekret-Vakuolen der Leberzellen[2]) vergleicht. Die Drüsengänge erreichen aber auch die Halbmonde (sie müssen also zwischen die Schleimzellen hindurch treten) und verzweigen sich in ihnen in sehr charakteristischer Weise. Wahrscheinlich liegen die Endäste zwischen den Halbmonden (es sind ja häufig Zellenkomplexe), senden aber ihre feineren, seitlichen Anhänge in die Substanz derselben hinein. Die Drüsengänge nehmen also Sekret aus den Halbmonden auf. Diesen Befund verwerthet Retzius gegen den Versuch, die Zellen der Halbmonde als „Ersatzzellen" der schleimabsondernden Zellen zu deuten, die Zellen der Halbmonde sind vielmehr als ächte Sekretionszellen zu betrachten, deren Absonderungsprodukt von den geschilderten Drüsengängen aufgenommen wird. Die stark „granulirte" Beschaffenheit theilen sie mit den Zellen der serösen Speicheldrüsen, denen sie nahe stehen, und deren Drüsengänge sich in ganz ähnlicher Weise verzweigen, d. h., sie verzweigen sich dendritisch in den „Endalveolen" und dringen mit ihren Endästchen, denen auch hier wieder kleine Knötchen und tropfenähnliche Anhänge anliegen, zwischen die Drüsenzellen ein. Weder hier noch in den Schleimspeicheldrüsen kommen Anastomosen oder Netzbildungen im Bereiche der Drüsengänge und ihrer Verzweigungen vor. Zu ganz ähnlichen Ergebnissen gelangte Laserstein (Litt.-Verz. Nr. 43).

Der Golgi'schen Methode bediente sich zunächst auch Erik Müller (Litt.-Verz. Nr. 59) bei seinen Untersuchungen über die Sekretkapillaren und erzielte bei ihrer

1) Ich entnehme, da mir die Arbeit von Ramon y Cajal (Nuevas aplicaciones del método de coloración de Golgi, Barcelona, 1889) nicht zugänglich ist, diese Angaben dem Aufsatz von Retzius (Litt.-Verz. Nr. 38).

2) Zum ersten Male abgebildet nach Zeichnungen von Kupffer bei Heidenhain (Physiol. d. Absonderungsvorgänge, Fig. 62, in Hermann's Handbuch d. Physiol., Bd. V, Th. 1, p. 226).

Anwendung der Hauptsache nach dieselben Ergebnisse, wie seine Vorgänger. Auch er findet bei Speicheldrüsen, die er einem Hingerichteten entnahm, dass die Sekretkapillaren in den Eiweissdrüsen zwischen die Zellen sich einsenken, in den Schleimdrüsen (Gl. sublingualis des Menschen, ebenso in der Orbitaldrüse des Hundes) dagegen sich nur in den Halbmonden finden[1]). Intracellulär gelegene Röhrchen giebt es hier nicht. Dagegen traf Müller im Pankreas ebenso wie Dogiel und Laserstein sowohl inter- als intracellulare Gänge an.

Nun liefert ja die Golgi'sche Methode vortreffliche Uebersichtsbilder und giebt auch Fingerzeige, worauf man sein Augenmerk zu richten habe, allein die Lage der feinen Gänge tritt, wie Müller ganz richtig bemerkt, auf derartigen Präparaten nicht klar genug hervor. Wenn daher v. Brunn in einem Bericht über den gegenwärtigen Stand der Randzellenfrage (Ergebnisse der Anatomie u. Entwickelung Bd. III, p. 247) es als die nächste Aufgabe weiterer Untersuchungen bezeichnet, die Resultate der Golgi'schen Methode mit denen der tinktoriellen Methoden „in Harmonie zu bringen", so scheint mir damit das gegenseitige Verhältniss der genannten Verfahren nicht glücklich bezeichnet zu sein, es handelt sich vielmehr darum, festzustellen, welche dieser Methoden mehr leistet, welche zur Entscheidung der in Rede stehenden Frage mehr Vertrauen verdient. Müller erwartet von den gewöhnlichen Fixirungs- und Färbungsmitteln mehr, vorausgesetzt, dass das Material gut fixirt sei, und erklärt die Sublimatfixirung mit daran sich schliessender Eisenhämatoxylin-Färbung für die beste Methode, um die Sekretkapillaren in den Speicheldrüsen, den serösen, wie den mukösen, darzustellen. Auch die Verwendung anderer Farbstofflösungen nach Sublimatfixirung (Rubin für sich allein oder mit dem sog. Biondi'schen Gemisch: Rubin, Methylgrün, Orange) liefert recht gute, wenn auch weniger distinkte Bilder. Mit Hilfe dieser Methoden untersuchte Müller die Parotis und Submaxillaris des Menschen, ferner die Submaxillaris des Kaninchens und Meerschweinchens und die v. Ebner'schen Drüsen der Kaninchenzunge. Als besonders deutlich rühmt er wegen der Grösse der Drüsenzellen und der sehr langen und gut entwickelten Sekretkapillaren die Bilder der menschlichen Drüsen.

Die Ergebnisse, zu denen Müller gelangte, sind in Kürze folgende: Die Sekretkapillaren, die sich vom Lumen der Drüsentubuli als feine, helle, drehrunde Röhrchen abzweigen, um gewöhnlich in der Nähe der Membrana propria blind zu endigen, liegen intercellulär. Allerdings hat man manchmal den Eindruck, als ob sich solche Kanälchen direkt in die Zellensubstanz hineinsenken, allein die genauere Untersuchung lehrt regelmässig, dass man einen Zwischenraum im Flächenbilde vor sich hatte.

---

1) Es war schon oben davon die Rede, dass Müller den Sekretionsmechanismus der Schleimzellen von dem der Halbmonde insofern abweichen lässt, als dort das Sekret direkt in das Hauptlumen ergossen wird, während es bei den Halbmonden erst die Form von in der Zelle gelegenen Tropfen (daher die Sekretvakuolen) annehme. Uebrigens fand schon Schieffferdecker (Zur Kenntniss des Baues der Schleimdrüsen, Arch. f. mikr. Anat., Bd. 23) öfters an der dem Lumen des „Acinus" zugewandten Fläche von Schleimzellen, die auf der höchsten Stufe der Thätigkeit sich befanden, „eine unregelmässige, zerrissene Begrenzung" (l. c., p. 400).

An einigen Objekten konnten auch die von Retzius mit Hilfe der Golgi'schen Methode in den Speicheldrüsenzellen nachgewiesenen Sekretvakuolen gesehen werden. Wie den Sekretkapillaren kommt auch ihnen eine tingirte Wandschicht zu, sie berühren entweder die Wand der Sekretkapillare, ohne mit ihrem Lumen in Verbindung zu stehen (was an Golgi-Präparaten nicht zu eruiren war) oder sie sind durch eine grössere oder kleinere Oeffnung mit ihr verbunden. Sie entleeren also ihren Inhalt in die Sekretkapillare. Die Menge der Sekretvakuolen variirt — wahrscheinlich in Abhängigkeit von den verschiedenen Phasen der Thätigkeit — beträchtlich. Desshalb wird man auch, wie ich bemerken möchte, die den Sekretvakuolen zukommende Wandschicht von derjenigen der Sekretkapillaren trennen müssen. Erstere ist eine ganz variable Erscheinung, die Grenzschicht einer Lücke von vorübergehendem Bestande, die nach Entleerung ihres Inhaltes spurlos verschwindet, die Sekretkapillaren scheinen aber konstante Röhren zu sein.

Von den Schleim-Speicheldrüsen unterzog Müller die Sublingualis des Menschen, die Submaxillaris des Hundes und der Katze der Untersuchung, es ergab sich überall dasselbe Resultat. Auch auf gefärbten Schnitten liessen sich zwischen den eigentlichen Schleimzellen keine Sekretkapillaren nachweisen, wohl aber setzen sich die schwarz gefärbten Drüsenröhrchen (zwischen die bedeckenden Schleimzellen hindurch) in die Halbmonde fort, um hier als mehr oder weniger verzweigte Gänge blind zu endigen. Sie liegen gleichfalls, wie die der Eiweiss-Speicheldrüsen intercellular, auch finden sich in derselben Anordnung wie dort Sekretvakuolen. Aus der Beobachtung, dass in gewissen Schleimzellen die durch den Farbstoff blau hervorgehobene Grenze gegen das Lumen hin aufgelöst ist, schliesst Müller, dass der nächstfolgende Theil des Zellinhalts sich direkt in das weite Lumen entleert.

Durch Beobachtungen, die R. Krause (Litt.-Verz. Nr. 55) an der Gl. retrolingualis und Parotis des Igels anstellte, und die erst vor Kurzem veröffentlicht wurden, wird übrigens der Werth der Sekretkapillaren als unterscheidendes Merkmal zwischen Schleimzellen und Randzellenkomplexen wesentlich eingeschränkt. Krause lässt die Speichelkapillaren in den Zellkörper selbst eindringen und hier blind endigen. Er hält sie nicht für blosse Sekretstrassen, die kommen und gehen, sie seien vielmehr nur zeitweise während des Füllungszustandes der Zellen verlegt. Von besonderer Bedeutung für die uns beschäftigende Frage ist es nun, dass er sie nicht nur in den protoplasmatischen, sondern auch in den Schleimzellen der Gl. retrolingualis findet. Auf Grund der jetzt schon vorliegenden, auf Wirbelthiere und Wirbellose[1]) sich erstreckenden Thatsachen, die er noch durch den Nachweis solcher „Sekretionskanälchen" im Innern der Drüsenzellen der Parotis und Submaxillaris

1) Beispielsweise bei den Beindrüsen der Phronimiden, wo die Anfänge der ausführenden Gänge als ein Gewirr äusserst feiner, einer eigenen Wand entbehrender Röhrchen den ganzen Zellenleib durchsetzen. Dagegen pflegen die analogen Einrichtungen in den Drüsenzellen der Insekten insofern anders sich zu verhalten, als hier die intracellulär verlaufenden Abschnitte der Röhrchen ebenso wie die Ausführungsgänge mit Chitin ausgekleidet sind (vergl. P. Mayer, Karcinologische Mittheilungen in Mitth. d. zool. Station zu Neapel, Bd. I, p. 43).

des Igels, sowie der Submaxillaris und Parotis des Kaninchens und Meerschweinchens vermehrt, glaubt Krause dem Satz: „Der Drüsenausführungsgang nimmt seinen Ursprung in der secernirenden Drüsenzelle selbst“ allgemeine Bedeutung zuerkennen zu dürfen.

Sekretions-Vakuolen scheint Krause (l. c., p. 109) in den von ihm studirten Speicheldrüsen nicht gesehen zu haben und für die frischen oder gut fixirten Schleimzellen stellt er ein Vorkommen derselben unter normalen Verhältnissen in Abrede. Ihr Zustandekommen sei auf mangelhafte Untersuchungsmethoden zurückzuführen. Dagegen lässt er die Kupffer'schen Sekretvakuolen der Leberzellen gelten.

In dem Abschnitt, der von den Vakuolen in Schleimzellen handelt, stellt Krause die Stöhr'schen Vakuolen mit den von Ranvier beschriebenen zwar nicht als gleichwerthig zusammen, allein die Anschauungen der beiden Forscher seien doch einander vielfach ähnlich. Nicht ganz mit Recht, wie mir scheint. Denn Stöhr (Litt.-Verz. Nr. 28) ist es darum zu thun, das Zustandekommen des Reticulums, wie es namentlich an fixirten und gefärbten Präparaten hervortritt, oder (richtiger bezeichnet) des Wabenwerks zu erklären; die kugelförmigen Lücken im Innern dieses Wabenwerkes nennt er Vakuolen, ihr Inhalt sei mucigene oder schon mucöse Flüssigkeit. Krause vermeidet bei der Beschreibung der frischen Schleimzelle den Ausdruck „Vakuole“ und lässt daher die Zelle „mit Schleimtropfen angefüllt“ sein, die erst, nachdem sie bei Druck auf das Deckglas ausgetreten seien, das protoplasmatische Netzwerk hervortreten liessen. Konstruirt man sich aber aus dieser einfachen Beschreibung zweier verschiedener Präparationszustände das Bild der intakten Zelle, so gelangt man doch wieder zu der Vorstellung von Hohlräumen zwischen einem Wabenwerk, das wohl auch an manchen Stellen durch Konfluiren benachbarter Vakuolen zu einem Netzwerk werden mag, welches die Schleimtropfen enthält. — Krause's Anschauung steht also, soviel ich sehe, der von Stöhr vertretenen ganz nahe. Anders bei Ranvier (Litt.-Verz. Nr. 50). Ihm kommt es nicht darauf an, die Anordnung des Zellgerüstes (Protoplasma) abzuleiten, er will vielmehr den Vorgang der Sekretion erklären. Der Inhalt der von ihm beschriebenen Vakuolen sei nur Wasser. Bei der Sekretion sollen sie platzen und ihr wässeriger Inhalt mit dem in der Drüsenzelle enthaltenen, also wohl diffus vertheilten Mucigen das Mucin bilden. Wieder einer anderen Vorstellung huldigt E. Müller. Ihm zu Folge läuft der Sekretionsvorgang bei den Schleimzellen in anderer Weise ab, als bei den Halbmonden (und wohl auch bei den Zellen der serösen Drüsen). Dort wird das Sekret direkt in das Hauptlumen ergossen, während es bei den Halbmonden erst die Form von in der Zelle gelegenen Tropfen (Sekretvakuolen, oder vielmehr daher die Sekret-Vakuolen) annehme. Solche Sekretvakuolen bildet er nach Sublimat-Fixirung und Färbung mit Eisen-Hämatoxylin ab, also nach einer Vorbehandlung, welche Krause doch wohl gelten lassen wird, und zwar von der Gl. submaxillaris des Kaninchens, wo sie sehr reichlich vorkommen (Fig. 6); auch in Fig. 1, auf der ein Schnitt durch die menschliche Parotis wiedergegeben wird, ist eine im Text nicht weiter berücksichtigte Sekretvakuole zu bemerken, die ebenso wie die in der Kaninchen-Submaxillaris vorkommenden in unmittelbarer Nähe der Sekretkapillaren sich befindet. Sonstige Sekretvorstufen sind in den beiden citirten Figuren nicht fixirt, während mit derselben Methode in den Drüsenzellen einer v. Ebner'schen Drüse aus dem Zungengrunde des Kaninchens massenhafte, färbbare Granula hervortraten.

Diese Bilder scheinen mir folgende Deutung zuzulassen: In dem einen Falle ist das durch die Zelle zerstreute Sekret fixirt (Zellen der Kaninchen-Zungendrüse), in den anderen Fällen ist zwar die Wandung der Sekretvakuole erkennbar, das Sekret ist aber nicht festgelegt. Denn selbst wenn wir annehmen, dass die wenigen gefärbten Schollen in den Knotenpunkten des Zellkörpergerüstes Sekret darstellen, so bleibt doch eine klare Differenz zwischen jenen Vorstufen und diesen Endstufen bestehen. Jene haben sich in der fixirenden Flüssigkeit erhalten und mit Farbstoff beladen, diese sind gelöst, nur die Wand der Sekretvakuole ist etwas hervorgehoben und ebenso die Wand der Sekretkapillaren. Aber auch in diesen hat sich das Sekret nicht erhalten. Müller hat übrigens die eben geschilderte Verschiedenheit des Aussehens der Drüsenzellen nicht näher erörtert. Wir werden gleich noch mehr von dem verschiedenen Verhalten der Sekrettropfen einem und demselben Reagens gegenüber erfahren, dabei können verschiedene Reifezustände eines und desselben Sekrets vorliegen (— solche Erfahrungen wurden schon von Langley und Nussbaum gemacht —) oder gleiche Entwickelungsstufen desselben in verschiedenen, wenn auch ganz nahe verwandten, drüsigen Gebilden.

Vakuolen und tingirte Sekretgranula neben einander finde ich auch nach Fixirung der menschlichen Submaxillaris in 10%iger Formalin-Lösung (Fig. 1 *C*, Fig. 10 *A* namentlich aber in *B*). Man sieht ausser den Sekretkapillaren, die kürzere oder längere seitliche Aeste entsenden, über deren Verhältniss zu den Zellgrenzen Nichts festzustellen ist, den Zellkörper durchsetzt von manchmal recht zahlreichen Vakuolen von verschiedener Grösse, die hie und da (aber durchaus nicht immer) den Sekretkapillaren unmittelbar anliegen (Fig. 10 *B*. In Fig. 10 *A* sind die Vakuolen allein zu sehen, die Sekretkapillaren fehlen, offenbar, weil der Schnitt in tangentialer Richtung durch den betreffenden Tubulus ging. Von dem lichtblau gefärbten Zellkörper heben sich massenhafte, dunkelblaue Granula von etwas verschiedener Grösse ab. Um die Frage zu entscheiden, ob die Granula den am frischen oder gefrorenen Präparat sichtbaren Einlagerungen entsprechen und um etwaigen durch die auf die Formalin-Fixirung folgende Nachbehandlung verursachten Veränderungen auf die Spur zu kommen, zog ich auch das ungefärbte Formalin-Material herbei. Es wurden also zunächst Schnitte von dem in Formalin fixirten Material zuerst in Formalin gleicher Koncentration, dann solche von dem in Alkohol von steigender Koncentration später allmählich erhärteten Material in Alkohol und schliesslich in verdünntem Glycerin untersucht. Es zeigte sich im Wesentlichen der gleiche Befund, die „Sekretgranula" hatten sich erhalten und stimmten auch bezüglich ihrer Grössenverhältnisse und ihres Lichtbrechungsvermögens gut mit den im frischen Material nachweisbaren überein.

Ich war natürlich bestrebt, meine Erfahrungen hinsichtlich der fixirenden Eigenschaft der in die histologische Technik erst vor Kurzem eingeführten Substanz zu erweitern. Aber schon bei dem nächsten Objekte, das ich vornahm, bei der Unterkieferdrüse des Kaninchens, wurde ich in meinen Erwartungen getäuscht. Das Organ, das zu den Eiweissdrüssen zählt, besteht, aus zwei ungleich grossen Hälften, die schon bei Betrachtung mit blossem Auge Verschiedenheiten der Färbung darbieten. Die vordere, kleinere Hälfte ist von braunrother Färbung, während der hintere langgestreckte und abgeplattete Abschnitt hell röthlich-weiss erscheint. — Die lebenswarmen Drüsen wurden zunächst mit Hilfe des Gefriermikrotoms unter den gebotenen Kautelen in Schnitte zerlegt und die Schnitte (ohne Zusatzflüssigkeit) mit einem Zeiss'schen Apochromaten (3,0, Apert. 1,40) untersucht. Die weitaus grösste Mehrzahl der Läppchen des vorderen Theils war im Allgemeinen nur spärlich von sehr kleinen Granulis durchsetzt, während dagegen die meisten Tubuli des hinteren Abschnitts in ihren deutlich begrenzten Drüsenzellen massenhaft grosse, das Licht mässig stark brechende Granula enthielten. Der Rest desselben Materials wurde sofort in 10%ige Formalinlösung versenkt, um zu sehen, ob diese Lösung nun auch die Sekretgranula fixiren würde. Schon nach etwa 30stündigem Verweilen in dieser Flüssigkeit zeigten sich die vorher so zahlreich vorhandenen Granula durchweg gelöst, und es blieb ein zierliches Wabenwerk zurück mit entsprechend gestalteten, meist regelmässig kugeligen Räumen. Die hierauf vorgenommene Färbung hob, wie zu erwarten war, nur den Kern intensiv tingirt hervor, blaue Granula fehlten. — Bezüglich des Verhaltens der Sekretkörner der Gl. submaxillaris des Kaninchens anderen Reagentien gegenüber sei nach den Mittheilungen von Pflüger (1866) und Heidenhain noch hervorgehoben, dass der grösste Theil dieser Körner sich auch bei Zusatz sehr verdünnter Lösungen von Chromsäure, doppelt chromsaurem Kali, Essigsäure oder reinen Wassers auflöst.

Es hatte sich also ergeben, dass durch Formalin von der angegebenen Koncentration in der menschlichen Submaxillaris Sekretgranula fixirt wurden, in der des Kaninchens dagegen nicht[1]). Dass durch Auflösung der Sekretkörner der Zellenleib der Kaninchendrüse zu einem Wabenwerk umgestaltet wurde, habe ich schon erwähnt, aber auch in den Elementen des menschlichen Organs zeigten sich hie und da Lücken von rundlicher Gestalt (Sekretvakuolen). Es scheint demnach, als wenn das Formalin nur die Vorstufen des menschlichen Submaxillaris-Sekrets fixiren könnte, dem fertigen Sekret gegenüber aber versagte, und als wenn es auch dem fertigen Sekret der Kaninchendrüse und seiner Vorstufen gegenüber keine fixirende Wirkung auszuüben vermöchte.

Vakuolen oder genauer sekretfreie Lücken sah ich, wenn auch nicht so häufig, auch an Präparaten von der menschlichen Submaxillaris, die in Sublimat fixirt und mit verdünntem sauren oder Delafield'schen Hämatoxylin oder mit dem Biondi'schen Farbengemisch tingirt waren. Sie heben sich deutlich von dem mit

1) S. oben Seite 217 die Erfahrungen Blum's.

kleineren, fixirten und gefärbten Sekretgranulis durchsetzten Grunde als helle Flecke ab. Dafür dass diese kleineren Sekretgranula Ausfällungen von Eiweisskörpern wären, spricht Nichts, sie stimmen vielmehr mit den durch Formalin fixirten und ebenso mit den im frischen Zustande nachweisbaren Sekretgranulis vollkommen überein. Was nun die zwischen den Gruppen von Sekretkörnern ausgesparten Vakuolen anlangt, so traf ich sie entweder ohne nachweisbare Beziehungen zu Sekretkapillaren oder in nächster Nähe von solchen, so dass sich ganz ähnliche Bilder ergaben, wie sie Müller von der Gl. submaxillaris beschrieb, nur mit dem Unterschied, dass die Sekretgranula den gefärbten Hintergrund bildeten, von dem sich die Lücken um so deutlicher abhoben. Sublimatfixirung liefert also der Hauptsache nach dasselbe Bild, als Fixirung mit Formalin. Fasst man die Ergebnisse der Untersuchung des Gefrierschnittes mit dem, was die in Formalin oder Sublimat fixirten Präparate lehren, zusammen, so gelangt man zu folgendem Resultate: Das Sekretionsmaterial tritt zunächst in kleineren Tropfen oder Körnern auf, die in gewissen Reagentien (Formalin, Sublimat) sich fixiren lassen. Indem mehrere dieser Vorstufen zu einem grösseren Tropfen zusammenfliessen, erleidet ihre Substanz eine Aenderung, die am frischen[1] Präparate nicht, wohl aber am fixirten Objekt zu erkennen ist, sie löst sich in den fixirenden Flüssigkeiten, und so entsteht eine rundliche Lücke, für die man immerhin die einmal eingebürgerte Bezeichnung „Sekretionsvakuole" beibehalten kann, nur muss man solche Sekretionsvakuolen stets noch schärfer charakterisiren durch den Zusatz des angewandten Reagens. Man wird also von Sublimatbildern, Formalinbildern und dergleichen sprechen müssen; denn nach Anwendung anderer Reagentien (Alkohol z. B.) gehen auch gewisse Vorstufen des Sekrets in Lösung über.

Bedeutung der Halbmonde.

Die Anschauungen hinsichtlich der Bedeutung der Halbmonde wechselten im Laufe der Zeiten nicht unbeträchtlich, und zwar wurden nicht weniger als drei verschiedene Ansichten laut.

Die Randzellen sollten zunächst Entwickelungszustände der Schleimzellen sein (R. Heidenhain). Sie sollten zum Ersatz der bei Reizung der Drüsennerven zerfallenden Schleimzellen dienen. Später schränkte Heidenhain die Tragweite seiner Behauptung etwas ein; die Randzellen sollten nunmehr nur dann diese Rolle übernehmen, wenn die Reizung über Stunden sich erstrecke und die Sekretion dadurch ungemein gesteigert werde. Heidenhain nennt das Aussehen der Halbmonde, das sie nach Behandlung mit Reagentien (z. B. Holzessig, Chromsäure) annehmen, „gra-

---

1) Auf einen Unterschied in der physikalischen oder chemischen Beschaffenheit der Einlagerungen weist übrigens auch die Beobachtung von R. Heidenhain hin, nach welcher in den frisch untersuchten Zellen der Gl. submaxillaris des Hundes „neben den stark lichtbrechenden Körnchen und Bläschen grössere, hellere Tropfen liegen" (Litt.-Verz. Nr. 5, p. 11).

nulirt"; er macht ferner darauf aufmerksam, dass das chemische Verhalten der Randzellen in der Submaxillaris des Hundes ein von dem der Schleimzellen sehr verschiedenes sei. Ihr Reichthum an Albuminaten, die starke Trübung, die sie durch Kochen und durch koncentrirte Mineralsäuren erleiden, die Schwärzung durch salpetersaures Silberoxyd, das alles sind Momente, welche die Randzellen von den Schleimzellen trennen; sie nähern sich aber dadurch gleichzeitig den Drüsenzellen der Eiweissdrüsen. Dennoch wird der Schluss, dass die Randzellen zu letzterer Kategorie von Drüsenzellen gehören möchten, von HEIDENHAIN nicht gezogen. Wichtig ist der von ihm (Litt.-Verz. Nr. 5, p. 17) beschriebene „kleine Kegel von Protoplasma", welcher aus der konkaven Seite der Halbmonde sich erhebt und in eine fadenförmige, gegen das Innere des Acinus vordringende Verlängerung sich fortsetzt (Submaxillaris des Hundes). Diese Fortsätze enthalten die erst viel später mittels der Methode von GOLGI gefundenen „Radiärkanäle".

Bei allen Verschiedenheiten, die im Ruhezustande der mit Randzellenkomplexen ausgestatteten Schleimspeicheldrüsen zwischen den Schleimzellen und den Randzellen bestehen, und die ich noch durch den Nachweis der nur den serösen Drüsenzellen und den Halbmonden zukommenden Basalfilamente vermehrte, hält HEIDENHAIN dennoch an der Annahme eines genetischen Zusammenhanges zwischen den beiderseitigen Gebilden fest, und zwar aus folgenden Gründen: Es finden sich einmal Alveolen, welche ausschliesslich Zellen von dem Charakter der geschilderten Randzellen enthalten, und zwar zeigt die Zahl solcher Alveolen individuelle Schwankungen. Es finden sich ferner Zellen vor, welche zum Theil die Charaktere der Randzellen, zum Theil die der Schleimzellen besitzen, und endlich zeigt sich ein auffallender Unterschied zwischen der Unterkieferdrüse bei neugeborenen oder wenige Tage alten Hunden und dem Organ des erwachsenen Thieres: die noch nicht ausgebildete Drüse enthält in der weitaus grössten Zahl der Acini nur „kleine eiweissreiche, körnige Zellen" (l. c., p. 58). — Nach kräftiger elektrischer Reizung der Gl. submaxillaris des erwachsenen Hundes zeigen sich Veränderungen, durch welche sich das Aussehen dem der Drüse neugeborener Thiere nähert. In der weitaus grössten Mehrzahl der Acini ist ein Unterschied zwischen Randzellen und centralen (Schleim-) Zellen nicht mehr nachweisbar. Alle Zellen sind stark granulirt, meist mit einem runden Kern und von merklich geringeren Dimensionen als die Schleimzellen. Diesen Befund erklärt HEIDENHAIN, wie schon bemerkt, durch die Annahme (l. c., p. 61), dass die Schleimzellen der Acini zerstört werden, und dass nun von den Randzellen her eine lebhafte Zellenvermehrung durch Theilung beginne. Die jungen Zellen sollten theils als Speichelkörperchen entleert werden, theils sich vergrössern, ihre Form ändern und schliesslich durch Schleimmetamorphose ihres Protoplasma in Schleimzellen übergehen. Da man nun berechtigt ist, die Schleimsekretion als einen direkt vom Nervensystem abhängigen Akt anzusehen, so ergiebt sich die nach HEIDENHAIN „positiv" feststehende Thatsache (l. c., p. 109), dass durch Nervenreizung Vorgänge angeregt werden, „welche lebhafte Zellenbildung im Gefolge haben".

Sowohl die ursprüngliche als die modificirte spätere Fassung dieser Ersatz-

Hypothese wurde von verschiedenen Autoren bekämpft, und namentlich war es die Unmöglichkeit, einer zuerst von Bizzozero und Vassale erhobenen Forderung genügen zu können, nämlich die vorausgesetzte lebhafte Zellbildung durch den Nachweis von Mitosen zu stützen, welche ihr, einem Kinde der vor-mitotischen Zeit, den Boden entzog; sie kann gegenwärtig wohl als endgültig abgethan angesehen werden.

Wir haben also nur mehr die Wahl zwischen den beiden anderen Anschauungen, von denen die eine die Rundzellenkomplexe mit den Schleimzellen durch funktionelle Stadien verknüpft sein lässt, während die zweite beide Elemente als Gebilde eigener Art hinstellt.

Wir fragen zunächst: Sind die Randzellenkomplexe mit den Schleimzellen durch funktionelle Stadien verknüpft? — Bis vor Kurzem hatte sich diese Anschauung, als deren eifrigster Vertreter Stöhr gelten kann, vielfacher Zustimmung zu erfreuen. Uebrigens entwickelte schon Hebold (Litt.-Verz. Nr. 15) (1879) ähnliche Ideen. Mit einer einmaligen Schleimbildung ist das Leben der Schleimzelle nicht erschöpft; sie ist zwar ein transitorisches Gebilde, allein ihre Lebensdauer ist nicht so kurz bemessen, als Heidenhain will. Das Vorkommen von Lunulis leitet Hebold von zwei Momenten ab, einmal „von der Geschwindigkeit der Sekretion" und sodann von der „ungleichzeitigen Betheiligung der Zellen" an diesem Vorgang. In der mit Lunulis ausgestatteten Unterkieferspeicheldrüse des Hundes trifft man die Epithelzellen einer und derselben Alveole in verschiedenen Phasen der Thätigkeit, in den der Lunulä entbehrenden Zungenschleimdrüsen befinden sich normal alle Zellen in derselben Phase. Es handelt sich also bei der Schleimabsonderung um einen wahren Sekretionsvorgang; denn, nachdem die Zelle ihr Sekret abgegeben hat, kann die Bildung desselben von Neuem beginnen. — Auch Stöhr (Litt.-Verz. Nr. 28) erklärt die Randzellen für temporär sekretleere Schleimzellen. Die Bedingungen für das Zustandekommen solcher Bilder sieht er dann gegeben, wenn „zartwandige Elemente" und ungleichzeitige Sekretbildung „benachbarter Drüsenzellen" vorliegen. Die sekretgefüllten,[1]) sich vergrössernden Zellen drücken auf ihre Nachbarn und verändern deren Gestalt, wenn letztere nicht gleiche innere Kräfte als Widerstand entgegensetzen können. Wenn Schleimdrüsen ohne Randzellen vorkommen, so erklärt sich dies aus dem Umstande, dass die betreffenden Drüsenzellen „weiter differenzirte, in verhältnissmässig starrere Formen geprägte Gebilde" darstellen. In den mit Halbmonden ausgestatteten Drüsen (Gl. submaxillaris von Mensch, Hund und Katze, ferner Gl. sublingualis), mit denen wir es hier nur zu thun haben, ist, wie er hervorhebt, das Drüsenepithel nur scheinbar zweischichtig. Die Randzellenkomplexe können entweder, wie in der Unterkieferdrüse, ganz vom Drüsenlumen abgedrängt sein, oder sie erreichen dasselbe noch, wie in der Unterzungendrüse (Hund). Hier stehen die sekretleeren Zellen vielfach in Gruppen beisammen, welche die gewundenen ausgebuchteten Drüsenschläuche auskleiden und die auf Durchschnitten in den verschie-

---

1) Der Ausdruck stammt von Schiefferdecker, der sich übrigens noch im Jahre 1884 für die Ersatztheorie ausgesprochen hatte.

densten Richtungen getroffen, die Mannigfaltigkeit der Gestalt der Halbmonde erklären, während wirkliche Randzellen, die wie in der Unterkieferdrüse, nicht an's Drüsenlumen reichen, nur selten vorkommen. — Wie in der citirten Abhandlung, so betont Stöhr auch später (Lehrbuch der Histologie, 6. Aufl., p. 220 ff.), wie wichtig die Schnittrichtung für die Untersuchung und richtige Deutung der Halbmonde sei. Nur Schnitte, welche Endstücke genau halbirt haben, seien brauchbar, Schief- und Tangentialschnitte ganz zu verwerfen. Durch eine Reihe von schematischen Zeichnungen, welche die auf einander folgenden verschiedenen Zustände ursprünglich sekretleerer Randzellen durch Zustände mittlerer Füllung zu sekretgefüllten Schleimzellen veranschaulichen, sucht Stöhr die Phasentheorie plausibel zu machen.

Mit vielen andern Autoren unterscheidet er in seinem für die Einführung in das Studium der Histologie mit Recht empfohlenen Lehrbuche die bekannten drei Gruppen, in welche man die Speicheldrüsen einzutheilen pflegt, nämlich 1) Schleimspeicheldrüsen, 2) seröse Speicheldrüsen und 3) gemischte Drüsen. Die kleinen Drüsen der Mundhöhle (Gl. labiales, linguales etc.) bleiben in dieser Aufstellung unberücksichtigt, obwohl unter ihnen meiner Meinung nach gerade die reinsten Formen der Schleimspeicheldrüsen zu finden sind. Von diesen kleinen Drüsen hat man überhaupt bei der Beurtheilung der drüsigen Organe der Kopfdarmhöhle auszugehen (Gegenbaur). Bemerkenswerth ist auch der von Stöhr selbst hervorgehobene Umstand, dass Uebergangsformen, welche das allmähliche Abgedrängtwerden der sekretleeren Zellen illustriren, in der ungereizten Drüse nicht gerade zu den häufigen Erscheinungen gehören, während allerdings in gereizten Drüsen (besonders deutlich in gewissen Zungenschleimdrüsen der Katze nach subkutaner Injektion von Morphium) die Zwischenstadien zwischen sekretgefüllten und sekretleeren Drüsenzellen sich klar nachweisen liessen.

Neben den beiden bis jetzt besprochenen Anschauungen, der Ersatztheorie Heidenhain's und der Phasentheorie Stöhr's sucht nun schon seit längerer Zeit noch eine andere Deutung der Randzellenkomplexe sich geltend zu machen, die V. v. Ebner, Langley und Ranvier zu Vertretern hat.

Unter Hinweis auf die Gl. submaxillaris des Meerschweinchens bezeichnete es V. v. Ebner (Litt.-Verz. Nr. 9) als sehr unwahrscheinlich, dass die Halbmondzellen die Keimstätte für die Schleimzellen abgeben sollten. In der genannten Drüse findet man „nämlich stets unter einander Alveolen, die mit Schleimzellen, und andere, die mit eiweisshaltigen Zellen" erfüllt sind, es fehlen aber den Alveolen mit Schleimzellen die Halbmonde. Er hält es für viel wahrscheinlicher, dass man es da, wo Schleimzellen mit Halbmonden, wie an der Hundesubmaxillaris, vorkommen, „mit zweierlei dauernden Sekretionszellen zu thun habe, die man an der gereizten Drüse wegen äusserlicher Uebereinstimmung nicht mehr von einander unterscheiden" könne. Ist diese Annahme richtig, dann muss „das Sekret der Halbmondzellen normaler Weise auf Wegen zwischen den Schleimzellen oder längs der Membrana propria zwischen den Zellen des Schaltstücks hindurch abfliessen“ können. Den wahren Sachverhalt vermochte v. Ebner seiner Zeit freilich nicht zu erkennen, dazu reichte einmal die damalige Schneidetechnik nicht aus, und dann trat wohl auch der Annahme der guten Gedanken und Beobachtungen, welche die Arbeit enthält, der Umstand hinderlich entgegen, dass v. Ebner die von ihm für das Pankreas vertretene, seitdem längst beseitigte Irrlehre von dem „intraalveolären Netzwerk“, an dessen Bildung die Membrana propria, centroacinäre Zellen und ihre Fortsätze sich betheiligen sollten, auch auf die Submaxillaris übertragen wollte.

Langley (Internat. med. Kongress, London, 1881) geht noch einen Schritt weiter, als v. Ebner. Er erkennt den Halbmonden nicht nur eine selbstständige Stellung neben den Halbmonden zu, sondern er reiht sie auch bereits bekannten Elementen als gleichwerthige Glieder an: sie entsprechen vollkommen den Zellen in den „Alveolis“ der serösen Drüsen. „If we compare different salivary glands, we find that we can form a series with a mucous gland at one end and a serous gland at the other and between these all stages of glands of intermediate structure — i. e. with alveoli containing one or two „mucous“ and the rest „serous“ cells[1]), one or two „serous“ and the rest „mucous“ cells; when the „serous“ cells are few they are pressed into the form of a demilune by the pressure of the growing „mucous“ cells.“ Randzellen und Schleimzellen haben sonach weder genetisch noch in funktioneller Hinsicht etwas mit einander zu thun.

Die Divergenz der Meinungen wäre wohl eher geschlichtet worden, wenn man sich, wie es doch meist geschah, nicht damit begnügt hätte, die anatomischen Verschiedenheiten beider Zellenformen von einander zu betonen, sondern wenn man auch die Uebereinstimmung der sogen. Halbmonde mit den serösen Drüsenzellen mehr berücksichtigt hätte. Zu diesem Behufe empfiehlt sich namentlich die Untersuchung frischer Gefrierschnitte, an denen man sich leicht überzeugen kann, dass die Halbmonde keineswegs sekretleere Zellen sind, sondern dieselben stark lichtbrechende Kugeln oder Körner führen, wie die Drüsenzellen in rein serösen Tubulis (s. Fig. 6 und 7 auf der beigegebenen Tafel). Dass in den früher als sekretleer geltenden Halbmonden Reste fertigen Sekrets vorkommen können, giebt übrigens neuerdings auch Stöhr zu, freilich nicht gestützt auf die Untersuchung frischen Materials, sondern nach Golgi behandelter Drüsen. Die schwarzen Verästelungen im Bereiche der Halbmonde, die durch Streifen mit dem centralen Lumen zusammenhängen, deutet er als Reste fertigen Sekretes, die von der Schleimzellenphase her noch in den Halbmonden zurückgeblieben seien.

Nachdem die eben mitgetheilte Auseinandersetzung über die Bedeutung der

1) Dass in manchen gemischten Speicheldrüsen einzelne „Acini“ ausschliesslich eckige, granulirte Zellen enthalten, hat auch Heidenhain (Litt.-Verz. Nr. 19 hervorgehoben Gl. sublingualis des Hundes). Aber auch diese granulirten Zellen stellen nach Heidenhain nur die energisch thätig gewesene Form der Schleimzellen dar. — Dass andererseits Randzellenkomplexe durch die „peripherischen, nicht in Schleim umgewandelten protoplasmatischen Abschnitte der Schleimdrüsenzellen“ vorgetäuscht werden können, ist durch mehrfache Beobachtungen erhärtet (Stöhr, Paulsen, Seidenmann).

Halbmonde schon niedergeschrieben war, wurden mir die Arbeiten von Küchenmeister (Nr. 60) und Mislawsky und Smirnow (Nr. 61) bekannt, denen ich noch Folgendes entnehme: Küchenmeister untersuchte die Submaxillaris der Katze und des Menschen, die er in Alcohol absolut. fixirt hatte. Die Färbung geschah entweder nach R. Heidenhain's Hämatoxylin-Kaliumbichromat-Methode, wobei Scheibchen von etwa 1 mm Dicke eingelegt wurden, oder es wurden die aufgeklebten Schnitte, nachdem sie auf eine halbe Stunde der Einwirkung einer stärkeren Sublimatlösung ausgesetzt waren, tingirt und zwar entweder mit Thionin oder mit Biondi's Dreifarblösung oder nach der Eisenalaun-Hämatoxylin-Methode nach M. Heidenhain. — Gegen Stöhr und Seidenmann erklärt er sich für die Zweischichtigkeit des Epithels in den Tubulis der oben genannten Organe. Hinsichtlich der Sekret-Kapillaren kommt er unabhängig von E. Müller im Allgemeinen zu demselben Ergebnisse wie dieser, nur lässt er die vom Lumen zu den Halbmonden sich abzweigenden Kanälchen hier theils intercellulär, theils intracellulär enden. Müller konnte sich nur von einer intercellulären Endigung überzeugen. Auf Grund seiner Untersuchung gelangt auch K. zu der Anschauung: Die Zellen der Giannuzzi'schen Halbmonde haben mit Schleimzellen Nichts zu thun, sie sind weder sekretleere Schleimzellen, noch Ersatzzellen, sondern vielmehr seröse Zellen, die in ihrer Gesammtheit seröse Antheile der Schleimdrüsen repräsentiren. — Nach den Untersuchungen, welche Mislawsky und Smirnow (Nr. 61) an den Speicheldrüsen des Hundes anstellten, sind die Halbmonde in der Gl. submaxillaris den Drüsenzellen der Parotis „analog". Nach einer bestimmten Vorbehandlung des Materials (Fixirung einer Hungerdrüse in einem Gemisch gesättigter wässeriger Sublimat- und 1%iger Osmiumlösung, Färbung in Dahlia) zeigen sich in den Schleimzellen keine Granula gefärbt, wohl aber solche in grosser Anzahl in den Halbmonden. Des Weiteren bringen die Autoren Belege dafür bei, dass die Zellen der Halbmonde sekretorische Elemente sind und dass ihre Arbeit unabhängig von derjenigen der Schleimzellen vor sich gehen kann. Irgend welche Anhaltspunkte für die Annahme, dass die Halbmonde beim erwachsenen Thier als Ersatz für die Schleimzellen dienen könnten, ergaben sich nicht.

Bei der Beurtheilung des Verhältnisses der beiden Zellformen zu einander hätte man ferner, wie Ranvier betont, die Veränderungen von vitaler Bedeutung einerseits und solche rein chemischer oder physikalischer Natur andererseits weit strenger aus einander halten müssen. Wir hörten ja soeben, dass Uebergangsformen, an welchen das allmähliche Abgedrängtwerden der sekretleeren Zelle sich zeigen liesse, in der ungereizten Drüse nicht häufig sind. Ranvier hat nun an gewissen Drüsen die elektrische Reizung der Nerven vorgenommen, allein mit anderem Ergebniss als Heidenhain. So findet er u. A., dass in der Submaxillaris des Hundes selbst nach siebenstündiger Reizung, — also nach einer Behandlung, die jedenfalls pathologische Läsionen des Organs zur Folge hatte, — die beiden Zellformen (Schleimzellen und Halbmonde) sich noch scharf aus einander halten lassen.

Endlich hätte man sich, wie mir scheint, nicht auf die Untersuchung einzelner Schnitte beschränken, sondern die Methode des Serienschneidens, die bei entwickelungsgeschichtlichen Untersuchungen mit so glänzendem Erfolge geübt wurde, auch an den fertigen Speicheldrüsen erproben sollen. Ich habe nun eine Anzahl von Schnittreihen durch die Glandula submaxillaris des Menschen angefertigt und lege eine derselben (Fig. 3, I—V) der Beschreibung zu Grunde. Das Material war vorher in sauerem Hämatoxylin durchgefärbt worden, die Tinktion ist bei so nahe zusammen liegenden Schichten (die Schnittdicke betrug 3 μ) eine ganz gleichmässige und bildet für die Vergleichung der einzelnen Theile des Schnittes eine sichere Grundlage. Es wurden ferner, um eine ganz einwurfsfreie Basis für die Beurtheilung zu haben, die Umrisse der Tubuli, Lumina, Zellen und Kerne mit dem Abbe'schen Zeichenapparat aufgenommen und die Einzelnheiten mit einem der besten Apochromaten (Zeiss Apochr. 3,0, Apert. 1,40, Comp. Oc. 8) eingetragen. — Bei unserer Darlegung bedürfen wir vor Allem der Tubuli *a* und *d*. Was zunächst Tubulus *d* anlangt, so wird gegen die Schnittrichtung sich kaum etwas einwenden lassen, es liegt in allen Schnitten (allenfalls mit Ausnahme von Schnitt *I*), jedesmal ein reiner Querschnitt, senkrecht zur Achse des Lumens geführt, vor, eine schiefe oder tangentiale Schnitt-Richtung ist hier auszuschliessen. Das Epithel ist deutlich zweischichtig und besteht aus „Randzellen" und Schleimzellen; der nur wenig gefärbte Zellenleib der Schleimzellen mit dem gleichmässig dunkelblau tingirten Kern hebt sich deutlich ab von dem ziemlich intensiv gefärbten Zellenleib der „Randzellen", deren Kerne nur mit einzelnen gefärbten Körnern oder Schollen durchsetzt sind. Den blau tingirten Randzellenkomplexen, wie sie in Schnitt *II*—*V* uns entgegentreten, wird Niemand die Bedeutung von ächten Halbmonden absprechen, sie schliessen sich an den sehr voluminösen Randzellenkomplex bei *d* in Schnitt *I* an, der mit einer konischen Spitze das Lumen des Tubulus erreicht. Soll man nun annehmen, dass die blau tingirten Zellen *d* und *c* gänzlich von denen bei *b* und *a* verschieden seien, weil diese mit einem breiteren Segment ihres Zellkörpers oder mit der ganzen Breite ihrer freien Fläche das Lumen begrenzen helfen? Die basalen Filamente, die bei *a* zu sehen sind, konnte ich, wenn auch nicht so deutlich als sonst, doch auch in sog. „ächten" Halbmonden nachweisen, und in der Färbung des Zellenleibes und in Form und Struktur der Kerne stimmen die Zellen bei *a* und *b* mit denen bei *c* und *d* vollkommen überein. Und doch wird aus dem Zellenkomplex bei *a*, wie aus den Figuren II—V hervorgeht, ein vollkommen gesonderter Tubulus von serösem Typus und mit verästelten Ausführungsgängen, deren Seitenzweige zwischen die Drüzenzellen eindringen. Jedenfalls geht aus dieser Schnittreihe hervor, dass wenigstens in der menschlichen Submaxillaris Zellen von dem Charakter der serösen Drüsen genau den Habitus von wirklichen Halbmonden annehmen können. Bei künftigen Untersuchungen über Drüsen mit Randzellenkomplexen wird man daher wohl die Forderung erheben dürfen, das Verhalten dieser Zellen auf Schnittreihen zu prüfen.

Bis vor Kurzem hätte man auch die Ergebnisse der Golgi'schen Untersuchungsmethode zu Gunsten der hier vertretenen Anschauung, dass die Randzellenkomplexe den serösen Drüsenzellen entsprechen, unbedenklich herbeiziehen können: es sollten nämlich Speichelkapillaren zwischen den Schleimzellen fehlen, den Randzellenkomplexen dagegen zukommen, auch dadurch würden letztere den Zellen der serösen Drüsen genähert werden. Allein dieses Moment verlor wieder beträchtlich an Beweiskraft, seitdem Krause (Nr. 55) wenigstens für gewisse Säugethiere das Vorkommen von Speichelkapillaren zwischen den Schleimzellen und innerhalb derselben[1]) behauptet. Die Randzellen könnten dann, wenn man keine weiteren Beweise hätte, die dagegen sprechen, immerhin sekretleere Schleimzellen darstellen.

Wir haben also, um das Endresultat nochmals zu formuliren, in den Tubulis mit Randzellen zweierlei Zellen sui generis, Schleimzellen und seröse Drüsenzellen, ähnlich wie die Fundusdrüsen des Magens mit Haupt- und Belegzellen, die Schläuche des Pankreas mit centroacinären und mit Pyramidenzellen ausgestattet sind. Bei den Speicheldrüsen mit Randzellen können die beiden geschilderten Zellformen entweder jede für sich allein das Drüsenepithel bilden (Fig. 3, Va, IVa, bezw. III, — rechte Hälfte des Tubulus *d*), oder sie kommen zusammen vor und bilden dann ein zweischichtiges Epithel (III, linke Hälfte des Tubulus *d*). Ob im letzteren Falle es stets nur zu knospenartigen Fortsätzen oder keulenförmigen Verdickungen kommt, oder in wie weit solche Randzellenkomplexe nur die vorgeschobenen Gebiete von demnächst (wie bei Va) sich sondernden Tubulis mit ausschliesslich serösen Drüsenzellen sind, bedarf weiterer Untersuchung. In der beigegebenen schematischen Zeichnung (Fig. 4) sind beide Möglichkeiten zum Ausdruck gebracht.

Zur Kenntniss des Epithels der Speichelröhren.

Dass den Speichelröhren eine höhere Bedeutung als die blosser Ausführungsgänge zukomme, schloss schon Pflüger (Litt.-Verz. Nr. 5a) aus folgender Beobachtung: An frischen Schnitten durch die lebenswarme Gl. submaxillaris des Hundes, die bei der Derbheit der Drüse leicht gelingen, findet man, wie er berichtet, auf den Cylinderzellen der Speichelröhren klare Tropfen stehen, „von denen einige innerhalb des Lumens bereits als runde, scharf abgegrenzte Kugeln zu erkennen sind.“ Er hält es für ausgemacht, dass diese Tropfen aus dem Cylinderepithel hervorgequollen sind, und schliesst aus diesem Befunde, dass die Cylinderepithelien noch zu den secernirenden Flächen gehören. Auch Boll (Arch. f. mikr. Anat., Bd. 4, p. 152) erklärte die Stäbchenepithelzellen der Speichelröhren für Gebilde von hoher funktioneller Wich-

1) Bestätigt sich diese Angabe von Krause, so wird sie ebenso gut ihren Einfluss auf unsere Anschauungen von dem Schicksal der Drüsenzellen ausüben müssen, wie es V. v. Ebner mit Recht von der später freilich als irrig erkannten Lehre von einem die Speicheldrüsen umspinnenden Netz von Sekretionsröhrchen voraussagte, sie werden den „Vorstellungen, welche die Drüsensekrete direkt aus dem Zerfall der Sekretionszellen ableiten, den Boden“ entziehen. — Die Schleimzellen, denen eine Begrenzung des Zellkörpers gegen das Lumen hin fehlt, sind daher nicht als Zellen aufzufassen, die auf der Höhe ihrer Thätigkeit angelangt, ihr Sekret abgeben, um zu zerfallen, sondern vielmehr als Elemente, welche ihre Rolle schon aufgespielt hatten und die desshalb im Begriff stehen zu Grunde zu gehen, — oder auch als mangelhaft konservirte oder beim Schneiden beschädigte Gebilde.

tigkeit. Die Beobachtung von Lavdowski, der im Epithel der „kleinsten Ausführungsgänge" Veränderungen bemerkt haben wollte, welche durch die Drüsenthätigkeit hervorgerufen worden seien, nahm Merkel (Litt.-Verz. Nr. 22) wieder auf. Ihm zu Folge sind in den verschiedenen Speicheldrüsen der Säugethiere „in der einen die Stäbchen kleiner, in der anderen dünner, bald sehr deutlich, bald nur schwer sichtbar, bald ist die Zelle stärker, bald schwächer granulirt." Er hält gleichfalls dafür, dass auch in diesen Gebilden die jeweilige Phase des Funktionszustandes durch bestimmte anatomische Merkmale zum Ausdruck gelange und sieht, gestützt auf die Beobachtung, dass das Protoplasma dieser Röhren bei Zusatz von 1—2%iger Lösung von Pyrogallus-Säure sich bräunt, die Funktion der Speichelröhren in der Aufgabe, die Kalksalze des Speichels zu liefern. Freilich sollte nach R. Heidenhain Indigkarmin, welches man dem Organismus einverleibt hatte, nicht in den Speichel übergehen, Zerner (Wien. med. Jahrb., 1886, p. 191—200) gelang es dagegen, das genannte Salz im Lumen der Speichelröhren — das war die Regel — nachzuweisen, er traf es aber auch innerhalb der Stäbchenzellen an. Auf der anderen Seite hinwieder stellt Lazarus (Arch. f. d. ges. Physiol., Bd. 42) es in Abrede, dass der Beweis der sekretorischen Funktion von Kalksalzen durch Merkel erbracht sei; es läge vielmehr nur eine Sekretions-Stauung vor.

Was nun zunächst die von Pflüger an frischen Schnitten bemerkten Kugeln anlangt, so verfüge ich freilich nicht über Erfahrungen, welche sich mit jenen ganz decken, allein ich kenne wenigstens von einer in Müller'scher Flüssigkeit sorgfältig fixirten und in Alkohol aufbewahrten menschlichen Submaxillardrüse, die ganz frisch in meine Hände gelangt war, ganz ähnliche Bilder. An Schnitten durch das nicht eingebettete, ungefärbte Material, die in Glycerin mit starker Vergrösserung (Oel-Immersion) untersucht wurden, sah man mehrfach an den freien Enden der Stäbchenepithelien der Speichelröhren homogene, kuppenartige Fortsätze (Fig. 13). An gefärbten Balsampräparaten aus Paraffin-Material waren diese Kuppen oder Tropfen viel weniger deutlich.

Ein weiteres Moment, welches die Speichelröhren (Pflüger) über die Bedeutung einfacher Ableitungswege des Sekrets hinaushebt, scheint mir in dem von mir zuerst konstatirten Vorkommen von Pigment innerhalb ihres Epithels zu liegen. — Vor Jahren machte A. v. Kölliker in seinem Handbuch der Gewebelehre des Menschen (3. Aufl., 1859, p. 378 und 379) folgende Angaben: „Wie Donders mit Recht angiebt, enthalten diese Zellen (d. h. die der Speicheldrüsen) in der Submaxillaris und in der Sublingualis konstant Schleim und auch eine grössere Anzahl von Fettkörnchen und auch wohl Pigmentkörnchen, während in denen der Parotis der Schleim fehlt und auch die körnigen Bildungen seltener sind." Derselbe Passus kehrt in der folgenden (4.) Auflage (1865, p. 391) und mit einer geringen Aenderung (der Name Donders fehlt) auch in der fünften (1867, p. 558) wieder. Nach der Herkunft dieser Pigmentkörner fragte Niemand, und in der Folge gerieth die Konstatirung der oben mitgetheilten Thatsache in Vergessenheit.

Ich habe nun im Laufe der letzten Jahre an wenigstens zwölf Exemplaren frischer oder frisch in Alkohol fixirter menschlicher Submaxillardrüsen, die alle von erwachsenen Individuen stammten, das Vorkommen von Pigmentkörnchen oder hie und da mit Vakuolen durchsetzter Pigmentschollen von rein gelblichem oder grünlich gelbem Farbenton im Epithel der Speichelröhren feststellen können. Diese Pigment-Einlagerungen fanden sich stets innerhalb des centralen Abschnittes der betreffenden Epithelzellen, in weitaus den meisten Fällen oberhalb des Kerns und nur hie und da seitlich von dem oberen Segment des Kerns (Fig. 11 und 12). Ausser diesen soliden oder vakuolisirten Pigmentschollen kamen an Alkoholmaterial auch Vakuolen[1]) vor, deren Wandschicht mit feinsten gelblichen Körnchen beschlagen oder diffus gelb gefärbt war, und endlich gelangten auch vollkommen farblose Vakuolen zur Beobachtung. Der Farbstoff ist also hier offenbar an eine Substanz gebunden gewesen, die in Alkohol gelöst wurde, höchst wahrscheinlich ist auch das Zustandekommen der pigmentirten Ringkörner in diesem Sinne zu erklären.

Es handelt sich, wie schon bemerkt, um ein in Alkohol beständiges Pigment, das möglicher Weise, wenn es ausgeschieden wird, den Speichelsteinen und dem Zahnbelage zum Theil wenigstens ihre Färbung verleiht. Auf alle Fälle weist die Pigmentirung auf einen lebhaften Stoffwechsel innerhalb der betreffenden Epithelstrecke hin. — Durch den eben geführten Nachweis vermehrt sich die schon jetzt stattliche Reihe pigmentirter Drüsenepithelien um ein weiteres Glied. Hierher gehören von menschlichen Drüsen noch die Leberzellen, die sekretorischen Elemente gewisser Schweissdrüsen, der Ohrenschmalzdrüsen, der Bowman'schen Drüsen und der Samenbläschen. Für manche dieser Organe (die Leber z. B.) ist die Pigmentirung ein gemeinsamer Zug, der bei allen Wirbelthieren wiederkehrt; von speciellen Vorkommnissen seien aus dem Stamme der Wirbelthiere noch erwähnt: Gewisse Epithelstrecken der Harnkanälchen bei Fischen, Amphibien und Reptilien (Solger), das Epithel der Drüsen in der Uebergangsstelle der Kloakenschleimhaut bei Anuren, besonders bei *Bufo* (S. Mayer), ferner das der Harder'schen Drüse der weissen Maus (Löwenthal, Anatomisch. Anz., Bd. VII, p. 547), der Gl. infraorbitalis der weissen Ratte (Löwenthal) und der Milchdrüsen der Ratte (S. Mayer). Gefärbte Hautsekrete sind ferner nachgewiesen bei *Hippopotamus amphibius*, *Cephalolophus pygmaeus* und kommen wahrscheinlich auch bei *Grimmia mergens* vor (M. Weber). Als Beispiel einer pigmentausscheidenden Drüse wirbelloser Thiere sei die Mitteldarmdrüse der Isopoden (M. Weber) aufgeführt.

Im Stäbchenepithel der Speichelröhren der Gl. submaxillaris des Igels sah ich auf Gefrierschnitten stark lichtbrechende Tropfen mit einem Stich in's Gelbliche, von verschiedener Grösse, die aber durchweg die schon von R. Krause (Nr. 55) im frischen Zustande beobachteten Zellgranula oder Körnchen dieser Epithelzellen an Volumen erheblich übertrafen. Sie sind entweder den Pflüger'schen Kugeln oder den Pigmentschollen anzureihen.

---

1) Manchmal nahm ich auch nach Sublimatfixirung, im Epithel der Speichelröhren Vakuolen wahr, allein diese lagen stets unterhalb des Kernes.

Ueber Schlussleisten.

Die Vorstellungen, nach welchem Modus benachbarte Zellen, namentlich die zelligen Ueberzüge freier Flächen (Epithelien, Endothelien) mit einander verbunden seien, sind im Laufe der Zeit mannigfachem Wechsel unterworfen gewesen, und erst gegenwärtig macht sich eine zwischen den extremen Auffassungen vermittelnde Richtung geltend. Lange Zeit herrschte unter dem Einflusse der Versilberungsbilder die Meinung, dass im Epithel, Endothel und im glatten Muskelgewebe eine durch die Silberbehandlung sich schwärzende, in gewissen macerirenden Reagentien lösliche Kittsubstanz die Verbindung benachbarter zelliger Elemente herstelle. In den 70er Jahren trat dann C. Heitzmann mit der Behauptung hervor, dass sämmtliche Zellen des Organismus in den Geweben durch Ausläufer mit einander in Zusammenhang ständen. Die von M. Schultze beschriebenen Stacheln der „Riffzellen“ bezeichnete er (1873) als Bildungen der lebenden Materie, welche die Säume der Kittsubstanz durchziehen. Diese Fortsätze, welche brückenartig zwischen den benachbarten epithelialen oder endothelialen Zellen ausgespannt seien, stellen ihm zu Folge ein ganz allgemeines Vorkommniss in der Kittsubstanz dar (C. Heitzmann, Mikr. Morphologie d. Thierk., p. 325).

Mittlerweile hatten sich die Erfahrungen über die Natur der sog. Kittsubstanz gemehrt. J. Arnold, Key und Retzius, Thoma und Andere hatten gezeigt, dass die Kittsubstanz „nicht überall gleichmässig hart, sondern an manchen Stellen mehr flüssiger Natur“ (Heitzmann, l. c. p.) sei. Die thatsächlichen Beweise, die Heitzmann für seine Lehre beizubringen vermochte, standen freilich in auffallendem Missverhältniss zu den weitgehenden Folgerungen, die er aus ihnen ableitete, und so fanden denn seine Anschauungen keinen Anklang. Aber bald wurden von den verschiedensten Seiten einwandsfreie Beweise für das Bestehen von Intercellularbrücken (Flemming) vorgelegt, und damit wuchs auch die Gefahr einer einseitigen Ueberschätzung dieser Art von Verbindung, welche in der That von Kultschizny (1887) in einer Arbeit über glatte Muskelfasern als die einzige regelrechte Verbindung in der organischen Welt bezeichnet wurde. Was die Epithelien betrifft, so traten für eine offene Kommunikation der zwischen den Brücken übrig bleibenden Intercellularlücken, welche nach Flemming eine der Lymphe ähnliche, aber etwas anders reagirende Flüssigkeit führen, mehrere Autoren unbedenklich ein. Wir wissen, dass man auch damit nicht das Richtige getroffen hatte. Für dasselbe Objekt, das Kultschizny vorwiegend bearbeitet hatte, nämlich für die glatten Muskelfasern, deren Verbindungsweise ja derjenigen der Epithelien und Endothelien nahe verwandt ist, machte de Bruyne (Arch. de biol., S. XII, 1892) eine vermittelnde Auffassung geltend: Neben den Zellbrücken, die von einer glatten Muskelzelle zur anderen ziehen, bestehen immer noch andere Verbindungsweisen, nämlich eine Kittsubstanz und — was für die Epithelien und Endothelien natürlich wegfällt — ein bindegewebiges Netz. Bald darauf (1893) demonstrirte Kolossow (Litt.-Verz. Nr. 46) unter Anwendung einer modificirten Silberbehandlung für das Pleuroperitonealepithel und Gefäss-Endothel das Nebeneinanderbestehen von Zellbrücken und Silberlinien, welche die Zellterritorien begrenzen.

Ich hatte schon vor Jahren konstatirt, dass man auf Schnitten durch das ziemlich hohe Coelomepithel von Petromyzon, das ich mit einer Mischung gleicher Volumina von Argentum nitricum (1/3%) und Osmiumsäure (1/3%) behandelt hatte, eine Sonderung in einen „körnigen" Basaltheil, der den Kern enthält und einen „Kopftheil von homogener Beschaffenheit" erzielen könne. (Solger, Nr. 23a, p. 522 und Taf. XXV, Fig. 34). Kolossow lässt auf frische Epithel- oder Endothelstrecken gleichfalls eine, nur etwas stärkere Mischung von Arg. nitr. und Osmiumsäure einwirken, legt dann das in destillirtem Wasser abgewaschene Gewebsstückchen in eine 1—2%ige Osmiumsäurelösung (auf 10—15 Minuten), um es dann der Einwirkung seines „Entwicklers", d. h. einer der Hauptsache nach aus Tannin und Pyrogallussäure bestehenden Mischung auszusetzen und es schliesslich nochmals in eine schwächere Osmiumsäure-Lösung überzuführen. Es zeigt sich jetzt die schon erwähnte Sonderung des Zellkörpers in eine tiefere Partie, in deren Bereiche die Nachbarzellen durch Anastomosen zusammenhängen, und eine homogene Deckplatte. Die der Oberfläche näheren Partien der homogenen Deckplatten berühren sich nur, ihre tiefsten Schichten werden aber, wenn ich Kolossow recht verstehe, gleichfalls durch Zellbrücken (oberflächliche Anastomosen) zusammengehalten. Dann erst würden die tiefen Anastomosen folgen, welche sich zwischen den protoplasmatischen Theilen der Zellen ausspannen. Die schwarzen Silberlinien, die man, wie ich bestätigen kann, nach der oben mitgetheilten Behandlung eintreten sieht, entsprechen nur den Grenzen zwischen den Deckplatten, die eigentlichen Zellen (in strengem Sinne) liegen tiefer. Die Intercellularlücken werden von aussen her von den Randpartien der Deckplatten bedeckt. Die Lymphe, welche die Zwischenräume durchtränkt, muss auch bis zur freien Oberfläche des Epithels (Pleuroperitoneal-Epithel) vordringen. Die Kapillarschicht dieser albuminhaltigen Flüssigkeit ruft die Erscheinung der Silber-Imprägnation hervor. Das entstehende Silber-Albuminat verhindert für gewöhnlich ein weiteres Eindringen in die Tiefe, daher erscheinen die versilberten Linien nur als feine schmale Leisten. Zuweilen dringt aber die Silberlösung auch in die intercellulären Zwischenräume ein, und dann finden sich anstatt der dünnen schwarzen Linien „ziemlich breite Streifen mit unregelmässigen Konturen", deren Form von den Abgangsstellen der anastomosirenden Fortsätze beeinflusst wird. — Wie das Pleuroperitoneal-Epithel stellt auch das Gefäss-Endothel eine Zellenkolonie dar. Auch hier ist die Gliederung in einen tieferen protoplasmatischen Theil und eine darüber gelegene Deckplatte ausgesprochen, aber die Deutung der Silberlinien lautet hier etwas anders. Kolossow hält dafür, dass sie hier wahrscheinlich nichts Anderes vorstellen, als eine versilberte Kapillarschicht des Blutplasmas, welche sich zwischen den Rändern der Deckplatten befindet.

Solche zarte Grenzlinien lassen sich aber nicht nur mit Silber-Osmium-Tannin, sondern auch nach Fixirung in Sublimat durch Hämatoxylin hervorrufen. Ich kenne beide Bilder und zweifle nicht, dass es sich, wie ich Cohn gegenüber bemerken möchte, um gleichwerthige Einrichtungen handelt. Die Deutung, die Bonnet und Cohn diesen Hämatoxylin-Bildern geben, lautet übrigens wesentlich anders, als die Erklärung Kolossow's.

Bonnet (Litt.-Verz. Nr. 56) findet an verschiedenen menschlichen Oberflächen- und Drüsenepithelien, die in Sublimat fixirt und mit Heidenhain'scher Hämatoxylin-Eisenbeize gefärbt waren, dass „das die freien Zellflächen umspinnende Netzwerk aus einer Masse besteht, welche anders als die Kittlinien beschaffen ist." Es handelt sich um tief schwarz sich färbende, auf dem Querschnitt runde oder dreiseitige Leistchen, welche tinktoriell von der übrigen Masse des „Zellenkittes" verschieden sind, und für welche er, da sie einen gewissen Abschluss des Zellenkittes gegen die freie Schleimhautfläche hin bilden, die Bezeichnung „Schlussleisten" vorschlägt. Was ihre physiologische Bedeutung anlangt, so sollen sie nach seiner Vorstellung in erster Linie bestimmt sein, den „Abfluss des in der intercellulären Kittsubstanz[1]) cirkulirenden Lymphplasmas auf die Schleimhautoberfläche, respektive in die Drüsenlichtung verhindern, eventuell im Sekretionszustande reguliren[2])." Sicherlich fungiren sie daneben noch als eine Art Schutzapparat gegen das Eindringen von Mikroorganismen.

Bonnet sah diese „Schlussleisten" u. A. auch zwischen den Epithelzellen der serösen und Schleimdrüsen der Zungenwurzel und der Submaxillaris, sowie an den Epithelien der Ausführungsgänge dieser Drüsen.

Von früheren Angaben über diesen Gegenstand citirt er diejenigen von M. Heidenhain (Kern und Protoplasma, p. 119), der dasselbe Netzwerk, das den Eindruck einer gut gelungenen Versilberung der Kittsubstanzen mache, zuerst am Epithel des Salamandermagens gesehen habe und verweist weiterhin auf Zimmermann, der ein ebenfalls mit Heidenhain'scher Beize dargestelltes Kittnetz an verschiedenen Epithelien, u. A. auch am Epithel der Ausführungsgänge der Schleimdrüsen und am Drüsenepithel der Thränendrüse, dargestellt und demonstrirt habe.

Aehnlich lauten die Mittheilungen von Cohn, einem Schüler M. Heidenhain's, über gewisse eigenthümliche Vorrichtungen, durch welche der Verschluss der Intercellularlücken gegen die freie Oberfläche der Epithelien bewerkstelligt werde. Auch hier wurde die Färbung der fraglichen Substanz, meist auf regressivem Wege, durch Differenzirung der in Eisenhämatoxylin überfärbten Schnitte erzielt. Nach Cohn werden die Intercellularlücken in der Epidermis des Axolotls nach aussen durch eine in schmalen Fäden oder Streifen angeordnete Kittsubstanz abgeschlossen, für die er die Bezeichnung „Kittstreifen" vorschlägt. Aehnlich liegen die Dinge auch bei anderen Amphibien. Auch im Darmepithel kommen intercellulare Lücken

1) Wir hätten also somit dreierlei Material: Lymphplasma, Kittsubstanz und Schlussleisten zwischen den Zellen.

2) Für einen Abschluss der Intercellularlücken war übrigens nach Untersuchungen des lebenden Epithels (Epidermis der Flosse der Salamanderlarve) schon Flemming (1882) gegen Pfitzner eingetreten, freilich liess er ihn hier durch einen ununterbrochenen Kutikularsaum bewerkstelligt werden.

vor, deren Abschluss in ganz ähnlicher Weise durch Kittstreifen bewirkt wird. Er erinnert ferner an hierher gehörige Angaben von M. Heidenhain (l. c., p. 119), nach denen am Darmepithel des Salamanders die Kittstreifen eine eigenthümlich wellige oder feingezackte Form zeigen und (was wichtiger ist) hie und da in zwei einander parallel verlaufende, gleichdicke Fäden gespalten sind, und endlich daran, dass die sich schwärzenden Streifen in der Höhe der Basalstücke der Darmstäbchen liegen. Zwischen diesen Basalstücken sind sie schon vor längerer Zeit gesehen und abgebildet, wenn auch in den zugehörigen Beschreibungen nicht näher gewürdigt worden, zuerst von R. Heidenhain (Litt.-Verz. Nr. 31, Taf. I, Fig. VI) im Darmepithel des Kaninchens, ferner von Altmann im Darme der Katze. Sie treten auf Altmann's Abbildung (Nr. 33, Taf. XII, Fig. 1) von einem Durchschnitt durch das in seinem Osmiumgemisch fixirte Zottenepithel nach Tingirung mit Säurefuchsin als rothe, rundliche Verdickungen zwischen den als eine zusammenhängende Leiste erscheinenden Fuss-Stücken des Bürstenbesatzes deutlich hervor. Auch auf die von Nicolas gegebene Abbildung (Litt.-Verz. Nr. 42, Taf. II, Fig. 6), die einen mit einer Anilinfarbe tingirten Schnitt durch die menschliche Parotis wiedergiebt, sei hingewiesen. Jedenfalls geht aus diesen Litteraturhinweisen[1]), zu denen auch Kolossow's oben referirte Angaben gehören, hervor, dass es sich bei den „Schlussleisten" oder „Kittstreifen" nicht um eine Substanz handelt, die eine specifische Verwandtschaft zum Hämatoxylin oder doch zur Eisenhämatoxylinfärbung, wie Cohn annimmt, besitzt.

Diese Netze von „Kittstreifen", welche die an einander stossenden Theile benachbarter Zellen in lückenlosen Nähten verbinden, werden zwar, wie Cohn weiterhin ausführt, dem Austreten flüssiger Substanz aus den Intercellular-Räumen kein Hinderniss in den Weg legen, wohl aber das Eindringen geformter Theile, besonders der Mikroorganismen in die intercellulären Spalträume verhindern. Auch Epithelien gegenüber, welche solcher Räume entbehren, werden sie die Rolle einer Schutz- und Abwehrvorrichtung spielen, weil die Zellgrenzen jedenfalls Orte einer geringeren vitalen Widerstandsfähigkeit sind.

Ich kenne die fraglichen „Schlussleisten" u. A. vom Epithel der Speichelröhren des Hundes (Submaxillaris, Alkohol) und des Menschen (Submaxillaris, Formalin), wo sie nach Stückfärbung in Delafield'schem Hämatoxylin (Fig. 11, *C*) deutlich hervortraten. Das Material war also einer progressiven Färbung unterworfen worden. Die fraglichen Gebilde erschienen beim Hunde auf Schnitten senkrecht zur Oberfläche in der That als scharf begrenzte, kurze, blaue Striche zwischen den Köpfen der Epithelzellen, und von der Fläche gesehen als blassblaue, polygonale Netze; am Formalinpräparat (Mensch), das in derselben Weise durchgefärbt war, fehlte jedoch (wie dies ja auch für die noch nicht differenzirten Präparate aus Eisenhämatoxylin gilt) die scharfe Begrenzung nach aussen, die Tinktion setzte sich vielfach, nach aussen allmählich blasser werdend, nach der basalen Peripherie der Zellen fort, um

1) Cohn verweist noch auf eine Abbildung von Prenant, welche Schlussleisten im Epithel des Centralkanals zeigt.

etwa in der halben Höhe derselben sich zu verlieren. Der Farbstoff hatte also, zum Theil wenigstens, auch das Gebiet der Intercellular-Lücken imprägnirt. An solchen Objekten erschien ferner eine krümelige Inhaltsmasse im Lumen des Speichelrohres gleichfalls dunkelblau imprägnirt.

Es fragt sich schliesslich noch, ob wir gezwungen sind, die Einfügung einer differenten Substanz anzunehmen. Dass die dem Lumen zunächst gelegene Verbindung der Zellen von derjenigen der tieferen Zonen different sich verhält, ist unbestreitbar. Sie färbt sich leichter und intensiver und hält den Farbstoff länger fest. Statt einer differenten Zwischenmasse könnte dieses Verhalten aber ebenso gut in einer stärkeren Tingirung des Randbezirkes der Zellenköpfe im Bereiche der Deckplatte (Kolossow) seine Erklärung finden. Eine differente Zwischenmasse müsste sich nach passender Fixirung, wie mir scheint, auch in ungefärbtem Zustande demonstriren lassen, was bisher noch nicht geschehen ist, und das von Zimmermann und M. Heidenhain beobachtete Auftreten zweier parallel verlaufender Linien scheint mir jener Annahme durchaus nicht günstig zu sein, sondern eher dafür zu sprechen, dass nur die Randbezirke der Deckplatten imprägnirt waren, die bei dichtem Aneinanderschliessen das Vorhandensein einer einzigen blauen Leiste zu Stande bringen.

Litteratur-Verzeichniss.

Die Ziffern hinter den Namen der im Texte aufgeführten Autoren beziehen sich auf die hier zusammengestellten Arbeiten.

1. Müller, Johannes, De glandularum secernentium structura penitiori earumque prima formatione in homine atque animalibus, Lipsiae 1830.
2. Kölliker, A., Mikroskopische Anatomie, Bd. II, 2, 1854.
3. Bernard, A., Mémoire sur le pancréas et le rôle du suc pancréatique, Paris 1856.
4. Henle, J., Handbuch der systematischen Anatomie des Menschen, Bd. II (Eingeweidelehre) 1866.
5. Heidenhain, R., Studien des physiologischen Instituts zu Breslau (herausgegeben von R. H.), Heft 4, 1868 (Leipzig).

5a. Pflüger, E., Die Endigung der Absonderungsnerven in dem Pancreas, Arch. f. mikr. Anat., Bd. V, p. 199—204 (Nachschrift).

5b. Boll, Franz, Beiträge zur mikroskopischen Anatomie der acinösen Drüsen, Inaug.-Dissertation, Berlin 1869, 8., 31 Seiten.

6. Heidenhain, A., Ueber die acinösen Drüsen der Schleimhäute, insbesondere der Nasenschleimhaut, Inaug.-Dissert., Breslau 1870.
7. Stricker, Handbuch der Lehre von den Geweben des Menschen und der Thiere (herausgegeben von Str.), Bd. I, 1871. (Artikel: Speicheldrüsen von Pflüger.)
8. Schwalbe, G., Beiträge zur Kenntniss der Drüsen in den Darmwandungen, insbesondere der Brunner'schen Drüsen, Arch. f. mikroskop. Anatomie, Bd. VIII, p. 92 (1872).
9. v. Ebner, V., Ueber die Anfänge der Speichelgänge in den Alveolen der Speicheldrüsen, Arch. f. mikroskop. Anatomie, Bd. VIII.
10. —— Die acinösen Drüsen der Zunge und ihre Beziehungen zu den Geschmacksorganen, Graz 1873.
11. Kühne, W. und Lea, A. Sh., Ueber die Absonderung des Pancreas, Verh. d. naturhist.-med. Vereins zu Heidelberg, Bd. I, Heft 5.
12. Lavdowsky, M., Zur feineren Anatomie und Physiologie der Speicheldrüsen, insbesondere der Orbitaldrüse, Arch. f. mikroskop. Anatomie, Bd. XIII (1877).
13. Langley, J. N., On the changes in serous glands during secretion, Journal of Physiol., Vol. II, p. 261 ff.
14. —— On the structure of serous glands in rest and activity, Proceed. of the Royal Society, No. 198 (1879), p. 377—382.
15. Hebold, O., Ein Beitrag zur Lehre von der Sekretion und Regeneration der Schleimzellen, Inaug.-Dissertation, Bonn 1879.

15a. Reichel, P., Ueber die morphologischen Veränderungen der Thränendrüse bei ihrer Thätigkeit, Arch. f. mikr. Anat., Bd. 17, p. 12 und 13.

16. Flemming, W., Zellsubstanz, Kern- und Zelltheilung, Leipzig 1882.
17. Schmidt, Kurt, Kernveränderungen in den Sekretionszellen, Inaug.-Dissertation, Breslau 1882.
18. Nussbaum, M., Beiträge zur Kenntniss des feineren Baues und der Funktion der Drüsenzellen, Zoolog. Anzeig., V. Jahrg., Nr. 114, S. 328—330. — Ueber den Bau und die Thätigkeit der Drüsen, Arch. f. mikroskop. Anatomie, Bd. 21, S. 296—351, 4. Taf.
19. Heidenhain, R., Physiologie der Absonderungsvorgänge, in Hermann's Handbuch der Physiologie, Bd. V., Th. I., Leipzig 1883.
20. Langley, J. N., On the structure of secretory cells and on the changes which take place in them during secretion, Monatsschr. f. Anat. und Histol., Bd. I, p. 69—76.
21. Solger, B., Ueber die Einwirkung des Wasserstoffsuperoxyds auf thierische Gewebe, Centralblatt f. d. med. Wissenschaften, Jahrg. 1883, p. 177.
22. Merkel, F., Die Speichelröhren. Rostocker Rektorats-Programm, Leipzig 1883.
23. Ogata, M., Die Veränderungen der Pankreaszellen bei der Sekretion, Arch. f. Anat. u. Phys., Physiolog. Abth. 1883.

23a. Solger, B., Studien zur Entwickelungsgeschichte des Coeloms und des Coelomepithels der Amphibien, Morph. Jahrb., Bd. X, S. 494 ff. (1884).

24. Langley, J. N., On the structure of mucous salivary glands, Proceed. of the Royal Society, Bd. 40, No. 244, S. 362—367 (1886).
25. Ehrlich, P., Ueber die Methylenblaureaktion der lebenden Nervensubstanz, Deutsche medic. Wochenschrift 1886, Nr. 4, p. 49.
26. Altmann, R., Studien über die Zelle. 1. Heft, Leipzig 1886.

27. Biedermann, W., Zur Histologie und Physiologie der Schleimsekretion, Wien.-Sitzungsber., Bd. 94, Abth. III, 23 Seiten, 1886.
28. Stöhr, Ph., Ueber Schleimdrüsen, Festschrift für A. von Kölliker, p. 421 ff., 1. Taf., Leipzig 1887.
29. Arnstein, C., Die Methylenblaufärbung als histologische Methode, Anatom. Anz., Bd. II, 1887, S. 125 ff.
30. Schultze, O., Die vitale Methylenblaureaktion der Zellgranula, Anat. Anz. Bd. II, 1887, S. 684 ff.
31. Heidenhain, R., Beiträge zur Histologie und Physiologie der Dünndarmschleimhaut, Arch. f. d. ges. Physiologie, Bd. 43, Supplementheft 1888.
32. Langley, J. N., On the histology of the mucous salivary glands and on the behaviour of their mucous constituants, Journal of Physiolog., Vol. IX, 6, p. 433—457, 1. Taf., 1889.
33. Altmann, R., Die Elementarorganismen und ihre Beziehungen zu den Zellen, Leipzig 1890 (In zweiter Auflage erschienen 1894).
34. Müller, K., Die Sekretionsvorgänge im Pankreas bei Salamandra maculosa, Inaug.-Dissert., Halle a. S., 1890.
35. Eberth, C. und Müller, K., Untersuchungen über das Pankreas. Z. f. wiss. Zool., Bd. 53, Suppl.
36. Zoja, L. e. R., Intorno ai plastiduli fucsinofili Bioblasten dell' Altmann), Mem. del. R. Istituto Lomb., Vol. XVI, 1891.
37. Ehrlich, P., Farbenanalytische Untersuchungen zur Histolog. u. Klinik des Blutes, Berlin, Hirschwald 1891.
38. Retzius, G., Ueber die Anfänge der Drüsengänge der Speicheldrüsen des Mundes, Biolog. Untersuchungen, Bd. III, p. 59—61.
39. Altmann, R., Ueber Kernstrukturen und Netzstrukturen, Arch. f. Anat.u. Physiologie, Anat. Abth. 1892, S. 223 ff.
40. —— Ein Beitrag zur Granulalehre, Verhandl. d. anatom. Gesellsch. 1892 (Versammlung in Wien).
41. —— Die Granulalehre und ihre Kritik, Arch. f. Anat. u. Phys., Anat. Abth. 1893, p. 55—66.
42. Nicolas, A., Contributions à l'étude des cellules glandulaires. (Le protoplasma des éléments des glandes albumineuses lacrymale et parotide), Arch. de physiol., 5. série, t. IV (24. année). Paris 1892, p. 893 ff.
43. Laserstein, Ueber die Anfänge der Absonderungswege in den Speicheldrüsen und dem Pankreas, Arch. f. d. ges. Physiol., Bd. 55.
44. Solger, B., Zur Kenntniss osmirten Fettes, Anatom. Anz., Bd. VIII (1893), p. 647 und 648, 1 Abb.
45. —— Zur Kenntniss der secernirenden Zellen der Gland. submaxillaris des Menschen, Anatom. Anz., Bd. IX, Nr. 13 und 14 (Nachtrag).
46. Kolossow, A., Ueber die Struktur des Pleuroperitonealepithels und Gefässepithels (Endothels), Arch. f. mikroskop. Anat., Bd. 42, p. 318—383, 1 Taf.
47. Heidenhain, M., Ueber Kern und Protoplasma, Leipzig, Engelmann 1892 (Aus der Festschrift für A. von Kölliker).
48. Rawitz, B., Grundriss der Histologie, Berlin 1894.
49. Fischer, A., Zur Kritik der Fixirungsmethoden und der Granula, Anat. Anz., Bd. IX (1894), p. 678—680.
50. Ranvier. Expériences sur le mécanisme histologique de la sécrétion des glandes granuleuses, Compt. rend. hebd. ac. sc., T. 118, No. 4.
51. Loewenthal, N., Zur Kenntniss der Gland. submaxillaris einiger Säugethiere, Anatom. Anz., Bd. IX (1894), p. 223 ff.
52. Solger, B., Il congelamento come mezzo sussidiario nell' esame microscopico delle glandole salivari, Bullett. R. Accad., medica di Roma, Anno XXI, Fasc. I, p. 88—96, 1 Tav.
53. Solger, B., Die Gefriermethode als Hilfsmittel bei der mikroskopischen Untersuchung der Speicheldrüsen, Moleschott's Untersuch. z. Naturlehre d. Menschen und der Thiere, Bd. XV, Heft 5/6, 1 Taf. (Uebersetzung und Erweiterung der vorhergehenden Arbeit).
54. Fischer, A., Neue Beiträge zur Kritik der Fixirungsmethoden, Anat. Anz., Bd. X, S. 777—780.
55. Krause, R., Zur Histologie der Speicheldrüsen, Arch. f. mikroskop. Anat., Bd. 45, p. 93—133.
56. Bonnet, R., Ueber die „Schlussleisten" der Epithelien, Deutsche medic. Wochenschr. 1895, XXI, S. 58.
57. Cohn, Theodor, Ueber Intercellularlücken und Kittsubstanz, Anat. Hefte, XV. Heft (V. Bd., Heft II).
58. Flemming, W., Ueber Intercellularlücken des Epithels und ihren Inhalt, Anat. Hefte, XVII. Heft, S. 1—19.
59. Müller, Erik, Ueber Sekretkapillaren, Arch. f. mikroskop. Anat., Bd. 45, S. 463—474, 1 Taf.
60. Küchenmeister, H., Ueber die Bedeutung der Giannuzzi'schen Halbmonde, Arch. f. mikroskop. Anat., Bd. 46, p. 621—631, 1 Taf.
61. Mislawsky, A. und Smirnow, Weitere Untersuchungen über die Speichelzellen, Arch. f. Anat. u. Physiologie, Physiol. Abtheilung, 1896, 1. und 2. Heft.
62. Galeotti, Gino, Ueber die Granulationen in den Zellen. Internat. Monatsschrift f. Anat. u. Physiol., Bd. XII, Heft 10, 116 Seiten, 2 Taf. (War mir erst während des Druckes bekannt geworden und konnte leider nicht mehr benutzt werden.)
63. Mayer, P., Ueber Schleimfärbung, Mittheilungen aus der zoolog. Station zu Neapel, Bd. 12, Heft 2, S. 303—330.

Inhalt.

Tafel-Erklärung.

Fig. 1. Seröse Tubuli aus einer menschlichen Submaxillardrüse. *A* und *B* in Alkohol, *C* in Formalin fixirt, Färbung (in toto) mit Delafield'schem Hämatoxylin, Zeiss Apochromat 3,0, Apert. 1,40, Kompensations-Okular 8. *bf* Basalfilamente, in *A* und *C* auf dem Querschnitt eines serösen Drüsentubulus, in *B* von der Fläche gesehen, *sr* Sekretionsröhrchen (Pflüger). Die Abtheilungen *A* und *B* dieser Figur wurden von mir in anderer Ausführung in einer früheren Arbeit (Nr. 45) schon veröffentlicht.

Fig. 2. Schiefschnitt durch einen gemischten Drüsentubulus, in den „Halbmonden" dieselben Basalfilamente wie in den serösen Drüsenzellen. Behandlung und Vergrösserung wie in voriger Figur.

Fig. 3. Schnittreihe (*I—V*) aus demselben Objekte. Die gleichnamigen Buchstaben *a—d* entsprechen den zusammengehörenden Segmenten der verschiedenen Schnitte. Nähere Erklärung im Text. Fixirung und Färbung wie oben.

Fig. 4. Schematische Darstellung einer rein serösen Drüse (*A*), einer reinen Schleimspeicheldrüse (*B*) und einer gemischten Drüse (*C*). *h, h* günstige Schnittrichtungen für Halbmonde.

Fig. 5. Gefrierschnitt durch eine ganz frische menschliche Submaxillardrüse (ohne Zusatzflüssigkeit untersucht), *st* seröse Tubuli, *ag* Ausführungsgänge. *f* Fett. Leitz, Obj. 3, Ocul. 3, Abbe'scher Beleuchtungsapparat, enge Blendung.

Fig. 6. Seröser Tubulus der menschlichen Gland. submaxillaris, frisch gefroren, ohne Zusatzflüssigkeit untersucht, Zeiss, Apochromat 3, Apert. 1,40, Kompensations-Okular 8. Die Drüsenkörner sind in der Zeichnung leider nicht genau kreisrund wiedergegeben.

Fig. 7. Schleimspeichel absondernder Tubulus der Gl. submaxillaris, Schleimzellen *schl* mit serösen Speichelzellen *se* (sog. Halbmond). Frisch gefroren, ohne Zusatzflüssigkeit. Die Drüsenkörner sind in der Zeichnung leider nicht genau kreisrund wiedergegeben.

Fig. 8. Gefrierschnitt aus der Gland. sublingualis des Menschen, ohne Zusatz, *s* Sekretvorstufen innerhalb der Drüsenzellen, *s'* einzelne stark lichtbrechende Tropfen gleichfalls innerhalb der Drüsenzellen mit beiden Formen der Sekretvorstufen, Sekret ausserhalb der sekretorischen Endkammern. Leitz, homog. Immers. 1/12.

Fig. 9. Querschnitt durch einen serösen Tubulus der Gl. submaxillaris des Menschen, nach Fixirung in 10%iger Formalinlösung und in dieser Lösung (als Zusatzflüssigkeit) untersucht.

Fig. 10. Schnitt durch einen in derselben Weise vorbehandelten Tubulus mit gemischtem Epithel, aufgenommen mit dem Abbe'schen Zeichenapparat bei Zeiss Apochromat 3,0, Ap. 1,40 und Kompensat. Ok. 4, Einzelheiten mit Kompens. Oc. 8. Sekretgranula im „Halbmond" fixirt, in den Schleimzellen dagegen nicht.

Fig. 11. Seröser Tubulus (*A* und *B*) und Speichelrohr (*C*) nach Fixirung in 10%iger Formalinlösung, Paraffinschnitt von dem in toto in Hämatoxylin gefärbten Material. *bf* Basalfilamente, *va* Vakuolen; es sind ferner bei *B* die vom Hauptlumen sich abzweigenden Sekretröhrchen wahrzunehmen. Die ursprünglich farblosen Sekretvorstufen erscheinen nun intensiv dunkelblau gefärbt. Das Epithel des Speichelrohrs ist farblos bis auf die Kerne, und die innersten, dem Lumen zunächst gelegenen Segmente der Zellgrenzen. („Schlussleisten", Bonnet.) Im Lumen des Speichelrohrs eine gefärbte Inhaltsmasse. Zeiss, Apochromat 3 mm, Ap. 1,40, Komp. Ok. 12.

Fig. 12. Querschnitt durch ein pigmentirtes Speichelrohr, Alkohol, Glycerin, Pigmentschollen häufig mit centralem Hohlraum. Zeiss Apochr. 3 mm, Ap. 1,40.

Fig. 13. Segment eines Schnittes durch ein zweites Exemplar derselben Drüse, ebenso wie der vorige behandelt und gleichfalls ohne Zusatzflüssigkeit untersucht. Speichelrohr mit Pigment und basaler Streifung (reproducirt aus Moleschott's Unters. z. Naturl. etc., Bd. XV.

Fig. 14. Stäbchenepithel aus einem Speichelrohre der menschlichen Gl. submaxillaris, Müller'sche Flüssigkeit, Leitz, homog. Immers. 1/12.

Fig. 15. Schnitt durch die menschliche Thränendrüse, frisch gefroren, ohne Zusatzflüssigkeit untersucht, Leitz, homog. Immers. 1/12.

Fig. 16. Schnitt durch die menschliche Thränendrüse, Sublimat und Hämatoxylin, Leitz, homog. Immers. 1/12. Links Sekretgranula, rechts „Schlussleisten".

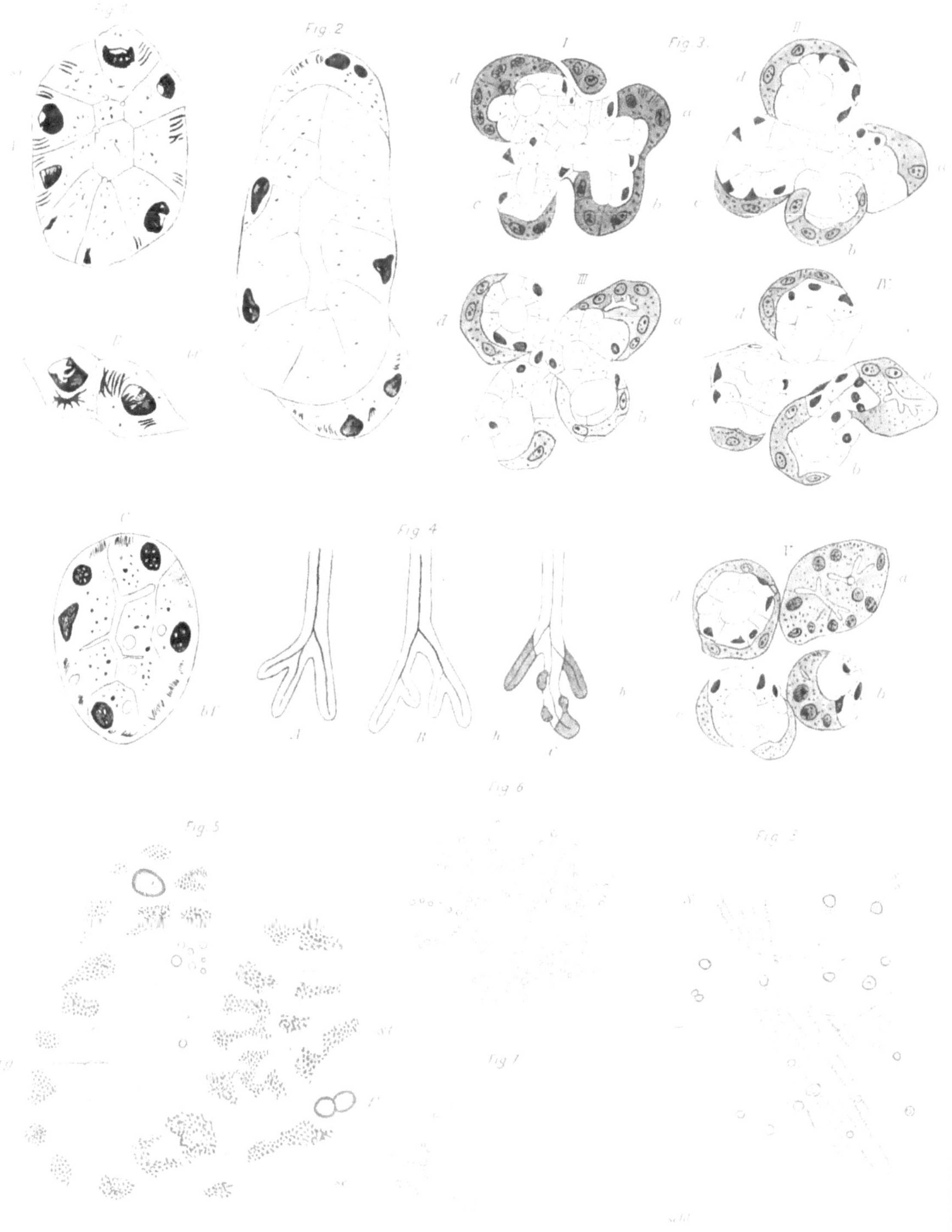
Fig. 2
Fig. 3.
Fig. 4
Fig. 5
Fig. 6
Fig. 7

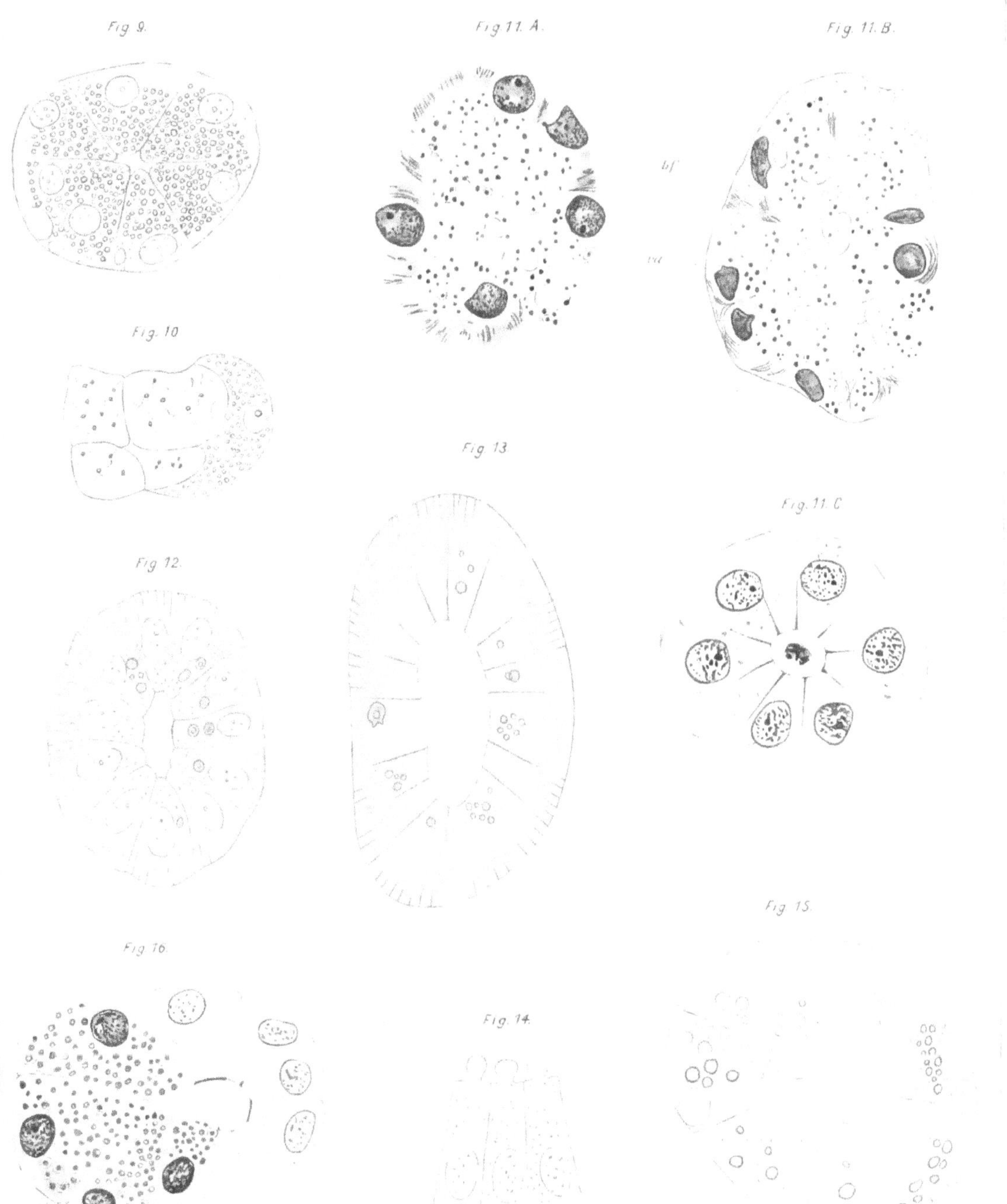
Fig. 9.
Fig. 11. A.
Fig. 11. B.
bf
vd
Fig. 10
Fig. 13
Fig. 11. C
Fig. 12.
Fig. 15.
Fig. 16.
Fig. 14.

DAS

SKELETT DER STEINKORALLEN

EINE MORPHOLOGISCHE STUDIE

VON

DR. G. v. KOCH

PROFESSOR DER ZOOLOGIE UND INSPEKTOR DES NATURALIENKABINETTS IN DARMSTADT.

MIT TAFEL I UND 23 FIGUREN IM TEXT.

Die Anthozoen bilden eine scharf begrenzte Abtheilung der Cölenteraten oder Zoophyten, welche durch den Besitz des Schlundrohrs und der radialen Scheidewände gut charakterisirt ist, sich aber auch in ihren Beziehungen zur Aussenwelt, festsitzendende Lebensweise, Aufenthalt im Meerwasser, sehr gleichförmig darstellt. Trotzdem erscheinen sie bei Berücksichtigung ihrer niederen Entwickelungsstufe, reich in Familien, Gattungen und Arten specialisirt, und das Vorhandensein eines Skelettes bei vielen Gruppen ist ihrer Erhaltung von den ältesten Erdschichten an günstig. Fügen wir zu dem Gesagten noch die Thatsache, dass Vertreter der Hauptgruppen in allen Meeren gefunden werden, und viele von ihnen in Gefangenschaft kürzere oder längere Zeit sich am Leben erhalten lassen, so wird man wohl erwarten dürfen, dass die Klasse der Anthozoa hinsichtlich ihres Systems, der Phylogenese und der Anatomie zu den am besten gekannten des Thierreichs gehöre. Wenn dies nicht der Fall ist, müssen besondere Gründe vorliegen. Die Kontraktilität der Gewebe und die Kleinheit ihrer Elemente reichen nicht zur Erklärung aus, und scheint mir desshalb die eigenthümliche Stellung der Naturforscher zu den Korallen hier die wichtigste Rolle zu spielen: ein Theil, die anatomisch und histiologisch geschulten unter ihnen, giebt sich fast nur mit den Formen ab, denen entweder die Hartheile vollständig fehlen, oder bei denen sie wenigstens für die Untersuchung nicht unbequem sind, der andere Theil, vor allem Systematiker und Paläontologen, dagegen hält sich nur an die Skelette, und für sie sind diese am brauchbarsten, wenn sie möglichst rein von allen Weichtheilen sind. Dies gilt besonders von den Hexakorallen und den Tetrakorallen oder Rugosen; denn die Oktokorallen (Alcyonarier) sind viel einheitlicher behandelt und desshalb auch hinsichtlich ihrer Anatomie viel besser gekannt.

Die mangelhafte Kenntniss der Beziehungen von Skelett und Weichtheilen bei den erstgenannten Gruppen, von denen man die skelettführenden als „Steinkorallen“ zusammenfassen kann, hat mich veranlasst, diesen Beziehungen besondere Beachtung zu schenken, und habe ich schon durch frühere Veröffentlichungen in dieser Richtung zu wirken versucht (Litt.-Nr. 11).

Die folgenden Seiten enthalten einen weiteren Ausbau des schon Gegebenen, und habe ich, um möglichste Kürze und Klarheit in der Darstellung zu erreichen, zuerst ein von den nöthigsten Erläuterungen begleitetes Verzeichniss der typischen Weich- und Harttheile der Einzelthiere, nach der gebräuchlichen systematischen Nomenklatur aufgestellt, dann eine kurze Betrachtung der Koloniebildung und der durch sie verursachten Veränderungen des Skeletts folgen lassen und zuletzt versucht, die gewonnenen anatomischen Erkenntnisse für eine Darstellung der Phylogenese des Korallenskeletts zu verwerthen. Um den Zusammenhang nicht durch viele Einzelschilderungen und Verweise, die übrigens auf das Nothwendigste beschränkt sind, zu unterbrechen, wurde Vieles in Anmerkungen verwiesen. Die Abbildungen sind, soweit es sich thun liess, schematisch gehalten und in den Text eingedruckt, eine Reihe von Darstellungen von bestimmten Beweispräparaten dagegen, sind auf einer Tafel in Lichtdruck wiedergegeben[1]).

Weichtheile des Einzelpolypen.

1. Derma.

Leibeswand, die aus drei Schichten Ektoderm, Mesoderm, Entoderm zusammengesetzte Wandung der Anthozoen, welche die Verdauungshöhle umgiebt. Sie hat gewöhnlich die Gestalt eines Cylinders oder eines abgestumpften Kegels. — Die Leibeswand gliedert sich in folgende Abschnitte:

2. Pes.

Fussblatt, Fussscheibe, aborale in der Regel einem Fremdkörper aufsitzende Endfläche, des Kegels oder Cylinders.

3. Pallium.

Wand, Leibeswand p. p. (fälschlich auch Mauerblatt), Seitenwand, der Mantel des Kegels oder Cylinders.

4. Discus.

Mundscheibe, die orale Endfläche. — Sekundäre Aus- resp. Einstülpungen des Derma und daher mit diesem von gleicher Zusammensetzung sind:

5. Oesophagus

Schlund, stomodaeum. Einstülpung des centralen Theils der Mundscheibe in die Körperhöhlung von mehr oder weniger cylindrischer Form, an beiden Enden offen.

6. Tentaculum.

Fangarm, Tentakel. Hohle, konische Ausstülpung des Derma meist am Rand der Mundscheibe, immer in Mehrzahl vorhanden in einen oder mehreren Kreisen angeordnet.

7. Paries.

Zu den genannten Theilen kommt dann noch Mesenterium, Mesenterialfalte, Mesenterialscheidewand (fälschlich Septum). Radiale, in Mehrzahl vorhandene

1) Ich glaube hier bemerken zu sollen, dass ich unter „schematisch" nicht, wie es vielfach geschieht, das Gleiche verstehe wie „erfunden", möchte auch die Autoren bitten, bei Benutzung meiner Abbildungen deren Ursprung anzugeben.

Wände, welche von dem Pallium sich nach dem Oesophagus und zwischen Mund und Fussscheibe erstrecken, an ihrem freien Rand Wülste, die Filamente tragen und aus einer Mesodermplatte bestehen, die auf beiden Seiten von Entoderm überzogen ist.

Skeletttheile des Einzelpolypen.

1. Basis.

Die Basis, Fussplatte, Basalplatte, Sklerobasis ist der, von dem Ektoderm (Kalikoblastem) des Pes auf die Unterlage ausgeschiedene Theil des Skeletts. Sie kommt wohl ursprünglich allen Steinkorallen zu und scheint nur bei wenigen Formen, die nicht festgewachsen sind, wie z. B. *Eupsammia*[1]) sekundär unterdrückt. Bei anderen (Fungia) die sich durch Abschnürung oraler Abschnitte vermehren[2]), fehlt sie den, aus solchen abgeschnürten Knospen hervorgegangenen Individuen. Form und Struktur der Basis ergeben sich aus der Art ihrer Entstehung. Sie ist ursprünglich immer eine Platte von kreisförmigem Umriss und der Unterlage in ihrer Form angepasst, so dass sie nur dann glatt und eben erscheint, wenn das Gleiche auch bei der Unterlage der Fall ist. Die erste Anlage der Basis bei *Balanophyllia*, *Asteroides* und *Caryophyllia* ist eine dünne kreisförmige Platte, zusammengesetzt aus rundlichen oder elliptischen Krystalldrusen[3]), die anfangs Lücken zwischen sich haben, welche aber bald durch weitere Kalkabsonderung des Ektoderms ausgefüllt werden. Später wird dieses erste, dünne Plättchen durch mehr oder weniger deutlich geschichtete Auflagen neuer Skelettsubstanz vom Ektoderm mehr und mehr verdickt und kann nicht selten, selbst an alten ausgewachsenen Skeletten, auf Schliffen durch die Hauptachse des Polypen, noch deutlich nachgewiesen werden (Taf. I Fig. 1). Häufiger allerdings tritt die Basis bei der weiteren Ausbildung des Skeletts gegen die, an Masse viel beträchtlicher zunehmenden Septen und der ihnen verwandten Gebilde zurück, wird auch nicht selten durch Pilzfäden, bohrende Schwämme und Würmer theilweise zerstört und unkenntlich gemacht (Taf. I Fig. 21). Da die Basis nur an solchen Polypen sich bilden kann, denen die übrigen Skeletttheile noch mangeln, so verliert sie bei den meisten kolonialen Formen, wo sie nur der erste Polyp besitzt, an Bedeutung, sie erreicht aber eine grössere Ausdehnung, wenn die Stöcke sich flächenförmig auf einer Unterlage ausbreiten (vergl. darüber Knospung). Es möge hier noch bemerkt werden, dass die Basis bei vielen paläozoischen Korallen (*Cyathophyllum*, *Calostylis*) in ihrer Bildung etwas abzuweichen scheint. Diese Formen wachsen nämlich nicht mit dem aboralen Ende, sondern mit der Seite auf der Unterlage fest, und so kommt daher auch eine mehr seitlich gelegene Basis zu Stande.

1 Diese kleinen solitären, im Tertiär häufigen Korallen staken während ihres Lebens wahrscheinlich mit dem aboralen Theil des Körpers im Sand oder Schlamm, und sind die, bei manchen Arten hoch entwickelten Rippen (vergl. *Eups. plicata* Fig. 3) vielleicht Anpassungen, welche zur Bewahrung der aufrechten Stellung von Nutzen sind.

2 Litt.-Nr. 1.

3 Litt.-Nr. 15.

2. Epithek. (Mauer p. part., Aussenmauer, Aussenplatte).

Die Epithek wird von der Aussenfläche des Pallium abgeschieden und ist, da dieses direkt in den Pes übergeht, eine Fortsetzung der Basis, die sich von jener dadurch unterscheidet, dass sie nicht der Unterlage aufsitzt, sondern mit dieser (welche im Grossen und Ganzen als Ebene angesehen werden kann) und desshalb auch mit der Basis einen Winkel bildet. Ihr Vorkommen ist sehr verbreitet. Bei vielen Einzelkorallen bildet sie eine dünne, häufig quergerunzelte, nicht selten mehr oder weniger unterbrochene Hülle um das Pallium, die später häufig mit den Septen und ihren Derivaten verschmilzt und dadurch leicht in ihrer Selbstständigkeit verkannt wird[4]). Bei anderen Formen, *Flabellum*[5]) (Taf. I Fig. 2), *Cylicia*[6]), vielleicht auch *Duncania*[7]), höchst wahrscheinlich aber auch bei vielen fossilen Korallen wird dagegen die Epithek durch spätere Ablagerungen, die natürlich bloss von innen her stattfinden können, verdickt, so dass sie eine kräftige Umhüllung des Polypen darstellt.

Die Häufigkeit der Epithek bei den „Rugosen" mögen folgende Erwägungen darthun: Betrachtet man einen Querschliff durch *Fascicularia caespitosa* (Taf. I Fig. 5), so fällt sogleich die grosse Uebereinstimmung in der Anordnung der Theile mit einem Schliff durch eine recente Koralle mit Epithek, z. B. *Asteroides calycularis* auf. Die Septen sind hier eine ziemlich grosse Strecke weit mit einander verschmolzen zu einer sogenannten Mauer, ausserhalb dieser liegt eine dünne Epithek, die mit den peripherischen Rändern der Septen, den Rippen, verbunden ist[8]) und einen gleichmässig zusammenhängenden Mantel bildet. Aehnlich verhält sich *Cyathophyllum mitratum*, nur sind dort die Septen nicht mit einander direkt verschmolzen, sondern stehen nur durch Dissepimente, die auf den Schliffen als dünne Linien hervortreten, mit einander in Verbindung. Diesem schliesst sich *Lithostrotion irregulare* (Taf. I Fig. 4) an, aber mit einer Epithek, an der man deutlich eine primäre Lamelle,

---

4) Bei den geologisch jüngeren Korallen spielen die Septen und die von ihnen ausgehenden Skeletttheile die Hauptrolle beim Aufbau des Skeletts, und wir finden desshalb die meisten Korallenstöcke, soweit sie noch lebend sind, von den Weichtheilen überall umkleidet, eine Anordnung, welche wegen der grossen Berührungsfläche der letzteren mit dem umgebenden Wasser für Gasaustausch von Vortheil ist. Die Epithek ist an solchen Stücken entweder ganz unterdrückt, oder findet sich nur als äussere Umwandung und an solchen Stellen, wo ein specieller Schutz gegen andere Organismen z. B. Spongien, die gern auf Korallen schmarotzen, nothwendig wird. Im letzteren Fall stehen die neuen Ausscheidungen des Pallium häufig nicht mit der ursprünglichen Epithekanlage in Zusammenhang, und müssen desshalb als sekundäre Bildungen angesprochen werden.

5) Die Natur der Wandung von *Flabellum* scheint durch meine Untersuchungen an fossilen und recenten Formen festgestellt. Neuerdings konnte ich auch lebende Exemplare von *Flabellum anthophyllites* untersuchen und kam dabei zu demselben Resultat wie durch die Beobachtungen von Fowler Litt.-Nr. 3). Eine neue Bestätigung für meine Auffassung ergiebt sich aus Anm. 34.

6) Nach Ortmann Litt.-Nr. 21. Ich konnte dessen Angaben zum Theil an *Cylicia* (vergl. Anm. 33), welche ich der Güte v. Marenzeller's verdanke, bestätigen.

7) Nach Fowler Litt.-Nr. 3. Man vergleiche auch die Figur Lindström's Litt.-Nr. 20 von *Duncania*. Es finden sich ähnliche Thecabildungen wie bei *Cylicia*, vergl. Taf. I Fig. 17 und Anm. 35.

8) Dies ist nur bei sehr gut erhaltenen Exemplaren der Fall, ich habe früher solche untersucht und Litt.-Nr. 13, Taf. III Fig. 31) abgebildet, denen die Epithek vollständig fehlte, und wurde dadurch zu dem Irrthum geführt, auch die „Mauer" von *Stauria* (vergl. ibid. Fig. 30) sei eine gleiche Bildung, während diese doch wahrscheinlich eine Epithek ist. Aehnlich wie *Fascicularia* ist auch *Acervularia* ibid. I. II Fig. 1 etc.) zu deuten.

welche sich in die Septen fortsetzt, und sekundäre Auflagerungen von innen unterscheiden kann. Eine viel mächtigere epithekale Mauer besitzt *Clissophyllum Hisingeri* (Taf. I Fig. 3) und nähert sich diese in mancher Hinsicht derjenigen sehr verdickter Skelette von *Flabellum*. Vergleicht man mit den genannten Formen Schliffe durch verwandte Arten, so wird man, wenn dieselben von aussen nicht beschädigt sind, ähnliche Resultate erhalten und sich überzeugen können, dass hier immer Epithekbildungen vorliegen.

Die Anlage der Epithek am Jugendskelett ist bis jetzt bei *Asteroides calycularis* (Litt.-Nr. 15), beobachtet und beschrieben, und die entwickelungsgeschichtlichen Thatsachen sind im höchsten Grade geeignet, die Resultate der vergleichend-anatomischen Betrachtung zu unterstützen.

3. Septum.

Die Septen, (Sternleisten, Sklerosepten, Radialplatten) kommen allen Steinkorallen, wenn auch in verschiedener Ausbildung zu und sind für sie als Bildungen ganz eigener Art in hohem Maasse charakteristisch. In ihrer typischen Form stellen sie radial gestellte Platten dar, die der Basis aufsitzen und so in die Darmhöhle hineinragen, dass sie von dem Fussblatt eine Falte vor sich her schieben, deren Ektoderm das Material zu ihrem Aufbau ausscheidet. Daraus ergiebt sich, dass sie von beiden Seiten her verdickt werden.

Der Rand der Septen, soweit sie nicht der Basis aufsitzen, kann ganz frei sein, häufiger ist ein centraler Abschnitt mit der Columella verschmolzen und die Fläche kann sich dann nur noch in oraler und seitlicher Richtung vergrössern. Der peripherische Abschnitt wird in den Fällen, wo durch Anwesenheit einer „Mauer" die Septen scheinbar zu einem inneren und einem äusseren Theil zerfallen, als Rippe „costa" bezeichnet[1]). Die Oberfläche der Septen ist nicht ganz eben, sondern mit kleinen Höckerchen bedeckt, die eine regelmässige Anordnung zeigen und direkt auf die Struktur zurückgeführt werden können (Taf. Fig. 8), der Rand ist in der Regel mit Zacken von verschiedener Höhe und Deutlichkeit versehen. Hinsichtlich der Struktur der Septen, wie sich auf Dünnschliffen darstellt, lässt sich im Allgemeinen sagen, dass die zuerst gebildeten Theile „Primärstreifen" einen mehr unregelmässigen Bau zeigen und sich gewöhnlich durch grössere Undurchsichtigkeit von dem beiderseits aufliegenden sekundären Theil, dem „Stereoplasma", dessen krystallinische Elemente mehr oder weniger senkrecht auf dem Primärstreifen stehen, unterscheiden (Taf. I, Fig. 2). Oft kann man in diesen sekundären Auflagen deutliche Schichtung erkennen. (*Flabellum Michelini* und *pavoninum*). — Die hier beschriebene, ziemlich einfache und leicht erkennbare Struktur wird in der Regel etwas komplicirter durch das

---

1) Schon mehrere Autoren haben auf die Verschiedenheit in der Lage der Rippen aufmerksam gemacht und gezeigt, dass es solche giebt, die direkte Fortsetzungen der Septen sind, und andere, die einem Interseptalraum entsprechen. Beide Bildungen haben morphologisch nichts mit einander zu thun, denn die ersteren sind die vorhin geschilderten äusseren resp. peripheren Septalränder, die anderen dagegen sind Ausbiegungen der Epithek, die dadurch zu Stande kommen, dass diese an den Stellen, wo die Septen aufsitzen, häufig eingezogen erscheint (vgl. Taf. I Fig 3).

Auftreten von Anwachsstreifen, abwechselnd dunkleren und helleren Linien, die auf Schliffen parallel zu der Fläche dem Septenrand gleichlaufend erscheinen und von Verschiedenheiten in der Krystallisation der sich nach einander ablagernden Verdickungsschichten herrühren (Taf. I, Fig. 9). Häufig finden sich auch Streifen normal zu den vorigen[10]) (sie entsprechen den Zacken des Randes), und bei manchen Gattungen, *Mussa*, den Fungien, *Siderastraea* und anderen können diese letzeren so individualisirt sein, dass man an ihnen eigene Krystallisationscentren und Trennungslinien gegen einander unterscheiden kann (Taf. I, Fig. 10)[11]).

Ausser den einfach plattenförmigen Septen kommen auch noch durchbrochene (Taf. I Fig. 8) und kammförmige vor, die sich beide von ersteren ableiten lassen. Wie schon oben bemerkt, sind die Ränder der Septen oft ausgezackt.

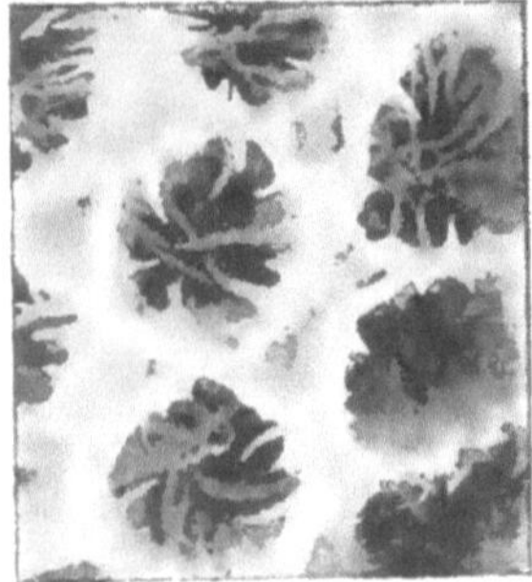

Fig. 1.

Alveopora retusa Verill. Ansicht eines kleinen Theils der Oberfläche einer stark abgerundeten Kolonie. Die Kelche zeigen deutlich die Septaldornen. Zwischen ihnen sind junge Knospen.

Erreichen diese Zacken eine bestimmte Grösse und verschmelzen dann sekundär mit ihren Spitzen unter einander oder mit Theilen der Columella, so bleiben zwischen den einzelnen Zacken Lücken, und das Septum erscheint durchbohrt (Taf. I, Fig. 6). Kammförmige Septen entstehen, wenn der solide Theil des Septum sehr reducirt wird, die Zacken aber relativ lang und dünn enden und ziemlich weit aus einander stehen. In diesem Fall erscheint der frei in das Lumen des Polypen hineinragende Theil der Septen durch eine Reihe von über einander stehenden Dornen, die sekundär mittels ihrer Spitzen unter einander verschmelzen können, ersetzt (Fig. 1 und Taf. I Fig. 7)[12]).

10) Diese Struktur kommt in den oben bemerkten Unebenheiten der Oberfläche zum Ausdruck (Taf. I Fig. 8).

11) Es muss hier die Ansicht einiger Forscher berührt werden, welche die Septen ursprünglich aus getrennten Trabekeln sich aufbauen lassen. Dass letztere in hoher Individualisirung vorkommen, ist sicher (Litt.-Nr. 23), ebenso dass sich, wie in den oben angeführten Fällen, auch an ganz dichten Septen Reihen von Krystallisationscentren nachweisen lassen, die für eine Zusammensetzung jener aus Trabekeln angeführt werden könnten und von denen sich alle Uebergänge bis zu ganz einheitlichen Platten nachweisen lassen. Trotzdem halte ich diese Ansicht nicht für wahrscheinlich, denn einmal finden sich deutlich jene trabekulären Septen nur in jüngeren Korallen, dann würde sich schwer verstehen lassen, wie sich die trabekulären Septen ursprünglich zwischen den Weichtheilen entwickelt haben, während dies in der einfachsten Weise für plattenförmige Septen durch die Anlage der Jugendskelette gezeigt ist. Dagegen kann man sich leichter vorstellen, wie aus gitterförmigen Septen sich trabekuläre ausbilden können, wenn die Lücken sich vermehren und sich in regelmässigen Reihen ordnen. Von grösster Wichtigkeit für die Entscheidung dieser Frage wäre die genaue Untersuchung einer Form, die trabekuläre Septen besitzt mit den Weichtheilen, und es ist nicht unmöglich, dass solche noch zur Bearbeitung kommen werden. Dann muss sich zeigen, ob die Lücken zwischen den Trabekeln von weichem Gewebe (Ektoderm) ausgefüllt sind, oder ob sie Löcher, resp. Kanäle vorstellen, deren Wandungen von den bekannten Schichten des Derma ausgekleidet sind. Im letzteren Fall wäre ihre Zurückführung auf Gittersepten angezeigt, im ersteren müsste man nach einer anderen Erklärung suchen. — Die ebenfalls ausgesprochene Vermuthung, die plattenförmigen Septen seien aus zwei Platten zusammengesetzt, findet ihre Erklärung in dem schon berührten Gegensatz zwischen Primäranlage und Stereoplasma.

12) Diese kammförmigen Septen können durch sekundäre Ablagerungen, durch Ausfüllung der die einzelnen Dornen trennenden Lücken, nachträglich wieder plattenförmig werden (*Pholidophyllum* Litt.-Nr. 13) und viele andere paläozoische Formen.

Die Anlage der Septen in der jungen Koralle ist von *Asteroides*, Litt.-Nr. 15, *Balanophyllia* und *Caryophyllia* bekannt und erfolgt bei diesen in Form radialer, der Basis direkt aufsitzender Leisten, die von entsprechenden Einfaltungen des Pes ausgeschieden werden und immer zwischen je 2 Parietes zu stehen kommen. Ihre Anzahl ist in den ersten beiden Gattungen 12, so dass immer abwechselnd ein Septum und eine Paries zu stehen kommt und bei *Caryophyllia* 6[13]), immer 1 Septum und dann 2 Parietes und so fort. (Wenn man die paarige Anordnung der Parietes berücksichtigt, stehen bei *Asteroides* und *Balanophyllia* die Septen ento-ektocoel, bei *Caryophyllia* nur entocoel).

Die Vermehrung der Septen erfolgt nach der Regel, dass immer zwischen zwei älteren sich je ein neues einschiebt[14]); ausgenommen sind davon die palaeozoischen Rugosen, bei denen nur an 3 Stellen der Peripherie neue Septen auftreten[15]).

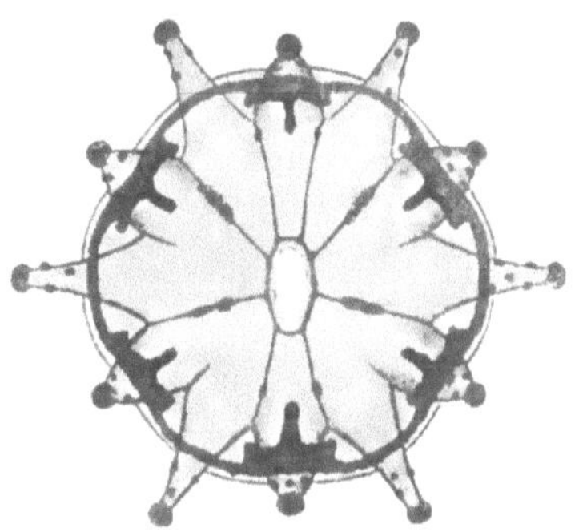

Fig. 2.

Caryophyllia cyathus. Junger Polyp gut ausgestreckt mit Skelettanlage (Basis, Theca, 6 Septen) bei durchfallendem Licht nach dem Leben gezeichnet.

4. Costa.

Die Rippen sind (vergl. Anm. 9) keine selbstständigen Skelettheile, sondern einfach die peripheren Abschnitte der Septen und der Name kann desshalb nur aus Rücksicht auf die Bequemlichkeit beibehalten werden. Hier sei angemerkt, dass ebenso, wie an manchen Korallenskeletten über die Mauer herausragende Septenränder (Rippen) ganz fehlen können, ebenso die letzteren vorhanden, ja sogar gut entwickelt sein können, und die centralen (innerhalb der Mauer) Abschnitte der Septen ganz oder theilweise rückgebildet sind. Sehr gut entwickelte Rippen zeigt *Eupsammia plicata*, vgl. Fig. 4[16]. Ganz ohne Rippen sind natürlich alle Korallen, deren Mauer nur aus einer Epithek besteht, undeutlich sind sie bei verschiedenen Formen mit theca. Rippen ohne

13) Zur Erklärung der für die *Madreporaria* so charakteristischen Sechszahl der Septen hat ORTMANN Litt.-Nr. 21 eine Hypothese erfunden: „Eine Anzahl kreisrunder Elemente in einer Ebene zusammengedrängt, nehmen die Gestalt von Sechsecken an, desshalb wird bei den Korallenkolonien der Querschnitt der Einzelkelche sechseckig, den sechs Hauptradien entsprechen sechs stärker entwickelte Septen.“ Diese Hypothese setzt die Abstammung der deutlich sechszähligen Einzelkorallen von Kolonien voraus, was wohl nicht schwieriger ist als die ORTMANN'sche Ableitung der einfachen Fungien von den zusammengesetzten. Weniger leicht lässt sich aber erklären, warum dann bei den Kolonien mit gedrängten Kelchen (die ORTM. Vorauss. am nächsten kommen) die Sechszahl am wenigsten deutlich ist, während sie bei Kolonien mit freieren Kelchen häufiger und bei vielen Einzelkorallen so scharf ausgesprochen ist, dass man über diese Regelmässigkeit erstaunen muss. Auch lässt sich hier noch nach der Ursache der „Sechszähligkeit“ bei den meisten Aktinien und der strengen Achtzähligkeit der *Alcyonarien* fragen.

14) Neben den bekannten Fällen, welche zeigen, wie sich die meisten Korallen an dieser Regel festhalten erinnere ich hier noch an *Favia* Litt.-Nr. 6).

15) Nach dem sog. „KUNTH'schen Gesetz“, das ich vielfach bestätigen konnte, lassen sich die von LINDSTRÖM beobachteten Abweichungen an ganzen Skeletten möglicher Weise auf das seitliche Anwachsen der Larven s. unter „Basis“ zurückführen.

16) Sehr hoch entwickelte Rippen besitzen viele koloniale Korallenformen (*Favia* a. a. O.) und stellen sie bei diesen hauptsächlich das Material zu dem „Cönenchym“ der Autoren (vergl. d. Abschnitt über Knospung).

entsprechende innere (Septal-)Abschnitte kommen in grösserer Anzahl bei Madrepora vor (Litt.-Nr. 17). Ein Auftreten der „Rippen“ vor den „Septen“ (wenn wir diese Ausdrücke im alten Sinn nehmen) bei der Einschiebung neuer Septen (im allgemeineren Sinn) habe ich beschrieben bei Favia und anderen Formen (Litt.-Nr. 6) (vgl. auch Fig. 3).

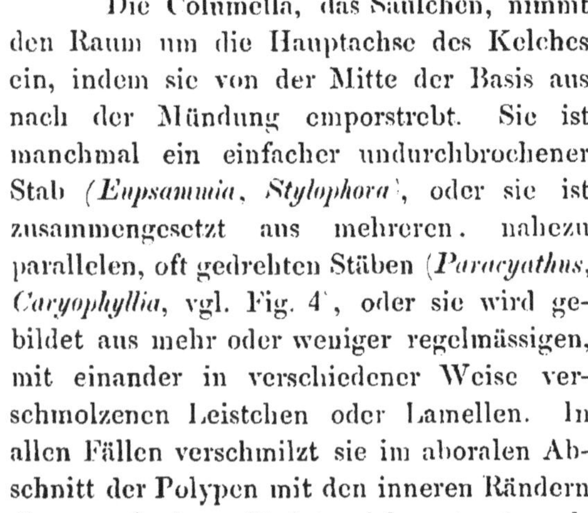

Fig. 3.

Eupsammia plicata. 5 Querschliffe in verschiedener Höhe, welche die mächtige Ausbildung der Rippen bei dieser Art zeigen. Bei *e* erkennt man die Anlage neuer Septen in Form von Rippen, die „Anwachsstreifen“ sind bei *e* angedeutet (nach einer Photographie).

5. Columella.

Die Columella, das Säulchen, nimmt den Raum um die Hauptachse des Kelches ein, indem sie von der Mitte der Basis aus nach der Mündung emporstrebt. Sie ist manchmal ein einfacher undurchbrochener Stab (*Eupsammia*, *Stylophora*), oder sie ist zusammengesetzt aus mehreren, nahezu parallelen, oft gedrehten Stäben (*Paracyathus*, *Caryophyllia*, vgl. Fig. 4), oder sie wird gebildet aus mehr oder weniger regelmässigen, mit einander in verschiedener Weise verschmolzenen Leistchen oder Lamellen. In allen Fällen verschmilzt sie im aboralen Abschnitt der Polypen mit den inneren Rändern der Septen. — Je nachdem die Columella am fertigen Skelett sich entweder als selbstständig den Septen gegenüberstellt oder mit grösserer oder geringerer Deutlichkeit erkennen lässt, dass sie durch Umbildung und Verschmelzung der inneren Septenränder entstanden ist, unterscheidet man eine wahre und eine falsche Columella. In wie weit diese Unterscheidung für alle einzelnen Gattungen und Arten zutrifft, wird sich wohl erst nach einer besseren Kenntniss der Jugendstadien feststellen lassen. Ich kann hier nach eigener Anschauung angeben, dass die Columella von *Asteroides* und *Balanophyllia* sich aus centralen Fortsätzen der Septen aufbaut[17], während die von *Caryophyllia* in Form von (3—7) unregelmässigen, kleinen Knötchen (vgl. Fig. 4b), die direkt von der Basis ausgehen, angelegt wird und zwar schon bald nach der Entstehung der 6 primären Septen. Diese Knötchen, denen natürlich eine entsprechende Vertiefung im Fussblatt entspricht, wachsen nachher zu schraubenförmig gewundenen, platt gedrückten Stäben aus, die

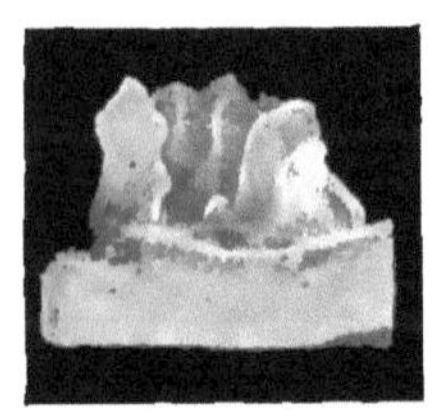

Fig. 4 a.

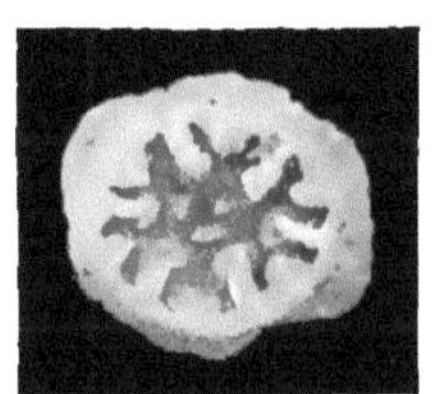

Fig. 4 b.

Caryophyllia cyathus. Jugendskelett mit 6 + 6 Septen. *a* Längsbruch. *b* von oben gesehen. Man erkennt in der Mitte die Anlagen der Columella.

17 Litt.-Nr. 15. Das Weiterwachsthum dieser falschen *Columella* ist später ganz selbstständig.

später mittels seitlicher Fortsätze unter einander und mit den Septen verschmelzen (Fig. 5; Taf. I Fig. 13).

6. Palus.

Die Pali oder Pfählchen sind den übrigen Skeletttheilen nicht gleichwerthig, sondern können bloss als Anhängsel, resp. Differenzirungen der Septen angesehen werden. Von den sogenannten falschen Pali (Cladocora etc.) ist dies lange bekannt; denn man sieht hier leicht schon an den ausgewachsenen Skeletten, dass der Palus nur ein von der Septalfläche durch eine mehr oder weniger tiefe Einbuchtung abgetheilter Lappen ist. Ich glaube aber, dass das Gleiche auch bei den sogenannten ächten Pali der Fall ist, wenigstens lässt sich dies für *Caryophyllia cyathus*, welche als Typus der Korallen mit ächten Pali gilt, nachweisen. Dort besitzen die jungen Skelette von weniger als 24 Septen noch gar keine deutlichen Pfählchen (Fig. 5). Erst nach diesem Studium treten sie und zwar als unverkennbare Lappen der Septen, also als unächte Pali auf (Taf. I, Fig. 13), und erst an älteren, verdickten Skeletten erscheinen sie in der Individualisirung wie sie die, durch vielfache Kopien allgemein bekannte Milne-Edward'sche Abbildung wiedergiebt[1]).

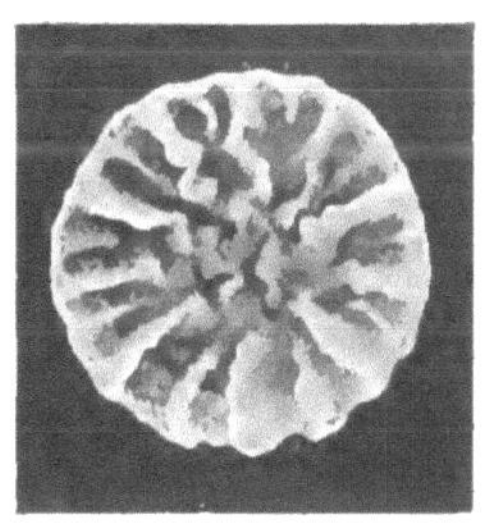

Fig. 5.

Caryophyllia cyathus. Jugendskelett (älter) mit 6 + 6 + 12 Septen (einige noch nicht deutlich) in der Mitte die Columella, deren Knötchen an einigen Stellen mit den Septen verschmolzen sind.

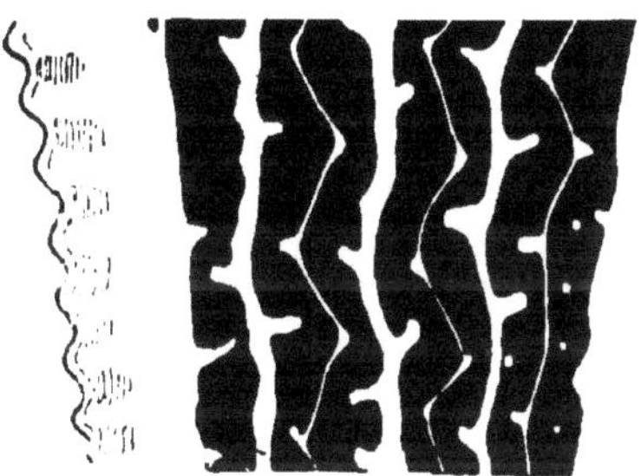

Fig. 6.

Teil (eines Tangentialschliffes von *Caryophyllia rugosa* Moseley). An den Septen sind deutliche Erhöhungen, welche man als angehende Synapticula bezeichnen kann, zu sehen. Rechts davon sind einige quer durchschnitten.

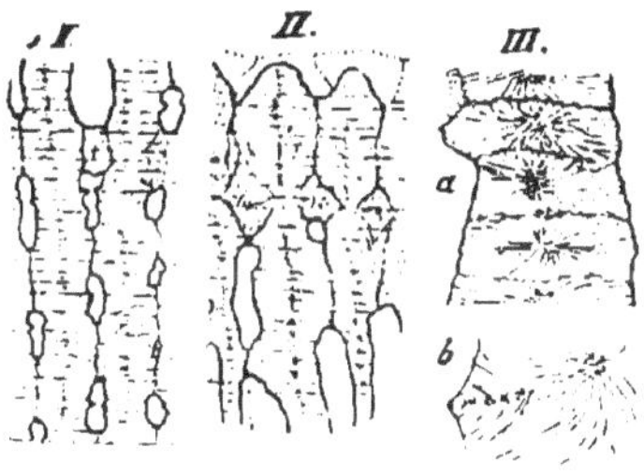

Fig. 7.

Fungia sp.? aus dem rothen Meer. Fig. I. Tangentialschliff. Fig. II. Querschliff, schwach vergrössert. Fig. III *a b.* Stücke von Querschliffen durch Septen, stärker vergrössert. (Die Angabe der Schnittrichtung ist dieselbe wie bei den gewöhnlich konisch gestalteten Korallen.)

7. Synapticulum.

Synapticula oder Bälkchen nennt man verschieden gestaltete, meist aber cylindrische Skelettgebilde, welche zwei benachbarte Septen, auf deren Fläche sie senkrecht stehen, miteinander verbinden, und desshalb die, zwischen jenen liegenden

[1]) Nach der gewöhnlichen Darstellung sollen die Pali in der Regel dem ersten Septencyklus fehlen. Ich konnte vielfach konstatiren z. B. bei *Caryoph. rugosa* Morph. Jahrb. 1880 etc., dass die Pali anfangs vor den Septen des ersten Cyklus stehen und bei den älteren Thieren vor denen des zweiten.

Parietes durchbohren Sie bilden sich in der Weise, dass von zwei einander gegenüberliegenden Punkten zweier Septalflächen sich durch vermehrte Ausscheidung von Kalk Erhöhungen bilden. die gegen einander wachsen. Nach der gegenseitigen Berührung der diese Erhöhungen umkleidenden Weichtheile verschmelzen diese und gehen theilweise zu Grunde, so dass die beiderseitigen Kalkmassen sich dicht an einander legen können und zuletzt nur noch durch eine dunkle Linie von einander getrennt erscheinen, oder es bildet sich eine neue Kalkmasse zwischen den beiden Erhöhungen, die einen eigenen Krystallisationsmittelpunkt besitzt und von jenen durch dunkle Linien abgegrenzt wird (Fig. 7, I und II). Bei beiden Formen der Synapticula sind die Beziehungen zu den Weichtheilen ganz die gleichen, und da ich konstatiren konnte, dass beide oft an demselben Schliff in nächster Nachbarschaft vorkommen, so scheint mir ihre Unterscheidung in unächte und ächte Synapticula nur einen untergeordneten Werth zu besitzen[19].

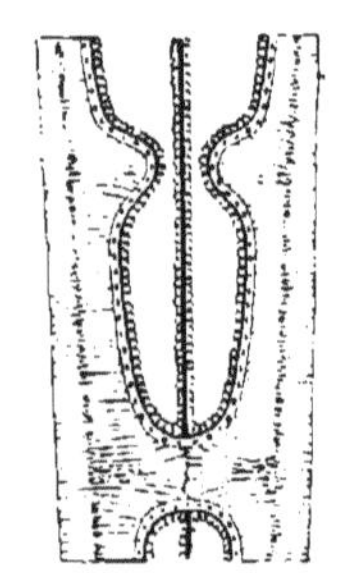

Fig. 8. Schematischer Tangentialschnitt durch einen Interseptalraum mit beginnendem und fertigem Synapticulum. In der Mitte die Paries.

8. Dissepimentum.

Die Dissepimente (Interseptalquerplättchen und Interkostalquerplättchen, Traversen) sind im Gegensatz zu den Synapticula sehr verbreitete Gebilde. Sie sind im fertigen Zustand dünne, nur selten bedeutend verdickte, undurchbohrte Plättchen, welche von einem Septum zu dem benachbarten gehen[20], wenn eine Columella vorhanden ist, sich mit dieser verbinden und den Interseptalraum vollständig in eine orale und eine aborale Abtheilung scheiden. Das jüngste Dissepiment ist auf der oralen Seite stets von der Körperwand bekleidet, während die aborale Seite von Weichtheilen entblösst ist. Alle älteren Dissepimente sind stets auf beiden Seiten nackt, und der Raum zwischen ihnen ist, so lange das ganze Skelett noch unverletzt ist, leer. Die Struktur ist trotz der grossen Verschiedenheit in der Form eine sehr gleichmässige. So lange sie noch ganz dünn sind, lässt sich sowohl bei der Ansicht von der Fläche (bei durchfallendem Licht) als auch auf Querschliffen eine Zusammensetzung aus Krystalloiden (oder Drusen) wie sie sich ähnlich bei allen dünnen Skeletttheilen findet, feststellen. Dickere dagegen zeigen auf dem Querschnitt eine gewisse Anordnung der Krystalle, die mit der der Septen Beziehungen zeigt und in Form von Schraffen zum Ausdruck kommt. Diese Schraffen sind immer nahezu senkrecht zur Fläche des Dissepiments gestellt (Fig. 10), oft zeigt sich auch noch eine ganz zarte Streifung parallel zu dieser, und gleichen sie also hierin sehr dem Stereoplasma

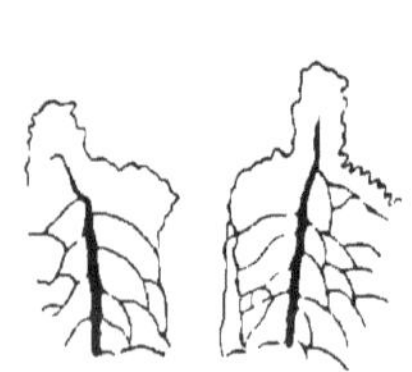

Fig. 9. Längsbruch eines Kelchs von *Favia*, die breiten Linien sind die Mauern, die dünnen Dissepimente.

19) Man vergleiche darüber PRATZ Litt.-Nr. 23. — Das Vorkommen von ächten und unächten Synapticula zwischen denselben Septen wurde von mir bei *Fungia* nachgewiesen Fig. 7). Aus dieser Figur lässt sich auch ersehen Fig. 3 b, dass blosse Höckerchen der Septen ein eigenes Krystallisationscentrum besitzen können Litt.-Nr. 6).

20) Wo die Dissepimente sehr dicht stehen, nehmen oft die jüngeren von den älteren ihren Ausgang (theilweise in Fig. 9).

der Septen, eine Aehnlichkeit, die noch erhöht wird durch eine mehr oder weniger deutliche dunkle Linie auf der aboralen Seite (Fig. 10). Aus dieser Struktur lässt sich schliessen, dass die Dissepimente nach ihrer ersten Anlage von der oralen Seite her durch weitere Kalkausscheidungen vom Ektoderm des aufliegenden Derma sekundär verdickt werden. Diese Verdickung kann aber nur so lange dauern, bis ein jüngeres Dissepiment gebildet wird. Ist dieses fertig, so wird der aborale Theil des Polypen, in dem sich das vorige Dissepiment befindet, von den übrigen Weichtheilen abgetrennt, und die Abscheidung von Kalk muss aufhören. Dies dürfte der Grund sein, warum

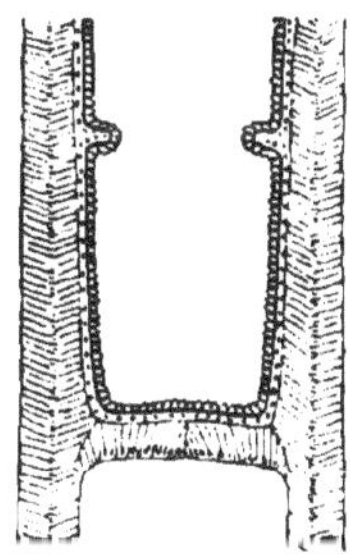

Fig. 10.

Schematischer Tangentialschnitt durch einen Interseptalraum. Oben beginnendes, unten fertiges Dissepiment.

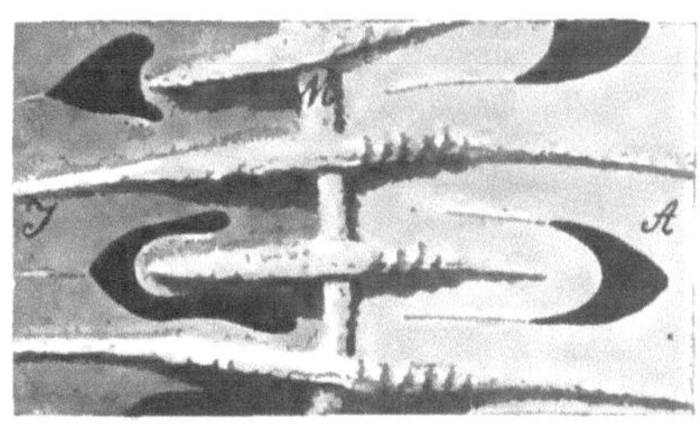

Fig. 11.

Favia cavernosa. Ansicht von der Oberfläche. *M* Kante der Mauer. *I* intrathekale, *A* extrathekale Dissepimente. Die Lücken und Nähte sind an verschiedenen Stellen deutlich zu sehen.

die Dissepimente, wo sie regelmässig angeordnet sind, immer eine nahezu gleiche Dicke besitzen; auch erklärt sich daraus die Dünnheit derselben an solchen Stellen, wo sie sehr dicht auf einander folgen.

Beobachtungen über die Entstehung der Dissepimente scheinen nicht vorzuliegen, dürften auch wegen ihrer Lage an lebenden Korallen nur sehr schwer direkt auszuführen sein. Die Angabe, dass sie, eines nach dem anderen, von dem Derma ausgeschieden würden, wenn dieses sich aus den aboralen Skeletttheilen zurückzieht, wird zwar von vielen Autoren als ganz von selbst verständlich hingestellt, ohne dass aber ein Versuch gemacht worden wäre, dafür Beweise zu geben. Ich glaube die Wahrscheinlichkeit dieses Entstehungsmodus aus dem Grund, weil ich nirgends gesehen habe, dass sich das Kalikoblastem (Ektoderm) von den ausgeschiedenen Skeletttheilen ablöst und dann wieder von Neuem Kalk ausscheidet, anzweifeln zu dürfen und halte folgenden Modus für wahrscheinlicher: Von den Wandungen eines Interseptalraums (der Ueberzug der Basis, der Septen, Columella, Theca, Epitheca können dabei betheiligt sein) erhebt sich eine Dermalfalte. Diese wächst in den Raum hinein, bis sich die gegenüber liegenden Stellen des freien Randes berühren und mit einander verschmelzen. So entsteht eine weiche Scheidewand in dem Interseptalraum, die innen aus Ektoderm besteht, aussen vom Entoderm überzogen wird. Scheidet nun das Ektoderm auf gewöhnliche Weise Kalk aus, so bildet sich in der Scheidewand ein Skelettplättchen, welches mit den Wandungen des Raums (s. oben) in direktem Zusammenhang steht. Nach der Bildung dieses „verkalkten" Dissepiments müssen die aboralseits von demselben gelegenen Weichtheile wegen des gänzlichen Abschlusses von aussen zu Grunde gehen, und eine Verdickung des Plättchens ist desshalb nur noch von der Oralseite her möglich. — Für diese Art der Entstehung sprechen folgende Thatsachen: 1) Ich fand mehrmals auf Schliffen durch *Poecillopora* ganz dünne, wohl eben angelegte Dissepimente, die aus dicht neben einander liegenden Kalkellipsoiden bestanden (vergl. Entw. v. *Asteroides*) und auf beiden Seiten noch einen Beleg von organischer Substanz (durch Karmin gefärbt) zeigten. Taf. I, Fig. 12. Leider sind solche Schliffe, wenn sie das Dissepiment senkrecht zur Fläche treffen sollen, wegen deren Dünne und Zerbrechlichkeit sehr schwer herzustellen. 2) In den jüngsten Dissepimenten eines Exemplars von *Favia cavernosa* Forsk. finden sich häufig Lücken, von denen sich konstatiren lässt, dass sie entstanden sind, weil sich die von den Septen ausgehenden Dissepimente bei dem Tod des Thieres noch nicht vereinigt hatten (vgl. Fig. 11). Weiter lässt sich auf Schliffen häufig zwischen den zwei Hälften eines Dissepiments eine nahtähnliche Verdickung erkennen, die auch auf Fig. 11 zu sehen ist und durch die Lagerung der krystallinischen Elemente auch in der Struktur ihren Ausdruck findet (Fig. 10). Aehnliche Strukturen finden sich an Dissepimenten von *Poecillopora*, Lücken in denselben manchmal bei *Stylopora*.

In der vorstehenden Betrachtung ist zwischen den Dissepimenten innerhalb der Theca (*D. entothecalia*) und denen ausserhalb jener (*D. ectothecalia*) kein Unterschied gemacht (wegen der Gleichartigkeit ihres Verhaltens, vgl. Fig. 11), und eine solche Trennung dürfte schon aus dem Grund nicht zu empfehlen sein, weil ja die Ausgangspunkte für beide, die Septen und Rippen zusammengehörige Stücke derselben Theile sind. Dagegen ist hier darauf aufmerksam zu machen, dass die Dissepimente in seitlicher Ausdehnung viel weiter sich erstrecken können als die Rippen. Dies ist besonders bei *Galaxea* der Fall, wo die Kelche sehr weit von einander stehen und die Rippen wenig entwickelt sind. Hier bilden die Dissepimente ein sehr reiches, blasiges Gewebe, das als Exothek oder Cönenchym bezeichnet wird[21]).

9. Tabula.

Tabula oder Boden nennt man (im Gegensatz zu Dissepiment) eine Skelettlamelle, welche die ganze Polypenhöhlung quer durchzieht. Ohne entscheiden zu wollen, ob die Tabulae oder die Dissepimente ursprünglichere Bildungen, oder ob beide selbstständig entstanden sind, glaube ich doch, dass man beide nicht von einander trennen kann; denn eine Tabula ist ganz dasselbe wie die Summe aller in einer Ebene liegenden Dissepimente. Sie bekommt erst den Schein einer eigenartigen Bildung, wenn die Septen wenig entwickelt sind und eine Columella fehlt; denn dann erscheint jeder Boden als einheitliche Platte, die nur an ihrer Peripherie

21) Hier gehen die jüngeren Dissepimente von den älteren aus. Bei manchen Arten finden sich abwechselnd Lager von dünnen und solche von verdickten Dissepimenten, welche auf einen periodisch eintretenden Wechsel in der Schnelligkeit des Höhenwachsthums der Stöcke hindeuten.

durch die Septen eingeschnitten ist. Die Tabulae sind sehr verbreitet bei den paläozoischen Korallen und zeigen dort mancherlei Differenzirungen, auf die hier nicht weiter eingegangen werden kann[22]).

10. Theca.

Unter Theca oder Mauer verstand man bisher die äussere Umwandung des von den Weichtheilen befreiten Einzelskelettes[23]), welche aber, wie sich aus Nachfolgendem ergiebt, einen recht verschiedenen morphologischen Werth besitzen kann.

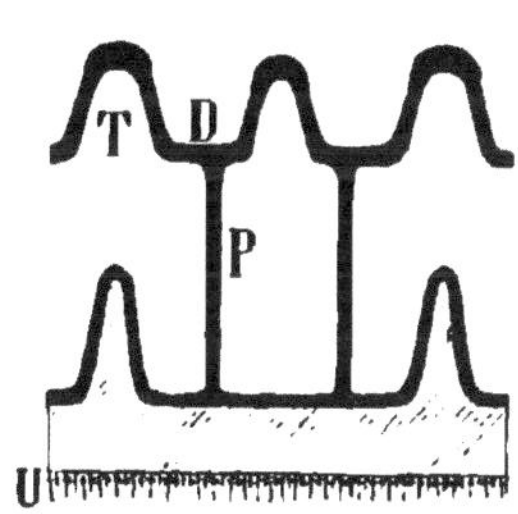

Fig. 12.

Schematischer Schnitt durch die Mitte der Theca parallel der Hauptachse quer durch die Septen von einer jungen *Caryophyllia*. Es ist angenommen, dass die Tentakel direkt über dem Kreuzungspunkt von Mauer und Septen stehen. Weichtheile schwarz, Skelett schraffirt. *T* Tentakel, *D* Mundscheibe, *P* Paries, *U* Unterlage.
Bem. Der Durchm. des Polypen ist = ∞ gedacht, damit die Theca gerade wird.

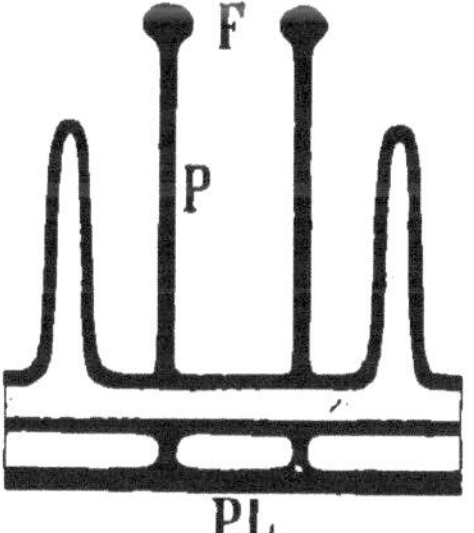

Fig. 13.

Schnitt desselben Polypen senkrecht zur Hauptachse, etwas unter der Mauerkante. *F* Filamente, *P* Paries, *Pl* Pallium.

Wenn sie von der Aussenseite des Pallium ausgeschieden wird, also bei der lebenden Koralle aussen niemals von Weichtheilen bekleidet ist, so ist sie eine Epithek und wurde das darauf bezügliche unter 2) abgehandelt. Weniger einfach ist das Verhältniss, wenn sie innerhalb des Pallium gelegen ist, denn dann lässt sich die Art und Weise ihrer Entstehung nicht sofort erkennen.

Betrachtet man zuerst solche Arten mit durchlöcherter Mauer, wie z. B. die oben angeführte *Alveopora*, so wird man sich leicht überzeugen, dass hier die „Mauer" von dünnen cylindrischen Stäbchen gebildet wird, welche die Septen mit einander verbinden (Synapticula). Dasselbe sieht man auch an den noch unverdickten Kelchrändern von *Dendrophyllia*, *Madrepora* und vieler anderer Formen, und man kann

---

22 Für die Präformation der Böden durch Weichtheile siehe oben Dissepimentum spricht die analoge Bildung der Böden von *Tubipora* Litt.-Nr. 16, sowie die ganz eigenthümliche „Erneuerung" an den Polypen von *Clavularia* Litt.-Nr. 9. In beiden Fällen handelt es sich um Abtrennung eines Theils der Verdauungshöhle durch faltenartige Erhebungen des Derma nach innen. Nur nimmt aus leicht begreiflichen Gründen an diesen Falten bei den Alcyonarien allein das Entoderm Theil, in welches eine Mesodermschicht hereinwächst, in der dann in Ektodermzellen die Kalkkörperchen sich bilden, während bei den Steinkorallen im Innern der Falte das Ektoderm als zusammenhängende Kalicoblastemschicht vorhanden ist.

23 Die morphologische Bedeutung dieser Skeletttheile ist in Folge meiner früheren Untersuchungen über diesen Gegenstand von einigen Forschern erläutert worden. Wir verdanken diesen theoretischen Versuchen die Wörter Eutheca und Pseudotheca, sowie einige ephemere systematische Gruppirungen, die Erkenntniss der Sache selbst wurde dadurch nur erschwert.

leicht konstatiren, dass erst durch sekundäre Ablagerungen die Löcher ganz oder theilweise verschlossen werden, und dadurch eine mehr oder weniger dicke Umwandung[24]) gebildet wird. Es ist klar, dass man hier nicht von einer Theca als morphologisch selbstständigem Skeletttheil sprechen kann[25]) und zwar um so weniger, als die Beobachtungen über die Entwickelungsgeschichte von *Asteroides*, *Balanophyllia* mit aller

Fig. 14.

Schnitt entsprechend Fig. 12, doch von einem älteren Individuum. Die neu hinzugekommenen Skelettschichten sind durch dünne Linien angedeutet. Zwischen den beiden ersten Septen ist noch ein neues angelegt. Buchstaben haben die gleiche Bedeutung wie Fig. 12.

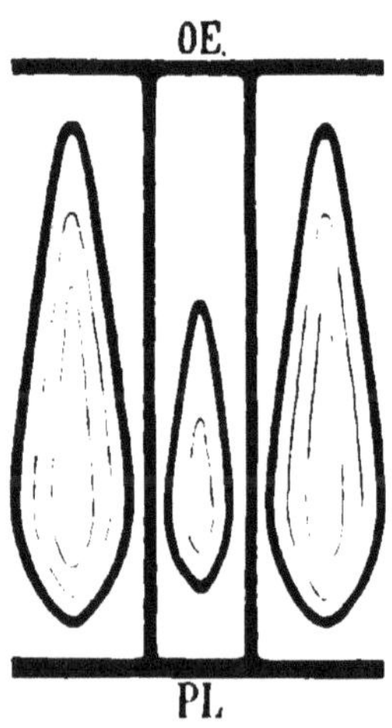

Fig. 15.

Querschnitt von Fig. 14 nach der punktirten Linie *x*. *OE* Schlundrohr, *Pl* Pallium.

Sicherheit ergeben, dass auch die erste Anlage einer solchen „Pseudotheca" durch Verschmelzung von Fortsätzen an den peripherischen Enden der Septen zu Stande kommt.

Es bleibt nun noch die Mauer der aporosen Korallen zu betrachten. Diese ist, wie sich leicht an lebenden oder mit Weichtheilen konservirten Exemplaren nachweisen lässt, eine ringförmige, von der Basis sich erhebende und von ihr nicht scharf abgegrenzte Platte, welche (soweit sie nicht mit der Basis zusammenhängt) von einer Falte des Fussblattes umhüllt wird und durch die Septen in Segmente, der Anzahl der Septen gleich, abgetheilt wird. Sind die Septen nur dünn und ihre Anzahl nicht gar zu gross, so sind die Mauerstücke ansehnlich und gegen jene häufig gut

---

24) Die Verbindung der Septen durch seitliche Fortsätze der Septen erfolgt nicht immer in gleicher Weise vergl. *Asteroides*, ebenso ist auch die Verdickung der Mauer verschieden, so wird sie z. B. bei *Madrepora* erst verdoppelt, ehe sich die Poren schliessen. Doch lassen sich alle diese Verschiedenheiten von unserem Standpunkt aus leicht auf die gleiche Weise erklären.

25) Es liesse sich vielleicht der Ausdruck Pseudotheca, welcher in der, von seinen Erfindern gegebenen Bedeutung keinen Sinn hat, hier anwenden.

abgesetzt. Sind die Septen aber dick (*Caryophyllia*), so werden die Mauersegmente klein und erscheinen nur als Verbindungsstücke der Septen, ja bei noch stärkerer Verdickung derselben können sie scheinbar ganz verschwinden und nur äusserlich als Auskerbungen zwischen diesen zum Ausdruck kommen (*Cladocora*). In der Struktur der Mauer findet sich ein Unterschied, der wohl in dem Verhältniss der Septen zu den Parietes und der dadurch modificirten Ablagerung von Verdickungsschichten seine Erklärung findet: Kommen zwei Parietes auf einen Interseptalraum, so sind auf dem Querschnitt des Kelches zwischen je zwei Septen zwei dunkle Trennungslinien zu bemerken, die ein Mauerstück einschliessen, das von keinem Septum durchkreuzt wird (sogenannte Eutheca), kommt aber auf einen Interseptalraum nur ein Paries, so findet sich zwischen zwei Septen nur eine Trennungslinie, und die Mauerstücke erscheinen nach der Lagerung der Krystallisationslinien als Anhänge der Septen (sogenannte Pseudotheca [Fig. 16]). Da das Einschieben neuer Septen nicht mit der Vermehrung der Parietes gleichzeitig zu erfolgen braucht, so kann derselbe Kelch in einer gewissen Höhe sich nach dem ersten Typus verhalten, in einer anderen nach dem zweiten, ja es können sogar beide Typen an demselben Querschnitt vorkommen (also „Eutheca" und Pseudotheca nebeneinander), wenn ein Theil der Peripherie in seiner Entwickelung etwas vorgeeilt oder nachgeblieben ist (Taf. I Fig. 18)[26]). Die Theca kann durch spätere Ablagerungen, besonders auf der Aussenseite sehr verdickt werden (Taf. I Fig. 21).

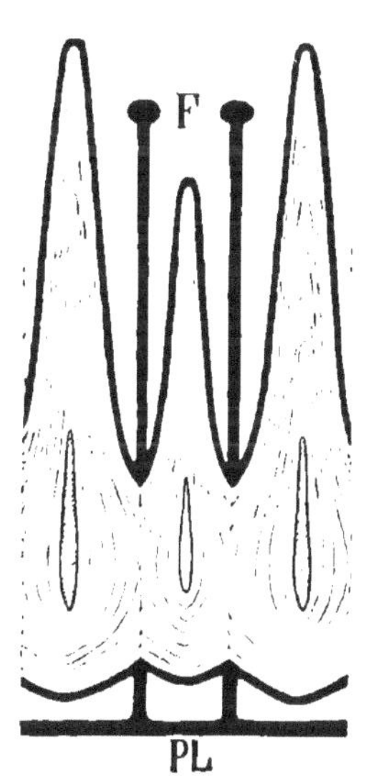

Fig. 16.
Querschnitt von Fig. 14 nach der Linie F. *F*-Filament.

Die Entwickelungsgeschichte des Skelettes von *Caryophyllia cyathus*, der einzigen aporosen Koralle, von der mir direkte Beobachtungen vorliegen, bestätigt das oben Gesagte. Es entsteht hier kurz nach dem Auftreten der sechs ersten Septen die Mauer in einer Ringfalte des Pes, nahe an dessen Uebergangsstelle in das Pallium in Form einer ringförmigen Kalklamelle, welche die Septen seitlich mit einander verbindet und als eine eigene Bildung, eine ächte Theca angesprochen werden kann (vgl. Fig. 12 und 13). Beim Wachsthum des Skelettes nehmen die Septen an der Stelle, wo sie die Mauer kreuzen, durch Auflagerungen neuer Schichten schnell an Dicke zu, auch wird bald ein neues Septum zwischen zwei älteren angelegt (so dass dann also zwölf vorhanden sind), und dadurch wird die Theca in der Weise überwachsen, dass sie bald nicht mehr als besonderes

26) Fowler, der die von mir gegebenen Grundzüge für die Morphologie des Korallenskeletts nur bestätigen konnte, versucht häufig in Nebensachen mir Ungenauigkeiten vorzuwerfen, so hat er z. B. mehrfach darauf hingewiesen, dass ich den Fehler begangen habe, eine Koralle mit enterocoelen Septen und eine solche mit ektocoelen als im wesentlichen Bau übereinstimmend anzusehen und dadurch gezeigt, wie wenig ihm das Wesen des Korallenskeletts klar geworden ist.

Stück zwischen den Septen erkennbar ist. (Dieser Entwickelungsgang, dessen speciellere Schilderung ich mir vorbehalte, ist in den Figuren 12 bis 16 dargestellt, und es lässt sich leicht verstehen, wie ein selbstständiger Mauertheil erhalten bliebe, wenn die Septen sich weniger verdicken würden, und wenn das mittlere Septum später, vielleicht kurz vor oder gar nach dem Auftreten der neuen Parietes sich bildete[27]).

Stöcke oder Kolonien.

Die Bildung von Kolonien ist eine Folge der ungeschlechtlichen Vermehrung (Theilung, Knospung)[28]) und findet statt, wenn deren Produkte sich nicht von dem Mutterpolypen loslösen. Sie geht nach mehreren Typen vor sich, welche zum grossen Theil den Habitus der Kolonien bedingen (Litt.-Nr. 13) und desshalb hier etwas näher zu betrachten sind. Als ersten Typus bezeichne ich die Innenknospung, dadurch charakterisirt, dass die neuen Polypen resp. deren Mundöffnung mit den zugehörigen Theilen innerhalb des Tentakelkreises sich bilden. Hier entsteht im einfachsten Fall aus einem Polypen dadurch, dass er sich während seines Längswachsthums in der Richtung einer Querachse mehr als in den anderen ausdehnt, ein solcher mit elliptischer Mundscheibe. Der Mund mit dem Schlundrohr wird ebenfalls elliptisch, dann semmelförmig und theilt sich schliesslich. Beim Weiterwachsthum wird die Polypenhöhle durch eine Skelettwand in zwei Theile getrennt. Diese Scheidewand geht entweder aus zwei einander gegenüberstehenden Septen durch Verschmelzung ihrer freien Innenränder hervor (vgl. Fig. 17), und wir

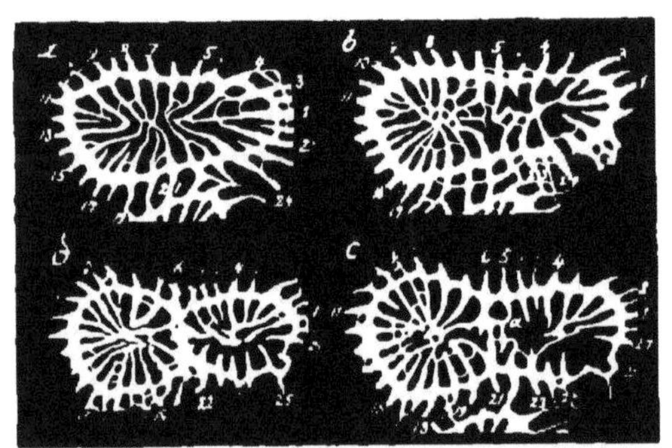

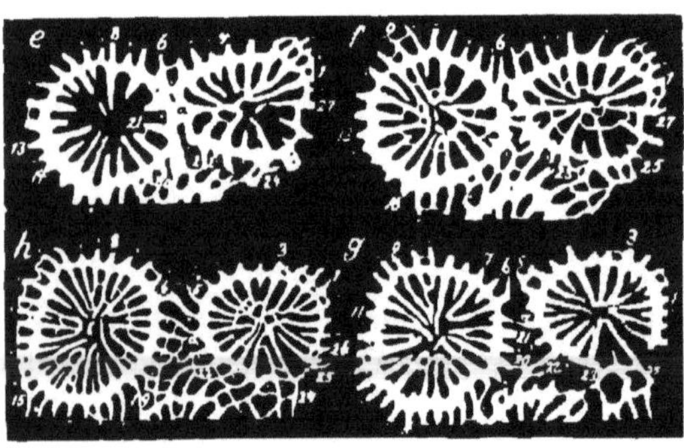

Fig. 17.

Favia cavernosa. Verschiedene Stadien aus der Theilung eines Kelches in Querschnitten dargestellt. Die Zahlen bezeichnen die in *a* vorhandenen, Punkte die später eingeschobenen Septen.

27 Man braucht sich nur das mittlere Septum auf Fig. 16 von innen her eingedrückt zu denken, um eine charakteristische „Euthecа“ zu erhalten.

28 Als seltene Ausnahme sind die Kolonien anzuführen, welche durch sekundäre Vereinigung ursprünglich getrennter Polypen entstehen Litt.-Nr. 6.

sprechen dann von einer Septalknospung. Es kann aber die Trennung auch dadurch zu Stande kommen, dass sich der kürzere Querdurchmesser immer mehr vermindert, bis endlich die seinen Endpunkten entsprechenden Mauerstücke mit einander verschmelzen. Hier ist die trennende Scheidewand der beiden Theilpolypen durch die Mauer gebildet, und wir nennen sie desshalb Thekalknospung (Theilknospung)[29]. In beiden Fällen findet während des Theilungsprocesses meistens eine Vermehrung der Tentakel und der Septen statt, wobei die oben für die Vermehrung der Septen beim Wachsthum der Einzelpolypen angegebene Regel eingehalten wird, nur entstehen bei der Septalknospung auch neue Septen auf dem aus verschmolzenen alten Septen entstandenen neuen Wandstück. Dass auf ähnliche Weise wie hier beschrieben eine ungleiche Theilung des Mutterpolypen, oder eine solche in mehrere Tochterpolypen zu gleicher Zeit stattfinden kann und bei manchen Arten regelmässig erfolgt, braucht hier nur erwähnt zu werden[30]. Eine dritte Form von Innenknospung ist leider hinsichtlich des Verhaltens der Weichtheile nicht näher bekannt, da sie regelmässig nur bei fossilen Korallen aus den älteren Schichten auftritt. Hier werden die den in verschiedener Anzahl zugleich entstehenden Knospen zur Ergänzung dienenden Skeletttheile weder von Theca noch von Septen, sondern von Böden geliefert und zwar in der Weise, dass sich der Boden schwalbennestartig aufbiegt und so den neuen Kelch bildet, aus dessen Wand (also dem früheren Boden) die neuen Septen hervorwachsen. Ich habe diese Art als Tabularknospung bezeichnet und genauer beschrieben (Litt. Nr. 13 mit Abb.[31]).

Die übrigen Arten von Knospung, bei denen der neue Polyp sich ausserhalb des Tentakelkreises bildet, lassen sich als Aussenknospung zusammenfassen. Während vorhin die Mundscheibe des Mutterpolypen das Material zu Mundscheibe, Tentakeln und Pallium der Knospe hergab, thut dieses jetzt dessen Pallium, doch kann das in verschiedener von einander ableitbarer Weise geschehen, nämlich direkt, indem sich ein Theil des Palliums ohne Weiteres durch Ein- und Ausstülpungen in die genannten Organe ausbildet, Palliumknospung, oder es bildet sich aus dem Pallium erst ein hohler Fortsatz, Stolo, und aus diesem geht dann sekundär durch einen ähnlichen Process die Knospe hervor, Stolonenknospung. Einen sehr einfachen Fall von Palliumknospung, der sich in gewisser Beziehung an die Innenknospung anschliesst,

29 Trotzdem Septal und Thekalknospung sich sehr scharf definiren und theoretisch wohl unterscheiden lassen, kommen doch häufig Theilungsformen vor, welche man zu beiden rechnen kann. Ich führe hier als Beispiel nur *Mussa corymbosa* an, bei der ich beobachtet habe, dass Septen und Mauer sich ziemlich gleichmässig am Aufbau der neuen Mauer betheiligen.

30 Wenn die getheilten Kelche beim Weiterwachsthum sich nicht vollständig von einander trennen, sondern durch die Rippen oder anderer Theile mit einander in Verbindung bleiben, so kann man letztere als Cönenchym bezeichnen (siehe weiter hinten).

31 Als Abnormität kommt eine ähnliche Knospenbildung auch bei recenten Korallen vor. Ich besitze ein Exemplar von *Asteroides calycularis* mit schwalbennestartig nach innen vorspringender Knospe, welche nach unten durch Dissepimente abgeschlossen ist, auf der einen Seite die ursprüngliche Mauer (Pseudotheca) besitzt und auf der anderen Seite der frei in die alte Polypenhöhle hineinragenden, von einer Epithekausscheidung umkleidet ist.

aber auch auf die Stolonenknospung hindeutet, zeigen manche Exemplare von *Asteroides*, deren Rand sich über eine benachbarte Fläche hin ausdehnen konnte. Es wächst hier der ausserhalb des Tentakelkreises liegende Polypentheil nach einer Seite weiter (Taf. I Fig. 19 und 20), so dass sich Pallium, Parietes, Septen und Mauer in dieser Richtung flächenhaft ausbreiten. Auf dieser Ausbreitung bildet sich nun im Pallium eine Mundöffnung mit Schlundrohr und daran ein Kreis von kleinen Tentakeln, die Anlage einer neuen Knospe. Letztere, die anfangs auf Fortsätzen der Septen ruht (vgl. Taf. I Fig. 19), regulirt nun ihr Skelett in der Weise, dass diese Septenstücke sich durch Einschiebung von Querverbindungen zuerst in ein unregelmässiges Netzwerk verwandeln, dessen verschiedene Elemente beim Weiterwachsthum sich in Septen und in eine Pseudotheca ordnen und einen regelmässigen Kelch herstellen. War beim Mutterpolypen eine Epithek ausgebildet, so setzt sich diese in der Regel auch auf die Knospe fort. Die gewöhnlich zu beobachtende Knospung von *Asteroides* weicht von den eben beschriebenen etwas ab, indem sich meist direkt auf der verbreiterten Mauer, entweder zwischen zwei älteren Polypen oder auf deren Aussenseite, die neue Knospe anlegt, und so ist es bei vielen anderen Korallen.

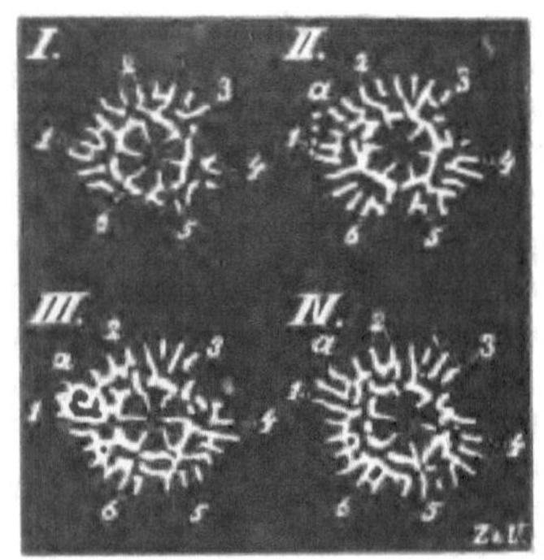

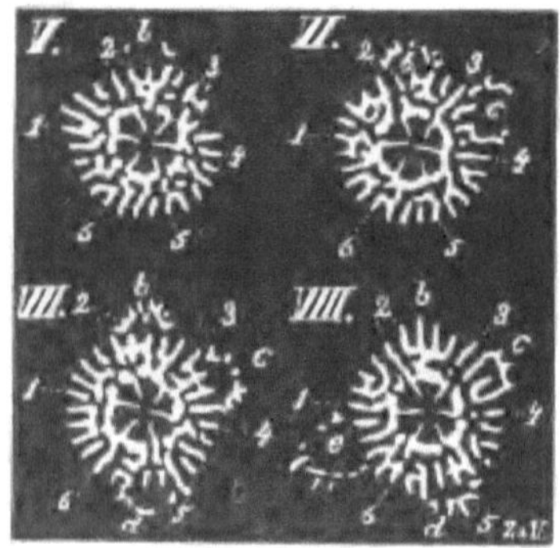

Fig. 18.

Madrepora echidnaea. 8 Schliffe einer Serie, welche die Entwickelung der Knospen *a*, *b*, *c*, *d* zeigt. *e* ist am Kelchrand angeschliffen.

Nach dem gleichen Princip erfolgt die Knospung von *Madrepora*. Bei dieser entstehen auch die Weichtheile der Knospe aus dem Pallium, die Hartheile werden von den Aussenrändern der Septen (den Costae) ausschliesslich geliefert, und habe ich desshalb diese Art der Knospung (genau beschrieben Litt.-Nr. 17) auch als Kostalknospung bezeichnet (vgl. Fig. 18 I bis VIII). An den durch Palliumknospung enstandenen Kolonien finden sich zwischen den Tentakelkreisen der einzelnen Polypen grössere oder geringere Strecken, welche man mit Sicherheit nicht dem einen oder dem anderen Polypen zutheilen kann. Man hat sie desshalb in ihrer Gesammtheit als Zwischengewebe, soweit es die Weichtheile betrifft, Cönosark, die Hartheile, Cönenchym[32]), bezeichnet. Durch dieses Zwischengewebe stehen die Polypentheilungen mit einander in Verbindung, und in vielen Fällen wird man

32. „Cönosark" kann sich in Folge von Innen- und Aussenknospung bilden vergl. Bemerk. 29), dasselbe entsteht aber im ersten Fall aus Theilen des Diskus im zweiten aus dem Pallium, und man müsste desshalb zwischen einen Disko- und Palliocönosark unterscheiden.

zwar leicht sehen können, dass sich die neuen Knospen vom Cönenchym erheben, ohne aber im Stande zu sein, nachzuweisen, von welchem Polypen sie eigentlich abstammen. Ich habe desshalb diese Art von Knospung auch als Cönenchym- (man könnte auch sagen Cönosark-) Knospung früher aufgeführt. Sind die Zwischenräume der Polypen auf ein Minimum reducirt, und werden diese sofort von neuen Knospen eingenommen, wie bei *Alveopora*, *Favosites*[33]) *Goniopora* (Fig. 1 und 19), so ist ein Cönenchym in dem vorher gebrauchten Sinn nicht vorhanden und man kann diese Art der Vermehrung als Zwischenknospung bezeichnen (Litt.-Nr. 13).

Die Stolonenknospung[34]) ist bisher noch am wenigsten studirt, da Material mit gut erhaltenen Weichtheilen noch nicht zur Untersuchung gekommen ist. Doch lässt sich aus der Beschaffenheit des Skelettes schliessen, dass bei der Bildung von Stolonen das Pallium sich in Form einer Rinne, die bald zu einem Rohr sich schliesst, auszieht und dann auf kürzere oder längere Strecke auswächst und schliesslich aus ihrer Wandung eine oder mehrere Knospen durch Einstülpung eines Schlundes, Auswachsen von Tentakeln, Anlage von Parietes etc. aus sich hervorgehen lässt. Der Stolo kann, wie jeder Theil des Palliums, auf seiner Aussenseite Kalk ausscheiden und dadurch eine vollständige oder theilweise Umhüllung erhalten. Erstere ist ausgebildet bei *Rhizophyllum* und anderen palaeozoischen Korallen (Litt.-Nr. 18), und stellt sie dort am Skelett eine Röhre dar, deren Wandung in die Epithek übergeht und, weil sie denselben Ursprung wie diese hat, ihr zugerechnet werden muss[35]). Eine unvollständige Umhüllung bildet das Stoloskelett bei *Cylicia*[36])

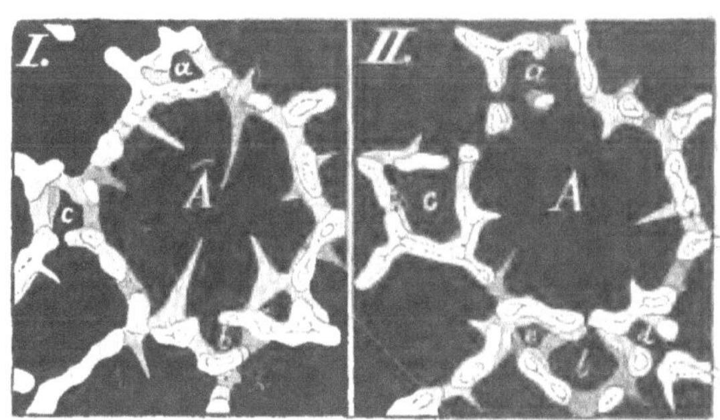

Fig. 19.

Alveopora retusa. 2 Querschliffe von der Basis nach dem Kelchrand zu. *a*, *b*, *c* 3 junge Knospen, die in II. grösser geworden sind, vgl. Litt.-Nr. 6.

33) *Favosites* schliesst sich hier ganz ungezwungen an. Die Hypothese MOSELEY's nach der F. zu den Alcyonarien gehören soll, wird durch keine Thatsache gestützt. Sie verdankt ihr Dasein allein dem Vorhandensein kleinerer und grösserer Löcher auf der Oberfläche von *Favorites* und *Alcyonium*.

34) Bei den Alcyonarien ist die Stolonenknospung allein ausgebildet und erfährt dort mancherlei Umbildungen. Vergl. Litt.-Nr. 16.

35) Eine ganz ähnliche Bildung, welche allerdings nicht zur Entstehung von Knospen führt, sind die hohlen Fortsätze von *Flabellum spinosum.* Hier bildet sich zuerst am Rand des Kelches eine Ausbuchtung, ähnlich wie der Ausguss eines Gefässes. Dann näheren sich dessen Ränder und schliessen sich endlich zu einer Röhre zusammen, die dann weiter in die Länge wächst und von innen her verdickt wird. Ein Septum ragt gewöhnlich ziemlich weit in die Röhre hinein. Taf. I Fig. 14—16.

36) Bei *Cylicia Smithii* die untersuchten Exemplare verdanke ich der Freundlichkeit des Herrn Prof. Dr. MARENZELLER, Wien, gehen die Stolonenplatten vom Rand des Kelches aus, laufen an dessen Aussenseite herab und dann ein Stück über die Unterlage hin. An ihrem Ende erheben sich dann regelmässig angeordnet die Septen der Knospe, die von den Rändern der Platte umhüllt werden eine ächte Epithek, doch kommen auch Verbindungen

(Taf. I Fig. 17). Es ist dort auf eine Lamelle beschränkt, welche die Wand des Stolo von der Unterlage, auf welcher derselbe hinwächst, trennt und die zum Theil direkt in die Basis der Knospe umgewandelt wird (Litt.-Nr. 22).

Aus der vorstehenden Schilderung des Knospungsprocesses ist zu ersehen, wie die Kolonien zu Stande kommen, und es erscheint von Interesse, zu konstatiren, dass neue typische Skeletttheile dabei nicht ausgebildet werden, denn sowohl das Cönenchym, als auch die Stolonenskelette sind auf solche Theile zurückzuführen, welche schon bei Einzelpolypen vorhanden sind. Immerhin wird es bequem sein, beide Bezeichnungen weiter zu brauchen.

Allgemeines.

Nachdem im Vorstehenden kurz die wichtigsten vergleichend-anatomischen Thatsachen, welche über das Korallenskelett vorliegen, dargestellt und übersichtlich geordnet worden, ist nunmehr zu untersuchen, ob sich mit Hilfe des so gewonnenen Materials eine Anschauung über die phylogenetische Entstehung der Korallen selbst gewinnen lässt.

Dieser Untersuchung dürfte zweckmässig eine Betrachtung über die Unterschiede in der Septenvermehrung der „*Madreporen*“ und „*Rugosen*“ vorausgehen, da sich jene viel einfacher erweisen wird, wenn dargethan werden kann, dass die Unterschiede beider Gruppen nicht tiefgreifend genug sind, um eine einheitliche Behandlung zu verbieten. — Für die Madreporarier gilt in Betreff der Septenvermehrung das oben erwähnte Milne-Edward'sche Gesetz mit einigen Erweiterungen. Es werden 6 oder 12 Septen gleichzeitig angelegt, 1. Cyklus, in deren Zwischenräumen tritt dann je ein neues Septum auf, 2. Cyklus, ebenso in jedem Zwischenraum der jetzt vorhandenen 12 oder 24 Septen wieder ein neuer dritter Cyklus und so fort. Für die *Rugosen* gilt das Kunth'sche Gesetz, nach dem erst vier Septen (Haupt- und Gegenseptum und zwei Seitensepten) angelegt werden und die neuen Septen nur an drei resp. vier Stellen des Umfangs, nämlich zu beiden Seiten des Hauptseptums und an den abgekehrten Seiten der beiden Seitensepten, eingeschoben werden. — Aus der Entwickelungsgeschichte der *Madreporarier*, soweit dieselbe überhaupt bekannt ist, wissen wir, dass der zuerst angelegte Cyklus von Septen dem Larvenstadium mit 12 Parietes zukommt, und dass hier wie auch während der nachherigen Vermehrung beider sie in Zahl und Anordnung übereinstimmen[37]). Für die *Rugosen* liegen derartige Beobachtungen (von Weichtheilen) nicht vor, und wir haben desshalb zu untersuchen,

der Septen vor Pseudothek (vergl. Abb. Taf. I Fig. 17). Aehnlich wie *Cylicia* scheint sich auch *Astrangia neclecta* zu verhalten, doch lag mir von dieser Art nicht genügendes Material zu eingehender Untersuchung vor.

37) Das häufige Voraneilen der Anzahl der Paries ändert das Wesentliche dieser Uebereinstimmung nicht.

ob die bei ihnen vorhandenen Septenverhältnisse mit einer Anordnung der Weichtheile, wie sie die *Madreporen* zeigen, in Einklang zu bringen sind, und müssen für diesen Zweck die früheren Entwickelungsstadien von Madreporierlarven zum Vergleich heranziehen. Hier finden wir vier Hauptstadien: Im ersten fehlen Parietes noch vollständig, im zweiten sind vier Parietes vorhanden, die in Bezug auf die durch die Gestalt der Mundöffnung schon festgelegte Sagittalebene symmetrisch angeordnet sind, im dritten sind acht Parietes vorhanden, von denen die vier jüngeren an je einem zwischen den vorigen und den Durchschnittstellen von Sagittalebene und Pallium ebenfalls in symmetrischer Anordnung liegen „Richtungssepten", im vierten sind zwölf Parietes vorhanden, von denen zwei der jüngst eingeschobenen in den zwei noch übrigen Zwischenräumen der ältesten, die anderen zwei jüngsten zwischen je einem ältesten und einem

Fig. 20.

Hypothetische Darstellung der Weichtheile und Septen einer rugosen Koralle. Skelett schwarz, Weichtheile grau.

Fig. 21.

Schematische Darstellung der Weichtheile und Septen von *Balanophyllia.*

Fig. 22.

Schematische Darstellung der Weichtheile und Septen von *Caryophyllia.* Alle drei Figuren im gleichen Stadium von 12 Parietes.

zweitältesten zu liegen kommen. Die Anordnung ist auf den Figuren 20—22 dargestellt, und sind dort die Parietes des zweiten Stadiums am längsten, die des dritten kürzer und die des vierten ganz kurz angegeben. — Denkt man sich nun die Septen der *Rugosen* immer in den Zwischenräumen zweier Parietes und in der gleichen Reihenfolge wie diese angelegt, so bekommen wir für das zweite Stadium vier Septen für das dritte acht und für das vierte zwölf (vgl. Fig. 20, wo solche nach der Reihenfolge ihres Auftretens länger oder kürzer eingetragen sind), und ihre Stellung entspricht genau dem Kunth'schen Gesetz[38]. Desshalb scheint der Schluss sehr naheliegend, dass die Anordnung der Parietes bei den *Rugosen* in den jüngeren Stadien die gleiche gewesen sei wie bei den *Madreporariern* und sich beide wohl auf eine Grundform zurückführen lassen, deren Parietes und Septa paarweise nach einander auftreten. Die *Rugosen* hätten dann diesen Modus beibehalten, während bei den *Madreporariern* in dem Stadium mit zwölf Parietes auf einmal zwölf Septen gleichzeitig aufgetreten sind (vgl. Fig. 21). Wahrscheinlich sind daraus erst sekundär die Formen abzuleiten (*Caryophyllia*), bei denen die zwölf ersten Septen auf zwei Cyklen von sechs und sechs sich vertheilen).

38 Auf diese Uebereinstimmung hat schon Frech aufmerksam gemacht Litt.-Nr. 4.

Nach dieser Auseinandersetzung können wir wohl *Rugosen* und *Madreporarier* (wenigstens soweit es das Skelett betrifft) als zusammengehörende „Steinkorallen"[39]) ansehen und kommen nun daran, zu überlegen, wie die erste Skelettanlage zu Stande gekommen sein mag. Einen Fingerzeig geben unter den *Anthozoen* einige *Actinien* und *Zoanthiden*, einige niedere *Alcyonarien*, die *Gorgoniden* und *Antipathiden* und von weiteren Verwandten viele *Hydroiden*[40]). Bei diesen finden wir theils basale, theils laterale Ausscheidungen, die wie bei den *Madreporen* dem Ektoderm entstammen und wie dort zusammenhängende Lagen bilden. Allerdings sind sie ihrer chemischen Beschaffenheit nach meist von den Skeletten der Steinkorallen verschieden, weil sie mehr Hornsubstanz als Kalk enthalten, doch fällt dieser Unterschied nicht so sehr in's Gewicht, da der Kalkgehalt überhaupt variabel ist und ausserdem Fälle vorkommen, wo die Kalkausscheidung, ähnlich wie bei den Steinkorallen, überwiegt. Es ist hier an die Achsen von Isis und Verwandten zu erinnern, bei denen ja dasselbe Epithel an dicht neben einander liegenden Stellen Horn und Kalk producirt (Litt.-Nr. 8 und 16). Sehen wir von den durch die Eigenthümlichkeit der Koloniebildung entstandenen Achsenskelette der Gorgonien und Antipatharien ab und erinnern uns der einfachsten Skelette der Steinkorallen, wie sie in einigen paläozoischen und Jugendformen vorliegen, so werden wir mit grosser Wahrscheinlichkeit annehmen können: das ursprüngliche Skelett der Steinkorallen bestand aus einer lamellären Abscheidung von Kalk durch das Ektoderm: Basis und Epithek, die eine schützende Hülle um den Einzelpolypen bildeten, in welche dieser sich bei Gefahr mehr oder weniger weit zurückziehen, oder wenigstens die Tentakel einschlagen konnte. Diese Annahme ist auch von physiologischem Standpunkt zu begründen, denn die Tendenz des Ektoderm, Skelettsubstanz auszuscheiden, ist vorhanden, die dünnste Lamelle um das Pallium giebt schon einen gewissen Schutz und die Verdickung durch weitere Ausscheidung macht die erste Anlage für ihre Funktion tauglicher. Grössere Schwierigkeiten bietet eine Erklärung der Entstehung der Septen. Für diese haben wir bei verwandten Formen nichts Analoges, vielleicht die sogenannten Pseudosepten der Helioporiden ausgenommen, welche aber wahrscheinlich als eigenartige Bildungen aufzufassen sind. Wir müssen deshalb auf die Larven zurückgreifen, und bei ihnen finden wir an den Stellen, wo später die Septen auftreten, eigenthümliche Wülste von grösseren, hellen Zellen, die dem Entoderm angehören und in ihre Struktur an die Stützzellen der Hydroidententakel erinnern. Solche Wülste sind beschrieben von *Asteroides* (Litt.-Nr. 15), *Euphyllia* (Litt.-Nr. 5), wurden von mir

39) Die Einschiebung neuer Parietes hat wohl entsprechend der Anlage neuer Septen stattgefunden und dürfte also in den späteren Studien bei *Rugosen* und *Madreporen* abweichen. Mir scheint aber diese Abweichung für unsere Frage von geringer Bedeutung, da schon vor ihrem Eintritt die Skelettanlage mit den Septen vorhanden war und diese also beiden Abtheilungen gemeinsam ist.

40) Bei *Adamsia* scheidet das Fussblatt eine Hornschicht ab, ebenso bei *Gephyra* und *Gerardia*. Vom Pallium ausgeschiedene Hornskelette besitzen *Cornularia* und *Telesto* in hoher Entwickelung (Litt.-Nr. 9 und 16) mehrere Clavularien. Ein eigenthümlicher Wechsel von Kalk- und Hornausscheidung bei *Isis* ist beschrieben und abgeb. Morph. Jahrb. Bd. 4. p. 126.

bei *Balanophyllia* und *Caryophyllia* beobachtet[41]) und kommen in ähnlicher Lage auch bei Hydroiden vor (*Coryne* und *Tubularia* (Litt.-Nr. 14), vielleicht sind auch die Längswülste von *Scyphystoma* ähnliche Bildungen. Diese Wülste (Fig. 23) haben, wie sich aus ihrem Bau und aus ihrer Anordnung folgern lässt, die Funktionen von elastischen Stützorganen. Durch ihre Lage zwischen je zwei mit Längsmuskeln versehenen Parietes sind sie sehr geeignet, nach einer Kontraktion der Larve durch Verkürzung der Muskelfibrillen die Ausdehnung zu befördern, sie können aber auch schon eine geringe Einziehung des oralen Polypentheils mit den Tentakeln in den hinteren Theil ermöglichen. Bei der festgesetzten Larve wird diese stützende Funktion der „Entodermwülste" erhöht, wenn in sie die durch den Abscheidungsprocess des Kalks schon bedingten Höckerchen[42]) hineinragen und deren Nutzen wächst, je mehr sie sich ausbilden. Sie werden desshalb mehr als die übrige Innenfläche des Hüllskeletts (Basis und Epithek) wachsen und dadurch auf jener Leistchen bilden, die wir als Anfänge der Septen bezeichnen können. Mit der weiteren Entwickelung der Septen, die natürlich von einer entsprechenden Einfaltung des Ektoderms begleitet ist, tritt ihr Werth als Schutzorgan für die zurückgezogenen Weichtheile mehr in den Vordergrund und die Entodermwülste bilden sich nunmehr zurück. Ich glaube, durch diese Betrachtung wird genügend erklärt, wie die ersten Anfänge der Septen als Rauhigkeiten, die den Entodermwülsten zur Stütze dienten, auftreten konnten und wie die, in ihrer Entwickelung vorausschreitenden Septen diese nach und nach verdrängten. Wir haben also in den Wülsten ein physiologisch verständliches, phylogenetisches Vorstadium der Septen.

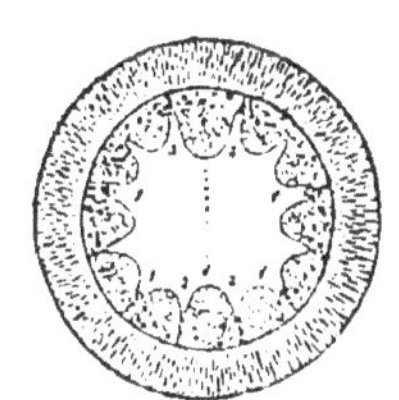

Fig. 23.

Balanophyllia. Querschnitt einer Larve mit 8 Parietes und 12 Entodermwülsten in der Nähe des aboralen Endes. Die Zahlen bezeichnen die Stellen der Parietes, von denen nur noch Spuren zu sehen sind.

Sind die Septen einmal in ihrer Anlage vorhanden, so wird man ohne grosse Schwierigkeit verstehen können, wie ihre verschiedene Bildung, die oben kurz geschildert wurde, sich herleiten lässt. Auf einer sehr tiefen Stufe werden sie einfach als Höckerchen der Basis und Epithek vorhanden sein, die eventuell zu längeren Fortsätzen auswachsen können. In diesem Stadium befinden sich die Septen von *Favositen*, und wäre es wohl möglich, dass dort auch die Entodermwülste noch bestanden haben. Ob die kammförmigen und durchbrochenen Septen direkt auf diesen einfachen Zustand zurückzuführen oder sekundär aus plattenförmigen Septen entstanden sind, wird sich wohl nur durch Studium der einzelnen Fälle entscheiden lassen. Im anderen Fall können jene Höckerchen durch weitere Ablagerungen in

41) Auch bei anderen Anthozoenlarven kommt Aehnliches vor. Man vergleiche die Abbildung van Beneden's von der Semper'schen Larve (Litt.-Nr. 2).

42) Die „Höckerchen" sind sehr gewöhnlich bei allen krystallinischen Kalkabscheidungen aus Zellen, scheinen also in deren Wesen bedingt zu sein, so dass man für ihre Entstehung in unserem Fall nicht besondere Anpassungen vorauszusetzen braucht.

ihren Zwischenräumen sich in leistenartige Vorsprünge umwandeln, wie sie sich noch jetzt an den Jugendskeletten von *Madrepora* darstellen, sich aber auch bei erwachsenen Formen finden, z. B. bei *Amplexus*, wo sie dem vorgeschrittenen Längswachsthum der Kelche entsprechend, sehr einfache, niedrige Leisten auf der Innenseite der Epithek geworden sind. Bei vielen Korallen, die wegen der Ausdehnung der Kelche, des Standorts etc., eine grössere Festigkeit des Skelettes erheischen, werden Epithek und Septen bedeutend durch sekundäre Auflagen verdickt, wie dies z. B. bei vielen Arten von *Flabellum*, *Clissophyllum* etc. (siehe dort) der Fall ist. Derselbe Effekt, welcher sich aus der Verdickung für die Festigkeit des Skelettes ergiebt, kann aber auch auf eine andere Weise erreicht werden. Wenn sich nämlich die kleinen Höckerchen auf den Septalflächen (vgl. Fig. 6 und 7) vergrössern und mit einander zu Synapticula verschmelzen, so geben diese den Septen eine bedeutende Widerstandskraft. Letztere wird noch erhöht, wenn die Synaptikel in der Peripherie dichter gestellt sind und dort dann eine poröse oder dichte Mauer bilden. Sobald die Mauer, die wegen ihrer viel günstigeren Lage viel schneller wachsen und sich verdicken kann, einmal vorhanden ist, fällt die Bedeutung der Epithek als Stützskelett weg, und sie bleibt nur noch als schützende Bedeckung nach aussen, die darum weniger dick zu sein braucht, bestehen. So ist es bei *Fascicularia* (Taf.-Fig. 5), *Calostylis*, *Asteroides*[43]), *Balanophyllia* etc. In vielen Fällen, besonders bei den Korallen, deren Stöcke aus sehr vielen Einzelkelchen zusammengesetzt sind, wird die Epithek an diesen vollständig rückgebildet und bleibt dann nur noch als Abgrenzung der Stöcke nach aussen bestehen (vgl. oben „Epithek").

Die Einschiebung der neuen Septen wurde schon oben beschrieben, hier möge nur noch bemerkt werden, dass die der späteren Cyklen nicht direkt von der Basis in die Höhe wachsen, sondern von der Mauer ihren Ausgang nehmen. Es ist dies eine Eigenthümlichkeit, die einen gewissen Gegensatz zwischen den primären und sekundären Septen erkennen lässt und vielleicht darauf hindeutet, dass die primären Septen ursprünglich von der Epithek aus gebildet werden oder dass diese nicht immer scharf von der Basis abgesetzt war. Es finden sich für diese Anschauung Andeutungen bei den Rugosen, die aber hier nicht weiter ausgeführt werden können.

Die Phylogenese der Dissepimente und Tabulae ist nach dem oben über deren Anatomie und Ontogenese Mitgetheilten nicht schwer zu verstehen. Giebt es ja ganz ähnlich entstehende Böden auch bei *Tubipora* (Litt.-Nr. 26) und Faltenbildungen, sowie Verschmelzung vorher getrennter Theile sind bei den Korallen etwas sehr Häufiges.

Eine Entstehung der verschiedenen Stockformen, wie sie oben kurz erwähnt

43) Die so entstandene Mauer würde also eine Pseudotheka sein, wie wir sie bei *Asteroides* und *Balanophyllia* nachgewiesen haben. Ob die ächte Theka, wie sie bei *Caryophyllia* auftritt, phylogenetisch mit den Septen gleichalterig ist, dürfte sich wohl erst nach der Untersuchung mehrerer Formen auf ihre Skelettaulage hin entscheiden lassen und scheint mir vor der Hand die Annahme, dass sich die Eutheka auf eine Pseudotheka zurückführen lassen werde, deren Anlage nur in der embryologischen Entwickelung zurückgeschoben wurde, wahrscheinlich. Dafür würden auch die paläontologischen Befunde sprechen.

wurden, lässt sich im Allgemeinen aus dem Gegebenen wohl verstehen, die Verfolgung der Einzelheiten, die Bildung von Cönosark und Cönenchym, die Ableitung der vielerlei Gestalten der Stöcke ist nur bei einer eingehenden Betrachtung der systematischen Gruppen, von der hier abgesehen werden muss, möglich.

Darmstadt, den 1. December 1895.

Litteratur-Verzeichniss.

1. Bourne, G. C., On the postembryonic development of Fungia. Scientific Transactions of the R. Dublin Society 1893. Mit 4 Tafeln.
2. Van Beneden, E., Les Anthozoaires pélagiques. 1. Une larve voisine de la larve de Semper. Extr. d. Bull. de l'Acad. royale de Belgique. XXX. 1890. Mit 1 Tafel.
3. Fowler, C. H., The Anatomy of Madreporaria I. III. V. Quarterly Journal of Microscopical Science. Vol. XXV—XXX. Mit Tafeln.
4. Frech, F., Ueber das Kalkgerüst der Tetrakorallen. Zeitschr. d. deutsch. geolog. Gesellsch. 1885. Mit Holzschnitten und 1 Tafel.
5. Haddon, A. C., The newly-hadsched Larve of Euphyllia. Scient. Proceedings of the R. Dublin Society. Vol. 7. 1890. Mit 1. Tafel.
6. v. Koch, G., Kleinere Mittheilungen über Korallen. Morph. Jahrb. versch. Bände.
7. —— Bemerkungen über das Skelett der Korallen. Morph. Jahrb. V. Mit 1 Tafel.
8. —— Anatomie von Isis neapolitana. Morph. Jahrb. IV. Mit 1 Tafel.
9. —— Anatomie von Clavularia prolifera. Morph. Jahrb. VII. Mit 2 Tafeln.
10. —— Ueber Flabellum. Morph. Jahrb. XIV. Mit 1 Tafel.
11. —— Skelett und Weichtheile der Madreporen. Morph. Jahrb. XII. Mit 1. Tafel.
12. —— Mittheilungen über die Struktur von Pholidophyllum Lovéni. Palaeontographica XXVIII. III F. IV. 1881. Mit 1 Tafel.
13. —— Die ungeschlechtliche Vermehrung Theilung und Knospung einiger paläozoischen Korallen. Paläontogr. XXIX. III. F. V. 1883. Mit 3 Tafeln.
14. —— Coryna und Tubularia. Jenaische Zeitschr. f. Nat. 10. 1874.
15. —— Entwickelung des Kalkskeletts von Asteroides calycularis. Mittheilungen d. Zoologischen Station. Bd. III.
16. —— Monographie der Gorgoniden. Zool. Station Neapel 1887.
17. —— Ungeschlechtliche Vermehrung von Madrepora. Verhandlungen der Naturhistorischen Gesellschaft in Nürnberg 1893.
18. Lindström, G., Oon de Palaeozoiska Formationernas operkelbärande Koraller. Bihang till K. Svenska vet. akad. handlingar. B. 7. No. 1. 1882. Mit 9 Tafeln.
19. —— Die Gattung Prisciturben Kunth. Bih. 1. K. V. B. 15. Mit 2 Tafeln.
20. —— Contributions to the Actinology of the Atlantic Ocean. Royal Swedish Academy of science 1877.
21. Ortmann, A., Morphologie des Skeletts der Steinkorallen in Beziehung zur Koloniebildung. Zeitschr. f. wissen. Zool. I. 1—2. 1890. Mit 1 Tafel.
22. —— Beobachtungen an Steinkorallen von der Südküste Ceylons. Zoolog. Jahrbücher. IV. Bd. Mit 10 Tafeln.
23. Pratz, E., Ueber die Verwandtschaftsbeziehungen einiger Korallengattungen mit hauptsächlicher Berücksichtigung ihrer Septalstruktur. Paläontographica XXXI. III F. V. 1882. Mit 1 Tafel.

Tafel-Erklärung.

Fig. 1. *Caryophyllia cyathus.* Längsschliff durch die Achse eines Exemplars von ca. 2 cm Höhe. Gezeichnet ist der mittlere Theil der Basis und deren Uebergang in den aboralen Theil der Columella. Durchfallendes Licht. Vergrösserung 100 × 1. Man sieht den dunkleren Primärstreifen und die sekundäre Verdickungsmasse.

Fig. 2. *Flabellum anthophyllites.* Querschliff durch ein frisches noch mit Weichtheilen welche aber in der Zeichnung weggelassen sind versehenes Exemplar. Durchfallendes Licht. Vergrösserung 50 × 1. Die Primärstreifen von Epithek und Septen sind deutlich, ebenso ist die Struktur des Stereoplasma zu erkennen.

Fig. 3. *Clissophyllum Hisingeri.* Kleiner Theil eines Querschliffes bei durchfallendem Licht. Vergrösserung 20 × 1. Die primäre Epithek, die Primärstreifen der Septen und die späteren Verdickungsschichten sind gut zu unterscheiden. Die Ausfüllungssubstanz ist weggelassen.

Fig. 4. *Lithostrotion irregulare.* Theil eines Querschliffes bei durchfallendem Licht. Die erste Anlage von Epithek und Septen erscheint heller, die aufgelagerten Schichten dunkler. Vergrösserung 30 × 1.

Fig. 5. *Fascicularia caespitosa.* Theil eines Querschliffes bei durchfallendem Licht. Vergrösserung 30 × 1. Die Septen sind durch Stereoplasma sekundär mit einander verbunden, so dass eine Theka gebildet wird, ihre peripheren Enden (Rippen gehen in die Epithek über.

Fig. 6. *Goniopora mollucensis.* Skelett eines kleinen Polypen, von dem die vordere Hälfte weggebrochen ist, so dass man zwei einander gegenüberliegende Septen erster Ordnung von der Fläche anschaut. In der Mitte ist die Umschmelzung zu einer Pseudocolumella zu erkennen. Auffallendes Licht. Vergrösserung 30 × 1.

Fig. 7. *Alveopora retusa.* Ein ähnliches Präparat wie das vorige bei gleicher Vergrösserung. Man erkennt deutlich die Septaldornen und ihre Verschmelzung in den aboralen Theilen, sowie die Poren der Mauer.

Fig. 8. *Dendrophyllia ramea.* Flächenansicht eines grossen Septum mit daneben stehendem Septum letzter Ordnung, welches Durchbohrungen zeigt. Beleuchtung durch schief auffallendes Licht. Die Erhöhungen der Fläche geben die innere Struktur wieder. Vergrösserung 30 × 1.

Fig. 9. *Caryophyllia cyathus.* Theil vom oralen Septenrand von beiden Seiten her dünngeschliffen, bei durchfallendem Licht gezeichnet. Man erkennt die krystallinische Struktur und die abwechselnd helleren und dunkleren Schichten Anwachsstreifen. Vergrösserung 100 × 1.

Fig. 10. *Mussa?* älteres Präparat ohne Angabe des Species. Aehnliches Präparat wie Fig. 9 in der gleichen Stellung und bei gleicher Vergrösserung. Die „Trabekeln" erscheinen individualisirt.

Fig. 11. *Siderastraea sidera.* Querschnitt eines Kelches. Man erkennt „trabekuläre" Individualisirung ähnlich wie bei *Mussa.* Vergrösserung 75fach. Durchfallendes Licht.

Fig. 12. *Poecillopora? Batacia.* Schliff quer durch ein eben angelegtes Dissepiment, das mit einem älteren in Zusammenhang steht, mit den Weichtheilen. Letztere zeigen auf der oralen Seite deutlich die Entodermzellen und an einzelnen Stellen die Kalikoblasten *cb.* Auf der aboralen Fläche ist in der organischen Substanz eine Struktur nicht mehr zu erkennen. Das Dissepiment aus einzelnen krystallinischen Sphäroiden zusammengesetzt, die oft durch sekundäre Risse deutlich begrenzt sind. Durchfallendes Licht.

Fig. 13. *Caryophyllia cyathus.* Ein Septum des ersten Cyklus von der Seite mit dem davon abgezweigten Palus und und zwei Stäbchen der Columella. Auffallendes Licht. Vergrösserung 30 × 1. Das ganze Skelett hatte 4 mm Durchmesser bei 5 mm Höhe und besass 48 Septen.

Fig. 14. *Flabellum spinosum.* Von der breiten Seite gesehen bei auffallendem Licht 8 × 1. An der einen Schmalseite, die nur zum Theil dargestellt ist, befinden sich drei röhrenförmige Ausläufer.

Fig. 15. Dasselbe Exemplar von der Oralfläche aus gesehen, bei gleicher Vergrösserung, dieselben Fortsätze.

Fig. 16. Ansicht wie Fig. 15, aber die andere Schmalseite mit der Anlage eines Ausläufers, deren Ränder noch nicht vereinigt sind.

Fig. 17. *Cylicia Smithii.* Rand eines älteren Polypen mit „Stolonensohle" und Knospe, die deutlich mehrere Mauern zeigt, welche aus Synaptikeln gebildet sind. Auffallendes Licht.

Fig. 18. *Galaxea Lapeyruna.* Theil eines Querschliffs durch ein Exemplar mit Weichtheilen. Links von dem grössten Septum sind junge exococle Septen, rechts ist an deren Stelle eine ächte Theka im Sinne Ortmann's und Anderer. Eine Paries ist abgerissen. Die Weichtheile sind wegen des kleinen Maassstabes etwas in der Ausführung schematisirt und histologische Details weggelassen.

Fig. 19. *Asteroides calycularis.* Ansicht von einem Theil eines Kelches, dessen Rand sich zur Bildung einer Knospe ausgezogen hat. Die Weichtheile der Knospe waren schon fertig ausgebildet. Vergrösserung 20 × 1. Auffallendes Licht.

Fig. 20. *Asteroides calycularis.* Ansicht eines ähnlichen Kelches mit weiter ausgebildetem Knospenskelett.

Fig. 21. *Caryophyllia cyathus.* Schliff durch die Achse des aboralen Theiles eines grossen, einem Tonkrug aufsitzenden Exemplars. Die massenhafte, geschichtete Ablagerung von neuer Skelettsubstanz auf der Aussenfläche der Theka ist deutlich. Vergrösserung 14 × 1. Durchfallendes Licht.

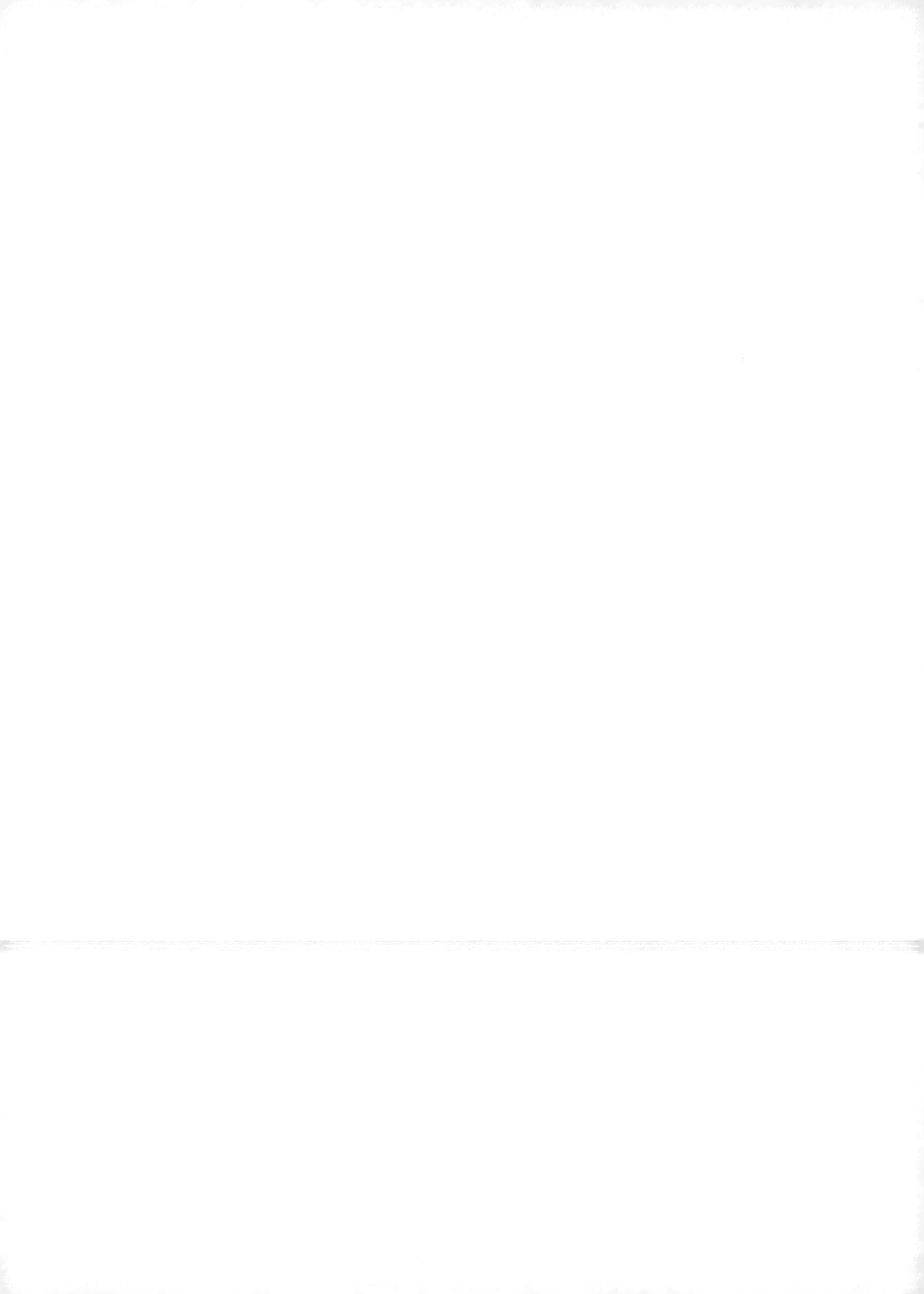

1 2 3 4 5 6 7 8 9 10 11 12 cö 13 14 15 16 17 18 19 20 21

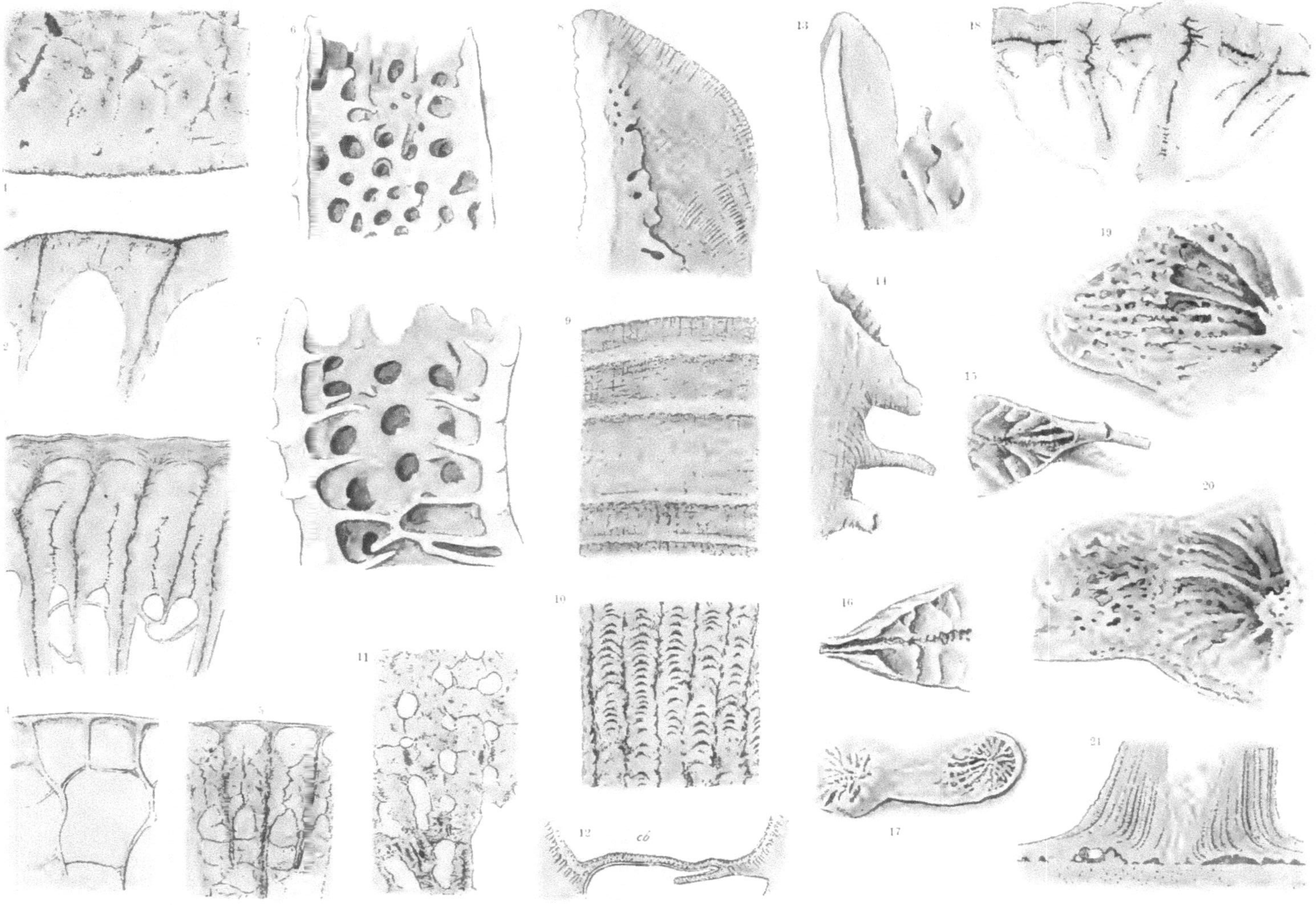

Verlag von WILHELM ENGELMANN in Leipzig.

Lichtdruck von Zedler & Vogel, Darmstadt

BEMERKUNGEN ÜBER DEN SCHÄDELBAU

VON

DERMOCHELYS CORIACEA

VON

DR. J. F. VAN BEMMELEN

IN S' GRAVENHAGE.

MIT TAFEL I.

Im Sommersemester des Jahres 1888 war es mir vergönnt gewesen, im Heidelberger anatomischen Institute eine Untersuchung über die Derivate der Kiementaschen bei Reptilien beginnen zu können, wobei Herr Geheimer Rath GEGENBAUR mir mit wohlwollender Unterstützung und lebhaftem Interesse entgegenkam. Es gereicht mir zu grosser Freude, mich an der Huldigung des Jubilars betheiligen zu dürfen und dadurch meiner Dankbarkeit für die freundliche Aufnahme in Heidelberg Ausdruck zu verleihen.

Den Gegenstand für meinen Beitrag wählte ich aus dem Gebiet der Reptilienanatomie. Ich wurde dazu durch die mir sich bietende Gelegenheit veranlasst, den Schädel der seltenen *Dermochelys coriacea* studiren und photographisch aufnehmen zu können. Es wurde mir nämlich das sehr schöne und grosse Exemplar des Leydener zoologischen Reichsmuseums von Herrn Direktor Dr. JENTINK in liberaler Weise zur Verfügung gestellt, wofür ich demselben meinen wohlgemeinten Dank ausspreche. Vorher hatte ich Gelegenheit gehabt, im Londoner Natural-History-Museum viele seltene Schildkröten-Schädel, darunter auch einen Kopf von *Dermochelys*, kennen zu lernen und dabei die Hilfe und Belehrung zu geniessen von Herrn Konservator Dr. BOULENGER, dem ich ebenfalls zu grossem Danke verpflichtet bin.

Noch immer ist die Frage nach der systematischen Stellung der Leder-Schildkröte (*Dermochelys*) eine viel umstrittene, ja man könnte behaupten, dass die jetzigen Ansichten darüber weiter aus einander gehen als je zuvor. Um dies zu beweisen, braucht man nur die Meinungen von COPE, DOLLO und BOULENGER denjenigen BAUR's und DAMES' gegenüber zu stellen. Die ersteren halten *Dermochelys* für den letzten Vertreter eines sehr isolirten und primitiven Schildkröten-Typus, die letzteren dagegen für die am weitesten vom primitiven Typus abgewichene Form. Welche Tragweite diese Frage hat, geht am besten hervor aus HAECKEL's Ausspruch in seiner „Phylogenie der Vertebraten." (Der Sperrdruck ist von mir angebracht.)

„Die Legion der Chelonier oder Schildkröten (Testudinata) erscheint nach der allgemein herrschenden und seit langer Zeit fest begründeten Anschauung als eine sehr isolirte Reptilien-Abtheilung und zugleich als eine der typisch abgeschlossensten Wirbelthier-Gruppen; sie wird allgemein charakterisirt durch einen festen Knochenpanzer der Haut, welche den grössten Theil des Körpers einschliesst und mit der

Brustwirbelsäule unbeweglich verbunden ist. Diese allgemein gültige Definition ist allerdings richtig für die grosse Mehrzahl der Schildkröten, welche die Sublegion der Thecophora bilden; sie gilt jedoch nicht für jene kleine, aber höchst wichtige ältere Sublegion der Triaszeit, welche wir Atheconia nennen, und welche in der heute noch lebenden Gattung *Sphargis* einen letzten Ausläufer hinterlassen hat. Bei diesen Sphargidina und den nächstverwandten ausgestorbenen Familien der Psephodermida[1]) und Protostegida besteht der Hautpanzer nur aus zahlreichen kleinen Knochentafeln der Lederhaut (wie bei den Krokodilen), und diese haben noch gar keine Beziehung zu dem Endoskelett. Daher sind hier auch die Rippen noch frei und unverbunden. Diese älteren Chelonier schliessen sich daher (ebenso wie die Krokodilier) morphologisch und phylogenetisch noch eng an die Tokosaurier an; wahrscheinlich sind sie aus demselben Zweige dieser Stammlegion hervorgegangen, wie die Theromoren. Unter diesen letzteren stehen ihnen die Anomodontien (und namentlich die Udenodontien) sehr nahe; der Schädel und die zahnlosen Kiefer derselben sind denjenigen der Schildkröten so ähnlich, dass man auch die direkte Abstammung der Chelonier von dieser Gruppe vermuthen darf."

Auf diese letztere Behauptung einzugehen, würde mich hier viel zu weit führen. Ich muss mich beschränken, die Frage nach der Stellung von *Dermochelys* im Systeme der Testudinata zu erörtern.

Im Gegensatz mit COPE und DOLLO, hält BAUR *Dermochelys* für einen nahen Verwandten von *Chelone*, der nur noch mehr vom ursprünglichen Typus der Schildkröten abgewichen ist, und zwar in Folge des Meereslebens. Seiner Ansicht nach bilden die Lederschildkröten den am stärksten specialisirten Seitenzweig der Meeresschildkröten, welche selbst wieder eine an den Aufenthalt im Meere angepasste Pleurodirengattung seien. Er stützt seine Meinung auf den übereinstimmenden Bau des Schädels, der Halswirbelsäule, der vorderen Extremitäten, der ringförmig angeordneten Plastronknochen und der Nuchalplatte. Im Fehlen der Klauen an allen Fingern und des Entoplastrons im Bauchschild sieht BAUR nur die Folgen einer weiter vorgeschrittenen Anpassung an das Meeresleben. *Colpochelys*, bei welchem nur der vierte bis siebente Rückenwirbel mit Neuralplatten synostotisch verbunden sind, diese und die Marginalplatten auf dreizehn vermehrt, und die Costalia nicht mit einander in Berührung sind, scheint ihm ein neuer Beweis für die Behauptung, dass *Dermochelys* die am meisten specialisirte Meeresschildkröte sei.

Dieselben Ansichten wie BAUR hegt auch DAMES[2]), wie aus folgenden Angaben ersehen werden kann:

„Das Oberoligocän hat (an Schildkrötenresten) nur ein grosses Schädelfragment geliefert, das eine neue Gattung — *Pseudosphargis* — darstellt, und mit *Eosphargis* und *Psephophorus* eine eigenthümliche Sippe riesiger Meeresschildkröten bildet, welche

---

1) Nach W. DAMES (s. u.) und ZITTEL, Handbuch der Paläontologie 1895 gehören die Psephoderma-Reste gar keiner Schildkröte an, sondern dem Bauchpanzer eines pseudosuchen Krokodils oder eines Nothosauriers.

2) DAMES, W., Die Chelonier der norddeutschen Tertiärformation. Paläontologische Abhandlungen, herausgegeben von W. DAMES und E. KAYSER. Neue Folge. Bd. II, Heft 4. 1894).

eine sehr bemerkenswerthe Verbindung von Merkmalen aufweist, die in der Jetztzeit auf Cheloniidae und Sphargididae vertheilt sind.

„Durch diese Verbindung wird diejenige Ansicht über die Phylogenie der Sphargiden unterstützt, welche in ihnen einen weiter specialisirten Zweig der Cheloniidae, nicht aber eine primitive Form der Schildkröten, welche es noch nicht zur Ausbildung eines festen Panzers gebracht hätte, erblickt.

„Das geologische Auftreten der typischen Meeresschildkröten drängt unter Berücksichtigung ihrer Vorläufer in mesozoischen Perioden dazu, für sie eine Abstammung von Landschildkröten anzunehmen, was durch den osteologischen Befund eine weitere Stütze erhält.

„Die Cheloniidae nehmen somit bezüglich ihrer Abstammung keine Sonderstellung gegenüber den übrigen meerbewohnenden Amnioten, seien sie Reptilien oder Säugethiere, ein, welche sammt und sonders auf Landbewohner zurückzuverfolgen sind.“ —

Weil die als Psephoderma alpinum beschriebenen Panzerschuppen aus der alpinen Trias, der histologischen Untersuchung nach, keiner Schildkröte, sondern nach Dames' Meinung einem Nothosaurier angehört haben, kommt er zu der Aussage:

„Somit sind die Sphargiden nicht die ältesten, sondern die jüngsten Chelonier, und machen es schon hierdurch von vornherein wahrscheinlich, dass sie specialisirte Abkömmlinge älterer Typen sind.“ —

Boulenger steht in der *Dermochelys*-Frage auf demselben Standpunkt wie Dollo. Nach seiner Meinung verdanken die *Dermochelydae* ihren abweichenden Bau zwar ihrem Aufenthalt im Meere, aber diese Abänderung ist so weit vorgeschritten, dass man sie jetzt als eine selbstständige, allen übrigen Schildkröten gegenüberstehende Ordnung aufführen muss, für welche er den Namen *Athecae* beibehält. Dass diese Ordnung näher mit den *Chelonidae*, als mit anderen Schildkröten verwandt sein sollte, kann Boulenger nicht anerkennen, im Gegentheil fasst er die beiden Gruppen als sehr verschieden auf und betrachtet die Merkmale, in denen sie übereinstimmen, als Konvergenzerscheinungen in Folge der gleichartigen Anpassung an das Meeresleben. So hält er die flossenartige Ausbildung der vorderen Extremität in beiden Gattungen ebenso wenig für einen Beweis wirklicher Blutsverwandtschaft als er eine solche zwischen Ichthyopterygia und Selachiern anerkennen kann. Bei *Dermochelys* und *Chelone* sind zwar die Knochenstücke homolog und in derselben Weise angeordnet, aber in den Proportionen der einzelnen Glieder sieht Boulenger Unterschiede, denen er einen principiellen Werth zuerkennt.

In allen Hinsichten, anatomischen sowohl als auch biologischen, hält er die beiden Gattungen der Meeresschildkröten für verschieden. Der Mosaikpanzer der *Dermochelydae* ist seiner Ansicht nach nicht homolog mit dem an das Knorpelskelett verbundenen Plattenpanzer der Thekophoren, sondern gehöre genetisch einer mehr oberflächlichen Hautschichte an. Die bei beiden Gattungen vollständige Ausbildung der Schläfenkappe des Schädels beruhe nur auf Konvergenzerscheinungen, hervorgerufen durch die Nothwendigkeit einer geschlossenen Schädelbedeckung über dem grossen, nicht in den Thorakalpanzer zurückziehbaren Kopf.

Selbst in der Lebensweise zeigen die Thiere Gegensätze auf. *Dermochelys* ist ein Fleischfresser, *Chelone* ernährt sich von Pflanzenkost.

Die Ansichten Boulenger's über die isolirte Stellung von *Dermochelys* stützen sich in nicht geringem Maasse auf den abweichenden Bau des Schädels dieser Gattung. Wirklich sind die Unterschiede mit Chelone augenscheinlich sehr tiefgreifend, besonders die vordere Lage der Choanen und das Fehlen der Columellae pterygoïdales (Epipterygoïdea). Dennoch will es mir vorkommen, dass *Dermochelys* auch in diesen Merkmalen nur ihre vollkommenere Anpassung an das Meeresleben dokumentirt. Ihre Schädelknochen sind sowohl der Ausbreitung als auch der Dicke nach reducirt, in derselben Weise wie z. B. diejenigen der Cetaceen, welche, soweit sie nicht gänzlich fehlen, plattenförmig geworden sind. Und auch bei diesen Thieren haben gerade in der Begrenzung der Nasengänge die grössten Reduktionen stattgefunden.

Vergleicht man den *Dermochelys*-Schädel mit demjenigen von *Chelone*, so sieht man, dass die verschiedenen Knochen nach demselben Grundplane angeordnet sind. Die Unterschiede lassen sich meistens auf Reduktionen zurückführen. Diese trafen in erster Linie die Palatina. Bei *Chelone* besitzen diese Knochen ventralwärts umgebogene und der Mittellinie zugekehrte Laminae, welche zusammentreffen mit einer gleichgerichteten medianen Ausbreitung des Vomers, und mit dieser eine vollständige Gaumendecke, d. h. eine ventrale Scheidewand zwischen Mund- und Nasenhöhle, bilden, durch welche die Choanen nach rückwärts verlegt werden.

Bei *Dermochelys* fehlen den Palatina diese Laminae, aber an der Stelle, wo sie aus der flachen, dreieckigen Knochenplatte hervorgehen müssten, zeigt diese eine faltenartige, medianwärts gerichtete Kante, die ich nur als Rest einer rückgebildeten Bodenplatte der Nasenhöhle zu deuten vermag. (Vergleiche Fig. 1 und 2.)

Zu demselben Schlusse führt die Betrachtung der Pterygoïdea. An dem lateralen Rande des vorderen Theiles dieser Knochen findet sich ein kaum merkliches Höckerchen, das die Stelle markirt, wo bei pleurodiren Schildkröten der umfangreiche Processus postorbitalis, der für diese Gattungen so kennzeichnend ist, nach hinten und auswärts ragt.

In der Mittellinie stossen die Pterygoïdea nur vorn auf einer kurzen Strecke zusammen, um dann aus einander zu weichen und so einen ansehnlichen Theil des Basisphenoïds zu Tage treten zu lassen. In dieser Anordnung glaube ich abermals eine Reduktionserscheinung sehen zu müssen, nämlich das oralwärts Fortschreiten des bei *Chelone* nur ganz am kaudalen Ende stattfindenden Auseinanderweichens der Pterygoïdea, wodurch das Basisphenoïd in grösserem Umfang an dem Gaumendach zu Tage tritt. Doch liesse sich auch denken, dass die *Dermochelydae*, — in dieser Anordnung der Pterygoïdea und des Basisphenoïds neben, statt über einander — einen primitiveren Zustand bewahrt hätten. Dasselbe müsste dann der Fall sein mit den *Trionychidae*. Diese letztere Auffassung lässt sich aber weniger gut in Einklang bringen mit der Ableitung der Meeres- und Süsswasserschildkröten von landbewohnenden Formen.

In derselben Weise wie die Choanenfalten der Palatina, sind bei *Dermochelys* auch die Stellen, wo die sogenannten Columellae pterygoïdales (Epipterygoïdea) hätten liegen müssen, angedeutet durch die Form und Anordnung der umliegenden Knochen. Es finden sich nämlich sowohl an der unteren Seite des Vorderrandes der Parietalia, als an der Oberseite des Hinterrandes der Pterygoïdea, Knochenauswüchse, welche einander entgegenstreben. Ich glaube, hierin ebenso gut die Andeutung einer Reduktion erblicken zu dürfen, als z. B. bei Raubthieren in den auf einander gerichteten Knochenzacken des Jugale und Frontale am hinteren Orbitalrande, welche als die letzten Reste einer rückgebildeten Scheidewand zwischen Orbita und Schläfengrube zu betrachten sind.

Von besonderer systematischer Bedeutung bei Reptilien scheint mir die Ausbildung des Quadratums zu sein. Bei Eidechsen und Schlangen ein einfacher stab- oder sichelförmiger Kieferstiel, zeigt es dagegen bei Schildkröten und Krokodilen an seiner Hinterseite eine Einbuchtung für die Columella auris (Stapes), bei den ersteren daneben eine mehr oder weniger trichterförmige Gestalt, welche die Ausspannung des an seinem äusseren Rande befestigten Trommelfells, gleichwie über einen Kessel, ermöglicht.

Bei den Land- und Süsswasserschildkröten ist diese Stapeseinbuchtung des Quadratums zu einem engen Kanal geschlossen durch die Verwachsung der einander zugebogenen oberen und unteren Lefze des Hinterrandes. Bei den Meeresschildkröten dagegen hat sich die primitivere Form bewahrt, die Stapesfurche steht hinten offen.

Mit Bezug auf diese Bildung des Quadratums lässt sich die Uebereinstimmung zwischen *Dermochelys* und *Chelone* wohl schwerlich leugnen. Nur zeigt das Quadratum der ersteren noch primitivere Verhältnisse als das der letzteren, denn die Stapesfurche an seiner Hinterseite schneidet weniger tief ein, und der ganze Knochen ist weniger trichter-, mehr stabförmig, steht also dem ungefurchten Kieferstiel der squamaten Reptilien näher.

Durch diese Behauptung, dass am *Dermochelys*-Schädel sich ursprüngliche Verhältnisse vorfinden, die auf Verwandtschaftsbeziehungen mit anderen Reptilien-Ordnungen hindeuten, gerathe ich scheinbar in Widerspruch mit meiner oben entwickelten Ansicht, nach welcher der knöcherne Kopf dieses Thieres in ausgedehntem Maasse Reduktionserscheinungen vorzeigt. Doch brauche ich für die Möglichkeit des Zusammenvorkommens von beiderlei Erscheinungen an einem und demselben Thiertypus wohl keine besonderen Beleggründe anzuführen. Ja, es kann selbst die Reduktion oder gänzliche Rückbildung einzelner Knochen sehr wohl Hand in Hand gehen mit der extremen Entwickelung anderer, wenn dies für die Oekonomie des Thieres nothwendig war.

Eine derartige hohe Ausbildung von Knochen treffen wir bei Meeresschildkröten an der Schläfendecke. Nun ist es aber gewiss bemerkenswerth, dass die Anordnung und relative Entwickelung der diese Decke zusammensetzenden Knochen bei *Dermochelys* und *Chelone* vollkommen gleichartig ist. Ob auch hierin ein Beweis für ihre genetische Verwandtschaft gesehen werden dürfte, wage ich nicht zu entscheiden. Beide Gattungen müssen sich aus zwar sehr ursprünglichen, aber doch schon dem Landleben angepassten Schildkrötengattungen entwickelt haben. Ob diese Ahnenformen vollständige Schläfendecken besassen, lässt sich wegen Mangel an paläontologischem Material nicht mit Sicherheit bestimmen. Doch scheint für auf dem Lande lebende Reptilien im Allgemeinen eine durchbohrte oder vom Rande her reducirte Schläfendecke kennzeichnend zu sein.

Die in's Meer übersiedelnden Schildkröten müssten deshalb die vollständige Temporaldecke auf's Neue erworben haben. Damit ist auch in Einklang, dass sich die bei verschiedenen Gattungen von Wasserschildkröten vorkommenden Schläfendecken nicht gut mit einander homologisiren lassen. Weil dies mit denjenigen der *Dermochelydae* und *Chelonidae* aber wohl gelingt, so läge der Schluss nahe, dass sie ihre geschlossene Schläfenkappe einer gemeinsamen Ahnenform danken. Da nun aber die Anpassung an das Meeresleben bei *Dermochelys* viel tiefer greifende Umänderungen verursacht hat als bei *Chelone*, so sieht man sich zu der Annahme genöthigt, dass *Dermochelys* in viel früherer Periode der Erdgeschichte sich dem Meere zugewendet habe. Es liesse sich aber denken, dass die nämliche Gattung von Landschildkröten zu wiederholten Malen Bewohner an das Meer abgegeben hätte, die ihre gemeinsame Abstammung noch in einigen Merkmalen verrathen.

Schliesslich sei es mir noch gestattet, die Aufmerksamkeit zu lenken auf einen für Schildkröten eigenthümlichen Kanal im Pterygoïd, der von Köstlin (Bau des knöchernen Kopfes, 1844) ausführlich beschrieben, aber seither wohl wenig mehr beachtet ist. Seine hintere Ausmündung (in Fig. 3 und 4 durch eine weisse Sonde angegeben) findet sich bei *Chelone* an der hinteren seitlichen Ecke der Pterygoïdea. Er durchsetzt den Schädelboden in schiefer Richtung und mündet vorn neben der Sella Turcica in die Gehirnhöhle aus. An Exemplaren, bei welchen die Schädelnähte noch nicht verwachsen sind, ist deutlich zu sehen, dass die hintere Ausmündung des Kanals gebildet wird durch eine ventrale Umschlagfalte des Pterygoïds, der von der Aussen- nach der Innenseite umgebogen ist und desshalb medial mit der dorsalen Lamelle des Pterygoïds (welche den Boden der Trommelhöhle bildet) und weiter mit dem Basioccipitum und Exoccipitum zusammenstösst.

In der Nähe seiner vorderen Mündung liegt der Kanal nicht mehr ganz im Pterygoïd, sondern dieses bildet nur seinen Boden, während die Decke vom Sphenoïd geliefert wird.

Bei *Dermochelys* fehlen diese Kanäle gänzlich, die Pterygoïdea sind undurchbohrt. Vergleicht man sie mit denen der Chelone, so wird sofort klar, dass es die ventralen, medianwärts umgebogenen Lamellen sind, die bei *Dermochelys* unausgebildet geblieben sind. Die Stelle aber, wo sie sich aus dem dorsalen Theil der Knochen hatten abbiegen müssen, wird, ebenso wie an den Palatina, wieder durch eine Knochenleiste angedeutet. Wäre also vom Kanal noch etwas anwesend, so könnte es nur sein vorderer Theil sein, und seine hintere Mündung müsste in der untiefen Grube gesucht werden, wo Basisphenoïd, Basioccipitale und Pterygoïd zusammenstossen (Fig. 1). Hier ist nun allerdings noch eine geringe Lücke zwischen diesen Knochen zu erkennen, aber von einem deutlichen Kanal mit cylindrischem

Lumen ist nicht mehr die Rede. Es muss also der Kanal sich rückgebildet haben. Dass das Fehlen des Kanals wirklich der Rückbildung zugeschrieben werden darf, dafür sprechen die Befunde bei Pleurodiren, wo man denselben in allen Stadien dieses Processes antreffen kann, von einem weitgähnenden Hyate zwischen zwei Lamellen des Pterygoïds bei *Podocnemis*, bis zu einem ganz engen Schlitz im Pterygoïd bei jungen *Chelys*-Arten, während es bei ausgewachsenen gänzlich verschwunden ist.

Nach Köstlin und Hoffmann (Bronn's Thierreich) dient der Kanal, wo er vorkommt, einem Zweige der Carotis interna und einem Sympathicus-Ast zum Durchtritte in die Schädelhöhle.

Tafel-Erklärung.

Fig. 1. Ventralansicht des Schädels von *Dermochelys coriacea.* Nach einer Photographie des Exemplars im Leydener Reichsmuseum.

Länge des Originals 25 cm.

Fig. 2. Hintere Ansicht desselben Schädels.

Fig. 3. Ventralansicht des Schädels von *Chelone viridis.* Im rechten Canalis pterygoïdalis steckt eine weisse Sonde.

Länge des Originals 16 cm.

Fig. 4. Hintere Ansicht desselben Schädels.

DERMOCHELYS

CHELONE

Fig. 1.

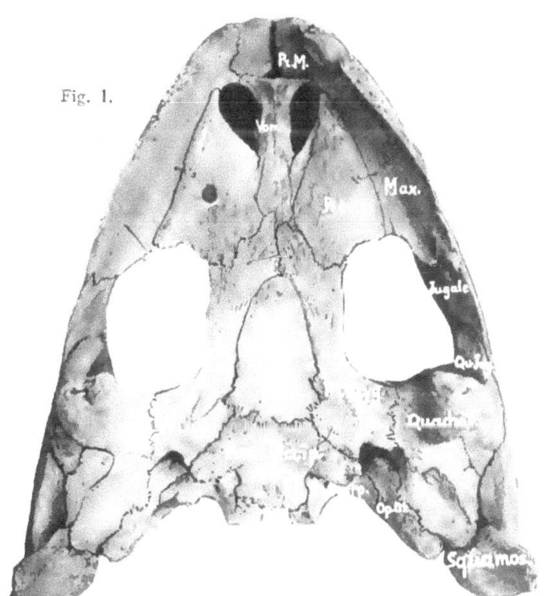

Fig. 3.

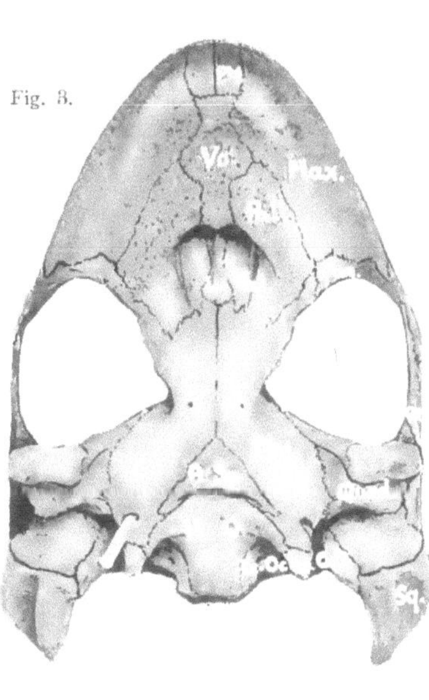

Fig. 2.

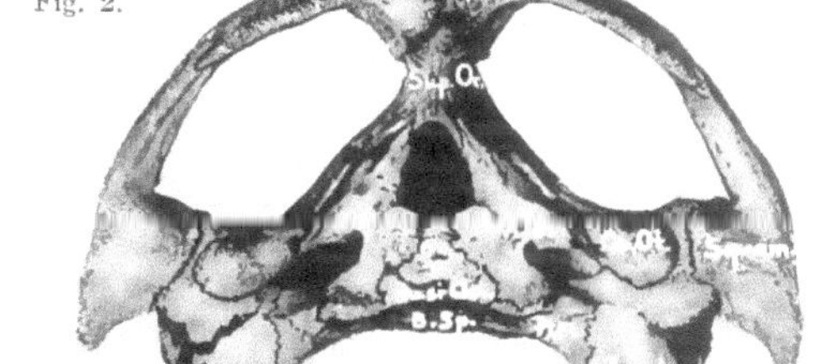

Fig. 4.

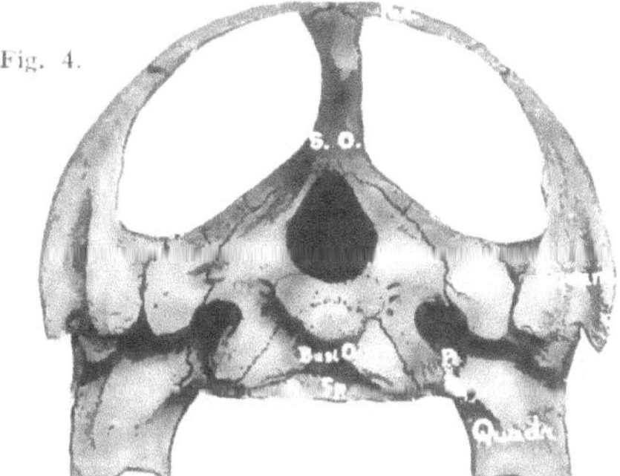

UEBER DIE WIRBELSÄULE

DER

MYRMECOPHAGA JUBATA LINNÉ

VON

DR. EMIL ROSENBERG
O. Ö. PROFESSOR DER ANATOMIE UND DIREKTOR DES ANATOMISCHEN INSTITUTES
IN UTRECHT.

MIT TAFEL I—III UND 2 FIGUREN IM TEXT.

Einer vergleichend-anatomischen, vom Standpunkte der Descendenzlehre ausgehenden Untersuchung der Wirbelsäule erschliesst sich eine Fülle von Problemen, die je nach der Richtung, welche die Forschung auf dem bezeichneten weiten Gebiet einhalten kann, verschiedene Theile der inhaltreichen Geschichte des genannten Organs umfassen.

Naturgemäss beanspruchen das Interesse vor Allem die überaus zahlreichen und fundamental wichtigen Fragen, die den Bau der homodynamen Bestandtheile der Wirbelsäule betreffen. Die Untersuchung derselben gewährt einen Einblick in die Beziehungen, welche die Wirbel zu dem primären Skelet haben und lässt die Mannigfaltigkeit des Baues der Wirbel durch den Modus ihrer phylogenetischen Entwickelung verständlich werden. Es ist allbekannt und noch kürzlich gebührend hervorgehoben worden, dass auf diesem, die Kardinalprobleme einschliessenden Gebiet der Morphologie der Wirbelsäule CARL GEGENBAUR durch seine an Vertretern aller Klassen der Wirbelthiere ausgeführten Untersuchungen die Phylogenese des Wirbelbaues in den hauptsächlichsten Momenten dargelegt und der ferneren Forschung eine gesicherte Basis sowie die zu befolgende Methode gegeben.

Ein anderer Theil der morphologischen Erforschung der Wirbelsäule knüpft an die verschiedene Art der Gruppirung der Wirbel in den einzelnen Formen der Wirbelsäule an und hat die dadurch gegebene Bildung von Regionen zum Gegenstand. Diese Seite der Morphologie der Wirbelsäule hat weniger das allgemeine Interesse gewonnen und scheint desselben doch werth zu sein. Auch auf diesem Gebiet sind (wenn man von der leichter zu verstehenden Cervikalregion absieht die ersten Grundlagen für eine morphologische Beurtheilung durch GEGENBAUR gegeben worden. Das geschah zunächst in einer kurzen, aber bedeutsamen Aeusserung, welche mit Bezugnahme auf die verschiedene Ausdehnung der Leibeshöhle bei verschiedenen Formen darauf hinwies, dass Rumpfwirbel der Caudalregion zugetheilt werden können[1]. Es folgte dann die eingehende Begründung einer neuen Auffassung des komplicirt gebauten Sacrum der Vögel, welches GEGENBAUR durch eine Ver-

1 67, p. 417. Vergl. das Verzeichniss der citirten Litteratur.

gleichung mit dem entsprechenden Abschnitt der Wirbelsäule von Reptilien verständlich machte, indem er im Sacrum der Vögel zwei Wirbel, die als typische Sakralwirbel ein primäres Sacrum darstellen, nachwies und die specielle Homologie derselben mit den beiden Sakralwirbeln von Reptilien erkannte[1]. In dieser Auffassung ist, wie auch noch in der neuesten, diesen Gegenstand betreffenden Arbeit mit Recht hervorgehoben wird, der Ausgangspunkt für eine richtige Beurtheilung dieses Theiles der Wirbelsäule der Vögel gegeben worden. Die bei der Untersuchung des Sacrum der Vögel und Reptilien erkannte Existenz zweier primärer Sakralwirbel wurde von Gegenbaur auch für die Auffassung des Sacrum der Säugethiere[2] verwandt und liess eine präcise Definition dieses Skelettheiles zu. Für eine Vergleichung von Wirbelsäulen der Säugethiere folgte hieraus eine bestimmte, wenn auch nicht die einzige Möglichkeit einer Interpretation der in dieser Klasse anzutreffenden Verschiedenheiten der Regionen der Wirbelsäule

Dieser Theil der Morphologie der Wirbelsäule, der, wie bemerkt, ein Verständniss der Bildung von Regionen und der Art der Gruppirung der Wirbel in denselben anstrebt, hat mit Aufmerksamkeit den Umformungen zu folgen, welche die einzelnen Elemente einer Wirbelsäule darbieten, da solche Umformungen innerhalb aller Regionen vorkommen können und die Wirbel aus der einen Region in die andere eintreten lassen. Ein besonderes Interesse gewinnt diese Seite der Morphologie der Wirbelsäule aber noch dadurch, dass sie besonders geeignet ist, die Beziehungen, welche die Wirbelsäule zu anderen Organen hat, hervortreten zu lassen. Es ergiebt sich hieraus eine weitere Gruppe von Problemen, deren Zahl nicht gering ist.

Weil die Wirbelsäule ein phylogenetisch schon sehr früh in die Erscheinung getretenes Organ ist und wegen der Art ihrer Lagerung im Körper, sowie (bei höherer Differenzirung) wegen ihrer Gestaltung steht sie mit vielen Organen theils in direktem Verbande, theils in solchen Beziehungen, die in verschiedener Abstufung entferntere Zusammenhänge andeuten. Im Laufe phylogenetischer Entwickelung kann ein Theil dieser Organe durch die Wirbelsäule als solche beeinflusst sein, andererseits können aber auch Vorgänge an anderen Organen der Wirbelsäule Eigenthümlichkeiten aufprägen und in verschiedenem Grade die Gestaltung derselben mitbedingt haben. In dem Maasse als das Geschehen an anderen Organen an der Wirbelsäule markirt wird, können Formverhältnisse derselben die Bedeutung gewinnen von Symptomen an anderen Organen sich vollziehender Vorgänge. Aus diesem Verhalten resultiren nicht wenige und interessante Aufgaben der Forschung.

Diese letzteren Probleme erscheinen indess nur insofern einer direkten Inangriffnahme zugängig, als zunächst Umformungen an der Wirbelsäule selbst festgestellt worden. Desshalb erschien es mir zweckmässig, bei einer Fortsetzung meiner Arbeit über die Wirbelsäule des Menschen nicht sogleich die Beziehungen, welche die Wirbelsäule in der Ordnung der Primaten zu anderen Organen hat, zu unter-

---

1 71, vergl. besonders p. 194, 196, 201.

2 70, p. 614.

suchen, sondern zuerst die in gewissem Sinne fundamentalere Frage nach den Umformungserscheinungen selbst in's Auge zu fassen, um darüber ein Urtheil zu erlangen, ob ähnliche Umformungsvorgänge, wie sie bei den Primaten erkennbar waren, auch in einem weiteren Umkreis von Formen sich würden feststellen lassen. Ich habe dabei zunächst Untersuchungen innerhalb der Klasse der Säugethiere angestellt und habe versucht, eine Anzahl sich darbietender Fragen durch die Untersuchung solcher, verschiedenen Ordnungen der Säugethiere angehöriger Formen zu lösen, welche auf diese Fragen die relativ sicherste Antwort geben konnten. Die Absicht, welche ich schon vor mehreren Jahren hatte, die Ergebnisse im Zusammenhang zu publiciren, gelangte aus äusseren Gründen nicht zur Ausführung, und es ist ein Bruchstück aus diesen Untersuchungen, welches den Inhalt des vorliegenden Aufsatzes bildet.

Von den beiden Fragen, im Hinblick auf welche die vorliegende Untersuchung unternommen wurde, betrifft die eine die Art und Weise der Bestimmung der speciellen Homologie[1] der Wirbel. Bei meiner Untersuchung über die Wirbelsäule des Menschen[2] war ich zu der Ueberzeugung gelangt, dass bei der Bestimmung der speciellen Homologie der Wirbel der Ausgangspunkt in den Atlas und Epistropheus versetzt werden könne wegen der nicht bezweifelbaren Homologie, die in sehr weiter Verbreitung für die genannten Wirbel besteht. Alsdann wären diejenigen Wirbel einander speciell homolog zu setzen, welche vom Atlas als dem ersten aus gezählt die gleichvielsten in der Gesammtreihe der Wirbel sind[3].) Eine verschiedene Stellung der Wirbel innerhalb der Regionen der Wirbelsäule wäre für die Bestimmung der speciellen Homologie nicht maassgebend[4]. Diese ist nach der Stellung der Wirbel in der Gesammtreihe sicher zu bestimmen, wenn es ausgeschlossen werden kann, dass bei Wirbelsäulen, die mit einander zu vergleichen sind, eine Verschiedenheit in der Zahl der Wirbel auf Neubildung von Wirbeln innerhalb der Reihe derselben oder auf

---

1 Hinsichtlich der Begriffsbestimmungen für die verschiedenen Arten der Homologie folge ich den präcisen Definitionen, welche GEGENBAUR (70, p. 79—82) gegeben hat.

2) cf. 75, p. 105—107.

3 Dieser Modus der Zählung würde in seinem Werth für die Bestimmung der speciellen Homologie nicht beeinträchtigt werden, wenn die Frage nach der Existenz eines „Proatlas" bei Amnioten (cf. ALBRECHT 80, 83 und BAUR 86, p. 288, 289), bei näherer Untersuchung in bejahendem Sinne entschieden würde; es würde damit nur erforderlich werden, den Atlas als den zweiten Wirbel und die distalwärts folgenden Wirbel dementsprechend zu bezeichnen.

4 Das gleiche Princip bei der Bestimmung der speciellen Homologie der Wirbel ist von SOLGER, wenn auch in einem engeren Gebiet, befolgt worden. SOLGER hat in einer Arbeit (75), die sehr bald nach der meinigen erschien, indem er hinsichtlich der Beurtheilung der verschiedenen Zahl der Halswirbel bei den Bradypoden der von BELL und GEGENBAUR vertretenen Auffassung sich anschloss und auf die specielle Homologie des Atlas und Epistropheus Bezug nahm, die Homologie der neun ersten Wirbel „in der ganzen Reihe der Säugethiere" behauptet und sodann hat SOLGER mit Berücksichtigung der Interkostalnerven von *Choloepus* und *Bradypus* in Betreff der genannten Formen die specielle Homologie der Wirbel bis zum 22. inkl. nach ihren „Ordnungszahlen" statuirt.

einen Ausfall von Wirbeln aus der Reihe zurückzuführen sei. Die Eventualität einer Neubildung muss von vornherein als nicht statuirbar erscheinen bei hoch differenzirten Formen der Wirbelsäule und eine etwa durch Reduktion oder Verschmelzung von Wirbeln bedingte Verminderung der Zahl derselben würde am entwickelten Objekt oder durch ontogenetische Untersuchung erkennbar sein: damit wäre eine durch eine solche Verminderung der Zahl der Wirbel etwa gegebene Fehlerquelle bei der Bestimmung der speciellen Homologie der Wirbel eliminirbar.

Es liegt in der Natur der Sache, dass die Frage nach der Berechtigung oder Zulässigkeit dieser Art der Bestimmung der speciellen Homologie nicht durch die Untersuchung einer einzelnen Form oder einer Anzahl nahe verwandter Formen wird entschieden werden können. Es kann nur die Untersuchung vieler und möglichst weit von einander abstehender Formen die Entscheidung geben. Diese kann also nur allmählich erlangt werden, aber die Untersuchung einer jeden Einzelform muss einen für ein abschliessendes Urtheil verwerthbaren und zugleich nothwendigen Beitrag zu Stande kommen lassen, und desshalb ist die erwähnte Frage bei der Untersuchung jeder Einzelform im Auge zu behalten.

Die zweite Frage bezieht sich auf den bei der Untersuchung der Wirbelsäule der Primaten erkannten Umformungsprocess als solchen. Es erschien mir geboten, zunächst an einem Säugethier, das einer der Ordnung der Primaten möglichst entfernt stehenden Formengruppe angehört, zu untersuchen, ob ein im Princip identischer Umformungsprocess, wie er an der Primatenwirbelsäule erkannt war, bei demselben sich würde nachweisen lassen und es erschien mir besonders wünschenswerth, eine solche Form zu wählen, die hinsichtlich der Frage nach dem Bestehen des erwähnten Umformungsprocesses in gewissem Sinne ein experimentum crucis zu machen gestatten würde.

Wegen einer Eigenthümlichkeit des Sacrum erschien mir *Myrmecophaga jubata* als eine für den genannten Zweck geeignete Form. Diese Species gehört bekanntlich zu denjenigen Säugethieren, bei welchen das „Sacrum" nicht nur Beziehungen zum Ilium besitzt, sondern auch im Kontakt steht mit dem Ischium, das sich dem distalen[1]) Abschnitt desselben anlagert. Bei den Primaten hatte sich nun herausgestellt, dass die Sacrumbildung, welche einen sehr wesentlichen Theil des Gesammtumformungsprocesses darstellt, ontogenetisch und phylogenetisch sich dadurch auszeichnet,

1) Die Bezeichnungen „proximal" und „distal" gebrauche ich hier in derselben Bedeutung, die ich früher (75, p. 87) näher angegeben habe. Es wird ein Missverständniss ausgeschlossen, wenn ich im Hinblick auf die über die Benutzbarkeit dieser Bezeichnungen stattgehabte Diskussion hinzufüge, dass „proximal" den Bezeichnungen „oral", oder „kranial" oder „akral" und „distal" den Ausdrücken „aboral" oder „caudal" oder „ural" entspricht. Ich bin auch jetzt noch der Meinung, dass die Bezeichnungen proximal und distal den anderen Ausdrücken vorzuziehen seien, und ich entschliesse mich um so leichter, dieselben auch bei dieser Gelegenheit zu gebrauchen, als nicht wenige Autoren (auch in noch kürzlich erschienenen Arbeiten) diese Ausdrücke in dem von mir angegebenen Sinne gebraucht haben. Das ist besonders auch seitens solcher Autoren geschehen, welche die Wirbelsäule oder mit ihr in Beziehung stehende Organe behandelt haben, wobei Schwierigkeiten bei der Benutzung der genannten Bezeichnungen sich leicht hätten fühlbar machen können. In eine nähere Erörterung der erwähnten Diskussion einzutreten, kann ich, wie mir scheint, hier unterlassen.

dass nächst proximal von dem jeweiligen Sacrum gelegene Lumbalwirbel zu Sakralwirbeln umgeformt werden und dass bei einer so gegebenen proximalwärts fortschreitenden Bildung eines „Sacrum“ aus dem distalen Abschnitt desselben Wirbel durch Umformung und Befreiung vom Sacrum in die Caudalregion gelangen. Dieser Process kommt bei Primaten unter dem Einfluss von Beziehungen des Ilium zu dem betreffenden Abschnitt der Wirbelsäule zu Stande, und es bietet relativ wenig Schwierigkeiten, sich vorzustellen, dass der Gürtel der unteren Gliedmaasse, wenn er nur mit einem seiner Bestandtheile im Kontakt mit der Wirbelsäule sich befindet, an derselben proximalwärts verlagert wird. Wenn nun aber, wie bei *Myrmecophaga*, eine viel festere Verbindung der Ossa coxae mit einem Sacrum gegeben ist, indem auch das Ischium in breiter Kontaktfläche demselben sich anschliesst, so muss es ein Interesse haben, zu untersuchen, ob unter solchen, gewissermaassen schwierigeren Umständen gleichfalls eine Verschiebung des Gliedmaassengürtels an der Wirbelsäule stattfindet und im Zusammenhang damit eine Umformung des Sacrum im Sinne einer fortschreitenden Sacrumbildung geschieht, und ob dabei, wie an der Wirbelsäule der Primaten, gleichzeitig Umformungen in dem lumbalen Abschnitt der Wirbelsäule und dem distalen Theil der Dorsalregion sich vollziehen.

Es ist eine Untersuchung dieser Fragen (da Embryonen von *Myrmecophaga jubata* zur Zeit für dieselbe nicht verwandt werden können) allerdings ausschliesslich auf die Verschiedenheiten angewiesen, welche im entwickelten Zustand der Wirbelsäule bei verschiedenen Exemplaren vorkommen. Durch Pouchet ist indess bekannt geworden, dass auch schon bei einer relativ kleinen Zahl von Exemplaren Verschiedenheiten in der Zahl der Dorsalwirbel und in der Zusammensetzung des Sacrum anzutreffen sind.[1])

Desshalb konnte die Seltenheit des Untersuchungsobjekts und die dadurch bedingte Unmöglichkeit, eine grosse Anzahl von Exemplaren zusammenzubringen, keinen

---

1) Pouchet (74, p. 116—126), macht in seiner Monographie über *Myrmecophaga jubata* Angaben, die neun vollständige Wirbelsäulen aus verschiedenen Museen von Paris und London betreffen. Er sagt, dass man „en prenant le nombre cinq comme base du calcul des vertèbres sacrées du Tamanoir, et pour point fixe la deuxième vertèbre, c'est à dire celle qui répond à la crête ilio-pectinée; en tenant compte soit de la mobilité accidentelle de la première sacrée soit de la soudure accidentelle du sacrum à la première caudale“ zwei Typen unterscheiden könne. Der eine sei durch den Besitz von 16 Dorsalwirbeln, der andere durch die Existenz von 15 Dorsalwirbeln charakterisirt. Dabei findet Pouchet bei allen Objekten zwei Lumbalwirbel und, wie aus der Tabelle auf p. 125 ersichtlich ist, homologisirt er die 16 Dorsalwirbel des einen Typus den 15 Dorsalwirbeln des anderen. Diese Unterschiede seien, wie Pouchet hervorhebt, nicht darauf zu beziehen, dass die Exemplare aus einem verschiedenen geographischen Bezirk herstammten, auch seien die Exemplare in anderer Hinsicht (z. B. was das Kopfskelet anlangt), nicht verschieden von einander. Eine bestimmte Deutung der Verschiedenheiten giebt Pouchet nicht. Die Statuirung zweier Typen ist, wie mir scheint, keine befriedigende Beurtheilung der vorliegenden Verhältnisse, und dass ich mit der Art der Bestimmung der Homologien nicht übereinstimmen kann, wird aus den Mittheilungen über die von mir untersuchten Exemplare hervorgehen. Alle Angaben Pouchet's über die von ihm benutzten Objekte für meine Untersuchung mit zu verwenden, habe ich unterlassen müssen, da die Formverhältnisse der Wirbel nicht ausreichend berücksichtigt worden sind. Pouchet giebt jedoch auf Pl. XIII vortreffliche Abbildungen des Sacrum von vier Exemplaren und bei der Betrachtung dieser Abbildungen lassen sich Eigenthümlichkeiten der Wirbel wahrnehmen, die es mir, wie ich schon bei einer früheren Gelegenheit kurz bemerkt habe (75, p. 166 Anm. 2), wahrscheinlich machten, dass in denselben Spuren einer Umformung vorliegen. Eines der von Pouchet abgebildeten Objekte wird im Texte noch näher berücksichtigt werden.

entscheidenden Grund abgeben gegen die Benutzbarkeit desselben, und es liess sich erwarten, dass auch eine kleinere Anzahl von Exemplaren, wenn dieselben in Betreff der Zahl der Wirbel, die in die einzelnen Regionen eingehen und besonders im Hinblick auf die Formverhältnisse der einzelnen Wirbel genau untersucht würden, es gestatten könne, in analoger Weise, wie das bei anderen Objekten möglich gewesen ist, den hier interessirenden Theil der Entwickelungsgeschichte des untersuchten Organs aus den individuellen Verschiedenheiten zu eruiren. In günstiger Weise ist dabei die Untersuchung dadurch beeinflusst, dass *Myrmecophaga jubata* eine Species darstellt, die leicht und sicher zu determiniren ist, so dass etwaige Verschiedenheiten der zu untersuchenden Objekte nicht durch den Einwand entwerthet werden können, es seien Objekte, die einer anderen Species angehören, für Exemplare von *Myrmecophaga jubata* gehalten worden. Es kann so die Wirbelsäule der genannten Form als ein brauchbarer Prüfstein angesehen werden, weil sie die Frage nach der Existenz eines Umformungsprocesses an dem bezeichneten Abschnitt der Wirbelsäule unter Verhältnissen zu untersuchen gestattet, welche für die Annahme desselben eher ungünstig als günstig erscheinen.[1])

Es kann erwartet werden, dass die Frage nach dem Bestehen eines besonderen, durch die Doppelverbindung eines jeden der Ossa coxae mit dem Sacrum gekennzeichneten Modus fortschreitender Sacrumbildung sich definitiv werde beantworten lassen, und liesse sich dabei zugleich der Gesammtumformungsprocess an dem oben bezeichneten Abschnitt der Wirbelsäule konstatiren, so wäre eine nicht unwesentliche Bestätigung des Ergebnisses der Untersuchung an der Primatenwirbelsäule gewonnen. Damit wäre auch, wegen der systematischen Stellung von *Myrmecophaga*, ein an sich zwar kleiner aber verwendbarer Beitrag erlangt zur Lösung der Frage, ob solchen

---

1) Mit Bezug auf zwei hier zu erwähnende Mittheilungen, die in der Litteratur enthalten sind, hätte auch an andere Objekte gedacht werden können, denen ich jedoch gegenüber *Myrmecophaga* den Vorzug nicht geben kann. CLAUS, der meiner Anschauung über die Umformung der Wirbelsäule im Allgemeinen beistimmt, sagt (77, p. 803), dass bei Berücksichtigung der geringen Zahl der „Rumpfwirbel" bei *Dasypus* (*D. novemcinctus* hat elf, *D. peba* nur zehn Brustwirbel) es „mehr als wahrscheinlich" werde, „dass das Os ileum hier eine bedeutende Wanderung in der Richtung nach vorn erfahren" habe; CLAUS hat indess nicht näher untersucht, ob dieser Vorgang stattgehabt und indem er an einer anderen Stelle (77, p. 801) bei der Besprechung des Sacrum von *Das. novemcinctus* in Betreff des letzten der „Ischiosakralwirbel" sagt, das Verhalten der Querfortsätze dieses Wirbels, die „nur theilweise zur Stütze des Beckens verwendet" würden, beweise unzweideutig, dass dieser Wirbel „offenbar zuletzt aus der Reihe der Caudalwirbel in die Sakralregion übergetreten ist", so widerspricht CLAUS damit der von ihm statuirten Wahrscheinlichkeit einer Wanderung des Ilium nach vorn. Denn wenn dieselbe stattgehabt, hätte die erwähnte Eigenthümlichkeit des letzten Ischiosakralwirbels eine entgegengesetzte Deutung erfahren müssen und wäre als ein Zeichen dafür anzusehen gewesen, dass dieser Wirbel aus einem Sakralwirbel zu einem Caudalwirbel umgeformt wird. Da bei *Dasypus* dieselbe Verbindungsweise des Os coxae mit dem Sacrum vorliegt, wie bei *Myrmecophaga*, so hätte auch *Dasypus* für die im Text zu untersuchenden Fragen verwandt werden können, ich habe aber davon abgesehen, da die Bestimmung der Species nicht so sicher und leicht geschehen kann wie bei *Myrmecophaga*. Eher hätte noch *Choloepus* in Betracht kommen können, nachdem WELCKER (81, p. 175) die interessante von ihm abgebildete Reihe von sechs Exemplaren von *Choloepus* publicirt hatte. WELCKER hat sich durch die Untersuchung dieser Objekte nicht davon überzeugen können, dass eine Umformung bestehe; so wahrscheinlich dieselbe mir nun auch ist und so sehr die Abbildungen WELCKER's für dieselbe sprechen, möchte ich doch auch *Choloepus* nicht den Vorzug geben vor *Myrmecophaga*, weil bei ersterer Form die Halswirbel eine Schwierigkeit der Beurtheilung involviren können, die ich im Hinblick auf die im Text zu behandelnden Fragen zunächst noch eliminiren wollte. Ich hoffe bei einer späteren Gelegenheit auf *Choloepus* zurückzukommen.

Umformungsprocessen nur eine mehr oder weniger lokale oder etwa eine allgemeinere Bedeutung zukommt. Endlich wäre das Verhalten des hier untersuchten Objekts auch zu benutzen, um über den hier interessirenden Theil der Geschichte der Wirbelsäule in der Litteratur enthaltene Anschauungen, die zu der meinigen in einen Gegensatz getreten sind, hinsichtlich ihrer Berechtigung zu prüfen.

Es standen mir die Wirbelsäulen von elf Exemplaren von *Myrmecophaga jubata* zur Verfügung, welche (bis auf eine, die ich als Rohskelet acquirirte) vollständigen, bereits präparirten und zusammengesetzten Skeletten angehören.[1])

Die Wirbelsäulen sind (bis auf die letzten Caudalwirbel, die nicht bei allen vorhanden waren und abgesehen von einigen kleineren, später noch zu erwähnenden Defekten) vollständig, und es ergab eine nähere Inspektion derselben, dass an der Zusammengehörigkeit und richtigen Zusammensetzung der Wirbel nicht gezweifelt werden konnte. Hierbei konnte zugleich die Ueberzeugung erlangt werden, dass die Eventualität der Elimination eines Wirbels aus der Reihe in Betreff der vorliegenden Objekte auszuschliessen ist, und dass daher alle Berechtigung besteht, bei den vorliegenden Objekten die Wirbel ihrer Reihenfolge nach (vom Atlas als dem ersten aus gezählt) einander speciell homolog zu setzen. Damit ist die Möglichkeit gegeben, das Verhalten jeder einzelnen Wirbelsäule durch eine Formel auszudrücken.[2]) Die

1) Da Skelette von *Myrmecophaga jubata* auch in grossen Museen meist nur als Unica anzutreffen sind, war ich darauf angewiesen, aus verschiedenen Museen die in denselben enthaltenen Exemplare mir zu erbitten. Herr Akademiker A. Strauch, die Herren Professoren O. Schmidt, L. Rütimeyer, R. Hartmann, J. A. Palmén und C. Gegenbaur, sowie Herr Dr. F. A. Jentink hatten die Güte, die ihren Sammlungen angehörigen Exemplare (je eines) mir zur Verfügung zu stellen. Im Dorpater vergleichend-anatomischen Institut hatte ich Gelegenheit, zwei Exemplare zu untersuchen und kürzlich habe ich durch die freundliche Vermittelung von Prof. M. Weber die Möglichkeit gehabt, zwei Exemplare, die der Sammlung des zoologischen Gartens in Amsterdam angehören, zu benutzen. Die zuerst genannten vier Herren kann ich leider nicht mehr bitten, einen wiederholten Dank entgegenzunehmen; es sei mir gestattet, den anderen oben genannten Herren auch an dieser Stelle meinen besten Dank zu sagen für die Liberalität, mit welcher die werthvollen Objekte zur Untersuchung mir übergeben wurden.

2) Bei der Bezeichnung der Wirbel benutze ich hier dieselben Ausdrücke und Abkürzungen, die ich schon früher gebraucht und, soweit erforderlich, interpretirt habe (75, p. 94, 117, 138). Auch die Formeln der Wirbelsäule sind in diesem Aufsatz nach dem schon früher von mir befolgten Princip (75, p. 135) geschrieben worden. Die meisten der benutzten Bezeichnungen bedürfen keiner Rechtfertigung; ich möchte hier indess bemerken, dass ich die Bezeichnung „Dorsolumbalwirbel“ nur in dem Sinne zu benutzen wünsche, dass dadurch ein Wirbel bezeichnet wird, der in der Umwandlung aus einem Dorsalwirbel zu einem Lumbalwirbel sich befindet. Es soll dabei durch die Aufeinanderfolge der auf die Form Bezug habenden Wortbestandtheile auf die Aufeinanderfolge der Zustände hingewiesen werden, die der Wirbel durchläuft. Das erscheint mir zweckmässig, weil dann auch die Bezeichnungen Lumbosakralwirbel und Sakrocaudalwirbel eine ganz bestimmte, nicht misszuverstehende Bedeutung erhalten. Die Bezeichnung Dorsolumbalwirbel wird nicht selten auf den Abschnitt der Wirbelsäule der Säugethiere angewandt, der aus den beiden Gruppen der Dorsalwirbel und der Lumbalwirbel besteht, oder ein einzelner Wirbel aus diesen beiden Gruppen wird mit den erwähnten Namen belegt. Man kann dagegen einwenden, dass die beiden genannten Wirbelgruppen keineswegs in einem engeren Zusammenhange mit einander stehen, als etwa die Gruppe der Dorsalwirbel und die der Halswirbel, so dass kein genügender Grund vorliegt, speciell die Dorsal- und Lumbalwirbel durch eine gemeinsame Bezeichnung zusammenzufassen. Die Benutzung dieser Bezeichnung könnte der Vorstellung Vorschub leisten, als sei die Grenze zwischen der Gruppe der Dorsalwirbel und der Cervikalwirbel eine feste. Wird die Vergleichung auf die Reptilien und Amphibien ausgedehnt, so erscheint die Bezeichnung Dorsolumbalwirbel in dem eben erörterten Sinne noch weniger benutzbar. Im Hinblick auf Vergleichungen mit tiefer stehenden Formen scheint mir auch, dass der Name „Dorsalwirbel“ den Vorzug verdiene vor der Bezeichnung „Thorakalwirbel“, weil die letztere Bezeichnung auf eine bestimmte Einrichtung innerhalb der Dorsalregion der Wirbelsäule hinweist, die nicht bei allen Formen, denen man Dorsalwirbel nicht absprechen kann, vorhanden ist. Es

elf vorliegenden Objekte ergeben im Ganzen acht Formeln, welche sich zu der nebenstehenden Reihe ordnen lassen. Bei jeder Formel ist bemerkt, auf welche Objekte die Formeln sich beziehen und die Exemplare sind, um die Bezugnahme auf dieselben zu erleichtern, mit römischen Ziffern bezeichnet.

Bezeichnung der Exemplare.	Angabe der Sammlungen, zu welchen die Exemplare gehören.	Formeln der Wirbelsäule.
XI.	**Strassburg.** Zoolog. Institut.	(1—7) *cv.* (8—22) *d.* (23—24) *l.* (25—30) *s.* (31—59 + ? *cd.*
X.	**Amsterdam.** Zoolog. Garten.	(1—7) *cv.* (8—22) *d.* (23—24) *l.* 25. *ls.* (26—30) *s.* (31—60) *cd.*
IX.	**Heidelberg.** Anatom. Institut.	(1—7) *cv.* (8—23) *d.* (24—25) *l.* (26—30) *s.* (31—? *cd.*
VIII.	**Helsingfors.** Zoolog. Institut.	(1—7) *cv.* (8—22) *d.* (23—25) *l.* (26—30 *s.* (31—58 + ?) *cd.*
VII.	**Dorpat.** Vergl. anat. Institut.	
VI.	**Leyden.** Reichsmuseum.	
V.	**Dorpat.** Vergl. anat. Institut.	(1—7) *cv.* (8—23) *d.* (24—25) *l.* (26—30) *s.* (31—54 + ?) *cd.*
IV.	**Berlin.** Zoolog. Sammlung.	
III.	**Basel.** Zoolog. Institut.	(1—7) *cv.* (8—23) *d.* (24—25 *l.* (26—31) *s.* (32—59 + ?) *cd.*
II.	**Amsterdam.** Zoolog. Garten.	(1—7) *cv.* (8—23) *d.* (24—25 *l.* 26. *ls.* (27—31) *s.* (32—61) *cd.*
I.	**Petersburg.** Zool. Sammlung der K. Akademie der Wissenschaften.	(1—7 *cv.* (8—23) *d.* 24 *dl.* (25—26) *l.* (27—31) *s.* (32—?) *cd.*

scheint mir auch in Betreff der im Texte aufgeführten Formeln der Wirbelsäule nicht unnütz, hervorzuheben, dass ich mit Absicht auch die Cervikalwirbel in dieselben aufgenommen habe, um keinen Zweifel darüber zu lassen, dass ich die Anwesenheit derselben konstatirt und sie gezählt habe. Eine Wirbelsäule, bei der etwa eine erste Rippe und die folgenden in gewöhnlicher Weise mit dem Sternum verbunden sich zeigten, hätte ich, wenn die Cervikalwirbel nicht vorhanden gewesen wären, oder eine nähere Betrachtung und Zählung derselben unterblieben wäre, als nicht benutzbar bezeichnen müssen und hätte dieselben bei Seite gelassen.

Eine nähere Betrachtung der Objekte hat, nachdem die Frage nach der Berechtigung der Art der Bestimmung der speciellen Homologie der Wirbel schon eine vorläufige Beantwortung erfahren, jetzt natürlich mit Berücksichtigung der Fragen zu geschehen, die auf einen eventuellen Umformungsprocess sich beziehen. Dabei ist vor Allem zu entscheiden, welches der vorhandenen Objekte, die, wie die Formeln schon ersehen lassen, ziemlich grosse Verschiedenheiten darbieten, als das relativ primitivste anzusehen ist. Das Exemplar I besitzt 26 präsakrale Wirbel und 16 vollständige Rippenpaare, dazu kommt noch eine rudimentäre Rippe, die am 24. Wirbel auf der rechten Seite sich befunden hat (daher ist der Wirbel als *dl.* in der Formel bezeichnet). Das andere Extrem unter den vorliegenden Exemplaren ist gegeben durch das Exemplar XI, welches nur 24 präsakrale Wirbel besitzt und nur 15 Rippenpaare hat. Wenn man nun, was wohl nicht zu beanstanden ist, den Besitz einer grösseren Zahl von Rippen, weil diese phylogenetisch sehr alte Einrichtungen darstellen, im gegebenen Fall als ein Zeichen einer relativ primitiven Beschaffenheit ansieht, so wird man das Exemplar I für primitiver halten müssen, als das Exemplar XI, und auch die anderen mit 16 Rippenpaaren ausgestatteten Exemplare (II—VI und IX) sind in dieser Beziehung nicht so primitiv als das Exemplar I, da hier noch eine wenn auch rudimentäre Rippe dem 24. Wirbel zukommt. Und berücksichtigt man weiter, dass die Umformung von Lumbalwirbeln zu Sakralwirbeln bei Primaten in allen darauf hin untersuchten Fällen sich hat nachweisen lassen, dass aber der Vorgang der Umformung eines Sakralwirbels zu einem Lumbalwirbel, so viel mir bekannt, bei Säugethieren noch in keinem Fall völlig sicher nachgewiesen ist, so muss auch der relativ grösseren Zahl von Präsakralwirbeln die Bedeutung beigelegt werden, dass sich in derselben ein primitiveres Verhalten ausspricht. Nun hat aber das Exemplar I unter allen Exemplaren die grösste Zahl von Präsakralwirbeln und zugleich besitzt es die grösste Zahl von Rippen, daher ist es erforderlich, das Exemplar I als das relativ primitivste anzusehen.

Alsdann ergiebt es sich schon von selbst, dass, falls die nähere Betrachtung der Objekte die Statuirung eines Umformungsprocesses gestattet, dieser ein proximalwärts fortschreitender sein werde. Bei dieser jetzt vorzunehmenden näheren Betrachtung sind die einzelnen, einander speciell homologen Wirbel zu vergleichen; aus den verschiedenen Zuständen derselben muss ein etwa stattfindender Umformungsprocess sich erschliessen lassen.

Bei dem übereinstimmenden Verhalten, welches die vorliegenden Objekte in Betreff der Cervikalregion und der Dorsalwirbel vom ersten bis zum vierzehnten zeigen, bieten diese Wirbel (mit Ausnahme einer später zu berührenden Eigenthümlichkeit) für die hier zunächst zu behandelnden Fragen keine wesentlichen Anhaltspunkte. Es handelt sich bei den genannten Wirbeln um denjenigen Theil der Wirbelsäule, welcher als in relativer Reihe befindlich erscheint.

Unsere Betrachtung hat an den 22. Wirbel anzuknüpfen und diesen, ausgehend vom Exemplar I, ins Auge zu fassen. Der genannte Wirbel ist zwar bei allen vorliegenden Exemplaren Dorsalwirbel, auch verhält sich die Form desselben in übereinstimmender Weise, aber schon ein Blick auf die acht Figuren[1] der beiden ersten Tafeln lässt erkennen, dass das Rippenpaar, welches diesem Wirbel anhängt, ein Interesse darbietet. Diese Rippen sind allerdings an allen Exemplaren mit Capitulum und Tuberculum am Wirbel gelenkig verbunden, aber die Länge der Rippen ist nicht die gleiche.

Bei den Exemplaren I, II, III, IV schwankt die Länge dieser Rippen zwischen 14,5 cm und 12,5 cm[2]), und diese geringe Differenz ist wohl auf individuelle Unterschiede ohne grössere Bedeutung zurückzuführen[3]). Das Exemplar V kommt, da es ein entschieden jugendliches ist, gegenüber den anderen, die nahezu oder sicher erwachsene Thiere waren, nicht in Betracht. Bemerkenswerth ist nun aber, dass bei diesen anderen Exemplaren ein Fallen der Grösse der in Rede stehenden Rippen zu konstatiren ist. Beim Exemplar VI sind sie beiderseits 11 cm lang, bei Exemplar VII 10,5 cm, beim Exemplar VIII links 10,2 cm, rechts 10 cm. (Das Exemplar IX, wo die Rippen beiderseits 12,7 cm lang sind, schliesst sich in dieser Beziehung den vorigen nicht an, aus einem Grunde, der bei der Besprechung des 23. Wirbels sich ergeben wird.) Weiter findet man aber beim Exemplar X diese Rippen links 10 cm, rechts 9 cm lang, und nur wenig unterscheidet sich hiervon das Exemplar XI mit 10,5 cm langen Rippen am 22. Wirbel[4]). Es ist nicht wohl zu verkennen, dass in dieser Abnahme der Länge eine allmählich sich einleitende Reduktion des 15. Rippenpaares sich ausspricht. Das wird auch durch die Form der Rippen bekundet. Vergleicht man z. B. die Form derselben in Taf. I, Fig. 2, (Epl. II) mit der bei den Exemplaren X und XI auf Taf. II, Fig. 7 resp. Fig. 8 sichtbaren, so erkennt man, dass diese Rippen bei den zuletzt genannten Objekten am ventralen Ende nicht so breit sind wie bei den in Fig. 2, Taf. I abgebildeten. Die Rippen der Exemplare X und XI erscheinen verschmälert, also nicht nur in der Längenausdehnung reducirt.

Viel deutlicher spricht sich eine Reduktion am 16. Rippenpaar aus. Bei den Exemplaren I, II, III ist dasselbe noch relativ unverändert. Die Länge schwankt zwischen 11,25 cm und 10,28 cm, aber es ist natürlich kürzer als das 15. Rippenpaar am gleichen Objekt. Das Exemplar IV aber, obgleich es ein völlig erwachsenes ist, zeigt diese Rippen in einer Länge von nur 5 cm links und 4,5 cm rechts und bekundet damit eine erhebliche Reduktion derselben, die jedoch die gewöhnliche Artikulationsweise mit dem Wirbel durch Capitulum und Tuberculum noch nicht

---

1 Dieselben geben in der Ansicht von der ventralen Seite den hier interessirenden Abschnitt der Wirbelsäule von acht Exemplaren, von welchen ein jedes je eine der oben aufgeführten acht Formeln repräsentirt.

2 Bei Exemplar I 15. Rippe 12,5 cm beiderseits.
„ „ II 15. „ rechts 13,3, links 13,5 cm.
„ „ III 15. „ 13,5 cm beiderseits.
„ „ IV 15. „ 14,5 cm beiderseits.

3 Diese Differenz ist vielleicht auch nur eine scheinbare. Es waren die Rippenknorpel, die in allen Fällen wohl sehr kurz gewesen sein werden, nicht vorhanden; ein ganz brauchbares und sicheres Ergebniss der Messung hätte natürlich nur bei Anwesenheit der Knorpel erlangt werden können.

4 Diese Differenzen sind zu gross, als dass sie auf das Fehlen der knorpeligen Enden der Rippen bezogen werden könnten; bei Exemplar VIII ist offenbar der Verknöcherungsprocess so weit fortgeschritten, dass ein knorpeliger Endabschnitt der Rippe nicht mehr bestanden hat, darauf weist die Form des Rippenendes hin.

alterirt hat. Im Anschluss hieran ist Fig. 3 auf Tafel I zu betrachten, wo man am 23. Wirbel des Exemplars V die Rippen noch mehr verkürzt findet (sie messen beiderseits nur 2,5 cm). Dabei ist die Artikulationsfläche des Capitulum noch deutlich, aber erheblich kleiner als am 22. Wirbel, und die Gelenkfläche des Tuberculum ist recht klein. Das in Rede stehende Rippenpaar muss beim Exemplar VI noch kleiner gewesen sein, als beim Exemplar V. Man findet nämlich am 23. Wirbel des Exemplars VI Querfortsätze, welche dieselbe Form haben wie beim Exemplar V am 23. Wirbel, nur lassen sich an den Querfortsätzen des 23. Wirbels beim Exemplar VI an der kritischen Stelle keine Gelenkfacetten für das Capitulum der Rippen mehr finden, sondern nur eine höckerförmige Erhebung, und zugleich findet man (deutlich auf der rechten Seite) Spuren, welche zeigen, dass beim Zusammenstellen des Skelets eine Rippe (die später abhanden gekommen ist) an dieser Stelle befestigt worden war. Daher ist dieser Wirbel in die betreffende Formel als Dorsalwirbel aufgenommen worden.

An diesen Befund, ebenso wie an den in Fig. 3 wiedergegebenen schliesst sich leicht das Verhalten des Exemplars VII (cf. Taf. I, Fig. 4, 23. *l.*[1]). Hier ist der 23. Wirbel schon Lendenwirbel, allein wenn man die Seitenfortsätze desselben genau betrachtet, so findet man an diesen Gebilden, welche breite, in dorso-ventraler Richtung zusammengedrückte Platten darstellen, auf beiden Körperseiten einen symmetrisch situirten Spalt, der vom proximalen Rande des Seitenfortsatzes ausgeht und distal- und etwas lateralwärts in ihn hineindringt und so einen Theil dieses Fortsatzes unvollständig abgrenzt. Wenn man diese Erscheinung beurtheilt nach den von Gegenbaur (67, pag. 404—406) aufgestellten Kriterien für die Bestimmung des morphologischen Werthes einer durch die Verknöcherung gesetzten Gliederung, so darf der lateral von dem Spalt gelegene Theil des Seitenfortsatzes auf eine mit einem Querfortsatz verschmolzene, rudimentäre Rippe bezogen werden. Es liegen hier somit wirkliche Seitenfortsätze[1]) vor, und der 23. Wirbel ist ein Lumbalwirbel geworden. Sollte diese Deutung noch ein Bedenken erwecken, so wäre dasselbe leicht zu beseitigen durch eine Beobachtung, die Pouchet mitgetheilt hat. Dieser Autor bildet einen Wirbel ab[2]), der zu einem Skelett von *Myrmecophaga jubata* gehört, welches im Museum des R. College of Surgeons in London aufbewahrt wird. Nach den von Pouchet gemachten Angaben ist nicht daran zu zweifeln, dass es der 23. Wirbel ist. An diesem sieht man nun links noch eine kleine Rippe mit dem Wirbel gelenkig verbunden (aber auch nur mit dem Capitulum), rechts dagegen ein entsprechendes, nur um fast die Hälfte verkürztes Gebilde, welches mit dem Querfortsatz mittelst einer schräg verlaufenden Naht zusammenhängt. Es ist also kein Zweifel, dass sich hier eine rudimentäre Rippe mit dem Querfortsatz verbunden hat, die Trennungsspur ist aber noch in ganzer Ausdehnung zu sehen, während bei dem von mir abgebildeten Exemplar VI nur noch ein geringer Rest der vorhin erwähnte, symmetrisch

---

1) Diese Bezeichnung benutze ich in der früher von mir (75, p. 92) definirten Bedeutung.
2) 74, p. 124.

situirte Spalt) erhalten ist. Der Modus der Verknöcherung weist hier auf die ursprüngliche Selbstständigkeit eines Abschnittes des Seitenfortsatzes hin.

Nach dem bisher Gesagten ist es leicht verständlich, dass wir bei den Exemplaren VIII, X, XI (cf. Taf. II, Fig. 5, 7, 8) den 23. Wirbel als ersten Lendenwirbel vorfinden in wohlcharakterisirter Form, mit breiten, plattenförmigen Seitenfortsätzen, die erheblich in der Gestalt sich unterscheiden von den Querfortsätzen der Brustwirbel. Ueberraschen darf es aber, dass am Exemplar IX am 23. Wirbel noch recht lange (ca. 9.5 cm) Rippen zu sehen sind. Ich habe dieses Exemplar mit Absicht nicht mit den ihm in diesem Punkt ähnlichen Exemplaren I und II zusammengestellt, weil die Totalformel der Wirbelsäule deutlich verschieden ist und weil, wie sich später zeigen wird, dasselbe in vieler Hinsicht bedeutend höher differenzirt ist, als die Exemplare I und II. Es handelt sich hier um eine anachronistische Erscheinung am 23. Segment der Wirbelsäule, es ist die Entwickelung nicht in gleichem Tempo fortgeschritten, wie an den übrigen, mehr distalwärts gelegenen Theilen dieser Wirbelsäule. Und ähnlich wie an den Rippen des 23. Wirbels hat sich auch an dem 15. Rippenpaar dieses Objekts eine Retardation in der Umbildung geltend gemacht, daher die vorhin (cf. pg. 298) erwähnte, etwas auffallende Länge derselben.

Auf ähnliche Erscheinungen habe ich bei der Besprechung der Wirbelsäule des Menschen[1]) mehrfach hingewiesen. Es kann uns der zuletzt erwähnte Befund nicht beirren in der Auffassung der übrigen, an den Rippen des 22. und 23. Wirbels wahrgenommenen Erscheinungen, und deutlich sieht man, wenn man alle Exemplare überblickt, wie die Grenze zwischen der Lumbal- und Dorsalregion um einen Wirbel weiter proximalwärts verlegt wird.

Der bisher gewonnenen Auffassung fügen sich, diese stützend, die Wahrnehmungen, die am 24. Wirbel der vorliegenden Exemplare gemacht werden können. Bei dem Exemplar I ist dieser Wirbel in der betreffenden Formel als Dorsolumbalwirbel (*dl*) bezeichnet worden und zwar desshalb, weil man auf der rechten Körperseite an dem Querfortsatz dieses Wirbels (cf. Taf. I, Fig. 1, *gf*) noch deutlich die kleine Gelenkfacette sieht, an der eine rudimentär gewordene Rippe gesessen haben muss, die beim Präpariren des Skelets oder später abhanden gekommen ist. Auf der linken Seite dagegen hat der Wirbel einen Querfortsatz, der in seiner Form einem Seitenfortsatz eines Lendenwirbels gleicht, und dass hier eine kleine Rippe in die Komposition des ganzen Fortsatzes eingegangen ist, dass also ein Seitenfortsatz vorliegt, erkennt man an einer kleinen, lochförmigen Trennungsspur (sie ist in der Figur angegeben) und aus dem Umstande, dass der proximale Theil des Seitenfortsatzes sich lateralwärts in einen Vorsprung fortsetzt, der als das Ende der verschmolzenen Rippe aufzufassen ist. In befriedigender Weise schliesst sich hieran das Verhalten, welches der 24. Wirbel des Exemplares II darbietet. Derselbe ist als erster Lendenwirbel (l^1) mit Recht zu bezeichnen, aber es ist sehr bemerkenswerth, dass dieser Wirbel auf beiden Körperseiten an seinen Seitenfortsätzen solche

1) 75, p. 144—146.

Spuren ursprünglicher Anwesenheit einer rudimentären Rippe erkennen lässt, wie wir sie am 24. Wirbel des Exemplars I auf der linken Seite fanden. An diesem Wirbel des Exemplars II (cf. Taf. I, Fig. 2, 24. $l.^1$) ist links eine lochförmige Trennungsspur und auf der rechten Seite ein kurzer, schlitzförmiger Spalt, der den Seitenfortsatz durchbricht, zu sehen und namentlich bei der Betrachtung von der dorsalen Seite her (der Spalt setzt sich hier in eine Rinne fort) bekundet er in unverkennbarer Weise eine ursprüngliche Trennung von Rippenrudimenten und Querfortsatz.

So finden sich noch Spuren, die darauf hinweisen, dass in früheren Zuständen bei *Myrmecophaga jubata* die Dorsolumbalgrenze den Zwischenraum zwischen dem 24. und 25. Wirbel durchsetzt haben muss. Diese Spuren aber sind verschwindende, und man begreift, dass bei den Exemplaren III, IV, V (cf. Fig. 3, Taf. I) und VI der 24. Wirbel als erster, typisch geformter Lumbalwirbel vorliegt. Bei den anderen Exemplaren aber (abgesehen von Exemplar IX, wo am 23. Wirbel das Rippenpaar nicht geschwunden ist) muss der 24. Wirbel natürlich als zweiter Lumbalwirbel ($l.^2$) erscheinen. Und als zweiter Lumbalwirbel ist er zugleich der letzte Lumbalwirbel bei dem Exemplar XI. Das hängt mit Processen am 25. Wirbel zusammen, auf die jetzt einzugehen ist.

Dieser Wirbel ist beim Exemplar I (cf. Taf. I. Fig. 1.) erster Lumbalwirbel ($l.^1$), er hat an seinem rechten Seitenfortsatz eine lateral vorspringende Partie, die ähnlich gestaltet ist, wie die entsprechende am linken Seitenfortsatz des 24. Wirbels, wo sie auf ein verschmolzenes Rippenrudiment bezogen werden konnte. So dürfte diese vorspringende Partie auf der rechten Seite auch beim 25. Wirbel zu deuten sein. Links ist das homotype Gebilde schon mehr in einen einheitlichen Seitenfortsatz aufgegangen, entsprechend dem Umstand, dass auch beim 24. Wirbel die Verhältnisse rechts primitiver waren als links[1]).

Gemäss dem Umstand, dass beim Exemplar II der 24. Wirbel schon erster Lumbalwirbel geworden ist, findet man den 25. Wirbel (Taf. I, Fig. 2) in der zweiten Stelle der Lumbalregion; es kommt ihm die Bezeichnung $l.^2$ zu. Die gleiche Stellung (als $l.^2$) kommt dem 25. Wirbel auch bei den Exemplaren III, IV, V und VI zu, und er ist bei diesen Wirbelsäulen als zweiter Lumbalwirbel zugleich der letzte Lumbalwirbel und grenzt an das Sacrum, von dem er bei den Exemplaren I und II durch den 26. Wirbel geschieden ist. Es ist nun, wie mir scheint, interessant, den 25. Wirbel bei den zuerst genannten Exemplaren, wo er als $l.^2$ zugleich der letzte Lumbalwirbel ist, hinsichtlich seiner Form etwas näher zu betrachten. Bei den Exemplaren III und IV hat er die typische Form eines Lumbalwirbels mit breiten, in dorsoventraler Richtung abgeplatteten Seitenfortsätzen. Beim ersteren Exemplar sieht man aber, dass vom distalen Rand der Seitenfortsätze beiderseits ein kleiner, platter Fortsatz ausgeht, der sich distalwärts gegen das Sacrum richtet, die Pars lateralis

1) Auf die Verbindung, welche der Seitenfortsatz links mit dem Seitenfortsatz des 24. Wirbels zeigt und auf ähnliche Verbindungen an den anderen Exemplaren wird später eingegangen werden.

desselben aber nicht erreicht. Das ist geschehen beim 25. Wirbel des Exemplars V, wo (cf. Taf. I, Fig. 3, 25 $l.^2$) die Seitenfortsätze dieses Wirbels mit dem lateralen Theil ihres distalen Randes in einem kleinen Bezirk eine Artikulation mit dem ersten Sakralwirbel eingehen. Diese Artikulation findet sich an der entsprechenden Stelle auch zwischen dem 25. Wirbel des Exemplars VI und der Pars lateralis des Sacrum, jedoch ist die Artikulationsfläche medialwärts etwas verbreitert, und das ist ein Befund, der sein Interesse darin hat, dass er das Verhalten des Exemplars VII verstehen lässt. Bei diesem Exemplar ist, weil das Rippenpaar am 23. Wirbel bereits geschwunden, der 25. Wirbel dritter Lendenwirbel ($l.^3$) geworden, und es findet sich (cf. Taf. I, Fig. 4, 25. $l.^3$) von diesem Wirbel nunmehr schon die ganze laterale Hälfte des distalen Randes des Seitenfortsatzes in gelenkiger Verbindung mit dem proximalwärts am meisten vorspringenden Theil der Pars lateralis des Sacrum, auch zeigt sich der Seitenfortsatz dieses Wirbels in dem distalen Theil des lateralen Randes etwas massiger in dorsoventraler Richtung, als das bei den Exemplaren IV und V der Fall ist. In diesen Befunden zeigen sich die ersten Spuren einer beginnenden Umformung des 25. Wirbels zu einem Sakralwirbel. Diese ersten Anfänge sehen wir bei den anderen Exemplaren weiter fortgesetzt.

Wie beim Exemplar VII sieht man auch beim Exemplar VIII den 25. Wirbel als $l.^3$ seine Stellung einnehmen. Beim Exemplar IX hingegen ist er als $l.^2$ vorhanden, weil bei diesem Exemplar anachronistischer Weise (cf. pg. 300) am 23. Wirbel das Rippenpaar bestehen geblieben war. Beim Exemplar VIII nun verhält sich der 25. Wirbel auch in seiner Form sehr ähnlich wie beim Exemplar VII, allein es tritt der kleine Fortsatz der proximalen Partie der Pars lateralis des Sacrum, mit welchem der Seitenfortsatz des 25. Wirbels artikulirt, stärker hervor, und das ist noch etwas deutlicher der Fall beim Exemplar IX (cf. Taf. II, Fig. 5 und 6), auch ist der Seitenfortsatz bei den Exemplaren VIII und IX in seinem lateralen Theil noch etwas massiger geworden als beim Exemplar VII. Nun zeigt es sich auch, dass der 25. Wirbel mit dem ersten Sakralwirbel (dem 26.) ein Promontorium bildet, welches deutlicher in die Entscheidung tritt als bei den Exemplaren V, VI und VII, wo es aber ebenfalls wahrnehmbar ist. Einen Schritt weiter in der Umbildung ist der 25. Wirbel beim Exemplar X fortgerückt (cf. Taf. II, Fig. 7, 25. *ls.*). Der Wirbel ist noch ganz selbstständig und ohne Durchtrennung knöcherner Brücken vom Sacrum zu lösen, aber es zeigen sich die Seitenfortsätze desselben am ganzen lateralen Rande in dorsoventraler Richtung so massig entfaltet, dass dem Wirbel hierdurch der Charakter eines Dorsolumbalwirbels zukommt (er ist in der betreffenden Formel desshalb auch als *ls.* bezeichnet worden). Der Wirbel erscheint zugleich tief zwischen die Darmbeine hineingesenkt und in den Bandmassen zwischen diesen und den Seitenfortsätzen beginnen sich (rechts besonders deutlich, cf. die Abbildung) kleine Ossifikationen zu bilden, die als erste Anfänge einer knöchernen Verbindung mit dem Sacrum zu betrachten sind. Ein Promontorium zwischen diesem Wirbel und dem ersten Sakralwirbel ist deutlich vorhanden.

Werfen wir nun noch einen Blick auf den 25. Wirbel des Exemplars XI (cf. Taf. II Fig. 8, 25. *s.*[1]), so finden wir denselben als ersten Sakralwirbel vor. In breitem Kontakt finden wir den distalen Rand seiner Seitenfortsätze mit dem proximalen Theil der Seitenfortsätze des 26. Wirbels, und wo zwischen diesen Wirbeln an den früher betrachteten Exemplaren eine Artikulation (die auch noch beim Exemplar X besteht) sich zeigte, sehen wir nun die ursprünglich völlige Trennung derselben nur durch eine Naht angedeutet. Jetzt ist die medianwärts von der Verbindungsstelle bei den früher betrachteten Exemplaren zu sehende Lücke jederseits zu dem ersten Foramen sacrale ventrale resp. dorsale geworden. Der Wirbel betheiligt sich ferner an der Bildung der Facies auricularis, der sich das Ilium anlagert, und während man beim Exemplar X nur die ersten Anfänge einer Verknöcherung der Bandmassen zwischen dem Seitenfortsatz des 25. Wirbels und dem Ilium vorfand, sehen wir hier, dass diese Bänder, die nur noch zwischen dem proximalen Theil des lateralen Randes der Seitenfortsätze dieses Wirbels und dem Ilium bestanden haben können, jetzt auch in diesem Abschnitte bis auf einen kleinen Bezirk (der an dem skeletirten Objekt sich als eine rundliche Lücke erkennen lässt, cf. Taf. II Fig. 8) verknöchert sind, so dass der Wirbel unverkennbar in die Stellung eines ersten Sakralwirbels eingetreten ist. Man findet den Körper dieses Wirbels aber noch nicht mit dem Körper des 26. Wirbels knöchern verbunden, und das weist darauf hin, dass der Wirbel noch nicht lange erster Sakralwirbel ist, auch ist so der Umstand zu deuten, dass bei dem Exemplar XI ein Promontorium zwischen dem ersten und zweiten Sakralwirbel (dem 25. und 26.) noch zu sehen ist, aber gleichzeitig auch schon zwischen dem 25. und 24. Wirbel ein Promontorium deutlich wahrnehmbar wird.

Folgt man so dem 25. Wirbel bei den verschiedenen Exemplaren in seinen Formverhältnissen, so drängt sich in zwingender Weise die Vorstellung auf, dass in diesen Formverschiedenheiten der Ausdruck dafür zu sehen ist, dass dieser Wirbel allmählich aus einem Lumbalwirbel ein erster Sakralwirbel wird. Man kann an den vorliegenden Objekten diesen Process in kleinen Schritten sich vollziehen sehen. Es ergiebt so auch der Ueberblick über die Umformungen am 25. Wirbel die Vorstellung einer proximalwärts fortschreitenden Umformung und speciell einer in proximaler Richtung erfolgenden Verlegung der Grenze zwischen der Sakral- und Lumbalregion um einen Wirbel.

So leitet uns die Betrachtung des 25. Wirbels naturgemäß zu der des Sacrum, und es kann wohl auch jetzt schon nicht verkannt werden, dass die Geschichte dieses Wirbels ein bedeutsames Licht auf den 26. Wirbel fallen lässt. Man darf erwarten, an diesem Wirbel, der beim Exemplar I als letzter Lumbalwirbel vorliegt, ähnliche Umformungsstufen zu finden wie diejenigen, welche am 25. Wirbel verschiedener Exemplare konstatirt werden konnten. In der That deutet sich das auch schon beim 26. Wirbel des Exemplars I an. Man sieht, dass die Seitenfortsätze desselben (cf. Taf. I, Fig. 1, 26. *l.*[2]) etwas voluminöser sind als die des vorhergehenden Lumbalwirbels und zugleich finden wir den distalen Rand dieser Fortsätze des 26. Wirbels beiderseits in einer ähnlichen Gelenkverbindung mit der Pars lateralis des Sacrum, wie wir sie in den ersten Umformungsstufen des 25. Wirbels fanden (etwa entsprechend dem Verhalten des 25. Wirbels beim Exemplar IX). Der Processus spinosus des 26. Wirbels ist beim Exemplar I stark entfaltet und durch einen ziemlich breiten Spalt von dem proximalen Ende des Knochenkammes geschieden, den die verschmolzenen Procc. spinosi der Sakralwirbel bilden (cf. Textfigur II pg. 314). Lehrreich ist nun der Vergleich mit dem 26. Wirbel des Exemplars II (cf. Taf. I Fig. 2, 26. *ls.*). In der Ansicht von der ventralen Seite sieht dieser Wirbel seinem Homologon bei Exemplar I sehr ähnlich, er bildet auch wie dieser mit dem 27. Wirbel ein deutliches Promontorium. Aber der Proc. spinosus des 26. Wirbels des Exemplars II ist mit dem Knochenkamm, den die Processus spinosi der Sakralwirbel bilden, verwachsen (cf. Textfigur II pg. 314). Es hat sich also schon die Verbindung mit dem Sacrum einzuleiten begonnen (daher ist der Wirbel in der Formel des Exemplars II als Lumbosakralwirbel [26. *ls.* bezeichnet worden). Dieser Befund vermittelt das Verhalten beim Exemplar III, wo dem 26. Wirbel schon die erste Stelle im Sacrum zukommt, da sowohl sein Proc. spin. mit den distalwärts folgenden zur Crista an der dorsalen Fläche des Sacrum verbunden ist, als auch sein Seitenfortsatz beiderseits mit dem Ilium durch Knochenmasse zusammenhängt. Bei den Exemplaren I und II besteht ein deutliches Promontorium zwischen dem 26. und 27. Wirbel, ein homologes Promontorium zeigt sich auch beim Exemplar III, aber es ist minder vorspringend und findet sich in Gestalt einer querverlaufenden Erhebung, welche zwischen den beiden Foramina sacralia ventralia des ersten Paares dieser Oeffnungen liegt. Das ist ganz verständlich und ebenso begreift man, dass am Exemplar III zwischen dem 26. Wirbel als erstem Sakralwirbel und dem 25. Wirbel als letztem Lumbalwirbel noch ein zweites Promontorium sich andeutet. Dieses ist das neugebildete, das zuerst genannte das ältere, welches dem einzigen Promontorium beim Exemplar I (zwischen 26. und 27.) homolog ist. In den anderen Exemplaren (von Exemplar IV bis Exemplar X) ist der 26. Wirbel ebenfalls der erste Sakralwirbel, die specielleren Formverhältnisse desselben sind jedoch erst später im Zusammenhang mit den folgenden Sakralwirbeln zu betrachten. Es erscheint mir zweckmässig, nachdem bis jetzt gesehen worden, wie auch der 26. Wirbel sich zu einem Sakralwirbel umformt, für die Betrachtung des Sacrum nunmehr wieder an das Exemplar I anzuknüpfen.

Bei diesem Exemplar findet sich ein aus fünf Wirbeln gebildetes Sacrum (cf. Taf. I Fig. 1, $s.^1$—$s.^5$), indem der 27. bis 31. Wirbel an demselben betheiligt sind. Für die Konfiguration desselben ist der Umstand sehr bestimmend, dass, wie bekannt, Ilium und Ischium sich mit dem Wirbelkomplex an gesonderten Stellen verbinden. Es ist daher an der Seitenfläche des Sacrum jederseits an zwei Stellen eine unebene Verbindungsfläche anwesend, die von einem stärker entfalteten Abschnitt der Pars lateralis des Sacrum getragen wird. Beschränken wir, um die Beschreibung nicht zu wortreich werden zu lassen, die Bezeichnung Pars lateralis nur auf diejenigen Abschnitte der Seitentheile des Sacrum, welche Verbindungen mit dem Ilium und dem Ischium eingehen, so kann man die beiden erwähnten Abschnitte als Pars lateralis iliaca und Pars lateralis ischiadica unterscheiden.

Man sieht nun, dass an dem vorliegenden Sacrum die Seitenfortsätze des 27.

und 28. Wirbels (also der beiden ersten Sakralwirbel) an der Pars lateralis iliaca betheiligt sind und zwar wird der ventralwärts am meisten vortretende, massigste Theil derselben von beiden Wirbeln gebildet, jedoch so, dass der Antheil des 27. Wirbels etwas grösser erscheint als der des 28. Wirbels. Der 29. Wirbel trägt kaum, höchstens mit einem ganz kleinen, proximalen Abschnitt seiner Seitenfortsätze etwas zu der Bildung der Pars lateralis iliaca bei. Die Pars lateralis ischiadica wird von den Seitenfortsätzen des 30. und 31. Wirbels aufgebaut und wie die Figur deutlich ersehen lässt, kommt etwa ein Drittheil auf den Seitenfortsatz des 30. Wirbels, die anderen zwei Drittheile gehören dem gleichen Fortsatz des 31. Wirbels an. Die Körper aller Sakralwirbel sind unter einander wegen Verknöcherung der Intervertebralscheiben verbunden, man sieht aber noch die Trennungsspuren zwischen den zu jeder Körperendfläche gehörigen Epiphysenscheibe und dem Wirbelkörper selbst.

An das distale Ende des Sacrum ist durch eine Intervertebralscheibe der Körper des 32. Wirbels, der hier erster Caudalwirbel ist, gefesselt. Von diesem Wirbel[1]) wäre hier zu bemerken, dass an seinen Körper dorsal ein vollständiger, in einen deutlichen Proc. spinosus ausgehender Bogen sich anschliesst und dass seine Seitenfortsätze nicht lang sind und mit einem leicht abgerundeten, etwas distalwärts gerichteten Ende abschliessen.

Vergleicht man nun mit dem eben geschilderten Verhalten des Sacrum den Befund beim Exemplar II (cf. Taf. I Fig. 2 *s.*¹—*s.*⁵), so bedarf es nicht mehr einer Schilderung im Einzelnen. Die Vergleichung der beiden Abbildungen zeigt sofort, wie beim Exemplar II die Pars lateralis iliaca auch noch vom ersten und zweiten Sakralwirbel (dem 27. und 28. Wirbel) gebildet wird, aber der ventralwärts am meisten vorspringende Theil derselben wird jetzt evident vom 27. Wirbel getragen, der Oberfläche seines Seitenfortsatzes gehört eine stumpfe Kante an, die auf die Linea ileopectinea des Os coxae ausläuft (cf. Fig. 2). Der 28. Wirbel ist noch mit der ganzen Breite seines Seitenfortsatzes an der Pars lateralis iliaca betheiligt, der 29. aber von einer Betheiligung ausgeschlossen. Also evident ein Fortschritt, wenn auch nur ein geringer, einer Umformung des Sacrum in proximaler Richtung. Damit stimmt auf's Beste das Verhalten der Pars lateralis ischiadica des Exemplars II. Es ist bei einer Betrachtung der Abbildung namentlich auf der linken Seite, wo das Os coxae nicht dargestellt ist, zu sehen, dass die Seitenfortsätze des 30. und 31. Wirbels (der beiden letzten Sakralwirbel) diesen Abschnitt konstituiren, aber sicher kann man auch feststellen, dass der Antheil des 30. Wirbels zu prävaliren beginnt; an der lateralen Fläche des Seitenfortsatzes des 30. Wirbels ist der Bezirk, der die eigentliche, straffe Gelenkverbindung mit dem Ischium eingeht, evident grösser als am 31. Wirbel, dessen Seitenfortsätze in toto aber noch massiger erscheinen als die des 30. Wirbels.

---

1) Ich berücksichtige diesen Wirbel bei der Besprechung des Sacrum aus einem Grunde, der bald ersichtlich sein wird und auch desshalb, weil die distalwärts von ihm gelegenen Caudalwirbel bei der in diesem Aufsatz behandelten Angelegenheit vernachlässigt werden können. Auf einen speciellen, die Caudalwirbel betreffenden Punkt wird übrigens an einer späteren Stelle noch eingegangen werden.

So zeigt sich auch hier das proximalwärts gerichtete Fortschreiten der Umformung. Der 32. Wirbel als erster Caudalwirbel verhält sich ebenso wie beim Exemplar I.

Beim Exemplar III, wo, wie wir sahen, der 26. Wirbel erster Sakralwirbel geworden ist, findet sich, weil auch hier wie bei den vorhergehenden Exemplaren der 31. Wirbel der Reihe das Sacrum abschliesst, ein aus sechs Wirbeln gebildetes Sacrum, und in diesem Umstand spricht sich in erster Linie und hauptsächlich das Fortschreiten der Sacrumbildung aus. Dass aber der 26. Wirbel ein erst kürzlich erworbener Besitz dieses Sacrum ist, sieht man deutlich daran, dass er noch relativ wenig formell assimilirt erscheint. Auch sieht man an diesem Sacrum, dass nun noch deutlicher als beim Exemplar II die ventralwärts am meisten vortretende Partie der Pars lateralis iliaca vom 27. Wirbel gebildet wird. Der 28. participirt aber noch mit der ganzen Ausdehnung des lateralen Randes seines Seitenfortsatzes an ihr. Die Pars lateralis ischiadica verhält sich, soweit man urtheilen kann, ebenso wie beim Exemplar II; es war nicht möglich, das Os coxae abzulösen und die Antheile des 30. und 31. Wirbels genau zu bestimmen. Der 32. Wirbel ist wie bei den vorhergehenden Exemplaren beschaffen.

Einen weiteren, nicht geringen Fortschritt lässt das Sacrum des Exemplars IV nachweisen. Der 26. Wirbel ist der erste Sakralwirbel und er bildet mit dem 25. Wirbel ein deutliches Promontorium von dem älteren Promontorium, zwischen dem 26. und 27. Wirbel, sieht man noch eine Spur. Auch ist der hier die erste Stelle im Sacrum einnehmende Wirbel in seinen Seitenfortsätzen massiger geworden. Die ventralwärts am meisten vorspringende Partie der Pars lateralis iliaca findet sich im Bereich des 27. Wirbels und der 28. Wirbel geht nicht mehr mit dem ganzen lateralen Rande seiner Seitenfortsätze die Verbindung mit dem Ilium ein; ein allerdings kleiner, distaler Antheil dieses Randes erscheint frei. Viel entschiedener zeigt sich der Fortschritt im Bereich der Pars lateralis ischiadica. Diese wird jetzt nur von den mächtig entfalteten Seitenfortsätzen des 30. Wirbels gebildet, der 31. ist hier Caudalwirbel und es liegt somit hier ein Sacrum vor, welches wieder 5 Wirbel vereint, aber nicht in toto homolog ist dem gleichfalls aus 5 Elementen zusammengesetzten Sacrum der Exemplare I und II. Interessant wäre es gewesen, über die Seitenfortsätze des 31. Wirbels nähere Auskünfte zu erhalten, sie erscheinen fast ebenso lang und sind wie die gleichen Fortsätze des 30. Wirbels noch recht massig, das speciellere Verhalten war nicht festzustellen, da die Theile nicht aus einander genommen werden konnten. Nur soviel erschien sicher, dass der 31. Wirbel nicht mit dem Ischium artikulirt (daher ist er als erster Caudalwirbel in der Formel aufgeführt). Der 32. Wirbel ist der zweite Caudalwirbel und weicht in seiner Form nicht wesentlich ab von dem der früher betrachteten Exemplare.

Im Anschluss hieran führe ich das Verhalten des Sacrum des Exemplars V (cf. Taf. I Fig. 3, $s.^1$—s^5.) vor. Man sieht aus der Figur, dass der 26. Wirbel schon deutlicher den Charakter eines Sakralwirbels besitzt wegen der stärkeren Verdickung seiner Seitenfortsätze, die auch schon von der Facies auricularis der Pars lateralis iliaca den am meisten proximal gelegenen Theil derselben bilden, ausserdem ist der 27. und auch der 28. Wirbel an dieser Anfügestelle für das Ilium betheiligt. Indessen ist es als Merkmal fortgeschrittener Umformung zu konstatiren, dass der 28. Wirbel hier evident nur mit etwa der proximalen Hälfte des lateralen Randes seines Seitenfortsatzes den Kontakt mit dem Ilium hat, der distale Theil dieses Randes ist bei der proximalwärts erfolgten Verlagerung des Ilium freigegeben worden. Und dass von den drei Wirbeln, die somit hier eine Beziehung zum Ilium haben, der 27. Wirbel den Hauptantheil hat und die ventralwärts am meisten vorspringende Partie der Pars lateralis iliaca bildet, erscheint sehr natürlich. An diesem Sacrum ist nun ebenfalls und zwar mit völliger Sicherheit zu konstatiren, dass ausschliesslich die Seitenfortsätze des 30. Wirbels die Pars lateralis ischiadica formen. In ganzer Ausdehnung ist ihre laterale Fläche mit dem Ischium im Kontakt. Damit steht im Einklang, dass der 31. Wirbel, der schon beim Exemplar IV der Caudalreihe zugerechnet wurde, hier ganz evident Caudalwirbel ist. Es ist nun, wie mir scheint, sehr instruktiv, die Seitenfortsätze dieses Wirbels zu betrachten (Taf. I Fig. 3, 31.*cd.*[1]). Die Figur zeigt, dass dieselben auffallend lang und recht stark sind und sich darin sehr unterscheiden von der Form der Seitenfortsätze des ersten Caudalwirbels bei den Exemplaren I. II und III. Diese beim 31. Wirbel des hier in Rede stehenden Objekts wahrzunehmende Form der Seitenfortsätze kann als ein Hinweis darauf angesehen werden, dass der Wirbel in früheren Zuständen wie bei den Exemplaren I, II und III Sakralwirbel gewesen ist. So sehr sich eine solche Deutung auch aufdrängt und naheliegend erscheint, so muss es doch wünschenswerth sein, dieselbe weiter begründen zu können. Das wäre möglich durch den Nachweis von Formverhältnissen dieses Wirbels, welche deutlicher einen Uebergang von der Gestalt eines Sakralwirbels zu der eines Caudalwirbels bekunden. Eine solche Uebergangsform ist offenbar dokumentirt durch eine Abbildung, die Pouchet[1]) von den hier interessirenden Wirbeln eines seiner Exemplare gegeben hat.

Ich kann nicht unterlassen, von dieser Figur eine in Kontouren gehaltene Kopie hier beizufügen (cf. Figur 1 auf pag. 308). Die Angaben über die Zusammensetzung der betreffenden Wirbelsäule sind insoweit genau, dass sich aussagen lässt, es liege ein Sacrum vor, welches aus dem 26.—30. Wirbel besteht. Es ähnelt in seinem proximalen Theil sehr dem Sacrum des Exemplars V, nur erscheint es insofern etwas primitiver, als der 28. Wirbel mit dem lateralen Rande seines Seitenfortsatzes noch etwas mehr an der Pars lateralis iliaca betheiligt ist, als es beim Exemplar V der Fall ist. Dieser scheinbar sehr geringfügige Unterschied gewinnt an Bedeutung, wenn man sieht, dass bei dem von Pouchet abgebildeten Objekt der 30. Wirbel zwar allein (mit seinem Seitenfortsatz) die Pars lateralis ischiadica bildet, aber an diesem Seitenfortsatz einen distalwärts sich richtenden Vorsprung zeigt, der Beziehungen zum distal folgenden Wirbel andeutet und bei dem von mir abgebildeteten Objekt (cf. die Fig. 3 Taf. I im Vergleich zu der Kopie der Figur von Pouchet) schon fehlt. Besonders interessant ist nun aber der 31. Wirbel des von Pouchet

1) 74, Pl. XIII, Fig. 2.

beobachteten Objekts. Dieser Wirbel liegt in einer der zu postulirenden Uebergangsformen vor. Vergleicht man die Kopie der Pouchet'schen Figur mit meiner Fig. 3 (Taf. I, so ist erstens evident, dass der 31. Wirbel des Pouchet'schen Exemplars noch an der Bildung eines Paares Foramina sacralia ventralia Antheil gehabt hat, die bei dem von mir abgebildeten Exemplar V schon nicht mehr bestehen und besonders wichtig ist die Form und die relative wie absolute Länge der Seitenfortsätze in dem Objekt der Pouchet'schen Figur. Es ist zweifellos, dass letzteres Exemplar sich auch hierin primitiver verhält. Die Seitenfortsätze sind noch massiger als beim Exemplar V; sie sind an ihren lateralen Enden etwas wulstig und unregelmässig gestaltet und diese sind dicker als der übrige Theil der Seitenfortsätze. Das sind Umstände, die darauf hinweisen, dass diese Seitenfortsätze früher zu dem Ischium Beziehungen gehabt haben. Man gewinnt somit auch an diesem Objekt die Ueberzeugung, dass ein Sakralwirbel aus der letzten Stelle des Sacrum austreten kann, indem er durch Umformung zu einem Caudalwirbel wird. Es ist wohl nicht zu bezweifeln, dass ein reicheres Material die in Bezug hierauf noch zu postulirenden Uebergangsformen würde aufweisen lassen. In rascherem Ueberblick können jetzt die anderen Exemplare betrachtet werden.

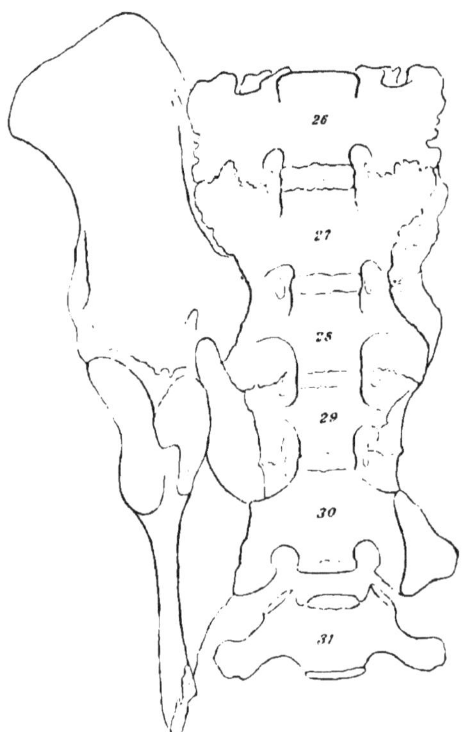

Fig. 1.

Das Sacrum des Exemplars VI steht fast auf derselben Stufe wie das des Exemplars V, nur ist es etwas höher differenzirt. Am 26. Wirbel ist die stumpfe, leistenförmige Hervorragung auf der ventralen Fläche der Seitenfortsätze, die in höheren Entwickelungsstufen zum Beginn der Crista ileopectinea hinleitet, deutlicher. Die ventralwärts am meisten vorspringende Partie der Pars lateralis iliaca liegt aber im Bereich der Seitenfortsätze des 27. Wirbels. Die ventrale Fläche des Körpers dieses letzteren Wirbels bildet mit der gleichen Fläche des 26. Wirbels noch ein schwach angedeutetes „altes Promontorium". Die Pars lateralis ischiadica (30. Wirbel) verhält sich wie beim Exemplar V. Die interessante Erscheinung auffallend langer Seitenfortsätze am 31. Wirbel, die uns beim Exemplar V entgegentrat, findet man auch hier; dieser Befund bestätigt somit die früher gegebene Deutung.

Wendet man sich jetzt zum Exemplar VII cf. Taf. I Fig. 4, *s.*[1]—*s.*[5]), so besteht, wie man sieht, in Bezug auf den 26. und 27. Wirbel fast völlige Uebereinstimmung mit den Exemplaren V und VI. Es tritt in der Figur, die das Objekt in der Ansicht von der ventralen Seite zeigt, allerdings nicht deutlich hervor, dass die lateralen Ränder der Seitenfortsätze des 26. Wirbels an der Facies auricularis Theil haben, das ist aber am Objekt selbst sicher wahrzunehmen. Ein Promontorium zwischen dem 26. und 27. Wirbel ist noch in Spuren zu konstatiren. Bemerkenswerth ist ferner, dass, zum Unterschied gegenüber dem Exemplar V, beim Exemplar VII der 28. Wirbel etwas zurücksteht in der Umbildung, indem noch der ganze laterale Rand seiner Seitenfortsätze mit dem Ilium zusammentrifft. Das ist eine lokale Retardation der Entwickelung, welche der Gesammtauffassung keine Schwierigkeit bereitet. Auch die Pars lateralis ischiadica (von den Seitenfortsätzen des 30. Wirbels gebildet) steht auf der gleichen Stufe wie bei den Exemplaren V und VI. Ein besonderes Interesse bietet aber die Form der Seitenfortsätze des 31. Wirbels beim Exemplar VII. Er ist erster Caudalwirbel und die Abbildung lässt deutlich ersehen, dass die Seitenfortsätze bei ihm kürzer und schwächer sind, als beim Exemplar V oder IV oder gar bei dem Exemplar der POUCHET'schen Figur (cf. Fig. 1 pag. 308). Das bestätigt von Neuem die hinsichtlich dieses Wirbels statuirte Deutung und zeigt, dass er jetzt noch eine weitere Reduktion seiner Seitenfortsätze erfahren hat, die ihn der Form eines ersten Caudalwirbels näher bringt.

Vergleichen wir jetzt die Sacra der Exemplare VIII und IX (cf. Tf. II. Fig. 5 und 6, $s.^1$—$s.^5$). Beim Exemplar VIII hat der 26. Wirbel, wie man sieht, schon fast völlig die für typisch gehaltene Form eines ersten Sakralwirbels angenommen; die laterale Fläche seiner Seitenfortsätze ist in ganzer Ausdehnung in (distalwärts breiter werdendem) Kontakt mit dem Ilium. Ueber die ventrale Fläche der Seitenfortsätze des 26. Wirbels sieht man jetzt in deutlich ausgesprochener Weise den stumpfen Knochenkamm schräg distal und lateralwärts verlaufen, welcher auf die Crista ileopectinea des Os coxae hinführt. Die ventralwärts am meisten vorspringende Partie der Pars lateralis iliaca wird auf beiden Seiten von den Seitenfortsätzen des 26. und 27. Wirbels gebildet, der ventralwärts gerichtete Gipfel des Vorsprungs trifft mit der Grenze der vom 26. und 27. gelieferten Antheile zusammen, doch ist der 27. Wirbel durch eine etwas grössere Masse an dem Vorsprung betheiligt. Der 28. Wirbel participirt nur noch mit einem ganz kleinen Theil des lateralen Randes seiner Seitenfortsätze an der Pars lateralis iliaca.

Der gleiche Abschnitt des Sacrum des Expl. IX zeigt, neben gleichem Verhalten des Reliefs an der ventralen Fläche seiner Seitenfortsätze und gleicher Antheilnahme an der Facies auricularis, dass die mächtig entfaltete, ventralwärts vorspringende Partie der Pars lateralis iliaca von den Seitenfortsätzen des 26. und 27. Wirbels in dem Sinn gebildet wird, dass die ventral gerichtete Spitze dieser Partie links noch von beiden Wirbeln zu gleichen Antheilen, rechts aber schon in etwas überwiegender Weise vom 26. Wirbel geformt ist. Man darf hierin den weiteren Fortschritt in der Umformung des letzteren Wirbels sehen. Die Betheiligung des 28. Wirbels an der Pars lateralis iliaca ist fast noch geringer als beim Exemplar VIII. Bei beiden Exemplaren ist keine Spur mehr eines Promontorium zwischen dem 26. und 27. Wirbel vorhanden (in Spuren war ein solches Promontorium bei den im Vorhergehenden betrachteten Objekten noch wahrnehmbar). Beim Exemplar IX sind ebenfalls die letzten Reste desselben verwischt, es existirt nur ein Promontorium, das sich zwischen dem ersten Sakralwirbel und dem 25. Wirbel als letztem Lendenwirbel deutlich markirt.

Lehrreicher noch ist ein Blick auf den distalen Abschnitt dieser beiden Sacra. Man sieht bei ersterem Exemplar (VIII, Tf. II Fig. 5) die Pars lateralis ischiadica vom 30. Wirbel getragen, aber zugleich bemerkt man, dass auf beiden Körperseiten der proximale Rand der Seitenfortsätze dieses Wirbels sich leistenförmig erhebt und in eine Kante ausgeht, die längs der lateralen Umgrenzung des letzten Paares der Foramina sacralia ventralia sich hinzieht. Das scheint auf eine beginnende Betheiligung des 29. Wirbels an der Formirung der Pars lateralis ischiadica hin zu weisen. Und dass dieser Schein kein trügerischer ist, lehrt ein Blick auf die entsprechende Partie vom Exemplar IX (cf. Tf. II. Fig. 6). Hier ist es zweifellos, dass nun die Pars lateralis ischiadica wiederum von den Seitenfortsätzen zweier Wirbel gebildet wird, jetzt aber von denen des 29. und 30. Wirbels. Das ist als ein Zeichen weiter proximalwärts fortgeschrittener Umformung aufzufassen, die jedoch erst in relativ geringem Grade an dem Seitenfortsatz des 29. Wirbels zur Geltung gekommen ist. Die noch nicht ganz vollständige Verknöcherung des Objekts lässt die Antheile beider Wirbel bemessen, und besser noch als an der ventralen Fläche des Sacrum sieht man an der dorsalen Seite desselben, dass der Antheil des 29. Wirbels zunächst noch kleiner ist, als der des 30. Wirbels. In proximo-distaler Richtung gemessen hat der Antheil des 29. Wirbels nur eine Ausdehnung von 5 mm, alles Uebrige entfällt auf den Seitenfortsatz des 30. Wirbels. Zeigt sich hierin das Exemplar IX evident höher differenzirt als das Exemplar VIII, so findet man eine Bestätigung für diese Auffassung auch in dem Verhalten des 31. Wirbels. Natürlich ist er bei beiden Objekten erster Caudalwirbel, aber vergleicht man das Verhalten der Seitenfortsätze in beiden Fällen und berücksichtigt man namentlich die Länge derselben, so ist es klar, dass der 31. Wirbel des Exemplars VIII primitiver sich verhält. Die Seitenfortsätze desselben sind aber doch schon relativ kürzer und wegen der Zuspitzung der lateralen Enden derselben rückgebildeter als am Exemplar VII (cf. Tf. I Fig. 4). Denkt man sich die Verkürzung an solchen Seitenfortsätzen, wie sie der 31. Wirbel des Exemplars VIII besitzt, nur etwas weitergegangen, so resultirt die Form der Seitenfortsätze des 31. Wirbels beim Exemplar IX. Dieser Befund unterstützt somit die oben statuirte Auffassung, dass das Exemplar IX auf höherer Stufe steht als das Exemplar VIII und er lehrt zugleich im Anschluss an die schon früher erörterten Umformungsstufen des 31. Wirbels zwei weitere Stadien dieses Vorgangs kennen.

Gegenüber dem Gesagten wird es jetzt wohl nicht mehr zweifelhaft sein, dass dem Exemplar IX die Stelle in der bisher vorgeführten Reihe, die es einnimmt, mit Recht zugewiesen worden ist und dass es zulässig ist, nur einen Anachronismus in dem Umstand zu sehen, dass bei diesem Exemplar am 23. Wirbel noch ein Rippenpaar sich befindet.

Mit wenigen Worten kann jetzt im Hinblick auf die Exemplare X und XI das hier interessirende Verhalten der Sacra charakterisirt werden (cf. Tf. II Fig. 7 *s.*[1]—*s.*[5], Fig. 8 *s.*[1]—*s.*[6]).

Das dem Exemplar X angehörende Sacrum, welches, wie bei den Exemplaren IV bis IX, fünf Wirbel besitzt, lässt erkennen, dass der 26. Wirbel als erster Sakralwirbel gegenüber seinem Homologon beim Exemplar IX doch noch etwas in der Umformung fortgeschritten ist; er hat jetzt mehr Antheil an der massigsten Partie der Pars lateralis iliaca als der 27. Wirbel, das Ende des ventralen Vorsprunges derselben wird vom 26. Wirbel gebildet. Vom 28. Wirbel kann eine Betheiligung seiner Seitenfortsätze an der Kontaktfläche für das Ilium nicht mehr nachgewiesen werden. Die Pars lateralis iliaca wird somit jetzt wiederum nur von zwei Wirbeln geliefert, aber vom 26. und 27. Wirbel und nicht vom 27. und 28. Wirbel wie bei den Exemplaren I und II. Man sieht somit, dass das Ilium um die ganze Längenausdehnung des lateralen Randes des Seitenfortsatzes am 28. Wirbel proximalwärts gerückt ist. Vergleichen wir nun hiermit das Verhalten beim Exemplar XI, so sieht man, dass zu der Bildung der Pars lateralis iliaca drei Wirbel sich vereinen, und das erscheint sehr natürlich, da, wie früher (pag. 303) erörtert worden, der 25. Wirbel bei diesem Exemplar zum ersten Sakralwirbel geworden ist. Der 26. und 27. Wirbel zeigen dasselbe Verhalten wie beim Exemplar X und wie bei diesem Exemplar erscheint auch bei Exemplar XI der 28. Wirbel von der Berührung mit dem Ilium ausgeschlossen. Dieses Sacrum hat 6 Wirbel, es sind der 25. bis 30. und nicht der 26. bis 31. Wirbel wie beim Exemplar III, dessen Sacrum, wie wir früher sahen, gleichfalls aus 6 Elementen sich aufbaut. In Betreff des proximalen, eben erörterten Theiles des Sacrum ist mit dem Verhalten des Exemplars XI der höchste Grad der Umformung, den die vorhandenen Objekte feststellen lassen, erreicht, und es erübrigt noch, einen Blick auf den distalen Abschnitt dieser beiden Sacra zu werfen.

Die Vergleichung der Figuren 7 und 8 (Taf. II) zeigt nun in sehr überzeugender Weise eine Fortsetzung der bei den Exemplaren VIII und IX schon erkannten Umformung der Pars lateralis ischiadica. An dieser nimmt, wie früher dargelegt wurde, der 29. Wirbel beim Exemplar IX einen geringen aber doch deutlich konstatirbaren Antheil. Man sieht diesen Antheil beim Exemplar X etwas vermehrt, aber noch prävalirt entschieden der Seitenfortsatz des 30. Wirbels (in der Fig. 7 ist die Trennungsspur wiedergegeben). Das ist beim Exemplar XI auf der linken Körperseite auch noch, aber doch schon in minderem Maasse der Fall und auf der rechten Seite sieht man bei diesem Exemplar, als nicht misszuverstehendes Dokument fortgeschrittener Umformung, den Antheil des Seitenfortsatzes des 29. Wirbels den des 30. Wirbels an Volum übertreffen. Es ist ersichtlich, das Ischium zögert nicht, dem Ilium im Vorrücken zu folgen. Das ist auch ganz verständlich, da Beide ja nur Theile eines im entwickelten Zustande in sich festgefügten Ganzen, des Os coxae, sind; man gewinnt aber auch zugleich hier einen Hinweis darauf, dass die Lokomotion des Gürtels der hinteren Extremität im postembryonalen Zustand der Individuen erfolgen könne. Wenn man schliesslich nun noch den 31. Wirbel beider Exemplare betrachtet, so sieht man ihn in beiden Fällen nur mit kleinen, kurzen Seitenfortsätzen ausgestattet und man findet im Vergleich zu dem Verhalten beim Exemplar IX hier somit die letzte, aus dem vorhandenen Material erkennbare Umbildungsstufe dieses Wirbels.

Bei der bisherigen Betrachtung wurden von dem hier interessirenden Theil der Wirbelsäule einzelne Wirbel oder Gruppen von Wirbeln mit den speciell homologen Bestandtheilen bei den verschiedenen Exemplaren verglichen, indem dabei der Ausgangspunkt genommen wurde von dem Exemplar I. Dieses musste aus den schon früher erörterten Gründen (cf. pag. 297) als das primitivste angesehen werden. Diese Auffassung des Exemplars I hat sich insofern bestätigt, als für jeden Wirbel oder Wirbelkomplex desselben sich ergab, dass dieselben als Ausgangspunkt benutzbar waren und dass die speciell homologen Elemente der anderen Exemplare für jeden verglichenen Wirbel oder Wirbelkomplex in eine Reihe sich ordnen liessen, wobei eine jede Reihe eine ganz allmähliche Umformung der untersuchten Wirbel bekundete. Es tritt (abgesehen von zwei leicht deutbaren Befunden) überall in unverkennbarer Weise bei diesen Vergleichungen der Umstand in den Vordergrund, dass in jeder der erwähnten Reihen die verschiedenen Formzustände der Wirbel ungezwungen sich an einander fügen liessen, indem, vom Exemplar I ausgehend, die Vergleichung zum Exemplar II, dann zum Exemplar III und so successive weiter bis zum Exemplar XI fortschritt. Das muss in, wie mir scheint, zwingender Weise die Anschauung erwecken, dass die Umformungserscheinungen an der Wirbelsäule eines und desselben Exemplares in einem Konnex mit einander stehen, dass man es somit mit einem Umformungsprocess zu thun hat, der den ganzen hier betrachteten Abschnitt der Wirbelsäule beherrscht. In dieser Auffassung wird man bestärkt, wenn man, nachdem die Erscheinungen bis jetzt im Einzelnen zur Kenntniss gelangt sind, nochmals einen Blick auf die Reihe der Formeln (cf. pag. 296) wirft.

Man sieht bei der die unterste Stelle in der Reihe einnehmenden Formel des Exemplar I, wie die Existenz von 16 wohlausgebildeten Rippenpaaren und das gleichzeitige Vorhandensein eines Rippenrudiments am 24. Wirbel zusammentrifft mit einer lumbalen Beschaffenheit des 26. Wirbels und mit der Anwesenheit der relativ primitivsten Form des Sacrum, bei welchem dasselbe vom 26. bis zum 31. Wirbel (incl.) reicht.

Die nächst höher stehende Formel (des Exemplars II) leitet sich aus der vorhergehenden ab, indem der 24. Wirbel aus der Form eines Dorsolumbalwirbels in die des ersten Lumbalwirbels übergeht, und man sieht, dass Hand in Hand damit der 26. Wirbel nunmehr lumbosakrale Beschaffenheit angenommen hat. Und auch das Sacrum des Exemplars II fanden wir, trotz der Zusammensetzung aus der gleichen Zahl speciell homologer Wirbel, auf etwas höherer Stufe.

In der Formel des Exemplars III zeigt es sich, dass der 26. Wirbel nunmehr zum ersten Sakralwirbel geworden ist, so dass ein Sacrum, welches aus 6 Wirbeln besteht, zu Stande gekommen und damit bezeichnet diese Formel einen Fortschritt.

Die Exemplare IV, V, VI ergeben nur eine Formel, welche diese Exemplare insofern als umgeformtere erkennen lässt, als der 31. Wirbel nun nicht mehr letzter

Sakralwirbel, sondern erster Caudalwirbel ist. Aber die Formel giebt gleichsam nur in Umrissen ein Bild des Verhaltens; bei der genaueren Betrachtung dieser drei Exemplare sah man, dass bei ihnen wichtige Uebergangsstufen des 31. Wirbels auf dem Wege der Umformung zu einem Caudalwirbel angetroffen wurden. Auch in Betreff des 16. Rippenpaares konnte an diesen drei Exemplaren eine allmähliche Verkürzung und Reduktion erkannt werden. Diese Umstände lassen die Formel verstehen, welche durch die Exemplare VII und VIII repräsentirt wird. Die Formel leitet sich aus der vorhergehenden dadurch her, dass die Reduktion eines 16. Rippenpaares vollständig geworden ist, wodurch der 23. Wirbel erster Lumbalwirbel geworden ist. Gleichzeitig war aber auch an den beiden betreffenden Exemplaren eine höhere Ausbildung des 26. Wirbels als eines ersten Sakralwirbels zu konstatiren und eine in zwei Stadien erkennbare weitere Umgestaltung des 31. Wirbels, welche diesen Wirbel der Form eines ersten Caudalwirbels näher führt. Nur war beim Exemplar VII (und das ist eine der oben erwähnten Ausnahmen) eine geringe Retardation der Entwickelung an den Seitenfortsätzen des 28. Wirbels zu bemerken, welche in relativ etwas zu grosser Ausdehnung mit dem Ilium in Kontakt stehen.

Die Formel des Exemplars IX zeigt nun scheinbar einen Rückschritt in der Umbildung des ganzen hier in Betracht kommenden Abschnittes der Wirbelsäule, indem der 23. Wirbel wieder als Dorsalwirbel erscheint. Aber erinnert man sich dessen, was die nähere Untersuchung des Sacrum und des ersten Caudalwirbels ergab (cf. pg. 310), so ist es klar, dass diese Theile höher differenzirt sind als die homologen Bestandtheile bei den Exemplaren VII und VIII und dass beim Exemplar IX nur hinsichtlich der Rippen des 23. Wirbels eine Ausnahme (die zweite der oben erwähnten) vorliegt, die sich als eine anachronistischer Erscheinung an diesem Wirbel leicht auffassen lässt und die Beurtheilung im Uebrigen nicht behindert.

Die in der Reihe nächst höher stehende Formel (Exemplar X) schliesst sich nunmehr ohne Schwierigkeit den beiden vorhergehenden an. Sie leitet sich aus ihnen damit her, dass jetzt der 25. Wirbel Lumbosakralwirbel geworden ist und es war aus der früher mitgetheilten speciellen Untersuchung ersichtlich, dass bei diesem Exemplar das 15. und letzte Rippenpaar schon etwas reducirt worden ist und dass zugleich das Sacrum (namentlich in Betreff der Pars ischiadica) weiter umgeformt ist als beim vorhergehenden Objekt. Die oberste Stelle in der Reihe kommt der Formel des Exemplars XI zu. Das ist leicht ersichtlich, weil hier der 25. Wirbel nicht mehr in einer Uebergangsform, sondern schon als erster Sakralwirbel auftritt und weil auch die Beschaffenheit der übrigen Sakralwirbel die aus dem vorliegenden Untersuchungsmaterial erkennbare höchste Stufe der Umbildung dokumentirt. —

So schliessen sich alle bisher betrachteten Erscheinungen zu einem einheitlichen Bilde zusammen, welches einen Umformungsprocess zeigt, der an dem ganzen, hier betrachteten Abschnitt der Wirbelsäule waltet und als ein proximalwärts fortschreitender sich zu erkennen giebt.

Bevor aber hieran einige weitere Bemerkungen geknüpft werden, erscheint es mir wünschenswerth, diesem Bilde zunächst noch zwei Züge hinzuzusetzen.

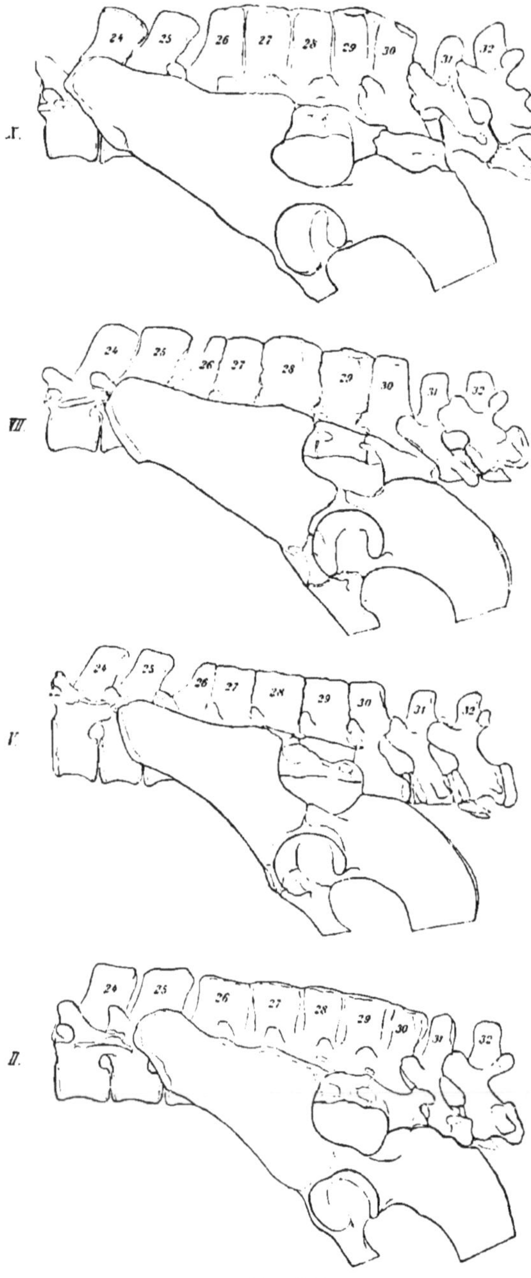

Fig. II.[1])

Die Vereinigung von Wirbeln zu einem Sacrum zeigt sich, wie bekannt, nicht nur in der Verbindung der Seitenfortsätze, sondern sie kann auch, abgesehen von dem Verhalten der Wirbelbogen, in der Verschmelzung der Processus spinosi ihren Ausdruck haben. Desshalb hat es ein Interesse, diese in's Auge zu fassen.

Das in Bezug hierauf an den untersuchten Exemplaren wahrnehmbare Verhalten lässt sich in der Hauptsache an der hier beigefügten Textfigur II übersehen. Dieselbe giebt in der Seitenansicht das in Kontouren entworfene Bild des 24. bis 32. Wirbels nebst dem Os coxae, wie es sich bei 4 Exemplaren (II, V, VII, X) darstellt.

Man sieht beim Exemplar II die Processus spinosi des 24. und 25. Wirbels in einer Form, die bei Lumbalwirbeln eine sehr gewöhnliche ist, den des 26. Wirbels findet man aber schon mit dem hoch sich erhebenden Knochenkamm verschmolzen, der aus den Processus spinosi der folgenden, an dem Sacrum betheiligten vier Wirbel (27. bis 30.) gebildet wird. Die auf die einzelnen Processus spinosi entfallenden Antheile sind durch Furchen gut abgegrenzt. Man kann diesen Knochenkamm mit dem Namen Crista sacralis mediana bezeichnen und im Interesse der Kürze nur von einer Crista sacralis reden, da für die Verwendung der Bezeichnung Crista sacralis lateralis beim Sacrum von *Myrmecophaga* keine Veranlassung vorliegt.

1) Die Kontouren wurden mit Hilfe des SCHROEDER'schen Diopterographen zunächst entsprechend der wahren Grösse des Objekts hergestellt; alsdann wurde eine Verkleinerung vorgenommen, die für das Exemplar V eine geringere ist, um die Figuren leichter mit einander vergleichen zu können. Die Exemplare, auf welche die Figuren sich beziehen, sind durch die entsprechende römische Ziffer bezeichnet.

Diese Verbindung des Processus spinosus des 26. Wirbels mit der Crista sacralis ist, wie früher dargelegt wurde, der erste Schritt zu einer Verbindung des ganzen 26. Wirbels mit dem Sacrum. Damit steht im Einklang, dass der Processus spinosus des 26. Wirbels des Exemplars I noch völlig frei ist. Man sieht weiter an der vorliegenden Abbildung des Exemplars II, dass der Processus spinosus des 31. Wirbels, obgleich dieser Wirbel wegen des Verhaltens seiner Seitenfortsätze evident Sakralwirbel ist, nicht durch Knochenmasse mit der Crista sacralis zusammenhängt, sondern durch einen schmalen, spaltförmigen Raum vom distalen Ende der Crista sacralis geschieden ist. Das deutet, wie man urtheilen kann, eine beginnende Loslösung dieses Wirbels an und man wird in diesem Urtheil bestärkt, wenn man sieht, wie beim Exemplar I, wo sich der 31. Wirbel auch sonst etwas primiver verhält, der Processus spinosus desselben einen Bestandtheil der Crista sacralis ausmacht. Bei diesem noch nicht völlig verknöcherten Sacrum ist durch enge Nähte die Crista sacralis in so viel Abschnitte getrennt, als Processus spinosi an ihr sich betheiligen, die Grenzen derselben sind also leicht festzustellen.

Der Processus spinosus des 31. Wirbels ist beim Exemplar V, wo dieser Wirbel schon erster Caudalwirbel ist, natürlich nicht mehr im Zusammenhang mit der Crista sacralis und man sieht ihn durch einen weiten Raum von derselben getrennt. Nicht ohne Interesse aber ist es, zu konstatiren, dass beim Exemplar III dieser Raum kleiner ist, aber doch schon grösser als beim Exemplar II. Der Processus spinosus des 26. Wirbels des Exemplars V bildet das proximale Ende der Crista sacralis und hat eine auffallend schmale Form. Die gleiche Form findet man auch beim Processus spinosus, der beim Exemplar I das proximale Ende der Crista sacralis abgiebt, hier ist er aber der Processus spinosus des 27. Wirbels[1].

Betrachtet man jetzt die Abbildung des Exemplars VII in der vorliegenden Textfigur, so sieht man, dass der Processus spinosus der 26. Wirbel als erstes Element der Crista sacralis eine ähnliche, etwas auffallende Form hat, wie sie oben erwähnt wurde und auch im Uebrigen gleicht die Crista sacralis des Exemplars VII sehr der des Exemplars V.

Aus der Abbildung des Exemplars X kann ersehen werden, dass der Abstand des Processus spinosus des 31. Wirbels von dem distalen Ende der Crista sacralis noch grösser geworden ist, zugleich aber ist zu konstatiren, dass der Processus spinosus des 26. Wirbels (der auch hier erster Sakralwirbel ist) die vorhin erwähnte verschmälerte Gestalt nicht hat, aber doch nicht so breit ist, wie die übrigen distal folgenden Processus spinosi, auch erinnert sein schräg gestellter proximaler Rand noch an die Gestalt des Processus spinosus des 26. Wirbels bei den Exemplaren V und VII. Man kann in diesem Verhalten einen Hinweis darauf erblicken, dass der 26. Wirbel beim Exemplar X, wo er in Bezug auf seine Seitenfortsätze und seinen Körper völlig als hoch entwickelter Sakralwirbel sich verhält, nun auch seinen Processus spinosus formell mehr assimilirt zeigt. Man könnte den Unterschied in der Form

1) Giebel 78, p. 339, sagt, *Myrmecophaga jubata* unterscheide sich in Betreff der Crista sacralis von *Myrmecophaga tetradactyla* dadurch, dass bei ersterer Species der erste an der Crista betheiligte Dornfortsatz breit, bei *tetradactyla* schmal sei. Das ist, wie die oben erwähnten Beobachtungen zeigen, ein Irrthum.

des Processus spinosus des 26. Wirbels beim Exemplar VII und dem Exemplar X auffallend gross finden und diesen Umstand gegen die oben gegebene Interpretation geltend machen; es wäre ein solcher Einwand aber dadurch zu entkräften, dass beim Exemplar VIII, wo der Processus spinosus des 26. Wirbels gleichfalls das proximale Ende der Crista sacralis formt, eine der zu postulirenden Uebergangsformen dieses Processus vorliegt, er ist relativ breiter als beim Exemplar VII, aber noch nicht so breit als beim Exemplar X.

Man kann somit auch in Hinblick auf die Processus spinosi der hier interessirenden Wirbel die fortschreitende Umformung erkennen.

Bis jetzt sind die Erscheinungen des Umformungsprozesses an dem hier untersuchten Abschnitt der Wirbelsäule nur insofern Gegenstand der Betrachtung geworden, als sie durch die Form und die Gruppirung der Wirbel sich bekundeten. Nun kann es aber wohl nicht übersehen werden, dass von den Motiven für diese Umformungserscheinungen vielleicht nur wenige in den Wirbeln selbst zu suchen sind. In der Hauptsache müssen es andere, mit den Wirbeln in Beziehung stehende Theile sein, die diese Umformungen veranlassen. Unter diesen Theilen spielt selbstverständlich das Os coxae eine wichtige Rolle.

Ein Theil der bis jetzt betrachteten Erscheinungen ist davon abhängig, dass dieser Skelettheil in seinen Beziehungen zum Sacrum und anderen Wirbeln Aenderungen eingeht. Ist nun der hier erörterte Umformungsprocess ein proximalwärts fortschreitender, so muss das in Betreff der mit dem Os coxae in näherem Verbande stehenden Wirbeln eben desshalb der Fall sein, weil das Hüftbein proximalwärts verlagert wird. Selbstverständlich kann dieses als solches nur in passiver Fortbewegung befindlich sein. Sucht man sich aber darüber Rechenschaft zu geben, wo die Motoren für die Bewegung des Os coxae gelegen sind, so steht man einer Menge von Fragen gegenüber, die der Lösung harren. Diese Seite der Angelegenheit muss hier unerörtert bleiben, es kann aber nicht ohne Interesse sein, die Fortbewegung des Os coxae selbst zu konstatiren, da an diese Erscheinung ein Versuch zur Ermittelung der Ursachen derselben anzuknüpfen hätte.

Die Erscheinung selbst ist, wie ich meine, auch an dem hier untersuchten Objekt zu erblicken.

Uebersieht man die in der Textfigur II (p. 314) gegebenen Darstellungen, so muss zunächst darauf die Aufmerksamkeit sich lenken, dass bei den vier abgebildeten Exemplaren das Hüftbein in dem Maasse dieselbe relative Grösse und dieselben Formverhältnisse darbietet, dass der Gedanke ausgeschlossen ist, es könne bei diesen Exemplaren von *Myrmecophaga* eine Aenderung der Beziehungen des Os coxae zur Wirbelsäule darauf zurückgeführt werden, dass ein oder mehrere Theile desselben (etwa das Ilium) sich derart in der Ausdehnung verändert, dass bei sonst unveränderter Lage des Hüftbeins etwa ein Zuwachs an Wirbeln zum Sacrum lediglich durch eine Vergrösserung des Ilium bedingt sei. Diese Annahme findet keinen Halt in der Konfiguration des Os coxae. Eine solche Auffassung könnte auch nicht auf das Ischium angewandt werden.

Beim Betrachten der Umformung an der Pars lateralis ischiadica ist es in einzelnen Stadien dieses Processes deutlich, dass trotz gleicher Grösse der Kontaktfläche die Seitenfortsätze verschiedener Wirbel an derselben betheiligt sind. Das kann nicht durch Gestaltveränderungen des Os ischii erklärt werden.

Ueberzeugt man sich so von der relativen Formbeständigkeit des Os coxae, so ist es nicht schwierig, die Fortbewegung desselben zu erkennen. Man sieht beim Exemplar II (cf. Textfigur II) das distale Ende der Kontaktfläche des Ischium in einem Niveau, welches noch etwas distalwärts von der Grenze zwischen dem 31. und 32. Wirbel sich befindet, während dieser Punkt des Ischium beim Exemplar V schon mit dem Zwischenraum zwischen dem 30. und 31. Wirbel korrespondirt, ja selbst etwas proximalwärts von ihm liegt. Dasselbe zeigen die Exemplare VII und X und man wird das ganz verständlich finden im Hinblick auf das früher erörterte Austreten des 31. Wirbels aus der letzten Stelle im Sacrum in die erste der Caudalreihe.

Kleine Formveränderungen der Kontaktfläche des Ischium können jedoch auch an den Figuren wahrgenommen werden, dieselben müssen auch postulirt werden, aber sie sind nicht im Stande, die eben hervorgehobenen Verhältnisse zu motiviren. Diese weisen auf ein Fortrücken des Ischium.

Fasst man nun den proximalen Abschnitt des Hüftbeins und speciell den am meisten proximalwärts vortretenden Theil des Ilium in's Auge, so findet man im Princip das Gleiche.

Beim Exemplar II sieht man in der Seitenansicht noch fast die ganze Seitenfläche des Körpers des 25. Wirbels (der 26. Wirbel ist bei diesem Exemplar schon Lumbosakralwirbel geworden) und selbstverständlich liegt der 24. Wirbel proximalwärts von dem Niveau, welches das Ilium erreicht. Das ist auch beim Exemplar V der Fall, aber der 25. Wirbel ist hier schon in höherem Grade als beim Exemplar II vom Ilium seitlich überragt. In ein noch weiter proximalwärts gelegenes Niveau ist das Ilium beim Exemplar VII getreten, man sieht in der Seitenansicht nur noch eine Spur vom Körper des 25. Wirbels. Beim Exemplar X, wo, wie früher gezeigt wurde, dieser 25. Wirbel schon Lumbosakralwirbel geworden, ist er natürlich so weit vom Ilium überragt, dass er in der Seitenansicht nicht mehr gesehen werden kann, und jetzt verdeckt in dieser Ansicht das Ilium auch schon einen Theil des 24. Wirbels.

Nach dem eben Gesagten kann es nicht zweifelhaft sein, dass bei dem untersuchten Objekt ein Fortrücken des Os coxae sich geltend macht. Diese Erscheinung sowie die Befunde an der Crista sacralis vervollständigen das vorhin entworfene Bild von dem Umformungsprocess und alle bisher erwähnten Wahrnehmungen fügen sich der Auffassung, dass der an dem hier betrachteten Abschnitt der Wirbelsäule von *Myrmecophaga* erkennbare Process der Umgestaltung ein p r o x i m a l w ä r t s fortfortschreitender ist.

Damit kann die Betrachtung der vorliegenden Objekte jedoch noch nicht als erledigt angesehen werden.

Bei meiner Untersuchung über die Wirbelsäule der Primaten habe ich angedeutet, dass ein fortschreitender Umformungsprocess nicht nur ein proximalwärts gerichteter sein könne[1]) und Claus hat sodann auf Grundlage seiner Untersuchungen über Amphibien zuerst mit Nachdruck darauf hingewiesen, dass bei mehreren der von ihm untersuchten Formen eine distalwärts fortschreitende Sacrumbildung sehr wahrscheinlich sei[2]). Später ist dieser Modus der Umformung an dem hier in Rede stehenden Abschnitt der Wirbelsäule nicht selten von den Autoren für die von ihnen untersuchten Objekte angenommen worden. Mit dem erforderlichen Grade von Sicherheit scheint mir der Nachweis einer distalwärts fortschreitenden Sacrumbildung zwar noch nicht erbracht zu sein, aber da der Vorgang an sich denkbar ist, so stellt sich die Aufgabe, zu untersuchen, ob die Wahrnehmungen, die an den vorliegenden Objekten gemacht sind, nicht etwa auch diese Auffassung zulassen oder aber ihr widersprechen. Eine solche Untersuchung scheint mir für eine jede einzelne Form, bei welcher Umgestaltungen der Wirbelsäule erkannt werden, nothwendig zu sein und ich finde, dass Ruge[3]) mit Recht Eisler gegenüber bemerkt hat, es sei ein zu rasches und nicht genügend begründetes Aburtheilen über die Frage nach der Richtung der Umformung zu unterlassen. Die erwähnte Voraussetzung einer distalwärts fortschreitenden Umformung beeinflusst nicht die Art der Homologienbestimmung und es ist selbstverständlich, dass nunmehr das Exemplar XI als das primitivste zu betrachten wäre. Von diesem ausgehend, müssten in einer der früheren Betrachtung gegenüber umgekehrten Reihenfolge die einzelnen Exemplare sich an einander schliessen lassen. Das könnte nun in der That ohne wesentliche Schwierigkeit geschehen in Bezug auf alle Erscheinungen, die an dem 25.—32. Wirbel aller Exemplare bis jetzt erwähnt worden sind. Man kann sich leicht denken, dass die geschilderten Formverhältnisse der Pars lateralis des Sacrum und die Befunde an den angrenzenden Lumbal- und Caudalwirbeln, wenn das Hüftbein distalwärts rückt, gleichfalls zu Stande kommen müssen. Aber es müssten bei der Annahme einer distalwärts fortschreitenden Umformung auch alle diejenigen Befunde, die früher auf eine Rückbildung von Rippen bezogen wurden, jetzt in umgekehrter Reihenfolge mit einander verknüpft werden und es müsste aus ihnen eine Entstehung von Rippen gefolgert werden. Es müssten z. B. die kleinen Löcher und Spalten an den Seitenfortsätzen des 24. Wirbels bei den Exemplaren I u. II sowie des 23. Wirbels bei dem Exemplar VII als die ersten Spuren eines Auftretens freier Rippen betrachtet werden. Schon das erscheint kaum zulässig und wenn man erwägt, dass Rippen zweifellos als phylogenetisch sehr früh zu Stande gekommene Gebilde zu betrachten sind, so ergiebt sich, dass die Annahme einer distalwärts fortschreitenden Umformung hier auf eine sehr grosse Schwierigkeit stösst.

Es wäre nun aber doch vorschnell, damit die Frage als erledigt anzusehen.

1) 75, p. 163, 166 Anmerkung 1.
2) 77, p. 808, 809.
3) 93, p. 313.

Es ist jetzt noch ein Blick zu werfen auf die der Caudalregion zukommenden unteren oder ventralen Bogen, deren Verhalten hier ein Interesse haben kann. *Myrmecophaga* gehört bekanntlich zu denjenigen Säugethieren, bei welchen diese Bogen stark ausgebildet sind. Meckel sagt in Betreff der Ameisenfresser, dass die unteren Bogen sich „an den ersten 28—30 Schwanzwirbeln finden", und er fügt hinzu: „Mit Ausnahme des ersten und zweiten sind die vorderen die längsten, am stärksten entwickelten und nehmen nach hinten allmählich an Stärke ab." Man könne sie recht gut mit Rippen, die untereinander verwachsen wären, vergleichen[1]). Mit specieller Bezugnahme auf *Myrmecophaga jubata* geben Hasse und Schwarck die folgende Beschreibung: „Am Anfange des Schwanzes sehen wir auch starke arcus haemales, die von vier Höckern getragen werden, von denen zwei am vorderen und zwei am hinteren Wirbelende stehen. Jederseits verlaufen schwache Knochenleisten von den vorderen zu den hinteren Hämapophysenhöckern. Im weiteren Verlaufe werden die arcus haemales allmählich niedriger und kleiner, erhalten sich jedoch fast bis zur Schwanzspitze. Nach ihrem Verschwinden lassen sich die Hämapophysenhöcker und die sie verbindenden Leisten noch an einigen Wirbeln, wenn sie auch nicht stark sind, nachweisen"[2]). Bemerkenswerth ist noch eine Angabe von Pouchet[3]), der die Gelegenheit hatte, ein Exemplar von *Myrmecophaga jubata* mit den Weichtheilen zu untersuchen. Er sagt von demselben, dass das Sacrum, welches aus fünf mit einander verschmolzenen Wirbeln zusammengesetzt ist, ausserdem noch mit dem ersten Caudalwirbel verbunden sei und dass dieser letztere Wirbel sich auch dadurch als Caudalwirbel charakterisire, dass er besitze „en dessous les deux branches de l'arcade haematique incomplète, qui caractérisent la première caudale". Auf das Verhalten der übrigen Caudalwirbel geht Pouchet nicht ein. Ohne von dieser Mittheilung Notiz zu nehmen, macht Giebel[4]) in Betreff der Caudalwirbel des Ameisenbären die Angabe: „Vom zweiten ab kommen sehr entwickelte untere Hämapophysen mit beilförmigen unteren Dornfortsätzen vor, welche bis zum 22. Wirbel auftreten, bei mehreren folgenden noch als getrennte Bogenschenkel bis zur völligen Verkümmerung vorkommen."

Die Angaben über die lokal starke Ausbildung der Bogen und die allmähliche Verkleinerung derselben gegen das distale Ende der Caudalwirbelreihe sind an den mir vorliegenden Objekten leicht zu bestätigen und aus diesem Verhalten der Bogen darf wohl auf eine im distalen Theil der Caudalwirbelreihe allmählich zu Stande kommende Reduktion der Bogen geschlossen werden. Aber auch das zuerst durch Meckel konstatirte Verhalten des ersten und zweiten Bogens könnte auf einen Reduktionsvorgang bezogen werden, und das giebt den am meisten proximal gelegenen Bogen ein Interesse. Es lässt sich vermuthen, dass an ihnen etwa erkennbare Reduktions- oder Umformungserscheinungen in einem Zusammenhang stehen könnten mit denen, die an dem Sacrum und den weiter proximal gelegenen Wirbeln sich

1) 25, p. 256. 2) 70, p. 127. 3) 71, p. 120. cf. auf p. 118.
4) 78, p. 359.

geltend machen. Es müssen sonach hier diejenigen Bogen näher betrachtet werden, welche proximalwärts von den am meisten ausgebildeten sich vorfinden. In Betreff derselben sind die bisherigen Angaben nicht genau genug. An den mir vorliegenden Objekten waren diese Bogen zwar nicht bei allen Exemplaren in völlig intaktem Zustand anzutreffen (beim Exemplar XI sind sie bei der Herstellung des Skeletts gänzlich entfernt worden); es liess sich jedoch das Folgende feststellen, wobei die Betrachtung mit demjenigen Bogen zu beginnen hat, der zu dem 32. und 33. Wirbel in Beziehung steht. Von den distalwärts folgenden kann abgesehen werden. Der bezeichnete Bogen kommt allen Exemplaren zu. Die Basis desselben artikulirt mit den schon von Hasse und Schwarck erwähnten höckerförmig erhobenen Stellen an den einander zusehenden Rändern der genannten Wirbel.[1]). Dieser Bogen, der in den Abbildungen am distalen Rande des 32. Wirbels sichtbar ist, zeigt sich bei einigen Exemplaren ventral geschlossen, und diese ventrale Partie ist stark entwickelt (cf. Taf. I Fig. 2, Taf. II Fig. 5 und 7). Bei anderen Exemplaren, bei denen die Verknöcherung auch am Sacrum ihr Maximum nicht erreicht hat, zeigt sich der Bogen aus zwei Hälften zusammengesetzt, die mit ihren ventralen Enden in der Medianebene zusammentreffen und sich mehr oder weniger fest an einander fügen (cf. Taf. I Fig. 1, 3, 4). Ein unterer Bogen, der mit dem 31. und 32. Wirbel in Verbindung stände, ist beim Exemplar I am vorliegenden Präparat nicht nachzuweisen, es findet sich auch am distalen Rande des Körpers des 31. Wirbels kein Hinweis darauf, dass ein solcher Bogen im intakten Zustand des Exemplars existirt habe[2]). Beim Exemplar II findet man dagegen auf der linken Seite mit dem distalen Rande des Körpers des 31. Wirbels (cf. Taf. I Fig. 2, 31. *s.*) in Beziehung stehend ein ziemlich kurzes, seitlich komprimirtes Knochenstück, welches mit seinem proximalen Ende an eine höckerförmige Erhöhung des Randes des Wirbelkörpers angefügt ist. Das distale Ende ist frei und zugespitzt. Es entspricht offenbar der Hälfte eines ventralen Bogens. An der rechten Seite war ein homotypes Stück nicht vorhanden, auch zeigt der Wirbel dort nicht das auf die Verbindung mit einem solchen Gebilde hinweisende Relief. Das Exemplar III zeigt am distalen Rande des 31. Wirbels auf der rechten Seite eine solche Bogenhälfte, und links muss sie am intakten Objekt auch vorhanden gewesen sein. Diese Hälften eines ventralen Bogens haben somit Beziehungen zu dem letzten Sakralwirbel und treten auch in Verbindung mit der Bandscheibe zwischen ihm und dem ersten Caudalwirbel (hier dem 32. Wirbel). Bei den Exemplaren V, VI, VII und VIII, wo der 31. Wirbel erster Caudalwirbel geworden ist, befindet sich in Beziehung mit ihm und der seinem distalen Ende sich anschliessenden Bandscheibe auf beiden Körperseiten eine Hälfte eines ventralen Bogens, die in der Form mit dem beim Exemplar II angetroffenen Gebilde über-

---

1) Bei den drei Exemplaren, bei denen der Bogen am präparirten Skelett nicht vorlag, weisen die höckerförmigen Erhebungen auf die Existenz des Bogens hin (cf. z. B. Taf. II Fig. 6, 32. *cd.*²).

2) Auf Grundlage der oben citirten Angabe von Pouchet sollte man meinen, dass hier Repräsentanten eines solchen Bogens vorhanden gewesen seien; an dem erwähnten, von Pouchet untersuchten Exemplar ist der Wirbel, den er als ersten mit dem Sacrum verschmolzenen Caudalwirbel bezeichnet, der 31. der Reihe.

einstimmt (cf. Taf. I Fig. 3, 4 und Taf. II Fig. 5). Als Homologon dieser Bogenhälften findet sich beim Exemplar X ein ventral geschlossener Bogen (cf. Taf. II Fig. 7), der mit seiner Basis dem distalen Rande des Körpers des 31. Wirbels gelenkig verbunden ist und der Bandscheibe zwischen diesem und dem 32. Wirbel sich anlagert. Die Pfeiler dieses Bogens sind merklich schwächer als die des distal folgenden. Ein besonderes Interesse bietet das Exemplar X aber dadurch, dass der Bandscheibe zwischen dem 30. Wirbel (der letzter Sakralwirbel ist) und dem ersten Caudalwirbel jederseits ein kleines Knochenplättchen angefügt ist, das in der Gestalt den zuletzt besprochenen Hälften eines unteren Bogens ähnelt, aber kürzer ist (cf. Taf. II Fig. 7 *br*). Diese Gebilde tangiren den distalen Rand des 30. Wirbels vielleicht nicht, es liess sich darüber nicht mit Bestimmtheit urtheilen, da die Intervertebralscheibe, mit welcher diese Knochenplättchen durch eingetrocknete Bandmassen zusammenhingen, stark geschrumpft war. Diese beim Exemplar X angetroffenen Gebilde können nur als Hälften (oder Abschnitte der rechten und linken Hälfte) eines unteren Bogens angesehen werden, und man findet somit hier Repräsentanten eines Bogens, von dem an der Bandscheibe zwischen dem 30. und 31. Wirbel bei den anderen Exemplaren nichts gesehen wurde. Das könnte bei den Exemplaren IV bis IX vielleicht noch auf einen durch die Präparation bedingten Defekt bezogen werden, aber eine solche Interpretation scheint mir auf die Exemplare I, II und III nicht anwendbar zu sein, da bei diesen ein homologer Bogen an dem ventralen Rande der Bandscheibe zwischen dem vorletzten und letzten Sakralwirbel sich befunden haben müsste, wofür, soviel mir bekannt, bei Säugethieren kein Beispiel besteht[1]).

Im Hinblick auf die hier zu erörternde Frage, ob der Umformungsprocess am Sacrum und den proximal davon gelegenen Wirbeln ein proximalwärts oder aber ein distalwärts fortschreitender ist, sind diese Befunde von Belang.

Handelt es sich um einen distalwärts fortschreitenden Umformungsprocess, so ist das Verhalten der unteren Bogen, wie es am Exemplar X sich zeigt, als das relativ primitive anzusehen. Man würde dann von den drei uns hier beschäftigenden Bogen den am meisten distal gelegenen, der an sich gut entwickelt ist, als einen Bogen auffassen müssen, der im Vergleich zu den nächst distal folgenden, die noch stärker sind, doch schon etwas reducirt erscheint, und die beiden anderen hier beschriebenen

1 Es liegt nahe, wenn man sich über die Frage orientiren will, ob bei Säugethieren zwischen dem vorletzten und dem letzten Sakralwirbel ein unterer Bogen angetroffen worden, der sogenannten „Zwischenwirbelknochen" zu gedenken, deren Existenz an Lumbalwirbeln bei einigen Insektivoren (*Talpa*, *Erinaceus europaeus*) mehrfach in der Litteratur erwähnt worden ist. O. Meyer (85, p. 229), sagt von denselben, dass sie „sich noch besser als bei *Talpa* vorfinden bei *Erinaceus collaris* (Indien), bei welchem Thier sie sich sogar in die Rückenwirbelregion hinein erstrecken und rudimentär selbst im Sacrum zu finden sind". Leider ist hieraus nicht ersichtlich, wie weit dieselben distalwärts am Sacrum gesehen worden (die Abhandlung von Jacobs: Talpae europeae anatome. Jenae 1816 in der dieselben abgebildet sein sollen, habe ich leider nicht erhalten können), und sodann ist es äusserst fraglich, ob dieselben den unteren Bogen der Caudalregion homodynam sind, da es sich um unpaare Skeletttheile handelt; desshalb könnte, selbst wenn sich dieselben bei *Talpa* zwischen dem letzten und vorletzten Sakralwirbel fänden, doch nicht die Anwesenheit der im Texte beschriebenen Repräsentanten eines unteren Bogens zwischen dem 30. und 31. Wirbel des Exemplars X damit verständlich werden und die Abwesenheit eines Homologon derselben bei den Exemplaren I, II und III bliebe dabei auch noch unerklärt.

Bogen des Exemplars X würden in rascher Abstufung eine weiter fortgeschrittene Reduktion bekunden. Diese Auffassung muss an sich als eine ungezwungene erscheinen, und sie kann unterstützt werden durch das Verhalten der anderen Exemplare. Bei einer Vergleichung derselben würde man, vom Exemplar X ausgehend, zunächst das rasche Verschwinden des Bogens zwischen dem 30. und 31. Wirbel zu konstatiren haben, und die Formverhältnisse des nächst distal folgenden Bogens (zwischen dem 31. und 32. Wirbel) würden sich leicht interpretiren lassen und würden vom Exemplar X bis zu dem Exemplar II die allmähliche Reduktion dieses Bogens bekunden, der dann beim Exemplar I völlig geschwunden wäre. Es würde so auch verständlich sein, dass bei letzterem Exemplar (I) der am distalen Rande des 32. Wirbels sich befindende Bogen relativ schwach ist, namentlich im Vergleich zum Verhalten seines Homologon beim Exemplar X.

Wäre aber der Umformungsprocess am Sacrum und den hier betrachteten präsakralen Wirbeln ein proximalwärts gerichteter, so müsste bei der Betrachtung der unteren Bogen vom Exemplar I ausgegangen werden. Man müsste dann zunächst annehmen, dass der Bogen am distalen Rande des 32. Wirbels des Exemplars I sich allmählich stärker entfaltet habe, bis zu der Höhe der Ausbildung, die er beim Exemplar X zeigt, und Hand in Hand damit müsste an dem nächst proximal gelegenen Bogen (zwischen 31. und 32. Wirbel) eine stärkere Ausbildung eingetreten sein, so dass dieser Bogen beim Exemplar X nun ventral zwar schon geschlossen ist, aber noch einen schlanken Bogen darstellt. Endlich müsste angenommen werden, dass die beim Exemplar X zwischen dem 30. und 31. Wirbel gefundenen, kleinen Knochenplättchen einen neu sich bildenden Bogen in seinen Anfängen darstellen.

Die Formverhältnisse der verglichenen Skeletttheile würden an sich dieser letzteren Auffassung keine Schwierigkeit bereiten, diese resultirt aber aus der herrschenden Anschauung über die Bedeutung der unteren Bogen. Denn wenn diese bei Säugethieren Rippen oder überhaupt Gebilde darstellen, die typische Bestandtheile eines Wirbels sind und ihre Homologa schon bei Fischen haben, so sieht man, dass nunmehr der Annahme einer proximalwärts gerichteten Umformung eine Schwierigkeit entgegentritt. Wenn bei der früher erörterten Annahme einer distalwärts fortschreitenden Umformung die Neuentstehung von Rippen an präsakralen Wirbeln gefolgert werden musste, so muss jetzt die Neubildung wenigstens des kleinen Bogens zwischen dem 30. und 31. Wirbel des Exemplars X statuirt werden. Nun handelt es sich hier zwar nur um die eventuelle Neuentstehung von zwei kleinen Knochenplättchen und früher um die eines grossen Rippenpaares und einer kleinen Rippe an einer Seite des distal folgenden Wirbels, aber das ist nur ein quantitativer Unterschied, der nicht maassgebend sein kann. Qualitativ ist die Schwierigkeit die gleiche, welche Annahme hinsichtlich der Richtung des Umformungsprocesses man auch machen will.

Man sieht somit, dass die Frage nach der Richtung, die dieser Process einhält, welche früher leicht lösbar schien, in der That durch alle bisherigen Erörterungen noch keine Lösung gefunden hat.

In der Litteratur finden sich analoge Verhältnisse, soviel mir bekannt, nur von Claus[1]) erwähnt, der bei seinen Untersuchungen über Wirbelumformungen bei Amphibien in dem Verhalten von *Salamandra maculosa* einer im Princip gleichen Schwierigkeit begegnet ist. Unter 14 von ihm untersuchten Exemplaren war bei zweien der 15. Wirbel Sakralwirbel. Bei diesen Exemplaren sass am 3. Caudalwirbel, also am 18. Wirbel der Reihe, der erste untere Bogen. Den relativ grössten Unterschied gegenüber diesen Exemplaren bot ein einzelnes, bei welchem der 17. Wirbel der Sakralwirbel ist, und bei diesem fand sich am 20. Wirbel der Reihe der erste untere Bogen. Die übrigen Exemplare zeigen den 16. Wirbel als Sakralwirbel, oder der 16. und der 17. Wirbel sind in asymmetrischer Weise mit dem Ilium im Kontakt; der erste untere Bogen findet sich dabei entweder am 19. oder auch am 20. Wirbel. Claus folgert nun zunächst aus dem Verhalten des Sakralwirbels, dass die Umformung am wahrscheinlichsten eine distalwärts gerichtete sei, und sagt dann: „Es liegt nahe, in dem ersten unteren Bogen der Caudalregion einen relativ festen Punkt zu vermuthen, welcher für die Beantwortung unserer Frage heranzuziehen sein möchte. Der Vergleich hat jedoch ergeben, dass auch dieser je nach der Zahl der Wirbel variirt und mit der Verlängerung der Dorsolumbalgegend nach hinten (vom 18. zum 20. Wirbel) rückt. Indessen möchte diese Thatsache an sich für die wahrscheinlich angenommene Verschiebung des Sacrums nach der Schwanzgegend sprechen, da bei umgekehrter Bewegung nicht wohl einzusehen wäre, wie die bereits verlustig gegangenen unteren Bogenstücke an vorausgehenden (18 bis 19) Wirbeln von Neuem gebildet werden könnten, vorausgesetzt freilich, dass es sich nicht um Anpassungen von Wirbelfortsätzen, sondern in den unteren Bogenstücken um selbstständig angelegte Elemente handelt.“ Man ersieht aus diesem Satz, wie die Auffassung der unteren Bogen in der Entscheidung der uns beschäftigenden Frage von Gewicht gewesen ist. Claus fasst die unteren Bogen der Caudalregion auf Grundlage seiner Untersuchungen an Amphibien, Reptilien und einem Säugethier (*Dasypus novemcinctus*) als Gebilde auf, die nicht Rippen seien, sondern „die oberen, das Nervensystem umschliessenden Elemente an der unteren Seite der Achse wiederholen[2]).“ Durch dieses Ergebniss seiner Untersuchung ist Claus in einen Gegensatz getreten zu der Anschauung, die Gegenbaur statuirt hat, nach welcher die unteren Bogen Rippen entsprechen. Indess ist hierbei zu bemerken, dass, wie auch Claus hervorhebt, Gegenbaur selbst diese Deutung für Reptilien und Säugethiere als eine nicht ganz gesicherte hingestellt und die Verhältnisse bei den Amphibien als noch nicht genügend aufgeklärt bezeichnet hat[3]). In Betreff der Ganoiden hat Gegenbaur durch seine Untersuchungen bei *Lepidosteus*, *Amia* und *Polypterus* in überzeugender Weise dargethan, dass bei diesen Formen die unteren Bogen der Caudalregion aus Rippen hervorgehen, indem diese durch Verschmelzung ihrer ventralen Enden den unteren Bogen bilden und mit dem Wirbelkörper eine allmählich fester werdende Verbindung eingehen[4]). Diese Auffassung ist noch neuer-

---

1) 77, p. 808, 809. 2) 77, p. 804, 805. 3) 67, p. 413—417. 4) 67, p. 410—413.

dings von GÖPPERT bestätigt worden, indem er für *Polypterus* angiebt, dass am Anfange des Schwanzes die unteren Rippen (Pleuralbögen) „sich zu den Hämalbögen zusammenschliessen“[1]). In Betreff der Amphibien konstatirt (GÖPPERT[2]) im Anschluss an seine wichtige Entdeckung der Existenz rudimentärer Basalstümpfe an präcaudalen Wirbeln von *Salamandra maculosa*, dass am Schwanz „an ihrer Stelle in genau gleicher Lage die bekannten, unteren Bögen“ vorkämen, und bei Larven von *Menobranchus*, bei denen GÖPPERT durchweg an den präcaudalen Wirbeln Basalstümpfe nachgewiesen hat, findet er gleichfalls, dass die Hämalbogen der Schwanzwirbelsäule aus diesen Basalstümpfen hervorgehen. Diese Nachweise lassen für die erwähnten Formen keinen Zweifel darüber, dass die unteren Bogen der Caudalwirbel typische Bestandtheile eines Wirbels darstellen. Ich kann es nun hier unterlassen, noch andere Deutungen der unteren Bogen bei Fischen und Amphibien zu erwähnen, da die verschiedenen Deutungen darin übereinstimmen, dass die unteren Bogen aus typischen, an anderen Theilen der Wirbelsäule schon vorhandenen Gebilden hervorgehen. Das ist hier die Hauptsache, und es stellt sich die Frage, ob es berechtigt sei, bei Säugethieren, gemäss der herrschenden Auffassung, die unteren Bogen der Caudalregion als Homologa unterer Bogen bei Fischen oder Amphibien und somit als altererbte Bildungen anzusehen. Ein Zweifel an der Berechtigung dieser Auffassung könnte natürlich zunächst nur auf die beiden kleinen Knochenplättchen Bezug nehmen, die beim Exemplar X als Repräsentanten eines am meisten proximal gelegenen unteren Bogens vorgefunden wurden. CLAUS hat, wie aus dem oben citirten Satz ersichtlich, in gewissem Sinne die Eventualität einer Neubildung unterer Bogen angedeutet, indem er dasjenige, was als unterer Bogen erscheint, möglicher Weise auch auf „Anpassungen von Wirbelfortsätzen“ bezieht, jedoch diese Auffassung unter dem Einfluss der Anschauungen über die Natur der unteren Bogen wieder verlassen. Es scheint mir jedoch, dass die Eventualität einer Neubildung eines unteren Bogens, die im Hinblick auf das von mir untersuchte Objekt sich, wie oben dargelegt wurde, ergab, nicht ohne Weiteres von der Hand zu weisen sei, und dass der Zweifel an der Gültigkeit der herrschenden Ansicht über den morphologischen Werth der unteren Bogen bei Säugern, der durch diese Eventualität wachgerufen wurde, nicht unterdrückt werden müsse, da Beides einer Prüfung zugängig zu sein scheint.

Wenn die in Rede stehenden Repräsentanten eines unteren Bogens zwischen dem 30. und 31. Wirbel beim Exemplar X eine Neubildung wären, so würde es sich um relativ spät entstandene, accessorische Bestandtheile handeln, die an der ventralen Seite der betreffenden Intervertebralscheibe durch histiologische Differenzirung zu Stande gekommen wären, ohne an eigentliche Bestandtheile der Wirbel anzuknüpfen; es würde sich also den Wirbeln gegenüber um eine absolute Neubildung[3]) handeln. Bei einer Beurtheilung dieser Auffassung kann zunächst, im Hin-

1) 95, b. p. 6, 7. 2) 95, a.

3) In gewissem Sinne könnte, wie ich im Hinblick auf den oben citirten Satz von CLAUS bemerken möchte, vielleicht auch an eine relative Neubildung gedacht werden. Wollte man behufs einer Interpretation des in Rede

blick auf die ihr entgegenstehende Deutung der unteren Bogen bei Säugethieren als altererbter Bestandtheile eine nähere, aus Untersuchungen an Säugethieren hergeleitete Motivirung dieser Deutung vermisst werden. Eine solche Motivirung, die sich auf eingehendere Untersuchungen an Säugethieren stützte, ist mir nicht bekannt geworden. Dagegen darf die Auffassung, welche Rippen, die bei hochdifferenzirten Formen an Dorsalwirbeln vorkommen, als phylogenetisch alte Einrichtungen betrachtet, eine gut begründete genannt werden.

Es könnte alsdann weiter hervorgehoben werden, dass der Process einer Neubildung der hier in Rede stehenden Skeletttheile, die einen unteren Bogen der Caudalregion repräsentiren, an sich nicht undenkbar ist, ja selbst an der Caudalwirbelsäule von *Myrmecophaga* könnte für ihn ein Analogon gefunden werden. Beim Exemplar II zeigt sich am distalen Rande des Körpers des 32. Wirbels und an der ventralen Fläche der diesem Wirbel distalwärts sich anfügenden Intervertebralscheibe, dieser aufliegend, eine Knochenplatte, welche zwischen den Basen der Schenkel des hier angefügten Bogens gelegen ist (cf. Taf. I Fig. 2 *kp*). Von diesem Gebilde kann es wohl nicht zweifelhaft sein, dass es in dem Gewebslager, welches ventral dem Wirbelkörper und der Intervertebralscheibe sich anschliesst, durch histiologische Differenzirung zu Stande gekommen ist[1]). Analoges könnte auch innerhalb der lateralen Wände des von den unteren Bogen mitbegrenzten Raumes sich ereignet haben. —

Es ist indess nicht zu verkennen, dass derartige Erwägungen die Annahme einer Neubildung der hier zu beurtheilenden Skeletttheile nicht beweisen können und desshalb auch hinsichtlich der Frage nach der Richtung des Umformungsprocesses keine bestimmte Antwort formuliren lassen. Liesse sich aber aus anderen Verhältnissen eine solche Antwort herleiten, so würde damit gleichzeitig die Frage nach einer eventuellen Neubildung eines unteren Bogens gelöst werden können.

---

stehenden unteren Bogens etwa auf die Intercentra Cope rekurriren, oder, mit Bezugnahme auf die von Göppert bei einem Urodel an allen präcaudalen Wirbeln nachgewiesenen Basalstumpfrudimente vermuthen, dass die hier als neugebildet erscheinenden Repräsentanten eines unteren Bogens in einem allerdings nicht näher zu definirenden Zusammenhang mit den erwähnten Gebilden ständen, so müsste man annehmen, dass Elemente, die bereits rückgebildet waren, in einer und derselben Species bei einem hochdifferenzirten Exemplar derselben wieder in die Erscheinung getreten seien. Das muss ich, ebenso wie Claus es für das von ihm untersuchte Objekt gethan, als nicht wohl begreiflich bezeichnen. Und selbst wenn man versuchen wollte, einen solchen Vorgang etwa mit Bezugnahme auf Pangene oder Determinanten unterer Bogen verständlich zu machen, so würde eine Interpretation in einigermaassen klarer oder überzeugender Weise, wie mir scheint, nicht zu geben sein, und zudem würde es sich dann doch um eine Neubildung, wenn auch nur um eine relative Neubildung handeln.

1) An den distal folgenden Wirbeln habe ich eine solche Knochenplatte nicht gefunden und auch bei den anderen Exemplaren, soweit ich dieselben darauf hin untersuchen konnte, nicht wahrgenommen. Möglicher Weise könnte über dieses Gebilde bei anderen Edentaten oder Nagern Näheres ermittelt werden, wenn man an eine Angabe von Meckel anknüpft. Von den unteren Bogen der Caudalregion der Säuger sagt Meckel: „Gewöhnlich sind sie oben offen, so dass man sie mit Recht mit einen V vergleichen kann. Diese Bildung haben sie bei *Myrmecophaga jubata*, *Manis*, *Castor*. Dagegen sind bei *Dasypus* und *Hystrix* beide Schenkel in den meisten oben durch eine Knochenbrücke vereinigt, und haben also eine ∇- oder steigbügelförmige Gestalt" (25, p. 257). Diese Form könnte durch die Verschmelzung eines Gebildes, wie die erwähnte Knochenplatte, mit den Bogenschenkeln entstanden sein, oder auch durch Verbreiterung der Basen der Bogen sich gebildet haben; letzteres würde dann darauf hinweisen, dass untere Bogen sich vollkommener ausgestalten oder entfalten können.

Die Frage nach der Richtung des Umformungsprocesses würde sich durch eine embryologische Untersuchung beantworten lassen, diese ist aber zur Zeit noch ausgeschlossen. Es können indess auch an den vorliegenden Wirbelsäulen erwachsener Exemplare Anhaltspunkte für die Entscheidung dieser Frage gewonnen werden.

Ich knüpfe zu diesem Zweck an die bereits früher erwähnte Erscheinung des doppelten Promontorium an. Es ist a priori klar, dass bei proximalwärts gerichteter Umformung des betreffenden Abschnittes der Wirbelsäule das proximale Promontorium das jüngere und das distale Promontorium das ältere sein muss. Ebenso ist zweifellos, dass bei distal gerichteter Umformung das proximale Promontorium als das verschwindende und das distale Promontorium als das neu sich bildende angesehen werden muss. Man findet nun bei den Exemplaren V und VII (cf. auch p. 309) die Erscheinung des doppelten Promontorium. Das distale besteht zwischen dem 26. und 27. Wirbel, die beide Sakralwirbel sind und ist schwach ausgeprägt, das proximale besteht zwischen dem 25. Wirbel als letztem Lumbalwirbel und dem 26. als erstem Sakralwirbel. Die Erscheinung der Promontorien ist in der Seitenansicht der Objekte deutlicher als in der Ansicht von der ventralen Seite, welche die Figuren 3 und 4 (Taf. I) wiedergeben, indess ist die Erscheinung doch wohl auch aus den Figuren zu ersehen. Die Existenz und die Form beider Promontorien liessen sich, wie früher erörtert wurde, leicht einfügen in das Bild einer proximalwärts fortschreitenden Umformung, und im Hinblick auf die Möglichkeit einer distalwärts gerichteten Umformung muss zugegeben werden, dass das proximale Promontorium als solches ebenfalls interpretirbar erscheint. Das distale Promontorium muss aber bei letzterer Auffassung, wie erwähnt, als das neu sich bildende angesehen werden, und diese Auffassung stösst auf eine Schwierigkeit. Da das Promontorium schwach ausgeprägt ist, so müsste eine eben sich einleitende Bildung eines Promontorium vorliegen, und dieses müsste sich also später noch schärfer zu markiren haben. Das erste Auftreten und die weitere Ausbildung dieses Promontorium wären aber natürlich nur denkbar zu einer Zeit, wo der 26. Wirbel gegenüber dem 27. Wirbel beweglich ist, oder, wie man bei der Annahme einer distalwärts fortschreitenden Umformung sagen müsste, nachdem der 26. Wirbel soweit die frühere, sakrale Beschaffenheit aufgegeben, dass er gegenüber dem 27. Wirbel schon beweglich geworden ist. Nun zeigte aber in Betreff der Exemplare V und VII die frühere Betrachtung der Crista sacralis, dass der Processus spinosus des 26. Wirbels in fester Verbindung mit der Crista sacralis steht und ihren proximalen Endabschnitt bildet (cf. Fig. II, p. 314). Unter solchen Umständen kann das vorliegende distale, schwach entfaltete Promontorium nicht als ein neu entstehendes angesehen werden. Dass die Existenz desselben an einem und demselben Objekt zusammentrifft mit einer bestehenden, festen Verbindung der Proc. spinosi des 26. und 27. Wirbels spricht mit Entschiedenheit gegen die Annahme einer distalwärts fortschreitenden Umformung; mit dieser Annahme ist das erwähnte Zusammentreffen absolut unvereinbar, während es sehr wohl verständlich ist, dass bei einem proximalwärts gerichteten Umformungsprocess die Verbindung des Proc. spinosus des 26. Wirbels mit dem des 27. Wirbels den ersten Akt der beginnenden Umformung des 26. Wirbels aus einem Lumbalwirbel zu einem Sakralwirbel darstellt (wie das auch beim Exemplar II zu ersehen war). Und ebenso ist leicht verständlich, dass sich, nachdem der Wirbel so fixirt worden, das zwischen ihm und dem 27. Wirbel befindliche Promontorium alsdann durch Formumgestaltung der betreffenden Wirbel allmählich immer mehr verwischt, bis es so schwach wird, wie an den vorliegenden Objekten, wo der 26. Wirbel eben schon recht vollständig die Gestalt eines Sakralwirbels angenommen hat.

Es dürfte, so bestimmt auch die eben erörterte Erscheinung nur eine Deutung zulässt, aber doch geboten sein, für ein abschliessendes Urtheil noch andere Anhaltspunkte aufzusuchen. Dieselben ergeben sich aus einer Betrachtung der Processus articulares der letzten Dorsalwirbel im Vergleich zu dem Verhalten der homodynamen Theile an den Lumbalwirbeln.

Es ist bekannt, dass bei *Myrmecophaga* die Wirbel der Lumbalregion und die letzten Dorsalwirbel unter einander sowie der letzte Lumbalwirbel mit dem Sacrum in eigenartig komplicirter Weise durch Gelenke verbunden sind[1]). Bei der Erörterung dieser Verhältnisse im Hinblick auf die uns vorliegende Frage möchte ich zunächst den Befund an drei Exemplaren (I, V, VII) schildern. Von denselben sind die für die Beurtheilung zumeist in Betracht kommenden Wirbel auf der Tafel III abgebildet. Von jedem der drei Exemplare sind der 18. bis 22. Wirbel (also $d.^{11}$ bis $d.^{15}$) in der Ansicht von der dorsalen Seite und etwas von links her dargestellt und zwar giebt die Abbildung von jedem Wirbel nur die (in der bezeichneten Stellung sichtbaren) Gelenkfortsätze der linken Seite, den Proc. transversus dieser Seite und den Proc. spinosus wieder. Die Wirbelkörper, von denen ein kleiner Theil darstellbar gewesen wäre, sind in die Zeichnungen nicht aufgenommen. Geht man nun von dem Exemplar I aus, so findet man am 18. Wirbel jederseits einen Proc. art. proximalis, der (cf. für die linke Seite Tafel III, Fig. 1a, *pp*) mit einer ziemlich breiten Gelenkfacette ausgestattet ist; sie hat nahezu die Gestalt einer mit der langen Achse quergestellten Ellipse, nur ist ihr proximaler Rand etwas eingebuchtet. Die Facette ist dorsalwärts und ein wenig lateralwärts gerichtet. Sie fügt sich an eine entsprechend gestaltete Gelenkfläche des Proc. art. distalis des 17. Wirbels. Diese beiden Wirbel sind also in der gewöhnlichen, für Dorsalwirbel charakteristischen Weise mit einander verbunden, und so verhalten sich auch alle weiter proximal gelegenen Dorsalwirbel. Nur muss in Betreff des 18. Wirbels hervorgehoben werden, dass von der Basis des Proc. art. prox. sich an der dorsalen Fläche desselben eine niedrige, quergestellte Knochenleiste erhebt, die in ihrem lateralen Abschnitt etwas höher auf-

---

1 In der Litteratur sind diese Verhältnisse, soweit mir bekannt, relativ noch am ausführlichsten von Owen (66, p. 397, 398) behandelt worden, allein ich muss gestehen, dass die von ihm gemachten Angaben mir nicht ganz verständlich sind. Der Erörterung, die Flower diesem Gegenstand widmet (88, p. 57, 58), kann ich im Allgemeinen beistimmen; sie ist aber für den vorliegenden Zweck nicht genau genug und scheint auch nur auf das Verhalten eines Exemplars von *Myrmecophaga* Bezug zu nehmen, während es hier darauf ankommt, das verschiedene Verhalten verschiedener Exemplare aufzufassen. Daher haben sich die detaillirten Mittheilungen, die im Texte über die Processus articulares gemacht werden, nicht vermeiden lassen.

geworfen ist. Sie ist in der citirten Figur mit *kl* angegeben, ihr lateraler Theil ist in der Figur theilweise gedeckt durch den proximalen Abschnitt des Proc. transversus (*pt*). Dieser ist in dorso-ventraler Richtung stark abgeplattet, in proximo-distaler Richtung dagegen ausgedehnt, er hat somit die Gestalt einer Platte; ihr lateraler Rand trägt an einer etwas aufgeworfenen Stelle die Fossa transversalis (*ft*). Der Proc. art. distalis des 18. Wirbels hat eine ventral und ein wenig medial gerichtete Gelenkfläche, er springt in der Ansicht von der dorsalen Seite relativ wenig hervor und unterscheidet sich in diesen Verhältnissen nicht von dem gleichnamigen Fortsatz der proximalwärts gelegenen Dorsalwirbel. Es ist aber bemerkenswerth, dass auf seiner dorsalen Fläche (cf. Tafel III, Fig. 1a) eine leichte Erhebung, die an ihrer Oberfläche etwas uneben und rauh ist, sich befindet.

Am 19. Wirbel ist der Proc. art. prox. wie am vorhergehenden gestaltet (cf. Tafel III Fig. 1b), nur erhebt sich die niedrige Knochenleiste am dorsalen Theil seiner Basis, die an der gleichen Stelle schon an dem vorhergehenden Wirbel getroffen wurde, etwas deutlicher. Am Proc. art. distalis findet sich an der ventral- und etwas medialwärts gerichteten Gelenkfläche (die einer gewöhnlichen Gelenkfläche eines Proc. art. dist. der proximal gelegenen Wirbel homodynam ist) eine Spur einer Zweitheilung, die sogleich verständlich wird, wenn man den Proc. art. proxim. des 20. Wirbels betrachtet. Vorher ist aber darauf hinzuweisen, dass an der dorsalen Fläche des Proc. art. distalis des 19. Wirbels, an derselben Stelle, wo der 18. Wirbel nur eine sich etwas erhebende Rauhigkeit trägt, eine gut ausgeprägte, rundliche Gelenkfläche wahrnehmbar wird (cf. Fig. 1b *gf*). Am 20. Wirbel sieht man die Gelenkfläche des Proc. art. proxim. (cf. Fig. 1c) nicht als eine einheitliche vorliegen, sie zeigt sich in zwei Theile gegliedert, indem ein Abschnitt derselben, der etwas weniger als das mediale Dritttheil beträgt, sich aus dem Niveau des übrigen Theiles der Gelenkfläche dorsalwärts erhebt, ihm aber noch parallel liegt. Dieser Umstand erklärt die Andeutung einer Zweitheilung an der entsprechenden Gelenkfläche des Proc. art. distalis des 19. Wirbels. Die Knochenleiste, die dorsal von der Basis des Proc. art. proxim. des 20 Wirbels sich befindet (ein homodynames Gebilde wurde schon bei den beiden vorhergehenden Wirbeln erwähnt), erscheint in ihrem medialen Theil zurückgebildet, der laterale Theil, (der schon beim 18. und 19. Wirbel höher aufgeworfen war) ist jetzt der einzige Bestandtheil cf. Fig. 1c) und tritt deutlich als eine Knochenplatte hervor; mit ihrer ventralen Fläche legt sie sich der Gelenkfacette auf, die an der dorsalen Seite des Proc. art. distalis des 29. Wirbels gefunden wurde. Zwischen beiden Wirbeln kommt es somit hier zu einer Gelenkbildung, die an den vorhergehenden Wirbeln kein Homologon hat. Am Proc. art. dist. des 20. Wirbels ist jetzt die Zweitheilung der an der ventralen Seite desselben befindlichen Gelenkfläche sehr deutlich. Es sondert sich der mediale, kleinere Theil von dem lateralen grösseren auch durch eine Einkerbung am distalen Rande des Wirbelbogens, die bei der Betrachtung des Wirbels von der dorsalen Seite leicht wahrnehmbar ist (c.f Fig. 1c *e*). Auf der dorsalen Fläche des lateralen Abschnittes des Proc. art. dist. findet man die gleiche, rundliche Gelenkfacette wie beim 19. Wirbel.

Mit der erwähnten Beschaffenheit des Proc. art. dist. des 20. Wirbels steht es im Zusammenhang, dass, wie Figur 1 d zeigt, beim 21. Wirbel am Proc. art. proxim. eine schon sehr deutliche Zweitheilung der Gelenkfläche sich findet. Der mediale, kleinere Theil erhebt sich stärker und während der laterale die gleiche Orientirung, die auch an den vorhergehenden Wirbeln gefunden wurde, beibehält, zeigt der mediale Theil eine Ablenkung der Fläche medianwärts, so dass diese Fläche fast rein dorsalwärts gerichtet ist. Die Knochenplatte, welche dorsal von der Basis des Proc. art. proxim. sich erhebt, artikulirt mit ihrer ventralen Fläche mit der Gelenkfacette auf der dorsalen Seite des Proc. art. dist. des 20. Wirbels; dieser Knochenvorsprung zeigt sich an dem in Rede stehenden Wirbel dem proximalen Abschnitt des Proc. transversus eng angeschlossen, so dass es den Eindruck macht, als erhöbe er sich vom Proc. transversus. Am Proc. art. distal. des 21. Wirbels ist die mediale Abtheilung durch eine sehr markirte, tiefe Einsenkung (cf. Fig. 1 d *e*) von der lateralen geschieden und die Gelenkfläche der medialen Abtheilung erscheint ventral- und lateralwärts orientirt. Auf der dorsalen Seite der lateralen Abtheilung des Proc. art. distal. findet sich die gleiche, schon beim 19. und 20. Wirbel erwähnte, rundliche Gelenkfacette.

Interessant ist es nun, zu konstatiren, dass beim 22. Wirbel scheinbar zwei Processus articulares proximales auf jeder Seite vorhanden sind (cf. in Betreff der linken Seite Fig. 1 e, *lpp*, *mpp*). Nach dem über die Proce. art. proxim. der vorhergehenden Wirbel Gesagten ist es aber nicht schwer, zu erkennen, dass die mediale Abtheilung der an vorhergehenden Wirbeln einheitlichen Gelenkfläche des Proc. art. proxim. nunmehr durch eine ziemlich dicke Knochenwand (deren Anfänge schon am 21. Wirbel zu sehen sind) von der lateralen (*lpp*) geschieden ist; die Gelenkfläche der medialen Abtheilung (*mpp*) ist jetzt noch mehr medianwärts abgelenkt als der homodyname Theil beim 21. Wirbel. Es sind somit zwei völlig gesonderte Gelenke an Stelle des bei den proximalen Dorsalwirbeln einheitlichen Gelenkes vorhanden. Die Knochenwand, welche die beiden Gelenkflächen, um die es sich hier handelt, trennt, greift bei der Zusammenfügung der Wirbel in den tiefen Einschnitt hinein, der bei der Beschreibung des Proc. art. distalis des 21. Wirbels erwähnt wurde. Der Vorsprung, welcher mit der Gelenkfacette auf der dorsalen Seite der lateralen Abtheilung des Proc. art. dist. des 21. Wirbels artikulirt, erscheint beim 22. Wirbel noch mehr an den Querfortsatz angeschlossen. Bei isolirter Betrachtung dieses Wirbels könnte es den Eindruck machen, als wäre der Knochenvorsprung ein Auswuchs des Querfortsatzes, und als bilde dieser somit das Gelenk mit der dorsalen Gelenkfacette des Proc. art. distalis des 21. Wirbels. Am Proc. art. distalis findet man am 22. Wirbel im Wesentlichen dasselbe wie an dem gleichen Fortsatz des 21. Wirbels, nur erscheint die Einbuchtung, welche die mediale und die laterale Abtheilung trennt (cf. Fig. 1 e) noch deutlicher und tiefer, als am 21. Wirbel. Und da an der lateralen Abtheilung des Proc. art. dist. auch hier eine dorsale Gelenkfacette sich findet, so artikulirt der 22. Wirbel mit dem 23. (wie auch der 22. mit dem 21.) auf jeder Seite mittels dreier, von einander gesonderter Gelenke. Diese

Anordnung der Gelenke findet sich in gleicher Weise bei den folgenden Wirbeln bis zum letzten Lumbalwirbel und ist für den lumbalen Abschnitt der Wirbelsäule die charakteristische.

Es ist leicht, die soeben geschilderten Befunde aufzufassen als Merkmale einer an den besprochenen Wirbeln in verschiedenem Grade zu Stande gekommenen Umformung ihrer Gelenkfortsätze, ja diese Auffassung drängt sich bei der Eigenartigkeit der Befunde so sehr in den Vordergrund, dass es kaum möglich ist, in der Beschreibung diese Auffassung nicht zum Ausdruck kommen zu lassen. Man sieht somit, dass von den drei Gelenken, mit denen ein Wirbel jederseits mit dem ihm vorhergehenden und dem folgenden Element der Reihe artikuliren kann, zwei hervorgegangen sind durch eine Zerlegung des ursprünglich einheitlichen Gelenkes zwischen zu einander gehörigen Processus articulares distales und proximales. Solche einheitliche Gelenke finden sich auch noch bei dem Exemplar I von *Myrmecophaga* bis zum Wirbel 19. *d.*[12]. Von diesem Wirbel ausgehend, sieht man, wie an den distalwärts folgenden Wirbeln Schritt für Schritt eine Zerfällung des Gelenkes und schliesslich die Existenz zweier völlig gesonderter Gelenke zu Stande kommt. Betrachtet man das von der ventralen Seite abgebildete Stück der Wirbelsäule des Exemplars I (cf. Taf. I, Fig. 1), so sieht man lateral von den Foramina intervertebralia je eine Artikulation, die wie ein gewöhnliches Gelenk zwischen den Processus articulares aussieht. Es sind dies aber die Gelenke zwischen den selbstständig gewordenen lateralen Abtheilungen der ursprünglich einheitlichen Processus articulares. Beim Betrachten der Wirbel von der dorsalen Seite (cf. Taf. III, Fig. 1 c) könnte leicht der Eindruck entstehen, als sei die gleichfalls selbstständig gewordene mediale Abtheilung des ursprünglichen Proc. articularis der eigentliche Proc. articularis. Allein die Betrachtung der Reihe sichert vor einer solchen irrthümlichen Auffassung.

Das dritte Gelenk, an welchem die auf der dorsalen Seite der lateralen Abtheilung des Proc. art. distalis sich findende Gelenkfacette participirt, ist natürlich als ein neugebildetes anzusehen. Es ist an den distalen Dorsalwirbeln von *d.*[12] ab und in der ganzen Lumbalregion anzutreffen. Jeder dieser Wirbel steht somit mit jedem der an ihn angrenzenden Wirbel durch sechs Gelenke in Verbindung.

Dieser Verbindungsmodus darf als der für die Lumbalregion charakteristische angesehen werden, weil er an allen Wirbeln vorkommt.

Es muss aber bemerkt werden, dass in dieser Region bei dem vorliegenden Exemplar I von *Myrmecophaga* zwischen den Seitenfortsätzen des 24. und 25. Wirbels auf der linken Seite (cf. Taf. I, Fig. 1) noch ein kleines Gelenk sich findet. Es wird gebildet von den am meisten lateral vorspringenden Theilen der einander zugekehrten Ränder der Seitenfortsätze. Der Proc. lateralis des 24. Wirbels deckt dabei von der dorsalen Seite her den hier in Betracht kommenden kleinen Bezirk am Proc. lateralis des 25. Wirbels. Läge dieser Befund an der entsprechenden Stelle auch auf der rechten Körperseite vor (und das kann an anderen Objekten gesehen werden), so würde die Zahl der Gelenke zwischen diesen beiden Wirbeln auf acht steigen und es ist leicht zu erkennen, dass ein solches viertes Gelenkpaar, von dem an dem vorliegenden Exemplar I erst die erste Spur auftritt, eine noch neuere Acquisition darstellt, als das vorhin erörterte dritte Gelenkpaar.

An den Gelenkfortsätzen der hier in Betracht kommenden Wirbel des Exemplars V (cf. Taf. III, Figg. 2a—2c) ist ein im Princip gleicher Modus der Umformung zu ersehen. Erinnert man sich nun des Umstandes, dass dieses Exemplar in Bezug auf die Beschaffenheit der letzten Rippen und des Sacrum gegenüber dem Exemplar I als auf etwas höherer Entwickelungsstufe stehend angesehen werden konnte, so drängt sich die Frage auf, ob der Umformungsprocess an den Gelenkfortsätzen beim Exemplar V nicht auch mehr fortgeschritten sei, als beim Exemplar I. In Bezug hierauf hat es zunächst einigen Werth zu konstatiren, dass die ursprüngliche Art und Weise der Artikulation der Dorsalwirbel beim Exemplar V an den ersten 10 Dorsalwirbeln und an der Verbindung des 10. mit dem 11. Dorsalwirbel sich findet, während beim Exemplar I auch noch die Wirbel 18. $d.^{11}$ und 19. $d.^{12}$ unter einander in der gewöhnlichen Weise verbunden sind. Man sieht nämlich, dass beim Exemplar V am 18. Wirbel die Artikulation an der dorsalen Seite des Proc. art. dist. sich schon auszubilden beginnt; rechts ist an der entsprechenden Stelle nur eine kleine Erhebung vorhanden, links dagegen ist die rundliche Gelenkfacette (cf. Fig. 2a *gf*) schon aufgetreten, die beim Exemplar I erst am folgenden Wirbel (19.) anzutreffen war. An den distal folgenden Wirbeln des Exemplars V ist diese Facette (cf. Figg. 2b—2c) natürlich vorhanden und um so deutlicher ausgeprägt, je mehr der betreffende Wirbel distalwärts liegt. Auch in Bezug auf die sich einleitende Zweitheilung der Processus articulares ist, wie die Abbildungen zeigen, leicht zu erkennen, dass das Exemplar V auf höherer Stufe steht. Am Wirbel 20. $d.^{13}$ (cf. Fig. 2c) sieht man beim Exemplar V am Proc. art. proximalis schon eine ganz deutliche Zerlegung der Gelenkfläche in zwei Abschnitte, die beim Wirbel 20. $d.^{13}$ des Exemplars I sich eben erst andeutete. Damit steht im Zusammenhang, dass auch am Proc. art. dist. vom Wirbel 20. $d.^{13}$ des Exemplars V die Einkerbung (Fig. 2c *e*), welche die beiden sich sondernden Abschnitte dieses Gelenkfortsatzes scheidet, viel tiefer ist als die homologe beim Exemplar I. In einer Andeutung sieht man diese Einkerbung beim Exemplar V auch schon am 19. Wirbel (cf. Fig. 2b *e*). Und während man bei Exemplar I die Knochenwand, welche die völlige Sonderung der beiden Abschnitte der Gelenkfläche des proximalen Gelenkfortsatzes zu Wege bringt, am 22. Wirbel vorfand, tritt sie uns beim Exemplar V schon am 21. Wirbel deutlich entgegen: sie ist aber nicht so massig, wie am 22. Wirbel von Exemplar I. Das ist leicht zu verstehen, da in der hier vorliegenden Form der Knochenwand eine der zu postulirenden Entwickelungsstufen zu sehen ist, die das Verhalten am 22. Wirbel des Exemplars I mit der entsprechenden Einrichtung am Exemplar V verknüpfen. Am 22. Wirbel des Exemplars V (cf. Fig. 2c) ist die gleiche Ausbildungsstufe zu konstatiren wie am 22. Wirbel von Exemplar I und auch an den distalwärts folgenden Wirbeln des ersteren Exemplars hat die Umformung das gleiche Resultat erzielt wie an den homologen Wirbeln von Exemplar I. Nur kann beim Exemplar V keine

Artikulation an den lateralen Enden der Seitenfortsätze wahrgenommen werden. Dieses Exemplar ist ein jugendliches; es war bereits völlig skelettirt, als ich es erhielt und eine nähere Betrachtung des Objektes lehrt, dass die lateralen Ränder der Seitenfortsätze offenbar nicht ganz intakt sind. Das Fehlen der erwähnten Gelenke ist also nicht zu verwerthen für eine Beurtheilung. Die übrigen Befunde aber lassen die vorhin aufgeworfene Frage nach einer etwaigen höheren Differenzirung des Exemplars V bejahend beantworten.

Auch beim Exemplar VII zeigen die Wirbel 18.—22. (cf. Figg. 3a—3e) den im Princip gleichen Umformungsprocess an den Gelenkfortsätzen; es ist derselbe jedoch an den letzteren nicht so weit vorgeschritten, wie am Exemplar V. Das kann paradox erscheinen, da in Betreff der Lumbal-, Sakral- und Caudalwirbel das Exemplar VII für etwas höher stehend gehalten werden konnte als das Exemplar V. Das Tempo der Umformung an den verschiedenen Abschnitten einer und derselben Wirbelsäule ist offenbar nicht stets das völlig gleiche, so dass die Ergebnisse der Umformung an den einzelnen Abschnitten einer gegebenen Wirbelsäule einander nicht absolut proportional sind. Von diesem Gesichtspunkte versteht man es leicht, dass beim Exemplar VII der Proc. artic. prox. des 20. Wirbels (und natürlich auch die der vorhergehenden) noch ungetheilt ist (cf. Fig. 3c); der Proc. art. distalis dieses Wirbels lässt dagegen die Zertheilung (cf. in Fig. 3c die mit *e* bezeichnete Einkerbung) schon deutlich erkennen. Diese ist am Proc. art. prox. des 21. Wirbels (cf. Fig. 3d) auf einer Stufe zu finden, die zwischen denen der homologen Wirbel der Exemplare I und V steht. Am 22. Wirbel des Exemplars VII (cf. Fig. 3e) ist die Herstellung zweier gesonderter Gelenke im Bereich des Proc. art. prox. schon vollzogen, und diese sind ebenso gut ausgeprägt wie am 22. Wirbel der Exemplare I und V. In Bezug auf die eben erwähnten Verhältnisse steht das Exemplar VII zwischen den Exemplaren I und V. Die Ausbildung von Gelenkflächen an der dorsalen Seite der Procc. articulares distales steht jedoch beim Exemplar VII selbst noch etwas hinter dem betreffenden Verhalten des Exemplars I zurück, indem beim Exemplar VII die in Rede stehenden Gelenkfacetten proximalwärts nicht über den 20. Wirbel (cf. Fig. 3c *gf*) hinaus konstatirt werden können, während beim Exemplar I die betreffende Facette schon am 19. Wirbel und beim Exemplar V auch bereits am 18. wahrgenommen werden konnte. Am 19. Wirbel des Exemplars VII (cf. Fig. 3b) sieht man erst die Anfänge zur Bildung dieser Facetten. In einer anderen Hinsicht ist dagegen das Exemplar VII höher differenzirt als das Exemplar I. Das gilt von den Gelenken zwischen den einander zugewandten, lateralen Theilen der Seitenfortsätze. Von diesen Gelenken war beim Exemplar I nur ein geringer Anfang zu sehen, indem nur auf der linken Körperseite die Seitenfortsätze des 24. und 25. Wirbels einander tangiren. Beim Exemplar VII ist beiderseits an der kritischen Stelle zwischen dem Seitenfortsatz des 24. und 25. Wirbels ein deutliches Gelenk wahrzunehmen (cf. Taf. I, Fig. 4) und der 25. Wirbel artikulirt auch an dem distalen Theil seiner Seitenfortsätze mit einer Gelenkfläche, die an der entsprechenden Stelle am 26. Wirbel sich findet (cf. Taf. I, Fig. 4). Es zeigt sich also in Betreff der zuletzt erörterten

Gelenke beim Exemplar VII die höhere Ausbildung, die erwartet werden konnte, im Uebrigen aber ist bei diesem Exemplar eine geringe Retardation in der Umformung der Processus articulares distales und proximales, sowie in der Bildung einer Gelenkfacette an der dorsalen Seite der lateralen Abtheilung des Processus articularis distalis zur Geltung gekommen.

Diese Auffassung kann unterstützt werden durch einen Blick auf die anderen Objekte. Es konnte zwar nicht an allen Exemplaren (zum Theil wegen des Modus, der bei der Präparation befolgt worden war) mit Bezug auf die oben erörterten Organisationsverhältnisse der Befund vollständig festgestellt werden, es lässt sich aber doch Folgendes konstatiren:

Beim Exemplar I ist, wie erwähnt, der Processus articularis proximalis am 19. Wirbel noch völlig ungetheilt, und dasselbe ist beim Exemplar II der Fall; beim Exemplar III dagegen findet man an diesem Fortsatz beim 19. Wirbel wenigstens an einer Seite (links) schon einen Beginn der Theilung der Gelenkfläche, und beim Exemplar X ist an dem homologen Fortsatz (gleichfalls links) diese Theilung noch deutlicher. Beim 21. Wirbel des Exemplars I fanden wir am Processus articularis proximalis den ersten Anfang der Knochenwand, welche die später selbstständig werdenden Abschnitte der ursprünglich einheitlichen Gelenkfläche trennt (ähnlich ist es beim Exemplar II, nur noch etwas primitiver), beim Exemplar VIII ist die Trennung an dem gleichen Fortsatz des homologen Wirbels schon vollzogen, ebenso beim Exemplar IX und beim Exemplar X ist die Knochenwand, welche beide nunmehr selbstständig gewordenen Gelenke trennt, am 21. Wirbel deutlich entwickelt.

Aehnliches lehrt die Beschaffenheit der Processus articulares distales beim Vergleichen der verschiedenen Exemplare. Bei den Exemplaren I und II findet sich an dem genannten Fortsatz des 19. Wirbels nur eine Andeutung einer Theilung, während beim Exemplar VIII an diesem Fortsatz des 19. Wirbels die Zweitheilung deutlich ist, und beim Exemplar X findet man am 19. Wirbel dasselbe und zugleich, dass der in Rede stehende Fortsatz auch schon am 18. Wirbel den Beginn einer Theilung, wenn auch zunächst nur auf einer Seite (links) wahrnehmen lässt. Die Umformung beginnt beim Exemplar X also auch schon am 18. Wirbel sich geltend zu machen.

Unter den drei zuerst betrachteten Exemplaren (I, V, VII) fand sich an der dorsalen Fläche des Processus articularis distalis am 18. Wirbel nur am Exemplar V (cf. Taf. III Fig. 2a) auf einer Seite (links) eine kleine neugebildete Gelenkfacette, das Exemplar VIII ist dagegen rechts und links an der betreffenden Stelle des Wirbels mit einer solchen Gelenkfacette ausgestattet und beim Exemplar X ist diese Facette am 18. Wirbel zwar auch nur auf einer Seite (links) vorhanden, sie ist aber sehr deutlich ausgeprägt.

Wirft man endlich noch einen Blick auf die Gelenkverbindung, in welche benachbarte Seitenfortsätze unter einander treten können, so kann konstatirt werden, dass beim Exemplar II beiderseits zwischen den einander zusehenden, lateralen Enden der Seitenfortsätze des 25. und 26. Wirbels eine Artikulation vorkommt (cf. Taf. I Fig. 2.

Beim Exemplar I fanden wir den Beginn einer solchen Artikulation auf einer Seite und zwar zwischen den Seitenfortsätzen des 24. und 25. Wirbels. Beim Exemplar III ist auf beiden Körperseiten zwischen den Seitenfortsätzen des 24. und 25. Wirbels ein Beginn der Gelenkbildung zu sehen, und beim Exemplar VI findet man solche Gelenke beiderseits zwischen den Seitenfortsätzen des 24. und 25. Wirbels und denen des 25. und 26. Wirbels. So verhält sich auch das Exemplar VIII, von welchem diese Gelenke in Fig. 5 der Taf. II zu sehen sind, und dasselbe zeigt auch Exemplar IX (cf. Taf. II Fig. 6). Beim Exemplar X sind die hier in Rede stehenden Gelenke zwischen dem 25. und 26. Wirbel von massiger ausgestalteten Fortsätzen gebildet (der 25. Wirbel ist hier Lumbosakralwirbel), und es zeigt sich, dass in diesem Exemplar eine ähnliche Verbindung der Seitenfortsätze zwischen dem 24. und 25. Wirbel nicht besteht, dagegen macht sich nun der Anfang einer derartigen Gelenkverbindung zwischen den einander zusehenden Rändern der Seitenfortsätze des 23. und 24. Wirbels geltend, indem rechts (cf. Taf. II Fig. 7) an der kritischen Stelle ein solches Gelenk gesehen werden kann, an welchem somit ein Seitenfortsatz (der des 23. Wirbels) participirt, der bei keinem der früher betrachteten Exemplare an dieser Gelenkbildung noch betheiligt war. Das Exemplar XI, bei welchem der 25. Wirbel erster Sakralwirbel ist, kann die hier betrachtete Gelenkverbindung zwischen diesem Wirbel und dem 26. natürlich nicht mehr aufweisen, es fehlt die Gelenkbildung aber auch an den mehr proximal gelegenen Wirbeln.

Die eben erwähnten Verhältnisse bestätigen die Auffassung, welche in Betreff der Umformung der Gelenkfortsätze zunächst nur durch die Vergleichung des verschiedenen Verhaltens derselben an den Wirbeln einer und derselben Wirbelsäule statuirt wurde (cf. das über Exemplar I p. 330 Gesagte). Es zeigt sich jetzt, dass verschiedene Befunde, welche an den auf einander folgenden Wirbeln eines Exemplars als auf einander folgende Entwickelungsstufen aufgefasst wurden, auch an einem und demselben Wirbel der verschiedenen Exemplare vorkommen können. Somit ist die Vorstellung eines Umformungsprocesses nicht nur durch die Betrachtung homodynamer Theile, sondern auch durch die Vergleichung speciell homologer Bestandtheile zu begründen. Das würde sicherlich vollständiger, als es hier geschehen ist, möglich werden, wenn eine grössere Zahl von Exemplaren, als sie mir zur Verfügung stand, zur Untersuchung käme. Immerhin ist die somit gewonnene Bestätigung der bei der Betrachtung von Exemplar I zunächst statuirten Auffassung insofern eine belangreiche, als der an den Gelenkfortsätzen erkannte Umformungsprocess die Frage nach der Richtung, in welcher er geschieht, sicher zu beurtheilen gestattet.

Es kann keinem Zweifel unterliegen, dass der Modus der Verbindung der Processus articulares, wie er bei allen Exemplaren vom ersten bis zum zehnten Brustwirbel vorkommt, das relativ primitive Verhalten dieser Artikulationen darstellt. Da nun die Beobachtung der verschiedenen Zustände, die sich an diesen Fortsätzen bei den Wirbeln im distalen Theil der Dorsalregion und in der Lumbalregion finden, eine recht fein abgestufte Reihe von Formverhältnissen erkennen liess, die zu einer kompleten Zweitheilung der ursprünglich einheitlichen Gelenke führt und da der Zustand dieser höchsten Differenzirung der Gelenke durchweg in der Lumbalregion (bis zum 26. Wirbel, wenn dieser noch V. lumbalis ist), sich findet, die früheren Stufen aber an den nächst proximal gelegenen Dorsalwirbeln (bis zum 18.) sich trafen und zwar so, dass die ersten Anfänge einer Umgestaltung an dem am meisten proximal gelegenen Brustwirbel (unter den hier in Betracht kommenden) gesehen werden konnten, so ist es klar, dass die Umformung sich an diesem Wirbel (dem 18.) eben erst bemerkbar zu machen beginnt, an den nächst distal gelegenen Dorsalwirbeln successiv mehr zur Geltung gekommen ist und an den Lumbalwirbeln durchweg den höchsten Effekt erreicht hat, somit hier am frühesten begonnen haben muss. Das lässt aber mit Sicherheit erkennen, dass der Umformungsprocess, soweit er sich an den Gelenkfortsätzen abspielt, ein proximalwärts fortschreitender ist.

Nachdem sich somit im distalen Abschnitt der Dorsalregion, sowie an den Lumbalwirbeln und, wie die Betrachtung des doppelten Promontorium lehrte, auch am Sacrum unzweideutige Anzeichen einer proximalwärts gerichteten Umformung ergeben haben, kann damit die Frage nach der Richtung, die der Gesammtumformungsprocess an dem untersuchten Abschnitt der Wirbelsäule einhält, als entschieden angesehen werden. Es ist ein proximalwärts gerichteter Umformungsprocess.

Nunmehr wird mit Bezugnahme auf dieses Ergebniss die Folgerung, wie mir scheint, unabweislich, dass die Existenz der beim Exemplar X zwischen dem 30. und 31. Wirbel konstatirten Repräsentanten eines unteren Bogens durch eine Neubildung dieser Elemente zu interpretiren sei, und damit ergiebt sich auch die Auffassung, dass die Bogen zwischen dem 31. und 32. Wirbel und die zwischen dem 32. und 33. Wirbel in weiterer Ausbildung und nicht in Rückbildung sich befinden, als die zu statuirende. Aber es folgt hieraus nicht, dass auch für die weiter distalwärts liegenden Bogen die gleiche Auffassung Geltung habe. Es müsste Gegenstand einer besonderen, auf das Verhalten der unteren Bogen bei Säugethieren gerichteten Untersuchung werden, zu entscheiden, welche derselben nur als Analoga und ob resp. wie viele als specielle Homologa unterer Bogen von tiefer stehenden Formen anzusehen seien. Es wäre im Speciellen, zu weiterer Bestätigung der Auffassung, welche aus der Betrachtung der Wirbelsäule sich ergab, zu postuliren, dass eine solche Untersuchung in Betreff der kleinen Skelettheile, die beim Exemplar X an dem ventralen Rande der Bandscheibe zwischen dem letzten Sakralwirbel und dem ersten Caudalwirbel sich befinden, die hier statuirte Auffassung derselben auch aus dem Verhalten der Bogen selbst rechtfertige, und ich zweifle nicht, dass ein solcher Nachweis sich würde erbringen lassen.

Das Ergebniss der vorliegenden Untersuchung darf, wie mir scheint, so formulirt werden, dass durch dieselbe das Princip der Bestimmung der speciellen Homologie der Wirbel nach ihrer Stellung in der Reihe damit eine Bestätigung erfahren hat, dass demselben an dem untersuchten Objekt keine Schwierigkeit entgegengetreten ist und es zugleich die Möglichkeit darbot, alle einzelnen Wahrnehmungen an dem Untersuchungsobjekt als Theilerscheinungen eines Umformungsprocesses aufzufassen. Dieser Umformungsprocess muss als ein proximalwärts fortschreitender bezeichnet werden. Und selbst wenn im Hinblick auf das über die unteren Bogen Gesagte ein, wie mir scheint, zu weit gehender Zweifel nicht anerkennen wollte, dass die Richtung des Umformungsprocesses sicher erkannt sei, so müsste doch zugegeben werden, es könne kein Zweifel darüber bestehen, dass ein fortschreitender Umformungsprocess möglich ist, auch wenn der Gürtel der hinteren Gliedmaassen nicht nur mit dem Ilium, sondern zugleich auch mit dem Ischium der Wirbelsäule sich anschliesst. Auf das etwaige Bestehen aber eines solchen Modus der Umformung bezog sich diejenige unter den beiden hier behandelten Fragen, auf welche die vorliegende Untersuchung eine bestimmte Antwort erwarten liess.

Nachdem bei der bisherigen Betrachtung eine Bestätigung gewonnen worden ist für die Anschauung, dass an dem ganzen hier untersuchten Abschnitt der Wirbelsäule ein fortschreitender Umformungsprocess sich geltend macht, der im Princip derselbe ist, wie der an der Wirbelsäule der Primaten von mir ermittelte, ist es geboten, auf diejenigen, in der Litteratur enthaltenen Anschauungen einzugehen, welche der eben erwähnten Auffassung mehr oder weniger entgegengesetzt sind. Ich möchte in eine Behandlung dieser Angelegenheit jedoch nur insoweit eintreten, als die hier mitgetheilten Beobachtungen über die Wirbelsäule von *Myrmecophaga* das gestatten. Somit würde es sich um die Anschauungen handeln, welche durch H. v. Ihering, dann durch H. Welcker und zuletzt von A. M. Paterson formulirt worden sind[1]).

Auf Ihering's Theorie an dieser Stelle einzugehen, könnte desshalb erforderlich scheinen, weil ich in einer vor längerer Zeit erschienenen, kleinen Mittheilung über die Wirbelsäule von *Myrmecophaga* im Allgemeinen mich gegen dieselbe ausgesprochen habe[2]).

Mein Widerspruch bezog sich auf das eigentlich Charakteristische und Neue in der Theorie Ihering's, auf seine Hypothese der Interkalation oder Exkalation[3]). Diese

---

1) Die Anschauungen von Topinard, Taruffi, Regalia, Lachi u. A. können, wie mir scheint, ausreichend nur erörtert werden auf Grundlage des Verhaltens der menschlichen Wirbelsäule. Ich habe über dieselbe erneute Untersuchungen angestellt und möchte in einem später hierüber zu publicirenden Aufsatz auf die Anschauungen der genannten Autoren eingehen. Dabei werde ich auch die Gelegenheit haben, die Angriffe, welche M. Holl und F. Keibel gegen meine Auffassungsweise gerichtet haben, zu beleuchten.

2) 82, p. 255, 256. Auch in einer anderen kleinen Publikation (86) habe ich die Hypothese der Interkalation von Wirbeln berührt im Anschluss an eine Beobachtung, die bei *Halicore* die Existenz von acht Halswirbeln ergab. Da dieses Objekt auch im Hinblick auf meine Auffassung der Vorgänge an der Wirbelsäule von Interesse ist, so beabsichtige ich, in einem anderen Aufsatz die betreffende Beobachtung sowie Wahrnehmungen, die sich an dieselbe anschliessen mussten, im Einzelnen mitzutheilen.

3) Im Uebrigen erkennt Ihering bei seiner Beurtheilung der Wirbelsäule an, dass Umformungen von Theilen derselben, sowie eine Lageveränderung des Gürtels der hinteren Gliedmaassen als in Betracht kommende Faktoren zu statuiren seien (78a; 78b, p. VI; 80, p. 305). Die hypothetischen Vorgänge, die von Ihering Interpolation und Expolation benannt sind, bilden in Betreff der Vertebraten einen mehr nebensächlichen Theil seiner Theorie. Er sagt von der Expolation, dass ihm kein Beispiel bei den Wirbelthieren bekannt sei und auch die

Hypothese aber und die von Ihering geübte Methode der Bestimmung der Homologien näher zu diskutiren, liegt keine Veranlassung mehr vor.

M. Fürbringer gebührt, wie auch von anderer Seite schon hervorgehoben ist, das grosse Verdienst, in einer eingehenden, vortrefflichen Kritik als erster evident dargethan zu haben, dass die Anschauungen Ihering's in den sie charakterisirenden Hauptpunkten unhaltbar sind[1]).

Neben den Nachweisen, die eine Umformung des Plexus brachialis bei Vögeln bekunden und den vom Standpunkt Ihering's zu fordernden Grad von Konstanz in der Anordnung der Nerven negiren lassen, erscheinen mir besonders wichtig diejenigen Darlegungen Fürbringer's, welche im Hinblick auf eine Anzahl bestimmter, gut festgestellter Beobachtungsergebnisse es erkennen lassen, dass die Hypothese der Interkalation oder Exkalation als solche nicht aufrecht erhalten werden könne, weil sie vielen Einzelerscheinungen gegenüber bei einem Versuch, dieselben zu erklären, sich machtlos erweist, während ganz dieselben Beobachtungsergebnisse bei der Annahme einer Umformung wohl verstanden werden können[2]).

Andere Untersuchungen haben ergeben, dass auch die von Ihering innerhalb des Plexus lumbosacralis statuirten Anhaltspunkte für Bestimmung von Homologien in der Wirbelsäule, der sogenannte N. furcalis und der N. bigeminus, keineswegs den ihnen zugeschriebenen Grad von Konstanz zeigen.

Davidoff[3]) brachte diesen Nachweis in Betreff des N. furcalis bei *Salamandra maculosa*. Ruge[4]) fand bei seinen sehr genauen Untersuchungen am Plexus lumbosacralis der Primaten, dass bei mehreren derselben (*Nycticebus*, *Hylobates syndactylus*, *Orang*) ein N. furcalis im Sinne Ihering's nicht zu statuiren sei, und ferner zeigte

---

Interpolation bezeichnet er als eine unerwiesene (78b, p. VII, p. 13). Gegen die Möglichkeit einer Neubildung von Wirbeln innerhalb hochdifferenzirter Formen der Wirbelsäule habe ich mich schon bei einer früheren Gelegenheit (75, p. 104) ausgesprochen und eine Interpolation im Sinne von Ihering (»Vermehrung der Segmente durch Spaltung vorhandener oder durch Einwucherung neuer zwischen bestehende«) scheint mir, selbst im Hinblick auf die phylogenetischen Anfänge der Wirbelsäule, ausgeschlossen zu sein. Was aber die Expolation anlangt, so muss, wie mir scheint, die Möglichkeit derselben auch in Betreff der Wirbelsäule zugelassen werden, und ich habe auch schon früher (75, p. 105) eine Beobachtung von *Vrolik* erwähnt, die auf eine sehr weit fortgeschrittene Reduktion eines Wirbels innerhalb der Reihe hindeuten könnte. Ich meine, dass der Möglichkeit einer Expolation desshalb Beachtung zu schenken ist, weil eine völlige Nichtberücksichtigung derselben zu einer unrichtigen Bestimmung der speciellen Homologie der Wirbel führen kann.

1) 79, p. 333 seq. 88, I, p. 246. 88, II, p. 972—976.

2) Besonders instruktiv erscheinen mir in dieser Hinsicht die von Fürbringer bei *Garrulus* (79, p. 361—364, Taf. 21 Fig. 10—13 und die bei *Anser* (79, p. 379—388, Taf. 22 Fig. 14—24) festgestellten Verhältnisse. In Betreff der allgemeinen Seite der Frage sind die Erörterungen sehr überzeugend, die Fürbringer an die Verschiebung der Bauchflosse bei *Teleostiern* und an die Lageveränderung des Herzens bei einem Säugethier knüpft (79, p. 351—354), es tritt dabei deutlich hervor, dass die Hypothese der Interkalation wegen der Konsequenzen, zu denen sie führt, aufgegeben werden muss. Ich möchte nicht unterlassen an dieser Stelle auch die Deutung zu erwähnen, die Fürbringer für den von Albrecht (83) beobachteten Fall einer „hémivertèbre gauche" zwischen dem 195. und 196. Wirbel von *Python Sebae* begründet hat. Albrecht hat in dieser Beobachtung einen Fall von Interkalation im Sinne Ihering's gesehen (83, p. 32). Im Gegensatz zu dieser Auffassung hat Fürbringer (88, II, p. 975, 976), wie mir scheint, überzeugend dargethan, dass man ein Recht habe, das Objekt als ein z. Th. pathologisches, z. Th. bei der Präparation verstümmeltes anzusehen, und dass demselben somit keine Beweiskraft zukomme.

3) 84, p. 404 seq.

4) 92, p. 317—319. 93, p. 387—391.

RUGE an einer Reihe von Befunden bei verschiedenen Affen, dass die Existenz eines N. furcalis (tripartitus) als eine Theilerscheinung des Umformungsvorganges am Plexus aufgefasst werden könne, die nicht an einen bestimmten Spinalnerven gebunden ist. Auf analoge Verhältnisse hat ADOLPHI[1]) bei *Bufo* aufmerksam gemacht, und EISLER's[2]) Untersuchungen am Plexus lumbo-sacralis des Menschen lassen die allmähliche Uebertragung der Form eines N. furcalis auf verschiedene Spinalnerven besonders deutlich erkennen, ausserdem spricht sich EISLER gegen die Existenz eines N. bigeminus beim Menschen aus.

Im Hinblick auf alle diese Arbeiten darf ich es unterlassen, die Anschauungen IHERING's, die widerlegt sind, nochmals an einem bestimmten Objekt zu prüfen. Ich möchte mit Bezugnahme auf die eben erwähnte, kleine Mittheilung über die Wirbelsäule von *Myrmecophaga* nur bemerken, dass bei einer Vergleichung von fünf Exemplaren unter Anwendung der Hypothese der Interkalation oder Exkalation nur die Zahl der Wirbel in den einzelnen Regionen interpretirt werden konnte, nicht aber gewisse, an den einzelnen Wirbeln zu konstatirende Formverhältnisse, und diese letzteren bereiten der Annahme einer Umformung nicht nur keine Schwierigkeit, sondern sie stützen dieselbe. Darin lag für mich eine Bestätigung eines Ergebnisses, zu dem FÜRBRINGER schon früher gelangt war. Zu dem gleichen Resultat ist auch PATERSON, offenbar unabhängig von früheren Autoren, gekommen. In seiner unlängst erschienenen Arbeit über das Sacrum des Menschen sagt er kurz und treffend, die Hypothese der Interkalation oder Exkalation sei nicht im Stande „to satisfactorily account for conditions other than the increase or diminution of the number of vertebrae in a particular region“[3]).

WELCKER's Anschauungen über die Wirbelsäule sind im Vergleich zu dem Interesse, das die Theorie IHERING's gefunden hat, nur relativ selten berührt worden[4]).

WELCKER hat seine Auffassung zunächst in zwei kleinen, aber inhaltreichen Arbeiten[5]) publicirt, ein grösseres, in denselben in Aussicht gestelltes Werk ist leider noch nicht erschienen[6]).

---

1) 92, p. 345. 346.

2) 92, p. 9—13. p. 48, 49.

3) 93, p. 124.

4) HOLL hat sich denselben angeschlossen, ohne Wesentliches zu ihrer Begründung beizutragen und RAUBER tritt insofern für die Theorie WELCKER's ein, als er in seinem Lehrbuch der Anatomie des Menschen (92, p. 196, 197) dieser Theorie vor anderen Auffassungen den Vorzug gegeben hat. ALBRECHT ist der Auffassung WELCKER's entgegengetreten auf Grundlage der schon oben (p. 337, Anmerkung 2) erwähnten Beobachtung an *Python*. Dieses Objekt kann indess, wie erwähnt, für eine Beurtheilung nicht in Betracht kommen, und zudem hat ALBRECHT WELCKER's Theorie nicht ganz richtig aufgefasst.

5) 78, 81.

6) Da WELCKER offenbar ein sehr grosses Material zur Verfügung gehabt hat, so kann schon desshalb von diesem Werk sicherlich viel erwartet werden, und ich habe auch einen persönlichen Grund, zu bedauern, dass es noch nicht hat erscheinen können. WELCKER sagt nämlich (81, p. 177), er habe gelegentlich seiner Untersuchungen über Bau und Entwickelung der Wirbelsäule „auch der Widerlegung der ROSENBERG'schen Theorie umfängliche Studien gewidmet“. Mir musste natürlich viel daran gelegen sein, zu erfahren, welche Einwände ein so hochverdienter und erfahrener Forscher wie WELCKER im Einzelnen gegen meine Auffassung würde zur Geltung bringen wollen. In seinen bisherigen Mittheilungen nimmt WELCKER sehr entschieden gegen meine Auffassung Stellung, was unter Anderem

WELCKER's Auffassung nach sind bei der Vergleichung von Wirbelsäulen diese im Ganzen einander homolog zu setzen. „Die Wirbelsäule des einen Thieres entspricht der „Wirbelsäule," nicht etwa zwei Dritteln oder drei Vierteln der Wirbelsäule eines anderen Thieres."[1]) Besteht eine Wirbelsäule z. B. aus 33 Wirbeln und eine andere aus 34 Wirbeln, so seien die 33 Wirbel der einen in toto homolog den 34 Wirbeln der anderen, wobei, wie WELCKER sich ausdrückt, „eine nach Art einer Noniustheilung sich verbreitende Ausgleichung der Charaktere Platz griffe."[2]) Jeder Wirbel einer Säule hätte sein Homologon bei der anderen, aber es würde „kein einziger Wirbel der einen Säule irgend einem anderen der zweiten ganz entsprechen."

Als ein Beispiel für „eine der ganzen Wirbelsäule entlang laufende noniusartige Vertheilung der Charaktere" wird eine menschliche Wirbelsäule von 33 Wirbeln aufgeführt, bei welcher der 29. Wirbel eine Uebergangsform zwischen „Coccygeus und Sacralis" darbietet, der 24. Wirbel als lumbo-sakraler Uebergangswirbel vorliegt, der 19. Wirbel kleine, rudimentäre Rippen hat und der 7. Wirbel mit einer Halsrippe ausgestattet ist. Man könne, sagt WELCKER, nicht annehmen, dass unter solchen Umständen die zwischen den Wirbeln gemischten Charakters liegenden Elemente der Säule den Charakter vollständig besässen, der ihnen ihrer „Nummer" nach, d. h. also ihrer Stellung in der Reihe nach, zukommt, die hier bestehenden Modifikationen seien indess weniger erkennbar. Eine strenge Durchführung dieser „noniusartigen Vertheilung der Charaktere" lasse sich nur in seltenen Fällen nachweisen[3]).

Diese Auffassung erhält eine nähere Präcisirung dadurch, dass WELCKER innerhalb der Wirbelsäule einen festen Punkt statuirt, indem er sagt: „Der Hauptwirbel des Heiligenbeins des einen Thieres — „Stützwirbel," wie ich ihn nenne, entspricht meiner Ansicht nach dem Stützwirbel des zweiten Thieres, möge die Nummer dieser Wirbel welche immer sein."[4]) Eine nähere Begriffsbestimmung dieses Stützwirbels, den WELCKER auch „Vertebra fulcralis" nennt, wird an dieser Stelle leider nicht gegeben, aber bei der Erörterung, die WELCKER dem schrägverengten Becken widmet, sagt er, dass ein Wirbel von abnormer Form sich „in nicht allzu seltenen Fällen zwischen dem letzten normalen Lendenwirbel und dem ersten ächten Sakralwirbel eingeschaltet findet." Dieser „lumbo-sakrale Uebergangswirbel" trage beim Menschen bald die Nummer 24, bald 25. Es „pflegt dieser Uebergangswirbel in seiner einen Seitenhälfte die Charaktere des Lendenwirbels (also einen einfachen, frei endenden, das Hüftbein nicht berührenden Querfortsatz) zu besitzen, während der andere, stark verdickte Querfortsatz mit dem Hüftbein artikulirt und mehr oder weniger entschiedene sakrale Beschaffenheit zur Schau trägt." Diesen Uebergangswirbel nennt

ersichtlich ist aus folgendem Satz, dem eine kurze Darlegung seiner eigenen Anschauung voraufgeht. „Ich läugne hiernach die strikte Homologie der gleich nummerirten Wirbel (ROSENBERG), sowie die Aufwärtsschiebung des Beckengürtels und muss in Abrede stellen, dass ein Wirbel „mehrere Metamorphosen durchlaufe«, dass ein Dorsalwirbel Lumbaris, in zweiter Umwandlung Sacralis, schliesslich Caudalis werde" (78, p. 292).

1) 81, p. 176. 2) 78, p. 292. 3) 78, p. 293. 4) 81, p. 176.

Welcker „Vertebra praefulcralis," der gegen das „eigentliche Sacrum" durch ein sehr deutliches Promontorium abgesetzt sei, während er seine vorwiegend lumbale Beschaffenheit dadurch unverkennbar andeute, dass er ziemlich genau in der Fluchtlinie der ihm vorausgehenden Lendenwirbel liege[1]). Hiernach darf wohl angenommen werden, dass es der Welcker'schen Auffassung entspricht, als Stützwirbel oder Fulkralwirbel anzusehen den ersten, normal gestalteten Sakralwirbel, der mit seinen beiden Seitenfortsätzen mit dem Ilium in Kontakt steht.

Welcker's Auffassung statuirt damit, dass bei zwei mit einander zu vergleichenden Wirbelsäulen die Gruppe der präsakralen Wirbel der einen der Gruppe der präsacralen Wirbel der anderen in toto homolog zu setzen ist. Ferner betont Welcker die Homologie der Gruppe der Halswirbel verschiedener Wirbelsäulen, möge nun die Zahl dieser Wirbel 5 oder 7 ja 11 betragen und er sagt: „Die Wirbel sind einander den Regionen nach, nicht den Nummern nach homolog."

Ich glaube um so mehr Welcker's Auffassung in dem Vorstehenden richtig wiedergegeben zu haben, als Welcker eine bestimmte Zahl „wahrer Wirbel," das heisst also präsakraler Wirbel, als ein Charakteristicum der Stammform der Säugethiere hinstellt. Nachdem er es zu begründen versucht hat, dass diese Zahl 26 betrage, sagt er: „Ich nehme, von der Wirbelziffer 26 des primitiven Säugethiers ausgehend, einen divergirenden Gang der Entwickelung an. Die sekundären Thierformen bildeten sich dadurch, dass, neben anderen Umwandlungen, einzelne Descendenten Wirbel ablegten — lipospondyle Thiere (so die ungeschwänzten Affen und der Mensch), während andere Formen die Wirbel vermehrten — auxispondyle Thiere (niedere Affen, Fleischfresser u. a., von welchen einige die ursprüngliche Zahl der 26 freien Wirbel bewahrten, während andere einen oder mehrere Wirbel zulegten)".[2])

Die in diesem Satz behauptete Abnahme oder Zunahme von Elementen des präsakralen Abschnitts der Wirbelsäule darf jedoch nicht als eine Exkalation oder Interkalation im Sinne Ihering's aufgefasst werden, da Welcker an einer anderen Stelle sagt, er „leugne" „den von Ihering als „Intercalation und Excalation" bezeichneten Vorgang".[3])

Wie sich aber Welcker das Zustandekommen einer Verminderung oder Vermehrung von Wirbeln innerhalb der präsakralen Gruppe denkt, hat er nicht näher dargelegt, er deutet das nur durch folgenden Satz an: „Je nach den verschiedenen Leistungen des bestimmten Thieres gliedert sich der dem Brust- oder dem Lendenabschnitte zufallende Theil des Keimes hier reichlicher, dort weniger reichlich".[4]) Was unter diesem „Theil des Keimes" zu verstehen sei, bleibt unklar, man kann diesem Satz nur soviel entnehmen, dass Welcker für den präsakralen Theil der Wirbelsäule eine für alle Fälle gleichwerthige Anlage statuirt, die in den verschiedenen Einzelfällen in eine verschiedene Zahl von Theilen, entsprechend der Zahl der präsakralen Wirbel, gegliedert wird.

1) 81, p. 180, 182. 2) 81, p. 179. 3) 78, p. 292. 4) 81, p. 176.

Mit der bisher skizzirten Auffassung, von der Welcker übrigens selbst sagt, dass er sie in seiner kurzen Mittheilung „nicht entfernt" habe „beweisen" können, verknüpft sich indess doch auch in gewissem Sinne die Vorstellung einer Umformung. Das zeigt sich zunächst darin, dass Welcker bei der Schilderung der vorhin erwähnten menschlichen Wirbelsäule mit „noniusartiger Vertheilung der Charaktere" die rudimentären Rippen am 19. Wirbel als „ohne Zweifel einer baldigen Ankylosirung anheimfallende" bezeichnet[1]. Und wenn mit der sogenannten noniusartigen Vertheilung der Charaktere ein einigermaassen bestimmter Begriff verbunden werden soll, so scheint mir, man könne nur annehmen, dass an den Wirbeln, welche an dieser Vertheilung der Charaktere participiren, irgend eine Umformung zur Geltung kommen müsse. Das scheint auch Welcker vorgeschwebt zu haben, indem er sagt, dass „die hier bestehenden Modifikationen weniger erkennbar sind".

In soweit nun die Vorstellung einer Umformung in der ganzen Auffassung Welcker's mit enthalten ist, besteht keine Meinungsverschiedenheit zwischen ihm und mir; es wäre jetzt aber das Originelle in der Welcker'schen Auffassung näher zu prüfen. Dabei muss ich bei Seite lassen die Bemerkung über die bestimmten Regionen der Wirbelsäule angeblich zufallenden Theile des Keims, da hierüber wohl erst eine Diskussion möglich wäre nach einer weiteren Ausführung und Begründung dieser Aeusserung seitens ihres Autors. Dagegen scheint mir die Hypothese der Bildung lipospondyler und auxispondyler Formen einer Prüfung zugängig zu sein.

Es ist dabei davon auszugehen, dass Welcker eine Homologie der präsakralen Abschnitte zu vergleichender Wirbelsäulen statuirt. Wie erwähnt, sieht Welcker die Anwesenheit von 26 präsakralen Wirbeln als ein Merkmal der primitivsten Form an. Bei einer Vergleichung der vorliegenden Wirbelsäulen von *Myrmecophaga* müsste also auch nach der Auffassung Welcker's, ganz wie bei der meinigen, von dem Exemplar I ausgegangen werden, da dieses 26 präsakrale Wirbel besitzt. Die Exemplare III bis XI haben alle weniger als 26 präsakrale Wirbel, sie wären also als lipospondyle Formen im Sinne Welcker's aufzufassen[2]. Wenn nun Welcker's Hypothese über den Bildungsmodus lipospondyler Formen eine völlig ausreichende Erklärung für die Beschaffenheit dieser Formen zu gewähren vermag, so muss sich das darin zeigen, dass zwei oder mehrere Formen, die gegenüber der Ausgangsform (Exemplar I) in gleichem Grade lipospondyl sind, sich gegen einander gleich verhalten. Und da solche in gleichem Grade lipospondyle Formen die gleiche Zahl von Präsakralwirbeln besitzen müssen, die präsakralen Regionen aber in toto nach Welcker homolog sind, so kann auch im Sinne der Welcker'schen Auffassung keine Schwierigkeit bestehen, bei solchen Formen die Homologie der einzelnen präsakralen Wirbel zu bestimmen nach der Stellung in der Reihe, die sie bei den zu verglei-

1) 78, p. 292.

2) Das Exemplar II, das gleichfalls 26 präsakrale Wirbel besitzt, lasse ich zur Seite, da dieses mit dem Exemplar I hier im Princip übereinstimmt.

chenden Wirbelsäulen einnehmen. Unter den von mir abgebildeten Exemplaren (und ich kann die Erörterung auf diese beschränken) bilden nun die Exemplare V, VII, VIII, IX und X eine Gruppe zusammengehöriger Formen; sie sind alle gegenüber der Ausgangsform um einen Wirbel lipospondyl, da sie 25 präsakrale Wirbel besitzen. In dieser Gruppe müsste also dasjenige übereinstimmende Verhalten der einzelnen Exemplare zu einander gefunden werden können, welches die Hypothese über den Entstehungsmodus lipospondyler Formen fordert.

Vergleicht man nun, um hierüber ein Urtheil zu gewinnen, zunächst die Exemplare VIII und X, so ist daran zu erinnern, dass diese beiden Wirbelsäulen (wie auch die anderen, die mir vorliegen) bei der früheren Betrachtung in Betreff der Halswirbel und der Brustwirbel bis zum 14. incl. eine im Wesentlichen übereinstimmende Beschaffenheit zeigten. Das gilt auch für eine Betrachtung derselben vom Standpunkt Welcker's. Es kommen hier also nur noch die übrigen Präsakralwirbel, d. h. der letzte Brustwirbel und die bei beiden Exemplaren vorhandenen drei Lendenwirbel in Betracht. Unter diesen Wirbeln interessirt nun zunächst der letzte Brustwirbel, welcher der 22. der Reihe ist. Dieser trägt Rippen, die, wie schon früher erwähnt wurde, beim Exemplar VIII links 10,2 cm, rechts 10 cm lang sind und beim Exemplar X links 10 cm, rechts 9 cm messen. Das sind nun, könnte man sagen, ganz geringfügige Unterschiede, aber dieselben waren bei der früheren Betrachtung verständlich, vom Standpunkte der Welcker'schen Hypothese sind sie es nicht. Vergleicht man jetzt aber diese Rippen des 22. Wirbels mit den Rippen am 22. Wirbel der Ausgangsform (Exemplar I), so ergiebt sich ein weiterer Anhaltspunkt für die Beurtheilung. Da bei den Exemplaren VIII und X die vorhandenen 25 Präsakralwirbel nach Welcker's Auffassung den beim Exemplar I vorliegenden 26 Präsakralwirbeln homolog sind, so ist kein einziger der 25 Wirbel der ersteren Exemplare einem einzelnen der 26 Wirbel des Exemplars I vollkommen homolog; jeder Wirbel der Gruppe von 25 Präsakralwirbeln entspricht einem Wirbel der Gruppe von 26 Präsakralwirbel und einem quantitativ nicht näher zu bestimmenden, aber hinzukommenden Werth. Man sollte also erwarten, dass der 22. Wirbel mit seinen Rippen bei den Exemplaren VIII und X kräftiger entfaltet sei als beim Exemplar I. Das ist in Betreff der Wirbelkörper nicht der Fall; diese sind bei den drei Exemplaren in der Form übereinstimmend, aber in Betreff der Rippen ist das Gegentheil von dem zu Erwartenden zu konstatiren; diese sind bei den Exemplaren VIII und X kleiner als beim Exemplar I, wo sie beiderseits 12,5 cm lang sind.

Bei den Exemplaren VIII und X zeigt ferner der letzte Lumbalwirbel (der 25. der Reihe) eine sehr merkliche Formdifferenz (cf. Fig. 5 und Fig. 7, Taf. II). Die Seitenfortsätze desselben zeichnen sich beim Exemplar X durch recht voluminöse Beschaffenheit aus (daher der Wirbel als *ls.* von mir in der Formel bezeichnet worden ist), während sie beim Exemplar VIII in dorso-ventraler Richtung relativ schwach entfaltet sind und die Form von Platten haben. Auch das war früher verständlich, und kann nicht interpretirt werden, wenn die Exemplare VIII und X als lipospondyle aufgefasst werden.

Zieht man nun das Exemplar IX zur Vergleichung heran, so muss es auffallen, dass am 22. Wirbel dieses Exemplars die Rippen beträchtlich länger (12,4 cm) sind als an dem 22. Wirbel der beiden früher erwähnten Exemplare VIII und X und besonders tritt es auffällig hervor, dass am 23. Wirbel beim Exemplar IX ein Paar recht kräftig entwickelter Rippen sich findet, die beim 23. Wirbel der Exemplare VIII und X fehlen. Diese Rippen am 23. Wirbel des Exemplars IX bildeten nun auch bei einer Betrachtung vom Standpunkt meiner Auffassung anfangs eine Schwierigkeit, die sich aber leicht heben liess, indem die Existenz dieser Rippen auf eine Retardation in der Umformung zurückgeführt werden konnte, und das machte auch die relativ grössere Länge der Rippen am 22. Wirbel dieses Exemplars verständlich. Vom Standpunkt Welcker's sind diese Rippen am 23. Wirbel des Exemplars IX absolut unerklärlich. Es bleibt von diesem Standpunkt aus auch unbegreiflich, wie es kommt, dass beim Exemplar V am 23. Wirbel recht kleine Rippen (cf. Fig. 3, Taf. I) sitzen und dass beim Exemplar VII an einer bestimmten Stelle der Seitenfortsätze des 23. Wirbels jederseits ein Spalt sich zeigt, in welchem, wie früher gezeigt wurde, eine der zu postulirenden Spuren der Umformung vorliegt. Man sieht so, dass mit der wachsenden Zahl der zur Vergleichung herangezogenen Exemplare die Schwierigkeiten sich steigern für die Auffassung, welche die Existenz lipospondyler Formen statuirt und die Insufficienz der Hypothese Welcker's tritt damit wenigstens in Betreff der lipospondylen Formen deutlich zu Tage. Das wirft aber auch ein ungünstiges Licht auf die Annahme der Entstehung auxispondyler Formen, da im Wesentlichen dieser Vorgang der gleiche ist wie der einer Entstehung lipospondyler Formen. Es lässt somit eine nähere Untersuchung an konkreten Objekten den eigentlichen, charakteristischen Grundgedanken der Auffassung Welcker's als eine unzureichende Hypothese erscheinen.

Der Standpunkt, von welchem Paterson die Betrachtung der Regionenbildung an der Wirbelsäule unternimmt, basirt auf dem seit langer Zeit erbrachten Nachweis, dass Theile, welche den Rippen und den Querfortsätzen eines Brustwirbels homodynam sind, an dem Aufbau der einzelnen Wirbel auch in der Halsregion, in dem lumbalen Abschnitt und in dem Sacrum participiren. Hiervon ausgehend, fasst Paterson seine Grundanschauung in folgendem Satz kurz zusammen: „The specific und individual differences in the correlation of one region to a neighbouring region of the vertebral column, can be adequately explained by the hypothesis that they are due to a suppression or excessive development of the potential costal element of the vertebral segment. This may be metamorphosed in different ways to suit the varying needs of the animal economy, and the variations from the normal condition in individual cases affect the segments at the ends of a series, where one region shows characters resembling those of the neighbouring vertebrae. By means of this hypothesis can be made intelligible not only the existence of cervical ribs, but also correlated variations of the thoracico-lumbar vertebrae and abnormalities of the sacrum — differences in the number of bones as well as asymmetry."[1])

---

1) 93, p. 124.

Ueber den Werth dieser Anschauung kann, wie mir scheint, rasch und sicher ein Urtheil gewonnen werden, wenn man auch hier die Frage stellt, ob eine Summe von Beobachtungsergebnissen, z. B. die hier erörterten Verhältnisse der Wirbelsäule von *Myrmecophaga*, mit Benutzung der von PATERSON statuirten Betrachtungsweise ebenso oder besser interpretirt werden kann, als bei der Annahme einer fortschreitenden Umformung der Wirbelsäule, oder ob das nicht der Fall ist.

Man könnte nun zugeben, dass alle die Wahrnehmungen, die an den letzten Rippen, den Seitenfortsätzen der Lendenwirbel und an der Pars lateralis des Sacrum sich darboten, mit Hilfe der Anschauungsweise PATERSON's interpretirbar seien. Alle diese Wahrnehmungen sind eben an Theilen gemacht, die entweder freie Rippen sind oder das kostale Element im Wirbel mitenthalten, und da PATERSON's Auffassung die Umformbarkeit dieses kostalen Elements statuirt, so liegen auch nach seiner Anschauung hier Umformungserscheinungen vor. Aber diejenigen Wahrnehmungen, welche an der Crista sacralis gemacht wurden, sowie die zahlreichen und verschiedenartigen Befunde, die an den Gelenkfortsätzen der Lumbalwirbel und der distalen Dorsalwirbel sich darboten, sind vom Standpunkt der Auffassung PATERSON's gar nicht interpretirbar und können von diesem Standpunkt aus auch gar nicht in Betracht kommen. Damit ist es evident, dass der Horizont dieser Betrachtungsweise zu eng ist. PATERSON hat, ohne sachliche Nöthigung, die Umformbarkeit des Wirbels nur auf sein kostales Element beschränkt und damit sich der Möglichkeit beraubt, auch an anderen Theilen des Wirbels sich darbietende Erscheinungen auf Umformung zu beziehen. Man sieht so, dass seine Grundanschauung, auch wenn nur eine so kleine Summe von Beobachtungsergebnissen in Betracht kommt, wie die hier benutzte, minder leistungsfähig ist, als die Anschauung, welche eine fortschreitende Umformung an der Wirbelsäule statuirt. Bei letzterer Auffassungsweise wird es auch ersichtlich, dass die Umformung nicht nur an den Enden der Regionen, wie PATERSON will, stattfindet, sondern auch innerhalb der Region selbst, was besonders am Sacrum leicht erkennbar ist. Auch lassen sich Korrelationen der Erscheinungen in den einzelnen Regionen, d. h. das Zusammentreffen bestimmter Entwickelungsstufen, je nachdem eine gegebene Wirbelsäule weniger oder höher differenzirt ist, — Verhältnisse, für welche Paterson auf die nicht näher definirten und in ihrer Wirkungsweise auch noch nicht zu präcisirenden needs of the animal economy rekurriren muss, — wie mir scheint, besser verstehen, wenn diese Erscheinungen als Theile eines fortschreitenden Umformungsprocesses aufgefasst werden und es erscheint mir erforderlich, diesen Umformungsprocess zunächst in den Vordergrund der Auffassung zu stellen und es späteren Untersuchungen zu überlassen, diejenigen allgemeinen Verhältnisse der Organisation aufzudecken, die eine Umformung veranlassen. —

Die eben angestellten Erörterungen lassen, wenn man den Werth theoretischer Anschauungen abschätzt nach ihrer Fähigkeit, gewisse Summen von Thatsachen zu beherrschen, den Theorien von WELCKER und PATERSON (und das Gleiche gilt auch von der Hypothese IHERING's) den Vorrang nicht geben gegenüber der Anschauung, die einen fortschreitenden Umformungsprocess an dem betrachteten Abschnitt der

Wirbelsäule statuirt. Wenn nun auch diese letztere Auffassung einen Zuwachs an Berechtigung durch die vorliegende Untersuchung erlangt, so werden damit weitere, diesen Umformungsprocess betreffende Untersuchungen natürlich keineswegs unnöthig. Auch in den hier erörterten Befunden an der Wirbelsäule von *Myrmecophaga jubata* könnte noch eine Aufforderung gesehen werden, die Untersuchung an demselben Objekt fortzusetzen. Es erscheint mir beachtenswerth, dass die untersuchten Exemplare, die sämmtlich in Betreff der Wirbelsäule von einander verschieden sind, doch in Bezug auf dieses Organ zwanglos in eine Reihe gebracht werden können und wenn man absehen dürfte von den drei untergeordneten Momenten, die auf eine partielle Retardation in der Entwickelung der betreffenden Exemplare leicht zurückzuführen waren, so könnte man die vorliegende Reihe in der That auf einander folgenden Entwickelungsstufen eines Individuums vergleichen; in so deutlicher Weise zeigt die betrachtete Reihe ein Beispiel „bestimmt gerichteter Variation“. Das ist bemerkenswerth, weil die untersuchten Exemplare nicht etwa aus einer grösseren Anzahl ausgewählt wurden, sondern alle diejenigen sind, welche ich erhalten konnte. Die Zahl derselben ist aber klein, und desshalb könnte es ein Interesse haben, an einer möglichst grossen Zahl von Exemplaren zu untersuchen, ob auch dann noch die Erscheinung einer bestimmt gerichteten Variation derart deutlich sich darbieten oder ob es sich zu erkennen geben würde, dass, obgleich etwa die überwiegende Majorität der Exemplare dieselbe bestimmte Richtung der Umformung einhält, doch andere eine beginnende Abzweigung von der Hauptbahn bekunden.

Mehr Interesse würde eine Fortsetzung der Untersuchung in anderer Richtung haben. So wahrscheinlich es auch ist, dass bei allen Säugethieren oder anderen Formengruppen — soweit eine specielle Homologie des Atlas und Epistropheus angenommen werden darf — die Wirbel einander nach der Stellung in der Reihe homolog sind, so wäre das doch, wie schon in der Einleitung angedeutet wurde, erst dann als sicher erkannt zu bezeichnen, wenn innerhalb einer jeden Ordnung an passend gewählten Formen zunächst die nicht ohne Weiteres zu beseitigende Möglichkeit einer Elimination eines Wirbels aus der Reihe ausgeschlossen, oder, falls sie sich begründet zeigte, bei der Bestimmung der speciellen Homologie berücksichtigt worden wäre. Ich meine auch, dass diese Arbeit mit befriedigendem Resultat verrichtet werden könnte, und finde somit hier eine Gelegenheit, eine gegen mich sich richtende Frage zu berühren, die Welcker aufgeworfen hat.

Mit Bezugnahme auf die Art der Bestimmung der speciellen Homologie der Wirbel nach ihrer Stellung in der Reihe hebt Welcker aus seinen Untersuchungen über die Bradypoden ein Beispiel hervor und fragt, wer es nachweisen könne, dass eine specielle Homologie bestehe für einen Wirbel, der bei einem Exemplar einer Species der letzte Dorsalwirbel, bei einem anderen Exemplar derselben Species der letzte Lumbalwirbel sei und bei einer anderen Species in einem Falle den dritten Sakralwirbel und in einem anderen den vorletzten Wirbel dieser Gruppe darstelle. „Alle diese Wirbel tragen, vom Atlas aus gezählt, die Nummer 32; sind sie darum „homolog“? — und welchen Werth hat diese Bezeichnung, wenn sie nichts weiter bedeuten sollte, als „gleichnummerirt“?“ Ich meine nun, dass sich sehr wohl die Frage würde entscheiden lassen, ob die bezeichneten Wirbel einander speciell homolog seien. Es bedürfte dazu nur der Untersuchung der erwähnten Formen im Hinblick auf die Eventualität einer Elimination eines Wirbels aus der Reihe, und wenn ein solcher Vorgang auch bei Berücksichtigung der Ontogenese dieser Formen ausgeschlossen und dann der Nachweis der zu postulirenden Uebergangsformen erbracht wäre, alsdann könnte die specielle Homologie dieses 32. Wirbels nicht mehr bezweifelt werden. — Und auf die Frage, welchen Werth die Bezeichnung „homolog“ habe, wenn sie nichts weiter bedeuten solle als „gleichnummerirt“, muss ich erwidern, dass ich den citirten Satz in der ihm gegebenen Fassung allerdings nicht als eine richtige Wiedergabe meiner Anschauung ansehen kann, da ich der Meinung bin, dass diejenigen Wirbel, welche die gleiche Stellung in der Reihe haben, also, wenn man den Ausdruck benutzen will, „gleichnummerirt“ sind, einander „homolog“ seien. Wird letzteres zugegeben, oder liesse es sich sicher erweisen, so leuchtet es sofort ein, dass die Ordnungszahl, die einem Wirbel beigelegt wird, um einen kurzen Ausdruck für die erkannte specielle Homologie zu haben, recht viel bedeuten kann. Denn wenn, um bei dem von Welcker angeführten Beispiel stehen zu bleiben, der 32. Wirbel in einem Falle der letzte Dorsalwirbel ist und in dem anderen Extrem den vorletzten Wirbel eines wirbelreichen Sacrum darstellt, so ist es sogleich ersichtlich, dass dieser 32. Wirbel eine wechselvolle Geschichte durchlaufen hat, das heisst, dass er, bei proximalwärts gerichteter Umformung, aus einem Dorsalwirbel zu einem Lumbalwirbel und dann zu einem Sakralwirbel geworden ist und im Sacrum allmählich eine immer weiter distalwärts gelegene Position erhalten hat, weil auch proximalwärts und distalwärts von diesem 32. Wirbel bestehende Elemente der Säule bedeutende Umformungen durchgemacht haben.

Die Form, die ein Wirbel darbietet, ist an sich ein „stummer Zeuge der Geschichte“ des Wirbels, aber wenn die specielle Homologie nach der Stellung in der Reihe bestimmt worden, kann diese Form in zuverlässiger Weise zum Reden gebracht werden und je mehr nun bei mit einander zu vergleichenden Wirbelsäulen ein und derselbe homologe Wirbel seiner Form und seiner Stellung in den Regionen nach verschieden ist, um so länger und ereignissreicher ist der Theil der Geschichte der Wirbelsäule, den die Form der Wirbel zu erschliessen gestattet. Das darf um so mehr betont werden, weil der auf dem angedeuteten Wege erkennbare Theil der Geschichte der Wirbelsäule doch nicht diese allein betrifft, sondern auch auf eine Fülle von Vorgängen an anderen Organen um so bestimmter hinweist, als es nicht wohl übersehen werden kann, dass in diesen Vorgängen an anderen Organen ein grosser, ja man darf wohl sagen, der grösste Theil der Ursachen liegen muss, die das Geschehen an der Wirbelsäule hervorgerufen haben und, ausser in Anderem, auch in dem Verhalten der Wirbelsäule einen Ausdruck finden. — Und wollte man auch von dieser Seite der Forschung absehen, so kann doch noch in einer anderen Richtung der aus der Form der Wirbel und ihrer Stellung in den Regionen hervorgehende Theil der Geschichte der Wirbelsäule ein Interesse gewinnen.

Wird bei der Vergleichung von Wirbelsäulen die Differenzirungsstufe, auf der eine jede sich befindet, bestimmt durch das gegenseitige Verhältniss der Umformungsvorgänge in den einzelnen Regionen einer jeden Wirbelsäule — ein Verhältniss, welches bei verschiedenen Formen durch lokale Retardation oder Beschleunigung der Umformung veränderlich ist — so würde damit ein Beitrag zur Erkenntniss der genealogischen Stellung der untersuchten Formen erlangt werden können. Es ist ein später oder relativ neuer Theil der Geschichte der Formen, der damit zunächst aufgedeckt würde. Aber wenn dabei anfangs für engere und dann allmählich für weiter umgrenzte Thiergruppen die relativ primitivsten Formen der Wirbelsäule, aus denen sich Gruppen von anderen herleiten lassen, festgestellt würden, so könnten die derart für die Erkenntniss genealogischer Beziehungen erlangten Einzelergebnisse wohl auch die Möglichkeit gewähren, die für kleinere Abtheilungen gefundenen Wegstrecken der Umformung weiter rückwärts zu verfolgen und sie zuletzt zu verknüpfen mit den grossen Bahnen phylogenetischer Entwickelung, die im Wirbelthierstamm durchmessen worden. Diese Hauptbahnen liegen zu Tage, und das erleichtert die skizzirte Arbeit, da ihr dadurch feste Zielpunkte gegeben sind. Auch hier wiederum ist es einleuchtend, wie überaus dankenswerth die grosse wissenschaftliche That ist, welche GEGENBAUR verrichtet hat, indem er den ersten und zugleich sicheren und umfassenden Einblick in den genealogischen Zusammenhang aller Hauptgruppen des Wirbelthierstammes erschlossen und damit der Forschung auf dem gesammten Gebiet der Morphologie der Wirbelthiere die bedeutsamsten Bahnen eröffnet hat.

Utrecht, 9. April 1896.

Verzeichniss der citirten Litteratur.

Dasselbe ist nach dem Verfahren Mark's geordnet; es geben die für die Citate benutzten Ziffern in verkürzter Form die Jahreszahl des Erscheinens der betreffenden Arbeiten an. Die erste Abhandlung des Verzeichnisses ist mit der voll ausgeschriebenen Jahreszahl versehen, um damit auf die Bedeutung der folgenden, links neben den Autornamen stehenden Ziffern hinzuweisen.

1825. Meckel, J. F., System der vergleichenden Anatomie. Theil 2. Abth. 2. Halle 1825.

66. Owen, R., On the Anatomy of Vertebrates. Vol. II. Birds and Mammals. London 1866.

67. Gegenbaur, C., Ueber die Entwickelung der Wirbelsäule des Lepidosteus mit vergleichend-anatomischen Bemerkungen. Jenaische Zeitschr. f. Med. u. Naturwiss. Bd. III. 1867. p. 359—420. Taf. VII—IX.

70. Hasse, C. und Schwarck, W., Studien zur vergleichenden Anatomie der Wirbelsäule, insbesondere des Menschen und der Säugethiere. Anatomische Studien. Band I. Leipzig 1870. IV. p. 21—171. Taf. IV—VII.

70. Gegenbaur, C., Grundzüge der vergleichenden Anatomie. 2. Aufl. Leipzig 1870.

71. Gegenbaur, C., Beiträge zur Kenntniss des Beckens der Vögel. Eine vergleichend-anatomische Untersuchung. Jenaische Zeitschr. f. Med. u. Naturwiss. Bd. VI. 1871. p. 157—220. Taf. V—VII.

74. Pouchet, G., Memoires sur le grand fourmilier Myrmecophaga jubata Linné. Paris 1874. M. 18. Taf.

75. Rosenberg, E., Ueber die Entwickelung der Wirbelsäule und das Centrale carpi des Menschen. Morpholog. Jahrb. v. Gegenbaur. Bd. I. Heft 1. p. 83—197. Taf. III—V.

75. Solger, B., Zur Anatomie der Faulthiere Bradypodes. Morpholog. Jahrbuch Bd. I. Heft 1. p. 199—217. Taf. VI. Fig. 1. 2.

77. Claus, C., Beiträge zur vergleichenden Osteologie der Vertebraten. Sitzungsber. d. kaiserl. Akademie d. Wiss. zu Wien. I. Abth. Jahrgang 1876. Dec.-Heft. Mit 3 Tafeln. Wien 1877.

78. Gegenbaur, C., Grundriss der vergleichenden Anatomie. 2. Aufl. Leipzig 1878.

78a. v. Ihering, H., Ueber den Begriff der Segmente bei Wirbelthieren und Wirbellosen, nebst Bemerkungen über die Wirbelsäule des Menschen. Centralblatt für die med. Wissensch. 1878. Nr. 9.

78b. v. Ihering, H., Das peripherische Nervensystem der Wirbelthiere als Grundlage für die Kenntniss der Regionenbildung der Wirbelsäule. Leipzig 1878.

78. Welcker, H., Ueber Bau und Entwickelung der Wirbelsäule. Zoologischer Anzeiger. Jahrg. 1878. Nr. 13. 14.

78. Giebel, C. G., Säugethiere in Bronn's Klassen und Ordnungen des Thierreichs. Bd. VI. Abth. 5. Lief. 18. 19. 20. 1878.

79. Fürbringer, M., Zur Lehre von den Umbildungen des Nervenplexus. Morpholog. Jahrb. Bd. V. Heft 2. 1879. p. 324—394. Taf. XXI u. XXII.

80. v. Ihering, H., Ueber die Wirbelsäule von Pipa. Morpholog. Jahrb. Bd. VII. Heft 2. 1880. p. 297—314.

80. Albrecht, P., Ueber den Proatlas, einen zwischen dem Occipitale und dem Atlas der amnioten Wirbelthiere gelegenen Wirbel und den Nervus spinalis I. s. proatlanticus. Zoolog. Anz. Bd. 3. 1880. p. 450.

81. Welcker, H., Die neue anatomische Anstalt zu Halle durch einen Vortrag über Wirbelsäule und Becken eingeweiht. Arch. f. Anatomie u. Phys. Anat. Abth. 1881.

82. Rosenberg, E., Beobachtungen an der Wirbelsäule eines Edentaten. Sitzungsberichte der Naturforscher-Gesellschaft bei der Universität Dorpat. Sitzung vom 17. Februar 1882. Bd. VI. p. 254—257.

83. Albrecht, P., Notes sur une hémivertèbre gauche surnuméraire de Python Sebae Dum. Bull. d. Musée Royal d'hist. nat. de Belgique T. II. Mars 1883. p. 21—38. Pl. II.

83. Albrecht, P., Notes sur la présence d'un rudiment de Proatlas sur un exemplaire de Hatteria punctata. Bull. d. Musée Royal d'hist. nat. de Belgique. T. II. 1883. p. 185—192. Pl. VIII.

84. Davidoff, M., Ueber die Varietäten des Plexus lumbosacralis von Salamandra maculosa. Morpholog. Jahrb. Bd. IX. Heft. 3. 1884. p. 401—414. Taf. 19.

85. Meyer, O., Insektivoren und Galeopithecus geologisch alte Formen. Neues Jahrbuch für Mineralogie, Geologie und Paläontologie. Jahrg. 1885. Bd. II. p. 229—230.

86. Baur, G., The Proatlas. Atlas and Axis of the Crocodilia. American Naturalist. March 1886. p. 288—293.

86. Rosenberg, E., Untersuchungen über die Wirbelsäule der Säugethiere. Sitzungsberichte d. Naturforscher-Gesellschaft b. d. Universität Dorpat. Sitzung vom 21. November 1885. Bd. VII. Heft 2. 1886. p. 366. 367.

88. Fürbringer, M., Untersuchungen zur Morphologie und Systematik der Vögel. I. Specieller Theil. II. Allgemeiner Theil. Resultate und Reflexionen auf morphologischem Gebiete. Systematische Ergebnisse und Folgerungen. Amsterdam 1888. 4°. Mit 30 Tafeln.

1888. Flower, W. H., Einleitung in die Osteologie der Säugethiere. Nach der 3. unter Mitwirkung von H. Gadow durchgesehenen Original-Ausgabe. Leipzig 1888.

92. Ruge, G., Der Verkürzungsprocess am Rumpfe der Halbaffen. Morpholog. Jahrb. Bd. 18. Heft 2. p. 186—326. Taf. VII—X.

92. Eisler, P., Der Plexus lumbosacralis des Menschen. Sonderabdruck aus den Abhandlungen der Naturforsch. Gesellschaft zu Halle. Bd. XVII. 1892.

92. Adolphi, H., Ueber Variationen der Spinalnerven und der Wirbelsäule anurer Amphibien. I. Bufo variabilis. Morpholog. Jahrb. Bd. XIX. Heft 3. p. 313—375. Taf. XII.

92. Rauber, A., Lehrbuch der Anatomie des Menschen. Bd. I. Leipzig 1892.

93. Ruge, G., Verschiebungen in den Endgebieten der Nerven des Plexus lumbalis der Primaten. Morpholog. Jahrb. Bd. XX. Heft 2. p. 305—397. Taf. XIII—XIV.

93. Paterson, A. M., The human sacrum. The scientific Transactions of the Royal Dublin Society. Vol. V. Series II. December 1893. p. 123—204. Plat. XVI—XXI.

95a. Göppert, E., Zur Kenntniss der Amphibienrippen. Vorläufige Mittheilung. Morpholog. Jahrb. Bd. XXII. Heft 3. p. 441—448. April 1895.

95b. Göppert, E., Untersuchungen zur Morphologie der Fischrippen. Mit 4 Tafeln. Morpholog. Jahrb. Bd. XXIII. Heft 2. p. 145—217. November 1895. Auch als Habilitationsschrift erschienen.

Erklärung der Abbildungen.

Beim Abbilden der Objekte wurden zunächst die Kontouren mit Benutzung des Schroeder'schen Diopterographen festgestellt und zwar für alle Figuren der Taf. I und II mit Ausnahme von Fig. 3, in der Hälfte der natürlichen Grösse. Das in Fig. 3 wiedergegebene Objekt, welches ein jugendliches ist, wurde nur um ein Drittheil verkleinert, um eine leichtere Vergleichung dieser Figur mit den anderen zu ermöglichen. Die Figuren der Taf. III stellen die Objekte in natürlicher Grösse dar (vergl. auch p. 327). Bei den Figuren 2, 7, 8 Taf. I, II), ist von dem am Objekte intakten Gliedmaassengürtel die Symphysenregion und ein angrenzender Theil desselben in der Zeichnung weggelassen worden; von dem Theil des Sacrum, der durch den bezeichneten Abschnitt des Gliedmaassengürtels in der Ansicht von der ventralen Seite verdeckt wird, konnten die Kontouren mit dem Diopterographen nicht festgestellt werden; sie wurden zum Theil aus freier Hand, zum Theil auf Grundlage von Messungen entworfen. Die durch den Apparat gewonnenen Kontouren wurden mit den Objekten genau verglichen, um hie und da vorhandene kleine Fehler zu korrigiren und alsdann wurden die Zeichnungen nach den in möglichst günstiger Beleuchtung aufgestellten Objekten unter meiner Aufsicht ausgeführt. Die Bleistiftzeichnungen sind sodann phototypisch auf den Tafeln reproducirt worden.

Da die Figuren im Text ausführlich beschrieben wurden, so sind hier nur noch einige Bemerkungen zu machen.

Die eingeklammerte römische Ziffer, die unter der Bezeichnung der Figur steht, giebt das betreffende Exemplar an.

Die Wirbel sind durch Ziffern bezeichnet worden, die der Stellung der Wirbel entsprechen und die specielle Homologie derselben andeuten; die Stellung eines Wirbels in der betreffenden Region ist durch einen auf die Region Bezug habenden Buchstaben und eine hinzugefügte Ziffer angegeben. Dabei bedeutet *d* Dorsalwirbel, *l* Lumbalwirbel, *s* Sakralwirbel, *cd* Caudalwirbel. Das Zeichen *dl* bedeutet Dorso-Lumbalwirbel, *ls* Lumbosakralwirbel.

In einzelnen Figuren sind ausserdem folgende Bezeichnungen verwandt worden:

Tafel I.

Fig. 1. *gf* = Gelenkfacette am rechten Querfortsatz des 24. Wirbels, mit der eine rudimentäre Rippe verbunden war.
Fig. 2. *kp* = Knochenplatte, welche zwischen den Basen des Bogens am 32. Wirbel sich befindet.

Tafel II.

Fig. 7. *br* = Repräsentanten eines unteren Bogens zwischen den 30. und 31. Wirbel.

Tafel III.

pp = Processus articularis proximalis. Die Bezeichnung ist nur in Fig. 1a, 2a und 3a verwandt worden, da der homodyname Theil an den distalwärts folgenden Wirbeln auch ohne nähere Bezeichnung leicht erkennbar ist. Das Gleiche gilt auch von den anderen, noch zu interpretirenden Bezeichnungen, von denen eine jede auch nur bei einem Wirbel, welcher der proximal gelegene ist, oder auch noch bei dem nächst distal folgenden angegeben ist.
kl = Knochenleiste, die von der Basis des Proc. artic. proximalis sich erhebt.
pt = Querfortsatz.
gf = Gelenkfacette, welche auf der dorsalen Seite des Proc. artic. distalis zur Entwickelung gekommen.
e = Einbuchtung des Randes des Wirbelbogens, die auf die Zweitheilung des Proc. artic. distalis hinweist.
lpp = Lateraler Theil der ursprünglich einheitlichen Gelenkfläche des Proc. artic. proximalis.
mpp = Medialer Theil der ursprünglich einheitlichen Gelenkfläche des Proc. artic. proximalis.

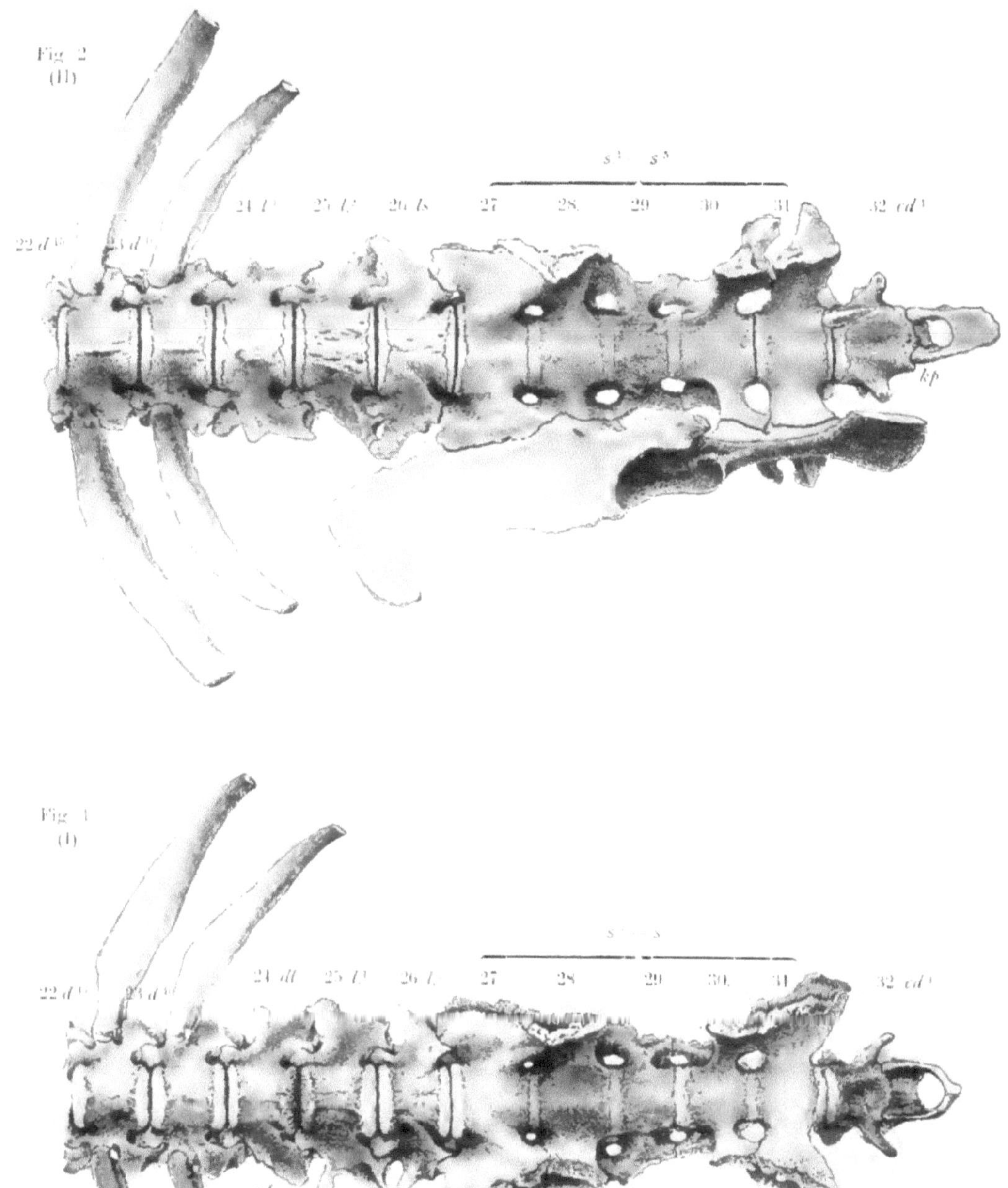
Fig. 2
(II)
27
28
29
30
31
kp
Fig. 1
(I)
27
28
29
30
31
gf

Fig. 4.
(VII)

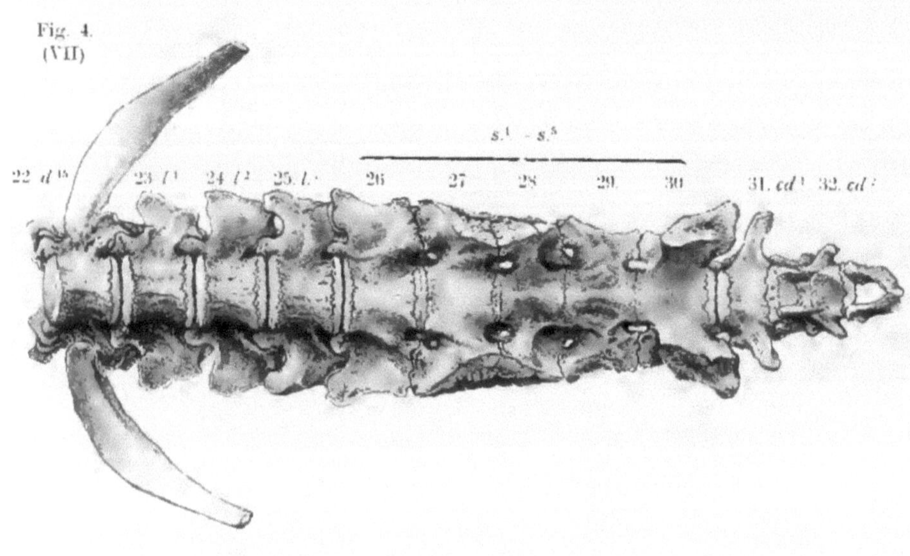

Fig. 3.
(V)

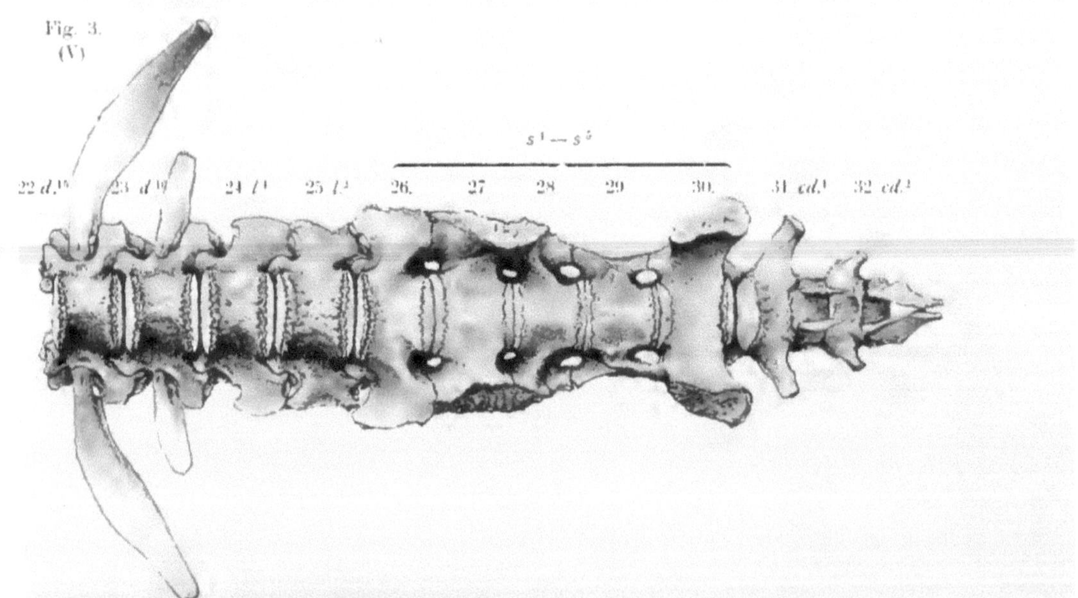

Fig. 6
(IX)

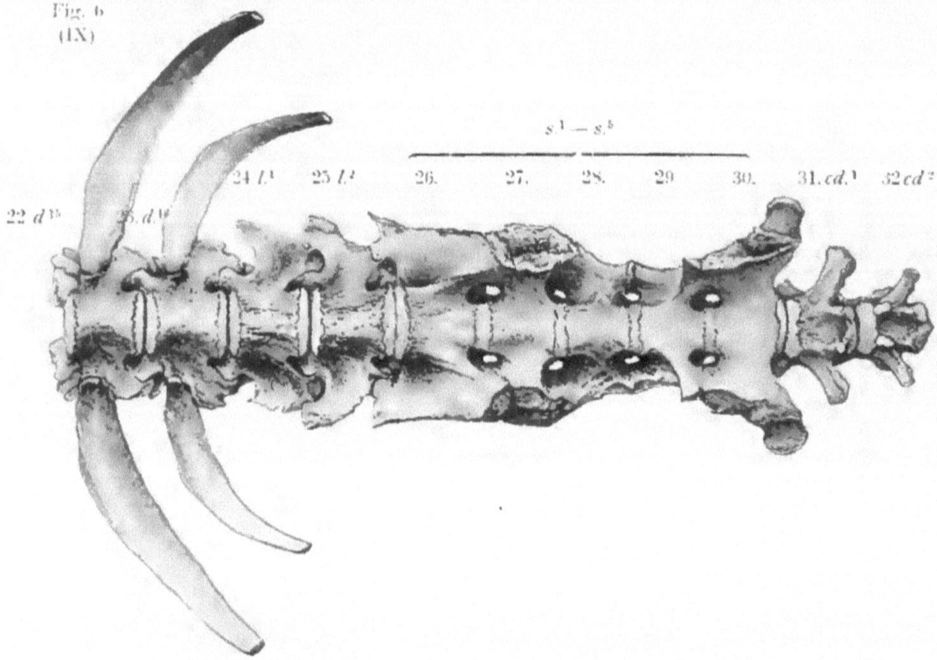

s.¹ — s.⁵
22 d.¹⁵
23 d.¹⁶
24 l.¹
25 l.²
26.
27.
28.
29
30.
31. cd.¹
32 cd.²

Fig. 5
(VIII)

s.¹ — s.⁵
22. d.¹⁵
23 l.¹
24. l.²
25 l.³
26.
27.
28.
29
30.
31. cd.¹
32. cd.²

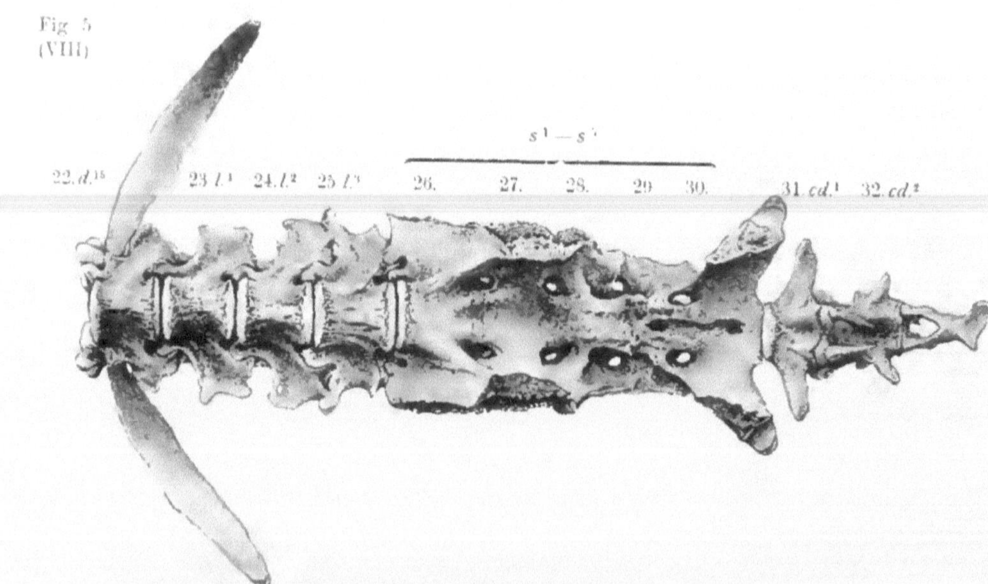

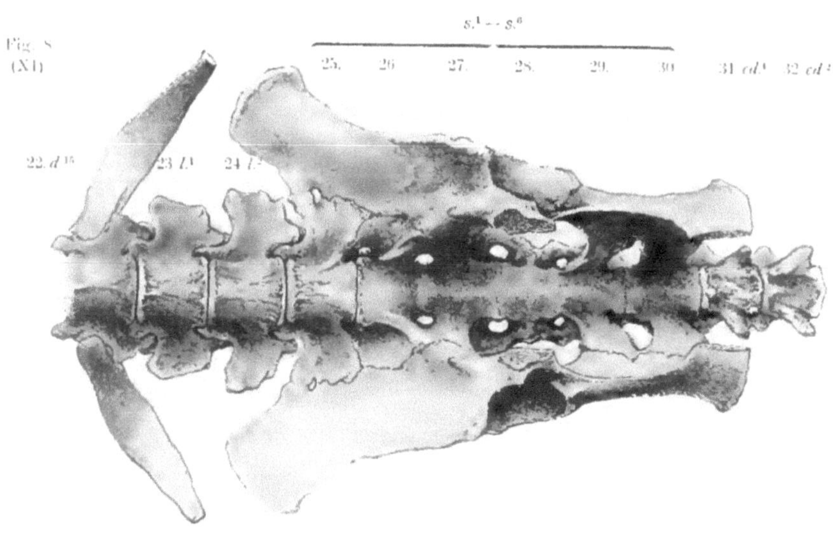
Fig. 8
(XI)
s.1 -- s.6
25.
26
27.
28.
29.
30
31 cd.1
32 cd.2
22. d.15
23. l.1
24. l.2

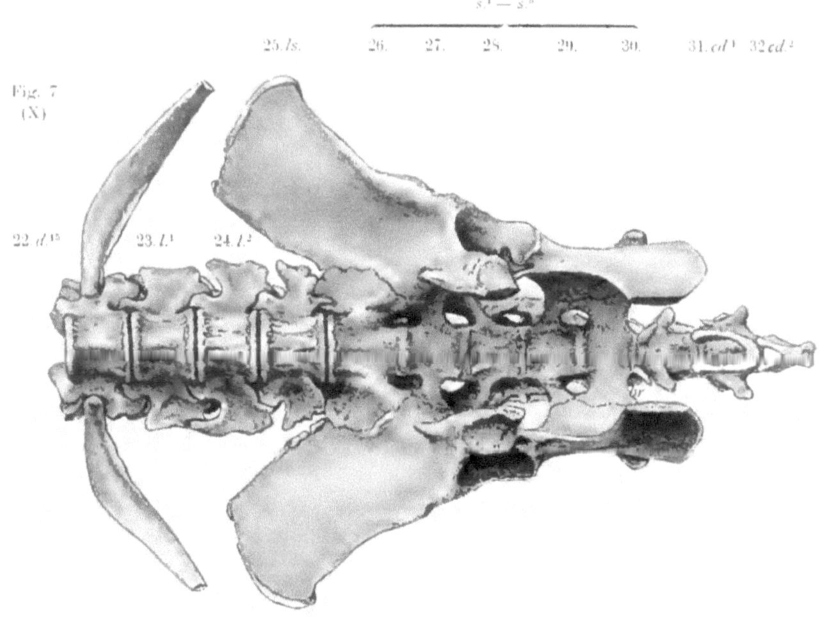
s.1 — s.5
25. ls.
26.
27.
28.
29.
30.
31. cd.1
32 cd.2
Fig. 7
(X)
22. d.15
23. l.1
24. l.2

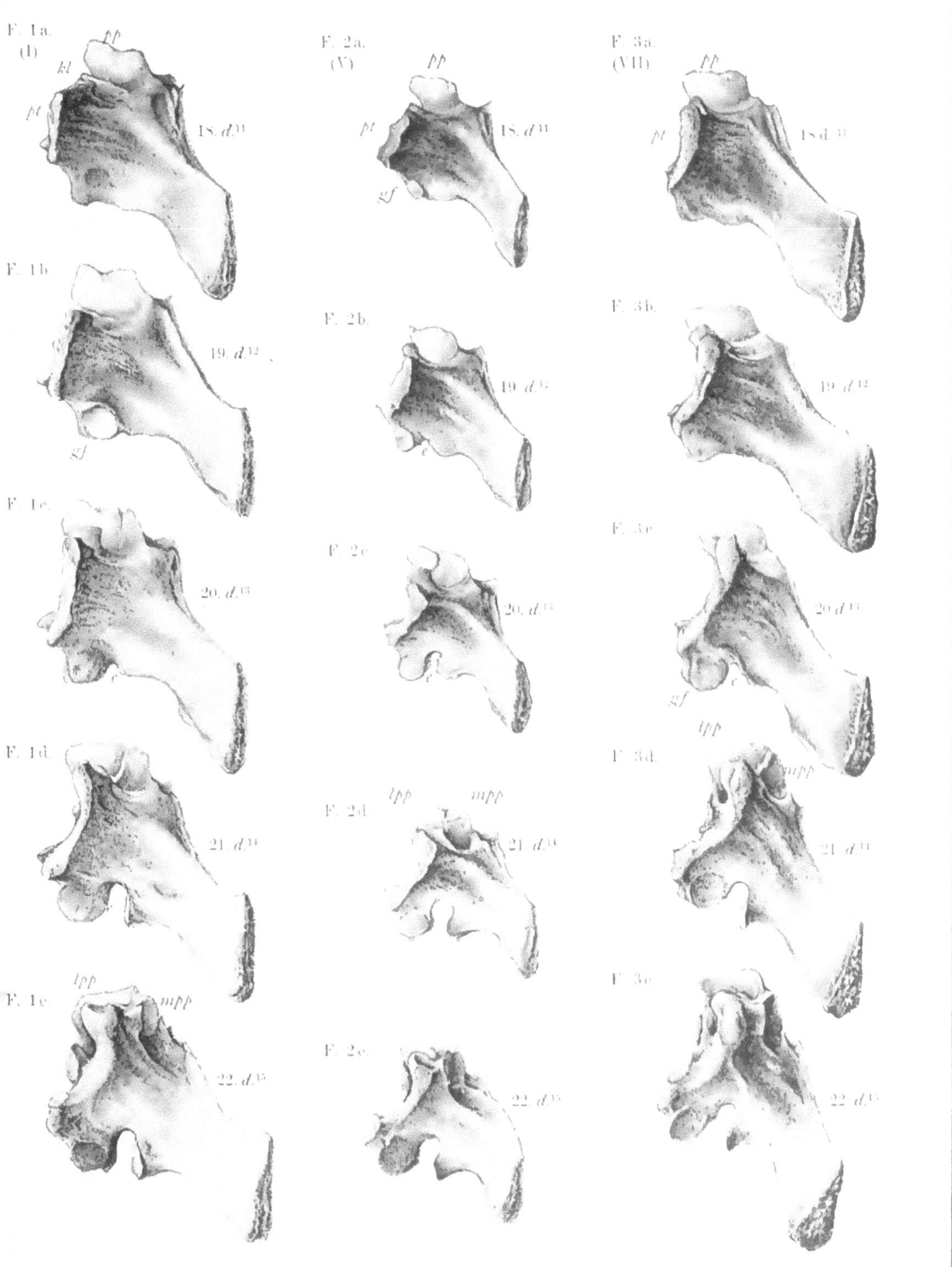
F. 1a.
(I)
pp
kl
pt
18. d.11
F. 2a.
(V)
pp
pt
18. d.11
gf
F. 3a.
(VII)
pp
pt
18 d.11
F. 1b.
pp
19. d.12
gf
F. 2b.
19. d.12
F. 3b.
19. d.12
F. 1c.
20. d.13
F. 2c
20. d.13
F. 3c
20 d.13
gf
lpp
F. 1d.
21. d.14
F. 2d.
lpp
mpp
21. d.14
F. 3d.
mpp
21. d.14
lpp
F. 1e.
mpp
22. d.15
F. 2e.
22. d.15
F. 3e
22. d.15

DIE

OSTEOLOGIE VON HYRACODON LEIDY

VON

W. B. SCOTT

PROFESSOR DER PALAEONTOLOGIE AN DER UNIVERSITÄT IN PRINCETON, U. S. A.

MIT TAFEL I—III.

Die Perissodaktylen-Familie der Rhinocerosse trat in Nord-Amerika sehr frühzeitig auf. Während sie jetzt auf diesem Kontinent vollständig verschwunden ist, existirte sie dort während der ganzen Tertiärzeit und ging durch bedeutende Umwandlungen hindurch; während seiner Entwickelung gab dieser Stamm verschiedene divergirende Zweige ab, die sich allmählich so weit von einander entfernten, dass ihre verwandtschaftlichen Beziehungen undeutlich wurden und oft sehr schwer zu ergründen sind. Die Hauptentwickelungsrichtung wird dargestellt durch das oligocäne *Aceratherium* und das miocäne *Aphelops*, mit *Diceratherium* als einem Seitenzweig, und obgleich diese Formen ganz verschieden sind von den europäischen Angehörigen dieser Familie, so ist die beiderseitige Entwickelung in mancher Hinsicht auffallend parallel. Eine zweite, sehr sonderbare Entwickelungsrichtung wird von der Reihe: *Amynodon-Metamynodon* dargestellt, die in der alten Welt durch *Cadurcotherium* ersetzt zu sein scheint. Eine dritte Richtung, die uns hier besonders interessirt, hat als jüngstes und auffallendstes Glied die oligocäne Gattung *Hyracodon*, die zahlreich in der White-River-Formation von Nebraska und den beiden Dakotas gefunden wird.

Obgleich die Gattung *Hyracodon* vor mehr als 40 Jahren von Leidy ihren Namen erhielt, so blieb sie doch bis auf die Gegenwart schlecht bekannt, da gut erhaltene Exemplare äusserst selten sind, und noch niemals ein vollständiges Skelett gefunden wurde. Leidy hat das Gebiss und verschiedene, unvollständige Schädel beschrieben und abgebildet (No. 2, 3).

Im Jahre 1883 veröffentlichte ich einen Bericht über ein fragmentarisches Skelett, nach dem man sich eine annähernde Vorstellung von dem allgemeinen Aussehen des Thieres machen konnte (No. 6, p. 17).

Im Sommer des Jahres 1894 sammelte Herr J. W. Gidley für das Princeton-Museum ein auffallend vollständiges Material in dem „Bad Lands" von South Dacota (Museum No. 11414, 11415). Dies Material, nebst anderen schönen Stücken, die Herr J. B. Hatscher schon früher in derselben Gegend auffand (No. 10409, 10516, 10825), setzen mich in Stand, dies sonderbare Thier bis auf nur wenige Lücken

Nachfolgende Untersuchungen wurden mit einer Unterstützung seitens des „Elizabeth Thompson Fund of the American Association for the Advancement of Science" gemacht.

und Unsicherheiten zu beschreiben. Der Vollständigkeit halber wird hier neben dem zum ersten Male beschriebenen Theile auch ein kurzer Bericht über die bereits bekannten gegeben.

I. Das Gebiss.

Die Zahnformel ist: J $\frac{3}{3}$ C $\frac{1}{1}$ P $\frac{4}{3}$ M $\frac{3}{3}$. Leidy giebt irrthümlicher Weise die Zahl der Prämolaren als $\frac{4}{4}$ an, obgleich seine Abbildungen dagegen sprechen: bei den zahlreichen Exemplaren, die ich untersucht habe, habe ich niemals eine Spur von P_1 auffinden können.

A. Oberkiefer. Die Schneidezähne sind höchst charakteristisch und unterscheiden sich von denen irgend eines anderen Rhinocerosses. Bei dem Hauptstamme dieser Familie zeigen die Schneidezähne die Tendenz, eine eigenthümliche Gestalt anzunehmen und sich in der Zahl zu reduciren. Der mittlere obere Schneidezahn (J^1) verlängert sich in antero-posteriorer Richtung, wird schneidend und erhält eine Gestalt, die dem des oberen Reisszahnes bei *Hyracodon* nicht unähnlich ist, während die seitlichen Schneidezähne ($J^{2,3}$), wie auch die oberen Eckzähne, kleiner werden und verschwinden. Im Unterkiefer verschwinden allmählich die Schneidezähne alle, und ihr Platz wird von den grossen, niederliegenden Eckzähnen eingenommen. Bei *Hyracodon* ist die Abweichung von dem primitiven Verhalten fast ebenso beträchtlich, sie geht aber durchaus in einer anderen Richtung. Die oberen Schneidezähne und Eckzähne bilden eine fast ununterbrochene Reihe von 8 einfachen, fast gleichen Zähnen; Eckzahn und $J^{2,3}$ stehen in derselben Längslinie, während der erste Schneidezahn eine mehr mediane Stellung einnimmt und sich mehr vorwärts als seitwärts wendet. Die Kronen aller dieser Zähne sind hoch, schlank, zugespitzt und rückwärts gekrümmt; sie sind von einander durch schmale Zwischenräume getrennt. Man kann geringe Unterschiede in Grösse und Form bei diesen Zähnen bemerken: die Schneidezähne nehmen an Grösse etwas vom ersten bis zum dritten ab, und der Eckzahn ist deutlich kleiner als jeder Schneidezahn. $J^{1,2}$ besitzen mehr komprimirte, meisselförmige Kronen, während J^3 und der Eckzahn mehr konisch-zugespitzt und zurückgekrümmt sind. Eine schmale Lücke, die verhältnissmässig viel schmaler ist als bei *Aceratherium*, trennt den Eckzahn von den Prämolaren.

Die oberen Prämolaren haben meistentheils, auch wenn etwas unvollkommen, bereits den Bau der Molaren erlangt. Der erste Prämolar (P^1) ist bei weitem der kleinste in der Reihe und ebenso der einfachste. Er besitzt nur eine einzige, sehr kurze Querfalte, die hintere, und einen einzigen Innen-Höcker, der leicht halbmondförmig ist und mit dem Cingulum ein tiefes, markiertes, hinteres Thal einschliesst. Die übrigen Prämolaren nehmen von vorn nach hinten an Grösse zu, so dass P_4 der grösste in der Reihe ist. Der zweite und dritte haben fast die Bildung und das Aussehen von ächten Molaren: bei nicht abgenutzten Zähnen sind die beiden inneren Höcker sehr deutlich an ihren Spitzen getrennt, aber schon bei geringer Abnutzung verbinden sie sich und bilden mit den Querfalten eine zusammenhängende, halbmondförmige Leiste, die das mediane Thal völlig einschliesst. P^2 hat nur schwache Andeutungen von sekundären Falten, das hintere Thal ist tief markirt und zwischen dem Cingulum und der hinteren Querleiste eingeschlossen. An P^3 kann man einen deutlichen Vorsprung von der vorderen Falte in das mediane Thal (antécrochet) beobachten, und einen anderen solchen von der äusseren Wand des Zahnes (crista): jedoch sind diese accessorischen Leisten nicht so gut ausgebildet, wie bei den Molaren. Der vierte Prämolar gleicht fast in jeder Hinsicht einem Molaren, ausgenommen, dass das „antécrochet" weniger entwickelt, und das, wie bei allen anderen Prämolaren, das Cingulum deutlicher und vorragender ist.

Die oberen Molaren sind, mit einer Ausnahme, in jeder Hinsicht ähnlich denen der wenig differenzirten und älteren Glieder des Hauptstammes der Rhinocerosse, und zwar so sehr, dass Leidy ursprünglich die Exemplare zur Gattung Rhinoceros stellte. Die einzige Komplikation des Zahnbaues wird durch die Gegenwart einer kleinen Crista und Antécrochet dargestellt, ein Verhältniss, das sich ebenso bei den amerikanischen Arten von *Aceratherium* findet. Der dritte Molar bewahrt einen primitiven Charakter, der an eocäne Formen erinnert: die äussere Wand des Zahnes erstreckt sich etwas hinter die hintere Falte und schliesst mit ihr ein deutliches, aber kleines, hinteres Thal ein. Bei allen Angehörigen der echten Rhinoceros-Linie, mit Ausnahme der primitivsten, sind Aussenwand und hintere Falte vollständig mit einander verschmolzen, und somit ist auch das Thal verloren gegangen. Dieser bei M^3 auftretende Charakter ist fast die einzige Eigenthümlichkeit, durch die die Molaren von *Hyracodon* von denen der kleineren *Acerathium*-Arten unterschieden werden können.

B. Unterkiefer. Die unteren Schneidezähne ähneln im Allgemeinen den oberen, jedoch sind sie etwas grösser, mehr näher an einander gestellt und etwas verschieden an Gestalt. Die Kronen sind mehr seitlich komprimirt, mehr meisselförmig und nicht gekrümmt. Ihr gegenseitiges Grössenverhältniss ist das umgekehrte wie in der oberen Reihe, indem der erste der kleinste, und der dritte der grösste in der Reihe ist. Der Eckzahn folgt unmittelbar ohne Intervall, auf J_3, und obgleich er ein wenig grösser ist, als alle Schneidezähne, gleicht er ihnen in Form und Funktion. Die Eckzähne sind, im Vergleich zu den grossen und kräftigen Hauern des eocänen *Hyrachyus* und allgemein der primitiven Ungulaten, auffallend in der Grösse reducirt und können als Angriffs- oder Vertheidigungswaffen keine Bedeutung gehabt haben. Eine bedeutende Lücke, bedeutender als die des Oberkiefers, trennt den Eckzahn von den Prämolaren.

Der erste untere Prämolar fehlt ganz und scheint auch nicht im Milchgebiss vertreten zu sein. Der zweite und dritte Prämolar haben fast, wenn auch nicht ganz, den Bau von Molaren erlangt. Bei P_2 ist das vordere Thal sehr klein, und der vordere Halbmond ist unvollständig; äusserlich ist dieser Halbmond nur schwach von dem hinteren abgegrenzt. P_3 ist grösser und gleicht mehr den Molaren, der vordere Halbmond und das vordere Thal sind besser entwickelt, und die beiden Halbmonde sind äusserlich deutlich getrennt. P_4 ist ganz von Molar-Gestalt. Das Cingulum, besonders auf der inneren Seite der Krone, ist bei allen Prämolaren stärker vorragend als bei den Molaren.

Die unteren Molaren, die vom ersten bis zum dritten etwas an Grösse zunehmen, sind alle ähnlich denen der ächten Rhinocerosse, und sie können einzig und allein durch ihre geringe Grösse von denen der gleichzeitigen Arten von *Aceratherium* unterschieden werden.

Das Milchgebiss ist unvollkommen bekannt. Das bisher vorliegende Material giebt keinen Aufschluss darüber, ob der erste der oberen Backenzähne gewechselt wird oder nicht. Im Oberkiefer ähnelt D_2 dem P_1, während die übrigen Milch-Prämolaren den permanenten Molaren gleichen, mit Ausnahme des sehr undeutlichen Charakters des Antécrochet. Im Unterkiefer scheinen nur drei Milch-Mahlzähne entwickelt zu sein. D_2 und D_3 besitzen je drei Querfalten: die vorderste von ihnen bildet sich durch die Entwickelung des vorderen Horns des vorderen Halbmondes zu einer viel bedeutenderen Höhe als bei dem permanenten Zahn, fast so hoch wie das hintere Horn, welches bei dem permanenten Zahn die hintere Falte bildet. Eine ganz ähnliche Bildung kann man bei den entsprechenden Zähnen von *Aceratherium* beobachten. D_4 gleicht seinem Nachfolger, und ähnelt somit den ächten Molaren, während D_2 und D_3 in ihrem Bau komplicirter sind als der letztere.

II. **Der Schädel** (Taf. I Fig. 1).

Leidy's Material war so unvollkommen, dass er nur eine theilweise Beschreibung des Schädelbaues geben konnte: die mir zur Verfügung stehenden zahlreichen, schönen Exemplare gestatten eine sehr vollständige Darstellung.

Im Ganzen besitzt der Schädel, im Verhältniss zur Körpergrösse und zur Länge der Gliedmaassen, eine mittelmässige Grösse. Das ist nicht das gewöhnliche Verhalten bei den White-River-Säugethieren, von denen viele verhältnissmässig grosse Köpfe haben. Das allgemeine Aussehen des Schädels ist rhinocerosartig, besonders in Bezug auf seine grosse vertikale Höhe, aber in manchen Einzelheiten des Baues weicht er ganz wesentlich von *Aceratherium* und natürlich von den modernen Nashörnern ab. Zahlreiche Beziehungen ergeben sich zu dem Schädeltypus, wie er unter den eocänen Angehörigen der Rhinoceros-Gruppe vorherrscht, während andererseits die Abwesenheit irgend welcher Waffen, in Gestalt von Hörnern oder Zähnen einige charakteristische Eigenthümlichkeiten der Gattung bedingt, die einen Fortschritt gegenüber den älteren Gattungen anzeigen.

Wie bei den meisten White-River-Säugethieren, ist das Cranium sehr lang, und schlank, mit verhältnissmässig geringer Kapacität: jedoch ist die postorbitale Einschnürung weder so tief noch so weit rückwärts von den Orbiten gelegen, wie es bei den gleich alten Ungulaten gewöhnlich ist, während das Cranium schmäler ist und eine geringere Kapacität besitzt als bei *Aceratherium*. Die Augenhöhlen nehmen nicht eine so weit vorwärts gelegene Stellung ein, wie bei den meisten lebenden Rhinocerossen, und desshalb erscheint auch der Gesichtstheil viel länger als bei den letzteren: theilweise indessen ist dieser Umstand der Thatsache zuzuschreiben, dass bei *Hyracodon* die Nasen-Kerbe viel weniger eingeschnitten ist. Die obere Umrisslinie des Schädels ist ziemlich gerade, nur die Nasalia sind von vorn nach hinten leicht gebogen, ebenso, aber etwas deutlicher, der Sagitalkamm. Wenn der Unterkiefer an seinem Platze ist, so erscheint der Gesichtstheil auffallend hoch im Vergleich zu seiner Länge. Die sehr schwachen und schlanken Nasalia zeigen, dass kein Horn auf ihnen getragen werden konnte, und ebenso beweist die Glätte der Frontalia, dass Hörner gänzlich fehlten.

Bei einer Untersuchung der Einzelheiten des Schädelbaues ergiebt sich Folgendes: Das Basi-Occipitale ist aussergewöhnlich lang; hinten ist es breit und plump es verjüngt sich etwas gegen das vordere Ende, ist aber durchaus massiv. Zwischen den Kondylen und den Paroccipital-Fortsätzen finden sich tiefe Quergruben, vor diesen und nahe der Paroccipitalia liegen die Condylar-Foramina, die somit ungewöhnlich weit nach vorn sich befinden: überhaupt ist diese ganze Region des Schädels ausnahmsweise lang. Die Exoccipitalia sind schmal, aber hoch, und sind quer convex, besonders in der Medianlinie, wo sie eine markirte Hervorragung über dem Foramen magnum bilden. Letztere Oeffnung ist nicht gross und ziemlich kreisförmig, jedoch findet sich, ganz wie bei *Aceratherium occidentale*, eine mediane Kerbe am dorsalen Rande. Die Kondylen sind breit und ziemlich niedrig. Die Paroccipital-Fortsätze sind lang, breit in der Richtung von vorn nach hinten, aber von den Seiten her zusammengedrückt und dünn; sie werden durch einen beträchtlichen Zwischenraum von den posttympanen Fortsätzen des Squamosum getrennt. Ein schmales Stück des Mastoidtheiles des Perioticum ist zwischen dem Exoccipitale und dem Squamosum sichtbar, bildet aber keinen deutlichen Mastoidfortsatz. Das Supraoccipitale ist ebenfalls hoch und schmal, und ist an den Seiten in flügelförmige Fortsätze ausgezogen, wie sie bei so vielen White-River-Gattungen vorkommen. Zwischen diesen Flügeln befindet sich eine ansehnliche Vertiefung.

Das gesammte Hinterhaupt ist hoch und schmal, und zwar verhältnissmässig bedeutender als bei den White-River-Arten von *Aceratherium*, auch zeigt es nicht die ungefähr in der Mitte der Höhe gelegene Einschnürung, durch die sich so viele der Angehörigen der letzteren Gattung auszeichnen. Die Schmalheit des Hinterhauptes ist besonders an der Unterseite, in der Höhe der Occipitalfortsätze, auffallend, eine Stelle, die selbst bei dem eocänen *Hyrachyus* breiter ist.

Die Parietalia sind mächtige Knochen und bilden fast die ganze Gehirndecke. In ihrer ganzen Länge sind sie zu einer langen und vorspringenden Sagittalcrista vereinigt, welche letztere im Verhältniss viel länger ist, als bei irgend einer *Aceratherium*-Art. In ihrem grössten Theile ist diese Crista sehr dünn und zerbrechlich; aber nach dem Hinterhaupte zu verbreitert sie sich etwas und bildet eine komprimirte dreieckige Area. Sie ist sanft von vorn nach hinten gebogen und erhebt sich ganz allmählich von der Stirn an. In der Länge und Höhe der Sagittalcrista, wie überhaupt in der Schmalheit des Schädels, wird man an das primitive Verhalten des Schädelbaues dieser Gruppe erinnert, und der Charakter dieser Gegend des Schädels ähnelt ausserordentlich dem Verhalten von *Hyrachyus*. Ein gewisser Fortschritt ist indessen zu bemerken, und zwar liegt derselbe in der grösseren Fülle und bedeutenderen Kapacität der Cerebralhöhle und in der weniger tief markirten postorbitalen Einschnürung. Da die Squamosa niedrig sind, so erstrecken sich die Parietalia deutlich auf die seitlichen Wände des Schädels herab; nahe ihrem Hinderrande sind sie von einer Anzahl Venenöffnungen durchbohrt, den Postparietallöchern.

Das Alisphenoid ist verhältnissmässig gross; vor dem Squamosum sendet es einen schmalen, aufsteigenden Fortsatz ab, der sich mit dem Parietale vereint, während ein breiter Fortsatz sich nach hinten fast bis zum Tympanicum, auf der Innenseite der Glenoidhöhle, erstreckt. Der letztere Fortsatz ist von einem grossen Loche durchbohrt, welches das vereinigte Rotundum und Ovale darzustellen scheint. Der Pterygoidfortsatz des Alisphenoids ist hoch, entsprechend der senkrechten Höhe der hinteren Nasenlöcher, deren Wände zum grössten Theil von diesen Fortsätzen gebildet werden. Ein Alisphenoidkanal ist, wie gewöhnlich bei den Perissodaktylen, vorhanden. Das Basisphenoid ist kurz, dick und massig, und verjüngt sich schnell nach vorwärts bis zur Sutur mit dem langen, schlanken und subcylindrischen Präsphenoid.

Das Tympanicum ist bei keinem der Exemplare, die ich untersuchen konnte, erhalten und war offenbar nur lose mit dem Schädel verbunden. Die grosse Lücke indessen, die durch den Verlust dieses Knochens entstand, zeigt, dass derselbe bedeutende Dimensionen besass. Nach Analogie der anderen Perissodaktylen können wir jedoch schliessen, dass er keine angeschwollene Bulla bildete.

Das Squamosum ist lang, aber nicht von bedeutender vertikaler Ausdehnung. Der posttympane Fortsatz ist deutlich, wenn auch nicht so lang und vorragend wie bei *Aceratherium*. Er ist sehr weit entfernt vom Postglenoid, und dieser Umstand bedingt einen Unterschied von den Gliedern der Hauptreihe der Rhinocerosse, wo sehr früh die Tendenz dieser beiden Fortsätze, sich unter dem äusseren Gehörgang zu vereinigen, auftritt. Obgleich in diesem Charakter viele Variationen vorkommen, so ist doch diese Vereinigung sowohl bei verschiedenen White-River-Arten von *Aceratherium*, als auch bei *Aphelops* und den recenten Formen eine enge: bei *Hyracodon* indessen ist die Entfernung beider Fortsätze von einander so gross wie bei *Hyrachyus* oder den Tapiren. Die Glenoid-Höhle ist ganz rhinocerosartig und bildet eine schmale, etwas erhabene Gelenkfläche. Der Postglenoidfortsatz indessen, gleicht wieder mehr dem des Tapir als demjenigen des Rhinoceros, da er kürzer, breiter, massiver und am distalen Ende mehr verdickt ist, als beim letzteren. Seine Gelenkfläche greift auf seine vordere Seite hinüber, und ein deutliches Glenoidloch öffnet sich auf seiner hinteren Seite. Eine sehr charakteristische Eigenschaft des *Hyracodon*-Schädels ist die grosse Entfernung des Postglenoidfortsatzes von den Hinderhauptskondylen, die auffallend mit dem bei *Aceratherium* vorhandenen Verhältniss kontrastirt. Bei den älteren und primitiveren Arten der letzteren Gattung (z. B. *A. trigonodus*, *A. mite*) ist der Postglenoid-Fortsatz zwar sehr nach vorn gerückt, jedoch nicht so weit wie bei *Hyracodon*. Gehen wir jedoch in der aufsteigenden Reihe der White-River-Schichten nach oben, so finden wir, dass bei den grösseren und mehr modernisirten Arten von *Aceratherium* wie auch bei den meisten lebenden Rhinocerossen, die Wurzel des Zygomaticus-Fortsatzes und mit ihm der Postglenoid-Fortsatz, allmählich sehr weit rückwärts verschoben werden, bis sie schliesslich fast die Occipital-Crista erreichen (vergl. *A. tridactylum*).

Der Zygomaticus-Fortsatz ist ganz gleich dem des Rhinoceros; seine Wurzel besitzt keine bedeutende antero-posteriore Ausdehnung, letztere ist viel geringer als bei *Hyrachyus*, und der Fortsatz biegt sich von der Seite des Cranium nicht so weit nach aussen wie bei der eocänen Gattung. Der nach vorn gerichtete Theil ist in senkrechter Richtung hoch, aber komprimirt und dünn, und sein oberer Rand fällt steil nach vorn ab, ganz so wie bei den grösseren *Aceratherium*-Arten. Dieser Theil des Jochbogens ist lang und erstreckt sich längs des Unterrandes der Orbita weit nach vorn.

Das Jugale ist ebenfalls ein dünner und komprimirter Knochen, und der freie Theil, der hinter der Sutur mit dem Maxillare hervorsteht, ist kürzer und entfernter von der Glenoid-Höhle als bei *Aceratherium*. Vorn ist das Jugale etwas verbreitert und artikuliert mit dem Lacrymale. Letzterer Knochen ist ziemlich gross, wie gewöhnlich bei den Rhinocerossen. Das Foramen ist einfach und liegt am Rande der Orbita, jedoch ist es von dem grossen Dorn verdeckt, der, obgleich er nicht so massig und rauh ist wie bei den recenten Rhinocerossen, doch immerhin so auffallend ist, wie bei irgend einer *Aceratherium*-Art.

Die Frontalia sind grosse Knochen und haben im Verhältniss etwa dieselbe Grösse wie bei *Aceratherium*; in ihrem hinteren Theil nehmen sie in geringem Grade an der Bildung des Daches der Gehirnhöhle Theil. Die Stirn verbreitert sich schnell in eine breite, rautenförmige und etwas konkave Fläche, die nach aussen von den niedrigen, undeutlichen Schläfen-Leisten begrenzt wird, welche letztere sehr plötzlich von der Sagittal-Crista an divergiren, und zwar viel plötzlicher als bei *Aceratherium*. Wie bei dieser Gattung besitzen die Frontalia sehr deutliche Postorbita-Fortsätze, die den Jugalia fehlen. Bei den horntragenden Rhinocerossen dagegen, wo die Entwickelung grosser Luft-Höhlen eine Verbreiterung und Abflachung der Schädeloberfläche verursacht hat, haben sich fast alle Spuren von Postorbital-Fortsätzen rückgebildet. Eine Eigenthümlichkeit von *Hyracodon* wird durch eine weite und tiefe Kerbe gebildet, die in den oberen Orbitalrand eingeschnitten ist, und so es bewirkt, dass der Lakrymal-Dorn und der Postorbital-Fortsatz stark hervorragen. Von paarigen oder medianen Frontal-Hörnern fehlt jede Spur.

Die Nasalia sind lang, schmal und schlank, und ihre spitzen Vorderenden überragen mit einer kurzen Strecke den Rand der vorderen Nasenlöcher. Es ist auf den ersten Blick klar, dass solche Nasalia keinerlei Hörner tragen konnten. Die Schwäche und Schlankheit dieser Knochen, sowie die Kürze ihrer freien Vorderenden kontrastiren auffallend selbst mit dem Bau der Nasalia bei *Aceratherium*. Die älteren und kleineren Arten letzterer Gattung besassen ebenfalls keine Hörner, aber bei einigen jüngeren scheinen sie sich, zum mindesten rudimentär, entwickelt zu haben.

Die Prämaxillaria sind, in Korrelation mit der eigenthümlichen Ausbildung der Schneidezähne, verschieden von denen irgend eines Gliedes des Rhinoceros-Stammes. Der horizontale, oder Alveolar-Theil des Prämaxillare ist kurz, niedrig und schwach; die äussere und mediane Fläche ist glatt und gerundet. Die beiden Knochen bilden keine Symphyse, oft sogar berühren sie sich nicht einmal. Der horizontale Theil geht allmählich, ohne eine scharfe Kante zu bilden, in den langen, schmalen und schlanken. aufsteigenden Ast über, welcher letztere mit dem Nasale eine ziemlich ausgedehnte Sutur bildet. Auf der Unterfläche der Prämaxillaria existiren keine deutlichen Gaumen-Fortsätze, da für sie von den grossen Foramina incisiva kein Raum gelassen wird. In der aufsteigenden Reihe der *Aceratherium*-Arten kann man eine allmähliche, der Verkümmerung der Schneidezähne entsprechende Reduktion der Prämaxillaria an Grösse, und besonders eine Verkürzung des aufsteigenden Astes beobachten, Bei den älteren und wenig veränderten Arten ist der aufsteigende Ast lang und berührt fast das Nasale, aber mit der Reduktion der Schneidezähne verkürzt sich dieser Fortsatz, bis schliesslich, wie bei den lebenden Rhinocerossen, das Prämaxillare überhaupt keinen aufsteigenden Ast mehr besitzt, und nur noch von einem kurzen Knochenstück dargestellt wird, das einen einzigen grossen Schneidezahn trägt. Diejenigen Arten, die alle Schneidezähne verloren haben, besitzen nur noch geringe Spuren von Prämaxillaria.

Die vorderen Nasenlöcher sind hoch und schmal, ganz so, wie bei den weniger vorgeschrittenen Arten von *Aceratherium*, und, wie bei diesen, sind sie von den Orbiten durch einen grösseren Zwischenraum getrennt, als bei den gehörnten Rhinocerossen.

Das Maxillare ist gross, und sein präorbitaler Theil besitzt eine bedeutende Ausdehnung, der ganz besonders die verhältnissmässige Höhe des Gesichtes zuzuschreiben ist. Unter der Orbita ist das Maxillare sehr niedrig, und die Alveole des zweiten Molars bildet eine breite Unterlage für das Auge, während die des dritten Molars viel schmäler ist und sich nach hinten verjüngt. Wie beim Tapir und Rhinoceros ist unter der Orbita ein seitlich vorstehender Fortsatz des Maxillare vorhanden, an den sich das dünne und plattenförmige Jugale dicht anschliesst. Das Gesicht ist vor P^1 verschmälert und eingeschnürt, und hier sendet das Maxillare einen schlanken Fortsatz nach vorn, der im grössten Theil seiner Länge zahnlos ist. Nahe der Sutur mit dem Prämaxillare jedoch ist der Eckzahn eingefügt. Dieser Fortsatz ist bedeutend kürzer als bei *Aceratherium* oder bei den ächten Rhinocerossen und ist selbst noch nicht so lang wie bei *Hyrachyus*. Das Infraorbital-Loch nimmt die bei den Rhinocerossen gewöhnliche Stellung ein: hoch über P^3 und deutlich vor der Orbita. Die Gaumenfortsätze der Maxillaria sind lang, mässig breit und in der Querrichtung etwas konkav; längs der Suturlinie findet sich eine mediane Leiste. Die Foramina incisiva dringen rückwärts bis P^1 in die Fortsätze ein.

Die Palatina sind ziemlich kleine Knochen, die einen verhältnissmässig nur kleinen Theil des Munddaches bilden, aber sich rückwärts eine Strecke an den Seiten der hinteren Nasenlöcher ausdehnen. Die letzteren sind lang, in vertikaler Richtung hoch und ziemlich eng und erstrecken sich nach vorn nur bis M^2, eine Stellung, die im Vergleich zu den modernen Typen der Rhinocerosse, mehr nach hinten liegt. Die Pterygoide sind schmale und schlanke Knochen, die sich an die Pterygoid-Fortsätze der Alisphenoide anlegen und an ihren distalen Enden nach aussen gewendet sind, etwa wie bei den Tapiren. Eine Pterygoid-Grube lässt sich nicht beobachten.

Der Unterkiefer gehört zu den charakteristischsten Theilen des Schädels. Seine beiden Hälften sind im grössten Theil ihrer Länge sehr weit von einander getrennt und biegen sich von der schmalen Symphysen-Gegend plötzlich nach aussen. Der horizontale Ast ist verhältnissmässig ziemlich kurz, hoch und massiv, seine Höhe nimmt nach vorn etwas ab. Vor P_2 ist er scharf und plötzlich zusammengeschnürt und bildet so einen schmalen und schlanken, zahnlosen, Abschnitt; dann erweitert er sich wieder und trägt den halbkreisförmigen Alveolus der acht neben einander stehender Schneide- und Eckzähne. Die Symphyse ist schmal, aber lang, und erstreckt sich rückwärts bis unter P_2; die beiden Aeste verbinden sich fest schon frühzeitig. Der Unterrand der Symphyse steigt am Kinn steil auf. Diese Gegend des Unterkiefers ist gänzlich verschieden von irgend einem Gliede der ächten Rhinoceros-Linie, wo die verschwindenden oder fehlenden Schneidezähne und die grossen niederliegenden Eckzähne einen ganz anders beschaffenen Alveolus bedingen: die Symphysal-Gegend ist hier viel breiter, niedriger und flacher als bei *Hyracodon*.

Auch der aufsteigende Ast des Unterkiefers ist in mancher Beziehung von dem von *Aceratherium* verschieden. Er ist hoch und breit, und sein Hinterrand ist fast so dünn, wie beim *Tapir*, und nicht verdickt, wie bei den ächten Rhinocerossen und den grösseren *Aceratherium*-Arten; etwas unter dem Condylus beginnt dieser Rand mit einem plötzlichen Vorsprung, der fast eine Kerbe bildet. Der Condylus ist sitzend, und seine Querausdehnung ist nur mittelmässig; ein Postkotyloid-Fortsatz, wie er so hochcharakteristisch für die Rhinocerosse und — weniger markirt — für *Aceratherium* ist, fehlt hier, jedoch ist die Gelenkfläche am inneren Ende weiter auf die hintere Fläche des Condylus zurückgebogen, als irgend wo anders. Die Sigmoid-Kerbe ist schmal, und der Koronoid-Fortsatz ist hoch, breit und etwas zurückgekrümmt, während das Koronoid bei *Aceratherium*, und noch mehr bei den recenten Arten von Rhinoceros, schwach und schlank ist. Der Vorderrand des aufsteigenden Astes ist sehr breit und tief-konkav, die Linea obliqua externa ragt stärker vor als bei den lebenden Vertretern der Rhinoceros-Linie. Eine ähnliche Umwandlung kann man bei den Pferden beobachten, wo die älteren Gattungen diese Linea deutlicher entwickelt zeigen, als die jüngeren.

Die Masseter-Grube ist klein, hoch oben an der Seite des Kiefers gelegen und tief eingedrückt. Eine sehr grosse Grube nimmt ferner die innere Fläche des aufsteigenden Astes ein, wo sie tiefer und deutlicher markirt ist, als bei den modernen Formen.

Ueber den Hyoid-Apparat ist bis jetzt noch nichts bekannt geworden.

III. Die Wirbel und Rippen.

Die Wirbelsäule ist in vielen Beziehungen eigenthümlich und trägt zu dem leichten, schlanken pferde-ähnlichen Aussehen des Thieres, das von dem der ächten Rhinocerosse so verschieden ist, wesentlich bei. Der Atlas ist lang in der Längsrichtung und ziemlich schmal in der Querrichtung; seine vertikale Höhe ist ungewöhnlich. Seine Schmalheit ist wesentlich der geringen seitlichen Entwickelung der Querfortsätze zuzuschreiben. Die vorderen Kotylen für die Hinterhaupts-Kondylen. sind gross und tief ausgehöhlt. Sie sind dorsal durch eine weite und tiefe Ausrandung des Neural-Bogens getrennt. Letzterer ist von Seite zu Seite stark konvex, und erhebt sich zu einer rauhen Protuberanz, die den Neural-Dorn darstellt. Jederseits ist der Neural-Bogen von einem grossen Loch durchbohrt, durch das der erste Spinalnerv durchging. Der untere Ast dieses Nerven ging durch eine an der vorderen Basis des Querfortsatzes gelegene Kerbe, die nicht durch eine Ausdehnung dieses Fortsatzes nach vorn in ein Loch umgewandelt ist. Der untere Bogen ist ebenfalls stark konvex, und daher ist der Neural-Kanal gross und fast kreisförmig. Die Querfortsätze sind ziemlich kurz, aber sie besitzen entsprechend der Verlängerung des ganzen Wirbels, eine erhebliche Ausdehnung in der Längsrichtung; sie sind vom Vertebrarterial-Kanal durchbohrt.

Der Atlas von *Hyracodon* ist in fast allen eben erwähnten Beziehungen sehr verschieden von dem in der Hauptlinie der Rhinocerosse, von *Aceratherium* abwärts. Hier ist nämlich der Atlas kurz und breit, die Querfortsätze dehnen sich seitlich stark aus, fast wie ein Paar Flügel. Bei vielen, allerdings nicht bei allen, recenten Arten geht der untere Ast des ersten Spinalnerven durch ein Loch des Querfortsatzes, jedoch ist dies Loch bei *Aceratherium* durch eine Kerbe vertreten. Bei oberflächlicher Betrachtung erscheint der Atlas von *Hyracodon* mehr pferde- als rhinoceros-ähnlich. *Hyracodon* ist der Atlas kürzer, breiter und mehr deprimirt als bei *Hyracodon*.

Die Axis hat ein sehr langes Centrum, das vorn breit und deprimirt ist, nach hinten aber fast cylindrisch wird, mit einer fast kreisförmigen, konkaven Hinterfläche. Auf der Unterseite befindet sich ein vorragender, aber sehr dünner und komprimirter Kiel, der nach hinten in einem Höcker endigt. Die Gelenk-Facetten des Centrums für den Atlas sind hoch und schmal, sie erheben sich fast bis zur vollen Höhe des Neural-Kanals und ragen auf der ventralen Seite, wo sie weit von einander getrennt sind, über das Centrum hervor. Der Odontoid-Fortsatz ist verhältnissmässig lang, schlank und von fast cylindrischer Gestalt; er liegt nicht ganz in derselben Ebene wie das Centrum, sondern ragt etwas nach oben und vorne vor. Die Gelenk-Facette ist auf die Ventralseite des Fortsatzes beschränkt und ist durch auffällige Gruben von den seitlichen Facetten getrennt. Die Querfortsätze sind kurz, schlank und deprimirt, ragen nur mässig auf jeder Seite des Centrums vor und sind von den Vertebrarterial-Kanälen durchsetzt.

Der Neural-Kanal ist vorn niedrig und weit, hinten ist er viel kleiner und mehr rundlich. Die Basalstücke des Neural-Bogens sind lang, vorn niedrig, hinten aber höher, so dass die Schiefe des Centrums kompensirt wird. Nahe ihrem Vorderrande sind diese Basalstücke für den Austritt des zweiten Spinal-Nervenpaares von grossen Löchern durchbohrt, unter dem Nervenloch, und nur theilweis von ihm getrennt, ist ein zweites Loch, durch das die Vertebralarterie in den Neural-Kanal eingetreten zu sein scheint, von wo aus sie in das Loch des Querfortsatzes des Atlas eintreten konnte. Die Postzygapophysen sind ziemlich klein, aber vorragend; ihre Gelenkflächen sind fast direkt nach unten gerichtet. Der Neural-Dorn bildet eine sehr grosse, dünne, komprimirte und beilförmige Platte, wie sie sich bei vielen der primitiveren Ungulaten findet.

Die Axis von *Hyracodon* sieht ganz anders aus, als bei den modernen Rhinocerossen, wo dieser Wirbel kurz, breit und massiv ist, mit kurzem Odontoid und hohem, kräftigen Neural-Dorn. Abgesehen von der Gestalt des Odontoid-Fortsatzes und der grösseren Höhe des Dornes, ähnelt die Axis von *Hyracodon* deutlich der des Pferdes. Nichts destoweniger ergiebt eine sorgfältige Vergleichung, dass die erstere trotz aller Verschiedenheit, im Grunde ein Rhinoceros-Typus ist. Bei den ächten Rhinocerossen wurde dieser Wirbel kürzer, breiter und in jeder Hinsicht massiger, während er bei *Hyracodon* sich so verlängerte, dass er eine oberflächliche Aehnlichkeit mit dem beim Pferde erlangte. Bei den White-River-Arten von *Aceratherium* ist die Axis in gewissem Grade intermediär zwischen beiden Extremen, indem sie länger und schlanker ist als bei den ächten Rhinocerossen, aber breiter und kürzer als bei *Hyracodon*; von letzterem unterscheidet sie sich auch durch das Fehlen der Löcher im Neural-Bogen. Beim eocänen *Hyrachyus* ist der Dorn noch stärker entwickelt als bei seinem Nachfolger in den White-River-Schichten, das Centrum ist im Verhältniss kürzer, breiter und deprimirter, und hat kleinere Gelenkflächen für den Atlas.

Die übrigen Nackenwirbel sind im Verhältniss zur Kopf- und Körperlänge auffallend langgestreckt. Die Centra verkürzen sich von der Axis nach rückwärts etwas, wenngleich die des 3., 4. und 5. Wirbels noch fast von derselben Länge sind. Aber der 6. ist deutlich kürzer als der 5., und der 7. ist der kürzeste. Alle haben einen medialen Kiel auf der ventralen Seite, der am geringsten am 6. vorspringt. Die Centra sind mässig opisthocoel, mit schief zur Längsachse der Wirbel gestellten Flächen, um dem Hals seine Biegung zu geben. Die Flächen sind im Umriss fast kreisrund, mit fast gleichen Durchmessern, der vertikale ist ein wenig grösser als der transversale. Die Querfortsätze sind gross und auffallend; die untere Lamella, oder Pleurapophyse, erstreckt sich weit von vorn nach hinten und ist, wie beim Pferd, durch eine flache Kerbe am ventralen Rande undeutlich in zwei Theile getheilt, deren jeder am freien Rande verdickt ist.

Bei allen Nackenwirbeln, mit Ausnahme des 7., sind die Querfortsätze vom Vertebrarterial-Kanal durchbohrt. Beim 6. ist sowohl eine lange vorragende und zurückgebogene Diapophyse, als auch die untere Lamelle vorhanden, während beim

7. die letztere fehlt, und nur die undurchbohrte Diapophyse entwickelt ist. Die Neural-Bogen sind lang, niedrig und breit; von vorn nach hinten nehmen sie an Breite zu und an Länge ab. Der Neural-Kanal ist auffallend klein, besonders seine vordere Oeffnung. Die Zygapophysen werden nach hinten zu grösser und stehen schiefer. Neural-Dornen sind nur am 6. und 7. Wirbel vorhanden, auf dem 3., 4. und 5. werden sie nur von niedrigen rauhen Leisten dargestellt; auf dem 6. war der Dorn offenbar nicht sehr hoch, auf dem 7. ist er viel grösser.

Als Ganzes betrachtet, ist der Hals lang, schlank und leicht gebogen; im Vergleich zur Länge von Kopf und Rumpf, ist er länger als bei irgend einem anderen Gliede der Rhinoceros-Gruppe. Er ist selbst länger als bei dem gleichzeitig lebenden White-River-Pferde, *Mesohippus* und nähert sich der Gestalt, wie sie sich bei einigen recenten Pferden findet (z. B. *Equus burchelli*). Ebenso ähneln die einzelnen Halswirbel im allgemeinen Habitus stark den Pferden. Das Fehlen von Dornen, mit Ausnahme des 6. und 7. Wirbels, die Beschaffenheit des Neural-Bogens und der Zygapophysen, die Bildung der Querfortsätze: alles erinnert an Pferdewirbel. Alle diese Aehnlichkeiten sind aber wohlgemerkt nur oberflächliche Konvergenzerscheinungen: die Nackenwirbel von *Hyracodon* erreichen durchaus nicht die Leichtigkeit und Eleganz der Pferdewirbel und stellen offenbar nur eine Variation des primitiven Rhinoceros-Typus dar, die in verschiedener Hinsicht einen Paralellismus mit den Pferden zeigt. Dieser primitive Typus wird etwa von *Hyrachyus* im Bridger Eocän dargestellt. Hier ist der Hals verhältnissmässig kürzer und kräftiger als bei *Hyracodon*. Neural-Dornen sind auf allen Halswirbeln, mit Ausnahme des Atlas, vorhanden, und die Querfortsätze sind schlanker und dehnen sich bedeutender in antero-posteriorer Richtung aus. Die Verhältnisse, die wir bei den White-River-*Aceratherien* finden, beweisen, dass die Kürze des Halses, die wir bei den lebenden Rhinocerossen beobachten, ziemlich spät in ihrer Stammesgeschichte erworben wurde, und zwar steht sie offenbar mit der Zunahme des Körpergewichtes und der Verkürzung der Beine in Korrelation.

Die Zahl der Rumpfwirbel kann nicht mit Sicherheit bestimmt werden, da bisher noch kein ganz vollständiges Skelett aufgefunden wurde. Bei einem der mir vorliegenden Exemplare ist eine vollständige Reihe vorhanden, die die ersten beiden Lenden- und die vierzehn hinteren Brustwirbel enthält. Ein zweites Exemplar zeigt die ununterbrochene Reihe der elf vorderen Brustwirbel, und ein drittes hat fünf Lendenwirbel, wahrscheinlich die volle Zahl. Alles zusammengenommen, ist es unwahrscheinlich, dass die Zahl der Brustwirbel geringer war als achtzehn, und vielleicht war sie grösser, wie bei *Aceratherium tridactylum*, bei dem Osborn neunzehn Brustwirbel und fünf Lendenwirbel nachwies. Man kann somit schliessen, dass die Gesammtzahl der Rumpfwirbel bei *Hyracodon* entweder 23 oder 24 war. Wie Cope angiebt, besitzt die ältere Gattung *Hyrachyus* eine noch höhere Zahl von Rumpfwirbeln, nämlich 18 Brust- und 7 Lendenwirbel, und in der That scheint es eine allgemeine Erscheinung zu sein, dass die älteren Vertreter eines Stammes eine grössere Wirbelzahl, sowohl im Rumpf als auch im Schwanz, besitzen, als die jüngeren.

Die Zahl der Beispiele, wo dies Gesetz positiv nachgewiesen werden kann, ist jedoch noch zu gering, um dasselbe als feststehend anzunehmen.

Die Brustwirbel von *Hyracodon* sind äusserst charakteristisch und lassen sich, wenn isolirt gefunden, leicht wieder erkennen. Die drei ersten haben kurze, breite und opistocoele Centren, die denen der hinteren Halswirbel gleichen, ausgenommen, dass sie kleiner sind. Weiter nach hinten werden die Centren klein und subcylindrisch, werden aber gegen den hintersten Theil dieser Region wieder grösser. Die Querfortsätze sind gross und hoch, und vom 4. Wirbel nach hinten tragen sie vorragende Metapophysen. Die Neural-Dornen sind auffallend lang und schlank, und in der vorderen Region neigen sie sich stark nach hinten. Diese Neigung wird nach dem hinteren Ende des Rückens zu allmählich geringer, aber noch auf dem 17. (oder 18.) Wirbel hat dieser Dorn noch entschieden eine Richtung nach hinten.

Die Brustwirbel von *Aceratherium*, besonders bei den älteren und kleineren Arten, besitzen zwar auch sehr lange und schlanke Neural-Dornen, aber sie sind nicht so lang wie bei *Hyracodon*. Bei den recenten Rhinocerossen sind diese Dornen schwer und massiv; sie sind nur in der Schulterregion lang, weiter hinten werden sie niedrig und breit.

Bei *Hyrachyus* besitzen die Neural-Dornen keine bedeutende Höhe, aber sie sind plattenförmig komprimirt, und alle, die hinter der Scapula stehen, zeigen eine sonderbare Tendenz sich nach vorn zu biegen.

Die Lendenwirbel von *Hyracodon* haben kräftige Centren, die nach dem Sacrum zu breiter und deprimirter werden. Bei keinem der Exemplare sind die Fortsätze genügend gut erhalten, um beschrieben werden zu können; aber von dem Charakter der Dornen in der hinteren Brustregion kann man schliessen, dass die Neural-Dornen auch hier hoch und schmal waren.

Die Zahl der Sakral-Wirbel variirt nach dem Alter, und mag bei jungen Exemplaren nicht mehr als drei betragen, von denen nur der erste in ausgedehnter Verbindung mit dem Becken ist. Selbst in dieser Region bewahren die Neural-Dornen ihren hohen, schlanken und komprimirten Charakter.

Caudal-Wirbel, die noch im Zusammenhang mit einem der Exemplare sich befänden, sind nicht erhalten; jedoch können wir aus der Beschaffenheit der Sakral-Centren schliessen, dass der Schwanz etwa so lang wie bei *Aceratherium* war.

Die Rippen sind meistentheils nur durch ungenügendes, fragmentarisches Material repräsentirt, so dass die Restauration des Brustkorbes grösstentheils hypothetisch bleibt. Die vorderen Rippen sind mässig breit und flach, und zwar ist dies ein Fortschritt gegenüber den langen, schlanken und gerundeten Rippen von *Hyrachyus*. Hinter der Mitte des Thorax werden die Rippen schlanker und mehr stabförmig. Nichts deutet bei *Hyracodon* an, dass die Rippen solche aussergewöhnliche Länge erreichten, wie es bei *Aceratherium* und in noch höherem Maasse bei den modernen Rhinocerossen der Fall ist.

Vom Sternum ist bis jetzt noch nichts aufgefunden worden.

IV. Die Vorder-Extremität.

Die Scapula (Taf. I Fig. 2) ist auffallend hoch, schmal und schlank, und unterscheidet sich von der von *Aceratherium* in manchen Einzelheiten. Ihr Hals ist zusammengezogen und dünn, und verbreitert sich etwas um die Glenoid-Höhle zu bilden, die flach und etwa kreisförmig im Umriss ist. Das Korakoid ist undeutlich und bildet einen rauhen Höcker, der von der Glenoid-Höhle nicht durch eine tiefe Kerbe getrennt ist, wie es bei *Aceratherium* und den späteren Rhinocerossen der Fall ist, wo ferner auch das Korakoid sehr deutlich ist. Die Korako-Skapular-Kerbe ist nicht sehr scharf markirt: sie ist deutlich schwächer als bei *Aceratherium*, aber tiefer eingeschnitten als bei *Palaeotherium*. Von der Kerbe an biegt sich der Korakoid-Rand leicht nach oben und vorn, und dann verläuft er fast senkrecht, aber schwach gebuchtet. Der Glenoid-Rand neigt sich in einem sehr mässigen Winkel vom Hals rückwärts, so dass die Breite der Scapula nach oben zu allmählich zunimmt. Der Supraskapular-Rand ist kurz und gebogen und geht fast unmerklich in den Korakoid-Rand über, bildet aber mit dem Glenoid-Rand einen Winkel. Die Spina steht etwa in der Mitte des Blattes und theilt es in eine Prä- und Postskapular-Grube von ziemlich gleicher Breite. Ihre Gestalt ist ähnlich wie bei *Aceratherium* und Rhinoceros: sie erhebt sich plötzlich vom Supraskapular-Rand und bildet einen grossen, zurückgekrümmten und rauhen Metakromial-Fortsatz, der deutlich weniger verbreitert ist als bei den recenten Rhinocerossen. Vom Metacromium steigt der Dorn allmählich herab und verschwindet auf dem Halse, ohne die Glenoid-Höhle zu erreichen.

Bei *Aceratherium* unterscheidet sich die Scapula, selbst bei solchen primitiven Formen wie *A. mite*, von der von *Hyracodon* durch die grössere Breite des Blattes, wodurch ein deutlicher geneigter Glenoid-Rand bedingt wird. Die Scapula von *Palaeotherium* ähnelt in ihrer allgemeinen Gestalt sehr der von *Hyracodon*, und dasselbe gilt von der Scapula der ächten Rhinocerosse. Bei *Hyrachyus* gleicht sie der von *Hyracodon* sehr in Bezug auf ihre Höhe und Schmalheit, aber der Supraskapular-Rand ist gerader, die Korako-Skapular-Kerbe ist stärker ausgesprochen und das Korakoid selbst stärker vorragend; die Spina steigt weiter auf den Hals herab, fast bis zur Glenoid-Höhle, aber andererseits ist das Metakromion lange nicht so gut entwickelt.

Der Humerus (Taf. II Fig. 9) ist ziemlich kurz und schlank, ist aber trotzdem deutlich rhinoceros-artig. Der Gelenkkopf ist gross und sessil, ausgebreitet und stark konvex von vorn nach hinten, schmäler und mehr abgeflacht in der Querrichtung. Der äussere Höcker ist sehr gross, wenn auch weniger entwickelt als bei *Aceratherium*, und bildet eine hohe, massive und rauhe Seite die sich über die ganze vordere Fläche des Knochens erstreckt, und in der Vorderansicht über die Biceps-Grube hervorragt und sie verdeckt. Der innnere Höcker ist viel kleiner und nur eine niedrige, komprimirte und etwas rauhe Leiste; die Biceps-Grube ist breit und tief und liegt am vorderen Innenwirbel des Kopfes. Der Schaft des Humerus ist komprimirt und besitzt keinen bedeutenden Querdurchmesser in irgend einem Theil seiner Länge; proximal ist er bedeutend dick von vorn nach hinten, und dieser Theil erscheint in der Seitenansicht recht mächtig, aber sein Durchmesser verringert sich schnell nach unten zu. Die Deltoid-Leiste ist stark vorragend und steigt etwa bis zur halben Länge des Schaftes herab; an einer Stelle bildet sie einen kleinen zurückgekrümmten und rauhen Haken. Die Supinator-Leiste ist dagegen nur schwach entwickelt, so dass auch der distale Theil des Schaftes schmal ist. Die Supratrochlear-Grube ist flach und durchbohrt den Knochen nicht, aber die Anconeal-Grube ist hoch, schmal und tief, mit ziemlich gleich stark vorragenden Rändern. Die Trochlea ist hoch in vertikaler Richtung, aber ziemlich schmal in der Querrichtung; vorn wird sie nur vom Radius eingenommen, da die Ulna nur in beschränktem Maasse und ausschliesslich hinten mit ihr in Berührung ist. Die Interkondylar-Leiste ist schmal, komprimirt, vorragend und ist nach der Aussenseite verschoben, indem sie hinten in den Aussenrand der Anconeal-Grube übergeht. Dieser vorragende Interkondylar-Leiste giebt der Trochlea ein auffallend verschiedenes Aussehen von dem bei *Palaeotherium* und den lebenden Rhinocerossen, die eine glatte, stundenglas-förmige Trochlea besitzen. Die Epikondylen sind sehr undeutlich, und den äusseren kann man kaum als vorhanden bezeichnen.

Bei der kleinen und primitiven Art, *Aceratherium mite*, ist der Humerus sehr ähnlich dem von *Hyracodon*, ist aber im Verhältniss schwerer, mit stärker vorragenden Deltoid-Haken und -Leiste und mit besser entwickelter Supinator-Leiste; die Interkondylar-Leiste ist, obwohl schwach, vorhanden. Bei den grösseren Arten dieser Gattung, sowie bei *Aphelops*, nähert sich der Humerus mehr und mehr der massiven Form, wie sie sich bei den lebenden Vertretern der Gruppe findet, und zwar entspricht er je dem zunehmenden Körpergewicht und der verhältnissmässigen Verkürzung der Glieder. Beim eocänen *Hyrachyus* sehen wir einen Typus des Humerus, von dem sich diese beiden divergirenden Bildungen ableiten lassen. Im Ganzen stimmt der Humerus von *Hyrachyus* besser mit *Hyracodon* überein, aber er ist verhältnissmässig länger, schwerer, und die Interkondylar-Leiste ist nur schwach angedeutet. Letztere ist besser bei der Bridger-Art von *Triplopus* (*T. cubitalis*) zu sehen, wo der Humerus stark verkürzt ist und kaum mehr als zwei Drittel der Länge des Radius beträgt.

Der Radius (Taf. II Fig. 10. 11) ist ein ziemlich langer und schlanker Knochen, und zwar übertrifft seine Länge etwas die des Humerus. Sein oberes Ende ist schmal, erstreckt sich nur wenig über den Schaft hinaus und das nur auf der äusseren Seite. Die innere proximale Facette für den Humerus ist etwas konkav, die mediane Leiste hoch und schmal, während die Grube für die Interkondylar-Leiste des Humerus zwar tief eingeschnitten ist, aber nicht deutlich den Vorderrand einkerbt. Der Schaft ist von vorn nach hinten komprimirt, und im grössten Theil seiner Länge ist der Querdurchmesser der grösste, er besitzt eine ausgesprochene doppelte Krümmung, indem er sich nach vorn und innen biegt. Im Habitus ist dieser Schaft nicht unähnlich demjenigen, wie er bei gewissen Wiederkäuern, z. B. beim Hirsch, vorkommt. Das distale Ende ist mässig erweitert und verdickt, und trägt auf seiner dorsalen Fläche zwei Leisten, die eine breite und tiefe Furche für die Extensor-Sehnen einschliessen. Die Karpal-Fläche ist in der dorso-palmaren Richtung flach und ungleichmässig in zwei Facetten getheilt. Die für das Saphoid ist die grössere: sie ist konvex-konkav und deutlich auf die Palmar-Fläche des Knochens hinüber gebogen; die Lunar-Facette ist mehr einfach konkav.

Die Ulna ist bedeutend reducirt; aber es ist ein grosses, komprimirtes und schweres Olekranon erhalten geblieben, das schief nach hinten vorspringt und am freien Ende abgestutzt, verdickt und grubig ist. Die Sigmoid-Kerbe ist ziemlich tief und beschreibt einen Bogen von etwa 120°; nur auf der inneren Seite der Kerbe ist die Humeral-Facette vollständig, auf der äusseren ist sie auf den proximalen Theil beschränkt. Der Schaft ist sehr dünn, schlank und seitlich komprimirt, wird gegen das distale Ende dünner, wo er tief ausgehöhlt ist, um den Fortsatz des Radius, der die distale Ulna-Facette trägt, aufzunehmen. Die Gelenk-Fläche für das Pyramidale ist sehr klein und nur wenig ausgehöhlt; sie geht ohne Unterbrechung in die Facette für das Pisiforme über. Beide Knochen des Unterarms liegen fast in ihrer ganzen Länge dicht an einander, und der radio-kubitale Abstand ist unbedeutend, aber nirgends findet sich eine Tendenz zu knöcherner Verschmelzung.

Bei *Aceratherium* unterscheiden sich Ulna und Radius in vielen Punkten von denen von *Hyracodon*. Die Unterschiede sind am ausgesprochensten bei den grösseren Arten und erreichen ihr Maximum bei dem kurzen und massiven Unterarm des modernen Rhinoceros. Bei dem kleinen *A. mite* liegt der Hauptunterschied in der verhältnissmässigen Kürze und Dicke von Ulna und Radius. Der Radius ist nicht so lang wie der Humerus und ist recht kräftig; sein proximales Ende besitzt keine deutlich begrenzte Grube für die Interkondylar-Leiste des Humerus. Der Schaft der Ulna ist viel weniger reducirt, und sein distales Ende ist merklich grösser, während die Facette für das Pyramidale tiefer konkav und sattelförmig ist. Die folgenden Maasse zeigen die Unterschiede der Unterarmknochen bei diesen beiden Arten.

	H. nebrascensis	*A. mite.*
Humerus, Länge	208 mm	252 mm
Radius, Länge	222 „	231 „
„ Breite am proximalen Ende	45 „	55 „
„ „ „ distalen „	44 „	53 „
Ulna, Länge	278 „	288 „
„ Breite am distalen Ende.	17 „	29 „

Hyrachyus ähnelt im allgemeinen Charakter von Ulna und Radius stark *Hyracodon*; aber der Radius ist im Verhältniss etwas kürzer und schwerer, und die Ulna ist weniger reducirt. Bei *Triplopus* dagegen (wenigstens bei *T. cubitalis*) ist der Unterarm viel deutlicher verlängert als bei *Hyracodon* und der Schaft der Ulna noch mehr reducirt.

Der Carpus (Taf. I Fig. 3, 4, 5) ist, wenn auch im Detail vielfach modificirt, im allgemeinen Charakter durchaus rhinoceros-artig. Selbst im Vergleich mit den kleineren und schlankeren Arten von *Aceratherium* (z. B. *A. mite*) ist dieser Carpus hoch und schmal, entsprechend den reducirten Fingern und der schmalen Hand. *A. mite* soll im Folgenden als Vergleichsobjekt benutzt werden.

Das Skaphoid ist hoch, schmal in der Querrichtung, aber dick in der Dorso-Palmar-Richtung; in jeder Hinsicht ist es kleiner und leichter als bei *A. mite*, besonders aber in der geringen Grösse des Palmar-Höckers, der bei letzterem sehr vorragend, massiv und rauh ist; die Radial-Facette ist vorn konvex, hinten konkav. Am distalen Ende befinden sich drei Facetten, zwei grosse, sattelförmige, fast gleich grosse für das Magnum und Trapezoid, und eine sehr kleine für das rudimentäre Trapezium. Mit Ausnahme seiner grösseren Breite und massigeren Gestalt, ist das Skaphoid bei *A. mite* fast ebenso gebildet: jedoch es erscheint hier eine Tendenz, die später sehr ausgesprochen wird und bei den lebenden Rhinocerossen sehr auffällt, nämlich, dass das distale Ende des Skaphoid sich stark nach der ulnaren Seite verzieht.

Das Lunare ist charakteristisch rhinoceros-artig, aber von auffallend leichter und schlanker Form. Es ist hoch, aber schmal und komprimirt, besonders unterhalb des Vorsprunges, der sich zum Pyramidale erstreckt; die Radial-Facette ist einfach konvex, mit einer sehr schmalen Verlängerung auf der Palmar-Protuberanz. Diese Protuberanz ist schmal und leicht, im Vergleich mit dem massiven rauhen Höcker, die bei *Aceratherium* vorkommt. Die dorsale Hälfte des distalen Endes ist völlig von der grossen und etwas konkaven Facette für das Unciforme eingenommen, während die Berührung mit dem Magnum vorn überhaupt nur eine seitliche und sehr beschränkte ist. Der distale Schnabel des Lunare ist somit sehr undeutlich und ist fast nach dem radialen Rande verschoben. Auf der Palmar-Seite sind die Gelenke des Lunare anders, als sie in der Vorderansicht des Carpus erscheinen; hier findet sich eine grosse, tief konkave und durchaus distal stehende Grube, die das konvexe Ende des darunter liegenden Magnum aufnimmt.

Bei *Aceratherium mite* hat das Lunare dieselbe allgemeine Gestalt und dieselben Gelenke, wie es hier bei *Hyracodon* beschrieben ist, es ist jedoch im Verhältniss niedriger, breiter und dicker. Wie beim Skaphoid, so ist auch hier der Vorsprung auf der Palmar-Seite erheblich und rauher.

Das Pyramidale ist, in Folge von Korrelation mit dem Verlust des fünften Fingers und der Reduktion der Ulna, nur ein kleiner Knochen. Wie die übrigen proximalen Elemente des Carpus, ist es hoch, schmal und dick, sein grösster Durchmesser ist der antero-posteriore. Die Facette für die Ulna ist klein, leicht, sattelförmig, und weder ausgehöhlt noch auf die Aussenseite herabreichend; hinter ihr befindet sich die lange und schmale Facette für das Pisiforme, die sich auf einen von der Palmar-Seite vorragenden Tuberkel erstreckt. Die Fläche für das Unciforme ist eine einfache Vertiefung. Dieser Karpalknochen ist bei *A. mite* fast ganz so wie bei *Hyracodon*, ausgenommen dass er deutlich grösser und massiger ist und eine grössere und tiefer ausgehöhlte Facette für die Ulna besitzt.

Das Pisiforme ist ebenfalls ziemlich klein. Sein proximales Ende ist verdickt und trägt die Facetten für die Ulna und das Pyramidale, die in einem spitzen Winkel zusammenstossen; sein Hals ist zusammengezogen und schlank, während das freie Ende wieder zu einer komprimirten und keulenförmigen Verdickung anschwillt. Das Pisiforme von *A. mite* ist sehr ähnlich, aber deutlich kräftiger im Verhältniss zu seiner Länge.

Das Trapezium ist stark reducirt und kann nur eine geringe funktionelle Bedeutung gehabt haben. Es wird von einem kleinen Knoten dargestellt, der eine winzige proximale Facette für das Skaphoid und eine grössere auf der Ulnar-Seite für das Trapezoid trägt. Bei *A. mite* ist dieser Knochen verhältnissmässig grösser, wenn auch nicht so wohl entwickelt, wie bei den lebenden Rhinocerossen.

Das Trapezoid ist hoch, schmal und dick, der vertikale Durchmesser übertrifft etwas den dorso-palmaren; es verschmälert sich dieser Knochen distal und hat eine grössere Facette für das Skaphoid als für das zweite Metacarpale; beide sind sattelförmig. Bei *A. mite* ist das Trapezoid niedriger, breiter und dicker, und die Skaphoid-Facette ist tiefer konkav.

Das Magnum ist, soweit es vorn sichtbar ist, wenn die Karpal-Elemente in ihrer gegenseitigen Stellung sich befinden, ziemlich klein und hat eine fast viereckige dorsale Fläche. Das ganze proximale Ende wird vorn von der Skaphoid-Facette eingenommen, aber am hinteren Gelenkkopf ist die Lunar-Facette grösser; der Gelenkkopf ist niedrig, bei weitem nicht so weit vorragend wie bei den lebenden Rhinocerossen und biegt sich nach der radialen Seite, so dass er unter das Lunare zu liegen kommt. Wie bei allen dreizehigen Rhinocerossen, scheint das Magnum nur das Skaphoid zu tragen, und mit dem Lunare nur in seitlicher Berührung zu sein; wenn jedoch die einzelnen Knochen getrennt sind, so sieht man, dass das Lunare vorn vom Unciforme und hinten vom Gelenkkopf des Magnum getragen wird. Der auf der Palmar-Seite des Magnum stehende hakenförmige Vorsprung ist auffallend gross, mächtig und deprimirt, und biegt sich nach der Radial-Seite der Hand, hinter das obere Ende des zweiten Metacarpale, nach innen. Das distale Ende wird von der grossen, konkaven Facette für das dritte Metacarpale eingenommen. nach innen von dieser liegt eine sehr kleine, infero-laterale, für das zweite. Bei aller Aehnlichkeit in der allgemeinen Erscheinung, unterscheidet sich doch das Magnum von *A. mite* in einer Anzahl von Einzelheiten, in denen es sich mehr den recenten Rhinocerossen nähert. So ist z. B. dieser Knochen massiger, der Gelenkkopf ragt stärker vor, und die Facette für das zweite Metakarpale ist grösser; der Palmarhaken bleibt jedoch sehr gross, während er bei den lebenden Arten stark reducirt ist.

Das Unciforme ist eines der charakteristischsten Elemente des Carpus. Wie die übrigen Carpalia, ist es hoch, aber es ist relativ das breiteste von allen, da die Breite fast gleich ist der Höhe. Der dorso-palmare Durchmesser ist aber, abgesehen von dem grossen hinteren Haken, nur gering. Die proximale Fläche ist ungleich auf die einfach-konvexen Facetten für das Lunare und Pyramidale vertheilt; die für das letztere ist die grössere, und beide Flächen vereinigen sich in einem sehr offenen Winkel und bilden eine niedrige Leiste. Am distalen Ende sind drei deutliche Facetten unterscheidbar, eine grosse für das vierte Metacarpale, eine kleine infero-laterale für den Vorsprung des oberen Endes des dritten, und eine kleine externale für das rudimentäre fünfte. Der Palmar-Haken ist gross, deprimirt und abwärts gebogen. Bei *A. mite* sieht das Unciforme sehr verschieden aus, wenn auch die verhältnissmässige Höhe und Breite ungefähr dieselben sind, wie bei *Hyracodon*. Die Unterschiede bestehen besonders in einer Reduktion der ulnaren und einer Verbreiterung der radialen Seite dieses Knochens, und es erstreckt sich derselbe so weit unter das Lunare, dass er fast mit dem Skaphoid in Berührung kommt. Diese Tendenz verstärkt sich bei den grösseren Arten von *Aceratherium*, bei *Aphelops* und den modernen Rhinocerossen (mit Ausnahme der Sumatra-Art), und ebenso ist sie, wenn auch weniger deutlich, selbst bei *Hyracodon* zu sehen. Es ist dies einer der auffallendsten Charaktere des Rhinoceros-Carpus.

Der Carpus von *Hyrachyus* ist, wie bei *Hyracodon*, hoch und schmal, unterscheidet sich aber in einer Anzahl von Einzelheiten. So ist das Lunare breiter und ruht mehr gleichmässig auf dem Magnum und Unciforme, und sein distaler Fortsatz liegt mehr in der Mittellinie. Das Skaphoid bedeckt selbst vorne nicht das ganze proximale Ende des Magnum. Das Unciforme ist breiter, hat eine grössere Pyramidal- und eine kleinere Lunar-Facette, und ist deutlicher vom Skaphoid entfernt. Die Bridger-Art von *Triplopus*, *T. cubitalis*, hat fast schon den Bau des Carpus von *Hyracodon* erlangt, indem das Skaphoid auf der Dorsalseite das Magnum bedeckt und das Lunare auf das Unciferum sich hinüberschiebt. Es ist noch unsicher, ob dies ein Fall frühzeitiger Specialisirung ist, oder ob es phylogenetische Bedeutung hat.

Der Metacarpus ist aus vier Knochen zusammengesetzt, von denen drei (Mc. II, III und IV) funktioniren, während der vierte (Mc. V) rudimentär ist. Die funktionirenden Metacarpalia sind schlank und verlängert, stehen dicht bei einander und laufen nahezu parallel, wodurch die ganze Hand schmal, lang und zierlich wird. Im Vergleich mit den ächten Rhinocerossen ist der Mittelfinger stark vergrössert und die seitlichen sind reducirt, und sie haben in der allgemeinen Erscheinung eine gewisse Aehnlichkeit mit den Metacarpalia der älteren Glieder der Pferde-Reihe.

Das zweite Metacarpale ist ziemlich lang und schmal. Sein oberes Ende ist etwas verdickt und fast quadratisch und trägt eine kleine sattelförmige Facette für das Trapezoid und eine sehr schmale Facette für das Magnum auf der Ulnar-Seite. Die Magnum-Facette bildet keinen eigentlichen Vorsprung über das obere Ende des Mc. III, sondern erhebt sich nur ein wenig darüber. Eine Facette für das Trapezium ist am Mc. II nicht sichtbar, und es scheint keine Berührung zwischen diesen beiden Knochen statt zu finden. Der Schaft ist schmal und stark seitlich komprimirt, bewahrt aber eine beträchtliche antero-posteriore Dicke; er ist ziemlich stark gebogen und zwar biegt er sich nach der Ulnar-Seite. Das distale Ende ist mässig verdickt und bildet eine unsymmetrische Trochlea mit einem niedrigen Palmar-Kiel.

Das dritte Metacarpale ist bei weitem das längste und stärkste; sein oberes Ende übertrifft den Schaft nicht bedeutend an Breite, da der Vorsprung der an das

Unciforme stösst, nur kurz ist. Unter diesem Vorsprung ist es zur Aufnahme des Endes von Mc. IV, welches es etwas überragt, ausgehöhlt. Der Schaft ist lang, gerade, breit und in antero-posteriorer Richtung komprimirt, mit abgeflachten dorsalen und palmaren Flächen und gerundeten Rändern. Von einer Stelle an, unterhalb des Unciform-Fortsatzes, nimmt seine Breite allmählich und stetig gegen das distale Ende zu, zieht sich aber etwas zusammen, um eine hohe und breite Trochlea zu bilden, deren Gestalt nicht unähnlich der bei *Mesohippus* ist. Die Carina ist vorragend, aber, obgleich sie auch von vorn zu sehen ist, fast ganz auf die Palmar-Seite beschränkt.

Das vierte Metacarpal ist das Gegenbild des zweiten, ist aber etwas kürzer und schlanker.

Das fünfte Metacarpal ist ein sehr kleiner, knotenförmiger Knochen, mit einer proximalen Facette für das Unciforme und einer lateralen für das Mc. IV.

Die Metacarpalia von *Aceratherium mite* unterscheiden sich von denen von *Hyracodon* durch ihre verhältnissmässige Kürze und Dicke; die Karpal-Gelenke sind bei beiden dieselben. Bei den grösseren Arten von *Aceratherium* aus der mittleren und oberen Abtheilung der White-River-Formation, bei *Aphelops* und bei den lebenden Vertretern der Familie, werden die Metacarpalia im Verhältniss zur Grösse des Thieres immer dicker und kürzer und zwar ist diese Aenderung in Folge der zunehmenden Körpermaasse, die von den Beinen getragen werden muss, nothwendig, und ist verbunden mit einer charakteristischen Umänderung der Phalangen, die gleich beschrieben werden wird. Den Gegensatz zwischen den Proportionen der Metacarpalia bei *Hyracodon* und *Aceratherium mite* kann man aus den nachstehenden Zahlen erkennen.

	H. nebrascensis	*A. mite.*
Metacarpale II, Länge.	108 mm	107 mm
„ „ Breite des Schaftes unter dem oberen Ende	13 „	21 „
„ „ „ „ „ am distalen Ende	14 „	17 „
Metacarpale III, Länge.	120 „	121 „
„ „ Breite des Schaftes unter dem oberen Ende	18 „	26 „
„ „ „ „ „ am distalen Ende	24 „	33 „
Metacarpale IV, Länge.	106 „	98 „
„ „ Breite des Schaftes unter dem oberen Ende	12 „	21 „
„ „ „ „ „ am distalen Ende	11 „	29 „
Metacarpale V, Länge.	13 „	20 „

Bei *Hyrachyus* bleiben vier Finger der Hand funktionirend, von denen alle, besonders der fünfte, schlank bleiben. Die drei übrigen Metacarpalia besitzen eine mehr gleichmässige Grösse als bei *Hyracodon*; der mediane ist von vorn nach hinten mehr komprimirt und übertrifft die seitlichen nicht so stark an Breite. Bei *Triplopus cubitalis* ist der Metacarpus noch schlanker und mehr verlängert als bei *Hyracodon*, und das fünfte Metacarpale ist zu einem Knoten reducirt.

Die Phalangen entsprechen der in den übrigen Theilen der Hand sichtbaren Leichtigkeit und Eleganz. Die des Mittelfingers sind recht lang und breit, haben aber einen kurzen dorso-palmaren Durchmesser. Die proximale Phalanx dieses Fingers ist verlängert und nicht unähnlich der von *Mesohippus*. Die Facette für das Metakarpale ist eine flache Aushöhlung, deren Palmar-Rand tief für die Carina eingekerbt ist, aber diese Grube erstreckt sich nicht weit nach dem dorsalen Rand hin. Das distale Ende ist schmäler und hat eine niedrige Gelenkfläche, die von einer breiten, flachen Grube undeutlich getheilt ist. Die zweite Phalanx ist viel kürzer als die erste und auch schmäler, aber ähnlich gestaltet. Das Unguale ist lang und breit. stark deprimirt und abgeflacht und verdünnt sich von der proximalen Trochlea nach dem rauhen Rande zu. Die Koronar-Fortsätze sind vorragend; distal von ihnen ist diese Phalanx durch eine tiefe Kerbe jederseits tief eingeschnürt, verbreitert sich aber wieder in einen breiten Huf. Die mittlere Spalte, die sich bei fast allen älteren Perissodaktylen findet, ist erhalten. An den seitlichen Fingern ist die proximale Phalanx leicht unsymmetrisch; sie ist viel kürzer und schmäler als die des Mittelfingers, aber im Verhältniss dicker, da der dorso-palmare Durchmesser den queren übertrifft. Die Grube für die Metakarpal-Carina ist nur schwach angedeutet auf der proximalen Gelenkfläche. Die zweite Phalanx ist sehr klein und kubisch von Gestalt, nur verdünnt sie sich etwas gegen das distale Ende. Das seitliche Unguale ist fast so lang, wie das mediane, aber im Ganzen von verschiedener Gestalt: es ist schmal, schlank und scharf zugespitzt. Alle diese Phalangen besitzen eine deutliche Aehnlichkeit mit denen von *Mesohippus*.

Die Phalangen von *Aceratherium mite* zeigen einen ganz ähnlichen allgemeinen Typus, wie die von *Hyracodon*, unterscheiden sich aber merklich in ihren Proportionen; sie sind viel kürzer, breiter und kräftiger; das mittlere Unguale ist dicker und weniger flach, und die seitlichen Ungualia sind weniger verlängert und zugespitzt. Bei den späteren und modernen Rhinocerossen werden die Phalangen plumper, und die Ungualia sind ausserordentlich verkürzt und verbreitert. Die Phalangen von *Hyrachyus* ähnelt in auffallendem Maasse denen von *Hyracodon*, jedoch sind die mittleren kaum so breit, und die seitlichen weniger reducirt: die seitlichen sind besonders auch weniger schlank und zugespitzt. *Triplopus* hat ähnliche Phalangen, aber sie sind länger und schmäler geworden.

V. Die Hinter-Extremität.

Das Becken (Taf. II Fig. 12) ist lang und ziemlich leicht gebaut. Das Ilium hat einen langen und komprimirten, aber nicht sehr schlanken Stiel, der sich allmählich in die grosse Ilium-Platte ausbreitet. Die Ischial- und Acetabular-Ränder sind wohl begrenzte, gerundete Kämme, aber der Pubis-Rand und die Ilium-Fläche sind undeutlich markirt. Der Ischial-Rand bildet, wenigstens gewöhnlich, keine gebogene Hervorragung über dem Acetabulum. Der Supra-iliar-Rand ist bei allen

Exemplaren weggebrochen, so dass es unmöglich ist zu entscheiden, ob die Platte des Ilium so deutlich in einen sakralen und in einen unteren Fortsatz getheilt war, wie bei *Aceratherium*: aber es scheint dies kaum so stark der Fall gewesen zu sein, wenn auch eine Theilung zweifelsohne angedeutet war. Das Acetabulum ist gross, tief konkav und fast kreisförmig im Umriss; die Furche für das runde Ligament dringt nicht bedeutend in die Gelenkfläche ein. Das Ischium ist ziemlich kurz, und im grössten Theil seiner Länge schlank, verbreitert sich aber hinten in eine breite, dünne und nach aussen gebogene Platte, die einen vorragenden, aber durchaus nicht massigen Höcker trägt. Der Oberrand des Ischium ist fast gerade bis zur hinteren Ausbreitung, und die Ischium-Kerbe ist sehr flach. Das Pubis ist kurz, schlank und stabförmig und verbreitert sich etwas an der Symphyse. Das Obturator-Loch bildet ein grosses, verlängertes Oval.

Aceratherium, *Aphelops* und die ächten Rhinocerosse haben alle denselben allgemeinen Typus des Beckens. wobei man einige fortschreitende Umänderungen erkennen kann. Letztere bestehen vor Allem in einer grossen Ausbreitung und starken Biegung des Ilium nach aussen, die in Verbindung steht mit der zunehmenden Masse des Rumpfes und der Eingeweide. und in einer verhältnissmässigen Verkürzung des Ischium und Pubis, nebst einer allgemeinen Zunahme der Massigkeit im ganzen Becken. Das leichte. verlängerte Os innominatum bei *Hyracodon* divergirt von dieser Modifikationsrichtung. Das Becken von *Hyrachyus* ist hauptsächlich bemerkenswerth durch die sehr auffallende Theilung der vorderen Ausbreitung des Ilium in einem sakralen und einem unteren Fortsatz, von denen der letztere auffallend lang und schmal ist. Es giebt dies dem Ilium ein dreistrahliges Aussehen, wie Cope bemerkt. (No. 1 p. 668) „the superior or sacral plate rather shorter and wider than that forming the crest, which is subsimilar to the peduncular portion".

Das Femur (Taf. II Fig. 13) ist 264 mm lang und übertrifft bedeutend den Humerus; obgleich er, im Vergleich mit den Knochen der Vorderextremitäten, ziemlich gedrungen ist, so erscheint er doch im Vergleich zum Femur von *Aceratherium* leicht und schlank. Sein oberer Gelenkkopf ist sessil und hebt sich nicht von einem deutlichen Halse ab; er springt nach oben entschiedener vor als bei den lebenden Rhinocerossen; seine Gestalt ist fast rein halbkugelig, der Umriss ist aber von der kleinen, aber tiefen Grube für das runde Ligament unterbrochen, die hinten gelegen ist. Das proximale Ende ist mässig breit. und der grosse Trochanter wird von einem massiven, rauhen Kiel gebildet, der sich hinten zu einer stumpfen Spitze erhebt und sich über den Gelenkkopf hinaus erstreckt; mit letzterem ist er durch eine kurze. schmale Brücke verbunden; die Digital-Grube ist nicht gross, aber tief eingedrückt. Der zweite Trochanter ist undeutlich und bildet einen langen. niedrigen und etwas rauhen Kiel auf der postero-internalen Kante des Schaftes. Der dritte Trochanter ist stark entwickelt; seine am stärksten vorragende und verdickte Portion liegt ungefähr gegenüber der Mitte des Schaftes, und seine proximalen und distalen Ränder erheben sich so allmählich, dass dieser Fortsatz fast die halbe Länge des Knochens einnimmt. Der Schaft ist lang, schlank, gerundet und nach vorn gebogen, und wird verhältnissmässig breit und dick nahe dem distalen Ende; auf der Vorderseite, über der Rotular-Trochlea, befinden sich eine tiefe Grube und eine rauhe Hervorragung für den Plantaris-Muskel. Die Trochlea ist ziemlich breit und weit offen, aber ziemlich tief-grubig, und hat schmale, komprimirte Ränder von fast gleicher Höhe, obgleich der innere ein wenig mehr vorragt. Die Kondylen sind verhältnissmässig klein, aber ziemlich stark vorragend und erstrecken sich, wenn der Knochen aufrecht gestellt wird, fast nach hinten; der äussere ist etwas grösser.

Das Femur von *Hyrachyus* ähnelt dem von *Hyracodon* in fast jeder Hinsicht, selbst in der eigenthümlichen Beschaffenheit des dritten Trochanter, obgleich dieser Fortsatz etwas höher oben am Schafte steht; der grosse Trochanter indessen, ist stärker entwickelt und erstreckt sich weiter über den Gelenkkopf hinaus, und die Rotular-Trochea ragt nicht so weit nach vorn hervor. Ebenso hat bei *Aceratherium* das Femur fast denselben Typus, obgleich es entschieden schwerer und im Verhältniss zur ganzen Extremität länger ist und dem der Tapire mehr ähnelt als dem recenten Rhinocerosse. Das äusserst charakteristische Femur der letzteren ist ausserordentlich massiv, mit sessilem Gelenkkopf, stark verbreitertem proximalen Ende, reducirtem grossen Trochanter, der den Gelenkkopf nicht erreicht, und verkümmerter Digital-Fossa. Der dritte Trochanter andererseits ist äusserst vorspringend geworden, obgleich er sich gewöhnlich nicht so stark in vertikaler Richtung längs des Schaftes ausdehnt, wie bei *Hyracodon*. Die Trochlea ist sehr mächtig und unsymmetrisch, da der innere Rand höher ist als der äussere.

Die Patella hat die gewöhnliche ovale Gestalt, ist aber ziemlich klein und nicht sehr dick. Die Fläche für die Femoral-Trochlea ist von einer niedrigen, breiten Leiste in zwei sehr leicht konkave Facetten getheilt, und die vordere Fläche ist nur mässig rauh. Bei *Aceratherium* ist dieser Knochen viel dicker, massiger und rauher.

Die Tibia (Taf. II Fig. 14, 15) ist etwas kürzer als das Femur und fast ebenso lang wie der Radius (227 mm ohne den proximalen Dorn); obgleich sie viel gedrungener ist als der letztere, so ist sie doch im Vergleich zur Tibia von *Aceratherium* schlanker. Das proximale Ende ist massig, von dreikantiger Gestalt und trägt ziemlich gleiche Facetten für die Kondylen des Femur, die von einem vorragenden, zweispaltigen Dorn getrennt sind. Der Knemial-Fortsatz ist dick und deutlich, steigt aber nicht weit auf dem Schaft herab; sein proximaler Theil hat einen tiefen Eindruck von der Grube für die Insertion des Patella-Ligaments, aber die Furche auf der Aussenseite für die Sehne des Metatarsal-Flexors ist flach. Unterhalb der Knemial-Leiste ist der Schaft schlank, gerundet und grade und verbreitert und verdickt sich am distalen Ende, das von quadratischem Umriss ist. Die Facetten für den Astragalus sind schmal, besitzen eine mässige Konkavität und verlaufen schräg zur Längsachse des Knochens; die mittlere Zunge ist niedrig und dick und ist am Hinterrande in einen breiten, abwärts gerichteten Fortsatz verlängert. Der innere Malleolus ist klein.

Bei *Aceratherium* ist die Tibia im Verhältniss kürzer und sehr viel plumper als bei *Hyracodon*, mit stärker vorragendem und massiverem Knemial-Kamm und flacheren Astragalus-Facetten. Diese Unterschiede werden noch auffallender, wenn man *Aphelops* oder eine moderne Art zum Vergleich heranzieht. Die Tibia von *Hyracodon* ähnelt, soweit sie bekannt ist, so sehr der von *Hyracodon*, dass sie nicht besonders beschrieben zu werden braucht.

Die Fibula ist stark reducirt und sehr schlank; das proximale Ende besitzt eine starke Ausdehnung in antero-posteriorer Richtung, ist aber sonst dünn und komprimirt und trägt eine schiefe Facette für die Tibia. Vom oberen Ende an verschmälert sich der Schaft sehr schnell, und im grössten Theil seiner Länge stellt er einen ununterbrochenen, aber ausserordentlich dünnen und mehr oder weniger vierkantigen Stab dar. Am distalen Ende verbreitert sich der Knochen wieder in antero-posteriorer Richtung und verdickt sich auch etwas in der Querrichtung und bildet einen schalen äusseren Malleolus, der sich dicht an die Tibia und den Astragalus anlegt. Trotz ihrer grossen Reduktion zeigt die Fibula keine Tendenz, mit der Tibia irgendwo zu verwachsen.

Bei *Aceratherium* und noch mehr bei den jüngeren Formen ist die Fibula viel kräftiger als bei *Hyracodon*.

Der Tarsus (Taf. II Fig. 6, 7, 8) ist wie der Carpus hoch und schmal, und obgleich er einen schlanken und verlängerten Fuss bildet, der in seinen Proportionen sehr verschieden ist von dem breiten, plumpen und verhältnissmässig kurzen Fuss der ächten Rhinocerosse, so zeigt er doch den Typus des Rhinoceros-Baues und weicht deutlich vom Pferdetypus ab.

Der Astragalus ist schmal und nicht von grosser vertikaler Länge; er hat eine kurze, breite Trochlea, mit weit offener medianer Grube, die ziemlich in der Längsachse des Fusses liegt; die beiden Kondylen sind fast von gleicher Grösse, jedoch erhebt sich der innere etwas höher, und der äussere ist etwas breiter und steigt tiefer herab: er reicht fast bis zur Navikular-Facette. Der Hals ist kurz und richtet sich schief nach unten und innen, aber er ist länger als bei *Mesohippus* sowohl, als auch bei *Aceratherium*, und dieser Unterschied ist besonders an der äusseren Seite ausgesprochen. Die obere Facette für den Calcaneus ist gross und tief-konkav; sie ist von der Sustentacular-Facette durch eine schmale, tiefe Grube getrennt. Die Sustentacular-Facette ist schmal, verlängert und fast ganz eben; unten verbindet sie sich mit der distalen Calcaneus-Facette, die auch schmal ist. Beide treffen in einem rechten Winkel zusammen und bilden eine **L**-förmige Hervorragung auf der Plantar-Seite des Knochens. Die Navikular-Fläche ist breit, ziemlich stark konvex in antero-posteriorer Richtung und leicht konvex in der Querrichtung. Die Fläche für das Kuboid ist sehr schmal und ist mehr seitlich als distal gelegen; gegen den dorsalen Rand ist sie zu einer blossen Spitze zusammengezogen und ist hier vom Kuboid durch das Gelenk des Naviculare mit dem Calcaneus getrennt. Wenn die Tarsalia in ihrer natürlichen Lage von vorn betrachtet werden, scheint zwischen Kuboid und Astragalus keine Berührung stattzufinden: Dies Verhalten ist verschieden von dem, das sich bei *Aceratherium* und allgemein bei den ächten Rhinocerossen findet.

Der Calcaneus ist ziemlich verlängert und komprimirt; in seiner Länge ist er durch die Vorragung der oberen Astragalus-Facette fast in zwei gleiche Theile getheilt. Das Tuber Calcis ist im Vergleich zu dem der meisten Perissodaktylen kurz, aber merklich länger als bei *Aceratherium*; es ist gerade, mit parallelem dorsalen und plantaren Rand und ziemlich schlank, obgleich die Plantar-Fläche etwas verbreitert und rauh, und das freie Ende zu einer mässigen, keulenförmigen Anschwellung verdickt ist. Die obere Astragalus-Facette ist vorragend konvex, ist sehr schief gestellt und richtet sich ebenso sehr nach innen als nach der proximalen Seite. Das Sustentaculum ist vorragend und plump, aber seine Gelenkfläche ist schmal; diese letztere Facette steht mit der noch schmaleren distalen Astragalus-Facette nicht in Zusammenhang, wie es die entsprechenden Flächen am Astragalus thun. Am dorsalen Ende der distalen Astragalus-Facette, und scheinbar einen Theil der letzteren bildend, findet sich eine winzige Gelenkfläche für das Naviculare. Die Kuboidal-Fläche ist schief, schmal und biegt sich nach innen gegen die Plantar-Seite.

Das Kuboid ist hoch und auf der dorsalen Seite schmal; auf der plantaren Seite nimmt seine Breite stark zu, sowohl durch einen Fortsatz, der die Facetten für das Naviculare und Ectocuneiforme trägt, als auch durch den grossen, rauhen Höcker, der den Kuboid-Haken darstellt. Am proximalen Ende befinden sich die gewöhnlichen Facetten für den Astragalus und den Calcaneus, die erstere ist klein, und erstrekt sich nicht ganz bis zum dorsalen Rande. Mit dem Ectocuneiforme artikulirt es durch zwei kleine, aber stark vorragende Facetten, eine auf der Plantar-, die andere auf der Dorsal-Seite, und unterhalb der letzteren findet sich eine sehr kleine Fläche, die mit dem dritten Metatarsale artikulirt.

Das Entocuneiforme ist sehr gross und hat eine ausserordenlich sonderbare Gestalt. Der proximale Theil bildet einen breiten, ovalen und abgeflachten, schuppenähnlichen Knochen, von dem ein langer aber schmalerer Fortsatz ausgeht Letzterer erstreckt sich abwärts, biegt sich aber auch gegen die Fibular-Seite des Fusses und reicht bis unter das Kuboid; sein freies Ende ist verdickt und von dreieckiger Gestalt, mit der Spitze gegen die Tibial-Seite gerichtet. Dieser Knochen artikulirt proximal mit dem Naviculare, vorn mit dem Mesocuneiforme und zweiten Metatarsale, und am distalen Fortsatz ist eine kleine Facette für den Plantar-Vorsprung vom oberen Ende des dritten Metatarsale. Trotz seiner Grösse und Wichtigkeit ist dieser Knochen durchaus nach hinten zu gelegen und ist kaum in der Vorderansicht des Fusses sichtbar.

Das Mesocuneiforme ist in jeder Richtung klein, das kleinste von allen dreien; am breitesten ist es auf der Dorsal-Seite und verdünnt sich zu einer Kante auf der Plantar-Seite. Sein vertikaler Durchmesser ist entschieden geringer als der des Ektocuneiforme, wodurch eine beschränkte Artikulation des letzteren mit dem zweiten Metatarsale ermöglicht wird.

Das Ectocuneiforme ist gross und plump; es ist ebenfalls am breitesten auf der dorsalen Seite und ist überall hoch, aber der längste Durchmesser ist der anteroposteriore. Dieser Knochen hat entsprechend der Vergrösserung des dritten Fingers zugenommen, aber seine Gestalt ist die bei den niederen Perissodaktylen gewöhnliche und braucht desshalb nicht besonders beschrieben zu werden.

Der Tarsus von *Aceratherium* ist zwar ähnlich dem von *Hyracodon*, und diese Aehnlichkeit erstreckt sich auf zahlreiche Einzelheiten im Bau; aber es existiren doch gewisse nicht unwichtige Unterschiede zwischen beiden Gattungen, und vor allem sind alle Elemente bei ersterer kürzer, breiter und plumper. Der Astragalus ist kürzer und breiter im Verhältniss, mit flacherer Trochlear-Grube und mehr unsymmetrischen Kondylen, da der äussere bedeutend grösser ist; sein Hals ist viel kürzer und das distale Ende etwas verschieden gestaltet: die Kuboid-Facette ist breiter, entschiedener distal gelegen und bis zum dorsalen Rand fortgesetzt, so dass das Naviculare von der Berührung mit dem Calcaneus ausgeschlossen ist; auch sind die dorsalen und plantaren Ränder ähnlich parallel. Eine Facette für das Naviculare fehlt an diesem Knochen. Das Kuboid ist kürzer, breiter und dicker und zeigt einen stärker entwickelten rauhen Vorsprung auf der Plantar-Seite; am distalen Ende befindet sich keine besondere Facette für das dritte Metatarsale. Das Entocuneiforme hat eine mässigere Grösse, während das Naviculare, Meso- und Ektocuneiforme sich nur durch grössere Massigkeit unterscheiden. *Aceratherium* hat bereits im Wesentlichen die Entwickelung des Tarsus erreicht, die die modernen Rhinocerosse charakterisirt: die einzige Aenderung besteht weiterhin in einer noch stärkeren Zunahme von Dicke und Gewicht.

Hyrachyus ähnelt *Hyracodon* im allgemeinen Charakter des Tarsus, aber die einzelnen Knochen sind noch höher und schmaler als bei der White-River-Gattung. Der Calcaneus hat ein längeres und schlankeres Tuber, und der Astragalus einen längeren Hals; der letztere artikulirt mit dem Kuboid derartig, dass das Naviculare von einer Berührung mit dem Calcaneus ausgeschlossen ist. Das Entocuneiforme ist gross, oval und abgeflacht, ohne absteigenden Fortsatz, und die beiden anderen Cuneiformia sind, wenigstens bisweilen, in ein einziges Stück verschmolzen. Diese Verschmelzung findet sich z. B. bei dem schönen Skelett von *H. eximius*, das Cope abbildet (Nr. 1, Taf. LVa Fig. 2), und ich habe sie bei anderen Exemplaren beobachtet. Ob diese Bildung bei dieser Art konstant ist, kann man zur Zeit noch nicht sagen, aber bei anderen Arten dieser Gattung sind Meso- und Ektocuneiforme getrennt.

Von Metatarsalia finden sich drei (II, III, IV), vom fünften ist keine Spur vorhanden. Das zweite Metatarsale ist lang (108 mm), stark gebogen und seitlich komprimirt. Das obere Ende ist schmal und trägt Facetten für alle drei Cuneiformia, eine grosse proximale für das Meso-, auf der Plantar-Seite eine kleinere für das Ento- und auf der Fibular-Seite eine winzige für das Ektocuneiforme. Auf diese Weise wird der Knochen sehr fest an seinem Platze gehalten. Der Schaft und das distale Ende sind ein wenig schlanker als die des entsprechenden Metacarpale, aber sonst ist kein bemerkenswerther Unterschied vorhanden. Das dritte Metatarsale ist ebenfalls verlängert (114 mm): es ist das längste und breiteste in der Reihe, aber es übertrifft die seitlichen Nachbarknochen nicht ganz so sehr, wie das dritte Metacarpale; gegenüber dem letzteren ist seine wirkliche Länge etwas geringer und ebenso ist es schmaler. Sein proximales Ende ist sehr wenig breiter als der Schaft, besitzt aber eine grössere Dicke in Folge einer Hervorragung auf der Plantar-Seite; es trägt ausser der gewöhnlichen grossen Facette für das Ektocuneiforme zwei weitere viel kleinere Facetten; eine davon, an der vorderen äusseren Ecke des oberen Endes, ist für das Kuboid, und die andere, die auf der plantaren Hervorragung sich befindet, ist für den absteigenden Fortsatz des Ektocuneiforme bestimmt. Der Schaft ist nicht so breit als beim dritten Metacarpale, ist aber etwas dicker in antero-posteriorer Richtung, und seine Gestalt ist deutlicher vierkantig. Das vierte Metatarsale ist das Gegenstück des zweiten und hat fast dieselbe Länge (107 mm), aber sein oberes Ende ist etwas plumper und artikulirt nur mit dem Kuboid. Bei einem Vergleich der Metatarsalia mit den Metacarpalia sehen wir, dass die seitlichen Knochen beim Vorder- und Hinterfuss fast genau von derselben Länge, obgleich beim letzteren etwas schlanker, sind, während der mediane hinten deutlich kürzer und dünner ist als vorn.

Bei *Aceratherium* sind die Metatarsalia im Verhältniss kürzer, breiter und dicker als bei *Hyracodon*, und das dritte Metatarsale scheint mit dem Kuboid sich nicht zu berühren: im Uebrigen sind die Unterschiede gering. Bei *Aphelops* und den recenten Rhinocerossen tritt die Tendenz, die Metatarsalia zu verkürzen und zu verdicken, noch stärker hervor.

Nur unbedeutende Unterschiede lassen sich zwischen den Metatarsalia von *Hyracodon* und von *Hyrachyus* beobachten. Beim letzteren indessen ist das mittlere nicht so sehr gegenüber den seitlichen verlängert, hat eine schmalere Trochlea, und der Schaft ist mehr gerundet. Ebenso fehlt hier die Artikulation von Mt. III mit dem Kuboid.

Die Phalangen des Fusses sind etwas länger als die der Hand, sonst aber nicht so sehr verschieden, um eine Beschreibung nothwendig zu machen.

VI. Restauration von Hyracodon.

Die dieser Abhandlung beigefügte Restauration von *Hyracodon* (Taf. III) ist fast ganz nach zwei Exemplaren derselben Art, die von gleicher Grösse waren und in demselben Horizont der White-River-Schichten gefunden werden, zusammengestellt worden. Das eine, wichtigere, Exemplar wurde von Herrn Gidley entdeckt und besteht aus dem Schädel, Hals, drei Brustwirbeln, verschiedenen Rippen und den vollständigen Vorder- und Hintergliedmaassen. Das andere, von Herrn Hatcher aufgefundene Exemplar zeigt vierzehn Brust- und zwei Lendenwirbel in ununterbrochener Reihe. Einige Einzelheiten, wie fehlende Fortsätze und dergleichen, sind nach anderen Exemplaren rekonstruirt. Die einzigen Lücken oder Zweifel, die noch über den Skelettbau dieser Art herrschen, beziehen sich auf die exakte Zahl der

Brust- und Schwanzwirbel, die Länge der meisten Rippen, sowie auf die Bildung des Sternum.

Abgesehen vom Schädel, deuten nur wenige Züge im allgemeinen Aussehen des Thieres eine nahe Verwandtschaft zu den Rhinocerossen oder Tapiren an, und noch mehr unterscheidet es sich von den gleichzeitig lebenden Pferden. Allerdings scheinen sich einige schlanker und leichter gebaute Arten von *Palaeotherium* im Aussehen mehr an *Hyracodon* anzuschliessen als irgend welche andere oligocäne Perissodaktylen, aber es braucht wohl nicht besonders hervorgehoben zu werden, dass von einer Verwandtschaft dieser beiden Gattungen nicht die Rede sein kann.

Der Schädel von *Hyracodon* ist mässig gross, aber etwas massig und selbst plump und unterscheidet sich durchaus von dem schlanken, zugespitzten und graciösen Kopf von *Mesohippus*; dagegen zeigt er eine entschiedene Aehnlichkeit zu dem der älteren und kleineren Arten von *Aceratherium*. Nach dem ganz verschiedenen Charakter der Schneide- und Eckzähne und der damit in Zusammenhang stehenden Bildung der Praemaxillaria und der Mandibel-Symphyse, kann man jedoch diese Gattung auf den ersten Blick von jedem anderen Angehörigen der Rhinoceros-Gruppe — im weitesten Sinne — unterscheiden. Der Hals ist ungewöhnlich lang, länger als bei *Mesohippus*, besitzt aber nicht die leichte und graciöse Gestalt des letzteren. Der Rumpf ist länger als bei *Aceratherium*, der Rücken mässig gebogen und erhält durch die hohen, sehr schlanken und stark geneigten Neural-Dornen ein charakteristisches Aussehen. Der Thorax erscheint, besonders in vertikaler Richtung, kleiner als bei der letztgenannten Gattung, aber andererseits sind wieder die Rippen breiter und flacher als bei den gleichzeitigen Pferden. Vom Schwanze ist nichts mit Sicherheit bekannt, aber wir können wohl mit Recht vermuthen, dass er dem von *Aceratherium* ähnlich war.

Der auffallendste Unterschied zwischen *Hyracodon* und den typischen Rhinocerossen liegt in den Verhältnissen der Extremitäten. Beide Entwickelungsreihen stimmen darin überein, dass Vorder- und Hinterbeine fast gleich sind, während bei *Mesohippus* die hinteren länger sind als die vorderen. Allerdings ist der Humerus bedeutend kürzer als das Femur, aber dieser Unterschied wird durch die Länge der Scapula, die so Knie- und Ellenbogen-Gelenk fast in dieselbe Höhe bringt, kompensirt; hiermit hat aber die Aehnlichkeit ein Ende. Bei *Hyracodon* sind die Beine im Ganzen viel schlanker und verlängerter als bei *Aceratherium*, und die einzelnen Abschnitte sind in der Länge verschieden. So ist der Humerus etwas länger, die Vorderarmknochen, die Carpalia, Metacarpalia und Phalangen sind sehr viel länger, nicht nur im Verhältniss zur Länge des Schädels, sondern auch zu der des Humerus. Ebenso sind am Hinterbein Tibia und Fuss länger, selbst im Vergleich mit dem verlängerten Femur. Besonders auffallend sind die hohen und dünnen Füsse mit ihren stark reducirten seitlichen Fingern. In dieser Hinsicht nähert sich *Hyracodon* den Verhältnissen der einzelnen Bein-Abschnitte bei *Mesohippus*, erreicht sie aber nicht, da bei letzterem die Verlängerung von Radius, Tibia, Hand und Fuss noch stärker hervortritt. Die hohe und schmale Scapula unterscheidet sich stark vom Schulterblatt von *Aceratherium*, und ähnelt mehr dem von *Palaeotherium* einerseits, und dem der modernen Rhinocerosse andererseits. Das Becken steht ungefähr in der Mitte zwischen dem kurzen Becken von *Aceratherium* mit seinem stark ausgebreiteten Ilium und dem langen und schmalen von *Mesohippus*.

Mit dem Skelett seines eocänen Vorgängers, *Hyrachyus*, hat *Hyracodon* im Allgemeinen viel Aehnlichkeit, aber der Kopf ist grösser, der Hals länger, der Rumpf, besonders die Lenden-Region kürzer, und die Beine sind etwas, aber nicht sehr auffallend, verlängert und schlanker.

Nach alledem kann man *Hyracodon* ein leicht, aber kräftig gebautes, langhalsiges, flüchtiges, hornloses Rhinoceros nennen. Die Verhältnisse der Beine deuten ihre Bestimmung zum schnellen Laufen an, und das gänzliche Fehlen von Waffen deutet darauf hin, dass die Flucht das einzige Sicherungsmittel des Thieres vor Feinden war. Es ist natürlich unmöglich die Ursachen zu bestimmen, die zum Erlöschen dieser interessanten Entwickelungslinie führten; es ist jedoch möglich, dass daran die Konkurrenz der besser entwickelten Pferde, die zweifellos dieselbe Lebensgewohnheit hatten, Schuld war. Wäre diese Linie erhalten geblieben, so würde sie zu einem monodaktylen Typus schliesslich geführt haben, während dagegen der Haupt-Rhinoceros-Stamm mehr und mehr an Körpergewicht zunahm, kurzfüssig wurde, und die Tendenz, die Zehen und Finger zu reduciren, aufgab.

Die folgende Tabelle zeigt die verschiedenen Maassverhältnisse von *Hyracodon* und *Aceratherium tridactylum*, von welchem ein sehr schön erhaltenes Skelett von Osborn und Wortman (No. 5, Taf. III) abgebildet ist. Bei beiden ist die Länge des Schädels als 100 angenommen, und die Länge der übrigen Knochen ist hiernach im Verhältniss berechnet. Man darf aber nicht vergessen, dass *Hyracodon* bei weitem das kleinere von beiden Thieren ist.

	A. tridactylum	*H. nebrascense*
Schädel, Länge	100	100
Hals, „	96,4	120,9
Scapula, Höhe	68,6	84,5
Humerus, Länge	57,8	80
Radius, „	51,8	77,2
Hand, „	49,6	67,2
Femur, „	71	99
Tibia, „	54	77,2
Fuss, „	49	77,2.

Im Allgemeinen ist die systematische Stellung von *Hyracodon* klar: die Gattung stellt einen Seitenzweig des Rhinocerosstammes dar. Der Bau der Molar-Zähne, des Schädels, der Beine und besonders der Füsse beweist diese Verwandtschaft unzweifelhaft. Zugleich aber ist es klar, dass nicht alle dieser vielen Aehnlichkeiten auf die Verwandtschaft zurückzuführen sind, sondern dass viele davon einem Parallelismus der Entwickelung zuzuschreiben sind, ein Vorgang, dessen Häufigkeit und

Wichtigkeit von vielen Morphologen übersehen wird, obgleich er in der unzweideutigsten Weise beim Studium der Säugethierstämme hervortritt. Wie die Schneide- und Eckzähne beweisen, begann die Abzweigung der Linie, die zu *Hyracodon* führte, von dem Hauptstamm, sehr frühzeitig; offenbar entwickelte sich die für die ächten Rhinocerosse charakteristische Umbildung dieser Zähne erst, nachdem die *Hyracodon*-Linie, die die Schneide- und Eckzähne ganz anders umbildete, begonnen hatte, sich gesondert zu entwickeln. Daraus folgt, dass nur diejenigen Aehnlichkeiten von *Hyracodon* und *Aceratherium*, die sich ebenso bei der gemeinsamen Stammform finden, auf die Stammesverwandtschaft zurückgeführt werden können; die übrigen müssen einem Parallelismus zugeschrieben werden.

Bevor nicht die Perissodaktylen der Uinta-Formation (oberes Eocän) besser bekannt sind, als bisher, wird es nicht möglich sein, anzugeben, welche mittel-eocäne Gattung die gemeinsame Stammform von *Hyracodon* und *Aceratherium* darstellt, jedoch scheint es nicht unwahrscheinlich, dass die Bridgergattung *Hyrachyus* dieser gesuchten Form sehr nahe steht. Die Aehnlichkeit von *Hyrachyus* und *Hyracodon* ist schon lange erkannt, und schon vor einer Reihe von Jahren hat Marsh (No. 4) vermuthet, dass die letztere Gattung sich direkt von der ersteren ableitet, und diese Vermuthung wird durch eine genaue Vergleichung beider Skelette, wo in jeder Einzelheit der Bezahnung, des Schädels, der Füsse Aehnlichkeiten vorhanden sind, entschieden bestätigt. Das zweite Glied dieser Reihe ist, wie Cope nachgewiesen hat, wahrscheinlich die Gattung *Triplopus*. Zwar ist *T. cubitalis* aus dem oberen Bridger in gewissen Beziehungen mehr specialisirt als *Hyracodon*, vor allem in der starken Verlängerung des Vorderarmes, aber die Uinta-Arten scheinen, soweit sie bekannt sind, stark nach *Hyracodon* sich hinzuneigen und Mittelglieder zwischen dieser Gattung und *Hyrachyus* zu bilden. Wir haben demnach genügend Grund, anzunehmen, dass die Reihe *Hyrachyus-Triplopus-Hyracodon* die wirkliche Abstammung darstellt.

Die Beziehungen von *Hyrachyus* zu *Aceratherium* sind viel dunkler und verbleiben vorläufig so, bis der bis jetzt unbekannte Vorläufer dieses White-River-Typus in der Uinta-Formation aufgefunden wird. Es ist sehr wahrscheinlich, dass die Bridger-Gattung, wenn sie nicht selbst der Vorfahr von *Aceratherium* ist, doch diesem sehr nahe verwandt und ähnlich war. Jedenfalls aber können *Aceratherium* und *Hyracodon* keinen gemeinsamen Stammvater gehabt haben, der jünger als *Hyrachyus* wäre, und diejenigen Charaktere, die bei letzterer Gattung fehlen, aber bei beiden White-River-Gattungen vorhanden sind, können nicht auf gemeinsame Erbschaft zurückgeführt werden, sondern müssen unabhängig von einander erworben sein. Von solchen Charakteren, die offenbar auf Parallelismus beruhen, ist der auffälligste der Bau der Backenzähne, der bei *Hyracodon* und *Aceratherium* fast identisch ist, während Schneide- und Eckzähne ganz verschieden sind und sich in jeder Linie in einer ganz besonderen Weise umgebildet haben. Ebenso finden wir, dass sich die beiden White-River-Formen im Schädel mehr ähneln, als jede dem *Hyrachyus*, obgleich *Hyracodon* deutlich die primitivere Form bleibt. Bei letzterer Gattung zeigen andere Theile des

Skeletts dieselben Verhältnisse; die Wirbelsäule, die Beine, besonders die Füsse, überall ist ein auffallender Parallelismus mit *Aceratherium* sichtbar, der sich selbst auf geringfügige Einzelheiten des Baues erstreckt, aber Hand in Hand damit geht eine Divergenz, die bisweilen diesen Parallelismus verdeckt. Diese Divergenz ist offenbar auf verschiedene Lebensweise zurückzuführen. Alle Abweichungen der Gattung *Hyracodon* vom gewöhnlichen Rhinoceros-Bau haben die Bedeutung, das Thier schnellfüssig zu machen, und es zeigt sich das besonders in der Verlängerung der Beine, und der Länge, Schlankheit und Dünne der Füsse. *Aceratherium* dagegen ähnelt in seinen allgemeinen Proportionen sehr dem Tapir, und bei den jüngeren Arten dieser Gattung und ebenso bei der nachfolgenden Gattung *Aphelops* wird der Körper mehr und mehr gewichtig, während Beine und Füsse, zur Unterstützung der wachsenden Körperlast, kürzer und dicker werden. Hätte die *Hyracodon*-Linie so lange existirt, wie *Aceratherium* und *Aphelops*, so würde die Divergenz zweifellos immer stärker geworden sein, und wir würden dann ein Rhinoceros mit nahezu pferdeartigem Habitus erhalten haben.

Ueber die geographische und geologische Verbreitung von *Hyracodon* kann ich mich kurz fassen. Die Gattung ist, soweit bis jetzt bekannt, durchaus auf das Nord-Amerikanische Oligocän beschränkt; sie findet sich recht häufig in allen Theilen der White-River-Formation, von den Titanotherium- bis zu den Protoceras-Schichten, aber in den darauffolgenden John-Day-Schichten hat sie keine Spuren hinterlassen.

Zum Schluss spreche ich noch meinem Freunde und Kollegen Dr. A. E. Ortmann, der es übernahm, diese Arbeit in's Deutsche zu übersetzen, meinen besten Dank aus.

Litteratur-Verzeichniss.

1. Cope, E. D., Tertiary Vertebrata. Pl. I. Washington 1885.
2. Leidy, J., The ancient Fauna of Nebraska. Washington 1853.
3. —— The extinct mammalian Fauna of Dakota and Nebraska. Philadelphia 1869.
4. Marsh, O. C., Introduction and Succession of Vertebrate Life in America. Amer. Journ. Sc. and Arts. 3rd. Ser. Vol. XIV. p. 361.
5. Osborn, H. F. and Wortman, J. L., Fossil Mammals of the lower Miocene White River Beds. Bull. American Museum Natural History. Vol. VI. 1894.
6. Scott, W. B. and Osborn, H. F., On the skull of the Eocene Rhinoceros, Orthocynodac etc. Bull. Princeton Museum, no. 3. 1883.

Tafel-Erklärung.

Tafel I.

Fig. 1. *Hyracodon nebrascense*; Schädel, von der Seite.
Fig. 2. „ „ linke Scapula.
Fig. 3. „ „ linke Hand, von vorn.
Fig. 4. „ „ linkes Pisiforme, von der Aussenseite.
Fig. 5. „ „ rechter Carpus, von der Innenseite.
Fig. 6. „ „ linker Hinterfuss, von vorn.
Fig. 7. „ „ rechter Tarsus, von der Innenseite.
Fig. 8. „ „ Calcaneus und Astragalus, distales Ende; natürl. Grösse.

Alle Figuren, mit Ausnahme von Fig. 8, in halber natürlicher Grösse.

Tafel II.

Fig. 9. *Hyracodon nebrascense*; linker Humerus, von vorn.
Fig. 10. „ „ linke Ulna und Radius, von der Aussenseite.
Fig. 11. „ „ linke Ulna und Radius, distales Ende; natürl. Grösse.
Fig. 12. „ „ rechtes os innominatum, von der Aussenseite.
Fig. 13. „ „ rechtes Femur, von vorn.
Fig. 14. „ „ linke Tibia und Fibula, von vorn.
Fig. 15. „ „ linke Tibia und Fibula, distales Ende; natürl. Grösse.

Alle Figuren, mit Ausnahme von Fig. 11 und 15, in halber natürlicher Grösse.

Tafel III.

Restauration von *Hyracodon nebrascence*; $^1/_8$ natürl. Grösse. Zu dieser Figur gehören Schädel, Hals und Beine zu einem Individuum, die meisten der Brust- und Lendenwirbel zu einem zweiten.

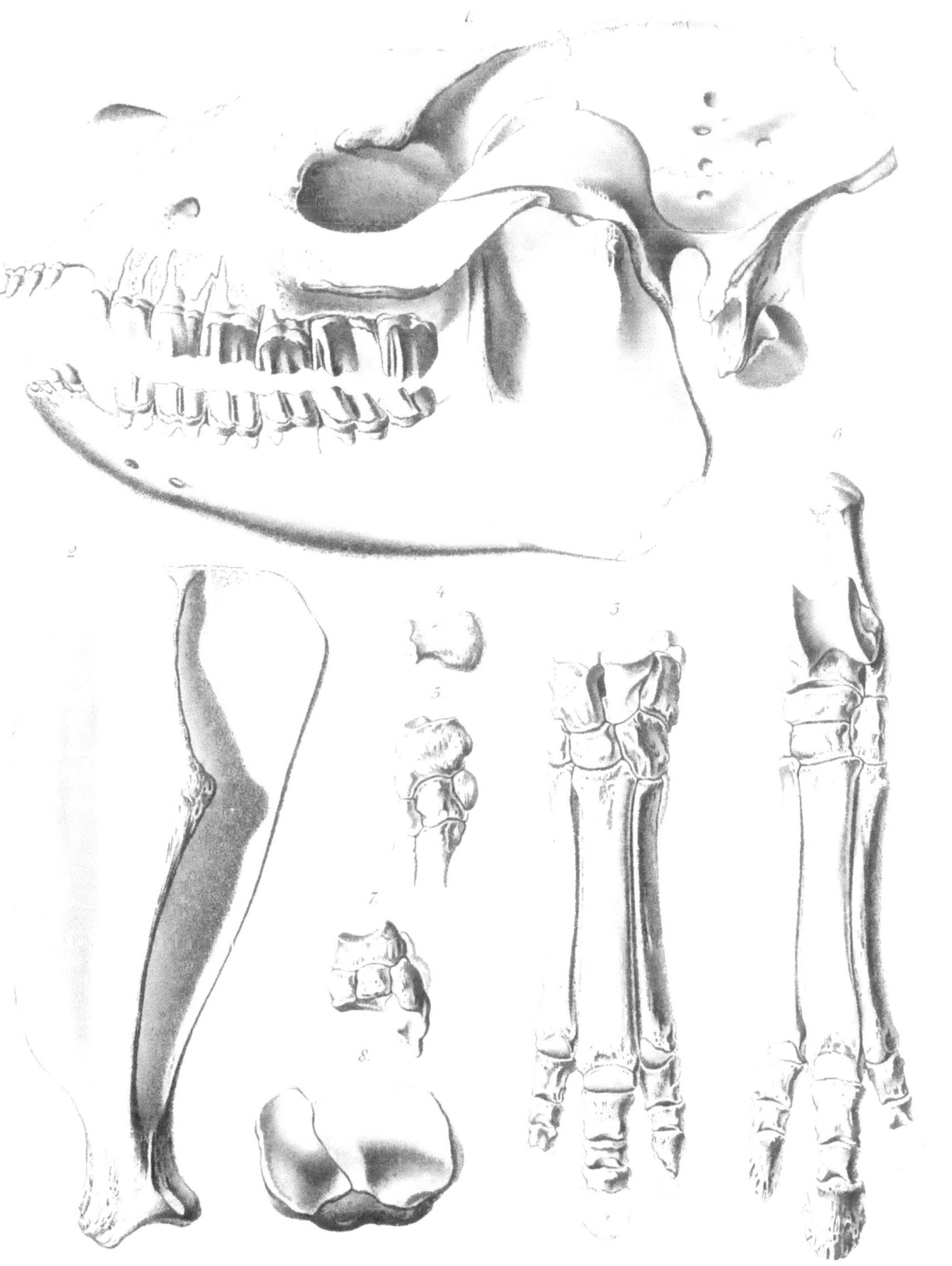

Weber del. Verlag von Wilhelm Engelmann in Leipzig Lith. Anst. v. Werner & Winter, Frankfurt a/M.

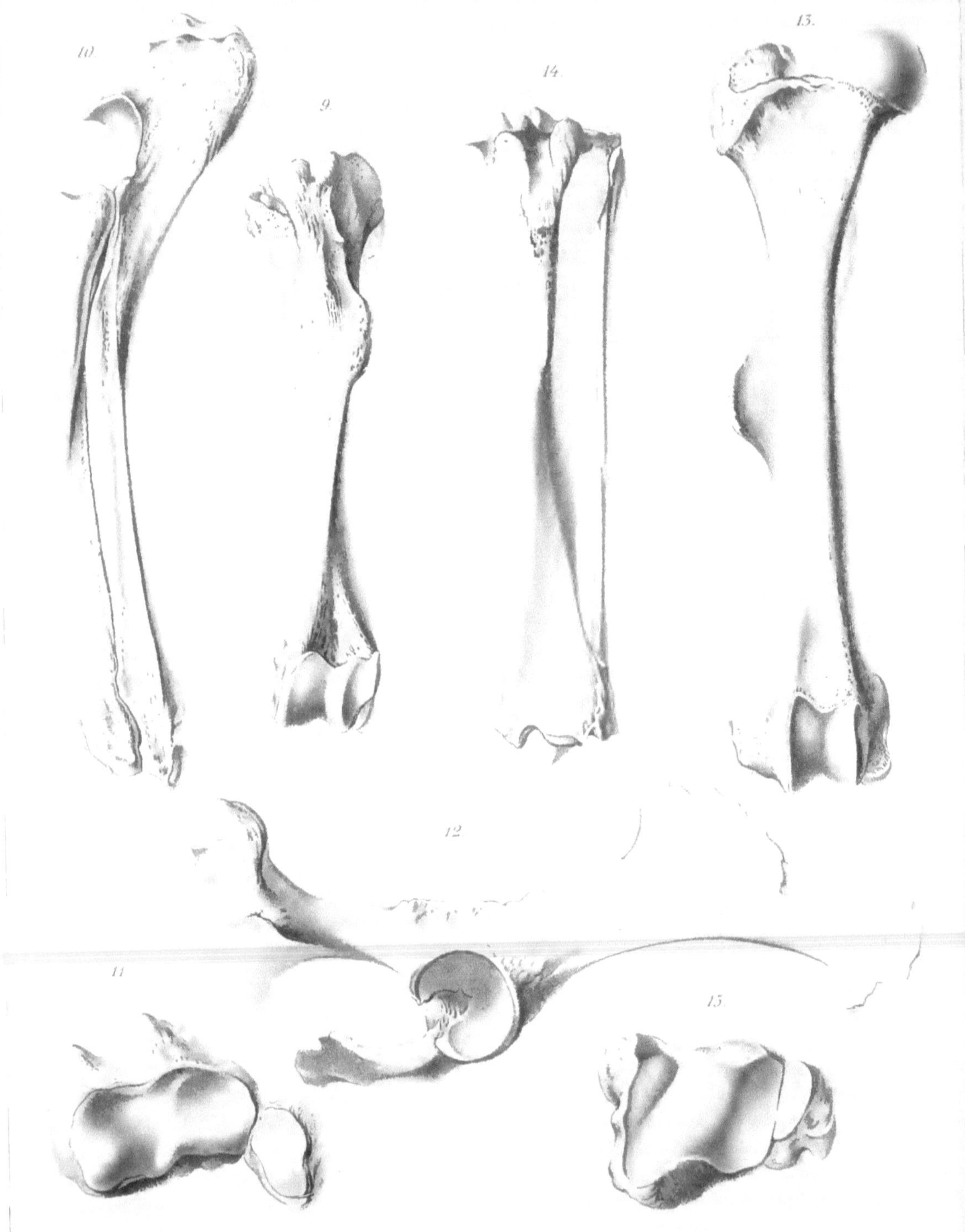

Verlag von Wilhelm Engelmann Leipzig

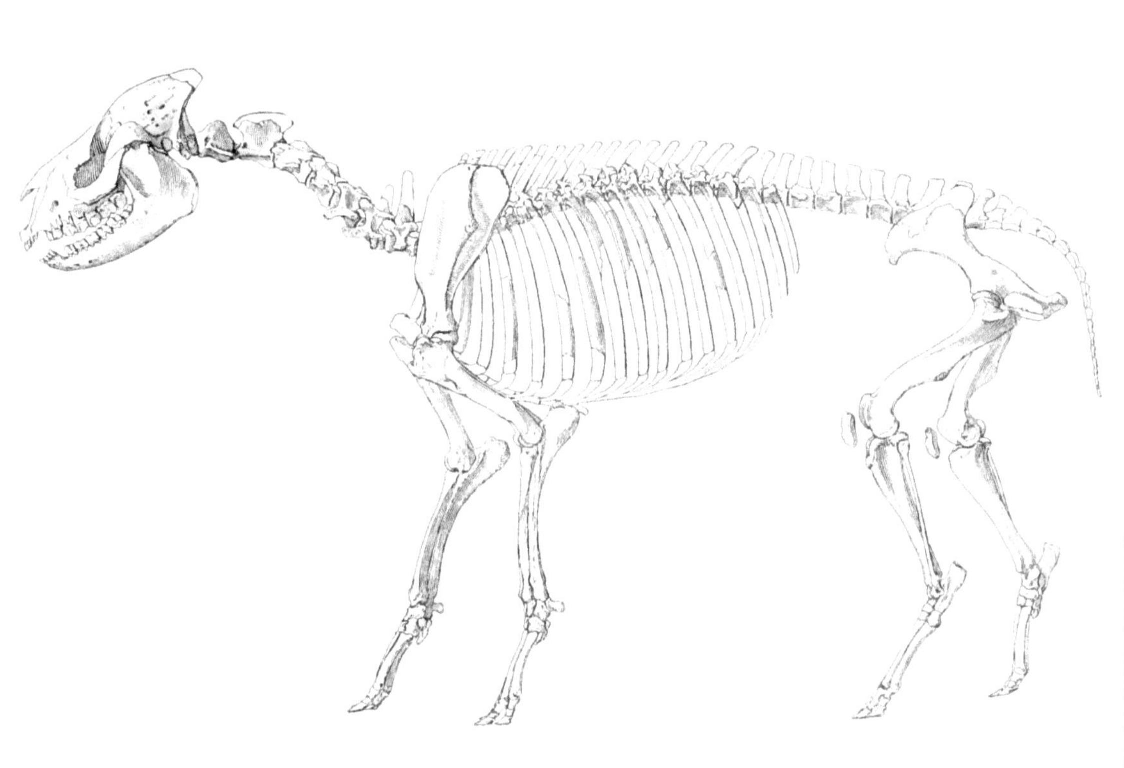

Restauration von Hyracodon nebrascense, Leidy.

UEBER DIE NASENHÖHLE UND DAS JACOBSON'SCHE ORGAN DER LAND- UND SUMPFSCHILDKRÖTEN

EINE VERGLEICHEND-ANATOMISCHE UNTERSUCHUNG

VON

DR. MED. O. SEYDEL
LECTOR DER ANATOMIE AN DER UNIVERSITÄT AMSTERDAM.

MIT 38 FIGUREN IM TEXT.

Als ich im Jahre 1890 auf dem Heidelberger anatomischen Institute unter der Leitung unseres hochverehrten Jubilars meine ersten selbstständigen, wissenschaftlichen Untersuchungen anstellte, wurde ich durch Herrn Geheimrath GEGENBAUR auch auf das JACOBSON'sche Organ hingewiesen. In den verflossenen Jahren habe ich, jener Anregung folgend, die Arbeiten über dieses Organ langsam aber stetig fortgeführt. Ein Resultat dieser Bestrebungen war der Aufsatz über die Nasenhöhle der Amphibien.

Die Verfolgung der Fragen, auf welche ich damals gelegentlich der Arbeiten über das Geruchsorgan der Säugethiere hingewiesen wurde, nöthigte mich, bis auf möglichst primitive Verhältnisse zurück zu gehen, in denen sich das JACOBSON'sche Organ erhalten hat. Solchen glaube ich bei bestimmten Perennibranchiaten begegnet zu sein; jedenfalls können die Zustände, in denen das Organ bei den Amphibien auftritt, eine feste Grundlage abgeben, auf der sich eine Vergleichung mit den Formzuständen desselben bei den höheren Wirbelthieren durchführen lässt. Wenn ich im Folgenden die Nasenhöhle der Chelonier einer erneuten Untersuchung unterziehe, um sie dann mit dem Geruchsorgan der Amphibien in Vergleichung zu stellen, so folge ich hier wiederum einem Fingerzeige, den mir GEGENBAUR schon vor längerer Zeit gab, indem er mich, im Gespräch über die mich beschäftigenden Fragen, gerade auf diese Formen aufmerksam machte, unter der Hinzufügung, dass seiner Vermuthung nach gerade bei den Schildkröten Nasenhöhle und JACOBSON'sches Organ Verhältnisse aufweisen, die für die Beurtheilung der Zustände bei anderen Wirbelthieren von Wichtigkeit sein könnten. Dass jene Annahme GEGENBAUR's begründet, dass ferner jene specielle Anregungl für mich eine fruchtbringende war, dafür werden so hoffe ich, die folgenden Zeien Zeugniss ablegen. So sei die vorliegende Arbeit, meinem hochverehrten Lehrer dargebracht, der in erster Linie den Anstoss zu derselben gab: sie begleite der Ausdruck herzlichen Dankes und treuer Ergebenheit.

Die Litteratur über die Nasenhöhle der Chelonier ist wenig umfangreich. Abgesehen von älteren Angaben wären die Arbeiten C. Gegenbaur's[1]) und B. Solger's[2]) zunächst zu erwähnen, in denen der Schwerpunkt der Fragestellung auf das Verhalten der Muschelbildung gelegt ist. Weiterhin sind die Beobachtungen von C. K. Hoffmann[3]) zu nennen, die in Bronn's „Klassen und Ordnungen des Thierreichs" niedergelegt sind. Hoffmann untersuchte eine Reihe verschiedener Species und weist zuerst auf die Nothwendigkeit der Untersuchungen an Schnittserien zur Feststellung der Epithelverhältnisse hin. Immerhin genügt ein Blick in die citirten Arbeiten, um erkennen zu lassen, dass die Darstellungen, wie sie bis heute vorliegen, nicht ausreichen, um darauf eine Vergleichung der Nasenhöhle der Chelonier mit der anderer Formen basieren zu können. Ich war daher auf erneute Untersuchungen angewiesen. Da mich ausser der Konfiguration des Nasenhöhlenlumens auch das Verhalten des Epithels interessirte, verfuhr ich so, dass ich die in Alkohol konservirten Köpfe mit Salpetersäure entkalkte, die eine Nasenhöhle durch einen sagittalen Schnitt eröffnete und zum Studium der Reliefverhältnisse der Wandung benutzte. Die andere Hälfte des Präparates wurde nach Karminfärbung in Celloidin eingebettet und geschnitten. Ich war bestrebt, von jeder Gruppe der Chelonier wenigstens eine Species zu untersuchen, und wurde bei der Materialbeschaffung in liberalster Weise von Herrn Professor M. Weber unterstützt.

Die Uebersicht der Befunde liess schnell erkennen, dass die Chersiten (*Testudo*) und Emyden (*Emys*, *Chrysemys*) sich im Bau der Nasenhöhle enger an einander anschliessen, während die wasserlebenden Formen (Thalassiten und Trionyciden) grössere Differenzen gegen die ersteren und auch unter einander aufweisen.

Es schien mir zweckmässig, das Thema in der angedeuteten Weise zu theilen. Ich ziehe hier nur *Testudo* und die Emyden in Betracht und hoffe, die durch die Untersuchung der wasserlebenden Formen gewonnenen Resultate an anderer Stelle bringen zu können.

Durch die Freigebigkeit des Herrn Dr. Fülleborn in Berlin standen mir neben der erwachsenen *Chrysemys* auch gut konservirte Embryonen dieser Species zur Verfügung. Herr Professor Dr. E. Rosenberg in Utrecht überliess mir zwei Köpfe älterer Embryonen von *Emys lutraria*; ich verdanke es der Liebenswürdigkeit der genannten Herren, dass ich in die Lage gesetzt wurde, die Resultate, die ich durch die vergleichend-anatomische Methode erhielt, durch die ontogenetische Untersuchung prüfen zu können.

Die Hauptfrage, die ich mir zu stellen habe, ist die: ist die Gliederung, welche sich am Lumen der Nasenhöhle der Chelonier erkennen lässt, auf die bei Amphibien bestehenden Zustände beziehbar? Hiermit in direktem Verbande steht zunächst die Frage nach der Existenz eines Jacobson'schen Organs bei den Schildkröten; ein solches ist bisher nicht beobachtet worden; ferner die Frage, ob die seitliche

---

1) C. Gegenbaur, Ueber die Nasenmuscheln der Vögel. Jen. Zeitschr. VII. 1881.

2) B. Solger, Beiträge zur Kenntniss der Nasenwandung und insbesondere der Nasenmuscheln der Reptilien. Morph. Jahrb. I. 1875.

3) Bronn's Klassen und Ordnungen des Thierreichs. Reptilien.

Nasenrinne der Amphibien in der Nasenhöhe der Chelonier nachweislich sei. Im Anschluss hieran ist dann zu prüfen, ob irgend welche Beziehungen zwischen dem sekundären Gaumen der Schildkröten und dem Initialstadium der Gaumenbildung bestehen, wie es sich bei Urodelen und Anuren findet. Hiermit hängt wieder die Frage nach der Lage und Form der primitiven Apertura nasalis interna bei Cheloniern und die nach der Genese des Ductus naso-pharyngeus zusammen. — Die Untersuchung der knorpeligen Nasenkapsel, die zur Entscheidung aller dieser Fragen nicht ausser Acht gelassen werden durfte, ergab nebenbei einige Resultate, die für die morphologische Beurtheilung des Jacobson'schen Knorpels der Säugethiere wichtig sind. Auch das Verhalten der Drüsen, sowie die Frage der Muschelbildungen soll, wiederum im Vergleich mit den Zuständen bei Amphibien, zur Besprechung kommen. Endlich ist durch die Vergleichung der Befunde bei *Testudo* und Emyden ein Urtheil darüber anzustreben, wie die Differenzen zwischen beiden Formen aufzufassen seien.

I. Testudo graeca.

A. Befunde.

Lumen der Nasenhöhle.

An der Nasenhöhle von *Testudo* lassen sich drei hinter einander liegende Abschnitte unterscheiden: 1. der Einführungsgang, 2. die eigentliche Nasenhöhle und 3. der Ductus naso-pharyngeus. — Die beiderseitigen Nasenhöhlen sind durch ein schmales Septum von einander getrennt, welches in ganzer Ausdehnung eine knorpelige Grundlage besitzt.

a. Einführungsgang. Von der vorn an der Schnauzenspitze gelegenen Apertura nasalis externa aus zieht der Einführungsgang als ein leicht gebogener Kanal nach hinten. Der Anfangstheil ist röhrenförmig, sein Lumen eng und auf dem Frontalschnitt (Fig. 4 *A*) annähernd kreisförmig. Das hintere Ende erweitert sich trichterförmig gegen die eigentliche Nasenhöhle zu: an der seitlichen und oberen Wand ist dieser erweiterte Theil ziemlich deutlich gegen den vorderen, engeren abgesetzt. Es erweitert sich nämlich das Lumen des Ganges vorwiegend nach oben und nach der Seite, nur andeutungsweise in medialer Richtung und gar nicht nach unten. Der Boden dieses Abschnittes liegt also in einer Flucht mit dem des engeren, röhrenförmigen Abschnittes. Jene schärfere Abgrenzung an Dach und seitlicher Wand kommt durch die plötzlich auftretende Erweiterung des Lumens zu Stande. Fig. 4 *B* stellt einen Schnitt durch diesen hinteren Theil des Einführungsganges dar. An der scharf markirten Grenze des Einführungsganges gegen die eigentliche Nasenhöhle findet sich eine leichte, wulstförmig vorspringende Erhebung der Wandung.

b. Eigentliche Nasenhöhle. Das Lumen dieses Hauptabschnittes des gesammten Cavum nasale stelle man sich zunächst als einen sagittal gestellten Spaltraum vor, der durch die mediale (septale) und die laterale Wand begrenzt wird; oben und unten gehen diese Wände in einander über und bilden das Dach und den Boden, ebenso kommt eine vordere und hintere Wand zu Stande; in der ersteren liegt, und zwar etwa in der Mitte der Gesammthöhe des Raumes, die Oeffnung des Einführungsganges, in der letzteren, gerade über dem Boden, die in den Ductus naso-

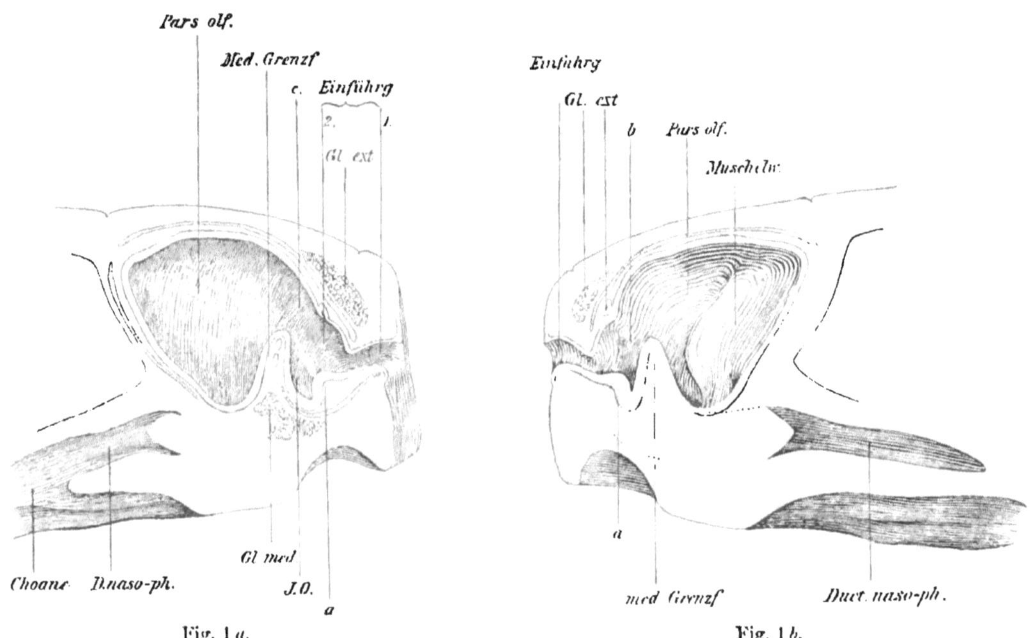

Fig. 1 *a*. Fig. 1 *b*.

Testudo graeca. Nasenhöhle, durch einen dicht am Septum geführten Sagittalschnitt eröffnet. *a* mediale, *b* laterale Seite des Präparates. Vergr. ca. 4 : 1. — Durch den Schnitt ist im Wesentlichen der Einführungsgang mit seinem vorderen 1 und hinteren, trichterförmigen 2 Abschnitt, die Pars olfactoria in ihrer ganzen Ausdehnung, die Abgrenzung dieser beiden Theile gegen einander (*b*, *c*), endlich das JACOBSON'sche Organ J. O. sichtbar gemacht. Die Pars respiratoria ist in ihrer Ausdehnung und in ihrem Zusammenhang mit dem Duct. naso-pharyng. auf Fig. *b* durch die punktirten Linien angegeben.

pharyngeus führende Oeffnung (innere oder nasale Oeffnung des Duct. naso-phar.). Der einheitliche Spaltraum gliedert sich durch die Reliefverhältnisse der lateralen und medialen Wand in zwei über einander liegende Abschnitte. Der obere sei als Pars olfactoria cavi nasalis, der untere als Pars respiratoria bezeichnet. (Man vergleiche hierzu auch die halbschematischen Umrisse der Fig. 3, *a* und *b*).

Die gegenseitige Abgrenzung beider Abschnitte markirt sich scharf an der lateralen Wand. Ungefähr an der Grenze zwischen unterem und mittlerem Drittel derselben findet sich ein von vorn nach hinten verlaufender, gesimsartiger Vorsprung, der dadurch entsteht, dass sich die Wandung der Pars respiratoria stark in lateraler Richtung ausbuchtet. Dieser in das Lumen einragende Vorsprung markirt die Grenze zwischen dem oberen und unteren Abschnitt des Cavum (Vergl. Fig. 1 *b*, 2 *b*). Auf den Frontalschnitten der Fig. 4 ist derselbe allenthalben deutlich erkennbar: er sei als laterale Grenzfalte bezeichnet. Diese Grenzfalte verläuft von vorn nach hinten mit geringer Neigung nach unten. Sie beginnt vorn an der unteren Umrandung der Einführungsgangöffnung; von der gleichen Stelle geht die leichte, wulstförmige Erhebung aus, die an der seitlichen Wand in leichtem, nach vorn offenem Bogen

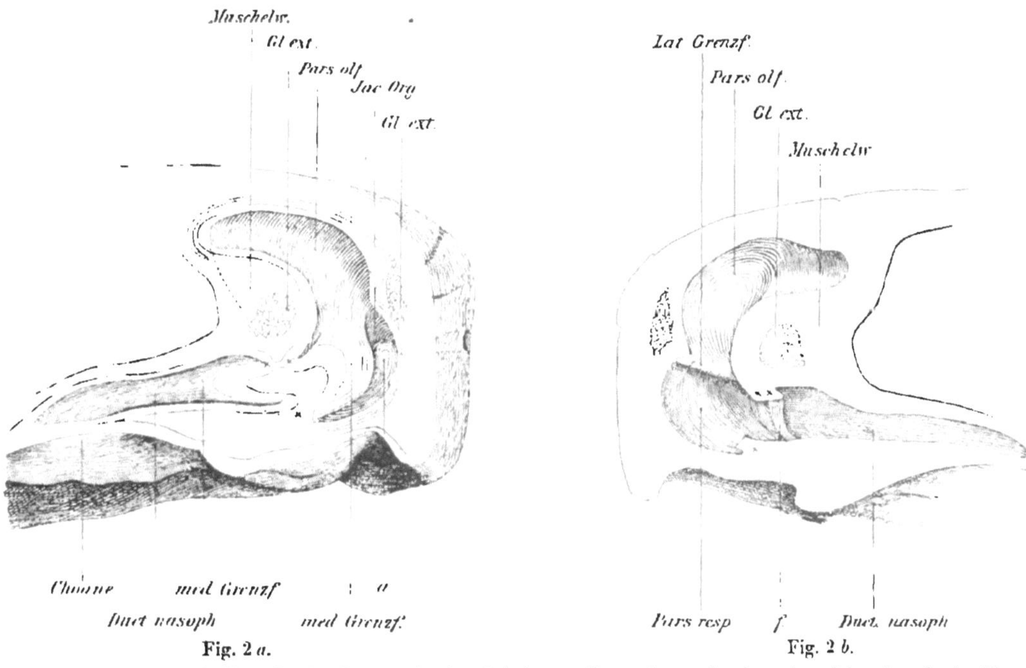

Fig. 2 *a*. Fig. 2 *b*.

Testudo graeca. Nasenhöhle, durch einen sagittalen Schnitt eröffnet, der mehr lateral geführt ist als in Fig. 1. *a* mediale, *b* laterale Seite des Präparates. Vergr. ca. 4 : 1. Der Muschelwulst ist durchschnitten; das die freie Fläche tragende, scheibenförmige Stück, blieb an der medialen Seite des Präparates. Mit punktirter Linie ist in Fig. a die hintere Grenze der Pars olfactoria eingetragen. Von der medialen Grenzfalte trennte der Schnitt ein kleines Stück ab, welches lateralwärts kuppenförmig in die Pars respiratoria hineinragte (zwischen den Kreuzen). Die Verbindungen dieses Stückes an der lateralen Präparathälfte wurden bei *x x* und *x* durchschnitten, um die Uebersicht über die Pars respiratoria, den Ductus nasopharyngeus und die beide trennende Falte (*f*) zu ermöglichen. Bei *a* die kleine Erhebung, die mit der Cirkumferenz der inneren Oeffnung des Einführungsganges zusammenhängt und das Jacobson'sche Organ nach vorn begrenzt. Man erkennt auch die Rinnen, welche diese Erhebung nach hinten mit der medialen Grenzfalte, nach vorn mit der Wand der Pars respiratoria bildet. Die Lage des Einführungsganges wurde in Fig. *a* durch punktirte Linien angegeben.

aufsteigt und die Abgrenzung des Einführungsganges gegen die Pars olfactoria der Nasenhöhle bezeichnet (*b* in Fig. 1 *b*). Dringt man durch die Apertura externa in die Nasenhöhle ein und hat das trichterförmige Stück des Einführungsganges passirt, so biegt der Boden des letzteren in scharfer Knickung nach unten in die vordere Wandung der Pars respiratoria ab: letztere liegt also unter dem Niveau des Einführungsganges. Dagegen gehen die laterale und ebenso die obere oder vielmehr vordere Wand des trichterförmigen Endstückes in die seitliche und in die vordere Wandung der Pars olfactoria über. — Ihr hinteres Ende findet die seitliche Grenzfalte an der oberen Umrandung der Oeffnung, welche in den Ductus naso-pharyngeus führt. Die Pars respiratoria setzt sich daher direkt in den letzteren fort. (Vergl. Fig. 2 *b*). Das Lumen der Pars olfactoria dehnt sich oberhalb des Endes der lateralen Grenzfalte noch weiter nach hinten aus.

An der medialen Wand treffen wir komplicirtere Verhältnisse. Eine umfängliche, in das Lumen einragende, wulstartige Bildung sei als mediale Grenzfalte bezeichnet. Sie beginnt als eine ganz schwach vorspringende Wulstung vorn und oben an der medialen Wand und bildet hier für eine kurze Strecke die Umrandung der inneren Oeffnung des Einführungsganges (*c* in Fig. 1 *a*). Indem sie sich an der oberen Umgrenzung dieser Oeffnung über die schmale, vordere Wand der eigentlichen Nasenhöhle fortsetzt, steht sie in kontinuirlicher Verbindung mit jenem leichten Wulst, der an der lateralen Wand die Haupthöhle vom Einführungsgang scheidet (*b* in Fig. 1 *b*). — An der medialen Wand (Fig. 2 *a*) verläuft die Grenzfalte zunächst ziemlich steil nach unten und hinten und gewinnt dabei schnell an Mächtigkeit; weiterhin biegt sie gerade nach hinten um und verliert dabei wieder an Umfang. Der schräg nach hinten und unten gerichtete Abschnitt formt einen eigenthümlichen Wulst, der breit von der septalen Wand entspringt und sich mit abgerundeter Fläche nach vorn und lateral in das Lumen vorbuchtet. An der unteren Seite ist dieser Wulst ziemlich scharf von der Nasenwand abgesetzt (Fig. 4 *G*, p. 397), während an der oberen Seite die Fläche der Falte mehr allmählich in die Nasenwandung übergeht. Erst weiter nach hinten, wo die Falte die horizontale Richtung angenommen hat, macht sich auch nach oben eine schärfere Absetzung geltend (Fig. 4 *I* und *K*, p. 397, 398). Im Bereiche der nasalen Oeffnung des Ductus naso-pharyngeus setzt sich die nach oben sehende Fläche der medialen Grenzfalte in Verbindung mit der oberen Umrandung dieser Oeffnung, an welcher die laterale Grenzfalte ihr Ende findet. Die Hauptmasse der medialen Falte setzt sich aber unterhalb dieser Verbindung weiter nach hinten fort und verstreicht allmählich an der septalen Wand des Ductus naso-pharyngeus. (Vergl. Fig. 2 *a*. Durch den sagittal geführten Schnitt ist ein kleines Stück der Grenzfalte, welches abgerundet in lateraler Richtung vorsprang, abgetragen. Das Stück blieb an der anderen Seite des Präparates, welche in Fig. 2 *b* dargestellt ist, wurde aber bei *x* und *xx* abgeschnitten).

Die Grenze zwischen dem respiratorischen Abschnitt und der Pars olfactoria der Nasenhöhle markirt sich an der medialen Wand minder scharf, als an der lateralen. Sie verläuft oberhalb der Falte und folgt der Linie, längs welcher sich diese von der septalen Wand der Nasenhöhle abzuheben beginnt. Sie beginnt vorn an der oberen Peripherie der nasalen Einführungsgang-Oeffnung und zieht im allgemeinen schräg nach hinten und unten, um an der oberen Umrandung der inneren Oeffnung des Ductus naso-pharyngeus zu enden. Da an dieser Stelle eine Verbindung zwischen medialer und lateraler Grenzfalte besteht, so liegt die Oeffnung des Ductus naso-pharyngeus im Bereiche des unteren Abschnittes der Nasenhöhle. Im Ganzen liegt die mediale Grenzfalte weiter nach unten als die laterale, ihre freie Fläche ragt in die Lichtung der Pars respiratoria hinein (vergl. Fig. 4). Während die Kuppe der lateralen

Grenzfalte die Scheidung zwischen dem oberen und unteren Abschnitt der Nasenhöhle markirt, gehört die mediale dem Gebiete der Pars respiratoria an. — Das hintere Ende der Pars respiratoria fällt ungefähr wenigstens mit dem Ende der lateralen Grenzfalte zusammen; dagegen setzt sich die Pars olfactoria noch weiter nach hinten fort. Von der oberen Umrandung der Oeffnung des Ductus naso-pharyngeus steigt der Boden der Pars olfactoria schräg nach hinten und oben an und trifft in spitzem Winkel mit dem Dache derselben zusammen. — Verfolgt man die untere Begrenzung der Pars olfactoria, so beginnt dieselbe vorn und seitlich an der unteren Cirkumferenz der inneren Oeffnung des Einführungsganges, läuft auf der Kuppe der lateralen Grenzfalte zum oberen Rande der Oeffnung des Ductus naso-pharyngeus, biegt auf die mediale Wand um, folgt hier, nach vorn aufsteigend, der Basis der medialen Grenzfalte und umkreist schliesslich medial, oben und lateral die innere Oeffnung des Einführungsganges. Vorn bildet also der wulstige Rand, der die innere Oeffnung des Einführungsganges umzieht, einen Theil der Begrenzung der Pars olfactoria, und zwar der Abschnitt dieses Randes, welcher die laterale und obere Peripherie der Oeffnung umgiebt und an der medialen Wand in den ganz niedrigen Anfangstheil der medialen Grenzfalte übergeht. Ein kleiner Theil der Cirkumferenz der inneren Oeffnung des Einführungsganges gehört demnach dem Gebiet der Pars respiratoria an: es ist derjenige, welcher dem Boden und dem unteren Theil der medialen Wand des Einführungsganges entspricht. Hier treten weitere, wichtige Komplicirungen auf. Vom Anfangstheil der medialen Grenzfalte (*c*, Fig. 1 *a*) löst sich der Randwulst der Oeffnung in spitzem Winkel ab und verläuft zunächst nach unten und vorn, um dann, von der medialen Wand auf den Boden des Einführungsganges übergehend, eine laterale Richtung anzunehmen. Dabei springt die anfangs ganz niedrige Wulstung stärker vor, indem der Boden des Einführungsganges zur Bildung der vorderen Wand der Pars olfactoria in rechtem Winkel nach unten abbiegt. Diese deutlichere Wulstung (*a* der Fig. 1 und 2 *a*) hängt nun einmal mit dem Anfangstheil der lateralen Grenzfalte zusammen, ausserdem springt sie aber auch, lateralwärts sehend, in die seitlich stärker ausgewölbte Pars respiratoria als eine kleine, buckelförmige Erhebung vor. Auf Fig. 2 *a* und 3 *a* ist dieselbe zu erkennen und mit *a* bezeichnet. Diese Erhebung bildet also zum Theil die untere Umrahmung der inneren Oeffnung des Einführungsganges; sie setzt sich aber von hier aus gerade an der Stelle, wo die vordere Wand der Pars respiratoria in die mediale umbiegen würde, selbstständiger werdend, nach hinten und unten fort, und verstreicht weiterhin schnell. Diese Wulstung liegt vor der medialen Grenzfalte, und beide Erhebungen fassen ein flach eingesenktes, etwa dreieckiges Feld zwischen sich, das an der medialen Wand der Nasenhöhle und direkt hinter dem Ende des Einführungsganges gelegen ist. Auf Fig. 1 *a* ist dasselbe in ganzer Ausdehnung (*J. O.*) zu erkennen, auf Fig. 2 *a* (*Jac. Org.*) ist es zum Theil durch die mediale Grenzfalte verdeckt. Dieses flache Divertikel sei als Jacobson'sches Organ bezeichnet. Es setzt sich nach unten unterhalb der medialen Grenzfalte in eine schnell verstreichende Rinne fort, die nach vorn durch die Wulstung *a* begrenzt wird. Die Bezeichnung jenes Divertikels als Jacobson'sches Organ wird weiterhin zu begründen sein. Bei seiner

Lage unterhalb der medialen Grenzfalte gehört dasselbe der Pars respiratoria an; da die Wulstungen, zwischen denen es liegt, mit dem Rande der inneren Einführungsgangöffnung in Verbindung stehen, so muss die Lichtung des Divertikels sich natürlich gleichfalls zu jener Oeffnung in Beziehung finden.

Die allgemeine Konfiguration der Pars olfactoria ergiebt sich aus Figur 1 *a* und *b*. Die mediale Wand derselben ist sanft gegen das Lumen vorgewölbt und biegt oben mit einer abgerundeten Ecke in das Dach, hinten und unten in den Boden, unten und vorn auf die Fläche der medialen Grenzfalte um. — An der lateralen Wand sind zwei Abschnitte unterscheidbar, ein vorderer und ein hinterer. Der vordere Theil

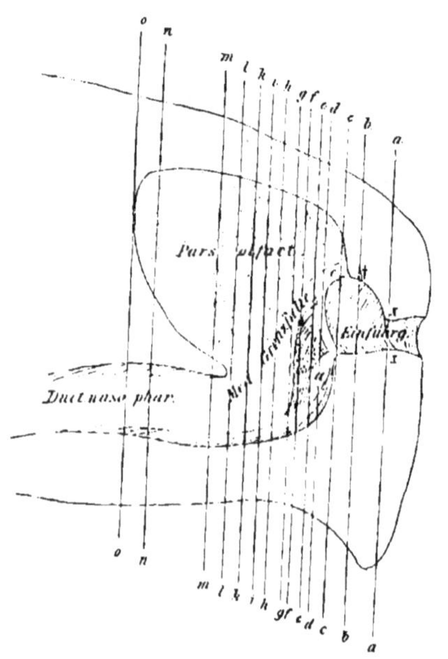

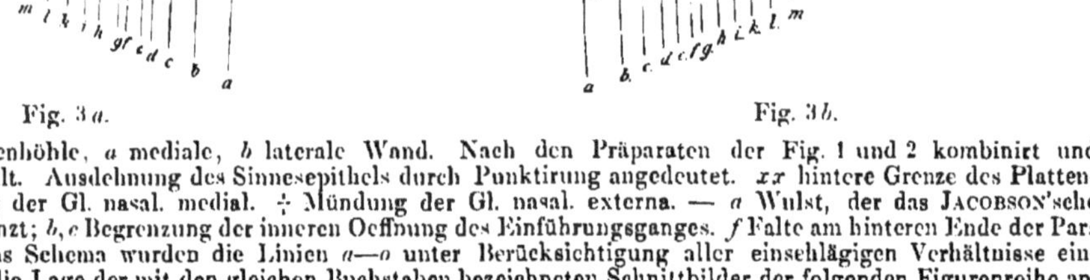

Fig. 3 *a*. Fig. 3 *b*.

Testudo graeca. Nasenhöhle, *a* mediale, *b* laterale Wand. Nach den Präparaten der Fig. 1 und 2 kombinirt und schematisch dargestellt. Ausdehnung des Sinnesepithels durch Punktirung angedeutet. *xx* hintere Grenze des Plattenepithels. * Mündung der Gl. nasal. medial. ÷ Mündung der Gl. nasal. externa. — *a* Wulst, der das Jacobson'sche Organ von vorn begrenzt; *b*, *c* Begrenzung der inneren Oeffnung des Einführungsganges. *f* Falte am hinteren Ende der Pars respiratoria. — In das Schema wurden die Linien *a*—*o* unter Berücksichtigung aller einschlägigen Verhältnisse eingetragen; sie geben die Lage der mit den gleichen Buchstaben bezeichneten Schnittbilder der folgenden Figurenreihe an.

ist konkav und geht in sanfter Wölbung in die vordere Wand, in etwas ausgesprochener Biegung in das Dach über. Unten bildet die laterale Grenzfalte die scharfe Begrenzung. Die laterale Wand konvergirt von oben nach unten mit der medialen; das Lumen dieses vorderen Abschnittes der Pars olfactoria ist daher dicht unter dem Dache am breitesten, um nach unten allmählich schmäler zu werden.

Am hinteren Theil ist das Relief der lateralen Wand durch eine scharf abgegrenzte Wulstbildung komplicirt; ich bezeichne dieselbe als Muschelwulst. Sie geht von der schmalen, hinteren Wand der Pars olfactoria aus und erstreckt sich von hier nach vorn. Vorn ist der Muschelwulst mit scharfem Rande gegen den übrigen Theil der lateralen Wand abgesetzt. Dieser Rand beginnt am hinteren Ende der lateralen Grenzfalte, kurz vor der Stelle, wo sich diese mit der medialen Grenzfalte in Verbindung setzt. Von hier steigt er zunächst in der Richtung nach vorn und oben auf, um dann in nahezu rechtem Winkel umzubiegen und nach oben und hinten weiter zu verlaufen. Auf dieser Strecke wird der Rand des Muschelwulstes allmählich niedriger und undeutlicher, um schliesslich in der Nähe des Daches der Nasenhöhle zu verstreichen. Es ist also vornehmlich der hintere und untere Theil der lateralen Wand der Pars olfactoria, welcher sich wulstförmig gegen das Lumen vorbuchtet; nur nach vorn ist der Wulst scharf abgegrenzt, nach oben verstreicht er allmählich. Im Bereiche des Muschelwulstes reducirt sich das Lumen der Pars olfactoria auf ein Minimum (vergl. Fig. 4 *K* u. *L*); doch zeigt dasselbe auch in dieser Gegend dicht unter dem Dache der Nasenhöhle annähernd den gleichen Querdurchmesser wie weiter vorn. Der Muschelwulst scheint hinsichtlich seiner Ausbildung individuellen Schwankungen unterworfen zu sein. Bei anderen Thieren der gleichen Species war seine Prominenz geringer, und namentlich seine vordere Abgrenzung viel weniger scharf ausgeprägt, als an dem zur Abbildung gelangten Präparate. Auf den Serienschnitten der Fig. 3 kommt die vordere Begrenzung nicht scharf zum Ausdruck, während die Prominenz sehr deutlich im hinteren Theil der Nasenhöhle erkennbar ist (Fig. 4).

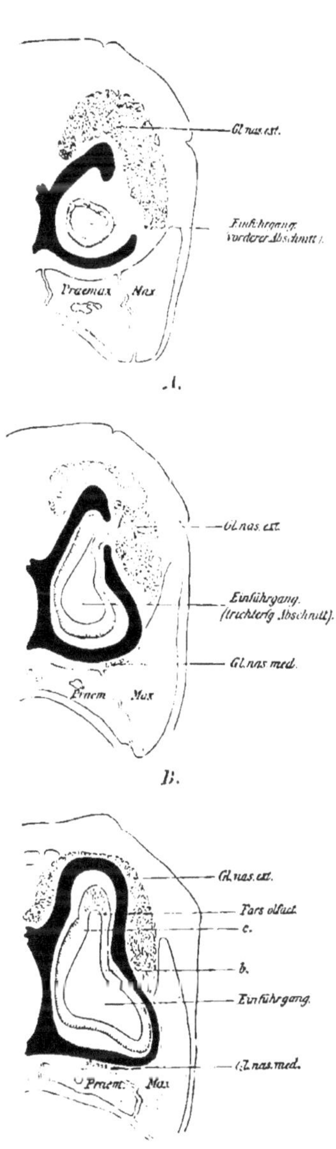

Fig. 4. *Testudo graeca.*

An der Pars respiratoria buchtet sich die laterale Wand unter der Grenzfalte stark seitlich aus; letztere bildet daher eine obere Umwandung des Raumes. (Vergl. Figg. 2 *b* u. 4). In sanfter Wölbung geht die Seitenwand in den Boden über, und ebenso nach vorn in die vordere Wand. Letztere stösst mit der Wulstung, welche das Jacobson'sche Organ von vorn her begrenzt (Fig. 2 *a*, *a'*), in einem spitzen Winkel zusammen, es entsteht so eine Rinne, die steil nach median und oben gegen die innere Oeffnung des Einführungsganges ansteigt (vergl. Figg. 1 *b* und 2 *a*). An der lateralen Seite ist die Pars respiratoria hinten scharf gegen den Ductus naso-pharyngeus durch eine kleine Schleimhautfalte (*f*, Fig. 2 *b*) abgegrenzt. Dieselbe geht von der Stelle aus, wo die beiden Grenzfalten sich mit einander verbinden, und verläuft von hier schräg nach unten und hinten, um am Boden der Nasenhöhle auszulaufen; sie springt nach hinten und medial vor und endet mit freiem Rande. — Die mediale Wand der Pars respiratoria wird fast ganz von der Grenzfalte eingenommen; der Boden des Raumes biegt in scharfer Knickung in die untere Fläche der letzteren um (vergl. Fig. 2 *a* und die Schnittbilder der Fig. 4 *G* ff.). Die Komplicirungen des Reliefs der medialen Wandung der Pars respiratoria, die die Abgrenzung des Jacobson'schen Divertikels bedingen, wurden bereits berücksichtigt. Da sich die mediale Grenzfalte kontinuirlich auf die Wandung des Ductus naso-pharyngeus fortsetzt, ist an der medialen Seite eine scharfe Scheidung zwischen Pars respiratoria und diesem Gange nicht ausgeprägt. Bildet doch der Ductus naso-pharyngeus die direkte Fortsetzung der Pars respiratoria nach hinten.

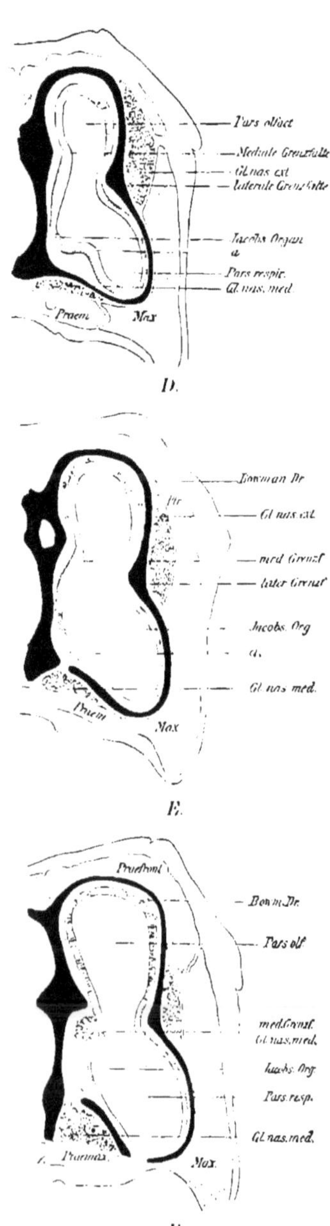

Fig. 4. *Testudo graeca.*

Das Lumen der Pars respiratoria ist gegen das der Pars olfactoria in lateraler Richtung abgebogen, wie das mit aller Deutlichkeit aus den Schnittbildern der Figur 4 ersichtlich ist.

Wir sehen also, dass von der Wandung der eigentlichen Nasenhöhle von der medialen wie von der lateralen Seite her faltenartige Gebilde in das Lumen vorspringen. Beide Falten stehen hinten über der Oeffnung des Ductus naso-pharyngeus in Verbindung. Die gegenseitige Anordnung dieser Vorsprünge bedingt es, dass durch die Länge der Nasenhöhle, im Allgemeinen von vorn nach hinten, eine verengte Stelle des Lumens erkennbar wird. Es kommunicirt der weite, obere Abschnitt des Cavum mit dem weiten, unteren Abschnitt durch einen engen Spalt. Lateral wird dieser Spalt begrenzt durch die freie Kante der lateralen Grenzfalte, so dass er der Anordnung dieser im Allgemeinen folgt, also etwas schräg von vorn und oben nach hinten und unten verläuft. Die zugeschärfte Kante der lateralen Grenzfalte ist nicht gegen die Kuppe der septalen gerichtet, sondern gegen die nach oben gewendete Fläche der letzteren: nur ganz vorn, wo die mediale Falte noch unansehnlich ist, ist es ihre Kuppe, die den Spalt begrenzen hilft. Die mediale Grenzfalte beginnt vorn höher oben als die laterale, verläuft aber weiterhin in stärkerer Neigung nach hinten und unten als diese. In Folge dessen ändert sich von vorn nach hinten die Stellung des queren Spaltdurchmessers zur Horizontalebene. Anfänglich von medial und oben nach lateral und unten geneigt, geht er schnell über in die horizontale und dann in die umgekehrte Stellung von medial und unten nach lateral und oben (vergl. Fig. 4 *E*, *G* und *H*, in denen die Stellung des Spaltes durch eine punktirte Linie angegeben ist).

Dieser Spalt und ferner die Anordnung der Oeffnungen in der eigentlichen Nasenhöhle muss nothwendig einen Einfluss auf die Stromregulirung innerhalb des Cavum nasale haben. Letzteres dient auch bei Cheloniern als wichtiger Respirationsweg. Schon oben wurde darauf hingewiesen, dass der nasale Endabschnitt des Einführungsganges gegen die Pars olfactoria gerichtet ist. Der inspirirte Luftstrom findet hierdurch die günstigsten Bedingungen, um auf seiner Passage durch die Nasenhöhle auch durch den oberen Abschnitt zu cirkuliren. Im gleichen Sinne wirkt die Neigung des beschriebenen Spaltes von vorn und oben nach hinten und unten. — Der Exspirationsstrom tritt durch den Ductus naso-pharyngeus ein. Da dieser die Verlängerung des unteren Abschnittes der eigentlichen Nasenhöhle nach hinten darstellt, seine Oeffnung unterhalb jenes Spaltes liegt, der Spalt ferner nach vorn und oben aufsteigt, und endlich ein grosser Theil der Pars olfactoria über und hinter dem Spaltende liegt, so sind die Bedingungen, um in den oberen Theil einzudringen, für den exspiratorischen Strom sehr viel ungünstiger als für den inspiratorischen. Ersterer wird vorwiegend die Pars respiratoria als Weg benutzen. Nun liegt der untere Abschnitt lateral gegen den oberen verschoben, und sein vorderes Ende liegt lateral von der inneren Oeffnung des Einführungsganges; durch den allmählichen Uebergang der seitlichen in die vordere Wandung wird der exspiratorische Strom am vorderen Ende der Pars respiratoria medianwärts auf den Einführungsgang zu abgelenkt werden. Vorn an der medialen Wand des respiratorischen Abschnittes finden sich die oben beschriebenen Komplicirungen der Wandung. Durch die kleine Wulstbildung, die nach vorn und unten das Jacobson'sche Organ begrenzt, und die zwischen die untere Fläche der medialen Grenzfalte und die vordere Wand der Pars respiratoria eingeschoben ist, werden zwei Rinnen gebildet; die hintere führt durch die grubige Einsenkung des Jacobson'schen Organs zu der inneren Oeffnung des Einführungsganges, die andere, mehr vorn gelegene, leitet direkt zu dieser Oeffnung hin. Aus diesen Verhältnissen ergiebt sich, dass nothwendig der exspiratorische Strom theilweise die als Jacobson'sches Organ bezeichnete Einsenkung passiren muss, bevor er die Nasenhöhle durch den Einführungsgang verlässt. — Es sei ausdrücklich hervorgehoben, dass ich nicht der Meinung bin, diese aus den

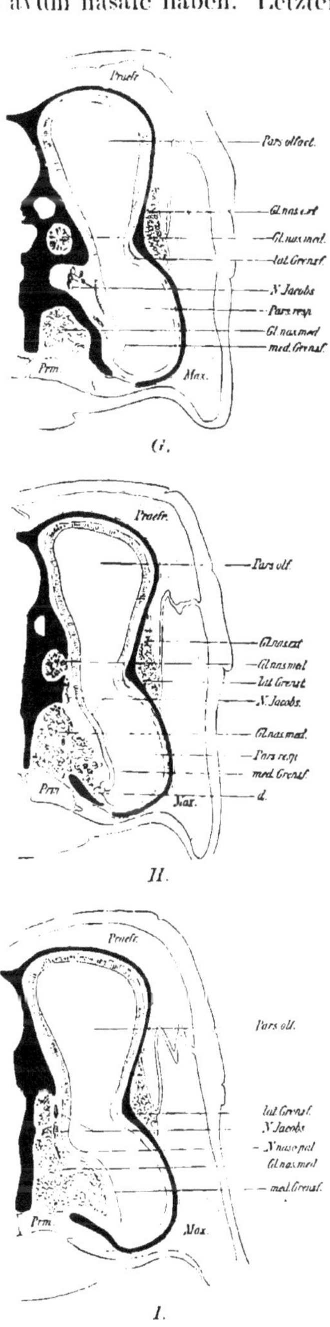

Fig. 4. *Testudo graeca.*

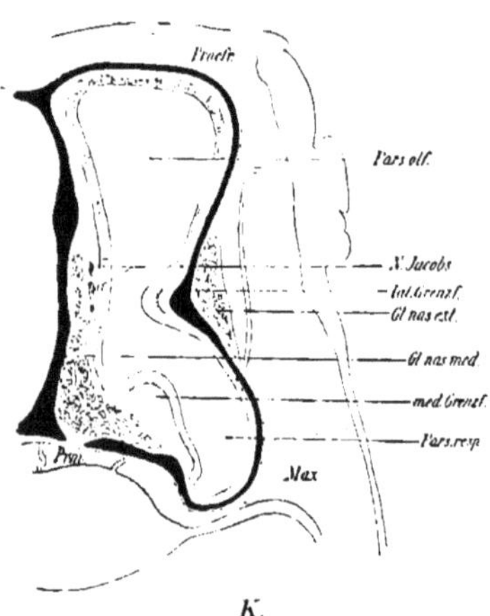

K.

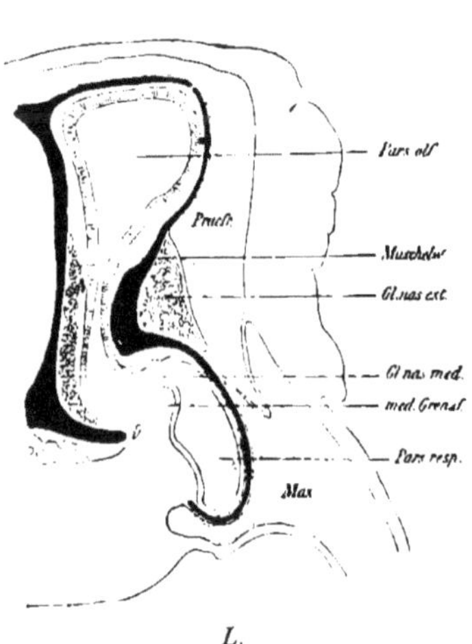

L.

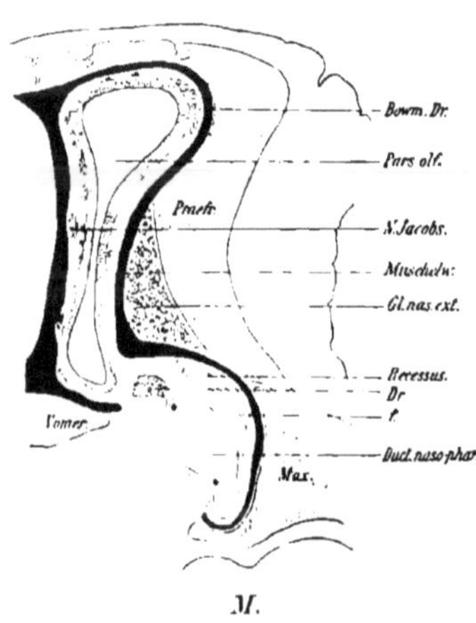

M.

Fig. 4. *Testudo graeca.*

Reliefverhältnissen der Wandungen abgeleiteten Regeln für die Stromregulirung innerhalb des Cavum nasale als absolut giltige aufstellen zu können. Der inspirirte Luftstrom wird sich sogleich in der ganzen Nasenhöhle vertheilen, also auch in den unteren Abschnitt direkt eintreten und dabei auch das Jacobson'sche Divertikel passiren. Umgekehrt kann auch der exspirirte Strom in dem oberen Abschnitt cirkuliren. Aber mit Sicherheit lässt sich aus der Konfiguration des Nasenhöhlenlumens schliessen, dass der Eintritt in die Pars olfactoria für den Inspirationsstrom sehr erleichtert, für den exspiratorischen Strom erschwert ist; ferner, dass ein Theil des letzteren nothwendig das Jacobson'sche Organ passiren muss.

c. **Ductus naso-pharyngeus.** Der Ductus naso-pharyngeus ist ein röhrenförmiger Kanal, der an Länge den Längsdurchmesser der eigentlichen Nasenhöhle übertrifft. An seiner medialen Wand läuft die septale Grenzfalte aus; die laterale Wand zeigt keine weiteren Komplikationen. Sein Lumen ist ungefähr oval (vergl. Fig. 4 *M*, *N*, *O*). Unter jener Falte, die an der seitlichen Wandung die Grenze gegen die Pars respiratoria markirt (*f*, der Fig.), buchtet es sich als kleiner, blinder Recessus nach vorn vor. Die Bedeutung dieser Falte ist mir nicht klar geworden. Sie findet sich auch bei anderen Formen. Als Klappenventil kann sie meines Erachtens nicht wirken. Muskelfasern oder sonstige Apparate, die auf eine willkürliche derartige Funktion hindeuten könnten, konnte ich an meinen Präparaten nicht erkennen. Für einen automatischen Verschluss des Kanallumens ist sie zu klein, ausserdem würde dadurch die Funktion der Nasenhöhle als Respirationsweg wenigstens für den Expirationstrom beeinträchtigt.

Der Ductus naso-pharyngeus öffnet sich hinten durch die sehr lang gestreckte, ovale Choane in die Mundhöhle. Zu bemerken wäre noch, dass die Richtung des Kanals von hinten medial, nach vorn lateral ist.

Das Fehlen eines Thränen-Nasenkanales, das bereits von anderen Autoren für die Schildkröten festgestellt[1]) wurde, kann ich bestätigen.

1 Vergl. v. Siebold und Stannius, Lehrbuch der vergleichenden Anatomie. II. 1846. p. 189, ferner B. Hoffmann, Die Thränenwege der Vögel und Reptilien. Diss. Halle 1882, p. 5.

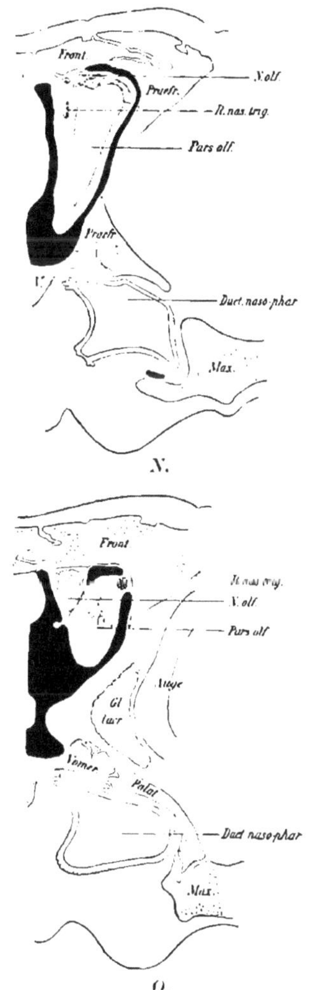

Fig. 4 *A—O*. *Testudo graeca*. Nasenhöhle, Frontalschnitte. Ueber die Lage der dargestellten Schnitte orientirt Fig. 3. Bezeichnungen wie dort. Die Figuren sind mit der Camera gezeichnet und nur in der Ausführung schematisch gehalten. Sinnesepithel schraffirt. Respiratorisches Epithel in Kontouren; die Einkerbungen der basalen Epithel-Kontour sollen die Lage der kleinen Schleimdrüsen andeuten. Plattenepithel parallel der Epitheloberfläche gestrichelt. Knorpel schwarz. Knochen punktirt. Wegen der ** der Fig. *M*. s. p. 414. Bowman'sche Drüsen sind nur auf einigen Figuren eingetragen; vom N. olfactorius sind in den meisten Figuren nur die grösseren der für das Jacobson'sche Organ bestimmten Aeste eingezeichnet. Nur in *N* und *O* sind auch die Hauptäste des Riechnerven eingetragen.

Schleimhaut der Nasenhöhle.

In den Einführungsgang setzt sich von der Apertura externa her mehrschichtiges, in den oberflächlichen Lagen verborntes Epithel nach hinten fort und erstreckt sich etwa bis zu der Stelle, wo der röhrenförmige Abschnitt in das trichterförmige Endstück übergeht. Hier endet es und stösst in scharf gezogener Linie an das Cylinderepithel, das sich von hier durch das trichterförmige Endstück des Einführungsganges, durch die eigentliche Nasenhöhle hindurch bis in den Ductus naso-pharyngeus als respiratorisches Epithel erstreckt. Jene Grenzlinie steigt schräg von vorn unten nach hinten oben auf. (Vergl. Fig. 3, wo die Grenze durch die Linie *x x*, angegeben ist.) In Fig. 4 *A* ist ein Schnitt abgebildet, der die Grenzlinie schneidet. An der oberen Peripherie des Lumens findet sich das durch Strichelung angegebene, verhornte Plattenepithel, das medial und lateral sich ganz scharf gegen das respiratorische Epithel des Bodens abgrenzt.

In der eigentlichen Nasenhöhle tragen die Wandungen der Pars olfactoria Riechschleimhaut; diese greift kontinuirlich von der lateralen Wand über das Dach, über die vordere und hintere Wand auf die mediale über. Lateral findet es seine untere Grenze in kurzer Entfernung von der frei vorspringenden Kante der lateralen Grenzfalte; während es sich an der septalen Wand ungefähr bis zu der Stelle abwärts ausdehnt, an welcher sich die mediale Grenzfalte abzuheben beginnt. Das Epithel selbst scheint in seinem Bau durchaus gleichartig zu sein; wenigstens konnte ich an meinen Schnitten nichts von Knospenbildungen erkennen.

Die Pars respiratoria ist mit indifferentem Epithel ausgekleidet, das sich als mehrschichtiges (flimmerndes?) Cylinderepithel darstellt. Dasselbe dehnt sich nach oben auch in geringem Maasse auf die Wandung der Pars olfactoria bis zum unteren Rande der Riechschleimhaut hin aus. Der Uebergang des respiratorischen in das specifische Epithel ist ein allmählicher.

Jene kleine grubenartige Einsenkung an der medialen Wand der Pars respiratoria, die als Jacobson'sches Organ bezeichnet wurde, trägt zum Theil Sinnesepithel (vergl. Fig. 3 *a*), und zwar in ihrer nach unten und hinten gerichteten Ecke, die zwischen der medialen Grenzfalte und dem kleinen Wulst (*a* der Fig. 2 *a* und 3 *a*) liegt, welcher die Grube nach vorn und unten begrenzt (vergl. Fig. 4, *D*, *E*, *F*). Auf den Schnitten erscheint das Sinnesepithel ziemlich scharf gegen die benachbarte, indifferente Schleimhaut abgegrenzt; auch ist an gut konservirten Total-Objekten mit der Lupe die betreffende Stelle der Grube mit Deutlichkeit zu erkennen. Im histologischen Verhalten erinnert dieses Epithel, was die Form und Anordnung der Zellen und Vertheilung der Kerne anlangt, an das der Regio olfactoria; aber es unterscheidet sich von dem letzteren dadurch, dass Andeutungen einer Gliederung an ihm zu bestehen scheinen. Auf senkrechten Schnitten durch das Sinnesepithel sieht man nämlich, dass seine basale Grenze von Strecke zu Strecke in ziemlich regelmässigen Abständen gegen die Oberfläche hin eingezogen ist. Diese Einziehungen dringen etwa bis zur Mitte der Epitheldicke vor, während die freie Oberfläche völlig eben und glatt erscheint. Es kann durch dieses Bild sehr wohl der Eindruck einer Gliederung des Epithels in knospenartige Bezirke erweckt werden (vergl. Fig. 4 *F*). Thatsächlich liegen die Verhältnisse indess anders. Jene Einkerbungen entsprechen zapfenartigen Erhebungen der Submucosa, die in das im Uebrigen kontinuirliche Epithel hineinragen; an der Basis jeder Erhebung findet sich ein Nervenzweig. Ich vermuthe, dass die Zapfen durch das Eindringen der Nervenfasern in die dicke Epithellage erzeugt werden. — Die Gliederung des Sinnesepithels, wie sie sich an Querschnitten darstellt, ist demnach nur eine scheinbare, und sicherlich darf dieser Zustand nicht mit dem knospenartigen Bau der Riechschleimhaut der Amphibien in Parallele gebracht werden.

Von der eigentlichen Nasenhöhle setzt sich das indifferente Epithel kontinuirlich in den Ductus naso-pharyngeus fort und grenzt an der Cirkumferenz der Choanenöffnung an das Plattenepithel der Mundhöhle.

Der N. olfactorius tritt an der hinteren, oberen Ecke des Cavum nasale durch ein Loch in der knorpeligen Nasenkapsel ein; dieses Foramen n. olfactorii ist dem knorpeligen Septum benachbart (Fig. 4 *N*). Der Riechnerv ist sehr mächtig und ist schon vor seinem Durchtritt durch die Kapsel in mehrere Aeste zerlegt. Weiterhin tritt ein Theil der Aeste unter dem Dach der Kapsel zur lateralen Wand der Pars olfactoria, ein anderer vertheilt sich längst des Septums; kleine Aeste treten auch direkt zu der schmalen, hinteren und vorderen Wand, so dass sich der N. olfactorius von oben und hinten her glockenförmig über die ganze Regio olfactoria ausbreitet. Entsprechend der Stellung der Nasenhöhle lassen sich am Riechnerven ein dorsaler und ventraler Theil nicht unterscheiden, wie bei den Amphibien; seine Aeste zerfallen vielmehr in eine mediale und laterale Gruppe.

Von den medialen Aesten ist einer vorwiegend für das Sinnesepithel des Jacobson'schen Organs bestimmt. Er verläuft am Septum schräg nach unten und vorn, theilt sich früh in zwei Aeste, die weiterhin zwischen der Riechschleimhaut und den Läppchen der Glandula nasalis medialis liegen. In der unteren Hälfte der Wand der Pars olfactoria lösen sich einzelne feine Zweige von diesen Aesten ab und treten zur benachbarten Riechschleimhaut. Kurz bevor die Nerven das Jacobson'sche Organ erreichen, zerfallen sie in eine grosse Zahl kleinerer Zweige, die an das

Sinnesepithel desselben herantreten. In ähnlicher Weise wie bei Amphibien stellt also der N. Jacobsonii nur einen starken Ast des Riechnerven dar, der seine enge Zugehörigkeit zu diesem dadurch erkennen lässt, dass er auch noch Theile der eigentlichen Riechschleimhaut versorgt. Der Verlauf dieser Nerven längs des Septums ist aus Fig. 4 *G ect.* zu entnehmen; sie sind hier als N. Jacobs. bezeichnet.

Der R. nasalis n. trigemini tritt gleichfalls hinten und oben durch ein eigenes, lateral vom Foramen n. olfactorii gelegenes Loch in die Nasenhöhle ein; seine zur septalen Wand ziehenden Zweige müssen sich natürlich mit dem N. olfactorius kreuzen (Fig. 4 *N* und *O*).

Drüsen der Nasenhöhle.

Der Reichthum an Drüsen im Bereiche der Nasenhöhle von Testudo ist ein ganz enormer. Neben kleineren Drüsen, die allenthalben in der Schleimhaut verstreut und höchstens in die Submucosa eingelagert sind, finden sich grössere, selbstständige, mächtig entfaltete Drüsenkörper.

Bowman'sche Drüsen. In der ganzen Regio olfactoria sind Bowman'sche Drüsen in grosser Zahl verstreut. Sie lagern als ziemlich grosse, kugelige oder birnförmige Gebilde in der Submucosa; ihre feinen Ausführgänge öffnen sich zwischen den Zellen des Sinnesepithels. Ihre Zahl ist erheblich; ihre Vertheilung unregelmässig; hier und da liegen sie dicht gedrängt neben einander, an anderen Stellen in weiteren Abständen. Sie sind in ihrem Vorkommen auf die Riechschleimhaut der Pars olfactoria beschränkt. Sie fehlen im Bereich des Sinnesepithels des Jacobson'schen Organs, wo auch sonstige Drüsenbildungen vermisst werden. In Fig. 4 *E, F* und *M* wurden die Bowman'schen Drüsen eingetragen.

Schleimdrüsen. Im ganzen Bereiche des indifferenten Epithels der gesammten Nasenhöhle finden sich kleine, tubulöse Schleimdrüsen verstreut. Dieselben stehen zum Theil vereinzelt; sie stellen dann birnförmige oder ganz kurze, schlauchartige Einsenkungen dar, deren meist etwas verbreitertes Ende in die Submucosa hineinragt, während die Hauptmasse des Körpers in die Epithellage eingeschoben ist. Sie besitzen ein ziemlich weites Lumen, das sich nach der freien Oberfläche hin schnell zu dem engen Ausführungsgang verjüngt. Die Zellen dieser Krypten sind im Allgemeinen cylindrisch; der stark abgeplattete Kern liegt am Boden, der Zellleib ist von einer homogenen, glasigen Masse erfüllt, die indess nicht die Mucinreaktion mit Hämatoxylin giebt und auch an Karminpräparaten ungefärbt bleibt. Hier und da liegen 2—6, oder auch mehr solcher Drüsen in direktester Nachbarschaft zu einander; meist besitzen sie dann eine typische, tubulöse Form. In dieser gruppenförmigen Anordnung oder vereinzelt, im Allgemeinen in unregelmässiger Vertheilung finden sich diese Schleimdrüsen im ganzen hinteren Abschnitt der Pars respiratoria, ziemlich zahlreich auch in der Schleimhaut des Ductus naso-pharyngeus.

An bestimmten Stellen treten diese kleinen tubulösen Drüsen massenhaft auf; die kurzen, ziemlich gestreckten Schläuche liegen dann dicht an einander gedrängt, so dass sie gewissermaassen den Epithelbelag der Wandung selbst darstellen. In den bildlichen Darstellungen der Fig. 4 sind die betreffenden Theile der Wandung durch die gekerbte Linie der basalen Epithelgrenze bezeichnet. Im trichterförmigen Theil des Einführungsganges ist es die mediale Wand und der Boden, an dem sich solche Drüsenanhäufungen finden. Im Beginne der eigentlichen Nasenhöhle treffen wir sie namentlich an der medialen Wand in der Umgebung des Jacobson'schen Organs. So ist der obere Theil der Einsenkung, der vom Sinnesepithel frei bleibt, ferner der benachbarte Theil der medialen Grenzfalte und die Wulstbildung, die das Organ von vorn begrenzt, durch dieses Verhalten der Schleimhaut ausgezeichnet. Von hier setzen sich die gedrängt stehenden Drüsenschläuche noch eine Strecke weit nach hinten auf der nach oben gerichteten Fläche der medialen Grenzfalte fort. In der vorderen Hälfte der eigentlichen Nasenhöhle tritt auch auf der Kuppe der lateralen Grenzfalte eine solche Drüsenanhäufung auf. Endlich finden sie sich im Anfangstheil des Ductus naso-pharyngeus an der oberen Cirkumferenz seiner Wandung (Fig. 4 bei *Dr*, ferner Fig. 4 *N*). — Es ist sicher nicht ohne Bedeutung, dass sich gerade im vordersten Theil der Nasenhöhle eine so massenhafte Drüsenentfaltung findet. In derselben Region liegen auch die Ausmündungen der grösseren, selbstständigen Drüsen. Von solchen konnte ich mit Sicherheit zwei konstatiren.

Glandula nasalis externa. Eine dieser grossen Drüsen liegt vorwiegend an der lateralen Wand der Nasenhöhle und ausserhalb der Knorpelkapsel; sie sei desswegen als äussere Nasendrüse bezeichnet (obere Nasendrüse; C. K Hoffmann). Ob dieselbe der Gl. nasal. ext. der Amphibien zu homologisiren ist, wird noch zu erwägen sein. Die Drüse mündet in das trichterförmige Endstück des Einführungsganges, und zwar dicht unter dem Dache an der lateralen Wand und kurz vor der wulstförmigen Erhebung, die den Einführungsgang von der eigentlichen Nasenhöhle trennt. In Fig. 1 *a* und *b* ist die Stelle der Mündung kenntlich, in Fig. 3 *a* und *b* ist sie mit † bezeichnet; Fig. 4 *B* zeigt sie auf dem Frontalschnitt. Der Ausführungsgang der Drüse, als solcher ziemlich kurz, aber weit, tritt durch eine seitliche Lücke der Knorpelkapsel hindurch, theilt sich nach verschiedenen Richtungen und verliert sich in den mächtigen Packeten der Drüse. Der Drüsenkörper ist in unregelmässiger Weise in Läppchen gegliedert; die Drüse ist tubulös; ihre Schläuche sind unregelmässig gewunden und theilen sich vielfach; nach dem Verhalten des Sekretes dürfte sie zu den Schleimdrüsen gehören.

Verfolgt man die Drüse von ihrer Mündung an, so dehnt sie sich zunächst nach vorn und nach oben aus; medianwärts sich ausbreitend, lagert sie dem Dache der knorpeligen Kapsel auf (Fig. 4 *A*—*C*). Hier lässt sie sich nach hinten bis zum Rande der Apertura nasalis externa des knöchernen Schädels verfolgen. An der Seite dehnt sich der Drüsenkörper weit nach hinten, fast bis an das Ende der knorpeligen Nasenkapsel aus. Er ist hier einer Einbiegung der lateralen Wand der Knorpelkapsel eingelagert. Diese Einbiegung an der Aussenfläche der knorpeligen Kapsel verläuft als Rinne von vorn nach hinten; ihr entspricht an der seitlichen Wand des Nasenhöhlenlumens die laterale Grenzfalte. Vorn ist die Rinne verhältnissmässig unbedeutend, weiter nach hinten im Bereich des Muschelwulstes wird sie tiefer und gewinnt auch nach oben hin an Ausdehnung. Diese Rinne wird zu einem Kanal abgeschlossen durch den aufsteigenden Fortsatz des Maxillare und das Praefrontale, die sich seitlich über die Einsenkung der Knorpelkapsel hinweglegen. Der Kanal schliesst nach hinten blind ab, indem sich die Einbiegung der knorpeligen Kapsel ausgleicht, und sich die Deckknochen direkt der knorpeligen Wand auflagern. Ein Ueberblick der Zeichnungen der Figur 4 wird diese Verhältnisse verständlich machen. Der ganze beschriebene Hohlraum ist mit den Packeten der Gl. nasalis externa erfüllt.

Glandula nasalis medialis s. interna. Eine zweite, gleichfalls mächtig ausgedehnte Drüse findet sich in vorwiegend medialer Lagerung zum Geruchsorgan. Die Mündung derselben (Fig. 4 *F*) liegt an der medialen Wand, am oberen Rande der als Jacobson'sches Organ bezeichneten Grube, ungefähr auf der Kuppe der hier noch niedrigen medialen Grenzfalte (vergl. auch Fig. 3 *a* bei *). — Der Ausführungsgang besitzt ein enges Lumen und ist von der Oeffnung an in seiner ganzen Peripherie dicht mit kurzen, unregelmässig gewundenen und verzweigten Schläuchen besetzt. Eine Strecke weit lässt sich der Gang so verfolgen, indem er immer im Centrum der Drüsenschläuche liegt, die rosettenartig von ihm ausgehen. Der Gang verläuft dabei annähernd horizontal nach hinten und tritt in einen kurzen Kanal ein, der von dem stark verbreiterten Septum carthilagineum gebildet wird (Fig. 4 *G*). Weiter nach hinten öffnet sich dieser Kanal (Fig. 4 *H*); das Septum wird schmal. Damit ändern sich die bis hierhin übersichtlichen Verhältnisse der Drüse; sie dehnt sich nun nach unten aus und erfüllt den dreieckigen Raum, der vom knorpeligen Septum, vom Boden der Nasenkapsel und von dem Schleimhautüberzug der medialen Grenzfalte begrenzt wird (Fig. 4 *I*). Die hier liegende Drüsenmasse ist in unregelmässige Läppchen gesondert, von denen jedes aus unregelmässig gewundenen und sich theilenden Schläuchen besteht, die mit Ausführungsgängen von weiterem Lumen zusammenhängen. Die Verbindung des Ganges, welcher den Knorpelkanal durchsetzt, mit den Ausführungsgängen dieser Acini lässt sich ohne Schwierigkeit nachweisen. Von der in Fig. 4 *I* dargestellten Stelle aus setzt sich die Gl. medialis zunächst nach hinten fort. Sie verliert dabei allmählich an Umfang und beschränkt sich nach und nach in ihrer Ausbreitung auf die mediale Wand. Ihre hintersten Läppchen finden sich in kurzer Entfernung hinter der Stelle, wo sich die mediale und laterale Grenzfalte in Verbindung setzen (vergl. Fig. 4 *I—M*). Von der eben bezeichneten Stelle dehnt sich der Drüsenkörper aber auch nach vorn aus. Ein Theil desselben tritt durch eine Lücke im Boden der Knorpelkapsel hindurch und liegt weiter nach vorn unter dem Boden der Knorpelkapsel, zwischen diesem und dem Praemaxillare (Fig. 4 *H, G*). In dieser Lagerung lässt sich der Drüsentheil, indem er nach und nach kleiner wird, sehr weit nach vorn verfolgen (Fig. 4 *B*). Ein kleiner Theil der Drüse setzt sich nach vorn auch oberhalb des Bodens der Knorpelkapsel fort, zwischen diesem und der Schleimhaut gelagert; er gehört, wie aus Fig. 4 *G, H, I* ersichtlich, dem Gebiet der medialen Grenzfalte an; seine Ausdehnung nach vorn ist nur gering.

Den Zusammenhang aller dieser Theile der Gl. medialis mit dem gemeinsamen Ausführungsgang konnte ich an meinen Serien leicht nachweisen. Doch war es mir unmöglich, zu entscheiden, ob nicht auch noch andere Drüsen in Frage kommen. In dem

Winkel, in welchem die Schleimhaut von der medialen Grenzfalte auf den Boden der Pars respiratoria übergeht, fanden sich an verschiedenen Stellen lokale Einziehungen der Schleimhaut Fig. 4 *II* bei *d* , die grosse Aehnlichkeit mit Drüsenmündungen hatten. Da gelegentlich an solchen Stellen die Acini der erwähnten Drüsenmasse in direkteste Nachbarschaft zur Schleimhaut treten, so wird der Eindruck hervorgerufen, als ob hier thatsächlich kleinere, selbstständige Drüsen ausmünden, die in ihrem Bau völlig mit der Gl. medialis übereinstimmen und sich dieser in ihrer Ausbreitung direkt anschliessen. Eine sichere Entscheidung zu treffen, war mir an meinen Präparaten unmöglich. — Auch die Gl. nasal. medial. spreche ich als Schleimdrüse an; in ihrem Bau und ihrem histologischen Verhalten konnte ich an meinen Präparaten keine nennenswerthen Unterschiede der Gl. externa gegenüber erkennen.

B. Vergleich mit Amphibien.

Allgemeines Verhalten der Nasenhöhle.

Die Nasenhöhle von *Testudo* weist im Vergleich mit der anderer Reptilien (Saurier, Ophidier, Krokodilier) einfache Zustände auf; und wir dürfen diese einfacheren Verhältnisse wohl auch als die primitiveren auffassen. Den Amphibien gegenüber zeigt die Ausgestaltung der gesammten Nasenhöhle erhebliche Fortschritte.

Nicht nur absolut, sondern auch im Verhältnisse zum ganzen Kopfe ist das Lumen der Nasenhöhle geräumiger geworden. Bei den Amphibien führt das längere oder kürzere Atrium in das Cavum nasale; letzteres war bei *Proteus* und *Menobranchus* einheitlich; bei den meisten Amphibien zeigte es sich mindestens in zwei Abschnitte gesondert, die eigentliche Nasenhöhle und das Jacobson'sche Organ. Letzteres tritt als blindsack- oder rinnenförmiges Divertikel auf, welches sich rückwärts durch eine rinnenartige Verlängerung bis zur Apertura nasalis interna, bei den höheren Formen durch diese hindurch bis in den Bereich der Mundhöhle fortsetzt. Ich hatte versucht den Nachweis zu erbringen, dass diese seitliche Nasenrinne zunächst als Zuleitungsapparat für das Jacobson'sche Organ entstand, dass sie sich aber weiterhin zu einem nicht unbedeutenden Nebenraum der Nasenhöhle entfaltete, indem sie einen weitergehenden Einfluss auf die Regulirung des Respirationsstromes gewann. Bei den niederen Amphibien vermittelte die primitive Apertura nasalis interna die Verbindung der Nasenhöhle mit der Mundhöhle. Bei Urodelen und Anuren wurde — als die Folge der Fortsetzung der seitlichen Nasenrinne auf das Mundhöhlendach — ein Stück der Mundhöhle durch die Ausbildung eines Gaumenfortsatzes in engere Verbindung mit der Nasenhöhle gebracht. Die Oeffnung des Nasenkanales wurde hierdurch zur sekundären Choane umgestaltet. Jene Fortsatzbildung wurde als Initialstadium eines sekundären Gaumens gedeutet.

Bei *Testudo* unterscheiden wir zunächst den Einführungsgang, der zwei Abschnitte erkennen lässt, einen vorderen mit Plattenepithel ausgekleideten und einen hinteren, der sich allmählich erweitert, und dessen Wandungen Cylinderepithel tragen.

Daran schliesst sich die eigentliche Nasenhöhle, die durch das Relief der Wandungen in einen oberen und unteren Abschnitt zerfällt. Der obere, als Pars olfactoria bezeichnet, trägt die Riechschleimhaut; der untere, die Pars respiratoria, weist ganz vorn an der medialen Wand eine kleine grubige Einsenkung auf, die mit Sinnesepithel ausgekleidet ist: das Jacobson'sche Organ; die übrige Wand ist von indifferentem Epithel überzogen. Als dritter Theil der Nasenhöhle ist der Ductus naso-pharyngeus zu unterscheiden, der die direkte Fortsetzung des unteren Abschnittes nach hinten darstellt und sich mittels der Choane am Dache der Mundhöhle öffnet.

Es wäre nun der Versuch zu machen, die Nasenhöhle von *Testudo* im Speciellen mit der der Amphibien zu vergleichen und zu prüfen, ob sich in den Formverhältnissen hier und dort irgend welche morphologische Beziehungen nachweisen lassen. Es wird zweckmässig sein, als Vergleichsobjekt mit *Testudo* eine primitive Form der Amphibien zu wählen; ich lege meine Befunde bei *Siren* zu Grunde und verweise dabei auf die Figurenreihe im Morphologischen Jahrbuche, Band 23, S. 459—461.

Pars olfactoria von Testudo und die Haupthöhle der Amphibien.

Die Nasenhöhle von *Siren* stellt sich als ein abgeplatteter Kanal dar, der von vorn nach hinten verläuft und vorn und hinten kuppelförmig geschlossen ist. Am vorderen Ende öffnet sich von unten und von der Seite her das Atrium in denselben; kurz vor dem hinteren Ende lateral am Boden liegt die Apertura interna. Das Lumen hat so im Ganzen die Form eines ungefähr horizontal gestellten Spaltes. Die Riechschleimhaut überzieht das ganze Dach, greift von hier auf die kuppelförmige, vordere und hintere, ferner auf die niedrige, laterale und mediale Wand über, von letzterer, namentlich im hinteren Theil des Cavum, auch auf den Boden. Der übrige Theil der Wandung trägt indifferentes Epithel. Im Bereich des letzteren beginnt kurz vor der Apertura interna eine leichte rinnenförmige Einsenkung des Bodens, die schräg nach vorn und medial verläuft und sich dabei schnell vertieft. Die Rinne lässt sich als solche bis zur Mitte der Länge der Nasenhöhle verfolgen; ihr vorderes Ende ist nach vorn zu einem umfänglichen Blindsack ausgestülpt, der unter dem Boden der Haupthöhle liegt; ebenso formirt sich an der medialen Wand des vorderen Rinnenendes ein breiter medianwärts gerichteter Blindsack; letzterer trägt sicher Sinnesepithel. Die Blindsäcke stellen das Jacobson'sche Organ vor; ihre rinnenförmige Fortsetzung nach hinten entspricht der seitlichen Nasenrinne der höheren Amphibien. Die ganze Einrichtung ist etwa auf die hintere Hälfte der Nasenhöhle beschränkt. Ein frontaler Schnitt, der durch das vordere Ende des Jacobson'schen Organs geführt ist, zeigt die Verhältnisse wie in der schematischen Figur 5.

In der Amphibienreihe lässt sich eine allmähliche Zunahme der Nasenhöhlenlichtung erkennen, welche von den niederen zu den höheren Formen eine ganz beträchtliche ist. Auf diesen Vorgang sind zwei Momente von Einfluss; einmal die zunehmende Ausbildung des Geruchssinnes, die sich anatomisch durch die Ausdehnung des Riechepithels über die sich vergrössernden Wandflächen dokumentirt; ferner die

Funktion der Nasenhöhle als Respirationsweg. Die Art und Weise, wie die Ausdehnung des Lumens erfolgt, wird von der Schädelform beherrscht. In der Amphibienreihe ist die allmähliche Anpassung des sich erweiternden Nasenhöhlenlumens an den breiten und platten Schädel ohne Weiteres ersichtlich.

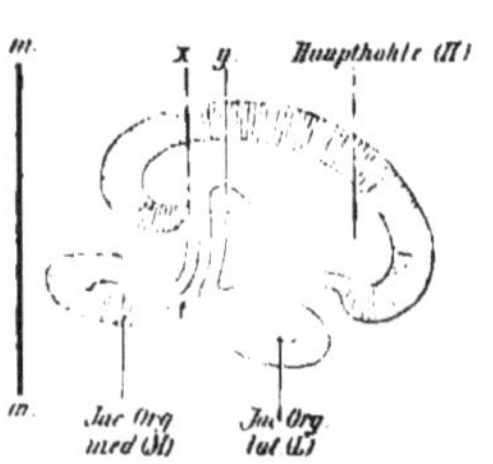

Fig. 5.

Siren. Schematisirter Frontalschnitt durch die Nasenhöhle und das JACOBSON'sche Organ. Der laterale Abschnitt des JACOBSON'schen Organs (Jac. Org. lat.) läuft nach hinten rinnenförmig aus; der mediale (Jac. Org. lat.) ist nach hinten abgeschlossen. Die Ausbreitung des Sinnesepithels ist durch Strichelung angegeben. *m m* Medianlinie. *x*, *y* Falten, die den Zugang zum JACOBSON'schen Organ begrenzen. Bei * Mündung der JACOBSON'schen Drüse.

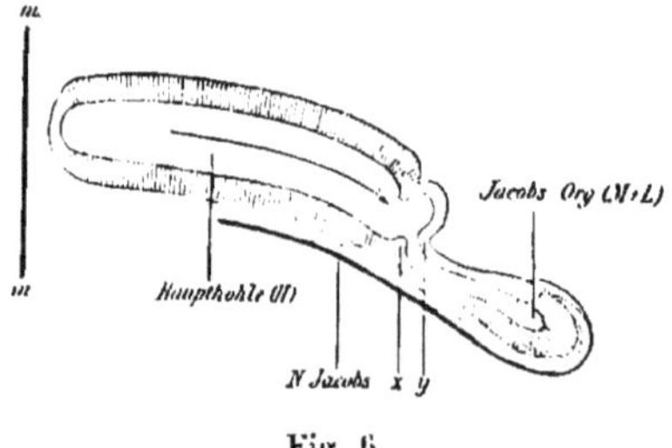

Fig. 6.

Urodel. Schematisirter Frontalschnitt durch die Nasenhöhle und das JACOBSON'sche Organ. — *m m* Medianlinie. *x*, *y* Falten, die die Rinne des JACOBSON'schen Organ begrenzen. Der Pfeil giebt die Richtung an, in welcher die Entfaltung der Nasenhöhle (vorwiegend) erfolgt ist.

Bei den Schildkröten hat das Lumen der Nasenhöhle im Vergleich zu dem der Amphibien sehr erheblich an Umfang gewonnen. Die Richtung, in welcher die Ausdehnung vorwiegend erfolgt ist, wird auch hier unter dem Einfluss der Schädelform stehen. Während der Schädel der Amphibien im Allgemeinen durch das Ueberwiegen des queren Durchmessers gegen die Höhe charakterisirt ist, sind am Chelonierschädel der quere und der vertikale Durchmesser fast gleich; gehen wir von den Amphibien aus, so wird nach den Schildkröten hin gerade der Höhendurchmesser des Craniums zugenommen haben. Es wird also auch eben dieser Durchmesser sein, in welchem sich vorwiegend die Entfaltung des Nasenhöhlen-Lumens vollzogen hat. Diese kommt einmal dem mit Riechschleimhaut versehenen Abschnitte der Wandung zu gut, ausserdem aber auch anderen Theilen. Betrachten wir zunächst die Regio olfactoria.

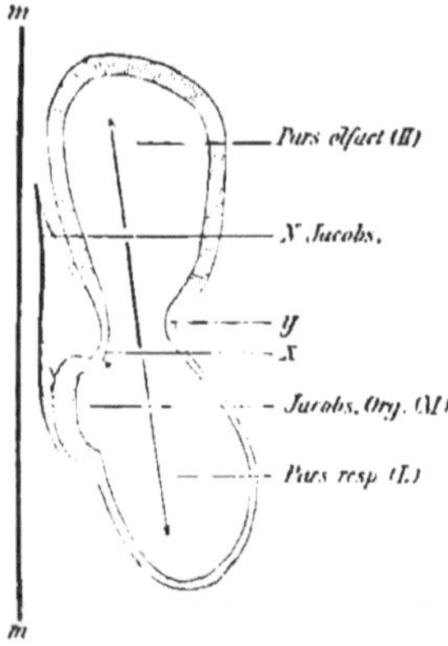

Fig. 7.

Testudo. Schematisirter Frontalschnitt durch die Nasenhöhle und das JACOBSON'sche Organ. *m m* Medianlinie. *x* mediale Grenzfalte, *y* laterale Grenzfalte. Der Pfeil giebt die Richtung an, in welcher die Ausdehnung der Nasenhöhle (vorwiegend) erfolgte. * giebt die Lage der Oeffnung der Gland. Jacobs. an.

Diese nimmt bei *Siren* das Dach, die vordere, hintere, mediale und laterale Wand des rundlichen Kanales ein. Bei Urodelen (und auch im allgemeinen bei Anuren) entfaltet sich das Lumen der Nasenhöhle im queren Durchmesser; dementsprechend dehnt sich auch die Riechschleimhaut am Boden und am Dache des Kanales in lateraler Richtung aus. Der von den Regio olfactoria begrenzte Theil des Lumens stellt schliesslich einen annähernd horizontal gestellten Spaltraum dar; Dach und Boden, ferner die niedrige mediale, die vordere und hintere Wand dieses Raumes trägt die Riechschleimhaut (Fig. 6.). (Von den hier und da auftretenden Reduktionen des Riechepithels kann hier füglich abgesehen werden.)

Nehmen wir an, dass die Nasenhöhle von *Siren* sich im vertikalen Durchmesser entfaltet, so wird es in erster Linie die mediale und die laterale Wand des Raumes sein, welche sich ausdehnt und der sich vergrössernden

Regio olfactoria als Unterlage dient. Es entsteht ein Spaltraum, der annähernd vertikal und sagittal gestellt ist, und von der ausgedehnten medialen und lateralen Wand, ferner von dem schmalen Dach und der gleichfalls schmalen vorderen und hinteren Wand begrenzt wird. In diesem Verhalten tritt uns die Pars olfactoria der Nasenhöhle von *Testudo* thatsächlich entgegen (Fig. 7). Bei den Amphibien buchtet sich der Geruchssack in mehr oder minder ausgesprochener Weise über den hinteren Rand der primitiven Choane hinweg nach hinten aus und erfährt hier einen kuppelartigen Abschluss. In entsprechender Weise ist die Pars olfactoria von *Testudo* oberhalb der nasalen Oeffnung des Ductus naso-pharyngeus nach hinten ausgebuchtet.

Bei *Siren* ist nun ein nicht unbeträchtlicher Theil der Wandungen der eigentlichen Nasenhöhle (namentlich der Boden) mit indifferentem Epithel überzogen; bei anderen Amphibien, z. B. *Proteus*, *Siredon*, ist die Entfaltung desselben nur gering. Nirgends wurde bei Amphibien im Bereiche der Haupthöhle eine scharfe Abgliederung des respiratorischen Theils der Wandung gegen die Riechschleimhaut beobachtet. Auch in der Pars olfactoria von *Testudo* findet sich, allerdings nur in sehr beschränktem Maasse, indifferentes Epithel, das sich kontinuirlich an den unteren Rand der Riechschleimhaut anschliesst. Der als „Pars" olfactoria bezeichnete Theil des Cavum nasale von *Testudo* deckt sich also nicht genau mit der „Regio" olfactoria der Amphibien-Nasenhöhle. An der Auskleidung der ersteren betheiligt sich indifferentes Epithel, ebenso wie in der Haupthöhle des Geruchsorgans der Amphibien.

Unter Berücksichtigung aller dieser Thatsachen halte ich es für wahrscheinlich, dass die Pars olfactoria der Nasenhöhle von *Testudo* dem eigentlichen Cavum nasale der Amphibien entspricht. Von einem indifferenten Zustande aus, wie ihn etwa *Siren* bietet, denke ich mir die Pars olfactoria der Schildkröten in der Weise entstanden, dass sich das Lumen der Haupthöhle im vertikalen Durchmesser entfaltete, indem sich gleichzeitig das Riechepithel über die vergrösserten Wandstrecken ausdehnte, während das indifferente Epithel in der Entwickelung zurückblieb. (In den Schemata der Fig. 5—7 brachte ich diese Auffassung durch die Hinzufügung von (*H*) hinter die Bezeichnung „Haupthöhle" beziehungsweise „Pars olfact." zum Ausdruck). — Das ursächliche Moment, welches auf die Richtung einwirkt, in der die Entfaltung des Nasenhöhlenlumens erfolgt, wird auch hier, ebenso wie bei den Amphibien, nicht in dem Geruchsorgan selbst, sondern in den Verhältnissen zu suchen sein, die die Form des Vorderkopfes bedingen.

Jacobson'sches Organ und Pars respiratoria von Testudo, Jacobson'sches Organ und seitliche Nasenrinne der Amphibien.

Wohl bei allen Amphibien erscheinen das Jacobson'sche Organ und seine rinnenförmige Verlängerung ziemlich scharf gegen das Lumen der eigentlichen Nasenhöhle abgesetzt. Bei *Siren* wird der Zugang zu den Blindsäcken durch Schleimhautfalten gebildet, die durch die scharfe Umbiegung des Bodens der Haupthöhle nach unten entstehen (Fig. 5, *x*, *y*). Der zwischen den Falten gelegene Spalt führt von oben her in die Blindsäcke, von denen sich der eine nach vorn und lateral, der andere nach medial ausstülpt (Fig. 5, Jac. Org., lat. und med.). Man kann die Beziehung beider zu einander vielleicht auch so ausdrücken, dass der grosse, laterale, nach vorn entfaltete Blindsack an seiner medialen Wand noch eine besondere, median gerichtete Ausstülpung trägt. Nur der laterale Blindsack setzt sich rückwärts in die Rinne fort.

Der laterale Blindsack von *Siren* ist es, der sich bei Anuren mächtig nach vorn entfaltet hat und nun einen grossen Nebenraum der Nasenhöhle darstellt. Er trägt ganz vorn an der medialen und vorderen Wand an scharf umschriebener Stelle das Sinnesepithel des Jacobson'schen Organs, während er sich nach hinten in die umfängliche seitliche Nasenrinne fortsetzt. Die Abgliederung des ganzen Raumes vom Cavum nasale ist hier noch ausgesprochener als bei *Siren*, einmal durch die Ausdehnung des blindsackartigen Theiles des Raumes (Jacobson'sches Organ), ferner durch die weitere Ausbildung der Falten, die die rinnenförmige Verlängerung (die seitliche Nasenrinne) begrenzen. Durch die Ausdehung der Nasenhöhle im Querdurchmesser wird bei Anuren endlich der Spalt, welcher das Jacobson'sche Organ, beziehungsweise den seitlichen Nasengang mit dem Cavum nasale verbindet, in lateraler Richtung verschoben. (Vergl. die Figuren von Rana, Morph. Jahrb. XXIII, S. 512 ff.)

Bei Urodelen sind das einfacher gebaute Jacobson'sche Organ und seine Fortsetzung, die seitliche Nasenrinne, gleichfalls mehr oder weniger deutlich durch Faltenbildungen gegen das Lumen der Nasenhöhle abgegrenzt (Fig. 6, *x*, *y*) und haben eine ausgesprochen laterale Lage zum Geruchssack gewonnen.

Ich bin nun der Meinung, dass der ganze Apparat des Jacobson'schen Organs, wie er sich bei *Siren* findet, die Anlage für die gesammte Pars respiratoria der Nasenhöhle von *Testudo* enthält.

Bei *Siren* liegt der Spalt, der in die Blindsäcke führt, am Boden der Nasenhöhle, und der Nebenraum liegt unter der Haupthöhle. Erfolgte nun bei den Schildkröten die Entfaltung des Nasenhöhlenlumens vorwiegend im vertikalen Durchmesser, so wird diese ursprüngliche Lage des Nebenraumes zur Haupthöhle erhalten bleiben; er liegt auch weiterhin unterhalb derselben und steht nach oben mit ihr in Verbindung. Bei der Entfaltung des gesammten Nasenhöhlenlumens participirt nun auch der Nebenraum: die Ausdehnung desselben betrifft — in analoger Weise wie bei Anuren — in erster Linie den lateralen, nach vorn gerichteten Blindsack von *Siren*. Der mediale Blindsack betheiligt sich nicht an der Ausdehnung, oder doch in sehr viel geringerem Maasse; er behält das Sinnesepithel, das er bereits bei *Siren* trug, und bewahrt seine Lage an der medialen Wand des Nebenraumes.

Die absolute Zunahme der Raumverhältnisse des Cavum hat weiterhin zur Folge, dass der enge Spalt, der bei *Siren* die Verbindung des Nebenraums mit der Haupthöhle vermittelt, an Breite gewinnt. Beide Theile des Cavum treten so in eine weit offene Kommunikation; der untere Abschnitt verliert hierdurch seinen Charakter als Appendix der Haupthöhle, stellt vielmehr einen integrirenden Bestandtheil des gesammten Cavum dar. Die Falten, welche bei *Siren* die enge Spaltöffnung begrenzen, erhalten sich und stellen nun, da durch die vorwiegende

Entfaltung des Lumens im senkrechten Durchmesser die gesammte Höhlung (Haupthöhle + Nebenraum) die Form eines sagittal gestellten Spaltes aufweist, falten- oder wulstartige Prominenzen der medialen und lateralen Wand dar. Bei diesen Umbildungen verliert endlich der untere Raum — im Gegensatz zu den Anuren — seine Form als Blindsack; doch findet sich noch eine Andeutung hiervon in der schwach nach vorn vorgebuchteten, vorderen Wand desselben.

Diesen Verhältnissen entspricht die eigentliche Nasenhöhle von *Testudo* in allen wesentlichen Punkten (vergl. Fig. 7). Wir unterscheiden den oberen Abschnitt, die Pars olfactoria, die die Riechschleimhaut trägt und der eigentlichen Nasenhöhle von *Siren* zu homologisiren sein dürfte. Die mediale (*x*) und laterale (*y*) Grenzfalte trennen diesen von dem unteren Abschnitt, die als Pars respiratoria bezeichnet wurde. Die Grenzfalten entsprechen den Falten, die den spaltförmigen Zugang zum Jacobson'schen Organ bei *Siren* begrenzen; wie jene tragen sie indifferentes Epithel. Streng genommen müsste man als Grenze zwischen oberem und unterem Abschnitt die gegen das Lumen gerichteten Kuppen der Falten annehmen. Bei der Darstellung des Befundes legte ich nur aus Opportunitätsgründen an der medialen Wand die Grenze an die Basis der Falte. Die Pars respiratoria kann man als bodenständige Rinne auffassen, die auch nach vorn eine abschliessende Wand empfängt, nach oben in weiter Kommunikation mit der Pars olfactoria steht. Vorn, an ihrer medialen Wand trägt sie das ziemlich scharf umgrenzte Jacobson'sche Organ. Die ganze Pars respiratoria leite ich von den Blindsäcken von *Siren* ab, und zwar entspricht das Jacobson'sche Organ von *Testudo* dem kleinen, medial gerichteten Blindsack, der auch bei *Siren* mit specifischem Epithel ausgekleidet ist [Fig. 5 u. 7 (*M*)]; den ganzen übrigen Theil der Pars respiratoria homologisire ich dem nach vorn und lateral entfalteten Blindsack von *Siren* [Fig. 5 u. 7 (*L*)] mit seiner rückwärts verlaufenden, rinnenförmigen und mit indifferentem Epithel versehenen Fortsetzung.

Bei *Siren* liegt nun das vordere Ende des zu den Blindsäcken führenden Spaltes ungefähr in der Mitte der Länge der Nasenhöhle. Dagegen schliesst bei *Testudo* die Pars respiratoria direkt an das Ende des Einführganges an, und das Jacobson'sche Organ findet sich im vordersten Theile der Nasenhöhle. In der That liegt hierin auf den ersten Blick etwas Befremdendes. Aber es wird zugegeben werden müssen, dass bei den recht eingreifenden Umgestaltungen, die sich im Laufe der phylogenetischen Entwickelung an der Nasenhöhle vollziehen, selbst in ausgedehnterem Maasse sich die relative Lage der einzelnen Theile zu einander verändern kann. Findet sich doch auch das hintere Ende des Jacobson'schen Organs, beziehungsweise seine Fortsetzung bei einigen Formen am medialen Rande der Apertura nasalis interna (Gymnophionen) bei anderen am lateralen (Perennibranchiaten, Urodelen, Anuren). Verschiebungen treten auch zwischen der Mündung des Thränenkanals und dem vorderen Ende des Jacobson'schen Organs in der Amphibienreihe auf. Bei *Siredon* in einigem Abstand von einander, nähern sie sich einander bei Urodelen; schliesslich wird bei Gymnophionen die nasale Mündung sogar in das Jacobson'sche

Organ aufgenommen. Bei Anuren verschiebt sich das Sinnesepithel des Jacobson'schen Organes bis in die vordere Spitze des unteren Blindsackes und liegt so thatsächlich noch vor einer durch die vordere Cirkumferenz der Apertura nasalis externa gelegten Frontalebene. Unter Berücksichtigung dieser Verhältnisse, die durch lokale Verschiedenheiten der Wachsthumsintensität zu Stande kommen können, verliert jene Thatsache meines Erachtens an Gewicht. Wird auch im Allgemeinen aus jener Differenz der Lage kein Grund abzuleiten sein, der gegen die durchgeführte Vergleichung geltend zu machen ist, so ist es im Speciellen schwer auszumachen, nach welchem Modus sich jene Lageveränderung vollzogen hat. Es wäre daran zu denken, dass durch Rückbildungen im vordersten Abschnitt der eigentlichen Nasenhöhle, die aber durch eine stärkere Entfaltung hinterer Partien kompensirt worden wäre, sich die Verschiebung des Jacobson'schen Organs nach vorn vollzogen habe.

Das Verhalten des Einführganges bei *Testudo* lässt einen solchen Gedanken aufkommen. Bei Amphibien ist das Atrium im Allgemeinen kurz; stellt es einen etwas längeren Kanal dar, wie bei *Siren* oder *Proteus*, so ist es in seiner ganzen Länge mit Plattenepithel ausgekleidet. *Testudo* dagegen zeigt einen sehr langen Einführgang, der deutlich in zwei Abschnitte gesondert ist; den vorderen, der cylinderförmig gestaltet und mit Plattenepithel ausgekleidet ist: den hinteren, der trichterförmig erweitert und gegen die eigentliche Nasenhöhle scharf abgesetzt ist, und dessen Epithel mit dem indifferenten Epithel der eigentlichen Nasenhöhle übereinstimmt.

Man könnte daran denken, dass dieser hintere Abschnitt des Einführganges durch eine Reduktion der vordersten Partie der Nasenhöhle entstanden sei. Einen Beweis für diese Meinung zu führen, bin ich indess nicht in der Lage. Erscheint es mir doch an und für sich nicht berechtigt, allein nach dem Verhalten des Epithels der Wandung Schlüsse auf die Homologie der betreffenden Hohlräume zu ziehen.

Apertura nasalis interna, sekundäre Choane, sekundärer Gaumen.

Bei *Siren* setzt sich die rinnenförmige Verlängerung des Jacobson'schen Organs bis zur Apertura interna fort; sie endet lateral, kurz vor der letzteren. Bei *Siredon* lässt sie sich bis in die Apertura hinein verfolgen, an deren lateraler Umrandung sie ausläuft: bei Urodelen und Anuren dehnt sie sich durch die innere Nasenöffnung hindurch und zwar wieder an der seitlichen Umrandung derselben bis auf das Mundhöhlendach aus. An letzterem wird der Boden der Rinne durch einen Fortsatz des Mundhöhlendaches gebildet, der an der vorderen Umwandung der Apertura interna beginnt und lateralwärts und nach hinten gegen den Kieferrand ausläuft (Fig. 8). Hierdurch wird einmal ein Theil der Mundhöhle in engere Beziehung zur Nasenhöhle gebracht, ferner die Verbindungsöffnung

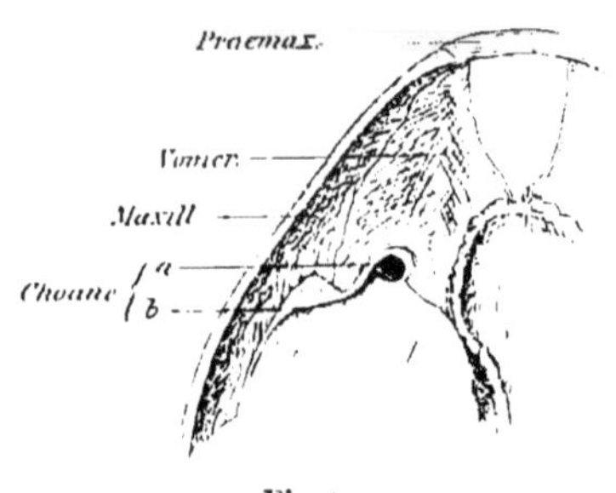

Fig. 8.

Salamandra; knöchernes Mundhöhlendach. Lage der Choane eingetragen. *a* primitiver, *b* sekundärer Theil der Choanenöffnung.

zwischen Mund- und Nasenhöhle in der Weise abgeändert, dass sich an die primitive Oeffnung (Fig. 8, Choane, *a*) seitlich ein langgezogener Spalt anschliesst, der von dem erwähnten Fortsatz, den ich als Gaumenfortsatz bezeichnete, und dem Dache der Mundhöhle begrenzt wird (Fig. 8, Choane, *b*). Hierdurch erhält die Verbindung zwischen Mund- und Nasenhöhle bei Urodelen und Anuren den Charakter einer (sekundären) Choane, und jener Fortsatz stellt den Anfang eines sekundären Gaumens dar.

Diese Zustände bei Urodelen und Anuren zeigen, wie durch Differenzirungen im Bereiche der Nasenhöhle (Ausbildung der seitlichen Nasenrinne) Veränderungen an der Kommunikationsöffnung zwischen Cavum nasale und Cavum oris und damit auch am Mundhöhlendache hervorgerufen werden.

Ist nun die Pars respiratoria der Nasenhöhle von *Testudo* wirklich in der oben ausgeführten Weise von der seitlichen Nasenrinne der Amphibien abzuleiten, so ist zu erwarten, dass sich auch im Verhalten der Apertura nasalis interna und des sekundären Gaumens bei den Schildkröten der Anschluss an die Zustände bei Amphibien nachweisen lässt. Dies ist in der That der Fall. An der Apertura interna sind bei *Testudo* die gleichen Modifikationen zu erkennen, wie sie bei Urodelen durch die Ausbildung der seitlichen Nasenrinne bedingt sind, und im Princip erfolgt die Bildung des sekundären Gaumens bei den Schildkröten in gleicher Weise wie bei den Amphibien, nur ist bei den ersteren dieser Process viel weiter geführt. Bestehende Unterschiede erklären sich aus der divergenten Richtung, in welcher hier und dort die Ausgestaltung des Vorderkopfes erfolgt ist.

Es wäre zunächst das Verhalten der primitiven Choane in ihrer Lage und Form bei *Testudo* festzustellen. Wir haben dieselbe an der Grenze zwischen Pars respiratoria und Ductus naso-pharyngeus zu suchen. Die direkte Beziehung, die der Rest der primitiven Choane (Fig. 8, *a*) bei Urodelen noch zur Mundhöhle hat, ist hier durch die Ausbildung des Nasenrachenganges verloren. Bei *Testudo* besitzt die Pars respiratoria in ihrer ganzen Länge eine knorpelige Umwandung, die der untere Theil der knorpeligen Nasenkapsel bildet. Hierin kommt zum Ausdruck, dass dieser Theil der Nasenhöhle wirklich dieser zuzurechnen ist und sich nicht etwa bei der Bildung des sekundären Gaumens erst später derselben angeschlossen hat. Das trifft bei den Säugethieren z. B. für den unterhalb des Maxillo-turbinale gelegenen Theil des Nasenhöhlenlumens zu. — Die Pars respiratoria von *Testudo* setzt sich nach hinten kontinuirlich in den Ductus naso-pharyngeus fort; an der medialen Wand fehlt eine scharfe Abgrenzung zwischen beiden Abschnitten, an der lateralen ist eine solche durch die kleine Schleimhautfalte gegeben, welche nach hinten vorspringt und mit der Wand des Nasenrachenkanals einen kleinen Recessus bildet (*f*, Fig. 2 *a*). Bei Amphibien finden sich gelegentlich an der primitiven Choane ähnliche Falten- und Recessusbildungen. Ich erinnere an die Falte, die bei *Siren* am medialen Rande der Apertura interna besteht; ferner an den von Sarasin's für *Ichthyophis* beschriebenen Choanenschleimbeutel; derselbe stellt gleichfalls einen Recessus dar, der durch eine vom Rande der primitiven Choane nach der Mundhöhle zu vorspringende Schleimhautfalte gebildet wird. Doch glaube ich nicht annehmen zu dürfen, dass diese Bildungen zu jener Falte bei *Testudo* in Beziehung gebracht werden müssen. — Etwa bis zu dieser Falte dehnt sich nach hinten auch die knorpelige Umwandung der Pars respiratoria aus; den Wandungen des Nasenrachenganges dagegen fehlen knorpelige Einlagerungen. Durch jene Falte wird die Stelle der Apertura nasalis interna markirt, und die Lage der letzteren stimmt mit der Stellung der Falte überein. Die primitive Choane ist also steil von vorn und oben nach hinten und unten gestellt.

Es fragt sich zunächst, wie diese Stellung der Apertura interna von den Zuständen bei Amphibien abzuleiten ist. Bei Perennibranchiaten liegt die Apertura nasalis interna in dem schwach gewölbten Dache der Mundhöhle; ihre Stellung ist etwa horizontal. Bei der lateralen Lage der Geruchssäcke ist der Abstand zwischen der rechten und linken Oeffnung ein sehr beträchtlicher. Schon bei Urodelen ist die Verschiebung der inneren Nasenöffnungen gegen die Medianebene und damit die Verringerung ihres Abstandes von einander nachweislich. Durch die Verschmälerung des internasalen Septums nähern sie sich bei den Cheloniern noch mehr, so dass nur ein schmaler Zwischenraum die beiderseitigen trennt. Auch bei Urodelen, die bereits die sekundäre Choane besitzen, bleibt die Stellung der Oeffnungen doch noch annähernd horizontal.

Die senkrechte Einstellung der Apertura interna bei Cheloniern ist mit der Entfaltung des Nasenhöhlenlumens im Höhendurchmesser in Verbindung zu bringen. Diese erfolgt nicht ausschliesslich nach oben, sondern auch in der Richtung nach unten. Die Folge hiervon ist, dass der Boden der Nasenhöhle, der zugleich das Mundhöhlendach bildet, im Vergleich zur Basis des Schädels in ein tieferes Niveau zu liegen kommt. Sehr deutlich prägt sich das bekanntlich am skelettirten Schädel aus (Fig. 9). Das Intermaxillare und die Maxillaria fassen mit ihrer Gaumenfläche eine Vertiefung zwischen sich, die eben die untere Fläche der Schädelbasis darstellt und von Theilen des Vomer und Palatinum gebildet wird. Die seitliche Umwandung dieser Einsenkung bildet das Palatinum, weiter nach vorn der Oberkiefer. Vorn finden sich im Bereiche der Einsenkung zwei Oeffnungen, die in die Cavitäten der Nasenhöhlen führen und durch das schräg nach unten gerichtete Vorderende des Vomer von einander getrennt sind. Diese Löcher im knöchernen Schädel entsprechen in ihrer Lage den Aperturae nasales internae. Am Vomer sind demnach zwei Abschnitte

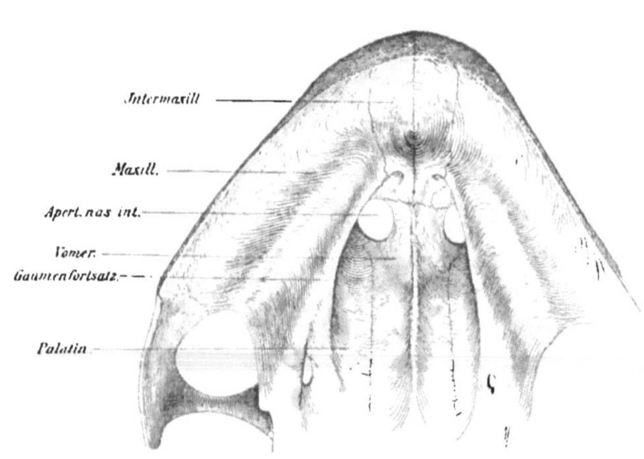

Fig. 9.
Testudo. Knöcherner Gaumen.

unterscheidbar, ein hinterer, der als lange, breite Platte der Schädelbasis anliegt, und ferner ein kürzeres, vorderes Ende, das pfeilerartig von hinten oben nach vorn unten zwischen die inneren Nasenöffnungen eingeschoben ist; letzteres fusst auf dem hinteren Rande der eigentlichen Gaumenfläche; dabei schiebt sich zwischen dasselbe und das Intermaxillare von der Seite her ein schmaler, quer gerichteter Fortsatz des Maxillare. Diese Fortsätze der Maxillaria erreichen sich jedoch nicht in der Medianlinie. Der vordere Theil des Vomer ist gegen den hinteren in scharfer Knickung abgebogen — Die Ableitung von den bei Amphibien bestehenden Verhältnissen ist einfach (vergl. die schematischen Figuren 10 *A* und *B*). Durch die Entfaltung der Nasenhöhle im vertikalen Durchmesser wird der Boden des eigentlichen Cavum nasale nach unten verschoben: Intermaxillaria und die Gaumentheile der Maxillaria folgen dieser Bewegung, während die Basis cranii und die ihr aufgelagerten knöchernen

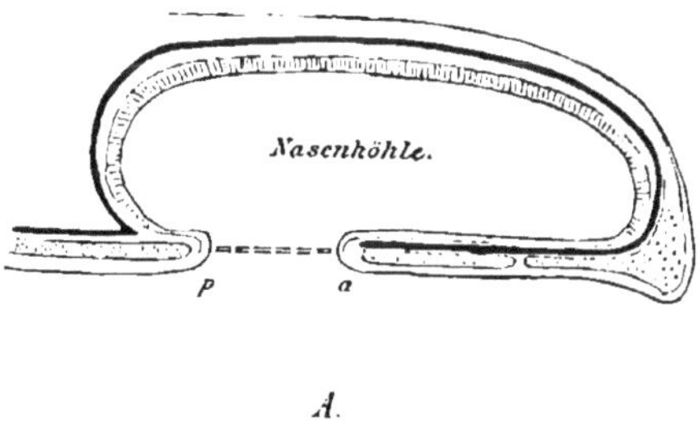

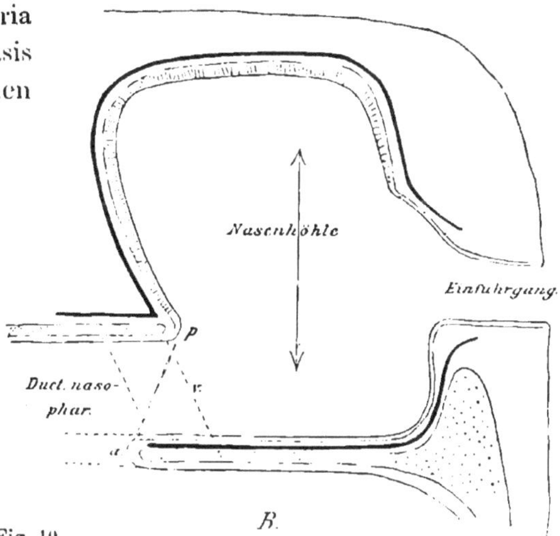

Fig. 10.

Sagittalschnitte durch die Nasenhöhle. *a* von einem Amphibium, *b* von einer Schildkröte. Schema zur Darstellung der Lagenveränderung der Apertura nasalis interna (*pa*) durch die Verschiebung des Mundhöhlendaches. Vomer eng punktirt. In Fig. *b* ist durch punktirte Linien *v* das vordere, abgeknickte Stück des Vomer eingetragen, das die beiderseitigen Aperturae internae von einander scheidet.

Theile die ursprüngliche Lage behalten. Der vordere Rand der Apertura nasalis interna (*a* der Fig. 10) verschiebt sich mit dem Nasenhöhlenboden nach unten, während der hintere (*p*) seine Lage beibehält. So geht die Oeffnung aus der horizontalen in eine schräg von hinten oben, nach vorn unten geneigte Stellung über. Das vorderste Stück des Vomer, soweit es die mediale Wand für die Oeffnung bildet, behält seine Beziehung zu derselben und nimmt eine entsprechend schräge Richtung an. An den Weichtheilen kombinirt sich mit dieser Verschiebung des Nasenhöhlenbodens noch eine Ausdehnung des letzteren nach hinten, wodurch dann die Apertura interna die steil von oben vorn, nach unten hinten geneigte Stellung erhält. Es entspricht demnach die obere Umrandung der Apertura nasalis interna von *Testudo* der hinteren der Amphibien, die untere der vorderen.

Nun wird bei Cheloniern die Apertura interna als solche nicht unmodificirt übernommen; die Modifikationen sind wiederum auf Zustände bei Amphibien beziehbar. Bei Urodelen zeigt ein Frontalschnitt durch die horizontal gestellte Choane die Verhältnisse wie im Schema der Fig. 11. Indem sich die seitliche Nasenrinne (*R*) durch die Apertura interna hindurch nach hinten ausdehnt, wird die laterale Umrandung der primitiven Oeffnung gewissermaassen in seitlicher Richtung ausgebuchtet. Ganz analoge Verhältnisse lassen sich auch bei den Cheloniern erkennen. In dem Schema der Fig. 12 stellt das punktirt gezeichnete Oval die vertikal gestellte, unmodificirte Apertura interna vor. Denken wir uns die seitliche Umrandung derselben in ähnlicher Weise wie bei Amphibien durch Einfluss der seitlichen Nasenrinne lateralwärts ausgebuchtet und die Ausbuchtung entsprechend der Entfaltung des Gesammtlumens der Nasenhöhle umfänglicher werdend, so wird die Apertura interna ihre Gestalt in der Weise verändern, wie es in Fig. 12 durch die ausgezogene Linie dargestellt ist. Das links zwischen den beiden Asterisci liegende Stück des Randes erhält sich ohne Modifikation und gehört zu dem Rest der eigentlichen Apertura interna. Er entspricht dem Randstück, welches bei Urodelen den primitiven Theil der Choanenöffnung (Fig. 8 Choane *a*) an der medialen Seite umgrenzt. Dagegen ist der rechts (lateral) von den Asterisci liegende Theil des Randes lateralwärts und nach unten ausgebuchtet und wird durch die Wandung der seitlichen Nasenrinne gebildet (vergl. Fig. 8 Choane *b* und den Frontalschnitt der Fig. 11). Diesen Erwägungen entsprechen die thatsächlichen Verhältnisse. In Fig. 4 *M* p. 398 ist ein Schnitt dargestellt, der durch die Gegend der Apertura nasalis interna geführt ist. Das Relief der Wandung des Ductus naso-pharyngeus findet sich hier in Uebereinstimmung mit der schematischen Fig. 12. Die Asterisci bezeichnen auch hier die Grenze zwischen der eigentlichen Apertura interna und dem seitlich davon liegenden Theil der Oeffnung, welcher der entfalteten seitlichen Nasenrinne entspricht. Zu berücksichtigen ist bei der Fig. 4 *M*, dass die Schnittrichtung nicht mit der Stellung der Apertura zusammenfällt. Ferner wird die laterale Umrahmung der modificirten Apertura interna noch durch die Faltenbildung (*f*) komplicirt, für welche bei Urodelen — soweit mir bekannt — keine entsprechende Bildung besteht. — Eine genauere Vergleichung der Choane, wie sie die Urodelen besitzen, mit der Apertura interna von *Testudo* lässt auch in speciellen Verhältnissen eine weitgehende Uebereinstimmung erkennen.

Bei Urodelen wird der Theil der Choanenöffnung, der aus der Apertura interna hervorgeht, nach hinten in der Weise umrandet, dass sich der Boden der eigentlichen Nasenhöhle mit dem Dache der seitlichen Nasenrinne verbindet (s. die punktirte Linie *a* der Fig. 11, ferner Morph. Jahrb. XXIII p. 503); auf diese Weise wird das Lumen der seitlichen Nasenrinne von Cavum nasale abgeschlossen. Dem hinteren Rande der Urodelenchoane entspricht die obere Umrahmung der Apertura interna von *Testudo*; und diese letztere wird, wie oben ausgeführt (p. 392), durch die Verbindung der medialen Grenzfalte mit der lateralen gebildet. Die Pars olfactoria setzt sich oberhalb dieser Verbindung nach hinten fort. Da sich die Hauptmasse der medialen Grenzfalte selbstständig noch weiter rückwärts verfolgen lässt, so können wir diese Verhältnisse auch so ausdrücken, dass die laterale Grenzfalte hinten ihr Ende findet, indem sie sich mit dem Boden des hinteren, kuppelförmig abgeschlossenen Theiles der Pars olfactoria verbindet. Die Pars olfactoria ist der eigentlichen Nasenhöhle der Urodelen zu homologisiren, die laterale Grenzfalte entspricht der oberen Schleimhautlippe, welche die seitliche Nasenrinne begrenzt. So ergiebt sich auch in diesen Verhältnissen eine Uebereinstimmung. — Die vordere Umgrenzung des primitiven Abschnittes der Urodelenchoane liegt am Boden der eigentlichen Nasenhöhle, medial von der bodenständigen Schleimhautfalte, die die seitliche Nasenrinne begrenzt, zwischen dieser und dem seitlichen Rand der Regio olfactoria. (In Fig. 11 ist dieses Verhalten durch die punktirte Linie β angedeutet. Vergl. auch Morph. Jahrb. XIII p. 499 Fig. 12 *K* und *L*.) Aus dieser Schleimhautfalte geht bei *Testudo* die mediale Grenzfalte hervor; der entsprechende Theil der Umrandung

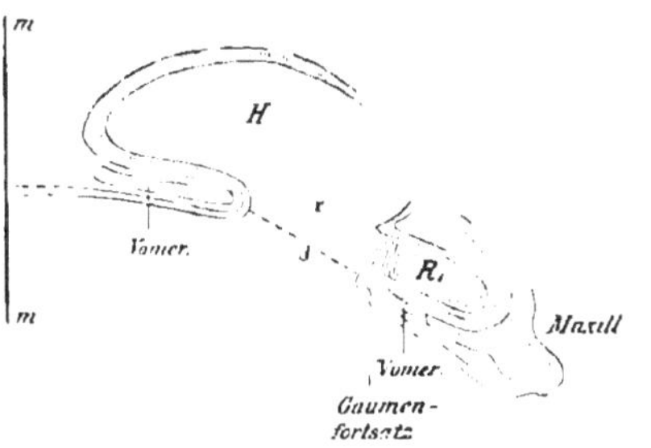

Fig. 11.

Frontalschnitt durch die Choane eines Urodels. Schema. *H* Nasenhöhlen. *R* seitliche Nasenrinne. *m m* Medianlinie. Die punktirte Linie α verbindet den medialen und lateralen Rand der primitiven Choane; die unterbrochene Linie β bezeichnet die durch die Ausbildung des Gaumenfortsatzes entstandene sekundäre Choane. Ausserdem giebt die Linie α an, wie die hintere, β, wie die vordere Umrandung der Oeffnung zu Stande kommt.

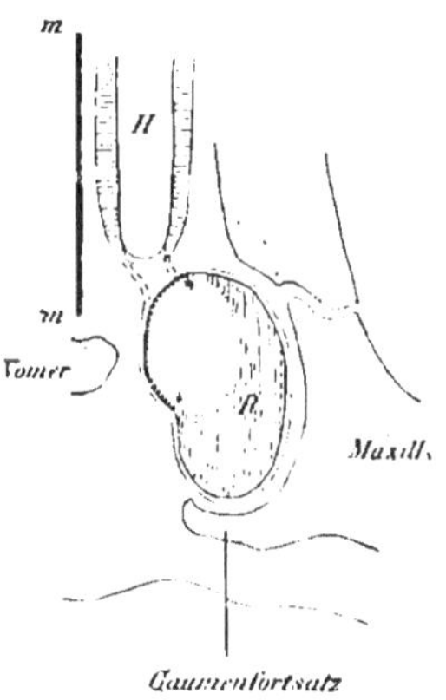

Fig. 12.

Apertura nasalis interna von *Testudo*. Schema. Frontalschnitt durch die Apertur; man sieht von hinten her auf die etwa senkrecht gestellte Oeffnung. *H* Pars olfactoria der Nasenhöhle. *m m* Medianlinie. Das punktirte Oval bezeichnet die Form der primitiven Choane. In Folge der durch die Lumensentfaltung der Pars respiratoria bedingten Erweiterung, nimmt die Oeffnung, die durch die doppelte Kontourlinie umschriebene Form an. Der links von ** liegende, stark punktirte Theil der Umrahmung entspricht dem Reste der Wandung der primitiven Choane, der bei Urodelen an dem medialen und hinteren Rande bestehen bleibt. Der schraffirte Theil der Oeffnung *R* entspricht der seitlichen Nasenrinne der Amphibien.

der Apertura interna muss sich medial an diese anschliessen. Dem bodenständigen, lateralen Rande der Regio olfactoria der Urodelen entspricht bei *Testudo* der mediale, untere Rand des Riechepithels (vergl. Figg. 5 und 7, p. 406). Das Stück der Umrandung der Apertura interna von *Testudo*, welches dem vorderen Rande des primitiven Theiles der Urodelenchoane entspricht, ist demnach zu suchen an der medialen Seite zwischen der medialen Grenzfalte und dem unteren Rand des Riechepithels, wobei die veränderte Stellung der Apertur zu berücksichtigen ist. Ihm entspricht das Stück, das in Fig. 12 links zwischen den beiden Asterisci liegt. Dass es sich nicht, wie nach den obigen Ausführungen zu erwarten wäre, bis zum unteren Rand der Apertur ausdehnt, wird durch die viel stärkere Entfaltung des aus der seitlichen Nasenrinne hervorgegangenen Abschnittes bedingt. — Die Apertura interna gehört bei Perennibranchiaten dem Boden der Nasenhöhle selbst an; bei Urodelen komplicirt sich dieses Verhalten, indem eben der laterale Rand durch die seitliche Nasenrinne ausgebuchtet wird, wie das auf den Frontalschnitten zu erkennen ist; der Rest der primitiven Choane, der sich bei den Urodelen als ein Theil der Kommunikationsöffnung zwischen Mund- und Nasenhöhle erhält, liegt auch weiterhin im Bereiche des eigentlichen Cavum nasale. Demnach muss auch der Theil der Apertura interna von *Testudo*, welcher der unmodificirten Oeffnung entspricht, dem Gebiete der Pars olfactoria angehören; das trifft thatsächlich zu, wenn wir, wie oben begründet, die Grenze zwischen Pars olfactoria und respiratoria auf die Kuppen der Grenzfalten verlegen. Jener Theil der Umrahmung steht bei Urodelen horizontal, bei *Testudo* fast vertikal, und während er bei ersteren noch die Kommunikationsöffnung zwischen Mund- und Nasenhöhle umranden hilft, ist er durch die Entstehung des Ductus naso-pharyngeus bei den Schildkröten von der Mundhöhle abgedrängt und liegt an der Grenze zwischen Cavum nasale und Nasenrachengang.

Bei Urodelen läuft die seitliche Nasenrinne am Mundhöhlendach als eine medianwärts geöffnete Rinne aus; ihr Boden wird durch den Gaumenfortsatz gebildet, der an der vorderen Umrandung des primitiven Theiles der Choanenöffnung beginnt. Bei *Testudo* schliesst an die Apertura interna der ziemlich lange Ductus naso-pharyngeus an. Derselbe empfängt nur oben und seitlich eine knöcherne Umwandung, die von Theilen des Vomer, Palatinum und Maxillare aufgebaut wird; Boden und mediale Wand des Kanals werden durch Weichtheile gebildet. Die knöchernen Theile verbinden die tiefer liegende Fläche des Schädelgrundes mit der höher liegenden Gaumenfläche. Die Gaumenfläche des Maxillare springt medianwärts mit zugeschärftem Rande um ein Weniges vor und bildet einen schwach ausgeprägten Processus palatinus. Am skelettirten Schädel markirt sich die Apertura nasalis interna mit aller Deutlichkeit (Fig. 9). Wie bei den Urodelen der Gaumenfortsatz an den vorderen Choanenrand anschliesst, so schliesst bei *Testudo* der Proc. palatinus des Oberkiefers an die untere Umrahmung der Apertura interna an und verläuft von hier nach hinten und lateral, um allmählich zu verstreichen. Am knöchernen Schädel von *Testudo* schliesst demnach an die Apertura interna eine Rinne an, die sich medianwärts öffnet, und es erscheint am Skelett die Gaumenbildung bei *Testudo* ebenso weit geführt wie an dem mit den Weichtheilen überkleideten Mundhöhlendach der Urodelen; die Unterschiede, die bestehen, beziehen sich wesentlich nur auf die Stellung der Apertura interna und die grössere räumliche Entfaltung des Lumens der Rinne (vergl. Fig. 8 und Fig. 9).

Durch die Schleimhaut wird die Rinne am knöchernen Gaumen von *Testudo* zu einem Kanal abgeschlossen, und dieser Ductus naso-pharyngeus erscheint als eine röhrenförmige Verlängerung der (modificirten) Apertura interna nach hinten. Es macht keine Schwierigkeiten, sich vorzustellen, dass das hinter der Apertura interna gelegene Stück der seitlichen Nasenrinne der Urodelen sich von vorn nach hinten fortschreitend zu einem Kanal abschliesst, der dann mutatis mutandis mit dem Ductus naso-pharyngeus von *Testudo* übereinstimmen würde.

Es ergiebt sich aus dieser Vergleichung, dass in der Pars respiratoria, im Jacobson'schen Organ, in der Apertura interna und im Ductus naso-pharyngeus von

Testudo Zustände gegeben sind, die an das Jacobson'sche Organ, an die seitliche Nasenrinne und an die Choane der Amphibien (Perennibranchiaten, Urodelen) angeschlossen werden können, und die in bestimmter Richtung weiter gebildet wurden.

Meine Untersuchungen über die Amphibiennasenhöhle hatten mich zu der Ansicht geführt, dass die seitliche Nasenrinne bei niederen Amphibien (*Siren* und *Siredon*) zunächst als ein Hilfsapparat für das Jacobson'sche Organ entsteht, indem sie den Exspirationsstrom auf dieses zuleitet; sie besitzt so von vornherein einen gewissen Einfluss auf die Stromregulirung innerhalb der Nasenhöhle. Diese Leistung erweitert sich bei Urodelen und Anuren; die Rinne wird in ausgesprochenerer Weise zu einer Bahn für die Respirationsluft: dieser Umstand führt zu ihrer weiteren Ausgestaltung, wobei die Beziehung zum Jacobson'schen Organ erhalten bleibt. Das gleiche Moment wird die umfängliche Entfaltung des Lumens der seitlichen Nasenrinne bei Cheloniern herbeigeführt haben; sie ist hier zum fast ausschliesslichen Wege für die Athmungsluft durch das Cavum nasale geworden; das Jacobson'sche Organ behält dabei seine von Anfang an gegebene Lage in der respiratorischen Bahn. Die Entfaltung der seitlichen Nasenrinne und ihre Ausdehnung nach hinten führte bei Urodelen und Anuren weiterhin zu Veränderungen an der Kommunikationsöffnung zwischen Mund- und Nasenhöhle. Durch die Ausbildung des Gaumenfortsatzes und die durch ihn geschaffene sekundäre Choane wird ein Theil des Mundhöhlenlumens in engere Verbindung mit der Nasenhöhle gebracht. Die Bedeutung dieser Veränderung liegt darin, dass durch sie der Zutritt der inspirirten Luft zum Kehlkopfeingang, und umgekehrt der Eintritt der exspirirten in die Nasenhöhle erleichtert und gesichert wird. Das gleiche ursächliche Moment dürfte bei den Cheloniern weiter gewirkt haben und führte zur Entfaltung auch des hinteren Rinnentheiles in der Höhe wie in der Länge und ferner zum Abschluss desselben zu einem Kanal, den Ductus naso-pharyngeus, wodurch die Choanen weit nach hinten gegen den Kehlkopfeingang verschoben wurden. Die Vorgänge am Mundhöhlendach bei den Cheloniern werden dabei in der gleichen Richtung weiter geführt, in welcher sie sich bei den Amphibien eingeleitet hatten. Das Stück der seitlichen Nasenrinne, das hinter der Apertura interna im Bereiche des Mundhöhlendaches verläuft, wird zunächst durch eine Schleimhautbrücke zu einem röhrenförmigen Kanal abgeschlossen (*Testudo*); erst weiterhin kommt es dann zur ergiebigeren Betheiligung der benachbarten, knöchernen Gebilde an der Umwandung des Kanals. Indem sich Maxillare, Palatinum und auch der Vomer mit Fortsatzbildungen in die Schleimhautbrücke hinein ausdehnen, entsteht der geschlossene sekundäre, knöcherne Gaumen. — Gerade in den zuletzt berücksichtigten Verhältnisse zeigen die Chelonier Anschlüsse an die höheren Amphibien. Es liegt mir fern, daraus Schlüsse auf eine phyletische Zusammengehörigkeit zwischen diesen und Cheloniern zu ziehen; das verbietet, abgesehen von allen anderen Instanzen, schon die Schädelform mit den Konsequenzen, die sich aus dieser für die Nasenhöhle ergeben. In der Breitenentfaltung des Amphibienschädels und der daraus folgenden Entwickelung der Nasenhöhle im queren Durchmesser ergiebt sich eine ausgesprochene Divergenz gegen die Chelonier, wo die Ausdehnung des Vorderkopfes im vertikalen Durchmesser alle Umbildungen an der Nasenhöhle beeinflusst. Jene Uebereinstimmungen in der Gaumenbildung u. s. w. sind daher nur als Parallelismen der Entwickelung aufzufassen. Der Apparat, aus dem sich die seitliche Nasenrinne der Amphibien, sowie die Pars respiratoria mit ihrer Fortsetzung in den Ductus naso-pharyngeus entwickeln, ist bereits bei niederen Amphibien (*Siren*) in den Blindsäcken des Jacobson'schen Organs und ihrer rinnenförmigen Verlängerung gegen die Apertura nasalis interna hin vorhanden. Die weitere Differenzirung dieser Theile verläuft bei den höheren Amphibien und bei den Schildkröten im Princip in ähnlicher Weise, aber im Speciellen werden die Entwickelungsvorgänge hier wie dort durch besondere Faktoren in verschiedene Bahnen gedrängt, sie schreiten überdies bei den Schildkröten weit über den von den Amphibien erreichten Grad der Ausbildung hinaus fort.

Diese Divergenz der Entwickelung kommt auch in der Beziehung der knöchernen Theile des Mundhöhlendaches zur Choane zum Ausdruck. Bei den niederen Amphibien stehen dieselben noch in loser Verbindung mit der Apertura interna; lateral liegt das Maxillare, medial Vomer und Palatinum. Bei *Salamandra* ist es fast ausschliesslich der Vomer, der die Choanenöffnung umrandet. Der Ausschnitt in seinem plattenartig verbreiterten Theil umgrenzt die Oeffnung medial, vorn, und erstreckt sich auch noch lateral in den Gaumenfortsatz hinein; an der Bildung des letzteren ist in geringer Weise auch das Maxillare betheiligt. Ein Ueberblick über die Abbildungen, die Wiedersheim in seiner Arbeit über den Urodelenschädel giebt, lässt bei allen Salamandrinen die enge Beziehung des Vomer zur Choane erkennen. Bei *Testudo* wird die Apertura interna des knöchernen Schädels nur medial vom Vomer, unten und lateral vom Maxillare, oben auch noch durch einen Theil des Praefrontale umrandet. Den knöchernen, gering entwickelten Boden für den Ductus naso-pharyngeus bildet allein das Maxillare.

Bei anderen Schildkröten, die einen hochentwickelten, sekundären, knöchernen Gaumen besitzen, betheiligten sich dann auch noch Palatinum und Vomer an der Bildung desselben. Es sind demnach bei den Schildkröten andere knöcherne Theile des Mundhöhlendaches, die zur Choane in Beziehung treten, als bei den Urodelen. Diese Thatsache kann nun m. E. für die Beurtheilung der Gaumenbildung überhaupt nur in zweiter Linie in Betracht gezogen werden.

Es sind die gleichen Ursachen, die den ersten Anstoss zur Bildung des sekundären Gaumens gaben und die fortwirkend die weitere Ausgestaltung desselben bedingten. Unter diesem Gesichtspunkt erscheint der Vorgang der Gaumenbildung bei Amphibien und bei Cheloniern als ein durchaus einheitlicher. Die Thatsache, dass in den beiden Gruppen verschiedene knöcherne Gebilde als Stützapparate Verwendung finden, kann, wie ich glaube, an jener Auffassung nichts ändern. Die Ausbildung der Knochen des Mundhöhlendaches hängt von ganz anderen Momenten ab: als ein solches ist z. B. wohl die Ausgestaltung des Gebisses heran zu ziehen. Der mit Zähnen bewaffnete Vomer der Amphibien bedarf einer breiten, festen Stütze am Mundhöhlendach, während auf der anderen Seite das mit dem schneidenden Hornkiefer ausgestattete Maxillare einer solchen benöthigt. So wird hier der Vomer, dort der Oberkiefer sich grössere Flächen am Mundhöhlendache erobern; es wird bei Urodelen der eine, bei Cheloniern der andere eine engere Beziehung zur Kommunikationsöffnung zwischen Mund- und Nasenhöhle erlangen und sich weiterhin den an dieser Stelle wirksamen Momenten unterwerfen. Kann ich also den Unterschieden, die in der speciellen Bildung des sekundären Gaumens bei Urodelen einerseits, *Testudo* andererseits bestehen, einen principiellen Werth für die Auffassung der Gaumenbildung überhaupt nicht beimessen, so sind dieselben doch bei der Abwägung der phyletischen Beziehungen zwischen Urodelen und Cheloniern selbstverständlich in Rechnung zu ziehen. In Zusammenhalt mit anderen, bereits besprochenen Verhältnissen scheint mir auch in dieser Thatsache ein Grund dafür zu liegen, bei der Ableitung der Zustände bei *Testudo* von einer tiefstehenden Form aus zu gehen, wo — wie bei den Perennibranchiaten — Maxillare und Vomer sich in gleicher Weise an der knöchernen Umgrenzung der Apertura nasalis interna betheiligen. Von solcher Form würde die Entwickelung der Urodelen und Chelonier in divergenter Richtung erfolgt sein.

Nasendrüsen.

Es wäre schliesslich noch auf die Frage einzugehen, wie sich die grossen Drüsen der Nasenhöhle von *Testudo* zu den Drüsenbildungen bei Amphibien verhalten. Hier wie dort bestehen solche grössere Drüsen einmal an der lateralen Seite des Geruchssackes, Gl. nasales externae; ferner solche an der medialen Seite desselben, die sich längs des Septum ausbreiten.

Bei Amphibien bestehen meist mehrere Gl. nasales externae; dieselben münden allgemein in der Nähe der äusseren Nasenöffnung, an der Stelle, wo das Plattenepithel des Atriums an das respiratorische Epithel der Nasenhöhle anschliesst. Die Grösse dieser Drüsen ist meist unbedeutend.

Bei Reptilien besteht, soweit mir bekannt, nur eine Glandula externa, die in verschiedenem Grade ausgebildet sein und oft sehr erhebliche Dimensionen erreichen kann. Bei Sauriern, Ophidiern[1]) und auch bei manchen Schildkröten z. B. *Emys*, findet sich die Mündung dieser Drüse an der Grenze zwischen dem Plattenepithel, welches von der Apertura externa gegen das Lumen der Nasenhöhle vordringt; und zwar an der seitlichen Wand des Lumens mehr oder weniger dem Dache genähert. Der Drüsenkörper liegt hier immer der knorpeligen Nasenkapsel von aussen auf und zwar vorwiegend ihrer seitlichen Wand. In wichtigen Merkmalen stimmen also diese Drüsen mit denen der Amphibien überein; so dass sie, wie das Born[2]) schon

1 Born G., Die Nasenhöhlen und der Thränennasengang der amnioten Wirbelthiere. III. Morph. Jahrb. VII.

2 Born, G., Die Nasenhöhlen und der Thränennasengang der amnioten Wirbelthiere. Morph. Jahrb. V; s. a. Gaupp, E., Anatomische Untersuchungen über die Nervenversorgung der Mund- und Nasenhöhlendrüsen der Wirbelthiere. Morph. Jahrb. XIV. p. 463; Wiedersheim, R., Grundriss der vergleichenden Anatomie der Wirbelthiere. 3. Aufl. 1893.

ausgesprochen hat, mit den multiplen Gl. nasales externae der Amphibien in Beziehung gebracht werden dürfen.

Was die Lage des Drüsenkörpers anlangt, so zeigt die Gl. externa von *Testudo* Uebereinstimmung mit den Zuständen bei Amphibien und den übrigen Reptilien. Sie liegt an der lateralen Seite der Knorpelkapsel, dehnt sich aber, bei ihrer enormen Entfaltung, namentlich vorn auch auf die vordere und obere Fläche derselben aus. In der Mündung weist sie indess eine Abweichung von den typischen Verhältnissen auf; das Ende ihres Ausführganges findet sich am Dache des erweiterten Theiles des Einführganges im Bereiche des Cylinderepithels, eine kurze Strecke hinter dem Ende des Plattenepithels. Trotz der Bedeutung, die gerade der Lage der Mündungsstelle allgemein für die Beurtheilung der Homologie von Drüsenbildungen zuzuerkennen ist, glaube ich doch im vorliegenden Falle nicht aus dieser Differenz einen Grund ableiten zu dürfen, der gegen die Homologisirung der Gl. nasal. ext. von *Testudo* mit der gleichnamigen Drüse anderer Reptilien geltend zu machen wäre.

Das Bestehen der äusseren Nasendrüsen bereits bei Amphibien, ihre Ausbildung unter Bewahrung der für jene typische Lage der Mündung bei Sauriern, Ophidiern nicht nur, sondern auch bei anderen Schildkröten, lässt die Drüse als eine fest in den Organismus eingebürgerte Einrichtung erkennen. Das schliesst allerdings nicht aus, dass sie hier und da durch Drüsenbildungen, die von anderer Stelle aus ihre Entstehung nehmen, ersetzt werden könnte. Ein hierher gehöriges Beispiel liefern die Drüsen des Jacobson'schen Organs. Doch ist jedenfalls die Möglichkeit zuzugeben, dass die Mündung der Drüse eine Verschiebung erfahren und so die typische Lage aufgegeben hat.

Die mediale, grössere Drüse der Amphibien findet sich allenthalben in Beziehung zum Jacobson'schen Organ. In ihrer Lage zeigt sie — ausgenommen die Gymnophionen — eine Uebereinstimmung darin, dass sie sich unter dem Boden des Geruchskanales hin gegen das Septum erstreckt. Bei *Siren*, wo sie sehr stark ausgebildet ist, dehnt sie sich von der Mündung an gleichmässig nach vorn und hinten längst des Septum aus, während sie sich bei Urodelen und Anuren hauptsächlich nach hinten entfaltet. Ueberall stellt sie eine vielfach verzweigte, tubulöse Drüse dar, deren Schläuche bald lose an einander gefügt, bald dicht an einander gedrängt sind. In der Zahl und Lage der Drüsenmündungen bestehen dagegen Differenzen. Bei *Siren* beobachtete ich nur eine Mündung, die am Boden des Jacobson'schen Organs, gerade an der Grenze des Sinnesepithels des medialen Blindsackes sich fand. Auch bei Anuren (*Rana*) sah ich nur eine Mündung; dieselbe liegt am hinteren Rande des Sinnesepithels des Jacobson'schen Organs; bei Urodelen kommen zwei bis drei selbstständige Drüsen vor, die am vorderen Ende des Jacobson'schen Organs ausmünden. Bei *Ichthyophis* bestehen nach Sarasin viele, kleine Drüsen, die in das schlauchförmige Jacobson'sche Organ an dem Rande zwischen Sinnesepithel und indifferentem Epithel ausmünden. Dass die Drüse von *Siren* und die der Anuren komplet homolog seien, ist mir wahrscheinlich; wie sich die multiplen Drüsen der Urodelen zu der einfachen Drüse von *Siren* und *Rana* verhalten, bleibe unentschieden; aber sicherlich sind die vielen, kleinen Drüsen von *Ichthyophis* Bildungen, die zwar physiologisch gleichwerthig mit den Jacobson'schen Drüsen der übrigen Amphibien sind, die aber morphologisch nicht mit jenen übereinstimmen.

Die Gl. medialis von *Testudo* zeigt nun in der Lage ihres Körpers, wie in ihrem Charakter als tubulöse Drüse Uebereinstimmung mit den Drüsen des Jacobson-schen Organs der Amphibien. Dass sie sich den Formverhältnissen der knorpeligen Kapsel anpasst und durch die bodenständige Oeffnung derselben sich auch ausserhalb des Knorpelgerüstes ausdehnt, ist bei ihrer mächtigen Entfaltung nichts Befremdendes. Ihre Mündung liegt unterhalb der medialen Grenzfalte, an der vorderen und oberen Umrandung des Sinnesepithels des Jacobson'schen Organs. Das Drüsensekret wird demnach über die sensorielle Schleimhaut des Organes ergossen; die funktionelle Beziehung desselben zum accessorischen Sinnesorgan der Nasenhöhle in dem a. O. besprochenen Sinne ist also auch hier nachweislich, so dass wir die Drüse mit Fug und Recht als Jacobson'sche bezeichnen dürfen. In den obigen Ausführungen glaubte ich den Nachweis erbracht zu haben, dass das Jacobson'sche Organ von *Testudo* dem medialen Abschnitt der Blindsackbildungen von *Siren* entspricht, so dass die Drüsen hier und dort mit gleichwerthigen Abschnitten der Nasenhöhle in Verband stehen. Aber bei *Siren* fand sich die Mündung am Boden der Blindsackbildungen; stellt man sich nun die Entfaltung dieses Abschnittes in der oben ausgeführten Weise vor, so müsste die entsprechende Stelle bei *Testudo* am unteren Rande des Sinnesepithels zu suchen sein (Vergl. Figg. 5 und 7, p. 406). Bei Anuren, bei denen das Sinnesepithel des unteren Blindsackes gleichfalls von dem medialen Abschnitt des Jacobson'schen Organs von *Siren* abzuleiten sein dürfte, liegt die Drüsenmündung am hinteren Rande desselben. Man kann sagen *Siren*, *Rana* und *Testudo* zeigen in allmählichem Uebergange die Verlagerung der Drüsenmündung. Ohne daran zu denken, dass die Anuren von den primitiven Amphibienformen zu den Cheloniern hinüberleiteten, möchte ich doch die Möglichkeit einer entsprechenden Wanderung der Drüsenmündung nicht absolut von der Hand weisen. Indess in Hinblick auf die berührten Verhältnisse in der Amphibienreihe, ferner mit Rücksicht auf den Reichthum an kleinen, tubulösen Drüsen, der sich gerade bei *Testudo* im ganzen vorderen Abschnitt der Nasenhöhle im Bereiche des indifferenten Epithels geltend macht, neige ich zu der Ansicht, dass eine komplete Homologie mit der Drüse von *Siren* nicht vorliegt, dass es sich vielmehr, veranlasst durch die veränderten lokalen Bedingungen, um eine Neubildung der Drüse handelt.

Gerade bei *Testudo* fällt nun die mächtige Drüsenentfaltung im vorderen Abschnitt der Nasenhöhle auf. Zu der Gl. medialis und externa kommen noch die unzähligen, kleinen, tubulösen Drüsen, die dem respiratorischen Epithel eingelagert sind und sich vom Einführungsgange her noch weit in die eigentliche Nasenhöhle hinein erstrecken. Ueberall bei Amphibien, Reptilien und Säugethieren finden wir die Mündungen umfangreicher Drüsen in der Nähe der äusseren Nasenöffnung. Ihre allgemeine Verbreitung lässt auf ihre wichtige, funktionelle Bedeutung schliessen. Diese wird einmal darin zu suchen sein, dass der Respirationsweg feucht erhalten, und die Schleimhaut vor dem Eintrocknen geschützt wird. Das Feuchtbleiben der Wandungen der Respirationswege kommt aber auch der eingeathmeten Luft zu gute; einmal wird der Feuchtigkeitsgehalt der Respirationsluft auf diese Weise erhöht, ferner werden kleine, körperliche Beimengungen an den feuchten Wandungen haften bleiben: die Athmungsluft wird so gereinigt. Diese kleinen Partikelchen werden durch das abfliessende Drüsensekret entfernt. Eine derartige Vorstellung ist seit lange gang und gäbe für die Funktion der kleinen Schleimdrüsen der tieferen Respirationswege. Es erscheint mir wohl denkbar, dass gerade am Anfang der letzteren in Anpassung an die gleiche Leistung eine stärkere Entfaltung der Drüsen und die allmähliche Ausbildung einzelner, sehr grosser, stattgefunden hat. Ist doch gerade die eintretende Inspirationsluft noch am stärksten verunreinigt, und wird so gerade am Anfange des Athmungsweges jene Leistung am lebhaftesten in Anspruch genommen. Besonders bei den niedrigen Wirbelthieren, denen im Bereiche der Nasenhöhle besondere Filtrirapparate für die Athmungsluft fehlen, wie sie bei Säugethieren durch die komplicirt gebauten Muschelbildungen gegeben sind, würde diese Bedeutung der in der Nähe der äusseren Nasenöffnung mündenden Drüsen einleuchten. Thatsächlich treten dieselben ja auch erst bei Amphibien auf, bei denen das Cavum nasale in den Dienst der Athmung tritt, und ihre Ausbildung bei Reptilien geht Hand in Hand mit der Entfaltung des Nasenhöhlenlumens. Die Drüsen würden so als Schutzapparate für den Organismus wirksam sein. Vielleicht geht diese Funktion noch weiter. Es wäre möglich, dass dem Sekret bestimmte Eigenschaften zukämen, die kleine Parasiten verhindern, in die Kavitäten des Vorderkopfes einzudringen, beziehungsweise schädigend auf die eingedrungenen einwirken. Ich denke hierbei in erster Linie an Bakterien etc., deren pathogener Einfluss auf diese Weise paralysirt werden könnte. Auch unter diesem Gesichtspunkt würde die Anhäufung von kleinen Drüsen, oder die Entfaltung einzelner gerade am Beginn des Cavum nasale durchaus verständlich erscheinen. Als Analogie hierfür liessen sich die Schleimdrüsen des Cervix uteri anführen; der Umstand, dass unter normalen Verhältnissen das Cavum uteri keimfrei gefunden wird, wird dem Einflusse des Sekrets der Cervixdrüsen zugeschrieben.

Muschelbildungen.

Die Wandungen der eigentlichen Nasenhöhle von *Testudo* werden durch Vorsprünge, die gegen das Lumen gerichtet sind, komplicirt; sie wurden oben als Muschelwulst, mediale und laterale Grenzfalte bezeichnet. Der morphologische Werth dieser Bildungen ist ein verschiedenartiger. Der Muschelwulst liegt im Bereiche der Pars olfactoria, an der lateralen Wand derselben und stellt sich als eine schwach prominente Erhebung dar, die mit Riechepithel überzogen ist. Er ist bedingt durch eine Vorbuchtung der knorpeligen Nasenkapsel gegen das Lumen, welcher an der Aussenfläche der letzteren eine Einsenkung entspricht. Dieser Einsenkung ist der Körper der Glandula nasalis externa eingelagert. Den Muschelwulst von *Testudo*, der auch in geringerer Ausbildung bei Emyden wiederkehrt, erachte ich der Muschel der Saurier für homolog. Die Lage an der lateralen Wand der Nasenhöhle und die Beziehung zur Gland. nasal. ext. begründen diese Annahme. Im Anschlusse an die Auffassung Born's hatte ich früher meine Ansicht über die Genese der Sauriermuschel entwickelt (Morph. Jahrb. XXIII p. 536). Der Muschelwulst von *Testudo* liefert ein schönes Beispiel dafür, wie durch die Entfaltung der Drüse, also durch ein von aussen wirkendes Moment, eine gegen das Lumen gerichtete Hervorragung der Nasenhöhlenwand entsteht, deren Oberfläche zur Ausbreitung der Riechschleimhaut benutzt wird. Er stellt ein Zwischenglied dar, zwischen den geringen Spuren einer Wulstbildung, die bei Amphibien nachweislich sind, und den höher entwickelten Muschelbildungen der Saurier. Der Vergleich mit den Amphibien ergiebt als weiteres bestätigendes Merkmal für die aufgestellte Homologie die Lage des Wulstes oberhalb der der seitlichen Nasenrinne entsprechenden Pars respiratoria.

Es bildet demnach der Muschelwulst von *Testudo* und *Emys* ein Glied in jener, schon von Born besprochenen Reihe, welche bei den Amphibien mit den leichten Einbiegungen der lateralen Wand der Nasenhöhle beginnt, die hier durch die Auflagerung des Thränenkanals und der äusseren Nasendrüsen bedingt sind; und welche ihr Ende findet in der mittleren Muschel der Vögel und in der unteren Muschel der Säuger. Ich schliesse mich hinsichtlich der Fassung des morphologischen Begriffs der Muschel an Born[1]) an, der mit Recht hierbei den Schwerpunkt auf die Entstehungsgeschichte der Hervorragung und auf ihre Beziehung zur Riechschleimhaut legt. Als Muschelbildungen bezeichne ich solche, gegen das Lumen gerichtete Vorragungen der Nasenhöhlenwand, welche im Bereiche der Regio olfactoria entstehen, und die sich im direkten Dienste des Geruchssinnes zu umfänglichen Vorsprüngen entfalten können, indem ihre freie Oberfläche sich unter gleichzeitiger Entfaltung der Riechschleimhaut vergrössert. Es gehören also nur solche Bildungen hierher, die von ihrer ersten Entstehung an die Beziehung zur Endausbreitung des N. olfactorius besitzen. Dabei ist es gleichgiltig, ob andere Faktoren bestehen, die den ersten Anstoss zur Bildung der Hervorragung geben, und welcher Art diese sind. Ich rechne demnach unter die Muschelbildungen auch den Muschelwulst von *Testudo* (und *Emys*), ferner auch die obere Muschel (Riechhügel, Gegenbaur) der Vögel; den Anstoss zum ersteren giebt die Gl. nasalis externa, zur letzteren der Sinus orbitalis. Es dürfte zweckmässig sein, diese Bildungen, die zwar als deutlich umgrenzte Erhebungen der Nasenhöhlenwand erscheinen, die aber doch in ihrer formalen Ausgestaltung noch weit hinter den höher differencirten Muschelbildungen zurückstehen, als Muschelwülste zusammenzufassen, wodurch einmal ihr anatomischer Charakter bezeichnet, ausserdem ausgedrückt werden soll, dass diese Wulstung den Vorläufer darstellen kann für freier und selbstständiger in die Nasenhöhle einragende Vorsprünge. Für solche letztere könnte die Bezeichnung Muschel reservirt bleiben. Hierher würden die Muscheln der

---

1) Born, Morph. Jahrb. V. p. 135.

Saurier und Ophidier, ferner die Siebbeinmuscheln der Säugethiere zu rechnen sein. Nun kann eine Muschel die ursprünglich bestehende Beziehung zur Endausbreitung des N. olfactorius im Laufe der phylogenetischen Entwickelung verlieren; die Riechschleimhaut entzieht sich ihr, und der Vorsprung übernimmt andere Funktionen, unter deren Einfluss er sich noch weiter differenziren kann (Regulirung, Filtration des Luftstromes innerhalb des Cavum nasale u. s. w.) Hierher würde ich die mittlere (ächte) Muschel der Vögel und die untere Muschel (Maxillo-turbinale) der Säugethiere rechnen, unter der durch Gegenbaur begründeten Voraussetzung, dass sie der Sauriermuschel homolog seien. Auch für diese rechtfertigt sich die Bezeichnung als Muschel durch ihre Geschichte; um ihre Besonderheit hervorzuheben, möchte ich sie respiratorische Muscheln benennen und ihnen die eben besprochenen als Riechmuscheln gegenüberstellen. Dass die hier aufgestellten Gruppen von Muschelbildungen nicht scharf umgrenzt werden können, braucht nicht besonders hervorgehoben zu werden. Zwischen Muschelwulst und freien Muscheln kommen, wie Born schon hervorhebt, alle Uebergänge vor. Die Siebbeinmuscheln der Säuger sind keine reinen Riechmuscheln, da sie nur in ihrem, der Lamina cribrosa angeschlossenen Teile die Olfactoriusausbreitung tragen, während ihr vorderer, oft äusserst komplicirt gestalteter Abschnitt indifferentes Epithel trägt und accessorische Funktionen zu leisten hat.

Den Muschelbildungen stelle ich alle selbstständigen Vorsprünge der Nasenwandungen gegenüber, deren Entstehung und Gestaltung keine Beziehung zur Ausbreitung des Riechnerven hat. Vielleicht könnte man sie als unächte Muschelbildungen zusammenfassen und ihnen die bisher besprochenen als ächte Muschelbildungen gegenüberstellen. Zweckmässiger dürfte es indess sein, für derartige Bildungen je nach den speciellen Verhältnissen besondere Namen zu gebrauchen. In diese Gruppe stelle ich die mediale Grenzfalte von *Testudo*. Wie ich oben zu begründen versuchte, ist sie der Schleimhautlippe homolog, welche bei Urodelen die seitliche Nasenrinne gegen den Boden der Nasenhöhle abgrenzt; mit dieser korrespondirt eine zweite Schleimhautlippe, die den in die Rinne führenden Spalt von oben begrenzt. Ihr entspricht die laterale Grenzfalte von *Testudo*. Bei Urodelen sind es unansehnliche Falten der Schleimhaut, deren Bedeutung eben in der Abgrenzung des Lumens der seitlichen Nasenrinne gegen das der Haupthöhle liegt. Nicht viel anders verhält sich bei *Testudo* die laterale Grenzfalte, die auch nur die Grenze zwischen Pars olfactoria und Pars respiratoria der Nasenhöhle markirt. Bei ihrer starken Prominenz wird man ihr indess einen grösseren Einfluss auf die Cirkulation der Luft in der Nasenhöhle nicht absprechen können. Dagegen hat sich die mediale Grenzfalte zu einer stark prominirenden Wulstung entfaltet, die das Relief der septalen Wand in sehr viel ausgesprochener Weise komplicirt, als der Muschelwulst: sie erhält auch eine knorpelige Stütze durch einen Vorsprung des Septums. Ihre funktionelle Bedeutung liegt, wie ich das oben ausführte, gleichfalls in der Regulirung des Luftstromes, der bei der Athmung die Nasenhöhle passirt. Sie liefert uns ein gutes Beispiel, wie auch ohne direkte Beziehungen zur Endausbreitung des N. olfactorius Prominenzen der Wandungen entstehen können, die hinsichtlich ihrer formalen Ausgestaltung sehr wohl mit ächten Muschelbildungen in Parallele gestellt werden können. Ihre physiologische Leistung im Allgemeinen differirt nicht von der eines einfach gebauten Maxillo-turbinale, wie es etwa die Primaten besitzen. — In diese Gruppe ist auch die sogenannte Muschel von *Chelone* (Gegenbaur, Solger) zu rechnen, deren Bedeutung wiederum darin liegt, differente Abschnitte des Nasenhöhlenlumens von einander abzugrenzen. Aechte Muschelbildungen vermisse ich sowohl bei den Seeschildkröten wie bei den Trionyciden, soweit meine Erfahrungen reichen. Auch die Vorhofsmuschel der Vögel (Gegenbaur) dürfte hierher zu rechnen sein. —

Ueberblickt man die Differenzirungen, die die Nasenhöhle von den niedrigen Amphibien an bis zu den Cheloniern hin erfährt, so lässt sich eine grosse Summe von Einzelerscheinungen unter einen einheitlichen Gesichtspunkt bringen. Von dem Augenblicke an, in dem bei Amphibien die Kavität des Geruchsorganes in den Dienst der Respiration gezogen wird, macht sich der Einfluss dieser neuen Funktion auf die Gestaltung desselben geltend; eine ganze Reihe von Einrichtungen werden successive durch die Anpassung an die erweiterte Leistung hervorgerufen und ausgebildet. Eine der ersten hierher gehörenden Thatsachen ist die Abgliederung des Jacobson'schen Organs von der Regio olfactoria, die Richtigkeit der von mir über seine Genese entwickelten Anschauung vorausgesetzt[1]), dem als accessorischem Geruchsorgan die Aufgabe zukommt, den exspirirten Strom und damit den Mundhöhleninhalt einer besonderen sinnlichen Kontrole zu unterwerfen. Fast gleichzeitig treten die Drüsenbildungen auf; ihre Bedeutung wird wohl in erster Linie darin zu suchen sein, dass ihr Sekret eine schützende Decke für die Schleimhaut bildet; ausserdem haben sie je nach den speciellen Verhältnissen besondere Leistungen zu erfüllen. Gleichzeitig beginnt die Entfaltung des Lumens der Nasenhöhle: die vergrösserten Wandflächen kommen zum Theil der Regio olfactoria zu Gute: die Dignität des Organes steigt, und das Organ vervollkommnet sich zunächst nur durch die Vermehrung und Ausbreitung seiner specifischen Sinneselemente. Erst später werden Einragungen der Wand in den Dienst des Geruchssinnes gezogen und zu Muschelbildungen weiter ausgestaltet. Auch das indifferente Epithel gewinnt an Ausdehnung: eine bestimmte Strecke des letzteren tritt zum Jacobson'schen Organ in engere Beziehung und formirt die rinnenförmige Verlängerung desselben, durch welche der exspiratorische Strom dem Sinnesorgan zugeführt wird. Dieser Theil gewinnt einen weitergehenden Einfluss auf die Regulirung der Luftcirkulation innerhalb der Nasenhöhle, er entfaltet sein Lumen, wird zu einem grösseren Nebenraume und schliesslich, als Pars respiratoria, zu einem wesentlichen Theile der Nasenhöhle. Er dient nun als der hauptsächliche Weg für die Athmungsluft. Die Ausgestaltung dieses Abschnittes beeinflusst die Kommunikationsöffnung zwischen Mund- und Nasenhöhle. Seine rinnenförmige Fortsetzung auf das Mundhöhlendach verändert Form und Charakter der Oeffnung und bedingt die Entwickelung eines Gaumenfortsatzes. Durch den Abschluss der Rinne zum Kanal entsteht ein neuer Abschnitt der Nasenhöhle, der Ductus naso-pharyngeus; die primitive Verbindungs-

1) Morph. Jahrb. Bd. 23. p. 529.

öffnung zwischen Mund- und Nasenhöhle verliert ihre Bedeutung als solche: sie wird durch die sekundäre Choane ersetzt. Durch die Ausbildung knöcherner Theile in den Wandungen des Ductus naso-pharyngeus entsteht der sekundäre Gaumen. Durch die letztgenannten Einrichtungen wird der Athmungsluft ein gesicherter Weg von der Nasenhöhle zum Kehlkopfeingange geschaffen. Mancherlei andere Momente mögen noch von Einfluss auf die specielle Ausgestaltung dieser Theile sein; der erste Anstoss zu ihrer Bildung geht jedenfalls von der Nasenhöhle aus. — So ist es eine grosse Summe verschiedenartigster Einrichtungen, die am Cavum nasale auftreten und zu deren Entstehung und weiterer Ausgestaltung die Ursache in letzter Instanz darin zu suchen ist, dass die Nasenhöhle als wichtiger Weg für die Athmungsluft in den Dienst der Respiration gestellt wurde. Auf den speciellen Entwickelungsgang, den das Geruchsorgan und seine einzelnen Theile durchlaufen, wirken andere Faktoren ein. Den Gesetzen, die die Bildung des Vorderkopfes und des ganzen Schädels beherrschen, kann sich das Geruchsorgan nicht entziehen, und es ordnet sich diesen unter. Besonderheiten in der Lebensweise vermögen schliesslich den Gang der Differenzirung in besondere Bahnen zu drängen.

II. Emydae (Emys europaea, Chrysemys picta).

A. Befund.

Aus der Gruppe der Emyden wurden *Emys europaea* und *Chrysemys picta* untersucht; beide Formen zeigen im Bau der Nasenhöhle Uebereinstimmung, so dass sie gemeinsam besprochen werden können.

Lumen der Nasenhöhle.

Wie bei *Testudo* haben wir am Cavum nasale drei Abschnitte zu scheiden, den Einführungsgang, die eigentliche Nasenhöhle und den Ductus naso-pharyngeus.

a. Einführungsgang. Der Einführungsgang stellt wie bei *Testudo* einen röhrenförmigen Kanal dar, dessen hintere Hälfte sich gegen die eigentliche Nasenhöhle zu trichterförmig erweitert. Der Boden des Rohres liegt in seiner ganzen Länge ungefähr horizontal, die Erweiterung im hinteren Ende kommt durch Auseinanderweichen der seitlichen Wände und durch das schräge Ansteigen des Daches nach hinten und oben zu Stande. Der Einführungsgang grenzt sich in der ganzen Peripherie seiner Wandung scharf gegen die eigentliche Nasenhöhle durch eine leichte, wulstförmige Erhebung ab (Figg. 13 und 14 *g*.) Dieser „Grenzwall" springt an der medialen Wand mit sanft abgerundeter Oberfläche vor, während er am Dach und an der seitlichen Wand lippenförmig nach hinten gegen die eigentliche Nasenhöhle einragt. Auf Fig. 15, *C—E* ist der Grenzwall bei *gg* durchschnitten.

b. Eigentliche Nasenhöhle. Dringt man vom Einführungsgange in die eigentliche Nasenhöhle ein, so dehnt sich diese von der inneren Oeffnung des ersteren sowohl nach oben wie nach unten aus.

Wiederum sind zwei über einander angeordnete Abschnitte an ihr unterscheidbar, deren Abgrenzung gegen einander durch das Relief der medialen und lateralen Wand bedingt wird. Der untere (Pars respiratoria) setzt sich nach hinten in dem Ductus naso-pharyngeus fort.

An der lateralen Wand wird die Grenze zwischen dem oberen Abschnitt (Pars olfactoria) und der Pars respiratoria durch die laterale Grenzfalte markirt, die ähnlich wie bei *Testudo* durch eine seitliche Ausbuchtung der Wand im Bereiche der Pars respiratoria zu Stande kommt. Diese Ausbuchtung ist viel weniger ausgeprägt als bei der Landschildkröte, in Folge dessen springt auch die Grenzfalte viel weniger stark vor. (Vergl. auch Fig. 15, in welcher dieselbe mit *a* bezeichnet ist.) Die laterale Grenzfalte beginnt vorn an der oberen Peripherie der inneren Oeffnung des Einführganges und hängt hier mit dem Grenzwall zusammen; sie verläuft schräg nach hinten und unten gegen die obere Umrandung der inneren Oeffnung des Ductus naso-pharyngeus. Die Falte ist bei den Emyden stärker geneigt als bei *Testudo*; bei letzterer geht sie vom Boden der inneren Oeffnung des Einführungsganges aus. — Die mediale Grenzfalte beginnt vorn gleichfalls an der oberen Peripherie der Einführungsgangöffnung und verläuft schräg nach hinten und unten im leichten, nach hinten und oben offenen Bogen. Von Anfang an ist sie selbstständig und hängt nicht wie bei *Testudo* zunächst mit der wulstförmigen Begrenzung am Ende des Einführungsganges zusammen. Im Ganzen ist sie bei den Emyden minder voluminös als bei *Testudo* und zeigt auch sonst noch einige Besonderheiten. Im Anfangstheile springt sie nur wenig vor, um dann plötzlich — etwa in dem Niveau, das dem Boden des Einführungsganges entspricht, — stärker zu prominiren; dieser niedrige Theil der Falte liegt also gerade der Mündung des Einführungsganges gegenüber. Der untere, längere Abschnitt der Falte, der stärker hervorragt und auch dicker ist als der Anfangstheil, läuft an der medialen Wand nach hinten und unten gegen den Boden der eigentlichen Nasenhöhle aus und setzt sich, undeutlicher werdend, noch in den Bereich des Ductus naso-pharyngeus fort. Er springt lateralwärts und etwas nach unten geneigt in das Lumen vor, so dass sich eine untere und obere Fläche an ihm unterscheiden lässt. Von der oberen Fläche der medialen Falte zweigt in einiger Entfernung vom Boden der Nasenhöhle eine leichte Erhebung ab, die an der medialen Wand gerade nach hinten verläuft und auf die obere Umrandung der nasalen Oeffnung des Ductus naso-pharyngeus zustrebt; sie wird nach hinten höher, geht auf die schmale, hintere Wand der Nasenhöhle über, um sich so mit dem hinteren Ende der lateralen Grenzfalte in Verbindung zu setzen (Fig. 13 *b*, *F*). Bei *Testudo* wurde diese Verbindung durch die viel mächtigere Falte direkt hergestellt. Auf Fig. 15 ist die mediale Grenzfalte mit a_1 bezeichnet. Auf den Schnitten springt die Falte viel weniger in die Augen als an den Totalpräparaten. Die Abgrenzung der Pars olfactoria gegen die Pars respiratoria wird bei Emyden zunächst durch die Linie gegeben, an welcher sich die nach hinten und oben sehende Fläche der medialen Grenzfalte von der septalen Wand abzuheben beginnt, und wird weiterhin durch den kleinen, von der Hauptfalte abzweigenden

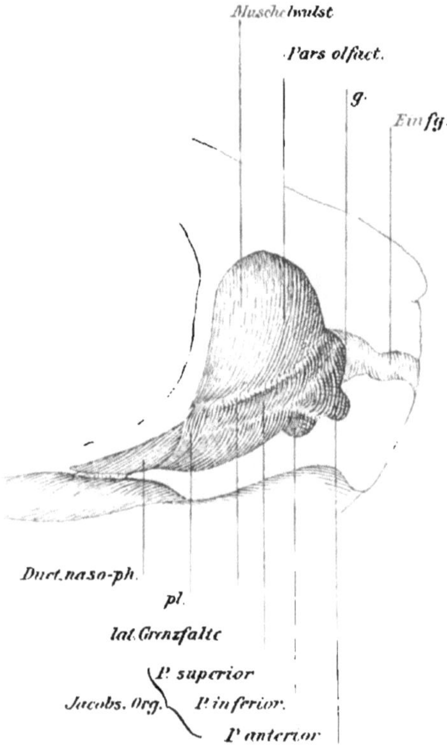

Fig. 13 *a*. 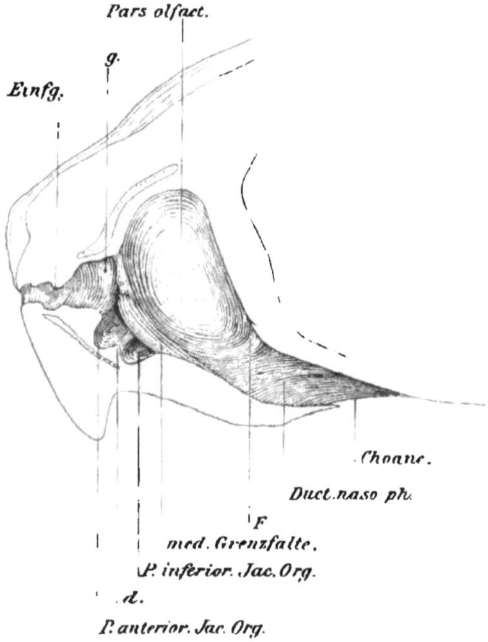 Fig. 13 *b*.

Chrysemys picta. Sagittalschnitt durch die Nasenhöhle. *a* laterale, *b* mediale Seite des Präparates. Vergr. ca. 10 : 1. *g* Grenze des Einführungsganges gegen die eigentliche Nasenhöhle (Grenzwall). *F* Wulst an der Grenze zwischen Pars olfactoria und P. respiratoria; *pl* Falte, die die P. respiratoria gegen den Duct. naso-pharyngeus abgrenzt. *d* Leiste zwischen vorderem und unterem Abschnitt des Jacobson'schen Organs; auf Fig. *A* ist die Fortsetzung derselben und ihre Verbindung mit der lateralen horizontalen Leiste zu erkennen (s. den Text). Der Schnitt ist etwas medial von der tiefsten Stelle der Nasenhöhle geführt, so dass das hintere Ende der medialen Grenzfalte, das sich in den Duct. naso-pharyng. fortsetzt, an der lateralen Hälfte des Präparates verblieb; in Folge dessen ist im Bereiche der Pars respiratoria die mediale Wandung nur unvollständig zur Ansicht gebracht. (Vergl. Fig. 14.)

Wulst *F*) markirt (vergl. a. Fig. 14.); an der seitlichen Wand ist sie durch die laterale Grenzfalte gegeben.

Das Lumen der Pars olfactoria stellt sich als ein sagittal gestellter Spaltraum dar von ungefähr dreieckiger Gestalt (Fig. 13). Eine untere Seite des Dreieckes wird durch die Verbindung mit der Pars respiratoria gegeben; die beiden anderen Seiten durch die vordere und hintere, schmale Wand, die oben mit starker Abrundung in einander übergehen. Die vordere Wand geht von der oberen Umrandung der

Mündung des Einführungsganges aus und verläuft nach oben und hinten; die hintere beginnt an der oberen Cirkumferenz der Oeffnung des Ductus naso-pharyngeus und verläuft nach oben und vorn. Die Kuppe des Raumes liegt ungefähr über der Mitte seiner Verbindung mit der Pars respiratoria.

Die mediale Wand ist von vorn nach hinten sanft ausgehöhlt; die untere Grenzlinie verläuft im starken, nach oben offenen Bogen; wenn sie sich auch vorn und hinten mit der Grenzfalte der lateralen Wand verbindet, so greift sie doch eben

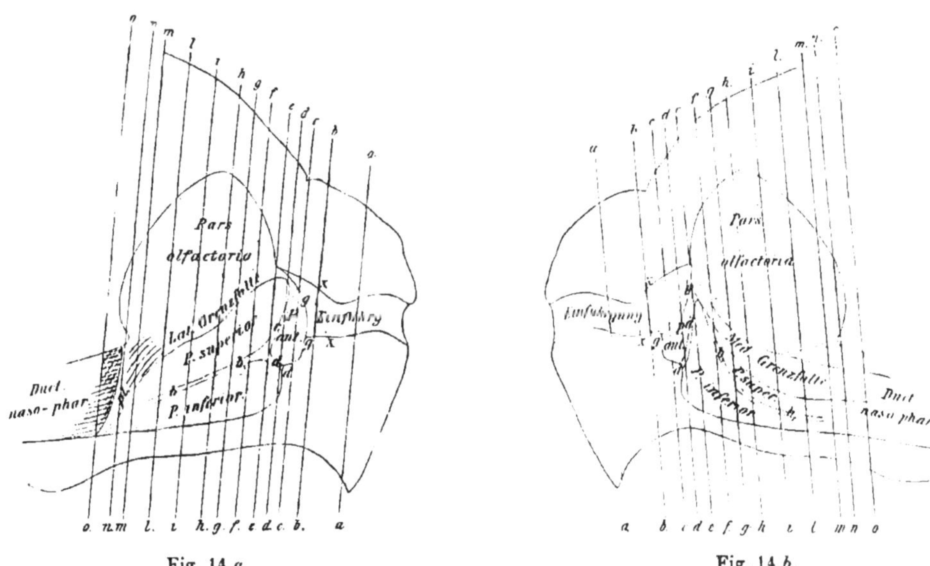

Fig. 14 *a*. Fig. 14 *b*.

Emys europaea. Sagittalschnitt durch die Nasenhöhle. *a* laterale, *b* mediale Seite des Präparates. Schematisch. Die Linien *a—o* geben die Lage der Schnitte an, die in der folgenden Figur dargestellt sind. Die punktirte Linie *xx* bezeichnet die hintere Grenze des Plattenepithels. *gg* Ende des Einführganges. Ausdehnung des Sinnesepithels in der eigentlichen Nasenhöhle durch Punktirung angegeben. Unterhalb der Grenzfalten das Jacobson'sche Organ mit seinen drei Abschnitten: Pars anterior, superior, inferior. *c, d, b, b,* bezeichnen die Leisten, die das Jacobson'sche Organ in seine Theile zerlegen. *pl* Falte, die die Pars respiratoria gegen den Duct. naso-pharyngeus abgrenzt.

durch die starke Biegung tiefer abwärts aus als letztere. — Die laterale Wand lässt deutlich einen Muschelwulst erkennen. Derselbe geht von der hinteren Wand und dem hinteren Ende der Grenzfalte aus und verstreicht nach oben und nach vorn allmählich. Er ist bei den Emyden minder ausgeprägt als bei *Testudo*; seine Prominenz ist geringer, und die scharfe Absetzung des vorderen Randes fehlt. Bei *Chrysemys* ist er etwas stärker entwickelt als bei *Emys*. Bei der ersteren nimmt er fast die hinteren ⅔ der gesammten lateralen Wand in Anspruch, während er bei *Emys* auf die Hälfte der Wand beschränkt ist; auch springt er bei letzterer noch weniger vor als bei *Chrysemys*.

Der vordere Theil der lateralen Wand der Pars olfactoria ist leicht ausgehöhlt und geht in sanfter Wölbung in die vordere Wand über.

Die untere Begrenzung der Pars olfactoria an der seitlichen Wand verläuft bei *Chrysemys* in ziemlich gerader Linie.

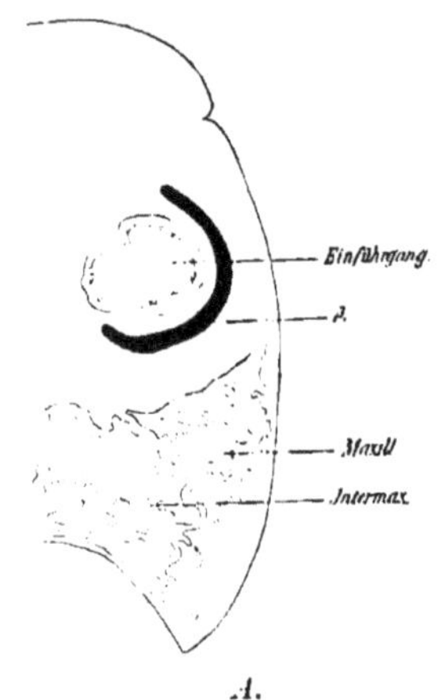

A.

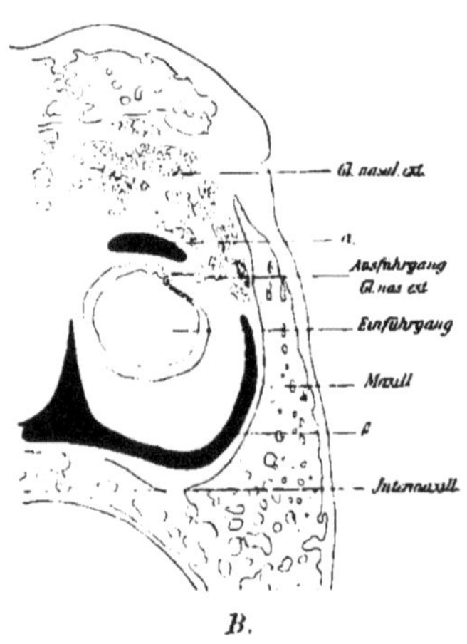

B.

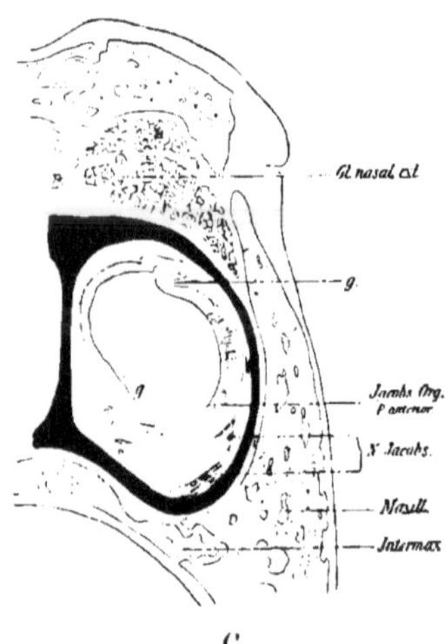

C.

Fig. 15. *Emys europaea.*

Der scheinbar nach unten konvexe Verlauf auf Fig. 13*a* ist durch die Ausbuchtung der Wand in seitlicher Richtung bedingt. Bei *Emys* dagegen zeigt die laterale Grenzfalte thatsächlich eine leichte, nach unten konvexe Biegung (Fig. 14*a*).

Die Pars respiratoria zeigt komplicirte Verhältnisse ihrer Wandungen. Das Lumen derselben stelle man sich zunächst als röhrenförmig vor. Die in lateraler Richtung schwach ausgewölbte seitliche Wand geht allmählich in den Boden, dieser in die mediale Wand über. Nach oben hängt das Lumen kontinuirlich mit dem der Pars olfactoria zusammen, nach hinten setzt es sich direkt in den Duct. naso-pharyngeus fort. — Die beiden Grenzfalten beginnen an der oberen Cirkumferenz der Mündung des Einführungsganges; folglich dehnen sich vorn die mediale und die laterale Wand der Pars respiratoria entsprechend nach oben aus. Die Oeffnung des Einführganges liegt also thatsächlich im Bereiche der Pars respiratoria. Der Grenzwall, der die innere Oeffnung des Einführganges umgiebt, biegt nun nach beiden Seiten und nach unten scharf um und geht in eine vordere Wand der Pars respiratoria über. Medial ist diese vordere Wand nur klein; sie geht schnell auf den niedrigen Anfangstheil der medialen Grenzfalte über. Nach unten gewinnt indess die vordere Wand an Ausdehnung und setzt sich in sanfter Wölbung in den Boden der Nasenhöhle fort. In lateraler Richtung nimmt die Ausdehnung der vorderen Wand wieder gegen den Beginn der lateralen Grenzfalte ab und setzt sich, gewölbt, in die Seitenwand der Pars respiratoria fort.

An der medialen Wand folgt die Grenze gegen die Pars olfactoria der oberen Ursprungslinie der medialen Grenzfalte; letztere springt also in das Lumen der Pars respiratoria vor. Von oben vorn nach hinten unten verlaufend, divergirt sie mit dem Grenzwall an der Oeffnung des Einführungsganges. So entsteht an der medialen Wand zwischen der Grenzfalte und dem Rande der Einführgangsöffnung ein Recessus, der sich nach oben schnell verjüngt und sein Ende medial in der Höhe des Daches der Oeffnung des Einführungsganges findet (Fig. 13*b*).

Hinten an der lateralen Wand erscheint die Pars respiratoria wiederum durch eine kleine Schleimhautfalte

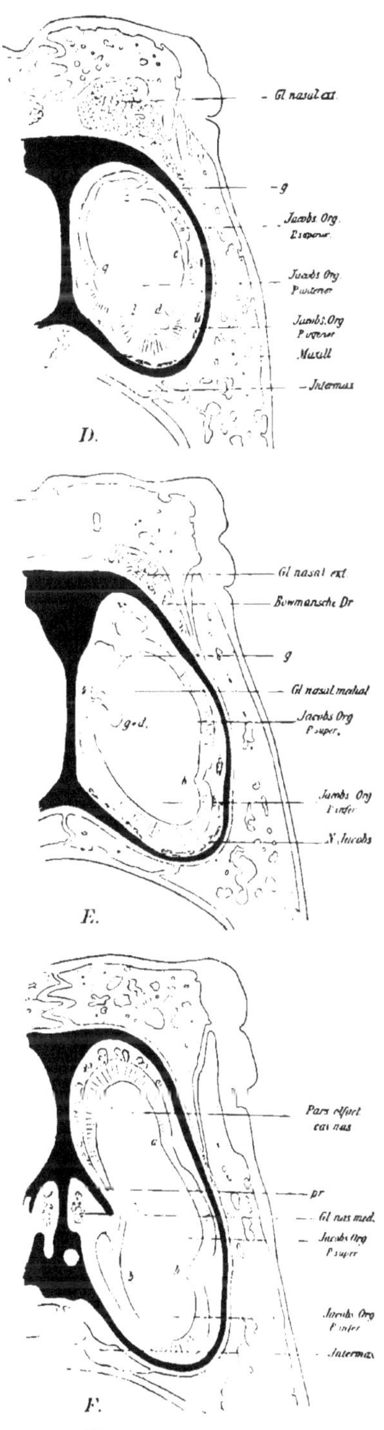

Fig. 15. *Emys europaea.*

(Fig. 13*a*, *pl*) scharf vom Nasenrachenkanal abgegrenzt. Wie bei *Testudo* geht dieselbe vom hinteren Ende der lateralen Grenzfalte und von der Stelle, wo sich diese mit der medialen Grenzfalte in Verbindung setzt, aus und verläuft schräg nach hinten und unten; sie wird dabei kleiner und verliert sich gegen den Boden; sie springt nach hinten und medial mit freiem Rande vor.

An der lateralen Wand der Pars respiratoria, ungefähr in der Mitte ihrer Höhe, verläuft nun von hinten nach vorn eine kleine, leistenförmige Erhebung (vergl. Fig. 14*a*, wo sie mit *bb* bezeichnet ist, und Fig. 13*a*); sie beginnt undeutlich im hinteren Ende der Pars respiratoria, um nach vorn schnell deutlicher zu werden. In der Nähe des vorderen Endes der Pars respiratoria theilt sich die Leiste in zwei Schenkel; der eine verläuft an der lateralen Wand im Bogen nach vorn und oben und endet, indem er sich mit dem Beginn der lateralen Grenzfalte in Verbindung setzt (*c* in Fig. 14*a*). Der zweite Schenkel (*d*) biegt, im Winkel zum ersten, medialwärts ab; zieht über den Boden der Pars respiratoria, der hier schon in die vordere Wand umbiegt, hinweg gegen die untere Fläche der medialen Grenzfalte und läuft schliesslich nach oben in jenem Recessus an der medialen Wand aus; er ist dabei gerade nach der oberen Ecke desselben, also auf den Beginn der medialen Grenzfalte zu, gerichtet. (Auf Fig. 13*b* ist dies nicht deutlich zu übersehen, weil das obere Ende der Leiste unter der Grenzfalte versteckt liegt. Vergl. die etwas schematisirte Fig. 14*b*). Noch im Bereiche dieses Recessus löst sich von der unteren Fläche der Grenzfalte eine kleine, leistenförmige Erhebung ab, die schräg nach unten und hinten zieht; sie divergirt zunächst in spitzem Winkel mit der Grenzfalte, um weiterhin gerade nach hinten umzubiegen und dann dem unteren Rande derselben parallel zu verlaufen; sie nähert sich dabei dem Boden der Nasenhöhle und verstreicht kurz vor dem Ende der Pars respiratoria. (Vergl. Fig. 14*b* bei b_1; auf Fig. 13 konnte sie wegen der Schnittführung nicht zu Ansicht gebracht werden.)

Unter Berücksichtigung dieser Reliefverhältnisse der Wandung lassen sich im Bereiche der Pars respiratoria mehrere Abschnitte unterscheiden (vergl. Fig. 14). Erstens ein vorderer Abschnitt. Derselbe wird begrenzt nach vorn vom Grenzwall der Oeffnung des Einführungsganges; nach hinten, an der medialen Wand zunächst vom Anfangstheil der medialen Grenzfalte, ferner vom medialen (d), dann, an der lateralen Wand, vom lateralen (c) Schenkel der horizontalen Leiste (b). Dieser Abschnitt bildet den vordersten Theil der Pars respiratoria (P. ant.); er schliesst direkt an das Ende des Einführungsganges an. Medial beginnt er schmal in dem vor dem Beginn der medialen Grenzfalte gelegenen Recessus; nach unten zu gewinnt er an Ausdehnung, um sich an der lateralen Wand nach oben hin wiederum zu verjüngen.

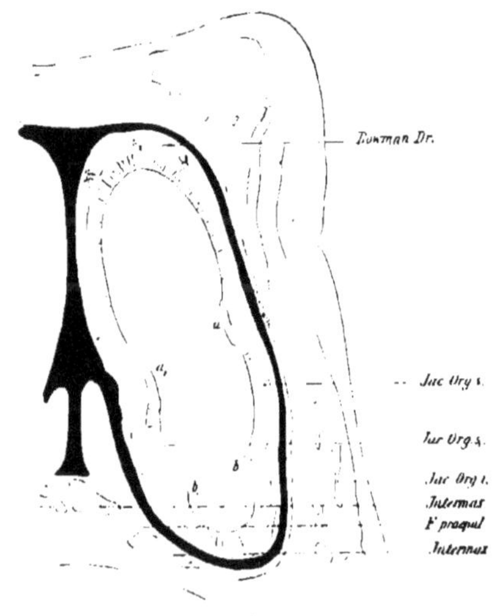

G.

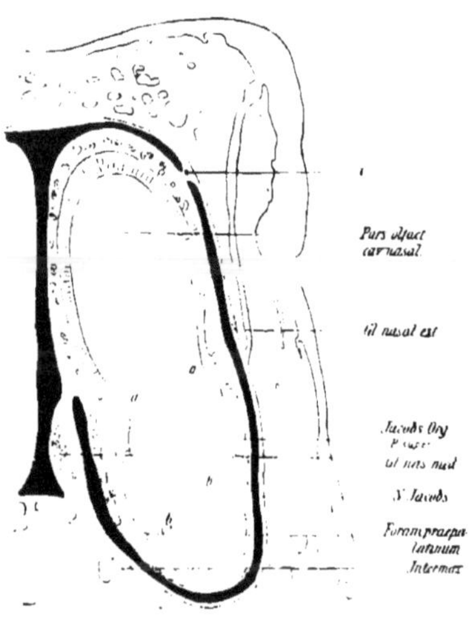

H.

Fig. 15. *Emys europaea.*

Ein zweiter Abschnitt liegt als leichte, rinnenförmige Einsenkung zwischen lateraler Grenzfalte und der horizontalen Leiste der lateralen Wand (b); er wird nach vorn gegen den vorderen Abschnitt durch den lateralen Schenkel der horizontalen Leiste (c) und die Verbindung desselben mit dem Beginn der lateralen Grenzfalte abgegrenzt. Er gehört der seitlichen Wand der Pars respiratoria an und sei als o b e r e r, l a t e r a l e r A b s c h n i t t bezeichnet (Fig. 14 *a*, P. superior).

Ein oberer, medialer Abschnitt (Fig. 14 *b*, P. sup.) liegt zwischen der medialen Grenzfalte und der horizontalen Leiste der medialen Wand (b_1); er verjüngt sich nach vorn und grenzt sich hier durch die Verbindung beider Falten ab.

Ein vierter Abschnitt endlich nimmt hauptsächlich den Boden der Pars respiratoria ein; er sei als u n t e r e r oder b o d e n s t ä n d i g e r A b s c h n i t t bezeichnet. Er wird umschlossen von der horizontalen Leiste der lateralen Wand (*b*), die ihn hier vom oberen Abschnitt scheidet; weiter vom medialen Schenkel dieser Leiste (*d*), der ihn gegen den vorderen Abschnitt begrenzt, und endlich von der horizontalen Leiste der medialen Wand (b_1), durch die er vom medialen, oberen Abschnitt geschieden ist. Dieser untere Abschnitt (Fig. 14, P. inferior) nimmt hinten den Boden der Pars respiratoria ein; nach vorn zieht er sich hoch an der medialen Wand hinauf und erstreckt sich mit verjüngtem Ende in den Recessus der medialen Wand.

Am Lumen der Pars respiratoria wird hierdurch eine Scheidung in drei Theile angedeutet. Scharf ist der vordere Abschnitt gesondert, der als ausgedehntes Divertikel der Mündung des Einführungsganges angeschlossen ist und diese von unten her an der medialen wie an der lateralen Seite umgreift. Ebenso ist der untere Abschnitt als eine am Boden verlaufende Rinne, die vorn auf die mediale Wand übergreift, deutlich umschrieben. Die oberen Abschnitte der medialen und lateralen Wand begrenzen nun zusammen einen dritten Theil des Lumens, den man sich als röhrenförmig vorstellen könnte; Dach und Boden der Röhre sind offen, so dass das Lumen in weiter Kommunikation mit dem bodenständigen Abschnitt und mit der Pars olfactoria steht. Im ganzen mittleren Abschnitt der Nasenhöhle ist dieses Verhalten deutlich (Fig. 15, *G*, *H*, *I*; in Fig. *H* ist die Abgrenzung durch punktirte Linien angegeben). Dieser Theil dehnt sich an der lateralen Wand viel weiter nach vorn aus als an der medialen.

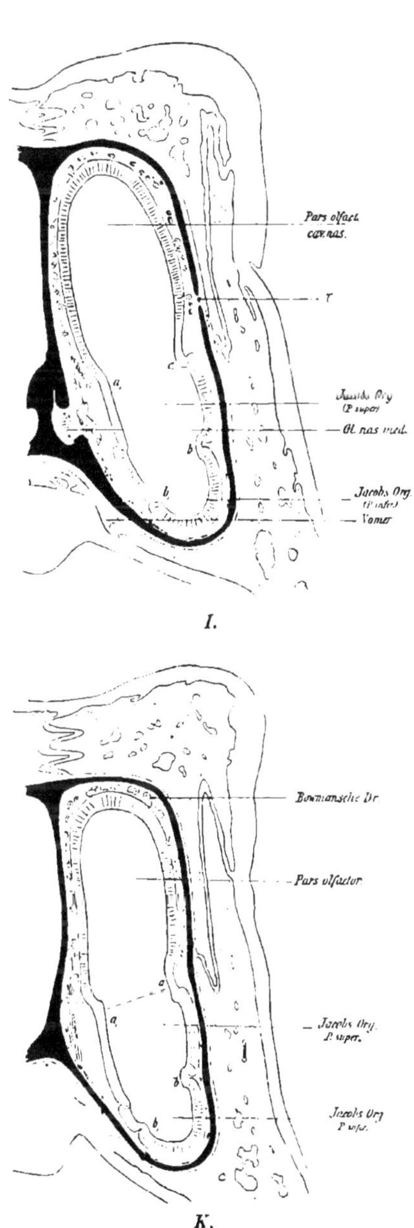

Fig. 15. *Emys europaea.*

Das Lumen der Pars olfactoria und der Pars respiratoria erscheint auf den Frontabschnitten im Ganzen etwas schräg gegen die Medianebene gestellt; von oben nach unten weicht es etwas in lateraler Richtung gegen diese ab. Die starke seitliche Abbiegung der Pars respiratoria gegen die Pars olfactoria, die bei *Testudo* besteht, fehlt hier; nur im hintersten Theil der eigentlichen Nasenhöhle tritt sie andeutungsweise auf. (Vergl. Fig. 15, *L*, *M*.) Daher tritt bei den Emyden auch die laterale Grenzfalte viel weniger scharf hervor als bei *Testudo*. Doch ist auch bei den Emyden an der Grenze zwischen Pars olfactoria und Pars respiratoria durch die auf einander zustrebenden Grenzfalten eine spaltartig verengte Stelle des Lumens zu erkennen; dieser Grenzspalt ist etwas schräger gestellt als bei *Testudo*; er liegt in ganzer Länge der Oeffnung des Einführganges gerade gegenüber. Wenn nun auch diese letztere dem Bereiche der Pars respiratoria angehört, so wird doch, eben durch die Lagebeziehung der Mündung zum Grenzspalt, der inspirirte Luftstrom direkt auf den letzteren zugeführt und findet so wiederum günstige Bedingungen für den Eintritt in die Pars olfactoria. Erleichtert wird der Eintritt noch dadurch, dass der Anfangsteil der medialen Grenzfalte niedrig ist, an seiner freien Kante gewissermaassen einen leichten Ausschnitt besitzt. — Der exspiratorische Strom tritt wie bei *Testudo* vom Ductus naso-pharyngeus her direkt in den unteren Abschnitt der Nasenhöhle ein und wird vorzugsweise diesen als Weg benutzen, indem er unter dem Grenzspalt hinstreicht. Jenes System von Leisten an den Wandungen der Pars respiratoria wird nicht ohne Einfluss auf die Richtung des Luftstromes bleiben können.

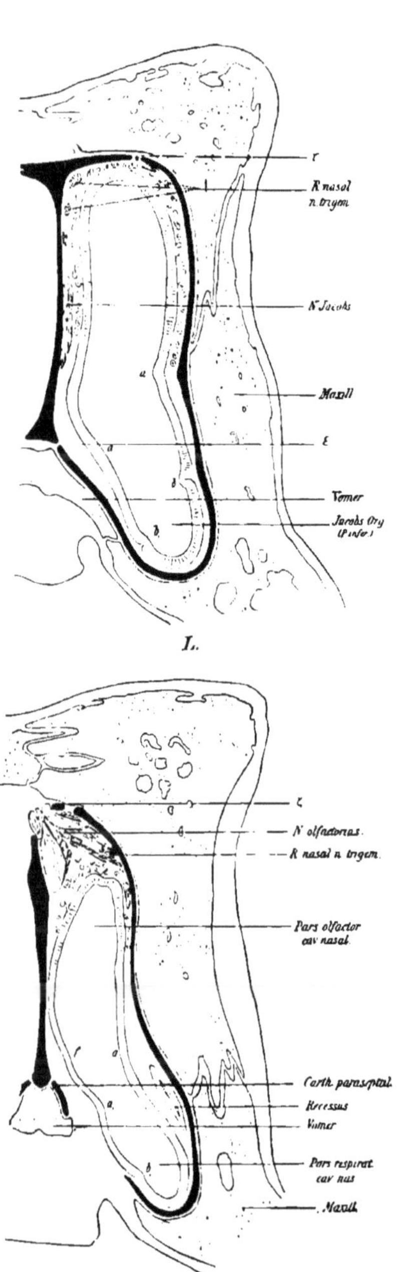

Fig. 15. *Emys europaea.*

Ductus naso-pharyngeus. Der Nasenrachengang zeigt bei Emyden in allen wesentlichen Punkten die gleichen Verhältnisse wie bei *Testudo*. An der medialen Wand läuft allmählich die mediale Grenzfalte nach hinten aus (Fig. 15 *N*, *O* bei a_1). Die laterale Wand ist ausgewölbt und geht in sanfter Biegung in das Dach und den Boden des Kanales über. An ihr findet sich die bereits erwähnte Falte (*pl*), die die Grenze gegen die eigentliche Nasenhöhle bildet; seitlich von derselben bildet der Ductus naso-pharyngeus wieder einen ziemlich tiefen Recessus. Derselbe ist auf Fig. 15 *M* und *N* durch den Schnitt getroffen. Nach hinten öffnet sich der Ductus mit der Choane in die Mundhöhle. Die Lichtung des Kanals verläuft von hinten nach vorn und etwas lateral.

Schleimhaut der Nasenhöhle.

Im Einführungsgange findet sich von der Apertura nasalis externa an mehrschichtiges, verhorntes Plattenepithel, das sich nach hinten bis ungefähr an die Stelle erstreckt, wo die trichterförmige Erweiterung des Ganges beginnt. Auf Fig. 14 ist seine hintere Grenze durch die punktirte Linie *xx* angegeben. Am Dache reicht es weiter nach hinten als am Boden. In scharfer Linie grenzt es sich gegen das nach hinten anschliessende Cylinderepithel ab. Dieses kleidet das trichterförmige Endstück des Einführganges aus und hängt dann kontinuirlich mit dem indifferenten Epithel der eigentlichen Nasenhöhle zusammen.

Die Wandflächen der Pars olfactoria sind mit Riechepithel überzogen, welches von der septalen Wand aus kontinuirlich über das schmale Dach, die schmale vordere und hintere Wand auf die laterale Wand übergeht. Die untere Grenze des Riechepithels fällt ungefähr mit der unteren Abgrenzung der Pars olfactoria zusammen; nur ganz hinten erstreckt sich das Riechepithel von obenher nicht ganz bis an diese heran. (Vergl. Fig. 14, in welcher das Riechepithel in seiner Ausdehnung durch Punktirung angegeben ist; ferner Fig. 15.)

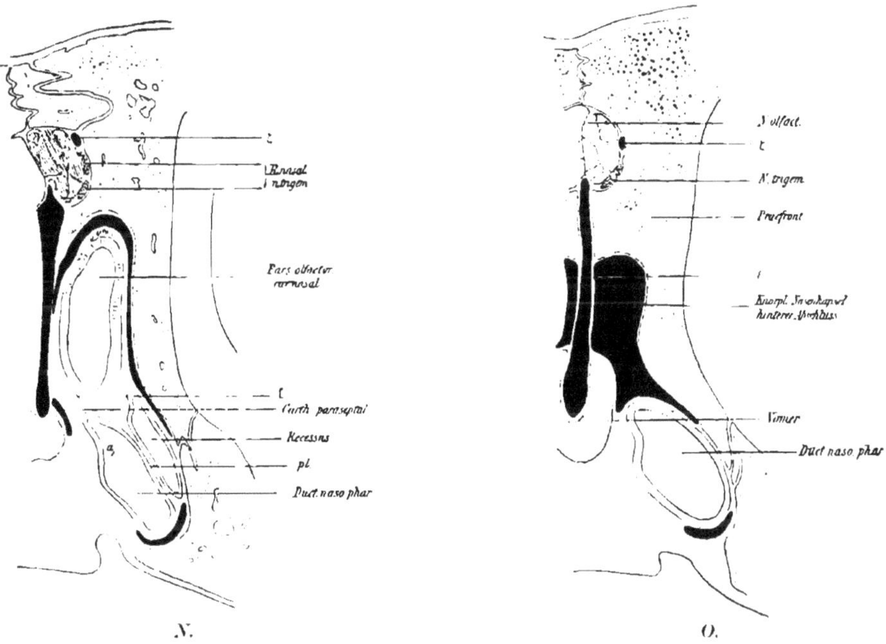

Fig. 15 *A—O*. *Emys europaea*.

Frontalschnitte durch die Nasenhöhle. Figuren mit der Kamera gezeichnet in der Ausführung schematisch, wie in Fig. 4. — In Fig. 14 ist die Lage der Schnitte durch die Linien *A—O* angegeben. *α*, mediale, *α* laterale Grenzfalte. *α* und *β* Fortsätze der Knorpelkapsel, die den Einführgang umgeben; *τ* in Fig. *H*, *J*, *L* Nervenlöcher. *ε* Spalt, der den hinteren Theil der Knorpelkapsel vom Septum scheidet; *ζ* Knorpelbalken, der das Foramen olfactorium von der Oeffnung für den Nasenast des Trigeminus scheidet. Uebrige Bezeichnungen wie in Fig. 14. — In Fig. *G* sind die Epitheldistrikte des Jacobson'schen Organs gesondert bezeichnet: *i* der bodenständige, *s*, der obere mediale, *s* der laterale Streifen. In Fig. *H* und *K* ist durch die punktirte Linie *a a* die Lage des Grenzspaltes in Fig. *H* durch die Linie *bb*, die Abgrenzung der Pars inferior des Jacobson'schen Organs gegen die Pars superior angegeben.

Das Sinnesepithel erscheint auf meinen Präparaten kontinuirlich, ohne Andeutungen von Knospenbildungen und geht allmählich in das benachbarte indifferente Epithel über.

Sinnesepithel findet sich in grosser Verbreitung auch an den Wandflächen der Pars respiratoria. Wir konnten hier vier Abschnitte der Wandung unterscheiden, die durch die Grenzfalten und ein System von leistenförmigen Erhebungen abgegrenzt wurden. In allen vier Abschnitten findet sich Sinnesepithel, während die Leisten und Grenzfalten von indifferentem Epithel überzogen werden. Der Uebergang zwischen beiden Epithelarten ist allenthalben ein allmählicher. Im unteren, im medialen und lateralen, oberen Abschnitt geht das Sinnesepithel nach hinten gleichfalls allmählich in einfaches Cylinderepithel über. Am frühesten ist das am medialen Abschnitt der Fall, dann folgt der laterale und endlich der untere. — Im vorderen Theile der Pars respiratoria ist demnach das indifferente Epithel auf die Grenzfalten und die leistenförmigen Erhebungen beschränkt; so verhält es sich etwa bis zum Beginn des hinteren Drittels ihrer Länge; hier dehnt es sich zunächst über die mediale, dann über die laterale Wand und schliesslich auch über den Boden hin aus, so dass eine kurze Strecke vor dem Beginn des Ductus naso-pharyngeus die ganze Wandung der Pars respiratoria indifferentes Epithel trägt.

Im histologischen Verhalten konnte ich an meinen Präparaten an dem Sinnesepithel der Pars respiratoria selbst keinen Unterschied gegen das der Regio olfactoria erkennen. Doch nahm ich von einer speciell hierauf gerichteten Untersuchung Abstand.

Ich fasse diese verschiedenen Sinnesepithelbezirke unter der Bezeichnung Jacobson'sches Organ zusammen, das also den grössten, vorderen Theil des unteren Abschnittes der eigentlichen Nasenhöhle einnimmt; die Begründung hierfür wird noch zu liefern sein. Nach dem, was oben über die Raumverhältnisse der Pars respiratoria gesagt wurde, gliedert sich das Jacobson'sche Organ in drei Abschnitte, einen vorderen, einen unteren und einen oberen (in den Figuren als Jacobson'sches Organ Pars anterior, inferior, superior bezeichnet).

Der mächtige Riechnerv tritt von der oberen Kuppe der eigentlichen Nasenhöhle von hinten her durch ein Loch der Knorpelkapsel zur Schleimhaut. Auf Fig. 15 *M* ist die Eintrittsstelle dargestellt. Seine Aeste vertheilen sich von hier aus wie bei *Testudo* an den Wandungen der Pars olfactoria in der Weise, dass sich auch hier eine mediale und eine laterale Astgruppe unterscheiden lässt. Von der medialen Gruppe sind einige sehr starke Aeste für das Sinnesepithel des Jacobson'schen Organs bestimmt. Dieselben ziehen am knorpeligen Septum hin schräg nach vorn und unten und kommen, in mehrere Zweige gespalten, in das Bereich des oberen Abschnittes des Jacobson'schen Organs. Ob auf dieser Verlaufsstrecke auch Zweige zur Schleimhaut der Pars olfactoria abgegeben werden, konnte ich nicht entscheiden. Die dicken Zweige des N. Jacobsonii liegen zunächst noch dicht bei einander; schon im mittleren Drittel der Höhe des Septums lösen sich feinere Aestchen ab, die in mehr lateraler Richtung unter dem Boden der Nasenhöhle hinweg laufen, um dann an der lateralen Wand aufzusteigen; in feinere Zweige gespalten, treten sie zum Sinnesepithel des Jacobson'schen Organs. Auf Fig. 15 *H*, *I*, *K* sind solche Aestchen zwischen Schleimhaut und Knorpelkapsel am Boden der Nasenhöhle angedeutet. Die Hauptmasse des N. Jacobsonii verläuft aber an der septalen Wand schräg nach vorn, umgreift weiterhin das vordere Ende des unteren Abschnitts und den vorderen Abschnitt des Jacobson'schen Organs, immer zwischen Knorpelkapsel und Schleimhaut gelagert (vergl. Fig. 15 *C*—*E*, N. Jacobsonii). Die Zweige erreichen so von vorn und unten her die laterale Wand der Nasenhöhle und steigen nun an der seitlichen Wand in der Richtung nach hinten und oben auf. Das Jacobson'sche Organ wird also von der medialen Seite her von Zweigen des N. Olfactorius versorgt, die dasselbe von unten und vorn umgreifen und so auf die laterale Seite desselben gelangen. Obgleich sich an der lateralen Wand nur der schmale Streifen indifferenten Epithels, der die Grenzfalte überzieht, zwischen dem unteren Rande der Riechschleimhaut der Pars olfactoria und dem oberen Rande des Sinnesepithels des Jacobson'schen Organs einschiebt, konnte ich doch an zwei verschiedenen Präparaten nirgends erkennen, dass laterale Aeste des N. olfactorius bis in das Bereich des Jacobson'schen Organs hinabreichten.

Die Oeffnung für den N. olfactorius in der knorpeligen Nasenkapsel liegt medial, dicht dem Septum angeschlossen; sie ist durch einen Knorpelstreifen (Fig. 15, *M*, *ζ*) von der lateral daneben gelegenen Oeffnung für den R. nasalis trigemini geschieden. Von letzterem sei nur ein Zweig erwähnt, der dem N. Jacobsonii vergesellschaftet am Septum abwärts verläuft und sich in der Nähe des Bodens der Kapsel in zwei Zweige spaltet. Der eine Zweig tritt durch ein Loch im Boden der Knorpelkapsel, durchsetzt den knöchernen Gaumen, und gelangt zur Schleimhaut der Mundhöhle; der andere bleibt in der Nasenhöhle und folgt den Verzweigungen des Jacobson'schen Nerven. Ob noch andere Trigeminuszweige zum Jacobson'schen Organ treten, habe ich nicht festgestellt.

Drüsen der Nasenhöhle.

Im erweiterten Ende des Einführungsganges kommen ganz vereinzelt kurze, tubulöse Schleimdrüsen vor, die denen bei *Testudo* gleichen.

Im Bereiche der Riechschleimhaut der Pars olfactoria der Nasenhöhle finden sich Bowman'sche Drüsen in sehr grosser Zahl. Derartige Drüsen fehlen absolut in der Schleimhaut des Jacobson'schen Organs. An zwei in Schnittserien zerlegten Köpfen konnte ich keine Spur derselben entdecken. In diesem Punkte ergiebt sich also ein markanter Unterschied im Verhalten der mit Sinnesepithel ausgestatteten Schleimhaut im Bereiche der Pars olfactoria auf der einen, im Bereiche des Jacobson'schen Organs auf der anderen Seite.

Glandula nasalis externa. Auch bei Emyden finden sich zwei grössere Drüsen in Verbindung mit der Nasenhöhle, die aber an Mächtigkeit weit hinter denen bei *Testudo* zurückstehen. Die eine, als äussere Nasendrüse bezeichnete, mündet am Dache des Einführungsganges, gerade an der Grenze des Plattenepithels (Fig. 15 *b*). Ihr ziemlich weiter Ausführgang tritt von hier aus durch einen Ausschnitt in der knorpeligen Nasenkapsel in seitlicher Richtung hindurch, um sich dann schnell unter vielfacher Verzweigung im Drüsenkörper zu verlieren. Dieser lagert dem vorderen Ende der Knorpelkapsel auf und schiebt sich in einen nischenförmigen Raum ein, der von der Knorpelkapsel und den Deckknochen der Nasenregion (Praefrontale, aufsteigender Fortsatz des Oberkiefers) umwandet wird. In dem Maasse, als die Nasenhöhle nach hinten zu an Höhe gewinnt, verengt sich dieser Raum, und verliert die Drüse an Umfang. Allmählich rückt sie mehr an die laterale Seite der Nasenkapsel, und spärliche Acini, eingepresst zwischen Knorpel und Knochen, lassen sich weit nach hinten verfolgen. Ueber Lage und Ausdehnung orientirt Fig. 15. — Von der geringeren Ausdehnung namentlich nach hinten abgesehen, zeigt diese Drüse die gleiche Lagerung, wie die gleichbenannte von *Testudo*. In der Mündung ergiebt sich ein Unterschied. Bei *Testudo* liegt dieselbe im Bereich des trichterförmigen Endstücks des Einführganges und zwar im Bereich des Cylinderepithels, bei *Emys* gehört sie dem cylindrischen Stück des Einführungsganges an und liegt — wie bei Amphibien — an der Grenze des Plattenepithels.

Glandula nasalis medialis. Die am Septum gelagerte Drüse hat im Vergleich zu der entsprechenden bei *Testudo* eine minimale Ausdehnung. Ihre Mündung findet sich an der medialen Wand oben in dem Recessus, der zwischen dem vorderen Ende der medialen Grenzfalte und dem Grenzwall liegt, welcher den Einführungsgang begrenzt und zwar im Bereiche des vorderen Abschnittes des Jacobson'schen Organs. Der in Fig. 15 *E* dargestellte Schnitt liegt dicht hinter der Mündungsstelle. Auf der halbschematischen Fig. 14 *b* ist die Lage der Mündung an der Stelle zu suchen, wo die Linie *dd* den Buchstaben *g* berührt. Der Drüsengang verläuft am Septum nach hinten, verzweigt sich schnell, und der kleine Drüsenkörper liegt dann unter einem vom Septum schräg nach unten und lateral ausgehenden Knorpelvorsprung (*pr*, Fig. 15, *F*), der in die mediale Grenzfalte einragt. Weiter nach hinten sind die Drüsenschläuche in einen, den Boden der Knorpelkapsel von oben nach unten durchsetzenden Kanal eingelagert. Ihrem Charakter nach stellt sie sich als tubulöse Drüse dar, deren Schläuche sich vielfach theilen und unregelmässig gewunden sind.

Von den Bowman'schen Drüsen abgesehen, die bei den Emyden mindestens ebenso zahlreich sind wie bei *Testudo*, zeigen die Drüsen der Nasenhöhle bei ersteren im Vergleich zur letzteren eine ungleich geringere Ausbildung. Einmal fehlen die bei der Landschildkröte so stark entfalteten kleinen Schleimdrüsen im vorderen Theil der Nasenhöhle so gut wie ganz. Die bei *Testudo* weit ausgedehnte Gland. medialis ist nur klein und unscheinbar, und auch die äussere Nasendrüse steht in ihrer Grösse weit hinter der von *Testudo* zurück.

B. Vergleich mit Testudo.

Stellen wir die bei *Emys* beobachteten Verhältnisse denen bei *Testudo* gegenüber, so ergiebt sich eine Uebereinstimmung im allgemeinen Plan des Nasenhöhlenbaues. Der enge Einführungsgang erweitert sich nach hinten trichterförmig und geht mit scharfer Grenze in die eigentliche Nasenhöhle über; diese lässt die beiden über einander angeordneten Abschnitte erkennen, die durch den Grenzspalt mit einander zusammenhängen; der untere Abschnitt setzt sich nach hinten in den Ductus naso-pharyngeus fort: an der lateralen Wand markirt eine Falte die Abgrenzung. Im Speziellen ergeben sich jedoch mannigfache Differenzen.

Pars olfactoria.

Betrachten wir zunächst die Pars olfactoria der eigentlichen Nasenhöhle. Bei *Testudo* stellt sich der Spaltraum derselben auf dem sagittalen Durchschnitt ungefähr viereckig dar. Er ist durch die breite mediale und laterale, durch die schmale, vordere und hintere Wand, endlich durch das schmale Dach abgegrenzt. Vorn öffnet sich das Ende des Einführungsganges in denselben, nach unten steht er durch den Grenzspalt mit der Pars respiratoria in Verbindung. Die hintere Wand verläuft von der hinteren, oberen Ecke des Raumes schräg nach unten und vorn; das Lumen buchtet sich über das hintere Ende des Grenzspaltes noch eine ziemliche Strecke weit nach hinten aus. Bei den Emyden dagegen ist die Form des Raumes ungefähr dreieckig; die vordere und hintere Wand stossen oben in einem abgerundeten Winkel zusammen; die hintere Wand verläuft von vorn und oben nach hinten und unten gegen das Ende des Grenzspaltes; es fehlt also hier die nach hinten gerichtete Ausbuchtung des Lumens.

Bei *Testudo* tritt der N. olfactorius an der hinteren, oberen Ecke der Pars olfactoria durch die knorpelige Kapsel in die Nasenhöhle ein (Fig. 18, p. 448). Bei den *Emys*-Arten ist das an der gerade nach oben gerichteten Kuppe der Fall (Fig. 17). Diese beiden Punkte sind demnach gleichwerthig. Wenn wir von *Testudo* ausgehen, so können wir sagen, dass bei *Emys* und *Chrysemys* die Eintrittsstelle des Riechnerven sich nach vorn verschoben hat, und zwar auf Kosten des Daches der Pars olfactoria, welches bei dieser Verschiebung in seiner Ausdehnung eingeschränkt wurde. Hand in Hand hiermit geht eine Stellungsveränderung der hinteren Wand, die aus ihrer von unten vorn nach oben hinten gerichteten Stellung bei *Testudo* in die nach vorn und oben aufsteigende der Emyden übergeht: ihr oberes Ende folgt der Verschiebung des Olfactoriuseintrittes, ihr unteres behält die Beziehung zur oberen Umrandung der nasalen Oeffnung des Ductus naso-pharyngeus. Die Folge dieses Vorganges ist nicht allein eine Gestaltsveränderung der Pars olfactoria, sondern auch eine Einschränkung ihres Lumens und ihrer Wandflächen, kurz eine Reduktion der Pars olfactoria. Eine solche macht sich ferner noch geltend in einer Abnahme ihres queren Durchmessers, wie aus dem Vergleich der Frontalschnitte in Fig. 4, p. 396 und Fig. 15, p. 431 hervorgeht. Sie kommt auch zum Ausdruck durch das Verhalten des Muschelwulstes, der sich bei *Testudo* mit seinem vorderen Rande scharf absetzt und im Ganzen eine nicht unbeträchtliche Vorwölbung der lateralen Wand bildet, während er sich bei den Emyden viel weniger scharf abgrenzt und nur eine flache, wenig prominente Erhebung darstellt. Bei der Landschildkröte ist in ausgesprochener Weise das knorpelige Nasenskelett an der Bildung des Muschelwulstes betheiligt, was bei den Emyden nur andeutungsweise der Fall ist. Endlich tritt eine Einschränkung der Pars olfactoria an der lateralen Wand durch Lageveränderung der Grenzfalte ein.

Bei *Testudo* findet sich das vordere Ende der lateralen Grenzfalte in gleicher Höhe mit dem Boden des Einführgangendes; sie verläuft von hier nach hinten mit geringer Neigung nach unten. Bei Emyden dagegen beginnt die Falte der lateralen Wand in der Höhe des Daches des Einführgangendes und verläuft von hier in ausgesprochener Neigung nach hinten und unten. Das hintere Ende der Grenzfalte zeigt bei *Testudo* und bei den Emyden die gleichen Beziehungen zur oberen Cirkumferenz der inneren Oeffnung des Nasenrachenganges. Von *Testudo* ausgehend, könnte man diese Veränderungen so zum Ausdruck bringen, dass bei Emyden die laterale Grenzfalte eine Drehung nach oben um ihren hinteren Endpunkt erfahren habe; daher die höhere Lage des vorderen Endes und die stärkere Neigung der ganzen Falte. Die Folge hiervon ist eine entsprechende Beschränkung der lateralen Wand im Bereiche der Pars olfactoria und eine Zunahme derselben im Bereiche der Pars respiratoria. Eine weitere Folge ist die schon oben berücksichtigte, relative Lageveränderung der inneren Oeffnung des Einführganges zu den beiden Abschnitten der Nasenhöhle. Endlich entsteht dadurch, dass sich nun bei Emyden die Pars respiratoria lateral vom Ende des Einführungsganges weiter aufwärts ausbuchtet, die scharfe, faltenartig vorspringende Abgrenzung zwischen Einführgang und eigentlicher Nasenhöhle. Der schwache Grenzwulst, der bei *Testudo* an der lateralen Wand die Grenze des Einführganges gegen die Pars olfactoria markirt, schwindet entweder, oder wird bei dieser Umbildung in die faltenartig vorspringende Abgrenzung der Emyden übergenommen. An der medialen Wand der Pars olfactoria lässt sich eine entsprechende Einschränkung nicht nachweisen. Bei *Testudo* und bei Emyden verläuft die Grenze zwischen Pars olfactoria und Pars respiratoria an der medialen Wand vom Dache des Einführungsgangendes im Bogen nach hinten gegen die obere Circumferenz der inneren Oeffnung des Ductus naso-pharyngeus. Wenn wir *Testudo* als Ausgangspunkt nehmen, wird sich also bei Emyden die Reduktion der Pars olfactoria äussern, einmal durch die Verkürzung des Daches im sagittalen Durchmesser, welche die von vorn oben nach hinten unten geneigte Stellung der hinteren Wand zur Folge hat, und die mit der Verlagerung des Olfactoriuseintrittes Hand in Hand geht. Hierdurch wird die Pars olfactoria im sagittalen Durchmesser verkürzt und zwar in zunehmendem Maasse von unten nach oben. Ferner findet an der lateralen Wand eine Einschränkung von unten her statt, die vorn am grössten ist, um nach hinten allmählich abzunehmen. Hiermit vergesellschaftet sich eine geringe Abnahme des Querdurchmessers und endlich eine Verkleinerung des Muschelwulstes. Von vorn herein scheint es mindestens ebenso gerechtfertigt, den umgekehrten Weg zu gehen, und die ausgebildeteren Zustände der Pars olfactoria bei *Testudo* von den einfacheren bei *Emys* und *Chrysemys* abzuleiten. Hierauf ist noch zurückzukommen.

Pars respiratoria und Jacobson'sches Organ.

Das umgekehrte Verhalten, wie in der Pars olfactoria, ergiebt sich bei dem Vergleich zwischen *Testudo* und *Emys* für die Pars respiratoria. Der hervorstechendste Unterschied liegt in der ungleich grösseren Entfaltung des Sinnesepithels bei Emyden; ferner in den Reliefverhältnissen der Wandung; dazu kommt noch eine grössere Entfaltung des Lumens, die an der lateralen Seite auf Kosten der Pars olfactoria, an der medialen Seite auf Kosten der entsprechenden Grenzfalte erfolgt.

An der medialen Grenzfalte von *Testudo* kann ein niedriger Anfangstheil unterschieden werden, der gleichzeitig die Grenze zwischen Pars olfactoria und Einführungsgang angiebt. Weiterhin trennt sich der Wulst, der das Ende des Einführganges markirt, von der Grenzfalte; letztere entfaltet sich zu einem umfänglichen Gebilde, das mit breiter Basis von der Nasenwand entspringt und in nach oben offenem Bogen nach hinten und unten verläuft. Bei Emyden ist die mediale Grenzfalte im Ganzen minder umfänglich. Auch hier beginnt sie vorn mit einem niedrigeren Abschnitt am Dachtheil des Einführgangendes. Sie ist aber von ihrem Anfange an selbstständig, da sie von dem Ende des Einführganges durch ein ziemlich tief eingesenktes Thal getrennt ist. Hierdurch, sowie durch eine schärfere Absetzung der nach hinten, gegen die Pars olfactoria gerichteten Fläche empfängt der Anfangstheil eine schärfere Ausprägung.

Bei *Testudo* liegt das kleine Jacobson'sche Organ an der medialen Wand in dem kleinen, dreieckigen Recessus, der von der entsprechenden Grenzfalte und dem wulstigen Ende des Einführungsganges gebildet wird. Wir brauchen uns nur vorzustellen, dass dieser Recessus sich medianwärts tiefer einsenkt und sich ferner mit seinem oberen, schon bei *Testudo* spitz zulaufenden Ende weiter nach oben ausdehnt, um die Reliefverhältnisse der Wand entstehen zu sehen, wie sie die Emyden bieten. Durch die Ausdehnung des Recessus, die nach der gegenseitigen Lage der Theile mit Nothwendigkeit zwischen dem Ende des Einführungsganges und der medialen Grenzfalte erfolgen muss, wird einmal der Beginn der letzteren nach vorn schärfer markirt werden, andererseits aber auch der Grenzwulst am Ende des Einführganges auch an der medialen Wand deutlicher hervortreten, indem die letztere am Ende des Ganges in ausgeprägter Knickung in die Wandung des vertieften Recessus umbiegt. (Vgl. Fig. 1 *a*, p. 390 und Fig. 13 *b*, p. 428.)

An den niederen Anfangstheil der medialen Grenzfalte schliesst nun auch bei Emyden ein stärker prominenter, wulstförmig vorspringender Abschnitt, der an der medialen Wand in nach hinten und oben offenem Bogen nach hinten verläuft. Dieser Theil ist viel weniger umfangreich als bei *Testudo*; dadurch, dass er mit minder breiter Basis von der Wand entspringt, wird unterhalb desselben Raum gewonnen. Die Pars respiratoria empfängt daher bei den Emyden unterhalb der Grenzfalte eine höhere, mediale Wandung, als es bei *Testudo* der Fall sein konnte. Die geringere Ausbildung der medialen Grenzfalte führt weiter nach hinten zu den Modifikationen in der Abgrenzung der Pars olfactoria gegen die Pars respiratoria; bei *Testudo* war es die obere Fläche der Falte selbst, die sich mit dem hinteren Ende der lateralen Grenzfalte an der oberen Umrandung der inneren Oeffnung des Ductus naso-pharyngeus in Verbindung setzte. Bei Emyden ist es eine unbedeutende Erhebung der Wand, die von der oberen Fläche der medialen Grenzfalte ausgeht und jene Verbindung herstellt, während die eigentliche Grenzfalte sich wie bei *Testudo* in den Ductus naso-pharyngeus fortsetzt, um an dessen medialer Wandung allmählich auszulaufen. Es ergiebt sich demnach in erster Linie an der medialen Seite der Pars respiratoria eine Vergrösserung des unter der Grenzfalte liegenden Wandabschnittes eben durch eine Reduktion der letzteren. Dieses Verhalten kombinirt sich mit der oben besprochenen Verlagerung des vorderen Endes der lateralen Grenzfalte, die an der seitlichen Wand zu einer Ausbreitung der Pars respiratoria nach oben führt. An der lateralen wie an der medialen Seite ist diese Entfaltung am ausgesprochensten im vorderen Theile der Nasenhöhle, und so kommt es, dass bei den Emyden das innere Ende des Einführungsganges von unten und von beiden Seiten her von der Pars respiratoria umfasst wird. Oben wurde bereits angegeben, welche Einrichtungen bestehen, um trotzdem dem Inspirationsstrom den Eintritt in die Pars olfactoria zu erleichtern.

Die durch die Vergrösserung der Wandung gewonnene Fläche ist bei Emyden mit Sinnesepithel überzogen, das sich von vorn her weit nach hinten, fast durch die ganze Pars respiratoria ausdehnt und durch die Reliefverhältnisse der Wandung in mehrere Abschnitte gegliedert erscheint. Bei *Testudo* ist der weitaus grösste Theil der Wandungen der Pars respiratoria mit indifferentem Epithel bekleidet; nur an beschränkter Stelle, in dem unbedeutenden Recessus zwischen medialer Grenzfalte und dem Wulst, der das Ende des Einführungsganges bezeichnet, findet sich Sinnesepithel. Wenn wir die Zustände bei Emyden von *Testudo* aus beurtheilen, müssen wir annehmen, dass sich das Sinnesepithel von jener Stelle aus über die Wandung der Pars respiratoria hin ausgebreitet habe, und dass es später durch das Auftreten jener Leisten in verschiedene Distrikte zerlegt wurde. In der That ist als Stütze für eine solche Annahme das Verhalten der Innervation verwerthbar. Es wurde erwähnt, dass die Olfactoriusäste, die die Sinnesepithelbezirke der Pars respiratoria versorgen, an der medialen Wand der Nasenhöhle zunächst nach vorn und unten verlaufen. Die weiteren Verzweigungen dieser Aeste umgreifen zum Theil die Pars respiratoria von unten, um dann an der lateralen Wand wieder aufzusteigen, zum grösseren Theil ziehen die Zweige um das vordere Ende der Pars respiratoria hin, um dann an der seitlichen Wand ascendirend nach hinten zu ziehen. Dieses Verhalten scheint mir darauf hinzuweisen, dass thatsächlich das Sinnesepithel von einem vorderen Bezirk der medialen Wand der Pars respiratoria, etwa wie es *Testudo* zeigt, sich über die vordere Wand und den Boden der Pars respiratoria hinweg auf die laterale Wand und gleichzeitig nach hinten ausgebreitet habe.

Es liegt nahe, die Ausdehnung der Wandflächen im Bereiche der Pars respiratoria bei Emyden in ursächlichen Verband mit einer zunehmenden Dignität des

Jacobson'schen Organs zu bringen. Diese kommt morphologisch durch die Entfaltung des Sinnesepithels, seine Verbreitung über grössere Abschnitte der Wandung und endlich durch seine Gliederung in einzelne Bezirke zum Ausdruck.

Bei *Testudo* liegt das kleine Jacobson'sche Organ an der medialen Wand unterhalb der medialen Grenzfalte. Bei Emyden nimmt es den Boden der Pars respiratoria ein und erstreckt sich von hier — von der Gliederung abgesehen — bis an die untere Fläche der Grenzfalten heran: die Falten selbst, speciell die nicht unbeträchtliche Oberfläche der medialen, die wir ja noch in die Pars respiratoria einbezogen, sind mit indifferentem Epithel überzogen. Es ist also bei *Testudo* und bei *Emys* der gleiche Abschnitt der Nasenhöhle (die Pars respiratoria), in welchem das Sinnesepithel auftritt, bei ersterer in geringer, bei letzterer in sehr grosser Ausdehnung.

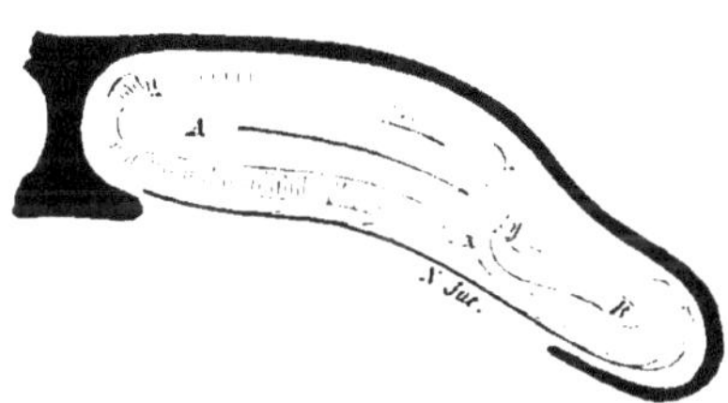

Fig. 16 *A*.

Salamandra. Frontalschnitt durch die Nasenhöhle. Schema. *A* Haupthöhle; *B* seitliche Nasenrinne und Jacobson'sches Organ. *xy* Falten, die beide Räume von einander abgrenzen. *N. Jac.* Jacobson'scher Nerv in seinem Verlauf um das Organ.

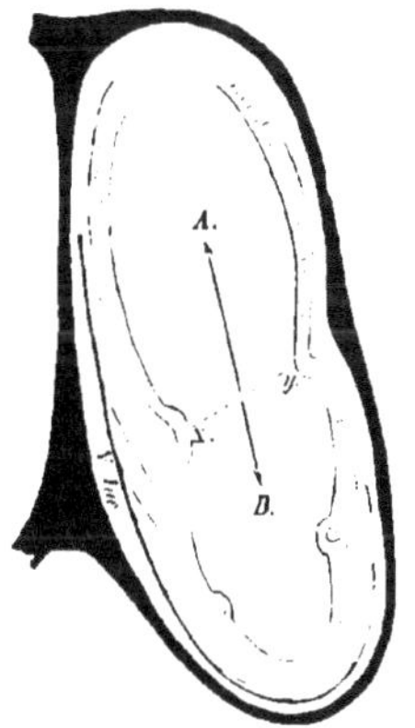

Fig. 16 *B*.

Emys. Frontalschnitt durch die Nasenhöhle. Schema. *A* Pars olfactoria = der Haupthöhle von *Salamandra*. *B* Pars respiratoria und Jacobson'sches Organ (= der seitlichen Nasenrinne und Jacobson'sches Organ von *S.*). *x* mediale, *y* laterale Grenzfalte = den Falten *xy* von *S.*. *N. Jac.* Jacobson'scher Nerv in seiner Lagebeziehung zum Jacobson'schen Organ. Der Pfeil giebt in jeder der Figuren die Richtung an, in der die Ausdehnung des Cavum nasale erfolgt ist.

Gerade den unteren Abschnitt des Cavum nasale, welcher zwischen den beiderseitigen Grenzfalten liegt, verglichen wir oben mit dem Jacobson'schen Organ der Amphibien und seiner rinnenförmigen Fortsetzung. Der Umstand, dass bei Emyden der grösste Theil der Pars respiratoria das Jacobson'sche Organ selbst darstellt, lässt sich als ein neues Moment verwerthen, welches für die Berechtigung der aufgestellten Homologie spricht. Vergleichen wir den Befund bei Emyden mit Zuständen, wie sie *Siredon* und die Urodelen aufweisen, unter Berücksichtigung der verschiedenen Richtung und des verschiedenen Maasses der Entfaltung des Nasenhöhlenlumens, so wird die Uebereinstimmung evident (s. Fig. 16). Bei Urodelen liegt das rinnenförmige Jacobson'sche Organ lateral zur eigentlichen Nasenhöhle; vom Boden der Rinne erstreckt sich das Sinnesepithel auf ihre obere und untere und die unbedeutende, vordere Wand. Bei *Emys* liegt das Jacobson'sche Organ unter der Haupthöhle, und vom Boden der Pars respiratoria dehnt sich das Sinnesepithel auf die seitlichen und auf die vordere Wand derselben aus. Hier wie dort grenzen schmälere oder breitere

Streifen indifferenten Epithels, die mehr oder weniger deutlich zu Falten erhoben sind (*x*, *y*), das Sinnesepithel des Jacobson'schen Organs von dem der Regio olfactoria ab. Bei Urodelen ist es der ventrale Theil des Olfactorius, der Zweige zum Jacobson'schen Organ entsendet; diese umgreifen dasselbe von unten und der Seite her, um so zur oberen Wand der Rinne zu gelangen. Bei Emyden sind es mediale Olfactoriuszweige, die unter dem Boden der Pars respiratoria hin zur lateralen Wand ziehen. Endlich liegt das Jacobson'sche Organ der Urodelen und ebenso die Pars respiratoria der Emyden innerhalb der knorpeligen Nasenkapsel.

Trotz der grossen Verschiedenheiten, die durch den allgemeinen Bau der Nasenhöhle bedingt sind, ergiebt sich demnach zwischen Urodelen und Emyden eine Uebereinstimmung in wesentlichen Punkten. Bei den ersteren zeigt sich nun das Sinnesepithel des Jacobson'schen Organs geschlossen, einheitlich; dagegen ist es bei den Sumpfschildkröten in einzelne Bezirke gegliedert, so dass sich — wie oben ausführlich besprochen — am Jacobson'schen Organ im Ganzen drei Abschnitte unterscheiden lassen. Hierin kommt neben der Entfaltung des Lumens und der Ausbreitung des specifischen Epithels über die vergrösserten Wandflächen eine höhere Differenzirung zum Ausdruck. Dass diese verschiedenen Bezirke aus einer einheitlichen Anlage abzuleiten sind, geht mit aller Deutlichkeit aus der Innervation hervor und lässt sich auch aus ontogenetischen Thatsachen beweisen.

Der Vergleich der Emyden mit den Urodelen bestätigt demnach die Auffassung, dass der bodenständige, zwischen den Grenzfalten liegende Theil der Pars respiratoria dem Jacobson'schen Organ und der seitlichen Nasenrinne der Amphibien homolog sei. Die Fortsetzung der Pars respiratoria nach hinten in den Ductus nasopharyngeus verhält sich bei den Emyden in allen wesentlichen Punkten wie bei *Testudo*. Für diesen Theil der Nasenhöhle treffen die oben ausgeführten Erwägungen zu.

Beurtheilung der Befunde bei Testudo und Emys.

Es wäre endlich noch die Frage zu erörtern, wie sich die Befunde bei den Emyden zu denen bei *Testudo* verhalten. Bei *Testudo* ist die Pars olfactoria der Nasenhöhle besser ausgestaltet als bei den Emyden; das Lumen ist grösser und damit auch die Flächenausdehnung der Riechschleimhaut; der Muschelwulst ist schärfer ausgeprägt. Dagegen ist bei *Emys* und *Chrysemys* das Jacobson'sche Organ ungleich höher entwickelt als bei *Testudo*, indem es fast die ganze Pars respiratoria der Nasenhöhle für sich beansprucht. Die Ausbildung der Drüsen ist bei den Emyden eine viel geringere als bei *Testudo*.

Die Zustände bei der einen oder bei der anderen Form können als die primitiveren hingestellt werden, und je nachdem kann die Ableitung versucht werden durch die Annahme der Ausbildung der Pars olfactoria und der Reduktion des Jacobson'schen Organs oder umgekehrt durch die Reduktion der Pars olfactoria unter Ausgestaltung des letzteren.

Beim Vergleich von *Testudo* mit den Amphibien zeigte sich, dass die Ableitung der Befunde bei ersterer ohne Schwierigkeit von niederen Formen der Amphibienreihe, von Zuständen, wie sie etwa *Siren* bietet, möglich sei; der Schwerpunkt wurde dabei auf das Verhalten des Jacobson'schen Organs gelegt. Wiederum in Rücksicht auf diesen Theil der Nasenhöhle scheinen die Emyden eher einen Anschluss an Urodelen-ähnliche Formen zu gestatten. Die geringe Entwickelung der Nasenhöhlendrüsen, die geringe Entfaltung der Pars olfactoria, namentlich des Muschelwulstes scheint der Auffassung günstig, dass gerade diese Formen die primitiveren Verhältnisse bewahrten. Diese Auffassung würde sich auch mit den Ansichten der Systematiker decken, die wohl in erster Linie im Hinblick auf den Ausbildungsgrad des Panzers den Chersiten die höchste Stelle im System zuweisen[1]. Es liegt nicht in meiner Absicht hier auf die Frage nach der Stellung der verschiedenen Cheloniergruppen im System näher einzugehen; ich bin mir wohl bewusst, dass für die Entscheidung derselben die gesammte Organisation in Betracht gezogen werden müsste. Die Frage, die ich an dieser Stelle allein zu berücksichtigen habe, ist die: zeigt das periphere Geruchsorgan der Emyden (*Emys*, *Chrysemys*) oder das der Chersiten (*Testudo*) die primitiveren Verhältnisse?

Eine Reihe von Gründen scheint mir dafür zu sprechen, dass gerade bei den landlebenden Formen sich die Nasenhöhle auf einer primitiveren Stufe der Entwickelung erhalten habe, während die der Sumpfschildkröten stärker veränderte Zustände aufweise.

In einer früheren Arbeit hatte ich die Auffassung zu begründen versucht, dass das Jacobson'sche Organ in der Amphibienreihe entstehe. Bei allen Amphibien, die auf diese Verhältnisse untersucht sind, stellt das Organ nur einen Nebenraum der Nasenhöhle dar, der in der Grösse seines Lumens fast überall gegen den Umfang der Nasenhöhle zurücktritt; stets ist die Flächenausbreitung seines specifischen Epithels geringer als die der Riechschleimhaut. Das Jacobson'sche Organ erhebt sich demnach bei Amphibien eben wegen dieses Verhaltens zur Haupthöhle des Cavum nasale nicht über eine verhältnissmässig niedrige Entwickelungsstufe.

Die Chelonier zeigen im Vergleich zu den Sauriern und Ophidiern in der gesammten Nasenhöhle ziemlich primitive Zustände. Diesbezüglich ist auf die geringe Komplicirung der Wandflächen im Bereich der Regio olfactoria zu verweisen, ferner auf die Thatsache, dass das Jacobson'sche Organ wie bei den Amphibien noch als ein Theil des Cavum nasale selbst erscheint. Unter Berücksichtigung aller dieser Umstände kann ein wenig ausgebildetes Jacobson'sches Organ sehr wohl als ein primitiver Zustand aufgefasst werden. Die Möglichkeit, den Befund am gesammten Geruchsorgan von *Testudo* mit bestimmten Formverhältnissen gerade bei niederen Amphibien in direkte Beziehung zu bringen, scheint mir dieser Auffassung günstig zu sein. Dem gegenüber findet sich bei den Emyden das Jacobson'sche Organ nicht nur durch die Ausdehnung des Sinnesepithels über grosse Strecken, sondern auch

---

1) s. u. a. E. Haeckel, Systematische Phylogenie der Wirbelthiere. 1895.

durch eine Gliederung desselben in mehrere Abschnitte hochentwickelt. Es stellt nicht mehr einen verhältnissmässig unbedeutenden Anhang der Nasenhöhle vor; die Flächenausbreitung seines specifischen Epithels wetteifert vielmehr mit der der Riechschleimhaut. Die Möglichkeit, dass das kleine Jacobson'sche Organ von *Testudo* durch Reduktion von einem hochentwickelten abzuleiten sei, ist jedenfalls in Betracht zu ziehen; ist doch auch in der Saurierreihe eine Rückbildung desselben bei *Chamaeleo* bekannt (Born); unter den Säugethieren haben es z. B. manche Fledermäuse und Primaten verloren; sein Fehlen bei Vögeln dürfte gleichfalls durch Rückbildung zu erklären sein. — Nun liegt aber, wie ich glaube, in der Art und Weise, wie sich bei den Emyden der N. olfactorius am Jacobson'schen Organ verzweigt, ein Hinweis darauf, dass sich hier das Sinnesepithel von einer beschränkten Stelle, die in ihrer Lage vorn an der medialen Wand unter der Grenzfalte mit der Lage des Organs bei *Testudo* übereinstimmt, ausgebreitet habe. Auch entwickelungsgeschichtliche Vorgänge, die weiter unten zur Sprache kommen, glaube ich in diesem Sinne deuten zu dürfen. Ich sehe mich so zu der Annahme gedrängt, dass das hochentwickelte accessorische Geruchsorgan der Emyden von einfacheren Zuständen, wie sie sich bei *Testudo* verwirklicht finden, abzuleiten sei. Ein kurzer vorläufiger Ueberblick über das Verhalten des Organs bei anderen Schildkröten ergiebt Verhältnisse, die sich mit dieser Annahme im Einklang befinden. Die Nasenhöhle von *Trionyx spec.* zeigt im allgemeinen Bau Aehnlichkeit mit der der Emyden; aber der untere Abschnitt der eigentlichen Nasenhöhle ist hier noch viel umfänglicher, zeigt gleichfalls eine Gliederung in einzelne Abschnitte, und seine Wandungen tragen Sinnesepithel, das der Bowman-schen Drüsen entbehrt. Die Pars olfactoria ist noch viel kleiner als bei den Emyden; von einem Muschelwulst fehlt jede Andeutung. Sowohl hinsichtlich der Grösse des Lumens, wie in der Flächenausbreitung des Sinnesepithels übertrifft das Jacobson'sche Organ bei weitem die Pars olfactoria. — Die Thalassiten zeigen in der Gestaltung des peripheren Geruchsorgans eine hohe Differenzirung. Es sei auf die Abbildung verwiesen, die Gegenbaur in seinem Aufsatz über die Nasenhöhle der Vögel auf Taf I, Figg. 1 und 2 von *Chelonia cauana* giebt. Die Recessusbildungen, die Gegenbaur als *ri* und *rs* bezeichnet, stellen den wichtigsten Theil des Jacobson'schen Organs vor, während der mit *N* bezeichnete Raum der Pars olfactoria der übrigen Chelonier gleich zu setzen ist. Die Begründung für diese Auffassung hoffe ich später liefern zu können. Auch bei den marinen Schildkröten übertrifft das Jacobson'sche Organ die eigentliche Pars olfactoria hinsichtlich des Lumens und der Flächenausbreitung des Sinnesepithels. — Im Hinblick auf die Thatsache, dass bei den Amphibien, wo doch jedenfalls die Wurzel des Chelonierstammes zu suchen ist, das Jacobson'sche Organ, gerade hinsichtlich der Entfaltung des Sinnesepithels, auf einer niedrigen Entwickelungsstufe beharrt; im Hinblick ferner darauf, dass der Vergleich zwischen *Testudo* und Emyden die zunehmende Ausbreitung des specifischen Epithels bei letzteren wahrscheinlich macht, lassen sich die Schildkröten in eine Reihe bringen, in der die landlebenden Formen (*Testudo*) mit gering entwickeltem Jacobson'schen Organ den Anschluss an die Amphibien vermitteln; auf diese würden die Sumpfschildkröten (*Emys*, *Chrysemys*) folgen, während die im Wasser lebenden Trionyciden und Thalassiten mit ihrem hochdifferenzirten Jacobson'schen Organ das Ende der Reihe darstellen würden.

Oben suchte ich den Nachweis zu liefern, dass die Pars olfactoria der Chelonier dem eigentlichen Cavum nasale der Amphibien homolog sei. In der Amphibienreihe macht sich in der Ausgestaltung der eigentlichen Nasenhöhle ein Fortschritt geltend, der wesentlich durch die Entfaltung des Lumens und durch die Ausbreitung des Riechepithels über grössere Wandstrecken zum Ausdruck kommt. — Hier und da erfährt auch das indifferente Epithel eine stärkere regionale Entfaltung, Verhältnisse, die wir hier vernachlässigen dürfen. — Sieht man von dem Unterschiede ab, der zwischen Amphibien und Cheloniern in der Richtung besteht, in welcher die Entfaltung des Nasenhöhlenlumens erfolgt, so sind hinsichtlich der Ausgestaltung der Pars olfactoria bei *Testudo* die gleichen Principien erkennbar.

Im Vergleich zu den Amphibien ist auch bei *Testudo* der wesentlichste Fortschritt in der weiteren Entfaltung des Lumens und in der grösseren Flächenausdehnung der Riechschleimhaut gegeben. Es kommt allerdings noch die Ausbildung des Muschelwulstes hinzu. Indess lässt sich bereits bei Amphibien (*Siredon*, Salamanderlarve) eine schwache Einbiegung der lateralen Nasenwand im Bereiche der Regio olfactoria erkennen. Ihre Bedeutung für die Genese der Muschelbildung wurde von Born und auch an anderer Stelle von mir gewürdigt. Aus alle dem ergiebt sich wohl, dass in dem Ausbildungsgrade der Regio olfactoria der Abstand zwischen Amphibien und *Testudo* nicht so sehr gross ist; jedenfalls erscheint der Unterschied im Verhalten des Jacobson'schen Organs bei den Amphibien auf der einen, bei Emyden auf der anderen Seite ungleich grösser. Wenn nun die Pars olfactoria von *Testudo* eine höhere Ausbildung zeigt, als die der Emyden, so liegt darin wohl kein Moment, das mit zwingender Notwendigkeit als ein Beweis für die höhere phyletische Entwickelung des peripheren Geruchsorgans von *Testudo* geltend gemacht werden müsste. Eine derartige Annahme wird noch unwahrscheinlicher, wenn Thatsachen beigebracht werden können, die für einen Rückbildungsvorgang im Bereiche der Pars olfactoria bei anderen Cheloniern sprechen. Ein solches Moment scheint sich mir aus dem Verhalten des Nervus olfactorius zu ergeben.

Bei Amphibien tritt der Olfactorius von hinten und oben an den Geruchssack heran. Bei Cheloniern erreicht er ebenso das Dach der Pars olfactoria. Bei den ersteren dehnt sich das Gehirn bekanntlich von hinten her ziemlich weit nach vorn zwischen die Augen aus; der Riechnerv ist daher kurz. Bei Cheloniern sind die beiderseitigen Augenhöhlen durch das dünne Septum interorbitale getrennt, der Nervus und Bulbus olfactorius liegen dicht unter dem Schädeldach in einem von Knochen und Knorpel umwandeten Kanal. Die Entstehung des schmalen Septum interorbitale, sowie die Verlagerung des Bulbus olfactorius nach oben wird in erster Linie mit einer stärkeren räumlichen Entfaltung des Auges und seiner Hilfsorgane in Verband zu bringen sein, die eine Vergrösserung der Orbita zur Folge hat.

Testudo wie *Emys* lassen die angedeutete Lagerung des Nervus und Bulbus olfactorius dicht unter dem Schädeldach in gleicher Weise erkennen; aber der Riechnerv selbst ist bei *Testudo* ganz kurz (vgl. Fig. 18), während er bei *Emys* eine nicht unbeträchtliche Länge besitzt (Fig. 17). Betrachtet man die skeletirten Schädel der genannten Formen, so kann man leicht konstatiren, dass bei der Landschildkröte die Augenhöhlen gerade in ihrem oberen Theil räumlich minder stark entfaltet sind als die von *Emys*. Dieses Verhalten wird von Einfluss sein müssen auch auf die hintere Wand des Cavum nasale, die die vordere Begrenzung der Orbita bilden hilft. Die von hinten unten nach vorn oben geneigte Stellung derselben bei *Emys* wird mit der stärkeren Ausdehnung der Augenhöhle in ihrem oberen Theil in Verband zu bringen sein; die letzteren drängen sich zwischen die Nasenhöhle und das vordere

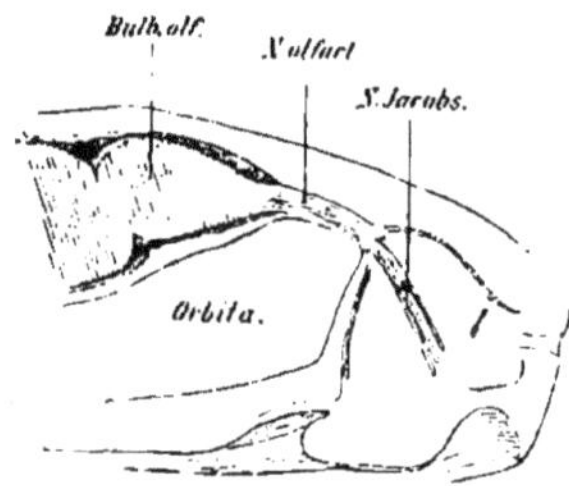

Fig. 17.

Emys europaea. Sagittalschnitt durch den Vorderkopf; zur Demonstration der Länge des N. olfactorius. Im Bereiche der Nasenhöhle ist die Schleimhaut vom Septum abgetrennt, man erkennt in ihr die schräg nach vorn unten gerichteten Zweige des N. Jacobsonii.

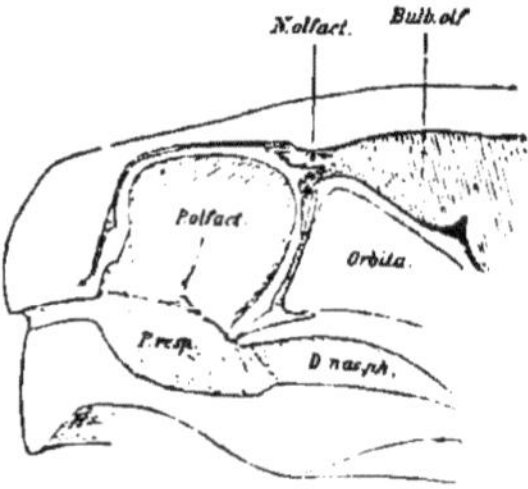

Fig. 18.

Testudo graeca. Sagittalschnitt durch den Vorderkopf zur Demonstration des N. olfactorius, der der Länge nach durchschnitten ist. Die septale Wand der Nasenhöhle ist entfernt.

Ende des Gehirns ein; die Folge hiervon wird die Verlängerung des Nervus olfactorius sein. Im Hinblick auf die Zustände bei Amphibien werden die geringer entfaltete Augenhöhle und der kürzere Riechnerv als primitive Merkmale angesprochen werden dürfen. Die umfänglichere Orbita und der in die Länge gezogene Olfactorius kennzeichnen einen Fortschritt, der sich unter der Wirkung der gleichen Faktoren vollzog, die die Entstehung des schmalen Septum interorbitale veranlassten. Die Stellungsveränderung der hinteren Nasenhöhlenwand hat weiter die geringere Entfaltung des Lumens der Pars olfactoria des Cavum nasale zur Folge. Wir kommen so zu der Vorstellung, dass die Vergrösserung der Orbita auf Kosten der Nasenhöhle erfolge. Alle diese Thatsachen in ihrem Zusammenhange betrachtet, erlauben m. E. die Schlussfolgerung, dass an der Pars olfactoria der Emyden eine Reduktion stattgefunden hat; in der im Vergleich zu *Testudo* geringeren Entwickelung derselben würde also kein primitives Merkmal gegeben sein.

Bei marinen Schildkröten ist die Pars olfactoria noch kleiner als bei Emyden; von einem Muschelwulst fehlt jede Andeutung; dabei ist der Nervus olfactorius noch viel mehr in die Länge ausgezogen. Auch die Süsswasserformen zeigen eine hochgradig reducirte Pars olfactoria.

Unter Berücksichtigung des Verhaltens dieses Abschnittes der Nasenhöhle lassen sich die Schildkröten wiederum in eine Reihe bringen, in der die landlebenden Formen den Beginn, die wasserlebenden den Abschluss bilden; zwischen beiden stehen die Sumpfschildkröten.

Ein primitives Merkmal zeigt *Testudo* endlich im Verhalten des sekundären, knöchernen Gaumens. Wie oben ausgeführt, erhebt sich die Gaumenbildung am skeletirten Schädel kaum über den Grad, wie er in der Amphibienreihe erreicht wird. Thatsächlich sind allerdings die Verhältnisse durch den bindegewebigen Abschluss des Ductus naso-pharyngeus viel weiter geführt. Auch in dieser Hinsicht weisen die übrigen Chelonier die fortgeschritteneren Zustände auf; der harte Gaumen zeigt eine hohe Entwickelungsstufe; der bei *Testudo* noch bindegewebige Abschnitt der Wandung des Ductus naso-pharyngeus wird durch knöcherne Theile gebildet.

Es ergeben sich also bei *Testudo* eine ganze Reihe von Zuständen im Bereiche des Vorderkopfes, die sehr wohl als primitive aufgefasst werden dürfen, und ich glaube hiermit die Berechtigung dafür nachgewiesen zu haben, wenn ich oben bei dem Vergleich zwischen *Testudo* und Emyden die erstere als den Ausgangspunkt wählte. Die Nasenhöhle der Landschildkröte ist durch eine wohl ausgestaltete Pars olfactoria und durch ein kleines, im Bereiche der Pars respiratoria gelegenes Jacobson'sches Organ gekennzeichnet. Bei den Emyden zeigt die Pars olfactoria die Anzeichen einer beginnenden Rückbildung, während das Jacobson'sche Organ sich stärker entfaltet und fast die ganze Pars respiratoria in Besitz genommen hat. Der Ausfall von Sinneselementen, der durch die an der Pars olfactoria platzgreifende Reduktion hervorgerufen wird, wird gewissermaassen kompensirt durch die Ausbreitung der specifischen Schleimhaut des Jacobson'schen Organs. In der gleichen Richtung, wie ich sie durch den Vergleich zwischen Chersiten und Emyden abzuleiten suchte, bewegt sich die Differenzirung der gesammten Nasenhöhle bei den wasserlebenden Schildkröten. Die Pars olfactoria erleidet eine weitergehende Reduktion, während sich das accessorische Geruchsorgan mehr und mehr ausgestaltet. Es liegt der Gedanke nahe, dass sich bei den landlebenden Formen primitive Verhältnisse im Bereiche der Nasenhöhle erhalten, während die Umgestaltungen derselben in den übrigen Gruppen Anpassungen an das Wasserleben seien.

Es sei nochmals darauf hingewiesen, dass bei *Testudo* sowohl als bei den Emyden, und, wie ich vorläufig bemerken will, ebenso bei Trionyciden und Thalassiten das Jacobson'sche Organ — in ähnlicher Weise wie bei Amphibien — einen Theil der Nasenhöhle selbst bildet, und dass eine direkte Verbindung mit der Mundhöhle nicht besteht. Eine Beziehung zur letzteren ist aber — wiederum wie bei Amphibien — dadurch gegeben, dass das Organ in den Theil der Nasenhöhle eingeschaltet ist, oder den Theil derselben bildet, welcher als hauptsächlicher Weg für den Exspirationsstrom dient. Aus dem Relief der Wandungen des Cavum nasale konnte abgelesen werden, dass für den letzteren ungünstigere Bedingungen bestehen für einen Eintritt in die Pars olfactoria: ihm ist der Weg durch den unteren Abschnitt der Nasenhöhle angewiesen, in dem sich eben das Jacobson'sche Organ findet. Zwar streicht auch der inspiratorische Strom über das Sinnesepithel des letzteren hinweg, und es besteht die Möglichkeit, dass auch er hierbei eine Erregung der nervösen Endapparate auszulösen vermag, doch ist wichtig, dass gerade der durch die Apertura externa eintretende Strom nothwendig in die Pars olfactoria eindringen muss, während dem umgekehrt gerichteten der Zutritt zu derselben erschwert ist. Die Abdrängung des exspiratorischen Stromes von der Regio olfactoria, die schon bei den höheren Amphibien deutlich genug in die Erscheinung trat, ist bei den Cheloniern noch schärfer ausgeprägt. Bei den ersteren ist das Jacobson'sche Organ gerade in die Bahn eingeschaltet, in der sich der von der Mundhöhle aus eintretende Strom vorwiegend bewegen muss; ebenso verhält es sich bei den Schildkröten. Es wird also auch für diese die Erregung der nervösen Endapparate des Jacobson'schen Organs durch Vermittelung des exspiratorischen Stromes zuzugeben sein, so dass bei den Schildkröten auf eine ähnliche Funktion des accessorischen Geruchsorganes geschlossen werden darf, wie ich sie für die Amphibien nachzuweisen suchte.

Bei wasserlebenden Cheloniern sieht man gelegentlich, dass diese Wasser in ziemlich lebhaftem Strome durch die Nasenöffnungen ausstossen. Eine Kontrole des Mediums, in dem diese Formen leben, durch Vermittelung des Geruchssinnes wird für sie von Wichtigkeit sein; suchen sie doch auch ihre Nahrung in demselben. Vielleicht verbreitet diese Erwägung Licht über die doch immerhin auffallende Thatsache, dass gerade bei den im Wasser lebenden Schildkröten das Jacobson'sche Organ sich so umfänglich gestaltet, während die Pars olfactoria mehr und mehr und zum Theil zu Gunsten des ersteren eingeschränkt wird. Da die Nasenhöhle der Schildkröten als wesentlicher Weg für die Respirationsluft dient, so erscheint eine Prüfung des Wassers durch den Geruchssinn etwa durch Ansaugen ausgeschlossen, um so mehr, wenn man die Lage der Choanen zum Kehlkopfeingang berücksichtigt. Dagegen wird eine derartige Kontrole sehr wohl möglich sein, und zwar ohne nennenswerthe Störungen des Athmungsprocesses, wenn das Wasser von den Choanen aus durch die Nasenhöhle getrieben wird. Es wird dabei den Bahnen folgen, die dem exspiratorischen Strome angewiesen sind, und in dieser Bahn liegt das Jacobson'sche Organ. — Weiterhin halte ich es nicht für unwahrscheinlich, dass die sinnliche Kontrole der Inspirationsluft gegenüber der Prüfung des umgebenden Mediums bei wasserlebenden Formen an Bedeutung zurücktritt, auch in Hinblick auf das Aufsuchen der Nahrung. So würden sich zwanglos die Ausgestaltung des Jacobson'schen Organs und die Rückbildung der Pars olfactoria als eine Anpassung an das Wasserleben erklären lassen. Hiermit würde eine Ausdehnung der physiologischen Leistung des Jacobson'schen Organs anzunehmen sein, die sich mit den morphologischen Verhältnissen in Einklang befindet. Zu der Kontrole des Mundhöhleninhaltes durch den exspiratorischen Respirationsstrom, wie sie bei den Amphibien anzunehmen ist, kommt hier noch die Kontrole des umgebenden Mediums durch einen gleichfalls von der Mundhöhle aus passirenden Strom. In gewissem Sinne übernimmt also das Jacobson'sche Organ der wasserlebenden Chelonier die Funktion, die bei allen luftlebenden Thieren und auch bei den wasserlebenden Amphibien der Regio olfactoria der Nasenhöhle zukommt.

C. Knorpelige Nasenkapsel der Emyden.

Befund.

Von *Emys* unterzog ich auch die knorpelige Nasenkapsel einer näheren Untersuchung. Von dem älteren der mir von Herrn Professor E. Rosenberg zur Verfügung gestellten Embryonen fertigte ich ein Plattenmodell der Kapsel an, nach dem die beigefügten Figuren gezeichnet wurden. Ebenso wie das Relief der Nasenwandung bei diesem Embryo bereits die definitiven Verhältnisse aufweist, so zeigt auch das Knorpelskelett, von geringfügigen Differenzen abgesehen, Uebereinstimmung mit den Zuständen bei der erwachsenen Schildkröte.

Die Knorpelkapsel umgiebt die Nasenhöhle allseitig und lässt in ihrer gesammten Formgestaltung ähnliche Verhältnisse erkennen, wie die Nasenhöhle selbst (vergl. Fig. 15, p. 430ff.). Das schmale Septum carthilagineum scheidet die beiden Nasenhöhlen; nach oben geht es kontinuirlich in das Dach, nach unten in den Boden der Kapsel über, nur im hinteren Theil bestehen in dieser Hinsicht Besonderheiten. Rückwärts setzt sich das Septum nasale ohne Unterbrechung in das Septum interorbitale fort. Vorn endet es, etwa dem inneren Ende des Einführganges entsprechend, mit freiem, nach vorn unten schräg abfallenden Rande. Seitlich schliessen hier die in den Wandungen des Einführganges eingelagerten Theile in Form von nach vorn gerichteten Fortsätzen der Kapsel an. Oben bildet ein nach vorn spitz zulaufender Fortsatz das knorpelige Dach für den Einführgang (Fig. 19 α), während ein stumpfer, nach lateral und oben in eine Spitze ausgezogener sich in den Boden einlagert (Fig. 19 β). Auch bei der erwachsenen Schildkröte finden sich diese beiden Fortsätze. Der untere ist mächtiger entfaltet; mit schmaler Basis löst er sich von der Kapsel ab und bildet, indem er sich nach lateral und oben entfaltet, für die ganze seitliche Peripherie des Einführganges eine knorpelige Wand (Fig. 15, *A* und *B* bei β). Sein oberer Rand ragt gegen den oberen Fortsatz heran, beide zusammen umschliessen unvollständig einen ziemlich umfänglichen Ausschnitt der Wandung, durch welchen der Ausführgang der äusseren Nasendrüse hindurchtritt. Auf Fig. 19 ist die Lage derselben mit γ bezeichnet (vergl. auch Fig. 15 *B*).

Von diesen, den Einführgang umgebenden Fortsätzen biegt die Wand der völlig geschlossenen Kapsel nach oben und unten zur Bildung der vorderen Wandung für die Pars olfactoria und respiratoria um, seitlich setzt sie sich in die laterale Wandung fort. Die vordere Wand geht oben allmählich in das Dach, die untere nach unten in den Boden der Kapsel über. Der Vergleich von Fig. 19 mit den Frontalschnitten der Fig. 15 dürfte eine Vorstellung über die speciellen Verhältnisse geben. — Der Boden zeigt in der Medianebene, wo also das Septum auf ihm fusst, einige Besonderheiten; die orale Fläche desselben verläuft in der Medianebene ungefähr horizontal von vorn nach hinten. Ganz vorn, dem inneren Ende des Einführganges entsprechend, schliesst sich seitwärts der Boden der Kapsel gleichfalls horizontal gestellt an (Fig. 15 *B*). Aber mehr nach hinten ändert sich das in der Weise, dass der Bodentheil der Kapsel von der Medianebene an zunächst schräg nach unten und lateral gestellt ist, um dann erst gerade in die laterale Richtung umzubiegen. Dies Verhalten leitet sich vorn im Beginn der eigentlichen Nasenhöhle ein und wird nach hinten immer deutlicher. In Folge dessen erscheint die der Mundhöhle zugekehrte Kapselfläche rinnenförmig vertieft. Diese Rinne beginnt vorn, verläuft nach hinten und nimmt dabei schnell an Tiefe zu (vergl. Fig. 20 und Fig. 15). Die Theile der Kapsel, die den eigentlichen Boden für die Pars respiratoria der Nasenhöhle bilden, liegen also tiefer als der untere Septalrand. Hinten endet der Boden für die Pars respiratoria mit freiem Rande, der eine nach hinten sehende Oeffnung der Kapsel (Choanenöffnung) begrenzen hilft; dieser Rand verläuft von oben medial, nach unten lateral in starkem, nach hinten offenem Bogen (Fig. 19 u. 20, *Ch*).

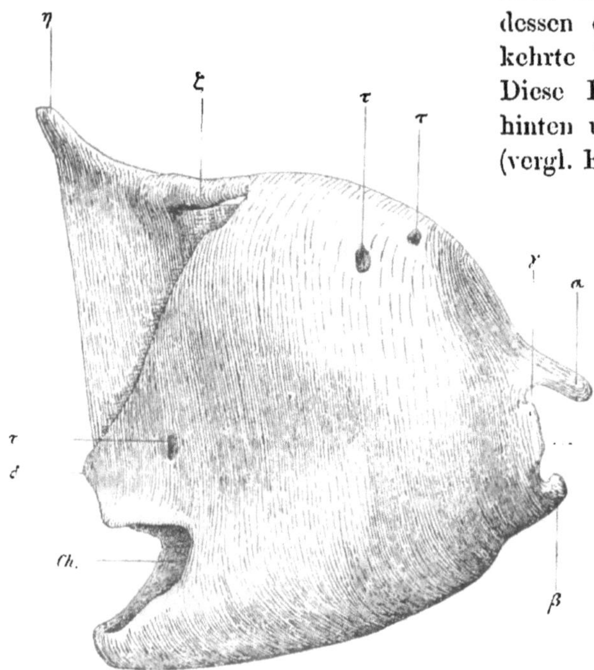

Fig. 19.

Emys lutraria. Embryo 14 mm Schildlänge. Knorpelige Nasenkapsel; seitliche Ansicht. Nach einem Plattenmodell. — *A.n.e.* Apertura nasal. externa. α, β Fortsatzbildungen, die den Einführgang umwanden. γ Lage des Ausführganges der Gl. nasal. ext. δ hinteres Ende des die Pars olfactoria umschliessenden Abschnittes. *Ch.* Choanenausschnitt. ξ Knorpelbalken, der seitlich das For. olfact. abgrenzt. η Fortsatz des Septums, der die Olfactoriarinne bildet. τ Nervenlöcher. Vergr. ca. 25 : 1.

An der Seitenwand der Kapsel macht sich eine leichte Einbiegung geltend, die in ihrer Lage der lateralen Grenzfalte entspricht. Vorn kaum angedeutet, prägt sie sich weiter nach hinten immer deutlicher aus. Hinten in der Höhe der Pars respiratoria der Nasenhöhle endet die laterale Wand mit freiem Rande; auch dieser Rand verläuft in gerade nach hinten offenem Bogen und bildet die äussere Umrahmung der Choanenöffnung der Kapsel; unten hängt er kontinuirlich mit dem von dem Bodentheile gebildeten Rande zusammen. Die Umrahmung der Choanenöffnung wird nach oben vervollständigt (vergl. Figg. 19, 20, 21), indem der hintere, freie Rand des Kapselbodens nach oben und medial aufsteigt und sich dicht neben dem unteren Ende des Septum carthilagineum mit dem von der lateralen Wand gebildeten Rande vereinigt (Fig. 21); gerade über dieser Vereinigungsstelle findet sich ein kleiner, stumpfer, nach hinten gerichteter Höcker (δ). Die Choanenöffnung der Kapsel ist demnach allseitig von Knorpel umrandet und sieht gerade nach hinten; sie liegt dabei tiefer als die orale Endfläche des Septums (vergl. Fig. 21). Von der mit δ bezeichneten Erhebung, die das hinterste Ende der seitlichen Kapselwand markirt, steigt die laterale Wand in einer schräg nach oben vorn verlaufenden Linie längs des Septums auf (Fig. 19): sie hängt aber hier nicht mit dem Septum zusammen, sondern ist von ihm durch einen engen Spalt getrennt (Fig. 21 ε, vergl. auch Fig. 15 *N* u. *O*, ε). Dieser Spalt setzt sich noch auf die orale Fläche der Kapsel fort (Fig. 20 ε und Fig. 15 *L* und *N* bei ε), so dass die basale Fläche des Septums mit der benachbarten Wandung der Pars respiratoria nicht in Verbindung steht. Der hinterste Theil der Nasenkapsel ist also vom Septum losgelöst.

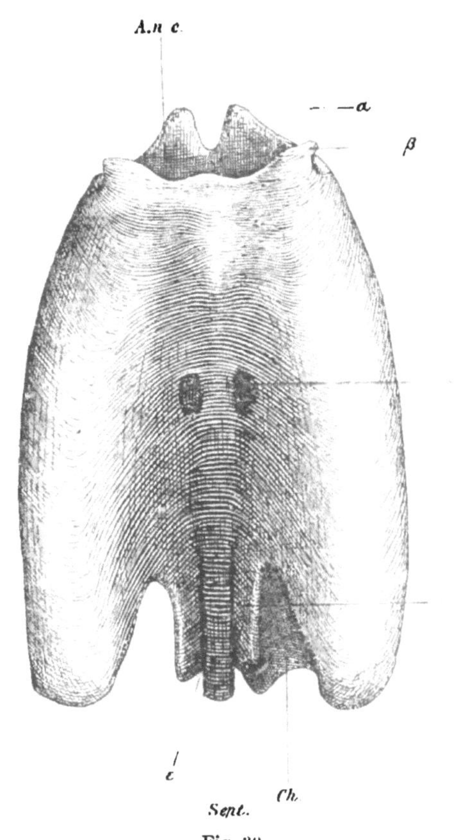

Fig. 20.

Emys lutraria. Knorpelige Nasenkapsel. Ventrale Ansicht des Modells der Fig. 19. Bezeichnungen wie dort. ε Spalt, der die Carthilago paraseptalis vom Septum trennt.

An der oralen Fläche der Kapsel entsteht durch diesen Spalt und ferner durch die Choanen-Oeffnung der Kapsel ein schmaler, nicht sehr langer Knorpelstreifen, der zwischen dem unteren Rande des Septums und der genannten Oeffnung liegt; er verbindet den vorderen geschlossenen Bodentheil der Kapsel mit dem hinteren Ende derselben (s. Fig. 20, ferner Fig. 15 *M* und *N*, wo er als Carthilago paraseptalis bezeichnet wurde).

Verfolgt man den freien, hinteren Rand der seitlichen Kapselwand nach oben (Fig. 21), so weicht derselbe, in der Nähe des oberen Endes der Kapsel plötzlich in lateraler Richtung vom Septum ab, biegt dann nach vorn und endlich wieder medianwärts um; hier löst sich ein runder Knorpelpfeiler von ihm ab, der in leichter Krümmung nach hinten und wenig nach oben zieht, um sich mit dem oberen Rande des Septum carthilagineum zu vereinigen (Figg. 21 und 22 ξ). Die beiderseitigen Knorpelpfeiler divergiren von hinten nach vorn (Fig. 22) und fassen eine Oeffnung zwischen sich, die sich über den vorderen Stützpunkt derselben hinaus durch einen Ausschnitt im Dach der Nasenkapsel zu einem längsovalen Loch gestaltet: in dieses ragt der obere, freie Rand des Septum carthilagineum hinein und theilt dasselbe in eine rechte und linke Hälfte. Durch diese Oeffnungen treten die Riechnerven in die Kapsel ein (Fig. 21, *F. n. olf.*). In Fig. 15 *M*, p. 434 ist diese Oeffnung im Frontalschnitt dargestellt,

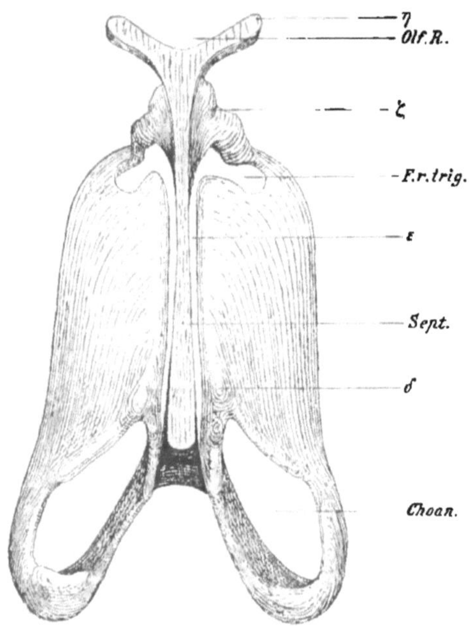

Fig. 21.

Emys lutraria. Knorpelige Nasenkapsel. Ansicht des Modells der Fig. 19 und 20 von hinten. Das Septum interorbitale (*Sept.*) ist abgeschnitten. η Fortsatz des Septums, der die Olfactoriusrinne (*Olf. R.*) bildet. ζ Knorpelbalken, der das Foramen olf. vom Foramen rami nasalis trigemini (*F. r. trig.*) trennt. ε Spalt, zwischen hinterem Theil der Kapsel und Septum. δ Vorsprung des hinteren Endes der Kapsel. *Choan.* Choanenausschnitt, in den man von hinten hineinsieht.

(ζ der Knorpelpfeiler). Durch die zweite Oeffnung, die hinten und lateral vom Riechnervenloch liegt (Figg. 21 und 22, *F. r. trig.*), und die vorn und medial vom Knorpelpfeiler, nach unten und lateral von jenem Ausschnitt in der seitlichen Kapselwand begrenzt wird, tritt ganz vorn der Nasenast des N. trigeminus hindurch. Jener enge Spalt, der den hinteren Abschnitt der Knorpelkapsel vom Septum abgliedert, hängt kontinuirlich mit diesem Foramen rami trigemini zusammen.

Das Septum internasale setzt sich nach hinten kontinuirlich in das Septum interorbitale fort. Nachdem sich die Knorpelpfeiler, die das Foramen olfactor. umrahmen, mit dem oberen Rande des Interorbitalseptums verbunden haben, bilden dieselben durch breite, nach den beiden Seiten vorspringende, plattenartige Fortsätze (η) eine Rinne, die von oben her durch die Schädeldachknochen zu einem Kanal abgeschlossen wird; in diesem ist der Nervus und Bulbus olfactorius eingebettet (Olfactoriusrinne Figg. 21, 22). Fig. 23 stellt einen Frontalschnitt durch diesen Theil des Septum interorbitale dar; er ist derselben Serie entnommen, nach der die Modelle gefertigt wurden. (Bei δ ist das hinterste Ende der knorpeligen Nasenkapsel getroffen.)

Die innere Wandfläche der Knorpelkapsel zeigt an der lateralen Seite eine leichte Vorwölbung, die der Einbiegung entspricht, welche die äussere Fläche bietet. Diese Vorwölbung bezeichnet die Lage der lateralen Grenzfalte. Vorn nur angedeutet springt sie im hinteren Abschnitt der eigentlichen Nasenhöhle etwas deutlicher vor; sie bildet hier die Grundlage für den Muschelwulst (vgl. Fig. 15).

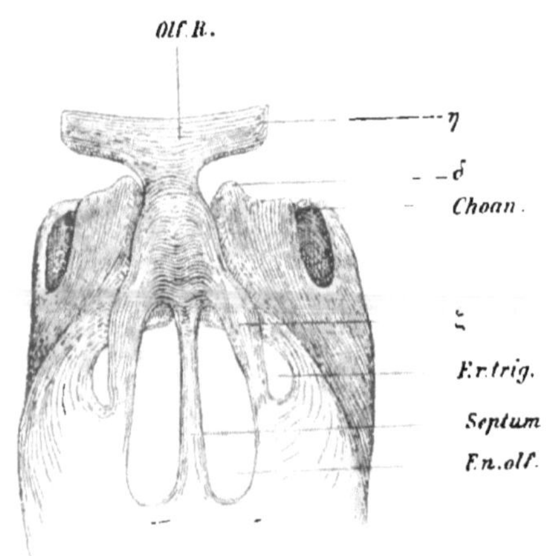

Fig. 22.

Emys lutraria. Knorpelige Nasenkapsel. Obere Ansicht desselben Modells (der vordere, in der Zeichnung nach unten gerichtete Theil des Modells ist nicht mit gezeichnet). *Olf. R.* Rinne für den Nerv. u. Bulbus olfact., die durch die Fortsätze (η) des Septum interorbit. gebildet wird. ζ Knorpelbalken, die vom Dach der Kapsel zum oberen Rande des Septums ziehen, und das Riechnervenloch (*F. n. olf.*) vom Trigeminusloch (*F. r. trig.*) scheiden. Die beiderseitigen Riechnervenlöcher durch den freien, oberen Rand des Septum internasale (*Septum*) geschieden. δ hinteres Ende der Knorpelkapsel. *Choan.* Choanenausschnitt.

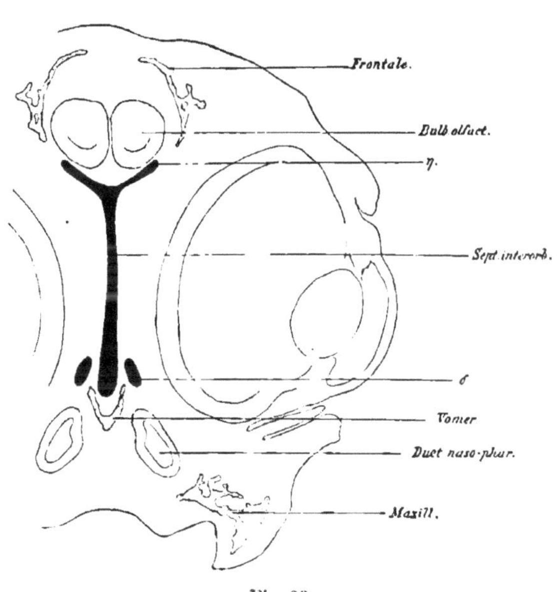

Fig. 23.

Emys lutraria. Embryo 14 mm Schildlänge. Frontalschnitt durch den Kopf, dicht hinter dem Ende der Nasenhöhlen; bei δ ist das Ende der knorpeligen Nasenkapseln getroffen. Bei η rinnenförmige Verbreiterung des Septum interorbitale, in welche der (Nervus und) Bulbus olfactorius eingelagert ist. Vergr. 15 : 1.

Eine weitere Komplicirung tritt an der septalen Wand der Kapsel im Bereiche der medialen Grenzfalte auf. Im vorderen Theil des Septums, etwa in der Mitte seiner Höhe springt ein plattenartiger Fortsatz vor, der der medialen Grenzfalte eingelagert ist: auf Fig. 15 *F*, p. 431 ist er im Schnitt getroffen und mit *pr* bezeichnet. Die Ursprungslinie des Fortsatzes verläuft am Septum schräg von vorn und oben nach hinten und unten, entsprechend der Richtung der Grenzfalte; der Fortsatz selbst springt lateralwärts und nach unten geneigt in das Lumen der Kapsel vor. Er wurde bereits von Solger und von Hoffmann gesehen. Der schirmartige Fortsatz bildet mit dem Septum carthilagineum eine kleine Nische. Der Vorsprung selbst verliert sich nach unten gegen den Boden der Kapsel, der hier etwas verdickt erscheint. Jene Nische ist nach hinten nur unvollständig abgeschlossen; sie setzt sich in einen kurzen Kanal fort, welcher die verdickte Stelle des Bodens steil nach unten und etwas nach hinten durchsetzt; dieser Kanal öffnet sich an der Mundhöhlenfläche der Kapsel. Die längsovale Oeffnung ist in Fig. 20 zu sehen und wurde dort als For. praepalatinum bezeichnet. Von der Stelle an, an der sich der Fortsatz mit dem Boden verbindet, lässt sich eine leichte Verdickung der Kapselwand weiter nach hinten verfolgen. Sie ist nur unbedeutend und verstreicht schnell; ihre Lage entspricht der Fortsetzung der medialen Grenzfalte. Gerade oberhalb des Canalis praepalatinus ist diese Wulstung von einer Oeffnung durchbrochen, die mit jenem Kanal kommunicirt. Der Canalis praepalatinus öffnet sich also mit einfachem Loche an der unteren Fläche der Kapsel; ferner besitzt er zwei Oeffnungen nach dem Innern der Kapselhöhle; die eine liegt vor und unter dem beschriebenen Vorsprung, die andere dahinter. Auf Fig. 15 sind diese Verhältnisse auf den Frontalschnitten erkennbar. Auf Fig. 15 *F* sieht man den schirmartig vorspringenden Fortsatz (*pr*); in der Nische, die er mit dem Septum bildet, liegt die Gl. medialis. Auf Fig. *G* hat sich der Fortsatz mit der Auftreibung des Bodens verbunden; die Nische ist in den Canalis praepalatinus übergegangen und letzterer hat sich nach unten geöffnet. Der folgende Schnitt zeigt die hintere, obere und die untere Oeffnung des Canalis praepalatinus; in Fig. *I* ist noch das hintere Ende der oberen Oeffnung getroffen. Aus dem Vergleich der Figuren erhellt einmal die

Beziehung des Fortsatzes und der bodenständigen Wulstung zur medialen Grenzfalte (a_1); ferner erkennt man die Beziehung der Gl. nasalis medial. zu jener Perforation des Bodens. Von der unter dem Fortsatze gelegenen Nische aus erstrecken sich die Schläuche der Drüse in den Kanal, dessen Lumen sie zum Theil erfüllen. Der Kanal wird ferner durchsetzt von Gefässen und von Zweigen des Nasenastes des Trigeminus, die vom Septum nasale absteigend, durch die Oeffnung der Knorpelkapsel zum Gaumen treten. Mit der Oeffnung des Canalis praepalatinus der Knorpelkapsel korrespondirt bei Emyden das Foramen praepalatinum im knöchernen Gaumen. Dass diese Kanalbildung in der Knorpelkapsel und im knöchernen Mundhöhlendach nichts mit dem Foramen incisivum der Säugethiere zu thun hat, braucht wohl nicht besonders hervorgehoben zu werden.

Vergleich mit Testudo und Amphibien.

Das Knorpelskelet der Nase von *Testudo* habe ich zwar nicht an Modellen untersucht, doch geben die Schnittbilder der Fig. 4 auf pag. 395 ff. wohl eine hinreichende Uebersicht über sein Verhalten. Das Septum carthilagineum ist wie bei *Emys* schmal. Nur im vorderen Theil der Nasenhöhle, und zwar an der Stelle, wo die mediale Grenzfalte als ein mächtiger Wulst vorspringt, findet sich eine starke Verdickung desselben, die als Unterlage für jene Falte dient. Die Konfiguration des Knorpels wird an dieser Stelle noch komplicirt durch die Beziehung zur Glandula nasalis medialis, die sich eine Strecke weit in eine kanalartige Höhlung dieser Verdickung einlagert. Ausserdem besteht längs des oralen Endes des Septums eine Unterbrechung der Kontinuität der Kapsel, die sich als langgezogene Lücke ziemlich weit nach hinten erstreckt. Im Allgemeinen lassen sich diese Verhältnisse des Septums bei *Testudo* auf die an gleicher Stelle befindlichen Fortsätze und Lücken von *Emys* beziehen; doch sind sie bei der Landschildkröte wohl durch die mächtig entfaltete Drüse komplicirter gestaltet. An der lateralen Kapselwand ist die Einbuchtung, die der seitlichen Grenzfalte entspricht, und ebenso die gegen das Lumen vorspringende Einbiegung, die dem Muschelwulst zu Grunde liegt, sehr viel schärfer ausgeprägt, als bei *Emys*. Dagegen ist die Wölbung der gegen die Mundhöhle gekehrten Fläche der beiderseitigen Kapseln weniger ausgeprägt, als es bei *Emys* der Fall ist. Erst im hintersten Theile der Nasenhöhle wird dieselbe ausgesprochener, so dass hier der Theil der Nasenkapsel, der den Boden für die Pars respiratoria bildet, beträchtlich tiefer steht als der basale Rand des Septums. Am hinteren Ende zeigt die Nasenkapsel von *Testudo* eine wichtige Differenz gegen *Emys*. Verfolgt man die Schnittbilder der Figur 4, so sieht man wie das vorn schmale, untere Ende des Septums sich weiter hinten durch einen horizontal gestellten, plattenförmigen Fortsatz verbreitert (Fig. 4 *L* bei *ϑ*). Kurz nachdem sich die Pars olfactoria gegen den Beginn des Ductus naso-pharyngeus abgeschlossen hat, verschmilzt der laterale Rand dieser Platte mit dem unteren Theil der knorpeligen Grundlage für den Muschelwulst.

Das hintere Ende der Pars olfactoria wird von einer geschlossenen Knorpelkapsel umwandet, die mit dem Septum in ununterbrochenem Verbande steht. Diese trägt oben die Oeffnungen für den N. olfactorius und den Nasenast des Trigeminus.

Der wichtigste Unterschied liegt darin, dass bei der Landschildkröte der hintere Theil der Knorpelkapsel, der die Pars olfactoria umwandet, mit dem Septum kontinuirlich verbunden ist, während er bei *Emys* und ebenso bei *Chrysemys* durch einen engen Spalt von demselben losgelöst ist. —

In den Befunden am Knorpelskelett kommen einige der bereits oben berührten Verhältnisse ziemlich scharf zum Ausdruck; der Vergleich derselben mit der Nasenkapsel der Amphibien scheint mir für die entwickelten Auffassungen neue Stützpunkte zu liefern. Als Vergleichsobjekt nehme ich das Nasenskelett einer Salamanderlarve, die kurz vor der Metamorphose steht. Ich wähle gerade dieses Objekt, weil hier einmal die Nasenkapsel ziemlich vollständig den Geruchssack umgiebt, andererseits aber specielle Eigenthümlichkeiten, die die erwachsene Form aufweist, noch nicht allzusehr zur Geltung kommen. Eine Form der Perennibranchiaten heranzuziehen, schien mir unzweckmässig, weil bei diesen, soweit sie mir specieller bekannt sind, die Nasenkapsel minder vollständig ist. Es wäre zunächst die Lage der Eintrittsöffnung des N. olfactorius und des Hauptastes des N. trigeminus zu berücksichtigen. Bei *Emys* findet sich das Foramen olfactorium an der hinteren und oberen Ecke der Knorpelkapsel; die beiderseitigen Oeffnungen liegen in direktester Nachbarschaft, der freie Rand des Septum bildet die Grenze zwischen ihnen. Ausserdem wird jede Oeffnung lateral und hinten von einem Knorpelbalken umgrenzt, der vom Dache der Nasenkapsel zum oberen Rande des Septum interorbitale (Fig. 21) hinzieht. Dieser scheidet das Riechnervenloch vom Trigeminusloch, welches seinerseits lateral und hinten durch einen Ausschnitt der Kapselwand gebildet wird (Fig. 22).

Testudo zeigt einfachere Verhältnisse. Auch hier liegen die Foramina olfactoria direkt neben einander: der freie obere Rand des Septum scheidet die stark in die Länge gezogenen Oeffnungen. Lateral davon findet sich das wenig umfängliche Foramen trigemini, das allseitig von Knorpel umschlossen und durch eine schmale Knorpelbrücke vom Foramen olfactorium getrennt ist (Fig. 4 *O*, p. 399).

Bei der Salamanderlarve zeigt sich das folgende Verhalten. Das internasale Septum ist sehr breit, und in dasselbe buchtet sich von hinten her die Kranialhöhle ein; das vordere Ende der letzteren schiebt sich also — wie bekannt — zwischen die hinteren Enden der Nasenhöhlen ein (vergl. Fig. 27). Die hintere, mediale Wandung der Nasenkapsel bildet also gleichzeitig einen Theil der vorderen, lateralen Wand der Schädelhöhle. Den vorderen, kuppelartigen Abschluss der letzteren bildet das Septum carthilagineum. Die Wandung dieses Abschnittes der Gehirnkavität setzt sich kontinuirlich in die seitlichen Wandungen des Primordialcraniums fort. Die hintere Fläche der Nasenkapseln setzt sich scharf gegen die Aussenseite des knorpeligen Schädels ab, indem sie in beinahe rechtem Winkel lateralwärts vorspringt; aber auch dieser Theil der Nasenkapsel steht in kontinuirlichem Verbande mit der Seitenwand der Gehirnkapsel. Fig. 24 stellt ein Modell der knorpeligen Nasenkapsel der

Salamanderlarve dar; man sieht von hinten her in das vordere kuppelartig vertiefte Ende der Schädelhöhle (*Cav. cr.*); bei *a*, *a* sind die seitlichen Wandungen derselben durchschnitten; seitlich von diesen Flächen schliesst die hintere Wand der Nasenkapsel an. Das Foramen olfactorium (*F. olf.*) findet sich natürlich im Bereich der Schädelhöhle und liegt als eine grosse, rundliche Oeffnung an der vorderen und seitlichen Wand der letzteren. Das Loch für den Trigeminus (*F. r. trig.*) dagegen findet sich ausserhalb des Craniums und durchbohrt die hintere Wand der Nasenkapsel; es ist sehr umfänglich, rundlich und allseitig von Knorpel umrandet. *Siredon* zeigt im erwachsenen Zustande ähnliche Verhältnisse, nur ist die Trigeminusöffnung lateral nicht abgeschlossen, weil sich Dach und Boden der Knorpelkapsel nicht vereinigen. Der Vergleich der Fig. 24 mit Figg. 21 u. 22 wird besser als die Beschreibung die Differenzen erkennen lassen, die zwischen der Urodelenlarve und den Cheloniern bestehen. Und doch braucht man sich für die Erklärung dieser Verschiedenheiten nur jene Momente zu vergegenwärtigen, die auf die Umgestaltung der Nasenhöhle selbst von Einfluss waren: die Entfaltung des Schädels im Höhendurchmesser und die Ausdehnung der Augenhöhlen. Die beigefügten schematischen Figuren 25—28 mögen dazu dienen, um meine Vorstellung über diese Vorgänge verständlich zu machen. Figg. 25 und 26 sind als Frontalschnitte, Figg. 27 und 28 als Horizontalschnitte durch die Knorpelkapsel in der Höhe des Foramen olfactorium gedacht. Vorn im Bereiche der Nasenhöhlen wird das breite Septum carthilagineum der Urodelen zu einer schmalen Knorpelplatte reducirt; dabei schwindet vorn der Internasalraum, hinten die Vorbuchtung der Gehirnhöhle; ein Moment, das hier wirksam ist, wird wohl jedenfalls in der Erweiterung des Nasenhöhlenlumens zu suchen sein. In ähnlicher Weise wird hinter der Nasenhöhle der vorderste Abschnitt des Primordialcraniums gewissermaassen zusammengedrückt durch die Entfaltung der Augen und ihrer Hilfsapparate; das Lumen dieses Abschnittes schwindet; es entsteht das Septum interorbitale. Hierdurch kommen die beiderseitigen Riechnervenlöcher in direkte Nachbarschaft zu einander (Figg. 26 und 28). Durch die Entfaltung des Schädels im vertikalen Durchmesser dehnt sich entsprechend auch das Knorpelseptum aus; der Olfactorius wird nach oben verlagert. — Der vorderste Abschnitt der Gehirnhöhle schwindet im Bereiche der Augenhöhlen nicht vollständig; er wird nur in seinem Lumen erheblich reducirt und gleichfalls nach oben gedrängt. Er besteht als jene Rinne fort, die sich

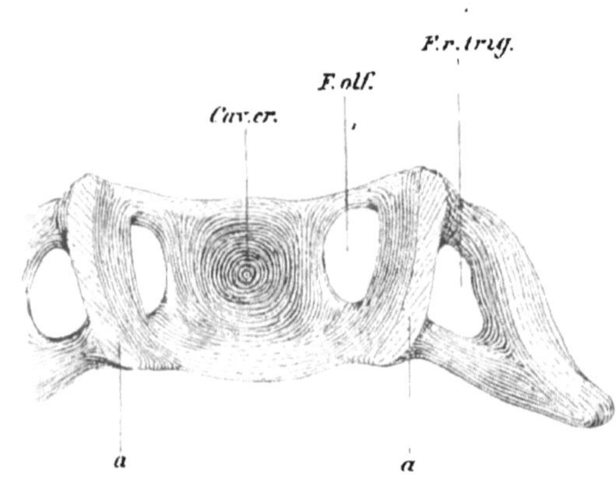

Fig. 24.

Salamandra maculata, Larve, kurz vor der Metamorphose. Knorpelige Nasenkapsel, hintere Ansicht; nach einem Plattenmodell. Bei *a*, *a* sind die Wände des Knorpelcraniums durchschnitten. Man sieht von hinten in das vordere Ende der Schädelhöhle *Cav. cr.*; *F. olf.* Riechnervenloch. *F. r. trig.* Oeffnung für den R. nasal. n. trigemini in der hinteren Wand der Nasenkapsel. Vergl. auch die im Morph. Jahrb. Bd. 23, p. 494 dargestellte, ventrale Ansicht desselben Modells.

am oberen Rande des Interorbitalseptums findet und durch die Schädeldachknochen zu einem Kanal abgeschlossen wird, welchem die Riechnerven eingelagert sind (Fig. 27 Cav. cranii, Fig. 28 Olfactoriusrinne).

Der Nasenast des Trigeminus tritt bei der Salamanderlarve lateral von der Verbindung der Schädelwand mit der Nasenkapsel durch ein gesondertes Loch in der Hinterwand der letzteren (Fig. 27). Er wird bei Schildkröten gleichfalls nach oben gedrängt; das Loch in der Kapsel bleibt in nächster Nachbarschaft zum Foramen olfactorium, wird aber von ihm geschieden sein durch die Reste der Kranialwand, die sich nach vorn in Verbindung mit dem Dachtheil der Nasenkapsel finden müssen. (Vergl. Figg. 27 und 28.) Diese Theile finden sich bei *Emys* wieder in dem Knorpelbalken (ζ der Fig. 21), der die beiden Nervenlöcher scheidet und sich vom Dache der Nasenkapsel zum oberen Rande des Interorbitalseptums erstreckt. — Bei den Urodelen hängt die Nasenkapsel kontinuirlich mit den Seitenwänden des Primordialcraniums zusammen; es würde nach alledem zu erwarten sein, dass bei den Schildkröten die Nasenkapsel mit dem Interorbitalseptum in ununterbrochenem Zusammenhange stehe. Dieses Verhalten findet sich thatsächlich bei *Testudo*. In Folge dessen ist auch das Foramen rami trigemini hier allseitig knorpelig umrandet und stellt eine kleine Oeffnung vor, die lateral neben dem umfänglichen Foramen olfact. liegt und durch eine schmale, kurze Knorpelbrücke von ihm getrennt ist. Der Abschluss des Riechnervenloches nach hinten erfolgt bei *Testudo* direkt durch die hintere Kapselwand, die kontinuirlich mit dem Septum zusammenhängt. Man findet also bei *Testudo* nicht die freien Knorpelbalken, die die beiden Oeffnungen scheiden, wie bei *Emys*. Dagegen ist bei *Emys* hinten die Seitenwand der Nasenkapsel durch einen Spalt vom Septum gelöst; dieser Spalt setzt sich vom Foramen trigemini aus nach unten fort und dehnt sich auch auf den Boden der Kapsel aus, so dass der hintere Theil der Nasenkapsel nicht mehr im Verband mit dem Septum steht. Erst durch diese Ablösung der hinteren Partie der Knorpelkapsel vom Septum, die von dem vergrösserten Foramen trigemini ausgegangen zu sein scheint, entstehen die Balken (ζ, Figg. 21, 22), die das Foramen olfactorium bei *Emys* seitlich begrenzen. In der Loslösung der hinteren Kapselpartie vom Septum kommt ein Fortschritt in der Differenzirung des knorpeligen Nasengerüstes zum Ausdruck. Diese Selbstständigkeit der Knorpelkapsel in ihrem hinteren Theil findet sich auch bei den höheren Reptilien (Saurier) und auch bei den Säugethieren. Wie sich jene Abgliederung im Speciellen vollzieht, und welche Bedeutung ihr zukommt, konnte ich nicht ausmachen. Bedeutungsvoll ist es vielleicht, dass der Spalt, welcher die Scheidung hervorruft, an die Trigeminusöffnung anschliesst. Für die Beziehungen zwischen *Testudo* und *Emys* ergiebt sich hieraus ein neues Moment, welches für das primitivere Verhalten der ersteren Form spricht.

Bei der Salamanderlarve und den Urodelen überhaupt ist die der Mundhöhle zugekehrte Fläche der Nasenkapsel ziemlich plan, nur in geringem Maasse gewölbt (Fig. 25); die Choanenausschnitte finden sich in der Nähe des hinteren Endes der Kapseln und liegen in der Ebene des Nasenhöhlenbodens; die Oeffnungen sehen daher gerade nach unten (Fig. 25).

Die Mundhöhlenfläche des knorpeligen Nasenskeletts der Chelonier zeigt dagegen eine sehr starke Wölbung. Dieselbe kommt in der Weise zu Stande, dass die Bodentheile der beiderseitigen Kapseln gegen den unteren Rand des Septums stark nach unten abgebogen sind (Fig. 26); diese Abbiegung nimmt von vorn nach hinten zu. Dieses Verhalten des Bodens der Knorpelkapsel werden wir zu dem in Beziehung bringen dürfen, was oben über die Entfaltung des Nasenhöhlenlumens gesagt wurde; es liegt hierin ein Hinweis darauf, dass die Ausdehnung desselben thatsächlich nach unten erfolgt sein muss. Die Abbiegung betrifft aber nur den vorderen Abschnitt des Nasenhöhlenbodens bis zur vorderen Umrandung des Choanenausschnitts. Der hintere Rand des letzteren hat seine ursprüngliche Lage in der Höhe des unteren Endes des Septums behalten. Die Folge hiervon ist, dass der Choanenausschnitt seine Lage geändert hat. Die Oeffnung steht vertikal und sieht gerade nach hinten. Die punktirte Linie auf Fig. 26 giebt die Stellung der Oeffnung an (s. a. Fig. 21). Diese Verhältnisse, die sich aus dem Vergleich der Knorpelkapseln ergeben, sind in Uebereinstimmung mit dem, was oben über die Lage der Apertura nasalis interna ausgeführt wurde. Allerdings deckt sich der Choanenausschnitt der Knorpelkapsel nicht genau mit der Apertura interna weder bei der Salamanderlarve, noch bei den Schildkröten, aber die verschiedene Einstellung der Oeffnung tritt doch mit aller Schärfe in die Erscheinung.

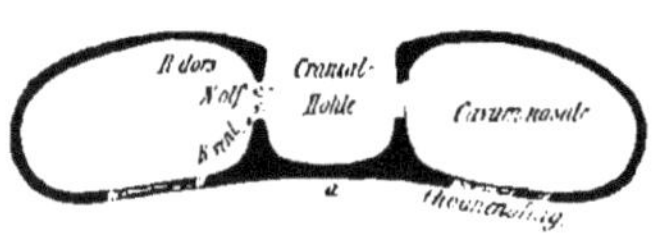

Fig. 25.

Urodelenlarve. Frontalschnitt durch die knorpelige Nasenkapsel in der Gegend des Foram. olfactorium. Schema.

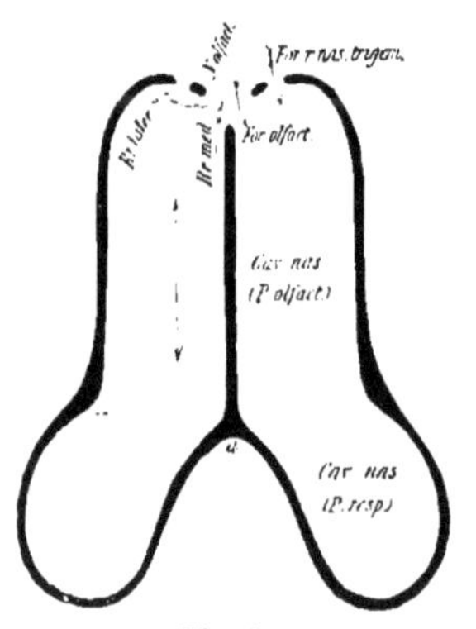

Fig. 26.

Chelonier. Frontalschnitt durch die Nasenkapsel in der Gegend des Foram. olfactorium. Schema. Das auf der linken Seite punktirt eingetragene Oval zeigt die Stellung der Apertura nasal. interna an. Der Pfeil bezeichnet die Richtung, von der die Ausdehnung der Nasenhöhle erfolgte. *a* in dieser und der vorigen Figur bezeichnet homologe Punkte des Bodens der Nasenkapsel in der Medianebene, um die Verschiebung der Bodentheile nach unten bei Cheloniern zu illustriren.

3. Cartilago paraseptalis und Jacobson'scher Knorpel.

Der Spalt, durch welchen bei *Emys* der hintere Theil der Knorpelkapsel vom Septum abgegliedert ist, greift auch eine kurze Strecke weit auf den Boden derselben über (Fig. 20, *t*). Hierdurch wird ein schmaler Knorpelstreifen abgegliedert, welcher vorn mit dem geschlossenen Bodentheil der Kapsel, hinten mit dem kuppelförmigen Abschluss für die Pars olfactoria in kontinuirlichem Verbande steht, der ferner längs des unteren Randes des Septums von vorn nach hinten verläuft und medial den Choanenausschnitt begrenzt. Er sei als Cartilago paraseptalis bezeichnet. Bei *Testudo* steht er noch mit dem Septum in kontinuirlicher Verbindung (Fig. 4 *K*, *ϑ*, p. 398). Bei *Emys* ist der vordere, geschlossene Bodentheil der Kapsel sehr umfänglich, der Choanenausschnitt fast vertikal gestellt und in Folge dessen dieser

Knorpelstreifen sehr kurz. Bei Sauriern kommt vielfach ein ganz ähnlicher, von vorn nach hinten, längs des unteren Randes des Septum carthilagineum sich hinziehender Knorpelstreifen vor. Born beschreibt denselben eingehend in seiner Arbeit.

In Fig. 29 brachte ich die ventrale Fläche der knorpeligen Nasenkapsel eines kurz vor dem Ausschlüpfen stehenden Embryos von *Lacerta agilis* zur Ansicht. Die Zeichnung wurde nach einem Plattenmodell entworfen und soll zur Orientirung über Form und Anordnung der Cartilago paraseptalis dienen. Wie bei *Emys* verbindet dieser streifenförmige Knorpel den vorderen, geschlossenen Theil der Nasen-

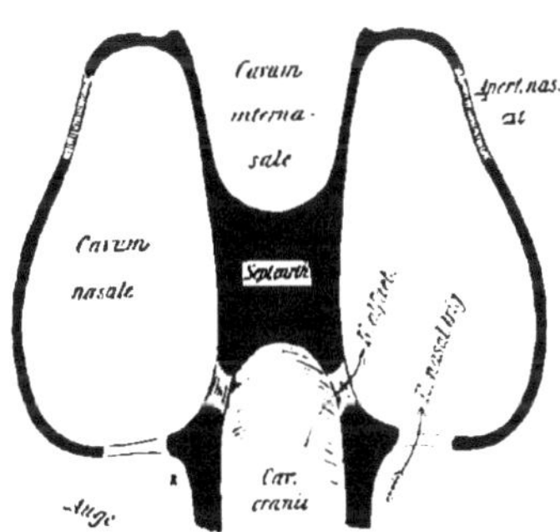

Fig. 27.

Urodelenlarve. Horizontalschnitt durch die knorpelige Nasenkapsel. Schema. Zur Illustration der Lage des Cavum cranii zu den Nasenhöhlen, sowie der Lage der Oeffnungen für den Riechnerv und den Hauptnasenast des N. trigeminus. *x* Verbindung der seitlichen Kranialwand mit der Nasenkapsel.

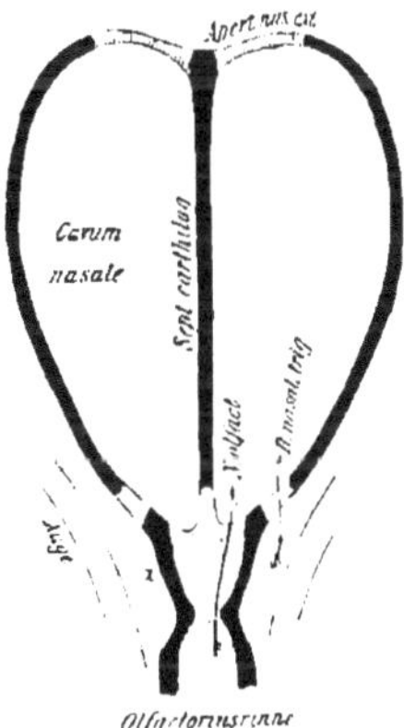

Fig. 28.

Chelonier. Horizontalschnitt durch die knorpelige Nasenkapsel, durch Foramen olfact. und Trigeminusloch. Schema. Die Olfactoriusrinne entspricht dem Cav. cranii der Urodelenlarve. Durch die Verschmälerung des Septums sind die beiden Riechnervenlöcher ganz nahe an einander gerückt, nur durch das Septum von einander getrennt. Die Trigeminusöffnung ist vom Riechnervenloch durch Kapseltheile getrennt, die nach hinten mit den Wandungen der Olfactoriusrinne zusammenhängen (*x*). Bei *Testudo* stehen dieselben in kontinuirlichem Verband mit dem Septum und dem hinteren Theile der Kapsel; bei *Emys* stellen sie in Folge der Ausdehnung des Trigeminusloches und der Lösung des hinteren Kapseltheiles vom Septum freie Knorpelbalken vor (*x* der Fig. 22), die das Nasenhöhlendach und den oberen Rand des Sept. interorbitale verbinden.

kapsel mit dem hinteren, kuppelförmigen Stück (*k*), dem das Ende der Pars olfactoria der Nasenhöhle eingelagert ist. Ein enger Spalt trennt das kuppelförmige Endstück und den Streifen vom Septum. Der Streifen bildet endlich die mediale Begrenzung einer Oeffnung im Boden der Knorpelkapsel, die als Choanenausschnitt aufzufassen ist. Der vordere, geschlossene Abschnitt der Nasenkapsel ist bei Sauriern nur sehr kurz im Verhältniss zur Längsausdehnung der Nasenkapsel; er zeigt ferner Komplicirungen durch die Beziehung zum Jacobson'schen Organ, die übrigens bei erwachsenen Thieren viel ausgeprägter sind, als bei dem vorliegenden Embryo; andererseits ist der Choanenausschnitt stark in die Länge gezogen. So erscheint jener Knorpelstreifen als ein langes, schmales Gebilde, das in gewissem Grade an der Bildung des Knorpelbodens betheiligt ist. Bei einigen Sauriern erfährt derselbe eine mehr oder weniger starke Reduktion; diese führt zu einer Unterbrechung des Knorpelstreifens, und die Verbindung des hinteren, vom Septum gelösten Kapseltheiles mit dem vorderen, geschlossenen Abschnitte längs des unteren Septalrandes ist dann aufgehoben. Bei den Säugethieren erscheint der vordere geschlossene Kapseltheil noch unansehnlicher als bei Sauriern; der Choanenausschnitt des Knorpelgerüstes ist schmal und sehr stark in die Länge gezogen; der hintere Theil der Kapsel, in welchem das Ende des Geruchsorganes eingelagert ist, ist gleichfalls ohne direkte Verbindung mit dem knorpeligen Septum. Die mediale Begrenzung des Choanenausschnittes fand ich nun bei einem Embryo von *Halmaturus*[1]) durch einen Knorpelstreifen gebildet, der vorn mit dem Boden des geschlossenen Kapselabschnittes zusammenhängt, längs des unteren Randes des Septum carthilagineum nach hinten zieht, um sich mit dem hinteren, die Nasenhöhle abschliessenden Theile der Kapsel zu verbinden; er geht direkt in die Anlage der Schlussplatte (Zuckerkandl) über. Fig. 30 stellt die ventrale Ansicht eines Modelles der Knorpelkapsel dar und wird in Verbindung mit den Frontalschnitten (Fig. 31) über die hier in Frage stehenden Verhältnisse orientiren. Der fragliche Knorpelstreifen ist als Cart. paraseptalis bezeichnet. Diese, wie mir scheinen will, zweckmässig gewählte Benennung ist zuerst von Spurgat vorgeschlagen. Das vorderste Stück desselben ist röhrenförmig gestaltet und bildet die knorpelige Umhüllung des Jacobson'schen Organs; weiter nach hinten geht die Röhre in einen einfachen, rundlichen Streifen über. Ob sich die Verbindung mit dem hinteren Theile der Knorpelkapsel beim erwachsenen Thiere erhält, weiss ich nicht. Wahrscheinlich vollzieht sich eine Reduktion des Knorpelstreifens mindestens in seinem hinteren, nicht mehr zum Jacobson'schen Organ in Beziehung stehenden Abschnitte. Damit wäre dann der Zustand erreicht, in welchem uns der „Jacobson'sche Knorpel" bei vielen Säugethieren entgegentritt: ein nach hinten frei endender Knorpelfortsatz, der vom vorderen, geschlossenen Bodentheil der Nasenkapsel (Anulus cartilagineus Spurgat) ausgeht, sich längs des unteren Randes des Septum cartilagineum nach hinten erstreckt und eine Umscheidung für das Jacobson'sche Organ bildet. Die Verbindung mit dem hinteren Theil der Knorpelkapsel, wie sie bei *Halmaturus* noch nachweislich ist, habe ich bei Embryonen anderer Säugethiere (*Talpa*, *Mus*, *Tarsius*) nicht zu

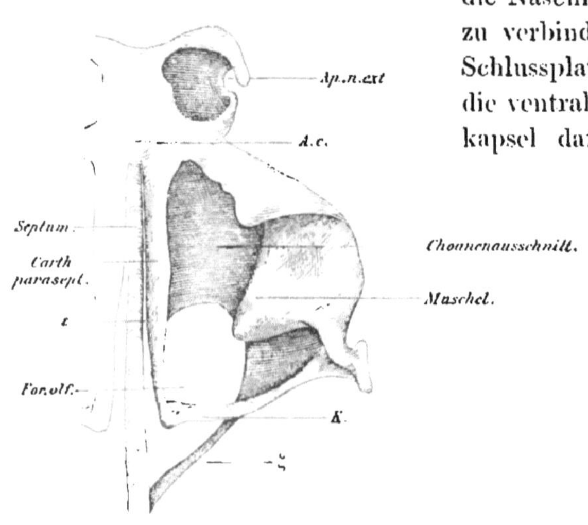

Fig. 29.

Lacerta agilis. Embryo kurz vor dem Ausschlüpfen. Knorpelige Nasenkapsel, ventrale Fläche. Nach einem Plattenmodell. Die Cartilago paraseptalis verbindet den vorderen, geschlossenen Theil der Kapsel (*A.c.*) mit dem hinteren, kuppelförmigen Abschluss derselben (*K*). ε Spalt zwischen der Cart. parasept. und dem Septum. *Ap. n. ext.* äussere Nasenöffnung. ζ Knorpelbalken, der das Dach der Nasenkapsel mit dem Sept. cartilag. interorbitale) verbindet und lateral das sehr grosse Foramen olfactorium (*For. olf.*) begrenzt.

1) Die fertige Serie stellte mir Herr Professor G. Ruge zur Verfügung.

Gesicht bekommen. Bekanntlich macht bei erwachsenen Thieren, die mit einem gut entwickelten Jacobson'schen Organ versehen sind, gelegentlich die Reduktion des Jacobson'schen Knorpels, meist wohl unter Ausbildung knöcherner Theile, erhebliche Fortschritte (Rodentia).

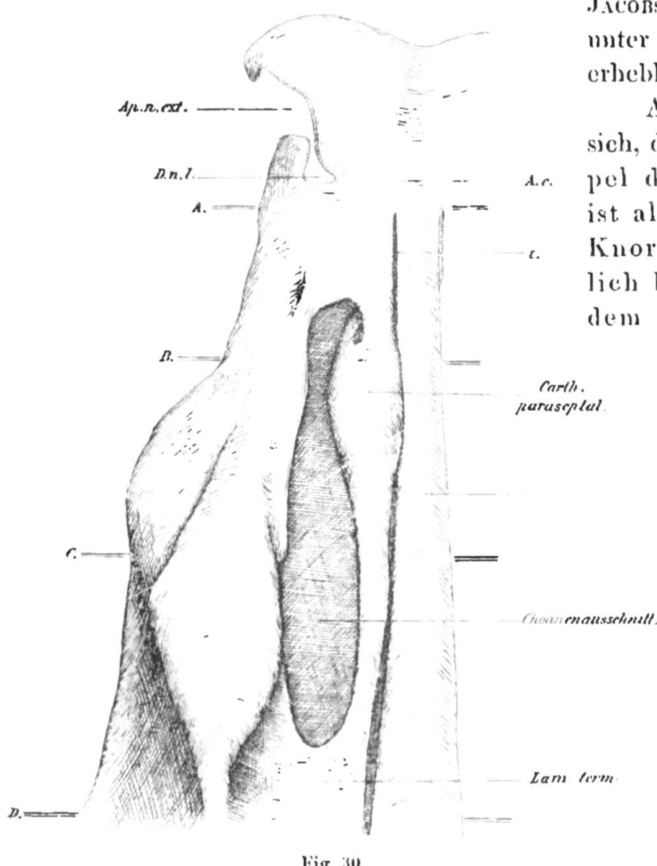

Fig. 30.

Halmaturus. Embryo 1,5 cm Länge. Knorpelige Nasenkapsel, ventrale Fläche; nach einem Plattenmodell. *A. c.* vorderer, geschlossener Theil der Kapsel (Anulus cartilagin. Spurgat). *t* Spalt zwischen Septum und Cartilago paraseptalis; der letztere ist vorn röhrenförmig gestaltet und umschliesst das Jacobson'sche Organ; hinten hängt er mit der Schlussplatte (*Lam. term.*) zusammen, vorn mit dem geschlossenen Bodentheil der Kapsel. — *Ap. n. ext.* Aeussere Nasenöffnung. Bei *D. n. l.* tritt der Thränenkanal durch die Nasenkapsel. Die Doppellinien *A—D* markiren die Lage der Schnitte der folgenden Figur 31.

Aus diesen Thatsachen ergiebt sich, dass der Jacobson'sche Knorpel der Säugethiere aufzufassen ist als ein Theil des Bodens der Knorpelkapsel, der die ursprünglich bestehende Verbindung mit dem Septum cartilagineum und dem hinteren Theile der Nasenkapsel aufgegeben und durch die Beziehung zum Jacobson'schen Organ eine weitere Ausgestaltung erfahren hat. Die Auffassung des Jacobson'schen Knorpels als einen losgelösten Theil des Knorpelskelettes wurde bereits früher von Kölliker 1877[1]), später auch von Röse 1893[2]), in neuester Zeit endlich von Spurgat 1896[3]) vertreten, jedoch immer nur beiläufig, und ohne dass der Versuch für eine thatsächliche Begründung gemacht worden wäre. Neben dieser einen Möglichkeit bestand immer noch die zweite, dass der Fortsatz eine Neubildung darstelle, die durch die Anpassung der Kapsel an das Organ entstanden wäre. Beispiele für derartige Differenzirungen der knorpeligen Nasenkapsel fehlen nicht. Der Gaumenfortsatz der Kapsel bei erwachsenen Salamandrinen gehört hierher, ferner der oft sehr umfängliche Fortsatz, der bei Sauriern die am Dache der Mund-

1) Kölliker, A., Ueber die Jacobson'schen Organe des Menschen. Festschrift für Rinecker. p. 8.

2) Röse, C., Ueber das rudimentäre Jacobson'sche Organ der Krokodile und des Menschen. Anat. Anz. 1893, p. 469.

3) Spurgat, F., Beiträge zur vergleichenden Anatomie der Nasen- und Schnauzenknorpel des Menschen und der Thiere. Morph. Arb., herausgegeben von G. Schwalbe 1896. V. Bd. 3. Heft.

höhle verlaufende Rinne begleitet (s. Born, Die Nasenhöhlen und die Thränennasengang der amnioten Wirbelthiere, Morph. Jahrb. V, p. 106); endlich wären hier die Fortsatzbildungen zu erwähnen, welche bei Säugethieren zum Ductus nasopalatinus in Beziehung treten. Man darf bei derartigen Erwägungen nicht den hohen Grad der Plasticität vergessen, der an den knorpeligen Theilen des Nasenskeletts besteht. Nach den oben besprochenen Thatsachen erscheint mir eine derartige Genese des Jacobson'schen Knorpels ausgeschlossen. Er stellt einen abgegliederten Theil der Kapsel dar. Der Befund, auf den sich diese Auffassung vornehmlich stützt, ergab sich bei dem *Halmaturus*-Embryo, bei welchem der Fortsatz noch in kontinuirlicher Verbindung mit der knorpeligen Anlage der Schlussplatte, und damit auch mit dem hinteren Ende der Knorpelkapsel, besteht. Wichtig erscheint mir nun, dass die Genese des Jacobson'schen Knorpels keineswegs veranlasst wird durch das Jacobson'sche Organ selbst. Die Entstehung der Cartilago paraseptalis überhaupt, d. h. die Abgliederung des Theiles des Bodens, welcher die mediale Begrenzung des Choanenausschnittes der Kapsel bildet, vom Septum cartilagineum, ist vielmehr eine Theilerscheinung des Vorganges, der zur Loslösung der ganzen hinteren Partie der Nasenkapsel vom Septum führt.

Bei Amphibien lässt sich von einer derartigen Sonderung noch nichts erkennen. Unter den Schildkröten fanden sich neben solchen Formen, bei denen die Kapsel hinten kontinuirlich mit dem Septum in Verbindung steht (*Testudo*), andere, bei denen die Ablösung vollzogen ist (*Emys*). Welche Ursachen auf diesen Process einwirken, bleibt unentschieden. Es erscheint jedenfalls in Hinblick auf die Zustände der knorpeligen Nasenkapsel bei Amphibien gerechtfertigt, den Befund bei *Testudo* als den primitiveren zu deuten. Dass diese Differenzirung in irgend einer Hinsicht

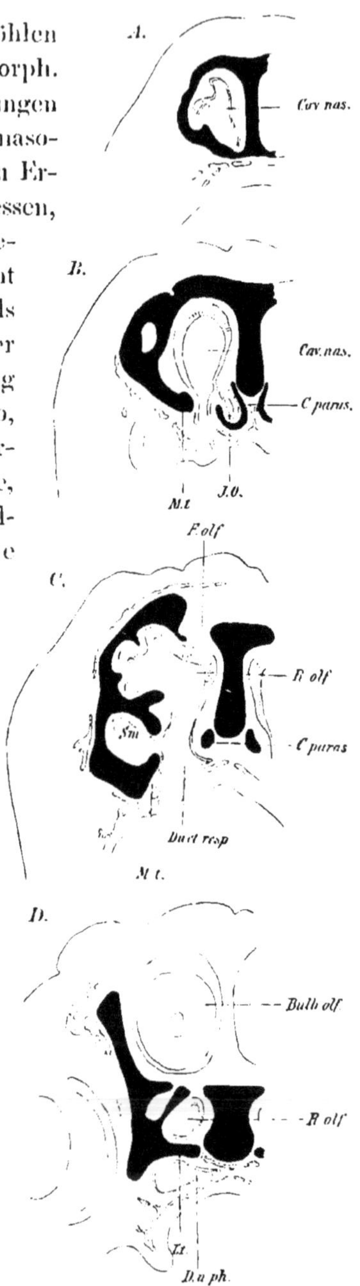

Fig. 31 *A—D*.

Halmaturus. Embryo 1,5 m Länge. Frontalschnitte durch die Nasenhöhle: *A* durch die vordere Gegend der Nasenhöhle, wo die Knorpelkapsel noch geschlossen ist; *B* durch den röhrenförmig das Jacobson'sche Organ umschliessenden Theil der Cartilago paraseptalis; Schnitt *C* hat oben das Foram. olfact. (*F. olf.*) getroffen, darunter die durch die Riechwülste komplicirte Regio olfactoria, ferner den Sinus maxillaris (*S. m.*) und den hinteren, einfach gestalteten Theil der Cartilago parasept. Schnitt *D* geht durch die Schlussplatte (*L. t.*) und durch den hintersten, kuppelförmig abgeschlossenen Theil der Regio olfactoria (*R. olf.*). — *D. n. ph.* Ductus naso-pharyngeus. *M. t.* knorpelige Anlage des Maxillo-turbinale. *C. paras.* Cartilago paraseptalis. Auf Fig. 30 ist die Lage der Schnitte angegeben.

bedeutungsvoll sein muss, ergiebt sich daraus, dass wir bei allen höherstehenden Formen die Lösung der hinteren Kapseltheile aus dem Verbande mit dem Septum wiederkehren sehen (Saurier, Ophidier, Krokodilier, Mammalier). In Folge dessen findet sich bei allen diesen Formen die Cartilago paraseptalis (oder mindestens Reste derselben). Bei *Emys* ist der Paraseptalknorpel nur kurz; seine Längenentfaltung bei Sauriern wird durch die Verhältnisse bedingt sein, die die Nasenhöhle der Saurier überhaupt und im Speciellen das Mundhöhlendach in ihrer Gestaltung beeinflussen. Das wichtigste Moment für die uns hier beschäftigenden Fragen ist die Längsausdehnung des Choanenausschnittes der Knorpelkapsel, die nothwendig die grössere Länge der Cartilago paraseptalis zur Folge hat. Eine Beziehung des Jacobson'schen Organs zur letzteren besteht höchstens in Andeutung, und zwar dadurch, dass das vorderste Ende des Knorpelstreifens das Jacobson'sche Organ umwanden hilft. Entstehung wie Entfaltung der Cartilago paraseptalis erfolgt demnach ohne Einwirkung des Jacobson'schen Organes. Bei den Säugethieren lagert sich das röhrenförmige Organ dem Knorpelstreifen an, und der letztere erfährt Umgestaltungen, die eben durch diese neue Beziehung veranlasst sind. — Ein Ueberblick über die verschiedenen Wirbelthiergruppen lehrt, dass ganz verschiedene Theile der knorpeligen Nasenkapsel mit dem Jacobson'schen Organ in Verbindung treten können. Schon Röse (Anat. Anz. 1893, pag. 469) betont diese Thatsache mit genügender Schärfe. Es kann demnach nicht aus dem Verhalten des Organs zur Knorpelkapsel ein Kriterium für die Prüfung der Homologie desselben in der Wirbelthierreihe abgeleitet werden, ebensowenig können homologe Theile der Kapsel nach ihren Beziehungen zum Jacobson'schen Organ bestimmt werden. Bei den Differenzirungen des peripheren Geruchsorganes erfährt der häutige Geruchssack ergiebige Verschiebungen innerhalb des knorpeligen Gerüstes. Homologe Abschnitte des letzteren können so zu ganz verschiedenen Theilen des häutigen Apparates in Nachbarschaft treten. Dokumentirt sich hierin eine gewisse Unabhängigkeit zwischen Knorpelkapsel und häutigem Geruchssack, so tritt doch auf der anderen Seite die engste Beziehung beider zu einander dadurch in die Erscheinung, dass sich das Knorpelgerüst oft in genauster Weise den formalen Verhältnissen des letzteren anpasst. Es liegt in diesen Verhältnissen durchaus nichts Besonderes, tritt uns doch die gleiche Erscheinung allenthalben in den gegenseitigen Beziehungen zwischen Skelett und Weichtheilen entgegen.

D. Zur Entwickelungsgeschichte der Nasenhöhle der Emyden.

Die Embryonen von *Chrysemys picta*, die mir in reicher Zahl durch die Liberalität des Herrn Dr. Fülleborn zur Verfügung standen, waren in den Eischalen in Chromessigsäure konservirt und zeigten einen recht guten Erhaltungszustand. Die Köpfe von zwei Embryonen von *Emys lutraria*, die ich Herrn Professor E. Rosenberg in Utrecht verdanke, waren bereits gefärbt und in Celloidin eingebettet. Gern ergreife

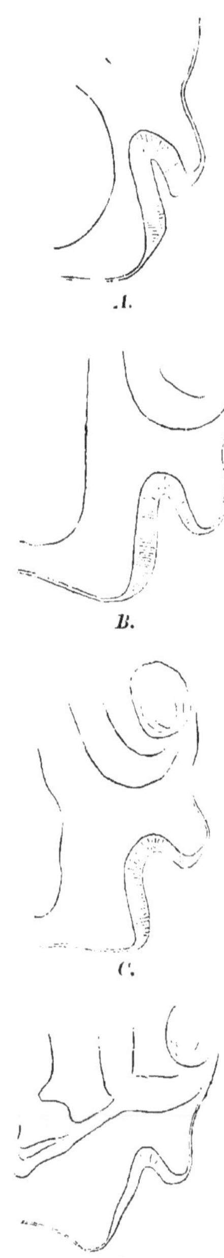

Fig. 32 *A—D*. *Chrysemys picta*. Embryo 4,5 mm Länge Nackenkrümmung bis zur hinteren Extremität. Gliedmaassen stummelförmig (Embryo I). Frontalschnitte durch die primitive Riechgrube. Vergr. 40 : 1.

ich die Gelegenheit, beiden Herren auch an dieser Stelle meinen herzlichen Dank für das Material auszusprechen.

Es ist nicht meine Absicht, hier eine ausführliche Darstellung der Entwickelung des Vorderkopfes zu geben; ich beschränke mich vielmehr auf einige Notizen über die Differenzirung des Nasenhöhlenlumens, um daran einige der oben berührten, morphologischen Fragen auch vom ontogenetischen Standpunkte aus zu beleuchten.

Das jüngste Stadium, das ich in Betracht ziehe, entstammt einem Embryo von 4,5 mm Länge von der Nackenkrümmung bis zur Anlage der hinteren Extremitäten über den Rücken gemessen; die Extremitätenanlagen sind noch stummelförmig (Embryo I; Fig. 32 *A—D*).

Die Nasenhöhle bildet hier eine sagittal verlaufende, spaltförmige Rinne, die sich an der freien Oberfläche des Kopfes nach vorn und unten und etwas seitlich öffnet, und vom äusseren und inneren Nasenfortsatz begrenzt wird. Vorn ist der Spaltraum am tiefsten eingesenkt (*A*) und erhält eine vordere Wand von entsprechender Höhe. Nach hinten nimmt die Tiefe des Spaltes ab, durch Auseinanderweichen der Spaltränder wird auch sein Lumen weiter (*B*, *C*); der Spalt geht mehr in die Form einer flachen Rinne über, die am hinteren Ende des äusseren Nasenfortsatzes verstreicht (*D*). Die Wandungen der Nasenhöhle sind mit embryonalem Riechepithel überzogen, das als hohes, kernreiches Cylinderepithel erscheint. Es setzt sich bis an die Ränder des Spaltes, beziehungsweise der Rinne fort, wo es in allmählichem Uebergange in das Epithel der Körperoberfläche übergeht. Das letztere setzt sich bereits aus einer basalen Lage kubischer und einer oberflächlichen Lage abgeplatteter Zellen zusammen. Die Epithelauskleidung des Riechorgans erscheint durchaus einheitlich.

In diesem Stadium liegt also noch die primitive Riechgrube vor, die indess in ihrem vorderen Theil bereits stark in die Tiefe gesenkt erscheint.

Ein etwas älterer Embryo (Embryo II), bei dem die hintere Extremitätenanlage noch stummelförmig erscheint, während an der vorderen die Gliederung anfängt deutlich zu werden, zeigt am Geruchsorgan wichtige Veränderungen (Fig. 33). Auch hier erscheint die Nasenhöhle als ein von vorn nach hinten gestellter Spaltraum, der sich nach unten und etwas nach lateral mit einem Schlitz öffnet. Die Ränder des letzteren sind nahe an einander gerückt; nur gerade am vordersten Ende des

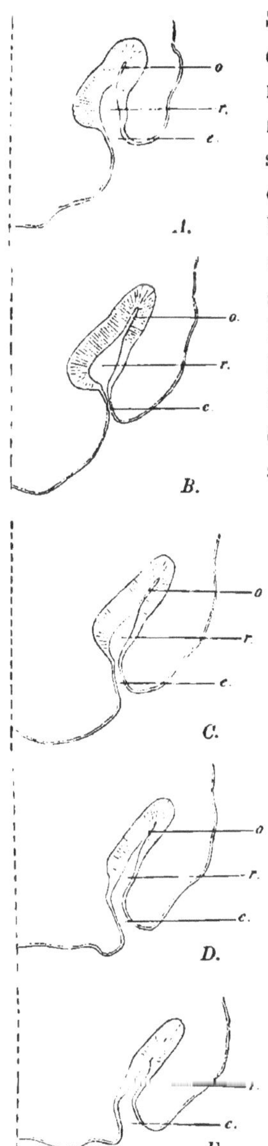

Schlitzes klaffen sie etwas mehr; um ein wenig weiter nach hinten einander bis fast zur Berührung sich zu nähern; noch weiter nach hinten weichen sie wieder etwas mehr aus einander. Dringt man von der schlitzförmigen Oeffnung in den Nasenspalt ein, so gelangt man zunächst in einen engen Raum der schräg nach oben und median aufsteigt, ich will ihn kurz als Einführungsspalt bezeichnen (*e*). Seine Wandungen tragen ein Epithel, das dem der Körperoberfläche gleicht. Nach vorn und nach hinten dehnt sich derselbe über das Bereich des eigentlichen Nasenspaltes hinaus als eine rinnenförmige Verlängerung aus (Fig. 33 *F* und *G*). Dringt man weiter in den Nasenspalt ein, so erweitert sich ziemlich plötzlich das Lumen desselben, gleichzeitig ändert sich die Stellung der Lichtung gegen die Medianebene; auf den Frontalschnitten sieht man das Lumen nach oben und lateral aufsteigen. Dieser Theil des Nasenspaltes — er sei als Haupthöhle bezeichnet — ist also gegen den Einführungsspalt in einem nach aussen offenen, stumpfen Winkel abgeknickt. Die Wandungen des oberen Theiles tragen Riechepithel. Dasselbe beginnt an der medialen Wand des Spaltraums ziemlich genau an der inneren Begrenzung des Einführungsspaltes, überzieht die mediale Wand der Kavität, biegt oben auf die laterale Wand um und bekleidet deren obere Hälfte, um dann in niedriges, mehr kubisches Epithel überzugehen, das sich kontinuirlich in das indifferente Epithel der entsprechenden Wand des Einführungsspaltes fortsetzt. Am Riechepithel selbst ist von irgend welcher Gliederung nichts nachzuweisen. Dagegen tritt am Lumen der Haupthöhle ziemlich deutlich eine Sonderung auf; dasselbe lässt sich wiederum in einen unteren und oberen Abschnitt scheiden. Der obere Abschnitt zeigt ein ganz enges, spaltförmiges Lumen, das nach vorn und hinten abgeschlossen wird; alle Theile seiner Wandung tragen Riechepithel (Fig. 33 *o*).

Fig. 33 *A—G*.

Chrysemys picta. Embryo 5 mm Länge. Beginnende Gliederung an der vorderen Extremität (Embryo II). Frontalschnitte durch die Riechgrube. Vergr. 40 : 1. *o* pars olfactoria. *r* pars respiratoria. *e* Einführspalt.

Nach unten erfährt dieser Theil eine Erweiterung seines Lumens und geht damit in den zweiten Abschnitt über (Fig. 33 *r*). Die Erweiterung des Lumens kommt einmal dadurch zu Stande, dass an der lateralen Wand das hohe Cylinderepithel in das viel niedrigere indifferente übergeht; lateral wird demnach der untere Abschnitt von diesem indifferenten Epithel begrenzt. Ferner

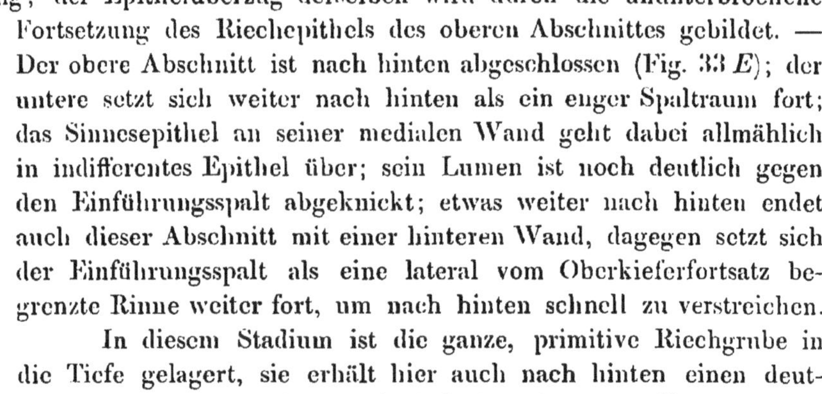

macht sich an der medialen Wand eine leichte Ausbuchtung in medialer Richtung geltend. Diese tritt schon ganz vorn, gerade am Anfange des Spaltraumes auf, wird nach hinten deutlicher (Fig. 33 *B*), um dann allmählich abzunehmen und zu verstreichen (Fig. 33 *C*, *D*). Es besteht also an der medialen Wand des unteren Abschnittes eine ganz leichte, muldenförmige Einsenkung; der Epithelüberzug derselben wird durch die ununterbrochene Fortsetzung des Riechepithels des oberen Abschnittes gebildet. — Der obere Abschnitt ist nach hinten abgeschlossen (Fig. 33 *E*); der untere setzt sich weiter nach hinten als ein enger Spaltraum fort; das Sinnesepithel an seiner medialen Wand geht dabei allmählich in indifferentes Epithel über; sein Lumen ist noch deutlich gegen den Einführungsspalt abgeknickt; etwas weiter nach hinten endet auch dieser Abschnitt mit einer hinteren Wand, dagegen setzt sich der Einführungsspalt als eine lateral vom Oberkieferfortsatz begrenzte Rinne weiter fort, um nach hinten schnell zu verstreichen.

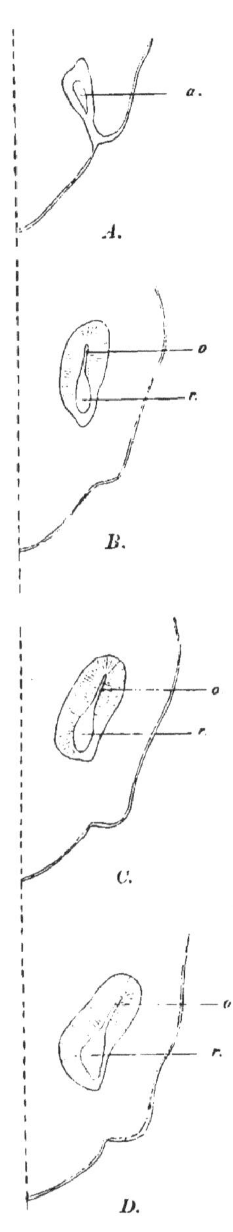

Fig. 34.
Chrysemys. Embr. III.

In diesem Stadium ist die ganze, primitive Riechgrube in die Tiefe gelagert, sie erhält hier auch nach hinten einen deutlichen Abschluss, während sie bei dem jüngeren Embryo nach hinten ohne scharfe Grenzen rinnenförmig auslief; doch besteht auch hier noch die nach unten und lateral gerichtete, schlitzförmige, einheitliche Oeffnung. Bei dem jüngeren Embryo trat das Riechepithel bis an die auf der freien Oberfläche liegenden Ränder des Spaltes heran und ging hier in das Epithel des Integumentes über. Bei Embryo II dagegen sind die Grenzen der Riechschleimhaut in das Innere des Spaltraumes verlegt. Bei der fortschreitenden Tieflagerung der Riechgrube wird also auch indifferentes Epithel in Mitleidenschaft gezogen; die ursprünglich (bei Embryo I) an der Oberfläche lagernden Spaltränder gerathen so gleichfalls in die Tiefe. Bei Embryo II werden, wie bei dem jüngeren, die ursprünglich an der Oberfläche gelegenen Spaltränder durch den Uebergang des specifischen Epithels in das indifferente charakterisirt sein. An der medialen Wand fällt diese Stelle ungefähr mit der inneren Begrenzung des Einführungsspaltes zusammen; an der lateralen dagegen liegt sie bereits im Bereiche der Haupthöhle. Die Ausdehnung des Sinnesepithels überwiegt demnach an der medialen Wand, ein Verhalten, das auch schon bei Embryo I ausgesprochen war. Ferner zeigt die laterale Wand in ihrer unteren Hälfte indifferentes Epithel, das erst mit der Einsenkung der Riechgrube in das Bereich derselben einbezogen wurde. Die Riechschleimhaut selbst ist noch durchaus einheitlich; von einer Unterbrechung derselben ist nichts erkennbar; die Gliederung des Nasenspaltes hat sich allein am Lumen vollzogen. Der obere, engere Abschnitt des Spaltraumes (Fig. 33 *o*) wird als die Anlage der Pars

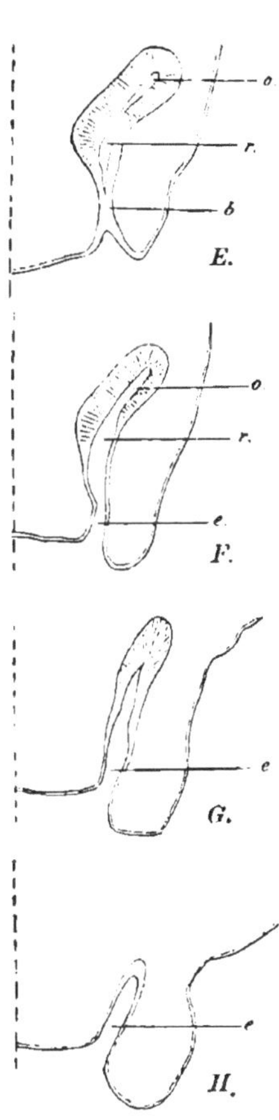

Fig. 34 A—H.
Chrysemys picta. Embryo mit deutlich werdender Schildanlage (Embr. III). Nasenhöhle. Frontalschnitte. Vergr. 40 : 1. *a* Einführgang. *o* pars olf. *r* pars respiratoria der Nasenhöhle. *e* Rest des Einführspaltes. *b* beginnender Verschluss des letzteren.

olfactoria, der untere, erweiterte (Fig. 33 *r*), als die der Pars respiratoria aufzufassen sein; demnach würde der muldenförmige Sinnesepithelbezirk an der medialen Wand des letzteren die Anlage des Jacobson'schen Organes vorstellen.

Bei Urodelen legt sich nach Burckhardt das Jacobson'sche Organ als ein ganz kleines Divertikel am unteren, medialen Rande des Riechepithels an. Bei *Chrysemys* dagegen wird der ganze Sinnesepithelbezirk in die Anlage einbezogen, welcher der unteren Hälfte der medialen Wand der primitiven Riechgrube angehört. Doch bieten die Verhältnisse hier und dort insofern Uebereinstimmung, als die Organanlage im Bereiche des Sinnesepithels auftritt. Es zeugen also auch die Chelonier dafür, dass das Sinnesepithel des Jacobson'schen Organes von dem der Riechgrube abzuleiten sei, einen different gewordenen Abschnitt desselben darstelle. Ferner ist es auch bei Schildkröten der mediale, untere Rand des Sinnesepithels der Riechgrube, über dem die Organanlage auftritt. Der Unterschied liegt also nur darin, dass die Anlage des Organs bei den Cheloniern von vornherein viel umfänglicher auftritt als bei Urodelen.

Ein dritter, wiederum älterer Embryo (Embryo III), bei dem eben die Schildanlage deutlich geworden ist, und dessen Extremitäten deutlich gegliedert sind, zeigt an der Nasenhöhle als wichtigsten Fortschritt den Abschluss nach unten. Im grösseren, vorderen Theil des Geruchsorgans ist dieser Abschluss vollzogen, und er ist, wie ein Vergleich mit dem Embryo II zeigt, dadurch zu Stande gekommen, dass die einander zugekehrten Wände des Einführungsspaltes in ganzer Breite mit einander verschmolzen; letzterer ist daher auf Fig. 34 *B—D* nicht mehr nachweislich. Auf dem weiter hinten liegenden Schnitt *E* sieht man das Epithel des Bodens der Nasenhöhle mit dem des Mundhöhlendaches durch eine Epithelbrücke in Verbindung, die eben durch die Aneinanderlagerung und Vereinigung der Oberflächen des Einführungsspaltes entstanden ist. Kurz dahinter (*F*), noch im Bereiche des Geruchsorganes selbst, öffnet sich die Nasenhöhle nach unten; damit tritt der Einführungsspalt (*e*) mit aller Deutlichkeit in die Erscheinung. — Nach vorn setzt sich die eigentliche Nasenhöhle in einen kurzen Kanal fort, den wir als den definitiven Einführungsgang zu betrachten haben (*a* Fig. 34 *A*). Kurz vor dem vorderen Ende der eigentlichen Nasenhöhle setzt sich die Epithelauskleidung des Kanales gleichfalls mit dem Epithel der Oberfläche brückenartig in Verbindung. Vorn öffnet sich der Kanal, lässt sich aber noch als rinnenförmige Fortsetzung bis an das vordere Kopfende verfolgen. Aus diesen Befunden ist wohl der Schluss erlaubt, dass die Abschnürung des Nasenhöhlenlumens durch Verschluss des Einführungs-

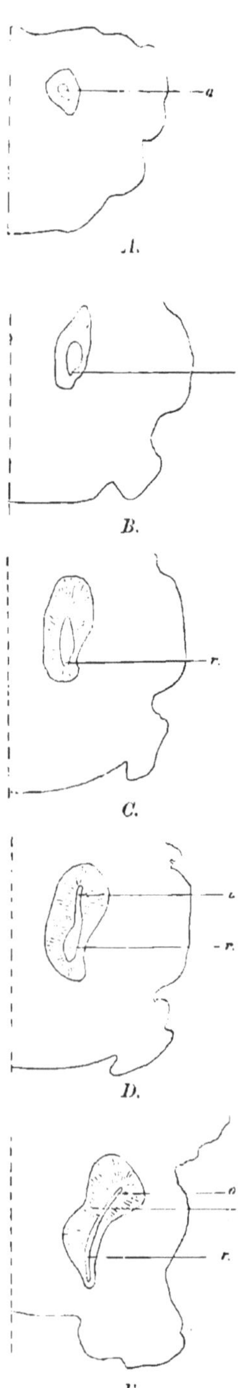

Fig. 35.
Chrysemys. Embryo IV.

spaltes in der Nähe des vorderen Endes der eingesenkten Riechgrube beginnt und sich von hieraus schnell nach hinten unter Bildung eines Bodens für das Cavum nasale ausdehnt; dass der gleiche Vorgang langsamer auch nach vorn fortschreitet, wodurch die rinnenförmige Verlängerung des Einführungsspaltes nach vorn, die bei Embryo II erwähnt wurde, zu dem als Einführungsgang bezeichneten Kanal abgeschlossen wird. Unter Berücksichtigung dieses Vorganges ergiebt sich also auch für Schildkröten (*Chrysemys*), dass das Atrium der Nasenhöhle erst sekundär zu der letzteren hinzutritt. Die Befunde sprechen dafür, dass der ganze Einführungsgang auf diese Weise gebildet wird. Das trichterförmig erweiterte Endstück desselben ist wahrscheinlich hierin einbegriffen.

An der eigentlichen Nasenhöhle sind wieder die zwei Abschnitte des Lumens zu unterscheiden. Die Pars olfactoria (*o*), die einen engen Spalt darstellt, ist allseitig von Sinnesepithel umwandet. Der untere Abschnitt (*r*) mit weiterem Lumen trägt an der medialen Wand Sinnesepithel, das mit aller Deutlichkeit die median gerichtete, muldenförmige Ausbuchtung erkennen lässt. Seine laterale Wand besitzt indifferentes Epithel, das sich auch auf den Boden der Nasenhöhle fortsetzt und hier an das specifische Epithel der medialen Wand grenzt. Diese Grenze fällt ungefähr mit der Nahtstelle der Ränder des Einführungsspaltes zusammen, die sich durch eine leichte Verdickung des indifferenten Epithels kennzeichnet. Nach vorn setzt sich der untere Theil unter allmählicher Abnahme des Lumens in den Einführungsgang fort. Eine scharfe Abgrenzung gegen denselben kann ich nicht erkennen; dieselbe wird durch das Aufhören des Sinnesepithels an der medialen Wand und durch die Verringerung des Höhendurchmessers des Lumens markirt. Die die eigentliche Nasenhöhle nach hinten begrenzende Wand fällt ziemlich gleichmässig nach hinten unten ab, so dass die bei Embryo II erwähnte, schärfere Abgrenzung zwischen oberem und unterem Abschnitt fortfällt. In Fig. 34 *G* ist die Pars olfactoria abgeschlossen, in Fig. 34 *H* auch die untere Partie; es besteht hier allein noch die rinnenförmige Fortsetzung des Einführungsspaltes.

Das Sinnesepithel ist auch in diesem Stadium noch durchaus einheitlich. Für das respiratorische Epithel wird aus dem Befunde an diesem Embryo, in Zusammenhalt mit den an den jüngeren gemachten Beobachtungen, ersichtlich, dass dasselbe thatsächlich von aussen her mit der Einsenkung der primitiven

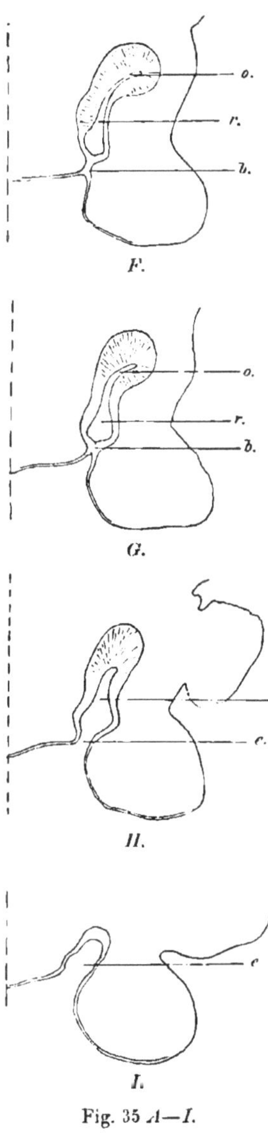

Fig. 35 *A*—*I*.
Chrysemys picta. Embryo mit 4 mm langer Schildanlage (Embryo IV). Nasenhöhle, Frontalschnitte. Vergr. 40 : 1. *i* Stelle, wo sich die Sonderung des Sinnesepithels des Jacobson'schen Organs von dem der Pars olf. einleitet. Bezeichnungen im übrigen wie in Fig. 34.

Riechgrube und dem Abschluss der Nasenrinne in die eigentliche Nasenhöhle hineinbezogen wird. Es lassen sich diese, hier direkt zu beobachtenden Thatsachen als eine Stütze für die a. O. vertretene Auffassung verwerthen, dass die geschlossene Pars respiratoria auch in der Phylogenie mit dem Abschluss der primitiven Riechgrube ihre Entstehung nimmt.

Es sei noch hervorgehoben, dass in diesem Stadium das Sinnesepithel des als Jacobson'sches Organ gedeuteten Abschnittes durchaus auf die mediale Spaltwandung beschränkt ist; dass ferner dem indifferenten Epithel, das die laterale Wand und den Boden des unteren Abschnittes bekleidet, relativ eine viel grössere, regionale Ausbreitung zukommt als bei den erwachsenen Emyden.

Ein wenig älterer Embryo (Embryo IV; Fig. 35), bei dem ich die Länge der Schildanlage auf 4 mm bestimmte, zeigt die ganze Nasenhöhle schon erheblich in die Länge gestreckt; der Schluss des Einführspaltes hat sich nach hinten bis fast an das Ende der Riechgrube ausgedehnt; auch der Einführungsgang hat an Länge gewonnen.

Das Lumen des Einführungsganges ist vorn annähernd cylindrisch (*a*, Fig. 35 *A*); sein hinteres Ende erweitert sich und geht in die eigentliche Nasenhöhle über. Zunächst tritt eine geringe Erweiterung nach unten und dann auch medianwärts auf. Die kleine, auf Fig. 35 *B* und *C* mit *r* bezeichnete Einsenkung setzt sich in die Pars respiratoria fort. Schnell erweitert sich das Lumen auch nach oben, so dass eigentlich nur durch dieses Verhalten der Lichtung eine deutliche Abgrenzung des Einführungsganges gegen die eigentliche Nasenhöhle gegeben ist. An der letzteren sind wieder die beiden über einander liegenden Abschnitte unterscheidbar. Vorn ist die Sonderung beider durch die ausgesprochene Differenz im Lumen sehr deutlich ausgeprägt (Fig. 35 *D*); weiter nach hinten, dem mittleren Drittel des ganzen Geruchsorganes entsprechend, wird diese Scheidung minder deutlich, da im Vergleich zu den jüngeren Stadien die Lichtung der Pars respiratoria auf einen schmalen Spalt beschränkt ist, der die direkte Fortsetzung des Lumens der Pars olfactoria nach unten bildet (Fig. 35 *E*). Erst im hinteren Ende findet auf's Neue eine Erweiterung der Pars respiratoria im queren Durchmesser statt. In Fig. 35 *F* und *G* erkennt man bei *b* wieder die Zellbrücke, die den Epithelbelag des Nasenhöhlenbodens mit dem Epithel des Mundhöhlendaches in Verbindung setzt; auf dem folgenden Schnitt öffnet sich wieder der Einführungsspalt (*e*); im hinteren Ende der Nasenhöhle besteht keine nennenswerthe Differenz gegen das jüngere Stadium.

Macht sich nun auch am Lumen der Nasenhöhle bei diesem Embryo die Scheidung in zwei Abschnitte nicht so ausgeprägt geltend wie bei den jüngeren, so wird dieselbe doch deutlich durch das Verhalten des Epithels markirt. Auch bei diesem Embryo findet sich Sinnesepithel an der ganzen medialen Wand der Nasenhöhle; aber während bisher eine Sonderung im Bereiche desselben nicht zu erkennen war, tritt eine solche hier auf und zwar durch eine Einziehung der basalen Fläche des Epithels, die in der Nähe des vorderen Endes der Nasenhöhle an der Grenze zwischen Pars olfactoria und respiratoria erkennbar wird (Fig. 35 *E*) und sich von hier nach hinten bis zum Ende des Jacobson'schen Organes verfolgen lässt. Es wird also das Sinnesepithel der medialen Wand durch einen Streifen in zwei Partien geschieden, in dessen Bereich das Epithel minder hoch ist, ohne indess Besonderheiten im histologischen Verhalten erkennen zu lassen. Ferner ist auf Fig. 35 *C* und *D* als ein weiterer Unterschied gegen den Embryo III fest zu stellen, dass sich das Sinnesepithel im vordersten Theil der Pars respiratoria von der medialen Wand auch auf den Boden ausgedehnt hat; weiter nach hinten zeigt es sich indess wie früher auf die mediale Wand beschränkt, wo es dicht am Boden an das indifferente Epithel anstösst. Das Sinnesepithel des Jacobson'schen Organes dehnt sich auch hier nicht so weit nach hinten aus, wie das der Pars olfactoria; auf Fig. 35 *F* ist gerade noch sein hinteres Ende getroffen; der folgende Schnitt *G* liegt nur wenig weiter rückwärts; Pars olfactoria (*o*) und Pars respiratoria (*r*) sind deutlich von einander gesondert, aber auch an der medialen Wand der letzteren besteht indifferentes Epithel. — Die wichtigsten Fortschritte, die Embryo IV gegen Embryo III erkennen lässt, liegen einmal darin, dass sich das Sinnesepithel des Jacobson'schen Organes von dem der Pars olfactoria abzugliedern beginnt, und ferner darin, dass das erstere sich auf den Boden und die laterale Wand der Pars respiratoria auszudehnen anfängt.

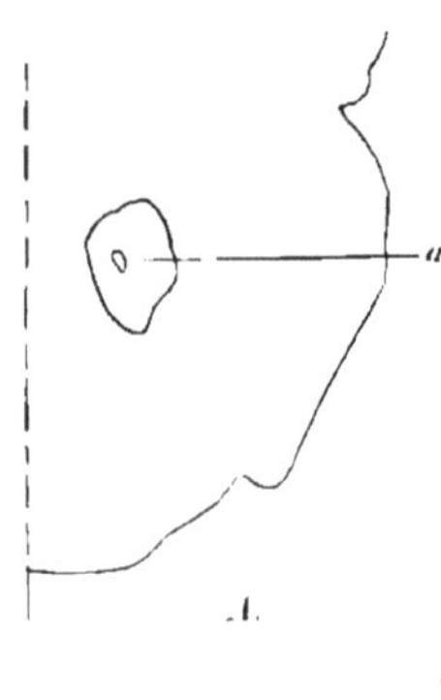

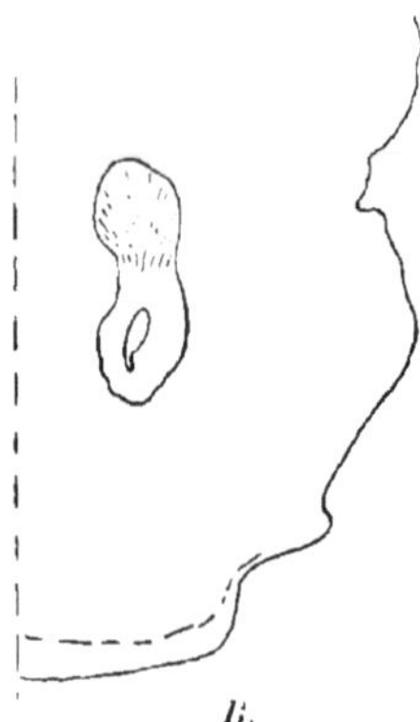

Fig. 36.
Chrysemys. Embryo V.

Ein Embryo, bei dem die Länge der Schildanlage 5 mm beträgt (Embryo V), zeigt die Entwickelung der Nasenhöhle so weit gefördert, dass alle drei Haupttheile: Einführungsgang, Haupthöhle mit ihren zwei Abschnitten und Ductus naso-pharyngeus angelegt sind (Fig. 36).

Der Einführungsgang (*a*) hat sich erheblich in die Länge gestreckt; in seinem vorderen Theil ist das Lumen durch die Proliferation des Epithels der Wandung auf ein Minimum reducirt, ein Verhalten, das ja auch für die Embryonen anderer Thiergruppen in diesem Entwickelungsstadium bekannt ist (Fig. 36 *A*). Die Abgrenzung gegen die Haupthöhle zeigt ähnliche Verhältnisse wie bei Embryo IV. Das hintere Ende des

Einführganges zeigt eine deutliche Erweiterung des Lumens (Fig. 36 *B*); das Dach desselben biegt dann plötzlich nach oben in die vordere Wand der Pars olfactoria um, während der Boden sich mehr allmählich in den Boden der Pars respiratoria fortsetzt, wobei das Lumen auch nach unten an Ausdehnung gewinnt. Die Abbildung, die H. Rathke in seiner Untersuchung „Ueber die Entwickelung der Schildkröten" auf p. 253 Fig. IV giebt, dürfte ungefähr diesem Stadium entsprechen.

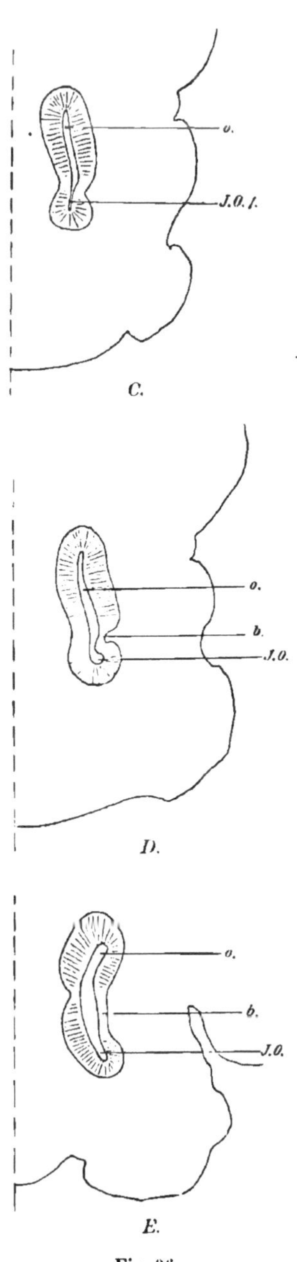

Fig. 36.
Chrysemys. Embryo V.

Ueber die Pars olfactoria (*o*) ist, abgesehen von ihrer grösseren räumlichen Entfaltung nichts Besonderes zu erwähnen. Dagegen haben sich im Bereiche des unteren Abschnittes der eigentlichen Nasenhöhle weitere Fortschritte geltend gemacht. Zunächst ist eine Abgrenzung zwischen dem Sinnesepithel des Jacobson'schen Organes und dem der Regio olfactoria deutlicher ausgeprägt, und zwar besonders im vorderen und hinteren Theil des Geruchsorganes, wo sich ein schmaler Streifen niedrigen Epithels zwischen beide einschiebt; die Zellen desselben sind pallisadenförmig, in ein- oder mehrschichtiger Lage, während die Zellen im Bereiche des eigentlichen Sinnesepithels die charakteristische, hohe, schlanke Cylinderform aufweisen; der Uebergang in das letztere erfolgt allmählich. Im mittleren Abschnitt der Nasenhöhlenlänge besteht eine Strecke, auf welcher diese Sonderung eben erst angedeutet ist; die Kontinuität des Sinnesepithels also noch deutlich erkennbar ist (Fig. 36 *D*).

Bei der Entwickelung des Jacobson'schen Organes kommt also zunächst die muldenförmige Einsenkung des Epithels, erst viel später die Abgliederung des Epithels von dem der Regio olfactoria zur Geltung. Diese letztere dürfte an der Grenze der durch das Oberflächenrelief bereits von einander gesonderten Partien durch Vorgänge im Bereiche des Sinnesepithels selbst zu Stande kommen, die wesentlich in der Rückbildung der specifischen Sinneszellen und damit in der Ueberführung des Epithels in die indifferente Form bestehen werden. Doch dürfte auch das subepitheliale Bindegewebe nicht unbetheiligt bleiben; die Einsenkung der basalen Epithelfläche, die als erstes Zeichen der beginnenden Sonderung auftritt, weist darauf hin. Die Abgliederung des Sinnesepithels des Jacobson'schen Organes von dem der Regio olfactoria vollzieht sich demnach in ähnlicher Weise wie bei Urodelen, wo ebenfalls die Einwucherung von Bindegewebe von der basalen Fläche des Epithels her, ferner die Umbildung des Sinnesepithels in indifferentes den Vorgang charakterisirte.

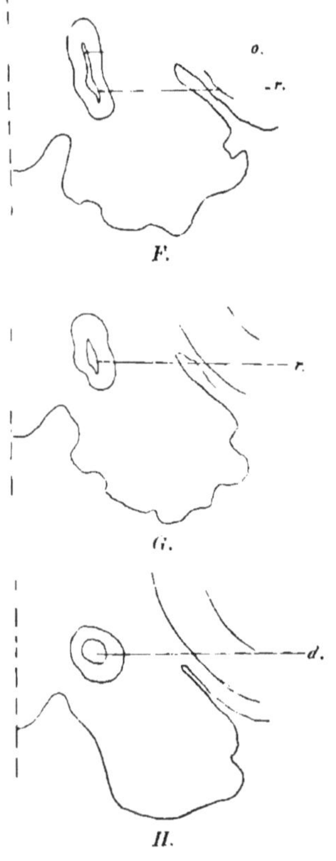

Fig. 36 *A—H*.

Chrysemys picta. Embryo 5 mm Schildlänge Embryo V. Frontalschnitte durch die Nasenhöhle. Vergr. 40 : 1. *a* Einführgang. *o* Pars olfactoria. *J. O. 1* vorderster Theil des Jacobson'schen Organs. *J. O.* hinterer Theil des Jacobson'schen Organs. *b* Indifferentes Epithel der lateralen Wand. *r* pars respiratoria. *d* Ductus naso-pharyngeus.

Das Sinnesepithel des Jacobson'schen Organs hat sich in der ganzen Länge des letzteren über den Boden der Pars respiratoria hinweg auf die laterale Wand ausgedehnt (Fig. 36 *C*, *D*, *E*). Diese Ausbreitung ist auf Kosten des indifferenten Epithels der lateralen Wand erfolgt; letzteres ist nunmehr auf einen schmalen Streifen reducirt, der zwischen der unteren Grenze der Riechschleimhaut und der oberen Grenze des Sinnesepithels des Jacobson'schen Organes eingeschoben ist. In der regionalen Ausbreitung des letzteren erinnert dieser Entwickelungszustand bereits an die definitiven Verhältnisse, doch ist das specifische Epithel des Organes noch durchaus einheitlich. Im weitaus grössten Theile des Jacobson'schen Organes ist auch im Lumen eine Sonderung in verschiedene Abschnitte nicht erkennbar, dagegen macht sich eine solche, allerdings nur in den ersten Andeutungen, an seinem vordersten Ende geltend. Ich hatte erwähnt, dass der Boden des Einführungsganges in den Boden der Pars respiratoria übergeht, indem er dabei in sanfter Neigung nach unten abfällt. Ungefähr in einer Frontalebene mit dem Beginn der Pars olfactoria liegt auch das vordere Ende des Jacobson'schen Organes. Das Lumen stellt hier einen engen, fast vertikal gestellten Spaltraum vor, dessen Wandung medial, unten und lateral von Sinnesepithel gebildet wird (Fig. 36 *C*). Gehen wir etwas weiter nach hinten (Fig. 36 *D*), so tritt ganz plötzlich eine zwar kleine, aber deutliche Ausbuchtung des untersten Abschnittes des Spaltes in lateraler Richtung auf.

Es macht sich so am vorderen Ende des Jacobson'schen Organes andeutungsweise eine Sonderung geltend; der eine Theil des Organes setzt sich gerade nach vorn gegen den Einführungsgang zu fort, der andere weicht in lateraler Richtung aus. In dem ersteren erblicke ich die erste Andeutung des vorderen Abschnittes des fertigen Jacobson'schen Organes.

Die Pars olfactoria erhält ihren hinteren Abschluss durch eine schräg von vorn oben nach hinten unten gestellte Wand; auf den Frontalschnitten nimmt daher ihre Höhenausdehnung nach hinten schnell ab. Die Wandungen dieses Raumes tragen dabei in ihrem hintersten Theile indifferentes Epithel (Fig. 36 *F*), das nach vorn und oben allmählich in Sinnesepithel übergeht; in diesem Theil der Pars olfactoria ist die hintere-obere Wand minder steil gestellt als im Bereiche des Sinnesepithels. Hinten biegt dann die hintere Wand in das horizontal gestellte Dach des Ductus naso-pharyngeus um. Die Pars respiratoria wird nach hinten gleichfalls niedriger; das Sinnesepithel des Jacobson'schen Organes geht dabei in indifferentes Epithel über;

sein Lumen stellt einen niedrigen, im queren Durchmesser sehr engen Spalt vor (Fig. 36 *F*); an der medialen Wand macht sich eine rinnenförmige Einsenkung bemerkbar, die nach oben durch die untere Begrenzung der Pars olfactoria abgegrenzt wird; weiter nach vorn verliert sich diese Einsenkung. Von der Stelle an, an welcher die hintere Wand der Nasenhöhle in das Dach des Ductus naso-pharyngeus umbiegt, verändert sich ziemlich plötzlich das Verhalten des Lumens, indem es schnell die Form eines cylindrischen Kanales annimmt (Fig. 36 *H*). Gerade an dieser Stelle verstreicht auch die rinnenförmige Einsenkung der medialen Wand. — An dieser Stelle werden wir die Grenze zwischen Nasenhöhle und Ductus naso-pharyngeus zu suchen haben. Letzterer bestand bei jüngeren Embryonen als eine rinnenförmige Einsenkung des Mundhöhlendaches. Durch Verschmelzung der Rinnenränder vollzieht sich der Abschluss der Rinne zum Kanal; dieser Vorgang bildet die Fortsetzung des gleichartigen Processes, der zur Bildung des Nasenhöhlenbodens führte. Auch zeitlich scheint sich der Abschluss des Ductus naso-pharyngeus direkt an die Bildung des Nasenhöhlenbodens anzuschliessen. Unter diesen Verhältnissen ist es schwer, den Zeitpunkt zu bestimmen, in welchem die Bildung des primären Mundhöhlendaches, wie es bei den Perennibranchiaten dauernd besteht, vollendet ist, und die Bildung des sekundären Gaumens beginnt. Die Oeffnung, die gerade in diesem Moment die Nasen- und Mundhöhle verbindet, dürfen wir, streng genommen, allein als Apertura nasalis interna bezeichnen und der primitiven Choane der Perennibranchiaten und Urodelenlarven homologisiren.

Ausser den bisher besprochenen Embryonen von *Chrysemys* unterzog ich noch die Köpfe zweier älterer Embryonen von *Emys lutraria* der Untersuchung. Der jüngere Embryo besass eine Schildlänge von 10 mm. Hier ist die Nasenhöhle schon weit in der Entwickelung vorgeschritten. Das Lumen ist nach Länge und Höhe umfänglicher geworden und erinnert in seinen räumlichen Verhältnissen an die fertigen Zustände (Fig. 37). Der Einführungsgang erscheint schärfer gegen das Lumen der eigentlichen Nasenhöhle abgesetzt, weil sich das vordere Ende der Pars respiratoria hinter dem Ende des Ein-

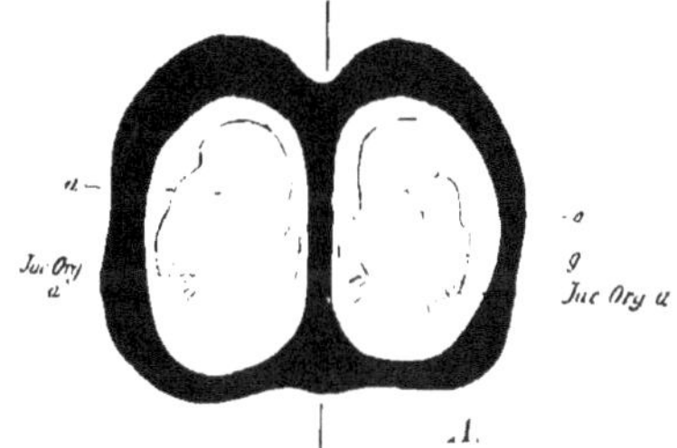

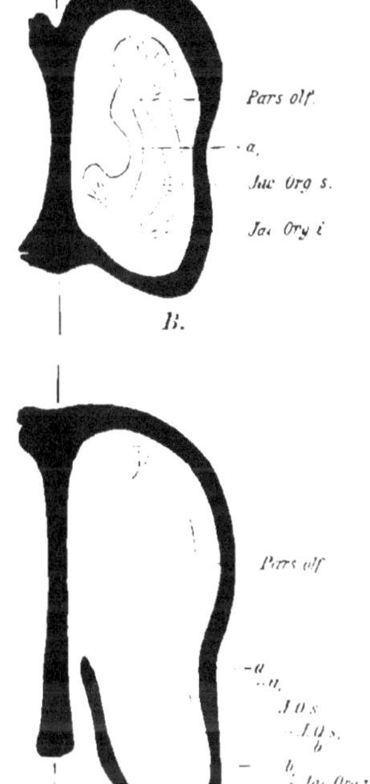

Fig. 37 *A*—*C*.

Emys lutraria. Embryo 10 mm Schildlänge. Frontalschnitte durch die Nasenhöhle, *A* durch das Ende des Einführganges, *B* durch den vorderen Theil der eigentlichen Nasenhöhle, *C* durch die Mitte derselben. Verhorntes Plattenepithel des Einführganges durch Strichelung parallel der Kontourlinie angegeben. *g* Grenzwulst am Ende des Einführganges. *Jac. Org. a* vorderster Theil des Jacobson'schen Organs. *Jac. Org. s* oberer lateraler, *Jac. Org. s,* oberer medialer Streifen des Sinnesepithels des Jacobson'schen Organs. *Jac. Org. i* bodenständiger Theil desselben. *a* laterale, *a,* mediale Grenzfalte. *b, b,* Streifen indifferenten Epithels. *a* in Fig. *A* Einführungsgang.

führungsganges stärker nach unten ausgebuchtet hat. In Fig. 37 A ist der Schnitt durch das hintere Ende des Einführungsganges geführt; auf der rechten Seite ist das Lumen desselben (a) von dem Lumen der Pars respiratoria (Jacobson'sches Organ a) durch eine Schleimhautfalte (g) getrennt, welche den Grenzwall der erwachsenen Schildkröte darstellt. Links ist die Falte nicht mehr getroffen; an der oberen Peripherie der Wandung ist indess das Plattenepithel des Einführungsganges noch zu erkennen. Die Lichtung der gesammten Pars respiratoria, die bei dem Embryo V im Verhältniss zum Umfange der Pars olfactoria klein war, hat sich stärker entfaltet; ihre Wandungen tragen Sinnesepithel, an dem sich aber bereits die Sonderung in die vier Abschnitte, die wir beim Erwachsenen trafen, mehr oder weniger deutlich markirt. Scharf grenzt sich der vorderste Abschnitt (Fig. 37 A, *Jac. Org. a*) durch das Relief der Wandung, wie durch Streifen indifferenten Epithels von den weiter rückwärts liegenden Sinnesepithel-Distrikten ab. Er zeigt schon die charakteristische Lage zum Ende des Einführungsganges. Auch der bodenständige Abschnitt des Sinnesepithels ist namentlich nach vorn gegen den vorderen Abschnitt deutlich abgegrenzt. Sein vorderes Ende (Fig. 37 B, *Jac. Org. i*) dehnt sich unterhalb der medialen Grenzfalte (a_1), hoch an der medialen Wand der Pars respiratoria hinauf, aus. Weiter nach hinten ist seine Abgrenzung gegen die beiden oberen Abschnitte des Sinnesepithels an der medialen und lateralen Wand weniger ausgesprochen. Fig. 37 C zeigt einen Schnitt, der ungefähr durch die Mitte der Nasenhöhle gelegt ist. Das Gesammtlumen stellt einen etwas schräg von medial und oben nach lateral und unten gestellten Spaltraum dar, dessen Wandungen fast plan erscheinen. Ganz geringfügige Erhebungen zeigen die mediale (a_1) und laterale Grenzfalte (a) an. Im Bereiche derselben findet sich indifferentes Epithel, das sich aus pallisadenförmigen Zellen in einfacher Lage zusammensetzt. Die unterhalb dieser Stellen liegenden Theile der Wand scheinen auf den ersten Blick von einer kontinuirlichen Lage von Sinnesepithel überzogen zu sein. Bei genauerem Zusehen erkennt man jedoch bei b und b_1 am Epithel ein Verhalten, das etwas von dem des eigentlichen Sinnesepithels abweicht. Die Zellkerne sind nicht weniger zahlreich als in dem benachbarten Sinnesepithel, aber sie sind durch die ganze Dicke des Epithels gleichmässiger vertheilt, während sie in letzterem in breiter, basaler Zone zusammen-

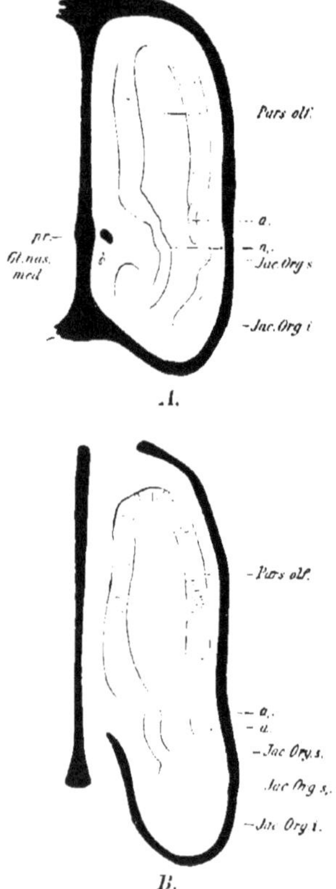

Fig. 38 A—B.

Emys lutraria. Embryo: Schildlänge 14 mm. Frontalschnitte durch die Nasenhöhle. A durch den vorderen Theil der Nasenhöhle, B etwas hinter der Mitte derselben. a_1 mediale, a laterale Grenzfalte. *Jac. Org. s*, oberer medialer. *Jac. Org. s* oberer lateraler Streifen des Sinnesepithels des Jacobson'schen Organs. *Jac. Org. i* bodenständiger Abschnitt desselben. — *pr* Knorpelfortsatz des Septums in der medialen Grenzfalte (nach vorn in Zusammenhang mit dem Septum). Knorpel schwarz. Sinnesepithel gestrichelt.

gedrängt erscheinen; ausserdem ist die Zelllage um etwas niedriger; die Stellen sind endlich in geringer Weise gegen das Lumen vorgebuchtet. Sie markiren die hier noch undeutliche Abgrenzung des bodenständigen Abschnitts des Sinnesepithels des Jacobson'schen Organs gegen die oberen Streifen an der medialen und lateralen Wand. Die Gliederung des specifischen Epithels des Jacobson'schen Organs in verschiedene Distrikte scheint sich in ähnlicher Weise zu vollziehen wie seine Abgliederung von dem der Regio olfactoria. —

Fig. 38 *A* und *B* zeigt zwei Frontalschnitte durch die Nasenhöhle des Embryos von 14 mm Schildlänge. Der Schnitt *A* geht durch den vorderen Theil der Nasenhöhle. Man erkennt bei *Jac. Org. i* den vorderen Theil des bodenständigen Abschnitts des Jacobson'schen Organs, der sich unter der medialen Grenzfalte (a_1) an der medialen Wand hinaufzieht; bei *Jac. Org. s* das vordere Ende des lateralen, oberen Streifens, der zwischen der lateralen Grenzfalte (a) und einer von indifferentem Epithel überzogenen Erhebung der Schleimhaut rinnenförmig eingesenkt ist. Der Schnitt *B* ist etwa durch die Mitte des Cavum nasale gelegt; man erkennt die mediale (a_1) und laterale (a) Grenzfalte; den bodenständigen (*Jac. Org. i*), den oberen lateralen (*Jac. Org. s*) und oberen medialen Sinnesepithelstreifen (*Jac. Org.* s_1); die beiden letzteren vom bodenständigen Abschnitt durch leistenförmige Schleimhauterhebungen getrennt. Kurz, es sind hier die Entwickelungsvorgänge so weit geführt, dass, von den räumlichen Dimensionen abgesehen, die definitiven Zustände in allen wesentlichen Punkten erreicht erscheinen. —

Fassen wir kurz die Entwickelungsgeschichte des Jacobson'schen Organs zusammen. Die erste Anlage desselben entsteht an der medialen Wandung der primitiven Riechgrube. Der Sinnesepithelbelag der letzteren ist anfangs durchaus einheitlich. Eine Sonderung leitet sich dadurch ein, dass der Epithelbezirk, welcher etwa die untere Hälfte der medialen Wand einnimmt, sich muldenförmig einsenkt. Diese Einsenkung stellt die Anlage des Jacobson'schen Organs vor. Nach der Bildung des Nasenhöhlenbodens, die durch die Verschmelzung der Ränder der Nasengaumenrinne erfolgt, finden wir das Jacobson'sche Organ an der medialen Wand der Nasenhöhle unterhalb der Regio olfactoria. Ziemlich spät erfolgt die Abgliederung des Sinnesepithels, indem zwischen Regio olfactoria und Jacobson'schem Organ ein Streifen indifferenten Epithels auftritt. Das Sinnesepithel des Jacobson'schen Organs dehnt sich weiterhin über den Boden der Nasenhöhle hinweg auf die laterale Wand, ferner mit dem Längenwachsthum des Geruchsorganes auch nach hinten aus; nach vorn wird die Abgrenzung gegen das Ende des Einführungsganges schärfer, indem sich das Organ nach unten auswölbt. Es folgt die Gliederung des Sinnesepithels in vier verschiedene Abschnitte.

Die Stelle, an welcher die Anlage des Jacobson'schen Organs bei *Chrysemys* stattfindet, stimmt mit der Stelle überein, an der bei allen übrigen Wirbelthieren das Jacobson'sche Organ sich anlegt; nur ist die Anlage von vornherein sehr umfänglich. Die ersten, entwickelungsgeschichtlichen Vorgänge stützen also die Annahme, dass in den Sinnesepithelbezirken der Pars respiratoria bei Emyden das Homologon eines

Jacobson'schen Organs vorliege. Aus dem Vergleich mit *Testudo* und aus dem Verlauf des Jacobson'schen Nerven hatte ich oben gefolgert, dass das zusammengesetzte Organ der Emyden aus einer einheitlichen Anlage, die vorn an der medialen Wand gelegen habe, sich hervorgebildet habe. Die weiteren Entwickelungsvorgänge zeigen thatsächlich, wie das Sinnesepithel sich allmählich auf die laterale Wand ausdehnt, und wie seine einheitliche Lage sich in mehrere Abschnitte gliedert.

Es wäre noch kurz auf die Frage einzugehen, ob die Entwickelungsvorgänge sich im Einklang befinden mit der aus der Vergleichung der fertigen Organismen begründeten Annahme, dass die Pars respiratoria mit dem Jacobson'schen Organ der Schildkröten aus dem Jacobson'schen Organ und der seitlichen Nasenrinne der Amphibien hervorgegangen sei.

Bei Urodelen (*Triton*) beginnt die Entwickelung des Jacobson'schen Organs nach Burckhardt[1]) bei Larven von 12 mm Länge. Dasselbe tritt zunächst als ein kleines Divertikel am medialen, unteren Rande der Riechschleimhaut auf. Die Nasenhöhle formirt zu dieser Zeit schon einen röhrenförmigen Kanal, der sich hinten mit der Mundhöhle durch die Apertura interna in Verbindung setzt. Ein schmaler Streifen indifferenten Epithels verbindet die äussere und innere Oeffnung des Nasenkanals und zieht lateral an dem genannten Rande der Riechschleimhaut und damit auch an der Anlage des Jacobson'schen Organs vorbei. Es ist wahrscheinlich, dass dieser Streifen indifferenten Epithels beim Verschluss der Nasengaumenrinne in das Bereich der Nasenhöhle einbezogen wurde, wenngleich dieser Vorgang in der Ontogenie der Amphibien nicht so direkt in die Erscheinung tritt. Im Laufe der weiteren Entwickelung erfährt nun das Jacobson'sche Organ durch die Verschiebung und Ausgestaltung des Geruchssackes die bekannte Lageveränderung in lateraler Richtung; das kleine Divertikel zieht sich ferner zu einer längeren Rinne aus; sein Sinnesepithel gliedert sich von der Riechschleimhaut ab. Durch diese Vorgänge kommt das Organ mit aller Deutlichkeit in das Bereich des respiratorischen Epithels zu liegen, welches gleichfalls an Ausdehnung gewann. Es tritt endlich die rinnenförmige Verlängerung des Organs nach hinten auf, die sich ungefähr um die Zeit der Metamorphose durch die Apertura nasalis interna hindurch auf das Mundhöhlenloch ausdehnt. Es tritt also bei Urodelen das Jacobson'sche Organ verhältnissmässig spät in dem bereits geschlossenen Geruchskanal auf, und sehr viel später erst bildet sich in der Verlängerung des Organs das Lumen der seitlichen Nasenrinne aus.

Bei *Chrysemys* dagegen tritt die erste Andeutung des Jacobson'schen Organes schon sehr frühzeitig in die Erscheinung. Bereits in den Stadien, in welchen sich die in die Tiefe gesenkte Riechgrube noch nach unten mit dem Nasengaumenspalt öffnet, macht sich ein Theil ihrer Epithelauskleidung als die Organanlage kenntlich. Mit der weiteren Einsenkung der Riechgrube wird auch indifferentes Epithel, namentlich an der lateralen Wand, in dieselbe einbezogen. Jetzt schon tritt am Lumen der

1 Burckhardt, R., Untersuchungen am Gehirn und Geruchsorgan von Triton und Ichthyophis. Zeitschr. f. wiss. Zool. LII 1891.

Riechgrube die Sonderung in die Pars olfactoria und Pars respiratoria auf; das muldenförmig eingesenkte Epithel des Jacobson'schen Organs nimmt die mediale Wand der letzteren ein. Durch partiellen Verschluss der Nasengaumenrinne (Einführungsspalt) wird der Boden für die Pars respiratoria gebildet.

Im Vergleich zu den Urodelen tritt bei *Chrysemys* die Anlage des Jacobson'schen Organs früher auf und ist von vornherein umfänglicher; das hat nichts Befremdendes, wenn man die mächtige Entfaltung des definitiven Organs berücksichtigt. Sehr früh tritt auch die Abgrenzung der Pars respiratoria gegen die Pars olfactoria hervor, und das Jacobson'sche Organ steht thatsächlich von Anfang an mit der ersteren in ausgesprochener Beziehung. Auch hierin ist kein principieller Unterschied gegen die Vorgänge bei Urodelen gegeben. Vorgänge, die bei letzteren nach einander auftreten, spielen sich hier fast gleichzeitig ab. Die Bedeutung, die der Pars respiratoria im fertigen Zustande als Respirationsweg zukommt, erklärt auch ihre frühzeitige Anlage. — Die mediale Grenzfalte entsteht bei *Chrysemys* an der Grenze zwischen Regio olfactoria und Jacobson'schem Organ, und das indifferente Epithel derselben entwickelt sich direkt aus dem Sinnesepithel durch die Reduktion seiner nervösen Endapparate. In gleicher Weise verläuft bei Urodelen die Entwickelung des vielfach zu einer Falte erhobenen Streifen indifferenten Epithels, welcher am Boden der Nasenhöhle das Sinnesepithel des Jacobson'schen Organs von der Riechschleimhaut scheidet. Die laterale Grenzfalte bei *Chrysemys* entsteht im Bereiche des indifferenten Epithels, welches mit der Einsenkung der Riechgrube in die Wandung der letzteren einbezogen wurde. In entsprechender Weise findet sich bei Urodelen die Schleimhautlippe, die den spaltförmigen Zugang zu dem Organ von oben her begrenzt, im Bereiche des Streifens indifferenten Epithels, der in frühen embryonalen Stadien die Apertura nasalis externa und interna mit einander verbindet.

Den Ductus naso-pharyngeus der Chelonier endlich leitete ich von der rinnenförmigen Fortsetzung der seitlichen Nasenrinne auf das Mundhöhlendach ab, von einem Zustande, wie er uns etwa bei Urodelen entgegentritt. In der Ontogenie von *Chrysemys* tritt die Anlage des Nasenrachenganges frühzeitig als eine Rinne auf, die an das hintere, untere Ende der eingesenkten Riechgrube anschliesst und am Mundhöhlendach nach hinten ausläuft. Die Ränder dieser Rinne bilden die direkte Fortsetzung der Umrandung der Nasengaumenrinne. Der Abschluss zum Kanal erfolgt durch die Verschmelzung der Rinnenränder; dieser Vorgang schliesst sich ganz kontinuirlich an die Bildung des Nasenhöhlenbodens an und schreitet von vorn nach hinten fort. — Die Pars respiratoria, welche ich dem dem Cavum nasale selbst angehörenden Abschnitte der seitlichen Nasenrinne der Amphibien homolog erachte, tritt bei *Chrysemys* bereits in ontogenetischen Stadien auf, in denen die Nasengaumenrinne noch in ganzer Länge besteht. Es ist eine Folge dieser frühzeitigen Gliederung des Cavum nasale, dass sich die Bildung des Bodens für die Nasenhöhle im Bereiche der Pars respiratoria vollzieht. Es hat daher nichts Auffallendes, wenn sich der Abschluss des Ductus naso-pharyngeus, der aus demjenigen Theile der seitlichen Nasenrinne der Amphibien hervorging, welcher sich auf das Mundhöhlendach fortsetzte, kontinuirlich und in durchaus gleichartiger Weise fortschreitend an die Bildung des Nasenhöhlenbodens anschliesst. — Die ontogenetische Entwickelung der Nasenhöhle bestätigt zum Theil direkt die auf vergleichend-anatomischem Wege gewonnenen Resultate; das gilt namentlich für das Jacobson'sche Organ. Andererseits machen sich aber caenogenetische Einflüsse auf sie geltend, die wesentlich in der zeitlichen Zusammendrängung verschiedener Entwickelungsvorgänge bestehen. Die richtige Beurtheilung mancher Verhältnisse wird hierdurch erschwert, so namentlich die Auffassung der beiden Abschnitte der eigentlichen Nasenhöhle. Doch ergiebt die entwickelungsgeschichtliche Untersuchung in dieser Hinsicht keine Thatsache, die mit den durch die vergleichende Methode gewonnenen Resultaten in Widerspruch wäre.

III. Ergebnisse.

Die Ergebnisse, die ich aus der Feststellung und aus der Vergleichung der Thatsachen gewann, lassen sich in Kürze etwa wie folgt formuliren.

Die Nasenhöhle der Landschildkröten (*Testudo*) und der Emyden (*Emys* und *Chrysemys*) lässt sich an Zustände des peripheren Geruchsorganes anschliessen, wie sie bei niederen Amphibien (etwa bei *Siren*) bestehen. Die Ausgestaltung der Nasenhöhle bethätigt sich zunächst durch die zunehmende Entfaltung des Lumens: diese erfolgt — in Abhängigkeit von der formalen Ausgestaltung des Vorderkopfes — im vertikalen Durchmesser. Hierin kommt eine ausgesprochene Divergenz in der Entwickelungsrichtung den höheren Amphibien gegenüber zum Ausdruck. Die Entfaltung des Lumens betrifft sowohl die eigentliche Nasenhöhle der Amphibien, als auch die Anhangsorgane derselben: das Jacobson'sche Organ und die seitliche Nasenrinne. Wir treffen daher das Cavum nasale der Schildkröten in zwei Abschnitte gesondert, die ich als Pars olfactoria und Pars respiratoria unterschied.

Die Pars olfactoria entspricht m. E. der eigentlichen Nasenhöhle der Amphibien; sie stellt einen schmalen, sagittal gestellten Spaltraum dar und weist ausser dem gering entwickelten Muschelwulst keine Besonderheiten auf. Letzterer dürfte als eine Weiterbildung jener leichten Einbiegungen der seitlichen Nasenwand aufzufassen sein, wie sie gelegentlich schon bei Amphibien auftreten.

Die Pars respiratoria enthält das Jacobson'sche Organ. Ich suchte den Nachweis zu erbringen, dass dieser untere Abschnitt der Nasenhöhle der Chelonier aus dem Jacobson'schen Organ und seiner rinnenförmigen Fortsetzung bei Amphibien hervorgegangen sei, indem er sich unter starker Ausdehnung des Lumens aus jenem verhältnissmässig unbedeutenden Nebenraum der Haupthöhle zu einem Umfange entfaltete, der dem der letzteren mindestens gleich kommt. Bei den höheren Amphibien liess sich erkennen, dass die seitliche Nasenrinne einen Einfluss auf den Verlauf des Respirationsstromes durch das Cavum nasale besitzt; an anderer Stelle hatte ich zu begründen versucht, dass durch die Anpassung eben an diese Leistung der Anstoss zu ihrer Ausgestaltung gegeben wurde. Die gleiche Funktion ist es, unter deren Einfluss sich dieser Abschnitt der Nasenhöhle mehr und mehr vergrössert und an Bedeutung gewinnt. So geht er schliesslich in die Pars respiratoria der Chelonier über, bei denen er den hauptsächlichen Weg für die Athmungsluft bei ihrer Passage durch die Nasenhöhle darstellt.

Die Faltenbildungen, die bei Amphibien den Zugang zum Jacobson'schen Organ und zur seitlichen Nasenrinne begrenzen, erhalten sich bei den untersuchten Schildkröten als mediale und laterale Grenzfalte; sie bilden sich stärker aus, und namentlich die am Septum hinziehende trägt in charakteristischer Weise zur Komplicirung des Reliefs der Nasenhöhlenwand bei. Ihre Bedeutung wird wesentlich in der Beeinflussung der Luftcirkulation innerhalb des Cavum nasale zu suchen sein.

Als Ausgangspunkt für die specielle Vergleichung diente mir die Nasenhöhle von *Siren*. Hier ist das Jacobson'sche Organ in zwei Abschnitte gesondert. Der laterale, in dem ich schon bei dieser Form eine Reduktion des Sinnesepithels nachweisen konnte, setzt sich rückwärts in die seitliche Nasenrinne fort. Er ist bei Anuren (*Rana*) zu dem grossen, unteren Blindsack entfaltet, der auch hier zum grössten Theil indifferentes Epithel trägt und nach hinten kontinuirlich in die umfänglichere, seitliche Nasenrinne übergeht. Dieser Abschnitt des Jacobson'schen Organs von *Siren*, einschliesslich der seitlichen Nasenrinne bis zur Apertura nasalis interna hin, lässt den wesentlichsten Theil der Pars respiratoria von *Testudo* hervorgehen. Der mediale Blindsack des Jacobson'schen Organs von *Siren*, der den wichtigsten sensoriellen Bestandtheil des ganzen Apparates darstellt und sich mit aller Deutlichkeit von dem lateralen Abschnitt abgrenzt, tritt bei Anuren (*Rana*), wie ich vermuthe, als der mit Sinnesepithel ausgestattete Theil des unteren Blindsackes in die Erscheinung; mit ihm bringe ich ferner das kleine Jacobson'sche Organ von *Testudo* in Beziehung, das auch hier durch die Reliefverhältnisse der Wand scharf gegen die übrige Pars respiratoria abgegrenzt wird. Aus dieser Uebersicht der Entwickelungsvorgänge ergeben sich in der Entstehungsweise der Pars respiratoria und des Jacobson'schen Organes von *Testudo* Anklänge an die des unteren Blindsackes und des Jacobson'schen Organes der Anuren (*Rana*). Bei den einschneidenden Unterschieden, die zwischen Beiden im Baue des gesammten Geruchsorganes bestehen, darf diese Uebereinstimmung wohl nur als eine parallele Entwickelung vielleicht von gemeinschaftlicher Basis aus aufgefasst werden.

Der Zustand der Pars respiratoria von *Testudo* diente mir als Ausgangspunkt für die Beurtheilung seines Verhaltens bei den Emyden (*Emys* und *Chrysemys*) Das Sinnesepithel des Jacobson'schen Organs hat sich hier sekundär wiederum fast der ganzen Pars respiratoria bemächtigt; seine umfänglichere Entfaltung kombinirt sich mit einer Gliederung in mehrere Distrikte. Der Ausbildungsgrad des Jacobson'schen Organs bei Emyden ist in Folge dessen ein verhältnissmässig sehr hoher. Auf den ersten Blick erinnert es in gewisser Hinsicht an das Jacobson'sche Organ der Urodelen. Bei diesen unterblieb die Differenzirung desselben in einen medialen und lateralen Abschnitt; das Organ erscheint rinnenförmig, eventuell auch mit nach vorn gerichteter Blindsackbildung, und setzt sich nach hinten direkt in die seitliche Nasenrinne fort. Der direkte Vergleich der Pars respiratoria der Emyden mit dem Jacobson'schen Organ der Urodelen scheint für die Möglichkeit des Anschlusses der Schildkröten an urodelen-ähnliche Formen verwerthbar zu sein. Doch spricht m. E. einmal der Verlauf des N. Jacobsonii bei Emyden, ferner die Heranziehung allgemeinerer Instanzen mit Entschiedenheit gegen eine solche Auffassung. Doch lässt sich die erneute Ausbreitung des Sinnesepithels bei Emyden durch den ganzen vorderen Abschnitt der Pars respiratoria sehr wohl als Stütze für die oben aufgestellte Homologie geltend machen.

Das Jacobson'sche Organ bildet auch bei den Schildkröten noch einen Theil der Nasenhöhle selbst: es entbehrt der besonderen Verbindung mit der Mundhöhle. Wie bei Amphibien ist seine Beziehung zur letzteren nur eine indirekte. Es ist in die Bahn eingeschaltet, die der exspiratorische Strom auf seinem Wege durch die Nasenhöhle nothwendig passiren muss, so dass der Annahme der gleichen Funktion wie bei Amphibien (Kontrole des Mundhöhleninhalts durch Vermittelung des Exspirationsstromes) nichts im Wege steht. In diesem Punkte bewahrt das Organ im Vergleich zu anderen Reptilien (*Saurier*, *Ophidier*) ein primitives Verhalten.

Dass es sich in den Sinnesepitheldistrikten der Pars respiratoria bei den untersuchten Schildkröten thatsächlich um ein Jacobson'sches Organ handelt, ergiebt sich einmal aus der durchgeführten Vergleichung. Hat sich, wie ich zu begründen suchte, die Pars respiratoria der Chelonier aus der seitlichen Nasenrinne der Amphibien entwickelt, so liegt das Organ bei den Vertretern beider Thiergruppen in homologen Abschnitten der Nasenhöhle. Die verschiedene Lage, die die seitliche Nasenrinne und die Pars respiratoria und damit auch das Jacobson'sche Organ zur Haupthöhle, beziehungsweise zur Pars olfactoria, aufweisen, erklärt sich durch die Divergenz der Entwickelung, die sich zwischen Amphibien und Cheloniern an dem Vorderkopf und der Nasenhöhle nachweisen liess. Unter Berücksichtigung dieser letzten Instanz ergiebt sich auch die Homologie der ventralen Olfactoriusäste der Amphibien mit den medialen der Chelonier, welche hier und dort das Sinnesepithel des Jacobson'schen Organs versorgen. Die Ontogenie lieferte weiteres Beweismaterial. Wie bei allen Formen, bei denen die Entwickelung des Organs untersucht wurde, ergab sich auch für die Chelonier der mediale, untere Theil des Sinnesepithels der primitiven Riechgrube als der Ort, an dem sich das Organ anlegt. Mit aller Deutlichkeit zeigen ferner die jüngsten Embryonen von *Chrysemys*, dass es ein Theil des Sinnesepithels der primitiven Riechgrube selbst ist, der sich zur Anlage des Organs gestaltet. Die ontogenetischen Vorgänge bei Emyden bestätigten endlich den bereits aus dem Verhalten der Innervation gezogenen Schluss, dass das aus mehreren, scharf von einander geschiedenen Abschnitten aufgebaute Jacobson'sche Organ derselben sich aus einer einheitlichen Anlage entwickelte. — Im histologischen Bau lässt sich zwischen dem Sinnesepithel des Jacobson'schen Organs und dem der Regio olfactoria keine nennenswerthe Differenz konstatiren. Ein scharfer Unterschied ergiebt sich aber im

Verhalten der Bowman'schen Drüsen, die gross und zahlreich in der ganzen Regio olfactoria verbreitet sind, im Bereiche des Jacobson'schen Organes dagegen völlig fehlen. Auch bei Amphibien trägt das Sinnesepithel des Jacobson'schen Organs denselben histologischen Charakter wie das der Regio olfactoria, und es fehlen die Bowman'schen Drüsen in seinem Bereiche. Eine oder mehrere grössere Drüsen treten hier mit dem Organ in Verbindung; bei den untersuchten Cheloniern ist es die Glandula nasalis medialis, die, physiologisch wenigstens, mit jenen in Parallele gestellt werden kann.

Wie die Form der Apertura nasalis interna bei den höheren Amphibien durch die Ausdehnung der seitlichen Nasenrinne nach hinten verändert wurde, so wirkt auch die Entfaltung der Pars respiratoria bei Cheloniern auf die Form und die Lage der primitiven, inneren Nasenöffnung ein. Die Ausdehnung der Nasenhöhle im vertikalen Durchmesser bei Cheloniern bedingt eine Verschiebung des Nasenhöhlenbodens nach unten; hierdurch wird die bei Amphibien annähernd horizontal stehende Apertura interna in die fast vertikale Stellung übergeführt. In ihren speciellen Formverhältnissen, ferner in ihrer Beziehung zu den Grenzfalten lässt sich eine weitgehende Uebereinstimmung mit den entsprechenden Zuständen bei Urodelen nachweisen. — An die Pars respiratoria schliesst sich bei den untersuchten Schildkröten als kontinuirliche Fortsetzung der Ductus naso-pharyngeus, der als eine röhrenförmige Verlängerung der etwa senkrecht gestellten und nach hinten gerichteten Apertura nasalis interna aufgefasst werden kann. Seine Genese knüpft an Zustände an, die den bei Urodelen bestehenden ähnlich gewesen sein dürften. Die durch die Apertura nasalis interna hin auf das Mundhöhlendach fortgesetzte, seitliche Nasenrinne schliesst sich, von der Umrandung der Apertura interna beginnend und nach hinten fortschreitend, zu einem Kanale ab. Dieser Abschluss erfolgt zunächst durch Weichtheile; erst später betheiligen sich die knöchernen Teile des Mundhöhlendaches durch Fortsatzbildungen an der Umwandung des Kanales. Bei der Landschildkröte ist der Grad, den die Ausbildung des knöchernen sekundären Gaumens erreicht, nur gering im Vergleich zu den Emyden. — Der Modus, nach welchem sich die Bildung des sekundären Gaumens bei Cheloniern vollzieht, lässt sich als der gleiche erkennen, nach welchem die ersten Anfänge desselben bei den höheren Amphibien auftraten. Ich hatte zu begründen versucht, dass der Gaumenfortsatz der Urodelen und Anuren durch die Ausdehnung der seitlichen Nasenrinne auf das Mundhöhlendach entsteht, und dass diese Differenzirung dadurch bedingt ist, dass das Cavum nasale als Weg für die Athmungsluft in den Dienst der Respiration gestellt wurde. Durch jene Umbildungen im Bereiche der Choanen wird die Passage der Athmungsluft zwischen Nasenhöhle und Kehlkopfeingang erleichtert und gesichert. Unter dem Einfluss der gleichen ursächlichen Momente wird sich m. E. der Abschluss des auf das Mundhöhlendach fortgesetzten Theiles der seitlichen Nasenrinne der höheren Amphibien zu einem Kanal, dem Ductus naso-pharyngeus, vollzogen haben. Da durch diesen Vorgang die Choanen weit nach hinten verschoben und so dem Kehlkopfeingange genähert werden, so liegt seine Bedeutung für die Erleichterung und Sicherung der Passage der

Athmungsluft durch den Rachenraum auf der Hand. Auch in diesen eben besprochenen Verhältnissen scheinen die Chelonier den direkten Anschluss an die Urodelen oder an die Anuren zu gestatten; doch ist es, abgesehen von anderen Verhältnissen des Geruchsorganes selbst, namentlich das verschiedene Verhalten der knöchernen Theile des Mundhöhlendaches zum sekundären Gaumen, das gegen diese Auffassung spricht. Da die seitliche Nasenrinne bereits bei niedrigen Amphibien (*Siren*) auftritt, so liegt der Gedanke nahe, dass unter der gleichen Funktion die schon bei jenen primitiven Formen bestehende Anlage in den verschiedenen Zweigen des Wirbelthierstammes, im Allgemeinen wenigstens, auch in ähnlicher Weise ausgestaltet worden ist.

Die entwickelungsgeschichtlichen Thatsachen widersprechen den vergleichend-anatomisch begründeten Anschauungen nicht.

Mit der Nasenhöhle der untersuchten Schildkröten stehen zwei grössere Drüsen in Verband. Die eine, Gl. nasalis externa, mündet am Dache des Einführganges; ihr Körper lagert der Knorpelkapsel von aussen auf und scheint auch zu der Entstehung des Muschelwulstes in ursächlicher Beziehung zu stehen. Sie dürfte wie die homologe Drüse der übrigen Reptilien von den äusseren Nasendrüsen der Amphibien abzuleiten sein.

Eine zweite Drüse, die Gl. nasalis medialis, steht durch die Lage ihrer Mündung in Beziehung zum Jacobson'schen Organ: ihr Körper findet sich in medialer Lagerung, vorwiegend zwischen Knorpelkapsel und Nasenschleimhaut. Wenn ihre Funktion auch eine ähnliche sein wird, wie die der Jacobson'schen Drüsen der Amphibien, so dürfte sie doch den letzteren, wegen ausgesprochener Differenzen in der Lage der Mündung, nicht komplet homolog sein.

Die Vergleichung der Nasenhöhle von *Testudo* mit der der Emyden führte mich zu der Auffassung, dass das periphere Geruchsorgan der ersteren die primitiveren Verhältnisse bewahrt habe, trotz der Thatsache, dass der scheinbar wichtigste Theil desselben die Pars olfactoria, ferner auch die drüsigen Gebilde bei der Landschildkröte die höhere Ausgestaltung zeigten. Eine Reihe von Merkmalen im Bereiche des Vorderkopfes von *Testudo* sind m. E. mit Sicherheit als primitive aufzufassen, so namentlich die Kürze des N. olfactorius, die sich auf eine geringere Entfaltung des oberen Theiles der Augenhöhlen zurückführen liess; ferner der geringe Grad der Ausbildung, den der sekundäre, knöcherne Gaumen erreicht, endlich die kontinuirliche Verbindung, welche zwischen dem hinteren Theil der knorpeligen Nasenkapsel und dem Septum besteht. Diese Thatsachen, ferner Erwägungen, die sich aus dem Vergleich der Nasenhöhle der untersuchten Formen mit der der Amphibien ergaben, endlich bestimmte Verhältnisse im peripheren Geruchsorgan der wasserlebenden Schildkröten liessen mir die Annahme berechtigt erscheinen, dass *Testudo* hinsichtlich der gesammten Nasenhöhle auf einer primitiveren Stufe stehe als die Emyden. Die geringere Entfaltung des Lumens der Pars olfactoria und die minder scharfe Ausprägung des Muschelwulstes bei den letzteren erklärte ich demnach durch eine Rückbildung, die im Bereiche der Pars olfactoria stattfand. Im entgegengesetzten Sinne müssen sich die Vorgänge an der Pars respiratoria abgespielt haben. Dem unbedeutenden Jacobson'schen Organ von *Testudo* steht das fast durch die ganze Pars respiratoria entfaltete und in mehrere Abschnitte gegliederte Organ der Emyden gegenüber. Aus dem Verlauf der Olfactoriusäste, die das Organ versorgen, ferner aus entwickelungsgeschichtlichen Thatsachen folgerte ich, dass das umfängliche Organ der Emyden von einfacheren Zuständen abgeleitet werden müsse, wo es, ähnlich wie bei *Testudo*, auf den vorderen Theil der medialen Wand der Pars respiratoria beschränkt war.

Durch Reduktionsvorgänge im Bereiche der Pars olfactoria und durch die gleichzeitig verlaufende Ausgestaltung der Pars respiratoria, die mit einer Entfaltung des Jacobson'schen Organes einhergeht, denke ich mir die Nasenhöhle der Emyden (*Emys*, *Chrysemys*) aus einem Zustande hervorgegangen, wie er sich etwa bei *Testudo* erhalten hat.

Die Knorpelkapsel von *Testudo* hängt hinten kontinuirlich mit dem Septum zusammen. Bei den Emyden ist der hintere Theil derselben durch einen engen Spalt vom Septum abgegliedert. Der Vergleich mit Amphibien lässt den Befund bei *Testudo* als den primitiveren erkennen. Welche Momente die Lösung des hinteren Kapselabschnittes vom Septum bedingten, dafür lieferten mir die untersuchten Formen keine Anhaltspunkte. — Der Spalt geht oben von der Oeffnung aus, durch welche der Hauptnasenast der Trigeminus in das Cavum nasale eintritt, und setzt sich bis auf den Boden der Kapsel fort. Hier liegt zwischen ihm und der Choanenöffnung ein schmaler, kurzer Knorpelstreifen. Bei Sauriern tritt dieser Streifen gleichfalls auf, ist aber in Folge der Längsausdehnung des Choanenausschnittes der Kapsel stark in die Länge gezogen. Dieser Knorpelstreifen (Cartilago paraseptalis, Spurgat) ist der Vorläufer des Jacobson'schen Knorpels der Säugethiere. Ich glaube die thatsächliche Begründung für die schon mehrfach von anderer Seite vertretene Meinung geliefert zu haben, dass der Jacobson'sche Knorpel einen abgesprengten Theil des Bodens der knorpeligen Nasenkapsel darstelle. Die Beweisführung stützt sich auf eine Beobachtung an einem Halmaturus-Embryo, bei welchem die Cartilago paraseptalis die gleiche Anordnung zum unteren Rande des Septums, zum Choanenausschnitt sowie zu dem hinteren, vom Septum abgegliederten Theile der Knorpelkapsel zeigte, wie bei Sauriern, mit dem einzigen Unterschiede gegen die letzteren, dass der vorderste Theil des Knorpelstreifens zu der bekannten, scheidenartigen Umhüllung für das Jacobson'sche Organ ausgestaltet war. Es erscheint mir von Wichtigkeit, dass die Lösung der Cartilago paraseptalis aus ihrer Verbindung mit der übrigen Kapsel ohne Einfluss des Jacobson'schen Organes erfolgt, und nur eine Theilerscheinung der Lösung der ganzen hinteren Partie der Nasenkapsel aus dem Verbande mit dem Septum ist. Bei den Säugethieren bemächtigt sich erst das accessorische Sinnesorgan des vorgebildeten Knorpelstreifens und unter Einwirkung dieser neuen Beziehung gestaltet sich sein vorderer Theil weiter aus, während sein hinterer Abschnitt wohl immer der Reduktion anheimfällt.

Inhalts-Uebersicht.